第 **6** 章 中国工具类农业文化遗产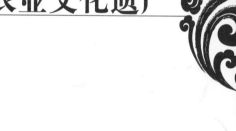

一、整地工具

（一）犁

中国的犁是由耒耜发展演变而成。最初名"耒耜"。用牛牵拉耒耜以后，才渐渐使犁与耒耜分开，有了"犁"的专名。犁约出现于商朝，见于甲骨文的记载。早期的犁，形制简陋。夏、商、西周，是中国农业技术的初步发展时期，生产工具和耕作栽培等方面有了较大的进步和创造，春秋战国时期铁犁的出现，反映了我国农具发展史上的重大变革。西汉出现了直辕犁，多为二牛抬杠式，只有犁头和扶手，适合在平原地区使用，能保证田地犁得平直，比较容易驾驭，效率也较高。而缺少耕牛的地区，则普遍使用"踏犁"。在四川、贵州等省的少数民族地区均有踏犁的实物。踏犁也称"镵""脚犁"。使用时以足踏之，达到翻土的效果。至隋唐时代，犁的构造有较大的改进，出现了曲辕犁。除犁头扶手外，还多了犁壁、犁箭、犁评等。曲辕犁的应用和推广，大大提高了劳动生产率和耕地的质量。曲辕犁的发明，掀开了中国传统农具史新的一页，标志着中国耕犁的发展进入了成熟的阶段。我国的传统步犁发展至此，在结构上便基本定型。此后，曲辕犁就成为中国耕犁的主流犁型。宋元时期的耕犁是在唐代曲辕犁的基础上，加以改进和完善，使犁辕缩短、弯曲，减少策额、压镵等部件，犁身结构更加轻巧，使用灵活，耕作效率也更高。明清时期，耕犁已没有发生太大的变化。只是到清代晚期由于冶铁业的进一步发展，有些耕犁改用铁辕，省去犁箭，在犁梢中部挖孔槽，用木楔来固定铁辕和调节深浅，使犁身结构简化而又不影响耕地功效，也使耕犁更加坚固耐用，既延长了使用时间，又节约了生产成本，也是一种进步。

中国农业文化遗产　第二卷

中国农业文化遗产名录 下册

◎ 王思明　李　明　主编

中国农业科学技术出版社

二牛抬杠

"二牛抬杠"是古老的耕地农具之一，是南诏时期的一种特殊耕作方式，约有 1 500 年的历史。因为耕地时由二牛抬着木杠牵引，所以叫它"二牛抬杠"。它也是西北、华北各省的汉族农民普遍采用过的犁耕方式，西藏地区使用"二牛抬杠"犁耕法的历史也很久远，至今仍可在云南及西北少数民族地区的一些地方见到。

"二牛抬杠"耕作时，两牛相距约七八尺，中间横抬一"杠"，"杠"后接续辕犁。一人在前牵牛，一人坐于"杠"上，脚踏辕犁，控制犁铧入土深浅。

"二牛抬杠"在汉画像石中反应广泛，有着重要的史料价值和历史研究价值，被广泛应用于农业生产中，提高了农业生产效率，使耕作技术更趋于精细和合理，从而使得西汉农业得到较大发展。

湖南省博物馆收藏有"二牛抬杠"，1972 年出土于湖南长沙马王堆汉墓 1 号墓，为国家一级文物。

"二牛抬杠"农具及其耕作方式

大木犁

大木犁，现在西藏昌都地区仍在使用。

2 000 多年以前西汉的农具图谱便有木犁的记载，那时中国农民制造的木犁已经达到了相当完善的高水平。

大木犁属于"二牛抬杠"的一种，犁辕端直，扶手下端装有犁床。犁头是铁制的，形状较尖，没有犁壁。

大木犁效率较高，每天一人二牛耕地 3 亩。但是只能犁出一道沟，不能翻土，操作费力。

中国农业博物馆收藏有大木犁。

大木犁示意图
（图片来源：农业部编《农具图谱》）

皋兰土犁

皋兰土犁分布于甘肃省皋兰地区。

皋兰土犁的扶手弯曲，并与犁头成为一体，没有犁床。犁铧为六角形，套在犁头上，犁辕弯曲，在弯曲部分用一木杆与扶手连接，以加强犁辕强度。其耕地效率较高，但其缺点是翻土不

土犁示意图
（图片来源：中华农业文明网
http://www.icac.edu.cn）

石犁和扛犁

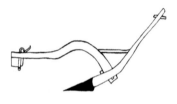

耩子犁示意图

旧木犁示意图
（图片来源：中华农业文明网
http://www.icac.edu.cn）

好，沟底不平，不易操作。它的出现促进了我国古代农业的极大发展，对于后世的农业活动也具有一定的价值。

中国农业博物馆收藏有皋兰土犁。

石犁

石犁分布于甘肃敦煌、安西地区。

石犁也被称作"扛犁"。石犁耕宽为10~20厘米；耕深为5~15厘米；重量为25千克；拉力约90千克。使用效率较高，两头牲口牵引，一人操作，每天耕地3~4亩。缺点是拉力重，翻土盖草不好，沟底不平，操作费力。它促进了我国铁犁牛耕农业的发展。

延安耩子犁

延安耩子犁主要分布在陕西延安、江苏沛县地区。

延安耩子犁构造是：犁辕弯曲，犁头无犁壁，犁铧成三角形，生铁铸成；犁铧背面刻有五条齿痕，以作疏松沟底之用。犁辕与扶手连接处装有木楔，可以调节耕地深浅。它适于山地和平原地区耕地用，耕作效率较高。

中国农业博物馆收藏有延安耩子犁。

黑龙江旧木犁

黑龙江旧木犁分布于黑龙江地区。

木犁以牛牵引用于翻土，犁铧、犁壁为铁制，其余皆木制。20世纪80年代后，尚有少量农家使用。

木犁的构造是：除犁铧外都是木制的，犁辕弯曲、粗大，扶手较细，犁辕前端装有一个滑板，耕地时作滑行用，犁柱和扶手穿过犁辕后端，固定在犁床上。犁铧是铸铁做成，呈三角形，前端向下倾斜，便于入土，耕地深浅可以从犁柱上进行调节。

木犁耕作的效率较高，一人二畜每天可耕地5亩，极大地促进了农田或旱地的耕作。但是犁头左右摇摆不易固定，操作困难，翻土效果不好。

中国农业博物馆收藏有黑龙江旧木犁。

独角犁

独角犁分布于陕西省安康地区。

2 000 多年以前西汉的农具图谱便有犁的记载。那时，中国农民制造的木犁，已经达到了相当完善的高水平。木犁一般分旱犁和水犁两种，旱犁的俗名为"箭犁"，粗大牢固，有一个形状为"箭"的构件，因此而得名；水犁的构造简单、轻便，俗名叫"独犁"。

独角犁适用于山坡地上耕作。效率较高，一人一畜每天可耕地 3 亩。构造简单、轻便。历史上促进了农业的发展，增加了农作物的产量。

中国农业博物馆收藏有独角犁。

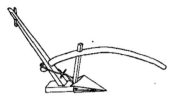

独角犁示意图

大草犁

大草犁分布于陕西三原地区。

大草犁的构造是：犁架由犁辕、犁柱、犁床和扶手组成。犁尖和犁壁成为一体，用铸铁制成。

大草犁耕地效率较高，翻土好，盖草严，但沟底沟壁不够平整。

大草犁和犁地

滑杆犁

滑杆犁分布于山东掖县地区。

滑杆犁的构造特点是：牵引架可以左右摆动，能保持犁地平稳。犁头是七寸步犁的犁头，因此可与七寸步犁互换使用。

滑杆犁耕地效率相对较高，犁头翻土好，沟底沟壁平整，操作平稳但结构不坚固。

滑杆犁

步犁示意图

但店步犁

但店步犁分布于湖北地区。

但店步犁用于旱地耕作。该犁改装方法很简单，利用旧式犁架装上新式步犁的犁头就行了。效率高，比旧犁提高效率40%~50%。此犁犁地平整，翻土效果好，改装成本也低。

中国农业博物馆收藏有但店步犁。

双层犁

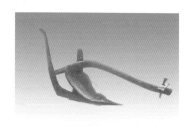

把木犁

（图片来源：中华农业文明网
http://www.icac.edu.cn）

双层犁分布于上海奉贤区。

双层犁适用于深耕。通过将原有旧犁加以改装，使犁辕加长，并多装一个犁体，前犁做浅耕用（耕深10~12厘米）；后犁做深耕用，在前犁耕过的基础上，又可耕深6~8厘米。耕地效率更高，方便了劳动者，提高劳动效率，增加劳动成果。

中国农业博物馆收藏有双层犁。

南昌老犁、宁明旧犁

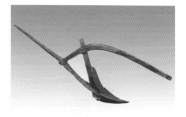

南昌老犁和宁明旧犁

（图片来源：中华农业文明网
http://www.icac.edu.cn）

南昌老犁、宁明旧犁分别分布于江西省南昌县、广西壮族自治区宁明县。

南昌老犁适用于水田耕作。犁辕直形。犁柱、扶手和犁床都是木制。犁壁比犁铧稍小，牵引钩是活动的木桩，穿入犁辕前端，由另一木梢卡住，可以前后调节。其效率较高。主体是木制，取材容易。但是宽窄全靠人工掌握，扶持费力，耕作质量差。

宁明旧犁适用于水田耕地，是广西壮族自治区宁明县农民使用的一种旧式农具。使用时牲畜在前牵引，人在后扶犁。其效率较高，一人一畜每天可耕3亩地。但是犁壁太小，没有曲线，翻土效果不好，沟底不平，犁辕、扶手取材不易。

中国农业博物馆收藏有南昌老犁、宁明旧犁。

涵江水田深耕犁

涵江水田深耕犁分布于福建地区。

涵江水田深耕犁适用于耕翻水田，采用旧式犁头，犁铲比犁壁大。犁辕弯曲度小，犁铧上开有水眼，犁辕前端有调节深浅宽窄的牵引装置。其结构不坚固，翻土力差。

中国农业博物馆收藏有涵江水田深耕犁。

水田深耕犁示意图

东台双铧犁

东台双铧犁分布于江苏东台地区。

双铧犁，原为北方农村常用的一种耕作农具，用2~3匹骡马拖拉作业，后来把它应用到了南方水田耕作。

双铧犁适用于耕翻水田。其构造是：除犁头外，全是木制。犁辕并排两个，都是弯形的。犁辕前端有两个滑轮和挂接板，后面连接犁柄。犁壁上方加装辅助犁壁（加长犁壁，促使翻土），犁铧上套装犁头套（使犁铧与犁头套衔接处有空隙，引水脱泥），可耕作烂水田和二翻田，被视作双铧犁在南方水田耕作的成功范例。

双铧犁因双铧作业，拉力比木犁增加一倍以上，约200~250千克，必须两牛牵引。要推广双铧犁，重点是训练好牛。其效率较高，一人二畜每天耕地7亩，比旧式木犁提高效率50%。

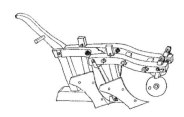

双轮双铧犁示意图

水田拉锹

水田拉锹分布于吉林四平地区。

水田拉锹适宜拉地埂、水田翻土。其构造是：锹头半铜制成。锹背平，刃口尖圆，两侧边缘中上端各安铁环一个，为栓锹用。

水田拉锹的工作效率比普通锹效率高2倍。

水田拉锹

天水山地犁、西安山地犁、陕西翻地犁

天水山地犁、西安山地犁、陕西翻地犁分别分布于甘肃和陕西西安地区。

天水山地犁、西安山地犁和
陕西翻地犁

（图片来源：中华农业文明网
http://www.icac.edu.cn）

改装山地犁适用于起伏不平的山地上耕作。犁辕材料采用铁代替碳钢。这样不仅节省钢材，也便于制造。在犁辕弯曲部分内侧加宽为5厘米，既可以加强犁辕强度，将犁辕改为弓背形，改进后行走端直，平稳，拉力轻，亦可用于肩扛运输。便于操作，适应当地农民使用习惯，使用灵活。将手捏的插销改为脚踏板，克服了插销易被泥土堵塞的缺点。

适当对传统犁进行改造，更加适合劳动者的作业，提高劳动效率，是广大劳动人民智慧的结晶。

中国农业博物馆收藏有天水山地犁、西安山地犁、陕西翻地犁。

（二）耱

耱

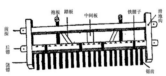

耱和铁齿耱示意图

耱分布于内蒙古、陕西和甘肃地区。

耱是畜力牵引用以磨碎土块、平整地面的工具，是有牵引装置的长条形木板，或用藤条荆条之类编扎而成，功用和耙差不多，耱身上压以一定重量，畜力或人力在前面拉，用来平整地面和掩土保墒，即弄碎土块，磨平地面，及播种后的覆土。《齐民要术》称之为"劳"，它常在耕、耙后使用，即"耙而劳之"，使地平土细，更好地保墒防旱，亦可用于播种后的覆土。[①]

魏晋时期，以抗旱保墒为中心的旱地精耕细作技术体系已相当完善，人们称之为耕—耙—耱。现多为中国北方旱作区的农具。

其构造是：有3根横梁和3根纵梁的木架、柳条或荆条编在木架上。使用方法为：操作时，牲口在前面拉，人将两脚跨开，站在耱上进行工作。用过后应将泥土打掉，柴草掏净，放在干燥的地方。

中国农业博物馆收藏有耱。

① 周耀明，万建中，陈华文：《汉族风俗史·第二卷·秦汉·魏晋南北朝汉族风俗》，学林出版社，2004年12月第1版

（三）耙

耙在中国已有 1 500 年以上的历史。北魏贾思勰著《齐民要术》称之为"铁齿榛"，而将使用此农具的作业称作耙。元王祯《农书》记载有方耙、人字耙、耢（用柳条编织的无齿耙）和耖（水田用的耖田耙）。从历代的壁画中可以看出，最先形成的耙是单梁耙，采用二牛抬杠式牵拉，之后出现了双辕单梁耙，可用一牛牵拉。再以后则发明了双梁耙。用于表层土壤耕作的农具。耕作深度一般不超过 15 厘米。耙，由木把、钯头组成，钯头装有铁齿，农村中的铁匠、木匠都能制作，多用于平地碎土、耙土、耙堆肥、耙草、平整菜园等。

燕翅耙

燕翅耙分布于山东文登地区。

燕翅耙木框每边 8 铁齿，段长 10 厘米的燕翅耙齿孔沿两翅的中线斜向安置，但在运动中每一齿孔一耙齿都是相互之间平行前进的，横撑上的耙齿弥补了中间地段的空白，各耙齿在运动中保持间距 10 厘米左右。梯形耙的齿孔也沿前后梁的中线安置，但前后齿孔并不对齐，而是交错插空排列，在行进过程中也保持平行前进，彼此间距也在 10 厘米左右。

燕翅耙适宜小块零星土地使用，灵活性较高，效率较低。

中国农业博物馆有收藏燕翅耙。

木耙

木耙分布于北京、陕西地区。

木耙用于播种前碎土用。其使用方法：工作时，牲口在前牵引，人站在耙上，不时使两脚交换使用，使耙成曲线前进，借以压碎土块。其构造是：由木耙齿和耙架组成。

木耙的使用效率：1~2 头牲畜牵引，一人操作，每天可耙地 20 亩。其有利于耕作农业的发展，提高了劳动生产效率，是中国农具发展史上的一大进步。

中国农业博物馆收藏有木耙。

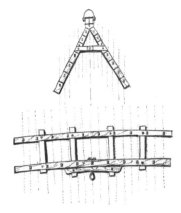

燕翅耙示意图

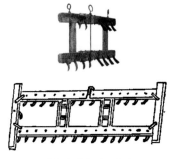

木耙和小耙（回耙）

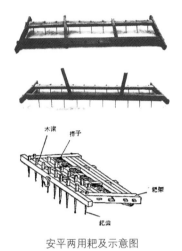

木滚　搭子

耙架

耙齿

安平两用耙及示意图

安平两用耙

安平两用耙分布于河北地区。

安平两用耙由木架、钉齿等部分组成，木架作支架用。钉齿是铁制的，共17个，分两排，前后交错排列。前排8个，后排7个，在木架两侧各放一齿。钉齿是菱形的。两排钉齿间还有3个木棍，木棍也做碎土用。也有树枝编成的，排列在钉齿后方，做平土用。

中国农业博物馆收藏有安平两用耙。

钉齿耙

①角度调节杆　②横梁　③耙架　④耙齿

钉齿耙示意图

钉齿耙分布于陕西地区。

钉齿耙用于耙碎土块，平整土地。其构造是：全部是铁制的，由横梁、耙架、耙齿及角度调节杆四部分组成。横梁为连接两组耙的机件，前面设有牵引装置。耙架是由槽钢制成的，像"S"形一样连接耙齿，支持各部机件。在耙架的四角各装滑地板一个。当运输时，将滑地板弯曲部分向下，让它和地面接触，以支持耙身，保护耙齿。耙齿断面为菱形，由钢制成，齿端较粗，齿尖锐利。当耙齿的一个菱边迟钝时，可以调换另一个。钉齿耙碎土力强，既能碎土，又能平土，效率高，制作简单。但耙身较重，运输不方便，耙齿较短，入土较浅。

中国农业博物馆收藏有钉齿耙。

转耙

转耙示意图

转耙分布于陕西地区。

转耙适用于山地、平地作碎土整地用，也可以用于水田耕作。其构造与一般的方耙相似，其不同是耙后梁上共有2排齿，一排是铁钉齿，一排是木齿。梁上还安有木质扶手。

使用时，可以再耙架上加压重物。在旱地工作时，将把手放下，利用尖齿进行碎土。在较高的地面进行作业时，人可从耙上下来抬起耙手，使宽木齿着地，再用力向下一压可以拥上很多土。在水田同样可以使用。

转耙在水田和旱田都可用，但是在水田使用时效率高，却比较重。

中国农业博物馆收藏有转耙。

双轮磨耙

双轮磨耙分布于陕西地区。

双轮磨耙构造为：耙架为木质长方形框架。在它的前、中、后3根耙梁上各安有不同形状的铁耙齿。前梁上安有刀型齿，有一定的倾斜度。中梁上安有等距排列的钉齿。后梁齿锯为弯形齿，3排齿互成交错排列，以利碎土均匀，耙后还用链子系一松棒，以便平土。

双轮磨耙适用于山区耙地用。使用方法为：一头畜牵引，一人站于耙上工作。

其优点是：效率较高，碎土能力强，并且可以调节深浅。

双轮磨耙示意图

旧式水耙

旧式水耙分布于河北地区。

旧式水耙用于水田耙平及碎土。由耙梁、耙柄和耙齿组成。耙梁上安有3根圆木构成的"T"字形耙柄，梁下9个耙齿，各齿之间距离是等距。耙身轻便，但由人牵引，劳动强度大。

中国农业博物馆收藏有旧式水耙。

旧式水耙

耖

耖主要分布于云南省、安徽、江西、贵州从江和江苏南部地区。

耖是一种中国南方使用的农具，最早出现于西晋，但真正普及则是在宋朝以后，之后再传至东亚其他地区。

耖由木制耖架、扶手及铁制耖齿组成。耖架上安装一个"TT"型扶手，扶手下方安有17根铁耖齿，各齿间等距分布。在耙架两端各有一块向上翘起与耖齿成45°角的豆荚状牵引板。两端一、二齿间，插木条系畜力挽用牛轭，二、三齿间安横柄扶手，是用畜力挽行疏通田泥的农具。元代王祯《农书·农器图谱》载："高可三尺许，广可四尺。上有横柄，下有列齿，以两手按之，前用畜力挽行。耕耙而后用此，泥壤始熟矣。"

耖适用于水田平整、碎土。耖田时扶横把操作，在破碎土块的同时，具有平整田面、拌匀肥料等的作用，使得土地更易耕作，可以增加农作物产量。其效率为：一人一畜每天能耖田

耖

5~6亩。

中国农业博物馆收藏有耖。

旧式闸耙

旧式闸耙

旧式闸耙分布于江西地区。

旧式闸耙适用于双季稻田耙地。其构造是在木耙的前后梁中间安一根与其平行的三轮式6个空心闸叶的闸滚。闸片间相差角度为60°。轮与闸叶互成交错排列，成30°角，前后耙梁下面不安耙齿，以利于平整田泥。旧式闸耙提高了耙地效率，操作更加简便。

中国农业博物馆收藏有旧式闸耙。

碎土耙

贵州碎土耙

贵州碎土耙分布于贵州地区。

贵州碎土耙用于耙地，由耙架、平土滚、铁齿滚等组成。耙架由左右两个侧板固定前后耙梁，前梁方形，下有8根铁齿，作第一道碎土用。后梁圆筒形，可旋转，做平土用。铁齿滚安在左右侧板上，交错着穿通22根弯刀形耙，耙齿间距5厘米，与前面铁耙齿相互交错。牵挂钩由熟铁制成，分钉于左右两侧板前端。其优点是结构简单，碎土能力强。

中国农业博物馆收藏有贵州碎土耙。

中山水田耙

中山水田耙分布于广东地区。

中山水田耙适用于粘重土壤水田耙地用。其构造是：有耙架、前后刀滚。后方六滚及一根圆筒平土滚组成。前刀滚上有11跟铁齿，每轮有6个刀齿。后刀滚上有10轮刀齿，每轮5个刀齿，相互交错。轮间相距10厘米。前后刀滚上刀齿互相交错，能同时进行破土、扎草入泥及平整田面等作业。前端有滑泥板，可以减轻耙身前进的阻力。其优点是：耙地深、软、烂，效率高，操作简单，节省劳力，提高作业质量。

悬挂式水田耙

（四）碌

碌子为中间粗两头略细的石头圆柱，装在轴架上，用于播种以后把覆土轧实。碌子有多种，主要有压地碌子和脱谷碌子两种。压地碌子，主要用于压碎土坷，压实土壤，以减少翻土后土壤水分蒸发，起防止风干保墒作用。其主要结构由木质框架和圆柱形花岗岩石构成，亦有全部用木材制成。这种碌子又称畜力镇压器。另有专门用于播种后压实土壤，防风保墒的碌子，由长方形木框和圆碌柱构成。一般用一头毛驴牵引，北方农村广泛应用。

脱粒碌子，又称碌碡。即在脱谷场上进行谷物脱粒。其构造由花岗岩圆碌子木框组成。作业时由役畜牵引，在铺匀的谷物上回转，靠滚压将作物籽粒从壳中挤压出来。[①]

小木碌子

小木碌子分布于辽宁、甘肃地区。

小木碌子是一种农具，通常是中间粗两头略细的木头圆柱，装在轴架上，用以播种以后把覆土轧实。其为木质，有木框架和木碌组成。木碌一端大、一端小，置于木框内。木框的两侧呈滑板状向上翘起。用于冬、春麦地施肥、追肥后进行镇压，也可用于碾粪。它是由木架和 2 个直径 36 厘米的木质压碌组成。木碌成"品"字形。小木碌子压后不伤苗，利于幼苗生长。成本低且耐用。相对于以前的压低农具，提高了效率，促进了当时农业生产的发展。

小木碌子和木滚镇压器

中国农业博物馆收藏有小木碌子。

长条石碌子

长条石碌子分布于辽宁地区。

石碌是劳动人民发明的一种脱粒农具，是 20 世纪 90 年代以前农场乡下打谷场上经常见到的一种石器农具，圆柱形，两端有洞，使用时用特制的木架子套上。收割机，拖拉机，压路机，脱粒机等现代化的机械出现以后，石碌就退出了历史舞台，成为文

---

① 孙诚：《本溪民俗风情》，中国戏剧出版社，2004 年 11 月

长条石磙子

人墨客怀旧的物什。

长条石磙子适用于旱田墩上镇压，作碎土用。

民间与石磙有关歇后语有很多，如：

石磙点灯——照常（场）；

石磙搬家——改常（场）；

石磙不转圈——狂（框）事（实）；

石磙当凳子——难办（搬）；

石磙进商店——笨货；

石磙闹罢工——反常（场）现象；

石磙破两块——半转；

石磙做蜡台——千稳百当；

石磙砸碾盘（碌碡）——实（石）打实（石）；

石磙碾芝麻——沾油；

石磙搁在树杈里——滚动不了；

搬起石磙砸天——不知天高地厚。

（五）开沟工具

开沟犁

开沟犁

开沟犁有多种，关中开沟犁、山西开沟犁分布于陕西、山西地区。

开沟犁的雏形产生于唐代，后世不断改进。现代的开沟犁朝着两个方向发展，一种是小型化、便携化；另一种则是大型化，犁铧的数量较多。

开沟犁适用于开沟播种。其构造为：犁辕直、木制，有犁床、犁柱和扶手，结构较二牛抬杠进步。犁头无犁壁，前端尖而锋利，两边有犁翼。可调节犁辕的高低来调节开沟深浅。

开沟犁适宜黄土高原的土质特点，入土好，破土力强；但操作难度大，不易掌握。

中国农业博物馆收藏有关中开沟犁、山西开沟犁。

双腿开沟耠子

双腿开沟耠（huo）子分布于北京地区。

耠子在北方农村使用有着上千年的历史，与犁不同的是耠是向两边翻土的。用于旱田、旱地开沟。其构造为：双腿耠子除两个铁的开沟犁铲外，其他部分全为木制。由两个牵引杆和两个犁柱组成机架。两个犁柱上装一横木。开沟裂缝用铁丝固定在犁柱的下端。相比于单行的开沟犁效率更高。

双腿开沟耠子在北方农村地区仍有少量保存。

双腿开沟耠子

三行开沟器

三行开沟器分布于广西地区。

三行开沟器主要用于旱地开沟，其效率相比于旧犁有了很大的提高，但其操作难度加大，灵活性稍差。

四行开沟器

四行开沟器分布于四川地区。

四行开沟器是在一圆木上安有木质扶手，圆木上还有 3 根木牵引杆，在杆上刻有缺口，在刻口套绳及调节开沟深浅。圆木上还安有四个开沟器，其头部为铁制。

三行开沟器

其使用方法是：根据深浅要求，用绳索套上牲口在前牵引，操作者用手握住把手即可操作。其具有结构简单、轻便、易制造的优点，提高了农业耕作效率，是农具史上的重要创造。

中国农业博物馆收藏有四行开沟器。

（六）其他整地工具

横銎式青铜钁（镢）

钁主要分布于河南、山东、黑龙江等北方省份。

钁是一种起土和除草的农具，长条形，厚体窄刃，单斜面或双斜面。头上有长方銎，銎安木柄。

四行开沟器示意图

横銎式青铜镬（镢）和
近现代的镢（图片来源：中华农业
文明网 http://www.icac.edu.cn）

西周末期至春秋早期，三国时，曹植的《藉田赋》中记载："名王亲枉千乘之体于陇亩之中，执镬于畦町之侧"。由于农业生产进入精耕细作阶段，镬已开始成为耕垦的主要农具，在一定条件下仍是耕翻土地的主要工具。

横銎式青铜镬（镢）全部用熟铁锻成，铁镬套下部为长条板状的锄片，上部为平顶锤，可用于刨土翻地时击碎土块。器身呈长条形，直刃，刃端少内弯，与镬平面约成95°，铸有方柄，柄的内腔构成方形的銎，柄边有小孔，成为固定木柄之用。镬板内侧铸有具实用性和装饰性的加强筋。

镬用于刨土，使农业劳动强度得以减轻，促进了当时农业生产的发展。镬板面所形成的弧面及镬板面与柄构成的夹角都十分符合力学原理，更重要的是加强筋的应用，说明人们对材料力学已有初步认识。此器整体结构比较复杂，能够完成这样复杂器件的浇铸，可以说对模具及浇铸工艺的掌握，水平都是相当高的。此类，所见不多，但结构原理复杂而先进，且发现于春秋早期，值得重视。

中国农业博物馆收藏有横銎式青铜镬（镢）。

关中铁铣

铁铣分布于陕西关中地区。

铁铣为铁质整地工具，铁铣有重0.5千克、1千克、1.5千克等；还有凿子铣、钢板铣之分。凿子铣一般用于翻地、挖灰；板铣用于铲土、铲粪等。

铁铣古时由民和川口及西宁城内炉院匠用熟铁打制，由于熟铁由脚夫从汉中等地驮来，一块银元仅买1.5千克，加之成本过高，一张铁铣需用75千克小麦兑换。

铁锨是农民经常使用的劳动工具之一，它使用杠杆原理，一般用于工地掘土、挖河、卸车、挑沟、装沙等。用铁铣翻过的土地，种植作物增产显著，但是它的劳动强度大。

中国农业博物馆收藏有关中铁铣。

铁铣
（图片来源：中华农业文明网
http://www.icac.edu.cn）

二、播种工具

（一）平原旱地播种工具

点葫芦

点葫芦分布于东北地区，主要在内蒙古赤峰和辽宁地区。

远在春秋战国时期，它就出现并且广为使用。《齐民要术》一书称其为"窍瓠"。"窍"，孔穴；"瓠"，葫芦。窍瓠即内中掏空之葫芦也。书中"种葱"一节言："两耧重耩，窍瓠下之，以批契继腰曳之。"就是指用耧开沟后，用窍瓠播种。

点葫芦由 4 个部件组成：①装种子的葫芦有的是葫芦，有的是铁盒，有的是布袋，或者是没有鞣的猪皮；②筒子；③蓖子，根据种子颗粒大小、下种量多少确定蓖子密度；④点种棍，用来磕打筒下种。其结构有两种，一种为葫芦式，一种为口袋式。前者是在木制方筒上端凿直径为 3.3 厘米的圆孔供种子出入。后者则用木制方筒上端的敞口束上用布做成的口袋替代葫芦。

播种前，用几枝蒿秆插于木制方筒下端排种口处，以调整播种量。播种时，前者在方筒上系带子挂在肩上，后者把种子口袋套在肩上，一手持方筒，另一手执木棍，边行边敲打方筒下端，使种子均匀地撒在播种沟内。[1]

点葫芦制作简单，操作简便。适用于小块土地，效率相比人

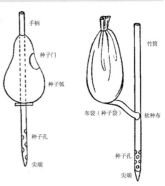

点葫芦及示意图
（图片来源：中国农业博物馆
http://www.zgnybwg.com.cn）

---

[1] 孙诚：《本溪民俗风情》，中国戏剧出版社，2004 年 11 月

手要高，但低于耧车。

民间有谜底为点葫芦的谜语："胡（葫）小姐独到中央，穆（木）桂英穿胸过膛，梁（梁）大爷不发兵马，章士贵（尺棍）蹦高不让。"

中国农业博物馆收藏有点葫芦。

吉林补种器

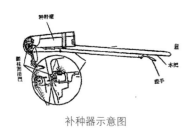

补种器示意图

吉林补种器分布于吉林地区。

吉林补种器由木把、种籽箱、开沟器组成。木把：开沟器与种籽箱都装于木把上，在木把上还嵌有一捏手，通过牵引铗绕来控制排种的开关。开沟器形状像鸟嘴，其上部有一方孔。

补种器适用于缺苗补种。吉林补种器的优点是：可以随穴随播，结构简单，使用轻便灵活。

双斗独腿耧、玉米播种耧、独腿耧

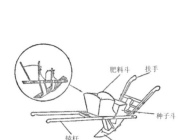

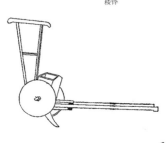

双斗独腿耧示意图、玉米播种耧和独腿耧

双斗独腿耧、玉米播种耧、独腿耧分布于山东、河南地区。

耧车是古代播种用的农具，由牲畜牵引，后面有人把扶，可以同时完成开沟和下种两项工作。耧车是一种比较复杂的机械，同时也是十分成功的机械，从它定型后，在近2 000年的历史长河中，一直发挥着重要的作用，至今未完全退出历史舞台。因所播种对象的不同而使某些机构做微小的变动，但基本原理和整体结构没有再发生大变化，是现代播种机的雏形。①

大多数人认为耧车由汉代赵过发明和推广，东汉崔寔《政论》记载，耧犁是西汉武帝时搜粟都尉赵过所发明，为现在播种机的前身。周昕的《中国农具通史》研究认为，汉代发明的是耧犁铧，是耧车的过渡形式，并非耧车。耧车的发展历史漫长而复杂，不是某个时间某个人发明的。

双斗独腿耧、独腿耧用于播种小麦、谷子等作物。还可行间套种。构造简单，与一般耧相同，只是在后面加一木轮，木轮左边加一个凸轮，通过小铁棍带动种子箱下的活门，时开时关，保证等距点播。尤其适合于水浇地区小麦宽幅密植和谷子调角留苗的种植。玉米播种耧用于播种玉米。主要由种子箱、地轮、辕杆

① 周昕:《中国农具通史》，山东科学技术出版社，2010年，第429页

和扶手等组成。

它们的优点是：可以随穴随播，结构简单，使用轻便灵活。同时还能保证行距一致，深度一致，疏密一致，便于出苗后的通风透光和田间管理，使得播种的质量也得以提高。

耩子、活腿耧、三腿自动耧

耩子、活腿耧、三腿自动耧分布于山东、河北地区。

公元前 2 世纪，中国发明了多种种子条播机耧车。采用沟垄相间的方式用手沿垄播种，又慢又费力。后来发明了种子条播机耩子等，只需用一头牛或马牵引，并按可控制的速度将种子播成一条直线，大大提高了行播效率。也称"耧车""耧犁""耩子"，一种畜力条播机。据说西汉赵过作耧，已有两千多年历史。由耧架、耧斗、耧腿、耧铲等构成。有一腿耧至七腿耧多种，以两腿耧播种较均匀。可播大麦、小麦、大豆、高粱等。

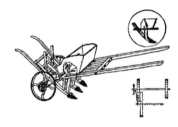

耩子可在旱地播种小麦等种子。由机架、种子箱、扶手、牵引杆组成。一人操作一畜牵引，每天可播种 12 亩。活腿耧适合播种玉米、棉花和豆类植物。其在构造上主要是行距能够调整。三腿自动耧适合播种小麦、豆类等作物。其在构造方面与一般耧大致相同，不同之处就是在后轴轮上各设一个深浅调节杆。三腿自动耧提高了行播效率，进而提高了农业产量。其优点是构造简单，使用方便，行距可调节，效率高。可同时完成开沟、播种、施肥等作业。

南京江心洲农趣馆收藏有耩子、活腿耧、三腿自动耧。

耩子、活腿耧和三腿自动耧示意图

带水耧子、带水耧

带水耧子、带水耧分布于江苏徐州和安徽地区。

汉武帝的时候，赵过在一脚耧和二脚耧的基础上，创造发明了能同时播种三行的三脚耧。20 世纪 70~80 年代，许多农户家里都有耧车。耧车由耧杆、耧把、耧篓、耧腿、耧铧等主要部件构成。

带水耧子适用抗旱播种麦子、大豆。带水耧适用于旱期带水播种。其供水和操作一般需要 6~7 人。由 1~2 头畜牵引，每天播种 10 亩左右。在旧式播种耧的种子箱后面加一个铁皮制的水箱。其优点是天旱时播种，种子可发芽。装水多，轻便，制造简

带水耧及示意图
（图片来源：中华农业文明网
http://www.icac.edu.cn）

单。缺点是：无控制水量装置，播种后不能覆土。

中国农业博物馆收藏有带水耧子、带水耧。

六腿耧

六腿耧示意图

六腿耧分布于陕西地区。

六腿耧同样由耧架、耧斗、耧腿、耧铲等构成。

六腿耧主要用于播种小麦。除传动齿轮、播种轮、耧角为铁制外，其余均为木制。由两个行走轮传动，动力由齿轮、曲拐、速杆排钟齿轮及其轴上的拨子轮传来。有离合器，种子就不外流。

其优点是：易操作，播种均匀，深浅一致，适合小块地使用。

（二）水田播种工具

插秧船

插秧船及田间作业

插秧船分布于安徽、河南、广西、陕西等地区。

插秧船用于插秧。分船身、篷架和指行器，船身是木制的。篷杆固定在船身中间，并和船身上座板联系在一起，船头船尾都是空的，可以盛秧苗和肥料。指行器装在船头，由6根纵杆，一根横杆组成，纵杆上有划线，该线就是株距指标。

它的使用方法是插秧人坐在座位上，安指标插秧，然后两腿支撑向后退。

其优点是船身轻巧，制造简单，全为木制，携带方便，特别是船体和指行器的合理结合，减少插秧工序，提高劳动效率。

插秧船曾流行于大跃进时期，可将秧苗插得更密集。但随着现代耕种技术的改进，插秧船渐渐被淘汰。

中国农业博物馆收藏有插秧船。

三、中耕工具

（一）旱地中耕工具

锄：锄是一种长柄农具，其刀身平薄而横装，专用于中耕、除草、疏松植株周围的土壤，形如铲而宽，有鏁。镰为直柄，锄为曲柄。站立着操作的除草工具，櫌是坐着或者蹲着除草的工具。在原始社会，大多数定义的锄是形似锄的耙。西周时代，出现了青铜锄，一直沿用到战国时代之后出现了铁锄。锄是秦汉时代重要的中耕除草的工具。

三角锄

三角锄主要分布于福建地区。

青铜锄最早出现于西周时代，一直沿用到战国时代。战国时出现铁锄。杜甫《兵车行》中有"纵有健妇把锄犁，禾生陇亩无东西"。现代的三角锄多采用热处理的高碳钢作为主要原料，现主要用于农业、林业、建筑、矿山等。

青铜锄主要用途是用于补耕，耕地时漏下没耕的地用它挖。它不仅可以锄草，还有利于保墒，促进了当时农业技术的进步。

中国农业博物馆收藏有三角锄。

三角锄

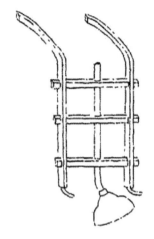

楼锄（图片来源：华夫主编《中国
古代名物大典》）

楼锄

楼锄现在西藏昌都地区仍在使用。

北宋农民将前代的楼车和铁锄结合在一起便创制了这种工具。系由楼车发展而来，同楼车非常相似，只是没有楼斗，取而代之的是棱锄。宋元时期中耕除草农具的一项突出成就，就是楼锄的采用。

关于如何使用楼锄，元朝《农桑辑要》引《种莳直说》记载："芸苗之法，其凡有四：第一次，曰撮苗；第二次，曰布；第三次，曰壅；第四次，曰复。一功不至，则粮莠之害，秕糠之杂人之矣。今之器以锄……号楼锄。撮苗后，用一驴带笼嘴挽之。初一人牵，惯熟不用人。只一人轻扶，入土二三寸，其深胜过锄力三倍。所办之田，日不啻二十亩。"用楼锄锄地第一遍时，因为锄刃在土中，不会开成沟，不会使农作物幼根因不耐旱而受影响。但只起到除草松土的作用。当锄第二遍时，在楼锄刃上另外附加一种叫"擗土木雁翅"的附件。这种附件的木质厚度为 10 厘米、宽 1.7 厘米，便于穿在铁锄柄上，并压在锄刃上，增加这一部件后，不仅可以松土除草，而且还可以起到培土的作用。王祯称赞这种农具："拥土欲深添'雁翅'，为苗除秽当锄头，朝来暮去供干垄，力少功多限一牛。"[1]

使用楼锄时用一驴挽之，效率非常高。锄头的入土深度二三寸（6.5~10 厘米），超过手锄的三倍，而且速度快．每天所锄的地达 20 亩之多。

镫锄

镫锄是一种锄草农具。其首形如马镫，故称。明·徐光启《农政全书》卷二二："镫锄，刬草具也。形如马镫，其踏铁两旁，作刃甚利。上有圆銎，以受直柄。用之刬草，故名镫锄。"

镫锄的形状像马镫，镫两旁的铁刃很锋利，上端有圆銎，用以套装直柄；就用这刬草，所以叫镫锄。直柄四尺长。它比通常的锄没有两边的刃角，不致损伤禾苗根茎。或者稍遇干旱，或者

---

[1] 张帆，华庆：《安徽农具发展呼图说》，安徽人民出版社，2006 年 05 月第 1 版

在烤秧之后，田面稍呈干涸，杂草又长出，不是耘耙、耘爪所能剔除的，就用此器划除，特别迅捷。[①] 这是创制的人随地所宜，偶尔假借镫形，取其便于利用。这跟前代的仪仗"镫棒"没有差别。曾经见到江东农家使用此器。

中国农业博物馆收藏有镫锄。

镫锄及使用示意图
（图片来源：中华农业文明网
http://www.icac.edu.cn）

手锄、安徽四齿锄

手锄和安徽四齿锄分别分布于内蒙古和安徽地区。

它们皆起源于古代农具耨，是除草工具，在贾谊《旱云赋》中记载：释其锄耨而下泪。

手锄用于中耕锄草。分大手锄和小手锄两种，构造形式完全一样，由木柄与锄身组成。

安徽四齿锄由四个铁锄头、木横杆、木柄组成，木柄和横杆固定在一起。其固定方法有两种：其一，在锄背末端穿一孔，使它穿入横木，然后用螺钉固定。其二，在锄背末端锻成圆柱头，然后旋出螺纹，穿过横杆后用螺帽固定。安徽四齿锄构造简单、灵活性强、操作简便，效率低。

中国农业博物馆收藏有手锄、安徽四齿锄。

手锄和安徽四齿锄

板锄

板锄分布于黑龙江地区。

板锄用于锄草，由锄柄和锄板组成，锄板为扇形，也有半圆形一套三个的。因此，使用时可以更换。

中国农业博物馆收藏有板锄。

板锄

---

① （元）王祯：《农书译注下》，齐鲁书社，2009 年 4 月

双头锄草器和双口刮刀

双头锄草器、双口刮刀

双头锄草器、双口刮刀分布于河南地区。

双头锄草器由两个锄板和锄裤组成，锄裤一头有一铁环，用以锁住木柄。适于旱地锄草、松土。

双口刮刀由木柄、锄裤、两个刮刀组成。刮刀安在锄裤的两个叉头上，刮刀向后倾斜以便入土。

三用活页锄

三用活页锄

三用活页锄分布于安徽地区。

青铜锄最早出现于西周时代，一直沿用到战国时代。战国时出现铁锄。它不仅可以锄草，还有利于保墒。说明当时农业技术有了较大进步。

中耕锄草、耧草和筑土。锄裤两边各伸出上下两层铁板，板上有两个螺丝孔，一边装上锄杆，一边装上四齿抓钩。其大小视需要而定。其优点是用途较广。

中国农业博物馆收藏有三用活页锄。

八齿耘耙

八齿耘耙

八齿耘耙分布于安徽地区。

八齿耘耙由耙和木柄组成。横木长约30厘米；耙齿8个。明代徐光启的《农政全书》卷二中记载："耘耙，以木为柄，以铁为齿，用耘稻禾。"

耘耙是农业生产中传统的翻地农具，之后演化成中国武术器械之一。铁齿钉耙，耙齿锋利似钉，攻击性强，也兼有兵器的作用。

八齿耘耙适用于山区或园地碎土或平地。其优点是单人操作，轻便灵活。

耘锄、东台三齿耘锄

耘锄、东台三齿耘锄分布于陕西、江苏地区。

耘锄适用于棉区及条播作物的锄地。由调节板、耘锄架、耘齿及铲刀组成。调节板上有4个孔，可以调节锄把高低，除锄把为木制外，其余都是铁制。使用方法：一畜牵引，一人操作，工作前调节好把柄。

东台三齿耘适用于中耕锄草及松土。由3个锄铲、导输、架子、门木、分苗竹环和扶手组成。

耘锄效率较高，不仅能进行锄草、松土、起垄（培土）等多项作业，对耘锄稍加改装，也可进行施化肥和条播大豆、玉米等作业。新中国成立初期，曾经广为发展新式耘锄，它在一定程度上解放了劳动力，提高了劳动效率，促进了当时农业生产的发展。

中国农业博物馆收藏有耘锄、东台三齿耘锄。

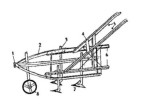

1. 牵引钩子　2. 分苗竹环
3. 锄柄　4. 门木　5. 扶手
6. 边扶　7. 锄锛　8. 导轮

东台三齿耘锄示意图

松土爪

松土爪分布于河南地区。

松土爪由两组齿爪与锄柄组成，每组平列。

松土爪用于雨后破碎硬土壳或杂草。它的使用方法是：抓住锄柄，向后拉动，即可破碎土壳。

中国农业博物馆收藏有松土爪。

松土爪

南通培土器

南通培土器分布于江苏地区。

培土器用于向植株根部培土起垅，也可用来开灌溉或排水沟。它基本是由一个左翻犁体和一个右翻犁体将胫刀线札犁侧板合并为一而成。培土器左、右工作面完全与铧式犁的曲画相同。只是培土器工作的土量较少，阻力较轻。常用之培土器，有双壁板犁及圆碟形培土器，在农作物大致已定型后，应视其生长所在地区，予以适当培土，目的在稳定作物根系，促使作物有良好的灌溉排水系统，良好的生长环境，以达成丰硕收获。

培土器的形式：培土器因装置不同，有拖曳型及承载型，承

培土器及示意图

载型又分为前承载与后承载，为求系结方便，拖曳型前承载型，今已不用，大多已采用三点连接之后承载型，以液压控制升降，省时、省工，极为简便。

培土器近似犁的结构，前部装有导输，并由前向后装弯扶手一个，犁头部分装有培土板与锄铲。

培土器适于棉花后期的中耕培土。使用方法是：一人推，一人拉，两人联合操作。

（二）水田中耕工具

落（络）田耙

落（络）田耙，分布于江苏南部和浙江北部地区。

落（络）田耙是早年用来代替耘田的传统农具，主要用于早稻插种 20 天后以及早稻收割后在行距之间络田除草松土。此工具在 1958 年推广种双季稻后已无作用。

落（络）田耙的构造是：硬木制，木框的上面在前后二木档上各制一个有木孔的木盖头。底有 6 排竹钉齿，每排 6 齿，竹木结构。竹木制，耥耘稻间泥草，使之涠溺。[①]

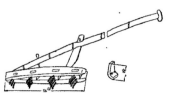

民间有谜语云："头大尾巴长，廿八粒牙齿啃地场，不会爬，只会跳，不会走，要人背"。谜底就是络田耙。

一年中有两次络田，第一次络田是为了在早稻行距间镶嵌晚稻，俗称"生晚青"；第二次是早稻收割后为保护晚青生长而把刚割去的早稻棵株络去烂田作肥料，同时也可避免早稻棵株再生与晚青争肥。

落（络）田耙在江苏溧阳又名"稻耥""耥耙""耘耥"。用于水稻田中的耕耘农具，耥体为屐形木块或木框，置有耙齿，用于推耥穴，行间草泥，使之涠溺。木体铁齿，上面装上竹柄。秧苗移栽半月后，将其放入水稻田中，顺着稻行株距的走向前后推动，去除杂草。一旬以后开始耥稻。用于水稻密植田耘草、松土。由手柄、船型板、钉齿、枝杆构成。钉齿 4 排，分别以 3、

落（络）田耙及示意图、田间作业

4、5、4 齿。其优点是：效率高，使用轻便。

中国农业博物馆收藏有落（络）田耙。

---

① 陈建国:《龙观乡志》，当代中国出版社，2006 年 6 月

小四方薅秧耙

小四方薅秧耙分布于云南地区。

耙是农业生产中传统的翻地农具，曾经是农家必备的农具之一，也曾是中国武术器械之一。

小四方薅秧耙用于水稻田薅秧，由手柄与耙身组成。耙身是船型木板，板下装有 3 排铁齿。各排齿数不同。板上面安有一根木制手柄。耙身后装有一木杆。

小四方薅秧耙使用方法是：使用时两手握柄，前推后拉。优点是：效率高，制作简单，使用轻便。

中国农业博物馆收藏有小四方薅秧耙。

小四方薅秧耙及水稻田薅秧

水田锄草器

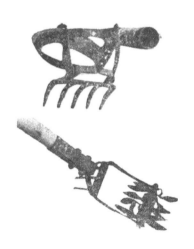

水田锄草器包括湖南水田锄草器、福县水田锄草器、崇安水田锄草器分布于湖南、辽宁、福建地区。

湖南水田锄草器用于水田作物中耕锄草。由铁箍、无齿耙及锄裤组成。崇安水田锄草器由木柄、框架、螺旋式滚轮、齿耙组成。框架后端定在木锄裤上，架的前端套着螺旋式滚轮，框架后端固定三齿耙片。福县水田锄草器构造：铁框前有一滚动轴，轴上有 8 个铁制叶片。把锄过的草滚成团，按入泥下，做肥料。它们的优点是：构造简单，使用轻便。

中国农业博物馆收藏有湖南水田锄草器、福县水田锄草器、崇安水田锄草器。

福县水田锄草器和崇安水田锄草器

四、施肥积肥工具

粪耧

粪耧分布于安徽地区。

粪耧最早记载见于元代的王祯《农书》，书中有这样的一段话，"近有创制下粪耧种，于耧斗后，另（有的版本作别）置筛过细粪，或拌蚕沙，耩时随种而下覆于种上，尤巧便也。"

粪耧同"耧车"或"耧犁"，制作轻巧方便，利于操作，提高了劳动效率。

施肥耧（粪耧）

施肥耧分布于安徽、河北地区。

施肥耧用于施化肥和颗粒肥料，也可作播种作物用。其由耧身、耧斗、耧腿、导输和辕杆组成。耧斗中有一个排肥输，由导输通过链条带动旋转。在导输上订有一圈铁钉，可增加摩擦力。施肥耧方便了劳动者，提高了施肥效率。

中国农业博物馆收藏有施肥耧。

施肥耧和粪耧

施粪车

施粪车分布于山西、江苏地区。

施粪车的构造和吉林手推式撒粪车基本相同。仅搅拌器是由行走轮上的皮带轮经皮带带动进行工作。后者用于施肥兼浇水用，在双轮车架上安一个肥箱即可。

施粪车结构简单，使用轻便，施肥面广。

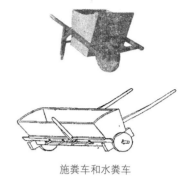

施粪车和水粪车

黑山追肥器

黑山追肥器分布于辽宁地区。

追肥器用于农田追肥化学肥料。

追肥器是由储料箱通过软管与手提施肥器连接构成；手提施肥器由手柄控制的制动弹簧拉杆、输料管和输料器组成；输料管一端与软管相连接，另一端与输料器上部的料仓连通，输料器内设有计量调节器，手柄控制的制动弹簧拉杆同时控制计量调节器的进料口活塞、出料口活塞和输料器的输料口活舌的开关。

使用实用新型追肥器，可轻易做到定量、定位给农作物追施化肥，节省化肥达50%，减轻土地的板结，减少污染，大大降低了劳动强度和对农作物的损坏，劳动效率大幅度提高。

黑山追肥器
（图片来源：农业部编《农具图谱》）

追肥抗旱车、浇水车

追肥抗旱车、浇水车分布于山西、安徽地区。

追肥抗旱车、浇水车适于平原、丘陵、旱地作物施肥浇水用。由二轮车加以木制水箱制成。水箱后装有喷水头，喷水头与水箱之间装有开关，控制下水和下肥量。大部分为木制。前者卸掉追肥箱，加上车厢或木板还可以用于运输。

追肥抗旱车构造：它由双轮木架、施肥箱、滤网、输肥管等组成。施肥量由施肥箱旁的木杆控制。输肥管由6个竹筒制成。使用方法：工作时先将用料放入施肥箱，两人拉一人掌握。较为简单。

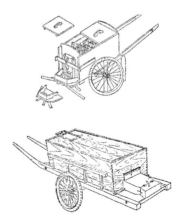

追肥抗旱车和浇水车示意图
（图片来源：农业部编《农具图谱》）

粪杈

掖县粪杈

掖县粪杈分布于山东地区。

粪杈是一种家用掏挖农家肥的工具，从猪圈里向外出粪及挑其他草粪用。粪杈是在四齿杈上装有一根长木柄，齿的根部稍弯。粪杈方便了广大农民的农田作业，提高了工作效率。

中国农业博物馆收藏有掖县粪杈。

罱泥夹

罱泥夹

罱泥夹分布于苏南、苏中地区。

罱河泥是江苏稻作区过去种稻必需的一种有机肥。每年开春，罱河泥是准备春种工作的重要一项。不仅为稻种准备了肥料，而且也同时疏浚了河道，有利于运输和灌溉。

王又曾的《罱泥》诗，描摹了这种劳动："昨宵雨才足，新畦宜粪种。南村借橛船，捞泥水波涌。双竿舞燕梢，两手礼鼠拱。纵远项背倾，拔深腰脚勇。横撑沙觜阁，侧立船舷重。乱牵菰蒋沉，声触鸥群恐。急须咨草人，骈赤分土垄。"

许多吴歌也记述和描写了长工罱河泥时的艰苦。如下面这首《长工谣》："长工做到二月中，罱泥船出浜到湖中，东家老爷奔东奔西去看春台戏，我东太湖罱到西太湖。"

罱河泥要靠手臂和腰背的力量来操作，十分辛苦，又累又脏，如今稻田大多用化肥，用挖泥船疏浚河道，罱河泥已被淘汰。

罱泥夹由竹竿和网兜做成。交叉成燕尾状。

罱河泥时，罱泥的村民站在船头，用竹竿和网兜做成的工具，从河底将淤泥捞入船舱。然后送到要施肥的田边，将河泥、稻草相杂后堆陈在田头洼塘里，腐熟后壅田。

罱泥夹是传统农业生产中重要的有机肥积肥农具，在积肥、疏浚河道中发挥了重要的作用，是劳动人民智慧的结晶。

苏州甪直水乡博物馆收藏有罱泥夹。

五、收获工具

铁镰

铁镰分布于陕西、河北地区。

镰是古代一种长条形弧刃的收割农具，贯穿于整个原始农业时代的全过程，夏商周时代，镰仍然是主要的收割农具。新石器时代的石镰和蚌镰捆绑在木柄上使用，商周时期，石、蚌、骨是主要材料，商周时期已出现青铜镰刀。大约从战国开始，铁镰逐渐取代铜镰。西汉以后，铜镰已经基本消失。作为收割禾秸的铁镰，自汉代以后基本定型，延用至今变化不大。

铁镰用于收获茎秆较粗的谷物，由铁镰头和把子组成。它的出现，极大的提高了收割效率，增加了农作物产量。

中国农业博物馆收藏有铁镰。

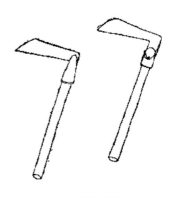

铁镰示意图

劈草刀

劈草刀分布于福建地区。

刀为单面长刃的短兵器。同时泛指可用于切、削、割、剁的工具，与匕合称亦为膳食器。刀的最初形态，与钺非常接近。其形状为短柄，翘首，刀脊无饰，刃部较长。到春秋战国时期，刀的形状发生巨大变化，两汉时，刀逐渐发展为步兵的主战兵器之一，同时出现了许多不同形式的长柄刀。

劈草刀极大地方便了劳动人民锄草，提高锄草效率。这是中

劈草刀

国农具史上的一大进步，粮食产量有了较大的提高。

中国农业博物馆收藏有劈草刀。

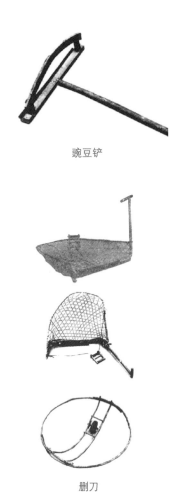

豌豆铲

豌豆铲

豌豆铲分布于陕西地区。

铲是由生产工具演变而成为古代战争的兵器和武术器械。中国商代有青铜铲，战国时期开始用铁铲。铲也是古代百姓和僧侣随身携带的武器。铲头一般是铁制，但杆有木或铁制两种。

豌豆铲由三齿杈、铲刀、铲裤和长木柄制成，铲刀在三齿叉头上，长木柄安在叉裤中。豌豆铲用于收获豌豆，其优点是效率高，使用轻便。

中国农业博物馆收藏有豌豆铲。

删刀

删刀分布于河南地区。

删刀是豫东地区流行最早的一种较为先进的旧式农具，适于收割麦子，一人操作每天可收割 10~15 亩，比用跪刀提高效率5 倍。

删刀由刀片、竹筐、木柄手把组成，刀片安在竹筐的前面，薄而锋利。删刀用于收割小麦，使用方法为：操作的人右手握住木柄把手，左手握住拉绳把手，工作时以右手为中心，左手使劲拉，使删刀快速运动割断麦子。优点是效率较高，缺点是容易掉粒。

中国农业博物馆收藏有删刀。

删刀

拔棉秆器

拔棉秆器及示意图

拔棉秆器分布于四川、陕西地区。

拔棉秆器用于拔棉秆。在弯曲的铁钩上装有一根"丁"字形木把。比用手拔效率提高约 2 倍。使用方法：工作时，手握住木把，铁钩钩住棉秆根部，向后拉，即可拔起。优点是减轻劳动强度，避免手拔作业的痛苦。

中国农业博物馆收藏有拔棉秆器。

六、脱粒工具

连枷

连枷在中国南北方均有分布，北方以山西、陕西为代表，南方以江南地区为代表。

早在先秦时期，中原人民就采用了连枷用于守城，称之为"连梃"，后经过改造成为农具。唐代曾用于马上骑兵，今天使用的双截棍，就是连枷的改良品。

连枷为谷类作物脱粒用。是农村手工脱粒农具，由竹柄及敲杆组成，工作时上下挥动竹柄，使敲杆绕轴转动，敲打麦穗使表皮脱落。

其构造为两根长短不同的木棍一端装有铁环，并套在一起，使其能够活动。优缺点：构造简单，效率低，工作强度大。

连枷在各农具馆均有收藏，湘西部分农村地区仍在沿用。

连枷及作业

碌碡

碌碡

碌碡分布于江苏、山东地区。

碌碡是一种多用途的农具，发明于西汉时代，推广应用于三国两晋南北朝时期，并在以后得以广泛流传。碌碡本来是北方的农具，隋唐以后移植到了南方。并进行了改造，更适应水田操作。新中国成立初期，碌碡的结构和功能也不断的进行着革新和改良，各类碌碡仍在普遍使用。

碌碡的功能主要是：在旱地压雪、破垡、碎土、平地、镇田；在水田破块、压草、混泥、熟田；在场院压场、脱粒。这些功能在不同时期，不同地区各有侧重。碌碡的主要工作部件是圆辊。依据用途的不同，圆辊可以用不同的材质，制作成不同的形状和尺寸。石制光面辊碌碡，多用于压场、脱粒、碎土、平地。石制棱面辊碌碡，主要用于压场、脱粒；木制棱面辊碌碡，主要用于水田压草、熟田。齿面辊碌碡，不论石制、木制均用于水田压草、破块、混泥、熟田。齿面圆辊碌碡又常被称为砺砆。破块熟田的木、石制齿辊，可做得细长些；脱粒用的石辊可做得粗短些，外形还可以做成鼓形体或截锥体。实现对圆辊的牵拉，有两种形式：一种是对圆辊括以木框，俗称括子。用两根短轴与石辊两端的穴洞连接。木框系以绳索，套牛牵拉。另一种是在圆辊（多以木制）两端做榫，榫上套以带孔木板，板上系以绳索，用人力和畜力均可牵拉。

碌碡被称为考察当时当地农具的一个见证物，灌南胡长荣私人农具馆等有收藏。

板桶

板桶分布于陕西地区。

板桶用木板做成，扁圆形，因而也叫"扁桶"。后经改进，桶外安了一个踏板，连着里面一个大大的滚轴，滚轴的木条上有密密麻麻的小凸形铁条，减轻了操作者的体力消耗。

板桶用于水稻脱粒。构造简单，大小根据需要而定。收割稻谷时，人们把板桶抬到田头，用篾席将桶的三方围住，以防谷子溅出，又在桶内放一把竹齿耙子，把已割好的稻谷拿起来，朝桶内的竹齿耙子上使劲板，谷粒便纷纷落入桶内为避免谷物散失，桶两侧围一张竹席。可随收随打。

使用方法：1~2人同时工作，操作者两手握住稻秆，向上举起，可按碰击声，判断谷物是否脱粒。工作效率低，多为男子和青年女子操作，较为费力。

中国农业博物馆有收藏板桶。

木制打稻机、黄包车式水田打稻机

打稻机俗称"打谷机"，为最常见水稻脱粒机械。需要先将水稻收割以后，通过这种机械将水稻谷粒与茎秆分离。打稻机分为两类，一类依靠人力驱动，称为"人力打稻机"，为半机械化工具；将打稻机改为动力驱动，则称为"动力打稻机"。打稻机的出现大大降低了水稻收割的劳动强度，同时也改善了农业生产力。木制打稻机、黄包车式水田打稻机分布于福建省。

打稻机出现于20世纪50年代，大量推广于60年代，改革开放以前主要以"人力打稻机"为主，为水稻机械化工具。

木制打稻机用于水稻脱粒。这种打稻机全用木制，降低成本。在木架上安有滚筒，由一个脚踏板，踏轮。两个皮带输通过皮带带动滚筒转动。

黄包车式水田打稻机的使用方法和效率与一般打稻机相同。构造：将打稻机安装在船型底座上，这样便于在水中拖动，并可做承接谷物之用，船头上有脚踏台，关上时可以乘人，打开时可以出谷。加装漏斗于滚筒轴下方约1/4处，脱下的谷粒便从漏斗中留出。在滚筒后面，漏斗下方装一个竹制筛子，筛子与脚踏连接，借连杆作用进行活动。一般在滚筒上前方罩一活动布篷，防谷粒向外飞溅。

木制打稻机、黄包车式水田打稻机，提高了稻谷脱粒的工作效率，方便了劳动人民的生活，是农具史上的一大发明。

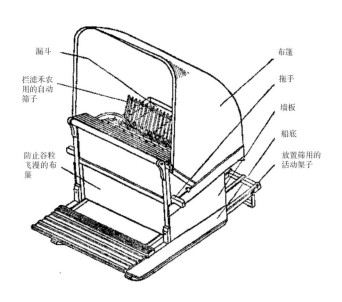

漏斗
拦滤禾农用的自动筛子
防止谷粒飞漫的布簾
布篷
拖手
墙板
船底
放置筛用的活动架子

黄包车式水田打稻机示意图
（图片来源：农业部编《农具图谱》）

脚踏脱粒机

脚踏脱粒机分布于安徽地区。

用于脱粒水稻。由两人踩动，带动一个滚筒脱粒，筛子筛选。其构造是：在一个箱子的一端装有一个滚筒，由脚踏板带动曲轴、皮带、使滚筒转动。再通过齿轮带转一根筛子曲轴，使筛子往复运动。筛后，杂草由筛子的尾端排出。箱筒下有轮子，机子可以移动。

使用方法：由两人操作。适用于下田脱粒水稻。脱粒干净，减少散落，操作轻便。便于运输，能下水田，适合双季稻去收割早稻。提高了稻谷脱粒的工作效率，方便了劳动人民的生活，是农具史上的一大发明。

脚踏脱粒机在湖南攸县部分农村仍有保存。

脚踏脱粒机及田间作业

马拉打稻机

马拉打稻机分布于河北、云南地区。

马拉打稻机用于水稻脱粒。木机除了不用脚踏，传动机构安装在两个滚筒的中间，两个滚筒固定在同一根铁轴上。由畜力带动的打稻机。在构造上，就是由一部畜力原动机和两部打稻机联合制成。它们由一根长的木轴连接，通过两对斜形齿轮，带动滚动轴，使滚筒转动。传动部分是在一个四方形木架内安装一个大木齿轮，大木齿轮与右边的一个小木齿轮吻合，两个木齿轮通过一根长木架连接，在大木齿轮上装一拉杆用来套牲口牵引机器转动。

其使用方法：将牲口套上，先由人力将滚筒推转，然后赶牲口，避免牲口猛拉，打坏齿轮。

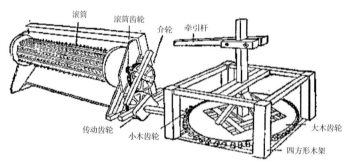

畜力打谷机示意图
（图片来源：农业部编《农具图谱》）

水力打稻机

水力打稻机分布于云南地区。

水力打稻机适于水稻集中脱粒。由水力冲动一个涡轮转，通过皮带带动两个滚筒式打稻机转动。打稻机下还装有一部风车，脱完的谷粒可以通过鼓风口除掉杂物。使用方法：由水力带动打稻机，两人操作，手拿稻秆进行脱粒。

水力打稻机
（图片来源：农业部编《农具图谱》）

乱草机

乱草机分布于黑龙江地区。

乱草机是二次脱粒的工具，将没有脱净的或乱的稻秆再进行脱粒。在一个箱筒架上，平行安装两个钉齿滚筒，每个滚筒下面都包有铁皮圆孔凹齿板，将需要脱粒的稻草从前方喂入台上，经过两个滚筒的打击，稻草从另一端抛出机身外，脱粒的粮食就由凹齿板孔漏出，经过风扇清洗被吹到机外。使用方法：由动力带动后，在滚筒间放入稻草即可。

乱草机

玉米搓子、玉米脱粒器

玉米搓子、玉米脱粒器分布于陕西、安徽地区。

玉米搓子、玉米脱粒器用于玉米脱粒。构造较为简单，主体是以长方木条，中间挖一长形凹槽，槽中开以斜口，钉一铁钉即可。使用方法：一手压住玉米搓子，一手拿住玉米棒，使棒子在玉米搓上来回滚动，铁钉便把玉米粒脱下。

玉米脱粒器构造极其简单。用一块铁板弯曲成一块三角形的底座，斜边一面凹下，中间有脱粒钉齿，上面装有一弹簧压紧玉米穗，盖上时，二者中间形成圆孔，将玉米穗放入，反复推拉。使玉米脱粒，然后再翻转。比徒手脱粒效率提高 4 倍。

玉米搓子、玉米脱粒器使用范围广，不受地区限制，尤其适合山区。

中国农业博物馆有收藏。

玉米搓子示意图

洋镐

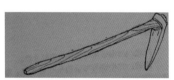

尖镢

七、农田水利工具

（一）农田水利施工工具

镐

镐主要分布于辽宁地区。

镐由铁制镐头和木柄组成。镐是古代一种兵器，现在演变成刨土的工具。为当地常用旧农具之一，适于水利施工取土。刨地瓜、土豆及硬地头。优点是刨得深，镐板较结实。

镐在农村地区仍然沿用。

尖镢

镢头有尖镢和板镢两种。用于挖土或肥、挖洋芋、挖树坑和水土保持等。

尖镢构造分为尖镢头和镢把两部分，尖镢头由熟铁制成，上安木把。尖镢分布于陕西地区。

《资治通鉴·唐纪》中有记载："镢其城为坎"。

中国农业博物馆收藏有镢头。

桶锹

桶锹分布于辽宁地区。

铁锹，一种农具，用于耕地，铲土的农具。长柄多由木制，头是铁的，还可军用。

桶锹由圆桶形铁制锹头与带有横炳的木杆组成，用于挖土、翻地、铲土，使用时不粘土，容易入土，省力。

桶锹使用方法：工作时用脚把锹踏入土中，挖土。

中国农业博物馆收藏有桶锹。

桶锹

辽宁板锹

辽宁板锹分布于辽宁地区。

铁锹，一种用于耕地，铲土的农具。长柄多有木制，头是铁的，还可军用。

辽宁板锹主要用于起土，在施工过程中较为省力、方便。

中国农业博物馆收藏有辽宁板锹。

辽宁板锹

吊杆

吊杆分布于湖北地区。

吊杆又称"桔槔"，早在春秋时期就已相当普遍，而且延续了几千年，是中国农村历代通用的旧式提水器具。桔槔始见于《墨子·备城门》，作"颉皋"。

吊杆适于兴修小型农田水利工程时的运土。特别适合于深挖土方，当取土处特别深时，也可以把 2~3 个吊杆串联起来使用。

其构造是在一个立杆上用绳子活动的吊一个横杆，横杆两端分别系两个吊土盆，绳下有铁钩，篮子挂在铁钩上。工作时把横杆一端放下，将装满土的土箕挂上去，吊至卸土处，与此同时，杆的另一端降下，所以一端卸土，另一端装土。特点就是装土、卸土同时进行，效率提高。使劳动人民的劳动强度得以减轻。

吊杆和吊杆模型

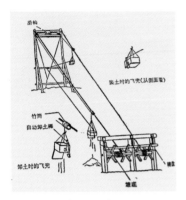

竹溜绳示意图

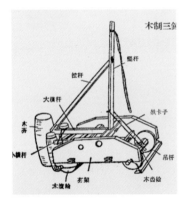

竹溜绳

竹溜绳分布于云南地区。

竹溜绳适用于山地由高处向低处运土。其构造为：由竹篾片26~32 根制成直径约 3~5 厘米的绳索，长度根据需要确定，其上套着竹筒，竹筒作为滑轮在竹绳上滑行，竹筒上悬吊着飞兜。其绳架设成双轨道，上端捆在木架上，下端绕在转盘上。只要一个兜装满土，它就靠自身的重力向下滑，滑到一定距离，自动卸土绳拉紧，使卸土木杆打开，自动卸土。同时也把空兜带上来，这样一上一下可以往返运土。其特点是利用成本低的竹料，且制作容易。

木制三锤打夯机、羊蹄夯

木制三锤打夯机、羊蹄夯分布于河南、云南地区。

木制三锤打夯机用于农田水利工程中的夯实工作。其特点是全部木制，一般农业社均可自制，同时能边打夯边前进。主要包括夯架和操纵杠杆两大部分。架的前方装木滚轮一个，后方装一木轴，轴的重要固定有木齿轮，齿轮旁边有两个木滚轮，滚轮后方有一吊杆，防止夯架向后滚动。此外，夯架的中部装有两个木轴，大木轴上装着固定的操纵杠杆。

羊蹄夯适于小型水灞夯实工作。它是仿照木夯结构设计而成，比旧式木制平夯多了 5 个或 7 个羊蹄，所以能夯得更结实，但其使用必须在木质平夯之后。

（二）提水工具

戽斗

戽斗分布于华北地区。

戽斗的甄是新石器时代的提水灌溉农具，形状为尖底小口双耳的陶瓶，耳环在瓶腹部稍高偏下的地方。最晚于元代已经成型。王祯《农书》中记载："凡水岸稍下，不容置车，当旱之际，乃用戽斗。"戽斗一直使用到现代，虽不适于大面积灌溉，用于小范围排灌还是比较灵活的。宋·陆游《喜雨》诗中记载"水车

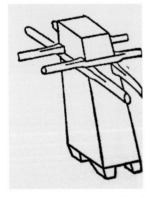

木制三锤打夯机示意图和羊蹄夯
（图片来源：农业部编《农具图谱》）

罢踏戽斗藏，家家买酒歌时康"。

戽斗是一种取水灌田用的旧式农具，用竹篾、藤条等编成。略似斗，两边有绳，使用时两人对站，拉绳汲水。适于小河或渠道上提水灌溉。使用方法：两人手持拉绳，对面站着，用力拉，将水倒入地里。它的制作是广大劳动人民的伟大创造和智慧结晶，减轻了劳动强度，方便了人们的劳动和生活。

中国农业博物馆收藏有戽斗。

戽斗

水斗

水斗分布于陕西地区。

水斗为盛水或汲水的用具。明代《宛署杂记》中记载："水斗七箇，赁脚价一分五厘。"孙犁《白洋淀纪事·浇园》："香菊把身子一倾，摇着辘轳把水摆满，再吃力地把水斗绞起。"

小型水斗用于提水，大型水斗除提水外还可运送粪料。水斗提水时，一般和杆子配合使用。构造大致与壳相似，不同之处是用梧条木编成，口上拴有斗梁。遇水膨胀，有韧性，耐磨，耐磕碰。

中国农业博物馆收藏有水斗。

水斗及示意图

辘轳

辘轳分布于陕西、山西等北方山区。

王祯《农书》中第一次详细描述了辘轳："辘轳，缠绠械也。"汉代壁画中有许多关于辘轳的图像。

辘轳是提取井水的起重装置。井上竖立井架，上装可用手柄摇转的轴，轴上绕绳索，绳索一端系水桶。摇转手柄，使水桶一起一落，提取井水。

中国农业博物馆收藏有辘轳。

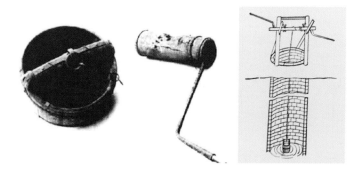

辘轳及示意图

木制水车、手摇式水车

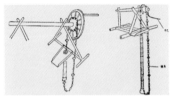

木制水车、手摇式水车分布于河北、吉林地区。

水车又称孔明车，是我国最古老的农业灌溉工具。相传为汉灵帝时华岚造出雏形，经三国时孔明改造完善后在蜀国推广使用，隋唐时广泛用于农业灌溉，至今已有1700余年历史。

水车有龙骨水车和筒车。筒车又称天车，由车轴支撑着二十多根木辐条，呈放射状向四周展开。每根辐条的顶端都带着一个刮板和水斗。刮板刮水，水斗装水。河水冲来，借着水势的运动惯性缓缓转动着辐条，一个个水斗装满了河水被逐级提升上去。临顶，水斗又自然倾斜，将水注入渡槽，流到灌溉的农田里。

水车是先人们在征服世界的过程中创造出来的高超劳动技艺，是珍贵的历史文化遗产，在中国农业发展中有很大贡献。它使耕地地形所受的制约大为减轻，实现丘陵地和山坡地的开发。不仅用之于旱时汲水，低处积水时也可用于排水。

木制水车用于浅水和渠道上提水用。其构造为：三腿木架安一木轴，轴一端伸出架外，木轴上安一辘轳的链轮，辘轳的端头有一个铁摇把，可以摇动辘轳旋转。木制链条通过木制圆形水管提水。

手摇式水车也用于浅水沟坑、渠道上提水灌溉。水车主要由转轴、传动轮、三角架及提水部分组成。木制链轮固定在传动轴上，传动轮上装有摇把，传动轴安在三角架上。

木制水车和手摇式水车及示意图
（图片来源：农业部编《农具图谱》）

土轮水车

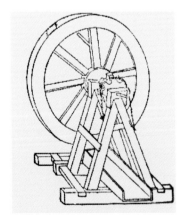

土轮水车分布于甘肃地区。

土轮水车适用于扬程不高的水井、渠道。一般由立架、飞轮和水管等零件组成，立架用木材制造，上端有轴承，飞轮装在立架轴承上，为木制。飞轮轴一端安有链轮，链轮带动水链提水；另一端安有摇把，由人操纵。飞轮大，较为轻便。

土轮水车
（图片来源：农业部编《农具图谱》）

立式水车

立式水车分布于安徽地区。

立式水车由机架、提示两大部分组成。机架上装有横轴，横轴两端装有摇把，中间装有链轮，工作时提水链在链轮上运转。此车纯为木制，能就地取材，成本低。手柄的横粗段作为配重，以便节省人力。

立式水车适用于浅水、河塘上提水灌溉。

中国农业博物馆有收藏立式水车。

龙骨水车

龙骨水车分布于广西、江苏等地区。

龙骨水车亦称"翻车""踏车""水车"，用于排水、灌溉，因为形状如龙，又称"龙骨车"。其结构是以木板为槽，尾部浸入水流中；另一端有小轮轴，固定于堤岸的木架上。用时动拐木，使大轮轴转动，带动槽内板叶刮水上行，倾灌于地势较高的田中。后世又有利用流水作动力的水转龙骨车，利用牛拉使齿轮转动的牛拉翻车。以及利用风力转动的风转翻车。广东等地用手摇的较轻便，施于田间水沟，称"手摇拨车"。

龙骨水车约始于东汉，三国时发明家马钧曾予以改进。此后一直在农业上发挥巨大的作用。龙骨水车的称呼来自民间，南宋陆游《春晚即景》中记载有："龙骨车鸣水入塘，雨来犹可望丰穰。"

龙骨水车与其他水车一样，由车箱、龙骨等组成。龙骨车前头安有两个龙耳，上面安装链轮轴，手摇把安在轴的两头，水车系纯木制。

龙骨水车用于河流、坑塘上提水灌溉。龙骨水车提水时，一般安放在河边，下端水槽和刮板直伸水下，利用链轮传动原理，以人力（或畜力）为动力，带动木链周而复始地翻转，装在木链上的刮板就能顺着水把河水提升到岸上，进行农田灌溉。这种水车的出现，对解决排灌问题，起了极其重要的作用。最初的龙骨水车是用人力转动的，后来我国人民又创制了利用畜力、风力、水力等转动的多种水车。

龙骨水车适合近距离，提水高度在 1~2 米，比较适合平原

立式水车

龙骨水车

地区使用，或者作为灌溉工程的辅助设施，从输水渠上直接向农田提水。用于井中取水的龙骨水车是立式的，水车的传动装置有平轮和立轮两种以转换动力方向。

中国农业博物馆等收藏有龙骨水车。

脚踏水车、脚踏轧花机改装提水车

脚踏水车、脚踏轧花机改装提水车分布于甘肃、山西地区。

脚踏水车是龙骨水车的一种，水车约始于东汉，三国时发明家马钧曾予以改进。20世纪70~80年代仍有一部分农村地区使用其作为灌溉工具。

脚踏水车用于水井上提水。提水部分是用传统水车的原件，传动部分由两个木制传动齿轮组成，脚踏杆直接安在脚踏齿轮两侧。它的特点是构造简单，省工省料。提水高度可达5米。

脚踏轧花机改装提水车适合于5米以上的水井提水。它是用脚踏轧花机的机架、曲轴、脚踏板等改装而成。机架的右边安一个小五轮水车的提水部分。它的特点是轻便好使，能做轧花和提水两用。工作时一人踩动脚踏板提水，每天可浇地2~3亩。

脚踏水车是中国古代最为古老的灌溉汲水工具之一，具有高效、便捷的特点。各地农具馆均有收藏。

脚踏水车和脚踏轧花机改装提水车
（图片来源：农业部编《农具图谱》）

吸筒水车、手摇水轮水车

吸筒水车、手摇水轮水车分布于安徽地区。

吸筒水车用于塘、河上的提水灌溉。由封闭水管前面的机架和龙骨车两大部分组成。

手摇水轮水车构造基本上与吸筒水车相同，不同的是将水管前端的支架简化为两根主木，另外在水簸箕上方安一个叶轮，水轮由12个叶片组成。叶轮轴上凹槽轮带动链轮上的凹槽轮，利用车出来的水流推转水车出水。

手摇水轮水车构造简单，全系木制，可以就地取材，成本低。另外，龙骨上的刮水板少，可节省材料，手摇轻巧灵活。安徽皖南农村地区仍有部分保存在农民家。

中国农业博物馆收藏有吸筒水车、手摇水轮水车。

吸筒水车和手摇水轮水车
（图片来源：农业部编《农具图谱》）

筒式水车、畜力五筒水车

筒式水车、畜力五筒水车分布于江苏地区。

筒式水车是一种以水流作动力取水灌田的工具，亦称"水转筒车"。据史料记载，筒车发明于隋而胜于唐，距今已有 1 000 多年的历史。筒式水车的使用始于南宋郭浩营田时。

筒式水车、畜力五筒水车均适用于沟、溏斜坡上的提水灌溉。筒式水车构造大概与手摇封闭式龙骨车相同，由车箱、前后木轮、提水机构等组成，提水部分与龙骨车稍有不同，刮水板穿在两根绳子上。刮水板进入车厢时站着，出了车厢后躺在滑板上。另外，前后两个木轮不带拔齿。效率：筒式水车比老式水车提高 60%，并能节省人力 50%。

畜力五筒水车由五部龙骨水车和旧式弹棉花车架、皮带轴，传动轮等五部分组成。它的特点是操作方便，出水量大。

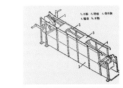
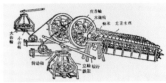

筒式水车和畜力五筒水车示意图

抽水竹筒

抽水竹筒分布于四川和皖南地区。

抽水竹筒适用于河边浅水地区抽水。有一个活塞唧筒。唧筒是打通竹节的竹管，在末端有一个牛皮做得单向活门。活塞的构造简单，在竹片上固定一个橡皮圆盘，橡皮圆盘上方装一个"花形"橡皮垫，活塞上提时将水向上推出。其使用具有一定的趣味性。

中国农业博物馆收藏有抽水竹筒。

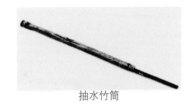

抽水竹筒

木制抽水机、抽水风箱

木制抽水机、抽水风箱分布于福建、四川地区。

木制抽水机、抽水风箱适用于河道、坑塘上抽水灌溉。构造基本上与消火机相仿。但吸水管是打通竹节的竹管。管端有滤网，活塞唧筒是方形的木管。后者适用于低扬程的沟塘上抽水。活塞和唧筒均用木料构成。唧筒是一个四方木管，活塞有方木板和橡皮阀门组成，放木板对称的两边切成半圆形缺口，装在橡皮阀门的下边。活塞向下时阀门被水压开，水通过半圆孔向上涌出。

木制抽水机和抽水风箱

风车

风车分布于内蒙古、江苏、安徽部分地区。

中国是世界上最早利用风能的国家之一。公元前数世纪中国人民就利用风力提水、灌溉、磨面和利用风帆推动船舶前进。在辽阳三道壕东汉晚期的汉墓壁画上，就画有风车的图样。距今已有 1 700 多年的历史。

风车由风力原动机和脚踏龙骨水车组成。风力原动机的轮轴装在轮架上，通过两组交叉排列的齿轮，将动力传给脚踏轮。风力大时，根据情况少挂风篷，风力小，可以人力帮助。风向变化时，常需移动。

风车适合三级以上风力的地区抽水用。其适于在多风地区带动水车用于灌溉，还可以利用风动车带动锄草机、打稻机工作。使用方法：根据风力大小，装叶片，看准风向；改变动力方向时利用斜齿轮，万向节头来配合。

风车作为农业灌溉的动力装置，在传统社会发挥了重要作用，是我国古代使用最广泛、效用最好的农业灌溉机械。它利用风力带动水车灌溉农田，既可节省人力，又大大提高了工效，是当时备受欢迎的一种灌溉农具。

风车和风车模型

广济风力水车

广济风力水车分布于湖北地区。

中国明朝时开始应用风力水车灌溉农田。

广济风力水车适合在滨海、滨湖地区灌溉用，又可以成为脱粒机、轧花机的动力。由风车、传动机构、机架、两部龙骨水车组成。2 级以上的风力，带动水车 1~2 部。一昼夜可浇地 100 多亩。比人工水车提高效率 15 倍。五级风力时，可带动水车、脱粒机、轧花机同时工作。

广济风力水车作为农业灌溉的动力装置，在传统社会发挥了重要作用。它利用风力带动水车灌溉农田，既可节省了人力，又大大提高了工效，它是当时备受欢迎的一种灌溉农具。

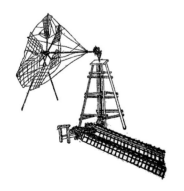

风力水车及示意图

卫转筒车

卫转筒车分布于云南地区。

卫转筒车的车水部分与筒车完全相同，它的动力及传动部分则与牛转翻车完全相同，适合在池塘上提水灌溉。其抽水部分是一般龙骨水车的部分，四部水车用一根轴带动，轴的小齿轮与将军柱上的大齿轮吻合。其结构简单，出水量多，使用方便；由一匹马或者驴拉，效率提高 3 倍。

卫转筒车吸收龙骨水车和马拉水车的优点制成，适合当地的地理环境，提高排灌效率。

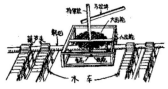

卫转筒车及示意图

马拉洒水车、牛拉水车

马拉洒水车、牛拉水车分布于云南地区。

马拉洒水车适于筑堤坝，修道路等工程洒水，它由马拉双轮车和装在车上的水筒组成。水筒卧在车上，筒底有喷管，管上有喷孔，喷管上有一开关。它使用牲口拉。洒水量无法调节，当水筒满时，由于压力大，洒水量便大，水筒为闭式，不怕震动。使用方法：装满水后，运到洒水出，打开阀门，水便由喷管中喷出。工作时需一马一人配合使用。

牛拉水车适于工地洒水湿土或农业运肥。构造：它由牛拉双轮车、水箱两部分组成。其特点是水箱可以从车上取下，不洒水时，双轮车还可以作它用。

马拉洒水车、牛拉水车和土家族古
水车

八、农用运输工具

(一) 水上运输工具

　　船：中国商代已造出有舱的木板船，汉代的造船技术更为进步，船上除桨外，还有锚、舵。唐代，李皋发明了利用车轮代替橹、桨划行的车船。宋代，船普遍使用罗盘针（指南针），并有了避免触礁沉没的隔水舱。同时，还出现了 10 桅 10 帆的大型船舶。15 世纪，中国的帆船已成为世界上最大、最牢固、适航性最优越的船舶。中国古代航海造船技术的进步，在国际上处于领先地位。

歪尾船与舵笼子船

　　歪尾船与舵笼子船分布于贵州地区。

　　为克服"天险"重重阻碍，造船工人因地制宜，巧造结构牢固，头尾高翘，以梢代舵，操作灵活的"歪尾船"。歪尾船又名歪屁股船，尾部向右歪偏达 3~5 米。两舷亦高，各有柄条 3 根。

歪尾船

　　歪尾船适于较大河流中作水上运输。歪尾船原来行驶于贵州乌江一代，该船古老笨重，载重量少，吃水深，又不安全。舵笼子船是在这个基础上改进的，改进方法是将船尾改直，船身加舵把和桅杆。它载重量大，速度快，吃水深，适于在乌江航行。

　　嘉兴船文化博物馆收藏有歪尾船与舵笼子船。

宁乡乌江子船

　　宁乡乌江子船分布于湖南地区。

　　宁乡乌江子船用在水深 0.5 米以上的支流小河中运货。载重量为 4 吨。船身较小，适合在较小的河流中运输货物，是劳动人民的伟大创造。

宁乡乌江子船

沅水苗船

　　沅水苗船分布于湖南省。

　　沅水苗船结构与"洞驳子"船相仿。不过船体较长，吃水较浅，适合短途运输，可以节省运输成本和劳动力，提高运输效率。

苗船
（图片来源：农业部编《农具图谱》）

水陆两用船

　　水陆两用船分布于广东地区。

　　水陆两用船是一种适用于滩涂、湖泊水产养殖，既能水上作业，又能陆地运输的新式工具。可水陆两用。此船分船壳和陆轮两部分，船身菱形，上宽下窄，两端是船房，中间是露舱，陆轮3 个，呈三角形排列于船底部。特点是行驶轻便，载重量大，但使用必须考虑岸边坡度和泥质硬软。

　　水陆两用船是劳动人民的智慧结晶，水陆两用，使用方便轻巧，既可以进行水上运输，在陆地又可以当成车来运输货物。

水陆两用船

送粪船

　　送粪船分布于湖北地区。

　　商代已造出有舱的木板船，汉代的造船技术更为进步，船上除桨外，还有锚、舵。唐代，李皋发明了利用车轮代替橹、桨划

送粪船和作业

竹筏

行的车船。

送粪船可在水田中运送肥料。木制船体呈梭形，有两个月牙形船框，两个弧形堵头和一个平行船底构成，由于底宽吃水浅，可用于田间运送肥料代替人工挑。提高效率6倍以上。其结构简单轻巧，使用方便，提高运输效率，是一项重要发明。

竹筏

竹筏在全国各地均有分布，流行于长江南部地区。

竹筏历来是江南水上的重要运输工具。《载敬堂集》："竹排；竹簰；竹筏，又称筏儿，简称筏，其物一也，古来为水上运输重要工具，也是代替桥梁渡水之要用。"竹筏，又称"竹排"，用竹材捆扎而成，是有溪水的山区和水乡的水上交通工具，流行于长江南部地区。它有着悠久的历史，在船舶发展史上有自己的地位。现在，中国传统的竹筏传到中美洲，在牙买加的安东尼奥港也开展起乘竹筏游览的活动。

竹筏用真竹配加刺竹捆扎而成，小筏用5~8根竹，大筏用11~16根。一般的竹筏长约三丈，宽数尺。竹子的粗端做筏头高高翘起，细端做筏尾平铺水面。适于浅水、沙河、湖泊中运输。筏上装有桅杆和木帆。

竹筏的优点：一是吃水小，浮力大，可以在浅水河流中航行；二是稳定性好，水上行驶平稳安全，不会翻船，无论大筏小筏均由一名艄工点篙撑驾；三是制作简便，可以就地取材进行制作。

竹筏在全国各地普遍使用。

（二）陆地运输工具

大车

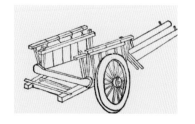

大车分布于陕西地区。

按照通常习惯，畜力车分为三种：一是"大车"，又称马车，用马和骡子牵引；二是"牛车"，用牛有时还加上驴牵引；三是"驴车"，体重比前两种小，用驴牵引，其中大车"档次"是最高的。

大车与一般平板马车相似，由车辕、车架、车轮、车轴等部分组成。"大车"是旧时东北城乡最普遍的交通运输工具，用于施肥、运土粪及农业运输。大车拉得多、跑得快，长短路途都适合，利于运输业的发展，方便了人们的生活。

四轮车

四轮车分布于陕西关中地区。

四轮车是古典小说《三国演义》中诸葛亮所乘坐的交通工具。主要分车箱、车轮两部分，都是木制的，车架两头均可牵引，运输灵便。此车有 4 个轮子。

四轮车方便运输，比较稳固，适合陆地上的长途运输，运输过程中受颠簸影响较小。

勒勒车

勒勒车分布于内蒙古地区。

勒勒车又名大辘轳车、罗罗车、牛牛车，"勒勒"原是牧民吆喝牲口的声音。勒勒车因常以牛拉动，故也叫蒙古式牛车。勒勒车是为适应北方草原的自然环境和蒙古族生活习惯而制造的交通工具，现在东乌珠穆沁旗及其周边地区依然可见。勒勒车有记载的起源可上溯到《汉书》所记载的"辕辐"。南北朝时期，鲜卑、柔然、铁勒（又叫敕勒）等族，造车技术已经相当高超。北朝时的铁勒人就以造车闻名，他们造的车"车轮高大，辐数至多"（《汉书》），很适应草原环境，正因为如此，被史书上称为"高车人"。辽代，蒙古族造车技术已经很发达，并且广泛用于游牧生活中。

勒勒车适于草地牧业运输，全部木制，分车架、车轮两部分，梯形车架用操纵横木条连接而成，但无车底板，由轮圈、轮轴、辐条等构成。

勒勒车是蒙古族牧民使用的传统交通工具，被誉为"草原之舟"。作为蒙古文明的一个代表，勒勒车在蒙古族的发展史上起到了十分重要的作用。

2006 年 5 月 20 日，蒙古族勒勒车制作技艺经国务院批准列入第一批国家级非物质文化遗产名录。目前，勒勒车在东乌珠穆沁旗、西乌珠穆沁旗及其周边地区依然可见。

大车

四轮车

勒勒车

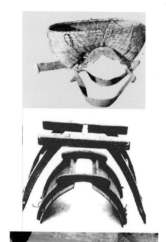

牛驮工具

牛驮工具分布于广西地区。

牛驮工具适于山区和牧区运输。由马鞍、木架、元宝形竹筐等构成。马鞍下有腹带兜住牲畜腹部，竹筐两头有活门，可自动卸货。其方便货物运输，较为稳固。

中国农业博物馆收藏有牛驮工具。

旧式独轮人力车、云南独轮手推车

旧式独轮人力车、云南独轮手推车主要分布于山东、云南地区。

根据汉画像砖和一些文字记载，独轮车的发明时间可上推到西汉晚年，或称为"鹿车""辘轳车"。三国以后，独轮车被广泛使用。独轮车以只有一个车轮为标志。由于重心法则，极易倾覆，奇怪的是，中国古代人用它载重、载人，长途跋涉平稳轻巧。独轮车的车辕，其长短、平斜，支杆高低、直斜及轮罩之方椭可以随地而异、随人而异。

旧式独轮人力车适于农村运输。全部木制，主要分车架、车轮两部分。云南独轮手推车全部木制，结构与普通独轮手推车相似，只是在车架两侧多装了弓形架，这样载货面积大，较平稳。

在近现代交通运输工具普及之前，是一种轻便的运物、载人工具，特别在北方，几乎与毛驴起同样的作用。在我国各地均有使用，历史较为悠久。但载重量少，行走笨重。

驮子

清代旧独轮车实样

解放车

解放车分布于湖北地区。

解放车车箱像木槽子，两壁前方装一木轮，两侧壁后端延长部分就是车把，提高车把，土便自动卸下。

解放车体型小巧，操作灵便，适用于修建水利工程时运土、运料及田间运粪。特别适合妇女和体弱者使用。

解放车

推车、小推车

推车、小推车分布于陕西、江苏部分地区。

推车是以人力推和拉的搬运车辆。推车有独轮、两轮、三轮和四轮之分。传统推车的车体材质一般为木质，现代生产的推车车体材质一般为铁皮。虽然手推车物料搬运技术不断发展，但手推车仍作为不可缺少的搬运工具而沿用至今。

推车适用于农村运肥、运粮等。由蚂蚱车的车轮和小平车的车架组成，车架上装一无前壁的车箱，卸货时只需将手把提起。车架下两侧装有木吊耳。一人推动，可载重 13 千克。后者的特点就是在轮轴上装有轴承，车架两侧装有附板，装货面积较大。一人推动，每次可载重 200 千克。

推车在生产和生活中获得广泛应用，常见于建筑工地。因为它造价低廉、维护简单、操作方便、自重轻，能在机动车辆不便使用的地方工作，在短距离搬运较轻的物品时十分方便。

推车示意图

（三）挑担工具

背斗

背斗分布于西南地区，是最常见的运输工具。

背斗的编制材料有竹篾、藤条、榆条或席箕草，四角有木撑杆。

背斗主要用于农业生产，是历来惯用的农具，如运送柴草、衣糠、粪土及石砂等。背斗也可作为驮畜的辅助工具参与长途运输。

背斗方便适用，至今仍然在西南地区盛行，故有"篓不离背，杵不离臼"之谚。缺点是装货后很笨重。

背斗

扁担

扁担

扁担在南北方均有分布。

扁担有用木制的，也有用竹做的。无论采自深山老林的杂木，还是取之峡谷山涧的毛竹，其外形都是共同的，那就是简朴自然：直挺挺的，不枝不蔓，酷似一个简简单单的"一"字。用于挑抬打包后的东西。两端系框或粪箕，还可挑粪、挑土。中间稍粗，两端钉有竹榫。其制作简单，方便，使用轻巧。

农村地区仍在广泛沿用，著名的有重庆"棒棒"。

中国农业博物馆收藏有扁担。

挑框

挑框主要分布于北方各省。挑框比一般土框的荆条细，同时较浅。

挑框用于挑土、沙子、卵石，通常作抬筐用。配合扁担使用，运输货物方便，制作简单，耐用。

目前挑框在日常生活仍然使用。

挑框

九、植物保护工具

盐城木制喷粉器

盐城木制喷粉器分布于江苏。

盐城木制喷粉器适用于各种作物喷药治虫。

其使用方法是：一人操作，用背带背在肩上，手摇动摇把便可喷出药粉。其优点是：成本低，使用方便，喷粉良好。

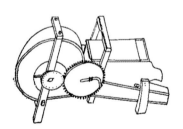

盐城木制喷粉器示意图

喷雾器

单管式喷雾器、自由吸水压力喷雾器分布于辽宁、广东地区。

单管式喷雾器、自由吸水压力喷雾器用来喷洒药液防治棉、粮、蔬菜、谷禾类、甘蔗、黄麻等作物的虫害。单管式喷雾器主要有唧筒部分和喷雾部分组成，唧筒内有两个单向阀，靠塞杆上下活动可把药液吸进管内，并压入空气压缩器，使其受压缩而产生压力。喷雾部分有开关、喷管、喷头，它们由皮管连接。打开开关即可操作。

自由吸水压力喷雾器的构造是：唧筒和空气压缩桶是相连并立于底座上，空气压缩筒是圆柱形，唧筒压杆以压缩筒上端作为支点。

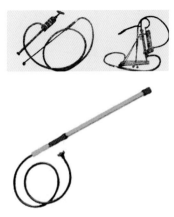

单管式喷雾器、自由吸水压力喷雾器和单管手摇喷雾器

木制梳稻器

安徽稻梳

安徽稻梳分布于安徽地区。

安徽稻梳用于除治水稻叶上的稻苞虫。由梳齿、梳樑、竹槽和梳柄组成。梳齿水平安在梳樑上，竹槽由铁丝固定在梳樑后边，以便把稻苞虫收集起来消灭。其使用方法为：一人掌握梳柄，一人在前拉绳前进。

安徽稻梳可同时梳除四行水稻的苞虫，二人工作一天达十余亩。其符合绿色农业的理念，但除虫的效率较低。

千斤塔

千斤塔分布于河南地区。

千斤塔用于捕杀老鼠。千斤塔箱内安有压板，压板上安方形木杆，立杆铁钉上系有铁丝，铁丝上的小木杆卡在箱子外侧一根铁钉上，食杆的内侧安有引食，老鼠吃食而触动食杆时，铁丝上的木杆便自动滑脱，压板下降，可把老鼠压在箱内。千斤塔全由木料构成，构造简单，制作容易，成本低。

河南、湖北、安徽地区部分农村家庭现在还用它来防鼠。

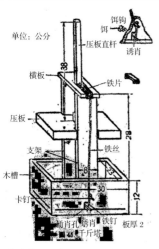

千斤塔及示意图（图片来源：农业部编《农具图谱》）

十、加工工具

（一）扬场工具

扬场工具是一种对粮食简单清杂的设备，可清除粮食中的轻杂质及大杂质，以利于粮食储存。根据其原理可以分为：1.按颗粒大小分离；2.按比重分离；3.按杂质的天然特性分离。

辽宁扬场机

辽宁扬场机分布于辽宁地区。

辽宁扬场机由输送及扬谷两部分组成。输送前进行一次筛选。一个筛子安在木架上与一个偏心连杆相连，作往返运动。筛子的一端有一个斗口，筛过的粮食就从这里流出，经一个斗式升降器，又升运到漏斗里，然后经上下两道风扇将杂物扬尽，进行分级，从 3 个输出斗中流出。

辽宁扬场机适用于稻、谷子、高粱等的扬场。

辽宁扬场机

权

权

权分布于陕西地区。

《集韵》云："权杷，农器"也。诗云："竖若戈戟森，用与戈戟异，彼能御外侮，此则供稼事。愿言等锄耰，非因为战备"。今遇太平时，权也即农器。叉状用具，树或类似树的分支，一种用来挑柴草等的农具。

权，脱粒时进行分类、积集、反转或搬运茎秆时使用。将一根顶端分叉的柳树枝去皮，稍加修整即可。有二股、三股、四股的。

权是早期人类用来处理农作物秸秆的农具，提高了土地复耕的效率。

风扇车

旧时的风扇车

风扇车在南北方地区均有分布。

风扇车是一种能产生风（或气流）的机械，也叫"飏（扬）扇："扬谷器"、扇车或扬车。发明于汉代，由人力驱动，用于清选粮食，是过去稻谷收成后用以除稗杂草的工具。在概念上人们往往会把它与利用风力作业的机械即风车相混淆。

风扇车的组成是在一个轮轴上安装若干扇叶，转动轮轴就可产生强气流。风扇车的进气口总是位于风腔中央，是所有离心式压缩机的祖先，风力大，可扬尽杂物。机体较小，移动方便，在一般小场地也可工作，效率较高。

风扇车发明年代至迟不会晚于西汉时期。汉代史游《急就篇》有"碓石岂扇颀舂簸扬"说。此处之"扇"便是"扇车"。西汉时长安有名的机械师丁缓发明了"七轮扇"，是在一个轮轴上装有7个扇轮，转动轮轴则7个扇轮都旋转鼓风。《武经总要前集》中绘有一个以轴上曲柄转动的风扇车。王祯《农书》所绘的风扇车，轮轴上亦装曲柄连杆，以脚踏连杆使轮轴转动。以上所述，都是开放式风扇车，它们没有特设的风道，因此，风扇产生的风是向四面流动的。宋应星《天工开物》中则绘有闭合式的风扇车。

中国农业博物馆收藏有风扇车，各地农具馆大多也有收藏。

昌图大豆选种机

昌图大豆选种机分布于辽宁地区。

昌图大豆选种机适于精选大豆种子。分为料斗、选种台两部分。料斗呈梯形，由木板制成，装在选种台上方。选种台式一个一端高一端低的木架。木架上用旧木板做台面。在台面前后端各安木滚轴，两轮用轮带相连，输送带是土布制成的，选种时依靠输送带的回转和它的不光滑面选种。其结构简单，制造容易，造价低，操作简单。

大豆选种机及示意图

（二）去壳碾米工具

杵臼

杵臼在南北方均有分布，包括陕西、山西、江苏、浙江等地区。

杵臼是古老的谷物加工农具，有"神农氏作……断木为杵，掘地为臼"（《易·系辞》）之说。

杵臼是春捣粮食或药物等的工具，用于少量谷物及其他副食品的加工。碓窝为一柱形石头，中心有一凹口，深度一般约为石柱长的三分之二，碓嘴为一石块，上端安有木把，便于操作。使用方法是：用手将碓嘴举起，锤击碓窝。此种方法费力且效率低。

杵臼过去在加工谷物粮食方面发挥过重要的作用，现今杵臼的用途主要在家庭和中药店。

中国农业博物馆、苏州甪直水乡农具博物馆等均收藏有杵臼。

杵臼示意图

水碓

水碓分布于浙江等地区。

碓是春米用具。由擂臼演化而来。石、木制成。汉桓谭《新论》："宓羲（伏羲氏）之制作杵春，万民以济，乃后人加巧，因

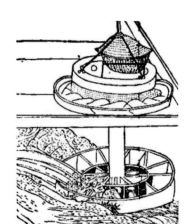

水碓示意图

延力借身重以践碓，而利十倍。"①

我国在汉代发明了水碓，浙东山区在唐代已有了使用滚筒式水碓记载。解放前，余姚市大隐镇共有水碓56处。随着农业产业调整和自动化水平的提高，以及水源环境的变化，到20世纪末，水碓才完全退出了山区农民的生活。

水碓是利用水力、杠杆和凸轮的原理去加工粮食，将粮食皮壳去掉。水碓的动力机械是一个大的立式水轮，轮上装有若干板叶，转轴上装有一些彼此错开的拨板，拨板是用来拨动碓杆的。每个碓用柱子架起一根木杆，杆的一端装一块圆锥形石头。下面的石臼里放上准备加工的稻谷或用于加工陶瓷的瓷土。流水冲击水轮使它转动，轴上的拨板臼拨动碓杆的梢，使碓头一起一落地进行春米。

利用水碓，可以日夜加工粮食。凡在溪流江河的岸边都可以设置水碓，还可根据水势大小设置多个水碓，设置两个以上的叫做连机碓。

苏州角直水乡农具博物馆收藏有水碓。

脚踏碓

脚踏碓分布于江苏、陕西、云南等地区。

唐朝陆羽《茶经》杵臼：一名碓，惟恒用者为佳。实际上是变相的杵臼。王祯也说：踏碓是"杵臼之一变也。"

脚踏碓用于少量稻谷脱壳。碓窝用石料制成，埋在土中，在旁边支有木架，脚用力踏碓身的一端，碓嘴即可抬起，松脚即落下，如此起落进行脱壳。它是一种古老原始的春米工具，是我国古代劳动人民的伟大发明创造，提高了工作效率，节省劳动力与时间。

苏州角直水乡农具博物馆收藏有脚踏碓。

脚踏碓和踏碓作业

碾子

碾子广泛分布于北方各省。

在汉代已有碾的文字记载，魏晋南北朝时期的遗址中已见碾模型的出土文物。

① 李灿煌：《晋江民间风俗录》，厦门大学出版社，2010年6月

碾子分碾台、碾底、碾边、碾轮、碾框、碾斗等部分组成。碾台是土台，碾底石质与碾边连为一体。碾边也是石质，碾轮置于碾框内。碾围桩，又名碾信子，是仁立于碾底中心的轴，用坚硬木料或铁制成。碾斗，除榆林大碾外，其他都无此装置，是盛放谷物的容器，下面有孔。

碾子主要用于谷物脱壳或磨面粉。北方大部分地区麦黍、玉米等粮食脱壳、去皮及碾碎加工时使用石碾子。碾盘中心设竖轴，连碾架，架中装碾滚子，多以人推或畜拉，碾盘和碾滚上分别由石匠凿刻着很有规则的纹理，其目的是增加碾制粮食时的摩擦力，通过碾滚子在碾盘上的滚动达到碾轧加工粮食作物的目的。

这种工具在电气化以前的中国农村很常见，随着机械磨的广泛使用已经很少见到。

碾子

脱芒机

脱芒机分布于黑龙江地区。

脱芒机构造是在一个木架上装一个圆筒，底部围有细长筒筛，圆筒内有一根带螺旋形钉齿的轴，圆筒上装一粮斗。工作时皮带轮使钉齿轴转动，稻秆进入圆筒后，利用钉齿的打击，使稻芒脱落。芒自筛孔落到地上，稻米则从圆筒一端流出去。

脱芒机主要用于水稻脱芒。其操作靠人力或畜力带动，一人操作。效率较高。

脱芒机
（图片来源：农业部编《农具图谱》）

手摇碾米机

手摇碾米机分布于云南地区。

手摇碾米机主要用来碾米，该机构造和电动碾米机完全相同。碾筒是铁制，其他均为木制。操作简便，效率较高。

手摇碾米机

（三）磨粉工具

石磨

石磨主要分布于华北地区。

旧石器时代我国就曾出现石磨的雏形——研磨盘，新石器时代形成了比较固定的石磨盘和石磨棒。石磨最初叫硙，是加工谷物的重要农具和主要农具，发明于春秋战国，形成于秦汉。秦代我国出现了转动石磨，汉代我国石磨已经相当普及。汉代才叫做磨，是用于把米、麦、豆等粮食加工成粉、浆的一种机械。

我国石磨的发展分早、中、晚三个时期。从战国到西汉为早期，这一时期的磨齿以洼坑为主流；东汉到三国为中期，这一时期是磨齿多样化发展时期；晚期是从西晋至隋唐，这一时期是石磨发展成熟阶段。石磨是用于把米、麦、豆等粮食加工成粉、浆的一种机械。磨是平面的两层，两层的接合处都有纹理，粮食从上方的孔进入两层中间，沿着纹理向外运移，在滚动过两层面时被磨碎，形成粉末。用于磨各种粮食，磨盘和磨扇均为石头制成，上扇有磨眼，用以喂料。下扇有磨齐。适合农家使用。使用方法：1~2人推动或一头牲口拉。是人们农业生产生活中的一大发明创造，丰富了人们的饮食文明。

1968年，在保定市满城汉墓中，出土了一架距今约2 100年的石磨，是一个石磨和铜漏斗组成的铜、石复合磨。这是我国迄今所发现的最早的石磨实物。

传说鲁班四处奔波，给别人干活。一天，看到人们在磨面粉。他们拿来一些麦子，放在石臼里，用沉重的石杵去捣。捣麦的人累得满头大汗，才捣碎了很少一点。因为麦粒是椭圆形的，用劲小了，砸不碎；用劲大了，又把麦粒砸跑了，真是急死人了。鲁班决心改革它，为人们解决困难。

回到家里，鲁班叫他的妻子找来两块石料。他把石料凿成两个大圆盘，又在每个圆盘的一面凿出一道道槽。其中的一个圆盘，他还安上了木把。然后他把两个圆盘摞在一起，凿槽的两面相合，有木把的放在上面，中心还装了个轴。他在圆盘中间放上麦粒，然后轻轻转动上面的石盘，麦粒很快就磨成了面粉。

石磨

手摇磨

手摇磨分布于河南、四川、新疆和云南地区。

手摇磨是一种粉碎粮食、食物及其他物品的石质或其他材质的传统器具，通常是采用反复碾压、挤压摩擦来使颗粒状的物品变成粉末状。

手摇磨主要有以下几部分组成：石磨，上扇固定在磨架上；主架，为长立方形，四角安四根木立柱，两侧各装有竖梁 3 根，两端各用 3 根横梁相连接，并将磨架分成 3 层；搅架，安在主架的另一端，使用 4 根 70 厘米长的立柱和 2 根 65 厘米长的竖梁组成。

手摇磨适于农村磨面粉，使用方法是：两人摇动，风扇吹动，面粉从箱中吸出，积集在箱中，皮从另一端中流出。特点是：构造简单，手摇和脚踏两用，效率高。

畜力单轮双磨

畜力单轮双磨分布于甘肃、山西、陕西地区。

畜力单轮双磨适于山区及无水磨地区使用，可磨大麦、小麦、玉米等作物。该磨根据水磨原理制造，磨房有两层，与底层垂直，装一硬木轴，木轴高 1 尺，[①] 两端接有较细的圆铁轴。木轴下约离地 2 尺多的高处，装有 7 尺长的畜力拉杆；离地约 7 尺高装一大木轮，大木轮两边圆轴上装小木轮。小木轮边上装圆形的罗。

畜力单轮双磨在新疆部分地区仍在使用。

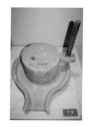

四川手磨、新疆柯平手磨和云南丽江手磨

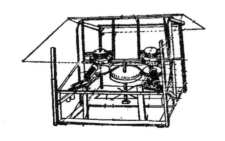

畜力单轮双磨结构示意图（农业部编《农具图谱》）

---

① 1 尺约为 33 厘米，全书同

十一、生产保护工具

秧马

秧马主要分布于苏南地区。

秧马于宋代出现，至今江南的某些农村还有秧马的孑遗，即农民拔秧时所坐的秧凳。

秧马最初是由家用四足凳演化而来，是播种辅助工具。基本结构是在四足凳下面加一块稍大的滑板。秧马的构造及使用，在北宋苏东坡《秧马歌·序》中说："以榆、枣为腹，欲其滑；以楸、梧为背，欲其轻。腹如小舟，昂其首尾；背如覆瓦，以便两腿雀跃于泥中。系束藁其首，以缚秧。日行千畦，较之伛偻而作者，劳佚相绝矣。"

秧马的制作和使用不仅反映了宋朝农业生产的发展和农业生产技术的提高，而且表现了我国古代劳动人民的伟大创造精神。今天在插秧机没有推行的手工插秧地区，仍然具有一定的实用价值。

苏州角直水乡博物馆收藏有秧马。

南京高淳农民使用的秧马
（南京大学历史学系教授徐艺乙
收藏图片）

斗笠、蓑衣、草裤、竹马甲、竹膊笼、指头篮

斗笠、蓑衣、草裤、竹马甲、竹膊笼、指头篮主要分布于苏南地区。

苏南从事稻作生产的农民，在从事耘稻生产时，穿着一种特制的"草裤""竹裤""竹马甲"。草裤是用席草（即蔺草）编制的；竹裤、竹马甲是用竹片削制编成的。穿着草裤和竹裤耘稻时，可以将禾稻的茎叶挡住，以防划破或戳伤人的肌肤。竹马甲可以使得被汗水浸透的衣服不紧贴在背上，防止生疮。在耘稻时人的手指上戴布缝的或细竹篾编的"指头篮"，以保护手指和指甲。它们为竹质或草质。是苏南稻作文化的重要组成部分，凝聚了劳动人民的聪明智慧。

苏州角直水乡博物馆收藏有斗笠、蓑衣、草裤、竹马甲、竹膊笼、指头篮等，如今已不用于农业生产。

斗笠、蓑衣、草裤、竹马甲和竹膊笼

十二、渔具

车竿

车竿广泛分布于西南地区和台湾地区。

车竿又称"钓车"，就是装有渔线轮的钓竿，不过它传动简单，除放线利用重坠在抛投中将线泄出外，收线是靠手指拨动储线轮倒转来实现的。

古人把利用轮轴转动的工具称为车，如兵车、纺车、风车、水车。据记载，我国东汉就有了车竿，到唐代已普遍用于江河湖泊钓鱼。明代轮竿已在民间相当普及了。车竿的"车"是一个由6根辐条支撑的轮车，是渔线轮的前身，只是竿不再是圆的，而是用毛竹片或胶木加工。

车竿是一种"放长线钓大鱼"的钓竿。车竿种类很多，特别是车盘形状各异，材质各异，各地传统习惯制作，不断革新，四川等地的罗汉竹制的车竿具有代表性。

据《朝野佥载》一书记载，唐朝王琚有巧思，发明了最早的钓鱼机。其实是王琚掠夺民间巧匠的发明权。钓鱼机是用木料铁件制作的，外形像一条水獭，沉于水底，嘴鼓，上腭一短线系钩设饵，线头连接獭体内灵敏的机关，鱼一咬钓饵，铁齿怒伸交错咬住鱼儿不放。当鱼儿把水獭上的卵石摇动滚落后，獭浮水面，钓者即擒。

车竿是古代劳动人民的聪明智慧的表现，利用滑轮的形式以更加省力的方式捕捉体积大，力量大的鲤鱼等。在漫长的历史沿

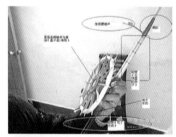

车竿

袭中，是今天广泛运用的车竿的原型。

车竿在现代的渔具中占有重要的地位，现代渔具中手车竿运用十分广泛。手车竿具有纯手竿那种轻、便、灵等优点的同时，更具备能自由收放线、不怕搏大物的特点；不过在下雨天或竿身打湿的情况下、比较容易缠线。

撩钩

撩钩捕鱼是洪泽湖地区特有的捕鱼方式。撩钩产生于明清时期的水战兵器，后世经过改良，将其运用在渔业捕获上，主要运用在洪泽湖。[①]

撩钩捕鱼时，船上两人，一人手抓竹竿撑船，另一人则站在船头举着类似于农民使用的扁担，左右开弓地劈入水面，它的把柄像扁担呈扁平状，边沿有一定的弧度，"S"形，末端边缘间隔 3 厘米左右嵌入一根尖尖的带倒刺的撩刺，共有 6 根撩刺。撩钩砸入水面，倒刺钩住鱼腹。

撩钩在渔业中的运用体现出和平时期对于军事工具的利用，对于我们研究明清时期水上战争有着十分重要的意义。

洪泽湖畔上了年纪的渔民中才有人使用过撩钩捕鱼技法，如今撩钩随着渔资源的匮乏而彻底地从现实渔业生产中消失了。

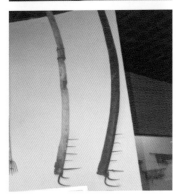

撩钩

霖（罧）

霖场俗称"躲子"，属箔签型，导陷式陷阱类渔具，是湖南冬季作业的大型渔具之一。是利用树枝扎成把，诱集鱼类越冬，然后下帘包围，逐步缩小包围圈，集鱼而捕之。

此渔法主要分布于洞庭湖区，以沅江较多。渔获质量好，产量高，一个霖场的产量一般为 2 500~5 500 千克。共需载重 8~10 吨渔船 4 只，每船 4 人，分一、二、三、四号船。一号船负责总指挥，二号船负责木桩，三号船负责插帘子，四号船负责打霖投放霖子等，除分工外，必要时需要相互协作。[②]

霖，始于周代。《诗经·周颂》的"潜有多鱼"，指的就是捕鱼。它的作业方式，正如晋代郭璞说的："聚积柴木于水中，鱼

---

① 《军事大辞典》
② 陈家余：《中国内陆渔具渔法》，蓝天出版社，2000 年 1 月

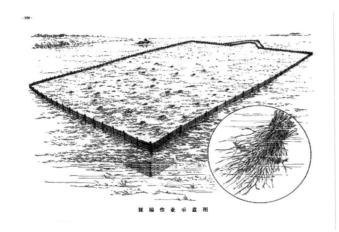

霖场作业示意图

得寒入其里藏隐，因以簿围捕取之"。宋代朱弁《曲消旧闻》也载："历城东南为漆、箱，其水清，有鱼数种，土人不善施网署，冬积柴水中为森以取之"。近代，罧在湖北等地仍在使用。[1]

霖场结构主要分为：

罧子：多采用柞树、栗树、郎树等比重较大的杂树枝扎成把，视踩场规格而定，使用年限5年，以3年内最好。

竹帘：竹制，由条竹篾长的棕绳分五道编成帘。每块帘需竹篾300根左右，用于围捕瓣子中栖息的鱼类。

帘心竹：青竹制，结缚于竹帘内侧，使其牢嗣。每块帘用5根木桩：松木或杂木制，下端削成尖形，固定竹帘用。

泥罧：指湖荡泥底草丛处。《本草纲目·鳜鱼》"夏月居石穴，冬月偎泥罧，鱼之沉下者也。"

霖场规模大，产量高，渔获集中，是捕捞越冬鱼类的有效渔法。但该渔法成本高，作业时间长，劳动强度大，且渔获中有一定数量幼鱼。[2]

霖场这种根据季节捕鱼的方法，至今在湖南、湖北一些地区仍然在沿用，但是其捕获方式、方法仍需进一步改进。

罾

罾，一种古代用木棍或竹竿做支架的固定式大型鱼网，可在每年开渔季节重复使用。虾罾是用苎麻丝线勾编而成的小网，高80~100厘米，长1米以上，宽70厘米左右，三面包围与平底连为一体，进口的底部有一细钢绳。两根细竹"十"字相绞，呈两个半圆形，

① 施鼎钧：《我国古代渔具渔法》，东海水产研究所
② 陈家余：《中国内陆渔具渔法》，蓝天出版社，2000年1月

罾

竹的四端将钢绳固定。罾的网目约 1 厘米 × 1 厘米，可快速收放于水中。农民往往用虾罾在河边捕捉小鱼虾，也有在小的水池中，将罾放入，用竹竿之类的用具从正面诱赶一番后提罾，多有泥鳅等收获。[1]

早在春秋战国时期就有罾的出现，随着技术的发展罾的形式发展出多种，主要有扳罾、拦河罾、提罾。

扳罾，是一种在小河道或湖岸边使用的小型定置渔具，敷设在河道或湖岸边，或人工手持，每隔一段时间，将网提出水面，兜捕入网鱼类。

提罾，俗称"虾罾"，是湖泊小型定置渔具。既许多罾按一定间距排设于水底，并在每个罾内敷设诱饵，诱集鱼虾入内摄食，然后每隔一段时间依次将罾提出水面，兜捕入内的鱼虾。

拦河罾，是一种大型定置渔具。在河宽地段下网，两岸分别竖立主杆、绞车。一侧下沉，一侧浮水适时兜捕。

罾是最常用的一种捕捞工具，在捕捞活动中占有重要地位。

《海外南经》："长臂国在其东，捕鱼水中，两手各操一鱼。一曰在焦侥东，捕鱼海中。"原图中的长臂国人是一位长着垂地手臂的怪人，这是误解。所谓长臂国实际是执罾捕鱼人的居住地。他们两手操一鱼罾，终年在水中捕鱼。也有一说在焦侥之民地域的东面，捕鱼在水域中（长臂：长，长期；臂，弓把，弩柄曰臂，似人臂也。长臂，即长期用鱼罾捕鱼）。[2]

罾是水乡比较常见的渔具，具有良好的捕鱼效果，但是一般扳罾一类的比较难以操作。20 世纪 70 年代以后便很少出现，只有小范围的还在使用。研究其对于渔具的发展历史有着重要的意义。

鱼卡

鱼卡广泛分布于长江流域的淡水湖泊中，以鄱阳湖和洞庭湖最为出名。

"鱼卡"——渔钩的一种。出现于旧石器晚期。用坚韧的石料或兽骨、禽骨磨制而成，

① 俞谷松，叶金龙：《绍兴农家传统用具鉴赏》，中国农业科学技术出版社，2010 年 1 月
② 张建，张中一：《山海经图校与破译》，作家出版社，2003 年 11 月

鱼卡
（图片来源：《鄱阳湖渔俗宣传片》）

其形如针，两端尖利，中间拴线。渔民沿用至今，用竹签或钢丝制作捕鱼。蚌壳钩是渔钩的一种。出现在新石器晚期。蚌壳坚硬易磨尖利，且薄而易磨，制作渔钩简单方便。在江苏连云港和河北藁城的新石器遗址中，皆发现几枚蚌壳质渔钩。有几枚已有内倒刺和内外皆有倒刺。说明60万年前，我们的祖先对钓鱼工具的制作已具相当的造诣。从鹅銮鼻第二史前遗址出土的鱼钩和鱼卡子，是当时居住在此的人进行渔捞活动所使用的鱼具遗留。[1]

鱼卡是弹簧钩的一种。是一种特殊的钓具。鱼卡子的制作比较简单，把薄竹板削成富有弹性的箔片，再从里往外削薄，最后仅剩下带竹皮子那层。把竹箔的两端从里子往皮层的方向削尖削薄，再放到锅里煮透，使其产生脆性，增强弹力。

使用方法：先把渔线系在箔片的中央部位，再把箔片轻轻地对弯起来，把钓饵夹在其中，用小苇管把箔片的两端套住，这就是鱼卡子。鱼卡子使用素饵和小虾。使用鱼卡子垂钓，一旦有鱼吞饵，小苇管被鱼儿咬掉，管脱箔张，鱼嘴被紧紧地卡住，并撑了起来。鱼在水中被撑开了嘴，无法横冲直撞地挣扎逞威，只得俯首就擒。

商纣暴虐，周文王决心推翻暴政。太公姜子牙受师傅之命，下界帮助文王。但姜子牙觉得自己半百之龄、又和文王没有交情，很难获得文王赏识。于是在文王回都途中，在一河边，用没有鱼饵的直钩钓鱼。大家知道，鱼钩是弯的，但是姜子牙却用直钩（那其实也不能叫钩了）、不用鱼饵，钓到了很多鱼。文王见到了，觉得这是奇人（古代人对奇人都很尊敬的），于是主动跟他交谈，发现这真是个大有用之才，招入帐下。后来姜子牙帮助文王和他的儿子武王推翻商纣统治，建立了周朝。

鱼卡具有制作简单、形状优美、生态环保的特点。由于其卡子较大捕捉的一般是体型较大的鲫鱼，不会造成渔业资源的破坏。

鄱阳湖的竹卡子至今仍然在延用，如今卡船，挽卡、下卡、收卡的场景已经很少见。[2]

鱼镖

鱼镖是耙刺类箭铦型投射式的一种渔具。由镖锋、镖棒及镖绳三部分组成。钢制镖锋形似箭头，镖棒一般为木制，其前端装镖锋，后端装系镖绳的铁环。

作业时，人在船上或在岸上瞄准投刺对象，手执镖及镖绳，投射后放出镖绳，待刺中

---

① 中研院台湾考古数位典藏博物馆
② 《鄱阳湖渔俗宣传片》http://www.pychina.com/video/video-116.html

鱼，即收回镖绳和鱼镖，达到捕获目的。[1]

鱼镖至迟从旧石器时代晚期就出现了，新石器时代已是常见的渔猎工具，我国一些具有原始形态的少数民族在狩猎过程中，往往使用一种带索的镖，如高山族往往用带索镖猎鹿和野猪。

清代武术器械中的"绳镖"就近似原始的脱柄鱼镖和带索；鱼镖与清代的绳镖又有不同，已无竹管，而多用三棱镖。原始的鱼镖和带索镖，在使用时均要借助镖杆的作用扎入兽体。[2]

在新石器时代，人类捕鱼的能力已经显著增强，大量鱼镖、鱼钩、网坠等捕鱼工具被发明出来。对于鱼镖的研究有着十分重要的意义。

中国国家博物馆、浙江省博物馆收藏有鱼镖。鱼镖在 20 世纪还有一些地方的使用，现今已经基本无法看到。

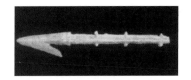

鱼镖

旋网

撒鱼用的网叫"撒网"，又因撒网同旋罩一般，故又称"旋网"。

撒鱼使用范围：鱼塘，水库，小河等水域，见效快，大小鱼通杀。此网自上而下呈圆锥放射状。网的底部边缘系着锤状的小坠子，网的顶端拴有细绳，长 10 米左右，渔民唤作手纲。制作特点：外缘部分由铅或锡制的坠子压重，使网在入水时能较快的沉入水中并收缩网体，达到打捞效果；网体编好后，可使其浸入猪血（较普遍）中，再放置烈日下曝晒，使血凝固，达到减缓网体不受腐蚀的效果。

古代社会人们大都采用麻绳织网，后来逐渐用棉花纺线织网，捕鱼效率有所提高，现代人们认识开发了石油并从中提取了高分子聚合物，尼龙线、涤纶线、丙纶线、聚乙烯单丝线的采用大大提高了网线的强度和耐老化性能，其优异的脱水性能缩短了渔网的入水时间，是渔网新材料的一次革命。现在的渔网也大都采用这类网线。

在水乡渔具中，旋网是颇具技巧的。

旋网外型象一把可收拢的伞。大号的旋网底部能圈住 20 多平方米，底部内褶约有一尺高，坠子是熟铁锻造而成，网高约有

旋网

① 《农业大词典》
② 《中华文明史 第一卷》，河北教育出版社，1989 年 10 月第 1 版

一丈五尺，顶部还有一根一丈五到两丈的网绳系着。

旋网制作也是十分精细，在上坠子之前，细纱线织成的网坯，要在生猪血里浸泡一天，然后在开水锅中滚一回，晾干，上上网坠；再用熟桐油油一遍，再阴干。

俗话说"撒网要撒迎头网，开船要开顺风船。"撒网时先把纲绳环套住左手腕，然后将撒网上半部分折叠并用右手抓住，看好位置后，两手用力把网撒出。撒网撒开时先是圆形，因坠子往下坠，接着变成圆锥状下沉。撒鱼关键把网撒开，网撒开罩在水下的面积大，才可能多逮鱼，看一个人撒鱼的功夫如何，网一出手便知。

旋网在水乡的使用仍然是一种小农生产中的重要捕捞方式，是千百年来不断沿袭和创新的结果。抛撒的形状十分优美，实用性很强。

旋网捕鱼现在已经成为了水乡旅游的一项特色旅游项目，游客在体会收获快乐的同时也是在对于传统捕鱼方式的继承，更是对于传统文化的继承。

粘网（丝网）

粘网在我国有着广泛的分布。

粘网作为一种捕鱼的网具，一般是由细丝线或尼龙线编织而成的。这种网的长短、宽窄、网眼的大小各有其不同的规格，各地渔具商店均有出售。另外，由于这种网是单片结构，编织方法简单，因此，民间各地有不少捕鱼者都是自己动手进行编制各种类型的粘网，捕鱼效果同样较好。粘网要分大小，不同的孔径捕捞不同大小的鱼。

丝网捕鱼在秦汉之前就已经出现，最初运用在印刷上，丝网印刷最早起源于中国，距今已有两千多年的历史了。早在我国秦汉时期就出现了夹颉印花方法。到东汉时期夹颉蜡染方法已经普遍流行，而且印制产品的种类增加。丝网捕鱼的形式也是大致保留至今，只是渔网的制作材料进行了革新。

粘网捕鱼的原理是：当把这种单片网投放到水中后，由于上栏的浮子和底栏的铅坠的作用，使得这张网在水中自然张开形成一垂直状网拦截于水中。由于网线较细，各种鱼不易发觉，这样，水中游动的各种鱼便不可避免地要撞到网上。民间形象地将这种捕鱼方法称之为"粘网粘鱼"。这时只要将粘网提出水面，取下网上粘挂的鱼即可。用粘网粘鱼，在

粘网

民间各地广为流行。[①] 粘网捕鱼可以控制渔网网眼的稀疏来控制捕获鱼类的大小。

粘网捕鱼在当今中国仍然还在沿用，但是由于一些不法分子利用其实施偷捕，对于渔业资源造成一定程度的损害。还有一些不法分子利用这种工具捕捉野生珍惜鸟类。现今，粘网多应用于机场等场所用以防止鸟类对于飞机的侵扰。

罱网

罱网由罱竿（竹制）和网兜组成。网兜一般用粗棉线结成，有的用篓头或其他材料做成。分开罱竿，使网兜张开，直抵河底；撑动罱竿，使网兜衔河泥；收拢罱竿，提出水面，再将罱竿松开，河泥便落入舱内。罱网捕鱼，手持有柄夹竿的罩夹网具，插入水底罩捕鱼类的作业方式。在湖北、安徽、江苏、上海等地内河，湖泊中均有此种捕鱼作业，是内陆水域中的小型渔具。

《初学记》引《风俗通义》说，汉代罱网捕鱼用轮轴起放，这是渔业机械的最早利用。[②]

捕捞对象以鲤、鲫、鳜以及青鱼、草鱼等为丰。捕捞的最佳水域乃是湖泊、河叉的交汇点。底质以软泥，水质较混浊处为适宜。渔期除盛夏季节外均可作业。渔具的形状与结构，同罱河泥肥料的罱泥夹相似。使用载重量 1 吨左右的非机动船，分别在勘定的水域中。事先在水底作成泥陷穴或在河道中先设置一道拦网，按泥陷穴或拦网方向罱捕，有的在沿岸罱捕。[③]

罱泥，可算是启海大地上的一个农事民俗。每到早春二月，就撑起罱泥船（启海方言也叫"罱泥河船"），伴着岸边芦芽树枝刚吐的新绿和南归的燕子及树丛中小鸟的晨鸣，披晨曦带黄昏地帮人清沟底，夹淤泥，用来拥青苗，壅田地。罱泥夹起的是沟底的污泥，既搅深了沟底，又清绿了水面，去除了"瘟草"，给水面以更多的光照，便于鱼儿的生长，菱

罱网

---

① 李进明：《民间钓鱼诀窍》，北京体育大学出版社，1993 年 07 月第 1 版

② 顾端著：《渔史文集》，淑馨出版社，1992 年 10 月第 1 版

③ 中国农业百科全书编辑部：《中国农业百科全书 水产业卷（上、下册）》，农业出版社，1994 年 12 月第 1 版

藕的丰茂。罱泥工也有撑船罱泥的乐趣,"罱泥经"(山歌号子)哼哼,沟边岸上总有一些大人小孩作伴看罱泥,偶尔会有被惊动了的鱼儿跃出水面蹦进舱的惊喜。[①]

罱网除了是捕鱼的工具外,还是古代农民获得水底肥料的重要方式,依靠水底丰富的腐质物的养料给农田施肥。

20世纪70年代,浙江奉化还有使用罱网来清除河底的淤泥,进入70年代末期,这一劳动方式日渐被人们抛弃,至90年代初,就基本消失了。

夹夹网

夹夹网属无囊型驱赶式敷网类渔具,广泛分布在安徽巢湖地区。

夹夹网渔具结构包括:网衣、纲索和属具,属具有转车、浮子、沉子、网杆等。

夹夹网是半月形的,网的两头分别系着一根三四尺长的绳子,结实地扎在两根细竹竿顶头,竹竿的底部顶在打网人的两胯部,使胯部成为支点,通过手把网提起,这样整个夹夹网的造型就像一副正放在桌面上的眼镜。

夹夹网捕鱼是一种十分原始的捕鱼方式,我国独龙族也有这样的捕鱼方式。使用方法是渔夫站在水边,奋臂撑开网,下腭压住竿上皮带下网,水中鱼被网触动,便弯成弓形,向上跃弹,此时乘势把两竿交叉合拢,把被网缠住的鱼托出水面。[②]捕捞对象主要是小鱼、小虾,有时也能捕到一些大鱼。一人操作,日捕鱼3~5千克。[③]

旧时,在上海市郊各县都有数十艘至百余艘不等的连家船渔民。这些渔民大多来自江苏和浙江两省,全家老少终年漂泊在水上,用夹网捕鱼和捞螺蛳,俗称"夹网船"。过着"一只破船一张网,日里捉鱼夜补网,吃了早顿无夜顿,渔霸逼债卖儿郎"的悲惨生活。中华人民共和国成立后,这些渔民都参加了当地的渔业生产合作社。1970年前后,在政府的支持下,他们在陆地建房定居。

该网具网型小,结构简单,造价低;操作机动灵活,缺点是生产时间较长,渔获物多

夹夹网和捕鱼作业

---

① 百度百科
② 《中国少数民族文化大辞典·西南地区卷》
③ 陈家余:《中国内陆渔具渔法》,天津市水产研究所,2000年

为小型鱼虾。[①]

目前安徽巢湖地区仍然在使用这种方法捕鱼。

弓箭

弓箭是古代以弓发射的具有锋刃的一种远射兵器。弓由弹性的弓臂和有韧性的弓弦构成；箭包括箭头、箭杆和箭羽。箭头为铜或铁制，杆为竹或木质，羽为雕或鹰的羽毛。是中国古代军队使用的重要武器之一。

弓箭也是早期的渔具之一。早在原始社会，人们就用弓箭射鱼。据说鄂伦春族、高山族和黎族等少数民族过去也常用此办法捕鱼，一般是在皓月当空，鱼儿浮出水面时，人们举弓射鱼。

弓箭射鱼

《史记·秦始皇本纪》载，秦始皇三十七年，他"至之罘，见巨鱼，射杀一鱼"。唐代陆龟蒙《渔具诗》中有《射》一首，描述弓箭捕鱼："弯弓注碧得，掉尾行凉沚。青枫下晚照，正在澄明里。抨弦断荷扇，溅血殷菱蕊。若使禽荒闻，移入暴烟水"。[②]

历史上，在黎族地区还流行以箭射捕鱼的办法。就是到了清代，这种古老的方法也还在沿用。清代张庆长在《黎岐纪闻》里就曾记载："黎岐无不能射者，射必中，中可立死。每于溪边伺鱼之出入，射而取之，以为食。其获较网罟为尤捷云。"[③]

弓箭是冷兵器时代最有杀伤力的兵器，弓箭的发明和改进使得人们能够在较远的距离准确而有效地杀伤猎物，而且携带、使用弓箭方便，可以预备许多箭，连续射击。

弓箭射鱼是传统渔猎生活中十分具有特色的活动，在捕鱼的方式中也是非常特别的。

弓箭射鱼目前在很多国家和地区都有遗存，其主要的捕鱼方式没有改变，但是弓箭的制作发生了较大改变。

孔明闸

孔明闸是属于箔筌型，导陷式陷阱类渔具。是在库湾角落

---

① 陈家余：《中国内陆渔具渔法》天津市水产研究所，中国水产科学研究院黑龙江水产研究所著，2000 年

② 施鼎钧：《我国古代渔具法溯源》，《水产科技情报》，1985 年 01 月 31 日

③ 《黎族传统的捕捞业》，中国网，2009 年 05 月 25 日

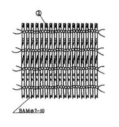  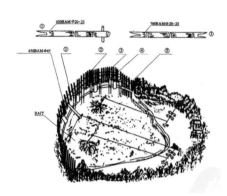

孔明闸（福建 南安）

孔明闸示意图

里，用竹竿插成弧形，在弧形的外围，用竹帘围成围据，竹帘可上、下活动，当鱼类进入围栅后，竹帘落下将鱼类陷入包围圈，不易逃出圈外，然后用抄网捞鱼，达到捕捞目的。

该渔具材料来源丰富，捕捞效果好，广泛使用于福建省各大中小型水库。产量较高，根据鱼类资源状况及地形的优劣，产量有所区别。[1]

孔明闸相传是诸葛亮用来擒孟获的方法，后世的人们经过发展将其运用在了渔业的捕获上，对其材料经过精简，发展成现今的孔明闸。

结构：由细竹帘；主竹叉一根一端制成叉口状，另一端有插梢，18 根副竹叉；沉石铃，铠引绳，诱饵等组成。

该渔具结构简单，材料来源丰富，成本低，操作方便，渔获物成活率高，可释放幼鱼，保护鱼类资源，可推广使用。[2]

孔明闸是渔业资源可持续发展的捕捞方式，但是这项渔获方式正在慢慢的消失，只有福建和广西的小部分地区还在沿用。

鸬鹚

鸬鹚，也叫水老鸦、鱼鹰。属鹈形目鸬鹚科，有 30 种。该鸟可驯养捕鱼，我国古代就已驯养利用，为常见的笼养和散养鸟类，主要分布于长江中下游一带水乡，湖南、湖北、江西、洞庭湖、鄱阳湖等地，这里水草丰茂，鱼类繁多，最适合鸬鹚繁衍生息。

该鸟体羽黑色，并带紫色金属光泽。肩羽和大覆羽暗棕色，羽边黑色，而呈鳞片状，体长为 1.1~1.2 米。嘴强而长，锥状，先端具锐钩，适于啄鱼；下喉有小囊；喉部具大白点。生殖期中，胁下有大形白斑，头及颈密生白丝状羽。后头部有一不很明显的羽冠。

唐代杜甫《戏作俳谐体遣闷》诗之一："家家养乌鬼，顿顿食黄鱼。"宋代沈括《梦溪笔谈》卷十六"艺文三"："（刘克）按《夔州图经》，称（陕）〔峡〕中人谓鸬鹚为乌鬼。蜀

① 陈家余：《中国内陆渔具渔法》，蓝天出版社，2000 年
② 陈家余：《中国内陆渔具渔法》，蓝天出版社，2000 年

鸬鹚

人临水居者，皆养鸬鹚，绳系其颈，使之捕鱼，得鱼则倒提出之，至今如此。予在蜀中，见人家养鸬鹚使捕鱼，信然，但不知谓之乌鬼耳。"

《本草纲目》卷四七《禽部·鸬鹚》释名："（李）时珍曰：按韵书，卢与兹并黑也。此鸟色深黑，故名。鹚者，其声自呼也。"

《太平御览》卷九二五《羽族·鸬鹚》引《唐书》："贞元十三年四月，上以自春已来时雨未降，正阳之月，可行雩祀。遂幸兴庆宫龙堂兆庶祈祷，忽有白鸬鹚沉浮水际，群类翼从其后。左右侍卫者咸惊异之，俄然莫知所往。方悟龙神之变化。遂相率蹈舞称庆。至乙丑，果大雨，远近滂沱。于是宰臣等上表陈贺。"

在南方水乡，渔民外出捕鱼时常带上驯化好的鸬鹚。这种捕鱼方式非常有趣，也非常有效。

鸬鹚不仅是捕鱼的能手，古代还常常把它作为美满婚姻的象征。结伴的鸬鹚，从营巢孵卵到哺育幼雏，它们共同进行，和睦相处，相互体贴。《诗经》中第一首诗："关关雎鸠，在河之洲"有的学者认为诗中的"雎鸠"就是鸬鹚。当然不管雎鸠是不是鸬鹚，鸬鹚之间的亲密友好关系就可以代表美好的婚姻。

目前这种独具高超捕鱼本领的鸬鹚，已被禁用作为水上捕鱼工具。

声捕鱼

声捕鱼是利用人工声音诱集鱼群的一种捕鱼方法。声音在水中形成的声波是弹性波，传播时具有损耗小、传播远的特点。人们可以模仿鱼类活动时的各种声音如摄食声、游泳声、受惊声、痛苦声、危险声、交尾声等，在捕鱼时加以播放，引诱鱼群。[1]

最早记载见于西晋潘岳《西征赋》："鸣桹厉响"。鸣桹即是渔人捕鱼时用长木敲船舷作声，惊鱼令入网。唐代陆龟蒙也有《鸣桹》诗："水浅藻若涩，钓罩无所及，铿如木铎音，势若金征急。驱之就深处，用以资俯拾。"到明代，浙江沿海渔民利用石首鱼（大黄鱼、小

---

① 袁运开，顾明远：《科学技术社会辞典·生物》，浙江教育出版社，1991年，第216页

声捕鱼示意图

黄鱼、鮸鱼等）能发声的特点进行捕捞。清初,在这个基础上更发展成敲姑渔业。屈大均
《广东新语》载:"深贾,上海水浅多用之,其深六七丈,其长三十余丈,每一船一益。一
贾以七八人施之,以二及为一朋。二船合,则曰爱朋,别有船六七十艘佐之,皆击板以惊
鱼。每日深船二施,可得鱼数百石"。敲舫渔业产量虽高,但对资源损害甚烈,现今已禁止
使用。

　　声是机械振动或生物发声器官发出的一种扰动。声探鱼是利用声传播中的反射特征,
来探测鱼群和其他目标。通过声音来捕鱼的方法是十分高效的,然而,海洋噪声对声探鱼
又有很大影响,为渔业资源的可持续发展必须加以限制。[1]

　　对渔场资源调查,使用水声遥测技术来调查渔场资源,虽然探测范围不及卫星遥测,
但它能达到快速、直接、较准确地了解鱼群的分布。我国渔民在 20 世纪 50 年代初期,使
用的敲船渔业,也是利用含有次声成分的声音来驱赶大、小黄鱼,赶鱼效果极好。目前,
以水下声诱集鱼群的捕鱼方法已在许多国家得到研究和利用,它对提高渔获量有明显效
果。[2]

渔船

　　渔船分布于苏中、苏南地区。

　　江苏历史上农用渔船品种繁多,形制各异,有五篷大网船、三篷船、运输船、客运船、
跳鱼船、鸬鹚船、卡船、丝网船、两头忙（船）、枪溜子（船）等。但是基本上由橹、舵、
篙、篷帆等部件组成。使用技艺主要有:划桨、撑篙、摇橹、扬帆、拉纤。

　　新石器时代已经开始使用木船。明代渔船的制造规模很大,太湖流域已经有了"宽如
数亩宫,曲房不见水"的六桅大渔船。20 世纪 60 年代,江苏省农业生产推广水泥农船,70
年代中期,机动农船推广,改变了篙、橹、桨人力操持的繁重劳动,提高了船运速度,增

---

①　警飞痧,夏章英《捕捞新技术——声光电与捕鱼》,海洋出版社,1991 年 3 月
②　警飞痧,夏章英《捕捞新技术——声光电与捕鱼》,海洋出版社,1991 年 3 月

木船、兴化木船和五蓬大网船

加了运输能力，20世纪80年代，铁壳机动农船投入使用。

兴化市竹泓镇原名"竹横港"，历史上曾是出海口，由于经常发生洪水，常有毛竹横于此处，故名竹横港。早在宋代范仲淹修筑"范公堤"之前，竹泓镇上就有了制造沿海捕捞渔船为主的手工作坊；明朝以来，主要以制造农用船和内河捕捞渔船为主，到清朝末年，竹泓木船制造已成气候。

渔船工艺复杂，工序多，难度大，从选料备料到断料、配料、破板、分板、拼板、投船、打麻油船等有十多道工序，均为手工操作。

舟船的发明和使用，使人类获取食物资源的途径从"陆上"一下子跨越到了"海上"，扩大了人类活动的范围。兴化木船制造已入选江苏省非物质文化遗产名录。

兴化市竹泓镇建有渔船建造展览馆，拥有200多种大小木船及木船制作工具资料。

渔船现藏于洪泽湖（渔业）博物馆、兴化里下河渔业文化博物馆等。在苏州甪直水乡农具馆有其复制品。

笼、篮、簖类渔具

笼、篮、簖类渔具广泛分布于苏南、苏中、苏北地区。

笼、篮、簖类渔具均属于陷阱类渔具。一般选择合适水域放置。主要是捕捉底层鱼、虾、蟹、贝类等。早先此类渔具多为竹、木制作，现今多为塑料等材质做成。

笼篮品种主要有：虾笼、黄鳝笼（丫子）、地笼、篓儿、虾闯儿、花篮等多种。主要是

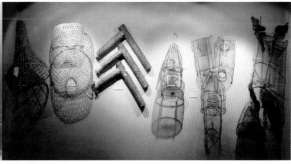

笼篮类渔具

手工编制，取材于木、竹。

虾笼，一种竹制的专门捕获虾儿的渔具。编虾笼通常是圆筒、倒须、盖头、套篓分开编制，再将两个圆筒垂直缝合，相互通连，两端分别装上套篓和盖头。

地笼由十几到几十根竹制或钢芯塑套"棒棒"连接为笼身，若干个圆圈相连为笼尾，周围用网封制而成。地笼的渔获主要是底层鱼、虾、蟹、贝类等。

黄鳝笼的外形象一根油条呈 90° 拦腰折弯，一头是进水口，像凹进去的漏斗，入口是倒刺的篾须。另一头是出口，是一个茶杯大的洞，一般用来捕黄鳝。

花篮，专捕鳜鱼的工具，是一个竹编的筒状的篮子，也有做成腰鼓形的，两头设有倒须，一般直径尺把，长则两尺左右。

簖类渔具，有竹簖或网簖，用竹箔拦在河道上具有特定布局的鱼簖。鱼在游动或蟹在爬行时，碰到竹箔挡了去路，会顺着竹箔寻找去路，便进入鱼道末端的"篓儿"无法逃出，渔人只需用捞海在"篓儿"里捞鱼。

洪泽湖渔具制作技艺入选第二批江苏省级非物质文化遗产名录。笼、篮、簖类渔具现藏于江苏无锡太康鱼文史馆、洪泽湖（渔业）博物馆、兴化里下河渔业文化博物馆。

渔网

渔网主要分布于江苏太湖、洪泽湖地区。

传说包羲氏"作结绳而为网罟，以佃以渔"（《易·系辞》）。新石器时代网渔具已广泛使用。最早的渔网是用兽筋和植物纤维编成的，古代人使用粗布加上麻作为原料，通过捆卷的方法制成鱼网。现代渔网主要采用聚乙烯，尼龙等原料进行加工。簖箔类渔网制作是用芦苇和麻编织，后选用竹制，现全为塑料代替。

渔网的保护工艺和材料应用也有其特殊技艺和要求。如防腐工艺中用的"护"，是用猪血做原料配制而成的，护过的网具既不会变硬，又防腐耐用。

另有一类网类渔具称为罾，具体有扳罾、提罾、拦河罾。

渔网的使用方法主要有：张网、选择水域放网（又称下网）。

为了适应不同水域的捕捞，人们又将渔网制成各种形状，这成为后世各种网具的起源。太湖地区以拖网类渔具为主，其中有快丝网、罾网捕捞大中型鱼类，银鱼网、虾拖网、小

旋网、网类渔具和罾

兜网、闸虾网、拖虾网以捕捞小型鱼虾为主。洪泽湖地区有：网、围网、刺网、旋网、探网、张网等 32 种。

扳罾，是一种在小河道或湖岸边使用的小型定置渔具，敷设在河道或湖岸边，或人工手持，每隔一段时间，将网提出水面，兜捕入网鱼类。

提罾，俗称"虾罾"，是湖泊小型定置渔具。既许多罾按一定间距排设于水底，并在每个罾内敷设诱饵，诱集鱼虾入内摄食，然后每隔一段时间依次将罾提出水面，兜捕入内的鱼虾。

拦河罾，是一种大型定置渔具。在河宽地段下网，两岸分别竖立主杆、绞车。一侧下沉，一侧浮水适时兜捕。此网具在 20 世纪 70 年代以后基本绝迹。

网渔具是最常用的一种捕捞工具，在捕捞活动中占有重要地位。江苏省高淳县淳溪镇有"渔网之乡"的美誉，是全国知名的渔网产地。

洪泽湖（渔业）博物馆、苏无锡太康鱼文史馆、兴化里下河渔业文化博物馆等均有收藏。

十三、养蚕工具

蚕架

蚕架，养蚕器具，用以安放团匾养蚕。选择房前屋后或附近荫凉干燥、通风透气、四周清洁、卫生的场地。蚕架可以分为：四脚正方形架，三脚三角形架，四脚三角形架。[1]

蚕架具有相关民俗价值。蚕架在养蚕的过程中充分地利用了有限的空间，是养蚕提高产量的有效措施。

蚕架在现代化的养蚕方式中仍然存在，但蚕架的材质发生了变化，由原来的木制逐渐转变成了钢制的蚕架，基本形制依然保留。

蚕架

---

[1] 中国人民政治协商会议钦州市委员会文史资料和学习委员会编：《钦州文史 第十二辑》，《钦州民俗文化专辑》，2005 年 12 月

蚕网

蚕网是蚕除沙扩座的用具。编结绳子作成，像鱼网的形状。其长短、广狭的尺寸，看蚕架大小而定。网用柿漆浸染过，光泽耐用，穿贯着网索，搬抬起来方便。到蚕可以替沙的时候，先把网盖在蚕上面，然后在网上洒桑叶。蚕儿闻到叶香，都穿过网眼爬上来吃桑叶。等到蚕儿上齐时，便两头一齐提起蚕网，抬到别的架上。遗留下来不上网的病弱蚕，拾去不养。这样，比起用手替蚕，省力很多。南方养蚕多用这个方法出沙。北方蚕小时也应该采用这种方法。^①

王祯《农书》说"蚕网，抬蚕具也，结绳为之，如渔网之制。其长短广狭，视蚕盘大小制之。"当蚕匾中桑叶将吃尽时，将网蒙在匾上，网上铺新鲜桑叶，"蚕闻叶香皆穿网眼上食。"当蚕匾中的蚕基本上都爬到网上后，两人提网四角，移到另一个蚕匾中，以清除原来蚕匾中的蚕烘及残叶。在发明网替前，蚕农只能将蚕一条条从蚕烘，残叶中捡出，放到另一蚕匾中，称为"手替"。网替此手替"省力过倍"。

清代杨屾乾隆五年（1740 年）成书的《豳风广义》还是说："惟嘉兴湖州（按都在浙西）用网抬蚕……其余诸省，皆不知也。"用网除沙，无手拾，抛掷、堆聚，创伤，遗漏等弊，而且省时省力，是现在广泛采用的除沙法。

蚕网具有相关民俗价值。蚕网是养蚕的重要工具之一，它对提高劳动工效、保护蚕体健康，促进蚕茧增产，提高经济效益占有举足轻重的地位。

省力、高效是当前蚕业发展的主要方向。改进和更新蚕桑生产设施、用具等无疑是实现这一发展方向的重要途径之一。缺点在于：必须两人才能进行有效的操作，且由于其具有的卷缩性和黏连性，不利于操作使用，费工费时，影响养蚕劳动工效的进一步提高。^②现代蚕网有各龄用的。小蚕用的网孔大小为（0.3~1.3）厘米 ×（0.3~1.3）厘米，用粗纱织成，涂抹柿漆。大蚕用的蚕网大多用细稻草绳、麻皮、蔺草、塑料绳等编织而成，也有用压模制成的塑料网。

蚕网

---

① （元）王祯撰，缪启愉译注：《东鲁王氏农书译注》，上海古籍出版社，1994 年 12 月第 1 版
② 詹永发，胡世叶，田应书：《对轴式蚕网的设计制作与应用试验》，贵州省蚕业科学研究所

蚕箔

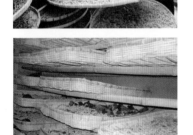

蚕箔

蚕箔多为苏中、苏北地区使用。

早在春秋战国时期已经开始使用，唐·陆龟蒙《崦里》诗："处处倚蚕箔，家家下鱼筌。"宋·梅尧臣有《和孙端叟蚕具·蚕薄》诗。明代唐寅《长拍·春情》曲中记载有："蚕箔吐新丝，一似我柔肠万千愁思。"现在蚕箔多用塑料制成。

蚕箔即曲簿，是座蚕的器具。《礼记》中记载："准备好曲、植"，曲就是蚕箔。箔方可四丈，铺在两根作为横档的橡木上，挂在槌上；到蚕除沙分箔时，便于舒卷搬动使用。

蚕箔较蚕匾更为灵活，易于收藏。在蚕房面积较小的时代更具实用性，其制作原材料为芦苇秆，就地取材更为方便。

如今苏中、苏北地区农家仍旧在使用蚕箔。

蚕匾（筐）

蚕匾（筐）主要分布于苏南地区。

筐是古时盛币帛的竹器，后来用来养蚕。

蚕匾（筐）是一种用竹篾或芦荻编成的椭圆形盘子，底浅而有边缘，适宜于座蚕。蚁蚕和分箔的时候用到它，一般将它搁在竹架上。蚕匾（筐）就地取材，或方或圆，容易移动。王祯《农书》记载："圆而稍长，浅而有缘，适可居蚕。蚕蚁及分居时用之，阔以竹架，易于抬饲。"

养蚕是江苏地区重要的副业之一，在蚕业技术不发达的时代，养蚕对温度、环境要求精细，蚕匾（筐）作为重要的育蚕用具发挥了重要作用。

如今南方养蚕仍旧有少量使用蚕匾（筐）。

蚕匾

蚕簇

蚕簇分布于苏中、苏南地区。

《齐民要术》记述了两种蚕簇，一种是用柴草架空地撒在蚕箔上，使蚕在架空的柴草间营茧。另一种是用大棵蓬蒿秸挂在室内栋梁橡柱上，上下数层，作为蚕簇，供蚕在秸上结茧。用蒿秸不经加工，即作为蚕簇，甚为方便。宋元时代，北方似仍直接用柴草蓬蒿秸等为蚕簇。明清时代嘉湖一带蚕农则用稻草扎为蚕簇，其形式分为伞簇、墩簇两种。清末民初，有些地方则使用棉花、油菜、竹梢等秸秆为蚕簇。1950年后推广蜈蚣簇，后又试行回转型方格簇、搁挂形方格簇、双连座方格簇等。蜈蚣簇今已很少使用，方格簇是目前最优良的簇。

蚕簇，供熟蚕结茧的工具。王祯《农书》记载"簇用蒿梢丛柴苦席等也。凡作簇先立簇心，用长橡五茎，上撮一处系定，外以芦箔缴合，是为簇心。主要用稻草做成，分折簇、伞形簇、蜈蚣簇等。梳理干净的稻草刈去顶端细嫩部分，中间束紧，供蚕上簇用，俗称湖州把。新中国成立后推广了先进的方格簇，使一蚕一茧或数茧一格，使用更方便。蚕簇是养蚕结茧的重要工具，在生产中不可或缺。

目前蚕簇在农家仍有使用。

火缸

火缸作为蚕室加温用具在养蚕的过程中发挥着重要的作用。其特点是操作简单，原料易采集。传统的蚕室加温方法是用黄泥缸生火埋炭加温，一间蚕室用两三只火缸。其缺点是，蚕室内烟火气浓重，空气混浊，而且木炭价钱贵，自煨聋糠焦炭也不经济。

蜈蚣簇、蚕簇和方格簇

民间有一种民俗：桑叶长出来的时候，当家人背上用红棉绸包好的"蚕种包"，到山上走一遍，谐音称"上山"，意思是今年养蚕好，"蚕花廿四分"。接着用人体捂，约25天后，把蚕卵拿到用炭火种的火缸的蚕房里（恒温36℃左右），倒在铺有白色"桃花纸"的匾里，等同于现在的蚕种。

旧时汉族民间婚娶还用火缸作为一种表示发家的象征活动。其兄弟送花轿至中途，用火熄之火点香带回置于灶间火缸内，说是共同发达兴旺。也有男家发花轿时，轿里放一只盛满炭火的铜火熄，女家回轿时，再放一只铜火熄，火种取之男家那只火熄。新娘坐轿时，两脚各踏一只火缸。

火缸

传统火缸效率低、安全性差、费用高。现在已经被更加有效的加温方式取代，但是民间仍然有少量使用。

桑剪

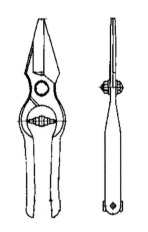

桑剪示意图

桑剪分为桑枝剪和桑叶剪两类。修剪桑树、果树、茶树、柞蚕树等树枝果叶。

桐乡桑剪的外形：头部像颗白果、捏手处似花瓶，剪刀脚部呈螺丝型（即所谓"白果头，花瓶壶、扯旗盘"的传统造型），整把剪刀小巧玲珑，锋利异常，用起来很轻快。所以被蚕农誉为"叶里飞"。除桑剪外，还生产接桑刀，与桑剪齐名。[①]

桐乡生产桑剪的历史起于何时，因缺史料已不可考查。但据明代宋应星《天工开物·乃服》篇卷所载："凡取叶必用剪，铁剪出嘉郡桐乡者最犀利，他乡未其利。"可知桐乡以产桑剪闻名于世至少已有 400 年以上历史。在明清时期，桐乡桑剪不仅满足当地蚕户所需，而且供外地蚕农，深受用户欢迎。民国以后，梧桐、屠甸、石门等的打铁铺均生产桐乡桑剪。其中以梧桐张福安、张顺安两兄出产的桑剪名声最佳。[②]

用桐乡桑剪和接桑刀来接种桑树，由于桑条剪得平，桑枝不裂皮，桑树成活率可以保持在 90% 以上。另外，使用桐乡桑剪连续长时间剪桑叶，手也不致磨起泡。一把桐乡桑剪至少可用七八年，其耐用度高也是它的一大优点。

桑剪目前仍然是蚕桑生产的重要工具，具有效率高、便捷的特点。现代的钢铁锻造工艺赋予其更加锋利、耐用的特性。

① 程中立:《浙江土特产简志》，浙江人民出版社，1987 年 06 月第 1 版
② 中国人民政治协商会议浙江省桐乡县委员会文史资料工作委员会:《桐乡文史资料——第 5 辑桐乡县土特名产专辑》，1987 年 05 月第 1 版

第 **7** 章 中国文献类农业文化遗产

一、综合性类文献

吕氏春秋二十六卷（《上农》等四篇）（秦）吕不韦撰

吕不韦（约前290年—前235年），卫国濮阳（今河南濮阳）人，秦庄襄王和秦王政时为相，在秦为相13年，著名商人、政治家，先秦杂家代表人物之一。

《吕氏春秋》由吕不韦集合门客共同编撰而成，成书于公元前242—前239年，全书分为十二纪、八览、六论，共26卷，160篇，20余万字，是一部总结先秦诸子思想学说的杂家著作。《上农》《任地》《辩土》《审时》四篇，即录于六论之中。

《上农》，专谈农业政策。"上农"，有尚农、重农之意，该篇遵循先秦的农本观念，提出"重农主义"的主张，从政治、经济、教化等方面阐明重农思想，探讨如何以政治措施保证农民能够及时从事农业生产操作，将"农业是立国之本"的主旨思想贯穿全篇。[①] 该篇还指出，"夫稼，为之者人也，生之者地也，养之者天也"，即是对《夏小正》中首倡的天地人物和谐统一系统思维的集成和发展，为中国传统农业奠定了生态农学的基础。

《任地》《辩土》《审时》三篇总结了当时的农业技术，提出农业生产上需要注意解决的问题，对土地整理、土壤改良、耕作保墒、播种技术、合理密植、中耕除草、天时和农时等土地利用原则和技术措施都有所讨论，贯彻天地人物和谐统一的基本思想，强调因地制宜、因时制宜在农业发展中的重要性，并得出"得时之稼兴，失时之稼约"的结论。

《吕氏春秋》虽然不是农学专著，但其《上农》等四篇，完整总结了先秦时期的农业生产和技术，形成了系统的农学思想体系，是一部珍贵的传统农学文献，也是中国现存最早的农业生产技术专论，为中国精耕细作农业技术的形成和发展奠定了基础，对此后的农学

---

① 张喆：《〈吕氏春秋·上农〉等四篇与〈农业志〉的农学思想之比较》，《中国农史》2012年第3期，第122-131页

发展具有重要的文献资料价值和现实意义，同时也为中国传统农业奠定了生态农学的基础。

此外，《吕氏春秋》的《十二纪》中还记载了有关农业灾害方面的内容，包括水灾、旱灾、风灾、虫灾等多种类型，并主张人类应认识、遵循自然界的运行规律以避免灾祸发生，为研究春秋至战国时期的农业灾害情况和自然灾害防御思想提供了丰富的史料。[①]

版本信息：

《吕氏春秋》较好的版本有高诱注元至正嘉兴路儒学刻本（北京大学图书馆藏）、元至正嘉兴路儒学刻本吴骞跋（上海图书馆藏）、元至正嘉兴路儒学刻明修本（重庆图书馆、天津图书馆、四川师范大学图书馆藏）、明弘治十一年（1498 年）李翰刻本（苏州市吴中区图书馆、重庆图书馆、南京图书馆、天津师范大学图书馆藏）、明嘉靖七年（1528 年）许宗鲁刻本（安徽省博物馆、四川省博物馆、中山大学博物馆、西安博物院、浙江博物馆、安徽省图书馆藏）、明宋邦乂等刻本（甘肃农业大学图书馆、山东省图书馆藏）、明万历七年（1579 年）张登云刻蓝印本叶德辉跋（中国国家图书馆藏）。另有题（宋）陆游评，（明）凌稚隆批，明万历四十八年（1620 年）凌毓枏刻朱墨套印本，藏于新乡市图书馆、无锡市图书馆、广东省立中山图书馆。

山东省图书馆藏《吕氏春秋》
（图片来源：《第三批国家珍贵古籍名录图录》第五册）

氾胜之书二卷　（汉）氾胜之撰

氾胜之，生卒年不详，大约生活在西汉末期，氾水（今山东曹县）人，中国古代杰出农学家。汉成帝时（公元前 32 年—公元 7 年）曾任劝农使者和轻车使者，在都城长安附近（今陕西关中地区）指导农业生产，传授小麦栽培技术。他总结黄河流域的农业生产技术和经验，整理成杰出农学著作《氾胜之书》。

《氾胜之书》成书于西汉晚期，全书原有 2 卷，18 篇，后于北宋时丢佚，幸而宋代以前古书多有引用，才使该书部分内容得以保存。现存版本是从《齐民要术》《太平御览》等书中辑佚而成，共 3 000 余字，被称为《氾胜之十八篇》《氾胜之种植书》或《氾胜之农书》，后通称为《氾胜之书》。

---

① 王星光：《〈吕氏春秋〉与农业灾害探析》，《中国农史》2008 年第 4 期，第 49-54 页

《氾胜之书》内容包括：（1）耕田；（2）收种；（3）溲种法；（4）区田法；（5）禾；（6）黍；（7）麦；（8）稻；（9）稗；（10）大豆；（11）小豆；（12）枲；（13）麻；（14）瓜；（15）瓠；（16）芋；（17）桑；（18）杂项。此 18 篇内容主要包括三个部分：第一部分，作物栽培总论，内容涉及旱地耕作的总原则、基本操作法、播种日期的选择及播种前的种子处理以及深耕细作的区田法等；第二部分，作物栽培分论，分别介绍了禾、黍、麦、稻、稗、大豆、小豆、枲、麻、瓜、瓠、芋、桑等 13 种作物的栽培方法，内容涉及耕作、播种、中耕、施肥、灌溉、植物保护、收获等生产环节，可以说是中国古代第一部作物栽培学著作；第三部分，特殊作物高产栽培法——区田法。

《氾胜之书》在耕作制度的研究方面作出了重要贡献。书中对溲种、穗选、各类粮食和豆类的耕作方法都有讨论，强调因时耕作、因土耕作，对积肥、追肥等施肥经验进行了总结，还涉及嫁接法、轮作、间作、混作等方面的记载，而最重要的是总结、研究并推广了一套新的旱作农业生产技术，即"区田法"。区田法是将土地分成若干小区，每块小区四周打上土埂，中间平整挖深作区，并调和土壤以增强土壤的保水保肥能力。区田法是少种多收、抗旱高产的综合性技术，历来被作为御旱济贫的救世之方，是能反映中国传统农学特点的技术之一，它的运用和推广，极大地提高了关中地区的单位面积产量，因此受到当地农民的广泛欢迎，至清代甚至新中国成立以后，关中部分地区仍然保留此耕作方法。

除了具体的农业生产技术以外，《氾胜之书》还主张适当种植大豆、稗子等作物以作备荒之用，并记载了农业成本、支出和利润的计算方法，体现了汉代的农业经营理念。

此外，《氾胜之书》在我国农学史上极具文献价值。据统计，《氾胜之书》被 50 余部典籍收录，为我国古代耕作制度的研究做出了重要贡献。该书还奠定了中国古代综合性农书的体例基础，如后世重要农书《齐民要术》、王祯《农书》等，均承袭了《氾胜之书》开创的先总论后分论的写作体例。[①]

《氾胜之书》是继《吕氏春秋·上农》等四篇以后最重要的农学著作，早在汉代就享有盛誉。东汉经学家郑玄在为《周礼·地官·草人》作注时称，"土化之法，化之使美，若氾胜之术也"；唐代贾公彦在为《周礼·草人》作疏时说，"汉时农书有数家，氾胜为上"。天野元之助在《中国古农书考》中称，"此书在前汉成帝时首先提倡区田法，堪称中国农书的先驱"。

版本信息：

《氾胜之书》在宋代已经佚失，在《宋史·艺文志》、马端临《文献通考·经籍考》中已不见著录，后于清代由洪颐煊、宋葆淳、马国翰等人辑佚复原。

洪颐煊辑《氾胜之书》二卷，收录在孙冯翼辑《问经堂丛书》（嘉庆七年（1802 年）承德孙氏刊本）的《经典集林》卷二十三、卷二十四中，中国农业大学农史研究室、中国国家图书馆、浙江省图书馆等有收藏。

马国翰辑《氾胜之书》二卷，收进清光绪九年（1883 年）长沙琅嬛馆刻本《玉函山房

---

① 康丽娜：《秦汉农书的文献价值》，《史学月刊》2011 年第 5 期，第 121-123 页

辑佚书·子编·农家类》。此版本大体上按照《齐民要术》的编次摘抄其中所引的佚文，又与《太平御览》《艺文类聚》《礼记》郑玄注、《后汉书》章怀太子注、《文选》李善注等引文进行校对，体裁仍按史志著录，但所据底本非善本。此版本在中国农业大学农史研究室、中国国家图书馆、浙江省图书馆、南京图书馆等地均有收藏。

另有马国翰辑清光绪十年（1884 年）楚南湘远堂刻印本（华南农业大学农史研究室藏），马国翰辑光绪年间上海江南总农会石印本（中国农业大学农史研究室、华南农业大学农史研究室藏）以及《农学丛书》本。

南方草木状三卷 （晋）嵇含撰

嵇含（263—306 年），字君道，自号亳丘子，"竹林七贤"之一的嵇康之孙，谯国铚县河南巩县亳丘（今鲁庄）人，文学家，植物学家。

《南方草木状》成书于永兴元年（304 年），全书共分 3 卷，卷上收载甘蔗、蒲葵、空心菜等草类 29 种，卷中收载沉香、水松、刺桐等木类 28 种，卷下收载槟榔、椰子等果类 17 种以及竹类 6 种，收录植物共计 80 种。这些植物大多是生长于当时的番禺、南海、合浦、林邑以及南越交趾地区的热带或亚热带植物。书中对每种植物的技术详略不一，各有侧重，总体上较为系统地介绍了岭南的热带、亚热带植物的形态、生态、功用、产地和有关的历史掌故。

《南方草木状》被认为是我国现存最早的岭南植物志。书中关于植物产地和引种历史的记载，是研究古代岭南植物分布和原产地的宝贵资料。书中所记在浮筏筏上种蕹菜的方法，是世界上有关水面栽培（无土栽培）蔬菜的最早记载。利用黄猄蚁防治柑橘害虫，则是世界上生物防治的最早记录，这种方法在闽粤一带果农中沿用至今。此外，《南方草木状》中还记载了一些未见于其他早期文献的内容，值得珍视。

版本信息：

纪昀在《四库全书提要》中认为此书应为唐朝之前的著作，应为嵇含所作。而到了清末学者文廷式开始，研究者发现比南宋尤袤早的史学家郑樵等人在引用《南方草木状》时提到的文字，在《百川学海》版本中并不存在；而今本《南方草木状》中的一

南京农业大学中华农业文明研究院藏《南方草木状》

些记载，又与晋代博物学家葛洪、唐代学者段公路等人的记载相悖，于是怀疑现在流行的版本为南宋人拼凑伪托而成。[①] 该书真伪问题仍有待进一步研究。

最早刊本为南宋《百川学海》本，藏于中国农业大学农史研究室、中国国家图书馆、南京图书馆等地，此后陆续出版了《山居杂志》本、明万历二十年（1592年）刊本、明胡文焕刻本、《格致丛书》本、清顺治三年（1646年）宛委山堂本、乾隆五十九年（1794年）石门马氏大西山房刊本等十余种版本，并有美国李惠林译的英译本行世。

1955年，商务印书馆排印本附上了上海历史文献图书馆珍藏的《南方草木状图》60幅。1991年，中国科学院昆明植物所编著《南方草木状考补》。1992年，中国农业出版社出版张宗子的《嵇含文辑注》。

齐民要术十卷　杂说一卷　（北魏）贾思勰撰

贾思勰，生卒年不详，约出生于北魏孝文帝时（5世纪末），是青州齐郡益都县（今山东寿光）或其附近人，曾担任北魏青州高阳郡（今山东临淄县西北）太守，足迹曾至河南、河北、山西、山东等省，离任后曾从事农业生产经营等活动。他是北魏杰出农学家，精通农业科学，躬身实践，总结北魏及以前的农业生产经验，在复兴由于战乱而荒废的华北农业时，将旱地农业体系化，于北魏末或东魏初，即533—544年写成农学巨著《齐民要术》。

《齐民要术》的写作方法是"采捃经传，爰及歌谣，询之老成，验以行事"，即摘编有关文献资料，搜集民间流传的生产经验，向有知识和经验的人请教，并以自己的实践，检验前人的经验和结论。"齐民"即平民，"要术"就是谋生的主要方法，因此《齐民要术》就是人民群众从事生活资料生产的主要记述。

《齐民要术》所涉及的农业生产地域主要是在黄河中下游地区。全书由序、杂说和正文三大部分构成，正文中夹有双行小字注。共分10卷，92篇，正文约7万字，夹住小字约4万字。内容以种植业为主，兼及蚕桑、林业、畜牧、养鱼、农副产品加工等各个方面，可以称得上是"一部几乎无所不包的农书"。[②] 正如贾思勰在《序》中所述，"起自耕农，终于醯醢，资生之业，靡不毕书。"即从耕种到造醋做酱，凡是生活资料的生产技术都包含其中。具体内容设置为：第1~3卷叙述农作物的耕种和粮食作物、纤维作物、油料作物、蔬菜等的栽培、管理等；第4卷论述木本植物、果树等的种植方法；第5卷论述蚕桑、竹木及染料植物；第6卷记载畜牧、家禽和养鱼技术；第7~9卷记述食品酿造、加工、保藏和烹调方法以及制胶和以胶制笔墨的农家手工业；第10卷记载了北朝统治区以外的农作物。

《齐民要术》述及数量丰富的粮食作物、蔬菜、果树、畜禽品种资料和渔业水产资源，包括粟的97个品种，黍的12个品种，穄的6个品种，粱的4个品种，秫的6个品种，小麦的8个品种，水稻的36个品种等，几乎囊括了当时所有农产资源。同时，书中还记述了

---

① 罗桂环：《关于今本〈南方草木状〉的思考》，《自然科学史研究》1990年第2期，第165–170页
② 胡道静：《中国古代典籍十讲》，复旦大学出版社，2004年，第212页

20 余种轮作方法和 10 余种间作套种方法，提出多种选种、拌种、浸种方法，记载了丰富的农作物以及多种牲畜和鱼类的养殖理论和方法，并高度重视农产品加工问题，详细记录了数百种农产品加工方法，极具实用性和科学性，反映了中国古代在农业科学技术方面取得的重大成就。

该书为我国农业发展所做的贡献包括：建立了较为完整的农业科学体系，对以实用为特点的农学类目作出了合理的归划；详尽探讨了抗旱保墒的问题，提出从事农业生产的原则应该是因时、因地、因作物品种而异；提出了选育良种的重要性以及生物和环境的相互关系问题；把动物养殖技术向前推进了一步；详细阐述了农产品的加工、酿造、烹调、贮藏等技术；记载了丰富的植物生长发育和有关农业技术的观察资料；重视对农业生产、科学技术与经济效益的综合分析，描述了多种经营的可行性，使农民的收入有所增加。[①]

《齐民要术》引用古籍近 200 种，内容丰富，范围广泛，其中部分散佚古籍，如《氾胜之书》《相马经》《四民月令》《广志》等，皆因《齐民要术》的摘引而得以部分地保存下来。[②] 此外，书中所用资料多为著者自己的亲身经验或访问所得，注重实践，真实记录了我国古代劳动人民特别是黄河中下游地区人民所创造的关于农业生产技术的宝贵经验，并在耕作技术方面做了较为精密的研究，为农作物的合理轮作、套种奠定了理论和技术基础，极具科学价值，被誉为"农家诸书，无更能出其上者"。

《齐民要术》自出版后，受到历朝政府重视，北宋时期有官刊善本"非朝廷人不可得"之说，明代王廷相称其为"惠民之政，训农裕国之术"，且《农桑辑要》、王祯《农书》《农政全书》和《授时通考》等农书均受其影响。

《齐民要术》早在唐代即已传入日本，日本宽平年间（889—907 年）藤原佐世编的《日本国见在书目》中有相关记载，但当时版本今已不存。现存最早的刻本北宋天圣年间（1023—1031 年）皇家藏书处的崇文院本，就是在日本京都以收藏古籍著称的高山寺发现的。该版本被称为"宋本中之冠"，被日本当做"国宝"，珍藏在京都博物馆中。1914 年，罗振玉曾经将高山寺本影印，收在他编的《吉石庵丛书》中。《齐民要术》在日本还以日本人自己的手抄本的形式流传，名古屋市蓬左文库收藏的根据北宋本过录的金泽文库本（缺第三卷），写于南宋咸淳十年（1274 年），是现存最早的抄本。日本农业综合研究所也于 1948 年影印，并赠送我国北京农业大学（现为中国农业大学）和南京农学院（现为南京农业大学）各一部。《齐民要术》受到日本学者的高度重视，不断学习、钻研、探讨，形成了专门的"贾学"，并成立"齐民要术研究会"。

至迟 19 世纪末，《齐民要术》传到欧洲，被视为研究古物种变化的经典。英国学者达尔文在其名著《物种起源》和《动物和植物在家养下的变异》中就参阅过这部"中国古代百科全书"，并援引有关事例作为他的著名学说"进化论"的佐证。英国著名学者李约瑟在编著《中国科学技术史》第六卷《生物学与农学》分册时，也以《齐民要术》为重要材料。

---

① 《齐民要术》，中华人民共和国文化部外联局网站，http://www.chinaculture.org/gb/cn_madeinchina/2005-05/11/content_68535_2.htm

② 万国鼎：《论"齐民要术"——我国现存最早的完整农书》，《历史研究》1956 年第 1 期，第 79–102 页

南京农业大学中华农业文明研究院藏《齐民要术》

《齐民要术》作为全世界人民的共同财富，正在引起国际学术界越来越广泛的关注。

《齐民要术》是我国现存最早、最完整的大型农业百科全书，是最具影响力的一部古代农书，也是世界上最早、最系统的农学名著之一。它使中国农学第一次形成了精耕细作的完整的结构体系，在中国传统农学史上是一个重要的里程碑，是我国宝贵的农业文化遗产和科学文化遗产。

版本信息：

明嘉靖三年（1524 年）马纪刻本被收录于第三批国家珍贵古籍名录（编号：08361），现藏于南京农业大学中华农业文明研究院。

农书三卷 （宋）陈旉撰

陈旉（1076—? 年），自号西山隐居全真子，又称如是庵全真子，生于南北宋交替、南宋偏安江南的战乱时期，居无定址，经常辗转于长江南北一带。他留心观察农业生产的经验方式和农业生产技术，积累了丰富的江浙地区农业生产经验和技术知识。后在真州（今江苏仪征）西山隐居，经营自家田庄。陈旉《农书》即是他在"躬耕西山"和游历各地之后，于古稀之年总结长江下游一带的农业经营和生产技术而著成。

《农书》成书于南宋绍兴十九年（1149 年），是继北魏贾思勰《齐民要术》之后的又一部经典农书。全书共 1 万余字，分上、中、下三卷。上卷 14 篇，是农业经营与栽培总论，论述农学思想和农业技术等，突出稻作，是全书的主体部分；中卷两篇，论述耕牛的经济地位、饲养和牛病防治等，是现存古农书中第一次用专篇系统讨论耕牛问题；下卷 5 篇，论述养蚕、收茧及桑树种植、管理等种桑养蚕技术。具体内容，卷上：财力之宜篇第一、地势之宜篇第二、耕耨之宜篇第三、天时之宜篇第四、六种之宜篇第五、居处之宜篇第六、粪田之宜篇第七、薅耘之宜篇第八、节用之宜篇第九、稽功之宜篇第十、器用之宜篇第十一、念虑之宜篇第十二、祈报篇第十三、善其根苗篇第十四；卷中：牛说、牧养役用之宜篇第一、医治之宜篇第二；卷下：蚕桑叙、种桑之法篇第一、收蚕种之法篇第二、育蚕之法篇第三、用火采桑之法篇第四、簇箔藏茧之法篇第五。

此前的重要农书如《氾胜之书》《齐民要术》都是总结华北

地区的农业技术经验，而陈旉《农书》则是我国现存第一部专门探讨南方水稻区农业技术的农书。该书以稻作为主、蚕桑为辅的"泽农"为对象，[①]完整阐述了长江下游一带鱼米之乡的农业技术经验，并有专篇论述水稻的秧田育苗，内容切实，见解精辟，是总结江南农业生产技术经验的开创性著作。

陈旉《农书》强烈反对安于土地肥力有穷的思想，即"土敝则草木不长，气衰则生物不遂，凡土田种三五年，其力已乏"，反对采取休耕制度措施，而提出了"地力常新壮"的理念和新的处理措施。[②]基于这种思想，《农书》详细讨论了土壤所宜、粪肥积制和施肥方法，指出连年种植的土地只要经常添加肥沃的客土，合理施肥，便可保持地力"常新壮"，达到连续丰收的效果，使我国古代农业基本上解决了耕作与地力矛盾的问题，并由此向前推进了一步，对我国宋代以后农学思想的发展产生了深远影响。书中所创导的"地力常新壮"理念，也是生态农业观念的朴素萌芽，是我国古代最出色的农学理论之一。[③]

陈旉《农书》还提出农业应以精细经营提高单产和效益的原则，即卷上《财力之宜》所载，"农之治田，不在连阡跨陌之多，唯其财力相称"，精耕细作，"则丰穰可期也审矣"。[④]

陈旉《农书》虽然篇幅不大，但内容切实，且有不少创新和发展，在中国农学史上有重要意义，万国鼎将其归纳为：（1）第一次用专篇来系统地讨论土地利用；（2）第一次明白地提出两个杰出的对于土壤看法的基本原则；（3）不但用专篇谈论肥料，其他各篇中也颇有具体而细致的论述，对于肥源、保肥和施用方法有不少新的创始和发展；（4）这是现存第一部专门谈论南方水稻区农业技术的农书，并有专篇谈论水稻的秧田育苗；（5）具有相当完善而又系统的体系。[⑤]

陈旉《农书》称得上是"我国第一流的综合性农书之一"，该书卓越的思想理念和农业技术影响至今，而且也赢得了世界声誉，被译为多种外文。

版本信息：

《农书》（图片来源：中国科学院自然科学史研究所"中国农业历史与文化"网站 http://www.agri-history.net）

①　石声汉：《以"盗天地之时利"为目标的农书——陈旉农书的总结分析》，《生物学通报》1957 年第 5 期，第 23-27 页
②　胡道静：《中国古代典籍十讲》，复旦大学出版社，2004 年，第 213 页
③　方健：《南宋农业史》，人民出版社，2010 年，第 350-351 页
④　方健：《南宋农业史》，人民出版社，2010 年，第 3 页
⑤　万国鼎：《陈旉农书校注》，农业出版社，1965 年，第 9 页

《农书》撰成于陈旉晚年，成书后由当时真州知府洪兴祖于南宋绍兴十九年（1149年）初次刊刻。宁宗嘉定七年（1214年），高邮军汪纲取陈旉《农书》一帙，与秦观《蚕书》合刻，后又附楼璹《耕织图诗》，成为嘉定本，现藏于台北。明初，《农书》收入《永乐大典》，后编入《四库全书》，成为通行本。清代则收入鲍氏《知不足斋丛书》等多种丛书本。其中，河南省图书馆藏明末毛汲古阁影宋抄本被收录于国家珍贵古籍名录（编号：01779）。

种艺必用（宋）吴㰖撰（元）张福补遗

《永乐大典》所录《种艺必用》全文中，记作者为"吴欑"，而同为《永乐大典》所录元代张福《种艺必用补遗》中，所引《种艺必用》内容标注作者均为"吴㰖"。吴㰖，事迹不详，据推测为南宋初人。《补遗》作者张福身份说法不一，胡道静推测其为元朝武将，字显祖，济南禹城人。[1] 方健判定其为南宋初人，乾道九年（1173年）为"武功大夫、台州刺史"，并进一步推测《补遗》成书于高宗末或孝宗初（约1150—1173年），即《种艺必用》行世不久即已完成。[2]

《种艺必用》和《补遗》不分卷，每事列一条，前者包括160条，后者61条（胡道静校注时订为《必用》170条，《补遗》72条），内容涉及稻麦粱谷、蔬果、树艺和观赏植物等方面的内容，叙述种植技术和操作中的注意事项，言简意赅且均为经验之谈，其中移树、嫁接、生物治虫等技术一直沿用至今，表明当时我国种植花卉在催花、养护、治虫等技术上都达到了相当的水平。书中《种艺必用》引老农言，"稻苗，立秋前一株，每夜溉水三合，立秋后至一斗五升，所以尤畏秋旱"，是对稻苗需水量的估计，其强调水稻"尤畏秋旱"，应加强秋灌是极为重要的农学理论发现；而冬田需保持水分，耕田贵早，也是可贵的农学经验总结。[3]

《种艺必用》和《补遗》是真正流传于民间的古农书，但因原书书名未被辑录，因此未受关注。而《种树书》则因沿袭《种艺必用》和《补遗》，"将花卉和果树并列起来"[4]收入农书，而受到特殊重视，是中国农业科学发展史上的一项重要文献。事实上，打破《齐民要术》至《农桑辑要》成规的著作应为《种艺必用》。[5]

《种艺必用》和《补遗》除了冲破了贾思勰的戒律，把花卉栽培收入农书以外，还将花卉栽培从园圃延伸至盆栽和瓶供，是花卉栽培、盆花和小盆景的早期记录。同时，这两部农书也为黄河流域的农书史补足了一个半世纪的缺断。

版本信息：

---

[1] 胡道静：《〈种艺必用〉在中国农学史上的地位》，《中国农史》1962年第1期，第39-42，38页
[2] 方健：《南宋农业史》，人民出版社，2010年，第356页
[3] 方健：《南宋农业史》，人民出版社，2010年，第359页
[4] 石声汉：《介绍〈便民图纂〉》，《西北农学院学报》（现为《西北农林科技大学学报》自然科学版）1958年第1期，第101-102页
[5] 胡道静：《〈种艺必用〉在中国农学史上的地位》，《中国农史》1962年第1期，第39-42，38页

《种艺必用》全文载于《永乐大典》卷 13194 第 12~20 页；《种艺必用补遗》接载于第 20~24 页，似有残缺。胡道静校注本在 1963 年由农业出版社出版。

琐碎录二十卷（宋）温革撰

温革，生卒年不详，字叔皮，泉州惠安人，本名豫，后改名革。政和五年（1115 年）进士，绍兴八年（1138 年）任馆阁正字，九年任秘书郎，十年被贬为洪州（治今江西南昌）通判，后调任南剑州知州，绍兴二十五年（1155 年）转任漳州知州，绍兴末提升为福建转运使，卒于任上。撰有《隐窟杂志》《十友琐说》（今存）、《续补侍儿小名录》（佚）、《琐碎录》等。

《琐碎录》约编纂于南宋绍兴年间（1131—1162 年），至迟成于乾道初年（1165—1167 年），是一部居家必用之类的实用类书。[1] 全书共 20 卷，分为 30 门，故名《分门琐碎录》。"农艺门"是其中一门，内容涉及农桑、种艺、牧养、饮食等，至迟在明末以前即被单独抄录成为农艺专册，明代书画家董其昌和明末清初学者钱谦益均将其安置在农家类，是一部实至名归的农业文献。

《琐碎录》内容辑录自五代至北宋的农学著作，分为农桑、木、花、果、菜、禽兽、虫鱼、牧养、饮食九类。农桑类下分谷麦耕种总说、五谷总论、谷、麦、种麦法、麻豆、桑、种桑法、柘、养蚕法、种艺等小类；木类下分木总说、种木法、接木法、木杂法等小类；花类下分花卉总说、种花、接花法、浇花法、花木忌、杂说等小类；果类下分果木总说、种果木法、接果木法、治果木法、果木忌、杂说等小类；菜类下分菜总说、种菜法、种杂植法、杂说等小类；禽兽类下分虫、鱼、蟹等小类；牧养类下分鸡、鹅鸭、马、羊、猪、犬猫、杂说、兽医等小类；饮食类下分麹蘖、酝酿、烹饪等小类。[2]

《琐碎录》不仅记载了稻麦等大田农作物的栽培技术，而且注重总结竹木、花卉和果蔬等的种艺操作方法，辑录了丰富的农业技术经验，就连历来农书所不载的花卉栽培法也专置一类，书中记载的花木移栽法、催花法、果木除虫等内容均科学合理，实用有效，代表了南宋初年及以前我国农业科学的发展水平。该书还涉及家畜、家禽养殖、兽医以及饮食、酿酒等方面的内容，充分反映了南宋以来我国商品农业的发展盛况。[3] 该书内容虽大部分经《种艺必用》和《补遗》所录用，后又被《种树书》所承袭，但仍有未见其他农书的古老的农艺经验，为了解我国古农学的园艺发展提供了极为重要的资料。

版本信息：

《琐碎录》，最早见于陈振孙《直斋书录解题》卷十一著录："《琐碎录》二十卷，《后录》二十卷。温革撰，陈晔增广之。《后录》者，书坊增益也"。[4]《琐碎录》与陈晔续编的

① 方健：《南宋农业史》，人民出版社，2010 年，第 362 页
② 胡道静：《稀见古农书录》，《文物》1963 年第 3 期，第 12–17 页
③ 方健：《南宋农业史》，人民出版社，2010 年，第 362 页
④ 胡道静：《稀见古农书录》，《文物》1963 年第 3 期，第 12–17 页

《后录》约在明初收入《永乐大典》后就已失传，后被明人改编为《分门琐碎录》，将其分门按内容摘抄汇编。《分门琐碎录》原书已佚，其中《分门琐碎录·农艺门》因单独刊刻而得以保留。现存两种明抄残本的农艺门，中国国家图书馆藏三卷本，上海图书馆藏一卷本（或不分卷）。

农桑辑要七卷 （元）大司农司撰

至元七年（1270 年）二月，元朝政府始置"司农司"，以张文谦为司农卿，同年十二月改为"大司农司"，御史中丞孛罗兼大司农卿，掌管劝课农桑、水利、乡学、义仓诸事，并将监督农事勤惰等作为考核官吏政绩的依据之一。至元十年（1273 年），大司农司根据《齐民要术》《务本新书》等前代农家之书，删繁摭要，编撰《农桑辑要》，并刊刻进呈。

《农桑辑要》的具体编写人是孟祺、张文谦、畅师文、苗好谦等。孟祺（1241—1291年），字德卿，安徽宿县人，至元七年（1270 年）出使高丽，回国后任山东东西道劝农副使。他是唯一在元刊本《农桑辑要》中署名的作者。考虑到大司农司当时只有孟祺和张文谦等人在工作，推测孟祺可能是本书初编的主要纂稿人，而张文谦则可能是本书的组织者或主纂官。

《农桑辑要》是元世祖忽必烈诏命司农司编的官撰农书，也是元代第一部综合性农书。全书 7 卷，共约 6.5 万多字，包括种植业、养殖业和加工业等方面，以北方旱地农业为主要对象，提倡桑农并举。具体内容为：卷一典训，记述农桑起源及文献中的重农言论和事迹；卷二耕垦、播种，包括总论整地、选种和种子处理及作物栽培各论；卷三栽桑和卷四养蚕是蚕桑专论；卷五瓜菜、果实；卷六竹木、药草；卷七孳畜、禽鱼，包括羊马牛总论、猪、羊、鸡、鹅、鸭、鱼、蜜蜂的养殖等内容；并附"岁用杂事"，即农家家庭生活的月计划。[①]

《农桑辑要》引述资料精炼，叙述通俗、准确，注重实用，极具农学价值。在内容上注重创新，新增苎麻、木棉、西瓜、种萝卜、菠萝、枸杞、蜜蜂等多种材料，大大丰富了古代农书的内容。《农桑辑要》第一次将蚕桑生产放在与农业同等重要的地位，并以大量篇幅介绍了当时栽桑养蚕的成就。书中对于棉花和苎麻等经济作物的栽培技术尤为重视，而且对北方地区精耕细作和栽桑养蚕技术等方面有所提高和发展，是一本实用性较强的农书，对当时的农业生产起到良好的推动作用，对后世的农业发展也具有深远影响。

此外，《农桑辑要》辑录了《齐民要术》《士农必用》《务本新书》《四时类要》《博闻录》《韩氏直说》《农桑要旨》和《种莳直说》等农书，由于这些农书的大多数现已失传，而《农桑辑要》则部分地反映了其中一些内容，因此客观上起到了保留和传播古代农业科学技术的作用。

但由于《农桑辑要》是官修农书，仅朝官和劝导农业生产的相关官员可以得到，而在

---

① 元·大司农司编撰，缪启愉校释：《元刻农桑辑要校释》，农业出版社，1988 年

民间的普及程度则比较低。而且当时元朝版图不包括江南泽农地带在内，所以《农桑辑要》记载的农业技术知识仅限于北方地区，在元朝统一江南以后，其作为全国性整体农书则显出一定的地域局限性。

版本信息：

《农桑辑要》曾多次重版，但元刊本却绝少传世，只有元后至元五年（1339 年）杭州路刻明修本（明补版若干叶）收藏于上海图书馆。此刊本可校正《四库全书》本和《齐民要术》本中的讹误之处，因此弥足珍贵，被列为第一批国家珍贵古籍名录（编号：00625）。

另有《格致丛书》本（首都图书馆藏），清乾隆三十八年（1773 年）武英殿聚珍版本（西北农林科技大学农业历史研究室、中国国家图书馆、南京图书馆等藏），道光十年（1830 年）刻本（广东省中山图书馆藏），道光二十年（1840 年）合肥刊本（中国农业博物馆图书资料室藏）等 20 余个版本。

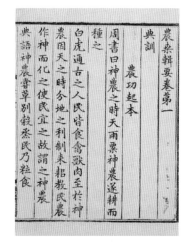

元后至元五年（1339 年）杭州路刻明修本《农桑辑要》
（图片来源：上海图书馆网站 http://www.library.sh.cn）

道光二十年（1840 年）合肥刊本《农桑辑要》
（图片来源：中国农业博物馆网站 http://www.zgnybwg.com.cn）

农书三十六卷 （元）王祯撰

王祯，字伯善，东平（今山东东平）人，元代杰出农学家、农业机械学家、诗人。元成宗元贞元年至大德四年（1295—1300 年）曾任宣州旌德（今安徽旌德）县令，大德四年调任信州永丰（今江西广丰）县令。任职期间，王祯兴办学校，修桥补路，施医救治贫苦人民。作为地方长官，他还重农务实，常指导农民耕作播种、植棉栽桑，很受农民好评。

王祯《农书》大约编写作者在旌德县任职期间，完成于永丰县任内，耗时约 10 年左右，一般把王祯为《农书》作序的皇庆二年（1313 年）作为成书年代。王祯《农书》内容包括《农桑通诀》《百谷谱》和《农器图谱》三个独立部分，全书约 13.6 万字，插图 280 多幅（一说 306 幅）。

《农桑通诀》，6 卷 19 目，具有农业通论性质，相当于耕作总论，论述了广义农业的内容和范围。主要内容包括农业、牛耕、桑业起源（农事起本、牛耕起本、蚕事起本 3 目）；农业与天时、地利及人力之间的关系（授时、地利 2 目）；作物栽培（耕垦、耙劳、播种、锄治、粪壤、灌溉、收获 7 目）；林牧蚕桑（种植、畜养、蚕缫 3 目），蓄积（劝助、孝弟力田、蓄积、祈报 4 目）。

《百谷谱》是作物栽培各论，共 11 卷（《农书》22 卷本《百谷谱》为 4 卷），分为谷属、蓏属、蔬属、果属、竹木、杂类和饮食 7 项，共 83 目，现存 81 目。此部分内容以粮食作物为主，兼论蔬菜、林果等的栽培、保护、收获、贮藏和加工利用等方面的技术与方法。

《农器图谱》是农业工具和农业机械的图谱，共 20 卷（《农书》22 卷本《农器图谱》为 12 卷），261 目。《农器图谱》篇幅约为《农书》的 4/5，是《农书》的重点构成部分。王祯既是农学家，也是机械工程学家，他既留意古今机械的制造，又亲自考察京师、江、浙、赣等地的民间农田与纺织机械构造，因此《农器图谱》也是《农书》最为突出的部分。[1] 此部分包括田制、耒耜、钁锸、钱镈、铚艾、耙朳、蓑笠、蓧蒉、杵臼、仓廪、鼎釜、舟车、灌溉、利用、牟麦、蚕缫、蚕桑、织纴、纩絮、麻苎等 20 门农器，末尾附杂录。每一门既有对各项农器的构造、来源、演变和用法的描述，又配有插图，全面论述了农具与农业机械研究的发展情况，是我国古代农书中有关农业机械记述与讨论的杰出著作，在综合性农书中具有开创意义，对后世影响深远。

王祯《农书》继承了前人的农学研究成果，总结了元代及其以前的农业生产实践经验，综合黄河流域旱农与江南泽农两方面的情形，全面系统地阐发了广义农业的内容和范围，第一次将南北农业技术写进同一部农书之中，开创了南北比较农业的新篇章。王祯《农书》还增加了对植物形状的描述，并绘有比较完备和丰富的农器图谱，不仅为后世农书和类书所记载的农具提供了范本，而且确立了该书在中国农业科学技术史上的地位。

王祯《农书》与《农桑辑要》《农桑衣食撮要》并称为元代三大农书，与《氾胜之书》《齐民要术》和《农政全书》并称为中国古代的四大农书，在中国农学史上占有极为重要的地位。

版本信息：

王祯《农书》元代刊本早已失传，现存最早的刻本是明嘉靖庚寅（1530 年）山东布政使司刻本。据顾应祥刻行王祯《农书》中所述，"惜乎久无刻本，民鲜得观，即今流传抄本见在，合无再加校正，命工翻刻，分发所属府州县掌印治农等官，俱要用心讲求，著实效课。"明万历二年（1574 年），山东济南府章邱县署又翻刻一次。据《天禄琳琅书目》明刊子部记载，"此书初刻于嘉靖九年（1530 年），而章邱县署又翻刻于万历二年，故槧印字画，俱不能工整。"万历四十五年（1617 年），邓渼又据嘉靖本重刻，行款有改动，插图略有删减。清代乾隆年间编纂《四库全书》时从明《永乐大典》中录出王祯《农书》，即为"库本"。清光绪二十一年（1895 年）根据嘉靖本复刻王祯《农书》，并收入"武英殿聚珍版丛书"中。光绪二十四年（1898 年），上海《农学报》社根据聚珍版本出版石印本。光绪二十五年（1899 年）广东广雅书局又对明刻本进行一次翻刻。

被国家珍贵古籍名录收录的《农书》版本有：明嘉靖九年（1530 年）山东布政使司刻本，南京图书馆藏（编号：01780）；明嘉靖九年（1530 年）山东布政使司刻本，山东省图书馆存二十六卷（农桑通诀六卷、农器图谱二十卷）（编号：01781）；明嘉靖九年（1530

---

[1] 胡道静：《中国古代典籍十讲》，复旦大学出版社，2004 年，第 214 页

年）山东布政使司刻本，浙江图书馆藏（编号：04516）。

明嘉靖九年（1530 年）山东布政使司刻本《农书》
（图片来源：中国国家博物馆网站 http://www.chnmuseum.cn）

种树书 （元末明初）俞贞木撰

俞贞木，原名桢，字宗本，又字有立，吴县（今苏州）洞庭人，约生于元代末期。他先后做过乐昌（广东）、都昌（江西）两任知县，不久即罢官归隐故里。俞氏归隐后，读书之余留心农事，晚年总结当地农业生产经验，同时"采前人之言，参互考订，悉并录之"，于洪武十二年（1379 年）完成《种树书》。

《种树书》著录于《明史·艺文志》，是农家类 23 部农书中较为著名的一种。全书近一万字，前部以月令体裁，按 12 个月顺序列出每月所应从事的农业生产项目；后部分别叙述麦、桑、竹、木、花、果、菜的种植、栽培、嫁接、施肥等各方面的生产经验。该书记载的近缘嫁接和远源嫁接等果木嫁接方法，木、花、菜等的间作方法以及多种施肥方法，体现了我国古代劳动人民的智慧，极具史料价值。书中总结多种花卉种植养护经验，是对我国古代农书不收录花草内容的补充。此外，《种树书》在行文方面较为流畅，且通俗易懂，在记述生产经验时常以当地流行的农谚予以说明，并选录唐宋诗句，极具可读性。[1]

《种树书》是明清时期流传最广的古农书之一，在我国农学史上占有重要地位，具有较高的农业史价值，《便民图纂》《农政全书》《本草纲目》《群芳谱》《授时通考》等重要农业文献都大量征引其中材料，《广百川学海》《说郛》《夷门广牍》等丛书也对该书予以收录。

版本信息：

《种树书》的版本有《夷门广牍》本（附《农桑撮要》一卷）（中国农业大学农史研究室、国家图书馆、南京图书馆等藏），《广百川学海》本（癸集）（中国国家图书馆、南京图书馆等藏），《格致丛书》本（中国国家图书馆、辽宁省图书馆藏），明刊本（华南农业大学农史研究室藏），《居家必备》本（明刻及清刻）（中国国家图书馆藏）等。其中，明万历中期的《格致丛书》本，流传较广、质量较高。

---

[1] 王永厚：《俞贞木及其〈种树书〉》，《农业图书馆》1984 年第 2 期，第 49-51 页

便民图纂十六卷 （明）邝璠撰

邝璠（1465—1505 年），字廷瑞，北直隶任丘县（今河北任丘）人，明弘治六年（1493 年）进士，翌年任苏州府吴县（今江苏吴县）知县，官至瑞州（今江西高安）太守。他重视农业生产、关心人民生活，曾广泛搜集农业生产技术知识、食品加工生产技术、简单医疗护理方法以及农家用具制造修理技艺等，写成《便民图纂》一书。

《便民图纂》是一部"通书"类型的农书，即按照一定分类排列的"简明百科全书"。[①] 全书共 16 卷，包括图 2 卷，文字 14 卷。前两卷为图画部分，卷一"农务之图"，绘水稻从种至收 15 幅；卷二"女红之图"，绘下蚕、纺织、制衣 16 幅。绝大部分图画以南宋《耕织图》为蓝本，且均出自傅汶光、李桢、李援、曾中、罗锜等名刻家之手，反映了当时社会生活的真实情况。另外，插图所附诗词将楼璹的古体耕织图诗替换成民间形式的吴歌，以求通俗易晓，极具参考意义和推广价值。文字部分与农业相关的内容包括，卷三"耕获类"、卷四"蚕桑类"、卷五和卷六为"树艺类"、卷七"杂占类"、卷十四"牧养类"、卷十五和卷十六为"制造类"。主要记载以种植水稻的泽农为主业，蚕桑为重要附业的农业生产体制，内容主要通过抄录或节引前书编纂而成，涉及丰富的农业生产科技知识，将瓜果、花木的栽培、嫁接、治虫、采果等收入农业耕作范围之内，而且包含了关于酒、醋、酱、乳制品、脯腊、腌渍、烹调、晒干鲜食物和食物贮藏等方面的食品科技论述，创新内容较多，对后世影响深远。

《便民图纂》内容庞杂，除了载有农艺、园艺、养畜等农业生产技术知识和食品加工制造方法，还收集了食疗药方两百余剂以及家庭日用品的制备和气象预测、阴阳占卜等内容，具有宝贵的实用价值和"便民"意义，因此被《四库全书》收入"杂家类"存目中。

版本信息：

《便民图纂》于弘治十五年（1502 年）刊于苏州，并在明代刊过六次以上，目前存有嘉靖甲辰（1544 年）本，北京图书馆藏有此版本的蓝印本。《便民图纂》版本中影响大的是万历癸巳

中国国家图书馆藏《便民图纂》
（图片来源：《第三批国家珍贵古籍名录图录》第四册）

---

① 石声汉：《介绍〈便民图赞〉》，《西北农林科技大学学报（自然科学版）》1958 年第 1 期，第 101-102 页

（1583 年）本，该本为于永清所刻，全书 15 卷，比嘉靖本少一卷，是将农务、女红二图并作一卷，除此之外同嘉靖本在内容上无差别，此本问世后相继有苏州本、贵州本、京师本、西北部本等，均为此本的覆刻本。现能见到的有于永清本和万历二十一年（1593 年）上谷郡官刻本。[①] 中国国家图书馆藏明嘉靖二十三年（1544 年）王贞吉刻蓝印本，被收录于第三批国家珍贵古籍名录（编号：08362）。

宝坻劝农书 （明）袁黄撰

袁黄（1533—1606 年），初名表，字坤仪、学海，号了凡，南直隶苏州府吴江县（今江苏吴江）人，改入籍浙江嘉兴府嘉善县（今浙江嘉兴东）。万历十四年（1586 年）中进士，十六年至二十年（1588—1590 年）任宝坻知县，后因政绩卓著而升为兵部主事。他涉猎广泛，对天文、术数、水利、兵书、政事、医药等方面都有研究，著有《两行斋集》《历法新书》《宝坻劝农书》《皇都水利》《群书备考》《史汉定本》《了凡四训》等。其中，《宝坻劝农书》五卷是其在宝坻任职期间，通过走访勘察和潜心研究编写刻印而成，目的是为了"训课农桑"，倡导和勉励县民勤于耕织，发展生产。

《宝坻劝农书》，简称《劝农书》，是一部农业技术专著，写于万历十八年（1590 年）。万历三十三年（1605 年），福建建阳余氏所刊刻袁黄的《了凡杂著》收录了《劝农书》五卷。《劝农书》虽称"五卷"，但实分为"天时、地利、田制、播种、耕治、灌溉、粪壤、占验"八篇，共 1 万余字。其中，田制篇配有插图 5 幅，灌溉篇 12 幅。

《宝坻劝农书》主要介绍、推广关于顺应农时、辨别土质肥瘠、播种与中耕管理、沤制肥料、开垦荒地、兴修水利以及制作闸、涵、槽与汲水工具等方面的实用技术，较为全面地记载和总结了北方地区主要是宝坻县的农业生产经验以及所达到的技术水平，是一部颇具影响的农学专著，历来为农史学者所重。[②]

版本信息：

《宝坻劝农书》的原版没能留存下来，但被《宝坻县志》完整收存，成为研究明朝万历年间宝坻乃至天津地区农业的重要资料。

明万历十九年（1591 年）刊本藏于上海图书馆；万历三十三年（1605 年）建阳余氏刻本藏于中国国家图书馆。

农政全书六十卷 （明）徐光启撰

徐光启（1562—1633 年），字子先，号玄扈，上海人，官至文渊阁大学士（相当于宰相），明末杰出科学家。他注重钻研实用科学，首次把欧洲先进科学知识，特别是天文学知

---

① 肖克之：《〈便民图纂〉版本说》，《古今农业》2001 年第 2 期，第 84—85 页
② 王永厚：《袁黄及其〈宝坻劝农书〉》，《天津农业科学》1982 年第 3 期，第 31—33 页

识介绍到中国，与来中国居住的天主教耶稣会意大利籍传教士利玛窦等人共同翻译了《几何原本》《泰西水法》等多种科学著作，是中国近代科学的先驱者。他还写了不少关于天文、历法、数学、军事等方面的著作，如《测量异同》《勾股义》《崇祯历书》《徐氏庖言》《兵事或问》等。但徐光启一生用力最勤、收集最广、影响最深远的还在于他对农业与水利方面的研究。他曾两次亲自农事实践，第一次是万历三十五年至三十八年（1607—1610 年）在家园守制时期，试种由福建引种的甘薯、闽广引种的棉花、吴兴引种的女贞树等；第二次是万历四十一年至四十六年（1613—1618 年）在天津屯垦时期，在北方试种水稻。第一次农事实践期间，他撰写了《甘薯疏》《吉贝疏》等，第二期他又整理旧作，扩充内容，合并为新著《农遗杂疏》，而《农政全书》则是其晚年全面总结农学经验，研究农学的结晶。①

《农政全书》撰写于天启二年（1622 年），至崇祯元年（1628 年）已初具规模，但因徐光启病故，由他的门人陈子龙等人负责修订，于崇祯十二年（1639 年）刻板付印。《农政全书》分为 12 目，共 60 卷，包括农本 3 卷、田制 2 卷、农事 6 卷、水利 9 卷、农器 4 卷、树艺 6 卷、蚕桑 4 卷、蚕桑广类 2 卷、种植 4 卷、牧养 1 卷、制造 1 卷、荒政 18 卷，基本囊括了中国古代汉族农业生产和人民生活的各个方面，是对我国封建农业体系的高度概括，② 堪称明代及以前我国农业科学遗产的总汇。

徐光启在"风土论"方面见解精辟。"风土论"是对时宜和地宜观念的新概括，其基本内涵就是按照气候和土壤条件，种植适宜作物，采取恰当措施，获得农业丰收。徐光启的基本观点是：有风土论，不唯风土论，注重充分发挥人的主观能动性。这一观点对我国传统农学理论做出了极大贡献，对明代末期引进新作物，推广新品种，促进农业增产等方面也起到了极大的推动作用。

徐光启以屯垦立军，水利兴农，备荒救灾为基本"农政"，亲自试种许多新鲜的、有经济价值的作物和高产粮食作物，并致力于这些作物的栽培方法和经济效益的宣传和推广。《农政全书》对南方旱作技术和绿肥轮作制的继承和发展，将我国南方的农业技术推向一个新的高度；对棉花和甘薯栽培技术的总结，为发展我国的植棉业和扩大甘薯栽培奠定了理论和技术基础，书中记述的甘薯种植、贮藏、加工方法以及甘薯育苗越冬、剪茎分种、扦插、窖藏干藏等技术，是对甘薯种植方法的最早、最系统的介绍。

此外，书中对除蝗指导思想、蝗虫发生规律和防治方法的总结，也为我国除蝗史谱写了新的篇章。中国自古就是一个蝗灾频发的国家，受灾范围、受灾程度堪称世界之最。因而历代蝗灾与治蝗问题的研究成为古今学者关注的主题之一。早在明代以前就出现了不少影响深远的治蝗类农书，在蝗虫习性、蝗灾发生规律、除蝗技术等方面有了初步的科学认识和总结。徐光启通过对明代以前蝗灾的统计、分析，得出有关古代蝗灾发生季节和滋生

---

① 胡道静：《中国古代典籍十讲》，复旦大学出版社，2004 年，第 217–218 页

② 游修龄：《从大型农书体系的比较试论〈农政全书〉的特殊和成就》，《中国农史》1983 年第 3 期，第 9–18 页

地的正确认识，写成《除蝗疏》。该文原为崇祯三年（1630年）所上《屯田疏》中的第三部分，后以《除蝗疏》之名收在《农政全书》卷四十四中，成为我国古代蝗灾研究的杰出成就。

《农政全书》"杂采众家，兼出独见"，引用了古代和同时代的相关文献300多种，并对大量材料进行了分类汇集，同时融入作者自己的独到见解，总结了中国古代劳动人民的许多农业生产经验和技术，内容丰富，体系完备，是继《齐民要术》之后的又一部集大成的农学著作，也是我国传统农书中最大的一部，[①] 被称为古代传统农业的百科全书。诚如辛树帜、王作宾在《〈农政全书〉一百五十九种栽培植物的初步探讨》一文中所言："徐光启氏生于明末，汇集了诸家的栽培方法，又记载了当时群众与自己试种的经验。若说《氾胜之书》为历史上作物栽培各论形成的开始，《齐民要术》为奠定基础之书，那么把《农政全书》视为集大成之作是很合理的。"

版本信息：

《农政全书》在徐光启死后由其子徐骥将此书推介给崇祯皇帝，于崇祯十二年（1639年）正式出版发行。现存最早版本为明崇祯十二年（1639年）平露堂清印本20册（2函），藏于南京农业大学中国农业遗产研究室。

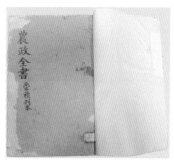
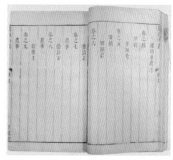

南京农业大学中华农业文明研究院收藏明崇祯刊本《农政全书》

天工开物三卷（"乃粒"等篇）（明）宋应星撰

宋应星（1587—约1666年，一说1661或1663年），字长庚，江西奉新县宋埠镇牌楼村人，明代杰出科学家，被英国汉学家李约瑟誉为"中国的狄德罗"。他曾游历江西、湖北、安徽、江苏、山东、新疆等地，崇祯七年（1634年）任分宜（今江西分宜）教谕（县学教师），并将调查研究的农业和手工业方面的技术资料进行整理，编著《天工开物》，崇祯十年（1637年）由友人涂绍煃资助出版。宋应星著述大多佚失，流传至今的仅有《天工开物》《野议》《论气》《谈天》和《思怜诗》五部作品。

《天工开物》是宋应星最著名和最有影响力的作品，书中详细记载了明朝中叶以前中国古代的各项农作物和工业原料的种类、产地、生产技术和工艺装备，以及生产组织经验等。全书

① 石声汉：《试论我国古代几部大型农书的整理》，《中国农业科学》1963年第10期，第44-50页

分为上、中、下三卷，又细分为 18 卷，并附有 123 幅插图，描绘了 130 多项生产技术和工具的名称、形状、工序。其中与农业相关的内容包括：上卷乃粒第一卷，记述粮食作物的栽培技术；乃服第二卷，主要叙述养蚕、木棉、苎麻等衣料来源及加工方法；彰施第三卷，涉及染料作物的栽培方法及染色方法；粹精第四卷，详细叙述了五谷的加工方法；甘嗜第六卷，叙述了甘蔗栽培方法、制糖方法以及养蜂方法。中卷膏液第十二卷，记载 16 种植物油脂的提取方法，且在关键的工程技术环节均有附图，为研究古代农业技术提供了直观的参考资料。

《天工开物》一方面继承和发扬了前人的优秀成就，另一方面也有许多新的研究成果。它的主要技术成就体现以下方面：[1]

第一，在作物分类学上提出了一些新的方法和标准，且与今人之分类法十分接近。如把古代农业归纳成乃粒、乃服、彰施、粹精、甘嗜、膏液、曲糵 7 类，这在农书以及本草类书中属首创。该书还把水稻排到了五谷之首，"稻"之下又分出了水稻、旱稻，"麦"之下又分出了大麦、小麦，并指出了荞麦非麦。

第二，在水稻栽培技术上，较早地阐明了秧龄和早穗的关系。首次记述了再生秧技术以及冷浆田中以骨灰、石灰包秧根的技术，对于提高粮食作物的产量具有重要意义。该书还最先记述了早稻在干旱条件下变异为旱稻的问题，从而在世界生物变异理论上写下了光辉的一页。

第三，在麦类栽培管理技术方面，最先指出了以砒霜拌豆麦种子以作防虫杀虫之法，最先指出了荞麦的吸肥性。

第四，在养蚕技术上，最先记述了利用"早雄配晚雌"的杂交优势来培育新品种的方法，并指出了家蚕"软化病"的传染性，指出"需急择而去之，勿使败群"的处理方法。

《天工开物》一书在崇祯十年（1637 年）发行后，很快就引起了学术界和刻书界的注意。明末方以智《物理小识》较早地引用了《天工开物》的有关论述，且明末就有人刻了第二版，准备刊行。大约 17 世纪末年，《天工开物》传到日本，日本学术界对它的引用一直没有间断过，早在 1771 年就出版了一个汉籍和刻本，之后又刻印了多种版本。19 世纪 30 年代，被摘译成法文之后，不同文版的摘译本便在欧洲流行开来，对欧洲的社会生产和科学研究都产生过许多重要的影响。如 1837 年时，法国籍犹太汉学家儒莲（Stanislas Aignan Julien）把《授时通考》的《蚕桑篇》和《天工开物·乃服》的蚕桑部分译成法文刊出，马上就轰动了整个欧洲，当年就被译成意大利文和德文，分别在都灵、斯图加特和杜宾根出版，第二年又转译成英文和俄文。当时欧洲的蚕桑技术已有了一定发展，但因防治疾病等经验不足而引起了生丝大量减产，《天工开物》和《授时通考》则为之提供了一套关于养蚕、防治蚕病的完整经验，对欧洲蚕业产生了很大影响。英国博物学家、生物学家达尔文（Charles Robert Darwin）也在阅读了儒莲的译著之后，称其为权威性著作，并把中

---

[1] 《天工开物》，中华人民共和国文化部外联局网站，http://www.chinaculture.org/gb/cn_madeinchina/2005-05/11/content_68536.htm

国养蚕技术中的有关内容作为人工选择、生物进化的一个重要例证。

据不完全统计，截至 1989 年，《天工开物》一书在全世界共发行了 16 个版本，印刷了 38 次。其中，国内（不含港澳，包含台湾）发行 11 版，印刷 17 次；日本发行了 4 版，印刷 20 次；欧美发行 1 版，印刷 1 次。这些国外版本包括两个汉籍和刻本，两个日文全译本以及两个英文本，而法文、德文、俄文、意大利文等的摘译本尚未统计入内。[①]

《天工开物》称得上是世界第一部关于农业和手工业生产的综合性著作，被儒莲称为"技术百科全书"。书中对中国古代的各项技术进行了系统地总结，构成了一个完整的科学技术体系，其中对农业方面的丰富经验所做的总结反映了中国古代农业技术的极高成就。

版本信息：

《天工开物》虽记载我国农业、手工业的生产技术，具有很高的学术价值，但因被认为存在"反清"思想，而未受到统治者的重视，未被收入《四库全书》，因而流传不广且失传多年。此书初版刻于明崇祯十年（1637 年），在日本元禄时代（1688—1703 年）传入日本，日本植物学家贝原益轩在元禄七年（1694 年）所著的《花谱》中将其列为参考书。明和八年（1771 年），日本学者江田益英的菅生堂刊刻该书。我国印行的大都是日本所藏刻本的复印本，直到 1952 年才在国内发现明代原刻本。

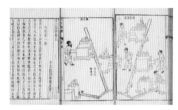

国家图书馆藏《天工开物》
（图片来源：国家典籍博物馆网站
http://www.nlc.gov.cn）

中国国家图书馆藏有日本明和八年（1771 年）菅生堂刻本、《喜咏轩丛书》本（甲编）等；中国农业大学农史研究室藏有影印原刊本、民国十七年（1928 年）陶氏涉园影石印本等。其中，中国国家图书馆藏明崇祯十年（1637 年）自刻本，收录于第二批国家珍贵古籍名录（编号：04313）。

沈氏农书一卷　（明）沈氏撰（清）钱尔夏订正

《沈氏农书》约撰于明崇祯末年，撰者为浙江归安（今浙江吴兴）沈氏。明末清初理学家张履祥于顺治四年（1647 年）得到此书，撰写"补编"后一并收入《杨园先生全集》乾隆四十七

[①] 《天工开物》，中华人民共和国文化部外联局网站，http://www.chinaculture.org/gb/cn_madeinchina/2005-05/11/content_68536.htm

年（1782 年）刊本第八册。

《沈氏农书》全书分为"逐月事宜"（12 条）、"运田地法"（20 条）、"蚕务（六畜附）"（9 条）和"家常日用"（10 条）四个部分。"逐月事宜"相当于一篇农家月令提纲，按月列举"天晴""阴雨"的重要农事、工具和用品置备等，对农业生产经营、家庭副业和生活日用进行了合理安排；"运田地法"主要记载水稻和桑树等的耕作和种植技术措施；"蚕务（六畜附）"阐明农村动物饲养管理的经验心得，除养蚕外，还包括丝织和六畜饲养；"家常日用"介绍农副产品的加工、贮藏和利用等知识，内容详实、技术精湛，条理清晰。

沈氏虽为封建知识分子兼经营地主、家庭手工业主，但亲身参与农业生产、经营实践，钻研农业技术，重视农田水利建设，讲究经济效益，全面系统地总结了明末清初浙江嘉湖地区的农业经验和本人的心得与成就，为了解当时吴兴、桐乡即太湖南岸农桑之乡实际情况提供了最好的文献资料。

版本信息：

清道光十一年（1831 年）六安晁氏木活字排印本（《学海类编·子类·集馀六·艺能》），藏于华南农业大学农史研究室、中国国家图书馆、南京图书馆等。

补农书二卷 （清）张履祥撰

张履祥（1611—1674 年），字考夫，号念芝，世居桐乡县清风乡炉镇（今浙江桐乡）杨园村，故世称"杨园先生"。张履祥长时间亲身指导并参加农业生产，他结合已有文献和实践经验，对《沈氏农书》中未尽事宜进行补充，于清顺治十五年（1658 年）著成《补农书》。

《补农书》是专门记载嘉兴、桐乡一代农业生产的一部农书。全书分为补农书后、总论和附录三部分。补农书后和总论部分广泛补充论述了农业动植物生产、经营、管理技术和修身、治家准则等事项，对于耕种、蚕桑、养鱼、酿酒、养猪、养羊以及农家经营、农民生活技艺等都有详细记述，并记载了桐乡一带较为重要的梅豆、大麻、甘菊和芋艿等经济作物的栽培技术；附录部分是生产日用中的切实经验以及为友人经划土地，安排家计的全面设想，言简意赅、切要适用，很受群众重视。

《补农书》是三四百年前嘉湖地区农业经济的一个缩影，也是总结、继承历史传统经验以及沈张本人参加生产、经营、管理所获心得的典型实录。内容丰富、具体、详明。它的主要价值在于全面著录了合理利用农业资源，实行集约经营的基本措施；指出了农业商品生产、雇佣关系等经济特点；记载了一些农副产品的单产、价格、利润等主要数据，由此反映明清之际嘉湖地区农业生产力与生产关系的社会性质、农业技术、产量和经营管理水平所达到的高度。[1] 该书具有学术价值和划时代的意义，被视为"三百多年前浙西农业生产

---

[1] 王达：《简述〈补农书〉及其在嘉湖地区农史之地位》，《农业考古》1990 年第 1 期，第 374–376，378 页

经验的总结"。[①] 我国农史学家陈恒力在《补农书研究》中评价
其是"总结明末清初农业经济与农业技术的伟大作品之一，是我
国农业史上最可宝贵的遗产之一"。

版本信息：

清代乾隆年间，朱坤编辑印行《杨园全书》时，将《沈氏
农书》收入并与《补农书》合成一本，分为上、下两卷，统称
为《补农书》。但后世对该书的称法并不一致，有的仍将其视为
两本书分别著录，也有将两本书合称为《沈氏农书》或别题《补
农书》，还有写作《补农书》又另加注"亦称《沈氏农书》"予以
说明。

南京农业大学中华农业文明研究院藏有清乾隆四十七年
（1782 年）勤宣堂据乾隆二十一年（1756 年）嘉兴朱氏刻本补
板刻印的《张杨园先生集》刻印（题名《杨园先生全集》）、同
治十年（1871 年）陈克鉴原校万斛泉编次江苏书局印行《杨园
先生全集》第四十九卷五十卷本、《皇朝经世文编·户政上》本
等。另有道光二十四年（1844 年）吴江世楷堂刻印本（《昭代丛
书·癸集》卷二十八），藏于中国农业大学农史研究室、中国国
家图书馆、南京图书馆等。

南京农业大学中华农业文明研究院
藏《补农书》

农桑经 （清）蒲松龄撰

蒲松龄（1640—1715 年），字剑臣，一字留仙，别号柳泉居
士，世称"聊斋先生"，山东淄川（今山东淄博）县城东七里之
满井庄（今蒲家庄）人，清代文学家，撰有短篇小说集《聊斋志
异》以及诗文、农学等方面的著作。蒲松龄家境贫困，一生大部
分时间生活在淄川满井庄，平日以教书、幕僚维持生计，并从事
农事生产活动，与农民联系密切，了解底层人民疾苦。在其晚年
时，淄川一代连续遭受罕见天灾，农业生产受到严重打击，为
了向当地农民提供和推广农业治灾方法和生产经验，他于康熙
四十四年（1705 年）写成《农桑经》。

《农桑经》包括《农经》七十一则，《蚕经》二十四则。《农
经》以月令体列举每月应做的农事活动，涉及开荒、播种、田间
管理、收获、农具保管、家畜饲养等内容；《蚕经》论述栽桑养

---

① 章楷：《从〈补农书〉看三百年前浙西农民的施肥技术》，《浙江农业科学》
1962 年第 2 期，第 92–93 页

南京农业大学中华农业文明研究院藏《农桑经》

蚕的各项生产环节，内容丰富，论述广泛。全书使用语言浅显通俗，易为民众接受，具有很高的实用价值，因此流传较广。

《农桑经》是蒲松龄农学著作的代表之作，该书"虽然没有反映该地区的技术水平，但它是以当地所有经验为基础著书立说，是清代农书中应于特书者"，[①] 是了解山东农业的重要文献。

版本信息：

《农桑经》流传较广，抄本较多。南京农业大学中华农业文明研究院藏有 1955 年抄自山东省文管处存本、金陵大学图书馆农业图书研究部抄本。

授时通考七十八卷　（清）乾隆敕修（清）鄂尔泰等辑

《授时通考》由清高宗乾隆于乾隆二年（1737 年）五月，敕命和硕和亲王弘昼、大学士鄂尔泰、张廷玉等人主持纂修，乾隆六年（1741 年）底成书，共 78 卷，由内府于乾隆七年（1742 年）正月进呈钦定、御制序文后刊行。嘉庆十三年（1808 年）六月，嘉庆帝再敕命和硕仪亲王永璇、大学士庆桂、董诰、戴衢亨、尚书曹振镛等人于卷五十二、五十三补编新作耕织图与御制诗。

《授时通考》全书 8 门、66 目、78 卷。天时门（5 目 6 卷），记述农家四季耕耘收获的节气；土宜门（7 目 12 卷），论述地势高下、土壤燥湿、田制水利；谷种门（11 目 12 卷），分别记载各种作物的性质；功作门（11 目 11 卷），记述耕作人力、生产工具与操作，突出人在农事活动中的作用，是全书的核心部分之一；劝课门（10 目 12 卷），主要记述历代重农政策和相关政令以及历代帝王、良吏在组织领导农业生产工作中所取得的成绩和经验；蓄聚门（5 目 4 卷），记载历代的常平仓、社仓、义仓等各种储粮备荒机制；农余门（6 目 14 卷），记述种植蔬果、林木等各经济作物及畜牧之事；蚕桑门（11 目 7 卷），论述养蚕、缫丝、纺织。

《授时通考》是以传统形式出现的最后一部综合性大型农书。该书共 98 万字，汇集了历代农业相关文献，征引经、史、

---

① 天野元之助，陶振纲：《清·蒲松龄〈农桑经〉考》，《蒲松龄研究》1993 年第 Z2 期，第 155—178 页

子、集、农书、方志等各种古籍 553 种，共 3 575 条。其中主要引用的农书有 10 种，包括《齐民要术》《农政全书》、王祯《农书》《农桑辑要》《天工开物》《便民图纂》《陈旉农书》《种树书》《宝坻劝农书》《马一龙农说》，共 800 余条，14 万余字。另引自《群芳谱》《广群芳谱》117 条，引自《本草纲目》等本草书者 151 条，引自各种专门农书如《蚕书》《橘录》《茶经》《竹谱》等共 30 条。以上千余条资料构成了该书农业技术方面的主要内容。另外，引自《说文》《释名》及《尔雅》各篇者 238 条，大多系为各种谷物和其他栽培植物考辨名实及考核栽培的历史等，关于论述各种作物品种方面的材料则多来自各种方志，其中不少系转引自《古今图书集成》。①

《授时通考》全书共配绘插图 512 幅，多来自王祯《农书》《群芳谱》《农政全书》《古今图书集成》《御制耕织图》等。全书以我国文化典籍为素材，对几千年来农业发展的历史和农业科学技术成就进行了全面总结，因此被誉为我国古代农学百科全书。②

《授时通考》属于全国性整体农书，内容广博。书中不仅讲述农业生产技术和农业知识，而且对与农业生产和农民利益紧密相关的政治和经济问题也有讨论，为研究我国土地制度变迁、存在问题及解决方案等提供了宝贵资料。

该书虽然出版时间较晚，但其流通量和流传范围都远超其他农书，在国际间颇有声名，被日本学者天野元之助誉为"中国五大古农书"之一（《钦定授时通考》与《齐民要术》《农桑辑要》、王祯《农书》《农政全书》）。

版本信息：

《授时通考》的原本，又称内府刊本或殿本，于乾隆七年（1742 年）刊行。同年，江西书局出刊翻刻本（南京农业大学中华农业文明研究院、中国国家图书馆等藏）。随后许多翻刻本或影印本相继发行，如乾隆九年（1744 年）江西巡抚刊本（中国农业博物馆图书资料室、中国农业大学农史研究室藏），清武英殿版翻刻本（南京农业大学中华农业文明研究院、中国国家图书馆、南京图书馆等藏），道光六年（1826 年）四川藩署刻本（中

乾隆七年（1742 年）武英殿刻本《授时通考》和乾隆九年（1744 年）江西巡抚刊本《授时通考》
（图片来源：故宫博物院网站 http://www.dpm.org.cn；中国农业博物馆网站 http://www.zgnybwg.com.cn）

---

① 马宗申：《中国古代农学百科全书——〈授时通考〉》，《中国农史》1989 年第 4 期，第 93-95 页
② 马宗申：《中国古代农学百科全书——〈授时通考〉》，《中国农史》1989 年第 4 期，第 93-95 页

国农业大学农史研究室、西北农林科技大学农业历史研究所藏），光绪二十八年（1902 年）富文局石印本（中国农业大学农史研究室、中国国家图书馆等藏）。

知本提纲十卷 （清）杨屾撰

杨屾（1687—1784 年），字双山，陕西兴平县桑家镇人。陕西大儒，学识渊博，在天文、音律、医学和农学方面都有较深造诣。终身无意于功名，不参加科举考试，而在家乡授徒讲学，兼营农桑。他认为，"教"与"养"是影响社会最重要的两件事。"教"就是对青年进行儒学教育；"养"就是发展农业理论与实践。他一生的精力半寓于"养"，半寓于"教"，所著《豳风广义》专言蚕桑，就是为发展当地农业经济服务的，而《知本提纲》则是他的教学讲义。[①]

《知本提纲》首刊于乾隆十二年（1747 年），全书共 10 卷，14 章。其中，《修业·农则》部分反映了当时西北地区的农业生产情况，自成体系，可单独视为一部农学专著。1957 年王毓瑚辑《秦晋农言》中，即收录了《农则》全文。《农则》内容包括前论、耕稼、桑蚕、树艺、畜牧及后论。前论和后论论述农业的社会地位、功能等传统重农思想，其余部分用"阴阳五行说"论述生产原理和技术，阐明农道。

《知本提纲》中的《农则》部分对体现农业领域"三才论"的天地人物和谐统一问题作了比较详细地论述，将元气论作为阐释农学理论和原理的重要概念和范畴。书中认为，以"天、地、水、火、气为生人造物之材"，其基本原理是"天、火"属阳，"地、水"属阴，"气"联贯四者之中，使之达到和谐状态；这种运动施之于物则滋长茂盛，行之于事即臻完善程度；强调"损其（指五行）有余，益其不足"，以达到所谓"阴阳交济，五行合和"。比如整地，未经耕翻的地、土为"少阴"，其性啬滞，水为"太阴"，其性寒；经过耕犁，借阳光照射，去其啬寒之气，转阴为阳，土地即可恢复生机。"耕稼篇"是《农则》的主要部分，着重记述了集约利用土地、"一岁数收"的经验、"浅—深—浅"

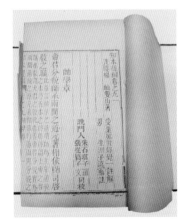

南京农业大学中华农业文明研究院藏《知本提纲》

---

① 齐文涛：《从原理到推论的理论系统——〈知本提纲〉农学阴阳论研究》，《农业考古》2013 年第 3 期，第 332–338 页

的土壤耕作方式和积肥方法、施肥"三宜"等。[①]

《知本提纲》是清代农书中应用传统农业哲学原理阐释农学理论和原理的代表作，书中对三才论、元气论、阴阳说、五行说等都有比较深入系统的论述。[②] 该书理论与实践并重，文字生动明畅，操作技术也多切实可行，是珍贵的古代农业文献。

版本信息：

清乾隆丁卯（1747 年）崇本斋刻本 8 册，藏于南京农业大学中华农业文明研究院、中国农业大学农史研究室、中国国家图书馆等。

三农纪二十四卷　（清）张宗法撰

张宗法，字师古，号未了翁，什邡县徐家场（今四川什邡）人。自幼博览群书，勤奋好学，但不考功名，终身务农，经常与农民一起讨论农事，熟悉农业生产技术。他将农民和自己的生产经验加以总结，并广泛搜集参阅农学著作，引征两百余种参考书目，著成《三农纪》。

《三农纪》刊行于乾隆二十五年（1760 年），全书 24 卷，33 万余字。第一至五卷叙述天时地理，第六卷叙述灾荒以及备荒救灾，第七至十八卷介绍各种作物的栽培技术，第十九至二十卷叙述畜牧兽医，第二十一至二十四卷分述农村习俗、杂事和农产品加工。全书内容涉及栽培植物 185 种，畜养动物 18 种，另有月令、水利、土壤、环境与物产、救荒、屋舍修造、农事安排、修身养性等。其中，第七至八卷为全书重点，分别介绍作物的名称、形态、效方物用和栽培管理技术。在耕作方面，作者强调因地制宜，不违农时，认为"各方之土宜物性，不可一概而论"，"莳种各种攸叙，能得时宜，不违先后之序，则相继以生盛"，并介绍了耧、点、瓠、区、芽种等粮食作物的播种方法。此外，书中记载的防植物冻害、人工消雹、杀虫以及防治病虫害等植物保护方法，对现代植保工作仍具有借鉴作用和实际价值。[③]

《三农纪》是一部记述四川地区农业的农学巨著。全书文笔

南京农业大学中华农业文明研究院藏《三农纪》

---

① 王毓瑚辑：《秦晋农言》，中华书局，1957 年
② 郭文韬：《试论〈知本提纲〉中的传统农业哲学》，《南京农业大学学报（社会科学版）》2001 年第 4 期，第 53-62 页
③ 陈朝余：《〈三农纪〉中的植物保护知识》，《农业考古》2000 年第 1 期，第 240-244 页

流畅，且在每项农业生产技术之后辟有"典故"一栏，附以相关传说，情节生动，故事性强，在问世以后，几经再版，流传极广，至今仍有十余种版本存世。该书对指导当时四川特别是川西平原农业的发展起到积极作用，甚至新中国成立以后，什邡、广汉、新都等地农民仍把《三农纪》作为"农师顾问"，在生产中加以借鉴。[①]

版本信息：

清乾隆十五年（1750年）桂林堂刻本（十卷本），藏于中国农业大学农史研究室、浙江省图书馆、四川省图书馆等；乾隆二十五年（1760年）善成堂刻本（十卷本），藏于南京农业大学中华农业文明研究院、中国国家图书馆、中国农业大学农史研究室等；清荣茂堂刻印本（十卷本），藏于华南农业大学农史研究室。

齐民四术十二卷（《郡县农政》）（清）包世臣撰

包世臣（1775—1855年），字慎伯，安徽泾县人。嘉庆十三年（1808年）举人，授江西新喻（今江西新余）知县，不久被罢官，此后足迹遍及四川、湖北、上海、苏州等城市，晚年寓居南京。他博学广识，对诗词、书法、军事、漕运、救荒等都有研究，尤其致力于经济致用，著有《策河四略》《小倦游阁文集》《安吴四种》等书。其中，《安吴四种》包括《中衢一勺》《艺舟双楫》《管情三义》《齐民四术》。《齐民四术》共12卷，内容涉及农、礼、刑、兵，其中涉农部分名为《郡县农政》。

《郡县农政》著于嘉庆十五年（1810年），共2万余字，内容包括辨谷、任土、养种、作力、蚕桑、树植、畜牲七篇，详细记述了各种作物的生产技术、选种育种、林木、蚕桑、饲养牲畜等方面的生产经验，旨在倡导农业，传授生产经验。

《郡县农政》强调农业生产对国计民生的重大意义，提出"民食为本""乡富在田""生财者农""无农则无食""天下之富在农"，明确指出"大政在农"，认为农政是治理国家的根本政策。书中还提出精耕细作、保养地力的主张；在品种选育、合理利用土地和因地种植庄稼方面也有深入研究；对家畜品种鉴定、饲养技术、选种繁育、伤病防治等方面有独到见解；对蚕桑和林业生产技术等方面也极为重视。

《郡县农政》内容全面、完整，反映了当时我国农业生产水平，是探讨清代农学成果的重要农业文献，对当前农业生产也具有参考价值。

版本信息：

清同治十一年（1872年）刻《安吴四种》本，藏于中国农业大学农史研究室、中国国家图书馆、南京图书馆等。

---

① 曲辰：《〈三农纪〉及其作者张宗法》，《四川农业科技》1981年第1期，第48页

马首农言一卷 （清）祁寯藻撰

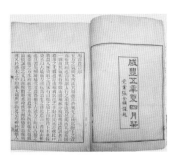

祁寯藻（1793—1866 年），字叔颖，号春圃，又号实甫，谥号文端，山西寿阳人，官至大学士，是当时参与朝廷政事的重要人物。他热爱农业生产，关心农民疾苦，亲自参加农牧生产实践，对农业科学有深入研究。道光十六年（1836 年），他在家居丧期间，将多年积累的农业科学知识认真总结整理，著成内容丰富的农业科学专著《马首农言》。

《马首农言》刻印于咸丰五年（1855 年），全书共计 2.7 万余字，彭蕴章作序，王筠作校勘和跋。正文共 14 篇，主要记述 19 世纪上半叶山西寿阳一带的农业生产情况，包括地势气候、种植、农器、农谚、占验、方言、五谷病、粮价物价、水利、畜牧、备荒、祠祀、织事、杂说。其中，种植和农谚两篇是全书的精华部分。种植篇记录了当时寿阳县的作物种类、耕作方式、轮作倒茬作物栽培技术等；农谚篇辑录了与农业有直接联系的 200 余条农谚，生动、具体地丰富了该书的科学内容，其中很多农谚至今仍在山西广大农村流传。方言、祠祀和杂说等篇与农事关系不大，但对了解当地农村风俗习惯和社会生活状况具有一定参考价值。[①]

南京农业大学中华农业文明研究院藏《马首农言》

《马首农言》记载了我国北方地区农业生产的传统经验，对研究农学史、农业技术史以及指导农业生产具有历史和现实意义。

版本信息：

清咸丰五年（1855 年）刻本 1 册，藏于南京农业大学中华农业文明研究院、中国国家图书馆等。

明清农业方志手抄资料

地方志，也称方志，是按一定体例，全面记载某一时期某一地域的自然、社会、政治、经济、文化等方面情况的综合性文献。方志中的物产、土贡、风俗等部分都与农业相关，是了解古

---

① 高恩广，胡辅华：《〈马首农言〉评介》，《陕西农业科学》1987 年第 3 期，第 36-39 页；丁福让：《祁寯藻与〈马首农言〉》，《农业考古》1984 年第 2 期，第 381-383 页；张亮：《读〈马首农言〉琐记》，《中国农史》1983 年第 4 期，第 91-94 页

南京农业大学中华农业文明研究院藏明清农业方志手抄资料

代农作物品种资源、地区分布、耕作制度及栽培技术等内容的重要资料，还可与古代农书相互补充、校勘。

　　南京农业大学中华农业文明研究院所藏的明清农业方志手抄资料是世界唯一一套明清农业方志手抄资料，共计1 293册，包括《中国农业史资料》613册，《方志综合》《方志物产》《方志分类资料》680册，内容丰富，数量巨大，被国内外学术界誉为中国农史资料"海内孤本"。

二、时令占候类文献

夏小正　（汉）戴德撰

　　戴德，生卒年不详，字延君，西汉梁国（今河南商丘）人（一说为魏郡斥丘，今河北邯郸）人，祖籍砀山（今安徽砀山）。汉代礼学家，活跃于汉元帝时（公元前 43—前 33 年），是西汉经学家后仓的四位弟子之一，今文礼学"大戴学"的开创者，代表作《大戴礼记》。

　　《夏小正》是中国现存最早的科学文献之一，也是中国现存最早的一部融合天文、气象、物候、农事的历书。《夏小正》原稿散佚，载于《大戴礼记》的《夏小正传》中。其产生时代可推至"夏王朝末年"。[①] 据《史记·夏本纪》载，"太史公曰：孔子正夏时，学者多传《夏小正》云"。因此该书通常被认为是孔丘及其门生经考察后所记载的农事历书，其中有关夏朝的多是物候等文化信息。《中国天文学简史》也称，"这本书虽然为后人所作，但其中的天象和某些物候的记载可能反映了夏代的实际情况"。[②]

　　书中把一年划分为 12 个月，又把每月的天气变化，气候和物候特征以及农事活动作为一个整体进行考察。除二月、十一月与十二月外，每月载有确定季节的星象以指导务农生产，还记载了当月植物的生长形态、动物的活动习性与祭祀等。

　　《夏小正》将天气的变化、气候的变迁、物候的特征和人们的农事活动构成一个"天、地、人、物"和谐统一的整体，而人处于这一整体的中心地位，协调自然条件与生物生长的关系，以追求高产优质的农产品。这一思想开启了中国古代整体思维和农业生产系统观念的先河，是中华民族生存智慧的体现，对中华农业文明的持续发展起到了极其重要的作用。

---

① 夏纬瑛：《〈夏小正〉经文校释》，农业出版社，1981 年，第 80 页

② 《中国天文学简史》编写组：《中国天文学简史》，天津科学技术出版社，1979 年，第 9 页

版本信息：

《夏小正》原文收入《大戴礼记》中，在唐宋时期散佚（而《大戴礼记》亦有一半同时散佚）。现存的《夏小正》是宋代傅嵩卿著《夏小正传》时，把当时所藏的两个版本《夏小正》文稿汇集而成。但因经文与传文（以自己的文字解释）在篇章中混集，而没有说明之间的关系，故《夏小正传》中的《夏小正》与原文有所不同。

清刻本，线状 1 册，藏于华南农业大学农史研究室。

四民月令 （汉）崔寔撰

崔寔（约 103—170 年），字子真，一名台，字元始，冀州安平（今河北安平一带）人，出身地主家庭，曾任东汉大尚书。

《四民月令》成书于 2 世纪中期。全书以正月至十二月为顺序，逐月叙述世族地主庄园一年的农事活动及生活安排。书中不仅对谷类、瓜菜等作物的种植时令和栽种方法有所详述，而且对纺绩、织染、酿造、制药等农副产品加工业和工商业均有详细记载，甚至还包括乡村教育、卫生等内容。

时令占候类农书体裁可追溯至先秦时期的《夏小正》，但《夏小正》的内容更偏重于对物候和星象的记载，而与农业生产相关的内容比重较小，因此有学者认为，《四民月令》才是"中国古代月令体农书的真正开山"。[①] 它发展了《礼记·月令》类著作，完成了从"官方月令"到"农家月令"的转换。书中所记每月的农业生产内容，细致而合理，同时又提醒人们注意农业生产安排的地区性，其中有些生产技术，如"别稻"（水稻移栽）和树木的压条繁殖，是农书中首见的记载。书中所述的官宦之家的田庄，类似一个完备的小型社会，生产规范相当细致，反映了东汉高度园艺化的农耕作业。

虽然与同为汉代重要农书的《氾胜之书》相比，《四民月令》在农学水平上稍逊，没有阐述有关原则和原理，也未形成较为完整的思想体系，但其在中国农学史上仍具有不可替代的重要地位。

版本信息：

《四民月令》原书已佚，据天野元之助统计，现存《四民月令》正文、本注合计 3 201 字，其中见于《玉烛宝典》共 2 938 字，其余 263 字出自《齐民要术》。辑佚本包括《说郛》本（卷六十九），任兆麟辑《心斋十种》本，王漠辑《汉魏遗书》抄本，唐鸿学辑《怡兰堂丛书》本，藏于中国国家图书馆、南京图书馆等。

四时纂要 （唐）韩鄂撰

韩鄂，事迹不详，约为唐末五代时人。

[①] 康丽娜：《秦汉农书的文献价值》，《史学月刊》2011 年第 5 期，第 121–123 页

　　《四时纂要》约成书于 10 世纪中后期，属于农家月令书中的"通书"类型，该书将前人著述的各种农业技术和农家应做事项分为四季 12 个月进行列举。书中资料大量来自《齐民要术》，少数汇集自《氾胜之书》《四民月令》《山居要术》《保生月录》等，也有韩鄂自己的点滴经验与总结，是一部月令式农家杂录。

　　全书分为 5 卷：春令卷之一，正月；春令卷之二，二三月；夏令卷之三，四五六月；秋令卷之四，七八九月；冬令卷之五，十一一十二月。全书共 4.2 万余字，包括 698 条事项，内容除占候、祈禳、禁忌等外，可分为农业生产、农副产品加工和制造、医药卫生、器物修造和保藏、商业经营、教育文化六大类。

　　农业生产是《四时纂要》的主体，包括农、林、牧、副、渔，体现了当时以粮食、蔬菜生产为主的多种经营传统特色。在农业生产技术方面，书中最早记载了棉花、薏苡、薯蓣、百合、食用菌、牛蒡、莴苣和茶叶等多种植物的栽培技术以及养蜂技术。该书在农副产品的加工制造方面记述丰富多样，特别在酿造方面创新较多，如最早介绍利用麦麸酿制"麸豉"的方法，干制酱黄的方法，酱油的加热灭菌处理方法等。在医药卫生方面，采录了很多种药用植物的栽培技术，是现存农书的最早记载。

　　《四时纂要》是一部农事历性质的农书，但在逐月农事项目之下，将操作方法详细载入，所以也是一部记述农业生产技术的著作，极具实用价值，影响颇大。后周官员窦俨向后周世宗柴荣建议选刻前代农书时，就将《四时纂要》与《齐民要术》并举；宋代天禧四年（1020 年）将《四时纂要》与《齐民要术》二书一并校刻，颁给各地劝农官。宋代农书如《橘录》《救荒活民书》等也都提到此书，《农桑辑要》和《种艺必用》等，则选录了不少《四时纂要》的内容。

　　此外，《四时纂要》还流传到了朝鲜，在朝鲜李朝统治时期盛极一时，"从高丽末到李朝初，由于同元朝的关系，以《农桑辑要》《四时纂要》为开端，陈旉《农书》、王祯《农书》等很多中国农书流入朝鲜，其中利用最多的是《农桑辑要》和《四时纂要》"。①

　　《四时纂要》填补了自《齐民要术》至陈旉《农书》之间相隔 6 个世纪的空白，对农业生产技术和社会经济发展研究起着承上启下的作用。

　　版本信息：

　　《四时纂要》约成书于唐末或五代初。元代官私所编农书都曾对其进行引用，称为《四时类要》，明清以来久已失传。②1960 年，在日本山本敬太郎的藏书中发现了明代万历十八年（1590 年）《四时纂要》的朝鲜重刻本，弥补了唐代农书失传的空缺。该重刻本以宋太宗至道二年（996 年）杭州刻本为祖本，日本据朝鲜重刻本影印，书名为《朝鲜重刻本影印四时纂要》，1961 年，由日本山本书店出版。1981 年，农业出版社出版了缪启愉根据日本山本书店影印本的校释本《四时纂要校释》，1982 年，日本又出版了渡部武的《四时纂要译注稿》。

① 李光麟：《论养蚕经验撮要》，《历史学报》第 28 号，1965 年，转自《农史研究》第二辑，第 149 页
② 胡道静：《中国古代典籍十讲》，复旦大学出版社，2004 年，第 218-219 页

据明万历十八年（1590 年）朝鲜刻本日本影印本抄，现藏于西北农林科技大学农业历史研究所、中国科学院图书馆；日本昭和三十六年（1961 年）山本书店据明万历十八年（1590 年）朝鲜重刻本影印，现藏于中国农业大学农史研究室、华南农业大学农史研究室。

农桑衣食撮要二卷 （元）鲁明善撰

鲁明善（1271—1368 年），原名铁柱，字明善，维吾尔族人，生于高昌（今新疆吐鲁番），后迁居内地，曾任江西行省理问和安丰路达鲁花赤，延祐三年（1316 年）出任太平路总管，后出任池州路、衢州路（今浙江衢州）、桂阳路（今湖南桂阳）和靖州路（今湖南靖州）达鲁花赤。[①] 在安丰路任职期间，鲁明善响应元政府"国以民为本，民以衣食为本，衣食以农桑为本"的思想和号召，视察江淮地区农情，亲劝耕嫁，并以指导当地农民从事农业生产活动为目的，于延祐甲寅（1314 年）开始编纂《农桑衣食撮要》。

《农桑衣食撮要》，又名《农桑撮要》《养民月宜》。该书以月令体裁撰写，正文分为 12 个月，月下条列农事并讲解做法。全书分上、下两卷，共 1.1 万余字，列有农事活动 208 条，包括气象物候，农田水利，作物、蔬菜、瓜类、果树、竹木栽培，栽桑养蚕，畜禽饲养与医疗，养蜂采蜜，农副产品加工、贮藏等，内容极为丰富。

《农桑衣食撮要》继承和发展了我国农桑衣食之本的思想，充分认识农业的重要性，以深耕细作、增加地力、提高单产为发展农业的指导思想，强调农、林、畜、副多种经营、综合利用的农业经营思想，并提倡勤俭、注意备荒。此外，《农桑衣食撮要》还记载了王祯《农书》和官修《农桑辑要》未曾涉及葡萄种植技术，造酪、造酥酒、晒干酪等方法以及收羊种、防治羊的疥疮、口鼻疮、茧蹄等病症的措施，并充分反映了不同地区乃至各民族的农、牧业生产经验。[②]

《农桑衣食撮要》语言简明扼要、通俗易懂，对前代农业生产技术予以继承，同时又总结了新的生产经验，对元代农业生产的恢复和发展起到积极作用，书中流传下来的农业技术措施充分体现了元代农业的发展水平，其中一些技术经验不仅影响了元代及元代以后农业的发展，甚至沿用至今。正因如此，《农桑衣食撮要》在农学史上享有较高地位，是我国元代三部重要农书之一。《四库全书总目提要》称，"明善此书，分十二月令，件系条别，简明易晓，使种艺敛藏之节，开卷了然，盖以阴补《农桑辑要》所未备，亦可谓能以民事讲求实用者矣"。

《农桑衣食撮要》作为月令农书的价值也极为突出。月令体农书起源于先秦的《夏小正》，此后历代都有类似著作，如《吕氏春秋·十二纪》和《礼记·月令》等，但这些书更偏重于物候；而汉代《四民月令》原本早已不传，《隋书·经籍志》中的《田家历》、唐代韦行规的《保生月录》等也没有流传下来；《四时纂要》虽然通过邻邦保留下来，但在国内

---

① 尚衍斌：《元代畏兀儿农学家鲁明善事迹再探讨》，《中国边疆史地研究》，2012 年第 2 期，第 77–89，149 页
② 尚衍斌：《鲁明善〈农桑衣食撮要〉若干问题的探讨》，《中国农史》2012 年第 3 期，第 132–141 页

却没有发挥应有的作用；宋代的《十二月纂要》《四时栽种记》和邓御夫的《农历》也同样失传；宋末元初的《四时类要》也残缺不全。① 因此，《农桑衣食撮要》是继唐末《四时纂要》之后，保存至今且较为完备的一部月令体农书。明清以来的同类农书中，仅有丁宜曾《农圃便览》可与之相提并论。

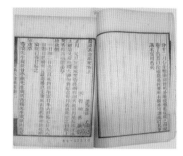

南京农业大学中华农业文明研究院藏《农桑衣食撮要》

版本信息：

《农桑衣食撮要》元代时有延佑甲寅（1314 年）原刊本和至顺元年（1330 年）重刊本两种版本。明初被收进《永乐大典》，各地也多有传刊，题名为《农桑撮要》《新刊农桑撮要》或《养民月宜》。清代纂修《四库全书》，又从《永乐大典》中收录了此书，后又被多种丛书收录。中国国家图书馆现藏有明刻本、清嘉庆十三年（1808 年）海虞张氏《墨海金壶》刻本、咸丰四年（1854 年）新安庄氏过客轩《长恩书屋丛书》刻本、《清芬堂丛书》本（子部）、《清风室丛书》本、清风室校刊《珠丛别录》本、光绪二十六年（1900 年）江南总农会石印等版本。

田家五行三卷　（明）娄元礼撰

娄元礼，生卒年不详，字鹤天，号田舍子，浙江霄川（今浙江吴兴）人，元末明初学者。他收集民间长期积累流传的杂占、农谚、迷信习俗等，并反复验证，整理成较为系统的农业气象谚语汇编《田家五行》。

《田家五行》约成书于明洪武元年（1368 年），是一部农业气象和占候方面的著作。全书分上、中、下三卷，每卷分为若干类。上卷自"正月类"至"十二月类"，每月都按日序记载占候；中卷是天文、地理、草木、鸟兽、鳞鱼等类，大部分属于物候性质；下卷分为三旬、六甲、气候、涓吉、祥瑞等类。

《田家五行》是我国现存最早的农业气象专著，其中汇集了大量当时流行在太湖流域的韵语和非韵语的天气经验，并以农谚形式展示，便于记忆和应用。这些谚语至今仍有不少在当地农民口头流传，具有实用价值和一定的科学性，有助于了解中国古代农业气象预测方法和水平，有利于探究中国气象科技的发展历

---

① 《农桑衣食撮要》，中国科学院自然科学史研究所"中国农业历史与文化"网站 http://www.agri-history.net/books/treatise%20records/nsyscy.htm

程，同时也为现代气象科技的发展提供借鉴。[①]

版本信息：

《田家五行》在明代传刻中被任意篡改，出现很多版本，如《居家必备》《居家要览》《田园经济》《格致丛书》等，内容均类似于原书的中卷，但错漏较多。较好版本为明嘉靖刻本，现藏于北京图书馆。

农圃便览 （清）丁宜曾撰

丁宜曾，字椒圃，山东沂州日照县人，因屡试不第，一生未入仕途，中年以后长居家乡西石梁村，"躬亲农圃之事"。他在务农过程中虚心学习，记载农业生产经验并加以总结，于乾隆二十年（1755年）写成《农圃便览》。

《农圃便览》，又名《西石梁农圃便览》，全书约5万余字，按照四季、十二月、二十四节气的顺序，叙述农耕、林果、蔬菜、花卉、畜牧、农产品加工等农业生产事项和农家活动。该书结合实地情况，以通俗、流畅的语言记述了山东日照县的农业生产情况，内容丰富且具有浓厚的地方特点，是了解山东半岛南部地区农业情况的最好史料，在我国农学史上占有一定地位。[②]

版本信息：

清乾隆二十年（1755年）强善斋刻本，藏于中国农业大学农史研究室、中国国家图书馆、南京图书馆等；石印本，藏于中国科学院植物研究所图书馆、山东农业大学图书馆。

---

① 丁玉平：《娄元礼〈田家五行〉中的气象智慧》，《黑龙江史志》2013年第21期，第166-167页
② 王永厚：《丁宜曾和〈农圃便览〉》，《山东农业科学》1982年第3期，第55-56页

三、农田水利类文献

潞水客谈一卷　（明）徐贞明撰

徐贞明（？—1590 年），字伯继，号孺东，明代江西贵溪县人，穆宗隆庆五年（1566 年）进士，官至尚宝司丞。万历三年（1575 年），徐贞明向朝廷进奏《请亟修水利以预储蓄疏》，提出兴修西北水利以解决京畿及北方地区的粮食供应问题，缓解东南的漕粮压力。但此疏被工部尚书郭朝宾以"水田劳民"为由驳回，因此未能实行。其后，徐贞明坐事贬太平知府，行至通州潞河（今白河、北运河）时，"终以前议可行，乃著《潞水客谈》以毕其说"。

《潞水客谈》共 1 卷，进一步阐述了徐贞明在《请亟修水利以预储蓄疏》中所表达的思想，从提高京师及西北的防御能力、平衡南北地区经济等方面详尽论证了兴修西北水利的必要性，并从发挥人的主观能动性、西北历史上兴修水利的成功经验和实地考察的结果等方面，论述了在西北地区兴修水利、发展水田的重要性，同时提出具体措施。

《潞水客谈》是元明清时期有关西北水利思想的一部重要著作，在西北水利史上占有重要地位。书中关于发展经济要注意减轻人民负担、实现南北经济的发展平衡、发展水利以安定流民、治理水害与开发农田水利并行、在田间植榆柳枣栗以利于保持水土等内容，至今仍具有一定启示作用。

版本信息：

《潞水客谈》成书于万历三年至四年（1575—1576 年），成书后即进行刊刻，且流传广泛，受到认可与称颂。万历八年（1580 年）春，徐贞明在给张元忭的回信中，对《潞水客谈》又进行补充，提出了新的想法。张元忭鉴于"旧版漫漶几不可读"的情况，对其进行重刻。万历后期，武陵人杨鹤认为徐贞明的主张切实可行，因此再次重刻《潞水客谈》，并作《重刻序》。明代科学家徐光启在论及西北水利时，全文引用《潞水客谈》，并冠之以《西北水利议》之名。《潞水客谈》在清代更加受到重视，被多次重刊。道光三年（1823年），吴邦庆重刻《潞水客谈》，并将其辑入《畿辅河道水利丛书》；道光二十五年（1845年），该书再度以《西北水利议》之名被重刻，并与明代屠隆《荒政考》一起，称为《水利荒政合刻》；咸丰元年（1851年），南海人伍崇曜将其重刊并收录至《粤雅堂丛书》。[1]

《粤雅堂丛书》本，藏于云南省图书馆；清嘉庆年间刊本，藏于中国科学院图书馆；道光四年（1824年）益津吴氏刊本、咸丰三年（1853年）南海伍氏刊本，藏于南京图书馆。

常熟县水利全书十卷 （明）耿桔撰

耿桔，字庭怀，别号兰阳，明代河间（今河北河间）人，万历二十九年（1601年）进士，初拜尉氏（今河南尉氏）令，三十二年（1604年）以政绩卓著调常熟（今江苏常熟）任知县，三年后调离，官至监察御史。耿桔到常熟任职后，看到当时水利长期失修，一遇水旱百姓就流散四方，赋税逋负数万计，他认为"赋税之所出，与民生之所养，全在水利"，兴修水利是"今日救时之急务"，于是遍访全县水利情况，兴修水利，垦殖荒田，且成绩显著。他将万历三十三、三十四年（1605、1606年）兴修水利的有关材料编撰成《常熟县水利全书》。

《常熟县水利全书》共10卷，另有附录2卷。卷一主要载有《大兴水利申》一文，是耿桔向苏州府申报浚河筑圩缘由和采取的技术措施以及关于钱粮出处与发放等请示报告，并附有《开荒申》一篇。卷二为全县急缓河岸坝闸总目。卷三至卷十为全县河圩水利图说，共分85区，一一列出每区要浚筑的河浦、圩岸，绘有水利图、圩田图及说明。附录两卷是县主簿王化、张以正等抄录的有关兴修水利的书文。

《常熟县水利全书》是太湖地区规划和治理一县水利的专书，书中吸取了前人筑圩技术，结合作者自己在水利施工中的实践经验，对圩田技术进行了系统总结，对了解当时水利治理情况和浚河筑圩技术水平极具参考价值。[2]

版本信息：

中国科学院图书馆、南京图书馆藏有此书抄本。

泰西水法六卷 （意大利）熊三拔 （明）徐光启笔记 （明）李之藻订正

熊三拔（1575—1620年），字有纲，1606年来华的意大利耶稣会士。精通天文数学，曾受诏参与崇祯时的修历，翻译行星说。在修历时，因与中国同事不和，便改行潜心研究水利。熊三拔将其研究传授给徐光启，徐光启将他的听讲记录加以整理，征得熊三拔同意后，以《泰西水法》为题，于明万历四十年（1612年）在北京刊行。

① 葛文玲：《徐贞明〈潞水客谈〉研究》，《古籍整理研究学刊》2007年第4期，第28-32页
② 张芳：《耿桔和〈常熟县水利全书〉》，《中国农史》1985年第3期，第64-73页

《泰西水法》全书共 6 卷：第一卷为龙尾车，用于江河的螺旋式提水器，并对每部分的组成、制作方法均有详述；第二卷为玉衡车和恒升车，这是两种利用气压原理从井中提水的唧筒；第三卷为水库记，是西方居山区之民家的必备设置，用来储雨雪之水；第四卷为水法附余，叙述寻找水源和凿井技术，并附以疗病之水；第五卷为水法或问，以问答的形式谈水性；第六卷为诸器之图式，包括龙尾车、玉衡车、恒升车等水器的平面图示。总目又对传入中国的西方科学进行了比较，对水利学作了较高的评价。明确指出："西洋之学，以测量步算为第一，而奇器次之，奇器之中，水法尤切于民用，视他器之徒矜工巧，为耳目之玩者又殊。固讲水利者所必资也。"[①]

《泰西水法》集欧洲古典水利工程学之精华，是我国第一部系统介绍西方农田水利技术的重要著作，其中介绍了众多提水器械和打井找水的方法，对于指导农田水利工作具有极大的现实作用。书中的成果集中体现了 17 世纪欧洲的先进科学技术，如龙尾车、玉衡车、恒升车就是运用了物理学中的螺旋原理、气体力学和液压技术。打井寻水源的方法则是近代地质学地表、地里连体效应和化学的应用。《泰西水法》介绍了西方水利，同时给我国带来了水利事业的发展必然要依靠科学的发展这一重要思想。这部书给中国的水利事业注入了新的活力，为水利事业的发展有一定的促进作用。[②]

版本信息：

北京大学图书馆藏明万历四十年（1612 年）曹于汴、彭惟成等刻本，收录于第二批国家珍贵古籍名录（编号：04517）

吴中水利全书二十八卷　（明）张国维撰

张国维（1595—1646 年），字正庵，号玉笥，浙江东阳人。天启二年（1622 年）进士，崇祯八年（1635 年）任巡抚都御使，与巡抚御史王一鹗修吴江石塘，并修长桥、三江桥、翁泾桥，崇祯九年（1636 年）上书请求开浚吴江垂虹桥两侧的泄水通道，《明史》有传。他积数十年治水经验，于崇祯十二年（1639 年）编撰刊印《吴中水利全书》。

《吴中水利全书》共 28 卷，约 70 万字。先列苏州、松江、常州、镇江等府的水利总图以及各府属州县水利图共 53 幅，次标水源、水脉、水名等目，又辑诏勅、章奏，再录论议、序记、歌谣。书中所辑文献以明代为多，同时也广泛收集了唐宋以来著名家的议论。

《吴中水利全书》是我国古代篇幅最大的水利学巨著，是研究苏、松、常、镇四府水利情况的重要文献。

版本信息：

明崇祯刊本，藏于中国科学院图书馆、南京图书馆；《四库全书》本，藏于南京农业大

---

① 曹增友：《收入〈四库全书〉的外国人著作——熊三拔的〈泰西水法〉》，《百科知识》1997 年第 12 期，第 55-56 页

② 华红安：《我国首部推介西方水利的著作——〈泰西水法〉》，《水利天地》1998 年第 3 期，第 31 页

学中华农业文明研究院、西北农林科技大学农业历史研究所。

畿辅河道水利丛书 （清）吴邦庆撰

南京农业大学中华农业文明研究院藏《畿辅河道水利丛书》和中国农业博物馆藏《畿辅河道水利丛书》
（图片来源：中国农业博物馆网站 http://www.zgnybwg.com.cn）

吴邦庆（1766—1848 年），字霁峰，顺天府益津人，嘉庆元年（1796 年）进士，历任安徽巡抚，兵部、刑部侍郎，官至漕运河东总督，主持治理河道、兴修水利事宜。吴邦庆家世代为农，关心耕稼之事，经常"往来田间，咨询父老""询其种艺之分"，因而对农业生产较为熟悉，尤其精于水利。他为了给人们提供有关畿辅水利的资料，从实用目的出发，"留心采辑，广识而备记之"，并广泛搜集相关文献，撰成《畿辅河道水利丛书》。

《畿辅河道水利丛书》编印于道光四年（1824 年），纸装，分上、下二函，全书约 40 万余字，共收书 9 种：《直隶河渠志》（清·陈仪著）、《陈学士文抄》（清·陈仪著）、《潞水客谈》（明·徐贞明著）、《怡贤亲王疏抄》（清·允祥著）、《水利营田图说》（清·陈仪著、吴邦庆图）、《畿辅水利辑览》（清·吴邦庆辑）、《泽农要录》（清·吴邦庆辑）、《畿辅水利管见》（清·吴邦庆著）、《畿辅水利私议》（清·吴邦庆著）。

《畿辅河道水利丛书》辑录了自宋至清散见于奏章和诸家文集中有关畿辅水利的论述，文献资料极为丰富。在辑录的同时，作者在序、跋、提要、按语中阐述其独到见解。该书还采用文图结合的方法，形象生动，使读者一目了然。[1]

版本信息：

南京农业大学中国农业文明博物院藏有清刻本 8 册；中国农业博物馆图书资料室和中国国家图书馆等藏有道光四年（1824 年）刊本 10 册。

---

[1] 王永厚：《吴邦庆与〈畿辅河道水利丛书〉》，《古今农业》1993 年第 3 期，第 40—42 页

四、农具类文献

渔具诗序　（唐）陆龟蒙撰

陆龟蒙（？—881 年），字鲁望，号天随子，甫里先生，江湖散人，长洲（今江苏苏州）人，唐朝文学家、农学家、藏书家。曾在苏州、湖州两郡为官，不久便辞官隐居在江苏吴县。他根据自己多年垂钓江湖的经验，做了《渔具十五首并序》及《奉和袭美添渔具五篇》，对捕鱼之具和捕鱼之术作了全面的叙述。

《渔具十五首》的序言不足 300 字，是我国渔业史上一篇重要文献。序中介绍了 13 类共 19 种渔具和两种渔法。19 种渔具中有属于网罟之类的罛、罾、翼、罩等；有属于签之类的筒和车；还有梁、筍、箄、翭、叉、射、棷、神、沪、篊、舴艋、笭箵。这些渔具主要是根据不同的制造材料和制造方法，以及不同的用途和用法来划分的。两种渔法即"或以术招之，或药而尽之"。凡此种种，正如他自己所说："矢鱼之具，莫不穷极其趣"。陆龟蒙的好友皮日休对他的渔具诗十分赞赏，认为"凡有渔已来，术之与器，莫不尽于是也"。在《和添渔具五篇》中，陆龟蒙还以渔庵、钓矶、蓑衣、箬笠、背篷等为题，歌咏了与渔人息息相关的 5 种事物。

文中主要反映了江浙太湖流域的渔具渔法，是唐代盛世渔业技术的概观，[①] 也是查考唐代渔业生产情况的珍贵史料。

版本信息：

清顺治三年（1646 年）宛委山堂刻本（《说郛》卷一百七），藏于中国农业大学农史研究室、中国国家图书馆、南京图书馆等；《水边林下》本（第五册），藏于中国国家图书馆。

---

① 施鼎钧：《唐代渔业技术概观——读陆龟蒙〈渔具诗序〉》，《中国水产》1987 年第 2 期，第 32 页

耒耜经一卷 （唐）陆龟蒙撰

陆龟蒙（？—881年），生于开成元年（836年）前后，字鲁望，自号江湖散人、甫里先生，又号天随子，长洲（今江苏苏州）人。曾在湖州、苏州做幕僚，随湖州刺史张博游历，后回故乡苏州甫里隐居，著有《耒耜经》《笠泽丛书》四卷，另有与皮日休的唱和之作《松陵集》十卷。农具专著《耒耜经》即收录于《笠泽丛书》。

《耒耜经》约于元符年间（1098—1100年）开始付梓行世。此书篇幅短小，全篇仅600余字，但文章内容丰富，结构严谨，层次分明，条理清晰，述论有序。文中详细记述了晚唐时长江下游地区使用的耒耜（江东犁、曲辕犁）的名称、形制、结构以及制作材料，对构成曲辕犁的11个部件，包括犁镵、犁壁，木制犁底、压镵、策额、犁箭、犁辕、犁梢、犁评、犁键、犁盘的形状、尺寸、制作和功用，都作了详细说明。并简述了爬（耙，用于碎土）、砺礋、碌碡（用于压土）等整地农具的功用。[①]

《耒耜经》是我国问世最早、流传最广的一部专门论述农具的古代农书。它记述了唐代"江东之田器"，反映了唐代长江下游江南地区水田农具的发展情况，其中对被誉为我国犁耕史上里程碑的唐代曲辕犁的准确、详细的记述，堪称是研究中国古代耕犁最基本、可靠的重要文献，也是中国古代科技的经典著作，对研究中国古代农业发展具有十分重要的意义。

《耒耜经》自问世以后，受到广泛重视，历代许多丛书、类书都曾对其征引或重刻。《四库全书提要》评价其"叙述古雅，其词有足观者"；元代陆深曾将《耒耜经》与《汜胜之书》《牛宫辞》并誉为"农家三宝"。英国的中国科技史专家白馥兰称，《耒耜经》是一本成为中国农学著作中的"里程碑"，欧洲一直到这本书出现6个世纪后才有类似著作。

版本信息：

南京图书馆藏有《百川学海》本、《说郛》本、《居家必备》本、《夷门广牍》本、《津逮秘书》本、《学津讨原》本、《五朝小说》本、《笠泽丛书》本等；常熟图书馆藏有《百川学海》本、《学津讨原》本等；南京农业大学中华文明研究院藏有《学津讨原》本、《说郛》本、《居家必备》本等。

农器谱三卷 （宋）曾之谨撰

曾之谨，吉州泰和人，是《禾谱》作者北宋曾安止的侄孙。乾道七年（1171年）乡贡进士，绍熙元年（1190年）进士及第，后尝耒阳令。

《农器谱》成书于绍熙四年（1193年）以前，是我国第一部关于农具的专著。南宋政治家、文学家周必大最早介绍同乡学此书，其《文忠集》卷五四《曾氏农器谱题辞》云：绍

[①] 张春辉，戴吾三:《〈耒耜经〉版本校勘纪要》,《文献》2000年第1期，第244–250页

圣元年（1094 年），苏轼南迁，过泰和，得曾安止所献《禾谱》。"文忠美其温雅详实，为作《秧马歌》，又惜不谱农器。时曾公已丧明，不暇为也。后百余年，其侄孙末阳令之谨始续成之。凡耜耒、耨鎛、车戽、蓑笠、铚刈、莜黄、杵臼、斗斛、釜甑、仓庾，厥类惟十，附以杂记，勒成三卷，皆考之经传，参合今制，无不备者。"

《农器谱》根据古代经传，并参合当代形制，对各种农器的缘起、内容、价值均作了详细周到的评价，饱受赞扬，陆游即曾为该书提诗。

《农器谱》对后世影响较大，王祯《农书》中的《农器图谱》即是从《农器谱》发展而来，其中至少有八门完全照抄曾之谨《农器谱》的内容[①]，而对于农器的分类和命名，则大多直接继承了曾氏的方法。

版本信息：

《农器谱》在明代以后即已失传，中国农业大学农史研究室藏有此书抄本。

远西奇器图说录最三卷　（瑞士）邓玉函口授（明）王徵译绘
新制诸器图说一卷　（明）王徵撰

《远西奇器图说录最》由瑞士人邓玉函（Johann Terrenz）口授，王徵译绘制。

邓玉函（1576—1630 年），生于德国南方城市康斯坦茨主教区一律师家庭。他先入纽伦堡附近的阿尔特道夫大学学习医学，后就读于意大利的帕多瓦大学，并与伽利略相识。他于明末清初之际来到中国，逐渐背弃原来来华传教的初衷，帮助崇祯皇帝修历，在中国大力传播天文学及医学知识。后与中国官吏学者王徵共同合作写下了《远西奇器图说录最》，把当时欧洲最先进的机械学基础知识传授给了中国人。

王徵（1571—1644 年），陕西泾阳人，热爱机械的制作和研究，以致影响了他的科举，直到 1622 年才中进士。凭借自己的算学功底，王徵仅用数日就通晓了翻译《远西奇器图说录最》所必备的"度数之学"的梗概。之后他们合作编译一个月，天启七年正月（1627 年 2 月或 3 月）完成了《远西奇器图说录最》三卷。同年，王徵补扬州推官，7 月《远西奇器图说录最》与《诸器图说》合刻于扬州。在《奇器图说》的第三卷最后 10 页中介绍了当时西方最为先进的一种灭火用"人力双缸活塞式压力水泵"。其中，有水铳图四幅，且详细地介绍了水铳的制作、使用和性能。

《远西奇器图说录最》共分 4 卷。第 1 卷为绪论，介绍力学的基本知识和原理，并分别讨论了地心引力、各种几何图形的重心、各种物体的比重等，阿基米德浮力原理也首次被介绍给中国；第 2 卷为器解，讲述了各种简单机械的原理，如天平、杠杆、滑轮、轮盘、螺旋和斜面等；第 3 卷为机械原理应用，共绘有 54 幅图，包括起重 11 图、引重 4 图、转重 2 图、取水 9 图、转磨 15 图、解木 4 图、解石 1 图、转碓 1 图、书架 1 图、水日晷 1 图、代耕 1 图、水铳 4 图等，每幅图后均有说明；第 4 卷为制诸器图说，共载 9 器，包括

---

① 方健：《南宋农业史》，人民出版社，2010 年，第 363 页

来鹿堂刻本《远西奇器图说录最》
和南京农业大学中华农业文明研究
院藏《新制诸器图说》
（图片来源：中华人民共和国文化部
网站 http://www.mcprc.gov.cn）

虹吸、自行磨、自行车、代耕、连弩等，是王徵自己的研究成果，可以说是中国人第一部近代物理学著作。

《远西奇器图说录最》汇总和介绍了当时西方力学和机械学的知识，是我国第一部系统地以中文介绍西方力学和机械工程知识的著作。该书行世以来，西方工程技术著作在近代中国的翻译逐年增加。至清末，有传教士加入的京师同文馆、江南制造局翻译馆等机构都进行译书工作，大量西方科技著作翻译出版，使西方科学技术知识以前所未有之势在中国迅速传播。著名机械史专家刘仙洲称其为中国第一部"机械工程学"，极具史料价值。

《新制诸器图说》是王徵根据自己发明创造的新颖、实用机械绘制而成，附于《远西奇器图说录最》之后。书中大部分为日常生活用具，如自行磨、自行车、报时机器"轮壶"、代耕等。

版本信息：

1627 年成书于北京的《远西奇器图说录最》和成书于 1626 年的《新制诸器图说》在 1628 年首先由武位中合刻于扬州。汪应魁广及堂翻刻了武位中刻本。1631 年，吴氏西爽堂在汪应魁本雕版上剜刻修版，再次合印两书。在此三个底本的基础上，先后衍生出《古今图书集成》本、《四库全书》本、来鹿堂刻本和《守山阁丛书》本以及若干抄本，包括梅文鼎在 1686 年订补的抄本。《守山阁丛书》本和《古今图书集成》本因被多次影印而在 19~20 世纪流传颇广。[1] 北京大学图书馆藏明崇祯元年（1628年）武位中刻本，收录于第二批国家珍贵古籍名录（编号：04711）。

农具记一卷（清）陈玉璂撰

陈玉璂，生卒年不详，约清圣祖康熙二十年（1681 年）前后在世，字赓明，号椒峰，江苏武进人。康熙六年（1667 年）进士，授内阁中书，十八年（1679 年），试"博学鸿儒"科，罢归。他在武进家中通过亲身经历，向老农咨询，并参考前人著述，写成《农具记》一书。

《农具记》成书于康熙十八年（1679 年）以后，篇幅短小，约 1 700 余字，分六部分叙述了从垦耕到粮食加工的 65 种旱地、

① 张柏春，田淼，刘蔷：《〈远西奇器图说录最〉与〈新制诸器图说〉版本之流变》，《中国科技史杂志》2006 年第 2 期，第 115–136 页

水田农具，其中有些记载是符合明末清初武进一带实际情况的，有些则只是简单地抄录古农书的农具部分。这些农具按用途分为十类，包括垦耕工具 15 种，灌溉工具 8 种，藏种工具 6 种，播种工具 6 种，收获工具分为"收获之器"和"作场之器"两部分共 24 种，粮食加工工具 7 种，每种农具均附有简短的说明。[1]

《农具记》所记大多为南方水田工具，也可以说是江苏武进一代的部分农具，范围比较狭小，农具种类也不够全面，但它为考证古代农具的名实提供了不可多得的资料。此外，《农具记》中还记载了一些明清以后发展起来的农具，如稻床等，这些对于研究中国传统农具都有着十分重要的参考价值。

版本信息：

《农具记》现常见到的版本有两种：一种是收入清人王阵《檀几丛书》第五帙第四十二卷、清康熙三十四年（1695 年）新安张氏该举堂的版本，藏于中国国家图书馆、北京大学图书馆、上海图书馆等；另一种是收入作者的《学文堂集》第十六卷，附在清盛宣怀辑的《常州先哲遗书》第一集之后，有光绪中期盛氏刊本，藏于中国国家图书馆、首都图书馆、南京图书馆等。

河工器具图说四卷 （清）麟庆撰

麟庆（1791—1846 年），姓完颜氏，字振祥、伯余，号见亭，满洲镶黄旗人，嘉庆十四年（1809 年）进士，历任内阁中书、兵部主事、安徽徽州知府、河南颍州知府、河南开归陈许道巡道、河南按察使、贵州布政使、湖北巡抚、江南河道总督等职。道光五年（1825 年）任河南省分巡道员，在劝谕耕垦蚕桑之余，力务水利，并搜集商周以来历代水工资料，"博观约取，周历工所，互证参核"，探寻历史上的修河治水经验，并多次亲自督率官民抗洪抢险。道光十三年（1833 年），麟庆担任江南河道总督，他全面考释水利工程器具，于道光十六年（1836 年）正式编纂刊印《河工器具图说》。

《河工器具图说》共 4 卷，收集历代河工器具 254 种。卷一宣防器具，用于对河工工程的日常看护及维持，包括宣传、看护、测量等器具 57 种，绘图 33 帧；卷二修浚器具，用于岁修和抢修时的整治河道、修堤筑坝，包括用于土工、灰工、石工等器具 59 种，绘图 31 帧；卷三抢护器具，用于决溢、凌汛、渗漏等灾害，共有护岸、堵口、防凌、堵漏器具 57 种，绘图 37 帧；卷四储备器具，用于对河工工程平时的搬运、存储、修补及维护等，共有器具 51 种，绘图 32 帧。[2] 该书图文并茂，极具鉴赏性，文字叙述简明扼要，层次清晰，极具可读性。

《河工器具图说》搜集参考历代重要文献，是迄今为止传统河工图书中搜集水工工具最为丰富、系统的一部古籍，它以图谱形式对中国古代河工技术史进行总结，极具历史资料

---

① 荆三林，李趁有：《清人陈玉璂〈农具记〉浅识》，《农业考古》1993 年第 1 期，第 103–106，95 页
② 李平：《〈河工器具图说〉初步研究》，郑州大学硕士论文，2009 年

南京农业大学中华农业文明研究院（上）、山东省图书馆（下）藏《河工器具图说》

价值和应用价值。[1]

版本信息：

《河工器具图说》最早的版本是道光十六年（1836年）苏州刊本，书后有"姑苏阊门外洞泾桥（今名桐泾桥）西吴学圃局刻"小字说明。《四库未收书辑刊》所收的就是苏州刊本。另外，民间也有抄本流传，如民国时海宁张为霖藏本。民国十五年（1926年）十二月，河南河务局孟广瀛等人依据海宁张氏收藏的抄本，刻印了石印本。1937年上海商务印书馆出版《万有文库》时，收录了《河工器具图说》，此为民国万有文库本。加上2000年北京出版社影印的《四库未收书辑刊》本，该书在一个半世纪的流传中共出现了四个版本。[2]国家图书馆藏有民国二十三年（1934年）据南丰赵氏藏抄本，山东省图书馆藏稿本被收录于第三批国家珍贵古籍名录（编号：08073）。

① 李三谋：《〈河工器具图说〉考释》，《农业考古》2002年第1期，第218–221，229页

② 马峰燕：《读〈河工器具图说〉》，《黑龙江史志》2008年第22期，第47–48页

五、土壤耕作类文献

於潜令楼公进耕织二图诗一卷　（宋）楼璹撰

楼璹（1090－1162 年），字寿玉，一字国器，鄞县（治今浙江宁波）人，历官知扬州、兼淮南转运使。他于绍兴初年任於潜县（属今浙江临安）县令期间，关心农业和农民，因而"既为图以状其事，又作诗以抒其情"，完成《耕织图》。

《耕织图》共 45 幅，其中耕图 21 幅，包括从浸种、耕地、平地、插秧、耘耥、灌溉等田间管理到收割、脱粒、入仓的水稻种植、栽培、生产加工过程；织图 24 幅，包括浴蚕、采桑、择桑、缫丝、织绢、剪帛等养蚕采桑、蚕丝缫织的全部流程。每图自题五言诗一首，以图文兼茂的形式描绘了江南农桑生产和农业技术，反映农民劳动的艰辛。

《耕织图》这一特殊的文献形式是中国农桑生产最早的成套图像资料，它形象逼真的再现了两浙路农民精耕细作的各道程序，是记录传统耕织文明的直观生动的画卷。它将农业生产过程绘制成连环画，并配以诗文说明，为农民提供仿效操作的范例，是一种为发展农业生产服务的科普著作。正如楼钥《玫瑰集》卷七十六《跋扬州伯父耕织图》所云："农桑之务，曲尽情状。"[1] 此图进呈后，即受到高宗的嘉奖。嘉定三年（1210 年），其孙洪、深等将诗刊刻于石上，遂广为流传。

楼璹《耕织图》既是精美、珍贵的艺术品，又是研究社会经济史、农业史的宝贵资料。但其宋刊原书已无全帧，仅存其诗。宋以后各朝刊印的耕织图均以楼璹图为祖本进行改编、绘制、摹刻，从而形成了各种版本的《耕织图》。包括元代程棨摹本；明代宋宗鲁重刊本等；明万历刊《便民图纂》收《耕织图》31 幅，并将五言诗改为吴语竹枝词；清代焦秉贞

---

① 转引自方健：《南宋农业史》，人民出版社，2010 年，第 364 页

以清代特征重绘《耕织图》46 幅；此外还有雍正《耕织图》等多种版本流传。[①]

版本信息：

《耕织图诗》有清初钱氏述古堂抄本（国家图书馆），乾隆四十六年（1781 年）长塘鲍氏刻本线装（《知不足斋丛书》第九集）（中国农业大学农史研究室、中国国家图书馆、南京图书馆），乾隆五十九年（1794 年）石门马氏大酉山房刻《龙威秘书》本（西北农林科技大学农业历史研究所）等版本。其中，河南省图书馆藏明末毛氏汲古阁影宋抄本，被收录于第一批国家珍贵古籍名录（编号：01779）。

御制耕织图（清）清圣祖撰 （清）焦秉贞绘

焦秉贞，生卒年不详，字尔正，山东济宁人，钦天监五官正，宫廷画师，吸收西洋画法，重明暗，楼台界面，刻划精工，擅画人物。

康熙二十八年（1689 年），清圣祖南巡时得见楼璹《耕织图》，遂命宫廷画师焦秉贞依照其重新绘制，并亲自撰序、题诗，因此清代第一部《耕织图》又名《御制耕织图》，于康熙三十五年（1696 年）刊行。此图由当时著名刻手鸿胪寺序班朱圭和梅裕凤镌刻。

《御制耕织图》以楼璹《耕织图》为基础并有所修改，共 46 幅，耕图和织图各为 23 幅。耕图包括：浸种、耕、耙耨、耖、碌碡、布秧、初秧、淤荫、拔秧、插秧、一耘、二耘、三耘、灌溉、收割、登场、持穗、舂碓、筛、扬、砻、入仓、祭神。织图包括：浴蚕、二眠、三眠、大起、捉绩、分箔、采桑、上簇、炙箔、下簇、择茧、窖茧、练丝、蚕蛾、祀谢、纬、织、络丝、经、染色、攀花、剪帛、成衣。每幅图除保留楼璹五言诗以外，还附有康熙帝亲题七言诗一首，图前有其于康熙三十五年（1696 年）亲自写的序文。

《御制耕织图》沿袭楼璹《耕织图》，也以江南农村生产为题材，但在内容上有所不同。如碌碡图描绘不当；灌溉图突出用桔槔汲水灌田，反映的是北方农业生产的实际情况；二眠图和捉绩

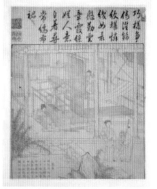

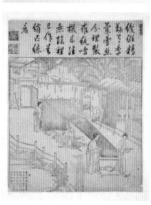

故宫博物院藏《御制耕织图》
（图片来源：故宫博物院网站
http://www.dpm.org.cn ）

---

① 方健：《南宋农业史》，人民出版社，2010 年，第 364 页

图的七言诗配置倒错。[①]

版本信息:

《御制耕织图》现藏故宫博物院和中国国家图书馆。另有焦秉贞弟子冷枚及陈枚绘制的《耕织图》册藏于台北故宫博物院。

农说一卷 （明）马一龙撰

马一龙（1499—1571年），字负图，号孟河，江苏溧阳人。嘉靖七年（1528年）考中顺天谢元，嘉靖丁未（1547年）进士，被选为翰林院庶吉士，官至国子监司业。辞官归乡后，开始经营农业并致富。他深忧"农不知道，知道者又不屑明农，故天下昧昧，不务此业而他图"，遂决心著书说，总结农业生产经验，使农者懂得耕种的技术和原理。

《农说》以阴阳哲学解说农业原理，是我国古代农书中第一部系统阐述传统农学理论的著作。全书1卷，约6 000余字，由正文和小注两部分构成，正文约600余字，正文之下的小注约5 000多字。《农说》开篇强调以农为本，要求司农之官教民务农；后进述农时与人力、土壤与施肥的关系，并以水稻为对象，论述种子、插秧、除草、灌溉、开花、结实各个环节的技术要求和原理。其间用阴阳学说作理论阐述，即把与农业生产有关的环境因素，分为阴和阳两个互相对立，又可互相转化的方面，将与农业生产有关的气温、日照、水分、湿度、通气等条件的变化，用阴阳对立、互相转化的观点加以解释，难免有其局限性，但也有一定合理成分。强调农业生产要"合天时、地脉、物性之宜，而无所差失，则事半而功倍"。

版本信息:

《农说》传刻较多，主要版本有《居家必备》清刻本（中国国家图书馆藏）、《宝颜堂秘笈》本（中国国家图书馆、南京图书馆等藏）、《广百川学海》本（中国国家图书馆、南京图书馆等藏）、《说郛续》本（中国国家图书馆、南京图书馆等藏）、《青照堂丛书》本（中国国家图书馆、南京图书馆等藏）、五十万卷楼旧藏刻本（华南农业大学农史研究室藏）。

教稼书一卷 （清）孙宅揆撰

孙宅揆，字熙载，号毅斋，山东馆陶人。他在朱龙耀《区田说》的基础上，又"详考畎亩粪种诸法"，写成《教稼书》。

《教稼书》又名《区田图说》，该书首先收录了朱龙耀原著《朱公区田引》，后分叙畎亩说、粪种、法制粪说、蒸粪法、造粪法、制宜说等篇，以期为农民传播农业生产知识。

《增订教稼书》，著者盛百二，字秦川，号柚堂，浙江秀水人，清代乾隆年间举人，熟悉北方农业生产。他于乾隆三十六年（1771年）看到孙宅揆的《教稼书》之后，陆续补写

---

① 王潮生:《清代耕织图探考》,《清史研究》1998年第1期,第107–112页

了区田、代田、种芋、甘薯、种蜀黍、种瓠、开井、架谷法、碱地沙地、沟洫等条目。乾隆三十七年（1772年），聊城邓汝功补写"架谷法"一条，并为该书作序。乾隆四十三年（1778年），盛百二编定全书，将孙宅揆《教稼书》作为上卷，自己补写部分作为下卷，合称《增订教稼书》，并写序付梓刊印。

《教稼书》和《增订教稼书》是清代两部总结北方农业生产经验的小型地方性农书，它们都将北方旱地作物丰产技术——区田法，作为全书重点，虽然篇幅不长且侧重山东地方，但内容极为实用，对整个旱作地区都有普遍指导意义。①

版本信息：

《教稼书》收录于《区种五种》，后又有致知书局重刻本。西北农林科技大学农业历史研究所藏有清道光七年（1827年）刻《皇朝经世文编》本、光绪四年（1878年）莲花池刻《区种五种》本等。

泽农要录六卷 （清）吴邦庆撰

吴邦庆（？—1848年），字霁峰，直隶霸州（今河北霸县）人。嘉庆元年（1796年）进士，历任山西布政使，湖南、安徽、江西巡抚，河东河道总督。霸州"地势低洼，为众水入海所经"，水资源丰富。吴邦庆认为，只要讲求水利，南方的围田、柜田、涂田、梯田、沙田等都可以在北方实行，因此竭力倡导兴修水利，垦田种稻，并集资制造和大力推广水车以增进生产效率。他广泛搜集前代农业文献中有关水稻种植的内容，并总结多年治水治田经验，撰成《泽农要录》，以期传播种植技术，为北方水稻种植提供参考。另有，《水利营田图说》《畿辅水利私议》《畿辅水利辑览》等著作，并编辑刊刻一套《畿辅河道水利丛书》（九种十四卷）。②

《泽农要录》成书于道光四年（1824年），是一部专论河北泽地农业的著作。全书共6卷，约6万字，分为授时、田制、辨种、耕垦、树艺、耘耔、培壅、灌溉、用水、获藏十篇，叙述了水稻生产的各项技术经验。该书辑录《氾胜之书》《四民月令》

南京农业大学中华农业文明研究院藏《泽农要录》

---

① 王永厚：《〈教稼书〉和〈增订教稼书〉》，《山东农业科学》1983年第1期，第52-53页

② 王永厚：《吴邦庆及其〈泽农要录〉》，《河北农业科技》1982年第5期，第29-30页

《齐民要术》《天工开物》、王祯《农书》《农政全书》《宝坻劝农书》《农说》等历代农书中有关水稻生产技术的内容，并对各家著述进行深入研究，在每篇内容之前撰写评论，提出心得体会和独到见解，是全书的精华部分。如书中记述，"稻之品有粳、有糯、有籼；其色则分赤、白、紫、乌；其形则有长芒、短芒、长粒、短粒、圆顶、扁面；其质则分坚、松、香、否；其性则分温、凉、寒、热"，从不同角度对水稻进行科学分类。并强调农业生产应"以无失时为要"，同时对生产工具、农田灌溉、施肥等都做了较为详细的记载，是北方水稻种植的重要农业专书。

版本信息：

清道光四年（1824 年）刻本，藏于南京农业大学中华农业文明研究院、西北农林科技大学农业历史研究所、南京图书馆等；《畿辅河道水利丛书》本，藏于中国农业大学农史研究室、中国国家图书馆、南京图书馆等。

营田辑要三卷 （清）黄辅辰撰

黄辅辰（1798 — 1866 年），字琴坞，贵州贵筑（今贵州贵阳）人，原籍湖南醴陵，世居醴陵枫林市。道光十五年（1835 年）进士，授吏部主事；道光三十年（1850 年）升验封司员外郎，不久迁考功司郎中。咸丰九年（1859 年），调直隶前线防务要员，视察海口形势，请求以重兵把守北塘，未被采纳，愤然辞职。同治五年（1866 年）任陕西凤邠盐法道员，积极推广营田，招来客民耕种并发给耕牛、籽种、农具等，寓兵于农。

《营田辑要》刻于同治三年（1864 年），同治五年（1866 年）发行。全书内容分为总论、内篇（包括内篇上、内篇上之下、内篇下）、外篇。总论部分从宏观上论述屯田的依靠力量、屯田的重要性和用人问题。内篇为成法，内篇上介绍历代屯田工作经验；内篇上之下介绍屯田水利；内篇下专论历代屯田工作中的积弊。外篇为附考，专讲服务于屯田的农业生产技术，从屯垦工作实际出发，重点论述开荒造田、田间工程等问题，简明扼要、重点突出。

《营田辑要》是总结我国清代以前屯田经验的最系统、最完整的著作，书中辑录历代屯田政策措施、经验教训以及作者本人的屯田思想，在屯垦史研究领域具有重要参考价值。

版本信息：

清同治三年（1864 年）成都刻本，藏于南京农业大学中华农业文明研究院、西北农林科技大学农业历史研究所、黑龙江省图书馆。

六、大田作物类文献

江南催耕课稻编一卷 （清）李彦章撰

李彦章（1794—1836年），字则文、兰卿，号榕园，福建侯官（今福建福州）人，嘉庆十六年（1811年）进士，曾先后在山东、广西、江苏等地做地方官，工诗文、擅书法，是清代著名学者。李彦章为官时关心农事，重视总结农业生产经验，道光五年（1825年）在广西思恩府任按察使时，曾亲自辟地推广双季稻和北方桔槔水车，一年内在武缘（今广西武鸣县）、宾州、上林、迁江四州县开塘圳336处，修水坝430处。他任职江苏按察使期间，在林则徐的鼓励和鼎力襄助之下，经过实地调查并参考大量史料，于道光十四年（1834年）完成《江南催耕课稻编》。此外，李彦章还著有《榕园识字编》《润经堂自治官书》《榕园文钞》《榕园诗钞》《榕园全集》等，《江南催耕课稻编》即收录于《榕园全集》。

《江南催耕课稻编》是一部专论江南早稻的农书，刊刻于道光十四年（1834年）。全书1卷，约3.3万字，分为10目：国朝劝早稻之令、春耕以顺天时、早种以因地利、早稻原始、早稻之时、早稻之法（后附福建种早晚两熟稻之法、广西思恩府初种早稻之法、江北上下河高邮各州县种早稻中稻之法3篇）、各省早稻之种、江南早稻之种、再熟之稻、江南再熟之稻。主要辑录历代农书、志书及其他文献中有关水稻特别是早稻和双季稻的记载，且每节后都附有作者的详细按语。

《江南催耕课稻编》是一部总结水稻生产、提倡种植早稻、推广双季稻等生产经验的重要专著。书中搜集的早稻历史文献极为丰富，仅早稻品种就包括南方9省81府州县的数百个之多，极具农学价值。该书一经问世，即大量印发，广为流传，对实施林则徐的"教民力农"政策以及推广双季稻起到了重要作用。兵部尚书兼两江总督陶澍评价其"博采农书志乘，凡早稻之种，早稻之时，早稻之法悉备"，林则徐也赞其"广征博采"。书中所载稻史资料和作者精辟见解，至今仍具有一定现实意义。[①]

版本信息：

清道光十四年（1834 年）姑苏甘朝士刻本，藏于华南农业大学农史研究室、中国国家图书馆等。

浦泖农咨　（清）姜皋撰

姜皋，字小枚，化名谷梁古劳，云间（今上海松江县西）人，恩贡生，善诗文，喜著书，"泖东七子"之一。他认为"国家者，惟农而已矣"，因此对当地农业水利情况极为关注，亲自下乡访问，记录农民谈话内容，详细调查并总结农业状况，于道光十四年（1834年）编著成《浦泖农咨》，以供农业生产研究之用。

"浦"，指黄浦江，"泖"，指泖湖（出淀山湖，流入黄浦江），即旧松江府（今上海市西南、东南地区各县），也是作者家乡一带，属水稻丰产区。《浦泖农咨》即是论述这一地区农业经济和生产技术状况的专书。全书约 7 000 字，包括序文八篇，分别是甲午春月，云间谷梁古劳自记；甲午秋九，五茸归叟题；甲午秋季，白石生题；武林退守跋；秋圃叟题；金粟山人跋；沧田农跋；道光甲午初冬，欣斋跋。正文以农民口吻述说当地农事情况，共四十则，包括征粮折粮、田亩面积、水利、天时、播种、秧田、耘耥、刈获、肥田、耕牛、农具以及农民生活状况等。[②]

《浦泖农咨》将农业经济和农业技术结合叙述，内容切近时事，对鸦片战争前西江南富庶地区的农业经济和生产不景气的状况和原因做了深入考察，从生态环境角度出发观察水稻生长发育规律，并对江南稻作的技术经验进行详细总结，是研究古代松江地区水稻栽培技术的唯一文献，[③] 对研究当地自明《农政全书》以来农业生产发展历史具有重要价值。[④]

版本信息：

清道光十四年（1834 年）刻本是现存唯一刻本，藏于上海图书馆。

金薯传习录二卷　（清）陈世元撰

陈世元，字捷先，号觉斋，原籍福建长乐，世居闽县，清乾隆贡生。其六世祖陈振龙于明万历年间，从菲律宾携带薯藤，并习栽种之法归国。万历二十一年（1593 年）饥荒，陈振龙之子陈经纶具禀福建巡抚金学曾，备陈种植甘薯利益，请予推广。金学曾批准并试种成功，为以示纪念，称之"金薯"。陈世元继承祖志，与三个儿子致力于甘薯的推广事业，积累了丰富的种薯经验。为了让更多人了解甘薯的价值和栽种方法，编辑刊刻了《金

① 王永厚：《李彦章和〈江南催耕课稻编〉》，《中国农史》1991 年第 2 期，第 115–116 页
② 胡道静：《稀见古农书录》，《文物》1963 年第 3 期，第 12–17 页
③ 胡道静：《中国古代典籍十讲》，复旦大学出版社，2004 年，第 221 页
④ 桑润生：《姜皋和〈浦泖农咨〉》，《中国农史》1993 年第 3 期，第 107–109 页

南京农业大学中华农业文明研究院
藏《金薯传习录》

薯传习录》。[1]

《金薯传习录》分为上、下两卷，上卷收辑了地方志上所载有关甘薯的记事和档案，收入了指示栽种、食用、保存、加工之法的招贴，辑录了有关甘薯栽培和推广的文献；下卷汇集有关甘薯的诗文题咏。

《金薯传习录》虽然篇幅不大，流传时间也不长，但在乾隆一朝即印行三次，足以说明其社会需求量。书中汇集了引种、推广、种植和传播甘薯的农业科学史料，并论述详细，是一部珍贵的科学史文献。

版本信息：

福建省图书馆藏清乾隆本全帙，南京图书馆藏嘉庆本，南京农业大学中华农业文明研究院藏抄自清升尺堂版刻本。

御题棉花图 （清）方观承绘

方观承（1698—1768 年），字遐谷，号雨亭，又号宜田，安徽桐城人，乾隆十四年（1749 年）官至直隶总督，在任 20 年。他任职期间，"尤勤于民事"，注重发展农田灌溉事业和农业生产，深刻认识到棉花的经济价值，因而尤为关注棉花的生产和利用。在乾隆三十年（1765 年），他将河北地区棉农在生产实践中所积累的丰富经验"评加采录，以补农功"，绘制成《棉花图》，并将其献于正在巡幸中的乾隆。乾隆皇帝对《棉花图》极为赞赏，并为之提诗，因此《棉花图》又名《御题棉花图》。[2]

《御题棉花图》分为上、下两册，纸本，共 21 开，每一开由半开木刻版画和半开题记、乾隆御诗及方观承诗组成。半开横 25.5 厘米，纵 22.8 厘米。图册前恭录圣祖康熙的《木棉赋并序》、呈送乾隆皇帝御览和乾隆应方观承的请求。[3] 为长久保存，方观承将《御题棉花图》镌刻于端石上，同时还增刻了《方观承恭进棉花图折》《方观承恭缴御题棉花图册折》和《方观承御题

① 肖克之：《〈金薯传习录〉版本说》，《古今农业》2000 年第 3 期，第 64–65 页

② 王永厚：《方观承及其〈棉花图〉》，《河北画报》2006 年第 12 期，第 45–46 页

③ 王芳：《从乾隆〈御题棉花图〉看棉花种植在北方的推广》，《中国历史博物馆馆刊》1987 年第 10 期，第 120–125，136 页

棉花图跋》三文。[1] 刻石共 12 块，其中 11 块长 118.5 厘米、宽 73.5 厘米、厚 14.2 厘米，1 块长 98 厘米、宽 41 厘米、厚 13.5 厘米，图为阴文线刻。

《御题棉花图》是一套记录乾隆时期我国北方，特别是直隶地区棉业情况的图谱，图示了从棉花种植、管理、采收到纺织、印染、成布的全过程，共十六幅，包括：布种、灌溉、耕畦、摘尖、采棉、炼晒、收贩、轧核、弹花、拘节、纺线、挽经、布浆、上机、织布、练染，每图配有文字说明和七言诗一首，简明扼要地说明该项技术的要求，既具观赏性又通俗易懂。

《御题棉花图》是以图为主的农书，它通过生动的画面记录并总结了 18 世纪中期以前中国棉花生产和加工利用的技艺，主题突出，细腻逼真，刻画生动，将写实性和艺术性相融合，极具审美价值。同时辅以简要的文字说明，并配有优美诗句，图文结合，引人入胜，是当时倡导和推广植棉和棉纺织技术的科普作品，也是我国仅有的棉花图谱专著，为研究中国植棉史、棉纺织史以及清代前期社会经济形态提供了重要资料，具有很高的历史价值和科学价值。

版本信息：

乾隆三十年（1765 年）七月，方观承将《御题棉花图》原本进呈，《御题棉花图》刻石留于直隶总督署。清朝灭亡后，刻石流散至保定市半亩园街两江会馆，1954 年由河北省博物馆收藏保存。后世流传均为《御题棉花图》刻石的拓本。

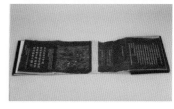

河北省博物馆藏御题棉花图刻石（局部）和御题棉花图拓片（局部）（图片来源：河北省博物馆网站 http://www.hebeimuseum.org ；中国农业博物馆网站 http://www.zgnybwg.com.cn ）

棉业图说八卷　（清）农工商部撰

农工商部是清政府于光绪三十二年（1906 年）设立的中央机构，总管全国农业、工业、商业事务。

《棉业图说》共 8 卷。卷一棉业新法图说，以介绍棉业新法为主，为全篇重点，共配图 30 余幅，内容涉及种子选择和保存、土壤辨别和整治、水肥工具、出苗后的管理、收获采摘及制棉等。卷二中国棉业成法考略，从《农桑辑要》《农政全书》《群芳谱》《授时通考》《农桑通诀》等前代农书中摘引与植棉、制棉相关的内容，是"前代历来棉业源流之实纪也"。卷三中国棉业现情

---

[1]　刘昀华，张慧：《方观承及其〈棉花图〉》，《河北画报》2006 年第 12 期，第 18–31 页

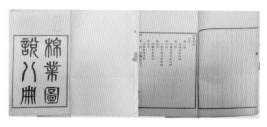

南京农业大学中华农业文明研究院藏《棉业图说》

考略，就各省产棉最佳区域和产量进行考察，为有效推行棉业改良奠定基础。卷四中国棉业集证，追溯棉花的名称和对各部分的描述，多原文引自《禹贡》《南州异物志》《木棉图谱序》《农政全书》《本草纲目》等 26 部著作。卷五至卷八分别为《美国棉业考略》《德国棉业考略》《日本棉业考略》《意大利秘鲁国棉业考略》，重点介绍国外棉业改良要领。[①]

《棉业图说》子目编排清晰；语言通俗易懂；内容主旨明确，实事求是，详略有度，数据精细；全书配图 54 幅，所绘内容直观生动。书中大力推行农业改良政策和措施，着重介绍植棉技术的改良要领，对清末棉业的发展起到积极的推动作用。

版本信息：

清宣统二年（1910 年）农工商部印刷科印本，藏于南京农业大学中华农业文明博物院、中国国家图书馆、南京图书馆等；宣统三年（1911 年）农工商部排印本，藏于西北农林科技大学农业历史研究所、中国科学院图书馆等。

烟草谱八卷 （清）陈琮撰

陈琮（1761—1823 年），字应坤，淞江府青浦县人，著有《烟草谱》《云间山史》《茸城事迹考》《夏小正注释》《锦带书笺注》《二十四节气解》等。

《烟草谱》是陈琮辑录百家之说而成，成书于嘉庆二十年（1815 年），全书共 8 卷。卷首有自序、征引书目 210 种及图 2 幅、赞 1 篇。卷一叙述烟草的来历和别名、各地烟的种类等；卷二记载烟草的栽培过程、烟叶的调制方法、烟丝的制作方法、烟的贩卖和保管、烟的使用和用具、烟的药性及烟禁、烟税等；卷三为故实，记载有关烟草的典故；卷四至卷八是有关烟草的诗词赋等。

《烟草谱》内容丰富，系统介绍了有关烟草的知识，被誉为清代烟草历史、文化总集。

版本信息：

《烟草谱》对后世影响较大，人们对它的评价很高。《烟草谱》于嘉庆二十年（1815年）刊行，流传于世的有嘉庆、道光年间刻本。南京图书馆藏有原刻本、嘉庆年间刻本（四卷）；浙江省图书馆藏有清嘉庆二十年（1815 年）刻本。

---

① 赵丹平，郭世荣：《推动清末棉业改良的〈棉业图说〉》，《内蒙古师范大学学报（自然科学汉文版）》2012 年第 3 期，第 323–327 页

七、园艺作物类文献

荔枝谱一卷　（宋）蔡襄撰

　　蔡襄（1012—1067 年），字君谟，谥号忠惠，福建兴化仙游（今福建仙游县）人。天圣八年（1030 年）登进士甲科，曾任职西京留守推官，后累官直史馆、知谏院、馆阁校勘兼起居注，历知开封、福州、泉州和杭州，终于端明殿学士，为北宋时期的名臣和文化名人。蔡襄生于福建，又多年在福建为官，因此对福建特产荔枝非常熟悉，《荔枝谱》一书就是他在嘉祐四年（1059 年）担任泉州知州时所作。

　　《荔枝谱》共 7 篇：第一篇《原本始》，叙述福建荔枝的历史、分布、生物学特性以及作此谱的原因；第二篇《标尤异》，叙述作者家乡所产的荔枝良种《陈紫》的特点；第三篇《志贾粥》，叙述福州荔枝的产销情况；第四篇《明服食》，叙述荔枝用途；第五篇《慎护养》，讲述荔枝的栽培管理之法；第六篇《时法制》，叙述贮藏加工方法；第七篇《别种类》，记载了 32 个荔枝品种及其产地、特点。

　　蔡襄《荔枝谱》是我国现存最早的荔枝专著，也是现存最早的果树栽培学专著。书中收集了大量第一手资料，详实、全面、系统地总结了当时人们对荔枝的科学认识，具有很高的学术参考价值。它的问世标志着荔枝研究进入系统化阶段，其体系结构和内容也被后世荔枝谱录相仿和引用，为相关技术的推广应用起到了重要作用。此外，该书被译成英、法、拉丁、日等文，流传于许多国家和地区，是我国影响最大的一部荔枝谱录。[①]

　　版本信息：

　　《荔枝谱》原收录于《端明集》，后来广泛流传，约有近 20 种版本。《百川学海》本（中国农业大学农史研究室、中国国家图书馆、南京图书馆等藏）；《山居杂志》本（中国国

---

① 陈季卫：《蔡襄〈荔枝谱〉研究》，《福建农业大学学报（自然科学版）》1994 年第 1 期，第 108–111 页

家图书馆、辽宁省图书馆藏）；明华氏刻本（南京图书馆藏）；《说郛》本（中国农业大学农史研究室、华南农业大学农史研究室藏）；《植物名实图考长编》本（华南农业大学农史研究室藏）；《说郛》本（华南农业大学农史研究室、中国国家图书馆、南京图书馆等藏）。

菊谱一卷 （宋）刘蒙撰

刘蒙，生卒年不详，彭城（福建仙游）人。他在自序中称，崇宁甲申（1104 年）九月作龙门之游，访问了"隐居伊水之灉，萃诸菊而植之，朝夕啸咏乎其侧"的刘元孙（伯绍），互相订论，共论述了 35 种菊花，而成《菊谱》。

《菊谱》是第一部关于菊花的专著，也是菊谱中最为著名的一部。全书有两篇序和对 35 个中原（今河南到陕西一带）菊花品种的详细介绍。作者在序中专写有"定品"一节，阐述了菊花应按照先花色而后花香和花态作为判断品种高下的标准，继而按照这个标准，将 35 种菊花排为 35 等，一一详述其别名、产地、花期、花色、瓣形、花形的特殊之处、与相似菊花品种的辨别等。有些也有叶部和茎部的描述。[①]

版本信息：

《菊谱》版本较多，华南农业大学农史研究室藏有《百川学海》（癸集，明刻本壬集）本、清顺治三年（1646 年）宛委山堂刻本、光绪六年（1880 年）山西浚文书局刊本、宣统二年（1910 年）国学扶轮社版《香艳丛书》本等。

百菊集谱六卷 （宋）史铸撰

史铸，字颜甫，号愚斋，又号山阴菊隐，北宋山阴（今浙江绍兴）人。嘉定十年（1217 年）撰有《会稽三赋增注》一卷。

《百菊集谱》成书于理宗淳祐二年至十年（1242—1250 年），是汇辑各家菊谱，加上史氏自撰的新谱以及诸书所载有关菊的故事而成，是关于菊花品种、种植栽培、故事典实、诗词文赋的集大成之作，故曰"集谱"。书中共收录宋人著录的菊花两百余品，故名"百菊"。

《百菊集谱》全书共 6 卷，补遗 1 卷。卷首有序，备述著书缘起及选材范围，卷首列举菊的品种 163 个。卷一分别辑录周师厚《洛阳花木记》中所载的菊名以及刘蒙、史正志、范成大等人所录的四个品系菊品。卷二记载嘉定六年（1213 年）沈竞《菊谱》的菊品 90 余种以及作者自己搜集到的越中品类 40 种。卷三包括种艺、杂说、方术、古今诗话、故事等部分，种艺备述温革《琐碎录》、范成大及沈庄可等人的艺菊、催花、嫁接之法，杂说、方术、古今诗话、故事则杂引汉晋唐宋诸书，辑录关于菊花的轶闻、故事等。卷五主要是

---

① 王子凡，张明姝，戴思兰：《中国古代菊花谱录存世现状及主要内容的考证》，《自然科学史研究》，2009 年第 1 期，第 77-90 页

补录胡融《图形菊谱》的摘要，其中"栽植"一目中"初种、浇灌、摘脑"三条较为珍贵[①]。卷四、卷六及后附均为咏菊诗词文赋，与农业关系不大。

《百菊集谱》是一部关于菊花的集大成之作，比陈景沂《全芳备祖》卷一二《菊花》所述详备。书中辑录周师厚、刘蒙、史正志、范成大、沈竞、胡融、沈庄可、文保雍、马揖以及作者自撰的十余种菊谱，极具文献价值。

版本信息：

《百菊集谱》有《山居杂志》本（中国国家图书馆、辽宁省图书馆藏），明刻本（甘肃省图书馆藏）以及《四库全书》本等。

糖霜谱一卷　（宋）王灼撰

王灼，字晦叔，号颐堂，小溪（今四川遂宁）人。具体生卒年不详，约生于北宋神宗元丰四年（1081 年），卒于南宋高宗绍兴三十年（1160 年）前后。绍兴年间曾任夔州安抚司、四川总领所幕职，终身不仕。王灼博学多问，娴于音律。著有《颐堂先生文集》五十九卷（现存五卷）、《碧鸡漫志》《颐堂词》等，又因家乡盛产蔗糖，制作糖冰而闻名，故作《糖霜谱》。

柳州市博物馆藏《糖霜谱》
（图片来源：《第三批国家珍贵古籍名录图录》第五册）

《糖霜谱》撰于绍兴二十四年（1154 年）前，全书 1 卷，约 2 500 字，凡分 7 篇。内容包括甘蔗产地、各地蔗糖优劣及遂宁糖霜沿革。追溯我国蔗糖源流，提出糖霜制法乃后起之论。叙述甘蔗的栽培方法并列举其品种，将宋代甘蔗栽培经验概括为"治良田，种佳蔗，利器用，谨土作"，至今仍有一定借鉴作用。书中具体记述了甘蔗生产及蔗糖生产工具，如当时榨糖主要依靠畜力（牛），用具有石蔗碾、榨槽、榨斗、榨床、枣木杵、漆盘等以及榨糖的各道工序。该书还记述了官府对蔗糖户的欺压勒索，对蔗糖的食用方法也有简要叙述。[②]

《糖霜谱》是中国乃至世界上第一部关于甘蔗生产和蔗糖制作的专著，书中涉及蔗糖生产的各个方面，充分反映了宋代糖霜业的发展盛况，对我国甘蔗栽培史及蔗糖制作技术发展史具有重要的研究价值。

---

① 方健：《南宋农业史》，人民出版社，2010 年，第 375 页
② 方健：《南宋农业史》，人民出版社，2010 年，第 368–369 页

版本信息：

《糖霜谱》今存《楝亭藏书》《四库全书》《学津讨原》《美术丛书》《丛书集成》等本，各版本同出一源，文本无甚差异。柳州市博物馆藏清乾隆内府写文津阁四库全书本，被收录于第三批国家珍贵古籍名录（编号：08485）。

橘录三卷 （宋）韩彦直撰

韩彦直（1131—? 年），字子温，延安人，抗金名将韩世忠（1090—1151 年）的长子，绍兴十七年（1147 年）举人，第二年中进士。绍兴末，累迁左朝请大夫、行光禄寺丞、兼权屯田员外郎。隆兴四年（1168 年），以司农少卿、总领淮东军马钱粮除直龙图阁、兼江西转运使；五年（1169 年）二月，总领湖北、京西军马钱粮，寻兼发运副使。六年知襄阳府、充京西南路安抚使；七年（1171 年），改鄂州驻扎御前军都统制、兼知鄂州；八年（1172 年），以右司员外郎、兼权刑部侍郎、知台州；九年（1173 年），兼工部侍郎，迁吏部侍郎；淳熙二年（1175 年），已在户部尚书任；同年岁末，兼知临安府；四年（1177 年），起知温州；六年（1179 年），以弟任两浙运判，引嫌改知泉州；后尝再任户部尚书，以光禄大夫致仕 [①]。淳熙五年（1178 年），其任职温州时，亲自调研，搜集资料，写成世界上第一部柑橘类专著——《橘录》（又名《永嘉橘录》）。

《橘录》卷首有作者"自序"一篇，阐明著书的原由。全书分上、中、下三卷，共 4 000 余字。卷上、卷中分别介绍了温州的柑类（8 种）、橘类（15 种）、橙类（5 种），共 27 个品种的由来、性状及典故，其中很多品种流传至今；卷下分为种治、始栽、培植、去病、浇灌、采摘、收藏、制治、入药 9 节，记载了柑橘的种植、栽培、贮藏、功效、病虫防治等各个方面。书中总结的"高畦垄栽"经验，在当地一直沿袭至今。

《橘录》是中国最早的一部柑橘专著，也是世界上第一部完整的柑橘栽培学著作。书中首次对柑、橘、橙、柚等芸香科常绿乔木作了科学分类，总结了有关柑橘的种植、栽培经验和药用功能，真实、正确、严肃，具有很高的历史与科学价值，对我国柑橘业的发展有较大的影响和借鉴意义，是我国宝贵的文化遗产。

《橘录》初刻之后即受到历代学者的重视，有多重版本流传，包括《百川学海》（宋刊咸淳本等）、《四库全书》《说郛》二本、《丛书集成》等本，并被《群芳谱》《全芳备祖》《云麓漫抄》《简明中国科学技术史话》《中国宋辽金夏科技史》等许多古今书籍广泛引用，从而成为我国古代柑橘的经典著作。

《橘录》还被译成英、法、日等文字传播于海外。京都大学的人文科学研究所、东京大学的东洋文化研究所就收藏有《百川学海》丛书的影印咸淳本、影印弘治本、涵芬楼《说郛》本，日本内阁图书馆收藏有《橘录》的《山居杂志》本，另外还有慈禧太后赠给美国哥伦比亚大学的《古今图书集成》本和哈佛大学的明刊《说郛》本。美国果树栽培专家

---

① 方健：《南宋农业史》，人民出版社，2010 年，第 369 页

H·S·里德在他的《植物学简史》中就肯定了《橘录》记载的整枝、防治虫害、真菌寄生控制、果实收藏等技术的先进性。

版本信息：

韩彦直《橘录》一书，《宋史·艺文志》、焦竑《国史经籍志》均著录为《永嘉橘录》。《山居杂志》丛书收入时，书名为《橘谱》。南宋陈振孙《直斋书录解题》、元初马端临《文献通考》都以《橘录》为名。宋代流传至今的刻本，有宋度宗咸淳九年（1273 年）刻本，宋代左圭《百川学海》丛书所用祖本就是咸淳刻本，《橘录》收入壬集，现藏中国国家图书馆，这是此书宋版硕果仅存之瑰宝。[①]另有《百川学海》本、《说郛》本等。

南京图书馆藏有《百川学海》本（癸集，明刻本辛集）、明刻本、光绪间《农学丛书》本等；中国国家图书馆藏有《山居杂志》本等；华南农业大学农史研究室藏有清顺治三年（1646 年）宛委山堂刻本（《说郛》卷一百五）、光绪六年（1880 年）山西浚文书局刊本（《植物名实图考长编》）等。

全芳备祖五十八卷　（宋）陈景沂撰　祝穆订正

陈景沂（1035—1112 年），名泳，号江淮肥遁，又号愚一子，台州天台平镇三宅（今浙江天台县）人。祝穆，初名丙，字和甫（父），一字伯和，号樟隐，新安（今安徽歙县），约生于淳熙（1174—1189 年）末，从学于朱熹，今存《方舆胜览》七十卷、《古今事文类聚》四集一七〇卷。

陈景沂在《全芳备祖》自序中云："自束发习雕虫，弱冠游方外。初馆西浙，继寓京庠、姑苏、金陵、两淮诸乡校，晨窗夜灯，不倦批阅。"他对植物学有着浓厚的兴趣，在数十年如一日的积累资料和考察实地之后，终于著成《全芳备祖》初稿，后经反复修改和祝穆的协助修订，于宝祐癸丑至丙辰间（1253—1256 年）得以刊行。

此书"独于花、果、草、木，尤全且备"，"所辑凡四百余门"，可谓"全芳"。但实际书中著录花果、草木类植物 120 种左右，著录果卉、草木、农桑、蔬药类植物 170 余种，合计不足 300 种。[②]书中自序又称涉及花卉、草木、果蔬等栽培植物的"事实、赋咏、乐赋，必稽其始"，故称"备祖"。

全书分为前、后两集，共 58 卷。前集 27 卷，为花部，分别记述各种花卉；后集 31 卷，分为果（9 卷）、卉（3 卷）、草（1 卷）、木（6 卷）、农桑（3 卷）、蔬（5 卷）、药（4 卷）七个部分。备述特征、形态、品种、功用、来源、演变及典故、传说。各门植物之下又各列三部分内容：一是"事实祖"，下分碎录、纪要、杂著三目，大体按成书时间先后记述古今图书中所见的各种文献资料；二是"赋咏祖"，下分五言散句、七言散句、五言散

---

① 王兴文：《韩彦直〈橘录〉及其科学价值初探》，《温州大学学报（自然科学版）》2008 年第 5 期，第 48-53 页
② 方健：《南宋农业史》，人民出版社，2010 年，第 385 页

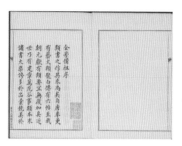

民国时期燕京大学图书馆精钞本
《全芳备祖》

联、七言散联、五言古诗、五言八句、七言八句、五言绝句、七言绝句凡十目，收集文人墨客有关的诗词歌赋；三是"乐赋祖"，收录唐宋词，各以词牌标目。后两部分收录诗词较多，具有很高的学术含量，《全宋诗》《全宋词》的编纂都从此书获益匪浅。

《全芳备祖》是宋代花谱类著作集大成性质的农书，是一部既"全"且"备"的植物学巨著，书中记录了不少人间罕见或不传的珍品，具有重要的参考价值。作为我国最早的栽培植物学类书，《全芳备祖》开启了明清《群芳谱》《广群芳谱》等大型类书的先河，是我国农学著作中具有里程碑意义的巨著。

版本信息：

《全芳备祖》宋刻本只有宝祐刻本，唯一孤本藏于日本宫内省图书馆。国内藏有多部清抄本，其中颇具特色的清初毛氏汲古阁本抄本藏于上海辞书出版社图书馆，邓邦述跋清抄本藏于上海图书馆、丁丙跋清抄本藏于南京图书馆。

菌谱一卷 （宋）陈仁玉撰

陈仁玉（1212—? 年），字德公，一字德翰，号碧栖，浙江台州仙居人。宝祐中，尝官迪功郎、史馆检阅文字；开庆元年（1259 年），赐同进士出身，以军器监丞兼国史、实录院检讨官、兼崇政殿说书；同年，兼权礼部郎官，除直秘阁、浙东提刑兼知衢州；景定元年（1260 年），加直华文阁，又擢直敷文阁。[①] 编有总集《游去编》。他在淳祐五年（1245 年），总结了家乡人民利用食用菌的经验，写成《菌谱》一书。

蕈菌，生于地上者名菌，生于木上者为蕈，自古即为食品。《菌谱》是我国历史上关于食用菌最早、最系统的专著。书中记载了宋代浙江台州（今临海县）地区所产的 11 种食用菌，包括合蕈、稠膏蕈、栗壳蕈、松蕈、竹菌、麦蕈、玉蕈、黄蕈、四季蕈、鹅膏蕈、紫蕈等，并对每种菌的产区、性味、形态、品级、生长及采摘时间等作了详细科学的记录。[②] "鹅膏蕈"一条中附录杜蕈，称误食毒菌会导致身亡，并著录一则"苦茗杂白矾，勺新水并咽之"的解菌毒方法。[③]

---

① 方健：《南宋农业史》，人民出版社，2010 年，第 383 页
② 闵宗殿：《话〈菌谱〉》，《食用菌》1980 年第 3 期，第 33–34 页
③ 方健：《南宋农业史》，人民出版社，2010 年，第 383–384 页

《菌谱》全书虽不足 1 000 字，但言简意赅，科学内容丰富，是明代潘之恒《广菌谱》和清代吴林《吴蕈谱》创作的基础，是食用菌研究方面的珍贵文献，在自然科学史上占有重要地位。①

版本信息：

《菌谱》收录于《百川学海》《说郛》《山居杂志》《四库全书》《墨海金壶》《珠丛别录》《仙居丛书》等丛书中，《广群芳谱》《授时通考》《古今图书集成》《植物名实图考长编》《仙居县志》《台州府志》等书对其也有完整或部分收录②。南京图书馆藏有《百川学海》本、明华氏本、《墨海金壶》本（子部）、《仙居丛书》本、《说郛》本等。

牡丹史四卷　（明）薛凤翔撰

薛凤翔，生卒年不详，约生活于明代万历年间，字公仪，安徽亳州（今安徽亳县）人，官至鸿胪寺少卿。其祖父和父亲均为当时名士，在亳州城郊筑有常乐园、南园，广植牡丹。薛凤翔壮年辞官退隐回乡，在继承家学的基础上，重视实践，广泛调研、博采名品进行栽培，积多年养花经验，总结牡丹的品种分类、形态特征、栽培管理心得和技术措施，并辑录历代有关牡丹的诗赋和著作，撰成《牡丹史》一书。

《牡丹史》似曾分别先以《牡丹八书》《亳州牡丹表》和《亳州牡丹史》的书名单行，而后汇集成《牡丹史》。《牡丹史》书前有明代学者琅琊焦竑、友人文学家袁中道、延陵友弟邓汝舟（张嘉孺书）、李胤华四篇序文以及作者所作《凡例》，书末有广陵友弟李犹龙所作《牡丹史跋》。③

《牡丹史》正文共 4 卷，分为"纪""表""传""外传""别传""花考""神异""方术""艺文志"十目。卷一包括本纪、表一《花之品》、表二《花之年》；书八：种一、栽二、分三、接四、浇五、养六、医七、忌八；传六：神品、名品、灵品、逸品、能品、具品及拾遗；外传：花之气、花之种、花之鉴。卷二为《别传》，包括《纪园》一篇，有常乐园、南园、东园、松竹园、宋园、杨园、乐园、凉暑园、南里园、且适园、庚园、郭氏园、方氏园、单家庄等。《风俗纪》二篇，记述亳州牡丹相关轶事。卷三包括《花考》《神异》《方术》三篇，记述关于牡丹的奇闻掌故和牡丹的性味、药用等。卷四为艺文志，辑录历代有关牡丹的诗词歌赋。④

《牡丹史》内容丰富、广泛，条例清晰，主次分明，结构严密，记述简洁，文辞典雅。书中专门记载了有关牡丹的科学技术知识，包含作者长期的实践经验，且在总结和整理牡丹栽培技术方面有所创新，对 276 种牡丹进行了分类，细致描述了 150 多个品种的形状和颜色，是中国古代记述牡丹品种最详尽的一本专著，也是现存最早的大型牡丹要籍，在中

① 芦笛：《南宋学者陈仁玉生平及著作考》，《古今农业》2010 年第 2 期，第 76–82 页
② 芦笛：《〈菌谱〉的校正》，《浙江食用菌》2010 年第 3 期，第 54–59 页
③ 潘法连：《薛凤翔及其〈亳州牡丹史〉》，《中国农史》1986 年第 4 期，第 45–53 页
④ 吴诗华：《薛凤翔与〈亳州牡丹史〉》，《中国园林》1991 年第 2 期，第 53–54 页

国牡丹园艺史上占据重要地位。

版本信息：

南京图书馆藏有明万历年间刻本，华南农业大学农史研究室藏有清光绪六年（1880年）山西浚文书局刊本等。苏州图书馆藏《亳州牡丹史》明万历刻本收录于第四批国家珍贵古籍名录（编号：10473）。

荔枝谱七卷 （明）徐𤊹撰 [①]

徐𤊹（1570—1645年），字惟起，后改字兴公，福建闽县人，工诗文，善书画，著有《蔡端明外纪》《鼓山志》《宋四家外纪》《徐氏笔精》《鳌峰集》《红雨楼集》《闽中海错补疏》等。他在蔡襄《荔枝谱》的基础上进行创新和发展，于万历二十五年（1597年）著成《荔枝谱》。

《荔枝谱》分为7卷，卷一记述闽中四郡（福州、兴化、泉州、漳州）的荔枝品种100个，其中福州41个、兴化25个、泉州21个、漳州13个，包括荔枝的品名来由、果实特色、成熟时期、产地分布等丰富而翔实的内容；卷二分为"种、培、啖、晒、焙、煎、浆"七篇，介绍荔枝的种植、果实的贮藏、加工和啖食等各项技术；卷三至卷七收集了有关荔枝的典故、诗文等文献资料。

徐𤊹的《荔枝谱》是我国记述荔枝最详细的一部，也是明清各种荔枝谱录的代表之作，为研究荔枝史提供了重要参考资料。

版本信息：

本谱的最早版本是屠本畯万历丁酉（1597年）刻《闽中荔枝通谱》本，收录蔡、徐二谱8卷，现已无全卷，仅日本东京国会图书馆藏有六卷，山东省图书馆藏有5卷，华南农业大学农史室藏有4卷。此外，还有邓庆寀《闽中荔枝通谱》《说郛续》卷第41、《古今图书集成·博物汇编·草木典·荔枝部汇考二》《中国农学遗产选集·常绿果树》《生活与博物丛书·花卉果木编》等版本。

二如亭群芳谱二十八卷 （明）王象晋撰

王象晋（1561—1653年），字荩臣、子进，又字三晋，一字康候，号康宇，自号名农居士，桓台新城（今属山东）人，农学家、文学家。万历三十二年（1604年）进士，官至浙江右布政使，他乐于助人，爱国爱民，关心国计民生，但因得罪当朝权贵，仕途坎坷。万历三十五年至天启七年（1607—1627年），王象晋在家乡经营园圃，种植各种蔬果、花卉，积累了丰富的农业生产实践经验，并广泛收集农业古籍，以10多年时间编成《二如亭群芳谱》。

---

① 彭世奖：《历代荔枝谱述评》，《古今农业》2009年第2期，第107-112页

《二如亭群芳谱》，又名《群芳谱》，初刻于明天启元年（1621 年），全书 28 卷（有些版本为 30 卷），共 40 余万字，包括谷谱、蔬谱、茶谱、竹谱、桑麻葛谱、棉谱、木谱、花谱、卉谱、鹤鱼谱等 12 部分，汇集了 17 世纪初期以前中国农艺和植物学的重要资料。该书体例沿自《全芳备祖》，但收载植物种类和内容远在其上。全书共记载植物达 400 余种，详细介绍了植物的名称、品种、植物学形态、生物学特性、生长环境、种植技术和用途等，是一部论述农作物生产的巨著。书中记载了明代栽培的重要经济植物种类，扩大了对中国应用经济植物种类的认识，因此，该书也是明代后期重要的经济植物学专著。

版本信息：

中国农业大学农史研究室等藏有明木刻本 20 册；南京农业大学中华农业文明研究院等藏有明天启元年（1612 年）刻本 14 册和明毛晋汲古阁刻本；另有明沙村草堂印本、明崇祯年间刻本、明刻本、清虎丘礼宗书院刻本、书业古讲堂本等。

南京农业大学中华农业文明研究院藏《二如亭群芳谱》

花镜六卷　（清）陈淏子撰

陈淏子（1615—1703 年），字扶摇，自号西湖花隐翁，浙江杭县钱塘（今杭州）人。早年科举失第后，居家以读书、园艺自娱，明亡后，隐居杭州以花木栽培兼授徒为业。[1] 作者自称："余生无所好，惟嗜书与花。年来虚度二万八千日，大半沉酣于断简残编，半驰情于园林花鸟。……枕有密函，所载花径、药谱。世多笑余花癖，兼号书痴。"据此推测，陈淏子于 77 岁时完成《花镜》。[2]

《花镜》，又名《秘传花镜》，由善成堂刊刻出版于康熙二十七年（1688 年），是清初最早的一种花谱，也是中国较早的一部园艺学专著。全书共 6 卷，约 11 万余字。卷一《花历新栽》，为栽花月历，依照农家月令体裁，记述各种观赏植物栽培的逐月行事项目，按分栽、移植、扦插、接换、压条、下种、收种、浇灌、培壅、整顿 10 个项目依次列出，并记述花木、鸟虫的物候期。卷二《课花十八法》，为栽培综论，总结古代文献和

《花镜》（图片来源：中国农业博物馆网站 http://www.zgnybwg.com.cn）

---

① 潘吉星：《陈淏子的〈花镜〉及其在日本的传播》，《情报学刊》1992 年第 4 期，第 315–316，318 页

② 周肇基：《中国古典园艺植物学名著〈花镜〉》，《古今农业》1990 年第 2 期，第 38–44 页

民众经验，并融汇作者本人的实践心得，论述种植、分栽、移植、播种、扦插、嫁接、收种、浇灌、治虫、插瓶、盆景、修剪、培壅、室内陈设等观赏植物栽培原理和管理方法，内容丰富，是全书的精华。卷三至卷六属栽培各论，分别为《花木类考》《藤蔓类考》《花果类考》《花草类考》，述及 352 种植物的名称、形态、品种类别、繁殖方法、分布地区、栽种要领、观赏特性、用途及栽培历史等。卷六还附录《禽兽鳞虫考》，简要记述了 45 种禽兽虫鱼的种类、形态、习性及饲养管理法。书中还附有 324 幅插图，图文并茂的总结了古人对观赏植物及果树的栽培经验及成果，并在此基础上进一步发展和提高，具有较高的学术价值。

《花镜》记述和总结了江南一带庭园花卉种类及种植技艺，文字简洁、流畅，内容充实，技术性强，便于实际应用，所记各种花木的栽培管理方法和秘诀至今仍有很高的参考价值。书中发展了观赏植物的分类和观察方法，精辟论述了植物遗传性、变异性及其原理，总结了嫁接机理和园艺植物微量元素施肥法，极具研究意义。自出版以来，《花镜》获得了极高评价。清代学者丁澎称，"唐人王方庆作《园林草木疏》、宋人吴仁杰撰《离骚草木疏》，犹憾其未详尽，且未及禽、鱼为见事。《群芳谱》诗文极富，而略种植之方，今陈淏子所纂《花镜》一书，先花、木而次及飞、走，一切艺植，驯饲之法，具载是编，其亦昔人禽经，花谱之遗意欤？吾知其事虽细，必可传也。"清代学者张国泰评价："将见是编一出，习家之池馆益奇，金谷之亭园各矣。百卉争暄，别饶花药，繁葩竞露，倍结英华。"① 此外，书中还总结了中国传统庭园艺术，因此被称为"我国旧有庭园花卉艺术的一部典范书"。②

这部标志着中国观赏园艺植物学诞生的著作不仅在国内影响深远，而且蜚声海外。据《日本博物学史》记载，康熙五十八年至乾隆十九年（1719—1754 年），先后有三批共 14 部《花镜》由日本商船自南京运达长崎，但仍无法满足日本植物学界和园艺学爱好者的需求，因此，日本学者将《花镜》加注训读后重刻出版。李约瑟将《花镜》著者陈淏子称为中国的园艺家。③

版本信息：

《花镜》自问世后，曾多次再版，约有十余种中外不同版本，计有《秘传花镜》《园林花镜》《绘图园林花镜》《百花栽培秘诀》《群芳花镜全书》等名称。国内现存版本主要有善成堂镌木刻本（康熙二十七年，1688 年初版），文德堂木刻本（乾隆年间），同治四年本（1865 年），日本花说堂重刻本（日本安永二年，1773 年）等。④

清康熙二十七年（1688 年）刻本（中国农业大学农史研究室、中国国家图书馆、南京图书馆等藏）；乾隆年间两仪堂刻印本（华南农业大学农史研究室藏）；乾隆四十八年（1783 年）文德堂刻印本（华南农业大学农史研究室、中国国家图书馆藏）等。

① 沈雨梧：《论陈淏子的〈花镜〉》，《浙江师范大学学报（社会科学版）》2010 年第 4 期，第 49–53 页
② 周肇基：《中国古典园艺植物学名著〈花镜〉》，《古今农业》1990 年第 2 期，第 38–44 页
③ 李约瑟：《中国科学技术史：第三卷》，科学出版社，1978 年，第 346 页
④ 周肇基：《中国古典园艺植物学名著〈花镜〉》，《古今农业》1990 年第 2 期，第 38–44 页

植物名实图考三十八卷　（清）吴其濬撰

吴其濬（1789—1847 年），字季深，一字瀹斋，号雩娄农，别号吉兰，河南固始人，清代官员、科学家。著有《植物名实图考长编》《植物名实图考》《滇行纪程集》《滇南矿厂图略》《治淮上游论》等著作，研究内容涉及植物学、矿物学、农田水利等。他潜心研究历代本草和植物学文献，编著 89 万字的《植物名实图考长编》。他借公务调动之便，采集 19 个省区的植物标本，并绘制成图，完成植物学巨著《植物名实图考》。

《植物名实图考》刊刻于道光二十八年（1848 年）。全书约 71 万字，记述植物 12 大类，共计 1 714 种，包括谷类 52 种、蔬菜类 176 种、山草类 201 种、隰草类 284 种、石草类 108 种、水草类 27 种、蔓草类 257 种、毒草类 33 种、芳草类 60 种、群芳类 142 种、果类 102 种、木类 272 种，是我国历史上收载植物种类最多的著作。[①] 书中详细叙述了每种植物的外形、颜色、性味、用途、产地及生态环境，且每种植物均配有绘制精确的插图。德国学者布瑞斯纳德（Bretschneider E.）在其所著《中国植物学文献评论》（1870 年）中认为，"欧美植物学者研究中国植物必须读一读《植物名实图考》"；日本伊藤圭介在再越十三年（1883 年）初次重刻《植物名实图考》的序言中说，"辨论精博，综古今众说，析异同，纠纰缪，皆凿凿有据，图写亦甚备，至其疑似难辨者，尤极详细精密"。[②]

《植物名实图考》可以说是中国传统植物学的最高峰，它突破了历代本草收载动物、植物、矿物、水、火等的模式，只收载植物，从而成为中国历史上继《南方草木状》《救荒本草》之后的又一部真正的植物学专著。该书不仅继承和发展了前人在本草学、植物学方面的研究成果，而且为农业、林业、园艺、医药等方面的研究提供了大量详实资料，在中国乃至世界植物学上具有重要地位。

版本信息：

《植物名实图考》在作者逝世后的第二年，由陆应谷代为刻印。该书有多种版本，主要包括道光二十八年（1848 年）刻本，藏于黑龙江省图书馆、南京图书馆等；光绪六年（1880 年）山西浚文书局刻本，内容与初刻本完全相同，藏于西北农林科技大学农业历史研究所、华南农业大学农史研究室等。

---

① 徐萍：《吴其濬的学风与〈植物名实图考〉》，《古今农业》1989 年第 2 期，第 76–78 页
② 周肇基：《图文并茂的〈植物名实图考〉》，《植物杂志》1991 年第 2 期，第 46–47 页

八、竹木茶类文献

竹谱一卷 （晋）戴凯之撰

戴凯之，字庆豫（或"预"），湖北武昌（今湖北鄂州）人，刘宋时期诗人、植物学家，曾担任参军及南康相等官职。

《竹谱》是中国最早的一部竹类植物专著，也是我国现知的第一部专科植物学著作。全书以四言韵语记述竹子的种类、形状、产地和用途，用词质朴典雅。关于所载竹子种类，徐坚《初学记·果木部》、施宿《会稽志·草部》均载"戴凯之《竹谱》曰竹之别类有六十一焉"，[①] 唐段成式《西阳杂俎·木篇》称"《竹谱》竹类有三十九"，[②]《格致镜原》卷六十七载"晋戴凯之《谱》五十余种"，文渊阁《四库全书》的提要称"今本乃七十余种"。[③④] 但因历史原因，原书有所散佚。据今人统计，《竹谱》中共介绍了 42 种竹类植物。[⑤]

《竹谱》全文虽只有 3 000 余字，但引用前代典籍近 30 种，具有丰富的史料价值。该书一经问世，即被视作竹类方面的权威著作。宋代赞宁在《笋谱》中抄录《竹谱》多处内容，明代王象晋《群芳谱》更将《竹谱》正文全数收入。《竹谱》中对竹类生长习性和用途做了集中且详尽的记载，极具现实意义，至今仍是竹类研究的重要参考资料。[⑥]

---

① 徐坚：《初学记》，中华书局，1962 年第 694 页；施宿：《会稽志》，《宋元方志丛刊·嘉泰会稽志》，第 7072 页

② 段成式：《西阳杂俎》，方南生点校，中华书局，1982 年第 172 页

③ 文渊阁《四库全书·子部·谱录类·竹谱》，台湾：商务印书馆，845 册 172 页

④ 李静：《戴凯之〈竹谱〉研究》，西南交通大学，2011 年，第 12 页

⑤ 王利华：《古代〈竹谱〉三种考证与评介》，《中国农史》2012 年第 4 期，第 8–17 页

⑥ 王建：《世界第一部竹类专著——〈竹谱〉》，《古籍整理研究学刊》1992 年第 1 期，第 25–28 页

版本信息：

在《隋书·经籍志》中归为谱系类，与《世本王侯大夫谱》《百家谱》等同为一类。《旧唐书·经籍志》《新唐书·艺文志》将其载入农家类。而后，《百川学海》《郡斋读书志》《说郛》《山居杂志》《文房奇书》《汉魏丛书》《龙威秘书》《湖北先正遗书》《五朝小说》都收录有这部竹谱。清代修《四库全书》将其归入子部谱录类鸟木鱼虫之属。[①]

《百川学海本·癸集》（明刻本辛集）藏于中国农业大学农史研究室、中国国家图书馆、南京图书馆等，《山居杂志》本藏于中国国家图书馆、辽宁省图书馆，《五朝小说》本（第十二册）藏于南京图书馆，明万历二十年（1592 年）《广汉魏丛书》刻印本藏于华南农业大学农史研究室，清顺治三年（1646 年）宛委山堂刻本（《说郛》卷一百五）藏于中国农业大学农史研究室、中国国家图书馆、南京图书馆等，乾隆五十九年（1794 年）大酉山房刻《龙威秘书》本藏于西北农林科技大学农业历史研究室、中国农业大学农史研究室、中国国家图书馆、南京图书馆等。

笋谱一卷（又二卷）（宋）赞宁撰

赞宁（919—1001 年），[②] 宋代僧人，俗姓高，吴兴德清（今浙江湖州）人，出家于杭州祥符寺（即龙兴寺），宋徽宗崇宁四年（1105 年）加谥为"圆明大师"。

《笋谱》约成书于开宝四年至太平兴国三年（971—978 年），[③] 全书 1 卷，约 1 万字，体例仿造陆羽《茶经》，共分五目。"一之名"，列举笋的别名，并记载竹的种植方法及注意事项等；"二之出"，记载笋的名称、形态特征、生长特性、产地、出笋时间等；"三之食"，介绍各类笋的性味、补益及调治、加工保藏方法；"四之事"，论述历代文人和文献中述及笋的文句或事件；"五之杂说"，叙述有关笋的俚俗、谚语等。

《笋谱》是我国历史上第一部关于笋类的专著。该书以事实为依据，注重对文献记载的考证，书中列述竹种近百个，远超戴凯之《竹谱》，注重竹笋的食用价值，详细讨论了竹笋采掘、煮食、贮藏方法的技术要领和注意事项，较为全面地总结了笋的植物学知识，极具科学价值。[④]

版本信息：

《百川学海》本（壬集，明刻本辛集），藏于中国农业大学农史研究室、中国国家图书馆、南京图书馆等；《唐宋丛书》本（载籍），藏于中国国家图书馆、首都图书馆等；《山居杂志》本，藏于中国国家图书馆、辽宁省图书馆；明华氏刻本，藏于南京图书馆；同治十三年（1874 年）南海伍氏刻本，藏于华南农业大学农史研究室；光绪五年（1879 年）归安陆氏刻印本，藏于华南农业大学农史研究室以及多种民国时期刻本。

---

① 王汐牟：《历代竹谱考论及其历史价值》，《古籍整理研究学刊》2013 年第 3 期，第 88-95 页
② 徐春琴：《赞宁〈笋谱〉研究》，华东师范大学，2010 年，第 2 页
③ 徐春琴：《赞宁〈笋谱〉研究》，华东师范大学，2010 年，第 8 页
④ 王利华：《古代〈竹谱〉三种考证与评介》，《中国农史》2012 年第 4 期，第 8-17 页

桐谱一卷 （宋）陈翥撰

陈翥（982—1061年），字凤翔，又名子翔，号虚斋，人称闭户先生、荆台居士，自称铜陵逸民、咸聱子、桐竹君，池州府铜陵（今安徽铜陵）人，北宋学者、林业科学专家。66岁时，陈翥亲自垦地种植桐树，并广泛调查和总结民间经验，著成泡桐专著《桐谱》一书。

《桐谱》正文共1卷，分为叙源、类属、种植、所宜、所出、所斫、器用、杂说、记志、诗赋十篇，系统、全面地总结了北宋及其以前的有关桐树种植和利用的经验，在"记志第九"中载有自著《西山植桐记》和《西山桐竹志》。

《桐谱》是我国乃至世界上第一部论述泡桐的科学专著，也是现存古农书中唯一一本桐树专著，在林业史上占据突出地位。书中对桐树做了比较详细的科学分类，阐明其特征、分布、生物学特性，并总结了栽培经验、技术措施、材质利用和医药价值等，极具科学价值。该书自问世以来，一直被视为古代桐树科学的经典著作，李时珍《本草纲目》、方以智《通雅》、王象晋《群芳谱》、吴其濬《植物名实图考长编》等著作都曾对《桐谱》内容进行参考、引录，充分反映了该书在中国古代桐树研究上的光辉成就。[①]

版本信息：

《桐谱》版本主要有《唐宋丛书》本（载籍）（中国国家图书馆、陕西省图书馆等藏）、宛委山堂刻本（华南农业大学农史研究室藏）、清初抄本（中国国家图书馆藏）、《说郛》本（卷一百五）（中国农业大学农史研究室、中国国家图书馆、南京图书馆等藏）、《适园丛书》本（第十二集）（华南农业大学农史研究室、中国国家图书馆等藏）。

茶经三卷 （唐）陆羽撰

陆羽（733—804年），一名疾，字鸿渐，又字季疵，号竟陵子、桑苎翁、东冈子、茶山御史等，复州竟陵县（今湖北天门）人。至德初年（756年），因避安史之乱移居江南，上元初隐居苕溪（今浙江湖州）草堂，著书多种，以《茶经》最为著名。陆羽也因著《茶经》而闻名于世，被誉为茶圣、茶仙、茶神。

《茶经》初稿约完成于上元初年（760年），此后历经近20年的持续修订，至建中元年（780年）付梓。《茶经》共分3卷，10部分，全文约7 000余字。卷上"一之源"，论证茶树的起源、名称、性状以及茶叶品质与土壤环境的关系，并简述茶的保健功能等；"二之具"，罗列茶叶采制所用的工具，详细介绍了唐代采制饼茶所需的十九种工具名称、规格和使用方法；"三之造"，介绍饼茶采制工艺，成茶外貌、等级和鉴别方法。卷中"四之器"，介绍煎茶饮茶所用的器具，详细叙述了茶具的名称、形状、材质、规格、制作方法和用途

---

① 潘法连：《陈翥〈桐谱〉的成就及其贡献》，《古今农业》1991年第1期，第26-27页

等，在列举茶具的同时也制定了饮茶的规矩和品鉴标准，并对各地茶具优劣进行比较。卷下"五之煮"，记载唐代煎茶方法，包括烤茶方法、茶汤调制、煎茶燃料、用水、火候等；"六之饮"，记载饮茶习俗，叙述饮茶风尚的起源、传播和饮茶方法，并指出当时茶有"粗茶、散茶、末茶、饼茶"等类型；"七之事"，汇辑陆羽之前有关茶的历史资料、传说、掌故、诗文、药方等，其中引用了魏朝张揖《广雅》的记载，"荆、巴间采叶作饼……欲煮茗饮，先炙令赤色，捣末置瓷器中，以汤浇覆之，用葱、姜、橘子芼之"，为了解唐以前制茶、饮茶方法提供了依据；"八之出"，将唐代全国茶叶生产区域划分成八大茶区，列举各产地及所产茶叶的品质优劣；"九之略"，论述在实际情形下，茶叶加工和品饮的程序和器具可因条件而异；"十之图"，将上述九章内容绘在绢素上，悬于茶室，使得品茶时可以亲眼领略《茶经》内容。

《茶经》对迄至唐代的中国茶叶历史、产地、栽培、采摘、制造、煎煮、饮用、器具、功效以及茶事等都做了扼要的阐述，囊括了茶叶从物质到文化、从技术到历史的各个方面。其中与农业有关的部分，如种植茶树最适宜的土壤、采摘时期、采茶时对天气和叶质的要求、制茶杀青的方法等，都合乎科学道理，有些原理尚为现代制茶工业所广泛应用。

《茶经》是中国乃至世界现存最早、最完整、最全面介绍茶的第一部专著。唐代皮日休评价陆羽和《茶经》的功绩时称，"茶事，竟陵子陆季疵言之详矣"。《新唐书》称《茶经》一出而"天下益知饮茶矣"。宋代陈师道在《茶经序》中写道："茶之者书自羽始，其用于世亦自羽始，羽诚有功于茶者也。"《茶经》的问世不但总结了古代饮茶的经验，归纳了茶事的特质，而且奠定了中国古典茶学的基本构架和茶道的规矩，构建了较为完整的茶学体系，对后世茶叶著作极具参考价值，而且极大推动了唐代以后中国的茶叶生产和饮茶文化在国内外的传播，促进了中国与周边民族和世界各国经济、文化的交往，是享誉世界的"茶叶百科全书"。

版本信息：

《茶经》流传极广，版本较多，约有 50 余种，主要包括《百川学海》本（壬集明刻本辛集），藏于中国农业大学农史研究室、华南农业大学农史研究室、中国国家图书馆、南京图书馆等；明万历年间程福生刻本，藏于中国国家图书馆、福建省图书馆；万历年间孙大绶刻本（附水辨、茶具图赞、茶经外集），藏于南京图书馆；以及《唐宋丛书》本，《五朝小说》本，《格致丛书》本，《茶书全集》本和清代至民国间的多种刊本。

茶录二卷 （宋）蔡襄撰

蔡襄（1012—1067 年），字君谟，号莆阳居士，又称蔡端明，谥号忠惠，兴化仙游（今福建仙游）人。宋仁宗天圣八年（1030 年）举进士，累官龙图阁直学士、翰林学士、三司使、端明殿学士，北宋时期著名政治家、文学家、书法家，为"宋四大家"之一。他在任福建转运使（1041—1048 年）期间，负责监制北苑贡茶，积累了丰富的经验。他以"陆羽《茶经》不第建安之品，丁谓《茶图》独论采造之本，至于烹试，曾未有闻"（《茶录》前

上海图书馆藏蔡襄《茶录》
（图片来源：上海图书馆网站
http://www.library.sh.cn）

序）为由，写就《茶录》二篇。

《茶录》成书于皇祐年间（1049—1053年），后草稿遭窃，辗转被人勒刻，直至治平元年（1064年），蔡襄经过修订，亲自书写刻石，成为定本。全书正文分为上、下两篇：上篇论茶，分为色、香、味、藏茶、炙茶、碾茶、罗茶、候汤、熁盏、点茶十目，主要论述茶汤品质、烹饮、贮藏和点茶方法；下篇论茶器，分为茶焙、茶笼、砧椎、茶钤、茶碾、茶罗、茶盏、茶匙、汤瓶九目，主要论述藏茶和烹茶时所用的各种器具。

《茶录》全面论述了建安团茶的相关内容，是宋代乃至中国茶史上重要的茶学专著，书中对饮茶艺术应立足于"色、香、味"有精到的分析，记载的点茶、斗茶以及茶器的使用，为宋代饮茶艺术化奠定了理论基础。可以说，《茶录》是继陆羽《茶经》之后最有影响的论茶专著。

版本信息：

《茶录》除收入蔡襄的《端明集》卷三十五（《四库全书珍本四集》二三六）之外，还有《百川学海》本（壬集，明刻本辛集），《格致丛书》本，《五朝小说》本（第七十七册），《茶书全集》本（第二册）等。

北宋治平元年（1064年）刻石，宋拓本，翁方纲、蔡之定、林则徐题跋，张子唯、李鸿裔、吴湖帆观款，被收录于第四批国家珍贵古籍名录（编号：10021），现藏于上海图书馆。

大观茶论 （宋）赵佶（存疑）撰

赵佶（1082—1135年），宋神宗第十一子，是北宋第八位皇帝，庙号徽宗。赵佶多才多艺，不但擅长书画，而且精于艺术鉴赏。他对饮茶艺术精益求精，亲自操持饮茶程序，发展出一套上层社会雅致的饮茶之道，曾多次为臣下点茶，示范茶艺，并著成《茶论》。熊蕃《宣和北苑贡茶录》记载，"至大观初，今上亲制《茶论》二十篇"；南宋晁公武《郡斋读书志》著录，"《圣宋茶录》一卷，右徽宗御制"，可见该书原名《茶录》，明初陶宗仪《说郛》收录该书全文时，因其著于大观年间（1107—1110年），故改称《大观茶论》。《古今图书集成》收录此书，沿用此名，遂后世通称《大观茶论》。

《大观茶论》是世界上唯一一部由在位皇帝撰写的茶学专著。全书正文共20篇，2 800余字，分为地产、天时、采择、蒸压、制造、鉴辨、白茶、罗碾、盏、筅、瓶、杓、水、点、味、香、色、藏焙、品名、外焙。书中对北宋时期蒸青团茶的产地、采制、烹试、品质、斗茶风尚等均有详细记述。其中，"点茶"一篇充满了实践经验和心得体会，见解精辟，论述深刻，反映了北宋以来中国茶业的发达程度和制茶技术的发展状况，也为我们认识宋代茶道留下了珍贵的文献资料，被誉为"代表宋代茶道的名著"。

《大观茶论》对日本茶道影响很大，据福田宗位氏说，"日本茶道中搅拌末茶以泡茶的方法，其根源可于《大观茶论》中看到"。[①]

版本信息：

《大观茶论》有清顺治三年（1646 年）宛委山堂《说郛》（卷九十三）丛书刻印本（中国农业大学农史研究室、中国国家图书馆、南京图书馆等藏），民国商务印书馆《说郛》本（中国农业大学农史研究室、西北农林科技大学农业历史研究所藏），涵芬楼《说郛》本（卷五十二）（华南农业大学农史研究室、中国国家图书馆、南京图书馆等藏）。

茶疏一卷　（明）许次纾撰

许次纾（1549—1604 年），字然明，号南华，钱塘（今浙江杭州）人，明代学者，诗文创作丰富，但大多失传，仅《茶疏》传世。

《茶疏》又名《许然明茶疏》《然明茶疏》，成书于万历二十五年（1597 年），前有姚绍宪、许世奇二序，后有作者自跋。正文约 4 700 字，分为产茶、今古制法、采摘、炒茶、岕中制法、收藏、置顿、取用、包裹、日用置顿、择水、贮水、舀水、煮水器、火候、烹点、秤量、汤候、瓯注、荡涤、饮啜、论客、茶所、洗茶、童子、饮时、宜辍、不宜用、不宜近、良友、出游、权宜、虎林水、宜节、辩讹、考本等三十六则，对茶树生长环境、茶叶炒制和贮藏方法、烹茶用具和技巧、品茶方法及相关事项等做了详尽论述。

明代后期，辑集类茶书盛行，而《茶疏》则以总结整理茶事经验为宗旨，集明代茶学之大成，此外还吸收了当时江浙一带特别是姚绍宪等一批精于茶事者的宝贵经验，具有珍贵的史料价值和文化价值，是一部杰出的综合性茶史著作，被青木正儿称赞为"明代茶书中最为完备的著作"，并以日文出版。

版本信息：

明万历三十五年（1607 年）刻本，藏于辽宁省图书馆；《广百川学海》本（癸集），藏于中国国家图书馆、南京图书馆等；《茶书全集》本（第八册），藏于南京图书馆；《居家必备》清刻本和《锦囊小史》本藏于中国国家图书馆；清顺治三年（1646 年）宛委山堂《说郛》本，藏于中国农业大学农史研究室、华南农业大学农史研究室。

---

① 转引自：天野元之助《中国古农书考》，农业出版社，1992 年，第 78 页

茶解一卷　（明）罗廪撰

罗廪，字高君，明嘉万时慈溪（今浙江慈溪）人，事迹不详。屠本畯在《茶解·序》中称其"读书中隐山"，罗廪在《茶解·总论》中亦提到"余自儿时性喜茶"，后"乃产茶之地，采其法制，参互考订，深有所会，遂于中隐山阳栽植培灌，兹且十年"。

《茶解》是罗廪在山居十年之中，亲自实践并潜心验证、总结丰富经验之后，约于万历三十七年（1609年）前后撰写而成。全书共3 000余字，前为总论，下分原、品、艺、采、制、藏、烹、水、禁、器等10目，较为全面地阐述了茶的产地、色香味、茶树栽培、茶叶采摘、制茶方法、贮藏、烹饮方法、煎茶用水、禁忌事项以及采制和品饮器具等多方面内容。

《茶解》是研究明代及以前茶史的重要著作，《中国历代茶书汇编校注本》评价其为明代后期乃至整个明清时期，中国古代茶书或传统茶学有关茶叶生产和烹饮技艺最为"论审而确""词简而核"，且较为全面反映和代表当时实际水平的一部茶书，是仅次于陆羽《茶经》的重要茶叶专著。

版本信息：

南京图书馆藏有《茶书全集》本（第九册）和清顺治四年（1647年）宛委山堂刻本（《说郛续》卷三十七）。

九、畜牧兽医类文献

司牧安骥集五卷　（唐）李石撰

李石（？—845 年），字中玉，元和十三年（818 年）进士，曾任尚书右仆射，唐文宗年间宰相。一般认为，《司牧安骥集》是李石在开成三年（838 年）前后任行军司马时，收集当时医治马病的重要资料汇编而成。

《司牧安骥集》，又名《安骥集》，是中国现存最古老的一部兽医学专著，也是我国最早的一部兽医学教科书。《宋史·艺文志》医书类始有《司牧安骥集》3 卷，又有《司牧安骥方》1 卷，其卷数与刘齐所刊 4 卷相同。南宋以后增添了北宋和金元的作品，成为医 6 卷，方 2 卷，共 8 卷本。元代书目中记载本书有 8 卷本和 4 卷本两种。书中对中兽医学的理法方药等均有较全面的论述，内容翔实丰富，是古代中兽医学的瑰宝和经典著作。卷一收有《相良马图》《相良马论》《相良马宝金篇》以及《伯乐针经》《王良百一歌》和《伯乐画烙图歌诀》等文献。卷二有《马师皇五脏论》《马师皇八邪论》《起卧入手论》《造文八十一难经》和《看马五脏变动形相七十二大病》等篇。卷三收《天主置三十六黄病源歌》《岐伯疮肿病源论》《三十六起卧图歌》。卷四选录了治骡马通用的经验效方 25 类，药方 143 个。

《司牧安骥集》的学术思想和医疗成就影响深远，元明清的兽医著作中多选录此书的部分内容，也有对此书的部分篇章加以延展。特别在中兽医基础理论方面，由唐到民国的 1 000 多年间，都是以此书内容为基础，如元代的《痊骥通玄论》即是对《安骥集》进行补充、注释并辑录而成的专著。此外，日本也有日文译本《假名安骥集》流传。①

---

① 邹介正：《〈司牧安骥集〉的学术成就和影响》，《中国农史》1992 年第 3 期，第 116−119 页

版本信息：

《安骥集》在唐代成书以后，不久散佚，现在所知最早的新刊本是刘齐阜昌五年（1134年）刻本，但未题著者和写作年代。此书在元代刊刻时有所增补改编，明代则出现了不同卷数的《安骥集》。现存最好的版本是藏在南京图书馆的明弘治十七年（1504年）重刻本，但只残留五卷。《续修四库全书》第1030册所收《司牧安骥集》便是据此刻本影印。其实世间还存有一部更好的版本，即明弘治十七年（1504年）重刊本的《新刊校正安骥集》八卷（与上同），原先也藏在南京图书馆，在南京解放前被运了出去，此后便不得而见。[①]

明弘治十七年（1504年）杨一清刻本，丁丙跋，收录于第一批国家珍贵古籍名录（编号：01782），现藏于南京图书馆。

痊骥通玄论六卷 （元）卞宝撰

据《百川书志》《四库总目》和《马书·痊骥通玄三十九论》等题"东原兽医卞管勾集注"推测，撰者卞宝为东原人（约位于今甘肃宁县、泾川县和陕西长武县交界处），曾任"管勾"之职[②]。他将自己对《司牧安骥集》的补充和注释有选择的进行辑录，著成《痊骥通玄论》。

《痊骥通玄论》，成书于元代，原名《司牧马经痊骥通玄论》，清代为避玄烨（康熙）之讳而改名为《马经通元方论》。全书共6卷，内容包括"三十九论"和"四十六说"两部分。"三十九论"中，第一至二十六论是卞宝逐句注释《司牧安骥集·起卧入手歌》的全部内容；第二十八至三十三论是注释《司牧安骥集·三十六起卧病源歌》中关于马结症的论述，对直肠入手诊断和治疗结粪引起的马疝痛病有较深的认识；第三十四至三十六论是论述三种眼病；三十七论说明病危临死前的五十四种病候；三十八论讲述跛行病的诊断要点；三十九论讲述三种咽喉疾病的区分、诊断和急救方法。"四十六说"中，第一至十五说论述五脏的生理病理和病证表现；第十六至二十五说是注释"十毒症"的病因和疗法；第二十六至四十六说主要是解释脏腑经络和脉诊，以及针治泻、神圣工巧四诊等名词的来源和含义。

1959年，崔涤僧氏在明代杨时乔《马书》收录的"三十九论"和"四十六说"的基础上对《痊骥通玄论》进行校订，并增补了长安阎氏家藏本《全骥通玄论注解汤头》，以《校正增补全骥通玄论》为名，由甘肃人民出版社出版。现在常用的即是此版本。"汤头"部分收载药方113个，有理有法，极具实用价值。[③]

《痊骥通玄论》是我国现存成书于元代的唯一一部兽医学专著，也是现存兽医类古籍中较早的一部医马专著，与《司牧安骥集》《元亨疗马集》并称为中兽医学三大著作，在中

① 许起山：《1949年以来〈司牧安骥集〉研究述评》，《中兽医学杂志》2013年第5期，第46–50页

② 和文龙：《〈痊骥通玄论〉著者版本考》，《中国农史》1986年第4期，第107–110页

③ 于船，张克家：《略论元著〈痊骥通玄论〉》，《中兽医医药杂志》1988年第4期，第54–55页

兽医发展史上起有承前启后的作用。该书在明代屡经刊刻，长期被用作兽医学教材，在中兽医学发展史上占据重要地位。书中所载的兽医技术具有较高的学术价值，其中对马结症（现代兽医称其为肠阻塞和胃食滞）的"暗藏七结"分类方法和"入手破结"等诊治经验对后世影响深远，凡是关于直肠检查和结症治疗，必然会提及此书的作者卞宝，因此"卞宝起卧入手论"也成了中兽医诊疗马结症的代名词。[①]

版本信息：

《痊骥通玄论》，在明代广为流传，屡经刊刻、传抄，但无完整刻本传世。现存正德元年（1506 年）杨一清于平凉的重刻本，嘉靖二十六年（1547 年）杨时中于平凉的重修本以及陕西泾阳薛福财、陕西西安贾斌、陕西西安简随德等家藏传抄本。[②]南京农业大学中国农业遗产研究室藏有明《永乐大典》本《痊骥集》。

元亨疗马集　（明）喻本元　喻本亨撰

喻仁，字本元，号曲川；喻杰，字本亨，号月川，嘉靖至万历年间（1522—1620 年）六安州（今安徽六安）人，明代杰出的畜牧兽医科学家。喻氏兄弟自幼从事兽医工作，在长期临床实践的基础上，广泛发掘、整理我国历代兽医典籍，收集民间技术，综合前人成果，著成《元亨疗马集》一书。

《元亨疗马集》，又名《元亨疗马牛驼经集》，俗称《牛马经》，始著述于嘉靖二十六年（1547 年）前，成书并刊刻于万历三十六年（1608 年）。全书包括《元亨疗马集》《元亨疗牛集》和《驼经》三部分，并附百余幅插图。

《疗马集》是全书精华，内容最为丰富。明刊本分为春、夏、秋、冬四卷。春卷为《直讲十二论》，一至二论论述疾病诊断和针灸治马病方法；三至九论论述七类觉病的区别诊断、发病机理和治疗方法；十至十二论选录了有关马的外形鉴别和牧养须知方面的材料。夏卷论述"七十二大病"，引经据典详细描述了病因、病状、病理、疗法和护理等，是指导临床实践的重要部分。秋卷包括《评讲八证论》和《东溪素问碎金四十七论》，《八证论》以评讲的形式对原有纲要作了阐发；《碎金四十七论》则以东溪问曲川答的方式，对马病诊疗中的四十七个问题作了解答，语言精炼，解释明确。冬卷包括《喂饮须知》《五经治疗经性须知》《陈反畏忌禁药须知》《引经淀火疗病须知》《君臣佐使用药须知》和《经验良方》。[③]《疗牛集》分上、下两卷，记载五十六病。另附《驼经》一卷，记有四十八病，撰者不详，疑为后人所加。

《元亨疗马集》叙述详尽，内容以临症诊疗为核心，用问答、歌赋、证论及图示等方式，全面论述了马、牛、驼的饲养管理，牛马相法，脏腑生理病理，疾病诊断，针烙手

---

①　和文龙：《〈痊骥通玄论〉对马结症的贡献及其有关问题的探讨》，《农业考古》1995 年第 1 期，第 302-306 页

②　和文龙：《〈痊骥通玄论〉著者版本考》，《中国农史》1986 年第 4 期，第 107-110 页

③　周宗运，时维静：《从〈元亨疗马集〉到〈注释马牛驼经大全集〉——明清安徽畜牧与兽医成就》，《中国农史》1985 年第 3 期，第 50-52 页

南京农业大学中华农业文明研究院
藏《元亨疗马集》

术，去势术，防治法则，经验良方和药性须知等，医理见解独到，针药方剂均出于实践，对每种疾病除以"论"说明病因、以"因"描述症状、以"方"对症治疗外，又将大部分主要内容编成"歌"或"颂"，便于农民记忆、掌握和运用，因而流传极广，实用性很强，成为民间习见的一部中兽医书籍，至今仍有很高的参考价值。

《元亨疗马集》是我国兽医学宝库中内容最丰富、流传最广的一部兽医经典著作。它总结了明代以前我国劳动人民对家畜的饲养管理知识和家畜疾病的防治经验和发展水平，且门类齐全、查阅方便，具有重要的史料价值和实用价值。书中系统的理论体系为我国中兽医学完整理论体系的形成奠定了基础，是中国传统兽医学成熟的标志。此外，该书还流传到日本、朝鲜、越南以及欧美各国，对中国和世界兽医学、农学、医药学以及生物学的发展影响深远。[1]

版本信息：

《元亨疗马集》历经多次改编或翻印，版本较多。据粗略统计，明清两代流传全国的版本约有40余种。[2]其中，正确版本主要有丁序本和许序本两种。丁序本以明版本为基础，以喻氏原本为范本，由丁宾作序出版，内容包括春、夏、秋、冬四卷。许序本由清代李玉书在丁序本原著的基础上，于乾隆元年（1736年）重新改编，由许锵作序，内容包括《马经大全》六卷、《牛经大全》二卷和《驼经》一卷。此版本在理论学术水平、诊治手段、技术和饲养管理等方面都较丁序本有所发展，因此在国内流传最广。[3]

南京农业大学中华农业文明研究院藏有明丁宾序抄自松盛堂刻本、乾隆五十八年（1785年）刻本、光绪三十四年（1908年）校经山房校印本、清刻本等。清乾隆元年（1736年）刊石印本藏于黑龙江省图书馆等；乾隆五十八年（1793年）刻本藏于山东农业大学图书馆；嘉庆二十五年（1820年）南京经国堂刻本藏于辽宁省图书馆；道光二十八年（1848年）锦云阁重刻本藏

---

① 杨宏道：《〈元亨疗马集〉及其作者》，《兽医科技杂志》1980年第5期，第40-41页

② 周宗运，时维静：《从〈元亨疗马集〉到〈注释马牛驼经大全集〉——明清安徽畜牧与兽医成就》，《中国农史》1985年第3期，第50-52页

③ 乌兰塔娜：《〈元亨疗马集〉的价值简述》，《内蒙古农业大学学报（社会科学版）》2010年第6期，第204-205页

于中国国家图书馆。

鸡谱五十一篇　（清）佚名

撰者不详，约成书于乾隆年间。

《鸡谱》全书约 1.4 万字，凡 51 篇。内容涉及斗鸡外貌的描述和鉴定，斗鸡良种选配繁育，种卵的孵化和雏鸡的饲育，斗鸡的饲养管理，斗鸡的各种疾病及其防治措施以及对阵斗鸡的选择和对阵后的处理。其中，《论头》《论冠》《论眼》《论鼻嘴》《论脸》《论项》《论腰》《论腿爪》《论骨肉》《论毛色》《论翅》《论尾》《论须》《论性》《论异》等15 篇，是对斗鸡形态、体制和性情等方面的论述；《论春养》《论夏养》《论秋养》和《论冬养》4 篇，论述四季中鸡的生长发育特点和饲养管理方法；《论病因》《论病养》《论伤寒》《论伤热》《论食积》《论痰喘》《论劳伤》《论生癀》《论痘》《论膝疮》《论癣》《论脚疔》《论瘟疫》等 13 篇，对斗鸡的各种常见病症和防治方法进行了系统的论述和总结。[1]

《鸡谱》首次将鸡病及其防治视为养鸡学的重要组成部分而加以论述，其以中兽医理论为基础，对 11 种鸡病的病因、病症和防治方法做了理论说明，填补了我国兽病史料中关于禽病方面的空白。虽然《鸡谱》中所记述的内容均是关于斗鸡饲养管理知识，但其中很多理论同样适用于普通家鸡，因此该书是迄今所见唯一一部中国古代养鸡学专著，为了解中国古代养鸡科学技术发展水平提供了难得的历史文献，也为研究中国生物学史提供了宝贵资料。[2]

版本信息：

抄本（清）乾隆五十二年（1787 年），藏于中国科学院自然科学研究所。

猪经大全一册　（清）李德华　李时华增补

《猪经大全》原作者不详，成书年代不详，至迟在清光绪十八年（1892 年）以前即已刊印发行。原书刊刻后曾增补过两次，分别为李德华、李时华增补 10 方，太医院医生李玉生增补 6 方。

《猪经大全》正文约 3 000 字，另有附录约 2 000 字。正文共列出 50 种症，其中脾胃病13 症、肝胆病 2 症、肺心病 6 症、肾膀胱病 5 症、胎产 4 症、中毒病 2 症、外伤杂病 13症、瘟疫时病 5 症。针对每种症都提出 1~2 个处方，共计内、外用中草药方 64 个（不含增补部分）。所选的处方大多是经过中医久经验证有效的处方，其中有 23 个药方出自古代医

①　汪子春:《〈鸡谱〉论中关于鸡之饲养管理技术——〈鸡谱〉研究（二）》,《农业考古》1986 年第 1 期，第391–395 页;《〈鸡谱〉论鸡的疾病和防治——〈鸡谱〉研究（三）》,《农业考古》1986 年第 2 期，第283–289、294 页

②　汪子春:《稀世抄本〈鸡谱〉初步研究》,《科学通报》1985 年第 15 期，第 1186–1188 页

南京农业大学中华农业文明研究院
藏《猪经大全》

书典籍，另有部分药方来源于民间流传的兽医单方、验方，药物作用在《本草纲目》及现代重要书籍中可以查证。① 药方用药大多为单味或仅数味，重点突出，且形式简单，是进一步组成复方药的基础，也为利用现代科学技术进行成分分析和治疗药理试验提供有利条件。②

《猪经大全》是中国传统兽医学古籍中现存唯一以论治猪病为主的著作，在民间流传已久，对我国养猪业发展起到积极作用，是研究我国古代中兽医学和探讨中草药防治猪病的珍贵遗产。

版本信息：

南京农业大学中华农业文明研究院藏有清光绪十七年（1891年）据广东白猪行藏版刻本1册、光绪二十九年（1903年）刻本1册。

抱犊集 （清）佚名

作者不详。

《抱犊集》全书分为看病入门、全身针法、药性配方、牛病症候四篇，详细论述了牛病的诊断和治疗方法。全身针法篇中载有35个穴名，并详述了有关穴位、针法、主治及禁忌等，还专列了火针法，较《元亨疗马集》更为完善；补泻温凉药性配方篇中，列药味148种，四季用药和成方96个；牛病症候篇中载有江西常见内科和外科多发病，如感冒、风湿、黄症、眼病等43个针药治疗良方。③

南京农业大学中华农业文明研究院
藏《抱犊集》(影印)

《抱犊集》是一部国内罕见的医牛经典专著，该书在医牛经验方面有独到见解，在诊断治疗和针灸用药等方面都具有较高水平，至今仍具有一定参考价值。

版本信息：

《抱犊集》是1956年在民间搜集到的中兽医古籍，原为手抄本，保存在江西省新建县中兽医万庆熙先生家中，1959年6月

① 刘新淮：《〈猪经大全〉的评介及发掘整理经过》，《中兽医医药杂志》1985年第6期，第59-60页；刘新淮：《〈猪经大全〉发掘校对注释中的启示》，《贵州畜牧兽医》1994年第4期，第20-21页
② 邹介正：《谈谈〈猪经大全〉》，《中兽医科技资料》1997年第3期，第15-19页
③ 杨宏道：《〈抱犊集〉简介》，《中国兽医杂志》1980年第11期

由农业出版社采用线状直排石印形式出版。

养耕集 （清）傅述凤撰

傅述凤（1715—? 年），别号丹山氏，江西新建县人，兽医。他毕生从事畜牧兽医工作，临床实践经验丰富，在当时南昌农村一带享有盛誉。他在晚年将毕生经验由其子执笔整理，汇编成医牛专著《养耕集》。

《养耕集》成书于嘉庆初年，全书共计 10 万余字，主要内容包括《新立入门看病要诀》《五脏六腑癀胀总论》《针法全集》《疗牛伤感针药全集》和歌诀、附方、药性略载等 5 章，138 节。书中不仅按照兽医特点备录了简便药方，而且重视优秀的医牛针术，专列针牛穴法图，并写明各穴位置、针法、禁忌及主治症等，极大补充了明代《牛经大全》的不足。《疗牛伤感针药全集》论述了 98 种病症的治疗方法，有些良方已被收载于《中兽医治疗学》等著作中并推广应用。[①]

《养耕集》汇集整理了作者数十年的临床实践经验，内容极为丰富，在理论和临床实践上均有独到见解，对当时及后世兽医学发展产生了深远影响，极具研究价值。[②]

版本信息：

《养耕集》是一本比较完整的医牛全书，经其子弟亲友和民间兽医们辗转传抄，在当时影响很大。1956 年农业部发起的全国中兽医"采风"运动中，该书得以发掘问世，并在"民间兽医座谈会"上受到国内兽医界的一致好评，1959 年 3 月由江苏人民出版社刊印发行，1966 年又经重编校注，由农业出版社再次出版。

---

① 杨宏道：《清代民间兽医专家傅述凤和〈养耕集〉》，《农业考古》1982 年第 2 期，第 189–190 页
② 韩绍华：《浅析〈养耕集〉对中兽医学的学术贡献》，《中兽医医药杂志》2005 年第 1 期，第 53–54 页

十、蚕桑渔类文献

蚕书一卷 （宋）秦观撰

秦观（1049—1100 年），字少游，一字太虚，号淮海居士，别号邗沟居士，扬州高邮（今江苏扬州）人。曾任秘书省正字、国史院编修官等职。工诗词，词多写男女情爱，也颇有感伤身世之作，风格委婉含蓄，清丽雅淡，是北宋后期著名婉约派词人，为"苏门四学士"之一。代表作有《淮海集》四十卷、《淮海居士长短句》（又名《淮海词》）等。秦观不仅是一位著名词人，而且涉猎广泛，学时渊博，其所撰《蚕书》在我国蚕业科学史上占据重要位置。

《蚕书》约成书于元丰六年（1083 年）。作者在自序中说，"今予所书，有与吴中蚕家不同者，皆得之充人也"。该书借鉴太湖地区及北方兖州的相关技术，总结宋代以前的育蚕缫丝经验，并从浴种到缫丝的各阶段都有简明切实叙述，尤其对缫丝工艺技术和缫车的结构型制及用法论述细致，是我国现存最早的蚕丝专业书。

《蚕书》全文不到 1 000 字，共 11 节，包括"前言"和"种变、时食、制居、化治、钱眼、锁星、添梯、缫车、祷神、戎治"等部分。"前言"叙述了作者的写作动机和写作背景；"种变、时食"介绍了蚕种的孵化过程、幼蚕到壮蚕各阶段的饲养方法以及结茧情况；"制居"记述养蚕的各种器具和饲养技术；"化治、钱眼、锁星、添梯、缫车"记述缫丝的操作要点和缫丝车的结构；"祷神"记述养蚕风俗；"戎治"记述养蚕业在西域的传播和作者写作《蚕书》的目的。

在养蚕方面，书中详细论述了蚕体生理变化，对各龄蚕给桑标准、采茧适期以及养蚕期和上簇结茧对温度高低的不同要求等均有说明，具有很强的科学性，至今仍值得参考。在缫丝方面，书中对缫丝车设计上的改进，极大提高了缫丝进度和缫丝质量，同时推动了当地缫丝、织绸技术水平的提高，而这种缫丝车也成为我国明清时期缫车的先驱，也是现代立缫机的前身，极具实用价值。因此，《蚕书》虽然行文以农家方言为主，艰涩难懂，且全文无图，但其仍然是我国蚕桑史和机械史上的一份珍贵遗产，是中国农业文化的宝贵财富。

从蚕桑的历史记载来看，虽然从商周时起，蚕桑业已相当发达，但唐宋以前并未出现养蚕专书。《氾胜之书》仅有种桑技术指导，无养蚕的内容；《齐民要术》中养蚕的内容仅作为"种桑柘"的附录；《四时纂要》中引有种桑的方法和养蚕的准备事项，但没有养蚕的条文，直到唐代才出现了养蚕方面的专著，但均已失传，因此，秦观《蚕书》是留存至今的最早的蚕业专书。

版本信息：

《蚕书》版本较多，如藏于南京图书馆的《夷门广牍》本、《百陵学山》本、《说郛》本、《龙威秘书》本、《清照堂丛书》本、《农学丛书》本、《丛书集成》本等。河南省图书馆藏明末毛氏汲古阁影宋抄本，收录于第一批国家珍贵古籍名录（编号：01779）。

蚕经（又名养蚕经）（明）黄省曾撰

黄省曾（1496—1546 年），字勉之，号五岳山人，吴县人，嘉靖时期（1522—1566 年）举人。黄省曾博览群籍，见识广博，还喜好农艺。其著作有《稻品》《蚕经》《艺菊书》《芋经》《西洋朝贡典录》及《五岳山人集》等。

《蚕经》是明朝仅存的一部蚕业专书。全书共 2 000 余字，分为一之艺桑、二之宫宇（蚕室）、三之器具、四之种连（蚕纸）、五之育饲、六之登簇（上簇）、七之择茧、八之缫拍、九之戒宜。书中广泛提到苏州和浙西等地栽桑养蚕的相关问题，虽然对每一问题阐述都很简略，但仍不失为了解明代太湖沿岸蚕桑生产方法的好文献。

版本信息：

《百陵学山》本，藏于中国农业大学农史研究室、中国国家图书馆、南京图书馆等；明刊本（《广百川学海·癸集》），藏于华南农业大学农史研究室、中国国家图书馆、南京图书馆等；《明世学山》本，藏于中国国家图书馆、辽宁省图书馆；《居家必备》本（明刻及清刻），藏于中国国家图书馆；《说郛》本，藏于辽宁省图书馆、四川省图书馆。上述版本中，以《百陵学山》本最佳。

豳风广义三卷 （清）杨屾撰

杨屾（1687—1784 年），字双山，陕西兴平县桑家镇人，理学家，农学家。他主张推广教育，兴办实业，一生致力于讲学传道，经营农桑。他读《诗经·豳风》，确信陕西古时可以植桑养蚕，那么现在依然可以，遂于雍正三年（1725 年）从山东购得柞蚕种茧并招募养蚕工人，在家乡试行放养柞蚕，雍正七年（1729 年）又从江浙引进桑苗蚕种，开始栽桑试养家蚕，积累了丰富的经验，并总结出适于陕西种桑养蚕的有效方法。为推广蚕桑，杨屾

南京农业大学中华农业文明研究院
藏《豳风广义》

于乾隆五年（1740 年）写成《豳风广义》，想以此书来指导关中地区农民栽桑养蚕。

《豳风广义》是陕西最早的蚕桑农书，全文共分 3 卷，约 8 万余字。上卷主要论述栽桑，中卷主要论述养蚕、织丝诸法，下卷论述蚕丝织绸、柞蚕饲养和畜禽业等。书中内容注重实践，所讲均切实有据，不务空谈，所载法则详尽，意在使蚕农尽快熟练掌握种桑养蚕的方法。而且文字浅显易解，以求实用，并附图 50 余幅，对有关方法和工具予以说明，使人一目了然。此外，《豳风广义》虽然是一部蚕桑专书，但作者并未片面强调蚕桑的重要性，而是从"衣帛"推及"食肉"，因此书后附载猪、羊、鸡、鸭等家畜饲养和畜病防治方法，并有少量园艺内容，较为全面。①

作为一部劝民植桑养蚕的地方性农书，《豳风广义》在乾隆七年（1942 年）一经刊印，即在全国各地迅速流传开来，极大推动了蚕桑业在陕西、河南、山东、辽宁等中国北方地区的推广和发展。

版本信息：

《豳风广义》初雕于乾隆五年（1740 年），由巨兆文、史德溥二人为之校订文字，然后捐资付刻，刊刻完成于乾隆七年（1742 年）。此为宁一堂刻本，有陕西巡抚帅念祖的序，还有杨屾同乡刘芳的序和其门人巨兆文的跋。宁一堂刻本是以后各地刻本之祖本。②1962 年北京农业出版社出版郑辟疆、郑宗本校勘本，藏于西北农林科技大学农业历史研究所、华南农业大学农史研究室等。

湖蚕述四卷 （清）汪日桢撰

汪日桢，字刚木，号谢城，又号薪甫，浙江乌程（今浙江湖州）人。1872 年，汪日桢担任《湖州府志》中蚕桑部分的编纂工作，两年之后，即同治甲戌年（1874 年），他把府志中蚕桑部分材料略加修改，作为单行本发行，题名《湖蚕述》。

《湖蚕述》共 4 卷，分细目 40 项。第一卷 3 项，第二卷 16

① 李鸿彬：《杨屾与〈豳风广义〉》，《中国农史》1987 年第 3 期，第 101–103 页

② 肖克之：《〈豳风广义〉版本说》，《农业考古》2001 年第 3 期，第 204–205 页

项，第三卷 8 项，第四卷 13 项。内容涉及从桑树培苗、栽桑、蚕种制造、养蚕、上簇采茧到缫丝、制绵、织绸等方面。主要是辑录的性质，编排井然有序。对栽桑养蚕、缫丝卖丝织绸等一整套生产经验及当时当地群众的一些养蚕习俗，都有详细记述。卷一为总论、蚕具及栽桑；卷二主要为养蚕技术；卷三为择茧、缫丝等；卷四为作绵、藏种、卖丝及织绸等。书前有自序，有关章节后还附有乐府诗。

《湖蚕述》引用古籍 30 余种，详细阐述了浙江湖州一代的蚕桑技术，具有较强的地方性，是了解清代浙江湖州一代养蚕技术水平的宝贵资料。书中记述的养蚕专门词汇极为丰富，对每个眠期都有不同名称，很多词汇沿用至今。[1]

版本信息：

光绪六年（1880 年）乌程汪氏刻印本、光绪二十六年（1900 年）江南总农会石印（《农学丛书》）本，藏于华南农业大学农史研究室、中国国家图书馆、南京图书馆等。

养鱼经一卷　（春秋）范蠡撰

《养鱼经》，又名《陶朱公养鱼经》，一般认为是春秋末年越国大夫范蠡所著，也有学者认为是后人托名范蠡所著，应当为西汉末年无名氏作品。[2] 范蠡（生卒年不详），约为楚平王十二年（公元前 517 年）出世，字少伯，又名鸱夷子皮、陶朱公，早年居楚时人称范伯，以经商致富，著名政治家、军事家和经济学家。

《养鱼经》，约成书于西汉时期，是中国乃至世界上最古老的养鱼著作。原作已佚，现存内容摘录自北魏贾思勰的《齐民要术》，共 1 卷，约 400 余字。书中以问对形式记载了鱼池构造、亲鱼规格、雌雄鱼搭配比例、适宜放养的时间以及密养、轮捕、留种增殖等养鲤方法。

《养鱼经》总结的我国早期的养鲤经验，包括池塘条件、育苗繁殖和饲养方法等，与后世方法多相类似，极具科学价值，是中国养鱼史上值得重视的珍贵文献。1986 年，中国水产学会，中国渔业史研究会曾将"范蠡养鱼经"以中、英、日、俄、法、西班牙等五种文字，连同说明翻印成册，供国际人士参阅。

版本信息：

中国国家图书馆藏有《居家必备》明刻本、清顺治三年（1646 年）宛委山堂刻本（《说郛》卷一百七）、光绪间《玉函山房辑佚书》本、光绪间《农学丛书》本、民国四年（1915年）《古今说部丛书》本（一集）、民国十六年（1927 年）涵芬楼《说郛》本。

---

[1]　章步青：《谈〈湖蚕述〉中的养蚕技术》，《蚕业科学》1987 年第 4 期，第 237–241 页

[2]　游修龄：《池塘养鱼的最早记载和〈范蠡养鱼经〉问世时间问题》，《动物学杂志》2004 年第 3 期，第 115–118 页；施鼎钧：《我国古代的渔业专著》，《中国水产》1983 年第 5 期，第 32 页

闽中海错疏三卷 （明）屠本峻撰

屠本峻，字田叔，鄞县（今浙江宁波）人，博物学家，曾任刑部检校、太常典簿等职，万历年间官至福建盐运司同知，著有《海味索隐》《闽中荔枝谱》《野菜笺》《离骚草木疏补》《瓶史月表》等书。他在福建任职期间，潜心研究海产动物，查阅记载当地物产的文献资料，并亲自观察，总结经验，于万历二十四年（1596年）应同乡余君房之请，写成《闽中海错疏》。

《闽中海错疏》是记述福建沿海水产动植物的专书。全书分为上、中、下三卷和附录。上卷和中卷为鳞部，共记载167种水产动物；下卷为介部，共记载90种水产动物；附录所记载为非福建所产的海粉和燕窝。各部以下分为若干大群类，再细分小群类，内部再分物种记载，辅以身体颜色、器官特征等为分类指标，为我国传统鱼类分类学建立了一个基本分类体系。[1] 这种排列方法也在一定程度上揭示了动物的自然类群，反映出它们之间的亲缘关系，"已向自然分类的方向迈出了一步"。[2]《四库全书提要》评价其"辨别名类，一览了然，颇有益于多识"。

《闽中海错疏》是我国现存最早的地方水产生物志，书中共记载两百余种水产动物的名称、品种、形态特征、生活习性、地理分布和经济价值等，这与现代动物志的编写方法颇为接近，因此该书在中国生物学史上具有一定价值。

版本信息：

著录于《四库全书总目提要》史部地理类，《艺海珠尘》《学津讨源》《明辨斋丛书》《农学丛书》《丛书集成》《国学基本丛书》等均收有此书。

明万历年间刻本，藏于福建省图书馆；清嘉庆年间南汇听彝堂刻《艺海珠尘》本（竹集），藏于西北农林科技大学农业历史研究所、中国国家图书馆、南京图书馆等；光绪二十六年（1900年）江南总农会石印（《农学丛书》第二集），藏于中国农业大学农史研究室、中国国家图书馆、南京图书馆等。

---

① 洪纬，曹树基：《〈闽中海错疏〉中的鱼类分类体系探析》，《中国农史》2012年第4期，第28–36，62页

② 刘昌芝：《我国现存最早的水产动物志——〈闽中海错疏〉》，《自然科学史研究》1982年第4期，第333–338页

十一、农业灾害及救济类文献

救荒活民书三卷　（宋）董煟撰

董煟（？—1217 年），字季兴，号南隐，鄱阳（今江西波阳县）人，南宋绍熙五年（1194 年）进士。曾任应城、瑞安知县，后任湖南辰溪县令。其自幼便立志减轻贫苦农民水旱霜蝗之苦，后来总结历代救荒赈灾政策利弊得失，写成《救荒活民书》。

《救荒活民书》共 3 卷，全文 3.8 万余字，附《拾遗》7 000 余字。上卷"考古以证今"，摘引先秦至南宋孝宗淳熙九年（1182 年）的有关救荒史料，并进行详细论述。中卷"条陈今日救荒之策"，提出常平、义仓、劝今、禁遏籴、不抑价、检旱、减租、贷种、恤农、遣使、驰禁、鬻爵、度僧、治盗、捕蝗、和籴、存恤流民、劝种二麦、通融有无、借贷内库、预讲救荒之政、救荒仙方等救荒具体方法，并针对这些条目提出自己的意见和建议。下卷为救荒杂说，"备述本朝名臣贤士之所议论施行，可鉴、可戒、可为矜式者，以备缓急观览"。此外还有《拾遗》一卷，内容述及前代除蝗条令、捕蝗法、赈济法等。

南京农业大学中华农业文明研究院藏《救荒活民书》

《救荒活民书》是我国最早研究治蝗的著作，也是第一部荒政学专著，开创了荒政著作的编纂体例，对后世产生了深远影响。书中保留了很多现已失传的资料和史实，并以"煟曰"的形式对前人的议论和作法进行讨论，提出自己的见解。在捕蝗一目中，作者一再强调"蝗蝻则有捕瘗之法。凡可以用力者，岂可坐视而不救耶"，批评宿命论者无所作为的遁词。书中还记述了世界上最早的治虫法规，即北宋熙宁八年（1075 年）颁布的《熙宁诏》和南宋淳熙九年（1182 年）颁布的《淳熙敕》，并总结了当时行之有效的七条捕蝗方法，对后世的治蝗工作和治蝗著作编写有深远影响。①

版本信息：

《救荒活民书》有清咸丰四年（1854 年）刊本《长恩室丛书·甲乙集》（浙江省图书馆），1936 年商务印书馆排印本（华南农业大学农史研究室），民国商务印书馆《丛书集成初编》本（西北农林科技大学农业历史研究所）等。

救荒本草 （明）朱橚撰

朱橚（1361—1425 年），明太祖第五子，洪武三年（1370 年）封为吴王，十一年（1378 年）改封周王，十四年（1381 年）就藩开封府，死后谥号为定，故又称周定王。朱橚善词赋，曾作《元宫词》百章，酷爱医药研究，主持编纂《保生余录》《袖珍方》《普济方》，而且对植物学颇有研究，是明初杰出的方剂学家和植物学家。明代是历史上自然灾害最多的一个朝代，期间灾害数量达到 1 011 次。②频繁的自然灾害开启了明代大规模的野生可食植物的探查工作。朱橚的领地开封府是著名的黄泛区，而利用野生的可供食用的植物可以救济灾民，因此他在永乐元年（1403 年），把四百余种植物种于府内，请画工将植物绘图成书，并用文字说明其形态、生地及可食部分和食用方法，整理成书，名为《救荒本草》。因作者编撰此书的目的是为备荒、解救民生问题，因此一般将其列为农书。

《救荒本草》于明永乐四年（1406 年）在开封刊刻，全书分为上、下两卷，分为五个部分共记载植物 414 种，包括草类 245 种、木类 80 种、米谷类 20 种、果类 23 种、菜类 46 种，按部编目，同时又按可食部位在各部下进一步分类为叶可食、根可食、实可食等。③书中详细描述了各种植物的名称、产地、生境、习性、各器官特征、可食用部位的性味和制备方法，而且每种都配有精美、准确的木刻插图，兼备科学性、通俗性和实用性。

《救荒本草》是我国历史上最早的一部以救荒为宗旨，描述并研究野生食用植物的农学、植物学专著，其在救荒方面起到了巨大作用。而且，该书从传统本草学中分化出来，成为一种记载食用野生植物的专书，开创了野生食用植物的研究，是中国本草学从药物学向应用植物学发展的一个重要标志，在中国古代植物学著作中具有里程碑意义。④后世相关著作，如王磐的《野菜谱》，周履靖的《茹草编》，高濂的《野蔌品》，鲍山的《野菜博录》，姚可成的《救荒野谱》和顾景星的《野菜赞》等，都受到《救荒本草》的影响，但都未能超越朱橚的书。明代李时珍编写《本草纲目》，清代吴其濬撰《植物名实图考》，也都吸收或效仿了朱橚描述植物和收集植物实物的方法，并直接引用其中内容。

① 彭世奖：《治蝗类古农书评介》，《广东图书馆学刊》1982 年第 3 期，第 43–45，30 页
② 邓云特：《中国救荒史》，商务印书馆，1998 年，第 21 页
③ 朱橚撰，倪根金校注：《救荒本草校注》，中国农业出版社，2008 年
④ 罗桂环：《朱橚和他的〈救荒本草〉》，《自然科学史研究》1985 年第 2 期，第 189–194 页

此外，《救荒本草》不仅对植物形态、产地等进行了详细描述，而且对植物资源的利用、加工炮制等方面也作了全面的总结，对我国植物学、农学、医药学等科学的发展也具有一定影响。

17 世纪末，《救荒本草》东传到日本，引起许多博物学家和本草学家的强烈关注，并被多次刊行。1783 年，布莱恩特（Charles Bryant）的《植物饮食学或国外食用植物史》比《救荒本草》晚 300 多年。1881 年，贝勒（Emil Bretschneider）在《中国植物志》中对《救荒本草》所列的 176 种植物作了学名鉴定。20 世纪后，英国植物学家斯温格尔（W. T. Swingle）指出，《救荒本草》是研究救荒食用植物最早和最好的专著；美国植物学家里德（Howard S. Reed）在《植物学简史》中指出，《救荒本草》是中国早期植物学一部杰出的著作，是东方植物认识和驯化史上一个重要的知识来源；美国科学史家萨顿在《科学史导论》中认为，《救荒本草》是中世纪最卓越的本草学著作；李约瑟认为，朱橚设立的不仅是植物园，而且也是对可作食用的植物进行水土适应和研究的实验场所，它肯定包含能进行生化和医药实验与制备的实验室。[1] 英国药物学家伊博恩（Bernard E. Read）将其全部译成英文，并对今天能够辨认的野草都作了成分分析。

版本信息：

《救荒本草》于永乐四年（1406 年）刊刻最初版本，后佚失。嘉靖四年（1525 年），山西巡抚毕昭和按察使蔡天祐在太原主持出版《重刻救荒本草》，此版本将原书上、下二卷分为卷上前、卷上后、卷下前、卷下后四卷，此四卷本是我国现存最早的刻本。嘉靖三十四年（1555 年），陆柬依据太原第二次刻本，在开封刊刻了第三版。明代万历年间，《救荒本草》经两次刊刻，清代乾隆年间编纂《四库全书》也将其收录在内。[2] 中国国家图书馆藏有明嘉靖四年（1525 年）毕昭蔡天祐刻本、抄嘉靖十三年（1534 年）周金、胡效才重刻本、万历年间刻本。南京图书馆藏万历年间刻本、日本享保刻本（十四卷，附《救荒野谱补遗》二卷）。

南京农业大学中华农业文明研究院藏《救荒本草》

① 汪德飞：《〈救荒本草〉若干问题的探讨》，《中国农史》2013 年第 3 期，第 132–142，145 页

② 王永厚：《〈救荒本草〉的版本源流》，《中国农史》1994 年第 3 期，第 117–118 页

荒政辑要十卷 （清）汪志伊撰

汪志伊（1743—1818 年），字稼门，桐城白陂塘（今安徽桐城）人，乾隆三十六年（1771 年）举人，曾任福建布政使、福建巡抚、工部尚书、闽浙总督等职。

《荒政辑要》成书于嘉庆十一年（1806 年），全书共 10 卷。卷一"厚给捕蝗"与蒲松龄《捕蝗要诀》文字一致，"捕蝗法"引用了雍正十二年夏山东济阳令李氏针对蝗害所采取的措施。陆曾禹"捕蝗八所""捕蝗十宜"及陆世仪的"除蝗记"也与蒲松龄《捕蝗要诀》的文字相一致。卷四"督捕蝗蝻"的五个事项摘引自《户部则例》卷八十四"督捕蝗事例"六条。

清代是中国古代荒政发展鼎盛期，不仅荒政措施非常完备，而且出现了多部荒政著作。在这些著作中，以汪志伊《荒政辑要》较有影响力，作者在书中对荒政之策作了较为全面的论述，形成了具有一定特色的救荒思想，这些思想基本上代表了清前期人们对荒政认知的深度和水平。[1]

版本信息：

《荒政辑要》版本比较多，有嘉庆十一年（1806 年）浙藩署刊本；清道光六年（1826 年）安徽抚署刻本（华南农业大学农史研究室、南京图书馆藏）；道光十一年（1831 年）刻印本（华南农业大学农史研究室藏）；道光十二年《敏果斋七种》本（南京图书馆、云南省图书馆藏）；道光二十一年（1814 年）开封聚文斋刻印本（华南农业大学农史研究室藏）；道光二十二年（1842 年）刊本（中国农业科学院科技文献信息中心藏），道光二十六年（1846 年）重刊本（中国农业博物馆图书资料室）等。

野菜谱一卷 （明）王磐撰

王磐（1470—1530 年），字鸿渐，号西楼，江苏高邮人，明代著名散曲家，工诗画，通医学，擅音律。他隐居乡间，深恤民间疾苦，当看到江淮饥民采摘野菜充饥，有人因误食而伤生，于是翻阅群书，亲自查访寻觅野草，并尝试各种做法，挑选了可食

万历十四年（1586 年）跋《野菜谱》

---

① 刘亚中：《汪志伊〈荒政辑要〉所见之荒政思想》，《中国农史》2006 年第 4 期，第 63—69 页

用的 60 余种野菜，按文字、图谱、歌谣的编排方法编撰成《野菜谱》一书。

《野菜谱》成书于嘉靖三年（1524 年）。书中描绘野菜之图 60 余种，记载野菜的名称、采集时间、歌谣、草生状况与服食方法，是反映明代江淮之间救荒野菜状况的专著。书中插图虽不精美，但所附歌谣朗朗上口，便于普通百姓口耳相传，因此流传较广，影响很大。明代徐光启将《野菜谱》全书收入《农政全书》。

版本信息：

中国国家图书馆藏有嘉靖三十年（1551 年）张守中刻本、万历年间刻本、《山居杂志》本、明刻本、清安康张鹏飞刻本；南京图书馆藏有万历年间刻本、明刻本；华南农业大学农史研究室藏有明王英刻本、明植槐堂刻印本、清顺治三年（1646 年）宛委山堂刻本等。

捕蝗图册　（清）李源撰

《捕蝗图册》是乾隆二十四年（1759），江苏淮阴太守李源根据其率领当地人民扑灭蝗虫的经历总结出的经验。他认为，"不定以章程，恐其无所遵循，则虽力而无功用"，于是将自己经历所见总结为"捕蝗规十则，并绘为图录存"。

《捕蝗图册》共二十二开，十开图，十开文字题记，两开题跋。每开纵 30 厘米，横 23 厘米，画心纵 26 厘米，横 20 厘米，纸本设色。记载的捕蝗方法为：翻耕盖蝗、扑捕飞蝗、用灯捉捕、收买蝗虫、放鸭吞蝗、挖沟驱入、芦帘围倚、空地围打、搜挖蝻子、五更捕蝗。

将捕蝗方法以图文形式公诸于世的最早资料是金泰和八年（1208 年）的"捕蝗图"，其内容主要是宣传捕治蝗虫，而且已经佚失。而李源的《捕蝗图册》则是具有实际意义的捕蝗作品，而且是我国现存最早、最全面且完整的一部。图册中所总结的捕蝗经验均来源于实践，切实有效，而且这些经验不仅限于"捕"，还详细记述了"治"的方法，在我国农业科学史上具有一定的历史价值。[①]

中国国家博物馆藏《捕蝗图册》
（图片来源：中国国家博物馆网站 http://www.chnmuseum.cn）

---

① 刘如仲：《我国现存最早的李源〈捕蝗图册〉》，《中国农史》1986 年第 3 期，第 96–102 页

第**8**章 中国特产类农业文化遗产

一、农业产品类特产

（一）谷物及其他作物类

仰韶小米（仰韶贡米）

仰韶小米

仰韶小米，又称仰韶贡米，为河南省传统特产。国家地理标志保护产品"仰韶小米（坻坞小米）"产地范围为河南省渑池县仁村乡、段村乡、南村乡、洪阳镇、城关镇、张村镇、英豪镇、天池镇、仰韶乡、陈村乡、果园乡、坡头乡12个乡镇现辖行政区域。国家地理标志保护产品"仰韶贡米"产地范围为河南省渑池县仁村和洪阳两乡镇的南坻坞、北坻坞、仁村、东张村、蟠桃、杨河、红花窝、雪白、大水沟、东段村、上西村、高堂、台口、上庄、石盆、德厚、北沟、柳庄、雷沟、上洪阳、刘村、赵窑、义昌、崤店、堡后、胡坑、吴庄共计27个行政村。地理坐标为东经111° 54′ ~112° 01′，北纬34° 29′ ~34° 40′。

仰韶小米距今已有几千年的种植史。据传，唐贞元十六年（800年），德宗皇帝偶尔品尝了当地供奉的小米，食后大悦："清爽可口，真乃神米，何不为贡？"地方志载：清乾隆帝食用此米，龙颜大悦，夸其为神米，遂定为贡品，并赐纳贡村民御匾"敕赐义民"。自此，坻坞贡米闻名遐迩。

1994年，中国历史博物馆组织中国和美、英、日等国的考古专家进行国际田野文物考察，在仰韶村附近的班村，发现了大量珍贵文物，其中最有价值的是数十斤5 000年前的小米，证实了仰韶小米具有悠久的历史。

仰韶小米米粒小而饱满，质地较硬，色黄如金，米油丰富，煮饭黏糊性强，可揭三层米纹，凉后与碗黏合，甜香味美，入口甘醇，清香宜人，回味悠长。

2010 年，仰韶贡米获得农业部农产品地理标志认证。2012 年，仰韶小米（坻坞小米）经国家质量监督检验检疫总局批准为地理标志保护产品。

万年贡米

万年贡米原产于江西省万年县裴梅镇荷桥、龙港一带。国家地理标志产品万年贡米原产地保护范围为万年县所辖行政区域范围，总面积 1 139.7 平方公里。

万年贡米

万年贡谷原名"坞源早"，是我国先民经过数千年精心培育的一个地方晚籼优质稻良种。南北朝时期就有史料记载，原产于归桂乡（今裴梅镇荷桥、龙港）一带，距今有着近 2 000 年的耕作史。明正德七年（1512 年）析鄱、余、乐、贵边徽之地设万年县，首任知县为了表达他对皇帝的忠诚和答谢朝廷建县之恩，将归桂乡产的晚籼稻"坞源早"制成大米进贡皇上，皇帝食后大加赞赏，昭以"代代耕作，岁岁纳贡"，万年贡米由此得名。明末清初时期，州县纳皇粮送至京城，必等万年贡米进仓。否则粮仓不能封，城门不许关，故又称为"国米"。新中国成立后，万年贡米仍为备受几代党和国家领导人亲切关注和赞美的重要食品。如今国家重大会议及钓鱼台国宾馆宴请外国元首均以万年贡米为主食。

1995 年，考古学家在万年县仙人洞与吊桶环两处遗址的洞穴内，发现了距今 1.2 万年前的栽培水稻植硅石，把世界栽培水稻的历史推前了 5 000 年，成为现今世界上年代最早的水稻栽培稻遗存之一。2007 年，联合国教科文组织在该县建立了国际传统文化与和谐价值教育实验基地，世界华人华侨总会也认定仙人洞、吊桶环遗址为国际旅游示范点和爱国教育基地。2010 年 6 月，以万年贡米为重要内容之一的"万年稻作文化系统"被联合国粮农组织列为"全球重要农业文化遗产"保护试点。

万年贡谷，属喜温作物，生长期长，对气候、土壤、水源等生长环境要求苛刻，成穗率低，产量稀少，但其粒细体长，形状似梭，质白如玉，无腹白；吸足水分后向两头伸长，饭软而不黏，入口香滑。魏文帝曹丕曾形容香稻"上风吹之，五里闻香"。以贡米为原料酿酒，浓而不烈。其米、其酒都品质优良，别具风味。誉盖五谷之首。

改革开放给贡米生产开辟了广阔的前景。1985年开始，与国内多家水稻研究单位及高等院校合作研究，在传统的贡米基础上通过提纯复壮，开发选育了万年贡香丝米、贡丝米、珍珠贡米和贡糯米等20多种系列产品。2000年，万年县整合当地32家粮食加工企业，组建万年贡米集团，制定统一生产种植标准，不仅提升了万年贡米品质，而且做大做强了贡米产业。2005年经国家质量监督检验检疫总局批准"万年贡米"为地理标志保护产品。2009年获批对整个万年实施贡米原产地域保护。

沁州黄小米

山西特产沁州黄小米

沁州黄小米是山西省传统特产。国家地理标志产品"沁州黄小米"原产地保护范围为山西省沁县的牛寺乡、段柳乡、松树乡、次村乡、南里乡、南泉乡、杨安乡、漳源镇、定昌镇、新店镇、册村镇、郭村镇、故县镇；武乡县的涌泉乡、故城镇、丰洲镇；襄垣县的虒亭镇、王村镇；屯留县的吾元镇等19个乡（镇）现辖行政区域，地理位置在东经112° 28′ ~112° 54′，北纬36° 26′ ~36° 59′。

黄河流域是谷子的故乡，中国谷子栽种的历史相当久远，西安半坡村发掘的新石器时代的遗址里就有盛谷子的陶罐。勤劳智慧的劳动人民经过长期的驯化选育，迄今已培育出了1.6万多个品种。沁州黄小米，就是其中的一个最特殊的品种，它择土性很强，只适宜在山区瘠薄干旱的土地生长，集中在沁县次村乡檀山一带的土地上（所以又称檀山黄），而且沁州黄种植施用羊粪做肥料，既不用化肥也不用其他动物的粪便。而别处引植，到了下一年就完全退化。

沁州黄小米，又称"沁州黄"或"吴阁老"，这是因为清朝康熙年间在朝做官的大学士吴（王典）首先发现，而得此雅号。相传在明代，沁州檀山一带有座古庙，庙内住着几位和尚，生活清苦，免不了忍饥挨饿。他们看见庙周围的土地荒芜，就开垦出来，种上了糙米。经过几年的精心栽培驯化，糙米发生了神奇的变化。这种谷子色泽蜡黄，颗粒圆润，状如珍珠，晶莹明亮。煮成饭后松软可口，味道清香，越嚼越香，遂起名为"爬山糙"。

吴阁老在衣锦还乡时，听说"爬山糙"品质极佳，状如金珠，熬稀饭锅边不挂米粒，蒸饭、焖饭香甜味美。为了证实传言，他便亲自到檀山庙内品尝，方知名不虚传。当时他嫌"爬山糙"名字不雅，便称之为"沁州黄"。在还朝时，他还带了一些小米献给康熙。康熙食后，大加赞赏。这样"沁州黄"便成了年年进贡的珍品。因吴阁老使"沁州黄"名扬朝野，久而久之，"吴阁老"也就成了"沁州黄"的代名词。

"沁州黄"小米从明嘉靖到清朝末期，一直被列为宫廷贡品。1919 年，在巴拿马国际博览会上，清朝政府参赛的"沁州黄"夺得金奖。新中国成立后，曾多次作为中国的地方名产参加广州国际交易会、印度国际博览会，受到外商青睐。1986 年 4 月，在石家庄全国赛米会上被评为一级优质米，荣获"全国最佳小米"称号。1988 年 4 月又在河南洛阳全国赛米会上再次夺魁。

抗战时期，八路军总部和抗日决死队驻扎沁县，沁州黄小米作为特供品供应后方医院和总部机关，写下"小米加步枪，打败鬼子兵"的传奇佳话。新中国成立后，毛泽东主席买沁州黄的真情写照，至今令人潜然泪下。作为特供品，承载着老区人民的深情厚意，长期供应中央领导和部队高级将帅。

沁州黄小米色泽鲜黄透亮，颗粒圆润饱满，当地百姓称其为"金珠子"，并且有一句民谚："金珠子，金珠王，金珠换不来沁州黄。"沁州黄不仅形体金黄，味道香美，而且营养丰富，经过有关部门鉴定，它所含的植物脂肪、可溶性糖类、粗纤维、蛋白质含量均优于普通小米、大米，因此它素以"罕见佳肴，上乘佳品"蜚声海内外。

2003 年经国家质量监督检验检疫总局批准"沁州黄小米"为地理标志保护产品。

"沁州黄"小米虽然好吃，但却难种，它有个特殊的"性格"，一般作物宜于种植在肥沃的土地上，而"沁州黄"却宜于在山区贫瘠干旱的土地生长；一般作物可施用磷肥、氮肥，而"沁州黄"只能在次村乡的十几个村的 1.6 万亩土地上种植，并又以王朝、檀山岭、石科、砂沟、东庄五个村的质量最好。各地为了引种"沁州黄"，曾经分析次村乡料浆石的深色褐色黏性土，但当沁州黄引种到外地具有相同土质的土地上种植，下一年就完全退化。近年来，山西省农科院和沁县组织力量，进行"沁州黄"谷子的扩种试验研究工作并取得了很大成就。目前，"沁州黄"的产地已由原来檀山一处引种到全县 20 余处，附近县以及外省有几十个县引种"沁州黄"。

龙山小米

龙山小米是山东省的著名特产。农产品地理标志产品"龙山小米"原产地保护范围为山东省章丘市龙山街道办事处及南部的圣井、埠村、文祖、曹范、垛庄、官庄七个乡镇（街道办事处），321 个行政村。地理坐标为东经 117° 10′~117° 35′，北纬 36° 25′~37° 09′。

龙山小米早在春秋时期就有种植，距今已有 2 000 多年的历史，为清代全国四大贡米之一，被誉为"龙米"。历史学家研究发现，自有"龙山文化"以来就有了"龙山小米"。作为龙山文化的载体，龙山小米以其香味浓郁、色泽金黄、籽大粒圆、性黏味香的绝佳特点

龙山小米

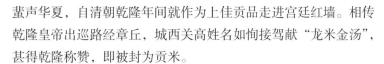

蜚声华夏，自清朝乾隆年间就作为上佳贡品走进宫廷红墙。相传乾隆皇帝出巡路经章丘，城西关高姓名如恂接驾献"龙米金汤"，甚得乾隆称赞，即被封为贡米。

龙山小米产地以龙山镇北石人坡为中心，南至白谷堆，北至兰家庄，西至芦家寨（历城区），东至平陵城，方圆5公里。尤其以龙山村石人坡的400亩地最为闻名。这一带为山前洪积土，土层深厚，土质为黄壤，质地较肥沃，加之其地理环境和气候条件较为适宜谷子的生长和发育，具备了形成龙山小米优良品质的得天独厚的条件。因谷味随生长期长短而增减，故在种植方法上，均为旱田春播。耕前施足农家肥，耙平耢细，谷雨前后下种，品种以"阴天旱"为主，因其阴天时叶子卷曲貌似天旱而得名，所产小米籽大粒圆，色泽金黄，性黏味香，营养丰富。据中国农业科学院化验，龙山小米含蛋白质11.2%、脂肪5.26%、赖氨酸0.25%、淀粉74.95%。煮成饭后表面有一层黄灿灿、亮晶晶的米油，食之醇香可口，回味无穷。《神农本草经》中记述："（龙山小米）其味咸、微寒、养肾气、除胃热、治消渴（糖尿病）、利小便，具有很高的营养和药用价值。"故人们把它作为敬养老人、哺育幼儿、滋身养体之佳品。

目前龙山小米种植面积保持在5 000亩左右，年产量约1 000吨。全部是旱田春播，不施化肥、农药，多用农家肥等传统种植方式，完全符合无公害食品标准，连续多年被评为全国农业博览会优质产品。

2010年，国家农业部批准"龙山小米"为农产品地理标志保护产品。

宣汉桃花米

宣汉桃花米是四川省传统特产，原产于四川省宣汉县桃花乡。国家农产品地理标志产品"宣汉桃花米"原产地保护范围为四川省宣汉县的桃花乡、丰城镇、观山乡、南坪乡、凤林乡、老君乡、南坝镇、天台乡、五宝镇、华景镇、白马乡、土黄镇、漆碑乡、樊哙镇、三墩乡、龙泉乡、渡口乡、漆树乡、黄金镇、厂溪乡、新华镇、下八乡、黄石乡、三河乡、清溪镇、红峰乡、凤鸣乡、柳池乡、庆云乡、马渡乡、隘口乡、石铁乡等32个乡镇。地理坐标为东经107° 23′~108° 33′，北纬31° 07′~31° 28′。

宣汉桃花米

宣汉县是巴人发祥之地，已勘明早在公元前 1 000 年以前，就有人生活、生产，是一个古老的稻区。相传早在 8 世纪中叶的唐朝开元年间，宣汉县桃花乡刘家沟村的大米就已驰名，并作为贡米供奉给皇帝，因而美名传播四海。

唐代大诗人元稹在达州府任知府时，经常在阳春三月外出踏青，有一年，元稹乘舟顺州河而上，行至宣汉县境内汀江（今东林河）时，有当地人送来刘家沟大米供奉，他看到这种大米剥壳后，面似桃花，质地滋润，颗粒饱满，体形修长，煮的饭晶莹如雪，味道香甜爽口，且米饭两头开花中间不断腰，像一朵朵小小的桃花，煞是好看，元稹饱尝此米饭后，赞不绝口，著诗颂曰："倚棹汀江沙日晚，鲜花野草桃花饭。长歌一曲烟霭尽，绿波清浪又当还。"桃花米因此而闻名于世。

自唐代武则天后，四川的地方官每年都要将上好的桃花米奉献皇上，桃花米就成为皇宫的供奉之物，故有"贡米"之称。到了明清，桃花米甚至成了当地富绅的贿赂品。清朝嘉庆年间，宣汉县乡绅罗思举，以两升桃花米的代价向嘉庆皇帝讨得了兵马元帅一职。

1957 年，桃花米被送到北京，参加了第一届全国农业博览会，它以独特的外观、香甜的口感、丰富的营养，深受评委的好评，一举夺得大米类榜眼。

随后，它又参加了泰国、印度、孟买、马来西亚、尼泊尔等地的世界农业博览会；1962 年，农业部将之载入全国农作物优质品种目录；1963 年，参加中国全国农业博览会评比被评为"中国名贵大米"，列入《全国农作物优良品种目录》；1965 年，又在全国农展会上被列为名贵大米；1977 年，桃花米参加广交会受到中外顾客的青睐。

21 世纪初，作为具有地方特色的川种优质米之一，被列为全省优质农产品重点开发项目。2001 年和 2003 年，在"四川省优质稻米及粮油精品展示交易会"、西安"西洽会"上，桃花米均被评为"消费者最喜爱产品"，并获得"四川省工业产品博览会"金奖。到 2006 年，桃花米的年销量超过 2 000 吨，带动当地稻农人均年增收 800 多元，产生了较好的经济和社会效益，为当地新农村建设做出了突出贡献。

2009 年，国家农业部批准"宣汉桃花米"为农产品地理标志保护产品。

河龙贡米

河龙贡米系福建省宁化县河龙乡及周边地区生产的大米，因原产于河龙乡而得名。国家地理标志产品"河龙贡米"原产地保护范围为福建省宁化县现辖行政区域。

河龙贡米是宁化县历史悠久、极富特色的农产品，宋真宗景德元年（1004 年）被列为贡米。

据清康熙年间出版的《宁化县志》载：伊盆，宁化人，为人豪毅，耿耿有烈士风。1004 年，转运使李住起解梅州银绢，本州委通判胡某赍至本都武曲桥锡源驿（今河龙乡）疾故，奉官莹葬。伊公慨然诣县自陈曰："解官本为朝廷重务，客死吾土，某现充保长，亦草莽臣也，愿换牒代解。"县许之。至汴京，适逢皇太子生，上大悦，以覃赐敕一道，骏马一骑，剑一口，命其出镇柳州。时南蛮不共。公领军勇夺前驱，血战破贼，所向倒戈。事

河龙贡米

平凯奏。卒于官，以功特赠银青光禄大夫，因庙食至今。伊盆在代解银绢时，随带家乡大米，一路食用。到京之后，在交付银绢时，把随带的大米一并奉上，以御食用。皇帝食后大喜，甚赞河龙大米质优味佳，并令每年征收进贡，"河龙贡米"便由此扬名。

河龙贡米米粒长梭形，色泽洁白，透明有润泽。饭软而不黏，凉饭不返生，米饭有清香味。

2008年，河龙贡米经国家质量监督检验检疫总局批准为地理标志保护产品。为保护河龙贡米的质量和特色，提升市场知名度和竞争力，打响河龙贡米品牌。2009年，宁化县政府根据该县地理、气候条件，建立起以河龙乡为中心，安远、城郊、济村、城南、水茜、中沙共7个乡（镇）5万亩的河龙贡米生产示范基地。在各乡镇不同海拔高度划分出河龙贡米种植试验区，确定了适宜的种植范围。县政府为此专门成立了"河龙贡米产业发展领导小组"，在合理规划发展，规范生产体系，加强技术指导等方面进一步加强力量。此外，还拨出专款用于河龙贡米种植的肥料、农药补贴，对种植河龙贡米的农户在粮食直补、水稻保险、水稻良种补贴和收购等方面给予政策倾斜，积极扶持河龙贡米发展。

目前，全县河龙贡米种植面积2.8万公顷，年产河龙贡米1.47亿公斤。2013年河龙贡米保底收购价是每50公斤200元，高出国家保护价近70元，对于农户，一亩能增收500元，有效促进了当地经济发展。

竹溪贡米

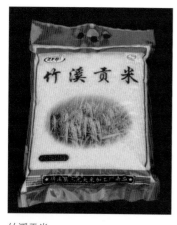

竹溪贡米

竹溪贡米为湖北省特产。国家地理标志产品"竹溪贡米"保护范围为湖北省竹溪县中峰镇、蒋家堰镇、龙坝乡、城关镇、水坪镇、县河镇、新洲乡、兵营乡、汇湾乡等9个乡镇现辖行政区域。

竹溪大米历史悠久，早在唐中宗李显为帝始，就被定为朝廷贡米。史载683年唐中宗李显当政，可是皇帝还没做到一年，武则天收回皇位，将他贬为庐陵王，流放到千里之外的房县。李显带着家人，从都城长安出发，翻越秦岭，途经竹溪县时，早有竹溪的地方官员在此迎候。当地的县令见到这个昔日的皇帝驾到，好生荣幸，拿出当地最好的东西——中峰镇彭峪沟村生产的大米热情招待皇宫中的贵客。长途颠簸的李显，一路又渴又饿，加之沿途天气炎热，吃了用彭峪沟大米做的米饭，便大加赞赏，并念念不忘。后来，李显用此大米敬奉女皇，武则天吃后赞不绝口，当即就把该米封为朝廷"贡米"。李显重回长安当上皇帝后，仍忘不了竹溪大米的香甜，指定年年食用竹溪"贡米"。到了明朝万历年间，时任竹溪知县的王璋，见竹溪大米非同寻常，乃米中珍品，为了巴结当朝的皇帝，便派人将这里的大米送往京城。明神宗食后，随即下诏将竹溪大米定为"贡米"，年年纳贡，岁岁不卯。据传，清朝乾隆年间也定此米为"贡米"。

竹溪"贡米"生长环境独特，生长条件苛刻。竹溪地处鄂西北边陲大巴山深处，主产区在中峰镇彭峪沟村一带，自然条件得天独厚。主要生长在海拔 400~800 米，产地林茂水清，环境洁净，生态优良，土质肥沃，加之独特的北区热带季风气候，光照充足，雨量适中，昼夜温差不大，泉水灌溉培植，稻谷生长周期长，米质优良，清香沁脾。

2009 年，竹溪贡米经国家质量监督检验检疫总局批准为地理标志保护产品。

纪山龙米

纪山龙米，主产于湖北省荆门市沙洋县纪山镇纪山村。国家地理标志产品"纪山龙米"产地范围为湖北省沙洋县纪山镇、十里镇、拾回桥镇、后港镇、毛李镇、官当镇、曾集镇、沈集镇、五里镇、高阳镇、沙洋镇 11 个镇现辖行政区域。

纪山龙米，是湖北省沙洋县特有的珍稀农产品，列全国 7 大名米之一，早在春秋时期即有生产。《荆门州志》载有谚云："秃尾白龙现，家家收谷回"。春秋战国时期，荆楚大旱，楚国农业失收，楚王派大臣到各地视察灾情，见遍地草木皆枯，唯有纪山附近的稼禾葱郁、稻米飘香，官府将这里所产大米进贡楚王，宫中上下食后赞不绝口。于是，楚王将此米封为"御米"，并被历代王侯奉为皇家御膳专用贡品。因仅有皇帝才能享用，故被赐封为纪山龙米，成为楚地之宝。至今，当地还流传着"天下好米出汉江，汉江好米在纪山"的古谣，盛产此米的纪山亦因此成为闻名遐迩的"龙米之乡"。

纪山龙米粒型较长，米粒晶莹剔透，含有较高的蛋白质、纤维素和锡、钙、锰、铁、锌等多种微量元素。蒸煮后饭粒完整，浓香持久，冷却后不成团，不返生。纪山龙米，质量之优异，主

纪山龙米

要得益于水质资源。据水稻科技人员实地考察，发现其米的成分确与灌溉水源有直接关系。因潭水属地下泉水，含有多种矿物质成分，凡用此水灌溉的稻田，所产大米均为优质米。

1999 年，经中国绿色食品发展中心连续两年跟踪检测鉴定为纯天然优质绿色食品；1998 年参加中国国际第四届食品博览会获得"中国市场名牌产品"称号。

2012 年，纪山龙米经国家质量监督检验检疫总局批准为地理标志保护产品。

紫鹊界贡米

紫鹊界贡米为湖南省传统特产。国家农产品地理标志产品"紫鹊界贡米"保护范围为以紫鹊界为中心的水车镇、文田镇、奉家镇。地理坐标为东经 110° 01′ ~110° 52′，北纬 27° 40′ ~27° 45′。

紫鹊界贡米亦称"紫香米"，并有"药米""长寿米""黑珍珠"之美誉。紫鹊界贡米产自世界第三大梯田——湖南新化紫鹊界梯田。紫鹊界梯田是世界上唯一一块纯地下水自流灌溉的梯田，有 2 000 多年的农耕历史。据《新化县志》载，此地所产紫米历代进贡朝廷，俗称"贡米"。相传秦始皇统一全国后，为了寻找长生不老药，派人遍访灵丹圣草。臣子们来到地处湘西地区的紫鹊界奉家山（即现在湖南新化县水车镇和奉家镇），采集到一种"神药"（即紫鹊界黑香米），秦始皇吃后觉得筋骨舒展、浑身是劲、不知饥饿，定能延年益寿，称之为"长寿米"。后来汉武帝吃了称之为"神米"，再后来乾隆皇帝下江南吃了后责成新化县衙每年将此米进贡百担做为皇宫口粮，称为"贡米"。

紫鹊界贡米是由黑稻加工而成的黑糙米，谷粒呈短圆形，皮黑，闻之有清香。煮熟后饭呈紫黑色，香味浓郁，柔软不黏。

据湖南省农业科学院稻米及制品检测中心分析表明：紫鹊界贡米富含淀粉、蛋白质、脂肪、纤维素、多种维生素，同时含有铁、钙、锌、硒等多种矿物质和人体需要的微量元素。《本草纲目》记载：贡米有滋阴补肾、健脾暖胃、明目活血的功效，现代医学证明：经常食用贡米，有利于防止头昏、目眩、贫血、白发、眼疾、腰腿疲软等症。尤为珍贵的是，检测表明：紫鹊界贡米灰分呈碱性，是一种极其罕见的碱性米。其独特的碱性品质，正适用于被瑞士学者推广的调整体液酸碱平衡的抗癌新途径。

紫鹊界贡米

2010 年，紫鹊界贡米经国家农业部批准为农产品地理标志保护产品。

晋祠大米

晋祠大米原产于山西省太原市晋祠镇一带。国家农产品地理标志产品"晋祠大米"保护范围为晋源区晋祠镇的王郭村、小站、小站营、南大寺、北大寺、长巷、晋祠、南张、新庄、东庄、三家村、万花堡、五府营、古城营、东街、南街、西街、庞家寨、南瓦窑、北瓦窑、北庄头 21 个行政村。地理坐标为东经 112° 28′ 16″ ~112° 25′ 54″，北纬 37° 38′ 57″ ~37° 45′ 11″。

晋祠大米

晋祠大米栽培历史悠久，西汉即有大面积种植。据南朝宋范晔所撰《后汉书》记载，东汉安帝元初三年（116 年）春正月"修理太原旧沟渠，灌溉官私田，稻米甲于通省"，距今已有 1 800 余年。宋嘉祐年间，晋祠稻田浇灌面积曾达到万余亩。宋代范仲淹用"千家溉禾苗，满目江乡田"的诗句、清代许荣用"晋水源流汾水曲，荷花世界稻花香"的楹联来描绘晋祠稻田生产的盛大景象。

晋祠大米米色微褐，颗粒饱满，色泽晶莹，性软而韧，连蒸数次，仍然粒粒分明，吃起来清香爽口，素有"七蒸不烂"之说，因而，人们把晋祠大米与天津小站大米一起列为华北名产，晋祠由此而享有"北国江南"之美誉。

晋祠大米之所以有优良的品性，完全得益于其自然生长环境。晋祠大米生长过程由晋水灌溉，而晋水由地下岩溶排泄而出，已有二百万年的历史，并保持着恒温 17℃的特性，含有明矾、钾等多种矿物质；晋祠大米的生长地表土有深厚的黑土，含有丰富的有机物，蓄水性强，且 pH 值为碱性。因此，晋祠大米性微寒，呈弱碱性，也符合人体体液呈碱性的需要；此外，晋祠位于东经 112° 30′、北纬 37° 42′，属于四季分明的大陆性气候，充足的日照、适宜的季风，都为水稻的开花、授粉、抽穗，提供了有利条件。

1960 年开始，晋祠泉水大量用于工业生产，当年流域粮食即减产 91 万斤，到 20 世纪 70 年代后期晋水流量进一步减少，晋祠稻农只能用地下井水和汾河灌渠水浇灌水稻，至 1993 年 4 月 30 日泉水断流，晋祠自然泉涌难以再现，千年名米产量日减，几近绝迹，不复昔日辉煌。从 2006 年起，晋源人抱着复兴这个千年品牌的理想，在千亩农田试种晋祠大米，第一年便试种成功，年总产量达到 100 万斤以上，经农业部门检测，其品质"已恢复至 30 年前的标准"。2010 年，经国家农业部批准为农产品地理标志保护产品。经多年恢复性生产，截至 2013 年，全区种植面积已达 26 370 亩，总产量 13 002 吨，每亩产值 1.2 万元。

定边荞麦

定边红花荞麦

定边荞麦为陕西省传统特产。国家地理标志产品"定边荞麦"产地范围为陕西省定边县贺圈镇、砖井镇、安边镇、白湾子镇、姬塬镇、堆子梁镇、杨井镇、红柳沟镇、新安边镇、纪畔乡、石洞沟乡、郝滩乡、黄湾乡、学庄乡等 25 个乡镇现辖行政区域。

定边是荞麦的故乡，栽培荞麦距今大约有 2 000 多年的历史。秦汉以来，定边人烟日渐繁稠，狩猎、畜牧、牛耕高度发展，南部山区所产荞麦，已成为农家食粮之一。隋唐时期，定边荞麦种植面积逐渐扩大，农户不仅按照传统食用荞麦面粉，而且懂得了荞麦的药用价值。自宋到明代，定边荞麦种植得到了进一步发展。农户初步认识到倒茬轮作，套二犁入种，使用农家厩肥，选择甜荞、苦荞品种，并采用这些措施提高产量。到了清代，尤其是乾隆、嘉庆时，正是定边"升平鼎盛"农业大发展时期，加之"中外和耕"的议行，荞麦种植面积扩展到县城以北一带（长城以北），产量也随着提高。在长期的生产经营活动中，受到当地黄土文化、草原文化和三边文化的滋养，形成了独具特色的定边荞麦文化，有关荞麦的谚语、信天游等相继盛行。如民歌信天游有"荞麦开花粉洞洞，哥哥受苦妹心疼，三十三棵荞麦，九十九道棱，好心肠的妹妹想死人……"，农户用生动形象的地方语言，描述荞麦特征，比喻男女爱情。

定边荞麦品质优良、色泽黑亮、籽粒饱满、出粉率高、面粉洁白、适口性好、营养丰富、药用价值高。

1987 年，定边县被陕西省确定为"优质荞麦商品生产基地"。1996 年，定边被评为"全国优质荞麦生产基地县"。近年来，定边县通过全面实施出口带动战略和品牌带动战略，大力发展以荞麦为主的特色农业，推动县域经济快速发展。如今，荞麦成为定边"新三宝"之一，在国际市场上享有很高的声誉，已成为大宗创汇商品。2011 年，定边荞麦种植面积 3 万公顷，总产

3.6 万吨，其中出口量达 2 万吨，仅此一项为农民平均增加收入 1 000 多元。

2011 年，定边荞麦经国家质量监督检验检疫总局批准为地理标志保护产品。

洋县黑米

洋县黑米为陕西省传统特产。国家地理标志产品"洋县黑米"保护范围为陕西省洋县洋州镇、贯溪镇、戚氏镇、谢村镇、龙亭镇、湑水镇、磨水桥镇、马畅镇、溢水镇、黄安镇、四朗乡、长溪乡、白石乡等 13 个乡镇现辖行政区域。

洋县黑米

洋县黑米已有 2 000 多年的历史。据传，建元元年（公元前 140 年）西汉时期张骞有一天在清水河畔的柳村内读书，困倦后便依树入梦了，梦中文曲星告诉他："汝见黑米之日，即发迹之时也。"后来张骞除苦读书外，时刻注意寻找黑米。一天，他终于在野稻中找到了一株灰色稻穗，剥开稻壳，果然是黑米。传说这便是流传至今的黑米原种。由于黑米珍奇味美，自汉武帝起到清末，一直被列为朝廷贡米。清光绪二十四年（1898 年）"庚子之变"，尽管慈禧太后逃到西安，仍念念不忘洋县黑米的滋补奇效和诱人香味，亲自下旨，令汉中知府进献。

洋县地处汉中盆地东端，北有秦岭屏障，南有巴山阻隔，汉江由西向东横贯其中，形成东南北三面环山，中部低平的小盆地。具有四季分明、雨热同季、温暖湿润、雨量充沛的气候特征，为黑稻生长提供了得天独厚的生态条件。所产黑米色泽乌黑，内质色白，煮成粥为深棕色，味道浓香，营养价值甚高。常食洋县黑米，具有滋阴补肾、益气强身、明目活血的作用。若用洋县黑米与陕北红枣煮粥，更是味美甜香，被人们称之为"黑红双绝"。用洋县黑米配以白果、银耳、核桃仁、花生米、红枣、冰糖、薏米做成"黑米八宝粥"，是难得的高级滋补美食。如能长期服用，可以益寿延年。

1985 年，农牧渔业部授予洋县黑米"全国优质特种米"称号。1993 年正式组建了"洋县黑米名特作物研究所"，对黑米生产、品种选育、系列产品开发利用的广度和深度发挥了重要的科技先导作用。2006 年，经国家质量监督检验检疫总局批准为地理标志保护产品。

洋县黑米有浓厚的"乡土观念"。过去主要在洋县湑水乡一带种植，近年种植面积有所扩大，全县已发展到 2 万亩，亩产 360 公斤以上，最高达 470 公斤，总产 700 多万公斤。

蕲春珍米

蕲春珍米

蕲春珍米为湖北省传统特产。国家地理标志产品"蕲春珍米"保护范围为湖北省蕲春县横车镇、赤东镇、管窑镇、彭思镇、漕河镇、蕲州镇、八里湖办事处、株林镇、刘河镇等 9 个乡镇街道办事处现辖行政区域。

蕲春珍米是明代宫廷贡米，距今已有 500 年历史。因医圣李时珍而得名，具有独特的自然因素和人文因素，是湖北蕲春县特有的珍稀品种，曾被评为全国"七大名米"之一。据《本草纲目》记载：该米温中益气，养胃和脾，常食之可以健身。

蕲春珍米米粒晶莹透亮，光泽度好；粒型瘦长；米饭味清香爽口，口感细腻，软而不黏，富有弹性。

2002 年，中国工程院院士、著名农业科学家、"杂交水稻之父"袁隆平对蕲春珍稻进行了成功改良，建立起湖北省第一个国家优质杂交稻新成果展示基地，研制和开发出珍稻系列产品 10 多个。2009 年，示范区面积发展到 1 万多公顷，拥有湖北蕲春中健米业有限公司、蕲春县时珍米业有限公司、蕲春县金禾米业有限公司等 28 家生产加工企业，产品远销全国 30 多个大中城市，已经形成了优质大米生产加工标准化、规模化、产业化集群。

2009 年，蕲春珍米经国家质量监督检验检疫总局批准为地理标志保护产品。

（二）蔬菜、园艺作物类

昭化韭黄

昭化韭黄是四川省传统特产。国家地理标志产品"昭化韭黄"原产地保护范围为四川省广元市元坝区昭化镇城关村、天雄村、石盘村、摆宴村、战胜村、凤凰村、鸭浮村、坪雾村 8 个村现辖行政区域。

昭化韭黄历史悠久。相传，211 年，蜀先主刘备率兵"北驻葭萌"（今昭化）时，正值韭菜生长旺盛期。当时粮草紧缺，居民们担心韭菜被刘备的军队所食用，就纷纷用干草和泥土遮盖，但还是被刘备的军队所发现，当刘备的军队刨开覆盖在韭菜上的干草和泥土时，韭菜已变成嫩黄透亮的嫩芽，当问及这是什么菜，居民都不敢回答是韭菜，见其像嫩芽，便回答道："是韭芽"。刘备和将士们食用"韭芽"后，认为这种韭芽是"天赐神菜""大吉之物"，于是"韭芽"的称谓开始流行。刘备由"韭"字的偏旁"非"字和"一"字，坚定了他扫除乱党军阀和恢复汉室一统天下的决心和信心，并由"韭"字的谐音"久"字联想，于 217 年亲改葭萌县为汉寿县，铭感蜀国政权正在昭化发祥，寄予指日可待即将恢复的汉室江山能天长地久。252 年，蜀国大将军录尚书事费祎奉诏在汉寿（今昭化）"开府治事"，统摄军政，昭化成为抗魏前线的指挥中心。其在昭化驻扎时期，喜食本地生长的韭芽，经常用韭芽作下酒菜，并治好了费祎已患数年的胃病，时人深感神奇，于是纷纷种植"韭芽"。"韭芽"成为了一种大众蔬菜，因颜色呈黄色，民众也称为"韭黄"。

昭化韭黄

到了唐代，唐明皇李隆基曾途经益昌县（今昭化），吃到昭化韭黄，惊为天味，特赐名"贡黄"。韭黄遂在当地开始盛产。972 年，宋太祖（赵匡胤）寓"昭示帝德，化育人心"之意取这两句话的前一个字改称"昭化"而沿用至今，当地生产的韭黄也被称为"昭化韭黄"或"昭化贡黄"。清朝的历代昭化知县，十分重视昭化韭黄的生产，采取多种措施推广昭化韭黄，昭化韭黄的种植技术日趋成熟，种植面积大幅增加。

昭化韭黄色泽嫩黄透亮，白如象牙，叶片厚实；入口细嫩，香气浓郁；与其他韭黄相比茎长肥状，枝秆粗壮，口感更加清脆。韭黄为辛温补阳之品，药典上称之为"起阳草"，能温补肝肾，一般人都能食用。

2011 年，昭化韭黄经国家质量监督检验检疫总局批准为地理标志保护产品。2011 年，昭化镇种植优质韭黄面积达 1 500 亩，年产韭黄 450 万吨，产值 4 500 万元。

荔浦芋

荔浦芋原产于广西荔浦县，是中国最负盛名的芋头。国家地理标志产品"荔浦芋"原产地保护范围为为广西壮族自治区荔浦县现辖行政区域。

荔浦芋，又名香芋、魁芋，原名槟榔芋，以其芋身呈槟榔花

荔浦芋

纹而得名。据民国三年（1914年）《荔浦志》记载："旧志云：有大至十余斤者，今实无。但以城外关帝庙前所出者为佳。剖之，现槟榔纹，谓之槟榔芋"。"纹棕色致密，粉松而不黏，气香。他处有移种者，仅形似耳，无纹，谓之榔芋"。荔浦芋是经过野生芋长期的自然选择和人工选育而形成的一个优良品种，在荔浦县进行人工栽培已有600年的历史，据记载当年系福建人将芋头带入荔浦县，首先栽于县城城西关帝庙一带，并向周边辐射种植，在荔浦县特殊的地理和自然条件下，受环境气候的影响，逐渐形成集色、香、味于一体的地方名特优产品，品质远胜于其他地方所产芋头，很早在周边县对荔浦所产槟榔芋就有了"荔浦芋"一词的称谓，清朝康熙年间就被列为广西首选贡品，于每年岁末向朝廷进贡，深受皇亲国戚们的喜爱。

由于荔浦县具有独特的气候和土壤条件，产出的荔浦芋个头大，芋肉白色，肉质细腻，煮熟的芋头松软芳香，具有独特的风味，素有"一家蒸扣，四邻皆香"之美誉。荔浦芋营养丰富，含有粗蛋白、淀粉，各种维生素和无机盐，具有补气养肾、健脾胃之功效；既是制作饮食点心、佳肴的上乘原料，又是滋补身体的营养佳品。

2000年，荔浦芋获得国家工商总局《荔浦芋产品证明商标》注册；2005年，荔浦芋经国家质量监督检验检疫总局批准为地理标志保护产品。目前，荔浦县每年种植荔浦芋面积达6万亩，平均亩产2 000公斤，总产量约10万吨。通过实施品牌战略，荔浦芋产业向高产、优质、生态、安全方向发展。

陈集山药

陈集山药为山东省传统特产。国家地理标志产品"陈集山药"原产地保护范围为山东省定陶县陈集镇现辖行政区域。

陈集山药

山东省定陶县陈集山药有着2 000余年悠久的栽培历史和独特的山药文化，久传不断、延绵至今。据《定陶县志》记载：春秋末期，商祖范蠡弃官经商，携西施从越国迁居到天下之中的陶丘（今定陶县）定居经商，因西施有"食薯蓣（山药）、美体容"之好，故引种薯蓣，在陶丘北（今定陶县陈集镇）一沙壤平川繁衍驯化。

至清朝道光元年，定陶县陈集镇陈集村的谷韫璪（字宝岩，1794—1861年）考中武进士，曾任省塘、山西游击，抚标中军参将，蒲州副将，湖南衡州、永州总兵。谷韫璨曾多次将家乡陈集种的山药进贡于朝廷，得到朝廷赏识，后被提升为广西省水陆提督。

清朝光绪年间，陈集东李庙村李守身在朝里做侍卫，将陈集种植的山药进贡于光绪皇帝，光绪食后大喜："此山药乃珍品也！"由此，陈集山药名声大振，在朝野内外广为传颂。据《定陶县志》记载："……清朝光绪年间，曾为贡品，主要集中在现陈集镇一带，时称'陈集山药'"。其产品以"细、长、直、圆，质地坚硬，面、甜、香、绵"见长……陈集谷氏族谱有记：陈集山药献皇上，保健佳品响四方，道光食之赞珍品，百姓效仿食御粮。陈集山药亦在此时正式得名。随着陈集山药名声的传播，种植面积随增，周边亦有种植，但风味俱佳，唯陈集独有。

1949 年以后，由于受"以粮为纲"的影响，陈集山药虽仍作为佳品流传，但面积一直在 1 000 亩左右。

陈集山药，为定陶县陈集镇的历史地方品种，主要有西施种子和鸡皮糙两大品种。均有"面、甜、香、绵、爽"的优美口感，富含丰富的矿物元素、蛋白质、多糖、氨基酸等营养成分和药用成分，具有"药食同源"的优良品质、"药用、保健"的实用价值。

2008 年，陈集山药经国家质量监督检验检疫总局批准为地理标志保护产品。2013 年，定陶从事陈集山药种植的有 1.2 万户，年总产量 25 万多吨，农民年收入近 33 亿元。加工企业年加工生鲜山药 10 万吨，深加工产品有山药蛋白、山药多糖、山药粉、山药酥片、山药饯料、山药汁等系列产品 120 余种，每年的产值已达 100 亿元以上。

庆阳黄花菜

中国是黄花菜的原产地，也是世界上唯一的商品黄花菜生产国（中国是把黄花菜作为食用花卉类蔬菜的唯一国家，欧美诸国多栽培用于观赏而不食用）。庆阳市是黄花菜重要原产地之一。国家地理标志产品"庆阳黄花菜"原产地保护范围为甘肃省庆阳市现辖行政区域。

"庆阳黄花菜"农产品地理标志保护范围为甘肃省庆阳市庆城县的 15 个乡镇 122 个村，西峰区的 7 个乡镇 94 个村，镇原县的 19 个乡镇 227 个村，宁县的 18 个乡镇 64 个村，合水县的 12

庆阳黄花菜

个乡镇 79 个村，地理坐标为东经 106° 24′ ~108° 42′，北纬 35° 14′ 28″ ~37° 09′ 13″。

早在 2 700 多年前，中国古代劳动人民就已经把黄花菜作为观赏植物来种植，而且经过引种驯化作为特种蔬菜栽培，割其幼叶或采摘花蕾制作佳肴。据有关专家考证，《诗经》《古今注》《述异记》《尔雅翼》《通志》《三才图书》《花蔬》《农政全书》《群芳谱》《广群芳谱》《本草纲目》等数十种古籍都有黄花菜的记载。从各种古今资料获知，黄花菜还有许多名称，主要有金针菜、黄花、针金、金条、忘忧草、疗愁花、黄草、鹿葱、鹿剑、安神菜、川菜、谖草、萱草、丹棘、宜男等多种叫法。

黄花菜生产在庆阳的历史源远流长。据《庆阳府志》《庆阳地区农业资源志》《庆阳历史文化览胜》等书记载，庆阳市早在 2 000 多年前就已有零星黄花菜栽培，一些奴隶主在其庄园，由奴隶为其种植黄花菜，供其享用。随着周祖农耕文化的广泛传播，黄花菜逐步走出了奴隶主的庄园，种植范围有所扩大。到 400 多年前，庆阳市栽培黄花菜已较为普遍，但仍然处于自给自足的小块零星栽培时期。

庆阳黄花菜名扬全国得益于明朝大臣许理（今甘肃省镇原县人，明正德年间进士）。据传，许理有一年告假探亲，返京时带回了当地特产黄花菜。进宫以后，许理亲自指点，让御厨用黄花菜做了几道美味佳肴让皇上品尝。不论炒煎熘炸，还是煮焖煲烫，都清香四溢。皇上吃得十分高兴，敞开金口，连连称赞，庆阳黄花菜便成了皇宫必备的供品。各地官员也纷纷从庆阳捎带黄花菜食用，使庆阳黄花菜的声名从此远播大江南北。

黄花菜在我国栽种区域极广，数百年来，甘肃庆阳、湖南祁东、江苏宿迁、陕西大荔等地都有大面积栽培，但庆阳黄花菜以花蕾粗壮，肉质肥厚，鲜嫩味美的品质名列诸产区之首，有"西北特级金针菜"之誉。

黄花菜营养价值丰富，含有丰富的糖类、蛋白质、钙、磷、铁、胡萝卜素、维生素 C 等，而其中蛋白质、糖类、钙、铁和硫胺素的含量名列蔬菜前茅，其中，维生素 A 的含量比胡萝卜还多 2 倍。黄花菜对神经衰弱、高血压、动脉硬化、慢性肾炎、水肿患者均有治疗作用。

2006 年，庆阳黄花菜经国家质量监督检验检疫总局批准为地理标志保护产品。目前庆阳是全国面积最大的黄花菜生产基地，黄花菜年种植面积 50 万亩，年产量 1.6 万吨。

偃师银条

银条菜，又叫银根菜、银白条等。主食地下块茎，其地下茎圆状细长，肉质洁白，酷似白银，故名银条。是食用和药用兼备的名特蔬菜品种。独产于河南省偃师市。国家地理标志产品"偃师银条"原产地保护范围为河南省偃师市现辖行政区域内的城关、首阳山、山化、岳滩、顾县、佃庄、翟镇等 7 个乡镇。地理坐标为东经 112° 26′ 15″ ~113° 00′，北纬 34° 27′ 30″ ~34° 50′。

偃师银条种植历史悠久，相传大唐贞观十九年（645 年），唐玄奘天竺取经归来带回无名蔬菜，拜谒太宗皇帝李世民，皇上大加赞赏，赐名"银条"，并作为宫廷菜肴，在唐玄奘家乡——偃师种植。据《偃师县志》记载，明朝弘治年间偃师银条也曾为宫廷贡品。清乾隆皇帝同百官品赞誉为膳食一宝。

偃师地处伊洛河冲积平原，银条的原产地就在偃师市南郊，伊洛河交汇处北岸东寺庄、西寺庄、后庄和许庄一带，银条喜温暖、湿润的气候，疏松肥沃的沙白土，属于有水而不湿，有沙而不松的土质，非常适合银条生长。偃师银条产量占全国银条产量的 95% 左右，其他地区如商丘仅有小面积种植，但质量远不如偃师银条。因偃师银条名贵，不少人想引种他乡，陕西潼关的酱菜驰名全国，而所用原料，就有偃师银条，有一家酱菜厂老板曾将银条引种潼关一带，但因土质、气候等条件不适应，所产银条的质量差，只得每年从偃师购进银条制作酱菜。据 1960 年农业出版社出版的《蔬菜栽培学》记载 "银条在北京少有栽培，但品质较差"，偃师银条基本无病虫危害，属纯天然、无污染、无公害的一种蔬菜。

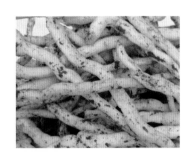

偃师银条

偃师银条洁白发亮、质地致密、节长脆嫩、清脆爽口，具有解酒清神、消腻利口、增进食欲等功能，是故都洛阳宴席上的著名凉拌菜。据现代科学测定，银条富含糖类、酚类、维生素 C、粗蛋白、氨基酸、有机酸等物质，有软化血管、降低血脂、改善血液循环的独特作用。

2005 年，偃师银条经国家质量监督检验检疫总局批准为地理标志保护产品。2011 年，经国家农业部批准为农产品地理标志保护产品。目前，偃师银条种植面积达 8 000 余亩，亩产值在 4 000 元左右。

铜陵白姜

铜陵白姜因质嫩皮白而得名，是安徽省著名特产。国家地理标志产品 "铜陵白姜" 原产地保护范围为安徽省铜陵市郊区大通镇，铜陵县天门镇、顺安镇、东联乡、西联乡、钟鸣镇等 6 个乡镇现辖行政区域。

铜陵产姜的历史悠久，早在春秋时就有种植。北宋时期，铜陵已成为全国著名的生姜产区，并被列入朝廷贡品。据嘉靖《铜陵县志》记载，明代铜陵生姜已成为 "热门" 特产。"邑产姜、蒜、苎麻、丹皮之类，近亦间有贩贾者，但远人市贩者居多。"（清·赵锦风《俗篇·新城记》）。清顺治十三年（1656 年），《铜陵县志·物产》记载，当时姜的产量 "每岁不下十万担"。至民

铜陵白姜

国年间，年产量约 720 吨。时大通经营生姜的私营行商有 6 家，每年采购鲜姜销往安庆、芜湖、镇江、扬州等地，像安庆的"胡玉美"、扬州的"四美"、镇江的"恒顺"等有名的酱园都采购铜陵生姜，加工糖冰姜、糖醋姜、酱姜等。新中国成立初，生姜仍以私商经营。20 世纪 50 年代末 60 年代初，因片面地抓粮食生产，生姜种植面积受到影响，生产量亦减。到了 80 年代，在积极发展多种经营的方针指导下，面积与产量均不断增长，生姜除供销社收购一部分外，大都为酱园长直接至产地收购，或姜农运至市场自销。

铜陵白姜属白姜，排姜类型。鲜姜皮为白略呈黄色，姜块成佛手状，瓣粗肥厚，姜指饱满。以"块大皮薄、汁多渣少、肉质脆嫩、香味浓郁"的特色和"残渣遗齿、隔夜留香"的特质闻名遐迩，有"中华白姜"之美誉。

铜陵人喜食生姜，并视生姜为良药，铜陵有民谣："一片生姜，胜过丹方""一杯姜汤，老少健康"。据化验资料分析，生姜除含有姜油酮、姜油酚、姜油以外，还含有蛋白质 1.4%、糖 8%、脂肪 0.7%。此外还有人体所必须的钙、磷、铁、胡萝卜素、硫胺素、核黄素、尼克酸、抗坏血栓和无机盐等营养成分。老姜具有健胃、止血、顺气去寒、化痰解毒、发汗消热、调味蔬菜、增进食欲等功能。

2009 年，铜陵白姜经国家质量监督检验检疫总局批准为地理标志保护产品。目前，铜陵白姜的种植面积在万亩以上，年产量近 9 000 吨，其中外销约 4 000 吨。形成了从种植、加工到销售的产业化格局，开发出的 10 个系列产品 80 多个品种，6 个产品获国家绿色食品认证。

马家沟芹菜

马家沟芹菜是山东省著名地方特产，原产于青岛平度市李园街道办事处马家沟及周边村庄。国家地理标志产品"马家沟芹菜"原产地保护范围为山东省平度市李园街道办事处；城关街道办事处新北台、北荆家两个村；同和街道办事处孙家柳疃、林家疃、王家柳疃、石庙、王家赵戈庄、大赵戈庄、沟崖、姜家沙戈庄、倪家沙戈庄、柴家沙戈庄、王家沙戈庄、中辛庄、李戈庄、西丰台堡、东丰台堡、崔家庄、荆家疃、中李家庄、兰家窑 19 个村；门村镇崔家烟村、赫家烟村、高家烟村、贾家烟村、曲家烟村、赵家烟村、坦埠、韩家庄、荆家寨 9 个村现辖行政区域。

国家农产品地理标志产品"马家沟芹菜"原产地保护范围为平度市平柞路、平营路以西，泽河以北，武王山、三城路以东，花山以南区域内耕地，涉及李园街道办事处的 63 个村，城关街道办事处的 2 个村，同和街道办事处的 19 个村，门村镇的 9 个村，共 93 个村。地理坐标为东经 119° 51′ 15″~119° 57′ 18″，北纬 36° 45′ 07″~36° 53′ 13″。

平度市马家沟芹菜的栽培历史可以追溯到明代，据史料记载，明正德年间，农民贾士忠由山西省洪洞县迁到平度城西南关，以种植芹菜为业。一日，来到东马家沟，见此处是微碱性的沃土，沟渠较多，常年有水，而且水质纯净，是种植芹菜的理想之地，于是即在此处安家。后经几代人的试验种植，培育出叶茎嫩黄、柄直空心、棵大鲜嫩、清香酥脆的马家沟芹菜。由于其品质优良，色味俱佳，日久天长便成为地方名特产品。

马家沟芹菜

自古至今，马家沟芹菜还流传着许多美丽的传说。1896 年（清光绪二十二年），在平度任知州的泮民表患头风，数名医治疗无效。其厨师于平度西关双丰桥下挖野芹菜数棵，选其嫩梗去叶切少许，先炒猪肉丝加作料后急火爆炒适时。泮民表食之，清脆可口，翠汁流香，大为奖励，厨师又变换花样加入花椒油，选嫩叶用豆面拌蒸，进献泮民表，其开胃进食，食欲大增，从此更改主菜食之，久而久之头风顿失，问厨师此菜从何而来，何名，厨师相告实情：此乃双丰桥下之野芹菜，泮民表大喜曰：平度又一名菜，遂命双丰桥下游之农民种芹菜，赖以生计。

还有一则是关于李自成的传说。崇祯十四年（1641 年），李自成率兵攻取洛阳，杀死荒淫无耻的福王（明神宗之子朱常洵）后，挥师北上攻打北京。其中东路军途经平度，当时正值三伏，酷热难当，军中大部分人头晕、发烧、焦燥不安，行军不得，制敌不能，指挥焦虑不堪。有的部属吃了马家沟芹菜，病情大为好转，于是佳话盛传，兵士争相传食，结果兵多菜少，无济于事，于是指挥官即令士兵每营分 4~5 棵芹菜，熬一锅汤，士兵每人两碗芹菜汤，结果数日后，部队灾消病祛，整装前进，如期赶赴战地。

马家沟芹菜营养丰富，品质上乘，含有丰富的钙、铁、胡萝卜素、维生素 B_1、维生素 B_2、维生素 A、维生素 C 等多种人体必需元素，粗纤维含量明显低于其他芹菜，这是其口感清香酥脆的重要原因，也是该地理标志产品的重要品质特征。

2007 年，马家沟芹菜经国家质量监督检验检疫总局批准为地理标志保护产品。2011 年，经农业部批准为农产品地理标志保护产品。目前，马家沟芹菜主要以大叶黄为主。2013 年种植面积 2 万亩，年平均亩产 5 000 公斤左右，亩均纯收入可达到1.2 万元，从事芹菜产业劳力达 4 万余人，每年拉动农民收入上亿元。

福州茉莉花

福州茉莉花

福州茉莉花是福建省著名特产，其数量和质量都冠于全国。国家农产品地理标志产品"福州茉莉花"原产地保护范围为福州市仓山区、马尾区、晋安区、福清市、长乐市、闽侯县、闽清县、罗源县、连江县、永泰县等 10 个县（市）区。地理坐标为东经 118°08′~120°31′，北纬 25°15′~26°29′。

作为佛教四大圣花之一的茉莉花，在西汉时期就远从"佛国"落户于福州。据记载，茉莉花在福州"落户"，正是汉代初年闽越王无诸受册封，着手修筑福州城的时候。可以说，茉莉种植的历史几乎与古城福州一样源远流长，因此，福州城最初便以茉莉花著称。北宋时，由于中医局方学派对香气和茶保健作用的充分认识，引发香茶热。古人发现茉莉有着安神、解抑郁，中和下气的功效，福州作为茉莉花之都，茉莉花茶因此诞生，使茉莉花的种植得到了进一步的推广。到清朝咸丰年间，由于福州在中外交流中的重要地位以及慈禧太后对茉莉花有特殊的偏爱，使福州成为中国最大的茉莉花产地。20 世纪七八十年代，福州辖区内的建新镇、上街镇曾遍布茉莉花，因此被称为花乡、花屿，仓山区也因广种茉莉花而得"琼花玉岛"之别称。在当时，福州茉莉花茶畅销全国各地，特别是华北、东北、西北三北地区和福州，而且每年还出口欧美等国家。

古人认为茉莉玉骨冰肌，有淡薄名利之意，乃国色天香中的"天香"。茉莉花珠圆玉洁的外形、雅素恬淡的仪态以及袭人的香气不仅因具有观赏价值而被记载在史书中，如北宋梁克家就在他的《三山志》载有"末丽，此花独闽中有之。夏开白色，妙丽而香"，同时也让文人骚客对其赞美不已，如"露华洗出通身白，沉水熏成换骨香""天赋仙姿，玉骨冰肌。向炎威，独逞芳菲"。茉莉喜温暖湿润和阳光充足环境，福州独特的自然条件适合茉莉花生长与发育，所产的茉莉花供熏茶，提炼香料和欣赏。

福州茉莉花有单瓣，重瓣，单叶，复叶之分，花有红白两种，种类全，数量多，其中以白茉莉花最为普遍，香气浓郁。据分析，茉莉花香的主要成分是茉莉酮，香质纯正优雅，风味殊胜，目前还不能人工合成，必须从茉莉花中提取。茉莉酮能使平滑肌收缩，并有降低血压的作用。

2011 年，福州被国际茶叶委员会授予"世界茉莉花茶发源地"称号。2012 年，福州茉莉花经国家农业部批准为农产品地理标志保护产品。2013 年，福州茉莉花种植与茶文化系统列入中国重要农业文化遗产名单。

截至 2012 年年底，福州茉莉花种植面积达 1.5 万亩，茶园面积 13.6 万亩，茉莉花茶产量 1.1 万吨，产值 17.85 亿元，带动农户增收 8 亿元。

平阴玫瑰

山东省平阴县盛产玫瑰花，在《中国名胜词典》上称之为"玫瑰之乡"。国家地理标志产品"平阴玫瑰"原产地保护范围为山东省平阴县现辖行政区域。

平阴玫瑰

国家农产品地理标志产品"平阴玫瑰"原产地保护范围为山东省平阴县境内平阴镇、安城镇、玫瑰镇、东阿镇、洪范池镇、孔村镇、孝直镇 7 个乡镇的 216 个行政村。地理坐标为 116° 12′ ~116° 27′，北纬 36° 01′ ~36° 23′。

平阴玫瑰栽培历史悠久，距今已有 1 300 多年。早在唐代初期就有先师慈净和尚在平阴翠屏山栽植玫瑰的记载。明代已能利用玫瑰酿酒，到清代已遍植于翠屏山周围及玉带河流域。清代《平阴县志》有"隙地生来千万枝，恰如红豆寄相思，玫瑰花放香如海，正是家家酒熟时"的记载。据《平阴乡土志》载："清光绪三十三年（1907 年），摘花季节，京、津、徐、济客商云集平阴，争相收购，年收平阴玫瑰花三十万斤，值白银五千两。"

平阴县境内玉带河流域四周环山，中间谷地狭长，气候温和。特殊的地形、气候，造就了浓郁芳香的平阴玫瑰。花开时茎高 80~200 厘米，花为重瓣深红色。5 月中旬为盛花期，花期 3~10 天。这时，玫瑰镇、平阴镇、李沟镇的近万亩玫瑰竞相开放，沟渠路旁、地头堰边、大地田园、房前屋后，到处是一行行、一簇簇、一片片鲜艳夺目的玫瑰花，香气沁人肺腑，令人赏心悦目。这里的重瓣红玫瑰，不仅栽培历史悠久，而且以花大瓣厚色艳，香味浓郁，品质优异驰名中外。在 1982 年 7 月召开的"全国玫瑰花生产座谈会"上，专家们一致评价："平阴玫瑰香甜如意，芳香四溢，具有香气正，清香、甜香、浓香等特点"，被称为"中国传统玫瑰的代表"。

在玫瑰镇政府驻地，辟有专供游人观赏的玫瑰花圃。1990 年以来，该县每年 5 月中旬举办玫瑰文化艺术节，前来赏花、旅游、从事经贸活动的客人络绎不绝。以玫瑰花为原料的玫瑰酱、玫瑰酒、玫瑰饴、玫瑰精油、玫瑰系列化妆品及玫瑰风味的食品，便成了客人们必购的商品和品尝的佳品。

2003 年，平阴玫瑰经国家质量监督检验检疫总局批准为地理标志保护产品。2010 年，经国家农业部批准为农产品地理标志保护产品。2013 年，平阴玫瑰种植面积 6.3 万亩，单产 500 公斤，最高单产突破 650 公斤，全县年产玫瑰鲜花 5 000 吨左右。目前，平阴县已有集体及个体加工企业近 20 家，在龙头企业山东香格玫瑰酒业有限公司、济南市惠农玫瑰精油有限公司等带领下，已形成玫瑰精油、玫瑰粉、浴用玫瑰花瓣、玫瑰花饮用茶等六大玫瑰系列产品近 200 个品种。玫瑰年生产加工能力达 3 200 多吨。2013 年玫瑰鲜花出口量达 800 吨以上，其中玫瑰精油首次出口量达到 350 公斤。

（三）水果、坚果、饮料和香料作物类

吐鲁番葡萄（干）

吐鲁番葡萄（干），是新疆驰名中外的传统特产。国家地理标志产品"吐鲁番葡萄、吐鲁番葡萄干"原产地保护范围为新疆维吾尔族自治区吐鲁番市、鄯善县和托克逊县现辖行政区域。

吐鲁番种植葡萄历史悠久。据史书记载，2 000 多年前西汉时期张骞出使西域时从大宛（大概在今日费尔干纳盆地）把葡萄引进这里，以后又陆续传入内地。公元 5 世纪，吐鲁番就开始大面积种植葡萄，吐鲁番生产的葡萄以皮薄、味美、质优饮誉天下。

吐鲁番地处新疆维吾尔自治区中部的低洼盆地上，被称为"火洲"。这里气温高、日照时间长、昼夜温差大，特别适合葡萄的生长。又因独特的地理位置使吐鲁番的地下水储量丰富，所以水果中的含糖量非常高。现有葡萄品种有无核白葡萄、马奶子、红葡萄、喀什喀尔、百加干、琐琐等 13 个品种。这些品种中，除无核白以制干为主，琐琐葡萄以药用为主外，其他品种均以鲜食为主兼作酿酒、制罐原料。

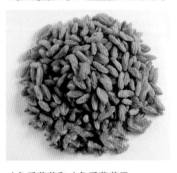

吐鲁番葡萄和吐鲁番葡萄干

通常说的"吐鲁番葡萄"主要指无核白葡萄，它生长力强，结果多。因其无籽，最适宜晾制葡萄干。吐鲁番的葡萄干是用特

殊方式晾制成的，在吐鲁番处处都有用土块砌成的四面通风的花格建筑——荫房。利用荫房的热风，自然荫成的葡萄干，果粒色泽仍碧绿鲜艳，果肉柔软，食之酸甜可口，色味俱佳，为国内干果中之珍品，堪称"中国绿珍珠"。吐鲁番在 7 月至 10 月有鲜葡萄上市，其余时间吃到的是葡萄干。葡萄干像葡萄一样，味甜，品种多，最经典的也数"无核白"晒成的葡萄干。

丝绸之路在中国境内长达 4 000 多公里，仅在新疆境内就 2 000 公里长，南、北、中三线横贯新疆全境。吐鲁番位居丝绸中路要冲，是名闻遐迩的历史重镇，自两汉以来，长期是我国西域地区政治、经济和文化的中心之一。为纪念丝绸之路开通 2 100 年，从 1990 年起每年的 8 月 20 日在吐鲁番举办中国丝绸之路吐鲁番葡萄节。这也是国务院确定的 40 个重要经济文化节庆活动之一。意在用以葡萄为代表的地域文化搭建平台，为新丝绸之路经济与文化交流和发展提供机会。

2003 年，吐鲁番葡萄、吐鲁番葡萄干经国家质量监督检验检疫总局批准为地理标志保护产品。目前，吐鲁番地区是中国葡萄主要生产基地，总产量占全国的 1/5，葡萄干产量占全国的 75%。

哈密瓜

哈密瓜是新疆的传统名优特产。国家地理标志产品"哈密瓜"原产地保护范围为新疆维吾尔自治区哈密市所辖行政区域，具体为东起骆驼圈子，西至柳树泉农场，北起水管处园艺场，南至南湖乡，位于哈密盆地中部，地理坐标为东经 90° 08′~96° 23′，北纬 40° 43′~43° 43′，东西长 150 公里，南北宽 35 公里的狭长地带；伊吾县所辖行政区域，具体为伊吾河下游淖毛湖区域（含下马崖、苇子峡），东起下马崖阿热买力村，西至淖毛湖开发区，北起长城公司，南至苇子峡乔尔乔村，地理坐标为东经 94° 32′~95° 00′，北纬 43° 00′~43° 50′；巴里坤县所辖行政区域，具体为三塘湖乡区域，东起岔哈泉村，西至下湖村，北起下湖村，南至上湖村，位于城东北 74 公里处，地理坐标为东经 93° 09′~94° 49′，北纬 43° 50′~45° 43′；吐鲁番市所辖行政区域，具体为东起二堡乡的火焰山村，西至艾丁湖乡的也木西村、大庄子村、西然木村、亚尔乡的西沟村、交河古城以东，北起胜金乡幸福村、红星村、红柳河园艺场的一碗泉以南，南至恰特卡勒乡的曙光村，艾丁湖乡的红星渠以北；兵团农

哈密瓜

十三师 221 团，东起交河古城，西至大旱沟，北起 312 国道，南至艾丁湖，地理坐标为东经 87° 65′ ~90° 10′，北纬 42° 30′ ~43° 13′；鄯善县所辖行政区域，具体为东起七克台镇的亚坎村，西至 312 国道和吐峪沟乡与二堡乡的交界处，北起天山脚下的柯柯亚村，南至迪坎乡的迪坎村，地理坐标为东经 89° 29′ ~89° 54′，北纬 42° 31′ ~42° 47′；托克逊县所辖行政区域，具体为东起郭勒布依乡红山村，西至阿拉沟，北起 312 国道，南至觉罗塔克山以北，地理坐标为东经 87° 14′ ~89° 14′，北纬 41° 21′ ~43° 18′。

哈密瓜，是甜瓜的一个变种。维吾尔语称"库洪"，源于突厥语"卡波"，意思即"甜瓜"。新疆种植哈密瓜有着悠久的历史。1980 年，吐鲁番地区文物考察队在鄯善县火焰山南的达浪坎乡南部，大阿萨古城堡考察时，在一处被黄沙掩埋的唐代佛教寺院内，挖掘出 3 块哈密瓜干瓜皮。在吐鲁番市晋代（265—419 年）古墓群（阿斯塔那）发掘出一些干缩的甜瓜皮和甜瓜籽，瓜籽与瓜皮上的网纹与现今的哈密瓜别无二致。这些都证明，今火焰山南一带，包括鄯善县的达浪坎乡、鲁克沁镇及吐鲁番市的火焰山乡一带种植哈密瓜历史在 1 600 多年以上。

元代李志常所著《长春真人西游记》一书记载，一代天骄成吉思汗在西域大帐中召见道教全真派首领邱处机时，邱处机说到回鹘王曾用甘瓜招待他，并解释说："甘瓜如枕杵，其香味盖中国未有也。"甘瓜即现今的哈密瓜。回鹘王国是唐代高昌国改朝换代后建立的，其辖地即现在包括盛产哈密瓜的鄯善县在内的吐鲁番盆地，说明 700 多年前这里的哈密瓜已享誉中原一带。

到了清代，哈密瓜得到进一步发展。清《新疆回部志》云，"自康熙初，哈密投诚，此瓜始入贡，谓之哈密瓜，彼时视为珍品"。说明哈密瓜的名字始于康熙年间，是因由哈密王进贡而得此名。从此哈密瓜便成了厚皮甜瓜的俗称，一直流传下来。

哈密瓜有"瓜中之王"的美称，具有瓜体均匀适中、品质好、含糖量高、香甜多汁、口感细腻、润脆等特点。不同品种哈密瓜形态各异，风味独特，有的带奶油味、有的含柠檬香，但都味甘如密，奇香袭人，被公认为是水果中的佳品，在国内外都享有盛誉。哈密瓜不但好吃，而且营养丰富。据专家分析，哈密瓜的干物质除了含有 4.6%~15.8% 的糖分，还含有纤维素 2.6%~6.7%，除此之还有苹果酸、果胶物质、维生素 A、维生素 B、维生素 C，尼克酸以及钙、磷、铁等元素。维生素的含量比西瓜多 4~7 倍，是苹果的 6 倍，比杏子也高 1.3 倍。铁的含量要比鸡肉多两三倍，高出牛奶 17 倍。

哈密瓜除供鲜食以外，还可制作成瓜干、瓜脯、瓜汁食用。瓜蒂瓜籽是可以入药治病的，瓜皮也可以用来喂羊，达到促肥增膘的效果。哈密瓜籽也可用于做高纯度的精油，有药用、美容、保健、生理活性诸多作用。

2008 年，哈密瓜经国家质量监督检验检疫总局批准为地理标志保护产品。

如今哈密地区已成为全国较大的哈密瓜生产基地与集散中心，被誉为"中国甜蜜之都""中国哈密瓜之乡"。2013 年，"哈密市哈密瓜栽培与贡瓜文化系统"被农业部认定为第二批中国重要农业文化遗产。2014 年，哈密地区哈密瓜种植面积 7.6 万余亩，上百个品种，总产量达 20 余万吨。

库尔勒香梨

库尔勒香梨是新疆水果中的佼佼者，也是中国香梨中的精品。因最早生长在新疆库尔勒市郊孔雀河畔而得名。国家地理标志产品"库尔勒香梨"原产地保护范围为新疆维吾尔自治区的库尔勒市、阿克苏市、阿拉尔市、尉犁县、轮台县、库车县、沙雅县、新和县、阿瓦提县、温宿县等 3 市 7 县现辖行政区域。

库尔勒香梨

香梨，维吾尔语叫"奶西姆提"，意思是喷香的梨子。库尔勒地区种植香梨已有 2 000 多年的历史。公元 5 世纪晋代葛洪撰《西京杂记》中记载："瀚海梨，出渤海北，耐寒不枯"。"瀚海"即塔里木，"瀚海梨"即库尔勒香梨。公元 7 世纪的《大唐西域记》中也有关于库尔勒香梨的记载。据说《西游记》中的人参果，就是指香梨。1924 年法国万国博览会 1 432 种梨中，库尔勒香梨仅次于法国白梨被评为银奖，有"世界梨后"之称。

新疆库尔勒素有"梨乡"之称。库尔勒梨以其皮薄、肉脆、汁多、味甜、耐储藏等特点为新疆乃至全国独有，驰名中外。香梨不仅可以生食，还可以制梨酒、梨脯、梨罐头。李时珍在《本草纲目》中说，梨可以"润肺、凉心、消痰、解疮毒、酒毒"，他特别强调："今人痰病火病，十居六七，梨之有益，盖不为少。"冬天以香梨止咳化痰，确有很好疗效。

库尔勒香梨为白梨系统的地方品种。果重 80~150 克。果形一般为圆形或纺锤形，黄绿色，阳面有暗红色晕。果肉呈白色，蜡质较厚。具有汁多味浓甜，香气浓郁，酥脆爽口，耐储藏等优点。

2004 年，库尔勒香梨经国家质量监督检验检疫总局批准为地理标志保护产品。目前，新疆库尔勒香梨种植面积近 70 万亩，年产量达到 50 万吨，储藏保鲜能力达 40 万吨以上，创建库尔勒香梨品牌 18 个，已经形成集香梨生产、加工、储藏、保鲜、运输一体的产业化发展格局。

鞍山南果梨

鞍山南果梨又称"鞍果"，是辽宁省的名牌梨果。可与新疆库尔勒香梨、山西以及原产于日本的水晶梨等诸多梨中珍品相媲美。国家地理标志产品"鞍山南果梨"原产地保护范围为辽宁省

鞍山南果梨

鞍山市千山区、海城市现辖行政区域。

南果梨，属于秋梨子系统，是鞍山地区特有的水果产品。原产于鞍山市千山区大孤山镇对桩石村，因发现在南山，便称为南果梨，一直沿用至今，至今已有 150 多年的栽培历史。南果梨在 20 世纪 40~60 年代有较大的发展，特别是鞍山的千山、大孤山、唐家房以及辽阳的隆昌，下八会等公社，都因盛产南果梨而有南果之乡的美誉。

南果梨果实较小，单果重 60~100 克，果实近圆形或扁圆形。底色绿黄，阳面有鲜红晕，颇为美观，果肉细腻、多汁、甜酸适度、香味浓郁。南果梨最大的特点是，不管闻着还是吃着，都能感受到浓浓的酒香，这是因为南果梨成熟时，果肉会自然发酵，也只有发酵后的南果梨才最好吃。待到可以在果实表面按出一点浅浅的指印时，便到了南果梨最好吃的时候。在梨果中，品质极上，故有"仙果"之称。

2005 年，鞍山南果梨经国家质量监督检验检疫总局批准为地理标志保护产品。现南果梨祖树仍生长于此，是仅存的一株自然杂交实生苗南果梨树。由南果梨祖树而形成的"辽宁鞍山南果梨栽培系统"具有显著的历史性、代表性、影响性等。2013 年，被正式列入中国重要农业文化遗产。近年来南果梨产业得到快速发展，由传统单一的林果生产业逐步向多领域产业扩大，通过祈福文化、旅游文化、亲情文化以及文学作品等多种形式，拥有了自身独特的文化内涵。目前，千山区南果梨栽培面积 13 万亩，年产量 13 万吨，年产值 3.2 亿元，是千山区农业优势主导产业。海城市现有南果梨 32 万亩，株数 960 万株，年产量 15 万吨，产值为 7.8 亿元，占该市种植业总产值的 18%，果产区农民年收入平均 60% 来自于南果梨生产。

泊头鸭梨

泊头鸭梨是河北省特产，以体形像鸭蛋而得名。国家地理标志产品"泊头鸭梨"原产地保护范围为河北省泊头市现辖行政区域。

泊头是著名的"中国鸭梨之乡"，鸭梨产业也因此成为泊头的特色支柱产业。有"中国鸭梨看河北，河北鸭梨看泊头"的说法。20 世纪 80 年代以前，由于泊头鸭梨经天津港出口，受当时计划经济的影响，泊头鸭梨曾冠以"天津鸭梨"的名称出口国外，人们耳熟能详的"天津鸭梨"，原产地即为泊头。

泊头鸭梨有 2 000 多年的栽培历史，最早可追溯到汉代。《史记·货殖列传》中记载，西汉时"淮之北，常山已南，河济之间，千树梨……此其人皆与千户侯等"。泊头市当时濒临黄河，正处于这一地区，可见泊头鸭梨栽植当时已有相当规模。东晋道学家葛洪的《神仙传》中，曾有"交梨"的记载：据传隋炀帝出游运河，路过泊头曾上岸观梨花，只见"河上花，天水浸灵芽，浅蕊水边匀玉粉，浓苞天外剪玉霞，斜晖暖摇清翠动，梨花香透万千家。"泊头亦因隋炀帝泊船上岸观花而得名。《清一统志》记载"交梨"属交河（即泊头）物产，康熙年间《河间府志》称"交河之梨，人谓之交梨，其味香而脆"。据 2007 年调查，在洼里王镇、齐桥镇仍有上万株树龄在 100~300 年的梨树，其中一株树龄 300 年的"梨树王"，在洼里王镇姜桥村，仍枝叶繁茂，正常结果。这些记载都表述了泊头鸭梨悠久的栽培历史。

泊头鸭梨

中国的名牌梨有二十几种，各具特色风味，而其中的佼佼者当属泊头鸭梨。泊头鸭梨单果重 175~265 克，具有个儿大、果肉色泽乳白，皮薄细脆多汁，石细胞少，味甜，清香等特点。有诗赞誉："嚼处春冰敲齿冷，咽时雪液沃心寒。"

被推为"百果之宗"的大鸭梨含有丰富的营养素，包括碳水化合物、蛋白质、维生素 C、维生素 B 族、烟酸、胡萝卜素及钙、磷、铁等。近来，医学家发现，梨还含有能使人体细胞和器官组织保持健康状态的抗氧化剂，梨汁被誉为"天生甘露，功胜参茸"。贫血者坚持吃梨，能使面容红润、体格健壮。

2004 年，泊头鸭梨经国家质量监督检验检疫总局批准为地理标志保护产品。目前，泊头市梨树种植面积为 25 万亩，2012 年产量 48.5 万吨。

莆田桂圆

莆田桂圆，又名莆田龙眼，兴化桂圆，兴化龙眼，产于福建省莆田市，是中国桂圆（龙眼）的佼佼者。国家地理标志产品"莆田桂圆"原产地保护范围为福建省莆田市涵江区江口镇、萩芦镇、梧塘镇、国欢镇、涵西街道办事处、涵东街道办事处，荔城区西天尾镇、新度镇、黄石镇；城厢区灵川镇、东海镇、华亭镇、常太镇、霞林街道办事处、凤凰山街道办事处、龙桥街道办事处，仙游县枫亭镇、榜头镇、盖尾镇、郊尾镇、园庄镇、赖店

莆田桂圆

镇、大济镇、鲤城办事处、鲤南办事处等 25 个乡镇街道办事处现辖行政区域。

莆田桂圆（龙眼）栽培始于汉代，历史悠久。据左太冲《蜀都赋》记："旁挺龙目，侧生荔枝。龙眼唯闽中及南粤有之。据《兴化揽胜》载：兴化在 7~10 世纪的唐代就已有龙眼种植，宋、明两代尤盛。15 世纪的明弘治《兴化府志》载：仙游、莆田两县每年进贡兴化桂圆干有 500 多公斤。又据唐御史黄滔撰写的黄山灵岩寺碑铭记述，莆田县东峰庙当时已有龙眼栽培和加工技术居中国领先地位，如高接换种、小苗嫁接、品种选育、桂元干加工等。

莆田桂元果粒大，外壳橙黄、浑圆不塌陷，果肉晶莹剔亮、易剥离，香甜可口。由于莆田地处中国龙眼栽培适宜区的北缘，日照充足，雨量适中，日夜温差大，有利于可溶性固形物（糖分为主）的积累，所以莆田桂元风味较其他产地香甜。

龙眼不但是营养丰富的果品，而且具有药用价值。《本草经》中记载："龙眼甘平、无毒、主治五脏邪气，安志厌食、久服强魄、聪明、轻身不老、通神明"。李时珍在《本草纲目》中又述及："龙眼开胃、健脾、补虚、益智。"现代医学、营养学分析证明：龙眼及其制品龙眼干、龙眼肉、龙眼膏、龙眼酱等，具有开胃健脾、补虚益智、养血安神之功效，桂元干可作为治疗病后体虚、贫血痿黄、神经衰弱、产后血亏的佳品。日本医学界实验还证明："龙眼具有很强的抗癌作用，其功效不亚于抗癌药物——长春新碱。"

2008 年，莆田桂圆经国家质量监督检验检疫总局批准为地理标志保护产品。龙眼有"大年""小年"之分，丰收年因为龙眼树当年结果枝，营养使用透支，第二年一般不再结果。2012 年迎来了 20 年来的"特大年"，莆田龙眼获得大丰年，鲜果产量达到 4 万吨。2013 年为小年，鲜果产量只有 1 万多吨。

南山荔枝

荔枝是广东省著名特产，南山是主要产区之一。国家地理标志产品"南山荔枝"原产地保护范围为广东省深圳市南山区现辖行政区域。

南山荔枝栽培历史悠久。南山，古称南头，在秦时即属南海郡番禺地。东晋咸和六年（331 年），南头是东官郡的郡府，管辖澳门、珠海、香港、东莞、中山、汕头。据典籍《三辅黄图》记载，早在公元前 3 世纪，岭南已广种荔枝。1 700 多年前，南头作为岭南地区政治经济文化中心之一，当时可能有较大规模的荔枝栽培。但现存史籍可考者，仅见于 200 多年前编著的《新安县志卷三·特产类》，其中记载："荔枝树高丈余或三四丈，绿叶蓬蓬，青花朱实，实大如卵，肉白如脂，甘而多汁，乃果中之最珍者。故苏东坡诗云：'日啖荔枝三百颗，不辞长作岭南人。'其种不一，曰'大荔'、曰'黑叶'、曰'小华山'、曰'状元红'，俱于盛夏成熟"。可见，南山的荔枝早已遐迩闻名。解放后，南山荔枝生产迅速发展。特别是改革开放以来，丰产稳产技术水平和产品质量得到较快的提高。

荔枝含有较多的胡萝卜素、维生素 C、矿物质钾。荔枝所含丰富的糖分具有补充能量，缓解神疲等作用；荔枝肉含丰富的维生素 C 和蛋白质，有消肿解毒、止血止痛的作用；丰富的维生素可促进微细血管的血液循环，防止雀斑的发生，令皮肤更加光滑。

南山荔枝具有肉软滑细嫩、多汁、味浓甜等特点。目前南山荔枝主要种植品种有糯米糍、桂味、妃子笑等。不同品种各具特色：糯米糍果皮鲜红色，肉软滑细嫩，多汁，味浓甜，微香；桂味果皮鲜红或带墨绿色斑块，肉乳白色，质厚实，爽脆清甜，有桂花香味；妃子笑果皮淡红稍带绿色，肉厚，白腊色，汁多，甜酸适中。

2006 年，南山荔枝经国家质量监督检验检疫总局批准为地理标志保护产品。

2013 年，南山区荔枝种植面积 2.6 万亩，年产量 1 000~1 300 吨。产品以本地销售为主，少部分销往北京、上海、哈尔滨等城市和港澳地区，每年出口到美国、德国、加拿大、菲律宾等国家的荔枝 100 多吨。

南山荔枝

漾濞核桃

漾濞县在云南省大理白族自治州西部，以盛产核桃著称。国家地理标志产品"漾濞核桃"原产地保护范围为云南省大理白族自治州现辖行政区域。

漾濞核桃历史源远流长，漾濞核桃与各族人民的生活息息相关，核桃箐、核桃园之类的自然村名比比皆是。1980 年，在漾濞县平坡（镇）高发村的核桃林中发现了埋藏在地下的一段核桃古木，1985 年经中国科学院 C14 同位素树龄测定，证实了早在3 500 多年以前，漾濞就有核桃分布。据《南诏通记》记载，有宋代段思平"获商人遗以核桃一笼"之事，可知远在 1 000 多年前的大理一带已将泡核桃作为商品。康熙《云南通志》卷十记载"核桃大理漾濞者佳"。清代安徽人檀萃《滇海虞衡志》记载"核桃以漾濞江为上，壳薄可捏而破之。"由此可见，早在清朝以前，漾濞江流域已培育出闻名遐迩的漾濞大泡核桃。

漾濞核桃果大、壳薄、仁厚、味香、出油率高，是云南省重要的出口商品之一。主要种植品种有大泡核桃、拉乌核桃、圆菠萝核桃、娘青核桃、桐子果核桃等。在长期的生产实践中，勤劳智慧的漾濞各族人民总结出了一整套核桃生产管理经验，特别是核桃的嫁接，早在唐代就处于领先地位，这是近年来植物学界研究得出的结论。方块芽接法、高枝嫁接法都是漾濞少数民族先民

漾濞核桃

首创的。

在百里漾江峡谷，千里广变彝山，核桃树、核桃园、核桃林无处不在。核桃文化处处体现在各族群众的生活之中，以核桃思源、以核桃为食、以核桃待客、以核桃会友、以核桃联谊、以核桃健身、以核桃入药、以核桃祭祀、以核桃作诗、以核桃入艺、以核桃作画、以核桃雕刻，以核桃起舞、以核桃歌吟、以核桃兴文、以核桃取名、以核桃作礼、以核桃兴农、以核桃促商和以核桃致富等，包含在历史记载、考古发现、传说故事、专门著述、诗词歌舞、民俗活动、谚语掌故、工艺美术、价值观念之中。

2012 年，漾濞核桃经国家质量监督检验检疫总局批准为地理标志保护产品。截至 2012 年年底，漾濞县核桃种植面积达 103 万亩，农民人均有核桃 100 余株，核桃年收入在 20 万元以上的农户有 10 户，10 万~20 万元的有 144 户，5 万~10 万元的有 2 700 户，农民人均核桃年收入 5 200 元，山区 65% 的农户已依托核桃产业脱贫致富。

京东板栗

京东板栗主要分布在北京以东广大的燕山山区。国家地理标志产品 "京东板栗" 原产地保护范围为河北省唐山市迁安市、迁西县、遵化市，秦皇岛市抚宁县、卢龙县、青龙满族自治县，承德市兴隆县、宽城满族自治县、平泉县、承德县、滦平县等 11 个县（市）现辖行政区域。

京东板栗（迁西产）

京东板栗栽培历史悠久，至今已有 2 000 多年。《诗经》《战国策》《左传》《论语》《本草纲目》《农政全书》等书都有记载。《诗经》有 "树之榛栗" 的诗句，表明当时人们已知其美。到战国，又用栗树作为行路的标记，栗树有 "行道树" 之称。《战国策》记载，苏秦游说燕文侯时说："燕国……南有碑石雁门之饶，北有枣栗之利，民虽不田作而足于枣栗矣。此所谓天府者也。" 汉代的《史记·货殖列传》中说："燕秦千树栗……此其人皆千户侯等。" 这里的 "北" 和 "燕"，即包括今迁西一带，说明这里很早就是板栗的著名产地，靠板栗生产生活比较富庶。《山海经》《吕氏春秋》《西京杂记》诸书也都有记载。《清异录》记有这样一件轶事：晋朝皇帝一次穷追敌寇时，军粮供应不上，将士三日粒米未进，士气大落。行至燕山滦水之东，见满山板栗，便命军士蒸栗为食，借以饱腹。于是士气大振，大败敌兵。由此，将士们就称栗子为"河东饭"。民国《迁安县志》对板栗这样记载："邑境产量最富，行销最远，为邑产大宗"，这里的"邑境"主要是指今迁西一带。

京东板栗以其色泽鲜艳、果粒整齐、内皮易剥、肉质细腻、糯性黏软、甘甜芳香、营养丰富，被美食家们称为"大自然恩赐的佳果珍馐"。始于清代的糖炒栗子，吃起来余香满口，回味无穷，被人们称为"灌香糖"。至今京津一带尚传诵着《咏糖炒栗子》的佳句："堆盘栗子炒涂黄，客到长谈索酒尝。寒火三更灯半灺，门前高喊'灌香糖'"。经常食用板栗，有养胃、健脾、补肝、强身、益气、活血之功效。

2006 年，京东板栗经国家质量监督检验检疫总局批准为地理标志保护产品。京东板栗是一种重要的木本粮食，一向有"干果王"的称誉。它也是一种一年种、百年收的"铁杆庄稼"。一棵成年栗树，一年结果约 20 公斤，一些生长旺盛的大栗树，年结果量可达 100 公斤以上。如今，京东板栗的产量、质量和出口量，在全国都居前列。

建瓯锥栗

建瓯锥栗是福建省特产，国家地理标志产品"建瓯锥栗"原产地保护范围为福建省建瓯市现辖行政区域。

建瓯是锥栗的原产地和主产地。锥栗栽培品种、面积、产量均居全国首位。建瓯锥栗俗称榛子，系中国南方栗子之主要品种。人工栽培始于汉代，有 1 800 年的栽培历史。建瓯锥栗早有声誉。据资料记载，历史上的"贡闽榛"锥栗就产于建瓯"西乡"（今建瓯市龙村乡）。

建瓯锥栗具有独特的"糯、甜、香"的品质特征，外观亮泽、果粒均匀、果仁饱满，呈黄白色或淡黄色，栗味浓郁，肉质细嫩，单果重 ≥ 6.5 克。锥栗可以鲜吃、炒食、清炖、燔焖，还可脱壳磨粉制代乳粉、锥栗糕、食品添加成分、各种罐头、栗干、锥栗巧克力等高级食品。锥栗药用价值高。栗果有养胃、健脾、补肾、强筋、活血等功能，叶、皮、根均可药用，老根是治疗风湿病良药。锥栗木材质坚硬、纹理细腻、耐水湿，可作枕木、建筑、家具等材料。

建瓯锥栗有白露仔、处暑红、温洋红、油榛、乌壳长芒、黄榛、大尖嘴、蔓榛、材榛、长芒仔、圆蒂仔、薄壳仔等 12 个

建瓯锥栗

品种。

2000 年，国家林业局公布命名建瓯为全国首批"中国名特优经济林锥栗之乡"；同年建瓯锥栗被中国果品流通协会评为"中华名果"；2004 年，国家质量检验检疫总局批准建瓯锥栗为原产地域产品。

目前，建瓯锥栗栽培面积 42 万亩，分别占全国、全省种植面积的 70% 和 80% 以上。锥栗年产量约 3 万吨，产值达 2.65 亿元，从事锥栗加工的企业有 16 家，年加工锥栗上万吨，产区栗农在锥栗一项上每年人均可增收 1 000 多元，显著增加了锥栗产品的附加值，带动栗农增收。

桐乡槜李

桐乡槜李

桐乡槜李又名"桐乡醉李"，为李中珍品，是浙江省桐乡市著名的土特产。国家农产品地理标志产品"桐乡槜李"原产地保护范围为浙江省桐乡市所辖行政区域内。地理坐标为东经 120° 17′ 40″~120° 39′ 45″，北纬 30° 28′ 18″~30° 47′ 48″。

桐乡槜李是传统名果，栽培历史悠久，在距今 2 500 多年前的春秋时期就列为吴宫贡品。槜李一词，始见于《春秋》一书，鲁定公十四年（公元前 496 年），"五月，于越败吴于槜李。"《春秋》杜预注曰："吴郡嘉兴县西南有槜李城，其地产佳李，故名。"可见槜李是以地名为果名。《清一统志》则说："槜李城在秀水县西南七十里，为吴越战地。"关于槜李地名所属，至今学术界仍有争论。一说古槜李郡在嘉兴，一说在桐乡。1937 年屠甸朱梦仙所著《槜李谱》中记述："按槜李城系嘉兴府属。春秋吴越三战，越陈兵于石门以拒吴，即今之崇德县也。迤东筑土城五：曰晏城、曰槜李城、曰何城、曰管城、曰宣城，今城址均已湮没，然其村落，往往依城为名。而产李之中心区，曰槜李乡。槜李城之故址也。"今桐乡市百桃乡桃园村为古之槜李乡地域，可见这里乃槜李的原产地。

清宣统年间（1909—1911 年），桃园头家家户户都有槜李园。据民国二十二年（1933 年）《中国实业志》载："桐乡潘园李和槜李获浙江省建设厅农产品甲级奖。"民国二十四年（1935 年），沈光照著《桐乡之槜李》记述："桐乡桃园头所产槜李最佳，种植区域颇大，李园有八九十个，占地面积约二百亩，年产槜李三四百担。"1952 年，槜李在全国土特产交流会上被评为全国优质果品。

桐乡槜李果形扁圆，果色紫红色，密缀果点，外披白粉，果顶常有指甲刻状裂痕。据传这是西施美女留下的指甲印，称它为"西施爪痕"。清朱竹姹曾在《鸳鸯湖棹歌》中写道："闻说西施曾一掐，至今颗颗爪痕添。"犹如牡丹有贵妃指痕一样，流传千古，引为美谈。桐乡槜李单果重 65 克左右，果肉蜜黄色，汁液丰富，已化浆的果实可吸食，甜酸适口，风味浓郁，有酒香味，品质甚佳。

2010 年，桐乡槜李经国家农业部批准为农产品地理标志保护产品。

由于槜李单产过低，且不稳定，所以过去种植面积一直比较小。目前，桐乡市槜李发展势头良好，种植面积从 2000 年 500 余亩已发展到现在的 2 000 余亩。2014 总产量达到 100 多吨。

南丰蜜橘

南丰蜜橘是江西省的名贵特产。国家地理标志产品"南丰蜜橘"原产地保护范围为南丰县现辖行政区域。

据古书《禹贡》记载，扬州、荆州一带所产柑橘，列为贡税之物。当时扬州的范围就包括今江西东部地区，说明 2 000 多年前，南丰等地柑橘栽培已有相当规模，到秦汉以后更为盛行。唐宋八大文学家之一的曾巩，曾写诗赞美家乡柑橘："鲜明百数见秋实，错缀众叶倾霜柯。翠羽流苏出天仗，黄金戏球相荡摩。入苞岂数橘柚贱，宅鼎始足盐梅和。江湖苦遭俗眼慢，禁御尚觉凡木多。谁能出口献天子，一致大树凌沧波"。从诗中对树姿、叶、果、色泽、风味的描写及果实成熟时节都与南丰蜜橘相像。而当时的蜜橘已能献给天子，故南丰蜜橘又有"贡橘"的美名。清朝的鲁琪光在《南丰风俗物产志》中写道："蜜橘，四方知名。秋末，篱落丹碧累累。闽广所产逊其甘芳。近城水南杨梅村人，不事农工，专以为业"。可见，南丰蜜橘栽培历史悠久。

南丰蜜橘源出乳橘。南丰县四周环山，地处洪州（今南昌）以南，冬季比洪州暖，夏季比洪州凉，适宜乳橘生长。唐代开元以前，距今已有 1 300 多年，乳橘落户南丰，由于获得优异的生态条件，很快就成为农家主要果树栽培品种。经过长期繁育，虽出自乳橘，却具有新的性状，味更甜美，高糖低酸，香气浓郁，在橘中独具特色。人们以其味似蜜便称之为"蜜橘"，销往外地

南丰蜜橘

冠以产地名称称之为"南丰蜜橘"。唐宋以来，南丰蜜橘均被历代朝廷列为贡品，故有"贡橘"之称。清末民初是南丰蜜橘生产发展的鼎盛时期，最高年产曾达12万担之多。

南丰蜜橘果色金黄、皮薄肉嫩、食不存渣、风味浓甜、芳香扑鼻，不仅味道甜美，而且营养丰富。

南丰蜜橘也是重要的中药材。橘皮，有理气健脾、燥湿化痰的作用。橘络有通络化痰、顺气活血的作用，能治疗咳嗽、胸肋闷痛等疾病。橘核能理气、散结、止痛，还可以治疗疝气等病。橘叶、青皮（未黄熟的果实橘皮），有疏肝解郁、破气散结的功能。橘皮提炼的橙皮苷，是黄酮类的糖苷的一种，有特殊的医疗效果。它能防治动脉硬化、心肌梗塞、流血不止、微血管脆弱等多种疾病。

南丰蜜橘还是重要的工业原料。它可以酿酒、酿醋，具有特殊的香味。橘皮和橘花提炼的香精，是稀有的化工原料，广泛地应用于食品工业、化学工业和医药工业，橘皮提炼的果胶，是制造果酱，果冻及糖果的重要原料。

南丰蜜橘自1976年以来在全国柑橘评比中多次被评为优质水果，并获得多种荣誉称号。1995年，南丰县被国务院首批百家中国特色之乡命名委员会命名为"中国南丰蜜橘之乡"。2003年，南丰蜜橘经国家质量监督检验检疫总局批准为地理标志保护产品。2013年，南丰县蜜橘种植面积达70万亩，总产15亿公斤。

瓯柑

瓯柑是浙江省历史名产。国家地理标志产品"瓯柑"原产地保护范围为浙江省温州市瓯海区现辖行政区域。

瓯柑种植历史悠久。据有关史料记载，汉惠帝三年（公元前192年），温州被封为东瓯王国，《辞海》注："瓯，浙江省温州市别称"。《山海经·海内经》卷十载："瓯居海中"。东晋郭璞（323年）对"瓯居海中"注曰："今临海郡永宁县即东瓯，在歧海中也"。三国孙吴人沈莹在《临海异物志》中有"鸡子橘子，味甘。永宁县中有之"的记载。说明三国时，温州产橘已有名气，瓯柑种植至少有1 700年以上的历史。

唐朝瓯柑已成为贡品。唐高宗上元元年（674年）《新唐书》卷四一载："温州永嘉郡土贡柑橘。"宋代温柑生产发展迅速，据传栽培面积从原先的永嘉县内西山、吴桥一带向东南发展到城外的南仙洋、吴田一带。形成"规模经营"，橘农从实践中摸索出了许多栽培经验。如用枳、朱栾作砧木，嫁接温柑枝条，大量繁殖良种。许多官宦、名士无不爱柑，赞颂温柑的诗篇很多，他们不仅赞叹温柑赏心悦目的风姿和口味，更是感悟温柑的人文内涵。如大诗人苏东坡食了温柑后写下了"燕南异事真堪纪，三寸黄柑擘永嘉"的赞叹；宋名士张世南在《游宦纪闻》中则发出了"永嘉之柑为天下冠"的感叹。

南宋孝宗淳熙五年（1178年），温州太守韩彦直，著就中国第一部，也是世界第一部艺橘专著《永嘉橘录》（简称《橘录》）。《永嘉橘录》共分三卷，它详细记录了宋时温州地方柑橘种质资源，总结了当时柑橘生产中有关选地、种治、始栽、培植、去病、灌溉、防冻、采摘、收藏、制治、入药等经验。该书对后人影响很深，许多国际著名的科学史学者，对《橘录》赞誉备至，公认《橘录》是世界最早、最完整的柑橘著，至今仍有重大的实用价值和学术价值。

瓯柑

辽、元时期有关温柑的文献极少，但元代有关温柑入贡，并未中断，由元人萨都拉为永嘉人郑天趣送贡柑入京悲惨场景而作《送郑天趣进柑入京诗》足以为证。

明代，随着温柑食用价值和市场更加广泛，柑橘和人的生活和健康关系更为密切，其药用价值也进一步被认识。至清代，柑橘生产成了温州农业的重要支柱产业，据清宋恕《戊申日记》载："永、瑞间柑田约有四万余亩，每亩年出多则三千斤，中则二千斤左右，每亩现价约六七十千钱。"并且出现了专业化分工，如《瑞安乡土史谭》载："种柑橘苗有定处，薄岙蛎塘村人竞以种柑橘栽（苗）为业。永邑人岁来购取，他处虽种之，不及此产之佳，每年出售不下数千金云"。

瓯柑之名始见于清代梁章钜《浪迹续谈》中，曰"永嘉之柑俗谓之瓯柑"，这里梁章钜似乎认为瓯柑是温州所产柑类的统称。然而清《永嘉闻见录》卷下载："永嘉土产果品惟瓯柑为最，以底平而顶圆为上，当例进贡，以备正月十五'传柑'之用。九十月间即摘，送县中装桶，封送至省，以为贡品。"清光绪年间《永嘉县志》卷六载："永嘉县岁贡瓯柑五桶，咸丰十年因军务，奏请停贡，至今未奉文采办。"以上史料说明瓯柑并非是温州柑类的统称，而是果品中最好的一品种，并且就是用于帝王"传柑"的贡柑。

瓯柑果形端正，果径 ≥ 50 毫米，果皮色泽橙黄色或金黄色，果皮与果肉结合紧密，易于剥离，果肉柔软化渣，略带微苦。瓯柑苦味物质的主要成分是新橙皮苷和柚皮苷，有降压、降温、耐缺氧和增加冠脉流量等药效作用。温州民间素有"端午瓯柑似羚羊"之说，并广泛流传瓯柑可退烧、治咽喉炎、头痛等。可见，瓯柑的"微苦"对人体确有功效，瓯柑既是传统水果，又是食疗佳品。

瓯柑鲜果荣获"2002 年中国柑橘博览会金奖"。2003 年，瓯柑主产区瓯海区被农业部授予"中国瓯柑之乡"荣誉称号。2006 年，瓯柑经国家质量监督检验检疫总局批准为地理标志保护产品。2012 年，全市种植面积 5.6 万亩。

容县沙田柚

容县沙田柚

容县沙田柚是广西著名特产。国家地理标志产品"容县沙田柚"原产地保护范围为广西壮族自治区容县现辖行政区域。

容县种植沙田柚的历史已有 2 000 多年，沙田柚原称"羊额籽"。清康熙《容县志》记载："《吕氏春秋》'果之美者，云梦之柚'。容地所产，叶类橙，春花秋熟，实大如瓠，皮黄上尖，下有圆脐；肉白，味甜如蜜，曰蜜柚；顶高似羊额，以辛里沙田所产为最……"沙田柚一名的由来则与乾隆皇帝有关。容县松山镇沙田村《夏氏族谱》中记载：夏纪纲，官至浙江宁波府庠生，乾隆三十二年（1767 年）任期满还乡……乾隆四十二年（1777 年）把家乡名果"羊额籽"献给乾隆皇帝，乾隆尝之连声赞好，因此果产自沙田村，随赐名"沙田柚"。从此沙田柚成为进贡朝廷的珍果，名扬四海，各地广泛引种，19 世纪 30 年代已远销港澳、东南亚和欧美各国。1953 年在莱比锡国际博览会上博得国际友人高度评价，被视为中国珍果。

沙田柚、文旦柚、坪山柚、暹罗柚被誉为世界四大名柚，沙田柚排在首位。其果大形美、味甜蜜、耐贮藏，果实为葫芦形或梨形，果蒂部呈短颈状；果底常有古铜钱大的环状印圈，内有放射沟纹，常称为菊花底或金钱底；单果重 1 000~1 500 克，果面金黄色；果肉为虾肉色的汁胞，味清甜香蜜；果实可贮藏 150~180 天，贮后风味尤佳，有水果珍品"天然罐头"之美称。柚子外形浑圆，象征团圆之意，是中秋节的应景水果。又因"柚"与"佑"同音，柚子即"佑子"，被人们赋予了吉祥的含义。

容县沙田柚历次参加国家和自治区柚类质量评比，都名列前茅。1992、1994、1996、1998 年连续 4 次荣获全国柚类"金奖"。1990 年，容县第十届人民代表大会第一次会议通过决议，把沙田柚定为容县"县果"。1995 年，容县被国务院首批百家中国特色之乡命名委员会命名为"中国沙田柚之乡"。2004 年，容县沙田柚经国家质量监督检验检疫总局批准为地理标志保护产品。2013 年，容县沙田柚种植面积已发展到 13.8 万亩，沙田柚总产量达到 8.5 万吨，产值达 5.1 亿元。

沧州金丝小枣

沧州金丝小枣又叫西河红枣，是河北省著名特产。其外形如
珠似玑，掰开半干的小枣，可以清晰地看到有金黄丝相连，在阳
光下闪闪发光，金丝小枣因此而得名。国家地理标志产品"沧州
金丝小枣"原产地保护范围为河北省沧县的黄递铺乡、高川乡、
崔尔庄镇、杜生镇、杜林乡、大官厅乡、大褚村乡、纸房头乡，
泊头市的齐桥镇，献县的淮镇、高官乡，河间市的景和镇等 12
个乡镇。

沧州金丝小枣

沧州是金丝小枣的原产地，有 3 000 多年的栽培历史，早在
春秋战国时代，农民就获枣树之利。《广志》（公元前 3 世纪）中
记载："有弱枝枣甚美，禁之不令人取，置树苑中。"可见，沧
州先民"选取好味者留栽之"，经过一代代筛选，培育出味道鲜
美、果肉丰满的定型枣树。南北朝时贾思勰《齐民要术》（6 世
纪）有："乐化枣，出青州，丰脂细核，多膏，肥美为天下第一，
相传乐毅破齐时，从燕来齐所植也。"（春秋战国时沧州属燕国）。
《三国·魏志》有："冀州户口最大，又有桑枣之饶，国家征求之
府。"（三国时沧州属冀州），这说明当时沧州已广植枣树，枣已
成为重要的产业和国家赋税的主要来源。

明、清代是沧州金丝小枣发展较快的时期，《河间府志》记
载："明洪武二十七年（1394 年），命工部行文书教天下百姓务
要多种桑枣，每一百里二百株……每户初年二百株，次年四百
株，三年六百株，栽后过数造册回奏，违者全家发配云南金齿充
军"。史料记载，清乾隆五十年（1785 年）御封沧州枣园为御枣
园，栽枣树 200 公顷，6.7 万株；光绪十一年（1885 年）栽枣树
667 公顷，23.1 万株。民国时期，沧州金丝小枣生产继续得到发
展，但发展速度较慢，1947 年，沧州市共有金丝小枣树 2 780 公
顷，产量 1.27 万吨。

沧州金丝小枣核小皮薄，鲜枣果皮细薄呈浅棕红色，果面平
滑富有韧性。果肉乳白略带淡绿色，味甜微酸。干枣果实深红色
或紫红色，果皮薄而坚韧，果肉肥厚富弹性，滑腻香甜。沧州金
丝小枣因为风味独特，成为红枣中的珍品。

2004 年，沧州金丝小枣经国家质量监督检验检疫总局批准
为地理标志保护产品。沧县是金丝小枣的主要生产基地县，在国
内外享有盛名，被国家林业局、中国经济林协会评为"中国金丝
小枣之乡"。目前，沧县枣树面积 60 多万亩，红枣常年产量 20

万吨、产值超 10 亿元，约占农业总收入的 40%，集中产区枣收入占农业总收入的 90%，沧县 1/3 的群众靠小枣实现了小康。

黄骅冬枣

黄骅冬枣

黄骅冬枣是河北省著名特产。国家地理标志产品"黄骅冬枣"原产地保护范围为河北省黄骅市现辖行政区域。

黄骅冬枣已有 3 000 年历史，可以上溯至秦汉之前，史载"燕赵千树枣"，"自古有鱼盐枣之饶"，"柳县章武（秦汉时黄骅域内置柳县、章武）皆植枣，以此物当食，家酿半斛，殷实富足"。元世祖时，黄骅冬枣形成规模化种植，黄骅市齐家务聚馆村的冬枣林即由此时种植发展形成。如今，这里仍存有全世界面积最大，年代最古老的原始冬枣林，林中百年以上冬枣古树 1 067 株，其中树龄 600 年以上者 198 株，这些古冬枣树虽饱经风霜，仍枝繁叶茂，果实累累。被专家誉为冬枣树的"活化石"，有着极大的文物价值。

黄骅冬枣历来为皇家、贵族所推崇、喜爱，故而在历史上有着高贵品质和传奇色彩。"秦始皇闻之以为长生之果，久寻未得"。汉武帝太初三年（公元前 102 年）东巡得之，谓之"枣中极品"，封为"仙枣"。弘治三年（1490 年），明孝宗朱祐樘得之，以为神果，谓之"百果之王"，封为"贡枣"。此制沿袭至清，上下 500 年。

黄骅靠海，气候条件上光热充足，昼夜温差大，有利于冬枣果实的糖分积累，使其糖分含量较高；黄骅周边土层较厚，耕性良好，土壤中含有丰富的氯、钾离子，这些离子能够使果实增加维生素含量和其他微量元素及多种营养成分的含量，并能使果实增加脆度和硬度。故而黄骅冬枣品质独特，营养丰富，"内润六合肝肠，外通八极清气"。

黄骅冬枣皮薄、肉厚、核小，肉质细嫩而酥脆，酸甜适口，口感极佳，"食之若夏朝雨露，得回肠荡气之益；含之似攀月撷霞，有梦绕魂牵之诱"，为果中珍品。1996 年 10 月，在黄骅冬枣论证会上，被与会专家誉为"全国 260 余个鲜食枣品之冠"。

2001 年 9 月，黄骅被国家林业局命名为"中国冬枣之乡"。2002 年，黄骅冬枣经国家质量监督检验检疫总局批准为地理标志保护产品。2006 年，黄骅市聚馆古贡枣园被列入国家重点文物保护单位，首开"植物类国家重点文物保护先河"。截止到

2013 年，黄骅市以聚馆古冬枣林古树为嫁接母树，发展冬枣种植面积已达 30 万亩，建设万亩冬枣基地 1 个（滕庄乡孔店），千亩以上的基地 35 个，500 亩以上的基地 80 个，遍及全市 9 个农业乡镇，270 个村，7 万农户，年产冬枣达到 0.8 亿元，产业产值 5 亿元。销售范围覆盖全国，并成功进入国内航空食品配餐领域，登上了奥运会运动健儿专机和台商直航包机，先后打入日本、东南亚、北美市场。

秦安蜜桃

秦安蜜桃是甘肃省传统特产。国家地理标志产品"秦安蜜桃"原产地保护范围为甘肃省秦安县兴国镇、西川镇、莲花镇、陇城镇、郭嘉镇、云山乡、刘坪乡、叶堡乡、安伏乡、魏店乡、王铺乡、王窑乡、千户乡、王尹乡、兴丰乡、中山乡、五营乡等 17 个乡镇现辖行政区域。

秦安蜜桃

据秦安县志记载，秦安蜜桃早在汉代时就已广泛栽培，魏晋时期，秦桃已誉满陇原，见于史册。唐宋时期，"齐桃""二格子桃"和"秋桃"就以个大、色艳、味美而远近闻名。相传，唐太宗李世民在病中想吃故乡的蜜桃，专门派遣使者快马兼程到秦安采摘，从此秦安蜜桃被作为朝廷贡品，名扬四海。明《秦安志》记载："秦安多桃"，并载有"家居陇水西，门有桃千树"的诗句，言其盛景。到民国时期，南小河谷、显亲河谷也成为桃的主要产区，出现成了片的桃园。民国《秦安县志稿》记载："环县治多桃……果棚蔬园弥望皆是。"民国档案记载，民国三十三年（1944 年），秦安"桃、杏、西瓜……县城附近，出产最多，远销通渭、静宁等县，唯数量无从估计。"

"天有王母蟠桃，地有秦安蜜桃。"秦安蜜桃以个大、色艳、味美、营养丰富而誉满全中国，因此也为秦安赢得了"瓜果之乡"的美称。秦安蜜桃不仅口感细腻香甜，容易消化，而且适合各个年龄层的人食用。据专家检测，其主要营养成分包括：丰富的维生素 C 和大量人体所需要的纤维素、胡萝卜素、番茄黄素及多种微量元素，其中硒、锌等含量均明显高于其他水果，营养价值很高。它还含有大量果胶，每天吃两只可以起到通便、降血糖血脂、祛除黑斑、延缓衰老、提高免疫功能等作用；也能促进食欲，堪称是保健水果、长寿之果；蜜桃含有的烟碱酸，能有效促进血液循环，可以解酒并改善宿醉，很适合作为酒后水果食用。所含天然收敛成分，可以增加肌肤的弹性，防止皱纹产生，对于假性皱纹和细小皱纹具有修复作用；蜜桃的润肤功能也很强，尤其是桃花的功效极其显著。在古时的宫廷秘方中，就有用桃花煮水洗面、沐浴、饮用以美白肌肤的记载，也有用桃子榨汁加淘米水洗面，以润泽肌肤之说。

2008 年，秦安蜜桃经国家质量监督检验检疫总局批准为地理标志保护产品。截至 2012 年，秦安县蜜桃栽培面积达 9.5 万亩，栽培的品种主要有早、中、晚熟多种，产果期基本上从 3 月下旬开始一直到 10 月中旬左右结束。产量达 1.5 亿公斤，产值 3 亿元左右。

南汇水蜜桃

南汇水蜜桃

南汇水蜜桃来源于上海水蜜桃，具有独特产品价值。国家地理标志产品"南汇水蜜桃"原产地保护范围为上海市南汇区现辖行政区域。

南汇水蜜桃据说是由明代大科学家除光启的儿子徐骥于 17 世纪初从北方引入，经精心培育而成。至清嘉庆、道光年间，乃有"以沪中水蜜桃为天下冠"之说。明朝的《群芳谱》中有关于水蜜桃最早的文献记载："水蜜桃独上海有之，而顾尚宝西园所出尤佳。"之后随上海城市的扩展，水蜜桃转向郊区发展，逐步演变为南汇水蜜桃，并为其他地区所引进。按现有资料查考，如今名闻遐迩的宁波和无锡水蜜桃都来源于上海，而浙江奉化的玉露桃是在 1883 年从上海黄泥墙引入的，江苏无锡的白花桃则是 20 世纪二三十年代从奉化引入的。而且在历史上，上海水蜜桃还远播海外。美国划时代的桃子品种"爱保太"和"红港"是 1850 年从上海引进的；日本著名的"岗山白""大久保""白凤"等桃子品种，也是 1875 年引入上海水蜜桃后选育的。

据考证，南汇水蜜桃的原种在素有上海浦东"小上海"之称的周浦镇区园艺场红桥分场，仍保持有 10 多亩的种植面积。经几代农业人士的提纯复壮，已形成大团蜜露、新凤蜜露等一系列优良品种。大团蜜露，具有味浓甜、带香味、不酸、无苦涩味、果皮厚韧、耐贮运等特点；新凤蜜露桃，具有果形圆整、个体大、色泽美观、皮薄肉厚、果肉致蜜、纤维少、香味浓、汁多味甜等优点。

2005 年，南汇水蜜桃经国家质量监督检验检疫总局批准为地理标志保护产品。2014 年，优质南汇水蜜桃种植面积达 4 855 亩，全区水蜜桃种植面积 4.4 万亩，预计总产量将达 5 万吨。

烟台苹果

烟台以盛产苹果而闻名全国，是中国著名的苹果之乡，又是中国西洋苹果的发祥地。生产的青香蕉、红香蕉及国光等品种是其他地区所望尘莫及，故形成烟台苹果之名产。国家地理标志产品"烟台苹果"原产地保护范围为山东省烟台市现辖行政区域。

烟台水晶富士

相对于原有的中国苹果（绵苹果、花红果一类），人们所指的烟台苹果实际是指西洋苹果。烟台地区是西洋苹果在中华大地上的发祥地，也是山东苹果发展的龙头。

西洋苹果在烟台的栽培已有 130 余年的历史，最初的品种是美国传教士倪维思从美国移植来的。据史料记载，1871 年，美国传教士倪维思到山东烟台传教，传教之余，他买下毓璜顶东南（今栖霞市北海宾馆对面）的一片山坡上 10 余亩的土地，用来进行果树栽培。原来，他发现山东的气候、土壤等与美国相似，而所产水果远不如美国，于是就萌生了改良果树的念头。他将美国的苹果移植到烟台，以嫁接、育苗等方法培育，使之成为具有特别香味的新品种。结果，他栽培的苹果树异常成功，附近州县的人民竞相推广，很快就成为农家重要的副业。到 20 世纪 30 年代，烟台苹果的栽培已具相当规模，总产量达 5 200 吨。最早以青香蕉、红香蕉两个品种为主，这便是后来享誉国内外的"烟台苹果"。以后又发展了小国光、金帅，改革开放以来引进了红富士、乔纳金等。随后，烟台也因为苹果而成了著名的水果之都。

烟台地处胶东半岛东部，地势高，气候温和，特别是夏秋季节，空气湿润，太阳光照充足，非常有利于苹果的生长。所产烟台苹果素以色泽鲜艳、清脆香甜而闻名于世。其品种多达 200 多个，主要以红富士为主，青香蕉、红香蕉、金帅、国光等最负盛名，是烟台苹果的代表品种。此外，红星、红玉、黄魁、丹顶、瑞香、八月酥、白沙蜜、乔纳金、嘎啦、千秋等品种，也都色味俱佳，各具特色。

2002 年，烟台苹果经国家质量监督检验检疫总局批准为地理标志保护产品。烟台苹果已经连续五年蝉联中国农产品区域公用品牌果业第一品牌，2013 年品牌价值达 94.05 亿元。目前全市果园总面积达到 392 万亩，实现年产值 190 亿元。产品出口到欧盟、东盟、日本、澳大利亚等 60 个国家和地区。

临潼石榴

临潼石榴

临潼石榴是陕西省历史名产。国家地理标志产品"临潼石榴"原产地保护范围为陕西省西安市临潼区骊山街道办事处、斜口街道办事处、代王街道办事处、秦陵街道办事处、行者街道办事处、土桥乡以及新丰街道办事处的刘寨村、鸿门村、坡张村、湾李村、严上村、长条村和零口镇三府村、大寨村、零口村现辖行政区域。

石榴，学名安石榴，别名丹若、沃丹、冉若、金罂、金庞、天浆、若榴等。原产伊朗和阿富汗等中亚地区。据《群芳谱》记载：石榴"本出涂林安石国，汉张骞使西域得其种以归，故名安石榴（'涂林'，为石榴的音译，即梵语的 Da Yima）"。张骞出使西域是在公元前 138 年。所谓安国，即今之布哈拉。所谓石国，即今之塔什干。这就说明，石榴是在 2 000 年前的汉代，从西域传入中国的。所以古人曾有"何年安石国，万里贡榴花；迢递河源道，因依汉使槎"（唐代元稹）；"乘槎使者海西来，移得珊瑚汉苑栽"的诗句。梁元帝《咏石榴》诗中的"西域移根至，南方酿酒来"正确地反映了这一史实。石榴引种初期，主要栽于京城长安附近御花园的"上林苑"和骊山的温泉宫（今华清池）内，是供皇子后妃观赏的。据汉上林令虞渊追忆，上林苑其时栽植奇花异卉达 3 000 株，内有"安石榴十株"。因得到汉武帝的喜爱，尔后又命人将石榴栽植于骊山温泉宫。这就是最早的临潼石榴。后来才繁殖推广到全国各地。相传，武则天十分崇尚石榴。因此，石榴栽培在唐代进入全盛时期，一度曾出现石榴"非十金不可得"和"榴花遍近郊"的盛况。可见，至今驰名中外的临潼骊山北麓长达 15 公里的石榴林带的形成以及临潼石榴的出名，与骊宫园林的渊源不无结缘关系。算起来，临潼石榴已有 2 000 多年的栽培历史了。

临潼石榴经过 2 000 多年的栽培和选育，已形成数十个各具特色的优良品种。既有籽肥汁多、香甜可口的食用品种，也有飞红流绿，花色艳丽的观赏品种。食用品种共有 10 余个，分为酸甜两大类。临潼石榴属于甜石榴，品种有大红甜、净皮甜、三白甜及其优系。前两个品种果皮为红色或粉红色，籽粒肥大柔软，汁多味甜。三白甜因花瓣、果皮、籽粒均为白色，风味以甜为主而得名。其特点是果皮薄，籽粒软，汁液多，味纯甜，贮性好，品质佳，当地群众又叫"软籽石榴"或"冰糖石榴"，名列甜石榴之冠。

2006 年，临潼石榴经国家质量监督检验检疫总局批准为地理标志保护产品。2011 年，临潼石榴种植面积约 12 万亩，年出口量达 10 万公斤。

塘栖枇杷

塘栖枇杷是浙江省乃至全国享有盛名的传统特色果品。国家地理标志产品"塘栖枇杷"原产地保护范围为浙江省杭州市余杭区现辖行政区域。

塘栖的软条白砂

塘栖枇杷始种于隋朝（569—618 年），距今已有 1 400 多年历史。隋炀帝杨广营建东都洛阳，开掘运河，修筑长城。塘栖的这一段运河为"江南河"，大批民工开河，随塘而栖，都聚集在塘栖。民工生活在塘栖，后在超山一带采到可食的野果枇杷，食后始觉味道鲜美，于是开始种植，逐渐形成了成片的枇杷园。

唐代时塘栖枇杷种植已相当繁盛，并且有一定的栽培、贮运技术。塘栖枇杷因品种优良，形美果甜，被视为"珍果之物"，列为宫廷贡品。唐武德年间（618—626 年）编著的《唐书·地理志》中就有"余杭郡岁贡枇杷"的记载；苏东坡在杭州任刺史，曾有"客来茶罢空无有，卢橘微黄尚带酸"的诗句，张嘉甫问曰："卢橘是何物也"，答曰："枇杷是矣"。明代李时珍的《本草纲目》中也有"塘栖枇杷胜于他乡，白为上，黄次之"的说法。《杭县志稿》中更有详尽记述："塘栖为杭州之首镇，土地肥沃，物产丰富，凡镇周围三十里内皆为枇杷产地。有塘栖专产而他处不及者记之，以见生植之美"。塘栖田少，遍地桑果，春夏之间，一片绿云，几无隙地。剪声梯形，无村不然。出丝盖多，甲于一邑。为生植大宗果品以枇杷为著也。清光绪《塘栖志》中对塘栖盛产的枇杷作了如此描绘："四五月时，金弹累累，各村皆是，筠筐千百，远贩苏沪，岭南荔枝无以过之。"清康熙十一年（1672 年）孙治所纂《灵隐寺志》内也有"枇杷出塘栖"的记载。

余杭地区的果农经历了上千年的栽种和培育，选育出了一系列的优良品种，至今，共有 18 个品种的塘栖枇杷最受欢迎，其中白砂（软条白砂）、红砂（平头大红袍、夹脚、大叶杨墩、宝珠）两类等 5 个品种为主栽品种。其中"软条白砂"被评为国宝级的枇杷优质品种，是枇杷品种中的珍品。

塘栖是中国四大枇杷主产地之一，有"中国枇杷之乡"的美誉。1999 年开始举办塘栖枇杷节，至今成功举办了 15 届，现已成为杭嘉湖地区乃至长三角地区颇有影响的一个地区性节庆活动。2004 年，塘栖枇杷经国家质量监督检验检疫总局批准为地理标志保护产品。2013 年，塘栖枇杷种植面积有 1.5 万亩，产量为 5 000 多吨。

余姚杨梅

余姚杨梅

余姚是我国杨梅的发源地之一。国家地理标志产品"余姚杨梅"原产地保护范围为浙江省余姚市现辖行政区域。

余姚杨梅，颗大、色艳、汁多、味重，自古名噪海内外，其种植历史至少已有 2 000 年，而且根据对河姆渡遗址的科学考证，发现 7 000 年前的河姆渡人已食用野生杨梅。余姚杨梅由于品质佳，早在汉朝时就列入贡品。余姚世属越地，吴越杨梅，历史上和闽广荔枝齐名。宋代诗人苏东坡有"闽广荔枝，西凉葡萄，未若吴越杨梅"的评价。

"夏至杨梅满山红"，夏至前后，正是江南珍贵果品杨梅应市时节。余姚具有独特的气候条件和土壤结构，产出的美味杨梅引人垂涎，故闻名国内外，自古就被冠以"杨梅王国"的美誉。

余姚杨梅主要有荸荠种（包括从中选出的早荸蜜梅、晚荸蜜梅新品种）、水晶种（白杨梅）两个品种。其中白杨梅产在余姚马渚一带，称为"余姚白杨梅"，它颗粒大，色泽晶莹，回味清香，采摘较迟，较易运输和贮藏。乌种中的荸荠种肉细软、核粒小、液汁多，为杨梅最佳品种。在浙江省历次杨梅鲜果品评中，均名列前茅。它发源于余姚三七市张湖溪、石步一带，那里至今尚有几百年的老树和枝叶覆盖达亩许、产量上千斤的"杨梅树王"。

杨梅是果中上品，含有丰富的纤维素、矿质元素、维生素、葡萄糖、果糖、柠檬酸、苹果酸等有益人体成分，李时珍著《本草纲目》果部第三十卷载"杨梅能去痰消食、生津止渴、和五脏，能涤肠胃、除恶气、正痢疾、头痛皆佳。"

1995 年，余姚市被国务院首批百家中国特色之乡命名委员会命名为"中国杨梅之乡"。如今，杨梅被定为余姚市市果，每年 6 月 26 日被定为杨梅节。2004 年，余姚杨梅经国家质量监督检验检疫总局批准为地理标志保护产品，余姚成为唯一被列入实施国家原产地域产品保护的杨梅产地。目前，余姚杨梅栽培面积近 8.5 万亩，常年产量 2.5 万吨左右，居全国之冠。

张夏玉杏

张夏玉杏是山东省传统特产。国家农产品地理标志产品"张夏玉杏"原产地保护范围为山东省济南市长清区张夏镇所辖 17 个行政村。地理坐标为东经 116° 43′ ~117° 03′，北纬 36° 23′ ~36° 30′。

张夏玉杏

张夏玉杏是一个古老的优良品种。张夏镇是红玉杏原产地，栽培历史已有 2 600 多年，从汉武帝到末代皇帝，一直被列为宫廷贡品。据公元 5 世纪《西京杂记》记载："济南金杏，大如梨，黄如橘，熟最早，味最胜，一名汉帝杏"。相传乾隆皇帝在去泰山祭天的途中，路经此地，远见满山遍野金黄灿灿，命随从摘来品尝，此果酸甜适口、质优性甘、风味甜美，乾隆帝大悦，随命此果为宫廷御用，御杏之名便由此得来。明代李时珍著《本草纲目》中记有"金杏"，相传出自济南郡之分水山，彼人谓之"汉帝杏"。历史上所谓金杏可能即为现代之红玉杏。20 世纪 50 年代初期张夏玉杏就出口国外。1985 年，作为名特优稀果品而编入《山东农业名产》，为市政府批准的长清县果。

张夏玉杏 5 月份成熟，单果重约 75 克，玉杏王重约 170 克。杏果实营养丰富，含有多种有机成分和人体所必需的维生素及无机盐类，是一种营养价值极高的水果。杏仁的营养更为丰富，富含蛋白质、粗脂肪、糖、磷铁钾等无机盐类及多种维生素，是滋养佳品。杏果有良好的医疗作用，在中草药中居重要地位，主治风寒肺病，生津止渴，润肺化痰，清热解毒。杏肉除了供人们鲜食之外，还可以加工制成杏脯、罐头、杏干、杏丹皮等；杏仁可以制成杏仁霜、杏仁露、杏仁油等。

2010 年，张夏玉杏经国家农业部批准为农产品地理标志保护产品。到目前为止，全镇玉杏常年种植面积达到 1.2 万亩，80 余万株，年产玉杏 400 万公斤，产值 2 000 多万元，果农年人均增收达到 2 000 余元。

威县三白西瓜

威县三白西瓜

西瓜被人称为解渴消暑之佳品，但西瓜之珍品当属河北省威县的三白西瓜。国家农产品地理标志产品"威县三白西瓜"原产地保护范围为河北省威县境内老沙河、西沙河沿岸两个适宜种植区。老沙河沿岸种植区：涉及第什营乡、方家营乡、固献乡、常屯乡4个乡，135个行政村。地理坐标为东经115°32′~115°50′，北纬36°87′~37°09′。西沙河沿岸种植区：涉及高公庄乡、张营乡、贺营乡、洺州镇4个乡镇，137个行政村。地理坐标为东经115°21′~115°38′，北纬36°86′~37°24′。

威县种植三白西瓜已有2000多年的历史。据威县县志记载，西汉张骞出使西域后，带回瓜种，后来在威县广为种植。不少农民以种瓜为主，具有丰富的经验，再加上半沙性土壤，以芝麻酱、大粪作底肥，使西瓜越种越好，远销山东、山西、北京和天津等省市，成为当地的一大特产，明清时期曾定为贡品。辛亥革命后不久，当地人张翰如由威县议事会长调任北京市教会报纸《益世报》襄理，他力举三白西瓜进京摆摊设点，标名为"威县大白瓜"，个个都有25公斤左右，"三白西瓜"当时在北京名噪一时。

西瓜一般都是翠绿花皮，粉色瓜瓤，黑色瓜子。威县三白西瓜却是白瓜皮、白瓜瓤、白瓜子。该瓜外形椭圆，色泽白中泛绿，皮厚瓤硬，汁液丰富，瓜瓤味甜，籽少爽口，并带有玫瑰和蜂蜜幽香。经过数百年的培植与筛选，威县三白西瓜，色、香、味更加纯正。一般单瓜重7~10公斤，最大可达20公斤。耐储藏，放在阴凉的地方储存90天后皮不皱、味不变、瓤不泻。如储存得当，到下年清明仍可食用。时值寒冬腊月，不少人家会存有三白西瓜，新年佳节，亲朋聚会，三白西瓜就成了解酒消酒的佳肴。这种西瓜不仅吃起来香甜润口，沁人心脾，浑身还具有很高的药用价值。瓜皮是制成"西瓜翠衣"的主要成分，可治疗湿热尿赤、黄疸水肿等病症；瓜子可以清肺润肠、补中益气、助消化；还可以制成"西瓜霜"，治疗咽喉肿痛等病。

2010年，威县三白西瓜经国家农业部批准为农产品地理标志保护产品。目前，三白西瓜在外地已鲜见种植，唯独在河北省邢台市威县一直沿袭原生态种植并传承至今。2013年，威县三白西瓜的种植面积突破2000亩，平均亩产3000多公斤，年产1500万公斤，可直接给农民带来经济收入2000多万元。

罗田甜柿

罗田甜柿是湖北省传统特产。国家地理标志产品"罗田甜柿"原产地保护范围为湖北省罗田县现辖行政区域。

罗田甜柿栽培历史悠久，南宋以前就有栽培，南宋时期已普遍采用良种嫁接繁殖技术。据清朝康熙年间编纂的《罗田县志》祥异一节里所记"宋明道元年（1032 年），黄州橘木及柿木连枝"。罗田县古代属黄州管辖，而柿仅罗田、麻城所有，由此可见罗田甜柿栽培至少已有 900 余年的历史，较日本古老的甜柿"禅寺丸"（1214 年发现）还早 180 余年。罗田自古就有"甜柿之乡"的美称，当地还存有百年以上的古大甜柿树 5 000 多株，其中錾字石、唐家山的甜柿久负盛名。日军侵华时，特派一支部队掠取錾子石甜柿标本运回日本。20 世纪 80 年代，日本又派专家到錾子石进行专题研究，他们拍摄的照片还编进日本教科书。

罗田甜柿

罗田甜柿是世界唯一自然脱涩的甜柿品种，秋天成熟后，不需加工，可直接食用。罗田县三里畈镇錾字石村出产的甜柿更是珍品，其特点是个大色艳，身圆底方，皮薄肉厚，甜脆可口。别的地方出产的甜柿一般有籽粒 8 颗以上，而錾子石甜柿不超过 3 颗籽，所以不仅方便食用，更方便加工。

罗田甜柿栽种的主要有 3 个品种：大型果（秋焰甜柿）、中型果（中果甜柿）和小型果（蜜糖柿）。大型果果实扁圆形，果面橘黄色、具白色果粉；中型果中果甜柿果实方圆形、果形整齐、果顶丰满，果皮橙黄色、果粉多、有光泽；小型果蜜糖柿果实圆形、果皮橙黄色，风味特甜。甜柿是一种富含水溶性膳食纤维的天然绿色水果，营养极其丰富。

2001 年，国家林业局批准命名罗田为"中国甜柿之乡"。2008 年，罗田甜柿经国家质量监督检验检疫总局批准为地理标志保护产品。目前罗田县建有大崎、三里畈、凤山、平湖、河铺、胜利、九资河等七大甜柿主产区。截至 2013 年，罗田县共有 5 万余柿农，遍及 12 个乡镇，罗田甜柿种植面积达 3.8 万亩，年产量 6 000 余吨，年产值过 3 000 万元。

泰兴白果

泰兴白果

泰兴白果俗称"三泰白果"，原来主要产地在江苏泰兴、泰县和泰州，以泰兴所产质量最佳，居全国之首。国家地理标志产品"泰兴白果"原产地保护范围为江苏省泰兴市现辖行政区域。

白果，学名银杏。为地球上最古老的有花植物，是我国特产。因叶似鸭掌，故旧名为鸭脚。宋初作为贡品，改称为银杏。又因其形似小杏而核呈白色，故俗称为白果。"腿脚类绿李，其名因叶高"（梅尧臣诗）。欧阳修曾作"绛囊初入贡，银杏贵中州"的诗句。

泰兴县栽培白果树历史悠久，具体时间不详。开始只种植于庙宇、祠堂前，借以点缀风景，绿化环境。历来因白果受人欢迎，销路日广，种植的人就越来越多。据说南宋时，抗金英雄岳飞，一度把帅府驻扎在泰兴，岳飞曾亲自为城里名胜"延祐观"题字，用的那块匾额就是银杏木制的。

民国二十一年（1932年），泰兴白果出口数量达15万担，境内以宣家堡、田家河、孔家桥、刁家铺一带栽植最多。泰兴银杏以其优异的品质和悠久的历史及其产量为世界之最而闻名遐迩。20世纪70年代全县有银杏树130多万株，全县平均每人有一株。年产白果125万公斤左右，为全国群县之冠。

泰兴的白果，原来只有龙眼、佛指两个品种，后来雅儒庄木匠唐扣师傅，把龙眼的芽嫁接到佛指的砧木上，培育出了大佛指，或称家佛指。大佛指结果早，果实多而大，浆甜味美，是白果中上品。泰兴的白果，80%用于出口。据泰兴县志记载，鸦片战争后，商人多把白果远销中国香港、新加坡等地，价格昂贵，50公斤白果可换回300公斤大米。标准的泰兴大佛指白果，在广州交易会上常常供不应求。一棵树一般年产白果约200公斤，收入达四五百元，普通农户大多栽种十株、八株，其收入十分可观，因而人们把白果树称为"摇钱树"。

泰兴银杏"大佛指"外形长卵圆形，呈佛指状。核大，出核率高，壳薄，出仁率高，仁饱满，浆水足，壳细紧密，贮藏期长。外壳呈汉白玉色，具光泽。果仁质地细腻，有韧性、糯性强，味甘清甜，略有苦感。白果入药，有止咳平喘、滋养补肾的功能，用于肺病咳嗽，老人体虚哮喘。《本草纲目》中说，银杏"熟食温肺益气，定喘嗽，缩小便，止白虫；生食降痰，消毒杀虫"。

银杏树浑身是宝。除果仁可以食用、药用以外，白果树木质细密坚硬，不翘不裂，洁白如玉，是制作高级家具、机械木模的上等材料；用作砧板，经久耐用，且能将肉屑挤出。白果树叶和浆皮也可制成高级农药。

2004 年，泰兴白果经国家质量监督检验检疫总局批准为地理标志保护产品。泰兴是名闻遐迩的"银杏之乡"，享有华夏"银杏第一市"美誉，古银杏、银杏定植数、银杏产量、银杏品质均居全国之冠。截至 2013 年泰兴拥有百年以上银杏树 6186 株，200 年以上的银杏树 1 251 株，500 年以上的古银杏 121 株，千年以上的古银杏 12 株，定植嫁接银杏树 630 万株，常年银杏产量 1.5 万吨，约占全国的 1/3。全市拥有银杏果、叶加工企业 16 家，形成了银杏干果、银杏酒、银杏茶、银杏保健食品、银杏工艺品等六大系列 50 多个品种，年消耗"泰兴白果"近千吨、干叶 600 多吨。据统计，泰兴市每年银杏果、银杏叶的加工产值达 2 亿多元，当地农民从银杏产业中人均获得的收入在 600 元以上，约占农民人均纯收入的 15%。

枫桥香榧

枫桥香榧是浙江省传统特产。国家地理标志产品"枫桥香榧"保护范围为浙江省诸暨市枫桥镇、赵家镇、东白湖镇、陈宅镇、璜山镇、岭北镇、东和乡 7 个乡镇现辖行政区域。

香榧是一种名贵干果，自有文字记载至今已有 2 000 多年历史。早在汉代的《尔雅》中就有对香榧的文字记载："结实大小如枣，其核长于橄榄，核有尖者不尖者，无棱而壳薄，其仁黄白色可生啖。并可焙收，以小而心实为佳，一树不下数百斛。"枫桥香榧栽培历史悠久，最早记载始于《名医别录》（约成书于汉末）："榧实生永昌（永昌，东吴时枫桥古地名），彼子生永昌山谷。"《名医别录·收藏》云："欲种，以二月下子"。《国朝三修诸暨县志》云：《本草》木皮实，名榧子。永昌人呼为野杉，其实非杉也。亦名榧"。又如《重修浙江通志稿》云："香榧产地乃在枫桥东二十余里一带山里山湾地方，因村小而名不著，故山农以枫桥称之"。

枫桥香榧

民国时期各种报刊对枫桥香榧的大量调查报告、通讯报道及学者论文记述皆反映了枫桥香榧当时的影响、舆论之广之大，生产销售之兴盛可见一斑；而文人墨客以枫桥香榧为题材所作的诗词自唐开始更有不少流传于今，不胜枚举。由此可见，枫桥香榧的历史、文化源远流长。

香榧为中国特有的著名珍稀干果。枫桥所产香榧外壳细体秀气，具有壳薄仁满、种仁酥松细腻，质脆味香、营养丰富的优良品质，为榧中之上品。

在古代，枫桥香榧原以药用为主，记载多在《本经》、医典、药书等古籍中，记有主治，录有附方。《本经》曰："治腹中邪气，去三虫，蛇螫、蛊毒、鬼疰伏尸"。《别录》曰："常食，治五痔，去三虫，蛊毒，鬼疰恶毒"。至今，民间尚有应用香榧子解小儿疳积，驱肠道寄生虫、通便消痔、治妇科病等秘方。据现代科学检测分析：枫桥香榧具有降脂活血、生津补血、舒筋壮骨、排毒养颜、免疫抗病、强身健体和延年益寿的药理作用和功效。

香榧树形奇特，尤其是上百年、上千年的古榧树更是"岁老根弥壮，阳骄叶更荫"，极具观赏价值。据 2002 年林业部门对古树名木的调查统计，诸暨市仅百年以上香榧古树就达 40 754 株，其中千年以上古香榧树 2 700 多株，珍贵的古树群落与会稽山区的奇峰秀谷和文化遗存形成了榧乡独特而丰富的旅游资源。

2000 年，国家林业局首批命名"中国名特优经济林之乡"时，诸暨被命名为"中国香榧之乡"；2010 年，枫桥香榧经国家质量监督检验检疫总局批准为地理标志保护产品。

目前，诸暨市建立了 100 亩香榧种质资源库，100 亩良种采穗圃和全国最大的香榧繁育中心，并成立了香榧研究院。现有榧林面积 11.6 万亩、盛产林 3.5 万亩，每年出产香榧 1 000 多吨，占全国 50% 以上，1 公斤炒制好的香榧零售价格高达三四百元，一户人家有两三棵香榧树，便可解决吃饭问题。目前当地有 8 万多人依靠香榧生活。

汉源花椒

汉源花椒是四川省特产，绰号"麻翻天"。其麻度香度都十分强烈，堪称花椒中的上品。国家地理标志产品"汉源花椒"原产地保护范围为四川省汉源县现辖行政区域。

汉源花椒，史称黎椒，栽培历史悠久，主产于邛崃山脉大相岭泥巴山南麓。从文字记载看，汉源出产花椒已有 2 100 多年的

汉源花椒

历史。汉武帝元鼎六年（公元前 111 年）汉源就有花椒种植记载："夷人以红椒、马同汉人交换盐和布"的记载。汉源古名笮都，汉武帝平定西南夷后，以汉源盛产黎椒而置黎州郡。隋大业三年（607 年）始称汉源县，后朝又有清溪县建制，民国起置汉源县至今。自唐元和年间（806—820 年）始贡朝廷，至清光绪二十九年（1903 年）免贡，历贡达 1 083 年以上，故汉源花椒又有贡椒之称。清溪县建制时又称"清椒"；其果实附生 1~3 粒纯肉小椒粒，形如母子相拥，又叫"子母椒"或"娃娃椒"；民间流传"黎椒"乃唐玄奘西天取经归来夜宿黎州时，所持仙杖化生，故又名"玄奘椒"或"唐椒"。清朝生员聂正春的《黎椒诗》赞曰："黎椒家种传何人，三藏插藤记凤因。鸭绿千层饱雨露，猩红万颗尽珠珍。根深自结子连母，枝古何嫌刺满身。无怪元和志贡品，调羹鼎鼐夸香辛。"

汉源花椒以色泽丹红、粒大油重、芳香浓郁、醇麻爽口而闻名于世，素有"川味花椒之王"的美称。其果粒圆大，颜色红润（丹红至紫色），果肉厚（果皮横截面厚约 1 毫米），表面油囊密生，油囊鼓实，凸起的精油腔多而密，内果皮光滑，淡黄色，薄革质，多数与果肉分离而卷曲，果实上多并蒂附生 1~3 粒纯肉小椒粒，千粒净重 14.5 克左右，其含油多、香气浓、麻味足，主要成分是挥发性芳香油，含有对人体有益的甾醇与不饱和有机酸等，果皮种子也可入药。

2001 年，汉源被国家林业局命名为"中国花椒之乡"。2005 年，汉源花椒经国家质量监督检验检疫总局批准为地理标志保护产品。2013 年年底，汉源县花椒种植面积 8.5 万亩，年产花椒 1 700 万吨，花椒及其深加工制品销售至全国各地及美国、日本、东南亚等国家和地区，年收入达 1.7 亿元以上。

（四）中药材类

哈达铺当归

哈达铺当归产于甘肃省宕昌县哈达铺镇。国家农产品地理标志产品"哈达铺当归"原产地保护范围为甘肃省宕昌县哈达铺镇、阿坞乡、理川镇、八力乡、庞家乡、南河乡、何家堡乡、木耳乡、兴化乡、车拉乡、将台乡、贾河乡、城关镇等 13 个乡镇，176 个行政村。地理坐标为东经 104° 01′~104° 08′，北纬 33° 46′~34° 23′。

宕昌有"千年药乡"之称，是当归、党参、大黄、红芪四大宗药材的原产地。宕昌县中药材种植早于汉代，有 2 000 多年悠久历史。

宕昌当归始种时间不详，但我国现存最早的《神农本草经》《汉代医简》《居延汉简》等史书中都有当归的记载。北魏宣武帝正始二年（505 年），北魏封宕昌王世子梁弥博为宕昌王，宕昌当归被梁弥博作为贡品进献给梁武帝肖衍。唐代苏敬编著的《新修本草》里面说，当归今出宕州最良，多肉少枝气香。另本草纲目记载"岷州当归最佳"。岷州，为北朝西魏文帝元宝炬于大统十年（544 年）始置，辖今岷县、宕昌一带。

哈达铺当归

哈达铺是甘肃省宕昌县的一个小镇，位于甘肃南部白龙江上游的岷江之滨，地处青藏高原东缘和西秦岭余脉的交错地带，这里一向有种植当归的习俗。由于特殊的地理环境、气候因素和种植技术，这里产的当归质量堪称全国第一。当时，哈达铺归岷县管，当归大多运往县城销售。所以，外界称这里出产的当归为"岷归"。

哈达铺当归主根细短，支根粗长，肉质肥厚，外皮呈黄棕色，干后香气馥郁。可补可攻，有补血活血、止痛调经多种功用，为妇科要药。

2011年，哈达铺当归经国家农业部批准为农产品地理标志保护产品。

2013年，宕昌当归种植面积达7.9万亩，当归产量占全国的85%。

怀山药、怀菊花、怀地黄、怀牛膝

山药、菊花、地黄、牛膝四大珍贵的中药因产在古怀庆府（今河南省沁阳市一带），故被称为四大怀药。

国家地理标志产品"怀山药、怀菊花、怀地黄、怀牛膝"原产地保护范围为河南省武陟县、温县、博爱县、沁阳市、孟州市、修武县现辖行政区域。

据《中国药物学》一书记载，焦作地区种植四大怀药已有近3 000年的历史，素有"怀药之乡"的美誉。怀药文化源远流长，历代中华医药典籍都给予了高度评价。据史料记载，公元前724年，卫桓公就向周王室进贡怀山药。公元前608年，鲁宣公开始向周王室进贡怀地黄。唐宋元明清各代，怀药均作为进献王室贡品。怀药不仅享有贡品的荣耀，历代中药典籍也都给予了较高评价。如《本草纲目》中记载"今人唯以怀庆地黄为上"；《神农本草经》中也有记载"山药以河南怀庆者良"；宋代医学家苏颂曰"菊花处处有之，以覃地为佳"；宋《图经本草》载"牛膝生河内山谷，今江淮、闽粤、关中亦有之，然不及怀州者为真"。焦作市种植和加工"四大怀药"积累了丰富的经验，清朝乾隆五十四年（1789年），怀庆府河内县令范照黎有诗赞曰："乡村药物是生涯，药圃都将道地夸。薯蓣篱高牛膝茂，隔岸地黄映菊花。"此诗真实地描绘了焦作市辖区种植"四大怀药"的历史场景。

位居四大怀药之首的怀山药又称"怀参""怀山"，性甘味

怀山药、怀菊花、怀地黄、怀牛膝

平，不寒不热，不润不燥，可健脾补肾，固肾益精，宁咳定喘，益心安神，对身体虚弱、消化不良及糖尿病患者有显著疗效，具有较高的保健价值。

怀菊花，《本草纲目》中称怀菊花因花味甘苦、性凉，有疏风清热、清肝明目、祛毒养颜作用。药理实验发现，怀菊花含有多种心脏活性成分，怀菊花制剂可以扩张冠状动脉，减轻心肌缺血状态，对高血压、动脉硬化等有明显功效。

怀地黄又名"怀地髓"，油性大、柔软、皮细、内为黑褐色并有光泽，味微甜，尤其是断面呈菊花心状，药效奇特。近代医学家赵燏黄对全国各地的地黄逐一进行考证和化验后得出结论，怀地黄 10 克的药力，约相当于其他产地的 30~100 克。怀地黄分为鲜地、生地和熟地，鲜地黄清热生津、凉血止血，生地黄清热凉血、养阴生津，熟地黄滋阴补血，益精填髓。

怀牛膝，因其基部有节似牛膝而名，具有活血祛瘀，引血下行，利尿通淋，补肝肾等功效，且含有丰富的菊花色素、维生素 A、维生素 B 和氨基酸以及大量的挥发油，有味浓、煎煮不败的特点。李时珍在《本草纲目》中说："牛膝处处有之，谓之土牛膝，不堪服，惟北土及川中人家栽莳者为良。"其中的"北土"即为原怀庆府所辖区域。实验表明，怀牛膝中微量元素锰、锌的含量较其他产地的品种为高。人体缺乏锰、锌常表现为肾虚，因此怀牛膝的"补肝肾、强筋骨"作用较强。

2003 年，怀山药、怀菊花、怀地黄、怀牛膝经国家质量监督检验检疫总局批准为地理标志保护产品。

如今，焦作市四大怀药种植面积达 24.2 万亩，怀药鲜货产量约 44.1 万吨，亩均收入4 000 余元，怀药种植总收入达到 10 亿元，中药及怀药企业工业总产值达 15.3 亿元。广西玉林、河南禹州等药材市场均在焦作定点收购四大怀药，同仁堂、金陵药业、宛西药业、太太药业等在焦作建立了中药材种植基地。

盐池甘草

甘草，又名甜草、蜜草、甜根、美草、国老等。盐池甘草是宁夏的传统特产。国家农产品地理标志产品"盐池甘草"原产地保护范围为宁夏回族自治区盐池县惠安堡镇、大水坑镇、高沙窝镇、冯记沟乡、王乐井乡、青山乡、花马池镇 7 个乡镇。地理坐标为东经

盐池甘草

106° 33′ ~107° 47′，北纬 37° 04′ ~38° 10′。

作为中国著名的传统中药，甘草以根味甘甜而得名，具有补脾益气，清热解毒，祛痰止咳，缓急止痛，调和诸药的功效。早在 1 700 多年前的《神农本草经》中就将其列为上品，言其"主五脏六腑寒热邪气，坚筋骨，长肌肉，倍力、金疮肿，解毒"。公元 5 世纪，名医陶弘景在《名医别录》中称甘草为"国老"，言"此草最为众药之王，经方少有不用者"。隋唐时期著名针灸学家甄权解释得更具体，说"甘草能解一千二百般草木毒，调和众药有功，故有国老之号"。自古到今，甘草作为"药中之王"在中医临床上应用之广是其他中草药难以比拟的。仅以《伤寒论》为例，书中约 74% 的处方使用了甘草。现代中医处方大多仍旧离不开甘草，"十方九草""无草不成方"的美誉源源不绝。甘草不仅在医药方面用药量大，还广泛应用于食品、饮料、烟草、日用化工及畜牧业等领域。

宁夏在历史上是传统的乌拉尔甘草的道地产区，其中盐池县及灵武市、红寺堡等周边区域系乌拉尔甘草核心分布区域，所产甘草以色红皮细、质重粉足、条干顺直、口面新鲜而著称，世人冠以"西镇甘草"称号，也称"西正甘草"，与内蒙古杭锦旗，鄂托克前旗的"梁外甘草"齐名，畅销国内外。南朝陶弘景《名医别录》记载甘草"生河西川谷积沙山及上郡"。《本草图经》载："今陕西，河东州郡皆有之。……今甘草有数种，以坚实断理者为佳。"即今陕北、宁夏毛乌素沙地一带（含盐池等地）；《药物出产辨》："产内蒙古，俗称王爷地。"即今鄂尔多斯台地一带（含宁夏盐池等地）。由于宁夏盐池甘草有着得天独厚的区位优势和深厚的历史积淀，1995 年，宁夏盐池县被国务院首批百家中国特色之乡命名委员会命名为"中国甘草之乡"。

据《盐池县志》资料记载，该县历年采挖甘草达 50 万 ~100 万公斤。20 世纪 80 年代开始人工栽培甘草的试验示范。2002—2005 年，宁夏回族自治区农林科学院、宁夏药品检验所对人工甘草进行的联合检测显示，3 年生以上的栽培甘草能够达到野生药材质量标准，完全符合《国家药典》要求。

2013 年，盐池甘草经国家农业部批准为农产品地理标志保护产品。截至 2013 年 07 月，盐池县累计种植人工甘草 85 万亩，甘草凉茶、甘草饮片、甘草膏、甘草浸膏等甘草深加工产品享誉市场，实现产值 1.6 亿元以上，甘草种植已成为盐池县农村经济发展新的增长点。

石柱黄连

石柱黄连是重庆市石柱土家族自治县特产，产于该县黄水森林公园，又称"黄水黄连"。药材商品为"味连"，系常用名贵中药，因品质优良，被确定为"国药""道地黄连"。

国家地理标志产品"石柱黄连"原产地保护范围为重庆市石柱土家族自治县的黄水镇、枫木乡、冷水乡、悦崃镇、石家乡、沙子镇、临溪镇、王家乡、三益乡、桥头乡、中益乡、龙潭乡、洗新乡、金竹乡、金玲乡、六塘乡、三星乡、鱼池镇、龙沙镇、大歇乡、黄鹤乡、马武镇、新乐乡、下路镇、三河乡、南宾镇等26 个乡镇所辖行政区域。

石柱黄连

石柱土家族自治县是黄连的原始产区，自古盛产名贵中药材黄连，有中国黄连之乡的美誉。据史料记载，唐天宝元年（742年），石柱"上贡黄连十斤，木药子百粒"。10~13 世纪（北宋）地理总志《太平寰宇记》载："忠州领五县：临江、丰都、垫江、南宾、桂溪，土产苦药子、黄连……"。时州领五县，唯南宾（今石柱）县产黄连。元末明初（约 1360 年）开始人工栽培始。清乾隆四十年（1775 年）《石柱厅志》记："药味广产，黄连尤多，贾客往来，络绎不绝"。20 世纪初的民国时期，石柱黄连年产量即达 4 000 担。民国二十三年（1934 年）中国银行所编《四川省之药材》记："味连，只有家种，专产石柱"。1959 年《四川医学院学报》之《黄连史》曰："峨眉、洪雅野生品种驰名天下，石柱栽培品种品质优良，产量甲全国"。

石柱黄连多集聚成簇，常弯曲，形如鸡爪，故俗称"鸡爪连"，药材商品为"味连"。表面灰黄色或黄褐色，粗糙，有不规则细节状隆起、须根及须根残基，有的节间表面平滑如茎干。上部多残留褐色鳞片，顶部常有残余的茎或叶柄。质硬，断面不整齐，皮部橙红色或暗棕色，木部鲜黄色或橙黄色，呈放射状排列，髓部有的中空。气微，味极苦。产品主含小檗碱（黄连素），另含黄连碱、甲基黄连碱、掌叶防己碱、非洲防己碱、棕榈碱、巴马亭碱等多种生物碱，尚含黄柏酮、黄柏内酯。性寒，味苦。入心、肝、胆、脾、胃、大肠六经。具有泻火解毒、清热燥湿，有抑菌、抗病毒、降压、利胆、利尿、镇静、镇痛和增强白血球吞噬等作用，临床常用于烦热神昏、心烦失眠、湿热痞满、腹痛泻痢、目赤肿痛、口舌生疮、耳道流浓、牙痛、消渴、湿疹、湿疮、烫伤、吐血、衄血、痈肿疔疮及妇人阴中肿痛等症。

1954年，石柱黄连被列为国药。1989年，在首届中国道地药材学术研讨会上，石柱黄连被确认为道地黄连。2004年，石柱黄连经国家质量监督检验检疫总局批准为地理标志保护产品。

目前，石柱黄连种植面积常年保持在年6万多亩，产量2 000多吨，占全国的60%，全世界的40%，产品远销日本、马来西亚、新加坡等50多个国家和地区，交易量占全国的90%左右。

平顺潞党参

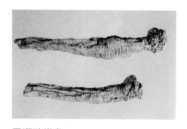

平顺潞党参

平顺潞党参是山西省平顺县出产的党参（平顺县所属的长治市秦代称上党郡，隋代称潞州。故又称为上党参、潞党参），人称"党参之王"，是中药材著名品种。国家农产品地理标志产品"平顺潞党参"原产地保护范围为平顺县虹梯关乡、东寺头乡、杏城镇、龙溪镇、西沟乡5个乡镇62个行政村。地理坐标为东经113°23′~113°41′，北纬35°57′~36°16′。

平顺盛产潞党参，历史悠久。西汉学者刘向所撰《别录》上说："人参出上党山谷中……根如人形，有神"。另据史料记载，人参在上党东山谷中。这个东山谷就是平顺县的"寺河关山"一带。据说寺头五龙山，安咀凤凰岭、虎窑蝙蝠沟、玉峡关洪峪岭、龙镇的佛堂岭、不兰岩的紫峰山峡谷、石窑滩的猪拱地、城关的老马岭等地的深山峡谷中就是上党参的最早发源地。早在夏商时期，人们认为它是神异莫测的神草，只可得天地之精灵于自身，凡人不能种植。所以，人们只是登山攀崖挖取党参，由于长久的挖掘寻找，党参濒临绝种。春秋时期，地处上党的韩国最先创造了人工栽培党参的方法，所以史称上党是党参的发源地。

平顺县的"寺河关山"一带到处是红炉沙土和草、黑土。气候凉爽适宜。特别值得称奇的是，这些山谷海拔1 400多米，沟沟凹凹大多有山泉涌出。其泉常年如注。捧而尝之，别具党参风味，据说"寺河关山"的党参疗效与此水关系极大。这些奇泉异壤和特殊气候是平顺党参得天独厚的生长条件。所产潞党参参条纤长、质厚味纯、皮黄肉红、色泽鲜艳，如横断参条，可见明星点点，整体呈"虎头凤尾菊花心"，三五叶、松花头、花淡黄、有芳味。

党参含挥发油、黄芩素、多种葡萄糖、微量生物碱、皂苷、蛋白质等成分，是调理身体，益气、补虚、提高免疫力的最佳食材之一。具有补气血、养脾胃、润肺生津、治疗身体虚弱之功能。可炖肉吃，泡酒饮。在国外，党参的功效与人参有同等之说。

　　进入 21 世纪，平顺县的玉峡关、羊老岩、龙镇、杏城、虹梯关等乡镇普遍种植党参。全县年均产量为 100 万公斤左右。2011 年，平顺潞党参经国家农业部批准为农产品地理标志保护产品。

文山三七

　　三七是中国传统名贵中药材，为云南所特有，也是中国民间最早使用的药食同源植物之一。云南文山是三七的主产地，国家地理标志产品"文山三七"原产地保护范围为文山壮族苗族自治州现辖行政区域。

文山三七

　　三七属五加科多年生草本植物，因其播种后 3~7 年挖采而且每株长 3 个叶柄，每个叶柄生 7 个叶片，故名三七。三七不耐严寒与酷热，喜半阴和潮湿的生态环境，分布范围极其狭小，只有云南文山州境内和周边少数地区最适宜生长。因三七的贵重和独特的功效促使三七由野生变人工种植比其他中药材要早，清代乾隆年间《开化府志》中有，开化三七在市场出售畅销全国的记载。目前公认的文山三七种植历史不少于 400 年。

　　三七又名田七，其根茎短，具有老茎残留痕迹；根粗壮肉质，倒圆锥形或短圆柱形，长约 2~5 厘米，直径约 1~3 厘米，有数条支根，外皮黄绿色至棕黄色。茎直立，近于圆柱形；光滑无毛，绿色或带多数紫色细纵条纹。历代医家把田七捧为止血、疗伤、消肿、镇痛之要药。现代科学从植物学、化学、药理学等方面的研究结果表明：田七与人参为同科同属植物，二者有着相似的功能和作用，所含成分也大多相同，田七中除含有人参皂苷 Rg1 和 Rb1、多糖、黄酮、氨基酸、多种矿物质外，尚含有田七所特有的田七皂苷 R1、R2、R3、R4、田七素等成分，故田七除具有人参的滋补强壮、抗疲劳、耐缺氧、降血糖血脂等作用外，还具有人参缺少的止血消肿、活血化瘀、镇痛消炎等方面的作用。大量的药理实验及临床观察表明：对田七的认识从传统的"散瘀止血，消肿定痛"延伸到心脑血管系统、中枢神经系统和代谢系统等多个领域。可用于治疗和预防冠心病、心绞痛、高血压、高血脂、脑血栓等心脑血管疾病，并能增强机体抵抗力，延缓衰老。田七传统入药部位为根，现代研究发现，田七全身都是宝，根、茎、叶、花均可入药。鉴于田七的独特成分及功效，因而，享有"金不换""南国神草""参中之王"之美誉。

田七是一种品质稳定的常用植物药，又是一种药食同源植物。把干燥的田七根切片、碾成粉后服用，如能与肉、鸡煲汤，其效倍增。"田七汽锅鸡"就是云南传统名菜，食后有养气补虚之功。

2002 年，文山三七经国家质量监督检验检疫总局批准为地理标志保护产品。

目前，全国有 90% 以上的三七来自于云南文山地区，被国家命名为"三七之乡"。据统计，截至 2013 年年底，全国以三七为原料的产品有 356 个，生产企业 1 357 家，三七成品已进入全国各大城市医院及药店销售；三七原料已进入全国 20 个大中药材市场，以日本、泰国、越南为重点的国际市场正稳步增长，年均出口量达 1 000 吨以上。

江油附子

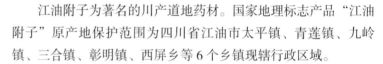

江油附子

江油附子为著名的川产道地药材。国家地理标志产品"江油附子"原产地保护范围为四川省江油市太平镇、青莲镇、九岭镇、三合镇、彰明镇、西屏乡等 6 个乡镇现辖行政区域。

江油县是闻名世界的附子之乡，已有 1 000 多年的历史。《唐本草》称："天雄、附子、乌头，并汉蜀道绵州、龙州者佳。……江南来者，全不堪用。"《药物出产辨》称：附子"产四川龙安府江油县。"李时珍在《本草纲目》中曾引用宋人扬天惠所著《附子记》中的载文："绵州及故广汉地，领县八，帷彰明（现江油县）出附子，彰明领乡二十，惟赤水、廉水、昌明、会昌四乡产附子，而赤水为多。"说明江油出附子在宋朝便已经很出名了。

附子是毛茛科植物乌头的子根。性味甘、热、有毒。入心、脾、肾经，是一种常用药，主治四肢厥逆、脉微欲绝，阳气欲脱等危险重症，具有回阳补火，散寒除湿之功效。此外还有独特的保健作用，煲汤可以补阳、驱寒、除湿，具有"有病治病、无病健身"的功效。现代科学研究证明，附子含有生物碱、淀粉等成分，生物碱具有回阳救逆的作用。江油县具有附子生长得天独厚的自然条件，这里气候温和湿润，雨量充沛，日照充分，土层疏松、肥沃、深厚，排水良好，可使附子根系发育快而肥大。江油附子除具有一般附子的成分外，还独有江油乌头碱、新江油乌头碱等成分。

江油附子除有良好的生长条件外，在制作上也非常精细，一直保持着传统的炮制方法。从附片的形状、色泽、水口、刀法上，都具有独特的加工工艺，因而片张大而匀，片心有菊花纹，无空心，片面冰糖色，有油面光泽，呈半透明状。剖面角质，性酥脆，其质量举世无双。

江油附子经过特殊浸泡工艺处理，炮制加工成白附片、黑顺片或炮附片入药。白附片，无外皮，切面呈黄白色。黑顺片外皮黑褐色，切面呈暗红色。白附片、黑顺片表面具有光泽，呈半透明状。炮附片，外皮黑褐色，切面呈淡黄色，呈半透明状。淡附片为黑褐色，断面呈角质化裂口。

2006 年，江油附子经国家质量监督检验检疫总局批准为地理标志保护产品。江油现有附子种植规模 1.2 万亩。

宁夏枸杞

宁夏枸杞为宁夏回族自治区著名特产。国家地理标志产品"宁夏枸杞"的分布范围为银川平原、卫宁灌区，包括：惠农县（燕子墩乡、礼和乡、尾闸镇、红果子镇、庙台乡）；平罗县（黄渠桥镇、灵沙乡、崇岗镇）；贺兰县（金山乡、金贵镇、习岗乡、立岗乡、常信乡）；银川市西夏区（芦花镇、新泾镇）；芦花台园林场；兴庆区（掌政镇、兴源镇）；金凤区（良田镇、丰登镇）；永宁县（望洪镇、胜利乡）；青铜峡市（青铜峡镇、大坝镇、叶盛镇、瞿靖镇、邵岗镇）；中宁县全境；中卫市（东园镇、宣和镇、柔远镇、镇罗镇、永康镇）；同心县（羊路乡、同心镇、石狮镇、河西镇）；红寺堡开发区；宁夏农垦系统（简泉农场、南梁农场、西湖农场、贺兰山农牧场、黄羊滩农场、玉泉营农场、渠口农场、长山头农场）。

宁夏枸杞

枸杞的果实，叫"枸杞子"，色泽艳红，誉为"红宝"，居"宁夏五宝"之首，是宁夏最著名的特产之一。在宁夏，民间俗称枸杞为"茨"，枸杞园为"茨园"，种植枸杞的农民为"茨农"。由于其"棘如枸之刺，茎如杞之条"，故兼得枸杞名。

宁夏是中国枸杞的主产区，中宁县是世界枸杞的发源地和正宗原产地。据史籍载，宁夏人工栽培枸杞至少已有 600 余年历史。北宋科学家沈括在《梦溪笔谈》中记载："枸杞，陕西极边生者……甘美异于他处者"。他指的"极边"可能就是现在的中宁、中卫县一带。明宣德年间（1426—1435 年），宁夏庆王府编修的《宁夏志》中，物产部分列了枸杞。明弘治年间（1488—1505 年）即被列为"贡果"。编纂于清乾隆时的《中卫县志》称："宁安一带（今宁夏中宁县）家种杞园，各省入药甘枸杞皆宁产也"。时任中卫县知县黄恩锡写道："六月杞园树树红，宁安药果擅寰中。千钱一斗矜时价，绝胜腴田岁早丰"。民国《朔方道志》中也有"枸杞宁安堡者佳"的记载。

枸杞是一味名贵的中药材，其药用历史已有 2 000 多年。现代医学证实，宁夏枸杞除富含蛋白质、植物脂肪、无机盐外，还含有锌、钙、锂、硒、锗等多种微量元素，具有促进和调节免疫功能、保肝和抗衰老三大药理作用，其食用、保健、美容价值也极高，是一种养颜益智的滋补佳品。得益于宁夏河套灌区特定的生态地理环境和优越的水土光热条件，宁夏生产的枸杞，尤其是中宁枸杞以粒大色鲜、皮薄肉厚、籽少甘甜，品质超群，在全国同类产品中铁、锌、锂、硒、锗等使人益寿延年的五种微量元素含量第一，人体所需的 18 种氨基酸总量第一。因此，素有"天下枸杞出宁夏，中宁枸杞甲天下"的美誉。中宁枸杞是唯一被载入新中国药典的枸杞品种，国家医药管理局将宁夏定为全国唯一的药用枸杞产地。

20 世纪 50 年代前，宁夏枸杞主要产区集中在中宁县。中宁县又集中分布在黄河沿岸、清水河下游和包兰公路两侧长约 10 公里，宽约 5 公里的地带。1950 年全区枸杞面积3 200 亩，产枸杞 13.3 万公斤。60 年代，宁夏平原灌区的国营农场相继发展枸杞生产，种植面积迅速扩大，60 年代末，宁夏枸杞产量 20 万公斤。70 年代，清水河中游地区的海原李旺乡、固原县七营乡开始种植枸杞，80 年代已形成较大的生产规模。80 年代初，中宁县仍然是宁夏枸杞的主要产地。中宁县枸杞产量 1956 年占宁夏枸杞产量的 98.4%，1980 年占 65.2%。80 年代中期以后，主要产区已从中宁县扩展到贺兰山东麓的国营农场以及固海扬黄溜区。

2004 年，宁夏枸杞经国家质量监督检验检疫总局批准为地理标志保护产品。

2014 年，宁夏全区枸杞种植面积已达 85 万亩，占全国枸杞种植面积的 45% 以上。枸杞干果产量达到了 13 万吨，年综合产值超过了 50 亿元。以枸杞干果、果汁、果酒、籽油、芽茶等产品为主的各类销售、加工企业达到 200 余家，枸杞加工转化率 15%，枸杞及系列产品出口到 40 多个国家地区，占宁夏枸杞产量的 1/10，年出口创汇 1 000 万美元。农民人均来自枸杞产业的现金收入达到 2 600 元，占农民现金总收入的 46.2%。

长白山人参

中国是世界上主要的人参生产国，产量居世界第一位。中国栽培的人参主要分布于长白山脉延伸的北纬 35°~48° 区域，南起辽宁宽甸，北至黑龙江伊春，其中心产区为吉林省的抚松、长白、靖宇、集安、敦化、安图等县（市）。从人参生态气候条件来看，中国的长白山地带及其三江（松花江、图们江和鸭绿江）一河（新开河）流域是世界盛产优质人参的最佳产区。吉林长白山区人参产量占中国的85%，世界的70%。国家地理标志产品"吉林长白山人参"保护范围为抚松县、靖宇县、长白朝鲜族自治县、江源县、通化县、集安市、辉南县、敦化市、安图县、汪清县、珲春市、蛟河市、桦甸市、临江市等14个县（市）现辖行政区域。

野山参

中国历史上可分为两大人参主产区，以上党郡（今山西、河北、山东等省）为代表的中原产区和以辽东（今吉林、辽宁、黑龙江省）为代表的东北产区。人参早在1 700多年以前就在长白山区出现。据史料记载，公元三四世纪辽河流域的鲜卑族建立前燕国即有人参赠与晋朝官吏的记载，唐代以后东北长白山人参便成为向中原进贡的珍品。至明清时期，东北人参已经取代了上党人参，明万历年间（1573—1620年）仅建州女贞烂掉的人参达5万余公斤之多，可见东北长白山人参资源极其丰富。明清的诗文著述中也多次记载了有关人参的形态特征、加工方法、入药等。

人参，也称人衔、鬼盖、玉精、神草、地精、土精、孩儿参、棒棰等，是滋补强身，延年益寿的珍贵药材，被人们称为"百草之王"，是闻名退迩的"东北三宝"（人参、貂皮、鹿茸）之一。人参的药用价值很早就被人们所认识。公元前6世纪，老子首先发现人参的治疗作用。汉代的华佗曾用人参配药治病。近年来更为现代医学药理实验所确认。人参根中含有多种人参皂苷、人参酸与维生素甲、乙、丙和挥发油等，可以补五脏、安精神、定魂魄、除邪气、止惊悸、明目开心，益智健脑，久服轻身延年。吉林省长白山区以其独特的地理环境和自然条件，成为人参的天然产区，生长在吉林省长白山脉的长白山人参，以其优良的品质、独特的功效自古享有盛名，并驰名世界。

人参作为人们心目中"包治百病"的神药，一直寄托着许多的美好梦想和愿望，自古关于人参的传说数不胜数。新中国成立后，参乡涌现出来的2 000多名专业和业余文艺工作者，把人参文化从古典艺苑带进了一个新的艺术境地中。从民间流传故事到歌舞、体育、绘画、书法、摄影等，有关人参民俗、风土人情的艺术作品比比皆是。

2002年，经国家质量监督检验检疫总局批准"吉林长白山人参"为地理标志保护产品。2009年，国家工商行政管理总局又批准了"长白山人参"为著名商标。

2010年以后，吉林省建成良种繁育、绿色人参、绿色西洋参、林下参及非林地人参等 5 种模式 20 个标准化生产示范基地。人参单产增幅达 25%，优质参率达到 70% 以上。2012 年，人参留存面积 5 200 万平方米，产量 2 万吨。人参产业总产值实现204.5 亿元；鲜参价格上涨到每公斤 85 元；加工能力达到 2.4 万吨，加工产品产值 170 亿元；人参行业合作组织发展到 226 个。开发出一批具有核心竞争力和自主知识产权的精深加工产品，人参皂苷、人参多糖、人参多肽、人参蛋白、人参挥发油等多种有效成分提取和产品开发取得新突破，产品增值几十倍甚至上百倍。

昭通天麻

天麻为兰科植物天麻的干燥块茎，又名赤箭、定风草等，是一种名贵药材。云南是中国天麻主产地之一，以昭通地区产量最多，质量最佳。

国家地理标志产品"昭通天麻"原产地保护范围为昭通市现辖行政区域，保护品种为乌天麻、黄天麻，种植范围为海拔1 400~2 800 米的适宜种植区域。

昭通天麻

2 000 多年前，天麻就被用于医疗保健，《本草纲目》记载：天麻补脑、三七养心、人参强肾，补益上药，天麻第一。中医理论认为，"风"是"六淫之首"，就是致病的首要因素，而天麻为本草中的祛风之王；"脑"为万病之源，而天麻为补脑之王。在古代，天麻在医疗保健中已广泛使用。《新唐书》（1060 年）记载，唐明皇李隆基临朝前必服天麻粉，视为滋补上品，益寿珍品；唐玄宗国务操劳，失眠多梦，精神不佳，御医无法，后南昭人献天麻，服之精神大振；清光绪年间，慈禧太后患面风，用天麻配伍其他祛风活络药，研末酒调，热熨患部；光绪头痛眩晕，也常用天麻配伍相关药物煎水洗头。清代名医张志聪称赞：天麻功同五芝，力倍五参，为仙家服食上品。历代滇府吏更把昭通小草坝天麻作为贡品，进献皇帝，足见其珍贵。《彝良县志》记载："清乾隆五十年（1785 年）四川宜宾知府派人来（彝良）小草坝采购天麻给皇帝祝寿。"《神农本草经》和《本草纲目》首推天麻为安眠佳品。中医宝典《中药古今运用指导》记载："天麻以云南昭通产者为优"。

昭通位于中国大西南腹地，云南省东北部，地处川、滇、黔三省结合部，金沙江下游。这里群山林立，沟壑深切，高低之间温、湿度差距极大。每年秋冬季节，贝加尔湖寒流北下形成的冷空气和南上的暖湿气流在这里交汇，形成独特的"昆明准静止锋"气候，终年阴雨绵绵，云蒸雾蔚，轻雨飞扬，日照少，湿度大，正是天麻生长的最适宜区。所产天麻个大、肥厚、色黄白、呈半透明状，质坚实。无论是这里野生的还是仿野生栽培的天麻，其内在质量堪称世界第一。

以天麻为主要原料制成的天麻片、天麻补酒，是享有声誉的中成药，天麻汽锅鸡是滇菜的珍品之一。

2004 年，昭通天麻经国家质量监督检验检疫总局批准为地理标志保护产品。目前，昭通全市的天麻种植面积达 5.1 万亩，年产量 1 850 万公斤，产值近 30 亿元。

（五）水生植物类

湘莲

湘莲是湖南省著名特产，被誉为"中国第一莲子"。国家地理标志产品"湘莲"原产地保护范围为湖南省湘潭县全县乡镇、韶山市银田镇、永义乡、如意镇、韶山乡，湘乡市梅林桥镇、东郊乡、龙洞镇、栗山镇、中沙镇、山枣镇，株洲市荷塘区明照乡，衡阳市衡东县白莲镇等 34 个乡镇现辖行政区域。

湘莲

湘莲何时开始栽培，何时名登榜首，已无从查考。但 3 000多年前战国楚大夫屈原，被流放在湖南沅湘之间时，写下的诗辞中有大量关于莲的描写，如《招魂》："芙蓉始发，杂芰荷些。"《湘君》："筑室兮水中，葺之兮荷盖。"由此可知，当时湘莲已引人注目，而且莲的影响已渗入到湖南民间习俗之中。屈大夫笔下描写的"少司命"的装束是："荷衣兮蕙带，倏而来兮复而逝。"他自己也要"制芰荷以为衣兮，集芙蓉以为裳。"模仿"少司命"的穿着。

2000 多年前的《越绝书》中，也有"沈沈如芙蓉，始生于湘"的记载。考古部门在澧县九里发掘的战国一号楚墓中，发现有莲藕等实物。1972 年发掘的长沙马王堆 1 号汉墓随葬的瓜果菜蔬中，发现有藕片，出土的竹简"菜谱"中也有藕。这些实物为湖南 2 000 多年前就盛产莲藕提供了物证。

"湘莲"一词，在目前所见的书中，最早见于南朝江淹《莲华赋》："著缥菱兮出波，揽湘莲兮映渚。迎佳人兮北燕，送上宫兮南楚。"赋中不仅用了"湘莲"一词，而且还提到了南麓。这正是古时湖南地域的称谓。可见"湘莲"在南北朝时已久负盛名，而此时尚未见到别的以地名称呼的莲种的记载，可见"湘莲"之名早冠于其他莲种。

《湖南通志·物产志》载："藕粉湘潭、湘乡产，盛于他处，甲于全楚，岁以充贡。"清光绪《湘潭县志》载："莲有红、白二种，官买者入贡。""土贡有莲实，产县西杨塘。既而求者众，土人种者，珍以自用。贡馈者买之衡阳清泉，署曰'湘莲'。"直至清代宣宗（道光）年间，才"圣德恭俭，悉罢四方土贡，湘莲贡亦罢。"西杨塘即今之白石铺，所产之莲为有名的"寸三莲"。去壳后三粒连起来一寸长，故名"寸三莲"。

湘莲颗粒饱满均匀，呈短椭圆形，种皮呈棕红色，有细纹；莲肉乳白，煮食易烂，清香味美。因品质极优，故有"湘莲甲天下，潭莲冠湖湘"之誉，湘潭县被誉为"中国湘莲之乡"，湘潭市誉称"莲城"。

2010年，湘莲经国家质量监督检验检疫总局批准为地理标志保护产品。

2013年，湘潭市种植面积6.9万亩，年产值达34亿元，实现利税5 000万元左右，安排农村就业劳动力近万人。

蔡甸莲藕

蔡甸莲藕是湖北省武汉市蔡甸区特产。国家地理标志产品"蔡甸莲藕"原产地保护范围为湖北省武汉市蔡甸区现辖行政区域。

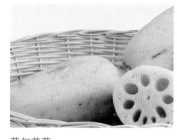
蔡甸莲藕

蔡甸植藕历史悠久。隋唐时期，作为栽培的莲藕在蔡甸传播引种，开始人工栽培，良种沃土相得益彰，越长越好，宋代开始闻名京都，蔡甸莲花湖莲藕年年晋京朝贡，夏冬两季，水陆兼程，定时入京。明清时代已经是大面积植藕。清代诗人乔大鸿在"晚渡南湖"诗中写道"十里尽薄荷，迷漫失南湖，人家何处边，停桡问渔叟"。

蔡甸城关建镇于晋，莲花湖环抱古镇，湖水清澈，湖泥肥沃，由于汉江多次改道，洪水泛滥，矿物质淤积，为蔡甸莲藕的生长提供了物质基础。所产莲藕具有独特品质，不仅莲藕外观通长肥硕、质细白嫩、藕丝绵长，而且口味香甜、生脆少渣、极富营养，药用食补两宜。

2007 年，蔡甸莲藕经国家质量监督检验检疫总局批准为地理标志保护产品。

目前，蔡甸是中国最大的县市级莲藕生产和销售基地。蔡甸全区莲藕种植面积 15 万亩，藕稻、菜藕稻、藕荸荠、双茬藕、藕田套鱼等高效模式达到 11.4 万亩，占莲藕种植面积的 78.6%。年产莲藕 20 万吨，年产值超过 10 亿元。

二、林业产品类特产

庆元香菇

浙江省庆元县是香菇人工栽培的世界发源地。国家地理标志产品"庆元香菇"原产地保护范围为庆元县、景宁县、龙泉市所辖行政区域。

香菇是中国著名的食用菌。常食香菇有预防佝偻病、感冒，降低血压、血脂，提高人体免疫力，治疗贫血，降低癌症发病率等功效，是延年益寿的天然保健食品。

香菇的人工栽培始于南宋，已有 800 多年生产历史。相传系庆元县一位名叫吴三的农民于南宋建炎四年（1130 年）发明了"原木砍花法"香菇栽培技术。吴三公世居深山，他从被砍倒的树木上发现一种菌蕈，于斧坎中长出，坎多处蕈多如鳞，因之而受启发，并不断刻苦钻研。经长期实践，他总结出择山、做樯、砍花、遮衣、惊蕈、烘焙等一整套人工栽培香菇的技术。至 1313 年载于王祯农书《菌子》时，人工栽培香菇技术已从龙（泉）、庆（元）、景（宁）三县向闽、赣、皖等省山区扩展。1368 年由刘伯温向朱元璋奏准专利，至此终于形成了长江以南 11 省的香菇栽培区。清康熙《庆元县志》载："庆邑之民，以制蕈为业。老者在家，壮者居外，川、陕、云、贵无所不历"。栽培技术从 15 世纪开始向日本传出，中国人工栽培香菇历史比日本早 400~500 年。

20 世纪 70 年代以来，历经了"段木纯菌丝接种法""代料栽培法"和"高棚层架栽培花菇法"三次重大技术变革。如今庆元已成为饮誉全球的"中国香菇城"，香菇业成了庆元人民脱贫致富奔小康的支柱产业。1989 年 3 月，香港中文大学教授、热带菇类学会主席张树庭实地考证后指出，香菇从野生转化为人工栽植，发展至今成为全球性产业，给人类提供了新的食物蛋白源，这是一项历史性的创造，并亲笔题写了"香菇之源"匾额。庆元香菇还被国务院发展研究中心授予两项"中华之最"：一是"世界人工栽培香菇历史最早"；二是"全国最大的香菇产地和集散地"。

庆元香菇以鲜嫩可口、香郁袭人的独特风味成为宴席上的珍贵佳肴，自古为宫庭贡品。先后获得九四年"第五届亚太国际贸易博览会"金奖和九六年"第二届国际各行业产品畅销博览会"金奖。2002年，庆元省香菇经国家质量监督检验检疫总局批准为地理标志保护产品。如今，庆元县20万人口中，有近1/4的人从事香菇相关行业。食用菌企业200多家，其中年销售收入500万元以上的有30余家。2013年，庆元香菇的品牌价值已达到45亿元，名列国内食用菌类品牌首位。

庆元香菇

房县黑木耳

房县是中国著名的黑木耳生产基地县、驰名中外的"木耳之乡"。国家农产品地理标志产品"房县黑木耳"保护范围为湖北省房县城关镇、青峰镇、大木镇、门古镇、军店镇、化龙镇、土城镇、红塔乡、榔口乡、沙河乡、万峪河乡、桥上乡、窑淮乡、上龛乡、九道乡、中坝乡、白鹤乡、五台山林业总场、姚坪乡等19个乡镇。房县地处鄂西北，界于大巴山和武当山之间。地理坐标为东经110°02′~111°15′，北纬31°34′~32°31′。

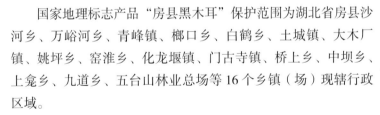

房县黑木耳

国家地理标志产品"房县黑木耳"保护范围为湖北省房县沙河乡、万峪河乡、青峰镇、榔口乡、白鹤乡、土城镇、大木厂镇、姚坪乡、窑淮乡、化龙堰镇、门古寺镇、桥上乡、中坝乡、上龛乡、九道乡、五台山林业总场等16个乡镇（场）现辖行政区域。

房县黑木耳栽培利用历史悠久。从唐朝至今，房县人民一直有生产、食用黑木耳的习惯，积累了丰富的经验。在唐朝苏恭著《唐本草注》中就提到了房县黑木耳的人工栽培方法："桑、槐、楮、榆、柳此为五木耳……煮浆粥，安诸木上，以草复之，即生尔"。这不仅记载了房县劳动人民对于常见耳树的认识，而且总结了当时黑木耳的生产经验，这是目前关于黑木耳生产的最早记录，证明了房县为最早生产黑木耳的地区之一。

房县黑木耳后来大量种植则与唐中宗李显有关。据传，684年，唐中宗李显（庐陵王）被贬房陵后，心思郁结，久而成病，中医以黑木耳入药，不料却被厨子误以为菜炒制入膳中，李显食后，感此物柔韧润滑，清神解郁，遂久食。回京后，中宗点名"房耳"作贡品。由于当时只有伐木放置野外自然生长的条件，产量极低，供不应求，曾一度出现"百姓皆种耳、官商皆收耳"的繁荣景象，由此推动了房县黑木耳大量种植。《湖北通志》记载有："木耳以郧属产者为最著名，世谓之郧耳"，房耳占郧耳总产的 90%。

新鲜的房县黑木耳多为二片丛生，胶质状，半透明，深褐色，耳片厚 1.7 毫米左右，是普通黑木耳的 2 倍；直径一般为 10~12 毫米；胶质含量占耳片质量的 90% 以上，有弹性；干燥的黑木耳为角质，背面绒毛短而少，暗灰色，耳面黑褐色，平滑有光感。因其"形似燕，状如飞"，又被称为"燕耳"，有"山珍之王"的美称。同时，作为中药补品之一，黑木耳味甘甜性平，具有延年益寿、调节神经、补气润肺、提高机体免疫力的功效。

2008 年，房县黑木耳经农业部批准为农产品地理标志产品。2009 年，经国家质检总局批准为国家地理标志产品。

目前，房县黑木耳耳林基地达到 200 万亩，最高产量达架平单产 10 公斤，黑木耳年产量达 60 万公斤，占湖北省的 1/3，全国的 1/8。如今，湖北省房县已成为川、陕、鄂三省重要的黑木耳集散地，有近万名本、外地客商从事这项经营活动。

三、畜禽产品类特产

（一）畜产品

从江香猪

从江香猪是贵州省名贵特产。国家农产品地理标志产品"从江香猪"原产地保护范围为从江县全境的 21 个乡镇，地理坐标为东经 108° 05′~109° 12′，北纬 25° 16′~26° 05′。县境内东西长 94 公里，南北宽 77.5 公里，保护总面积为 3 244 平方公里。

从江香猪

从江香猪是苗族同胞培育而成的一个历史悠久的原始猪种。苗族是最早定居在从江的部族，三国时代的著名苗王孟获就是从江县光辉乡秀摆村人。诸葛亮七擒孟获的故事家喻户晓，从江的孔明山现留存有当年战场的不少遗迹。传说被招抚的孟获就曾以小香猪慰劳孔明三军，孔明称赞香猪味美，并创造出"蒸烤香猪"的菜式回请孟获，使"孔明香猪"这一菜式流传至今。而苗族的民谣中也有"男人把抓获的野猪恩放走了，勤劳的女人把它找回来，摘野菜饲喂，逐渐地把野猪驯化成家猪。无论从江香猪的外貌特征，还是生活习性均与野猪有相似之处。壮族同胞称它为"姆汗"（竹鼠），苗族同胞称它为"别玉"，据《黎平府志》记载，自清代、民国时期，从江香猪就以"孖城河香猪"（孖城河流经产区加鸠、宰便两乡镇后进入都柳江）远销两广及港澳等地，扬名省内外。

从江香猪皮薄、骨细、肉嫩、味香，具有野味特点，口感良好，食而不腻，更具特色的是哺乳仔猪或断奶仔猪肉质无奶腥味或其他异味，无论大小均可随时宰食。

从江香猪产区坡陡谷深，地少田少，饲料粮食紧缺的自然条件，决定了从江香猪饲养必须使用野生植物资源。产区农户将一些肥嫩的鸭脚板、野芹菜、鱼腥等野菜和夏枯草、车前草、鱼腥草、鬼针草、千里光、野兰花、虎杖、钩藤、剪刀菜、马兰、蒲公英、一点红等草药来喂食香猪。这是其肉质香嫩的重要原因。

产区各少数民族历来就有宰食猪的习惯，吃法简单，水煮后蘸佐料吃，俗称"白扎"。凡逢年过节、婚丧嫁娶、接待宾客均少不了宰食香猪和喝"煨酒"并用作相互馈赠的礼品。

1995年，从江县被国务院首批百家中国特色之乡命名委员会命名为"中国香猪之乡"。2011年，从江香猪经国家农业部批准为农产品地理标志保护产品。近年来，为大力发展香猪产业，从江县香猪产业协会将分散在月亮山区的宰近、宰帽、加车、党扭、加牙、污扣等村的10多个香猪专业合作社组织起来，统一建设香猪标准圈舍1 129间，养殖香猪种猪9 000头，从江香猪产业形成了标准化、规模化发展。目前，全县香猪年饲养量50万头，年产量1 600吨，产值达4亿元。

苏尼特羊肉

苏尼特极品羊肉

苏尼特羊肉是内蒙古自治区特产，以口感好而著称。国家地理标志产品"苏尼特羊肉"原产地保护范围为内蒙古自治区苏尼特左旗和苏尼特右旗现辖行政区域。

国家农产品地理标志产品"苏尼特羊肉"原产地保护范围为内蒙古自治区锡林郭勒盟苏尼特左旗、苏尼特右旗和二连浩特市三个旗市所辖行政区域的12个苏木镇，104个嘎查。位于锡林郭勒盟西北部，蒙古高原东南部，地处东经111°24′~115°12′，北纬42°45′~45°15′。

苏尼特左旗、苏尼特右旗两旗位于内蒙古自治区中部，锡林郭勒大草原西部，是闻名遐迩的纯天然牧场。据史料记载，17世纪30年代初，苏尼特部落在额尔额贡嘎鲁特、奈嘎力纳布其图等地游牧。清崇德三年（即明崇祯九年、1636年），其部族首领率部南下归顺清朝。1641年，清政府设置苏尼特左翼旗和苏尼特右翼旗，并延续至今。

苏尼特左旗，通常称东苏旗，地处内蒙古高原中北部，位于中国四大天然牧场之一的锡林郭勒大草原西北。东苏旗96.7%的面积属于草原，其余为丘陵、沙地和湖盆低地，湖泊十数个，大小清泉举目皆是。东苏旗属半干旱大陆性气候，雨水偏少，日照充足。苏尼特右旗位于内蒙古自治区中部，锡林郭勒盟西部，气候属干旱性大陆性气候，平均气温为4.3℃，最高气温38.7℃，最低气温零下38.8℃，无霜期130天；年降水量平均为170~190毫米，蒸发量平均为2 384毫米。广袤富饶的苏尼特草原是闻名遐迩的纯天然牧场，草原上分布着野生植物达200多种，野生动物有40多种，飞禽有30多种。闻名国内外的苏尼特羊是这两旗的主要畜种，因经常采食丛生禾科和葱类牧草，所产羊肉，号称"肉中人参"，适于制作涮羊肉，曾是元、明、清代皇宫贡品，也是北京"东来顺"涮羊肉馆专用羊肉。可以说，有了苏尼特羊，才有了"东来顺"的盛誉。

苏尼特羊肉高蛋白，低脂肪，瘦肉率高，肌间脂肪分布均匀，富含人体所需各种氨基酸和脂肪酸，具有鲜嫩多汁、无膻味、肥而不腻、色泽鲜美、肉层厚实紧凑、香味浓郁的特点。

2007年，苏尼特羊肉经国家质量监督检验检疫总局批准为地理标志保护产品。2008年，经国家农业部批准为农产品地理标志保护产品。目前，苏尼特羊肉产业已成为两旗苏尼特畜牧业的主导产业。

新晃黄牛肉

新晃黄牛肉是湖南省特产。国家地理标志产品"新晃黄牛肉"原产地保护范围为湖南省新晃侗族自治县现辖行政区域。

新晃黄牛养殖历史悠久。新晃为古夜郎治地之一。在漫长的历史岁月中，古夜郎各族人民创造了古老的农耕文化，从县城东北打岩坡动物化石积层中挖掘出来的牛、东方剑齿系等特种动物化石距今就有70万~150万年的历史。在波洲镇新石器遗址还发现了牛牙兽骨及磨制较精的石斧石锛，足以说明5 000年前新晃人就有饲养驯化牛的活动。

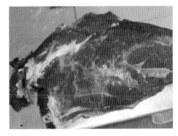
新晃黄牛肉

新晃黄牛鲜肉呈鲜红色或樱桃红色，有光泽，脂肪呈乳白色或淡黄色；外表不黏手；肌纤维清晰，柔韧有弹性；煮沸后肉汤透明澄清，脂肪团聚于表面；含水量高，肉质细嫩，味道醇厚。营养价值高。

数千年来，古夜郎各民族在与大自然的抗争中与牛结下了不可分割的历史情节，衍生出了神秘而又丰富多彩的牛文化。最具代表的就是侗族、苗族庄严而又神圣的祭祀活动，充分表现了古夜郎民族对牛神的崇拜，仿佛主宰他们生命的就是冥冥之中的牛神，他们赖以生存的也是冥冥之中的牛神。"手之舞之足之蹈之，他们为牛而舞，为牛而歌。"侗家人把农历四月初八当作是牛的生日，这天牛不耕地，人不卖牛、买牛、杀牛和吃牛肉，牛的主人来到牛圈边搭上香案祭品对牛神进行庄严的祭祀和祈祷。农历六月初六是侗乡的尝新节，侗乡人将尝新节的第一碗饭祭天，第二碗饭祭地，第三碗饭祭牛，以感谢牛辛勤耕耘而获得的丰硕果实。

2009 年，新晃黄牛肉经国家质量监督检验检疫总局批准为地理标志保护产品。近年来，新晃紧紧依托当地草山草坡资源，围绕打造"三湘黄牛第一县"目标，大力实施品牌创建、园区牵引、标准养殖和市场完善 4 大工程，黄牛产业成为当地主导产业。2013 年，全县养牛 14.55 万头，加工产值达 7.2 亿元。

中阳柏籽羊肉

中阳柏籽羊肉

中阳柏籽羊肉是山西省著名传统特产，被列为"三晋百宝"之一，素以鲜嫩清香、无腥膻味而闻名于省内外。国家农产品地理标志产品"中阳柏籽羊肉"原产地保护范围为山西省中阳县宁乡镇、张子山乡、下枣林乡三个乡镇的 18 个行政村。地理坐标为东经 111° 06′ ~111° 18′，北纬 37° 15′ ~37° 28′。

从西汉起，至今 2 200 余年间，羊饲养量一直位居中阳全县六畜之首。而目前发现的有关柏籽山羊文字的最早记载是在宋代。

中阳县境内的柏籽山一带，纵横 50 多华里，漫山遍野地生长着小地柏和大量参天的古柏林。山岩之间，沟溪常流，绿茵覆地。生活在这种极为特殊环境中的羊群，一年四季食用漫山柏树籽，喝着柏汁水，人称"柏籽羊"。柏叶、柏籽本身具有安神、养心、润燥的药用功能。羊吃了这些具有药性的柏籽，便使羊肉也具备了同样的药用功效。柏籽羊肉，肉油分明，肥嫩细腻，肉质呈紫红色，油色洁白如玉，较其他羊肉大不相同。除具有一般羊肉所包含的营养成分外，还含有 7 种人体不能合成而又必需的氨基酸。中医认为：柏子羊肉具有开胃健脾、理气调血、养神安心、驱寒止痛之功效。因此，柏子羊肉被称作是食膳中的珍品，药膳中的特产，誉为"土人参""补心丸"。用柏籽羊肉做成的肉菜、肉馅，不膻不腻，而且有一种柏树的馨香，风味独特，回味无穷。当地老人、产妇常把柏籽山羊肉作为滋补美食。

2011 年，中阳柏籽羊肉经国家农业部批准为农产品地理标志保护产品。近年来，柏籽羊肉行销范围逐步扩大，名声日益增大，购买者日渐增多，这种羊肉已成为羊肉中的精品、珍品。2011 年柏籽羊肉养殖量达 0.98 万只。

（二）禽产品

泰和乌鸡

泰和乌鸡又名泰和乌骨鸡，它的发源地在中国江西泰和武山北岩汪陂村，故又名武山鸡。是中国最著名的药用珍禽之一，亦有人饲养作观赏用途。国家地理标志产品"泰和乌鸡"原产地保护范围为江西省泰和县现辖行政区域，全县辖 16 个镇、6 个乡、2 个场（澄江镇、碧溪镇、桥头镇、禾市镇、螺溪镇、石山乡、南溪乡、苏溪镇、马市镇、沿溪镇、塘洲镇、冠朝镇、上模乡、沙村镇、水槎乡、上圯乡、老营盘镇、中龙乡、小龙镇、灌溪镇、苑前镇、万合镇、武山垦殖场、泰和垦殖场）。地理坐标为东经 114° 18′ ~115° 20′，北纬 26° 28′ ~26° 57′。

泰和乌鸡

泰和乌鸡在中国的饲养和药用历史久远。唐代大诗人杜甫在《催宗文树鸡栅》诗中曰："吾衰怯行迈，旅次展崩迫。愈风传乌鸡，秋卵方漫食。"说明 1 000 多年以前就已知道乌鸡治病。明代著名药物学家李时珍在《本草纲目》中写道："泰和乌鸡甘辛热无毒……产于江西泰和吉水诸县，俗传老鸡能发小儿痘疮，家家畜之"。《本草纲目》还指出，乌骨鸡有白毛乌骨者、黑毛乌骨者、斑毛乌骨者、骨肉俱乌者、肉白骨乌者。但观鸡舌黑者则骨肉俱乌，入药更良。乌骨鸡性平、味甘、无毒，补虚劳羸弱，治消渴中恶，噤口下痢，治女人崩中带下益产妇，男用雌，女用雄。另外，对乌骨鸡各部分入药的疗效也均有叙述。

泰和乌鸡奇异美观，它从冠到爪，从皮到骨都足黑色的，身上却披着丝绒般雪白的羽毛，冠后还长有像缨一样的一撮突起的白色绒球，如同凤冠。概括起来其外貌特征有"十全"之称，即红冠、绿耳、黑舌、丝毛、双缨、五爪、毛脚、乌皮、乌肉和乌骨。这种奇特的鸡历代都作为珍品进贡皇帝，提供药用、肉用和观赏。1915年，泰和乌骨鸡曾作为中国的名贵鸡种送往巴拿马万国博览会展出，博得世界许多国家的好评，并定名为"观赏鸡"。自此名扬海外。

乌骨鸡肉质细嫩，味美可口，其营养和滋补作用是其他鸡种望尘莫及的。食用乌骨鸡可以提高生理机能、延缓衰老、强筋健骨。对防治骨质疏松、佝偻病、妇女缺铁性贫血症等有明显功效。北京同仁堂总结几百年的宝贵经验，选用纯种泰和乌骨鸡，配以上等人参、当归、黄芪、鹿角胶等多种中药材，加上优质绍兴黄酒炼成膏状，再加上川芎等药材，用蜂蜜制成蜜丸，即"乌鸡白凤丸"。它不仅对妇女病有特效，据临床试验，对男子补血、滋肾作用也很显著，是扶正固本、益气养血的理想药品。

2004年，泰和乌骨鸡经国家质量监督检验检疫总局批准为地理标志保护产品。2010年，经国家农业部批准为农产品地理标志保护产品。目前泰和县拥有万羽以上泰和乌骨鸡养殖基地17个，万羽以上乌骨鸡养殖大户200多户，年产泰和乌骨鸡800万羽。

临武鸭

临武鸭

临武鸭原产于湖南省临武县，是临武县久负盛名的特产之一，主要分布在武水河两岸。国家地理标志产品"临武鸭"原产地保护范围为为湖南省临武县武源乡、西瑶乡、楚江乡、花塘乡、双溪乡、武水镇、城关镇、南强乡、岚桥镇、广宜乡、同益乡、汾市乡、水东乡、土地乡、金江镇等15个乡镇现辖行政区域。

临武鸭本是一种普通的家禽，它是长期在临武的气候条件和地理环境造就下形成的临武特有的一种土鸭子。自舜帝起即为历朝贡品。《临武古县志》有这样的记载：舜帝南巡到临武，被其秀美江山、纯朴民风和临武先民的艰难生活所感染，于是将一片羽毛、四个石头赐予了当地百姓。百姓抱石伏羽七七四十九天，孵出了四只美丽异常、貌似天鹅的小鸭。这四只小鸭颇具灵性，脖子上都留有舜帝钦点的一道白色玉环。从此以后，临武百姓把喂养临武鸭作为一种习俗，代代相传。可见，临武鸭具体起源时间虽无从考证，但足见其历史悠久。

临武鸭是为中国八大名鸭之一，像野鸭一样，全是瘦肉。具有肉质细嫩，高蛋白，低脂肪，味道鲜美等特点，以"滋阴降火，美容健身"而著称，当地老百姓俗称"勾嘴鸭"。

"无鸭不成宴"乃临武旧俗。在临武人民的心中，临武鸭是吉祥、喜庆、祝福的象征。临武人逢年过节，走亲访友，临武鸭是必不可少的一道美味佳肴。在餐桌上，临武鸭要比广东鱼翅更受欢迎。鸭肉一般用炒的方式，加老姜、辣椒、花椒、八角、加水闷热。而鸭血则划成块，和内脏一起打汤。这就是最典型、最传统的辣、汤两吃的临武鸭做法。如加上当地独有的天花芋秆子一起焖烧，就是当地人人称道的天花芋头秆子焖临武鸭。

2007 年，临武鸭经国家质量监督检验检疫总局批准为地理标志保护产品。目前，临武建有专业从事临武鸭孵化、养殖、加工、销售的现代化加工厂 3 座，种鸭场 3 个，养殖农场 169 个，临武鸭养殖农户 3 260 户，从事临武鸭养殖加工的企业——舜华鸭业成为中国最大的麻鸭养殖加工企业，"舜华"商标被认定为"中国驰名商标"，临武鸭产品畅销全国 20 多个省市。由临武鸭的加工产生的"再带动"效应也非常可观，如从事临武鸭加工辅料——辣椒和茶油种植的农户就达 2.3 万户。

兴国灰鹅

兴国灰鹅是江西省兴国县的传统名优地方特色产品。国家地理标志产品"兴国灰鹅"原产地保护范围为江西省兴国县现辖行政区域。中心产区为该县的潋江、长冈、埠头、高兴、古龙岗、龙口、永丰、江背、鼎龙、城岗、兴莲、方太、崇贤、隆坪、东村、均村等 16 个乡镇。农户家庭饲养区域遍布 25 个乡镇 304 个村。地理坐标为东经 115° 01′~115° 51′，北纬 26° 03′~26° 41′。

兴国灰鹅

兴国素有"灰鹅之乡"的美称，饲养灰鹅迄今已有 1 700 多年历史。兴国灰鹅最早见诸文字的是在宋朝徐铉所撰的"稽神录"中，记载了晋朝虔州平固人（今赣州兴国）用鹅待客的故事（同治《兴国县志》）。明初泰和文士陈谟来兴国郊游，亦有"桑柘即抽萌，鹅鸭尚多数"的描述，说明当时兴国养鹅已相当普遍。清代康熙年间编纂的《兴国县志》中，也可窥视那时兴国农村"家家养鸡，户户牧鹅"的盛景。

据专家认证，兴国灰鹅由鸿雁驯化而来，经过长期培育，形成了以古龙岗镇为中心的"棉花鹅"和以崇贤乡龙潭为中心的

"石潭鹅"两大品系。通过优胜劣汰，石潭鹅因体型小，长速慢而逐渐被淘汰消失。现在名闻中外的兴国灰鹅是棉花鹅的后裔。兴国灰鹅属中等偏小类型，脚粗颈短，非常适宜加工烧烤；外貌秀美，羽毛紧密呈灰色，颈前及腹下部为灰白色，嘴青，脚黄，皮肤黄白色，眼睛彩虹乌黑色；肉质嫩美，营养丰富，口感油而不腻，人体也极易吸收却不发胖。特别是饲喂黑麦草的鹅，亚麻酸含量极为丰富，这是维持人体健康最重要的脂肪酸。这种鹅不仅具有很高的营养价值，药用价值也很高，灰鹅的胃内膜（"鹅内金"）、鹅血、鹅胆和鹅掌均可入药。

兴国灰鹅因其内在的优良品质而闻名中外，被人们广泛誉为"美味食品，健康食品，健美食品"。在 1980 年被列为地方外贸出口产品，1981 年在全国外贸协作会议上参与评比，一致评定其品质最佳，并在同年广交会上对多种鹅品质评比中位居第一。2006 年被国家农业部列入《国家级畜禽遗传资源保护名录》。

2007 年，兴国灰鹅经国家质量监督检验检疫总局批准为地理标志保护产品。2010 年，经国家农业部批准为农产品地理标志保护产品。2011 年，兴国灰鹅年饲养量达 400 多万羽，出笼 300 万羽。在 2012 年中国农产品区域公用品牌价值评估中，"兴国灰鹅"品牌价值为 4.1 亿元人民币。

寿光鸡

寿光鸡是山东省的传统名优地方特色产品。原产于山东省寿光县稻田乡一带，以慈家村、伦家村饲养的鸡最好，所以又称慈伦鸡。国家农产品地理标志产品"寿光鸡"原产地保护范围为山东省寿光市境内的圣城、文家、孙家集、洛城、古城 5 个街道办事处，稻田、侯镇、上口、田柳、营里、羊口、化龙、纪台、台头九个镇。地理坐标为东经 118° 32′ ~119° 10′，北纬 36° 41′ ~37° 19′。

寿光鸡的饲养历史非常悠久。在大汶口出土的新石器时代的文物中，就有用鸡矩做的钓钩，与现在寿光鸡母鸡的鸡矩很相似。清代寿光纪台镇出土的纪侯钟上面还刻有寿光鸡的图腾符号。这些符号说明寿光鸡应该是当时纪国（商朝在东方的与国，都城在今寿光县纪台乡）的图腾，也证明了它是寿光文化的一个重要符号。《周礼》中也有："乃辨九州之国……正东曰青州……其畜宜鸡狗；其谷宜稻麦"之说，原青州（现寿光、益都等县）

寿光鸡

乃属当时的九州之一。寿光鸡产区各县均包括在内，可见该地区的养禽业在当时即已占重要地位。北魏时期青州人贾思勰所著的《齐民要术》，也列述了养鸡方法，它与寿光县志记载的以及目前寿光鸡的饲养方法，有很多相通之处。《寿光县志》记载："鸡比户皆畜，鸡卵甲他县，皮有红白之殊……雄鸡大者高尺许，长冠巨爪，为一邑特产。"寿光历史上即风行斗鸡，《寿光县志》中记载，在寿光县境内的吕留、古城等乡均设有斗鸡台，专供群众斗鸡娱乐。

寿光鸡产区位于渤海湾南岸的冲积平原，年平均气温为 12.4℃，年降水量为 630 毫米，水灌条件较好，农作物主要有小麦、玉米、高粱、大豆、谷子、甘薯等。这一带地靠海滨，鱼、虾、贝壳较多，养鸡饲料资源丰富。该产区特有的自然生态环境以及在当地人民的精心选育下形成了寿光鸡。寿光鸡以成年鸡全身羽毛黑色为特色。5 月龄屠宰半净膛率 82.5%，全净膛率 77.1%，胸腿肉占屠体重的 37.9%。成年鸡个体大、产肉多、屠宰率高，母鸡沉积脂肪能力强，皮肤白色，多皮下脂肪，肉质鲜美。

2010 年，寿光鸡经国家农业部批准为农产品地理标志保护产品。2010 年寿光鸡存栏 200 万只。

（三）其他畜禽副产品

阳城蚕茧

阳城蚕茧为山西省阳城县传统土特产。国家地理标志产品"阳城蚕茧"原产地保护范围为山西省阳城县凤城镇、润城镇、北留镇、东城办、町店镇、寺头乡、芹池镇、西河乡、演礼乡、固隆乡、次营镇、董封乡、横河镇、驾岭乡、河北镇、白桑乡、蟒河镇、东冶镇等 18 个乡、镇、街道办事处现辖行政区域。

阳城古称"获泽"，自西汉置县，已有 2 000 多年的历史。栽桑养蚕历史悠久，起源于商周，盛于唐宋，已有 3 000 多年的蚕桑生产历史。《竹书年记》记载："商汤二十四年，大旱，王祷雨于桑林，雨。"《穆天子传》又载："天子四日休于获泽，以观桑者，乃饮于桑林"。桑林在今阳城县的蟒河镇，曾是一个乡的所在地，也是商周时蚕桑集中产地。周穆王所以休于获泽，其

阳城蚕茧

目的就是为了观赏当地人民的采桑养蚕盛况，而且在桑林之地，召集各国诸侯，大摆饮宴，以示庆贺。该县曾发掘了一块道光二十一年（1841年）立的《立茧秤碑序》墙碑，这块石碑上书"山近无村水近楼，小桥烟火数家秋。客来笑迎烹鸡黍，一话桑麻夜未休。"生动地描述了清代该县植桑养蚕缫丝成习并买卖兴隆。同治《阳城县志》记载："缫户虽多，邑中不织绸缎，皆鬻外。"宣统《阳城乡土志》载："挽手、黄丝皆系外商驻买，黄丝约二万余斤，挽手六七千有奇。"当时县里的商号东晋福曾为外地的蚕丝商人办理汇兑业务，可见蚕丝贸易也相当可观。民国初年，阳城外销商品中蚕丝价值为首位。

阳城蚕农在长期的蚕事活动中，衍生了许多蚕谣、蚕谚、蚕事、蚕忌和蚕戏等民间活动，特别是蚕戏十分普及。阳城县河北镇九甲村，有一棵已有数百年树龄的古桑树，被当地人尊之为"地桑神"，每年一到养蚕期，来这里祭祀的人络绎不绝，它周围的24个村庄全部叫作"桑葚区"。据统计，阳城县有2个乡和5个镇都是以桑命名的，至于以桑命名的山川沟壑更是数不胜数。相传，栽桑养蚕是中华民族的祖先——黄帝之妻嫘祖发明的，在距该县西南40公里的横河乡庙河口，曾有一座三蚕姑庙，立有蚕姑神位，是当年缫丝的作坊，后被洪水冲没。至今当地仍传颂着嫘祖娘娘教民植桑养蚕的动人故事。每年的三月初三蚕神生日，都要给蚕神唱3天大戏，沿袭至今从未间断过。

阳城蚕茧与普通蚕茧相比，具有"一好三高四少"的品质特性。一好，即色泽好，具有独特的感观品质。阳城蚕茧呈白色，色泽雪白，颗粒椭圆微带束腰形，且均匀。用阳城蚕茧生产出来的白厂丝也是色泽鲜活洁白，生丝洁净 ≥ 94.00，非常受市场的欢迎。三高，即上车茧率高，可达98%；解舒率高，大于80%，远远高于同类产品；出丝率高。四少，即双宫茧少、黄斑茧少、紫印茧少、死笼茧少。

2006年，阳城蚕茧经国家质量监督检验检疫总局批准为地理标志保护产品。

近年来，阳城县依托科技创新和产业模式创新大力发展蚕桑产业，逐步建立起蚕桑生产、蚕丝初深加工及销售的产业体系。每年县财政拿出2 000万元资金，用于农户栽桑养蚕补助。目前，全县桑园面积达10万余亩，年养蚕7.6万张，生产蚕茧731万斤，蚕农蚕茧收入1.49亿元，养蚕户户均增收5 960元。成为全国三大优质蚕茧生产基地之一，产品远销20多个国家。蚕桑业已成为该县农民增收的支柱产业。

西丰鹿茸

西丰鹿茸系中国东北名特产品，主要产于辽宁省西丰县。国家地理标志产品"西丰鹿茸"原产地保护范围为辽宁省西丰县西丰镇、平岗镇、安民镇、郜家店镇、振兴镇、凉泉镇、房木镇、天德镇、更刻乡、陶然乡、金星乡、明德乡、钓鱼乡、德兴乡、柏榆乡、成平乡、和隆乡、营厂乡18个乡镇现辖行政区域。

西丰，历史悠久、富有神韵。自古以来，就有不同民族在这里繁衍生息。1619年，清太祖努尔哈赤灭叶赫后，将此地封为皇家围场。相传康熙帝曾狩猎于此，射中一鹿，鹿带箭而逃，康熙帝脱口而出："此乃逃鹿也！"遂得名"逃鹿"。1896年弛禁招垦，1902年设县。因河水西流，且物产丰富，而起名"西丰"。滥猎的结果最终导致鹿群锐减，地方官员遂指派当地百姓家养，待皇帝出猎时放逐之，以供御猎。承传下来，最后发展成为西丰县的一项产业。

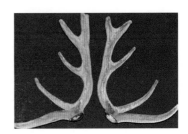

西丰鹿茸

西丰鹿茸取自西丰梅花鹿，其产茸最佳年龄为 6~7 岁，2~9 岁公鹿鲜茸平均单产 3.06 公斤。西丰鹿茸主干粗壮，眉枝较短，支头肥大，独具"粗、大、肥"特色，具有很高经济价值。鹿茸和鹿筋、鹿心、鹿鞭、鹿肾、鹿胎等一样都是名贵药材。有生精补髓、养血益阳、固腰养肾、强筋健骨的特殊功效。

2008 年 5 月，西丰县被中国野生动物保护协会命名为"中国鹿乡"。2009 年，西丰鹿茸经国家质量监督检验检疫总局批准为地理标志保护产品。截至 2012 年，西丰全县拥有鹿场 1 850 家，规模以上鹿场 286 个。鹿只饲养量 10.6 万只，存栏 9.5 万只，占全省的 78%，占全国的 20%。年产成品茸 20 余吨。有各类经销及加工户 287 家，大型 9 家，年加工和经销成品鹿茸 300 余吨。是世界鹿茸及鹿副产品的集散地，年销量约占国际鹿茸产量的 50%，占全国经销量的 80%。全县鹿业年产值约 8 亿元，利税实现 1.8 亿元，从业人员达 3.5 万人。

四、渔业产品类特产

（一）淡水产品

阳澄湖大闸蟹

阳澄湖大闸蟹

阳澄湖大闸蟹是江苏省著名特产。国家地理标志产品"阳澄湖大闸蟹"原产地保护范围为江苏省苏州市自然形成的阳澄湖水域（113平方公里）。

中国食蟹文化历史悠久。大约自魏晋起，开始有文字记载食蟹文化。据《中华酒典》统计，有姜味毛蟹、醉蟹、腌蟹、酒呛蟹、清蒸蟹、金盘玉蟹、翡翠蟹、充蟹粉、面拖蟹、炸蟹等诸种食蟹方法。宋代的傅肱曾经写过一本《蟹经》比较完整地总结了当时研究蟹文化的成果。若干年以后，高似孙在《蟹经》的基础上，又广泛收集前人研究的资料，结合自己的研究编撰了一本《蟹谱》。《蟹经》和《蟹谱》是中国历史上最早的两本关于螃蟹的专著。在这两本研究宋代及宋代以前蟹文化的著作中，着重介绍了当时的许多种精美蟹馔。

阳澄湖大闸蟹俗称"河蟹""螃蟹"，学名"中华绒螯蟹"，是我国淡水蟹类中产量最大的一种。中华绒螯蟹方蟹科，属红绒毛蟹类。因其螯足（第一对步足）密生绒毛，故称绒螯蟹。雌性腹部为圆形（俗称"团脐"），雄性为三角形（俗称"尖脐"）。每年7~10月，是捕蟹旺季。民间素有"九雌十雄"之说，意为农历九月雌蟹最肥，十月雄蟹最美。早在唐代，阳澄大闸蟹就已被列为朝廷贡品。

阳澄湖大闸蟹商品性养殖始于近代，由于受到养殖技术等各方面的限制，发展趋势较慢，没有形成规模。20 世纪 80 年代以来，阳澄湖大闸蟹曾一度濒临灭绝，苏州市相城区阳澄湖镇（原吴县市湘城镇）陆巷村农民 1986 年率先在池塘开始成功养殖，该镇水产公司 1989 年开始破天荒在阳澄湖围网养殖也取得成功，从而点燃了周边地区养殖阳澄湖大闸蟹的"星星之火"。在持螯赏菊的季节里，阳澄湖大闸蟹除供国内市场外，还大量畅销港澳等地区。

阳澄湖大闸蟹因产区水质澄清，水草肥美，故形美质佳，有"蟹中之王"之誉。此蟹个大膘肥，青背白肚、金爪黄毛，蟹脚坚硬结实，橙黄色的蟹黄，白玉似的脂膏，洁白细嫩的蟹肉，口感微甜，味道鲜美。其营养价值也很高。此外，阳澄湖大闸蟹还有较高的药用价值，《中华药典》记载蟹肉和脏有散癖解毒，治筋骨，续绝伤的功用，蟹壳可治冻疮，肋痛，腹痛，乳痛等，蟹爪还有催产下胎的功效。据《本草纲目》记载：螃蟹具有舒筋益气、理胃消食、通经络、散诸热、散淤血之功效。蟹肉味咸性寒，有清热、化淤、滋阴之功，可治疗跌打损伤、筋伤骨折、过敏性皮炎。蟹壳煅灰，调以蜂蜜，外敷可治黄蜂蜇伤或其他无名肿毒。同时，大闸蟹又是儿童天然滋补品，经常食用可以补充儿童身体必需的各种微量元素。

2005 年，阳澄湖大闸蟹经国家农业部批准为农产品地理标志保护产品。目前，阳澄湖大闸蟹的围网养殖水域为 5 万亩左右，年产量 2 500 吨左右。在当地政府的积极推动下，阳澄湖大闸蟹在带来可观的直接经济利益的同时，也大大推动了当地其他产业尤其是旅游业（度假村、高尔夫球场等）的发展。2010 年，大闸蟹撬动了周边旅游、餐饮、休假等产业，实现效益近 150 亿元。

全州禾花鱼

全州禾花鱼属中国土著鱼类，因其以落水禾花为食而得名，是广西有名的土特产。国家农产品地理标志产品"全州禾花"原产地保护范围为全州镇、龙水镇、凤凰乡、才湾镇、绍水镇、咸水乡、蕉江乡、安和乡、大西江镇、永岁乡、黄沙河镇、庙头镇、文桥镇、白宝乡、东山乡、石塘镇、两河乡、枧塘乡等 18 个乡镇。地理坐标为东经 110° 37′ 45″~111° 29′ 48″，北纬 25° 29′ 36″~26° 23′ 36″。

禾花鱼在全州已有 2 000 多年的养殖历史，早在汉代即有稻田养殖禾花鱼的记载。据《全州县志》记载：西汉，当时屯兵全州的守将为提高将士体质，增强营养，以旺盛的精力和足够的体力备战，就依托全州水土优势，动员当地百姓在稻田养鱼，获得成功沿袭至今。唐代刘恂在《岭表录异》中亦有详细文字表述。清乾隆年间，皇帝微服私访至桂林，在全州品尝到了这道佳肴，颇有心旷神怡，通体舒畅之感，胃口大开。顿时拍案称奇，赞之为"鱼中珍品"，遂下旨，将全州禾花鱼钦定为皇室用品，逐年贡奉，自此禾花鱼盛行宫廷御膳房，誉满京城。当时顺天府尹（今北京市）蒋琦龄（全州龙水人，时称清湘县），专为秋

全州禾花鱼

后鲜美的禾花鱼作诗一首："田家邀客起荆扉。时有村翁扶醉归。秋入清湘饱盐鼓，禾花落尽鲤鱼肥"。新中国成立初期，国家农业部、广西商业厅组织苏联专家专程来全州考察了稻田禾花鱼养殖情况。

全州禾花鱼又名禾花乌鲤鱼，属鲤鱼的一个变种，是经过长期的稻田放养驯化选育而出的。该鱼体型短而粗壮，头部较小，皮薄而肉嫩，无泥腥味，体色为紫红色，细叶鳞，部分因其腹部皮薄而隐约可见内脏。属广温性鱼类，能在微酸性水体生长繁殖，属底层鱼类，有较强的耐寒、耐酸碱和耐缺氧能力。禾花鱼生长于稻田，以吞食落瑛缤纷的禾花，纳山水之灵气，吸日月之精华生长而成。该鱼肉质细嫩鲜美，因采食落水禾花，鱼肉具有禾花香味，且肉多刺小，有主刺无细刺，肉质细嫩清甜，无腥味。它有鳜鱼之鲜嫩，却避其华贵；举草鱼之价廉，却避其草腥；呈鲫鱼之小巧，却避其多刺；比江、河鲤鱼更富营养，却避其鳞粗刺多。据测定，禾花鱼肌肉中蛋白质含量为 18.06%，氨基酸总量为 73.66%，其中人体必需氨基酸占 33.54%。是一种营养价值高，集美食与观赏性于一体的地方优良鱼类品种。本地有清蒸、黄焖、油炸、油煎、烟熏等十余种吃法，民间曾流传"腊鱼好送饭，鼎锅也刮烂"的民谚。

2011年，全州禾花鱼经国家农业部批准为农产品地理标志保护产品。目前全州禾花鱼年养殖面积40万亩，年产量0.76万吨。该县2001年在才湾镇还建起了第一家禾花鱼系列产品加工厂，引进罐头鱼生产线和熏制鱼干生产线各一条。此外还有4家腊香禾花鱼干生产厂家，年总加工能力在850吨以上。

（二）海水产品

大连海参

大连海参

大连海参，是产于大连沿海的一种刺参，又称海鼠、海黄瓜。国家地理标志产品"大连海参"原产地保护范围为辽宁省大连市现辖行政区域。

在中国，海参的食用历史十分悠久，距今已有1 700多年。三国时期吴国沈莹的《临海水土异物志》载："土肉正黑，如小儿臂大，中有腹，无口目，炙食。"可见当时还不识它庐山真面目，所以给它起了个低贱名称——"土肉"。明、清时期人们发现海参营养价值很高，海参的食用渐渐流行起来，海参被视为一种珍贵的海味，到清代后期，被列为"八珍"之首。如明代谢肇区的《五杂俎》曰："海参，辽东海滨有之，一名海男子……其性温补……足敌人参，故名海参"。明末姚可成编集的《食物本草》中描述："海参，其形如虫，色黑，身多傀儡，功擅补益。肴品中之最珍贵者也，味甘咸平，无毒，主补元气。滋益五脏六腑，去三焦火热。"清代医学家赵学敏《本草纲目拾遗》载："补肾精、益精髓、消瘰涎、摄小便、壮阳、生百脉……"。重视饮食以食疗闻名于世的清代医学界王士雄《随息居饮食谱》载："海参，滋阴、补血、健阳、润燥、调经、养胎、利产，凡产后，生脉血，治下利疾及溃疡，病后衰老弱屡。"

海参的营养价值堪称全面，蛋白质含量极高，干海参的蛋白质含量高达 55% 以上，需要指出的是海参的蛋白质缺乏色氨酸，因此海参的口味并不是最佳，而人们食用海参也并不是主要看中海参的高蛋白含量，而是海参是典型的低脂肪、低糖、无胆固醇海洋食品，属于健康滋补食品。海参具有食疗作用的说法也已被现代科学所证实。海参含有丰富的皂苷、酸性黏多糖、人参多糖、氨基酸、海参素、多肽等 50 多种药用成分，这些药用成分具有补肾阴、壮阳、生脉血、调节人体免疫力、抗衰老、抗癌等作用。海参中提取的海参皂甙的抗真菌有效率达 88.5%，是人类从动物界找到的第一种抗真菌皂甙。海参含有的硫酸软骨素，对人体的生长、愈创、成骨和预防组织老化、动脉硬化等有着特殊作用。另外海参富含的微量元素，如钙、铁、锌、硒、碘、钒、锰等，均对人体的健康有不可或缺的作用。

大连海参体壁肥厚，肉质细糯，刺多而挺，色泽有黄褐、黑褐、纯白和灰白等多种。在全世界上千种海参当中，一直被公认为营养价值最高的品种。清朝乾隆赵学敏继编的《本草纲目拾遗》有"海参亦出登州海中，与辽东接壤，所产海参亦佳"，而且还有"海参辽产最佳，吴、浙、闽、粤者肥大无味"等论述。

2005 年，大连海参经国家质量监督检验检疫总局批准为地理标志保护产品。

2013 年，中国海参市场的总产值 300 多亿，其中大连海参占据半壁江山 150 亿元。

合浦南珠

广西合浦县产的珍珠又名"南珠"。它细腻器重、玉润浑圆，瑰丽多彩、光泽经久不变，素有"东珠不如西珠，西珠不如南珠"之美誉。国家地理标志产品"合浦南珠"原产地保护范围为广西壮族自治区北海市合浦县、铁山港区、银海区、海城区现辖行政区域内沿海的 15 个小海区，面积约 5 200 公顷。

合浦地方盛产珍珠历史十分悠久，距今已有 2 000 多年。据《合浦县志》记载，南珠开采始于汉代，当时有数千人以采珠为生，被称为"珠民"。《后汉书·孟尝传》记载有"合浦珠还"的传说故事。晋太康三年（218 年），晋武帝诏令派兵守廉州珠池，规定庶民不得入海采珠。以后历代合浦珠池都为重点管辖之地。明嘉靖年间在合浦县白龙村建立珍珠城。现在合浦县城东南的营盘公社白龙大队濒临海湾处，还残留着一座"珍珠城"，城墙里外用四层青

合浦南珠

砖砌成，中间用黄泥和珠贝填充，相传是明初洪武年间为监督采珠的吏卒修建的，距今也已有 600 多年了。

南珠产于广西沿海、雷州半岛等地，以广西合浦出产的珍珠为南珠的上乘品。历代皆誉之为"国宝"，作为进贡皇上的贡品。目前故宫博物院里陈列的珍珠，多为合浦出产的。能够生产珍珠的贝类很多，如鲍鱼、蚌、江珧、砗磲等，但质量最好、产量最大的要算海里的珍珠贝。它生活在亚热带浅海中，喜欢在温暖的、没有淡水河流汇入的海湾里繁殖生长。合浦地方东起营盘湾，西至防城白龙尾港，就是这样的海湾。它水域平稳，水温适度，盐分稳定，饲料丰富，十分适合珍珠贝繁殖。

合浦南珠直径 5.5 毫米以上，外形精圆或圆，长短径比一般小于 1%，浑圆剔透；表面光滑，凝重结实，珠层厚度 200 微米以上；珠光强而柔和，彩虹明显，晶莹光润。

珍珠是高级的装饰品，也是名贵的药物。《本草纲目》说："珍珠粉涂面，令人润泽好色"。相传慈禧太后就服用合浦珍珠，以保护肤色。珍珠还具有镇心安神、化痰之功效。

历史上南珠都是天然所产，要增加珍珠的产量，只有采用人工养殖的办法。1958 年，中国第一颗人工海水珍珠在北海市营盘海域培育成功。1961 年，在北部湾畔建成了中国第一个人工珍珠养殖场。1965 年，人工培育贝苗技术取得突破，开始了规模化的人工养殖海水珍珠。

2004 年，合浦南珠经国家质量监督检验检疫总局批准为地理标志保护产品。

目前，合浦以南珠为原料，已开发出首饰、医药、保健、化妆美容等系列产品。并建立了珍珠标准化养殖示范区。发展珍珠标准化养殖示范户 80 户，推广标准养殖户 200 户，标准化示范养殖 1 万亩，年加工南珠能力为 3 500 公斤，经济效益超过 6 000 万元。

五、农副产品加工品类特产

（一）肉蛋制品

金华火腿

金华火腿是中国各类火腿的鼻祖，与如皋火腿、宣威火腿并称中国三大火腿，是中国最著名的传统肉制品之一。最早在金华、东阳、义乌、兰溪、浦江、永康、武义、汤溪等地加工，这八县当时属金华府管辖，故而得名。又因浙江金华位于长江以南，也称南腿（南腿是火腿中的一大类，金华火腿最为著名），历史上曾被列为贡品，故又有"贡腿"之称。

国家地理标志产品"金华火腿"原产地保护范围为金华市所属的婺城区、金东区、兰溪市、永康市、义乌市、东阳市、武义县、浦江县、磐安县以及衢州市所属的柯城区、江山市、衢县、龙游县、常山县、开化县等 15 个县、市（区）现辖行政区域。

金华火腿

金华火腿历史悠久，唐开元年间（713—742 年）陈藏器编撰的《本草拾遗》记载："火腿，产金华者佳"。如此推算，金华火腿距今已有 1 200 多年的悠久历史。两宋时期，金华火腿得到较大发展，生产规模不断扩大，已成为金华的知名特产，也被列为朝廷的贡品。当时东阳、义乌、兰溪、浦江、永康、金华等地农家，腌制火腿成风，因均属金华府管辖，故统称金华火腿。元代初期，意大利旅行家马可·波罗将火腿的制作方法传至欧洲，成为欧洲火腿业的起源。到了清代，金华火腿已外销日本、东南亚和欧美各地。1913 年，荣获南洋劝业会奖状；1915 年，获巴拿马万国商品博览会优质一等奖；1929 年，在杭州西湖商品博览会上又获商品质量特别奖，成了风靡世界的肉食。新中国成立后，金华火腿曾多次被评为地方和全国优质产品，1981 年，更荣膺国家优质产品金质奖章。1985 年，蝉联国家优质食品金质奖章。1988 年，金华火腿切片荣获首届中国食品博览会金奖。1995 年，获"中国火腿之乡"称号。

金华火腿素以色、香、味、形"四绝"闻名于世。品质良好的火腿瘦肉呈玫瑰红色，皮面呈金黄色，脂肪洁白，熟制后呈半透明，晶莹剔透，诱人食欲，是烹饪装饰点缀的精品；不经熟制的金华火腿肌肉中散发出令人愉快的浓香，滋味纯正，咸甜适中，鲜嫩多汁，食后回甜，故而生食风味更佳；熟制的金华火腿香气四溢，滋味浓厚，具有除腥提味功效，是高级烹饪场所不可缺少的原料；金华火腿脚爪向内弯曲 45°，腿杆细直，与腿头成一条直线，皮面平整，并且长宽有具体要求，整体形似琵琶，堪称艺术品，也是金华火腿独有的特色。

2002 年，金华火腿经国家质量监督检验检疫总局批准为地理标志保护产品。2008 年，金华火腿腌制技艺入选第二批国家级非物质文化遗产名录。

目前，金华火腿生产厂家年产火腿 10 万只以上的有 9 家，其中 50 万的有 3 家。现在每年中国火腿产量不过 500 多万只，其中 400 万只是金华火腿。

平遥牛肉

平遥牛肉

平遥牛肉是山西省著名特产。"平遥的牛肉太谷饼，杏花村的汾酒顶有名"，这是脍炙人口的山西民歌中的词句。可见醇香味美的平遥牛肉与芬芳四溢的汾酒均斐声省内外。国家地理标志产品"平遥牛肉"原产地保护范围为平遥县现辖行政区域。

平遥牛肉早在清朝时已誉满三晋，名传四海。其制作历史虽悠久，但由于从前对牛肉加工业视为"下三路"，故对其起源、发展、特点、技艺等，志书上均无记载。就现所知，平遥牛肉在清代时享有很高荣誉，是达官显贵宴客的必备之品。嘉庆帝亲赐平遥牛肉为"人间极品"。清朝末年，随着平遥商业、金融业的空前繁荣，平遥牛肉由商人带到全国各地，从而誉满华夏。自此，平遥牛肉进入了鼎盛时期。平遥城乡牛肉铺、牛肉作坊也随之逐年增多，著名的牛肉加工、销售作坊，城内文庙街有雷金宁祖孙在清嘉庆、道光年间设立的"举胜雷"作坊，西大街有任大才父子设立的"自立成"牛肉铺等。民国年间有西郭村韩来宝在南城市外开的"隆盛旺"牛肉店，有韩照林在西大街开的专营牛肉店铺。20 世纪 50 年代后，县政协委员马生富从外祖父任大才处学成此艺，并继承发扬了牛肉加工传统工艺，牛肉质量进一步提高。1956 年 4 月，北京召开的"全国名产食品展览会"上，被鉴定为全国名产。

平遥牛肉肉质鲜嫩，肥而不腻，瘦而不柴，组织紧密，里外软硬均匀。食之绵软可口，咸淡适中，香味醇厚，回味悠长。具有未见其肉，浓香扑鼻，目睹其物，色红诱人的特点，有健脾之功效。平遥牛肉，制作工艺独特：屠宰出血要净，腌制使用当地产的硝盐，用年代久远的煮肉老汤兑入新水略加调料，大火煮沸后，温火慢炖，形成"牛油锅盖"，直至熟透。捞出锅前，猛火沸滚中将肉捞出沥干。宰杀时也有讲究，需平刀大拉，割断颈部动静脉血管，将血放尽，否则血渗入肉内，会使成品色泽不鲜。

2003 年，平遥牛肉经国家质量监督检验检疫总局批准为地理标志保护产品。"中华老字号"企业——平遥牛肉集团有限公司以加工为龙头，建设了占地 140 亩的繁育基地，引进了 1 000 多头优质种牛，年可出栏肉牛 1 200 头，并能通过示范繁养，利用当地丰富的秸秆资源，带动 1 000 余农户种植养殖。2012 年平遥牛肉集团实现销售收入 5 亿元。

（二）蔬菜加工品

四川泡菜

四川泡菜是四川省著名特产。国家农产品地理标志产品"四川泡菜"原产地保护范围为四川省辖区内的成都市、自贡市、攀枝花市、泸州市、德阳市、内江市、乐山市、绵阳市、遂宁市、广元市、南充市、宜宾市、广安市、达州市、眉山市、资阳市、巴中市、雅安市、阿坝州、甘孜州和凉山州 21 个市（州），144 个县（区）。地理坐标为东经 92° 21′ ~108° 12′，北纬 26° 03′ ~34° 19′。

中国泡菜历史悠久，文化深厚，可以追溯到 3 000 多年前。

四川泡菜

《诗经·小雅·信南山》中有"中田有庐，疆场有瓜，是剥是菹，献之皇祖"的诗句。先秦《周礼》《孟子》《楚辞》中也有腌渍菜的记载。汉许慎《说文解字》（公元 100 年）解释"菹菜者，酸菜也"。北魏贾思勰《齐民要术·作菹菜生菜法第八十八》中已有制作泡菜的专述："收菜时，即择取好者，菅蒲束之"。"作盐水，令极咸，于盐水中洗菜。若先用淡水洗者，菹烂"。"洗菜盐水，澄取清者，泻者瓮中，令没菜把即止，不复调和。"宋《东京梦华录》载有"姜辣萝卜，生腌木瓜"。经过元、明、清后，已经有酸菜、泡菜、腌菜、酱菜、盐酸菜……等数十种。

四川泡菜，起源时间不详却最能代表中国泡菜，堪称"国粹"，被誉为"川菜之骨"。清乾隆时期，四川罗江李调元在所著的《函海·醒园录》中，论述了大蒜、生姜等 20 多种蔬菜的泡渍方法，大大加快了四川泡菜的发展。民国初年出版的《成都通览》记载有"家家均有"的 22 种泡菜。

四川泡菜是以新鲜蔬菜或蔬菜咸坯为主要原料，添加或不添加香辛等辅料，用一定浓度的食盐水泡渍发酵而成的蔬菜制品。泡菜可分为 3 类：泡渍泡菜（或发酵泡菜），调味泡菜（或方便泡菜），其他泡菜等。真正传统的四川泡菜是第一类。经泡渍发酵而成的四川泡菜产品清香，滋味鲜美，酸味柔和，质地脆嫩；乳酸含量 0.3%~1.0%，可调节肠道微生态平衡。

2010 年，四川泡菜经国家农业部批准为农产品地理标志保护产品。2013 年，四川省泡菜年总产量达 260 万吨，年产值达 1 000 万元的企业近 150 家，产业从业人员达 50 万人。

涡阳苔干

涡阳苔干

涡阳苔干是安徽省名贵特产。国家地理标志产品"涡阳苔干"原产地保护范围为安徽省涡阳县义门镇、陈大镇、花沟镇、标里镇、牌坊镇、新兴镇、耿皇乡、张老家乡、闸北镇、城西镇等 10 个乡镇现辖行政区域。

苔干是用涡阳县义门集一带的秋苔菜茎去皮晾晒而成，是一种纯天然的绿色脱水蔬菜。秋苔菜在涡阳的栽培史见于秦，迄今 2 200 多年。据传说，涡阳苔干创制于 300 年前一个叫"张绣楼"的村庄，所以，起初得名"绣楼苔干"。又因义门集称"庙集"，故又叫"庙集苔干"。这种苔干风味独特，被人们视为珍品。清乾隆年间曾进贡朝廷，后年年进贡朝廷，故称之为"贡菜"。民国时期苔干制成后一般打包运往各地销售，开包以后，清香扑鼻，因此被湖广和香港客商称之为"香菜"。20 世纪 60 年代周恩来总理曾多次用它来招待外宾，因其食之有声音，清脆爽口，被周恩来总理形象地称之为"响菜"。1983 年首次出口日本、韩国等东南亚国家，吃起来又有海蜇的响脆，又以"山蛰菜"名扬海外。

秋苔菜生长较为娇贵，需立秋育种、霜降收获、生长期仅有 75 天、井中泡芽、育苗，再打垄移栽。种的时机必须把握准确，种早了，苔干中纤维太多不长肉；种迟了，天气转凉，苔干收获时只剩下一把叶子。收获后应立即切晒，切晒是苔干生产的关键，要经过除叶、削皮、切片、晾晒等工序。切时要求刀刀笔直，苔片厚薄、长短一致，根部一端仍相连，便于搭晒。苔片大部分水分蒸发，萎蔫后就可以扎把出售。正因有这种种的不易，最终出产的优质苔干并不多，因此颇为珍贵。

涡阳苔干虽系干品，但经清水泡发后，具有"色泽翠绿，响脆有声，味甘鲜美，爽口提神之特色，故以"清新素雅"著称于世，倍受海内外消费者青睐。据中国农业科学院蔬菜所分析化验，该菜具有较高的营养和医疗价值，含有 20 多种人体必须的矿物质及氨基酸，具有降血压，通经脉，活血健脑，开胸利气，壮筋骨，抗衰老，清热解毒，预防高血压，冠心病等功效。此菜吃法多样，它既可单独成菜，又可以拼盘成菜，既可以凉拌，又可以热炒；既可以制作中餐，又可以调西餐。咸甜麻辣均可，荤素煎煮皆宜，是其他蔬菜所无法比拟的。

2006 年，经国家质量监督检验检疫总局批准为地理标志保护产品。

近年来，涡阳苔干种植面积以义门为中心不断向四周扩散，种植面积达到 34 万亩、总产量达 2.7 万吨，产值约 4 亿元，产品已经开发成十几个系列，除在国内畅销外，现已出口至日、韩、俄等国家和港、澳、台地区。

（三）茶

龙井茶

龙井茶是中国著名绿茶，位列中国十大名茶之首。国家地理标志产品"龙井茶"原产地保护范围包括浙江省的西湖、钱塘和越州 3 个产区。这 3 个产区的茶叶统一称"龙井茶"，但需在外包装上标明产地。非原产地域生产的茶叶不能再称"某某龙井"。此外，鉴于杭州市西湖区是"龙井茶"发源地这一特殊地位，在原产地域保护中给予西湖产区的"龙井茶"以特殊命名，允许其使用"西湖龙井茶"名称。

龙井茶之名始于宋，闻于元，扬于明，盛于清，距今已有 1 500 余年历史。龙井产茶有记载的历史最早可追溯到唐代。"茶圣"陆羽所撰写的世界上第一部茶叶专著《茶经》中，就有杭州天竺、灵隐二寺产茶的记载。唐代以前，茶叶多制成"龙团"。到了宋代，出现了散茶——"旗枪"。宋代以后改制成现在形状的龙井茶。北宋时期，龙井茶区已初步形成规

西湖龙井

模，西湖群山生产的"宝云茶""香林茶""白云茶"都已成为贡茶。元代，龙井茶的品质得到进一步提升。到了明代，龙井茶开始崭露头角，名声逐渐远播，开始走出寺院，为平常百姓所饮用。明嘉靖年间的《浙江匾志》记载："杭郡诸茶，总不及龙井之产，而雨前细芽，取其一旗一枪，尤为珍品，所产不多，宜其矜贵也。"明万历年的《杭州府志》有"老龙井，其地产茶，为两山绝品"之说。万历年《钱塘县志》又记载"茶出龙井者，作豆花香，色清味甘，与他山异。"此时的龙井茶已被列为中国之名茶。明代黄一正收录的名茶录及江南才子徐文长辑录的全国名茶中，都有龙井。清代，乾隆皇帝下江南时，四次到龙井茶区视察、品尝龙井茶，赞不绝口，并将胡公庙前的18棵茶树封为"御茶"。从此，龙井茶更加身价大振，名扬天下。民国期间，龙井茶成为中国名茶之首。新中国成立后，龙井茶被列为国家外交礼品茶。

龙井茶因其产地不同，分为西湖龙井、钱塘龙井、越州龙井3种。

高档龙井茶以一芽一叶为标准。鲜叶经摊放—青锅—理条整形—"回潮"（二青叶筛分和摊晾）—"火军"锅—干茶筛分—归堆—"收灰"等工序加工而成。

春茶中的特级西湖龙井、浙江龙井外形扁平光滑，苗锋尖削，芽长于叶，色泽嫩绿，体表无茸毛；汤色嫩绿（黄）明亮；清香或嫩栗香，但有部分茶带高火香；滋味清爽或浓醇；叶底嫩绿，尚完整，具有"色绿、香郁、味甘、形美"四绝的特点。

2001年，龙井茶经国家质量监督检验检疫总局批准为地理标志保护产品。2006年，绿茶制作技艺（西湖龙井、婺州举岩、黄山毛峰、太平猴魁、六安瓜片）入选首批国家级非物质文化遗产名录。2011年，龙井茶又在欧盟获地理标志保护，有利于龙井茶进入欧盟市场。

2014年，中国茶叶区域公用品牌建设白皮书发布，西湖龙井以56.53亿元的品牌价值位居第一，当选为最具经营力品牌。这已经是西湖龙井连续5年在全国茶叶类区域公用品牌价值评估中排名第一。

目前西湖区、名胜区茶园面积2万余亩，2013年茶叶总产量608吨，茶产业总产值4.5亿元。

洞庭碧螺春

洞庭碧螺春主产于江苏省苏州市吴中区境内太湖洞庭东西山一带。国家地理标志产品"洞庭碧螺春"原产地保护范围为苏州市吴中区东山镇和西山镇现辖行政区域。

碧螺春

碧螺春最早在民间被称作"洞庭茶",属于炒青绿茶,是中国十大名茶之一。早在隋唐时期即负盛名,距今已有 1 000 多年历史。"洞庭茶",又叫"吓煞人香"(俗称"佛动心")。相传有一尼姑上山游春,顺手摘了几片茶叶,泡茶后奇香扑鼻,脱口而道"香得吓煞人",由此当地人便将此茶叫"吓煞人香"。到了清代康熙年间,康熙皇帝视察并品尝了这种汤色碧绿、卷曲如螺的名茶,倍加赞赏,但觉得"吓煞人香"其名不雅,于是题名"碧螺春"。从此成为年年进贡的贡茶。因原产苏州洞庭东山碧螺峰,故亦称"洞庭碧螺春""苏州碧螺春"。《太湖备考》记载:"茶出东西两山,东山者胜。有一种名碧螺春,俗呼吓煞人香,味殊绝,人赞贵之,然所产无多,市者多伪。"

洞庭碧螺春产区是中国著名的茶、果间作区。茶树和桃、李、杏、梅、柿、橘、白果、石榴、泉城红、泉城绿等果木交错种植。茶树、果树枝桠相连,根脉相通,茶吸果香,花窨茶味,陶冶着碧螺春花香果味的天然品质。正如明代《茶解》中所说:"茶园不宜杂以恶木,唯桂、梅、辛夷、玉兰、玫瑰、苍松、翠竹之类与之间植,亦足以蔽覆霜雪,掩映秋阳。"茶树、果树相间种植,令碧螺春茶独具天然茶香果味,品质优异。其条索紧结,卷曲如螺,白毫毕露,银绿隐翠,叶芽幼嫩,冲泡后茶叶徐徐舒展,上下翻飞,茶水银澄碧绿,可观赏到"雪浪喷珠,春染杯底,绿满晶宫"3 种奇观。饮其味,头酌色淡、幽香、鲜雅;二酌翠绿、芬芳、味醇;三酌碧清、香郁、回甘。洞庭碧螺春制作要求很高,早春时期,茶芽初发,芽尖部分,即"一旗一枪"不超过 2 厘米时采摘下来,再经过杀青、烘炒、揉搓等一系列的加工程序炒制而成。

百岁老茶碧螺春,也叫碧萝春。碧螺春茶的产地太湖洞庭东西山,相传是吴王夫差和西施的避暑胜地,历史悠久,其茶文化也源远流长,内容十分丰富,历史上也留下了不少有考证、鉴赏价值的诗词文章。

2002 年,洞庭碧螺春经国家质量监督检验检疫总局批准为地理标志保护产品。2010 年，苏州市吴中区碧螺春制作技艺入选第三批国家级非物质文化遗产名录。

目前，吴中区茶园面积 965 公顷。东山镇全境 12 个行政村中，茶区主要分布在山区的莫厘、碧螺、双湾、杨湾、陆巷五个村，茶园面积 734 公顷。2012 年，吴中区茶叶总产 305 吨，其中碧螺春产量 151 吨，碧螺春产值为 1.8 亿元。

庐山云雾茶

庐山云雾茶

庐山云雾茶产于江西庐山，是绿茶类名茶，中国十大名茶之一。国家地理标志产品"庐山云雾茶"产地保护范围包括江西省九江市的庐山风景区；庐山区的海会镇、威家镇、虞家河乡、莲花镇、五里乡、赛阳镇、姑塘镇、新港镇；星子县的东牯山林场、温泉镇、白鹿镇；九江县的岷山乡现辖行政区域。

庐山云雾茶，古称"闻林茶"，从明代起始称"庐山云雾"。此茶是茶禅一味的佳作。相传，庐山种茶始于汉代，由寺庙僧侣培植，质优而且量少。据《庐山志》记载，东汉时，佛教传入中国后，佛教徒便结舍于庐山。当时全山梵宫僧院多达 300 多座，僧侣云集。他们攀崖登峰，种茶采菇。东晋时，庐山成为佛教的一个很重要的中心，高僧慧远率领徒众在山上居住了 20 多年，山中也栽有茶树。唐明两代文人墨客多有赞颂之作，唐代大诗人白居易曾在庐山香庐峰结庐而居，亲辟园圃，植花种茶，诗云："药圃茶园为产业，野麋林鹤是交游。"

明太祖朱元璋曾屯兵庐山天池峰附近。后来，朱元璋登基后，庐山的名望更为显赫。庐山云雾正是从明代开始生产的，很快闻名全国。明代万历年间的李日华《紫桃轩杂缀》即云："匡庐绝顶，产茶在云蒸霞蔚中，极有胜韵。"

庐山是云的故乡，云的世界。庐山云雾，千姿百态，变幻无穷，时而像浩瀚的波涛，时而像轻盈的薄絮，整个庐山都沉浸在那朦胧飘缈的云雾中，"千山烟霭中，万象鸿蒙里"一如太虚幻境。因而"雾芽吸尽香龙脂"，云雾的滋润，促使芽叶中芳香油的积聚，也使叶芽保持鲜嫩，便能制出色香味俱佳的好茶。

1951 年，庐山云雾茶进入国际市场试销后，深受欢迎。1971 年，庐山云雾茶被列入中国绿茶类的特种名茶，1982 年全国名茶评比又被定为中国名茶。

庐山云雾茶鲜叶于 5 月初开采，标准为一芽一叶初展。经摊放—杀青—轻揉—理条—整形—提毫—干燥等工序加工而成。

庐山云雾茶以条索粗壮、青翠多毫、汤色明亮、叶嫩匀齐、香高持久、醇厚味甘等"六绝"而久负盛名。成品茶外形饱满秀丽，色泽碧绿光滑，芽隐露，茶汤幽香如兰，耐冲泡，饮后回甘香绵。仔细品尝，其色如沱茶，却比沱茶清淡，宛若碧玉盛于碗中。若用庐山的山泉沏茶品著，就更加香醇可口。

风味独特的云雾茶，由于受庐山凉爽多雾的气候及日光直射时间短等条件的影响，形成其叶厚、毫多等特点，醇甘耐泡，含单宁、芳香油类和维生素较多等特点。不仅味道浓郁清香，怡神解泻，而且可以帮助消化，杀菌解毒，具有防止肠胃感染，增加抗坏血病等功能。朱德曾有诗赞美庐山云雾茶："庐山云雾茶，味浓性泼辣。若得长时饮，延年益寿法。"

2004 年，庐山云雾经国家质量监督检验检疫总局批准为地理标志保护产品。

据不完全统计，目前庐山云雾茶种植面积约 15 000 多亩，其中庐山区 1 万多亩，星子县 500 多亩，九江县 300 多亩，年产 200 多吨庐山云雾茶，其中优质茶 20 万公斤，产值达 8 000 万元，带动了上千农民就业。

信阳毛尖

信阳毛尖又称豫毛蜂，素青，属条形绿茶类，是中国十大名茶之一。国家地理标志产品"信阳毛尖"原产地保护范围为现河南省信阳市管辖的行政区域内。

信阳种茶始于东周，名于唐，兴于宋，盛于清，历史悠久，茶文化源远流长，至今已有 2 300 多年的历史。因其芽叶细嫩有峰梢，精制后紧细有尖，并有白毫，所以叫毛尖，又因产地在信阳，故名"信阳毛尖"。

信阳毛尖

唐代时信阳毛尖已经成为朝廷贡茶，茶圣陆羽在《茶经》中记载了当时全国盛产茶叶的 13 个省 42 个州郡，共划分为 8 大茶区，其中的淮南茶区就包括信阳一带。唐《地理志》记载"义阳（信阳）土贡品有茶"，是当时向朝廷进贡的珍品。北宋时期的大文学家苏东坡也曾赞叹到："淮南茶，信阳第一。西南山农家种茶者甚多，本山茶色味香俱美，品不在浙闽下。"虽然河南省纬度较高，产茶相对较少，名茶也不多，但信阳毛尖却品质超群。1915 年在巴拿马万国博览会上获一等金奖。1959 年，被列为全国十大名茶之一。

信阳毛尖主要产于河南省信阳县车云山、集云山、天云山、云雾山、震雪山、黑龙潭和白龙潭等群山峰顶上，以车云山天雾塔峰为最。人云"师河中心水，车云顶上茶"。

茶区年平均温度15℃、年平均降雨量1 100毫米，无霜期223天，年相对平均湿度77%，年日照1 940~2 180小时，土壤肥沃，结构良好，pH值4.0~6.0。清程悌诗："云去青山空，云来青山白；白云只在山，长伴山中客。"

信阳毛尖鲜叶自4月中、下旬开采，以一芽一叶或一芽二叶初展为标准。经生锅—熟锅—理条—初烘—摊凉—复烘等工序加工而成。

信阳毛尖外形条索细圆紧直，色泽翠绿、白毫显露；内质汤色清绿明亮，香气鲜高，滋味鲜醇，叶底芽壮、嫩绿匀整。素以"色翠、味鲜、香高"著称。

2002年，信阳毛尖茶经国家质检总局批准获得地理标志产品保护。

目前，信阳市茶园面积达14万公顷。2012年茶叶产量达5.2万吨，总产值达77.2亿元。现有百万资产的茶农（大户）470多户，茶农近100万人，从业人员达120万人。2012年，茶农因种茶人均收入超过4 000元。茶产业已成为信阳发展特色农业经济和农民致富的支柱产业。

祁门红茶

祁门红金针

祁门红茶，简称祁红，在中国茶史，尤其是红茶史中，具有举足轻重的地位，是中国十大名茶中唯一的红茶。其独特的似花、似果、似蜜的"祁门香"，在国际市场上享有盛誉，与印度大吉岭茶、斯里兰卡乌瓦的季节茶并列为世界公认的三大高香茶，是世界多国王室的至爱饮品，被誉为"王子茶""群芳最""红茶皇后"。"祁门红茶"地理标志产品证明商标原产地保护范围仅限于祁门县现辖行政区域内的箬坑乡等18个乡镇。

祁门产茶可追溯到唐朝，茶圣陆羽在《茶经》中记载："歙州茶，且素质好。"歙州就是古徽州。徽州植茶始于南朝，唐代已成为全国著名的产茶区。敦煌遗书《茶酒论》中的"浮梁歙州，万国来求"，更是徽州茶自古享誉中国的最好证明。祁门原属浮梁，浮梁为当时全国最大的茶叶集散地，白居易《琵琶行》

中就有"商人重利轻别离，前月浮梁买茶去"的诗句。

祁门盛产好茶，历史悠久，而红茶生产却始自近代。祁红鼻祖胡元龙的后代胡益坚撰文称，清同治十年（1871年），黟县人余干臣，自福建罢官归来，赁居祁门三里街，因见祁门产茶，根据闽红的生产经验建议祁门人改制红茶。于是，光绪二年（1876年）余干臣从至德来祁门历口设茶庄，试制红茶。祁门茶商胡元龙也是在这期间接受了余干臣建议在祁门改试制红茶。经过不断改进提高，1875年前后，终于制成色、香、味、形俱佳的上等红茶。

祁门红茶一经问世，即以其高贵品质享誉国内外，并很快畅销于英国、美国、德国、法国、丹麦等数十个国家与地区。祁门红茶价格在国际市场的高香名茶中排居第一，并赢得极高赞誉。古今圣贤也曾为其留下了"牯牛降上幻迷雾，雾里祁红天下奇""祁红特绝群芳最，清誉高香不二门"等诗句。1915年巴拿马国际博览会上荣获金质奖牌；1986年商业部召开的全国名茶评选会上，祁红再次被列入名茶部优产品；1987年10月，在比利时首都布鲁塞尔举行的第26届世界优质食品评选会上，又荣获金质奖。赢得了新中国成立以来安徽出口商品的第一枚国际金奖。

祁门地处安徽南端，黄山支脉由东向西环绕，西北有大洪岭和历山，东有楠木岭，南有榉根岭，山地面积占总面积的90%，平均海拔高度为600米左右，茶园80%左右分布在海拔100~350米的峡谷地带，森林面积占80%以上，早晚温差大，常有云雾缭绕，且日照时间较短，构成茶树生长的天然佳境，酿成"祁红"特殊的芳香厚味。

祁红所用的茶树是全国茶叶品种审定委员会议定的国家良种"祁门种"。其叶形长椭圆，叶片富有光泽，叶质柔软。鲜叶采摘时间一般在春夏两季。采摘标准为一芽二三叶的芽叶，经过萎凋、揉捻、发酵、手筛、抖筛、分筛、紧门、撩筛、切断、风选、拣剔、补火、清风等工艺制作而成。

祁红外形条索紧细匀整，锋苗秀丽，色泽乌润（俗称"宝光"）；内质清芳并带有蜜糖香味，上品茶更蕴含着兰花香（号称"祁门香"），馥郁持久；汤色红艳明亮，滋味甘鲜醇厚，叶底（泡过的茶渣）红亮。清饮最能品味祁红的隽永香气，即使添加鲜奶亦不失其香醇。

由于红茶成分拥有提神、消疲、生津清热、利尿、消炎杀菌、解毒、养胃、延缓老化等多项药理作用，因此品尝红茶既能使人享受气定神闲的优雅，在保健美容方面亦发挥经济而可喜的功效，更增添红茶的魅力。

2008年，国家工商总局商标局发布1142期《商标公告》，核准注册"祁门红茶"地理标志证明商标。2006年，祁门红茶制作技艺入选首批国家级非物质文化遗产名录。2014年，"祁门红茶"以23.08亿元品牌价值入选中国茶叶区域公用品牌价值十强，是全国红茶类唯一入选十强的品牌。

目前，祁门县拥有各种祁红品牌65个，其中主打红茶品牌5个，分别为"祁眉、一顶天红、天之红、祥源红茶和祁香"等。研发了祁红香螺、祁红毛峰等一批新产品。2013年祁门县茶园面积16.5万亩，茶叶总产量6 480吨，茶叶总产值突破5个亿，年人均茶叶收入约 3 390 元。近年来，祁门县还不断挖掘祁红文化内涵，先后投入 3 000 多万元，相继落成了祁红茶馆、祁红超市、祁红广场、祁红历史文化展览馆，2013 年总投资 1.2 亿元的祁红文化博览园一期工程也已顺利完工，一个围绕祁红相关产业大发展的业态正在形成。

安溪铁观音

安溪铁观音

铁观音，又称红心观音、红样观音，属于乌龙茶类，是中国十大名茶之一，被视为乌龙茶中的极品，产自福建省安溪县。国家地理标志产品"安溪铁观音"原产地保护范围为福建省安溪县现辖行政区域。

宋元时期，铁观音产地安溪不论是寺观或农家均已产茶，但铁观音创制于 1725—1735 年间，仅有 200 多年的历史。铁观音既是茶叶名称，又是茶树品种名称。关于铁观音品种的由来，在安溪还留传着两种历史传说，一说是西坪茶农魏饮做了一个梦，观音菩萨赐给的一株茶树，挖来栽种而成；另一说是安溪尧阳一位名叫王士让的人在一株茶树上采叶制成茶献给皇上，皇上赐名"铁观音"而得。

铁观音问世后，迅速传播到周边的虎邱、大坪、龙涓、芦田、尚卿、长坑等乡镇，因其品质优异香味独特，各地相互仿制。并先后传到福建省的永春、南安、华安、平和、福安、崇安、莆田、仙游等县和广东等省。这一时期，安溪乌龙茶生产技术也不断向海外广泛传播，铁观音优质名茶声誉日增。

铁观音一年分四季采制，以春茶品质最好，秋茶次之，夏、暑茶品质较次。铁观音的采制技术特别，不是采摘非常幼嫩的芽叶，而是采摘成熟新梢的 2~3 叶，俗称"开面采"，是指叶片已全部展开，形成驻芽时采摘。要求做到不折断叶片，不折叠叶张，不碰碎叶尖，不带单片，不带鱼叶和老梗。铁观音制作严谨，技艺精巧，初制工艺要经过采青→凉青或晒青→摇青→摊青→杀青→揉捻→初烘→初包揉→复烘→复包揉→烘干→毛茶等多道工序。精制工艺分为"清香型"（毛茶经拣梗、筛末、除杂、拼配）和"浓香型"（毛茶经拣梗、筛末、除杂、拼配、烘焙）两类。

安溪铁观音产品外形条索肥壮、卷曲、沉重，音韵明显，香高而持久，可谓"七泡有余香"。清香型色泽翠绿油润，汤色绿黄明亮，香气清高鲜爽悠长；浓香型色泽乌油润、砂绿明显，汤色金黄或橙黄色，香气浓馥芬芳持久，滋味醇厚甘爽。

铁观音不仅香高味醇，是天然可口佳饮，并且养生保健功能在茶叶中也属佼佼者。现代医学研究表明，铁观音除具有一般茶叶的保健功能外，还具有清心明目、杀菌消炎、减肥美容、延缓衰老、防癌症、降血脂、减少心血管疾病等功效。

新中国成立后，安溪茶业呈现出崭新的面貌，特别是其生产了乌龙茶中的珍品铁观音，奠定了安溪作为中国名茶之乡的地位。改革开放后，安溪茶业更是焕发出勃勃生机，成为了安溪县支柱产业和当地居民赖以生存的主要经济来源。

2004 年，安溪铁观音经国家质量监督检验检疫总局批准为地理标志保护产品。2008 年，乌龙茶制作技艺入选首批国家级非物质文化遗产名录。2014 年，中国茶叶区域公用品牌价值排行榜中，"安溪铁观音"价值达 56.16 亿元，位列第二位。

2013 年，安溪茶园面积达 210 余万亩，铁观音总产量达 5.7 万吨，产值达到 85 亿元。其中红茶产量 674 万公斤，产值 19.3 亿元，从业人员过百万，茶企 800 余家，农民人均茶业收入 5 340 元。

武夷岩茶

武夷岩茶属半发酵茶，即有绿茶之清香，又有红茶之甘醇，是乌龙茶中之极品，中国十大名茶之一。国家地理标志产品"武夷岩茶"原产地保护范围为福建省武夷山市所辖行政区域。

武夷岩茶产自闽北有"美景甲东南"之称的武夷山。武夷山悬崖绝壁，深坑巨谷，茶树生长在岩缝之中。茶农利用岩凹、石隙、石缝，沿边砌筑石岸，构筑"盆栽式"茶园，俗称"石座作法"。武夷山方圆 60 公里，岩岩有茶，非岩不茶，岩茶因而得名。因此，"武夷岩茶"是产于武夷山岩上乌龙茶类的总称，产品分为大红袍、名枞、肉桂、水仙、奇种，其中以"大红袍"最为名贵。

武夷岩茶

武夷产茶历史悠久，据史料记载，唐代民间就已将武夷茶作为馈赠佳品。宋元时期已被列为"贡品"。至明末罢贡茶之后，武夷茶叶生产有了更大的发展，积历代制茶经验的精髓，创制了武夷岩茶。所以说武夷岩茶起源于明朝，是乌龙茶的始祖。清康熙年间，开始远销西欧、北美和南洋诸国。备受当地群众的喜爱，曾有"百病之药"美誉。当时，欧洲人曾把它作为中国茶叶的总称。

武夷岩茶之所以名传天下，是因为他独处岩骨花香之胜地，品饮时有妙不可言的"岩韵"。武夷岩茶区，气候温和，冬暖夏凉，年平均温度在 18~18.5℃；雨量充沛，年降水量2 000 毫米左右。山峰岩壑之间，有幽涧流泉，山间常年云雾弥漫，年平均相对湿度在 80% 左右。茶园大部分在岩壑幽涧之中，四周皆有山峦为屏障，日照较短，更无风害。武夷山之地质，属白垩纪武夷层，下部为石英班岩，中部为砾岩、红砂岩、页岩、凝灰岩及火山砾岩五者相间成层。茶园土壤之成土母岩，绝大部分为火山砾岩、红砂岩及页岩组成。《茶经》称茶山之土"上者生烂石，中者生砾壤，下者生黄土"。武夷茶园土壤系烂石或砾壤。明代徐燉《茶考》所述"武夷山中土气宜茶"。优越的自然条件孕育出独特的岩韵（岩骨花香），即清人梁章钜概括的"活、甘、清、香"四字（见《归田琐记》）。

武夷岩茶条形壮结、匀整，色泽绿褐鲜润，冲泡后茶汤呈深橙黄色，清澈艳丽；叶底软亮，叶缘朱红，叶心淡绿带黄；具有绿茶之清香、红茶之甘醇，却无绿茶之苦、红茶之涩；茶性和而不寒，久藏不坏，香久益清，味久益醇。泡饮时常用小壶小杯，因其香味浓郁，冲泡五六次后余韵犹存。这种茶品质独特，最适宜泡工夫茶。

2002 年，武夷岩茶经国家质量监督检验检疫总局批准为地理标志保护产品。2006 年，武夷岩茶（大红袍）制作技艺入选首批国家级非物质文化遗产名录。

武夷山市是福建茶叶的主产区。2013 年全市茶山面积 13.8 万亩，年产茶叶 7 300 吨，年产值 15.33 亿元。茶叶行销东南亚、韩国及欧洲等地。

普洱茶

普洱茶属于黑茶，因产地旧属云南普洱府（今普洱市）而得名。国家地理标志产品"普洱茶"原产地保护范围为云南省昆明市、楚雄州、玉溪市、红河州、文山州、普洱市、西双版纳州、大理州、保山市、德宏州、临沧市等 11 个州部分现辖行政区域。

"普洱"地名最早时称"步日部"，明洪武十六年（1383 年），改称"普洱"，清雍正七年（1729 年）设"普洱府"。"普"是"扑""蒲""濮"的民族称谓同音异写。从史料记载看：商周时西南夷中的濮人已经种茶。东晋（317—420 年）常璩所著《华阳国志·巴志》中记载："周武王伐纣，实得巴蜀之师，著乎尚书……其地东至鱼腹，西至焚道，北接汉中，南极黔涪，土植五谷，牲具六畜，桑蚕麻苎，鱼盐铜铁，丹漆茶蜜……皆纳贡之。"周武王在公元前 1066 年率南方八个小国，包括四川、云南的部落共同讨伐纣王。当时，云南的濮人向周武王进贡云南茶，之后，周朝将巴蜀及西南夷所产的茶列为贡品。由此推断，如果在公元前 1 000 多年商周时期，在以云南为主的西南地区已经有紧压茶，那么普洱茶距今已有 3 000 多年历史了。蜀建兴三年（225 年），诸葛亮平定南中（从东汉末起，南中是全滇和黔西北、川西南的总称）后，在南中地区倡导种茶，发展南中地区经济，使南中茶叶颇负盛名。晋代傅巽所撰《七海》记载了当时各地的名特产品，其中就有"南中茶子"。"南中茶子"就是成个成块的紧茶，说明在汉晋时期已是云南特产。

唐宋时期是普洱茶的兴旺发展时期。唐咸通三年（862年），出使南诏的唐使樊绰在其所著的《蛮书》卷七载："茶出银生（今云南景东）城界诸山，散收无采造法。蒙舍蛮杂以椒姜桂烹而饮之。""杂椒姜烹而饮"是云南少数民族至今仍有沿用的饮茶方法。"采无时"正是云南亚热带气候茶叶生产周期的真实写照。"银生城"据考证，即"银生府"，是唐朝南诏六节度使之一的驻地，即今云南省景东县，所辖地域为今西双版纳、普洱、保山、临沧冲地区。及至宋代，形成了"以茶易马"的茶马市场。宋朝李石所著《续博物志》继《蛮书》之后也有类似记载。历史上第一次提到"普茶"一词是明代万历年间的谢肇淛在其《滇略》中写到："士庶所用，皆普茶也，蒸而成团。"1644年由方中通所著《物理小识》中有："普饵茶蒸之成团，西蕃市之。"普洱茶一名有了正式出处。清朝时普洱茶发展到了鼎盛时期，销量号称10万担以上，宫廷将普洱茶引为贡茶。在普洱府增设官茶局，专司上贡用茗。光绪二十三年（1897年），英法先后在普洱设立海关，普洱茶源源不断进入欧洲，成为欧洲上流社会的时尚饮品。

生普洱茶和熟普洱茶

普洱茶鲜叶采摘一芽一叶、一芽二叶、一芽三叶、一芽四叶及同等嫩度的对夹叶。鲜叶经摊放→杀青→揉捻→解块→日光干燥成晒青茶。晒青茶经精制→蒸压成型→干燥制成普洱茶（生茶）；晒青茶经后发酵→干燥→精制制成普洱茶（熟茶）散茶；普洱茶（熟茶）散茶→蒸压成型→干燥制成普洱茶（熟茶）紧压茶。

生普洱茶外形色泽墨绿，形状匀称端正、松紧适度、不起层脱面；洒面、包心的茶，包心不外露；内质香气清纯、滋味浓厚、汤色明亮，叶底肥厚黄绿。

普洱（熟茶）紧压茶：外形色泽红褐，形状端正匀称、松紧适度、不起层脱面；洒面、包心的茶，包心不外露；内质汤色红浓明亮，香气独特陈香，滋味醇厚回甘，叶底红褐。

特级普洱茶（熟茶）散茶：条索紧细匀整、色泽红褐润显毫；内质汤色红艳明亮，香气陈香浓郁滋味浓醇甘爽，叶底红褐柔嫩。

2006年，普洱茶制作技艺（贡茶制作技艺、大益茶制作技艺）入选首批国家级非物质文化遗产名录。2008年普洱茶经国家质量监督检验检疫总局批准为地理标志保护产品。

目前，云南全省普洱茶年产量为8万吨，其中古树茶产量约为800吨，占1%。古树茶自2007年以来，价格连年上涨，昔归、老班章、景迈山等名山头古树茶涨势尤其明显。2013 年云南古树茶价格持续上扬。班章、冰岛、景迈山等知名古树茶价格普遍上扬 30%~50%。其中，西双版纳老班章茶年销售收入 1.35 亿元，双江勐库冰岛春茶均价达 7 000~8 000 元／公斤。其他普洱茶平均价格是 55 元／公斤。

福鼎白茶

白毫银针

福鼎白茶是福建省著名特产。国家地理标志产品"福鼎白茶"原产地保护范围为福建省福鼎市现辖行政区域。

"世界白茶在中国，中国白茶在福鼎"，被誉为"中国白茶之乡"和"中国名茶之乡"的福鼎是白茶之王——白毫银针的发祥地。据清代名人周亮工《闽小记》记载和当地调查，在清嘉庆初年（1796 年），福鼎人用菜茶（有性群体种）的壮芽为原料，创制白毫银针。约在 1857 年福鼎大白茶茶树品种从太姥山移植到福鼎县点头。由于福鼎大白茶芽壮、毫显、香多，所制白毫银针外形、品质远远优于"菜茶"，于是福鼎茶人改用福鼎大白茶的壮芽加工"白毫银针"。约在 1896 年"土针"退出白毫银针的历史舞台。

20 世纪 70 年代，为了满足外销要求，提高白茶的茶汤浓度、增加比重，福鼎白琳茶厂创造了白茶的新工艺方法。现在福鼎白茶按原料及加工工艺的不同分白毫银针、白牡丹、贡眉寿眉及新工艺白茶等四种。

白毫银针鲜叶原料每年清明前进行采摘，只采 1 个单芽，坚持"十不采"，即雨天不采，露水未干不采，细瘦芽不采，紫色芽头不采，人为损伤芽不采，虫伤芽不采，开心芽不采，空心芽不采，病态芽不采，霜冻伤芽不采。高级白牡丹原料采摘每年谷雨前进行，采一芽一叶或一芽二叶，坚持"三不采"：一是季节未到不采摘；二是雨天不采摘；三是露水未干不采摘。其他产品的原料在茶季生产季节均可进行，采一芽 1~3 叶。

白毫银针、白牡丹和贡眉寿眉工艺流程相同：鲜叶→萎凋→烘焙→毛茶→拣剔→复焙→成品茶。新工艺白茶工艺流程：鲜叶→萎凋→（轻揉）→烘焙→毛茶→整形→拣剔→复焙→成品茶。

福鼎白茶色泽墨绿或灰绿，毫显、色银白；口感甘醇、爽口；芽头肥壮、叶张肥嫩；毫香浓郁持久，并伴有花香；汤色杏黄明亮；叶底柔软明亮。中医药理证明，白茶性清凉，消热降火，消暑解毒，具有治病之功效。《闽小记》中载："白毫银针，产太姥山鸿雪洞，其性寒凉，功同犀角，是治麻疹之圣药。"近年来欧美国家对白茶进行的深入研究发现，相比其他茶类，白茶的自由基含量最低，黄酮含量最高，氨基酸含量平均值高于其他茶类，具有降血压、降血脂、降血糖、抗氧化、抗辐射、抗肿瘤，人体免疫力细胞的干扰素分泌量增加 5 倍等作用。

2009 年，福鼎白茶经国家质量监督检验检疫总局批准为地理标志保护产品。2011 年，白茶制作技艺（福鼎白茶制作技艺）入选第三批国家级非物质文化遗产名录。

现在福鼎市是全国十大产茶大县（市）之一和主要的白茶出口基地，产品大量销往北美、欧洲国家的主要市场，已经成为星巴克、可口可乐、安利、雅诗兰黛、日本悠哈味觉糖等国际巨头企业的白茶供应商。全市白茶种植面积 20 多万亩，大小茶叶加工企业 381 家，涉茶人口达 37.6 万，年生产白茶超万吨，涉茶总产值达 20 亿元，茶业经济不断发展壮大。

蒙山茶

蒙山茶是四川省著名绿茶。国家地理标志产品"蒙山茶"原产地保护范围为四川省雅安市名山县以及雅安市雨城区地处蒙山的碧峰峡镇后盐村和陇西乡陇西村、蒙泉村。

蒙山，又称蒙顶山。地处巴蜀西南边陲，阴雨连绵，且多夜雨，云雾缭绕，土壤肥沃，呈酸性反应，最宜种茶。从现存世界上关于茶叶最早记载的王褒《童约》和吴理真在蒙山种植茶树的传说，可以证明最早开始人工茶树种植的地方就是四川雅州的蒙顶山。

蒙山茶

据史书记载，蒙山茶栽培始于西汉末（公元前 53 年）甘露大师吴理真，距今已有 2 000 多年历史。有一宋刻《甘露祖师像并行状》石碑云："师由西汉出，吴氏之子，传名理真。自岭表来，挂锡蒙山，植茶七株，以济饥渴。"据说至今蒙山顶上留下的 7 株茶树是当年吴理真所种。唐代（618—907 年）是蒙顶茶发展的黄金时期，天宝元年（742 年）入贡皇室，从此名播神州。当时进贡长安的散茶类有雷鸣、雾钟、雀舌、鸟嘴、白毫等，紧压茶类有龙团、凤饼。宪宗时，蒙顶茶已成为进贡最多的一种，《元和郡县志》载："蒙山在县西十里，今每岁贡茶，为蜀之最"。蒙顶茶因入贡京华而誉满天下后，达官贵人不惜重金争相购买，身价百倍，昂贵异常。"蜀茶得名蒙顶，元和以前，束帛不能易一斤先春蒙茶"。因此，当时名山农民种茶的积极性受到极大刺激。"以是蒙山先后之人竞栽茶，以规厚利，不数十年间，遂斯安草市，岁出千、万斤。"可谓盛况空前。文宗开成五年（840年）留学僧慈觉大师圆仁学习期满，从长安回日本，唐皇李昂向他馈赠的礼物中，即有"蒙顶茶二斤，团茶一串。"此时，蒙顶茶不仅在国内享有很高声誉，而且已作为国家级礼茶，飘洋过海传到国外。

自唐以后的1 000多年间，蒙山茶岁岁进贡，年年送京，献给帝王享用，这在中国茶史上，也是罕见的。所以蒙山茶堪称中国名茶中的"老寿星"，是现有中国名茶中承继延续年代最为久远的。

蒙山茶不仅深得各朝皇室的青睐，还博得历代文人墨客的赞誉，形成了丰富的蒙山茶文化。名联佳句首推以民谚方式流传甚广的"扬子江心水，蒙山顶上茶"。唐代大诗人白居易《琴茶》诗有"琴里知闻惟渌水，茶中故旧是蒙山"的吟唱。唐宋大家孟郊、韦处厚、欧阳修、陆游、梅尧臣等，都留下不少以蒙山茶为题的诗文。明清时代的诗文题词则更为丰富，当代诗人、文学艺术家也留下了许多吟诵蒙山茶的华章佳句。

蒙顶茶是蒙山所有茶的总称。目前，蒙顶茶的主要产品有蒙顶甘露，蒙顶石花，蒙顶黄芽等，属于黄茶类的黄芽茶。宜选用无色透明玻璃茶具以80℃的热水采用"上投法"沏泡，陆羽《茶经》品评天下名茶曰"蒙顶第一，顾渚第二"。它的特点是外形紧卷多毫，色泽嫩绿匀润，芽叶纯整；汤色黄绿，清澈明亮；香气芳郁，回味香甜。另据五代蜀毛文锡《茶谱》记载，蒙山茶功效显著："蒙之中顶茶，尝以春分之先后，多构人力，俟雷之发声，并手采摘，三日而止。若获一两，以本处水煎服，即能祛宿疾；二两，当眼前无疾；三两，固以换骨；四两，即为地仙矣。"

2001年，蒙山茶经国家质量监督检验检疫总局批准为地理标志保护产品。截至2012年年底，雅安市茶园面积已经达到67.96万亩，茶叶鲜叶加工产量已经超过6.8万吨，涉茶综合产值超过50亿元。

（四）酒

贵州茅台酒

贵州茅台酒独产于中国西南部的贵州省仁怀市茅台镇，是中国最古老的四大名酒之一，酱香型白酒的典型代表。国家地理标志产品"贵州茅台酒"原产地保护范围地处赤水河峡谷地带，东靠智动山、马福溪主峰，西接赤水河，南接太平村以堰塘沟界止，北接盐津河小河口与原范围相接。

贵州茅台酒有着丰富的历史文化内涵，茅台地区自古以来就有着悠久的酿酒历史。据《史记》中记载，公元前135年，番阳令唐蒙出使南越，途经川黔交界处的习部（即今茅台一带），在此地带回了一种名为"药酱"的美酒回朝，博得了汉武帝"甘美之"的赞誉。明万历二十七年（1599 年）前后，近代茅台酒独特的回沙工艺在茅台一带的酿酒作坊逐渐形成。至清代约 1704 年前后，茅台镇的酿酒作坊已相当兴盛。据清代学者郑珍、莫友芝编撰的《遵义府志》记载，"仁怀城西茅台村制酒，黔省称第一，其料纯用高粱者上，用杂粮者次之。制法：煮料和曲即纳地窖中，弥月出窖烤之，其曲用小麦，谓之白水曲。酒曰茅台烧。茅台地膏民贫，茅台烧房不下二十家，所费山粮不下二万石。" 1935 年，红军长征经过茅台镇，茅台酒的特殊风格和高贵品质使红军将士们与其结下不解之缘。1949 年开国大典前夜，周恩来总理在中南海怀仁堂召开会议，确定茅台酒为开国大典国宴用酒，并在北京饭店用茅台酒招待嘉宾，从此每年国庆招待会，均指定用茅台酒。在日内瓦和谈、中美建交、中日建交等历史性事件中，茅台酒都成为融化历史坚冰的特殊媒介。党和国家领导人无数次将茅台酒当作国礼，赠送给外国领导人，成为中华人民共和国的外交礼品酒，被誉为国酒。

80 年陈年茅台酒

茅台酒以本地优质糯高粱、小麦、水为原料，利用得天独厚的自然环境，采用科学独特的传统工艺精心酿制而成。是中国传统大曲酱香型白酒的鼻祖和典型代表，具有酱香突出、优雅细腻、酒体醇厚、回味悠长、空杯留香持久的独特风格，富含多种对人体有益的有机酸及芳香物质，具有适量饮用不刺喉、不口干、不上头的特点。

1915 年，贵州茅台酒在美国旧金山举办的巴拿马万国博览会获国际金奖后，声名大振，誉满全球，与法国科涅克白兰地、英国苏格兰威士忌被公认为世界三大著名蒸馏名酒。1915 年至今，茅台酒多次摘取国内外名酒荣誉的桂冠，共获得 15 次国际金奖，连续五次蝉联中国国家名酒称号，特别是在 1996 年，在纪念"巴拿马万国博览会"80 周年"国际名酒品评会"上，茅台酒又再次荣获了国际特别金奖第一名。

2001 年，经国家质量监督检验检疫总局批准为地理标志保护产品。2006 年，茅台酒传统酿造工艺被列入中国首批非物质文化遗产名录。2010 年，经国家农业部批准为农产品地理标志保护产品。2013 年，国家质量监督检验检疫总局批准调整其地理标志产品保护名称和保护范围。茅台酒（贵州茅台酒）地理标志产品保护地域面积延伸约 7.53 平方公里，总面积共约 15.03 平方公里。

茅台酒在过去由于产量少等原因，很长时期大多都是重要宴会上饮用和馈赠嘉宾的贵重礼品。如今，贵州茅台酒股份有限公司茅台酒年生产量已突破 3 万吨；43°、38°、33° 茅台酒拓展了茅台酒家族低度酒的发展空间；茅台王子酒、茅台迎宾酒满足了中低档消费者的需求；15 年、30 年、50 年、80 年陈年茅台酒填补了中国极品酒、年份酒、陈年老窖的空白；在国内独创年代梯级式的产品开发模式。形成了低度、高中低档、极品三大系列 100 多个规格品种，全方位跻身市场，从而占据了白酒市场制高点，称雄于中国极品酒市场。

全球知名品牌调查公司评选机构华通明略（Millward Brown Optimor）公布的 2012 年 BRANDZTM 最有价值全球品牌百强企业名单显示，贵州茅台首次以 118.38 亿美元的品牌价值入选，超越西门子、肯德基等知名国际企业，位列全球第 69 位。2013 年，贵州茅台酒实现营收 395.6 亿元，净利润 148 亿。

五粮液酒

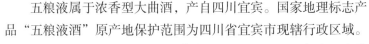

五粮液酒

五粮液属于浓香型大曲酒，产自四川宜宾。国家地理标志产品"五粮液酒"原产地保护范围为四川省宜宾市现辖行政区域。

宜宾位于四川省南部，坐落在金沙江和岷江汇合处，古称"叙州""戎州"，北宋时改称宜宾。这里水质纯净，适宜酿酒，素有"名酒之乡"的美名。相传，早在 3 000 多年以前，宜宾就出现了酿酒业。自汉代以来，酿酒业迅速发展，唐宋时期最盛。宜宾盛产荔枝，本来是以荔枝酒而闻名。《华阳县志》和《太平御览》均有记载，宜宾的荔枝甜郁芬芳，多汁可酿酒，故当地自古以美酒和荔枝相联系。唐代就有重碧酒，永泰元年（765 年），大诗人杜甫在戎州赋诗曰："胜绝惊身老，情忘发兴奇。重碧拈春酒，轻红擘荔枝。"宋代更有"荔枝绿"名酒。"江西诗派"的开山鼻祖、诗人黄庭坚旅居戎州时，曾赋诗曰："王公权家荔枝绿，廖致平家绿荔枝；试倾一杯重碧色，快剥千里轻红肌；泼醅葡萄未足数，堆盘马乳不同时；谁能品此胜绝味，惟有老杜东楼诗。"在宋代，宜宾还有一种用粮食酿成的名酒，名为"姚子雪曲"。黄庭坚在《金鱼井》诗中赞戎州酒曰："姚子雪曲，杯色争玉。得汤郁郁，白云生谷。清而不薄，厚而不浊。甘而不哕，辛而不螫。"明代则有咂嘛酒。

1909 年，出现了"杂粮酒"，这种酒总结、吸收了"荔枝绿""姚于雪曲"的酿造经验，以高粱、粳稻、糯稻、玉米、荞麦五种谷物为原料，经过老窖发酵、蒸馏酿成。以后，经过不断的调整、改进，到了 1928 年，才定下基本配方。1929 年开始改名为"五粮液"。从此，"五粮液"便正式流传于世，盛名远播。明末清初，宜宾共有四家糟坊，十二个发酵地窖。到新中国成立前夕，已有德胜福、听月楼、利川永等十四家酿酒糟坊，酿酒窖池增至 125 个。1952 年国营宜宾五粮液酒厂正式成立。1998 年改制为五粮液集团有限公司。

五粮液集团有限公司的成名产品"五粮液酒"，以独有的自然生态环境、600 多年明代古窖、五种粮食配方、古传秘方工艺、和谐品质、"十里酒城"宏大规模等六大优势，成为当今酒类产品中出类拔萃的珍品。具有"香气悠久、味醇厚、入口甘美、落喉净爽、各味谐调、恰到好处"的独特风格，在大曲酒中以酒味全面著称。

2001 年，经国家质量监督检验检疫总局批准，五粮液系列白酒产品（五粮液、五粮春、五粮醇、尖装）生产企业获得原产地标记保护。

2008 年，五粮液酒传统酿造技艺入选第二批国家级非物质文化遗产名录。

2013 年，五粮液老窖池遗址被国务院公布为第七批全国重点文物保护单位。该遗址是中国现存保存完好的地穴式曲酒发酵窖池群之一，是中国名酒五粮液产生、形成和发展的历史见证，也是中国历史酿酒工艺和传统的重要实物遗存，具有重要的科学研究价值和独特的历史人文价值。

目前，五粮液集团有限公司生产能力已达 45 万吨，是世界最大的酿酒生产基地。2013 年，五粮液集团实现营收 247.2 亿元，实现利润总额 112.5 亿元。

泸州老窖

泸州老窖大曲酒产自四川泸州，首开中国浓香型白酒的先河，是中国最古老的四大名酒之一。国家地理标志产品"国窖 1573、泸州老窖特曲系列白酒"原产地域保护范围为四川省泸州市现辖行政区域。

泸州古称江阳，酿酒历史久远，自古便有"江阳古道多佳酿"的美称。泸州地区出土陶制饮酒角杯，系秦汉时期器物，可见秦汉已有酿酒。蜀汉建兴三年（225 年）诸葛亮出兵江阳忠山时，使人采百草制曲，以城南营沟头龙泉水酿酒，其制曲酿酒之技流传至今。据《宋史》载，泸州等地酿有小酒和大酒，"自春至秋，酤成即鬻，谓之小酒。腊酿蒸鬻，俟夏而出，谓之大酒。"大酒系烧酒。元代泰定元年（1324 年）已酿大曲酒。

明代万历十三年（1586 年）泸州大曲酒工艺初步成型。清代顺治十四年（1657 年）前后，"舒聚源糟坊"开业。乾隆二十二年（1757 年）增建 4 个酒窖，其大曲酒脍炙人口。同治八年（1869 年）"舒聚源糟坊"改号为"温永盛糟房"，这便是泸州老窖的前身。温永盛糟房有大曲酒窖 10 个，其中 6 个建于 1650 年左右，4 个建于 1750 年左右。清末白烧酒糟户达 600 余家。清乾隆二十二年（1758 年）前后，其产品已销售于四川全省。至清光绪六年（1880 年），泸州大曲酒年产量已达 10 吨左右，名声传播全国。民国以来白烧酒糟户减

国窖 1573 定制壹号

至 300 余家。大曲糟户十余家，窖老者，尤清洌，以温永盛、天成生为有名。

1949 年，泸州有酒坊 36 家。与之一脉相承的泸州老窖集团，是在明清 36 家古老酿酒作坊群的基础上，发展起来的国有大型骨干酿酒集团。

泸州老窖大曲酒的主要原料是当地的优质糯高粱，用小麦制曲，大曲有特殊的质量标准，酿造用水为龙泉井水和沱江水，酿造工艺是传统的混蒸连续发酵法。蒸馏得酒后，再用"麻坛"贮存一两年，最后通过细致的评尝和勾兑而成，保证了老窖特曲的品质和独特风格。此酒无色透明，窖香浓郁，清洌甘爽，饮后尤香，回味悠长。具有浓香、醇和、味甜、回味长的四大特色。

泸州老窖拥有 50 年窖龄以上老窖池 10 086 口，百年以上老窖池 1 619 口，为全球最大规模的酿酒老窖池群落。同时，拥有我国建造最早、连续使用时间最长、保护最完整的 1573 国宝窖池群，泸州老窖集团也由此推出了超高档白酒的代表品牌——国窖 1573 系列。

2002 年，国窖 1573、泸州老窖特曲系列白酒经国家质量监督检验检疫总局批准为地理标志保护产品。1996 年，1573 国宝窖池群经国务院批准成为行业首家全国重点文物保护单位，2006 年，被国家文物局列入"世界文化遗产预备名录"；2012 年 11 月，泸州老窖作坊群再次入选"中国世界文化遗产预备名单"；2013 年，泸州老窖 1 619 口百年以上酿酒窖池、16 家明清酿酒作坊及三大天然藏酒洞，一并入选第七批全国重点文物保护单位。2006 年，泸州老窖酒传统酿制技艺作为川酒和我国浓香型白酒的唯一代表，入选首批国家级非物质文化遗产名录。至此，泸州老窖成为行业唯一拥有"双国宝"的企业。

目前，泸州老窖集团有限公司生产能力已达 20 万吨。2013 年，泸州老窖营业收入 105.04 亿元，实现利润 46.74 亿元。

西凤酒

西凤酒是中国最古老的四大名酒之一，兼香型白酒的典型代表。国家地理标志产品"西凤酒"原产地保护范围为陕西省凤翔县现辖行政区域。

凤翔古称雍州，为炎黄文化和周秦文化发祥地和中国著名酒乡，文化积淀十分丰厚。根据殷商晚期的尹光方鼎铭文和西周初

年的方鼎铭记载，远在 3 000 年前这里出产的"秦酒"（即今西
凤酒，因产于秦地雍城而得名）就成为王室御酒。《史记·秦本
纪》上记述的秦穆公赐酒为盗马"野人"解毒，《酒谱》记载的
秦晋韩原大战秦穆公获胜后"投酒于河以劳师"的典故就发生
在这里。这里自古盛产美酒，唯以柳林镇所产之酒为上乘。至
今，民间仍流传着"东湖柳、西凤酒、女人手"的佳话。唐贞观
年间，西凤酒就有"开坛香十里，隔壁醉三家"的美誉。到了明
代，凤翔境内"烧坊遍地，满城飘香"，酿酒业大振，过境路人
常常"知味停车，闻香下马"，以品尝西凤酒为乐事。清末，西
凤酒就打向海外。1915 年，西凤酒荣获巴拿马赛会金质奖，遂
盛名五洲。

西凤酒

西凤酒具有"凤型"酒的独特风格。它清而不淡，浓而不
艳，酸、甜、苦、辣、香，诸味谐调，又不出头。融清香型和浓
香型二者之优点为一体，香与味、头与尾和调一致，属于复合香
型的大曲白酒。西凤酒的特点是：酒液无色，清澈透明，清芳甘
润、细致，入口甜润、醇厚、丰满，有水果香，尾净味长，为喜
饮烈性酒者所钟爱。

2003 年，经国家质量监督检验检疫总局批准为地理标志保
护产品。

目前，陕西西凤酒集团股份有限公司年产能约 5 万吨，是西
北地区规模最大的国家名酒制造商。2013 年，西凤酒全年实现
销售收入 45.8 亿元。

绍兴黄酒

绍兴黄酒是中国黄酒的代表，中国八大名酒之一，中国首批
获得地理标志保护的产品。原产地保护产品"绍兴黄酒"的保护
范围以浙江省人大常委会发布的《浙江省鉴湖水域保护条例》第
二条规定的鉴湖水域保护范围为准。根据该条例第二条，鉴湖水
域的保护范围分特别保护区和一般保护区。特别保护区东起绍兴
市市区东跨湖桥，西至柯桥区湖塘西跨湖桥之间的鉴湖主体水域
及其南侧 1000 米、北侧 500 米内的水域，以及西郭水厂取水口
与柯桥水厂取水口上游 100 米、下游 500 米内的水域。一般保护
区为绍兴市市区稽山桥至东跨湖桥段鉴湖主体水域、南池江、坡
塘江、娄宫江、漓渚江、秋湖江、项里江、型塘江、夏履江、西
小江等鉴湖上游水域，特别保护区北侧边界至萧甬铁路之间的下

十八年陈仿青铜女儿红

游水域。

绍兴酒的历史渊源极为悠久，成书于秦始皇八年（公元前239年）的《吕氏春秋·顺民》载："越王苦会稽之耻……有甘脆，不足分，弗敢食。有酒，流之江，与民同之。"史称"箪醪劳师"。"会稽"指今日绍兴，"醪"是一种带糟的浊酒，类似于村民自制的米酒。由此可见，早在2 400多年前的战国时期，绍兴地区酿酒业已较为普遍。东汉永和五年（140年），会稽太守马臻发动民众围堤筑成"鉴湖"，将会稽山的山泉集聚湖内，从而为绍兴地方的酿酒业提供了优质、丰沛的水源，也为提高绍兴酒质以及日后绍兴酒驰名中外奠定了基础。到了南北朝时期，绍兴出产的黄酒已被列为贡品。明代，绍兴黄酒开始销往国外。时山阴叶万源酒坊所产之酒，以其质特优，专销日本和南洋群岛。1915年，绍兴酒云集记和谦豫萃、方柏鹿酒在美国旧金山巴拿马太平洋万国博览会上，分别获金牌和银牌奖章，产品远销英国伦敦、美国纽约、日本东京等大城市。1929年，在杭州西湖博览会上又获金奖。中华人民共和国成立后，元红酒、加饭酒、香雪酒、善酿酒、花雕酒先后获国际金奖7个、国家金奖5个、省部级优秀奖30个。1988年起，加饭酒、花雕酒被列为国宴专用酒。

绍兴黄酒采用自然发酵方式酿造，以精白糯米、优良小麦和鉴湖水为原料，俗称三者为"酒中肉、酒中骨、酒中血"。其色泽黄澄透澈，香气浓郁芬芳，滋味醇厚甘甜。

在绍兴，关于酒的节会活动也早就产生。据史籍记载，元代绍兴路的总管泰不华，曾在绍兴县东浦镇附近的薛渎村"饮乡酒，赛龙舟，与民同乐"。在东浦镇上，至今还完好地保存着一方镌刻着《酒仙神诞演庆碑记》的石碑。碑文中不仅记载着当时绍兴酒的酿造和经营情况，还详细地记载了清咸丰七年（1857年）旧历七月初七当地祀酒神的盛况。据传，每年旧历七月初六至初八，东浦都要举行长达三天的酒业会市，除了祀神、演社戏、赛龙舟等文化节目之外，还有许多经济活动，商贩云集，热闹非凡。新中国成立以来，绍兴酒业得到了长足的发展，并由丰富的酒文化酿造出了一个颇具特色的地方新兴节会，即中国绍兴黄酒节。首届中国绍兴黄酒始办于1990年，以后基本上一年一度，承续至今。

2000年，绍兴黄酒经国家质量监督检验检疫总局批准为地理标志保护产品。2006年，绍兴黄酒酿制技艺入选首批国家级非物质文化遗产名录。

据中国酿酒工业协会黄酒分会统计，我国黄酒年生产能力约为140万吨左右，其中浙江一省就占了近50%，而绍兴黄酒产量约为25万吨，占全国黄酒总产量的17.9%。2012年度，绍兴地区出口黄酒1 413批，货重14 945吨，货值2 725.5万美元。出口主要集中在亚洲及一些华人居住集中的地方，市场一直比较成熟和稳定，其主要市场是日本，约占绍兴酒出口市场的70%。2013年，龙头企业古越龙山公司实现营业总收入14.68亿元，净利润1.43亿元。2014年，公司投资10亿元打造全国首个黄酒主题文化旅游区——绍兴黄酒文化园。2015年一期工程将基本建成并接待游客。绍兴黄酒主题文化旅游区的建成开放，将对绍兴黄酒产业的发展、黄酒文化的传播以及绍兴旅游业的繁荣产生积极影响。

（五）调味品和发酵制品

山西老陈醋

山西的醋远近闻名，品种千变万化，其中的山西老陈醋更是素有"天下第一醋"的盛誉，被列为中国四大名醋之首。国家地理标志产品"山西老陈醋"的保护范围为太原市的清徐县、杏花岭区、万柏林区、小店区、迎泽区、晋源区、尖草坪区；晋中市的榆次区、太谷县、祁县。

5° 一级 A 老陈醋

山西酿醋业已有 3 000 多年的历史。春秋战国时代的古晋阳城内，就已经出现酿造陈醋的作坊。北魏贾思勰《齐民要术》总结的 22 种制醋方法，专家认为都是山西人的酿造法。元末明初，山西醋历千年风雨，已初成一个体系。但当时的醋色泽浅淡，味尖酸寡淡，食后无回味感。到了清朝顺治年间，介休出了一位"醋仙"名叫王来福，他在清徐城关眼识甘泉，开办了一个"美和居"醋坊，首次正式推出"山西老陈醋"这个牌子。传统的醋通常是用陈年白醋进行酿造，而"美和居"醋坊结合当时的工艺发明了熏蒸法，不仅继承了传统优质醋的香酸和浓烈，而且由于其制作原料和熏制方法十分独特，因此闻起来有一种独特的香，细腻而浓郁，吃起来又有一种特殊的口感，绵滑而柔和，此外，山西老陈醋保存起来不会沉淀，存的时间越长，滋味越是绵长。官府遂以其醋荐于宁化王府，备受青睐。尔后，"美和居"受命遣工匠入王府贡侍，专为王府制醋，其后又传于宫中，引为贡品。数年后"美和居"熏蒸法，渐渐传于民间，晋地制醋者皆习之，名声大振。清顺治元年（1644 年），"美和居"字号发展至鼎盛时期，生意遍及长城内外，大江南北，声誉显赫一时。

民国二十九年（1940 年），中国微生物学鼻祖方心芳先生《山西醋》中称："我国之醋最著名者，首推山西醋与镇江醋。镇江醋酽而带药气，较山西醋稍逊一等，盖上等山西醋之色泽、气味皆因陈放长久，醋之醋起化学作用而生成，初非人工而伪制，不愧为我国名产。"是以山西老陈醋被称为中国四大名醋之首。山西老陈醋选用优质高粱、大麦、豌豆等五谷经蒸、酵、熏、淋、晒的过程酿就而成。山西老陈醋色泽呈酱红色，含有丰富的氨基酸、有机酸、糖类、维生素和盐等，食之绵、酸、香、甜、鲜。

醋具有一定的食疗作用，《黄帝内经》中就记载水肿病人忌盐时，可以用醋代替；早在汉朝，华佗就已经用醋治疗蛔虫引起的腹痛；在古罗马，民间用醋治疗创伤；到了中世纪，欧洲已经用醋来消毒。在中国山西，流传着"家有二两醋，不用去药铺"的民谚。明代李时珍在《本草纲目》中有"醋能消肿、散火气、杀邪毒、理诸药"之说，所以常食高品质的山西老陈醋有益于人的身体健康及生活品质的提高。

2004年，国家质检总局将"山西老陈醋"列入国家原产地域保护产品（后更名为地理标志保护产品。截至目前，山西有17家老陈醋生产企业获准使用"山西老陈醋"地理标志产品专用标志。

今天的"美和居"已发展成为山西老陈醋集团有限公司，承袭传统的酿造工艺酿造的"东湖""美和居"等知名品牌，六大系列的100多个产品，出口美国、日本、中国香港、澳大利亚、韩国等十几个国家和地区，被欧美人士誉为"中国秘密"，被日商誉为"中国秘法"。

山西老陈醋作为黄河农耕文化的结晶，是晋文化重要的组成部分，也是晋文化绵延不衰、广播华夏的重要载体。2006年，清徐老陈醋酿造技艺入选首批国家级非物质文化遗产名录，山西老陈醋集团有限公司董事长郭俊陆也成为山西醋业唯一国家级传承人。

（六）其他农副特产

八公山豆腐

八公山豆腐是安徽省著名特产。国家地理标志产品"八公山豆腐"原产地保护范围为安徽省淮南市八公山区，田家庵区安成镇、谢家集区李郢孜镇、望峰岗街道、唐山镇3个乡镇，潘集区高皇镇、平圩镇、田集街道、潘集镇、芦集镇、祁集乡、古沟回族乡、架河乡8个乡镇，六安市寿县八公山乡、寿春镇、涧沟镇3个乡镇现辖行政区域。

关于豆腐的起源，古代即有不同说法，或说先秦时期就已出现，不过，自宋以来广为流传的说法是豆腐始于汉淮南王刘安。淮南王刘安发明豆腐，在古代典籍中多有记述，最早的当属南北朝人谢绰，他在《宋拾遗录》中说"豆腐之术，三代前后未闻。此物至汉淮南王安始传其术于世。"谢绰的《宋拾遗录》作于梁代，后世《隋书·经籍志》《旧唐书·经籍志》都作了记载。南宋朱熹在其《豆腐》诗下自注世传豆腐本乃淮南王术，诗中写到："种豆豆苗稀，力竭心已腐。早知淮王术，安坐获泉布。"这是现存文献中最早提到豆腐为"淮南术"的。明以后，关于豆腐的记载更多，明代药理学家李时珍在《本草纲目》第25卷《谷部》中载"豆腐之法，始于汉淮南王刘安"，并详细介绍了豆腐的制作方法。清嘉庆年间翰林院庶吉士李兆洛，在任凤台县令期间曾纂修《凤台县志》，（嘉庆）《凤台县志》卷2《食货志》写道："屑豆为腐，推珍珠泉所造为佳品。俗谓豆腐创于淮南王，此盖其始作之所。"唐代鉴真和尚东渡日本，豆腐传到日本，日本的豆制品上，至今仍有"唐传豆腐干，淮南堂制"字样。

汉淮南王刘安是汉高祖刘邦的孙子，他的封地在寿县一带。在那里，他招募了几千名知识分子，著名的有"八公"。他们炼丹实验的小山后来被叫做"八公山"。"刘安做豆腐——因错而成"，这是淮南一带的歇后语。说的是刘安等人炼丹做试验，不慎将石膏落入豆汁中，而凝成豆腐。后人把这里出产的豆腐称为"八公山豆腐"。

八公山豆腐

八公山上有珍珠泉，山下是淮北大平原，历来盛产五谷杂粮，尤其盛产大豆。一水一豆得天独厚，利用这一条件生产的八公山豆腐白如纯玉，细如凝脂，鲜嫩美味，清香可口。

2 000 多年来，久负胜名的八公山豆腐，历经传承、发展、壮大，实现了从单个产品到特色产业的华丽蜕变。如今，淮南的豆制品生产已发展出豆腐、豆饼、腐皮、粉皮、千张、素鸡、豆渣饼干、休闲豆干等 200 多个品种。淮南豆腐菜也发展成为徽菜的五大流派之一，成为徽菜的重要组成部分。为了弘扬中华饮食文化中的这一精粹，从 1991 年开始，每年 9 月 15 日刘安生日，淮南市都要举办盛大的豆腐文化节。"八公山豆腐"已成为安徽文化的重要组成内容。

2008 年，八公山豆腐经国家质量监督检验检疫总局批准为地理标志保护产品。

截至 2012 年，淮南市现有在工商部门登记并有生产许可证的豆制品企业 12 家，其中省级农业产业化龙头企业 2 家，豆制品生产合作社 2 家，未登记的个体私人作坊 2 000 余户，从业人员 2.2 万人。2011 年，淮南全年耗用大豆 12 万吨，实现销售收入 15 亿元。

中江挂面

中江挂面是四川省中江县的传统名产。国家地理标志产品"中江挂面"原产地保护范围为四川省中江县南华镇、杰兴镇、永太镇、通济镇、南山镇、集凤镇、双龙镇 7 个镇现辖行政区域。

中江挂面制作——晒面

中江挂面有着 1 000 年以上的悠久历史，相传为南宋绍兴年间创制，兴盛于元朝，明代被列为向皇帝进贡的"御面"，清代以来称为"银丝面"。道光年间中江挂面达到全盛时期。清代诗人王朗山在《玉尺山人诗抄》中写道："中江烧酒中江面。一路招牌到北京"，正是此番风头的写照。

中江挂面以传统手工工艺精制而成。先把精选的小麦用手工石磨磨成面粉，再以优质泉水和面，和面时要加入适量的清油、食盐、味精、鸡蛋、淀粉等辅料，经揉面、开条、扯大条、扯小条、上棍、发汗、晒面和精装等八道工序，并经过十七八个小时的反复发酵，使面中产生大量酵母菌和蜂窝状微孔，故有"茎直中通"之说，其营养丰富，特别易于消化吸收也缘于此。这种挂面，不仅工艺严格，而且对水质、气候也都有一定要求。加工好的中江挂面，细如发丝，粗如韭叶，色泽洁白，神奇而中空；煮熟后，光滑柔韧，风味独特，回锅如新，堪称一绝。此面对年老体弱者有促进食欲、增强体质的作用，也是胃病患者的理想食品。

现在为增加其营养成分，在制作过程中又分别加以韭汁、菠菜汁、鸡蛋清、鸡蛋黄、朱神砂等制成蛋清面、蛋黄面、朱砂面、翡翠面等，以满足不同消费者的需求。中江挂面曾先后数次被省、地、市、县评为地方优质特色食品，深受广大消费者青睐。

2011年，中江挂面经国家质量监督检验检疫总局批准为地理标志保护产品。2012年，中江挂面年产量达2万吨，年销售收入超过4亿元。

弋阳年糕

弋阳年糕，又称弋阳大米果，是江西省传统特产。国家地理标志产品"弋阳年糕"原产地保护范围为江西省弋阳县现辖行政区域。

江西弋阳县是中国制作年糕较早、工艺和原料最为独特的地方。弋阳年糕制作始于唐代，至今已有1 200多年的历史，江西弋阳的大禾谷年糕简称弋阳年糕，最为出名，被奉为年糕中的最上品。据弋阳县现存较早的同治十年（1871年）版《弋阳县志》记载："大禾米白而又长大，以制作加工大禾米，大禾谷米白饭硬制作多团，需三蒸二百春，弋市米为之食水多，软而适口，省垣称弋阳团子，最驰名外县，土商多远往他处做赠品。"

据说从3 000多年前的周代开始，中国人就开始吃年糕了。年糕种类繁多，从南到北许多地方都产年糕。但是有的年糕久煮易糊、口感僵硬、脆弱易断、缺乏适宜弹性；有的年糕口感绵软黏牙、韧性差无咬劲、抗拉强度低。弋阳年糕的妙处在于介乎两者之间，口味纯正、不黏不腻、柔软爽滑、韧性适口，久煮不糊，且外观洁白如霜、透明似玉、油质发亮，所以被誉为"年糕之尊"。

弋阳年糕的秘密首在原料——大禾谷。大禾谷是一种介于糯稻和籼稻之间的特色粳稻良种，产量低，只生长在弋阳这方水土上，唯弋阳所独有。单个的大禾谷米粒微量元素多且胶稠度要大于70毫米，平均精蛋白质含量达到80%，是制作年糕不可多得的好米。

弋阳年糕的另一个秘密是地下水。弋阳县的地下水有松散岩类孔隙水、碎屑岩类孔隙裂隙水、碳酸岩类裂隙溶洞水、基岩裂隙水等四大含水类型，通俗地讲就是天然的优质矿泉水、山泉水。弋阳年糕在加工过程中，一般要先把大禾米浸泡在流动的弋阳山间泉水中3~10天，直到米粒吸饱了山泉水，变得湿润、松软，水中富含的微量元素源源不断地渗入米粒中，水也带走了影响年糕品质、使年糕变硬的成分。山泉水中特有的微生物会进行轻微发酵，使淀粉适度分解破链，带走米中的单糖、氨基酸等影响黏牙因素的小分子物质，从而使弋阳年糕柔韧适中，软而不黏。

弋阳年糕

浸泡后的大禾米被冲洗入甑，用大火将米蒸成熟饭，再把蒸熟的米饭投入干净的石臼中，用木棍反复压，再用木锤反复捶打，最后把米饭打成米团，重新投入饭甑中用大火蒸。蒸后再投入石臼捶打，捶后再蒸，如是者三。捶打好的年糕半成品被分割成小团挤入印板，印板上雕刻有吉祥、喜庆图案，用手工压平后，年糕上就有了圆形或条形的印花纹。至此，一份年糕就做成了。

明万历年间弋阳知县新安人程有守就曾夸赞弋阳"山川文物甲于江右"，而且弋阳人秉性耿直，疾恶如仇，"高风孤节，凛凛有生气"。这种性格反映在做年糕上也是一丝不苟。弋阳人捶、蒸米团要反复三次，捶打 200 次才行，以"三蒸二百捶"闻名，少一下都不行。直到现在，弋阳的民间活动中，捶打年糕仍是一项最受欢迎的活动，年轻人从古法的捶打中可以体味到先人们辛苦劳作、认真守信的传统。

2006 年，经国家质量监督检验检疫总局批准为地理标志保护产品。由于保护范围仅为弋阳县辖区内适宜种大禾谷的 5 万亩土地，确保了弋阳年糕独特的品质。实施地理标志产品保护以来，弋阳年糕的经济价值凸显，年糕价格由保护前的每公斤 3.6 元，提升到现在的每公斤 6 元，生产年糕的大禾米收购价格也由以前的每公斤 1.8 元，提高到现在的每公斤 4 元，实现了大米农户和年糕加工户双赢的局面。目前，年糕产量达到 2 500 余吨，年总产值达 1 500 多万元。

龙口粉丝

龙口粉丝是山东省著名特产。但它并不发源于龙口，却是素有"银丝之乡"美誉的招远县的特产，因其最早从龙口港出口而得名。国家地理标志产品"龙口粉丝"原产地保护范围为山东省龙口市、招远市、蓬莱市、莱阳市、莱州市现辖行政区域。

龙口粉丝

招远县粉丝的生产始于明末清初，距今已有 300 多年的历史。清咸丰十年（1860 年），开始由龙口港外运销售，始称龙口粉丝。其所用原料，初为地瓜。清道光年间以绿豆为主。至 20 世纪 30 年代，招远县粉丝生产发展迅速。全县生产粉丝的有 1 000 余户，年产量 9 000 余吨，均系土法生产。据民国二十三年（1934年）版《中日实业志》载："粉丝业为鲁省之特产……招远所产，尤为著称"，"该县农家60%均与粉业有关，每年输往上海、宁波、厦门、九龙、香港、新加坡等地，占龙口出口总额的70%，营业之盛，可见一斑。"产品销往国内主要口岸，并经香港出口国外。

龙口粉丝品质优良，享有盛誉，在国外被称作"玻璃面条""龙须""春雨"。龙口粉丝丝条均匀、柔软坚韧、光亮透明、洁白卫生，含有蛋白质、碳水化合物及多种维生素，具有清热、解毒、防暑的功效。浸泡48小时不变色、不发胀，食用爽口。凉拌、热炒、油炸皆可。能做成凉拌粉丝、粉丝萨其玛、银丝串珠、粉丝菊花蛋、龙须扣肉、玻璃粉丝、三色凉糕、秋菊傲霜等数十种中西菜肴。

2002年，龙口粉丝经国家质量监督检验检疫总局批准为地理标志保护产品。2010年，龙口粉丝成为中国首批与欧盟互认的地理标志保护产品之一。目前，烟台市拥有粉丝生产企业90多家。其中，规模以上企业40多家，从业人员近5万人，2011年共出口5.4万吨、货值8 000多万美元，远销亚洲和欧美等100多个国家和地区，已成为国内最大的粉丝生产基地。

第9章 中国景观类农业文化遗产

一、农（田）地景观

元阳哈尼梯田

元阳哈尼梯田位于云南省红河哈尼族彝族自治州元阳县哀牢山南部，是哈尼族人世代留下的杰作。据《尚书》记载，早在3 000多年前的春秋战国时期，哈尼族先民"和夷"在其所居之"黑水"（今四川省大渡河、雅砻江、安宁河流域）就已经开垦梯田进行水稻耕作。自唐朝初期（1 300多年前）哈尼族在红河南岸哀牢山区定居下来并开垦大量梯田之后，梯田文化就成为整个哈尼族的灵魂。元阳哈尼梯田随山势地形变化，因地制宜，坡缓地大则开垦大田，坡陡地小则开垦小田，甚至沟边坎下石隙也开田，因而梯田大者有数亩，小者仅有簸箕大，往往一坡就有成千上万亩。梯田由河谷一直延伸到海拔2 000多米的山上，甚至达到水稻生长的最高极限。红河哈尼梯田规模宏大，气势磅礴，绵延整个红河南岸的红河、元阳、绿春及金平等县，面积达60多万亩，仅元阳县境内就有17万亩，是红河哈尼梯田的核心区，也是梯田风景的代名词。

元阳哈尼梯田

　　元阳县境内全是崇山峻岭，所有梯田均都修筑在山坡上，每一级边缘筑有埂堰，可防止水土流失。梯田坡度介于 15°～75°。以一座山坡而论，梯田最高级数多达 3 700 级，实为中外梯田景观之罕见。元阳哈尼梯田主要分坝达、老虎嘴和多依树 3 个片区。核心区域内的 82 个村庄里共住着 8 万名哈尼族及其他 6 个少数民族的村民。其中坝达片区包括箐口、全福庄、麻栗寨、主鲁等连片的 14 000 多亩梯田；老虎嘴片区包括勐品、硐浦、阿勐控、保山寨等近 6 000 亩梯田；多依树片区包括多依树、爱春、大瓦遮等连片的上万亩梯田。除上述三大梯田外，还有大坪乡小坪子梯田，逢春岭乡尼枯浦梯田、老曹寨梯田、大鱼塘梯田，小新街乡石碑寨梯田、大拉卡梯田，嘎娘乡大伍寨梯田、苦鲁寨梯田，上新城乡下新城梯田、瓦灰城梯田，沙拉托乡坡头梯田，马街乡瑶寨梯田等，它们都是上千近万亩的梯田，且形态殊异，各具特色。如此众多的梯田，堪称一部非文字的巨型史书，直观地展示了哈尼先民在自然与社会双重压力下、顽强抗争、繁衍生息的漫长历史。同时在茫茫森林及漫漫云海的衬托下，构成一幅瑰丽壮美的景观，被人称为"最神奇的大地雕塑"和"凝视山神的脸谱"。

　　元阳哈尼梯田具有典型的生态系统特征：每一个村寨的上方，必然矗立着茂密的森林，提供着水、用材、薪炭之源，其中以神圣不可侵犯的寨神林为特征；村寨下方是层层相叠的千百级梯田，为哈尼人的生存与和发展提供了基本条件——粮食；中间的村寨由座座古意盎然的蘑菇房组合而成，形成人们安度人生的居所。这一结构被文化生态学家盛赞（山间）江河—（山顶）森林—（山腰）村寨—（山下）梯田四度同构的人与自然高度协调的、可持续发展的、良性循环的生态系统。其完美反映的精密复杂的农业、林业和水分配系统，通过长期以来形成的独特社会经济宗教体系得以加强，彰显了人与环境互动的一种重要模式。[①] 同时哈尼梯田作为一块巨大的人造"地球之肾"，在蓄洪防旱、调节气候、保持水田方面的功能非常明显，堪称湿地经典。

　　元阳哈尼梯田之所以如此壮丽和独特，首先是大自然特殊地理结构的造化。元阳位于云南省南部，随着由滇西北到滇南海拔的逐渐下降，该区立体气候越益显著，降雨量也越来越大（年均 1 397.6 毫米，为全省降雨量最大区域），相应的稻作农耕越来越密集，梯田稻作文化越来越发达，并最终在红河南岸哀牢山南段哈尼族聚居地区形成全省、全国最集中、最发达的梯田稻作区的地理环境；其次源于哀牢山特定的地形、气候等自然条件。元阳的地貌特征是山高谷深、沟壑纵横，多为切割中山地类型，全县境内山脉在亿万年中被红河、藤条江水系深度切割，地形呈"V"形发育。鸟瞰全境，山地连绵，层峦叠嶂，地势高低起伏（境内最低海拔为 144 米，最高海拔为 2 939.6 米，海拔高差 2 795.6 米），非常壮观。区内气候多属亚热带季风类型，但因地形复杂差悬殊，立体气候突出。河坝区年均温度 25℃，最高气温 42℃，高山区年均温度 11.6℃，两区温差达 13.4℃。在由河坝经下半山、上半山到高山区的行程中，要经历热带、温带、寒带的变化，从而形成"一山有四季，十里不同天"的景象。其中，河坝峡谷因其酷热干旱素称"干热河谷区"，高山区因低温、

① 《云南红河元阳哈尼梯田申遗成功 人与环境互动》，云贵旅游地理网，2013 年 6 月 23 日

降雨量大称为"阴湿高寒区"。低纬度干热河谷区常年出现的高温使江河之水大量蒸发，巨量水汽随着热气团层层上升，在高山"阴湿高寒区"受到冷气团的冷却和压迫，进而形成元阳终年大雾笼罩、降雨极其丰富、云海格外神奇壮丽的景观特征；最后则与该区域独特的人文因素密不可分。元阳有7个民族大体按海拔高低分层共居一山：海拔144~600米的河坝区，多为傣族居住；600~1 000米的峡谷区，多为壮族居住；1 000~1 400米的下半山区，多为彝族居住；1 400~2 000米的上半山，多为哈尼族居住；2 000米以上的高山区，多为苗族、瑶族居住；汉族多居住在城镇和公路沿线。其中哈尼族居住的上半山，气候温和，雨量充沛，年均气温在15℃左右，全年日照1 670小时，非常适宜水稻生长，故哈尼族先民自隋唐时就进入该此地区开垦梯田种植水稻，在此1 200多年间，哈尼族倾注了数十代人的心血，发挥了惊人的智慧、勇毅和创造力垦殖梯田，在大山上挖筑了成百上千条水沟干渠，将沟水引入田中进行灌溉，以解决梯田稻作的命脉——水利问题。条条沟渠如银色腰带，将座座大山紧紧缠绕，形成举世瞩目的农耕文明奇观。

元阳红河哈尼梯田于2007年成为国家湿地公园，2010年被联合国粮农组织正式列入全球重点农业文化遗产保护试点。2013年6月22日第37届世界遗产大会上，元阳哈尼梯田被成功列入世界遗产名录。2014年7月2日，元阳哈尼梯田荣获国家AAAA级旅游景区。目前，元阳哈尼梯田已成为云南省旅游业的重要标志之一。是云南亚热带山地农业景观的独特代表。至今仍为哈尼族人民物质和精神生活的根本，其结构、内涵、组成要素和环境千百年来未被根本改变，[①] 被视为人与自然和谐相处的典范。

龙脊梯田

龙脊梯田位于广西桂林龙胜各族自治县和平乡平安村龙脊山，距龙胜县城22公里，距桂林市区103公里。龙脊是一个广泛的地理名词，其有"龙脊十三寨"之说，据说是因居住在这一带的居民活在神龙之脊背上而得名。龙脊梯田作为龙脊村和平安村梯田的统称，从广义上叫做龙胜梯田，从狭义上则称为龙脊梯田。包括龙脊寨（壮族）、平安寨（壮族）、中六寨（瑶族）、大寨（瑶族）、田头寨（瑶族）、小寨（瑶族）等若干村寨。梯田分布在海拔300~1 100米，坡度大多在26°~35°，最大坡度达50°，总面积达1 100亩。[②] 无论从流水湍急的河谷到白云缭绕的山巅，还是从万木葱茏的林边到石壁崖前，凡有泥土的地方，都开辟了梯田，垂直高度五六里，横向伸延五六里。该区域一年四季景观各异，春来水满田畴，如串串银链挂山间；夏至佳禾吐翠，似排排绿浪从天泻；金秋稻穗沉甸，像一座座金塔顶玉宇；隆冬瑞雪兆丰年，若环环白玉砌云端。值得一提的是，在这浩瀚如海的梯田世界里，最大的一块田不过一亩，大多数却为仅能种一二行禾的"带子丘"和"青蛙一跳

① 王宗林：《成为世界文化遗产后元阳哈尼梯田走向何方》，云南网 http://yn.yunnan.cn/html/2013-06/23/content_2777499_3.htm，2013年6月23日
② 《龙脊梯田入选中国重要农业文化遗产 为广西首个获此认定的项目》，《桂林晚报》2014年6月11日

龙脊梯田

三块田"的碎田块，因此有"蓑衣盖过田"的说法。

龙脊梯田始建于元朝，成形于明朝，完工于清初，距今已有 800 多年的历史。居住在这里的少数民族先民用"刀耕火种"开山造地，把坡地整为梯地，待田块逐渐定型后，再灌水犁田种植水稻，形成从山脚盘绕到山顶"小山如螺，大山成塔"的壮丽梯田景观。[①]

龙脊梯田地处亚热带，四季分明。梯田所在山脉山高谷深，落差巨大，海拔最高为 1 850 米，最低只有 300 米。山顶是大面积的原始森林和次生林，森林下方是规模宏大的梯田，壮寨和瑶寨散布在山腰。独特的地理和生态条件使得龙脊梯田周边远有高山云雾，近有河谷急流，风景极其秀美，有"世界梯田之冠"的美誉。作为桂林地区一处规模极为宏大的梯田群，该梯田由东向西主要分为金坑·大寨红瑶梯田、平安壮族梯田两大部分。其中，平安梯田是广西北部壮族文化的载体，有"七星伴月"和"九龙五虎"两大著名景观；金坑梯田则是红瑶风情的摇篮，红瑶古寨被评为 2007 年"中国经典村落景观"。

龙脊梯田作为杰出的稻作文化景观，是壮瑶民族勤劳智慧的结晶，是人类适应环境、自我生存的有力证明。800 多年来，龙脊梯田已融入了当地居民的生活与文化的各个方面。这里保存着以梯田农耕为代表的稻作文化、以"白衣"为代表的服饰文化、以干栏民居为代表的建筑文化、以铜鼓舞和弯歌为代表的歌舞文化以及以"龙脊四宝"为代表的饮食文化，构成了龙脊梯田独具特色的文化吸引力。2014 年该梯田被农业部获评"中国美丽田园"梯田十大景观之一，并被认定为第二批中国重要农业文化遗产。

凤堰古梯田

凤堰古梯田位于陕西汉阴县漩涡镇黄龙、堰坪和茨沟村，距县城 35 公里，梯田依山傍水分布在海拔 500~650 米，绵延数十公里，连片共 1.2 万余亩 300 余层，包括凤江梯田和堰坪梯田两部分。凤江梯田位于漩涡镇黄龙村凤江两岸山坡上，东西最宽处约 1 500 米，南

---

① 中华人民共和国农业部网站 http://www.moa.gov.cnztzl/zywhycsl/depzgzywhyc/201406/t20140624_3948666.htm，2014 年 6 月 24 日

北宽约 3 000 米，从山脚到山顶级数 30 多层，每层高 0.8~1 米，宽 3~10 米不等。堰坪梯田修建于漩涡镇堰坪村龙王沟两侧山坡上，东西最宽处约 1 000 米，南北宽约 2 500 米。梯田灌溉系统完备，其营造顺应山时地利，依靠 4 条溪水（黄龙沟、茨沟、冷水沟、龙王沟）自流灌溉，潺潺流水，四季不绝。

据考证，凤堰古梯田始建于清乾隆二十一年（1756 年），于咸丰、同治时期形成规模，是明清时期江南移民来此留下的印记，[①] 至今已有 250 多年的历史，它汇集了先民的勇气与智慧。连绵数十里的梯田，规模宏大、壮观。这里的梯田早期是临时垒的雷公田，完全凭运气靠天吃饭，常被雨季的滚坡水冲垮，被旱季的太阳晒裂。明清时期由于战乱与自然灾害造成陕南户荒人稀的现象较为严重，于是，在那一时期的朝政有了多次湖广移民填陕南的举措，来自南方水乡的移民识气候，懂灌溉，善水稻种植，为陕南开垦农田，发展农业，稳定社会发挥了至关重要的作用。乾隆年间，湖南长沙移民吴上锡来到陕南汉阴漩涡的堰坪一带，见此地气候与江南相似，且具有集汉江与秦巴山茂密森林潮湿的温润气象，于是游说当地庄户，带领吴姓移民与四乡远近农夫齐心开垦梯田，把山上山下、沟湾窝洼里凡能耕种的地方全修成了层层平整可以灌溉的梯田，使其数十梯到百多梯不等，东起凤江、堰坪，西至渭溪、大坝，每一块田亩均有可灌溉的水源，或高山浸出的山泉，或人工砌垒的堰堡，形成了有效的排灌体系，使万余亩梯田数百年来不惧雨涝与干旱，成为当地居民赖以生息安居乐业的粮仓。

凤堰古梯田文化内涵深厚、独特，它集"山、水、田、屋、寨、村、庙、农"为一体，融"浑厚、雅致、奇趣、清新、壮美"在一身，是中国西北地区一处典型的具有重要意义的农业文化遗产。这里生态环境优美、梯田密集，形态原始、阡陌纵横，线条流畅，山高水长，板屋交错，充分展示出梯田的自然美、古朴美、形体美、文化美，处处体现着人类认识自然、利用自然，与大自然和谐相处、融为一体的特点。是目前秦巴山区发现的面积最大、自然风貌保存最完整的清代梯田，对探讨秦巴山地的开发具有极强的科学借鉴价值。作为湖广移民开发陕南的"活标本"、山地农业技术知识体系的集成、中国农耕文化的"活

凤堰古梯田

① 《走进陕西最美梯田》，汉唐网 http://www.wenwu.gov.cn/contents/509/23237.html，2012 年 3 月 6 日

化石"、农业生物的"基因库"和独具特色的自然与文化景观，200 年来，凤堰古梯田没有发生过水土流失以及山体滑坡等自然灾害的记录，是中国水土保持系统工程的范例，它开创了北方首开梯田的奇迹。[①]2010 年凤堰古梯田被评为"陕西省第三次全国文物普查十大新发现"，2012 年全国首座移民生态博物馆——凤堰古梯田移民生态博物馆正式揭牌，2014 年凤堰古梯田跻身"中国美丽田园"名单。

紫鹊界梯田

紫鹊界梯田又名秦人梯田，位于湖南省娄底市新化县西部山区，总面积达 8 万亩以上，其中集中连片的在 2 万亩以上，主要分布于水车镇锡溪管区。坡度一般在 30° 左右，陡的达到 50° 以上，共 500 余级，如此大面积、大坡度的梯田，竟然没有一口山塘，全靠天然灌溉系统，实为世界灌溉工程的奇迹。

该梯田起源于先秦、形成发展于宋明，成型已有 2 000 年历史，是苗、瑶、侗、汉等多民族历代先民共同劳动的结晶，是苗瑶山地渔猎文化与南方稻作文化融化揉合的历史遗存，是古梅山地域突出的标志性文化景观。

它依山就势而造，遍布于海拔 500~1 000 米的十几个山头上，小如碟、大如盆、长如带、弯如月、形态各异、变化万千，最大的不过 1 亩，最小的只能插几十蔸禾，连绵起伏，辗转盘旋。它集云南哈尼梯田的宏伟、广西龙胜梯田的秀美、菲律宾梯田的飘逸于一身，其地势之高、规模之大、形态之美，堪称世界之最，故享有"梯田王国"的美誉。

紫鹊界梯田

紫鹊界梯田是国家 AAAA 旅游景区、国家级风景名胜区、国家自然与文化双遗产、国家水利风景名胜区；2013 年 5 月成为首批中国重要农业文化遗产之一。目前，紫鹊界梯田正在申报吉尼斯纪录。

---

① 《陕西汉阴万亩古梯田 天人合一生态典范》，《文汇报》2012 年 4 月 13 日

梅源梯田

梅源梯田也叫云和梯田，位于浙江省云和县崇头镇，距镇政府所在地5公里，距县政府所在地20公里，为华东地区最大的梯田群。梯田海拔300~800米，总面积约5平方公里，规模较大处垂直高度达500米，横向伸延3 000多米，纵向延伸1 500余米。

梅源梯田，最早开发于唐初，兴于元、明，距今有1 000多年历史。由当地人根据不同的地形、土质去修堤筑埂而形成。其形状如链似带，从山脚盘绕而上，层层叠叠，高低错落，周围环境优美，山、水、梯田、村庄和谐地融为一体。

梅源梯田背靠广袤的森林，雨水充沛，常年不竭，因此形成了"山有多高水就有多高"的自然现象，一年四季景象万千，"春飘条条银带，夏滚道道绿波，秋叠座座金塔，冬砌块块白玉"，就是对梅源梯田的真实写照，因此有"中国最美梯田"之称。

2012年，梅源梯田被美国有线电视新闻网CNN评为中国最美的40个景点之一。2013年2月，又被美国国家地理网站等媒体评为中国最美的20个景点之一。

梅源梯田

尤溪梯田

尤溪梯田位于福建三明市尤溪县联合乡，涉及联合、联东、联南、联西、东边、云山、下云、连云8个行政村，绵延数十里，面积达万亩，是中国历史上开凿最早的大型古梯田群之一、全国五大魅力梯田之一（其他四大魅力梯田为云南元阳哈尼梯田、黔东南加榜梯田、桂林龙脊梯田、江西江岭梯田）、发现海西之美十佳景点之一和福建最美的梯田。

早在1 300年前这里就有先民在此繁衍生息，他们运用原始木犁、锄头等简陋生产工具依山造田，展现出惊人的智慧和勇气；唐宋以后，随着张氏、陈氏等大量移民迁入定居，尤溪梯田形成较大规模。

所有的梯田都修筑在山坡上，梯田大者有数亩、小者仅有簸箕大，是典型的"斗笠丘、眉毛丘、蛤蟆一跳过三丘"的碎田块。梯田坡度在15°~75°，以一座山坡而论，梯田最高级数达上千级，素有"云中田地"之称。

2013 年 5 月，尤溪梯田以独特的竹林、村庄、田地、水系综合利用模式被农业部确定为首批中国重要农业文化遗产。2014 年 4 月，尤溪梯田入选由环球网和腾讯网联合主办、网友评选的"全球十大最美梯田"；2014 年 8 月，尤溪梯田被农业部确定为首批中国美丽田园，成为福建唯一获此殊荣的美丽田园景观。

尤溪梯田

加榜梯田

加榜梯田位于贵州从江县西部月亮山腹地的加榜乡东北面，距县城 80 公里。是苗族人世代留下的杰作。相传 4 000 多年前，加车人民的先祖王故拆、王故西两兄弟带领族人从黔东南州境内的丹寨排调出发，几经波折，来到一个名叫党机的山坡（现在的加车）的地方定居，并率领全族人挖山造田，开始了他们"稻饭羹鱼"的美好生活。在漫长的历史长河中，苗族的先辈们通过一代又一代的努力，用自己的勤劳和智慧把一座座山峰修整成了一片片雄伟壮观的梯田。

苗族的稻田都是依山而开，随山势地形的变化而因地制宜。而加榜独特的地形地貌决定了这里的梯田面积最大的不过一亩，这种梯田往往一坡就有成百上千亩，这些梯田最长的可达二三百米，最短的不足一米。长达几百米一丘的梯田的每一部分均形态各异，千姿百态。

加榜梯田

　　加榜梯田总面积近 1 万亩，主要分布在党扭至加榜全长 25 公里的公路两侧的党扭、加页、加车、从开、平引、加榜及加车河对岸的摆别、摆党等村。这些梯田中间均散落着苗乡独具特色的吊脚楼，犹如点缀在银河里的行星，加之梯田紧靠加车河，而且常年雨水充沛，无论春夏秋冬，每天清晨，美丽的梯田连同梯田边上的苗乡吊脚楼全被笼罩在云雾中，若隐若现，飘渺悠然，无不体现出人类与大自然的和谐之美，给人一种 "人间仙镜，世外桃源" 的感觉。

江岭梯田

　　江岭梯田位于江西婺源县城东，距离晓起镇仅 8 公里，距离县城约 25 公里，海拔 1 000 米左右。每年 4 月份，江岭梯田成了油菜花的海洋。梯田层层叠叠，高低错落，如链似带，蔚为壮观。

　　江岭梯田有长有短、有宽有窄、有大有小，长的几十米、短的三五米；宽的三两丈、窄的无法用牛耕；大的有一亩，小的只有蓑衣一般大。江岭的山有多高，梯田也就有多高。站在半山腰的公路旁举目远眺，无数的梯田连成一片在山梁上伸延，数不清的梯田组合在一起，一道道、一块块、一垄垄地护卫着山坡和村寨。

　　作为 "中国最美乡村" 中田园风光代表作的江岭梯田不仅是世界级摄影基地，更由于古树、河流、梯田、农舍、农作物的合理布局，体现了人与自然的亲近，构成了一幅 "天人合一" 的完美画卷。

江岭梯田

庄浪梯田

　　庄浪梯田位于甘肃省平凉市庄浪县。从 20 世纪 60 年代起，自强不息的 40 万庄浪人民艰苦创业，坚持不懈地开展了以兴修水平梯田为中心，实行山、水、田、林、路综合治理的生态环境建设（即 "山顶沙棘戴帽，山间梯田缠腰，埂坝牧草锁边，沟底穿鞋" 的生态梯田综合治理模式），苦战 30 多个春秋，终于建成了占全县总耕地面积 90% 以上的百万亩水平梯田，以倚天巨笔写下了庄浪历史上最为壮丽的一页，也写下了一串令世界惊叹的数字：修梯田付出了价值 4.75 亿元的劳动量，移动土方量 2.96 亿立方米，若堆成一立方米的土墙可绕地球六圈半。梯田化县的建成，奠定了庄浪农业产业化和可持续发展战略的基础。也成为镶嵌在中国西北黄土高原上的生态奇观，被中外人士誉为"世界奇迹"。

庄浪梯田

2008 年，庄浪梯田被列为全国重点文物保护单位。2009 年，在甘肃东面第三次文物普查统计中，庄浪梯田被列入全国文物文化遗产保护范畴。2011 年，甘肃省将第三次全国文物普查中确定的庄浪梯田等新品类文化遗产首次列为省级文物保护单位进行保护。

崇义客家梯田

崇义客家梯田位于江西省崇义县，坐落在海拔 2 061.3 米的赣南第一高峰齐云山山脉之中，总面积达 3 万亩。梯田最高海拔 1 260 米，最低 280 米，垂直落差近千米，最高达 62 梯层，且大多数为只能种一两行禾的"带子丘"和"青蛙一跳三块田"的碎田块。与广西龙胜梯田、云南元阳梯田并列为中国三大梯田，是"中国三大梯田奇观之'秀丽天梯'"，被上海大世界吉尼斯认证为"最大的客家梯田"。

崇义客家梯田

崇义客家梯田始建于元代，完工于清初，距今已有800多年的历史。关于梯田的记载，最早见于明代理学家、明都御史王守仁撰写的《立崇义县治疏》，从广东迁入的客家先民来到这荒山野岭，为了维持生计，便依山建房，开山凿田。在长期耕作过程中，客家人逐渐形成不同于其他农区的文化习俗，处处渗透出梯田文化的精神，成为客家农耕文明的一道奇观。其中最具代表性的是"舞春牛"。在客家人的心目中，千百年来和他们一道辛勤耕耘这片土地的牛就是神。"舞春牛"先后被列入江西省市级、省级非物质文化遗产保护项目。其他诸如"田埂文化""猎酒文化""饮食文化""农耕谚语"等，也都体现了客家人热情好客、勤劳朴实以及重义轻利的纯朴品性与丰富的文化多样性。

随着经济社会的发展，年轻一代的客家人对传统农业生产技术掌握甚少，传统农耕技术面临失传的境遇；传统种植模式很难与现代化农业展开竞争，当地村民改变作物种植品种，由种植传统农作物变为种植经济作物，这一现象将威胁梯田的种植面积及生物景观。这些因素都将导致梯田被破坏、被抛弃。

为了加大客家梯田的保护力度，崇义县人民政府通过制定保护规划，恢复生物多样性，传承传统农耕文化以及发展乡村旅游产业，让这一具有重要价值的农业文化遗产重新绽放光芒。

涉县旱作梯田

涉县旱作梯田位于河北省西南部、晋冀豫三省交界处，地处太行山东麓。涉县境内均为山地，全县旱作梯田总面积达21万亩。其中，最具代表性、最具规模的梯田位于井店镇王金庄，梯田面积1.2万亩，分为5万余块，土层厚的不足0.5米，薄的仅0.2米，石堰长度近万华里，高低落差近500米。1990年，涉县旱作梯田被联合国世界粮食计划署专家称为"世界一大奇迹""中国第二长城"。

涉县旱作梯田

涉县旱作梯田建造历史悠久。据考证，从元代初期就有人开始修建梯田。随着人口的不断增加，修建进度也在不断加快，尤其到清代康熙、乾隆年间，因较长时间社会安定，人口增长速度较快，修田造地数量较大。

涉县梯田展现了人工与自然的巧妙结合，在山巅登高望远，用石头垒起的梯田，犹如一条条巨龙蜿蜒起伏在座座山谷，并随着季节的变化呈现出各种姿态。梯田里农林作物丰富多样，谷子、玉米、花椒、柿子、黑枣等漫山遍野，各类瓜果点缀在万亩梯田里，呈现春华秋实的壮丽景象，迸发出人与自然的和谐之美，展现出震撼人心的大地艺术。目前，以王金庄为核心的河北涉县旱作梯田系统在促进地方农业增产增效、农民就业增收、农村稳定繁荣，以及在发展休闲农业、维持生态安全和科学研究等方面仍然具有重要价值。

兴化垛田

垛田景观分布在江苏省兴化市境内、里下河腹部，主要集中在该市西北部的垛田镇、缸顾乡一带。区域内河沟纵横交错，垛岸星罗棋布，似万千小岛荡漾于水面之上，故有"千岛之乡"美誉。

兴化垛田地区原为湖荡低洼沼泽地，是一种独特的农田地貌，其地面高程 2 米上下。据历史记载，宋绍兴元年（1311 年）金兵南下，为抵抗金兵入侵，当地军民在湖荡地带修筑了许多断断续续、宽宽窄窄、高高低低、长短曲折的土坝作为伏击地，这些土坝就成为以后建造垛田的基础。江苏里下河地区农民长期以来有甫积河泥坚田的习惯，经以后历代的不懈劳作，年复一年，使原有土坝的田身不断抬高，遂形成垛田（据考证，750 年前，兴化缸顾乡农民最早在水中取土堆田，整齐如垛，并在上面种植农作物，后逐渐演变成现在的农业生态景致）。每块垛田四周均被水环绕，大的几十亩，小的只有几平方米，且形态各异、高低错落，被称为"里下河地区的明珠"。目前，兴化垛田保存最好、最集中的地区，当属城东的垛田镇，至今仍有数万亩垛田。如此规模的垛田地貌集群，在全国乃至全世界都是唯一的。

兴化垛田

垛田堆积地势高、排水良好、土壤肥沃疏松，富含有机质及钙、铁、锰等多种微量元素；区域内大气、水源无污染，达到了生产绿色食品的环境要求，宜种各种旱作物，尤适于生产瓜菜（垛田历史上就以种植蔬菜为主，20 世纪 50 年代有"垛田油菜，全国挂帅""蔬菜之乡"的美称）。但垛田间有小河间隔，不便行走，须用小船接送，再加之田面较小，不利于机械化作业。

作为具有地方特色的农业文化遗产，兴化垛田风光具有很高的艺术观赏价值，"九夏芙蓉三秋菱藕，四围香菜万顷鱼虾""河有万湾多碧水，田无一垛不黄花"正是垛田田园风光的真实写照。明代就以"两厢瓜圃""十里莲塘""胜湖秋月"三个景观列入了兴化地区"昭阳十二景"中。对此，有关专家均给予了高度评价。如中国著名诗人、散文家忆明珠的散文《垛田菜花黄》中有句："我若是个孩子，我一定会组织一班'小萝卜头'，到垛田里'捉迷藏'、'打埋伏'、'开展游击战'"；南京作家协会秘书长冯亦同吟道："千岛湖／轻扯着风帆／飞过了江／十二版纳／撩起筒袖／沐浴在苏北水乡……"；上海王羲之书法学校校长、上海书法第一任秘书长张成之撰联："河有万弯多碧水，田无一垛不黄花"；中国当代作家、中国作家协会理事会主席贾平凹感叹"难怪施耐庵能写出神神秘秘的水泊梁山，能写出浪里白条这样栩栩如生的水上人物，不虚此行，不虚此行"；中国当代著名新闻记者、曾任新华社社长的穆青干脆断言："垛田是21世纪的旅游圣地"。中央电视台《音乐桥》栏目拍摄MTV《把心交给祖国》、由巴金原著改编的《寒夜》都曾选择垛田作为外景基地。据说，施耐庵也是受垛田的启发，《水浒传》里才有了梁山水泊。2009年，由人民网旅游频道主办的"中国最美油菜花海"评选活动中，"江苏兴化"荣获榜眼。当地时间2012年12月28日，以"兴化垛田"等为经典元素的"水润江苏"江苏形象片亮相《纽约时报》广场。

兴化垛田是千百年来人与水和谐相处的智慧结晶和经典杰作，蕴含着丰厚的历史文化内涵，为国家文物局2009年第三次全国文物普查重要新发现、兴化市第三批文物保护单位及该市第一个"其他"类别的文物保护单位。2013年5月21日，由垛田镇主持申报的兴化垛田传统农业系统入选全国首批中国重要农业文化遗产名录。2014年4月29日，兴化垛田传统农业系统被列入全球重要农业文化遗产保护试点，成为江苏省首个入选项目。连续举办六届的中国兴化千岛菜花旅游节已成为享誉全国的新兴旅游亮点。

塘浦圩田

塘浦圩田位于浙江省湖州市长兴至吴兴的太湖南岸边。这里有一条条规划有序"如梳齿般繁密"的河流，当地人称溇港，又叫"浦"；而一条条溇港之间，又有一条条横向连接的河流，这就是"塘"。塘浦圩田，就是在纵溇横塘之间开挖土方、筑堤建圩而建造出的棋盘式的水网农田，是古太湖人民向沼泽要耕地的伟大创举。

据史料记载：太湖的塘浦圩田系统始筑于春秋战国时期，到了南朝，圩田已有一定规模，太湖地区呈现出"畦畎相望""阡陌如秀"的景象；到唐代，水利营田进入新的开发时期，无论是圩堤规模还是工程数量都有所扩大；五代时期，完善"大圩古制"，形成了"五里七里一纵浦，七里十里一横塘"的棋盘式的塘浦圩田系统；北宋末，圩田成为江南扩展耕地的主要方式；清乾隆至道光年间，大兴围湖造田，使圩田建设进入历史上的鼎盛期；

新中国成立后，太湖地区的圩田面积仍继续扩大。[1] 南宋项世安《圩田》诗中所描绘的"港里高圩圩内田，露苗风影碧芊芊。家家绕屋栽桑柳，处处通渠种芰莲。"的风貌迄今依旧历历在目。

有研究者认为，太湖溇港圩田系统以"塘、浦、圩、田"的水系布局，既像城堡又似古城的圩围。圩堤是"城墙"，水闸是"城门"，中间的田埂是"马路"，圩中的水渠是"市河"。网格式的大田种庄稼植物，外围的圩堤种桑植树，每个圩围都有一条绕圩河。城堡式的圩围，具有较强的抗旱排涝能力。塘浦圩田这一独特的太湖防洪泄洪水系，至今仍发挥着巨大的作用，是湖州历史文化和市镇网络体系的繁衍和繁荣之根。[2]

太湖溇港塘浦圩田和王江泾塘浦圩田

在我国水利史上，"塘浦圩田"的地位堪与四川都江堰、关中郑国渠媲美，堪称世界上最早的生态农业模式。作为古代太湖先民变涂泥为沃土的独特创造，塘浦圩田是集水利、经济、生态于一体、蕴含循环经济理念的良性生态循环系统，它催生了"鱼米乡、水成网、两岸青青万株桑"的"江南清丽地"，并与丝绸文化、水文化、鱼文化、船文化、湖笔文化融为一体，成为孕育吴越文化的重要载体，也构成了太湖南岸风光独具的溇港文化带。与荷兰贝姆斯特圩田相比，湖州的塘浦圩田的规模更大、历史更悠久、承载的历史文化信息更丰富。

芜湖圩田

芜湖圩田位于长江下游冲积平原上的安徽省芜湖市。"圩"原意为中部低凹、四围高昂的湖区常见地形，后随着湖区的大规模开发而向丘陵地区扩展。[3] 由于这些地区地势起伏、河水位变化大，圩堤必须具有较大的高度才能成为隔离内水和外水的屏障。与此相应，工程的管理运用也较为复杂，逐渐具备了排水功能，而成为长江下游地区除塘浦以外的另类

---

① 《湖州人文甲天下之湖州的"都江堰"》，《湖州日报》，2005 年 10 月 10 日

② 《湖州：太湖之滨的璀璨明珠》，《浙江日报》，2014 年 8 月 7 日

③ 长江中下游圩田 [EB/OL]. 中国水利国际合作与科技网（http://www.cws.net.cn/gpwyh/ggyfhs/ArticleView.asp?ArticleID=No&ClassID=1640）

水利工程。①

据芜湖县志记载，早在东吴赤乌二年（239年），孙权就从江北招来了10万流民在芜湖一带围湖造田，芜湖市东40里的咸保圩，就是当时所筑（《芜湖县志·庙祀志》）。芜湖圩田里，又属万春圩最著名。万春圩原名秦家圩，是历史上开发最早的江南圩田之一，至今仍是长江中游地区的著名圩区，该圩田由唐末地方豪强所建，982年毁于大水，宋嘉祐六年（1061年）重修时由宋仁宗赐名万春，万春圩由此得名，沿用至今。北宋徽宗年间（1025—1101年），先后筑起了易泰、政和、陶辛和行春等地四个大官圩，使万顷沼泽变为良田。②

芜湖圩田非常讲究工程质量，如万春圩，圩坝宽6丈，高1丈2，呈梯形，基础宽广厚实，圩坝外侧缓坡上栽有杨柳，坝下种有芦苇，起到了加固圩坝的作用。芜湖圩田由圩坝、多级渠道和节制闸门组成，圩里的稻田每100亩为一方，水沟环绕四周，每4方为一区，以水渠为界，渠里可行小船。1065年，长江下游发生水灾，宣州、池州等地多达1 000多个大小圩田惨遭淹没，万春圩却安然无恙，岿然屹立。③元代农学家王祯在《农书》卷七中感叹说，圩田"虽有水旱，皆可救御，凡一熟之余，不惟本境足食，又可赡及邻郡，实近古之上法，将来之永利，富国富民，无越于此。"

芜湖圩田分布非常普遍。据民国八年（1917年）《芜湖县志》记载，当时的芜湖县西南有麻浦圩、凤林圩；南乡有独山圩、埭南圩、行春圩、陶辛圩、白沙圩、十连圩；北乡有咸辛圩；东乡有南辛圩、九都圩、咸保圩、保丰圩、保德圩、保胜圩、政和圩、永城圩、周皋圩、永定圩、万春圩等。各圩有赋田少则数千亩，多则万亩，而万春圩的赋田则达到了81 740余亩。故旧志曰：当地百姓"水旱迭为，苦乐而有获，必倍于他邑"。④

古时圩田工程示意图和芜湖圩田

芜湖圩田影响深远。自宋代芜湖圩田即声名显赫，备受朝廷关注。北宋时期著名的政

① 圩田与太湖地区的塘浦略有区别：圩田筑于低洼的塘浦地区，圩堤较矮；圩田分布于长江下游滨江地区，由于这里水位落差较大，因而圩堤较高。这一特点至今依然保持
② 《芜湖万春圩田》，http://www.360doc.com/content/10/0503/08/992614_25876085.shtml，2010年5月3日
③ 同上
④ 《芜湖水乡文化的标识——圩田》，http://www.360doc.com/content/14/0818/13/5896561_402809972.shtml，2014年8月18日

治家和科学家沈括（1031—1095 年）根据其时任宁国县令的胞兄沈披主持修复万春圩的实践写出了《万春圩图记》，该书图文并茂地详细介绍了万春圩，扩大了芜湖圩田的影响。[①]

芜湖圩田，是治田与治水高度统一的产物，实现了治田必治水、治水为治田的古代农田水利工程建设的基本原则，是中国古代农民顺应自然规律的创举。芜湖圩田不仅促进了农业的规模化发展，也是中国引进、种植和传播占城稻的主要基地，为芜湖地区水稻实行一年两熟制提供了有利条件。随着芜湖地区圩田经济的发展，农业与商业之间的关系也愈加密切。芜湖丰富的稻米产量和寄纳仓的设立，使得从事商业贩运和稻谷加工的商人聚集于此。纷至沓来的商贾和大批量的物资输送，使芜湖这座江南小城声名鹊起，城市人口也在大幅增加。至此，"万家之邑，百贾所趋"的芜湖已然成为皖东南商品集散地，为明清时期芜湖商埠重镇的形成奠定了基础。[②]

秦王川砂田

秦王川砂田位于甘肃兰州的永登县与景泰交界处，是甘肃中部砂田的最早的起源地。也叫"铺砂地"、石田，即在年降水量基本可以供给耐旱作物生长的条件下，利用湖河沉积或冲积作用产生的卵石、砾石、粗砂和细砂的混合体或单体作为土壤表面的覆盖物（厚约 10~15 厘米）[③]，以发挥田地抗旱保墒、调节土温、防止土壤渍化及抑制杂草等作用的免耕农田，有"人造沙漠"之称。秦王川地区（包括秦川、古山、西槽 3 乡）共有砂田 30.45 万亩，占永登全县砂田总面积的 75%。[④]

砂田按使用年限长短分新砂田、中砂田和老砂田；按有无灌溉条件分旱砂田和水砂田；按砂石状况分卵石砂田、绵砂砂田与破石砂田。旱砂田使用年限较长，20 年以前为新砂田，20~40 年为中砂田，40 年以上为老砂田。水砂田使用年限较短，其中 3 年以前为新砂田，4~5 年为中砂田，6 年以上为老砂田。长期种植作物后，砂、土逐渐混合，丧失砂田效果，称为砂田老化，故砂田经一定年限后要铲除老砂石，重铺新砂石。具有寿命短促与机械化困难等两个严重的缺点。

传说很早之前，秦王川一带野生植物丛生，野兔、跳鼠等动物频繁出没，是侠客落草、猎人围猎的地方。有一年，甘肃大旱，秦王川的草木也枯黄不接。有个叫华三的农民流浪至此，因为饥饿爬在地上寻觅食物。他看到跳鼠挖洞抛出的小砂堆上，野草长得格外丰茂，便灵机一动，想出了挖砂造田的办法。于是，华三靠挖老鼠仓取食，与家人开始挖砂造田。并从陕西化来小麦种子，播种收获了第一袋粮食。自此，华三一家在秦王川落户。这样，

① 《芜湖水乡文化的标识——圩田》，http://www.360doc.com/content/14/0818/13/5896561_402809972.shtml，2014 年 8 月 18 日

② 同上

③ 曹娟玲：《陇中砂田的起源及其效益探讨》，《甘肃高师学报》2013 年第 4 期，122–125 页

④ 苏裕民：《秦王川的砂田》，《丝绸之路》1994 年第 4 期，第 25 页

一传十，十传百，秦王川有了炊烟和人家，也有了逐渐扩大的砂田。[①] 关于甘肃砂田的确切起始时间，目前主要有两种观点：一说起源于明代中叶，距今约四五百年（《甘肃省农业志》）另一说认为砂田起源于清代，距今约二三百年的历史。[②]

秦王川砂田

举世称奇的砂田，是甘肃中部农民长期与干旱斗争的产物，它丰富了干旱、半干旱地区蓄水保墒的技术经验，也体现了劳动人民改造自然的气魄和才智。当然，在一些西方国家和地区（如法国南部的蒙彼利埃，美国的得克萨斯州、蒙大拿州和科罗拉多州，瑞士及南非的部分地区等）也有砂田分布，但无论其历史或规模，都不能与我国陇中砂田相提并论。[③] 即使老化废弃的砂地，其蓄水保墒能力和植被覆盖度也明显高于裸露土地。目前，老化砂地多已改种枣树或实行枣瓜间作，形成了干旱区一道道绿色屏障，蔚为壮观。

秦淮河架田

秦淮河架田

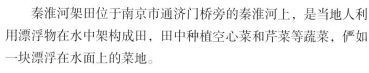

秦淮河架田位于南京市通济门桥旁的秦淮河上，是当地人利用漂浮物在水中架构成田，田中种植空心菜和芹菜等蔬菜，俨如一块漂浮在水面上的菜地。

架田也称人造浮田。浮田是中国古代民众利用多年生葑（茭草）的根茎和泥土凝结而成，又称为"葑田"，有天然葑田和人造浮田两种。天然葑田在中国利用的历史很早，东晋学者郭璞在《江赋》中记载有"标之以翠翳，泛之以游菰，播匦艺之芒种，挺自然之嘉蔬"之句。赋中"泛之以游菰"，指的是漂浮的葑田，"芒种"与"嘉蔬"指的是生长于浮田之上的水稻和蔬菜。天然浮田厚度不一，厚的可达数尺，薄的只有几寸；论大小，小的不到一亩，大的甚至可达几百亩。[④] 人造浮田作为中国农业史上的一项重大发明，由于架设于天然水泊之上，利用水面种植，不仅扩大了耕地面积，而且随水浮沉，无旱涝之忧，因此收成较好，特别在人多地少的水乡地区最为适宜。唐宋时期，江浙、淮东、

① 满自文，郁俊：《秦王川写意》，兰州新闻网 http://rb.lzbs.com.cn/html/2010-11/18/content_215921.htm，2010 年 11 月 18 日
② 曹娟玲：《陇中砂田的起源及其效益探讨》，《甘肃高师学报》2013 年第 4 期，122-125 页
③ 李凤岐，张波：《陇中砂田之探讨》，《中国农史》1982 年第 1 期，33-39 页
④ 卢勇：《戈壁奇景——甘肃砂田》，《百科知识》2012 年第 4 期，32-33 页

两广一带都有使用，分布范围相当广。宋代时，千顷碧波的杭州西湖就曾经漂浮着这种葑田（西湖葑田发展到鼎盛期，一度使湖面越来越小，灌溉能力下降，甚至连市民生活用水也成问题，最终成为一大隐患。有鉴于此，时任杭州通判的文学家苏东坡向上级提出开挖西湖的请求，将葑田挖起堆积成长堤，后人称之为苏公堤，也就是今天的苏堤）。到南宋时期，葑田在江南水乡已较为普遍，诗人范成大《晚春田园杂兴》诗中就有"小船撑取葑田归"，说的即是当时江苏吴县一带水上葑田的情景。[1] 元代，葑田被正式命名为架田，此时的架田已突破原有葑田的限制，而成为真正意义上的人造耕地。[2]

对今人来讲，秦淮河架田不仅仍发挥着其生产功能，而且堪称一道奇景，[3] 吸引着来此旅游的八方来客。

杭州南宋八卦田

杭州南宋八卦田位于浙江杭州玉皇山南麓，东临南复路，南接虎玉路（陶瓷品市场），西至白云路。总面积约90余亩。八卦田齐齐整整有八只角，把田分成八丘。八丘田上种着八种不同的庄稼。一年四季，八种庄稼呈现出八种不同的颜色。在八丘田当中，有个圆土墩，为一半阴半阳的太极图，故而得名八卦田。

八卦田最早出现于明代记载，据《西湖游览志》记载："南山胜迹中有宋籍田，在天龙寺下，中阜规圆，环以沟塍，作八卦状，俗称九宫八卦田，至今不紊"。南宋绍兴十三年（1143年）正月，宋高宗赵构为表示对农事的尊重和对丰收的祈祷，采纳了礼部官员的提

杭州南宋八卦田和八卦田农作物示意图

① 《浮在水面上的农田——架田》，http://c.tieba.baidu.com/p/3221776874，2014年8月10日
② 曾雄生：《中国传统农业技术成就》，http://www.agri-history.net/techniques/technique-b.htm
③ 墨西哥城附近的阿兹台克（Aztecs）也有一种类似于架田的浮田，系用芦苇做成筏子，上面加有泥土以种植蔬菜和玉米，当地人称为"Chinampas"。新旧大陆远隔重洋，竟有如此同样的架田，而Chinampas这一称呼更使人觉得它可能与中国有某种联系

议，开辟籍田于国都南郊（即目前的八卦田遗址处），在每年春耕开犁时，皇亲率文武百官到此行"籍礼"，执犁三推一拨，以祭先农。至明代，八卦田逐渐成为杭城著名的景点，著名文人高濂在其著作《四时幽赏录》中有《八卦田看菜花》一文，记录了当时的美丽景象。明以后，籍田一直作为良田由附近居民耕作。及至20世纪80年代，因民生之需，部分农田改为水塘，以获渔利。2000年7月9日，八卦田遗址被杭州市人民政府公布为第三批市级文物保护单位。2007年，杭州西湖风景名胜区着力整治遗址环境，现已打造为"八卦田遗址公园"。

"为国之数，务在垦草"，八卦田承载着中华文明古国以农立国的民本思想和"道之以德，齐以大礼"的文化，更兼有山川、风物、人情之美，为杭州一大胜景。

二、园地景观

宣化传统葡萄园

　　宣化传统葡萄园位于河北省张家口市宣化区。范围包括春光乡的观后、盆窑和大北 3 个村，以种植宣化牛奶葡萄为主，现有种植面积 1 500 多亩。

　　据《宣化葡萄史话》记载，宣化葡萄最早引进栽培时间为唐代，距今已有 1 300 多年的历史，曾有"半城葡萄半城钢"之称。如今，在宣化古城的观后村里，有一株近 600 岁的古葡萄藤，依然枝繁叶茂、硕果累累，见证着宣化葡萄发展的历程。宣化传统葡萄园至今仍沿用传统的漏斗架栽培方式，具有浓郁的地方特色，既有别于新疆吐鲁番的沟地种植方式，也有别于北方山坡平地的排架式种植方式。"内方外圆"的漏斗架作为一种古老的传统架式，因其架式像漏斗而得名，架身向上倾斜 30° ~35° ，呈放射状。这种在国内乃至世界上都独一无二的种植方式，占地面积小，透光通风好，肥源、光源、水源集中，具有抗风、抗寒等特点，适于庭院栽培，且姿态优美，极富观赏价值。

宣化传统葡萄园

目前，宣化仍保存着 2 000 多架上百年、沿用传统栽培方式的漏斗式葡萄架，占全区种植面积的 2/3，每架平均产量可达 500 公斤左右，创造了近千亿元的产值。[①]2013 年 5 月 21 日，宣化传统葡萄园被评为首批"中国重要农业文化遗产"；2013 年 5 月 29 日成为第一个入选全球重要农业文化遗产（GIAHS）保护试点的城市农业文化遗产。

清徐古葡萄园

明代葡萄树王

清徐古葡萄园位于山西省太原市清徐县马峪乡迎南风村北的白石沟内，分布面积约 4 万平方米。

清徐县素有"葡萄之乡"美称，民间流传着"清源有葡萄，相传自汉朝"的说法。境内葡萄栽培历史可上溯到 2 000 年之前。汉朝时，清徐马峪边山一带有一姓王的皮货商人，从大西北贩皮货，带回葡萄枝条在当地栽植成功。之后，栽培渐广。到了唐代，清徐葡萄已享誉海内，鲜葡萄及葡萄酒、汁、干等加工品也远销四方。《唐书》有"太原平阳皆作葡萄干，货之四方"的记载，诗人王翰诗曰"葡萄叠架势绵延，屠贾沟东马峪前，行进山村频举首，绿茵冉冉不知天"。元时，清徐葡萄园已是全国仅有的也是最大的葡萄庄园之一。马可·波罗在其《马可·波罗游记》中描述当时太原府时这样写到："出太原府，过桥三十里（公里）有大片葡萄园，还有很多酒……"这里的葡萄园指的就是清徐葡萄园。[②]1937 年国民党要员孔祥熙曾于西山之陂置葡萄园三块以莳之。平常百姓之家，更争相植焉。20 世纪 50 年代，清徐与新疆吐鲁番、河北宣化、安徽萧县并称"全国四大葡萄产地"。[③]现园内保存百年以上葡萄树王 20 余株，品种主要为龙眼葡萄，以含糖高、宜久贮闻名于世。

太原市在第三次全国文物普查中，清徐古葡萄园作为近现代重要史迹及代表性建筑被列入其中。对研究我国古代葡萄种植中单株首次使用压发条技术提供了实物资料。

---

① 郑惊鸿：《探访宣化葡萄飘香千年之谜》，中国农业新闻网，2012 年 9 月 27 日

② 《山西清徐葡萄酒史话》，http://www.3jrx.com/staticFiles / 20140825 / 110118500_all.shtml，2014 年 8 月 25 日

③ 司马呈祥：《清徐葡萄叙》，清徐新闻网

临潼西石榴园

临潼西石榴园位于西安西临高速路临潼出口处。临潼西石榴园又称"汉（旱）石榴园"，是临潼最早的石榴园，也是国内罕有的古石榴园。

临潼西石榴园

该园起源于汉唐时期，伴随骊山和渭水经历了2 000余年的沧桑，历史悠久，是临潼乃至中国石榴的鼻祖，也是临潼四景之一。目前，"城东始皇陵九顷十八，城西石榴园遍地红花，城南温泉水能洗垢痂，城北火车站四通八达"的民谣在当地还广为流传。西石榴园的石榴花作为美丽火红的象征，已给骊山一带群众留下了深刻印象。[①]

临潼西石榴园原有石榴450余亩，后因战乱、基建征地等原因，目前只剩下不到300亩，园内百年以上的"老寿星"树占六成左右，最老的一棵树龄已达200余年。由于园区土质独特，所产石榴籽大、皮薄，且含糖量比别处的高5%以上，自古有"果中珍品，天下一绝"美称，可和吐鲁番的葡萄相并论。

枣庄万亩石榴园

枣庄万亩石榴园位于山东省枣庄市"中国石榴之乡"峄城区西部的群山之阳，东西长45里，南北宽6里，面积达18万亩。该园有石榴树741余万株，50多个品种，其中主栽优良品种有大青皮甜、大马牙甜、大红袍、青皮软籽、青皮岗榴、冰糖籽、三白甜等。该园始建于西汉成帝年间，距今已有2 000多年的历史，素以历史久、面积大、株数多、品色全、果质优而闻名海内外，为目前中国最大的石榴园，2001年被上海大世界吉尼斯总部认证为"基尼斯之最"，因而有"冠世榴园"之誉，联合国粮农组织官员曾赞为"世界少有、中国第一"，并先后荣获国家AAAA级景区、首批全国农业旅游示范点、山东省级风景名胜区、省级自然保护区、省自驾游示范点、省十大森林生态景观等称号。

---

① 陈有谋:《临潼三百亩古石榴园面临毁灭》，http://www.sina.com.cn，2004年3月30日

枣庄万亩石榴园

每当榴花盛开季节，置身园中，榴山林海，繁花似锦。红如丹霞火一片，白如瑞雪云朵朵。苍劲的石榴树干，虬枝古朴，千姿百态，如卧虎盘龙。榴树深处，曲径通幽，深深山溪，声貌动人。金秋时分，更是硕果累累，确为一处使人流连忘返的游览胜地。

石榴园的精华之处在于园中园，园中园为石榴园的发祥地，是榴园原始风貌保存最完好的区域。这里三面环山，古木浓荫，大部分石榴树的树龄都在 300 年左右，其中万福园南侧的"石榴王"，树龄高达 500 多年。据记载，汉丞相匡衡当年从皇家禁苑中引来榴种，首先在这里建立品种园，然后以此为基点历经数代不断栽培、发展，逐渐形成今天闻名遐迩的万亩榴园。[①] 因为榴园依山傍水，榴树造型奇特，且花木枝叶俱美，遂形成四季皆宜观赏的景观，犹如向人们打开的一幅风情画卷，展示着天地造化与地域文化交汇的神秘魅力。

白洋淀元妃荷园

白洋淀元妃荷园位于河北省保定市安新县白洋淀景区。该园源于金代，金代章宗皇帝爱妃李师儿对荷花情有独钟，爱荷成癖。章宗皇帝为讨李师儿欢心，经常陪她来此赏荷。因李师儿被策封为六宫之主——元妃，故后人称此为"元妃荷园"。今天的元妃荷园是迄今为止白洋淀保存最好、最完整的千年古荷园。这里水域辽阔，水质清澈，四面芦苇环绕，水中荷花满园。荷花叶片硕大，茎杆挺拔，花瓣肥厚，颜色鲜艳，清香飘溢。2001 年建成的元妃荷园综合游乐场南北长 1 750 米，东西宽 1 300 米，占地面积约 1 800 亩，总投资 1 200 余万元，是白洋淀内著名的大型综合性生态旅游公园。园内以自然生态为主题，分沙滩浴场区、荷花观赏区、红色旅游区、芦荡迷宫区、水上娱乐区、餐饮住宿区等六大主题区域。不仅能饱览白洋淀的生态美景，更能找寻元妃李师儿的动人爱情故事。电视剧《洪湖赤卫队》《一帘幽梦》《南下、南下》等都选此地为拍摄场地。

---

① 资料来源于西安旅游信息网 http://www.29trip.com/jd/5199.html，2008 年 7 月 30 日

白洋淀元妃荷园

金湖荷花荡

金湖荷花荡位于江苏省淮安市金湖县闵桥镇高邮湖畔，总面积 1.2 万亩。

荷花的种植在金湖已有千年历史。现有荷花面积 15 万亩，其中最著名的当属 1.5 万亩的闵桥荷花荡。这里三面环湖，生态环境优美，世界各类荷花在此多有种植，品种多达500 种，主要分为花莲、藕莲和子莲三大类，其中花莲多用于观赏，常见的有宫粉、桃红、纯白等色。每至盛夏，金湖满目凝碧、摇曳神魂，荷香飘溢、沁人心脾。因其种植规模大、品种全、历史久，堪称全球最大的观荷园，素有"金湖归来不赏荷"之誉，著名的"荷荡十景"（"海市蜃楼""霓社珠光""临湖听涛""水天一色""东湖观日""南湖渔帆""西湖

金湖荷花荡

晚霞""渔歌唱晚""绿洲仙岛""临湖赏月")令人神驰向往;荡外有万亩养殖水面和捕捞水域,荡内为整齐划一的万亩连片荷藕,向世人诠释了"接天莲叶无穷碧、映日荷花别样红"的诗句。宋代大文豪苏东坡曾偕学生秦观、文友黄庭坚等在此登舟夜游,观景赋诗,留下了"酒沽横荡桥头月,茶煮青山庙后泉"的千古佳句。现已建成集旅游观光与休闲度假为一体的生态农业区,每年吸引游客 50 万人次,是长三角地区乃至全国夏季最具吸引力的乡村旅游胜地、国家 AAA 级景区和"全国农业旅游示范点"。

至今已举办十三届的中国金湖荷花·美食节、两届荷文化高层论坛以及"中国荷文化之乡""中国荷文化传承基地"两块金字招牌,更让金湖的地域特色随着荷花享誉华夏。

菏泽古今牡丹园 ①

菏泽古今牡丹园位于山东省菏泽市城北 5 里的王梨庄,为明初洪武年间王梨庄王氏先人王猛创建,至今已有五百多年的历史。据载,明嘉靖年间王猛来此建王家庄,喜欢种花植树,数年后,村周"梅柳森森,诸花俱备",村名遂改为"万花村",并以村名命名园名。当时园中主要种植牡丹、芍药,曾兴盛一时。明末战乱,园林常年失修,日渐荒芜。后来,该村人王秉国(字驭黎,为明朝户部尚书郭允厚之师)于清康熙年间取黎字改村名为王黎庄,后"黎"字演变为"梨"。至清乾隆年间,该村岁贡王孜诵重修该园,并创编制松坊、松狮、松羊、松马等型,使花园面貌为之一新。后天灾人祸,花园又一度萧条。清末,王孜诵后代王愈昌再次修复该园,继承编松修柏、育花植木的传统,渐渐恢复旧观,所种牡丹远销北京、南京、苏州、杭州、广州、香港等地。后来,花园被曹州府军门据为己有,改名"军门花园"。民国时期,花农经济负担加重,人不饱腹,花无销路,花园奄奄一息。新中国成立后,花园回到花农手里,牡丹栽培面积逐年扩大,花色品种也不断增多。1958年,由王心志、王文起等 12 位花农组成特产队专门治理花园,盖门楼、建花亭、搭松坊、

牡丹和菏泽牡丹

---

① 菏泽是全世界面积最大、品种最多的牡丹生产基地、科研基地、出口基地和观赏基地。以其花大、色艳、型美、香浓而"甲海内"。菏泽牡丹的特点是枝挺拔有致,叶繁茂多姿,花雍容华贵,被誉为观赏牡丹之上品

编松兽等。1982 年由政府拨款五修花园，整个花园古朴典雅，园内拱桥、假山、小溪、松编、牡丹、芍药等涵古寓今、相映成趣，至此该园改名为"古今园"。[①]

如今的古今园面积不大，仅 50 余亩，但牡丹品种齐全，共 300 多个（含新老品种）。除牡丹外，还有许多奇花异木，如芍药、荷包、迎春、丁香、月季、玫瑰、海棠等，不下几十种。200 多年的线柏，江北只此一株；100 多年的翠兰松，郁郁葱葱；树龄百年的龙爪槐，盘根错节，蜷曲有致，自成一景；另有棵罕见的文果树，独树一枝。当然，园中最吸引人们眼球的还是十数棵名为"十样锦"的高枝牡丹[②]（将 10 种不同品种的牡丹嫁接到同一棵牡丹的老干上，使一棵牡丹能开出红、绿、紫、黄、白、粉等十种颜色的花朵。因一棵牡丹色呈十种，且繁花似锦，故名"十样锦"；又因牡丹杆粗枝高，所以又称"高枝牡丹"。据说其花期可由原来的 7 天延长到 30 天）。

作为当地农民的传统技艺，松编也是该园的一大特色。即用松柏编制城楼、牌坊和狮、虎等各种造型，惟妙惟肖，栩栩如生。其中，大型松编牌坊"孜诵坊"，为清代王孜诵遗作，已有 200 余年的历史，现仍遗风不减，工艺精湛，壮观优美，堪称一绝。

云南普洱古茶园（景迈、芒景千年万亩古茶园）

云南普洱古茶园分布在云南省澜沧拉祜族自治县境内的惠民乡景迈、芒景 2 个村民委员会辖区范围内，面积达 16 173 亩。据芒景缅寺木塔石碑傣文记载，景迈、芒景古茶园的茶树种植于傣历 57 年（696 年），至今已有 1 000 余年历史，故称"景迈千年万亩古茶园"。它采用最为古老的天然林下种植方式，所产茶叶很早就用马帮驮到普洱进行交易，自元代起销往缅甸、泰国等东南亚国家。古茶园的茶树，大部分树冠挺拔，枝叶茂密，许多古茶

云南普洱古茶园和茶叶采摘

---

①　《解读菏泽"古今牡丹园"》，新浪博客 blog.sina.com.cns/blog_3efe6e510100huf4.html，2010 年 4 月 28 日

②　由该园技术员王文海、王松慈、王效柱、刘保文等潜心研究与实践所取得的技术上的突破，2005 年首次开花，朵大 27 厘米

树上寄生着具有神奇药用价值的"螃蟹脚"，为世界上迄今发现的连片面积最大、保存最完好、年代最久远的人工栽培型古茶园、第七批全国重点文物保护单位，被国内外专家、学者誉为"茶树自然博物馆"。

普洱古茶园与茶文化系统包含完整的古木兰和茶树的垂直演化过程，证明了普洱市是世界茶树的起源地之一：从野生型古茶树居群、过渡型和栽培型古茶园以及改造后的生态茶园，形成了茶树利用的发展体系；具有多样的农业物种栽培，体现了人与自然的和谐共处、人与环境的协同进化，蕴含着丰富的生态思想，农业生物多样性及相关生物多样性丰富；涵盖了布朗族、傣族、哈尼族等少数民族茶树栽培利用方式与传统文化体系，具有良好的文化多样性与传承性；是茶马古道的起点，也是茶文化传播的中心节点。该系统不但为中国作为茶树原产地、茶树驯化和规模化种植发源地提供了有力证据，是未来茶叶产业发展的重要种植资源库，还保存了与当地生态环境相适应的丰富的民族茶文化，具有全球重要性和保护价值。

2012 年 8 月，"云南普洱古茶园与茶文化系统"被联合国粮农组织授予全球重要农业文化遗产（GIAHS）保护试点。2012 年 10 月，云南普洱景迈山古茶园入选第三批《中国世界文化遗产预备名单》。2013 年 5 月，"普洱古茶园与茶文化系统"荣膺首批中国重要农业文化遗产；同年 10 月，云南省普洱野生茶林暨古茶园被列入《中国国家自然遗产、自然与文化双遗产预备名录》。

保靖黄金寨古茶园

黄金寨古茶园位于湖南省保靖县葫芦镇黄金村。据《明世宗嘉靖实录》记载，明嘉靖十八年（1545 年）农历四月，黄金村的百年老茶树叶治愈了湖广贵州都御使陆杰所带官兵的瘴气后，黄金茶就被列为朝廷贡品。由于具有"汤色翠绿、耐冲泡、茶香持久、回味悠长、浓而不涩、浓而不苦"的特点，因此该茶在市场上有"一两黄金一斤茶"的尊贵身价。[1] 历经数百年的历史变迁，黄金寨古茶园仍保存有龙颈坳、格者麦、德让拱、库鲁、夯纳乌、团田、冷寨河七大古茶园及 2 个古苗寨。

目前，茶园中主干围径在 30 厘米以上的古茶树有 2 057 余株，其中明代古茶树 718 株，清代古茶树 1 339 株。树龄最高的"古茶树王"，据推测为明万历年间（1573—1620 年）栽植，距今已有 400 多年，是目前湖南省经科学鉴定的最大树龄的古茶树。这些古茶树以黄金寨为中心，沿黄金河两岸傍山生长，总面积约 148 600 平方米。

作为黄金茶原产地的活见证、活档案，黄金寨古茶园是珍贵的中国茶文化遗产，是茶叶科学研究的基因宝库，为探讨茶树的来源和进化、茶树的原产地、茶树群落、茶文化开展史、农业考古、民族关系学、地方社会学等都具有重要意义。至今，黄金寨村民仍保留

---

[1] 保靖黄金茶具有"三高一适中"的特点，即高氨基酸、高叶绿素、高水浸出物、茶多酚含量适中，被业内专家誉为"黄金比列、茶树品种的资源宝库、山区农民致富的绿色金矿"

保靖黄金寨古茶园

着与黄金茶有关的习俗，如挡门茶、敲茶园苗鼓、祭祀树神等。

作为湘西地区极为壮观的一道文化景观，2009 年 4 月保靖县政府将黄金寨古茶园列为县级重点文物保护单位，并组织专家对黄金寨古茶园制定了"四有"档案。现该茶园已列入湖南省第九批重点文物保护单位名录、第七批国家重点文物保护单位。2013 年，黄金寨古茶园成为该县第一个省级农业旅游示范点。

贺开古茶园

贺开古茶园位于云南省西双版纳州勐海县勐混镇贺开村，海拔 1 400~1 750 米，主要分布在贺开村委会下属的曼迈老寨、曼弄老寨、曼弄新寨三个拉祜族村寨。古茶园集中连片，从山底一直延伸到半山腰，仅树龄达 200~1 400 年的栽培型古茶树就有 1.6 万多亩，数量达 200 多万株，是目前世界上已发现的连片面积最大、密度最高、保护最好的

贺开古茶园

古茶园。[①]1.6万多亩古茶园中散布着6个拉祜族村寨。还有很多古茶树就生长于房前屋后，长势旺盛，构成了一幅"林中有茶，茶在寨中"的人与自然和谐的古茶园景观。在海拔1 600米的曼弄新、老寨交界处，还生长着10多株大茶树，其中一株较大的古茶树，高3.8米，树幅7.3米×6.55米，基部围212厘米，树龄1 300年左右，是名副其实的"茶王"。

当地人在对古茶树的管理中不施用任何化肥、农药，完全放养在古茶园的茶花鸡、冬瓜猪和牛群，在吃饱古茶园的天然嫩草绿叶后，又给古茶园以充足的养分，这里的拉祜族聚居村寨又多分布在自然保护区，所以贺开古茶园自古就形成一种和谐的原生态环保生长链。[②]

2014年10月22日，贺开古茶庄园作为全国唯一古茶园入选"2014年中国美丽田园"茶园景观名录。

困鹿山古茶园

困鹿山古茶园位于海拔高达1 900米的云南省普洱市（原思茅市）宁洱哈尼族彝族自治县凤阳乡宽宏村境内。据《世界茶乡，普洱茶都》记载，神农氏在普洱困鹿山发现、训化了野茶（据说神农氏在山野采药时，尝到一种有毒的草后，口干舌麻，头晕目眩，于是背靠大树作休息时，一阵清风吹过，大树上的绿叶飘落下来。神农把这种绿叶带回家仔细观察试用后，发现了它的饮用和药用价值，并在困鹿山上进行种植，于是留下了大片的古茶园及过渡型大茶树）。清雍正七年（1729年），该茶园被清政府定为皇家御用茶园，至今已有200多年的历史，故又称"困鹿山皇家古茶园"。它有东园、南园、西园、北园之分，共有古茶树约372棵，高度一般都在2米以上，径干10~30厘米，树龄多在2 000年以上，

困鹿山古茶园

---

① 《贺开古茶园入选"中国美丽田园名录"》，中国普洱茶网 http://www.puercn.com/puerchanews/ppxw/69468. html，2014年10月24日

② 尹为志：《探访贺开古茶园》，.西双版纳新闻网 http://www.bndaily.com/pec/peccd/88210.shtml，2013年5月8日

总面积为 10 122 亩，是目前中国发现的最大的古茶园之一，也是云南省内距昆明最近、交通最便利、古茶树最密集、种类最丰富、周围植被最好的古茶园。

困鹿山古茶园有三大特点：一是与村寨共生，构成茶树在村中，村在茶园中的人与自然和谐相处的画面。二是栽培型古茶园与野生古茶林相连。三是古茶园中过渡型古茶大、中、小叶种相混而生，香型独特，在云南三大茶区中独有此茶能称得一个"雅"字。[①]

景谷[②]（苦竹山）古茶园

景谷古茶园位于云南省普洱市景谷傣族彝族自治县（大景谷）景谷乡（小景谷）政府东北 12 公里处。这里四季气温平和，年平均气温 17.5℃，雨量充沛。

景谷（苦竹山）古茶园

据史载，早在清咸丰年间，景谷镇（今景谷乡）的民众就在苦竹山（现名金竹山千家寨）等地种茶自食自用。清光绪末年，景谷乡纪家村的前清进士纪襄廷（名纪肇猷）弃官还乡，潜心研读《茶经》，经考察，景谷的气候、土质宜于种茶，遂向外选购种籽，先于陶家园试种百株，复于塘房山续种数十万株，数年之后蔚然成林，可供采摘，并以栽出者资为观摩，广泛倡导，资助开荒恢复老茶园和新植茶园，使景谷荒山变为茶山、景谷河两岸形成茶区。

现存活于苦竹山的栽培型古茶园面积约 1 500 亩，大多数茶树的直径有碗口粗，最大的一棵直径在 0.5 米左右，树高 4.4 米，树龄约 160 年以上，为小景谷茶区古树茶之上品。

镇沅千家寨野生千年古茶园

千家寨野生千年古茶园位于镇沅彝族哈尼族拉祜族自治县九甲乡的千家寨。古茶树群落总面积达 28 747.5 亩，分布在哀牢山国家级自然保护区的原始森林中，是迄今为止已发现的世界最大的野生茶树群落，也是世界茶叶原产地的中心地带之一。其中

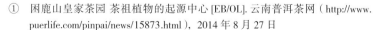

---

① 困鹿山皇家茶园 茶祖植物的起源中心 [EB/OL]. 云南普洱茶网（http://www.puerlife.com/pinpai/news/15873.html），2014 年 8 月 27 日
② 古称"勐卧"，意为"有盐井之地"，是唯一一发现茶树起源始祖宽叶木兰化石的地方，至今约 3 540 万年

镇沅千家寨野生大茶树

生于此地的一棵古茶树，树龄高达 2 700 年，树高 25.6 米，树干胸围 2.82 米，其茶叶肥壮匀嫩，叶质黑润、茶香回甘浓厚，当之无愧地成为普洱茶的"茶祖"，成为研究世界野生茶树生长的活化石。2001 年，这棵古茶树被上海大世界吉尼斯总部论证为世界上"最大的古茶树"，并冠以"野生茶树王"而载入上海吉尼斯纪录。

白莺山[①] 古茶园

白莺山古茶园位于云南省临沧市云县漫湾镇大丙山（主峰海拔 2 834 米）中部，云南

白莺山村及其古茶园

---

① 白莺山地处云南省澜沧江西岸，海拔 2 800 米，因常年白云缭绕、白莺飞聚而得名

省临沧市云县漫湾镇和茂兰镇境内澜沧江畔海拔 1 800~2 834 米的山坡台地上，占地大约 5.6 万余亩。方圆 20 平方公里，目前仍保留自野生、半野生和人工栽培古茶树 180 多万株，分布在 2 400 亩的山地和村落中。其中，树龄最老的古茶树在 2 400 年以上，最粗的古茶树位于海拔 2 191 米，株高 10.5 米．冠幅 9.0 米 × 9.6 米，基围 3.7 米。这些古茶树，有的如团似球，有的冠如华盖，有的郁郁参天，让人叹为观止。

白莺山古茶园的形成，今天所能知道的是魏晋南北朝以前，这里有少量但树木巨大的野生茶树存在，民间传说认为，大茶树籽实成熟爆裂飞播周围，逐步形成一定规模的野生茶林，但真正让白莺山茶园形成今天规模的时间当在唐宋，即云南南昭大理国时期，而茶园的种植经营者，主要是出家的僧众。

南昭大理国时期，佛教盛行于云南，尤其是大理国期间，由于云南地处中原与南亚沟通的十字路口，中原文化的渗透，通过南方丝绸之路，以印度为主的佛教文化的影响，使大理国成为名副其实的"妙香古国"。白莺山地处南方丝绸之路即茶马古道左侧，山脚下是澜沧江著名古渡口——神州渡。这里交通便利，却又颇为僻静，于是更成为僧众修行出家的好去处。据考证，白莺山在南昭时期便出现了相当规模的佛寺——大河寺，在以后的 500 年间，大河寺及其他庙观更替，但香火不断，加上白莺山的特殊地理位置，使避灾修行的僧众不断在这里云聚，于是，在漫长的 500 年间，僧众们在讲经修行的同时，云南最早的佛茶文化也在这里演示。白莺山大河寺的僧众，便是在野生古茶树的基础上，不断通过种植扩大，加上后世少数民族参与种植，以形成今天规模。同时，僧众为了品茶所需，又从不同地方引进许多茶种，使白莺山古茶园成为云南现存最大的古佛茶圣地。

在白莺山古茶园，36 个自然村镶嵌在千亩古茶园中，村中有古茶，村边种古茶，田边地角皆古茶，且种类多样、枝叶茂盛，不仅是茶树种质资源的宝库，而且展示了野生茶树成为栽培作物的不同阶段，是茶树起源的历史见证，对进一步确立茶树原生产于中国以及研究茶树的起源、演变、分类和种质创新等都具有重要价值，是人类文明的宝贵财富和珍贵遗产，也是独一无二的古茶文化科学旅游探寻胜地，被中外专家誉为"茶自然历史博物馆"。

塘坝千年古茶园

塘坝千年古茶园位于贵州省铜仁市沿河自治县塘坝乡榨子村。榨子村海拔较高，群山环绕，绿树拥抱，云雾缭绕处，皆是茶树。北宋地理志《太平寰宇记》有"思州以茶为土贡"的记载，唐《茶经》更有"茶之处黔中，生思州（今沿河）……"的描述。[①] 由此，塘坝榨子千年古茶园可看作是沿河茶叶的活化石。茶园呈规则的几何形状，间距统一，朝向

---

① 陈述义，文波:《沿河塘坝乡从古茶园到"古茶公园"的嬗变》，中国沿河网 http://www.zgyh.gov.cn/，2014 年 8 月 20 日

塘坝乡榨子村千年古茶树

一致，几经考证，此茶园约培植于宋代，[①] 树龄在千年以上，是目前贵州发现的最古老的人工栽培茶园，[②] 被专家们称为"贵州古茶自然博物馆"。茶园总面积 4 600 亩，其中 100 年以上的古茶树有 4 600 多棵，500~1 000 年以上的有 123 棵。共有 6 个古茶树群，它们见证了贵州境内茶叶大规模从野生向人工栽培过渡的进化过程，经鉴定这些茶树树龄均在 500 年以上，而 1 000 年以上的古茶树则有 9 棵，最大的一棵直径为 0.87 米，树高 6.4 米，树冠铺陈面积达 30 平方米，其树龄之古老和树干之粗大在全国实属罕见。

该茶园的发现，对贵州茶树栽培史和古代茶文化的研究有重要史料价值，对生态茶园建设有巨大的推动作用。

凤凰山古茶园

凤凰山古茶园位于广东省潮州市潮安县凤凰镇凤凰山区腹地的乌岽山，[③] 是乌龙茶中极品凤凰单枞茶 [④][⑤] 的故乡，自古即有"乌岽茶，值出金"之说，是国内发现的树龄最古老的人工栽培茶园。山上林木苍笼，溪水潺潺，云开雾合，时晴时雨，适宜茶树生长，现有茶园万亩。传说南宋末年宋帝卫王赵昺，南逃路经乌岽山，口渴难忍，侍从识得茶能解渴，便从山上采得新鲜茶叶，让昺帝嚼食，嚼后生津止渴，精神倍爽，赐名为"宋茶"，后人称"宋种"，其茶树原称鸟嘴茶，[⑥] 生长在海拔 1 000 米左右处草坪地的石山间。后人慕帝王赐名"宋茶"名声，争相传种，经过一代又一代长期繁衍种植，至清乾隆嘉庆年间（1736—1820 年），茶区初见端倪。同时由于凤凰茶品质优异，便成为清朝廷贡品和中国名茶之列。最有名的是俗名为"东方红"的古茶树。

该茶园有三个特点 [⑦]：①原始种养。古人种茶不苟株行距，

---

① 金黔：《沿河塘坝乡发现千年古茶园》,《贵州民族报》, 2006 年 6 月 7 日

② 陈述义：《千年茶园梦飘香——塘坝乡古茶园探源》, 中国沿河网 http://www.zgyh.gov.cn/, 2014 年 8 月 1 日

③ 凤凰山由大大小小几百座山峰组成，其中乌岽山为凤凰山的第二高峰

④ 清同治光绪年间（1875–1908 年），当地人发现数万株古茶树中品质良莠不齐，遂实行单株采摘、单株制茶、单株销售方法，将优异单株分离培植，并冠以树名。当时有万多株优异古茶树均行单株采制法，故称凤凰单枞茶

⑤ 凤凰单枞是与武夷岩茶、安溪观音齐名的乌龙茶三大品系

⑥ 当地有"凤凰鸟闻知宋帝等人口渴，口衔茶枝赐茶"的传说，故名

⑦ 《凤凰茶区见闻》, http://www.nanfutea.com/topicView.asp?id=34, 2010 年 9 月 25 日

古茶园和宋代古茶树

随意取种苗在村前屋后或坡地石间种植，从不修剪，任其自然生长成大树，采茶时则留顶芽以保养茶树，形成满天星似的形状各异的片片古茶林和近两万株大茶树资源宝库。②只采春茶。茶园里的茶叶，一年中仅采摘一次春茶，其余季节的茶叶是不采摘的。采茶时需登高凳或爬到树上进行采摘，当地人称作"骑马采茶法"，在乌崶山至今仍保持着这种采摘方式。单枞茶实行分株单采，当新茶芽萌发至小开面时（即出现驻芽），即按一芽、二三叶标准将茶叶采下，轻放于茶罗内。此外，还有强烈日光时不采、雨天不采、雾水茶不采的规定。③古法制茶。即采用几百年来形成和积累的制茶方式，不仅保留传统凤凰单枞茶的品性和味道，而且更具高品位的天然花香和独特的山野韵味。

目前，凤凰山上共有六种类型、40 多个株系名种、3 700 多株古茶树，被中外专家认定为目前世界上数量最多、罕见多香型、多品种、栽培型珍稀茶树资源，有"国宝"之誉。

台湾冻顶茶园

冻顶茶园位于台湾省南投县鹿谷乡冻顶山。冻顶[①] 产茶历史悠久，据《台湾通史》称：台湾产茶，其来已久，旧志称水沙连（今南投县埔里、日月潭、水里、竹山等地）社茶，色如松罗，能避瘴祛暑。至今五城之茶，尚售市上，而以冻顶为佳，惟所出无多。[②] 又据传说，清咸丰五年（1855 年），南投鹿谷乡村民林凤池前往福建考试读书还乡时带回武夷乌龙茶苗 36 株种于冻顶山等地，后逐渐发展成当今的冻顶茶园。一说为世居台湾鹿谷乡彰雅

① 冻顶山为凤凰山的支脉，居于海拔 700 米的高岗上。传说山上种茶，因雨多山高路滑，茶农必须蹦紧脚尖（冻脚尖）才能上山顶，故称此山为"冻顶"
② 冻顶茶是一种知名度极高的台湾乌龙茶，素有"北包种，南冻顶"之称，被誉为台湾"茶中之圣"

台湾冻顶茶园

村冻顶巷的苏姓家族，其先祖于清康熙年间由中国大陆移民台湾，自乾隆年间已往"冻顶山"开垦种茶。目前栽培面积40多公顷。

滨州无棣千年古桑园

无棣千年古桑园位于山东省滨州市无棣县车王镇。古桑树群共有桑树2 000余株，其中千年以上古桑树近300余株，约成林于隋炀帝年间，分布在400亩的土地上，是鲁北地区保存最完整、最大的古桑树林，有"津南第一园"之称。

历尽千年沧桑的古桑，饱经风霜雪雨，虬枝铁干，仍盘根错节，枝繁叶茂，果实累累，景色壮观。桑树群中最大的树高9.5米，胸径2.2米，主干1.7米，冠幅东西14.5米，南北13.5米，遮阳达250多平方米，每棵一年可产桑葚500多公斤。①

滨州无棣千年古桑园

---

① 张树党，邱升汝，李庆龙:《走进千年古桑园 感受山海古邑·儒风无棣》，http://www.wudi.gov.cn/art/2012/6/1/art_46_18793.html，2012年6月1日

这些根植于自然、形成于自然的古桑林，与附近的古枣树林、芦苇湿地、天然水系形成的生态景观，特色明显，互为依存，互相补充，并带有强烈的地域特征和原生态特点，是不可多得的旅游资源。

无棣千年古桑园先后被评为国家 AAA 级景区、全国休闲农业与乡村旅游四星级企业（园区）和全国休闲农业与乡村旅游十大精品路线，至今已举办了三届中国无棣千年古桑逍遥游文化采摘节。目前，滨州市农业部门正积极组织开展该古桑群落的农业文化遗产挖掘与申报工作。

安定御林千亩古桑园

安定御林千亩古桑园位于北京市大兴区安定镇前野厂村古河滩沙地，是华北地区最大、北京市独有的千亩古桑园及全国唯一一家古桑森林公园，相传自东汉年间已有种植，至今已有近 2 000 年的历史，曾留下"桑葚窑洼救刘秀，感恩图报树封王"的千古佳话。[①]据《本草纲目》记载，桑葚有补肝益肾、补血明目等功效，历代有"东方神木"和"圣果"之称，自古以来就作为水果和中药材被应用，享有"果皇"之称，"白蜡皮"桑葚在明清时期曾一度作为贡品出现在皇宫院内。

古桑园始建于 2002 年，属古无定河（今永定河）洪积沙原，沙土洁净，透气性好，适合桑葚的生长。园区总面积 350 亩，园内古树 446 株，新植果桑、乔桑、龙桑、垂桑等品种 3.5 万余株，树形各异，接连成片，景色非常壮观。其中百年以上的桑树有 1 000 多株，200 年以上树龄的桑树有 100 多株，"树王"的树龄达 500 年以上，胸径近 1 米，树冠直径约 25 米，年产桑葚 400~500 公斤，已被市林业局列为二级古木保护树木。[②]每年 5 月中旬

安定御林千亩古桑园

---

① 相传西汉末年，王莽篡位，东宫太子刘秀起兵讨伐王莽，兵败幽州，孤身一人，负伤落魄于今北京大兴北野厂村的桑林中三十余天，靠吃桑葚养好了伤，后被其手下大将邓羽接回。刘秀登上皇帝宝座后，曾封救其性命的桑树为王

② 资料来源于大兴区史志办网站 http://sztd.bjdx.gov.cn/web/szb/whcl/rwjg/335252.htm，2011 年 6 月 1 日

这里举办桑文化采摘节，[①] 是观光采摘、民俗旅游、休闲避暑的理想胜地。

夏津黄河故道古桑树群

夏津黄河故道古桑树群位于山东省德州市夏津县东北部黄河故道中，现有古桑树约6 000多亩，涉及12个村庄，其中百年以上古树2万多株，著名的腾龙桑、卧龙桑已逾千年，七八百年的古桑树550株。堪称"中国北方落叶果树博物馆"，也是国家AAAA级旅游景区和国际生态安全旅游示范基地。

山东夏津古桑树种植时期跨元明清三朝。《夏津县志》记载明嘉靖年间（1522—1566年）夏津就有生产桑葚果的记载。[②] 明永乐年间（1443年），明廷颁旨广植桑木，以兴绸业，通商异域，当时桑园逾千顷，养蚕极盛。特别是清康熙十三年（1674年）至20世纪20年代，百姓掀起植桑高潮，鼎盛时期种植面积达8万亩。相传此间树木繁盛，枝杈相连，"援木可攀行二十余里"。千百年的选育，桑树在夏津已由"叶用"变为"果用"。附近居民因多食桑葚而长寿。据调查，仅西阁一村寿达九旬者有8人，八旬者甚众，故桑树又称"颐寿树"，桑园也叫"颐寿园"。[③] 在第三次国家文物普查中，颐寿园古桑树群被确认形成于1391年前后，距今已有600余年历史，是全国规模最大、树龄最老的古桑树群。[④] 它

津黄河故道古桑树群和帝王树（树龄1 200年以上）

---

① 2014年5月23日至6月3日，第13届大兴安定桑葚文化节在此举行

② 《夏津县黄河故道古桑树群的起源与演变历史》，大众网 http://dezhou.dzhttp://www.com/dzzt/bswc/ry/201407/t2014 0724_10711613.htm，2014年7月24日

③ 翟岩：《雨中徜徉古桑林海 感受百年黄河古韵》，http://dezhou.dzhttp://www.com/dzzt/bswc/zxw/201407/t20140724_10711561.htm，2014年7月24日

④ 夏玉艳：《夏津黄河故道古桑树群入选中国重要农业文化遗产项目》，德州新闻网 http://www.dezhoudaily.com/news/dezhou/folder132/2014/06/2014-06-19659288.html，2014年6月19日

见证了沧海桑田的壮举，承载着厚重的黄河文化和桑树文化。

古桑树群群落结构复杂、生态稳定。群落以桑树为主，间有其他落叶乔木、灌木和草本。数百年的古桑，枝繁叶茂，根系发达，冠幅 10 米的古桑树，年产桑果 400 千克（夏津农民形象地称之"甜蜜果"），鲜叶 225 千克，在风沙区，发挥着保持水土的巨大作用。夏津县劳动人民还探索出了一套桑树"种植经"：他们用土炕坯围树，畜肥穴施，犁伐晒土等方法施肥和管理土壤；用油渣刷或塑料薄膜缠树干的方法防治害虫，天然无公害；采用"抻包晃枝法"采收，至今当地流传着"打枣晃椹"的说法。

作为利用桑树种植以防风固沙、保持水土、改善农业生产条件的重要传统农业模式，夏津黄河故道古桑树群具有悠久的历史、完备的生产体系以及较高的文化价值，构成了集农、林、牧为一体的农业系统结构，使古桑树群生态系统内古树、沙丘、河流、村庄相得益彰、协调发展，在活态性、适应性、复合性、战略性、多功能性等方面具有显著特征。其桑树树龄之老、种类之多、规模之大、保存之完整、资源之多样化、生物之多样性，在全国独一无二。古桑树生态稳定、环境良好、千姿百态，也是很好的农业景观。历经千百载，古桑树群与当地的自然、社会、经济、文化等密切相关，它们反映环境变迁、世事兴衰，是科学考察和历史探索的活档案，蕴藏着中国为世界桑树发源地的密码。2014 年 5 月 26 日，夏津黄河故道古桑树群入选第二批中国重要农业文化遗产。

三、林业景观

荔波^① 百年古梅园

荔波古梅园位于贵州省黔南布依族苗族自治州荔波县茂兰保护区内洞塘乡木槽村一带，集中分布了 25 668 亩梅林，包括中国西南地区最大的野生梅群。茂兰保护区是一个占地 30 多万公顷的幅员广大的生物基因库，已被联合国教科文组织纳入"人与生物圈自然保护区网络"（2007 年 6 月 27 日荔波入选世界自然遗产名录）。保护区里，百年古梅随处可见，堪称"中国野生梅中心"。据中国梅花协会调查，该地区野生梅种群数量之多和分布之广，在中国实属罕见，是全国最大的集中连片的野生梅林，素有十里梅海、万亩梅林之称，最

荔波百年古梅园和生长在石头上的梅花树

---

① 布依族语意为"美丽的山坡"。有地球腰带上的"绿宝石"之誉

具代表性的当数洞塘乡白岩村。[①] 古梅树，高 8 米左右，树冠扁球形，冠幅一般为 8 米 × 8 米，主干直径 60 多厘米。老干灰褐色，树身斑驳，树皮纵裂深邃，披鳞带甲，满布青苔，附生地衣，树势挺拔苍老，犹如一把巨伞矗立于大地。数以万计的古梅，多数长在坚硬的岩石上。每年腊月到春节期间，洁白如雪的梅花将整个白岩村映衬得鲜亮无比，而散发出的阵阵幽香，又使它们越显清丽脱俗。"野原寒蕊笑看痴，四野茫茫尽雪枝。苍干虬龙花素洁，孤山隐者雅芳姿。暗香缕缕沁心脑，飞瓣翩翩入砚池。不染铅华晶莹透，清风吹送感相知。"正是古人对万亩梅原的生动写照。

目前在荔波古梅园中共发现百年以上古梅树 369 株，面积约 9 平方公里，其中最老的梅树在 460 年以上。[②] 从 2006 年以来，每年均在这里举办一年一度的梅花报春节，吸引着来自海内外众多旅客的到来。

东湖磨山古梅园

东湖磨山古梅园位于武汉市东湖风景名胜区磨山景区南麓。东湖磨山梅园创建于 1956 年，三面临水，回环错落；古木参天，风景秀丽；周围有劲松修竹掩映，自然而成"岁寒三友"景观。现定植梅树 1 万多株，树龄最大的 100 年，梅花品种达 309 个，其中已进行国际登陆的品种有 152 个，是中国江南四大梅园之一，全国著名的赏梅胜地，也是我国梅花研究中心所在地，另有中国唯一的梅文化馆——一枝春馆。20 余年来梅园先后经历了三次扩建和改造，2007 年 3 月，东湖磨山梅园启动扩建工程，面积从 800 亩扩大到 1 300 亩，成为全国最大的梅花中心，也是迄今世界上规模最大、品种最全的梅花品种资源圃。

2010 年 2 月 6 日，中国唯一一座古梅花园在东湖磨山梅园建成开放，该古梅园由大连万达集团投资 600 万元人民币打造扩建，建设面积为 150 亩，分古梅花区和古蜡梅区，由"梅花香径""美人谷""浣花溪""中国梅文化馆"及"梅花传奇人物彩塑"等景点组成。园中汇集了从全国各地移植而来的百年以上古梅 200 多株，300 年以上树龄的梅树 18 株，其中最老的一株古梅树龄达 800 年。[③] 是全世界古梅 [④] 最集中之地，也是全国唯一将古梅集中养护、集中管理和集中展示的地方。

---

① 莫雄亮：《荔波茂兰保护区：百年古梅随处可见》，新华网，2007 年 4 月 5 日

② 《荔波百年古梅园开放》，金黔在线—贵州日报 http://gzrb.gog.com.cn/system/2010/01/06/010711028.shtml，2010 年 1 月 6 日

③ 《中国古梅园武汉建成 最老树龄达 800 年》，中国新闻网，2010 年 2 月 26 日

④ 我国古梅历史悠久，其中最具代表性的有"五大古梅"之说的楚梅、晋梅、隋梅、唐梅和宋梅。东湖梅园内的古梅大多为江梅品种。古梅的植株特别粗大，非数百年绝难长成。250 年左右的古梅树干，才出现扭曲现象，且树龄越高，扭曲程度越大；树干劈裂，木腐中空，树洞透光，百年以上的梅树心腐现象屡见不鲜，且树瘤星布——树龄越大，树瘤就越大越密，且常与扭曲现象并存；树皮纵裂沟深，多面隆起突出等，都是古梅的特点。宋代诗人范成大在其《梅谱》中说，"梅以韵胜，以格高，故以横斜疏瘦与老枝怪奇者为贵。"因此，如今人们观赏梅韵的标准，则是"贵稀不贵密，贵老不贵嫩，贵瘦不贵肥，贵含不贵开"

800 岁的古梅"国魂"和 300 多岁的古梅"枯木逢春"

来此旅游的人们，可在梅园一睹平时难得一见的珍贵梅花品种，如梅中财神——"金钱绿萼"、梅中奇品——"紫蒂白照水"、跳枝极品——洒金梅、来自美国的美人梅等，并可欣赏远山近水的梅花写意盆景和雪海香涛的梅花盛景。梅园之美，不仅美在梅林花海香涛，美在众多梅花珍品，美在古梅傲然遒劲，还美在环境典雅别致，园内不仅有精心种植的珍贵梅花，还采纳江南园林造园之法，搭配种植松、竹、柏、樟等古树名木，营造出一种典雅别致、温馨和谐的气氛。

梅花山梅园

梅花山位于南京市中山门外的紫金山南麓。南京植梅，始于六朝时期，至今已有 1 500 多年的历史。梅花山始建于 1929 年，植梅面积 1 533 余亩，有近 400 个品种、1.3 万余株梅树，被称为"天下第一梅山"和"中国第一梅花山"，且居"中国四大梅园"之首（其他三大梅园分别是上海淀山湖梅园、无锡梅园和武汉东湖磨山梅园）。

南京梅花山以品种奇特著称，"半重瓣跳枝"一朵花上竟然有三四十片花瓣，为此山独有；一株"蹩脚晚秋"名梅，花色红中泛白；"朱砂梅"满枝绯红，"玉蝶梅"素静雅洁，"宫粉梅"著花繁茂，"龙游梅"舒展飘逸。登"观梅轩"赏梅，一山梅花尽收眼底。高峰时节每天来此观梅的游人均在 10 万人次以上。

梅花山梅园

每年春季南京梅花山都要举办"中国南京国际梅花节"。南京梅花山正以其得天独厚的自然和人文优势吸引着越来越多的海内外游客，并逐渐成为全国的梅文化中心。

苏州邓尉山"香雪海"

邓尉山"香雪海"，位于苏州吴县光福镇东南 1.5 公里，泛指邓尉山与对面吾家山之间的山坞，北靠西崦湖，南至玄墓山，到太湖去的公路穿此地而过。

邓尉山植梅，据说始于邓禹。《光福志》载："邓尉山里植梅为业者，十中有七。"可见当时种梅人家之多。邓尉梅树，大半为果梅，花发皆白。梅子可制话梅和乌梅，乌梅是做酸梅汤的原料，虽为绿梅，但不待绽苞即行采摘一尽，迟则降低药用价值。红梅只苗圃里有，乃专为城市观赏提供树种。此地植梅历史虽久，但既无唐梅，亦无宋梅，树龄仅 20 左右，过此则花少果小，非及时更新不可。也正因如此，"香雪海"才得以久享盛名。

光福作为苏州西南太湖之滨的一个半岛，向称山灵水秀。太湖水光潋滟，烟波浩淼，穹窿、邓尉、西碛诸山，绵延起伏，人称太湖七十二峰，近半就落脚在光福。而日照充足、气候温润的自然条件，极宜梅树生长。远在 2 000 年前的西汉，这里的百姓就开始种梅，渐渐地形成了"望衡（横）千万家，种梅如种谷"的景象。无山不梅、"十里梅乡"就是当时真实情景的写照。光福的梅花尤以邓尉山西面的香雪海和南面的玄墓山最盛。东汉大司徒邓禹在此隐居时，山中已是"路入冰霜隆，寒香袭客衣"了；到了宋元之后，更是"隙地遍地种梅，蔚然如雪海"，山间路旁梅英点点，山前山后梅树成林，呈现了"邓尉梅花甲天下"的胜景。明代文人姚希孟曾在《梅花杂咏》中说："梅花之盛不得不推吴中，而必以光福诸山为最"。

苏州邓尉山"香雪海"

邓尉山的梅花品种繁多，以千叶重瓣白梅为主，红梅、绿梅、紫梅、墨梅等，应有尽有。"烟姿玉骨，淡淡东风色。勾引春光一半出，犹带几分羞涩。陇头倚雪眠霜，寒肌密抱疏香。待得罗浮梦破，美人打点新妆"，清人尤展成的一阕《清平乐·咏梅蕊》词，勾画了邓尉山花开时节迷人的景色。清代诗人孙原湘有诗云："入山无处不花枝，远近高低路不知。贪受下风香气息，离花三尺立多时。"把邓尉山令人痴迷留连的"花外见晴雪，花里闻香风"的意境铺陈得惟妙惟肖。"香雪海"三字不胫而走，邓尉探梅，也成为从唐至明末时期东南名士的风雅之举。

目前，邓尉山方圆近十里的景区种着几十万株梅树，每逢初春时节，漫山遍野的梅花竞相开放，洁白如雪，芬芳馥香，繁花似海，故邓尉山又有"香雪海"之称，是现今江南最著名的探梅胜地，并赢得了"邓尉梅花甲天下"之美称。其中公认的最佳赏梅处为古闻梅轩和梅花亭。近年来，光福在司徒庙后辟地 50 亩，遍植珍稀梅花品种，还在光福至太湖的公路旁新辟一条长 1 000 米、宽 30 米的梅林带，更使邓尉探梅增添了渐入佳境的乐趣。

麻城龟峰山中国杜鹃园

龟峰山中国杜鹃园位于大别山南麓的湖北省麻城市龟峰山。这里分布着生长周期上百万年、集中连片的原生态古杜鹃群落 1 万多亩，总面积达 12 万余亩。极目之处，全是火红的杜鹃。苍劲古雅、曲若虬龙的杜鹃枝干上，翠绿的叶片拥簇着一朵朵殷红似火的漏斗状杜鹃花瓣，美如云霞，妖艳万分。绵延 10 多公里的杜鹃长廊，全是密集的杜鹃花灌丛。如此壮观的杜鹃花海，不仅是国内一绝，在世界亦不多见。经专家考证，其面积之大、年代之久、保存之好、密度之高、花色之美，是迄今发现的中国最大的古杜鹃（映山红）原始群落。也被国际杜鹃专家认定为"世界最大、最集中、最古老、最壮丽的映山红群落"。

其中一株被誉为"杜鹃花王"的，树龄 300 余年，树高 3 米，覆盖面积 35 平方米，是全国最大的古杜鹃，已被收录上海大世界吉尼斯之最（中国之最）。更令人称奇的是该杜鹃花王同根生长着 56 枝阴条，每枝干径在 6~10 厘米，象征着 56 个民族团结在祖国的怀抱。它蔓枝玉立，神清骨秀，娇而不艳，奇而不俗，真乃"王者之尊"。

2008 年 4 月，麻城成功举办了首届中国·麻城杜鹃文化旅游节。如今"人间四月天，麻城看杜鹃"的口号已响彻大江南北，并积极启动麻城龟峰山杜鹃花申报世界自然遗产的工作。

麻城龟峰山中国杜鹃园

贵州百里杜鹃林

贵州百里杜鹃林位于贵州省西北部毕节地区的大方、黔西两县交界处，西起大方百纳乡、普底乡，经黔西金坡、仁和乡，东至大方黄泥乡，总面积 125.8 平方公里，是迄今为止中国已查明的面积最大的原生态杜鹃林。因整个天然杜鹃林带宽 1~5 公里，绵延 50 余公里（100 里），百里杜鹃由此得名。素有"地球彩带、杜鹃王国"的美称。

贵州百里杜鹃林

在长约 50 公里、宽 1.2~5.3 公里、方圆 250 公里的狭长丘陵上，呈半月形分布着马缨杜鹃、大白花杜鹃、水红杜鹃、露珠杜鹃、锈叶杜鹃、映山红、树形杜鹃、狭叶马缨杜鹃、美容杜鹃、团花杜鹃、银叶杜鹃、皱皮杜鹃、问客杜鹃、腺萼马银花、多花杜鹃、锦绣杜鹃、贵定杜鹃、暗绿杜鹃、复瓣映山红、川杜鹃、百合杜鹃、多头杜鹃、落叶杜鹃 23 个品种，占世界杜鹃花 5 个亚属中的 4 个、贵州 70 余种的 1/3。且花色多样，有鲜红、粉红、紫色、金黄、淡黄、雪白、淡白、淡绿等。暮春 3 月下旬至 4 月末，各种杜鹃花争相怒放，漫山遍野，千姿百态，色彩缤纷。最为奇特的是"一树不同花"，即一棵树上开出若干不同颜色的花朵，最壮观的可达 7 种之多。被有关专家誉为"世界上最大的天然花园"。

什川古梨园

什川古梨园位于甘肃省兰州市东北部约 20 公里处一个被誉为"世外梨园"的古镇——什川（隶属皋兰县，）总面积 3 939 亩。什川古梨树栽培历史悠久，自明嘉靖年间，当地果农仿建水车汲黄河水灌溉田园，开始栽植梨树。这里群山环绕，黄河穿境①而过，气候温和，土壤肥沃，梨树长势旺盛。现存古梨树大多在 300 年以上，至今仍硕果累累，实属罕见。当地人将种植梨树称作种"高田"，果农不仅要为梨树松土、施肥，早春"刮树皮"、

---

① 滔滔黄河水东流出小峡后在这里呈"S"形流向，形成了酷似太极图形状别致造型

花期"堆砂"防虫，更需要"天把式"利用云梯穿梭于半空的梨树间，给果树修枝整形、疏花疏果、竖杆吊枝、采摘果实，形成了独特的栽培方式与农耕文化。被中外学者誉为"活植物标本""梨园博物馆"。

古梨园的梨品种繁多，有冬果梨、软儿梨、酥木梨、长把梨、郴州梨、吊蛋子、平头梨、窝梨等土产品种以及引进的巴梨、鸭梨、苹果梨、莱阳梨等 20 多个品种。其中，软儿梨和冬果梨是什川古梨园的著名地方品种，国民党元老于右任曾写诗赞曰："冰天雪地软儿梨，瓜果城中第一奇。满树红颜人不取，清香偏待化成泥。"梨果具有生津、润肺、止咳等功效，药用价值极高。1993 年，兰州软儿梨被国家贸易部评为"中华老字号"。

什川古梨园

2002 年 10 月，什川古梨园被评为"兰州新十景"之一，并被命名为"梨花飞雪"，而成为兰州新的人文景观名片。2013 年 4 月，什川古梨园入选世界吉尼斯大全，被认证为"世界第一古梨园"；同年 5 月，在农业部公布的 19 个列入首批中国重要农业文化遗产的传统农业系统中，什川古梨园又以古梨树存量最多的梨树栽培体系这一独特优势入选。也是历届"兰州—什川之春"旅游节的举办地。

庞各庄万亩梨园

庞各庄万亩梨园地处北京市大兴区庞各庄镇，包括梨花村、赵村、前曹各庄、北曹各庄、韩家铺 5 个村的梨树资源，总面积达 3.8 万亩。该梨园中 80% 以上的梨树树龄都超过 100 年，总计约 3 万棵。其中树龄最长的已达 421 年，如今经过科学管理，每年这棵梨树的产量都高达一吨。1996 年被北京市林业局评定为古梨树森林区。是北京市成方连片面积最大、树龄最老、品种最多、开花最早的古生态梨树群。

作为全国罕见的平原古梨林群落，该梨园土质大部分为沙土，非常适合果品的生长，所产果品个大、皮薄、瓢脆。据史书《宛署杂记》记载，早在明万历年间，这里生产的"金把黄"鸭梨就作为贡品进奉皇宫。至今流传着"北村萝卜葱心绿、南庄（梨花村原名，

1981 年村庄普查时改名现名，编者注）鸭梨金把黄"的佳话传说。目前园内共有金把黄鸭梨、广梨、子母梨、酥梨、京白梨、红肖梨、糖梨等 30 多个品种。年总产量达 2 800 万公斤，经济效益 2 700 万元。多年来果品收入占当地农民年人均收入的 90% 以上。

庞各庄万亩梨园

依托万亩梨园和金把黄鸭梨的名号，中心区梨花村于 1994 年开始举办第一届赏花会、采摘节，万亩梨花竞相争艳，美不胜收，吸引了来自各地的游客。至今，赏花节已举办了 20 个年头。

莱阳西陶漳古梨园

西陶漳古梨园位于山东省莱阳市照旺庄镇西陶漳村。据莱阳市博物馆第三次文物普查发现，西陶漳村现存古梨园面积 300 亩，至今已有 400 多年历史。园内有百年古梨树近千株，四百年以上树龄的贡梨树 500 余株。据史料记载，早在明朝洪武年间建村之初，西陶漳就有栽培茌梨（又名莱阳茌梨、莱阳慈梨，俗称莱阳梨，[①] 其栽培始于明末清初，是山东

莱阳西陶漳古梨园

---

① 莱阳梨与新疆库尔勒香水梨、河北雪梨、安徽砀山梨并称为中国"四大名梨"。其中，莱阳梨品质尤属上承

省普遍栽培的白梨系统中的优良品种，以个大质脆、甘甜适口、营养丰富而驰名中外。因主要产地在莱阳市，原产地在茌平一带而得名）的历史，明万历年间西陶漳茌梨开始作为"贡梨"进贡朝廷，为明清两代"贡梨"产地之一。

近年来以梨花节、莱阳梨文化节、梨园自摘游、梨状元评选、农家乐体验等一系列活动，吸引了大批中外游客前来观光旅游，先后接待香港、台湾、北京、广州、济南、青岛等地旅游团队，游客总数达 30 余万人次。[①]

为加强对古梨园的保护和旅游开发，目前，村里已对园中最古老、果实品质最佳的两棵"贡梨树"进行了圈定保护，并在石碑上篆刻了文字。

山阳千年梨园

山阳千年梨园位于山东省昌邑市饮马镇山阳村博陆山，占地 2 000 余亩，总计 6 万多株。梨树干如铁铸，枝若游龙，苍古劲拔，树象不一，争雄斗奇。其中，树龄超过 1 000 年的有 10 多株，元、明朝以来的 500 多株，清朝以来的有 3 000 多株，100 年以上的有 2.5 万余株。最古老的梨树树龄在 900 年以上，因此该梨园也有"千年梨园"之称。现有马蹄黄、茌梨、谢花甜等梨树 10 余种。是潍坊市树龄最长、规模最大的古梨树群。

从 2010 年起，每年 4 月中旬，该园都举办山阳梨花节，梨花节持续半个月时间，游客可登博陆山、赏千年梨园、品梨花水饺，文化活动丰富多彩。2013 年山阳梨园荣获"齐鲁最美田园"称号。

树龄约 900 年的"谢花甜梨"树和梨

冠县中华第一梨园

冠县中华第一梨园位于山东省聊城市冠县兰沃乡韩路村北、冀鲁豫三省交界处的黄河

---

① 《莱阳西陶漳村获好客山东休闲汇最佳休闲乡村》，http://www.sd.xinhuanet.com/sd/yt/2012-11/01/c_113577510.htm，2012 年 11 月 1 日

故道，占地面积 1.1 万亩。梨园历史悠久，百年老树遍布梨园，其中以 300 多年的"梨树王"最为著名（高 8 米，树冠占地近百平方米，年产鸭梨达 2 000 余公斤，其树型之高大、树龄之久、产量之丰富，均为全国第一）。此外，园内的百年"红子"树，叶似梨，花似桃，果似山楂，十分罕见。另有"八仙聚""卧龙树"亦成景观。这里春天梨花盛开，堆雪铺玉；夏天枝繁叶茂，碧波万顷；秋天硕果累累，飞甜流香；冬天苍枝婀娜，诗画遍地，写就了一幅幅风景壮丽的天然画图。

据史书记载，早在东汉时期，冠县鸭梨就已名扬四方，盛唐时期，当地人为纪念鸭梨丰收，曾在此修建寺庙并以鸭梨成熟的节气"寒露"而命名为"寒露寺"（现在的韩路村就是以此寺演绎而得名），明清时期所产之"堂（邑）梨博（平）枣"曾为皇宫贡品，其中的"堂梨"指的就是冠县兰沃梨。目前成方连片的百年古树达 3 万余亩，被国家工商总局批准注册为"中华第一梨园"。该梨园以"春赏花，夏观绿，秋品果，冬看树"的特点吸引着国内外游人，先后被评为国家 AAA 级景区、山东省农业旅游示范点、全国休闲农业与乡村旅游示范点。2014 年 3 月 4 日，由农业部组织开展的 2013 年"中国美丽田园"评选活动结果揭晓，冠县中华第一梨园作为十大梨花景观之一榜上有名。

冠县中华第一梨园

截至 2013 年 7 月，梨园已举办了八届梨园文化观光周和六届采摘游园活动，均取得了良好成效。自第一届梨园观光周活动以来，到韩路村的游客每年达 50 万人，实现旅游总收入 600 多万元。

芹沃太平山千亩古梨园

芹沃太平山古梨园位于山东省枣庄市山亭区桑村镇芹沃村太平山下。该梨园始建于清朝初年，总占地面积 1 300 余亩，现存古梨树 7 000 株、60 多个品种，树高一般在 3~5 米，树冠直径 6 米左右，主要以黄金梨、雪花梨和皮色鲜红的早红考密斯梨等精品梨为主（所产红梨，为梨园特有品种），[①] 树龄大都在百年以上。园内所有树木皆依地势而起伏，高低重叠，苍翠幽深，逢梨花盛开时节，会呈现出"占断天下白，压尽人间花"的美丽景象。该梨园是枣庄市始建最早、规模较大、保存完整、最具观赏价值的古梨树群，为鲁南地区独有的山地梨花景观带。

芹沃太平山千亩古梨园和桑村红梨

登瀛古梨园

登瀛古梨园位于山东省青岛市崂山客服中心停车场附近的"条子山"和"梧桐涧"之间，占地 20 余亩，是一处有一百多年历史的古梨园，2004 年园中仅树径 30 厘米以上的古梨树就达 150 余株，[②] 为登瀛一带遗留下来的面积最大的一片。过去，从大河东至公鸡山一段，地势平坦，两旁梨树成林，南面海口，东傍山峦，风景甚佳。当地居民以梨为业，春天梨花盛开，十里似雪；秋则硕果累累，瓜果飘香，行走其间，恍如置身桃花源中。著名的"登瀛梨雪"为旧时青岛十景之一。

自古，登瀛人就大面积种植梨树，20 世纪初，德国人在沙子口附近的山坡上种植了上万株品种优良的梨树。至 20 世纪 30 年代，登瀛形成"林海雪原，白云满坡"之大观。

近年来登瀛古梨园面积和古梨树数量在逐渐减少，梨园虽在，但景观大不如前。尽管如此，山上依旧有许多梨树，仍可形成飘雪之态，吸引着不少看过电影《恋之风景》而慕名前来寻找"登瀛梨雪"的游客。

① 《山亭桑村千亩古梨园踏青赏花好去处》，http://zaozhuang.dzhttp://www.com/news/zznews/201004/t20100403_5464526.htm，2010 年 4 月 3 日

② 王浩：《寻觅"登瀛梨雪"》，青岛市情网 http://www.qingdao.gov.cn/n15752132/，2012 年 10 月 24 日

沭阳古栗林

沭阳古栗林位于宿迁沭阳县西部，主要沿虞姬沟一线呈带状分布，以新河和颜集两镇最为集中。

板栗属落叶乔木，寿命可达 300 年以上，果实性味甘寒，有养胃健脾、补肾强筋的功用。

自秦汉时期，沭阳始栽植板栗。据《沭阳乡土地理》和文史资料记载，从颜集的虞姬沟到新沂河一带数十里皆生长成片的板栗和银杏，祖祖辈辈栽植，已成传统。并因其个大、肉甜香脆，且外壳鲜红光亮，被命名为"大红袍"，成为地方有名的"贡果"。

大片的古栗树均按易经八卦布局，虽经百年风雨，依旧生机盎然，错落有致，巍巍壮观，是省内一处保存完好的原生态文化自然景观，在全国亦属罕见。

新河镇周圈村的古栗林占地 120 亩，有百年以上的古栗树 566 棵、古银杏 172 棵；颜集镇花晏村的古栗林约有 80 多亩，其中一半以上为清代一鲍姓地主所栽，分布在东西宽 200 米、南北长 1 000 米的条形地块中，每棵间距约 10 米，共有板栗树约千余棵。颜集镇堰下村也有占地 50~60 亩的古栗林，据说其中树龄最大的板栗树栽种于明末清初，至今已有三四百年的历史。

沭阳古栗林

为保护这片古栗林，沭阳县有关部门 2009 年曾四次邀请专家、学者来沭考察、调研，县政府还专门下发了《关于公布沭阳县古栗林保护范围和建设控制地带的通知》，并委托东南大学考古专家承担项目策划工作。随着农业生态旅游规模和质量的不断提升，传统的花乡农民也由农业生产向旅游服务业转变，实现了农业增效和农民增收。在近期发展规划中，沭阳还有一个更大的古栗林正在规划筹建，相关部门将对林内现有的 200 多户居民进行集体搬迁。在改善群众居住条件的同时，着力提升景区的景观效应，进一步打造旅游品牌，提升花乡对外形象。

沭阳古栗林为江苏省第三次全国文物普查十大新发现之一，现正在积极申报国家级文物保护项目。

邳州炮车古板栗园

炮车古板栗园位于江苏省邳州市炮车、陈楼两镇交界处。整座栗园全部根植于沙中，沙细如雪，如履地毯。核心区面积 1 600 余亩，300 年以上的古栗树 3 000 余棵，200 年以上的 3 600 余棵，30 年以上的万余棵，森林覆盖率达 80% 以上，是全省乃至全国极其罕见的实生栗子园，至今仍保持原生态。[①] 经考证，该园老栗树植于清乾隆年间，迄今已有 200 多年的历史。据传一次乾隆下江南，途经此处，御鞋踩在软软的白沙上，甚是欢喜，但看到庄稼枯黄，百姓疾苦，又非常痛心。于是召集身边的随臣商议，分管农业的大臣就献上一策，此沙土地只适宜栽植果树，惟有广植果树才可解民之疾苦，尤以栗子、沙梨最佳。乾隆于是就下了道谕旨，令速从北方调拨上万株栗子苗和梨树苗，分发给各家各户，各自植于白沙地之上，由此造就了炮车果园这一地名。近 300 年来，由于老梨树皆已伐光，现在的果园已变成纯正的栗子园。

邳州炮车古板栗园

邳州古栗园风光旖旎，环境优雅。园内绿荫蔽日，古树虬枝蟠卧，仪态万千；果实品质优良，色泽亮紫，含有多种微量元素，系有名的紫金板栗。2010 年，邳州古栗园被江苏省旅游局评为省级森林公园。

邵店古板栗园

邵店古板栗园位于素有"中国板栗第一镇"之称的江苏省新沂市邵店镇。板栗园总面积达两万亩，居沭河两岸，横跨沭河、东鲍、联合、悦集等村。不论宅前院后或路边沟旁，板栗树树相连，片片相接，高低起伏，举目四望，漫无崖际的绿海中，枝影横斜地掩映着一座座红墙碧瓦，美不胜收。镇内沭河村有 300 年以上的板栗树 1 万余株，古树之多，树

---

① 资料来源于邳州市炮车古栗园景区网站

邵店古板栗园

龄之长，全国罕见。

邵店种植板栗的历史已有 2 000 多年，向以粒大、色艳、淀粉足、营养高而驰名中外。板栗树在每年农历五月开花，此时也正是雷雨冰雹频发的季节。据《邵店镇志》载："民国以来，有十多次风雨冰雹为害板栗之事。"因此，人们在板栗园中建虞姬庙，视虞姬为雹神（当地老百姓又称冷神），烧香祈祷，以求丰收。今邵店民间仍有"冷子不打板栗园"之俚语。更因项羽与虞姬的爱情故事而名扬四野。

淮源千年古栗园

淮源千年古栗园位于河南省桐柏县淮源镇垄庄村栗子园组。面积 100 余亩，现存野生板栗上千株，树龄均在 150 年以上，其中最大的栗树需要 4 个人合抱，树冠可以覆盖几百平方米，估计树龄超过 900 余年。[①] 如此大片的古板栗群在全国实属罕见，为中国北方地区

淮源千年古栗园

———————————

① 《桐柏淮河源头千年古板栗群全国罕见》，桐柏网 http://www.dahe.cn/xwzx/bwzg/t20070207_841393.htm，2007年2月8日

面积最大的原生态古板栗园。它们盘根错节，遮天蔽日，姿态万千。

目前，桐柏县政府已将该古栗园列为新型生态旅游景点，通往景区的公路也已正式开通。正在构建的沿 312 国道生态环境游、观光农业游的风景画廊中，古栗园无疑将成为又一颗璀璨明珠。

刘墉板栗园

刘墉板栗园位于山东省诸城市东北端、潍河之滨的昌城镇。昌城境内有潍河、芦河、百尺河三条河流过境，属冲积平原，气候温暖湿润，所以这里土肥水盛，林木繁茂，百草葱茏，再加上处于潍河东岸，水源条件充足，细沙土壤，非常适宜板栗生长。诸城板栗自明朝末年开始栽植，主要分布在昌城、芝灵、桃林等乡镇，尤以昌城镇最为盛产。当时，潍河东岸的昌城境内已"垦植家栗，渐成大行"，至清康熙年间，栗园已达数千亩（《诸城市志》）。①

刘墉板栗园因清代体仁阁大学士刘墉世家在此植栗、居住生活而得名，并一直沿用至今。据记载，刘墉为官清廉，劝导家人不忘农桑，于潍河东岸置薄沙地数顷，建宅一处，垦沙包、填沟壑、植大栗、防饥荒。到解放前，其后裔仍经营着 3 000 多亩栗园。如今的板栗园已发展成由五个村庄 1.8 万亩板栗连为一体的长达 15 公里的板栗种植带。园内古树密布，仅明清古树就有 3 000 余棵，50 年以上的古树 8 000 棵，最古老的栗树名为"祖孙树"，树龄已有 400 多年，为国内罕见。该园共 300 多个品种（其中，优良品种有 40 多个），年产板栗 2 000 多吨，是山东省内平原地区面积最大、古树最多的古板栗园区。

整个板栗园天造地设，环境优美，古板栗树造型奇特，千姿百态，唯有亲临其境，才能真正领略它的独特魅力。

刘墉板栗园和"九分地"古栗树（栗树之王，年产栗子 180 多公斤）

---

① 王术平：《齐鲁名胜刘墉板栗园》，http://story.zcinfo.net/article/showwzarticle.asp?id=5771，2010 年 12 月 3 日

佳县古枣园

佳县古枣园位于"中国红枣名乡"陕西省榆林市佳县朱家坬镇泥河沟村。该古枣园核心保护区面积 36 亩，共有各龄枣树 1 100 多株。其中，干周（即胸围）在 3 米以上的有 3 株（最大的一株树高 13 米、干周 3.45 米，经专家测定树龄达 1 400 多年，至今根深叶茂，硕果累累，被誉为"枣树王""活化石"；2012 年在上高寨乡柳树峁村发现一株新的千年酸枣古树，树高约 8.5 米，胸径 54.1 厘米，树表光滑无腐烂现象，现在依然"夏季枝叶茂盛，繁花满枝，深秋时节缀满果实"），干周在 2 米以上的有 60 株，干周在 1.5 米以上的有 106 株，干周在 1 米以上的有 300 多株。佳县有着 3 000 多年的枣树栽培历史，全县 20 个乡镇 653 个行政村都有枣树分布，有枣林 53 万亩，年产红枣 1 亿公斤。这些古枣树虽饱经千年风霜，仍枝繁叶茂，果实丰盈，最大的"枣树王"可年产大枣 50 公斤以上。[①]

作为干旱地区山地高效农林生产体系，佳县古枣园以枣粮间作和枣的庭院栽种为主要模式，其耐受性较强的特点保障了黄土高原贫瘠自然条件下当地群众的生计和健康，被专家认为是当今全球保存最好、面积最大、栽培历史最久、株数最多的千年枣树群落，泥河沟村也被誉为"天下红枣第一村"。2013 年 5 月 21 日，佳县古枣园被农业部批准为第一批中国重要农业文化遗产。2014 年 4 月 29 日，佳县古枣园被联合国粮农组织认定为"全球重要农业文化遗产"保护试点。

佳县古枣园和古枣园中的千年枣树

---

① 《陕西佳县—古枣园入选"全球重要农业文化遗产"》，http://www.huaxia.com/zjsx/xwsc/2014/09/4092419.html，2014 年 9 月 29 日

新郑中华（黄帝）古枣园

新郑中华古枣园位于河南省新郑市孟庄镇栗元史村西南方，面积约为680亩，相传为轩辕黄帝带领群臣栽植枣树的地方。至今仍有树龄在500年以上的枣树568棵，均系明朝初年栽培。其中一株胸围3.1米，树龄600多年，且枝叶茂盛，硕果累累，人称"枣树王"。这样的古枣园在国内实属罕见。

新郑的种枣历史最早可追溯到8 000多年前的裴李岗文化时期，枣文化更是渊源流长。新郑很早就流传有"枣乡美景关不住，引得玉皇下凡来"这一关于"玉皇观枣台"的美丽传说；《诗经》中记载有"八月剥枣，十月获稻"的诗句；春秋时期郑国名相子产执政时，郑国都城内外街道两旁已是枣树成行；在汉代，人们已经认识到红枣的药用价值，新郑民间发现的汉代铜镜上就刻有"上有仙人不知老，渴饮礼泉饥食枣"的诗句；南北朝时，《齐民要术》对新郑大枣的管理方法有详细的记载；到了明代，新郑枣树种植已形成相当规模，明代十大才子之一的高启留下了"霜天有枣收几斛，剥食可当江南粳"的诗句。[①]

黄帝古枣园现已成为集旅游观光，休闲娱乐为一体的生态农业观赏园，每年红枣成熟季节都有数以万计的海内外游人和客商到此领略枣乡风情，捕捉商机。

新郑中华（黄帝）古枣园

内黄千年古枣园

内黄千年古枣园位于河南省内黄县六村乡千口村，紧临汤（阴）濮（阳）铁路。内黄大枣种植历史久远，是历代帝王之贡品，被誉为"东方宝果"。据考证，早在秦汉时期，此

地先民就习于黄河故道，栽种枣树，食而养生。《黄帝内经》记载，该地"唐宋时期已有大面积种植，达万余亩，并纳入银税。"足见内黄种植枣树已有两千余年的历史。

古枣园种植面积 150 余亩，约 2 600 多棵，是目前我国最大的古枣园。树龄大多在 1 000 年以上，树围在 170 厘米左右，古枣树树冠开张，树势雄伟，虬髯盘旋，一棵挨着一棵，原始现状保存基本完好。其中"枣树王"胸围 190 厘米以上，几个侧干的直径也达 120 厘米。[1] 现为县级文物保护单位。

自 2002 年起，内黄县依托红枣文化，已先后举办 13 届红枣文化旅游节，成为该县颇具特色的文化旅游品牌。

内黄千年古枣园

崔庄皇家枣园

崔庄皇家枣园位于天津市滨海新区大港太平镇崔庄村，毗邻荣（成）乌（海）高速公路，面积约 3 000 亩，其中古冬枣核心区面积 238 亩，新枣试验区 1 300 亩。600 年以上枣树 168 棵，400 年以上枣树 3 200 棵，是我国成片规模最大及保留最完整的古冬枣林。[2] 也是中国冬枣树的祖先树，具有较高的文物保护价值。

崔庄古冬枣园生态系统以冬枣为核心，包含蔬菜、玉米、花生等农作物，杏、苹果等经济林木，木槿、黄杨等绿化树种以及各种野生植被和野生动物，枣林—村庄—农田"三素共构"的结构创造了人与自然高度融合，体现了结构合理、功能完备、价值多样、自我调节能力强的复合农业特征。[3]

---

① 资料来源于内黄县人民政府网站 http://www.neihuang.gov.cn/info/news/whly/whlv_content/18672.htm

② 中华人民共和国农业部网站 http://www.moa.gov.cn/ztzl/zywhycsl/depzgzy/whyc/201406/t20140624_3948727.htm，2014 年 6 月 24 日

③ 《滨海崔庄古冬枣园入选第二批中国重要农业文化遗产名单公示》，天津政务网 http://www.tj.gov.cn/zwgk/zwxx/zwdt/qxdt/201405/t20140507_236714.htm，2014 年 5 月 7 日

崔庄皇家枣园

　　崔庄古冬枣树上结出的冬枣，个头匀称、果型周正、皮薄、甜度高、酥脆。悠久的冬枣栽培历史奠定了崔庄作为中国冬枣栽培发源地的特殊地位，而大片茂密的古枣林，吸纳天地灵气，历经数百年仍硕果累累，显示出极强的生命力，不仅构成了崔庄村古朴独特的自然景观氛围，也为冬枣文化的深度提炼与演绎提供了物质基础。

　　古冬枣树是国内唯一的植物类全国重点文物保护单位，是活态的文物。明史记载，早在600多年前，人们就开始在古老的娘娘河北岸种植冬枣树。相传明孝宗皇帝曾和皇后张娘娘在这片冬枣林中采摘、品尝过冬枣，始建"皇家枣园"，这就是现被誉为冬枣之乡的崔庄古冬枣园。新中国成立后，冬枣除鲜食外并无它用，农民对冬枣园管理颇为粗放。1958年因大炼钢铁，大量古冬枣树被伐薪烧炭、熔炉炼钢。值得庆幸的是，在崔庄有识之士庇护下，少量成片古冬枣树得以保留，终将古冬枣树这一珍贵资源留存至今。

　　2014年5月5日，天津滨海崔庄古冬枣园入选第二批中国重要农业文化遗产名单。

王宿里坝上古枣园

　　王宿里坝上古枣园位于陕西省榆林市清涧县城东45公里的王宿里村。清涧属温带大陆性季风干旱气候，年均气温10℃，年降雨量450毫米，无霜期200天，为红枣的生长提供

王宿里坝上古枣园

了得天独厚的自然条件，使其成为世界优质红枣原产中心之一。清涧红枣已有三四千年的栽培历史，至今境内千年枣树依然可见。据专家考证王宿里巨鹰千年古枣园是全球唯一现存超过千年以上的古枣园，这里密植 120 多棵千年枣树，树龄最大的有 1 500 多年，上百年的枣树近千株。千年枣树绝大部分树干中空、盘根错节、千姿百态。金秋十月，漫步千年枣林，枣香四溢，扑鼻而至，满山红枣，信手可得。

庆云唐枣园

庆云唐枣园位于山东省德州市庆云县城西北 11.5 公里处，占地面积 3 500 亩，北傍漳卫新河，东临漳马河，是以"千年唐枣树"为基础、万株枣树古木群为特色的生态旅游观光园。树龄均在两三百年以上，有忠孝树、母子树、夫妻树等，千姿百态，景色迷人，春来蜂蝶飞舞，夏时绿衣婆娑，金秋红果流光，冬季虬枝尽展。每逢金秋时节，"四野荷香飘天外，万家小枣射云红"。2007 年被评为省级农业旅游示范点。

据《庆云县志》记载，从汉代时庆云就广泛种植枣树，当时庆云地属渤海郡，渤海郡太守龚遂劝民勤事农桑，规定邑民必植枣树，以后南北朝、明清庆云县知县都推广过枣树种植。[1] 唐枣树为隋末唐初所植，距今已有 1 400 余年的历史，被誉为"中华枣王"，并被载入《中国名胜大辞典》。相传，隋末瓦岗寨起义将领罗成在此树下拴马歇凉，时值仲秋，碧叶红果，枣儿偶落鞍褥囊中，罗成不愿独享，随至京献于唐王品尝，因该枣色鲜味甘，后被诏封为"糖枣"，后世讹传为"唐枣"；又传明燕王扫北至此，忽降大雾，燕王一行从树侧驶过，使匿于树下的百姓幸免于难，因而被世人皆称为奇树；抗日战争时期，日军在疯狂砍树时欲伐此树，当地村民冒死相护，使敌却步。[2]

唐枣树高 6.5 米，胸围 4 米。从树北侧看，树干像镂龙雕凤，苍劲遒逸；从南侧看，

"中华枣王"和庆云唐枣园

①　资料来源于 http://tieba.baidu.com/p/1051650875，2011 年 4 月 14 日
②　《庆云唐枣生态园》，齐鲁网 http://www.hongzaowang.com/journey/read.asp?iID=529，2010 年 5 月 30 日

枣树腹鼓腔空，能容下小孩玩耍。现在老枣树每年还可收红枣百余斤。树旁的《唐枣碑》1989 年树立，碑正面"唐枣"二字，由中国著名书法家蒋维崧先生书写，篆书雍容典雅、遒劲灵秀；碑背面为三百余字的楷书碑文，由张连生撰文、宗惟成书写，笔笔意到，平正峭劲。二者珠联璧合，堪称书法珍品。

历代文人墨客对唐枣树多有歌咏，留下大量诗词佳作。清代康熙元年庆云知县卢元培曾作诗《鬲津古树》："半亩清荫俯碧川，沧桑历尽势参天。繁枝自抱风云色，贞干宁辞冰雪缘。高士结庐容啸傲，将军屏坐寄流连。联珠而后知盈篚，绝胜华南第一篇。"庆云县原县委常委、宣传部长赵玉秀亦作诗赞之："鬲津故川水潺缓，枝繁叶茂伴千年；沧桑阅尽见兴替，贞干高洁代代传；瓦岗英雄曾系马，燕王扫北雾弥天；子孙繁衍遍大地，留取红果惠人间。"[①]

庆云是国家林业局命名的"中国金丝小枣之乡"，庆云金丝小枣品质优异，掰开半干的小枣，可清晰看到由果胶质和糖组成的缕缕金丝粘连于果肉之间，拉长 1~2 寸不断，在阳光下闪闪发光，金丝小枣因此得名。庆云金丝小枣具有丰富的营养价值和药用价值，具有滋补身体和辅助治疗脾胃虚弱、消化不良、肺虚咳嗽、贫血等症状的功能。

桑珠古核桃园

桑珠古核桃园位于新疆维吾尔自治区和田地区皮山县东南的桑株乡色依提拉村，占地面积 50 亩，这里连片生长着 37 棵 500 年以上的古核桃树，丝毫没有衰退的迹象。其中有五棵核桃树的树心枝干生长奇形怪状，枝干苍劲，叶茂果繁，颇为壮观。果树群中最大的一棵高 20 米，胸围 5.5 米，树冠面积 680 平方米，年产核桃 5 万个。所产纸皮核桃、薄壳核桃、早核桃等优质品种具有果大、出仁率及含油量高等特点。是丝绸之路上的一道靓丽风景。

桑珠古核桃园和皮山薄皮核桃

① 《山东庆云：全国最老的千年神木唐枣》，新华网山东频道 http://www.sd.xinhuanet.com/whsd/whsd/2013–11/01/c_117960397.htm，2013 年 11 月 1 日

漾濞核桃林（光明万亩核桃生态园）

漾濞核桃林位于云南省漾濞彝族自治县苍山西镇，涵盖整个光明村，地处苍山腹地，总面积 15.73 平方公里。漾濞核桃历史源远流长，可追溯到 3 500 多年前，早在清朝以前，漾濞江流域已培育出闻名遐迩的漾濞大泡核桃。[①]

目前，漾濞核桃种植面积达 92 万亩，年产量 2.7 万吨，产值突破 5 亿元，农民人均核桃纯收入近 3 000 元。光明核桃是漾濞核桃的典型代表，早在公元前 16 世纪就有核桃生产，现在全村树龄在 200 年以上的核桃约有 6 000 多株，100 年以上的比较普遍。光明核桃以果大、壳薄、仁白、味香、出仁出油率高、营养丰富而誉满中外。[②] 清代安徽人檀萃在《滇海虞衡志》中说："核桃以漾濞江为上，壳薄可掐而破之。"

核桃与各种农作物间作套种形成的独特农耕模式，是云南漾濞核桃—作物复合系统的集中体现。核桃与各种农作物间作套种、复合栽培，在耕种农作物的同时，可起到为核桃施肥、中耕松土、除草、浇灌的作用，核桃生长快、结果早、结果多，而且还多收了粮食，从而实现农业生产的良性循环和可持续发展。

漾濞核桃林和漾濞大泡核桃

作为一个典型的核桃生态村，光明万亩核桃生态园万亩核桃郁郁葱葱，村庄与核桃林融为一体，景色秀丽，充分展现出"村在林中，房在树中，人在景中"的人与自然和谐共融、农业生产与自然生态良性循环的画卷和独特魅力。一年一度的"中国·大理漾濞核桃文化节"每年都要在这里举办。2013 年 5 月，漾濞县以光明万亩核桃生态园为核心区申报的"云南漾濞核桃—作物复合系统"，被国家农业部列入"中国重要农业文化遗产"名录；同年，该核桃生态园入选农业部中国美丽田园"果园景观"。

---

① 《漾濞小核桃树立优秀大品牌》，http://www.cneinn.com/news/2013100221423.html，2013 年 10 月 2 日
② 《云南漾濞核桃—作物复合系统》，《农民日报》2013 年 5 月 22 日

"古核桃树王"①

"古核桃树王"位于和田县巴格其镇喀拉瓦其村内。和田素有"核桃之乡"之称，张骞出使西域时和田核桃的栽培技术已基本成熟，而且核桃品质最优，晋人张华《博物志》记载："张骞使西域还，乃得胡桃种"。目前全国7个省补植的核桃均取种于和田。②经考证，古核桃王种植于公元644年，距今已有1300余年历史，属唐朝的果树，当地百姓视其为"神树""寿星树"。③虽然历经千年风雨沧桑，该核桃树王仍以其高大伟岸、枝繁叶茂，苍劲挺拔的雄姿，展现在世人面前。

树王独占3亩天地，树型大致呈"Y"字形，主干10人合抱围而有余。由于年代久远，主树干中空，形成一个上下连通的"仙人洞"，洞底可容6人站立。树干皮色粗糙而深沉、恢宏而古老。怪趣横生的是离树王12米处根部又长出一棵核桃树，形状酷似老树干，身躯也呈现"Y"字形，也得两人才能合围。核桃树王如此古老，却叶肥果盛，年产核桃6万余个。如今，这里专门兴建了占地1.67公顷的核桃树王公园，园内亭台阁榭，春来鲜花怒放，夏至瓜果飘香，四周葡萄长廊与古老的核桃树王交相辉映，呈现出一派优雅别致、古老而恬静的田园景象。是历史辉煌的佛教古国首都约特干唯一留存下来的活证。

2006年，"古核桃树王"被列入国家一级古树名录。

"古核桃树王"

从化古荔枝林（从化"荔枝王"）

从化"荔枝王"位于广东省从化市太平镇木棉村龟咀社石塘岭，种植在半砂质的红壤台地上。该荔枝树为私人拥有，栽植于明朝中叶，距今已有400多年历史。该树的树干基

① 核桃又名胡桃，与扁桃、腰果、榛子一起，并列为"世界四大干果"
② 资料来源于新浪博客 http://blog.sina.com.cn/s/blog_672cad8e0100hxkx.html，2010年4月27日
③ 侯智：《古核桃树王》，《西安晚报》（电子版），http://www.xiancn.com/gb/wbpaper/2005-11/03/content_702443.htm，2005年11月3日

从化"荔枝王"和从化古荔枝

底直径 5 米多，高度约为 12 米，冠幅直径 30 多米，占地 880 多平方米，树遮阳覆盖面积达 1 亩多，延伸出来的树枝也十分粗壮，整棵树呈"蘑菇状"，形态显得十分"稳重"。"荔枝王"属于槐枝品种，肉质比一般荔枝更加清甜，口感也更佳，而从产量上看，这棵"荔枝王"也尽显王者风范，其年产量一般为 1 000~1 500 公斤，是一般荔枝树年产量的数倍，而最高产年份可挂果 2 000 多公斤，其产量之大令人咋舌！

在"荔枝王"树址周围，有一片生长了 200 多年的荔枝林，种植了很多树龄几十年至上百年不等的荔枝树，其中，相传有 8 棵"皇妃树"，分别冠以"香""贵""惠""容""淑""仁""怡""德"的尊称宝号。荔枝古树林立，为木棉村一道亮丽的风景线。

荔熟时节，红荔似海，宾客如云，亲朋相聚，如歌如潮。清康熙年间，在县署旁建有观澜亭，池中植荷花，池边种荔枝，古人到此曾作《观澜亭荔枝记》《书院荔荷词》等诗词，称"绿叶满池亭，丹荔垂帘幕"，充满诗情画意。从化荔枝，成为历代文人骚客创作源泉之一，杨朔的《荔枝蜜》就是在从化的荔枝园酝酿出来的。20 世纪 80 年代开始，兴起以荔为媒、以荔会友的热潮。1992 年，从化首次举办荔枝节，广交天下朋友，促进了地方经济、文化和社会的发展。

2004 年，从化"荔枝王"入选吉尼斯世界纪录大全，被称为"世界最大的荔枝树"。

禄段古荔枝贡园

禄段古荔枝贡园位于广东省茂名市 ① 茂港区羊角镇禄段村，占地 300 多亩，可溯及唐代，至今已有 1 000 多年的历史，曾是朝廷选定的荔枝贡品产地。该园是茂名地区以千年古荔命名的四大古荔贡园之一（四大古荔枝贡园为高州市根子镇的柏桥贡园、泗水镇的滩底贡园、电白县霞洞镇贡园、茂港区羊角镇的禄段贡园），也是茂名地区古荔枝数量最多、分布最集中、历史最悠久的古荔贡园。1993 年，经专家鉴定，确认该园 1 000 年以上的古

---

① 茂名是目前全国乃至全世界最大的荔枝种植基地，全市荔枝种植面积达 176 万亩，年产量 50 万吨

禄段古荔枝贡园

荔枝树有 1 000 多棵，最古老的荔枝树树龄 1 300 多年。其中一嫁接的古荔枝树，左边为白蜡，右边是黑叶，这种黑白配的嫁接，已有近 600 年的历史。

禄段古荔枝贡园，由于其地理位置得天独厚，水土及气候等条件都适合荔枝生长的需要，因此历朝历代都盛产优质荔枝而古今扬名。苍劲的古荔散布在园内各处，千年古荔造型别致、形态各异，就像一个个放大了的盆景：有的树心被时光掏空，而根部又萌生出了新芽；有的半边躯干被风雨吞噬，只剩半边在顽强地支撑着生命；有的盘根错节，蚺卷弯曲，几代同堂……新老荔树相映成趣，极具观赏价值。身处禄段古贡荔园，宛如进入一座荔枝博物馆。古荔枝树所结的荔枝果，除具有荔枝的鲜红、甜脆、鲜美等特点之外，还具有肉质凝脂、结沙等特点，去壳落地也不沾泥沙，是名副其实的荔中之王。每年农历四月至五月初，是荔枝的成熟季节，均吸引不少前来观赏、体验禄段千年古荔之神韵的游客。

高州古荔枝贡园

高州古荔枝贡园位于广东省高州市根子镇柏桥村，总面积约 80 亩。据史籍记载，高州种植荔枝始于秦末，至今已有 2 000 多年的历史。传说，唐朝岭南地区高凉浮山岭下有一小山叫大园岭，长有一棵野生荔枝树，该荔枝树肉厚核细、味道极甜，丰产稳产，却久未命名。玄宗年间，高力士身为唐玄宗的心腹内侍，把家乡高凉大园岭的荔枝献给杨贵妃，杨贵妃见到鲜红的荔枝大喜，笑容可掬，后来人们将这种荔枝称为妃子笑荔枝。因其形似白蜡及盛放糖的罂（一种常用来盛放糖的陶瓷器），味道特别甜，故又取名为白蜡荔枝和白糖罂荔枝。明末弘治年间，何氏祖先从原籍福建迁到广东高州府茂名县根子柏桥村开基创业，发现大园岭这些优质荔枝，虽然果实大小和味道还不错，但该母树已年过八百，老残至极，结果少。何氏祖先便采用"圈枝"法繁殖新苗，在大园岭开垦扩种，由于该母树老残枝少，能繁育的苗不多，于是再到围山岭找到两棵荔枝"圈枝"繁殖，种满了大园岭。[1] 目前，该

---

① 黎扬广，车闻达：《活的荔枝博物馆——根子贡园》，http://www.21jn.net/html/87/n-3787.html，2009 年 6 月 9 日

高州古荔枝贡园

园古荔丛生，形态各异，拥有 500~1 300 年树龄的古荔枝树 39 棵，为粤西地区现存最古老的荔园。

惠州百年荔枝林

惠州百年荔枝林位于广东省惠州市博罗县公庄镇维新村。

目前，公庄镇共有百年以上树龄的古荔枝树近 1 000 棵，其中最老的一棵为清乾隆年间所植，距今已有 270 多年的历史。

维新村地处北回归线，雨量充沛、空气优良，该村几乎家家户户种植荔枝，总面积达 1 600 多亩，其中 300 亩的百年古荔枝树至今长势良好，而且年年挂果，不仅有桂味、糯米糍等高档荔枝品种，而且有北回归线上独有的水晶球品种。由于地理、气候原因，维新村的荔枝普遍比其他地方迟 1~2 周上市，生长时间更充分，品质更优，口感更好。因此该村也有"北回归线上的荔枝公园"和"岭南迟熟荔枝之乡"之美誉。

百年荔枝林古木参天，阴凉清爽，不仅是人们采摘荔枝的好去处，还是村民和外地游客的避暑胜地。

惠州百年荔枝林

"宋家香"

"宋家香"位于在福建省莆田市荔城区英龙街原宋氏宗祠遗址中，植于唐玄宗以前，世人称其为"宋家香"。北宋嘉祐四年（1059年）蔡襄所作《荔枝谱》记载："宋公荔枝，树极高大，世传其树已三百岁"。据此推算，已存活1200年，是世界罕见的高龄果树。

"宋家香"不同于一般的荔树，它的叶缘离尖端1/3的部位有微凹痕，古称"玉带围"，相传是唐朝黄巢义兵经过莆田时伐树为薪，当一士兵动手砍"宋家香"时，树主王媪急来阻止，苦苦求免，这士兵因即罢手，故只留下一斧的痕迹。

树现高6米多，树干周长7.1米，树冠覆盖面积达65平方米。枝叶繁茂，年结硕果，丰年产荔枝高达352斤。果实呈卵圆形，色红壳薄，肉厚汁多，脆滑无渣，香甜沁人，被世人称赞为"奇香异味天下无""果中皇后""品中第一"。

21世纪初，莆田荔枝苗移植到美国佛罗里达州试种成功，现已逐渐推广到美国南部诸州和巴西、古巴等国，深受各国人民喜爱。是中国园艺科学历史悠久、技术精良和中外文化科学交流的活见证、活标本。

"宋家香"

安陆钱冲古银杏园

安陆钱冲古银杏园位于湖北省安陆市西部的王义贞镇，地处荆门、孝感、随州三市"金三角"腹地、大洪山麓，属亚热带常绿落叶阔叶混交林地带，为中国现存的两大自然状态古银杏群落之一（另一为浙江的天姥山），距今约2000多年历史，系远古银杏"孑遗种"的后代，有"罕见天然古银杏群落"之称。

作为全国最大的古银杏群落，钱冲古银杏园内拥有千年以上的古银杏59株，500年以上的银杏1486株，100年以上的银杏4368株，新开发银杏基地3.8万亩，定植银杏240万株。其数量之多、年代之久远、造型之奇特（有夫妻树、情侣树、子孙树、母子树等），实为世所罕见，其中一棵"银杏王"历经 3 000 多年风雨仍枝繁叶茂，其树干需 6 个人合抱，年产果实近 500 公斤，是钱冲当之无愧的镇山之宝。还有一棵古树，树空成洞，可放小桌，容 4 人于其内，天地造化，让人感慨万千。钱冲银杏以品类齐全，果叶双优为主要特征，由梅核、圆子、马铃、佛手四大类组成，共 20 多个品种，既有早、中、晚熟之分，又有黏、糯、苦、甜之别。

2009 年，国家林业局批准在安陆设立全国首家古银杏国家森林公园，并举办首届中国银杏节。

安陆钱冲古银杏园

泰兴古银杏群落

泰兴古银杏群落位于泰兴市素有"天下银杏第一镇"美誉的宣堡镇。

泰兴是中国著名的银杏之乡，银杏栽培历史悠久。据有关记载及专家论证，泰兴银杏栽培已有 1 000 多年历史，最初栽植在寺庙，后移植豪门，再后来泰兴人将它移植到家前屋后。泰兴银杏嫁接历史也相当悠久，据有关资料记载，早在 250 多年前泰兴就采用嫁接技术繁殖白果。

泰兴古银杏群落

银杏树集叶形美、树形美、内在美于一身，融自然景观与人文景观于一体，是绿化、美化和制作盆景的珍稀树种，与雪松、金钱松、南洋杉并列为世界四大园林树种。在中国，银杏和牡丹、兰花并誉为园林三宝。银杏浑身是宝，其叶、果、材均具有极高的经济和医学价值。目前关于银杏的各种开发已取得不同层面的成果，如：银杏酒、银杏茶、银杏胶囊、银杏工艺品等。所以，中国人民历来推崇银杏为"圣树""神树"，植物学家、园林学家对银杏也十分重视。

"世界银杏数中国，中国银杏看泰兴"。泰兴享有华夏"银杏第一市"的美誉，常年银杏产量约占全国的1/3，外销量占全国总销量的80%。泰兴银杏以家前屋后、大小四旁栽植为主，家家户户都有银杏树，百年以上的古银杏树随处可见，现有500年以上古银杏121株，其中1000年以上的12株，100亩以上古银杏群落20多个。全市拥有银杏围庄林20.2万亩，约占村庄总面积的50%以上。它们犹如华盖云集，景色四季各有千秋：春季嫩枝照绿，一片葱绿；入夏郁郁葱葱，浓荫蔽日；秋天金果累累，满园飘香；寒冬银枝傲天，迎风斗雪，令人赏心悦目，心旷神怡。绵延千米不断的银杏树组成了独特的银杏自然森林风貌，形成白天看不见村庄、晚上看不见灯光的生态奇观，为人们提供了最佳的生产、生活环境。人们漫步其中，仿若经历一场"银杏森林浴"。

坐落于"天下银杏第一镇"美誉的宣堡镇的古银杏森林公园，是目前全世界最大的古银杏分布密集区，有专家谓之为"世界绝无、中国仅有"。目前，该镇正着手申报古银杏群落为世界文化遗产。

金佛山古银杏园

金佛山古银杏园位于重庆市南川区国家级自然保护区金佛山东麓的山王坪，海拔1 300多米，占地100余亩。园内有一株树龄达2 500年的原生古银杏，高26米，胸围达11.6米，当地称"白果娘娘"，其主干基部内空成洞，洞内能放置一方桌而四人围坐。传说在很

银杏皇后和金佛山古银杏园

久以前，一农户以此树洞当圈养牛，不慎失火，树干燃烧两昼夜，树枝全毁，但两年后该树又发出新枝，别具风采。后来，人们给予它很多神奇的传说，遂改称为"银杏皇后"，誉为金佛山一绝。①

值得一提的是，在金佛山南麓的德隆乡杨家沟村，有一片 30 亩的林地，生长有 3 万株第四季冰川唯一残存的野生银杏，其中树龄 50 年以上的 500 多株，一千年以上的 10 多株，②是迄今为止全世界年轮结构最完整、跨度最长、植株数量最多、单株树龄最高的古银杏群落。

龙门场古银杏群

龙门场古银杏群位于福建省三明市尤溪县中仙乡龙门场内。总数近 300 棵，据考证，龙门场银杏群始植于南宋年间，树龄已达 800 多年。方圆百亩内有 350 多棵，平均胸径 50 多厘米，最大胸径达 160 多厘米，最大的一株古银杏树，其高度及树冠直径均在 20 多米。

对于这片银杏林的历史，当地有着种种传说。比较有共识的说法是，明朝时因龙门场的银矿质地很好，朝廷特别喜欢，就命一大臣来组织采矿炼银。而炼银加入以银杏为主原料的配方，炼出的银既纯又好，该大臣便在龙门场引种了银杏，使得银杏在此地遍种成林。又有言，因当地银矿资源丰富，而银杏具有吸收银金属散发出的有毒物质，故当地村民才遍种银杏。③

中仙乡剑溪村龙门场自然村和龙门场古银杏群

① 银杉、方竹、大叶茶、杜鹃王树和古银杏被誉为"金佛山五绝"
② 《德隆乡杨家沟三万株银杏黄了》，中国南川网，2013 年 11 月 12 日
③ 《尤溪龙门古银杏群 树龄最高已达七百多年》，今日三明网 http://www.smnet.com.cn/xwpd/mingsheng/201305/t20130517_200216085.htm，2013 年 5 月 17 日

龙门场的茫茫群山遍植银杏林，村在树中，房在树下，整个村落都被镶嵌在古老的银杏林里，村民的住房至今仍保留着闽中传统民居的木质结构风格，显得古朴有致。一条小溪从村中缓缓流过，河水清澈见底，使古老的村庄更显生机和活力。是全省面积最大的古银杏群落。

2008 年以来，龙门场古银杏群先后被授予福建省摄影创作基地、特色乡村旅游景观村、发现海西之美十佳景点提名奖。

邳州港上国家银杏博览园

港上国家银杏博览园位于素有"中华银杏第一乡"之称的江苏省邳州市港上镇。邳州大面积种植银杏始于北魏正光年间，距今已有 1 400 多年的历史。博览园以港上镇为中心，辐射周围镇村，银杏种植面积达 35 万亩，其中核心区面积 3 万亩。园内有百年以上的银杏树 1.5 万多棵，千年以上的银杏树 10 多棵。姊妹园作为国家银杏博览园的园中园，占地 500 亩，因园内有两棵高大茂密的姊妹树而得名，这里保存着全国罕见的"古银杏群落"，有 500 年以上的古银杏树 20 多株。每到秋天，"蹀叶和风舞，累籽压枝弯"的金碧辉煌景象，吸引着大批游人前来观赏，更是摄影家流连忘返的天堂。

邳州港上国家银杏博览园

邳州港上国家银杏博览园是世界上最大的银杏成片园和全国唯一的单树种国家级森林公园，也是继河南鄢陵花卉苗木博览园、洛阳牡丹博览园之后的全国第三个国家级植物博览园。2004 年被批准为国家级银杏博览园，2005 年被确定为国家级农业旅游示范点，2006 年被评为国家 AAA 级旅游景区。

生生园

生生园位于山东省临沂市城区蒙山大道和滨河路之间的葛家王平庄，占地 179 亩。该园银杏树均多干合抱而生，共 500 余丛，3 000 余株，最粗的直径达一米，是目前全国最大

生生园

的丛生古银杏群落。

　　银杏树栽植于清康熙年间，距今已有 300 多年的历史。[①]中间经历过郯城大地震的自然灾害、日军的战机轰炸以及大跃进时期的滥砍滥伐，但仍以神奇的生命力生发新枝，重新长成，故睿智的临沂人将沂河岸边这片饱含"生生不息"之意的银杏园命名为生生园。春日，这里花开遍野，处处浓郁着沁人的花香；夏日，参天巨树枝繁叶茂，可使人们享受难得的清凉；秋日，满地金黄，又成为婚纱摄影的天堂；冬日，皑皑白雪，则让人感受生命的坚强和无限的张力……生生园既是不可多得的植物景观，也是体现中华民族精神的文化景观。

　　2012 年 9 月 27 日至 10 月 31 日，山东省第四届城市园林绿化博览会就选址于生生园。

随州千年银杏谷

　　随州千年银杏谷位于有"中国古银杏之乡"之称的湖北省随州市曾都区南部的洛阳镇永兴村，绵延 12 公里，覆盖洛阳镇九口堰、张畈、胡家河等 5 个村。

五老树和随州千年银杏谷

---

① 《全国最大的丛生古银杏群落生生园：摇曳三百年古树添新姿》，http://www.sina.com.cn，2010 年 4 月 29 日

谷内有千年以上的银杏树 308 棵，百年以上的银杏树 1.7 万多棵，定植银杏树 510 多万棵，是全国乃至全世界分布最密集、保留最完好的一处古银杏树群落。其中，周氏祠前的"五老树"，聚集着五棵几乎连枝的千年银杏树，最高的一棵已有 1 800 多年，树的直径达数尺。每逢金秋时节，千年银杏谷遍地金黄，蔚为壮观，吸引了周边大量游客前来观赏，成为初冬一道亮丽的风景线。

该古银杏群落与周围半丘陵半山区地形、湖泊河道、乡村农舍有机组合，互相映衬。2003 年随州银杏林整体以 17.14 平方公里的面积入选国家自然保护区名录，成为全国最大的野生植物银杏自然保护区。被誉为"千年银杏，十里画廊，世界上最纯净的地方！"

2014 年，随州千年银杏谷被列入国家 AAAA 级旅游景区。

"中华银杏王"

"中华银杏王"位于贵州省长顺县广顺镇石板村天台组。围长 16 米，高 30 余米，需10 人才能环抱合围，每年结果 1 500 余公斤。据林业专家鉴定，该树至少有 4 700 多年的历史，比上海大世界吉尼斯之最的贵州福泉李家湾 3 000 年古银杏树的年龄还要长，[①] 几乎与中华五千年文明共辉煌，故而得名"中华银杏王"。此古树乃冰川时期留下来的树种，堪称生物界中的"活化石"。古银杏树历经千年风霜，依旧枝繁叶茂，果实累累，立春则豆蔻含苞，至夏葱绿欲滴，仲秋尤金黄可掬、璀璨炫目，冬来玉骨琼枝，一季一景，四季皆美，被誉为"生命艺雕"。其周围还有同样的古树六株，且造型奇特，形态各异。是电影巨片《轩辕大帝》的拍摄基地。

2010 年，上海世博会国际信息发展组织给"中华银杏王"颁发了"千年贡献奖"，并将其种子捐赠给总部设在瑞典的世界种子库收藏。

"中华银杏王"

---

① 资料来源于贵州信息百科网 http://gz.zwbk.org/MyLemmaShow.aspx?lid=12652，2012 年 7 月 12 日

会稽山古香榧群

　　会稽山古香榧群位于浙江省绍兴市中南部的会稽山脉，主要由诸暨赵家镇、绍兴县稽东和嵊州谷来三地的古香榧林组成，面积约 400 平方公里，有结实香榧大树 10.5 万株，其中树龄百年以上的古香榧有 7.2 万余株，千年以上的有 4 500 株。仅赵家镇山区，就集中了产量占全国 60% 的香榧树，香榧林面积达 5 万多亩，有 500 年以上的古榧树 2.5 万株，千年以上的珍稀古榧树 2 700 多株。[①] 此外，这三地还有野生榧树近万株。

　　香榧，又称"中国榧"，系第三纪孑遗植物，是现存最古老的树种之一，有"三十年开花，四十年结果，一人种榧，十代受益"之说，持续结实能力可达数百年甚至千年以上，被冠以"长寿树"和"千年圣果"的美誉。[②] 香榧属红豆杉科榧属，它雌雄分株，雄树直上挺拔，雌树千姿百态。它四季常绿，枝繁叶茂，树冠巨大，蔚为壮观，与古村落、小溪、山岚等构成了会稽山古香榧群独特的景观。宋代大文豪苏东坡曾赞曰："彼美玉山果，粲为金盘实。瘴雾脱蛮溪，清樽奉佳客"。事实上，早在 2 000 多年前，绍兴先民就利用陡坡山地，构筑梯田（鱼鳞坑），从野生榧树中人工选择、嫁接培育香榧树（是人工嫁接培育而成的唯一栽培种），香榧林下间作茶叶、杂粮、蔬菜等作物，构成了独特的水土保持和高效产出的陡坡山地利用系统——"香榧树—梯田—林下作物"的复合经营体系。因经人工嫁接培育，现存古香榧树基部多有显著的"牛腿"状嫁接疤痕，虽历经千年仍硕果累累，堪称古代良种选育和嫁接技术的"活标本"。特别是位于诸暨市赵家镇榧王村（原名西坑村，由于它的发现而改为现名）的"中国香榧王"，树龄长达 1 430 余年，树高 20 米，胸围 9.26 米，覆盖面积 500 多平方米，年榧果产值达 2 万 ~4 万元，是迄今发现的全国最大的香榧古树。

会稽山古香榧群

　　作为世界上第一个以山地经济林果为主要特征的农业文化遗产利用系统，会稽山古香

---

① 　陈瑶：《会稽山古香榧群申遗圆梦》，诸暨网 http://www.zjrb.cn/news/2013-5/31/30966_1.html，2013 年 5 月 31 日

② 　因香榧在中国文化中的重要意义，因此有专家把它誉为是继人参、葫芦之后的第三个"中华人文瓜果"

榧群对全球经济树种的种植发展、粮食安全以及经济可持续发展具有重要的指导与借鉴意义。目前，香榧已融入了当地人民的生活、饮食、医药、民俗等各方面，各种关于会稽山古香榧群的散文、诗歌、摄影、美术作品屡见不鲜，形成了别具特色的香榧文化，体现了古代人类改造和利用自然资源、并与自然和谐共存的生存模式，是世所罕见的重要农业文化遗产。

2009年12月，绍兴会稽山古香榧群被评定为中国香榧森林公园。2013年，绍兴会稽山古香榧群被命名为省级文物保护单位（浙江省唯一的活态文保单位），并先后入选首批中国重要农业文化遗产名单和全球重要农业文化遗产保护试点。

湖南千年古香榧林

湖南千年古香榧林位于湖南宁乡县黄材镇月山村。这里有近3 000亩成片的香榧林，总数约3 800棵，树龄长的达2 000多年，短的也有100多年。

香榧树在江南一带山区分布比较广泛，但如此大规模的天然香榧群落在中南地区发现则实属罕见。目前已在此建立了"宁乡月山香榧自然保护小区"。

湖南千年古香榧林

岩泉天然香榧群落

岩泉天然香榧群落位于江西省抚州市黎川县宏村镇岩泉国家森林公园。总面积约100多亩，大大小小的有1 500余株，棵棵树干笔直、高大挺拔，最大的一株树龄达800多年，树高达30米以上，树冠占地约半亩，最大直径超过3米，需6个成人合抱。

据黎川县志记载，该县在明代就有榧子出产，至今这里盛年可采香榧子达1万公斤。[1]目前，该县已对该片香榧树群进行了挂牌保护。

---

[1] 陈青峰，吴润发：《黎川香榧古树挂牌待客》，《江西日报》（电子版）http://www.jxnews.com.cn/jxrb/system/2003/02/04/000345949.shtml，2003年2月2日

"香榧王"和岩泉天然香榧群落

保康县长叶榧群落

保康县长叶榧群落位于湖北省保康县五道峡自然保护区九池村，分布面积约 1 000 亩，有 1.5 万株。[①]

长叶榧属红豆杉科榧树属，多为小乔木，该物种起源于新生代第三纪，距今约 2 亿年，是我国特有的珍稀树种，被定为国家二级保护树种。长叶榧分布地带十分狭窄，它生活于峡谷地带，要求光照短、湿度大的生活环境，目前仅在浙江和福建一带发现有少量分布，被称为"植物活化石"。

该地发现的长叶榧多生长在崖壁的岩缝中，土少根浅，侧根发达，树皮呈灰褐色、纵裂，叶披针形，有蜡质光泽，树形美观，有较高的观赏性。

保康县长叶榧树群落的发现，对研究植物分类学、植物地理学和古地质学、古气候学都有重要意义。

泰宁县长叶榧群落

泰宁县长叶榧群落位于福建省三明市泰宁县红石沟。长叶榧，属红豆杉科，是新生代第三纪残存的孑遗裸子植物，距今约 2 亿年，为中国特有的国家二级重点保护植物，也是一种濒于灭绝的物种。

泰宁发现的长叶榧是中国目前分布数量最多、范围最广的区域。这里至少生存着 1 000 株以上的长叶榧，整个群落长势旺盛，充满生机。是目前全省发现的面积最大、数量最多的长叶榧群落。

---

① 《保康发现珍稀古树种长叶榧群落》，http://www.cnhubei.com/200610/ca1181371.htm，2006 年 10 月 14 日

泰宁县长叶榧群落

这一大型长叶榧群落的发现，不仅是难得的景观资源，而且对植物分类学、植物地理学的研究都具有重大意义。

苏州东山橘林

东山橘林位于苏州洞庭东山镇。

东山柑橘，种植历史悠久，早在唐代就被列为贡品，品种以早红橘和料红橘居多，统称洞庭红。洞庭红橘皮红瓤黄，汁多味美，甘而略酸，香味宜人。早红橘一般中秋之后便开始转黄，九月重阳稻熟时橘红，因其"早红皮薄而先熟"而得名。而料红橘在立冬之后才可成熟采摘，贮存时间长，且色香味不变。春节期间，料红橘仍有应市，是橘中之俏品。《本草纲目》有："橘非洞庭不香"的记载，可见洞庭东山橘之历史及名气。大诗人白居易曾有"洞庭贡橘拣宜精，太守勤王请自行。珠颗形容随日长，琼浆气味得霜成。"一诗对其加以赞誉。

东山橘林成片分布，自然风光秀丽。秋末冬初，登高远望，漫山遍野，橘林似海，万绿丛中点点红，阵阵橘香扑鼻来，别具情趣。当年白居易到此诗诵："水天向晚碧沉沉，树影霞光重迭深。浸月冷波千顷练，苞霜新橘万株金。"因此，这里也成为电视剧《橘子红了》的外景拍摄地。

东山橘林现为江苏省重要的常绿果树生产基地，也是苏州东山风景区的重要组成部分。

苏州东山橘林

苏州西山梅林

西山（杨）梅林位于苏州市吴中区西山镇。

西山植梅始于唐朝，盛于南宋。唐朝的白居易、陆龟蒙、皮日休，宋朝的范成大、李弥大等文人雅士都曾到过西山，并先后在林屋山上留下 60 多方摩崖石刻，两千余年连绵不绝。

素有"望衡千余家，种梅如种谷"说法的西山，因偏居太湖之中，这里的梅林得以长久发展。1994 年太湖大桥通车后，吴县（现为吴中区）着力加强保护西山的生态和旅游资源，岛上梅林规模有增无减。现有梅林面积逾万亩，延绵达 10 公里，尤以风景名胜——林屋洞所在地的"林屋梅海"为最佳。以林屋山为中心，周围连片的梅林有 1 500 多亩，视野可及的梅林达 3 500 多亩，驾浮阁、道隐园、九曲梅形游路、梅花亭和建设中的精品梅园、林中赏梅水溪等，组成了林屋梅海"驾浮观梅""林中探梅"和"水上赏梅"三大系列景观，堪称我国最大的赏梅胜地。尤其以林屋山驾浮阁为中心的"鸡笼梅雪"，早在明代就被列入"西山八景"之首。

苏州西山梅林

目前，西山镇区域内近万亩的梅海，一棵接一棵，一棵挨一棵，形成花的世界。在和煦的春光中，人们倘佯在梅林，细细地体会梅韵：枝干苍老虬劲的梅树，伸出许多枝枝桠桠，与旁边建筑的粉墙黛瓦相互映衬，疏影横斜；新植的梅树枝干如剑似戟，一朵朵梅花在枝干上孕蕾、绽放，错落有致，令人心旷神怡。凝若雪海的春梅，与周围的太湖山水交相辉映，风光旖旎，引人入胜。每到花期，漫山遍野的梅花竞相开放，暗香浮动，蔚为壮观，前来探梅赏梅者多达三四十万人次。依托这片独特的梅林资源，近年来，西山镇大打"梅花牌"，一年一度的"太湖梅花节"已成为苏州知名的旅游品牌，每年吸引数十万中外游客，并可为当地农民带来可观的经济效益。

万州区百年红橘^① 树群

　　万州区百年红橘树群位于重庆市万州区长江沿岸。主要分布在该区的大周、太龙、黄柏等二十几个乡镇，绵延长达 39 公里。这里生长着 5 000 余株百年树龄以上的古红橘树，迄今有据可考的最古老的橘树已有 122 年，仅分枝以下的树干就高达 75 厘米，直径达 43 厘米，整个树高 6.9 米，树冠直径为 9.9 米 × 8.4 米，产量高达 650 千克。堪称中国最大的红橘产地。全区现有红橘种植面积 15 万亩，占全区柑橘总面积的 50%，约占全国红橘总面积的 1/3，其中，沿江两岸的集中种植区域便有 10 万亩之多。年产量超过 13 万吨，占全国红橘产量的 50%，在长江两岸海拔 175~400 米的区域，平均每户拥有 200~300 株古红橘树，常年产量在 1 万公斤以上，红橘已成为当地农民的主要收入来源，^{②③} 是世界唯一仅存的数万亩千年古红橘种群和优质基因库。

　　据史料考证，作为世界柑橘起源中心之一，重庆三峡库区早在公元前 2000 年的夏朝，就已有红橘品种，迄今已有 4 000 年的栽培历史。《巴县志》载："又西为铜罐驿……地饶橘（红橘）柚，家家种之，如种稻也。"《史记·货殖列传》记载："蜀汉江陵千树橘……此其人皆与万户侯等。"北宋文豪欧阳修在《新唐书·地理志》中描述了长江上游川渝两地柑橘发展的盛况："凡气候适宜栽培柑橘的地方，户户栽橘，人人喜食"。西汉时期，万州红橘"已产甚丰"，成为皇家的贡品，且当时红橘贸易鼎盛，当时的朝廷在此专设"橘官"一职，收管橘税。此外，万州古红橘也是最早走出国门的中国柑橘品种之一。明朝郑和下西

万州区百年红橘树群

---

① 　万州古红橘，原名万县红橘，古称丹橘，是三峡库区人民培育出的、世界栽培历史最悠久的古农作物良种之一。之所以称其为"古红橘"，是因为它们的基因传承具有唯一性，且比杂交基因有更强的竞争力，所以后代的样子、特性，都和数千年前的祖先相同

② 　《万州区百年红橘树群将申报世界自然文化遗产》，重庆新闻网 http://www.cq.chinanews.com.cn/topic/platform/news_view.asp?newsid=9721，2010 年 11 月 29 日

③ 　《百余专家把脉万州古红橘种群 建议多样性保护》，《中国新闻网》，2010 年 11 月 29 日

洋时便把万州红橘带到了海外。到清代，乾隆皇帝为色如明焰的万州红橘赐名"大红袍"。至今，万州红橘仍是东南亚地区华人、华侨敬奉神灵或先祖的上好贡品。

目前，万州区已建成万州古红橘主题公园，举办了"古红橘赏花节""百年古红橘记者采风""万县红橘走进中央电视台《乡村大世界》栏目"等活动，2013 年吸引游客 10 多万。[①] 为保护红橘这一世界著名的基因库，当地政府决定为古红橘树群申请世界自然文化遗产。

焦作博爱古竹群落

焦作博爱古竹群落位于河南省焦作市境内的太行山南麓、丹河两岸，距今已有 2 000 多年的历史，最早可追溯到东汉年间，当地人称清化竹园。是北半球纬度最高、面积最大、品种最多、历史最悠久的人工栽培规模化、产业化竹林，面积大约有 1.3 万亩，[②] 竹大者高可 15 米，胸径 10 厘米，主要集中在许良、月山、磨头三镇。

据《山海经·北次山经》记载："虫尾之山，其山多金石；其下多竹，多金碧；丹水出焉，南流注入中河。"这是有关博爱竹林的最早记载。历史上，为管理这片北方难得的竹林，唐代曾设立"司竹监"；宋代曾设置"竹园"；明代，这里的许良村曾因"竹坞"美誉而名扬四方；清代，人们则用"村村门外水，处处竹为家"的诗句赞美博爱竹林的秀美景色。

博爱竹园是中国北方唯一的古竹园遗存。历史上该地分布着许多野生竹，魏、晋（或东汉）时期，当地群众在野生竹基础上引种培育，形成了产业竹园，与鹤壁淇园和陕西周至竹园并称为北方三大古竹园。目前，鹤壁淇园和陕西周至的竹园均已荡然无存，只有博爱竹园尚存（目前黄河流域仅存的一处北方古竹园），堪称中国北方人工竹林的"活化石"。

博爱竹林是古中原气候温暖湿润、植被繁盛的历史见证，也是千百年来人与自然环境和谐相处的典范。保护好这颗璀璨的北国绿色明珠，使之成为人类文化生活与经济可持续发展的自然保护地，具有重大的生态意义和历史人文价值。[③]

四川蜀南竹海

蜀南竹海原名万岭箐，位于四川省宜宾市长宁、江安两县毗连的南部连天山余脉中。据传北宋著名诗人黄庭坚到江安天皇寺游玩，见此翠竹海洋，连连赞叹："壮哉，竹波万里，峨眉姐妹耳！"即持扫帚为笔，在黄伞石上书"万岭箐"三字，因而得名。整个竹海成"之"字形，东西宽、南北狭。山地为典型的丹霞地貌，海拔 600~1 000 米。

① 《三峡平湖碧波清 百里川江古橘红 重庆万州打好三张牌做强万县红橘地理标志品牌》,《中国工商报》, 2014 年 4 月 10 日
② 《救救北方最大的古竹园》,《河南日报》, 2012 年 8 月 20 日
③ 徐泳, 刘道敏:《博爱竹林的历史与现状》,《古今农业》2004 年第 4 期, 50–54 页

蜀南竹海可谓是竹的海洋，7 万余亩翠竹覆盖了 27 条峻岭、500 多座峰峦。这里生长着 15 属 58 种竹子，除盛产常见的楠竹、水竹、慈竹外，还有紫竹、罗汉竹、人面竹、鸳鸯竹等珍稀竹种。是中国最大的集山水、溶洞、湖泊、瀑布于一体，兼有历史悠久的人文景观的集中成片原始"绿竹公园"。其中，翡翠长廊是蜀南竹海最具特色的标志性景观，其路面由"色如渥丹、灿若明霞"的当地天然红色砂石铺设而成，两旁密集的老竹新篁拱列，遮天蔽日，红色地毯式的公路与绿色屏封的楠竹交相辉映，使长廊显得非常幽深秀丽，因而形成蜀南竹海的一处胜景。

2005 年 10 月 23 日，蜀南竹海被评为"中国最美的十大森林"。2009 年，蜀南竹海荣膺世界纪录协会中国最大的竹林景区。为国家首批 AAAA 级旅游区、"中国国家风景名胜区""中国旅游胜地四十佳"和"中国生物圈保护区"。

翡翠长廊和四川蜀南竹海

溧阳南山竹海

溧阳南山竹海位于江苏省溧阳市南山景区管委会、戴埠镇李家园村，北距天目湖旅游度假区 20 公里。

目前"南山竹海"共拥有 3.5 万亩竹园，故有"万亩竹海"之称。这里峰峦起伏，翠竹一望无垠，方圆几十里生态环境宜人，山水相映成趣，风景如诗如画，有"天堂南山，梦幻竹海"之美誉：一望无际的毛竹依山抱石、千姿百态；千年古松，高耸挺拔、珍奇稀少；在竹海中，两山夹峙之间，山洞水和天然雨水汇集成"静湖"，湖水终年清冽，犹如宝蓝色的绸缎。镜湖中的竹筏、山洞间的潺潺溪流、形态各异的竹木小屋、绵延的竹海，给人以乡土、古朴、原始、自然的意境之美；民间传说中的仙山头、金牛岭、古官道、古军事遗址等人文景观，则增添了南山竹海的神秘色彩。

良好的自然环境，使得"南山竹海"周边村落生活着许多长寿老人，长寿文化成为"南山竹海"的文化内涵。从分布在竹海深处的"寿"字，到南山寿翁，再到万寿堂，寿文化无处不在。到"南山竹海"拜南山寿翁，祈福长寿，已蔚然成风。

溧阳南山竹海

现在，在溧阳丘陵山区综合开发中，竹已经成为当地农业的"七朵花"之一，并形成颇具特色的竹业经济。另外，通过开发竹海旅游，也带旺了当地二三产业，开辟了就业渠道，增加了竹农收入。

洛宁古竹林

洛宁古竹林位于河南省洛宁县。洛宁竹子栽植历史悠久，距今已有 4 000 多年的历史，是世界纬度最高的淡竹原产地，拥有北方罕见的典型的原生态古竹林 1 万余亩。

明代志述：永宁山抱水绕地宜竹，原野溪间，大半皆竹，故称洛宁为"绿竹之乡"。

洛宁竹业是当地人传统的致富手段，自古就有"一亩园十亩田"之说，洛宁人通过种植经营竹子、竹器，一度获得如清代晋商一样的地位。西安古楼区的竹芭寺，整条街一度几乎都是洛宁人，至今仍有 300 多家洛宁商户。

洛宁古竹林

洛宁竹有着深厚的历史文化底蕴。二十四孝中"孟宗哭笋"的故事就发生在洛宁。《汉书·律历志》记载，黄帝曾令大臣伶伦制定乐律，伶伦就是在洛宁金门一带选取竹管，制成乐器，创造了华夏音乐。根据这个史料的记载，此地即是乐律的发源地。历代文人雅士到洛宁赏竹咏竹的很多，留下了许多精美诗篇。苏东坡曾有"宁可食无肉，不可居无竹"的佳句。洛宁竹林苍郁，碧水长流，曲径通幽，令人顿生"竹林葱郁千山翠，绿海苍茫万顷涛"之感。

洛宁古竹林体现了北方生态的多样性和人与自然的和谐相处，更是罕见的旅游资源。

易县清西陵古松林

易县清西陵古松林位于河北省保定市易县城西 15 公里永宁山下。这里有松柏 20 多万株，其中古松 1.6 万株，树龄最小的有 120 年，最大的达 500 年，平均树龄在 340 年以上，是目前为止发现的华北地区面积最大的人工古松林。

"陵寝以风水为重，荫护以树木为先"，为保护这一皇家陵寝圣地，据记载，从雍正到道光年间，清西陵共栽数以万计的松、柏。如今这些古树将清西陵装点得清秀葱郁，静穆庄严。穿行在苍松翠柏间，呼吸着清新的空气，顿时令人心旷神怡。

易县清西陵古松林

霞浦杨家溪古榕树林

霞浦杨家溪古榕树林位于福建省宁德市霞浦县牙城镇渡头村杨家溪景区。[1] 该村有记载的历史可追溯到南宋，村里 17 棵古榕树中，树龄最大的是南宋绍兴三年（1133 年）种植，至今已近 900 年，树龄最小的是清咸丰四年（1854 年）由当地陈族先辈所植，距今也有 150 多年。据专家考证，这是全球纬度最北（北纬 27°）的古榕树群。[2]

---

① 据传北宋名将杨宗保和穆桂英的儿女杨文广和杨金花曾在此平定南蛮第十八洞，因而得名

② 资料来源于 http://haixi.cnfol.com/130802/417，1979，15681503，00.shtml，2013 年 8 月 2 日

霞浦杨家溪古榕树林

杨家溪古榕树群属于小叶红皮榕，虽地处中亚热带，但每棵榕树根系却均呈热带丛林才有的板状根。

榕群中有棵"榕树王"，高 29 米，树干周长 12.6 米，冠幅直径达 51 米，单棵树占地 3.06 亩，树干中空，共有 7 个洞口，洞内可容数人，树下盘根错节，露根如伏地蛟龙。被喻为"中国奇景，江南一绝"，已被国家林业部列入《中国树林奇观》。

茅镬村古树群

茅镬村古树群位于浙江省宁波市鄞州区章水镇茅镬村，毗邻周公宅水库，是宁波最大的古树群。

茅镬作为一个藏于四明山深处的小村落，距今已有 400 余年历史，有"浙东第一古树村"和"古树王国"的美誉，是著名的"章水十景"之一，近年来逐渐成为人们旅游的热点。由于有 400 年来严禁砍伐古树的族规，①古村留世古木众多。现拥有树龄 800 年以上的国家一级保护植物银杏 3 棵、树龄 500 以上的国家二级保护植物榧树 79 棵、金钱松 15 棵及树龄 300 年以上的其他保护树种 30 余棵。它们株株主干笔直，枝繁叶茂，虽说树龄最大的已近千年，但依旧枝繁叶茂、保存完好，树高均达四五十米，多数需三四名成年人才能抱拢，堪称见证岁月变迁的"活文物"。其中最著名的一棵被称为"万木之冠"的金钱松，树高 51 米，树围 4.2 米，树龄 500 年，其树围和立木蓄积量为全国之最，被誉为中华第一松，是宁波市"十大古树名木"之一。另一棵被称为"银杏保宅"的银杏树生长于村后山坡上，树高 40 米，胸径 1.31 米，树冠南北覆盖 20 米，东西遮阳 24 米，面积之大为浙江

---

① 据石碑碑文记载，400 多年前，严姓人来到荒凉的茅镬村居住，当时村子附近就有许多上百年的古树。到乾隆十五年（1750 年），村里有一位名叫严子良的族人，由于家庭变故一贫如洗，他想将村旁属于自家的大树砍掉卖钱，这时村里另外一名族人意识到保护树木的重要性，就出钱向严子良买下这些古树的所有权。这样，古树平安地生存了 99 年。后来又有人想砍树换钱，再次有两位好心的族人花钱买下了古树。这一次，买树人就在村旁立了一块禁砍古树的牌子（即"禁伐碑"），以此告诫后人。这块石碑的落款是清道光年间 1849 年

省同类树种中少见。[1]

茅镬古村[2] 和茅镬村古树群

　　茅镬古树群的价值,不仅在于它如画的风景和深厚的自然、历史积淀,更在于它诠释着一种人类不可或缺的地理生态学意义。在土地沙化日益严重、自然灾害频仍的今天,高山上的茅镬村却青翠欲滴,一棵棵伟岸挺拔的千年古树,更显示出其别具一格的魅力。

---

[1]　章燕飞、陈波、杨静雅:《百年"禁伐令"揭开古树成群之谜》,http://www.ycqny.net/html/zjs/zjdtView/2006 03149671.html,2005 年 6 月 3 日

[2]　因受地质灾害隐患影响,茅镬村整体搬迁工作已于 2012 年 12 月 6 日正式启动。相关部门表示,尽管茅镬村的消失已是必然,但村内古树将会得到严格保护

四、畜牧业景观

那拉提草原游牧景观

那拉提草原位于新疆维吾尔自治区伊犁哈萨克自治州新源县那拉提镇境内、以巩乃斯河上游及那拉提山北坡山地为主的区域。"那拉提"的名称来自蒙古语，意思是有阳光照耀的地方。

那拉提是世界著名四大河谷草原之一的巩乃斯草原的一部分，地势由东南向西北倾斜，自古以来就是著名的牧场。这里风景秀丽，草原莽莽，森林茂密，山峰高峻，有"中国的瑞士风光"之说和"空中草原"之誉。可谓一山一景，一景一坡，车随景转，景景如画。同一景观站在不同角度会产生不同的视觉感受，正所谓"千峰万峰同一峰，一峰去青一峰浓；千松万松同一松，一松稍墨一松红。"

那拉提集草原、冰川、雪原、高山、河流、湖泊、森林、瀑布、温泉等各种自然景观于一体，是世界上休闲度假旅游最好的温带草原之一；而以哈萨克为主的多民族和谐共生、具有包容性之美的伊犁草原文化生态系统不仅在中国而且在世界上也具有唯一性，堪称高

那拉提草原游牧景观

度浓缩伊犁草原文化的一座"露天博物馆"，有"哈萨克族的摇篮"之美誉。从西汉起，哈萨克族人就在这里以游牧为主繁衍生息，形成了本民族独特的天文、地理、医学、音乐等文化。2005年4月，那拉提草原被上海吉尼斯世界总部授予哈萨克人口最多的草原。

以游牧为主的哈萨克族，逐水草而迁徙，一般在春、夏、秋三季住一种易于支撑和拆卸的毡房。毡房上部为穹形，下部多为圆柱形，四壁有网状的木杆搭成整个毡房的骨架，再用芨芨草制成的席子围住，外包白毡，所以也有人称之为"白宫"。

那曲高寒草原游牧景观

那曲高寒草原[①]位于西藏自治区北部的那曲地区境内，地处青藏高原腹地，总面积达40多万平方公里，也就是人们常说的羌塘。整个地形呈西高东低倾斜，平均海拔在4 500米以上。中西部地形辽阔平坦，多丘陵、盆地，湖泊星罗棋布，河流纵横其间。东部属河谷地带，多高山峡谷，是藏北仅有的农作物产区，并有少量的森林资源和灌木草场，其海拔高度在3 500~4 500米。

那曲行署所在地那曲镇是青藏公路的必经之路，又是西藏对外开放的旅游区之一，每年8月（藏历6月）举办的赛马节是藏北草原的盛会，届时，旅游观光的游客、四面八方的牧民、各地的商贩等云集此处。旅游者可以领略藏北草原的自然风光、节日气氛和民族风情，还可以参观游览藏北名寺孝登寺。在那曲地区境内，辽阔的羌塘草原和神秘的藏北无人区，都会给旅游者留下深刻的印象，尤其是一望无际的无人区，栖息着野牦牛、藏羚羊、野驴等许多国家一级保护动物，给这片神奇的土地增添了更加迷人的色彩。藏北宰湖纳木错位于拉萨市的当雄与那曲地区的班戈县之间，每年都有许多前来转湖的游客和信徒。

那曲高寒草原游牧景观

那曲草原以辽阔、高寒著称，特别是夏日的那曲草原更是一幅由蓝天、白云、彩虹、

---

① 那曲藏语意为"黑河"

牛羊和绿色织就的锦缎画，2005 年被《中国国家地理》评为中国最美六大草原[①] 之一。

祁连山草原游牧景观

祁连山在古匈奴语中意为"天之山"，又名夏日塔拉（也叫黄城滩、皇城滩、大草滩）。其代表是位于在焉支山和祁连山之间的盆地中的大马营草原。这里曾是匈奴王、回鹘人及元代蒙古王阔端汗的牧地。夏日塔拉是一片四季分明、风调雨顺的草原。清人梁份所著的地理名著《秦边纪略》中说："其草之茂为塞外绝无，内地仅有"。藏族史诗《格萨尔》中说这一片草原是"黄金莲花草原"。而尧熬尔人和蒙古人均称之为"夏日塔拉"，意为"黄金牧场"。每年七八月，与草原相接的祁连山依旧银装素裹，而大马营草原上却碧波万顷，马、牛、羊群点缀其中，微风吹来，会使人产生返璞归真、如入梦境的感觉。这里地形平坦、水草丰美，蜚声中外的远东第一大牧场——山丹军马场就建于此。

祁连山草原自然生态古朴、风光秀丽，周围旅游景观众多：有一山尽览四季美景的藏区神山——牛心山、神秘的世界第三大峡谷——黑河大峡谷、亚洲最大的野生鹿驯养基地——祁连鹿场、绿草如茵的高山牧场——祁连山下好牧场、国家级自然保护区——油葫芦自然风景区、终年不化的现代冰川——八一冰川、国家森林公园以及鲜为人知的祁连石林、神仙洞等。它们与绿草如茵的大草原和成群的牛羊交相辉映，形成高原独有的草原风光。

"敕勒川，阴山下，天似穹庐，笼盖四野。天苍苍，野茫茫，风吹草低见牛羊。"这首已吟诵了 1 400 多年的千古绝唱，即使在今天，依然散发着难以抗拒的魅力。

山丹军马场和祁连山草原游牧景观

科尔沁草原游牧景观

科尔沁草原游牧景观位于大兴安岭西南余脉，是科尔沁草原和锡林郭勒草原的交接带，是一片历史悠久的天然牧场。核心区位于阿鲁科尔沁旗巴彦温都尔苏木，面积 4 141 平方

[①] 中国最美草原的评选标准是：草地质量好，植被茂密，季相鲜明华丽，有层次和立体感，且辽阔壮观，一望无际；生物多样性丰富，牛羊悠闲，有特殊或多样的地貌景观，如河曲等；牧民生活方式自然淳朴，民族风情浓郁，人与自然和谐相处，有重要的历史文化遗迹等；原生态保存较好，利用适度，草场退化不明显，没有物种入侵的生态破坏等

科尔沁草原游牧景观

公里，自古以来就是游牧民族狩猎和游牧活动的栖息地。蒙古族牧民熟知当地山川河流、草场分布和季节变化，根据雨水丰歉和草场长势决定一年四季的游牧线路以及春、夏、秋、冬四季牧场的放牧时间。牧民—牲畜—草原（河流）之间形成了天然的依存关系。这种"三角关系"延续至今，不断孕育和发展着蒙古族人民所独有的生产方式、生活习俗、文化特质和宗教信仰，时刻体现着深藏在蒙古族人民血脉之中的崇尚天意、敬畏自然、天人合一的生活理念。

阿鲁科尔沁草原游牧系统长期演化的历史过程和现实存在，向人们阐释了一个取物有时的道理。在农耕化浪潮和现代农牧业技术出现之前，对于生活在科尔沁草原上的历代游牧民来说，"逐水草而居"是唯一可行的生产生活方式。它充分利用大自然恩赐的资源和环境来延续游牧人的生存技能，人和牲畜不断地迁徙和流动，既能够保证牧群不断获得充足的饲草，又能够避免长期滞留带来的草地资源退化。

当前，由于矿产资源开发、草场过载和天然草场大量占用，阿鲁科尔沁草原面临着生态系统恶化、生物多样性减少的威胁。同时，现代生产技术的应用和生活方式的改变，也给当地牧民传统的生产生活方式带来了巨大冲击。

阿鲁科尔沁旗按照农业部中国重要农业文化遗产保护工作的要求，制定了内蒙古阿鲁科尔沁草原游牧系统的保护和发展规划，严格保护游牧系统栖息地和珍贵的草原文化遗产，深入挖掘传统游牧业的精髓，与现代畜牧业生产技术相结合，促进当地游牧民生活水平全面提高，使得内蒙古阿鲁科尔沁草原游牧系统不断散发出独特的魅力。

五、渔业景观

太湖珍珠养殖景观

太湖珍珠养殖景观位于江苏太湖水域。

中国淡水珍珠的人工养殖，早在宋代《文昌杂记》中已有记载。古代珍珠的四大产地分别为合浦、南海、洞庭和太湖，其中太湖珍珠以"无核"为奇，其特点是表面褶皱少，圆润柔和，光泽明艳。清慈禧太后曾大量使用淡水珍珠养颜，传言她曾赞誉："东球南珠不如太湖淡水珍珠"。

太湖作为中国江、浙一带淡水养殖珍珠的重要基地之一，现大都为人工养殖，产珠的软体动物以河蚌类为主。养殖区"拉框成方、隔距成行、立桩成线、围区成景"。湖内舟帆点点，风景如画，环湖为中国最大水乡。所产珍珠工艺品以其巧夺天工的造型著称于世，

太湖珍珠养殖景观

在国际市场上享有盛誉，是外贸出口的重要商品，有"无锡太湖珍珠天下第一"之美誉。

合浦南珠养殖景观

合浦南珠养殖景观位于广西壮族自治区北海市合浦县东南海湾。

南珠又称"廉珠"或"白龙珍珠"，该名最早见于唐代马总的《意林》："必须南国之珠而后珍"。南珠是中国海水珍珠的皇后，它细腻器重，玉润浑圆，瑰丽多彩，光泽经久不变，素有"东珠不如西珠，西珠不如南珠"的美誉，目前北京故宫博物院陈列的珍珠多为合浦出产。

合浦县乌坭珍珠养殖基地退潮一角和海上值班珍珠棚

合浦县作为南珠的主要产地，距今已有 2 000 多年的采集珍珠历史，享有"珍珠故乡"和"中国海水珍珠第一村"的美誉。根据《合浦县志》记载，合浦自东向西沿海共有乌泥、平江、青婴、断望、杨梅、白沙、海猪沙七大古珠池，古珠池里有大量天然珍珠，从东周桓王开始这里就有人采捕珍珠，[1] 到秦代时采珠业已经相当兴盛。[2] 所采珍珠多为朝贡所用，"合浦还珠"的典故 [3] 即发生于此。晋太康三年（218年）晋武帝诏令派兵把守廉州珠池，规定庶民不得入内采珠，以后历代合浦珠池都为重点管辖之地。明嘉清年间在合浦白龙村

---

① 据记载，我国古人最原始的采珠方法是：采珠人先用长绳缚住腰，携带竹篮深潜到海底，把拾到的珠蚌放到竹篮里，然后摇动缚在腰上的绳子，告诉海面上的人拉绳子，海面上的人把采珠人连人带竹篮迅速拖上水面。这样的采珠方法虽然危险，但也是当时科学技术和环境条件下不得已而为之的方法。从明朝开始，兜网采珠方法被普遍推广和运用，珠民用铁造出犁靶一样的齿网，网口两旁用大石固定，网口后连大网兜，船拖网而行，捞取珠蚌，这样的方法，类似于现代的拖网捕鱼。不过，这种拖网采珠的方法会大大增加成本，如购买大船和聘请工人，只有有钱人才能承担得起，因此，后来采珠业就成了富人的专利

② 秦雯，刘卡玲：《几度兴衰三千年南珠文化传奇》，广西新闻网 http://culture.gxnews.com.cn/staticpages/200407
15/newgx40f5a44c-217445.shtml，2004 年 7 月 15 日

③ 这一典故的大意是：东汉时期，合浦郡盛产珍珠闻名海外，当地老百姓以采珠为生，贪官污吏趁机盘剥，使得珠民大肆捕捞，珠蚌产量越来越低，饿死不少人。汉顺帝刘保派孟尝当合浦太守，他革除弊端，不准滥捕。不到一年，合浦又盛产珍珠了。现"珠还合浦"成语比喻为东西失而复得或人去而复回

建成珍珠城（今北海市铁山港区营盘镇西南隅）。新中国成立后，国家对合浦珍珠生产非常重视，1961 年在北部湾畔建成了中国第一个人工珍珠养殖场。1965 年，广西合浦珍珠养殖场与中国科学院南海海洋研究所合作开展人工育苗获得成功，从此实现了珍珠育苗、养殖全人工化，使当时的天然珍珠贝面临灭绝的情况得到好转。1976 年"人工培育贝苗"获得全国科学大会奖，捕珠改为人工养殖。1966 年，合浦珠场采用科学方法育珠，使人工育珠周期由过去的 3 年缩短到一年多，产量则由原来每万只珠贝收珠 5 公斤左右提高到 24 公斤以上，南珠开始重放光芒。目前，南珠人工养殖技术已相当成熟。每当春季珍珠放养和秋后珍珠采捕季节，海面上渔帆点点，形成一道亮丽的风景线。

六、复合农业系统

青田稻鱼共生系统

青田县地处中国浙江省东南部山区，属亚热带季风气候区，雨水充沛，山多地少，具备稻田养鱼的生态环境。青田稻田养鱼历史悠久，早在1 200多年前，当地居民就开始稻田养鱼。清光绪时期的《青田县志》中有"田鱼，有红、黑、驳数色，土人在稻田及圩池中养之"的记载。至今青田农民还保留"以稻养鱼，以鱼促稻"的传统经验，并培育了地方特有品种"青田田鱼"。稻鱼共生系统是一种典型的生态农业模式，与单一稻作系统相比，在抑制疟疾发生、保护农业生物多样性、控制病虫、促进碳氮循环和保持水土等方面的功能显著。在这个系统中，水稻为鱼类提供庇荫和有机食物，鱼则发挥耕田除草、松土增肥、提供氧气、吞食害虫等多种功能，这种生态循环大大减少了系统对外部化学物质的依赖，增加了系统的生物多样性。作为一种典型的农田生态系统，水稻、杂草构成了系统的生产者，鱼类、昆虫、各类水生动物如泥鳅、黄鳝等构成了系统的消费者，而细菌和真菌则是分解者。稻鱼共生系统通过"鱼食昆虫杂草——鱼粪肥田"的方式，使系统自身维持正常循环，不需要使用化肥农药，保证了农田的生态平衡。另外，稻鱼共生可以增强土壤肥力，实现系统内部废弃物的"资源化"，起到保肥和增肥的作用。[①]

悠久的田鱼养殖不仅蕴含着丰富的传统农业知识、多样的稻鱼品种和传统农业工具，还孕育了灿烂的田鱼文化，青田田鱼与青田民间艺术结合，派生出了一种独特的民间舞蹈——青田鱼灯舞。青田鱼灯曾参加首都新中国成立50周年庆典、第五届中国国际民间艺术节、第七届中国艺术节和第十三届"群星奖"、中西建交30周年庆典、北京奥运会、上

[①] 闵庆文，吴敏芳：《青田稻鱼共生系统：中国第一个全球重要农业文化遗产》，http://www.caas.net.cn/nykjxx/nyxw/70817.shtml，2013年3月1日

青田稻鱼共生系统

海世博会、第八届全国残运会、中意建交 40 周年庆典等国内外文化交流活动，被誉为"天下第一鱼"。金秋八月，家家"尝新饭"（风俗活动）：一碗新饭，一盘田鱼，祭祀天地，庆贺丰收，祝愿年年有余（鱼）。

目前，青田稻田养鱼面积 8 万亩，其中标准化稻田养鱼基地 3.5 万亩，稻田养鱼产业已成为青田县农业的主导产业，为青田县东部地区农民的主要收入来源。

2005 年 4 月，青田县"稻鱼共生系统"被联合国粮农组织列入首批"全球重要农业文化遗产保护项目"，也是中国第一个全球重要农业文化遗产，其核心保护地为山水奇秀、被农业部命名为"中国田鱼村"的方山乡龙现村。2013 年 5 月 21 日，青田稻鱼共生系统被列入农业部首批中国重要农业文化遗产。

湖州桑基鱼塘

湖州桑基鱼塘系统位于浙江省湖州市南浔区菱湖、和孚和吴兴区东林等三镇，面积 10.8 万亩，其中桑地 6 万亩，鱼塘 4.8 万亩。是中国传统桑基鱼塘系统最集中、最大、唯一保留最完整的区域。

湖州桑基鱼塘系统形成起源于春秋战国时期，至今有 2 500 多年历史，是世界上最早的生态农业模式。明清时，随着蚕桑产业的迅速发展，其生态养殖模式基本成型。千百年来，区域内劳动人民将地势低下、常年积水的洼地挖深变成鱼塘，挖出的塘泥则用于堆放在水塘的四周作为塘基，然后逐步演变成为"塘基上种桑、桑叶喂蚕、蚕沙养鱼、鱼粪肥塘、塘泥壅桑"的桑基鱼塘生态模式，最终形成种桑和养鱼相辅相成、桑地和池塘相连相倚的水乡地区典型的桑基鱼塘生态农业景观，并形成如祀蚕花、请蚕花、点蚕花火、焐蚕花、关蚕花、祛蚕祟、烧田蚕、望蚕讯、谢蚕花及蚕花节等丰富多彩的蚕桑文化。

桑基鱼塘系统作为一种具有创造性的洼地利用方式和生态循环经济模式，其最独特的生态价值是实现了对生态环境的"零"污染。整个生态系统中，鱼塘肥厚的淤泥挖运到四周塘基上作为桑树肥料，由于塘基有一定的坡度，桑地土壤中多余的营养元素随着雨水冲刷又源源流入鱼塘，养蚕过程中的蚕蛹和蚕沙作为鱼饲料和肥料，生态系统中的多余营养

桑树　蚕　蚕沙（蚕粪）　塘泥　鱼塘

湖州桑基鱼塘

物质和废弃物周而复始地在系统内进行循环利用，没有给系统外的生态环境造成污染，为保护太湖及周边的生态环境及经济的可持续发展，发挥了重要作用。桑基鱼塘系统是人与自然和谐相处、世界传统循环生态农业的典范，是体现中国道家生态哲学思想的样板。

湖州桑基鱼塘系统已被列入农业部中国重要农业文化遗产。

近年来，由于水产效益高于养蚕效益，导致重养鱼、轻养蚕，鱼塘面积增大，桑基面积缩小。基塘比例的失调，已经影响到桑基鱼塘生态农业系统的可持续发展。为保护这一重要农业文化遗产，湖州市委、市政府按照农业部中国重要农业文化遗产保护工作的要求，出台了《湖州市桑基鱼塘保护办法》，全面实施桑基鱼塘系统的保护与发展，促进传统桑基鱼塘生态系统的转型升级，使桑基鱼塘这一太湖边璀璨的明珠重放光彩。目前，位于南浔区和孚镇荻港村蚬壳湾的 1 007 亩桑地和鱼塘，已被划为"湖州桑基鱼塘系统"核心保护区。

俞家湾桑基鱼塘

俞家湾桑基鱼塘位于浙江省桐乡市河山镇五泾村。开设于明末清初时期（一说为南宋初年），它将低洼地挖深变成水塘，挖出的泥堆放在水塘四周为地基，基、塘的面积比例为六比四，基上种桑，塘中养鱼，桑叶养蚕，蚕结茧，茧缫丝，缫丝废水及蚕蛹用于养鱼。鱼的排泄物及废水、蚕蛹残渣、淤泥等作为肥料作用于桑树，形成了最早的"塘里养鱼、桑叶喂蚕、蚕沙供鱼、塘泥肥桑"的生态农业模式。通过这样一个完整的物质能量循环再利用系统，取得了"两利俱全，十倍禾稼"的经济效益。是嘉兴地区硕果仅存的桑基鱼塘，2011 年被列入省级文物保护单位。

俞家湾桑基鱼塘总占地范围约 10 万平方米，保存完整，全部以自然圩和塘为基础，四周生态环境保护良好，其中鱼塘约 4 万平方米，桑地 6 万平方米。目前，仍保留有大小不等 10 个鱼塘，面积最大的有 8 000 多平方米，最小的仅 1 000 多平方米，至今仍发挥着其经济价值。

俞家湾桑基鱼塘

作为江南水乡传统农业中种桑、养蚕和养鱼相结合的一种综合生产方式和充分发挥生态效益的一种农业生产结构，俞家湾桑基鱼塘不仅是杭嘉湖地区桑基鱼塘原始生产形态的一个缩影，也是江南水乡传统农业中综合农业生产模式的实物代表，为研究桐乡乃至整个杭嘉湖地区原始农业生态养殖模式提供了实物资料，对现代农业的发展也具有参照借鉴意义。

珠三角桑基鱼塘

桑基鱼塘诞生于珠江三角洲的南番顺一带，是该区域一种独具地方特色的农业生产形式，距今已有 1 000 多年的历史。目前珠三角的桑基鱼塘总量不足 3 000 亩，零星散布于顺德、南海和广州市郊。其中广东省佛山市南海区西樵镇西樵山山南的连片鱼塘是珠三角地区面积最大、保护最好、最完整的桑基鱼塘。[①]

珠三角桑基鱼塘

---

① 早在 1972 年，西樵镇七星村就被联合国教科文组织评为 "桑基鱼塘" 农田示范区

据史料记载，珠江三角洲早在汉代已有种桑、饲蚕、丝织活动。公元7世纪初，唐代各地商人和外国人都相继来广州贸易，贩运绢丝。当时珠江三角洲已是"田稻再熟、桑蚕五收"之地。但当时种的桑是在广州附近的高地，与鱼塘没有联系，尚未形成桑基鱼塘。12世纪初，北宋徽宗期间，在南海和顺德两县相邻的西江沿岸，修筑了著名的"桑园围"，说明当时南海、顺德一带已是重要种桑养蚕地区了。明永乐四年（1406年），顺德的龙江、龙山两地已出现土丝买卖市场，蚕丝生产已成为商品，但尚未发现与养鱼联系。

珠江三角洲池塘养鱼的最早记载为公元9世纪的唐代，此时已有养殖鲩鱼的历史。明代初期，鳙、鲢、鲩、鲮成为池塘养鱼的普遍鱼种。池塘养鱼地区亦已逐渐扩大，在珠江三角洲已逐渐发展为以南海九江和顺德陈村为中心的基塘养鱼生产地带。但当时与基面用于种桑养蚕联系的生产尚未发现。明嘉元年（1522年），南海县的九江，顺德县的龙山、龙江，高鹤县的坡山（古劳一带）等地，蚕桑业急剧兴旺起来，出现塘基种桑的地方很多，著名的桑园围和古劳围就在这一带。这一带地区的农民经过长期种桑养蚕的经验，发现养蚕的蚕沙（蚕粪）可以养鱼，是塘鱼很好的饲料。当时因需要生丝多，种桑养蚕亦多，蚕沙量日多，塘鱼的饲料也多，于是大量发展养蚕的同时，淡水鱼业也发展起来。由此桑基鱼塘这种特殊生产方式经过长期的生产实践逐渐形成，并很快传到珠江三角洲各地，掀起了珠江三角洲桑基鱼塘发展的三次高潮（分别是清乾隆年间、鸦片战争后、第一次世界大战后）。

目前，在珠江三角洲蚕桑区（南海、顺德、中山等地）的桑田形式一般都是桑基鱼塘的形式，这种生产形式传续至今，除了地理上的原因之外，在经营上也是合理的。据一位参观过珠江三角洲某地桑基鱼塘的外国学者说："基塘是一个很独特的水陆资源相互作用的人工生态系统，在世界上是少有的，这种耕作制度可以容纳大量的劳动力，有效地保护生态环境，世界各国同类型的低洼地区也可以这样做"。桑基鱼塘水命错落、基冈纵横，被联合国教科文组织誉为"世间少有美景、良性循环典范"。

迭部扎尕那农林牧复合生态系统

农林牧复合系统是指在同一土地管理单元上，人为地把多年生木本植物（如乔木、灌木、棕榈、竹类等）与其他栽培植物（如农作物、药用植物、经济植物以及真菌）及动物在空间上或按一定的时序有机地排列在一起，形成具有多种群、多层次、多产品、多效益特点的人工生态系统。在干旱缺水地区，农林牧复合系统可发挥其生态优势，林木系统的林冠可以截留降水，枯枝落叶层及地被层可使降水渗入土层，减少表面径流和土壤冲刷，增加土壤湿度。

"扎尕那"是藏语，意为"石匣子"，是包含四村一寺的藏族村寨，位于甘肃省甘南藏族自治州迭部县益哇乡。在这一系统中，农、林、牧之间的循环复合使其生产能力和生态功能得以充分发挥，游牧、农耕、狩猎和樵采等多种生产活动的合理搭配使劳动力资源得到充分利用，汉地农耕文化与藏传游牧文化的相互交融形成了特殊的农业文化。

　　事实上，早在 3 000 年前，这里就已出现了畜牧文明的萌芽。蜀汉时期，名将姜维把先进的汉族农耕文明引进到此。吐谷浑时期，汉地农耕文化和藏区游牧文化相互融合。明清"杨土司"时期，该地的农林牧复合系统逐渐发展起来。这里，山峦重叠，峡谷纵横，农田、河流、民居、寺庙与周围的山林和草地互相映衬，滩地耕种、林草相间，呈现出农、林、牧相互依存，优势互补的复合生产方式，构成了一幅幅美轮美奂的藏区草原美景。

迭部扎尕那农林牧复合生态系统

　　扎尕那地处高寒贫瘠的生态脆弱地区，又是生物多样性保护优先区域，还是长江与黄河分水岭的上游地带，是重要的水源涵养区，对维护生态平衡和保障生态安全具有重要作用。可以说，独特的生态区位促进了游牧文化、农耕文化与藏传佛教文化的融合与发展，造就了独特的扎尕那农林牧复合系统，既表现了自然界的多样性，又为农业生产方式的多样性奠定了基础，并赋予农业更广阔和丰富的内涵。

　　作为游牧文化与农耕文化及森林文化之间长期互补融合的结果，2013 年 5 月 21 日，甘肃迭部扎尕那农林牧复合系统被列入第一批中国重要农业文化遗产名单，堪称人与自然和谐相处、人类社会可持续发展的一个典范。

福建福州茉莉花种植与茶文化系统

　　茉莉花茶是中国独一无二的茶叶品种，[1] 由于历史上福州人严格保密工艺，窨制工艺在数百年间均未传到其他国家，目前世界上只有中国能窨制茉莉花茶。福州的茉莉花茶生产始于 2 000 多年前的汉朝，成于宋、盛于清。福州作为世界茉莉花茶的发源地，具有独特的原产地优势。目前辖区茉莉花种植面积达 1.5 万亩，辐射周边面积 1.8 万亩；茶叶面积 13.5 万亩，茉莉花茶产量 1.5 万吨，产值达 20 亿元。[2]

　　福州茉莉花茶采用春茶伏花原料，窨制工序包括茶坯处理→鲜花养护→茶花拌和→堆窨→通花→收堆→起花→烘焙→冷却→转窨或提花→匀堆装箱等数十道精细工序。上好的

---

① 茉莉花源于中亚细亚，茶源于中国，它们的结合是两千年东西方文化交流的见证
② 资料来源于中华人民共和国农业部网站

福州茉莉花茶根据年份、茶坯质地、气候的不同，要经过6~9窨后方能出厂，每一窨要经过2~3日，如遇雨日则顺延，在窨温度、湿度、花的时机、水分等都要严格把握，差之毫厘便失之千里。它融茶与花香的保健作用于一身，保持了茶叶的苦、甘、凉功效，经过加工烘制过程，成为温性茶，曾被称为"中国春天的味道"。

福建福州茉莉花种植与茶文化系统

福州茉莉花种植与茶文化系统是古人充分利用自然资源，在江边沙洲种植茉莉花，在海拔600~1 000米的高山上发展茶叶生产，在长达两千年的协同进化过程中逐渐完善、形成的适应当地生态条件的茉莉花基地（湿地）—茶园（山地）循环有机生态农业系统，既保持了生态系统的生物多样性，又提高了单位面积的生产效益，堪称古人利用、适应环境发展农业的典范，是传统农业的活化石。

内蒙古敖汉旱作农业系统

敖汉旗位于内蒙古自治区赤峰市东南部，地处中国古代农业文明与草原文明的交汇处。境内分布着被称为"华夏第一村"的兴隆洼遗址和"旱作农业发源地"的兴隆沟遗址。经考古学家证明，在遗址处挖掘的碳化谷物标本距今7 700~8 000年，比中欧地区发现的谷子早2 700年，是当今世界上所知最早的人工粟和黍的栽培遗存。现今粟和黍这样古老的物种仍在敖汉当地种植。

敖汉杂粮品种丰富，主要种植在山地或沙地，自然环境优越，施用农家肥并多采用生物技术防治病虫害，赢得了"中国杂粮出赤峰，绿色杂粮在敖汉"的美誉。当地生产的小

内蒙古敖汉旱作农业系统

米尤其受百姓喜爱。旱作方式生产的谷物杂粮在保障当地粮食安全中发挥着重要作用。

敖汉山川秀美，沃野无边，被联合国环境规划署评为全球环境五百佳。其原始地理环境和自然风貌并没有大的改变，仍保持着牛耕人锄的传统耕作方式及原始农业种植形态，是旱作农业系统的典型代表。2012 年，内蒙古敖汉旱作农业系统被列入全球重要农业文化遗产保护试点。

辽宁鞍山南果梨栽培系统

南果梨是鞍山地区特有的水果产品，又称"鞍果"，原产于鞍山市千山区大孤山镇对桩石村。据《中国果树志第三卷》记载，现南果梨树母株仍生长于此。1986 年，经中国果树研究院权威专家鉴定，该树被认定为南果梨祖树，自发现至今已有 150 多年历史，是仅存的一株自然杂交实生苗南果梨树。依靠自身独特的地理、气候条件和栽培经验，鞍山南果梨皮薄肉厚、果肉细腻多汁、香味浓郁，是中国"四大名梨"之一，被誉为"梨中皇后"。更重要的是由南果祖树所衍生出的团圆、丰收、喜悦、胜利的文化内涵，在辽南地区特别是鞍山市广为传承，中秋佳节，赏月、吃月饼和南果梨已成为鞍山地区独特的百姓文化。目前，全市南果梨总面积 42 万亩，总产量 22 万吨，总产值 12 亿元，有 7 万农户从事南果梨生产。[1]

近年来，鞍山市充分挖掘南果梨的文化资源和景观资源，把推进南果梨产业发展与休闲农业相结合，组织建设了一批南果梨采摘园、南果梨专业镇和专业村、南果梨景观带，进一步拓展南果梨的观光休闲功能、文化功能、生态功能和社会功能，把果园变"景区"，田园变"公园"，农产品变商品，积极打造鞍山南果梨知名品牌。每年"五一"前后，漫山遍野的梨花竞相开放，花满枝头，芳香四溢，成为一道独特的风景线，吸引着八方来客。

2013 年 5 月，辽宁鞍山南果梨栽培系统被农业部列为第一批中国重要农业文化遗产。2014 年 3 月，由农业部组织开展的"中国美丽田园"评选活动结果揭晓，鞍山东部山区南果梨花带被评为"中国美丽田园"。

辽宁鞍山南果梨栽培系统

---

① 刘家伟：《鞍山南果梨花带获"中国美丽田园"殊荣》，http://www.ln.xinhuanet.com/newscenter/2014-03/14/c_119768947.htm，2014 年 3 月 14 日

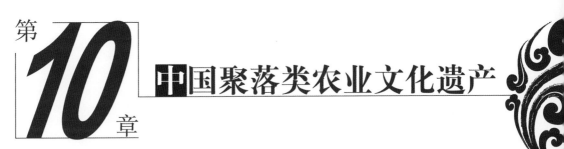

第**10**章

中国聚落类农业文化遗产

一、农耕类聚落

白龙村

白龙村位于吉林省东南部延边朝鲜族自治州图们市月晴镇，东以图们江为界与朝鲜民主主义人民共和国隔江相望，西与延吉小河龙相邻，是传统的朝鲜族聚居地，被誉为"朝鲜族农耕文化第一村"。白龙村建于清光绪初，当初村民常被老虎伤害，多次发布告驱虎，故取名为"布瑞坪"，朝鲜语意为发布告驱虎。后来人们以朝鲜族民间传说中白龙能驱虎之意，就改名为白龙。

在白龙村发现古遗址三座，一是下白龙遗址占地面积 12 851 平方米，该遗址的发现，查证了此地人类活动的历史是在 1 万年以前，可以说是延边州人类活动的起源地，下白龙遗址的发现，填补了图们市境内旧石器分布上的一个空白，出土了 31 件石制品，把图们市境内人类活动的历史从距今四五千年追溯到 1 万年以前。二是白龙遗址，占地面积 3 007.327 平方米，从文化层中采集了一件陶器残片，是延边地区原始社会常见的遗物，距今 2 000~3 000 年。三是白龙村北遗址，占地 3 632.298 平方米，出土文物 6 件，板瓦 2 件，属于渤海时期的村落址，是当时居住在白龙村北遗址人们的葬身之所。

1885 年，清政府彻底废除封禁令，朝鲜北部边民源源不断地跃江入境，初期"朝耕暮归"，进而"春来秋往"，后"携眷造舍"，长期耕作水田。村中最珍贵的百年老宅是由朝鲜移民朴如根 1898 年始建，1901 年 9 月份竣工，房屋采用土木和瓦结构建造，无一根钉子，使用工具为大锛、小锛、斧子等，所用木材是由长白山用木排运至此地，建房所用瓦片均由对岸北朝鲜运至，是传统的朝鲜族民居。这是中国境内现存的唯一一座朝鲜族式木瓦结构的老宅，代表了明清到民国时期朝鲜建筑风格。因为传统的中国朝鲜族式房屋多为茅草房，只有少数为木瓦结构，这些房屋的共同特点是用拉哈辫抹泥的土墙，经雨水冲刷极易受损。特别是随着中国现代化进程的加快，多数朝鲜族搬进了"汉化"的楼房或铁盖的砖瓦房，木瓦结构的朝鲜族老宅基本消失，现存为数不多的朝鲜族式茅草房也多当做家中的棚子，自生自灭。

随着朝鲜族移民的增多，逐渐形成了成片式的建筑群，至今仍保存较为完整的"中国朝鲜族百年部落"是典型的朝鲜族建筑群，它由 13 座风格各异、用途别样的朝鲜族房屋构成，院落内，牛车、辘轳、坛子等传统的农耕器具和物品随处可见，散发着浓郁的朝鲜族乡间气息。具有传统朝鲜民宅的代表性，是一种不可再生资源，具有极高的历史价值、艺术价值和科学价值，是朝鲜族变迁、兴衰、演化的历史及人们生活进化的历史文脉。"百年部落"已成为朝鲜族传承民俗文化的重要标志。

白龙村以"发展民俗旅游经济为重点，依托优势资源，大力开发农家乐旅游产品，积极构建边境旅游功能村"为发展目标，充分利用本村深厚的民俗文化基础和极具潜力的旅游开发资源，积极传承本村的国家级非物质文化遗产"农耕舞"，以"百年部落"为平台，通过表演"农耕舞""刀舞"等方式，逐步形成了边境风光和朝鲜族民俗的延续。

2014 年，白龙村被评为第六批中国历史文化名村。

中国朝鲜族百年部落（图片来源：秦洪湖摄）

灵水村

灵水村位于北京市门头沟区斋堂镇境内，距北京市区 78 公里，群山环绕。北京市门头沟区斋堂镇灵水村形成于辽金时代，不仅村落古老庞大，辽、金、元、明、清时的古民居多，而且过去民间所信仰的诸神尽有。灵水村自然风光秀美，文物古迹众多，其中东岭石人、西山莲花、南堂北眺、北山翠柏、灵泉银杏、举人宅院和寺庙遗址等景点自古有"灵水八景"之称。明初就建有社学，尊师重教，自明清科举制度盛行以来，村中考取功名的人层出不穷，曾有刘懋恒、刘增广等众多举人出现，出过22 名举人、两名进士和 10 余名全国最高学府国子监的监生，得名"灵水举人村"。据史料记载，灵水原称"冷水"和"凌水"，后演变为"灵水"。过去村里有 36 盘石碾，72 眼井，风水好，人杰地灵。这大概是村名的由来。灵水村的灵泉禅寺建自汉，距今已有 1 000 多年的历史。相传汉代灵泉禅寺有位高僧，慧眼识地，选中这块灵山秀水的风水宝地，传经修行，引来八方香客，在此择地建村。到了明清两代，灵水村人丁兴旺，颇具规模。在清朝和民国初期为鼎盛时期，村中居民达到 360 户、1 000 多人。

灵水村的转灯场

当时灵水经济相当繁荣，买卖商号有十几家，其中最有名的 8 家，号称八大堂。

灵水先人以"风水"理论择地建村，定"四神砂"而立玄武（龟形）为村形。群山环抱中的村庄，前罩抓鬏山，后靠莲花山，依山泉而建，水绕村而流，构成"天人合一"自然格局。灵水村古民居是中国北方明清时期乡村民居建筑的典范，原貌保存较好。现有明代民居 20 余间，清代民居 100 余间。

灵水村前后有三条石头街道，座座古民居错落有序。现保存完整的"举人宅院"，以刘懋桓、刘增广、谭瑞龙、刘明飞等举人的宅院最为典雅精致，建筑为砖瓦结构，青砖灰瓦，布局合理，门楼、影壁、石阶一应俱全，其间的石刻、雕画、宅门、楹联体现出深厚文化内涵。灵水八景中的千年古树"柏抱榆""柏抱桑"京都无二；"古银杏雌雄同株"此处仅有；五进"四合院"山区罕见，村中多处举人故居宅院遗址，这些宅院多为三进和五进宅院，建有门楼、影壁、高台阶、大板门，过厅宽大，雕梁画柱，墙壁磨砖对缝，墙体厚实，砖雕简洁而讲究，花饰粗犷中含秀美，建筑风格具有"乡村士大夫"风范和文人风雅。

村西莲花山下的灵泉禅寺，是有文字记载的北京地区最早的佛教寺院，现存为明代弘治年间重修的门楼。明《宛署杂记》记载："灵泉禅寺，在凌（灵）水村起自汉，弘治年间（1485—1505 年）僧海员重修，庶吉士论记"。村中现存遗址寺庙 17 座，其中佛教寺庙 2 座，为灵泉禅寺和白衣观音菩萨庙；儒教寺庙 2 座，为文昌阁和魁星楼；其余 13 座为道教和民间信仰寺庙。以儒学为代表的文昌阁和魁星楼，在中国北方的乡村比较少见，说明古时灵水村人对文化的重视。儒、道、佛和各种民间信仰共处一地的现象在中国乡村并不罕见，但是难得的是一个村子建有如此多的寺庙，可见灵水村人对宗教信仰的虔诚和对各种文化的包容精神。邻村桑峪村还建有一座始建于元统二年（1334 年）的天主教堂。四种不同的信仰在这里交融、碰撞，佛、道、儒、天主四教和谐共存近千年，构成了极富特色的宗教文化。

灵水村具有丰富的民间文化传统和健康的民俗风习。民风淳朴敦诚，热情好客；村民喜好吟诗、论文、作画、讲故事、耍龙灯、荡秋千等文体活动，流传久远的"九曲黄河灯"是灵水人的拿手游艺项目；300 多年的"秋粥节"保留至今。清康熙《宛平县志》卷五记载："国朝刘应全，宛平人。世历灵水村。为人淳朴无伪。于康熙七年（1668 年）十月内水灾，同子懋恒赈济饥民，捐谷 2 700 百石。又于康熙二十一年（1682 年）二月内旱灾，赈济饥民，捐谷 1 000 石。诚尚义人也！俱经题请，优叙在案。"时至清末民初，居民达 360 户，人丁 2 000 人，买卖商号十几家。为了不忘过去的灾难，教化村民共同减灾，甲午科举人刘增广提议全村在一起喝粥，以示纪念。老北京风俗，立秋日"贴秋膘"。《京都风俗志》载："立秋日，人家亦有丰食者，谓之'贴秋膘'。亦有以大秤称人，记其轻重，或以为有益于人。"灵水村则是集资买锅，把锅定为公产，立秋节时，共同集粮，在街上分片做粥，全村聚在一起过节。分食杂粮粥，相互谦让、问候，了解邻里隔阂，熙熙攘攘，十分融洽。这项意义深远的减灾活动一直延续至今，演化为灵水"秋粥节"。

灵水村历史悠久，古迹众多，早年经济繁荣，物产丰富，特别是古代出过举人，近代出过学子（民国初年有 6 人毕业于北京燕京大学），现代出过名人，形成了独特的文化现象。农业经济生产为杂粮，干果以核桃著名，斋堂各村均产核桃，其中以灵水所产的品质最佳。灵水核桃不仅外表光滑、沟浅香味浓，而且皮薄、含油量大，产仁率高。如今随着区、镇经济产业调整，当地深入挖掘灵水村的文化资源，把人杰地灵的灵水村展现给世人，让人们领略这里有别于城市的"乡村京味文化"，探究这里别具一格的文化品位。

2005 年 11 月，灵水村被建设部、国家文物局列为第二批中国历史文化名村。

于家村

于家村位于河北省井陉县于家乡，建于明代成化年间（1486 年），坐落在太行山麓一个四面环山的小盆地中，村靠山，山为村，绵延起伏的群山俨然是村里的天然屏障。距井陉县县城 15 公里，距石家庄市区不过 50 公里，东西长 500 多米，南北宽 300 多米，面积约 10 平方公里，有住户 400 多户，人口 1 600 多人。于家村建在一个四面环山、中间不到一平方公里的小盆地里，道路又都在山脚下，所以有"不到村口不见村"的说法。小村坐落在一个闭塞群山中，南低北高、东伏西翘，不足一平方公里的小盆地中，其形状细长，像条头东尾西的游鱼。村中到处是石头，满眼是文化。

于家村清凉阁

村中于氏家族是明代政治家、民族英雄于谦的后裔。于家村原名白庙村，因建村时当地有一白庙而得名。相传，明代名臣于谦一生清正廉洁、刚正不阿，最终却被以"意欲谋逆"的名义惨遭杀害，成为千古奇冤。其子逃往冀晋交界处娘子关外的南峪村隐居，后生有三子。成化年间，因生活所迫，于谦之长孙于有道迁居于白庙山下。当时这里荒无人烟，于家人"与木石居，与鹿逐游"，生活条件十分困乏，其族人以顽强的精神，艰苦创业，开拓生活。他们用石头搭房垒屋，造石具开荒种田，炊饮餐具全部用石头打凿而成。春风秋雨，世事沧桑，于家人在这里依漫山石头，开一方乡土，繁衍生息，由几户人家，发展到一个石头村落。目前，这个石头村已有 1 600 多口人，繁衍至今 24 代，村里人 95% 以上为于姓。于家村流传着先祖于谦的许多传说，"粉身碎骨浑不怕，要留清白在人间"的诗句便是于谦最好的写照。不知是不谋而合，还是刻意遵循，于家村的后人对石头也是钟爱有加，依山而建的石屋、石街、石碑，都吟唱着祖先流传下来的铮铮铁骨之歌。

村里人把东西南北四面的山，称为东岭、西垴、南坡、北寨，四面环山四面有门。东门清凉阁、西门西头阁、南门观音阁、北门龙天阁。《井陉县志》曰："清凉阁在县南十五里于家村，亦名三节阁。明万历九年（1581年），村民于喜春身大力强，家贫好义，独立兴修。至万历二十年，方砌成下层，即第二层修竣，即行病故。第三层，系村民用木砖补葺。"东门悬挂有风动石匾，其制作奇特，大风不动小风动，石块相撞声音清越。据说它是采用当地的一种风鸣石制成，密度极高，击打之声清脆悦耳。这座巨石建筑，未打根基，且不填辅料，以天然石基为基础，块块巨石就地而起，从上到下完全干搭垒成。巨石有的长过数米，有的重达数吨。构造粗犷奔放，设计别出心裁。

于家村共建有古庙、古阁、古戏楼22座之多，且全用石头建成。"四道村门三道是庙，六条街道四条有阁，八座大庙四座庙院，四座戏楼其形各异。"于家村的四合院各有特色，有的全为石墙瓦房，有的皆为石券窑洞，也有的瓦房窑洞混建。四合院大多为坐北朝南，正房建在3~5级的石台阶上，院落的大小、形状也各不相同，大多用石板铺砌，显得洁净雅致。院内还有石桌、石凳，石槽，小石磨以及石头阶梯，蓄水的石砌井、窖等，"比比皆石"。

于家村的古旧房屋基本有两类，一类是明清时期建的瓦房，现仍保存有近千间，青石墙，灰瓦顶，古色古香，雅俗兼备。另一类是石券窑洞，这是当地的特有建筑。窑洞墙宽近一米，用加工的石头垒砌，顶厚一米许，以天然石拱券。石头窑洞就地取材、无梁无柱、左拱右券、结构奇特、坚固耐用、美观大方、墙宽顶厚、冬暖夏凉，实乃民居之精品。于家村400多户人家，共有石头房屋4 000多间、石头街道3 700多米、石头井窖池1 000多眼、石梯田2 000多亩、石头用具2 000多件、石头碑碣200多块（现尚存数十块）。这里也因石头多习惯上称石头村，整个石头村落布局规范，错落有致。历史的沧桑形成了于家村"石头古楼阁、石头古街道、石头古窑洞、石头四合院、石头古碑碣、石头古庙宇、石头古桥涵、石头井窖池、石头梯田、石头博物馆"等"十大石头景观"。全村六街七巷十八胡同二十二夹道，全用青石铺就，闪烁着淡淡的光亮，高低俯仰，纵横交错，宛如一幅古老的水墨画。

于家村于1998年11月被河北省民俗学会命名为"于家石头民俗村"；1999年5月被中国村社发展促进会命名为"中国民俗文化村"；2001年被河北省人民政府批准为"河北省第四批重点保护单位"；2007年被住建部和国家文物局列为中国历史文化名村。

英谈村

河北省邢台县路罗镇英谈村，位于太行山东麓深山腹地，距邢台市70公里，路罗镇西8公里处。该村分为3个自然村庄，全村200户，620多口人。历史文人称赞是人杰地灵的风水宝地。该村自然风景独特秀丽，历史文化底蕴深厚，山清水秀，民风纯朴，有一川、三山、六岩、九沟、十八垴和"江北第一古石寨"之称。

相传唐朝黄巢起义军在此村扎过营地，古寨原是黄巢义军留下的营 pan（营盘），明朝永乐年间，山西一位路姓的大户举家来此落户，目前的建筑多为清代咸丰时所建，一处经典的明清建筑群。千年古寨，岁月流逝，原来的"营 pan"被乡民叫来叫去（用了谐音）叫成了今天的名字——英谈。此村始建于明朝永乐年间，至今有 600 多年的历史，英谈村三面环山，一面临水，处在太行奇峰五子垴、和尚垴的怀抱之中。村落靠山而居，依形营造，错落有序，环境优美。古山寨层层叠叠，如同在画中，有人称之为"世外桃源"。

英谈村

英谈村是目前中国保存最完好的古石寨。环绕该村有一条 1 000 余米长的寨墙，由红色条石垒砌。英谈山寨的寨墙，是中国保存最完整的寨墙，根据东寨门上的墨书题记，可以知道现在的寨墙修建于清代咸丰七年（1857 年）九月。寨墙宽 3 米，高低不等，最高达 6 米许。有以墙为房的，有以房为墙的，墙随地形而建，依山坡蜿蜒起伏，整个寨墙置四门，东门修有阁楼，阁楼的梁架上施有彩绘，用黑墨、白粉、朱红等绘成云纹、暗八仙、花卉等纹样，虽然装饰较为简单，但大方、朴实、粗犷。寨门书有"大清咸丰柒年九月吉日立"十一个楷书墨字。南寨门外修石板阶梯，路外有断崖，甚为险峻。寨墙上开有 4 座类似城门的寨门。

英谈村的古石院落共有 67 座，多为明清时的遗存。古院落依山就势，高低错落，具有丰富的内涵和典型的古太行建筑风格。房屋多为二三层小楼，主要由红石垒砌。屋顶则覆盖以巨形石板，雨雪不侵，冬暖夏凉。家家院落开设了后门，且门开的与前门一样大，只是没有前门的宏伟和精雕细绘。仔细观察，无论前门或后门，每个门后左右都有一个直角型的墙垛。这固然是固门的需要，但在冷兵器时代，无疑也有着攻防掩体之效能。

英谈村有一姓三支四堂之说。所谓一姓指的是路姓，其姓按血缘分为三支，三支又分设有四堂，即汝霖堂、中和堂、贵和堂、德和堂。三支四堂鼎盛时，土地遍及冀晋交界处五县，为当时顺德府的首富。堂口是英谈人的圣殿，也是村民血缘相传的链条和源泉。逢年过节村民都到自己所属的堂口去献香祭祖，红白喜事由堂口主持人帮助操办，家庭纠纷由堂口主持人调解。这种习俗在全国罕见，有说这是当年黄巢起义军组织体系的孑遗，四大堂口就是驻在营盘中四位将军的支系，也有说这是古代道教组织在民间的遗存。该村内大小石孔桥 36 座，还有古石楼、窑洞、古石栏杆、石巷、石街、龟背石壁、古井、一滴泉、古木雕刻、财主院等古迹。八路军总部、冀南银行、印刷厂旧址，国民党省政府旧址等景点。抗日战争时，百户人家的英谈村参军村民竟达三四十人之多，其中有六名在战场上光荣牺牲，成为了革命烈士。在解放战争中，这里是八路军129师被服厂、造纸厂、印刷厂所在地，刘伯承元帅曾在汝霖堂住过。传统的古建筑规模有4 500平方米，现在保存完好。近年来，在当地政府的帮助指导下，该村党支部村委会及全体村民进行了较大规模的保护和初步开发。

英谈村2007年被建设部、国家文物局授予"中国历史文化名村"称号；2008年，被河北省政府公布为省重点文物保护单位；2012年住房城乡建设部、文化部、财政部将英谈村列入第一批中国传统村落名录。

2012年，该村推出保护规划，以保护历史遗存、延续传统风貌，弘扬历史文化，加强地方特色，整治环境，提高生态质量，促进片区繁荣为目标。划定保护范围，明确英谈村空间格局、街巷地段、建筑古迹的保护方法，确定保护整治模式和具体维修改善的方法。针对不同的保护内容，确定相应的保护措施与方法：空间格局保护，即对村落的山水格局和历史风貌进行整体保护；历史街巷保护，石板路、石板巷、石阶和石房、石墙组成的街巷景观特色保护；建筑保护与整治坚持分类保护，尽量"不动"的规划理念；历史环境要素保护注意古寨墙、寨门、古桥等典型构筑物的保护。英谈村在保护好古村落整体风貌及外围山水景观的前提下，大力发展英谈旅游业，同时综合发展农业、林果业。

临沣寨（村）

临沣寨位于河南省平顶山市郏县堂街镇，该镇地质资源丰富。处域东高西低，包括平、沙、山、岗、洼五种地形。曾列入《名山记》的紫云山一峰秀出，紫云环绕，山林叠翠，山泉叮咚，"紫云晴雪"被列为郏县八大景之首。临沣寨坐落在碧波荡漾的北汝河畔，发源于香山的利溥、沣溪两水分别从寨东寨西流过，流向北汝河。为一洼地型古村落，周围千亩芦苇、百亩竹园。杨柳河、北汝河绕寨而过，终年绿水长流。临沣寨的洼地聚落、古寨墙、古寨河、明清时期古民居、宗祠、关帝庙融为一体，成为中原民居文化中一块不可多得的文化瑰宝。

临沣寨的历史据资料可追溯到南北朝时期甚至更早。中国古代著名的地理学家、南北朝北魏时期的郦道元（约466—527年）在《水经注·河水》中记载：柏水经（宝丰）城北复南，沣溪自香山东北流入郏境，至水田村。此处的"水田村"即为今天的临沣寨，意思就是临着沣溪的寨子。从建筑风水上说，临沣寨两面临河，村子处于一片洼地中的高岗上，能聚水聚财，属于风水宝地。从象形学上来说，整个寨子就如一条小船漂在水上。如果是剖面图，临沣寨又像是一个大元宝，寨内核心建筑朱家大院就在元宝心的高处。临沣寨不仅具有建筑史学价值，还蕴含着丰富的传统文化信息。

整个村落被一种浅红色条石砌筑的寨墙紧紧围着，故当地人又称临沣寨叫"红石寨"或"红石古寨"。临沣寨被誉为中原第一红石古寨，有"古村寨博物馆""汝河南岸第一府"之称。临沣寨的寨墙原是建于明朝末年的土墙。清同治元年（1862 年），朱氏兄弟发家后重修寨墙，取紫云山的红石，将土墙改为石墙。重修后的临沣寨围村占地 7 万平方米，寨墙里土外石，呈东北——西南走势，像狭长的船形，围长 1 100 米，高6.6 米，寨上布设 5 座哨楼、800 个垛口。

临沣寨寨墙（图片来源：禹舸摄影）

由临沣寨通往村外的是东、西、南三个寨门，三个寨门都没有取正方向，而是按八卦的三个方向设置，分别位于东南、西北、西南。其中西寨门取名"临沣"，东寨门取名"溥滨"，意为此寨濒临沣溪、利溥两水；西南门叫"来曛"门，取自《诗经》"曛风南来"。东、西寨门由木板镶铁皮制成，至今仍保存完好，其上"同治元年"四字清晰可辨；南寨门毁坏较重，只剩半个门洞。临沣寨的每个寨门上都有灭火水槽，还有用于对外射击的高低不等的枪眼。寨门外边均有两道防洪闸门和向寨外排水的暗道，设计精巧，防守自如，使人不得不叹服 100 多年前临沣寨人的智慧。在临沣寨，有两条护寨河，当地人称为内海子和外海子。绕寨一周的内护寨河是人工挖的，宽 15 米、深 4 米、周长1 500 米，挖出的土方全部用于填充寨墙，而外护寨河则是自然河流，发源于香山的利溥、沣溪两水分别从寨东寨西经过，汇入北汝河。而今的护寨河宽仍有 10 米左右，深约 2 米。

寨内现有 159 户人家，600 多口人，其中朱姓人口占 90%。临沣寨内现存明代建筑一栋 3 间，清代建筑 100 余栋 400 余间，这些明清民居均为砖木结构脊坡式瓦房或楼房，院子中随处可见精美砖雕、木雕、石雕和斑驳彩画。其中不少因年代久远亟须修缮，保存较好的是清代朱氏三兄弟家的宅院。朱家大院都是一进三、一进四、一进五的四合院，沿中轴线对称的砖木结构建筑群。朱家大院的地理位置非常奇特，从地形上看，临沣寨地处洼地，在这块洼地中，有一块明显凸出的高地，这在古代风水学上称为"龟背"，朱家大院就建造在这个龟背之上，不管下多大的雨，这里都不会被淹没，雨水会非常迅速的排进护寨河。这些建筑既有中原农村特有的以砖、石为主体的高大深邃，也有南方以木格子门窗为装饰的小巧玲珑。一些古老的宅院用多层弧形石板作为门洞的拱顶，每层石板上都雕有图案，十分美观。大宅院的五脊六兽，并不是郏县农村常见的仙鹤、鸽子等表示家有余粮的动物，无一例外的全都是龙、犀牛、鱼和海马等水中生物。从这一点也可以理解为临沣寨经常遭遇水患，人们期盼这些水中生物能帮助他们度过灾难。

新中国成立后，各地开始拆除古寨墙，其中郏县拆除100多座古寨墙，唯有临沣寨幸存下来。原因是临沣寨地处两河交界处，地势低洼，极易发生洪涝灾害，当年就在准备拆除临沣寨古寨墙时，洪水围困寨墙数米高而寨内安然无恙，出于防汛需要，临沣寨古寨墙保存了下来，临沣寨古寨才因此成为全国罕见的保存完好的村级古寨墙。

2001年，郏县成立了临沣寨开发办公室，按照"修旧如旧"的原则，对临沣寨进行保护性修复。2002年9月，临沣寨被确定为省级文物保护单位，临沣寨方圆一公里以内被划定为保护区。为了尽可能地保存古寨的古风古貌，保护区内不准打坯、取土、放炮，保护区内建筑不准拆建，禁止砍伐树木，寨内的文物加强保护，登记造册，落实到人。2005年，临沣寨被评为中国历史文化名村。

张店村

张店村位于河南省平顶山市郏县县境东南部，面积50平方公里，郏县李口乡张店村系"汉初三杰"之一张良的故里，张良祖上五世相韩，张良又相刘邦建立大汉，该村以名人为名，有"张相村"之称。距今已有2 000多年的历史，文化底蕴深厚，该村汉代时就建有张良庙，又称留侯祠。明初，张氏后裔中的一支寻根问祖，迁返故里，守护张良庙。明代隆庆年间，张氏子弟张乐舜官拜九门提督，张店村因而更加有名。至今村里仍留存着明清时代的古建筑300多间，部分还保存得相当完整。

据《史记·留侯世家》第二十五记载："留侯张良者，其先韩人也。大父开地，相韩昭侯、宣惠王、襄哀王。父平，相厘王、悼惠王。悼惠王二十三年，平卒……以大父、父五世相韩故。"范文澜著《中国通史简编》(一)载："韩国疆土北自成泉(河南荥阳西北)过黄河到上党(治设山西长治县)。南有陉山(在河南郾城县)，东临洧水(源自河南新密市，至新郑东南流入颖水)"。可见张店就在韩境内。唐《括地志》云："城父在汝州郏城县东三十里，韩(里)地也。"《辞海》1980年版亦称张良是郏县人。诸多文献证明，李口乡张店村就是"汉初三杰"之一张良的故里。

被誉为"张良故里"的郏县李口镇张店村，亦被称之为进士庄，仅明清两代五品以上的官员就12人，受皇封者共60多人。明清这些张店籍的官员，大都在张店修建有自己的宅院，被当地人称为官宅。张店村至今尚保存296间明清官宅，建筑面积7 091平方米，这些古建筑气势恢宏，工艺精湛，以明代提督府、清代东西"官宅"院、南北"义和"院、西西胜院、花门楼等七座大户人家的宅院为代表，面积占村内总面积的50%，共有房舍两千多间，传统砖木结构，红石房基，石基石砖墙体凝重，石雕、砖雕、木雕装饰精美，结构严谨，气势恢宏，具有较高的历史文化与建筑艺术价值，颇似一座"明清官宅博物馆"。

提督府始建于明龙庆年间，为五进院，后有花园，原有房间110多间，现二三进院主体完好，占地200平方米；"南义和"与提督府相连，为五进院，现存四进院的东西配楼；"北义和"是四进院，现存大房屋一座、后四合院一座。比较完整的是西官宅和其东西跨院(五进院)，整个西官宅的中心是一座三层全石质结构的碉楼。该村四合院建筑多以砖石、木架、小蓝瓦盖顶、红石房基，石基石砖墙体凝重，屋内大方砖铺地。屋脊用砖刻莲花图案，房上的五脊六兽，前屏封多用透花木刻，庭台及柱脚采用石刻。古建筑中存有大量木雕、砖雕、石雕，装饰精美，内容丰富。图案包括各种花形、飞鸟、怪兽和吉祥物等。据统计，该村有木雕近 30 处，千余块；各种砖雕、石雕近百处，三四百块。三雕具有较高的历史与艺术价值。

张店村原有红石古寨一座，始建于清朝同治年间，毁于 1947 年。全长 5 公里，面积约 2.5 平方公里，寨墙高二丈八尺，厚三丈，有东、西、南、北和小南五座门，周边等距设寨楼（炮楼）共 15 座，除小南门楼是三层外，其他均为两层，大部分村民居住寨内。寨内有东西大街，长约一公里。大街偏东有跨街红石坊一座，共三层，南北宽三丈，高四丈，跨度九尺，铁铃八个，石狮子四对，透花浮雕有八仙过海、二十四孝图等。大街偏西有张氏祠堂，坐北向南，据传在原"留侯祠"基地上建起，规模相对较小。张氏祠堂正殿五间，殿前古柏两棵。殿台下，东西厢房各三间，大门和耳房，大门外有阅台。但都不幸于 1958 年损毁。

张店村原有留侯祠等张良的遗迹，内有张良塑像，可惜原建筑在新中国成立后被毁，仅存遗址。寨外有相传是张良养马、驯马、洗马的遗址。村外的马鞍山上有魁星楼、河洛图、石观音、古石刻等，还有三神庙、张良品箫处等遗址。张店村有 3 000 多人，大部分姓张，自称张良的后裔。当地至今还有不少关于张良的传说。农历四月初十是古时传下来的留侯祠庙会，又称为小麦会。这天家家户户吃面条，祝贺张良的生日。古庙会还要演戏，剧目大多与张良有关，如《鸿门宴》《霸王别姬》等。

2011 年 3 月，郏县李口镇政府聘请郑州大学城市规划设计研究院做了《中国历史文化名村·河南省郏县张店村保护规划》，对张店村的现状、历史建筑区、资源景观及历史环境要素、民居风貌等进行了详细的普查，并对张店村的未来保护规划做了科学、细致的设计。

2008 年，张店村入选第四批中国历史文化名村。

大余湾村

大余湾村位于湖北省武汉市黄陂区木兰乡。明洪武二年（1369 年），余姓大户从江西北部婺源、德兴迁往今天的木兰川，其中德兴余姓定居川北，称德兴村；婺源余姓定居川南，称大余湾。大余湾现有村民 108 户，居民 324 人，有 40 多栋明清时期古民居。这里村民聪慧勤劳，雕匠、画匠、石匠、木匠远近闻名，特别是制陶窑匠较多，曾有"十汉四窑匠"之说。该村古建筑群属明末清初的民俗建筑，20 余条巷子纵横分隔。现存 40 多户石砌屋，以大块条石砌成，石面上刻有滴水线、硬山顶、翘檐、檐额彩绘、天井、承水池、木雕隔屏，大部分至今仍保持较好。这些石屋雕梁画栋，在形式和格局、用材与技术上，体现出明显的徽派建筑特色。

村落整体布局体现了儒家"厚德载物"和"安居乐业"的思想，村前以溪壑为堑壕，村后以山寨为屏障，村中有百子堂（大屋）、德济、源丰三座花园镶嵌，外御贼寇，内享安居。站在村后旧寨山上鸟瞰全村，其"左边青龙游，右边白虎守，前面双龟朝北斗，后面金钱吊葫芦，中间怀抱太极图"的风水格局清晰可见。"青龙""白虎""双龟""葫芦"、均指村落周边的山包，尤以"双龟""葫芦"最为形象。连结"葫芦"的"金线"则是指木兰山系的山脊一线。耸峙在葫芦山北侧的是旧寨、新寨、谌家寨几座山峰（峰顶垒有石寨墙）。"太极图"系指村前一处水陆地貌形似太极图结构。在形式和格局、用材与技术上，体现出极为完整的安居构想："石墙到顶"是基本特色，还有"前面墙围水，后面山围墙，大院套小院，小院围各房，全村百来户（后来户数），串通二十巷，家家皆相通，户户隔门房，方块石板路，滴水线石墙，顶有飞流瓦，檐仲鸟兽状，室内多雕刻，门前画檐廊，流水穿村过，过溪搭桥梁，出门到田间，观鱼清水塘"，房屋内部结构特色为木柱木板代山墙。

大余湾古民居保存完整的有 10 户，约 1 390 平方米，保存较好的有 33 户，3 228 平方米，其中，余家文、余传福等农户的民居建于明代，多数民居建于清代。大余湾得木兰之灵气，钟灵毓秀，人才辈出，曾有过"一门三太守，五代四尚书"的辉煌历史。那里的民间雕匠、画匠、石匠、木匠也远近闻名，大多数古民居外墙上遗留着清代手绘彩色壁画，计有上千幅。

2007 年，黄陂区完成了大余湾古民居建筑群保护和修建的两部规划，并通过专家组评审。按照规划，投资商对大余湾总投入约 1.5 亿元，建设"三线十二节点""五个自然组团""前庭后院"。建成后的大余湾形成古建筑参观区和后山体验区。古建筑参观区通过对 5 户重点古民居的展示和百来户民居的集中打造，让游客从房屋的精雕细琢中、从装饰摆设的讲究中、从家庭文化的打造中，体会中国博大精深的古民居文化。后山体验区以大余湾 600 年的人文历史、典故传说衍生出系列旅游产品，吸引游客在爬山的过程中去探寻、去体验，如孝子文化——摞子石的故事，风俗民情的传统——晒米石的传说，大余湾的读书传统——西峰尖的书院和文庙，大余湾繁盛的根源——葫芦塘探秘等。两个区域自成一体，特色鲜明，相辅相成，共同组成大余湾的综合旅游体。

2002 年 11 月，大余湾被评为省级文物保护单位。2005 年 9 月，大余湾被建设部、国家文物局列为中国历史文化名村。

滚龙坝村

滚龙坝村位于湖北省恩施市崔家坝镇东南部一个山间平地，距鸦鹊水集镇 1 公里，"三一八"国道绕村而过。这里山清水秀，是一个以土家族向氏儿女居住为主的村落。该村属恩施州"民族民间生态文化保护区"之一，风土人情独特，文化传统深厚。滚龙坝为鄂西山地常见的山间小平地，尖龙河、洋鱼沟两条河流从南北两侧穿过，尖龙河水黄，被称为黄龙，洋鱼沟水清，被称为青龙，尖龙、洋鱼两河穿行坝间，旱时卵石突兀，雨时山水暴涨，一清一浑，交汇注入天坑，如双龙翻滚，滚龙坝的名称由此而来。坪坝周围青龙、笔包、纱帽、马鞍、尖银、五峰、外坡、马环、宝塔、老虎诸山拱卫。

滚龙坝原居住民为黄氏，据说于 800 年前迁来。另有向大元一族，即向述后、民间所传"八耳锅"向氏，后因今滚龙坝向氏先祖向大旺携家人到滚龙坝落业发达后，陆续迁走。据《滚龙坝向氏族谱》记载，滚龙坝向氏家族在明、清两代各有一次最发达的时期：第一时期为明代向霖龙、向云龙、向需龙同胞三兄弟因武勋授官。向霖龙官至川湖五省总兵；向云龙官至南直安庆协理剿寇军门游击；向需龙因功封凤卫伯爵。第二时期为清代向存道、向发道、向致道同胞三兄弟经科举步入仕坛。除上述 6 人外，滚龙坝向氏家族在封建时代还有多人做官发迹。滚龙坝不仅是向氏聚族而居的自然村落，还是封建时代基层军事组织"塘"与国家粮库"社仓"所在地。值得一提的是，据《恩施县志》记载，向氏族人参加过抗击倭寇、保卫祖国海疆的战斗。

滚龙坝村，现居住 200 余户，800 余人，形成了各民族人民大杂居、小聚居之地。村中房屋建筑庭廓烟树，院落棋布、古朴雅致、雾霭迷蒙。四周山势形成了东有青龙是瞻（青龙山），西有天马辔鞍（马鞍山），北有猛虎下山（黄家岩），南有五凤朝阳（五峰山），中有文笔调砚（宝塔山），构成了一幅美丽的自然画卷。滚龙坝总面积约 5 平方公里，聚合式农舍大多为明清古建筑，其间石板小道相连，间以古树幽竹，与山水和谐成趣，构成一幅美丽画卷。滚龙坝的文化遗存主要以古民居与古墓葬为主。古民居主要分布于茅坎山、中村、老虎山脚三处。滚龙坝有明清古建筑及有保护价值的近现代民族建筑 13 处、房屋 100 多间，建筑总面积超过 3 万平方米，且 70% 保存较好。滚龙坝墓葬主要分布在茅坎山、马鞍山、尖银山等地，共 30 余座。有些墓葬虽葬于明代，但由后代族人在清代补立墓碑，大多为清道光、咸丰、同治、光绪年间墓葬，其中 4 座墓葬为虎头碑。这实属罕见，具有一定的历史研究价值。

村中古建筑的主要样式为木构、砖、石混合而建的四合院式天井屋，四周以墙体围合成"回"字型，两山施以封火山墙，墙帽有装饰浮雕及彩色纹饰，屋顶有悬山和硬山两种形式。大多数房屋都由封火砖墙、石砌天井、抱厅冲楼、书房绣阁、正房偏屋、猪栏牛舍、火坑杂间组成。最大的三处屋场为长街檐、石狮子、老虎山三个屋场，由三进、五进、七进多排间房屋组合，屋内天井相间，冲亭相连，道路曲折，最大的一组房屋有 20 多个天井。陌生人进入这些房子，犹如进入迷宫。更让你目不暇接的是那些千奇百怪的石木雕刻，龙戏火珠、狮滚绣球、太极双鱼、仙猴捧桃、喜鹊闹梅、富贵牡丹、文房四宝、西游故事、封神传说等。

2007 年，滚龙坝村被国家建设部、国家文物局列为第三批中国历史文化名村。

张谷英村

张谷英村，位于湖南省岳阳县张谷英镇，在渭洞笔架山下，地处岳阳、平江、汨罗三县市交汇处，距离长沙、岳阳分别约 150 公里和 70 公里，为中国保存最为完整的江南民居古建筑群落之一。相传明代洪武年间（1368—1398 年），江西人张谷英沿幕阜山脉西行至渭洞，见这里层山环绕，形成一块盆地，自然环境优美，顿生在此定居的念头。张谷英是位风水先生，他经过细致勘测后，选择了这块宅地，便大兴土木，繁衍生息，张谷英村由此而得名。

张谷英村现有村民 658 户，2 169 人，全部是张谷英的第 26、第 27 代子孙。族居在这座迷宫似的古屋里，谨守着先祖"识时务、顺天然、重教育、兴礼义"的遗训，日出而作，日落而息。繁衍生息几百年，世传不衰。张谷英村为汉族聚居群落，呈半月形分布在山脚下，以主屋为大门，背靠青山，门前的渭溪河成了天然的护庄河。大门门楣上有一幅太极图，为全族人保平安、佑富贵之意。大门里的坪上有两口大塘，分列左右。它们寓意龙的两只眼睛，既用来防火，又壮观瞻。屋场内渭溪河迂回曲折，穿村而过，河上大小石桥 47 座。屋宇墙檐相接，参差在溪流之上，形成"溪自阶下淌，门朝水中开"的格局。傍溪建有一条长廊，廊里用青石板铺路，沿途可以通达各家门户，连接着各个巷道，巷道两旁由青砖垒墙，高达 10 余米。墙高且厚，宜于防火，称为封火墙。大屋场里像这样的巷道一共有 60 条，它们纵横交错，四通八达，最长的巷道有 153 米，所有的巷道加在一起，总长度达 1 459 米。居民们在此起居可以"天晴不曝晒，雨雪不湿鞋"。檐内，浑圆的梁柱上刻有太极图，屋下镂雕的是精巧的小鹿。窗棂、间壁以及隔屏大多以雕花板镶嵌，图案有喜鹊、梅花、猛兽之类，栩栩如生。

整个建筑群由当大门、王家塅、上新屋三大群体组合而成。古建筑群始建于明嘉靖四十一年（1562 年），清代两次续建。现有巷道 62 条，天井建筑群始建于明嘉靖四十一年，清代两次续建。现有巷道 62 条，天井 206 个，总建筑面积达 5 万多平方米，共有大小房屋 1 732 间。总体布局依地形呈"干枝式"结构，主堂与横堂皆以天井为中心组成单元，各个单元自成庭院，各个庭院贯为一体。其最大特点是排水设施完整，采光、通风、防火设施完备。张谷英村比较完整的门庭有"上新屋""石大门""潘家冲"三栋，三栋门庭各自分东、西、南方向设置，主庭高壁厚檐，围屋层层相因，分则自成系统，合则浑然一体，总建筑面积 1.08 万平方米。规格不等而又相连的每栋门庭都由过厅、会面堂层、祖宗堂屋、后厅等"四进"及其与厢房、耳房等形成的三个天井组成，可以说，张谷英村整个建筑由无数个"井"字组成。厅堂里廊栉比，天井棋布，工整严谨，格局对称，形式、尺度和粉饰色调都趋于和谐统一，体现出高超的建筑技艺。建筑材料以木为主，青砖花岗岩为辅。

张谷英村人世世代代一直尊奉孔孟之教，重礼仪、教育。村人以读书为荣，以不识字为耻，喜好读书的风气代代相传。科举时代曾有进士 1 人、举人 7 人、贡生 6 人、贡员 1 人、佾生 1 人、庠生 45 人、太学生 33 人。

有关专家在分析了张谷英村遗存的非物质文化遗产和传统礼俗的基础上，总结了张谷英村传统礼俗的特征，提出了基于非物质文化遗产的张谷英村传统礼俗的保护与传承：以"村"养俗，注重建筑原貌的保护；以"境"护俗，注重人居环境的利用；以"风"扬俗，注重家风内蕴的弘扬，以"情"怡俗，注重礼仪习俗的承继。

2001 年 6 月，张谷英村被公布为全国重点文物保护单位。2003 年，张谷英村被列为中国历史文化名村。

上甘棠村

　　上甘棠村位于湖南省江永县夏层铺镇，距江永县城西南 25 公里。上甘棠村历史悠久，有上千年建村史，是湖南省年代最为久远的古村落。上甘棠村汉武帝时即为苍梧郡谢沐县城所在地，至今还保留着历史悠久的汉代古石桥。唐天宝年间（742—756 年），周氏先祖在此定居立宅，取名甘棠，至今已达 1 250 余年。甘棠，原指高大乔木，后用作官吏政绩的称颂之词，此处用于赞颂周氏先祖的平叛之功。

　　上甘棠村依山傍水，坐东朝西，东边一线低矮的小山丘名曰"屏峰山脉"，村前如练的谢沐河水不息流淌，形成极好的风水闭合。据周氏族谱记载，周氏二十一世祖周子昂"善乎山水"，其选择上甘棠合族而居是颇费了一番心思的。上甘棠村背倚逶迤远去的屏峰山脉，左右各以栖凤山、昂山为"青龙"与"白虎"，屏风聚气；前以龟山当近案，以西山当远案，视野开阔；村前的谢沐河则如同玉带，蓄势涤污。古称上甘棠村有雌雄二水，雄水源于高山雨水；雌水，源于石灰岩地下水。雄雌二水汇合处，山环水抱，确是一方风水宝地。雌水为沐河水穿山而过，在村前一公里处形成了千余米长的地下溶洞和暗河，沐河水流至村北百余米与来自另一方向的谢水汇合形成谢沐河。上甘棠村依山傍水，村庄依山构成八卦图中的"黑鱼"，河流绕抱村庄部分状似八卦图中的"白鱼"，合起来就是一副完整的八卦图了。独具特色的远眺龟山、昂山毓秀、古衙遗址、月陂雨亭、寿萱凉亭、步瀛古桥、文昌阁、古宅民居等甘棠八景，构成了一幅青山、绿水、小桥、人家的美丽画卷。月陂亭的宋代摩崖石刻如此描述："春陵周氏溪山胜，多少骚人为发扬，我道其间描不尽，一图太极是甘棠。"

　　村中保存有 200 多幢明清时代的古民居，大部分为富有湘南风格的明清时期民居，多为二三层的楼房，内部以天井为中心布置各类生活用房。高大的防火墙、严整的纵深布局、考究的中轴对称，隐显著昔日的辉煌。各户均以天井组合而形成住宅单元，房屋墙体均以三六九寸大眠砖砌成，大面积的清水墙面，冠以起伏变化的白色腰带，并极尽所能地点缀门庐、漏窗，形成对比强烈、清新明快的格调。除古民居外，村内还保留有众多古迹，如明万历四十八年（1913 年）的文昌阁、明弘治六年（1493 年）的门楼、明嘉靖十年（1531 年）的石板路、清乾隆年间的步瀛桥、民国二年（1913 年）的石围墙等，还有一批明显带有宋代特征的古建筑。创建于 1 000 多年前的村庄，在历经千年的风雨后，村庄的村名、位置、居住家族始终不变。像这种同时具有建筑、商业、书院、宗教等文化特色并保存完好的古村落，实属奇迹。

　　步瀛桥位于村南，为一座三孔石拱桥，始建于北宋靖康元年，历经元、明、清修缮，千百年来维系着村前的古驿道。拱桥采用半圆形薄拱，桥长 27 米、宽 4.5 米，跨度 9.5 米，拱净高 5 米造型小巧别致。与文昌阁的庄重高耸互为衬托，构景成图，相应成趣。文

文昌阁和步瀛桥

昌阁始建于大明万历四十八年（1620 年），历史上其东侧曾建有濂溪书院。现在的文昌阁被用作了上甘棠村小学校舍。文昌阁高 9 米，进深 20.5 米。一二层用青砖砌筑，三四层为全木结构，抬梁做工考究，童柱所骑驼峰均采用莲花瓣座，具有明显的明代建筑特征；屋面为青瓦歇山顶，三重斗拱飞檐；其通高约 22 米，整体呈护城墙箭形，庄重稳定，屹立旷野，蔚为壮观。上甘棠村"月陂亭"的摩崖石刻，是由上甘棠村周氏家族在 1 000 年间陆续镌刻下来的，镌刻有 24 方古代石刻。据石刻内容，可推断从山东迁来的周氏族人于唐太和年间（827 年）就已定居于此。石刻绵延宋、元、明、清 4 个朝代，内容相当丰富，有叙事文、唱和诗、八景诗和劝谕文等，为研究宋元明清时期的乡村历史、民风民俗提供了宝贵史料。

上甘棠村现有居民 435 户，人口 1 865 人，除 7 户为新中国成立前后迁入外，其余为周姓族人。据周氏族谱记载：周氏族人自唐天宝年间为平定南方十州之动乱从山东青州迁至宁远大洞；唐宪宗年间，周氏一族再迁居永明县谢沐乡机峰山；唐太和二年（827 年），迁居甘棠山。自此，周姓家族就开始定居上甘棠，世代繁衍，延续至今已有 40 多代了，历经 1 200 多年。周氏祖辈架桥梁、铺道路、建亭阁、兴教育使之代代相传，人才辈出。千年间村内出文武百官 101 名，官至尚书、节度使、太守、宣政大夫、将军、刺使、知州、县令等。上甘棠村山清水秀、风光旖旎，古石桥、古石墙、古驿道、古巷道、古民居、古楼阁、古碑刻、古遗址等众多文物古迹不仅具有较高的文物保护价值，也具有较大的开发价值。古村落民风淳朴，具备了旅游与开发的极佳生态和人文环境。

2007 年 6 月，上甘棠村被列入第三批中国历史文化名村。

高椅村

高椅村全貌

高椅村位于湖南省会同县高椅乡，沅水上游雪峰山脉的南麓，近贵州省。高椅村其三面环山，一面临水，村庄犹如座落在高围椅之中，高椅也因此而得名。高椅村原名渡轮田，在唐宋之前，是一处古渡，从巫水可直达沅水，由此而下洞庭、出长江、入东海。元至大四年（1311 年），南宋诰封"威远侯"杨再思的五世孙杨盛隆、杨盛榜迁居此村。现村中大多数人都姓杨，据说为他们的后代。因所在的地势宛如一把高高的太师椅，把村子环抱，后来便将渡轮田更名为高椅村。至清代中晚期，高椅村达到鼎盛，村内民居的兴建规模和兴建水平，都有较大的发展和提高。

村中古民居以"五通庙"为中心，呈梅花状，外延分为老屋街、坎脚、大屋巷、田段、上下寨五个自然群落。大小纵横的巷道形成交通网络。一色的的青砖封火高墙，两端成梯状的翘角马头高耸，夹峙着一条条青石板铺就的小巷，道路纵横交错，宛如网状，进入村中，如入迷宫，叫人找不着出路，由于地形复杂，几百年来，这个村子从未受过土匪、强盗的骚扰。古村建筑均为木质穿斗式结构，四周封有高高的马头墙，构成相对封闭的庭院，当地称为窨子屋。这种建筑因是高墙密封，仅开小窗，对于防风、防盗、防火具有特殊功能。近百年来，高椅村尚没有一家失火殃及毗邻的先例。这种建筑格式，用小青石砌筑地基，高出地面 60 厘米，有较深的排水沟，在房屋密集区，还设有下水道和水塘。

房屋建筑式样优美多姿，各建筑大都装饰以壁画、墙头画，门窗都是隔扇花式样，花纹各异，或龙腾、或凤舞、或花鸟、或人物，匠心独具，技艺精湛，现仍保存有很多的丹青墨宝、石雕、石碑、镌刻等艺术品。每家每户独自的小院各自"天人合一"，又与邻家户户相通，是典型的明代江南营造法式，同时又具有浓郁的沅湘特色兼侗家风格。高椅村古建筑群是迄今发现的一处规模较大，保存较完整的清明时期民居建筑群，有自明代洪武十三年（1381 年）至清代光绪七年（1881 年）连续 500 年间先后建造的古建筑 104 处，总建筑面积 19 416 平方米，被专家誉为"中国第一村"、古民居村落"活化石"和古民居"建筑史书"。

高椅村堪称"耕读文化完美典范"。清嘉庆年间，老屋街贡生杨跃楚弃官还乡开设学堂，题名"清白堂"，保存至今。据《绅衿录》统计，明清两代，全村先后出过举人 3 名、进士 2 名、贡生 9 名，其他廪膳生、秀才、干总等共计 293 名。村中居民大多为侗族人，多年来还一直保持着烧柴草、住木屋的古老生活习惯。凡有客人到来，淳朴的侗家人总是用山歌和"拦门茶"招待贵客。此外，由于村中山水之好，高龄老人极多，使这里成为闻名遐迩的"长寿村"。高椅村遗存有大量的古建文化、耕读文化、侗民俗文化、巫傩文化和宗教文化。

2007 年 6 月，高椅村入选第三批中国历史文化名村名单。

理坑村

理坑村，属江西省上饶市婺源县沱川乡，原名理源，距婺源县城东北 45 公里。建村于北宋末年，村人好读成风，崇尚"读朱子之书，服朱子之教，秉朱子之礼"，被文人学者赞为"理学渊源"。自古以来，理坑村人才辈出，先后出过七品以上官宦 36 人，进士 16 人，文人学士 92 人，著作达 333 部 582 卷之多，其中 5 部 78 卷被列入《四库全书》。尤其从明代晚期开始，理坑村陆续出了一批很有名望的硕儒、大官，文风文运自此经年不衰。其中，不仅有工部尚书余懋学、吏部尚书余懋衡等京官，也有广州知府余自怡、台州知州余世儒等地方大员，还有一些县府的父母官。理坑因村人尊崇朱子理学，故又名理源，即理学渊源之地。"坑",在当地特指山凹、山溪,又因理坑村地处婺源东北面的山谷旯处,故名理坑。据《沱川余氏宗谱》载:沱川余氏始祖余道潜,与朱熹的父亲朱松是宋徽宗重和八年(1118 年)同科进士。余道潜于庚子年(1120 年)由安徽桐城迁沱川篁村。其后代余景阳,于 1206 年迁居理坑,距今已近 800 年。

走进理坑,整个村落位于一条呈袋形的山谷中段。山谷长约 5 000 米,虽然村子所在的地方最宽,但宽度也不到 300 米,理源水沿着这条峡谷缓缓流经村前。理坑村口的理源桥,桥面上建有亭子,桥亭合一。亭子门额正前左方题为"闾开阀阅",闾是指巷门,阀阅指的是有功勋的世家;正前右方为"山中邹鲁",由上海陈子龙先生所题,邹鲁是指孔孟故乡,意思是称赞理坑为藏在深山的书乡之地;后左方为"理学渊源",是指理坑村人崇尚朱子理学,后右方为"笔峰兆汉",指的是村人崇尚正统的儒家学说。石桥上刻"溪山拱秀"四个大字,理坑村丰厚的文化底蕴由此可见一斑。

理坑村人好读成风,自 1586 年 31 岁的余懋学考中进士后,村人更是秉承勤学苦读之风,先后经科举考试中进士者有 16 人。取仕不成外出经商的,则成巨贾。这些达官显贵、巨富豪商,或衣锦还乡,或告老隐退,大量的官第、商宅、民居、祠堂、石桥、文化建筑开始兴建。明清时期,理坑最为鼎盛,形成了颇具特色的明清官邸古建筑群,数量、款式之多国内少见,保存也最好,理坑村至今保留着明清官宅 120 余栋,被誉为"中国明清官邸、民宅最集中的典型古建村落"。

历史上,婺源也隶属于古徽州,理坑与黟县就隔着一道山。理坑的建筑自然也就是徽派的建筑风格。据了解,理坑村面积为 9.5 公顷,现有民居 134 幢,以住宅为主体的古建筑至今还保留有 130 幢,其中明代 24 幢,清代 106 幢。此外,全村现存 14~19 世纪的祠堂 3 幢、石(拱、廊、板)桥 9 座。理坑明清官宅约 120 余幢,至今仍保存完好的古建筑有明代崇祯年间(1627—1644 年)广州知府余自怡的"官厅",明代天启年间(1605—1627 年)吏部尚书余懋衡的"天官上卿",明代万历年间(1573—1620 年)户部右侍郎、工部尚书余懋学的"尚书第",清代顺治年间(1638—1661 年)司马余维枢的"司马第",清代道光年间(1821—1850 年)茶商余显辉的"诒裕堂",还有花园式的"云溪别墅",园林式建筑"花厅",颇具传奇色彩的"金家井"。这些古建筑粉墙黛瓦、飞檐戗角、"三雕"工艺精湛,布局科学、合理、冬暖夏凉,是生态文明的绿宝石,是建筑艺术的博览园。

1936 年至今的 3 次行政区划变动,特别是 1949 年婺源划归江西管辖后,加上历次政治运动,对这里"徽文化圈"的继承、保护、发展产生了一定影响。但由于理坑村相对闭塞,经济较为落后,在社会发展进程中,很少大拆大建。婺源县人大常委会于 1998 年通过了《婺源县文物管理办法》等地方性法规,使理坑等古村落保存相当完整。"青山绿水、粉墙黛瓦"的徽派建筑是当地宝贵的旅游资源和文化财富,该县广泛吸收传统建筑文化的营养,将现代文化与传统文化相结合,大力弘扬徽派建筑风格。结合新农村建设,加强农村规划和建房管理,严格控制建房的规模和样式,聘请资深建筑技术人员,精心设计编制徽派建筑效果图,发放给需要建房的农民,引导他们住宅建设一律飞檐戗角,门楼、窗台应用"三雕"构件进行装饰,充分展示徽派建筑魅力。统一规范村民建房,促进理坑古村落的保护和旅游业的可持续发展，对保护婺源县内的古民居和维护其整体格局和风貌起到了重要的保障作用。

根据生态环境优美和文化底蕴深厚的优势，当地提出了"优先发展旅游产业，建设中国最美乡村"的目标，按照规划先行的原则，依托文化生态资源的优势，先后编制了 4 个层次的规划：旅游产业总体规划，景区开发、建设及保护性规划，公路沿线乡村建设控制性详规和婺源生态保护实验徽州文化区保护规划。

1985 年以来，理坑村先后有 6 处古建列为省级文物保护单位；2003 年 7 月，理坑村被江西省政府命名为首批"历史文化名村"；2005 年 10 月，被列入中国历史文化名村；2006 年 5 月，被列为全国重点文物保护单位，全国百个民俗文化村之一；2007 年，被评为全国首批"景观村落"；2014 年，理坑村民居（含天官上卿第、司马第、友松祠、福寿堂、云溪别墅）进入国家首批传统村落整体保护利用工作名单。

流坑村

流坑村，属江西省抚州市乐安县牛田镇，位于乐安县牛田镇东南部的乌江之畔，四周青山环抱，三面江水绕流，山川形胜，钟灵毓秀。流坑以规模宏大的传统建筑，风格独特的村落布局而闻名遐迩。距乐安县城 38 公里。流坑村是国家级文物保护单位。该村始建于五代南唐升元年间（937—943 年），繁荣于明清两代。流坑村以规模宏大的传统建筑、风格独特的村落布局闻名。村中现存明清传统建筑及遗址 260 处，其中明代建筑、遗址 19 处，另有古水井、风雨亭、码头、古桥、古墓葬、古塔遗址等 32 处。

流坑村有着古老骄人的历史和高度发达的文明。五代南唐升元年间（937—943 年）建村，始属吉州之永丰县，南宋时割隶抚州之乐安县，至今已有 1 000 多年的历史。这个村子大都姓董，是一个董氏单姓聚族而居的血缘村落。董氏尊西汉大儒董仲舒为始祖，又认唐代宰相董晋是他们的先祖。据族谱记载，董晋裔孙董清然在唐末战乱时，由安徽迁入江西抚州的宜黄县，他的曾孙董合再迁至流坑定居，成为流坑的开基祖。明代，流坑开始建宗祠，不断修撰族谱，在家族的约束力中增进儒家学理凝聚族人，以心学的弘扬给族人注入了存理去欲、修齐治平的生机。"以德行为本"，"先立其大为宗"，"辅以血脉以禅于无穷"，家族的维系开始超越原始阶段，进入到理性的境界。南京刑部郎中董燧辞官回乡后，着手规划改建全村的整体布局，"建筑按风水学考虑外，还依据周礼的规定布局"（郑孝语），族人按房派支系分区而居，与各房派的宗祠结合在一起。以其严密的宗法制度将流坑庞大的族群凝聚维系到 20 世纪中叶，以致一村一姓延续千年，历尽沧桑几经战乱而不散。流坑为何令世人刮目相看，除了它的千岁年龄外，流坑还相对完整地保留了大量的古文化遗存。它已是一个共拥有 800 余户 4 000 余人的大村落。

宋代是流坑历史上最辉煌的时期之一，董氏崇文重教，以科第而勃兴，成为江南大家族聚居的典型。时有"一门五进士，两朝四尚书、文武两状元，秀才若繁星"和"欧（欧阳修）董（流坑董氏）名乡"之美称。元代，遇兵燹，村子遭毁。明清时代，村中有识之士绅继祖业，兴教办学，修谱建祠，并发展竹木贸易，使流坑村又一次繁荣兴盛。从宋代到清初，村中书塾、学馆，历朝不断，明万历时有26所，清道光时达28所。全村曾出文、武状元各1人，进士34人，举人78人，进入仕途者，上至参知政事、尚书，下至主薄、教谕，超过百人。江西省有30名以上进士的村子仅有四个，流坑村是其中唯一一个文物古迹保存如此完好的古村落，实在是难得的。明代旅行家徐霞客曾到流坑村游历，赞曰："其处纵横掉阖，是为万家之市，而董氏为巨姓，有五桂坊焉"。（见《徐霞客游记》）这里所说的"五桂坊"，就是为表彰宋仁宗景祐元年（1034年）董氏一门五人同时中进士这一盛事而建的纪念牌坊，"五桂齐芳"历史罕见，可谓殊荣。

流坑村四面环山，恩江从群山中自南往北向西流去，明代董燧在西南方用人工挖掘的龙湖，将湖水与江水联为一体，使流坑村成为山环水抱的胜地。恩江右岸的古老香樟，由牛田镇至村口，浓荫覆盖十余里，景色极为优美。村子经董燧改建后，原来密如蛛网的小巷，以七横一竖的较宽的街道相联，在宽巷的头尾，建有巷门望楼，用于关启防御。族人按照房派支系分区居住，一如唐宋时代的里坊规制。各房派宗祠与各房派族众结合在一起，犹如众星拱月。全族大宗祠则建于村北，其他宫观庙宇均建于村外，以符合古礼的要求。全村外有恩江、龙湖环绕，内有村墙门楼守望，很像一座小小的城池。

流坑村中那鳞次栉比、古老幽深的明清建筑，比比皆是。全村现有500余栋各类房屋中，有明清两代建筑260余栋，其中明代和明清之际的民居30余栋，祠堂60余堂，宫观庙宇8处，文馆、戏台各1座，流坑古民居之多，全国少有。它们大都有绝对年代可考，这是难能可贵的。这些明清建筑清一色的青砖灰瓦，朴实素雅；高峻的马头墙，仰天昂起，既可防风，又可防火；间或有几座建有水平高墙的祠宇宅第，又俨然似微型城堡。明代与清初住宅，大门多在右侧，清初以后，住宅大门移至正中；门楣、屋檐饰以雕刻、彩绘；屋内墙壁、门柱、窗棂、柱础、枋头、雀替、挡板、天花板，也多有雕绘装饰，制作的花鸟虫鱼、人物山水、传奇故事、神话仙迹，可谓琳琅满目，应有尽有，大量地吸收了南方各省雕绘技艺的精华。

流坑以规模宏大的传统建筑，风格独特的村落布局而闻名遐迩。明代中叶，村子在族人的规划、营造下，形成了七横（东西向）一竖（南北向）八条街巷，族人按房派宗支分巷居住，巷道设置门楼，门楼之间以村墙连接围合的格局。巷道内鹅卵石铺地，并建有良好的排水系统。村中现有明清古建筑及遗址计260余处，其中明代建筑、遗址19处，还有重要建筑组群18处、书屋等文化建筑14处、牌坊5座、宗祠48处、庙宇8处。另有水井、风雨亭、码头、古桥、古墓葬、古塔遗址等32处。村中古民居均为砖木结构的楼房，高一层半，格局多为二进一天井，质朴而简洁，但建筑装饰十分讲究，集木、砖、石雕（刻）及彩画、墨绘于一体，工艺精湛。明代民居怀德堂中的雀（爵）鹿（禄）蜂（封）猴（侯）砖雕壁画和永享堂照壁上镶嵌"麒麟望日"堆塑堪称精品。数以百计的屋宇，堂上有匾，门旁有联，门头、墙壁上刻有不少题榜、名额，共计682方（处）。这些匾联皆有来历，内涵丰富，意境深远，或表主人身世，或显家族之荣耀，或体现儒家传统的道德思想，或反映"天人合一"的美好意境。

流坑村古建筑具有浓厚的地方特色，代表了江西赣式民居的典型风格和特点，面积近 7 万平方米，基本保存完好，组群完整，街巷仍为传统风貌，有很高的历史价值、人文科学价值及环境与建筑艺术价值。其建筑类型之齐全、保存之完整，在国内自然村中实为罕见。明清时期，流坑的科举仕宦日见式微，流坑董氏的学术、文化、政治、工商活动却呈现旺势。明代董姓学人共有著述 38 种，有诸多名流贤达为流坑董氏撰文、赋词、赠诗、题匾，如王安石、梅圣俞、朱熹、文天祥、吴澄、罗洪先、聂豹、曾国藩、左宗棠等，都为流坑留有墨迹。由于其深厚的历史文化底蕴，该村被专家誉为中国古代文明的缩影，并有"千古第一村"的美誉。从 1990 年秋开始，对流坑村历史文化和传统建筑的研究、宣传、保护、利用工作有序开展。

2001 年 6 月，流坑村古建筑群被公布为第五批全国重点文物保护单位。2003 年 10 月，流坑村被列为首批中国历史文化名村。

汪口村

汪口村

汪口村位于江西省婺源县东部江湾镇，历史上被称为"千烟之地"的汪口，如今仍有 500 来户，1 700 多人，95% 以上住房，仍保留明清时代的特色和风格。汪口村处于山水环抱之间，村落背靠逐渐升高、呈五级台地的后龙山。汪口由一股正东水（江湾水）与另一股东北水（段莘水）在村南汇合。明净如练的河水由于村对岸葱郁的向山阻拦而呈"U"形弯曲，形成村前一条"腰带水"的三面环水的半岛。自南向北，向山—段莘水—官路正街商市—村庄民居依次形成了汪口"山—水—市—居"的村落整体形态。

古村廓处于丘陵地带，村周青山环抱、绿水依流。有诗云："鸟语鸡鸣传境外，水光山色入阁中"，景色十分宜人。据《永川俞氏宗谱载》，歙县簧墩俞昌迁婺源的第九代孙，宋代朝议大夫俞杲于宋大观三年（1110 年），由附近陈平坞（已废），迁到今汪口村后的郑婆坞（现俞林标宅前），再由郑婆坞逐渐向河边扩展。从此，汪口人在这里耕读并举，儒商结合，繁衍生息。1375 年前后，明代官府还在汪口设立了第一个行政机构——用于投递公文的汪口驿铺。1405—1687 年，汪口的先人"亦儒亦商"跻身于徽商行列。当时汪口木业和茶业商人生意如日中天，他们苦心经营，财富迅速积累，一批官邸、商宅、祠堂、牌坊逐步兴建。汪口村的中心渐渐东移。1730年后的乾隆盛世，汪口又进入了一个鼎盛时期。俞氏宗祠、平渡堰、一经堂、懋德堂、四世大夫第、四宜轩、养源书屋、存与斋书院、柱史坊和同榜坊等著名建筑，都在此后的160年里相继建成。汪口官路正街，这条繁华了几个朝代的商业街，也在这近2个世纪中得到发展、完善。清朝乾隆至光绪的近200年里，汪口俞氏中进士9人，进入仕途，实授官职的有39人。达到鼎盛时期。咸丰十年（1851年），汪口村经历了太平天国的战火，民居被焚过半。星移斗转、王朝更迭，到民国初年，全村还有约480幢宅院，近百条巷路、18处溪埠、3座祠堂和2座牌坊。

汪口是一个由于水路交通发达而形成的商业性古村。汪口古村正处在由徽入饶水路的端点。18个溪埠码头与18条街巷相连，中间有官路正街以路为市，使汪口成为一个万商云集、舟船相连的"商埠名村"。汪口古村的诸多构成要素，都深深打上了商埠名村的烙印，曾对古徽州与古饶州的社会经济发展起过重要作用，具有区域范围的深远影响。

汪口是典型的宗族社会乡村。建有祠堂，其俞氏宗祠，现保存相当完好，还修有不同年代编写的族谱家乘。建立了由户长—房长—族长构成的组织管理体系。这一组织掌握着"三田"的收支，掌握着制订村规、祠规、乡约和"开祠堂"处置村中事务的权力。

汪口是建筑与周边地形地貌、山水风光和谐统一，人与自然和谐相处的古村落的典型。汪口的建筑布局近似网形，以一条官路正街做"纲"，18条直通溪埠码头的主巷道连着错落有致、纵横发展的小巷，将民居织成一个个"目"。"风水"学认为，网形不能钎井，所以汪口这个拥有千余人的古村落至今没有水井。

汪口的水路是婺源通往鄱、饶水系的端点码头。发达的交通优势使汪口成为名闻徽州一府六县的商埠名村。婺源的大学者江永（1681—1762年）在距汪口村水口处设计建造了"平渡堰"。堰坝成曲尺形。曲尺的长边拦河蓄水，曲尺的短边与河岸夹道形成通船航道。平渡堰在不设闸门的情况下，同时解决了通舟、蓄水、缓水势的矛盾，是水利建设史上的一项奇迹。汪口村的地形前低后高，本身不易积水，村内又有18条随巷而建，直通大河的排水沟，因此，历史上汪口从未发生过水患。

汪口古村落清一色的徽派建筑，统一规整，墙连瓦望，蔚为壮观。外部表现为粉墙黛瓦、飞檐戗角；内部表现为四水归堂，木质构架；装饰上表现为"三雕"精美；布局上表现为规整灵活。全村265幢古建筑完好率达98%以上，汪口是完整地保存了徽派风貌的典型古村落之一。汪口古村落的建筑型制仍相当丰富。布局上除规定的正屋并排三间以外，又视功能需要在正屋的前后左右建庭院、书斋、橱房、作坊、花园、牲畜圈栏等余屋；子孙繁衍，不足以居，就以回廊三间的型制往后扩建。如该村"慎知堂"就有三进六堂，14个大小天井、2个塾馆及1个前院加1个花园。

徽商"亦儒亦商"的风习，朱子故里崇尚教育的传统浸濡、影响了村人。汪口村素来重视教育，自宋至民国，建有"存舆斋书院""四宜轩""心远书屋""岩筑山房""养源书屋""国民小学"等许多教育馆舍与机构，使汪口村成大器者比比皆是。俞姓经科举中进士者有14人，出任七品以上官员73人。

汪口村有敦厚淳朴的地方民俗文化。春节、清明、端午、中秋等所有传统节日，有着十分隆重丰富的祭祀和娱乐习俗。正月要举行打字虎比赛，建有拱文亭、文昌阁等供文人墨客集会、进行吟诗作对的专门场所。一年之中，有 36 天要举行各种全村性的祭祀与娱乐活动，内容包括祭祖、祭神、灯彩、唱戏、同年会等。汪口村至今仍在使用的方言里，保存着大量古徽语词汇音韵。

汪口村先后被评为"中国民俗文化村""省级历史文化名村""中国历史文化名村"。

俞源村

俞源村，属浙江省金华市武义县俞源乡，坐落在武义县西南部，距县城 20 公里。全乡地势自西南向东北缓降，西南部属中低山区，东北部为丘岗与溪谷相间地形，呈"九山半水分半田"的地理格局。南宋时，在松阳任儒学教谕的杭州人俞德过世后，儿子俞义护送灵柩回杭，路过这里投宿时，停放在溪边的灵柩被紫藤缠绕起来。俞义认定这里是神地，便置地葬父，守墓时与当地人通婚，至今已第 30 代。现在 2 000 多人大多姓俞，是全国规模最大的俞姓聚居地之一。

俞源古建筑保存完整，以三合院、四合院为主，可分成上宅、下宅（六峰堂）、前宅三大群，合计有 41 座 1 072 间，占地面积 3.4 万平方米。这些古建筑大部分建于清代，其中以上、下"万春堂"、裕后堂、高坐楼、精深楼、声远堂、青峰楼、前宅祖屋、俞氏宗祠等建筑最具特色，装饰考究，雕刻精美。另外俞源还保存石拱桥两座，清代石板桥三座和明代古戏台一座，还有村口的洞主庙和古树。俞源素来重视教育，学风蔚然，文化氛围浓郁，历代人才辈出。据《俞氏宗祠》记载，明初国师刘伯温与俞源文人俞涞为同窗好友，俞源的村落布局，是刘伯温设计规划的，按天体星象"黄道十二宫二十八星宿"排列建造。村中名胜古迹众多，古屋、古桥保存完好，木雕、砖雕、石雕精美，巧夺天工。始建于南宋的洞主庙，是远近闻名的圆梦胜地。村口设一占地达 8 公顷的巨型太极图，村中布有"七星塘""七星井"，人文景观与自然景观密切融合，是古生态文化的经典遗存。俞源人津津乐道地传诵着有关刘伯温的传奇故事。传奇之一是"七星神塘"。相传刘伯温为俞源村设计了七口水塘，分别位于村内的上菜园、大菜园、六峰堂、水碓塘边、下田、上泉、下泉。村里的老年人说这七口塘是神塘，填塘肯定要招来灾祸。1997 年，村民俞步升经过大量的调查与勘察，发现七口塘按北斗七星阵排列，从而揭开了七星神塘的神秘面纱。

始建于南宋的圆梦胜地——洞主庙、建于元代的"利涉桥"、明代的古墓、村口有 600余年古树林以及保存完好的大面积明清古建筑。俞源村在明、清朝出过进士、举人、秀才等 293 人，现存俞源古诗百余首，宋濂、章溢、苏平仲、冯梦龙、凌蒙初等名家与俞源有着不解之缘，起源于明末清初的大型民间文化活动"擎台阁"流传至今。俞源村四面环山，发源自九龙山的溪流横穿整个村庄，与另一条小溪汇合折向村庄的北豁口，这条溪流为全村的人居提供了充足的水源。巨形太极图就处在村北豁口的田野里，溪流在北豁口呈"S"形流向村外田野，"S"形溪流与周围的山沿在村口勾勒出一个巨大的太极图。"S"形溪流

俞源村模型

正好是一条阴阳鱼的界线，把田野分成太极两仪。溪东阴鱼古树参天，鱼眼是一池圆形小塘；溪西阴鱼则稻谷金黄，鱼眼处高山田畈，种着旱地作物。用仪器测量，太极图直径为320米，面积达120亩。

俞源村古建筑体量大，做工精致，墙上壁画保存完好，木雕、砖雕、石雕精细，巧夺天工，将功能与艺术，实用与美化很好地结合在一起，并与建筑主体结构完美地融合起来，独具江南风格。许多建筑结构合理、科学，而且大多具有较高的艺术价值。俞源至今保存完整的声远堂、万寿堂、精深楼、俞氏宗祠等一大批堂、楼、厅、阁、院、馆、祠、庙古建筑内的木雕和石刻等，更是做工精细、风格各异。例如精深楼，又称九间头，清道光时所建，此屋有九道门之多，层层设门是为了防盗，其中第七道门下还设有暗道机关，盗贼误入就会掉入陷阱而束手就擒。这幢民居的另一个特点就是整幢房屋的石雕、砖雕、木雕均精雕细刻。不仅如此，木雕的内容也相当独特，白菜、扁豆、丝瓜等蔬菜以及小白兔、小狗、蟋蟀、蜜蜂等动物、昆虫均成为雕刻的主题，体现出主人效法自然、悠闲自得的田园山水般的人文情调。

俞源民宅最主要的特色是极其繁杂的木刻装饰。一般而言，古村落大多以宗祠装饰最复杂，而在俞源，几乎各个大宅都有大量木雕，显示了以经商致富的大家气派。梁、柱、门、窗、牛腿、斗拱，只要有木结构，就必有雕刻，题材从花草鱼虫到人物、亭台楼阁应有尽有，保存也十分完整，没什么破坏，是浙江罕见的天然木雕博物馆。会随天气而变色的鱼、两面看起来图案不同的雕花透窗、指甲盖大小的太极阴阳图等神奇雕刻千变万化。

"双溪九陇环而抱，云可耕兮月可钓，翠草凝香黄犊肥，银波弄影金鱼跳……"这首明朝进士俞俊写的"俞源八景歌"就是对俞源自然景观的真实写照。古村、古林、小桥流水形成一幅美丽的画卷，俞源村各类旅游设施齐全，有酒店、旅馆、超市及多座农家乐，现为重点全国文物保护单位、中国历史文化名村、中国名俗文化村、浙江省历史文化保护区。

深澳村

深澳村位于浙江省桐庐县富春江南镇天子岗北麓，西距桐庐县城16.5公里。地处丘陵，南高北低，村落前迎璇山，后拥狮岩，应家溪和洋婆溪东西分流，七常公路村中通过。深澳古村是申屠家族的血缘村落，凭借其古老的文化，深厚的历史、文化积淀、独特的地理环境，源远留存的文物古迹，成为桐庐著名的江南古村。

这里的村民大多有一个古老的复姓——申屠。相传申屠氏最早的祖先为炎帝神农氏后人。约公元前 11 世纪商朝末年，伯夷因不愿做孤竹国的国君而投奔周国，后来伯夷的子孙因纣王无道而拥周灭商，被封为申侯，在谢（今河南南阳）建立申国。至春秋战国时期，周室衰微。申侯子孙迁居安定屠原，为纪念故国（申国）和落籍之地（屠原），始姓申屠。据考证，申屠氏族人于南宋绍兴二十三年（1153 年）迁入同里（今深澳），繁衍生息，遂成望族。至明清时期定安乡（即深澳）达到全盛，贸易往来异常频繁。仅明、清二代有举人以上学者 42 人，现存古建筑群有 16 万平方米，明、清堂屋就有 100 余座，无论从结构的完整性，雕刻的精美程度，都保持基本完好。并保留一定的原始风貌，特别是古建筑的雕刻十分精美，内容丰富，工艺精湛。可为古屋群雕，无木不雕，堪称明清古建筑雕刻博物馆，有很高的保护和研究价值和资源开发潜力。深澳村居呈长方形。中有老街，南北走向，长 500 余米，宽约 3 米，卵石铺面，下筑引泉暗渠（俗称澳），澳深水冽，因以名村。街之两侧各有 3 条弄堂，形如非字；20 世纪 80 年代，北端公路两旁建成新街与老街相衔变成"韭"字形。

深澳古村因其水系而名，古村濒应家溪而建，申屠氏先人在规划村落建设时，首先规划了村落水系。深澳的村落水系是一个独立的供排水系统，它由溪流、暗渠、明沟、坎井和水塘五个层面立体交叉构成，各自独立，相互联系，充分调控地面和地下水资源，将饮用水、生活水和污水分开处理，并使水始终处于流动状态。反映出一种对水资源利用的环保意识，而且在实践中解决了溪流洪水和地下水泛滥对村庄造成的危害。其中暗渠的构造尤为巧妙，它长为 800 米，深入地下约 4 米，宽 1.5 米，高 2 米，贯穿整个村庄。渠底用卵石铺成，渠上建筑成拱顶，成人可进出疏浚，渠水清澈甘冽。为方便取水，每隔一定距离就开一个水埠，由于水埠比较深，当地人称之为澳，深澳的村名就由此而来。与这条暗渠并行的还有一条水沟，从各家门前淌过。每幢四合院的天井都有排水沟，根据明清时的风水学，称为四水归一。天井里蓄的雨水流入门前的水沟，同时带走生活污水。目前全村

深澳村"澳口"和"明沟"

还有 17 个澳口，有的专供饮水，有的用来洗澡，另一些则用来洗衣，各司其职，如此完整的水系使深澳尽量免受水旱灾害的侵犯，这在 1 000 多年前的建村规划时是非常有远见的。

深澳村古建筑集中，保存有百余幢传统建筑，多为民居和店铺，部分为祠堂、庙庵、戏台和桥梁，总面积近 4 万平方米。深澳文物古迹众多，有省级文物保护单位申屠氏宗祠（含跌界厅），另有文物保护点怀素堂、恭思堂、景松堂、尚志堂等 26 处。其中有 40 余幢清代建筑。内部雕饰华丽，建筑基本为清代中、晚期建造。建筑形式类同，民居之间可相互以角门、后门相通，外观简朴，但梁架、门窗木雕十分讲究。深澳的古民居大都是四合式的天井院子，这样既安静又能保证居家的私密性。每幢民居通常按中轴线建房，受地形限制的则沿外墙建房，当地人称"抱房"。一般的院落都是一个天井，最多的院落有 7 个天井。无论多少个天井，深澳的民居都有双重大门，也就是门堂。一般门堂较小而堂里宽大，显得吉祥。走进大门就是回堂，再往里就是接待客人祭拜祖先的明堂。这些建筑与村内的水系构成了自己独特的风貌和特色。村内的黄家弄、后居弄、三房弄等传统街巷把古建筑连在一起。

深澳村文化底蕴深厚，仅明、清两代就有举人以上学者 42 人。深澳村的传统风俗有时节、水龙会、舞狮、龙等；传统手工艺有造坑边纸、绣花、贴画等。深澳不仅人文景观丰富，自然景观也非常优美，至今保留着大量原始山林。最高的铁良山，海拔近千米，区域内四座水库，如碧玉镶嵌。

2007 年 6 月，深澳村入选第三批中国历史文化名村名单。

厚吴村

厚吴村位于浙江省永康市前仓镇，距永康市城区约 15 公里，是一个以农耕为主，耕读传家的古村落。该村现存有永康农村第一大古建筑群，是一座具有典型浙中风韵的古村落。

自南宋嘉定十年（1217 年）始祖吴昭卿徙居至此，厚吴村历经宋、元、明、清及民国等各个时期，迄今已有近 800 年的历史。据《屏山庆堂吴氏宗谱》所记，厚吴村吴姓始祖名昭卿，字明之，号屏山，生于宋绍兴乙丑（1145 年），卒淳祐癸。原系仙居银青光禄大夫全智公十世孙，秉性高亢超然，有出尘之想。其时伯叔，兄弟侄辈先后登仕路要津，济济相踵，人皆为荣。公独视之澹泊如常。偕伯父公之永康任承事，见永康南乡武平山明水秀，遂啸泳其间，聚庐而托处焉，是永康吴氏之始祖。厚吴村坐北朝南，背负锦溪，面临屏山。村中建筑幢幢相连，门廊相通，走廊呈"井"字形向四面八方对称伸展，几百间房屋连为一片，即使下雪落雨，邻里之间相互走动也无须带伞。

村中保存有近百幢、千余间元明清等各代的厅堂楼宇、民宅大院、庐墅精舍等古建筑。这里的明代建筑古朴、简洁、凝重，清代建筑繁杂、精致、典雅，民国建筑大气、完美、实用。现存大小祠堂 7 座，分别是吴氏宗祠、吴仪庭公祠、向阳公祠、丽山公祠、澄一公祠、九份公祠、德忠已祠。另有惟九公祠、双虞公祠、以诚公祠、英敏公祠等毁于 20 世纪中后期。这些气派的祠堂建筑正是厚吴历代人才辈出、文化兴盛和经济繁荣的表现。总祠堂吴氏宗祠始建于明嘉靖丁未年（1547 年），现除花砖门楼是初建遗构外其余都是清光绪年间（1875—1908 年）在太平军火焚后的废墟上重建。该宗祠前后三进，规模宏大，富丽堂皇，正对水池前的空地原有六座巍峨的青石牌坊，"文化大革命"时全部拆毁，一些残件还散落在祠堂内。门厅三间，外有抱鼓石、旗杆礅、旗杆石等，左右五花山墙上有墨书"文谟""武烈"和一些水墨画，正中大门石刻"吴氏宗祠"。中厅"叙伦堂"五间，石柱木梁，九架抬梁结构，粗大的额枋上悬挂着数十块匾额和一方家规，大多是明清原物，稍间山墙砖壁的"忠孝廉节"四个翰墨大字也是难得的书法精品。后寝七间，五明二暗，供奉着吴氏世代先辈的牌位。两侧厢房 20 余间，同样挂满古匾。

厚吴村

　　厚吴村人杰地灵，文化底蕴深厚，村中"司马第"的创建人为清代乾嘉时期的吴文武。吴氏重视家学，教子有方，七个儿子个个成材，先后成为进士、太学生、贡生、廪贡生、州同知等。另外，村中还拥有永康市最早创办的小学和创办已逾百年、历史最悠久的村级婺剧团。厚吴村有着深厚的文化底蕴，群众文化基础深厚。厚吴村传统的民俗文化活动十分丰富。每年的农历九月九日村中都举行隆重的农民艺术节。富有地方特色的十八蝴蝶、大面姑娘、十八罗汉、长旗、宫灯、十八蚌壳等传统保留节目为人们提供了丰富的民俗文化大餐。

　　2007 年 6 月，厚吴村入选第三批中国历史文化名村名单。

宏村

　　安徽黟县宏村镇宏村，古称弘村，位于黄山西南麓，距黄山市黟县县城 11 公里，是古黟桃花源里一座奇特的牛形古村落。整个村落占地 30 公顷，枕雷岗面南湖，山水明秀，享有"中国画里的乡村"之美称。宏村始建于南宁绍熙年间（1131 年），至今 800 余年。它背倚黄山余脉羊栈岭、雷岗山等，地势较高，常常云蒸霞蔚，时而如泼墨重彩，时而如淡抹写意，恰似山水长卷，融自然景观和人文景观为一体，被誉为"中国画里的乡村"。

宏村

　　宏村汪九是唐初越国公汪华的后裔。村子始建于宋代，数百户粉墙青瓦、鳞次栉比的古民居群，特别是精雕细镂、飞金重彩的被誉为"民间故宫"的承志堂、敬修堂和气度恢宏、西朴宽敞的东贤堂、三立堂等，同平滑似镜的月沼和碧波荡漾的南湖，巷门幽深，青石街道旁古朴的观店铺，雷岗上参天古木和探过民居庭院墙头的青藤石木，百年牡丹，森严的叙仁堂、上元厅等祠堂和93岁翰林侍讲梁同书亲题"以文家塾"匾额的南湖书院等，构成一个完美的艺术整体，真可谓是步步入景，处处堪画，同时也反映了悠久历史所留下的广博深邃的文化底蕴。至清代宏村已是"烟火千家，栋宇鳞次，森然一大都会矣"，

特别是整个村子呈"牛"型结构布局，更是被誉为当今世界历史文化遗产的一大奇迹。那巍峨苍翠的雷岗当为牛首，参天古木是牛角，由东而西错落有致的民居群宛如宠大的牛躯。宏村基址及村落全面规划由海阳县（今休宁）的风水先生何可达制订。认为宏村的地理风水形势乃一卧牛，必须按照"牛型村落"进行规划和开发。西递、宏村的村落选址、布局和建筑形态，都以周易风水理论为指导，体现了天人合一的中国传统哲学思想和对大自然的向往与尊重。那些典雅的明、清民居建筑群与大自然紧密相融，创造出一个既合乎科学，又富有情趣的生活居住环境，是中国传统民居的精髓。西递、宏村独特的水系是实用与美学相结合的水利工程典范，尤其是宏村的牛形水系，深刻体现了人类利用自然，改造自然的卓越智慧。

首先利用村中一天然泉水，扩掘成半月形的月塘，作为"牛胃"；然后，在村西吉阳河上横筑一座石坝，用石块砌成有60多厘米宽400余米长的水圳，引西流之水入村庄，南转东出，绕着一幢幢古老的楼舍，并贯穿"牛胃"，这就是"牛肠"。沿途建有踏石，供浣衣、灌园之用。"牛肠"两旁的民居里，大都有栽种着花木果树的庭院和砖石雕镂的漏窗矮墙，曲折通幽的水榭长廊，小巧玲珑的盆景假山。弯弯曲曲"牛肠"，穿庭入院，长年流水不腐。

最后在村西虞山溪上架四座木桥，作为"牛脚"。从而形成"山为牛头，树为角，屋为牛身，桥为脚"的牛形村落。后来的风水先生认为，根据牛有两个胃才能"反刍"的说法，从风水学角度来看，月塘作为"内阳水"，还需与一"外阳水"相合，村庄才能真正发达。明朝万历年间，又将村南百亩良田开掘成南湖，作为另一个"牛胃"，历时130余年的宏村"牛形村落"设计与建造告成。

"牛形村落"科学的水系设计，为宏村解决了消防用水，调节了气温，为居民生产、生活用水提供了方便，创造了一种"浣汲未妨溪路连，家家门前有清泉"的良好环境。宏村古民居，以正街为中心，层楼叠院，街巷婉蜒曲折，路面用一色青石板铺成。两旁民居大多为二进院落，前有庭院，辟有鱼池、花园，池边多设有栏杆，"牛肠"水滋润得游鱼肥壮，花木浓香馥郁。马头墙层层跌落，额枋、雀替、斗拱上的木雕姿态各异，形象生动。坐落在南湖畔的南湖书院，建筑颇为壮观。

宏村的建筑主要是住宅和私家园林，也有书院和祠堂等公共设施，建筑组群比较完整。各类建筑都注重雕饰，木雕、砖雕和石雕等细腻精美，具有极高的艺术价值。村内街巷大都傍水而建，民居也都围绕着月沼布局。比较典型的建筑有南湖书院、乐叙堂、承志堂、德义堂、松鹤堂、碧园等。南湖书院位于南湖的北畔，原是明末兴建的六座私塾，称"倚湖六院"，清嘉庆十九年（1814年）合并重建为"以文家塾"，又名"南湖书院"。重建后的书院由志道堂、文昌阁、启蒙阁、会文阁、望湖楼和祗园等六部分组成，粉墙黛瓦，碧水蓝天，环境十分优雅。乐叙堂是汪氏的宗祠，位于月沼北畔的正中，是村中现存唯一的

明代建筑，木雕雕饰非常精美。

承志堂建于清末咸丰五年（1855 年），是大盐商汪定贵的住宅。它是村中最大的建筑群，占地约 2 100 平方米，内部有房屋 60 余间，围绕着 9 个天井分别布置。正厅和后厅均为三间回廊式建筑，两侧是家塾厅和鱼塘厅，后院是一座花园。院落内还设有供吸食鸦片烟的"吞云轩"和供打麻将的"排山阁"等。承志堂堪称一所徽派木雕工艺陈列馆，各种木雕层次丰富，繁复生动，经过百余年时光的消磨，至今仍金碧辉煌。全宅有木柱 136 根，木柱和额枋间均有雕刻，造型富丽，工艺精湛，题材有"渔樵耕读""三国演义戏文""百子闹元宵""郭子仪拜寿""唐肃宗宴客图"等。

西递、宏村古民居群是徽派建筑的典型代表，现存完好的明清民居 440 多幢，其布局之工、结构之巧、装饰之美、营造之精为世所罕见。至 20 世纪 80 年代中期开始发展旅游业，进入 90 年代，宏村入境游客人数每年以 40.5% 的速度增长，其中又以港台及海外游客为多。

宏村于 2000 年 11 月 30 日在第 24 届世界遗产委员会上正式列为世界文化遗产；2001 年，被确定为国家级重点文物保护单位、安徽省爱国主义教育基地；2002 年 12 月 30 日，加入中国风景名胜区协会；2003 年 3 月，加入中国风景名胜区协会世界文化遗产工作委员会；2003 年 12 月，被列为首批中国历史文化名村。

西递村

1999 年的联合国教科文组织第二十四届世界遗产委员会上，安徽省黟县西递、宏村两处古民居以其保存良好的传统风貌被列入世界文化遗产，这是黄山风景区内的自然与文化景观第二次登录世界文化遗产目录，也是中国继北京后第二座同时拥有两处以上世界遗产的城市，同时也是世界上第一次把民居列入世界遗产名录。西递、宏村古民居位于中国东部安徽省黟县境内的黄山风景区。西递和宏村是安徽南部民居中最具有代表性的两座古村落，它们以世外桃源般的田园风光、保存完好的村落形态、工艺精湛的徽派民居和丰富多彩的历史文化内涵而闻名天下。西递村坐落于黄山南麓，距黄山风景区仅 40 公里，该村东西长 700 米，南北宽 300 米，现有居民 300 余户，人口 1 000 余人。因村边有水西流，又因古有递送邮件的驿站，故而得名"西递"。

西递古村

西递始建于北宋皇祐年间（1049—1054 年），距今已有近千年的历史。整个村落呈船形，保存有完整的古民居 120 多幢，被誉为"中国传统文化的缩影""中国明清民居博物馆"。西递村是一处以宗族血缘关系为纽带，胡姓聚族而居的古村落，胡家从 1465 年起开始经商，他们经商成功，大兴土木，建房、修祠、铺路、架桥。在 17 世纪中叶，胡家中有人从经商转向官场所产生的影响使村庄得到发展。18 世纪到 19 世纪，西递的繁荣达到最顶峰，当时村里有大约 600 家华丽的住宅。历经数百年社会的动荡，风雨的侵袭，虽半数以上的古民居、祠堂、书院、牌坊已毁，但仍保留下数百幢古民居，从整体上保留下明清村落的基本面貌和特征。

西递四面环山，两条溪流从村北、村东经过村落在村南会源桥汇聚。村落以一条纵向的街道和两条沿溪的道路为主要骨架，构成东向为主、向南北延伸的村落街巷系统。所有街巷均以黟县青石铺地，古建筑多为木结构、砖墙维护，木雕、石雕、砖雕丰富多彩，巷道和建筑的设计布局协调。村落空间变化灵活，建筑色调朴素淡雅，是中国徽派建筑艺术的典型代表。西递村现存明、清古民居 124 幢，祠堂 3 幢，包括凌云阁、刺史牌楼、瑞玉庭、桃李园、东园、西园、大夫第、敬爱堂、履福堂、青云轩、膺福堂等，都堪称徽派古民居建筑艺术之典范。西递村头的"胡文光牌坊"，俗称"西递牌楼"，建于明万历六年（1578 年），是胡氏家族地位显赫的象征，当时的西递人胡文光（1521—1593 年）登嘉靖乙卯科进士，先为江西万载县知县，后为胶州刺史，迁荆王府长史，授四品朝列大夫。因其政绩显著，皇帝遂愿准敕建这座石坊。牌坊高 12.3 米、宽 9.95 米，系三间四柱五楼单体仿木石雕牌坊，通体采用当地的"黟县青"大理石雕筑而成，整个牌坊上下用典型的具有徽派特色的浮雕、透雕、圆雕等工艺装饰出各种图来，而每一处图案都蕴含有极深刻的寓意。牌坊造型庄重、典雅，石刻技艺出众，堪称明代徽派石坊的代表作。

村中康熙年间建造的"履福堂"，陈设典雅，充满书香气息，厅堂题为"书诗经世文章，孝悌传家根本""读书好营商好效好便好，创业难守成难知难不难"的对联，显示出"儒商"本色；村中另一代表性古宅"大夫第"，建于清康熙三十年（1691 年）为临街亭阁式建筑，原用于观景。门额下有"作退一步想"的题字，语意警醒，耐人咀嚼。西递古民居内大都设有"天井"，这是徽派建筑的一大特色。天井的设置，一般三间屋在厅前，四合屋在厅中，起到采光、通气诸功用。设置天井，把大自然融入屋中，使"天人合一"，足不出户，也可见天日。还有一种说法，就是商人以积聚为本，总怕财源外流，造就天井，可"四水归堂"，俗称"肥水不外流"。西递村中各家各户的宅院都颇为富丽雅致：精巧的花园、黑色大理石制作的门框、镂窗，石雕的奇花异卉、飞禽走兽，砖雕的楼台亭阁、人物戏文及精美的木雕，绚丽的彩绘、壁画，都体现了中国古代艺术之精华。其"布局之工，结构之巧，装饰之美，营造之精，文化内涵之深"，为国内古民居建筑群所罕见，是徽派民居中的一颗明珠。

2000 年 11 月，西递与宏村一起被联合国教科文组织列入世界文化遗产名录。2001 年 6 月，西递被国务院批准为国家重点文物保护单位。2011 年 5 月 5 日，西递成为国家 AAAAA 级景区。

唐模村

唐模村，现属黄山市徽州区潜口镇境内，距黄山市（屯溪）26 公里。相传唐模是唐朝越国公汪华的太祖父叔举创建的。公元 623 年，汪华的后裔迁回故乡，起先居住在山泉寺。年近古稀的汪思立博览群书，精通天文地理，他用徽州八卦相中了山泉寺对面的狮子山，而且那里有曾祖父种植的大片郁郁葱葱的银杏树，择成活处定居，确认这里为风水宝地，可以繁衍后代，于是汪思立率家族举迁到狮子山居住，先后建立了中汪街、六家园、太子塘等建筑物，逐步形成了一个聚族而居的村落。后来汪氏子孙不忘唐朝对祖先的恩荣，遂把村庄改名为唐模。唐模，即按盛唐时的模式、风范、标准建立的意思（一说是按汪家盛时的标准）。唐模村庄的形成、命名，是古代的徽州人重视风水与忠君思想结合的产物，深深地烙上了历史文化的印记。

唐模村现存有省级文物保护单位 4 处，清代祠堂 4 处，清代民居 100 多幢。这里汇集了自宋、元以来 18 位书法名家真迹碑刻；有古徽州水口园林的典作——檀干园；有同胞兄弟皆翰林而受到皇帝钦赐建造的冲天古石坊；有 1 300 多年依旧青春的植物活化石——千年银杏树；有独具江南水乡特色、诗韵悠悠的古徽州秦淮河——水街；有首开徽州教育、晚清末代翰林、南国诗杰许承尧先生的旧居——许承尧故居；以及徽州老作坊、古徽州祠堂群和石桥群等。

唐模村的主要特色为水口和园林景观。水口是风水学中一个重要的要素，所谓"水口"，指水源所从出之洞口。唐模水口以桥、堰作为关锁，以亭、庙、坊作为镇物，以古树、花草作为背景，这是古徽人在风水理论指导下经过千百年来精心营造而成的，反映了徽商在兴旺时期的环境意识和对物质及精神上的追求。整个水口建筑构思独特，自然景观优美，并与徽派园林、江南水街共同构成了人性化的人居条件，体现了天人合一，人与自然和谐共存的生存理念。檀干园是唐模村水口园林主体部分，因周围遍植檀木而得名。相传在清朝初期，村中有名许氏徽商，在苏、浙、皖、赣一带城镇经营典当。因老母亲向往到杭州西湖游览，苦于徽州山川阻隔，交通不便。这位徽商致富后，为报孝父母养育之恩，于是开筑徽派水口园林，出资挖塘垒坝，修楼筑亭，模拟西湖胜景，供母娱老，安度晚年，故有"小西湖"之称。

2005 年，安徽省旅游集团与徽州区政府达成协议，共同开发唐模旅游，先后兴建了村西大型生态停车场，旅游综合接待中心，恢复了尚义堂木牌楼和许氏宗祠遗志，水街避雨长廊恢复修缮，游客步道（湿街）及天灯广场整治，并对旅游沿线两侧现代民居进行全面改徽，村中古建筑、古祠堂、古民居、古树名木得到了很好的保护，旅游资源得到很好的延续。通过整治建设，景区基础设施不断完善，旅游品位不断提升。

2005 年 11 月，唐模村被中央文明委命名为"全国文明村"；2007 年 6 月，被国家建设部、文化部、文物局列入第三批中国历史文化名村。

田螺坑村

田螺坑村土楼

福建省南靖县书洋镇田螺坑村，属福建省漳州市南靖县书洋镇，距南靖县城60公里，是一个土楼村落，由1座方形、3座圆形和1座椭圆形共5座土楼组成，居中的方形步云楼和右上方的圆形和昌楼建于清嘉庆元年（1796年），以后又在周边相继建起振昌楼、瑞云楼、文昌楼。5座土楼依山势错落布局，在群山环抱之中，居高俯瞰，像一朵盛开的梅花点缀在大地上，又像是飞碟从天而降，构成人文造艺与自然环境巧妙天成的绝景，令人叹为观止，是民居建筑百花园中的一朵奇葩。

田螺坑自然村，为黄氏家族聚居地，土楼群保存完好，住户均为黄氏族人。田螺坑，顾名思义，因地形象田螺，四周又群山高耸，中间地形低洼，形似坑，故曰田螺坑。元朝末年，田螺坑村落的黄氏祖先黄希贵带着儿子百三郎，从福建永定县奥杳出发，翻山越岭，迁居到了田螺坑。明洪武初年，田螺坑黄氏始祖百三郎，经地理风水先生指点，为其宅基定分金坐向、牵线，打桩定楼形。修建一座高三层，单层20开间的方形土楼——步云楼。沿着高低地势将中厅修建成阶梯状，让人进入大门后就能体会"步步高升"的快感，这样既突出了祖厅的重要地位，又寄托了"平步青云"的美好愿望。

继"步云楼"建成之后，黄百三郎的后代又环绕着它先后建起了"和昌""振昌""文昌"和"瑞云"四座圆楼。"和昌楼"居右上方，也建于清代嘉庆年间。黄家认为家人和睦相处，才能繁荣昌盛，故此楼取名"和昌楼"。1936年，"和昌楼"与"步云楼"同时被土匪烧毁，1953年，村民按原型进行重新修建。"振昌楼"位于左上方，建于1930年。振昌楼独具特色，根据"富不露白"的风水文化理念，它的内堂坐正西南，与门不在同一直线上。"瑞云楼"建于1936年，居右下方。瑞云楼坐落在五座楼的内隅，藏风聚气，含蓄吉顺。"文昌楼"位于左下方，建于1966年。因受地形限制，为椭圆形楼，是南靖县1 000多座土楼中唯一的椭圆形土楼。在土楼中，一楼为灶间，是做饭、用膳和会客的地方；二层是禾仓，放置谷物和各种农具杂物；三楼以上才是卧室。从三楼开始，对外开一孔小窗。所有的房间形状相同，大小相等，由一条畅通无阻的走廊贯连相通。这四座圆楼的建造者以顺地势增减一层屋柱高度的方法，成功地在第二层

土楼内景

取得了平面，大大方便了居住。院落里有水井，有宽阔的活动空间。

在闽西南一带，建土楼的传统由来已久。比起砖石和木质结构，建造土楼的工序显然要烦琐许多。在大量生土中，要掺上石灰、细砂、糯米饭、红糖、竹片、木条等，并反复揉和、舂压、夯筑。

土楼因冬暖夏凉，有防盗、防震、防兽、防火、防潮等诸多功能，深受客家人喜欢，直到 20 世纪客家人仍在建造土楼。如今黄氏家族共有 90 多户、500 多人居住在 5 座楼内。土楼以其方便合理的布局实现了客家人聚族而居、温馨和谐的理想。

2001 年 5 月，田螺坑村被列入国家重点文物保护单位。2003 年，田螺坑村入选第一批中国历史文化名村名单。

培田村

培田村位于福建省连城县宣和乡，距县城 40 公里，面积 13.412 平方公里，是个只有千余人的小村庄，位于宣和乡河源溪上游的吴家坊。明清时期这个村先后修建的村庄建筑群，诸如宗庙、社坛、碑坊、书院、"九厅十八井"宅第等，是福建省保存较为完整的明清古民居建筑群之一。培田村中，古宅建筑面积达到 7 万平方米。其建筑之博大，保护之完好，藏品之多，文化底蕴之深，在它被发现后素为外界所叹服。培田村距今有 800 多年的历史。冠豸山、笔架山、武夷山余脉自北向南直落此地，好像三龙怀抱；村外五个山头，又像是五虎雄据，风景宜人。

培田村是福建西部山区的客家小山村，培田人传承客家"孝悌为本，耕读传家"的传统与"业继治平""开拓进取"的精神，充分发掘利用本地资源，发展农林业、加工业和织造等手工业。同时，培田又是连城到长汀古道上的驿站，水陆通衢，便于商贾外调内运、集散中转，商业及运输业亦逐步发展起来，形成耕、读、商并举的客家村落。随着经济发展和文化的发达，明清时期，培田出现一批富商巨贾和文武官宦。他们相继在家乡建造以 7 座"九厅十八井"大宅为代表的 30 幢高堂华屋、21 座宗祠、6 处书院、2 道牌坊、4 座庵庙、1 条千米古街，遂形成村内面积达 7.9 万平方米的古民居建筑群。

培田古民居汇集京、皖、粤、赣、闽等地的建筑模式和风格，且错落有序，布局合理，将民居建筑、礼制中心、文化中心、休闲中心和园林绿化有机地统一起来，达到"虽是人工，宛如天成"，令人赏心悦目的效果。培田古民居建造技艺精湛。以官厅、大夫第为代表的"九厅十八井"建筑，被中外专家称为世界一流的抗震建筑。宅内的建筑装饰集中了各种工艺手法，梁托窗雕鎏金，屏曲、梁扇镂空浮雕，有的图形纹样多达 9 个层次，巧夺天工。

培田古居民群以"大夫第""衍庆堂""官厅"等为代表，占地都在 6 900 平方米以上。"大夫第"建于 1829 年，历时 11 年才建成。因主人吴昌同荣膺奉直大夫、昭武大夫之位而得名。厅高堂阔，宴请 120 桌客人可不出户。其设计构思，秉承"先后有序，主次有别"的传统观念，纵主横次，厅、厢配套，主体、附房分离。通风、采风、排水、卫生，连同

培田古街巷

子孙的发展都纳入规划之中。梁花、枋花雕工精美，幅幅藏有典故，并以"墙倒屋不塌"特点被专家称为世界一流的防震建筑。"衍庆堂"为明代建筑，建筑结构与"大夫第"大体相同，但门外荷塘曲径，门前石狮威镇。一对门当户对，喻示着客居异地的中原移民，在聚族而居中对宗族延绵的展望和追求。"官厅"高墙耸立，四周封闭，墙内特开宽约三尺水圳，专供妇女洗涤。"官厅"布局独特，设计精巧。中厅梁柱间、桁枋间的雕花，全为双面对称镂空雕，其工艺令人叹为观止。后厅为宗族议事厅，左右花厅则专供主人休闲会友。楼下厅为学馆，楼上厅为藏书阁，曾藏有万余册古籍。在中央红军北上前的温访、松毛岭战役期间，"官厅"一度成为红军的指挥部，朱德、彭德怀、谭震林等在这里出席过重要军事会议。

千米古街上，分布在内侧的大多是祖祠。祖祠建筑十分重视门庐构造，斗拱雕刻，木漆绘画都极为富丽堂皇，其工笔彩绘"三娘教子""状元游街"图，线条明晰，人物栩栩如生。书院群落是培田古建筑体系的组成部分。据介绍，明朝成化年间，在培田这个小村落，七世祖吴祖宽伐木割草，创办"石头丘草堂"，学校虽小，却培养了不少人才，其中秀才191位，19人入仕，官到五品五人，最高达三品，如山东青州营守备吴拨祯、台湾曲庄营守府吴孝林等都曾在此深造，后成为著名的"南山书院"。光绪三十二年（1906年），书院改办为"培田两等小学堂"，更是人才辈出，其中有毕业于东京明治政法大学，曾参加兴中会等民主革命活动的吴爱群，在巴黎求学期间与周恩来同窗的吴建新等。

培田古民居不仅建造精巧，有很高的艺术价值，而且保存大量楹联、牌匾，其中不乏名人佳作，如清大学士纪晓岚为培田书院题匾："渤水蜚英"；明代兵部尚书裴应章考察培田后赠联"距汀城郭虽百里，入孔门墙第一家"，都具有很高的历史文化价值。培田古民居建筑群是明清时期优秀建筑群落，具有极高的建筑品位、艺术价值和文化内涵，对研究明清时期客家地区的政治、经济、文化等具有重要的价值。

2005年，培田村被列入第二批中国历史文化名村名单。

朱家峪村

山东省章丘市官庄乡朱家峪村，原名城角峪，后改称富山峪。据专家考证出土陶器，夏商时期有庐于此，距今3 800年以上。明洪武初年，朱氏家族自河北枣强迁到该村。距今有 600 多年历史。朱家峪村被誉为"齐鲁第一古村，江北第一标本"，至今仍完整的保存了原来的建筑格局，古风古貌，古村为梯形居落，上下盘道，高底参差，错落有致，三面环山，自然环境优美，文化底蕴丰厚。

朱家峪原名城角峪，后改为富山峪，明洪武四年（1371年），朱氏家族先祖朱良胜自河北枣强县迁此定居。因朱系国姓，与皇帝朱元璋同宗，故改名朱家峪。该村历史悠久、文化灿烂，至今仍完整的保存了原来的建筑格局，古风古貌。古村为梯形居落，上下盘道，高低参差，错落有致。古村域内面积 7 000 亩，该村现仍较完整地保留着古门、古哨、古桥、古道、古祠、古庙、古宅等历史建筑，有被誉为"世界立交桥原型"的康熙双桥、有"古代交通先驱"之称的双轨古道，还有文昌阁、关帝庙、朱氏家祠、坛桥七折等，人文、自然景观数不胜数，被专家誉为"齐鲁第一古村，江北聚落标本"。

朱家峪的房屋多是高台阶，青石根基，山字顶，依山就势而建，这是为了防止雨水和洪水的冲刷，高低错落，疏密有致，显示出了北方山区古村落的基本特征，被称为江北古村落标本。村民自古生活简朴，民居、桥梁和古道也就地取材，靠山吃山，以石筑造。院井根据地势巧妙安排布局，遵循《朱子治家格言》中"勿营华屋，勿谋良田"和"耕读传家"的古训。祠堂、楼阁、圩门等也都体量不大。到了明朝中叶，山间的道路日益显得拥挤不堪，许多富有的人家进出乘坐着牛车和马车，旧有的窄小的路面已经不敷使用，于是整个村庄都被动员起来，修建了一条可以上下交错行驶的双向的车马道。

从进村的第一道门——礼门开始，便是保留至今的明代始建的古道。山石铺就的古道中央，嵌有两溜大块青石，形似铁路，村民们形象地称其为"双轨"古道。双轨古道，它是用两条 30 公分宽的青石铺就而成，两条轨道之间相距 1.5 米。双轨古道始建于明代，清朝时进行过重修。据朱氏宗谱记载，朱氏第十世族人朱志臣"倡议举修石道"，规定行人走道须靠右行，这两条轨道就体现着现代交通意识了。

村内建造于康熙九年（1670 年）的立交桥，显示了中国古代农民的智慧，它和许多古代民居一样，桥拱的石头间一点儿都不用灰泥，而又严丝合缝的咬合在一起，这个立交桥的功能，就是桥上可以走人，桥下可以泄洪，在没有洪水的时候桥下也可以

古立交桥

走人、走车。之后，经过20多年，人们在桥的另一边又修建了一座立交桥，它们堪称中国古代村落建筑的双璧，桥下宽敞的泄洪道，同整个村落的街道排水系统完美地连接在一起。建于清康熙年间（桥下石刻记之），至今300余年。立交古桥分东西两座，相距约10余米。上下行人，通车运输，十分方便。桥身全用小型青石叠砌而成，历尽风雨雪霜，未曾损坏，依然原貌。被专家誉为"现代立交桥的雏形"。

全村共有圣水灵泉、长流泉和半井龙泉等大小泉眼、古井20余处，雨水丰沛时泉涌成溪、成河，顺势而下，向北穿过整个村子。拥有大小桥梁30余座。除了那两座古立交桥外，村里八大景之一"坛井七桥"便成为石桥最为集中的地方。

清末至民国年间，本村私塾，星罗棋布，达17余处，先后有文峰小学、女子学校和山阴小学各一处。20世纪初，朱家峪开始有了新式教育。1932年，开明人士朱连拔、朱连弟创办了朱家峪女子学校，这是中国农村地区较早的女子学堂，设一个班，学生廿余人，孙吉祥（女）为先生。古老的朱家峪村，在章丘率先提倡女子教育，难能可贵，反响巨大。

朱家峪独特的山村风貌和别致的民居早就成了拍摄电视剧和电影的外景地，自20世纪80年代开始，先后有《水浒》《东方商人》等30余部影视剧在此拍摄，而真正让朱家裕被更多人熟知的当属2008年与观众见面的年代大戏《闯关东》，也给朱家峪村这个百年古村带来了新的发展机遇。2010年，山东省人民政府对朱家峪历史文化名村保护规划作出批复，确定朱家峪核心保护范围面积12.9公顷，要求按照《名村保护规划》对朱家峪村文物古迹、环境以及具有传统风貌的街区应予以重点保护，从整体上保持历史村落"四山围双溪、四巷串古韵"的特色骨架。自然环境优美，文化底蕴丰厚。

2002年6月，章丘市人民政府将朱家峪村评定为"历史文化名村"。2003年11月，该村又被山东省建设厅评定为"省历史文化名村"。2005年，朱家峪村入选第二批中国历史文化名村。

李家疃村

李家疃村位于山东省淄博市周村区王村镇东南3公里处，与济南市的章丘市接壤。村庄地势平坦，309国道从村北穿过。据李家疃村志记载，明洪武年间（1368—1398年），山东一带瘟疫盛行，当地很多人感染瘟疫丧生，独有一户李家幸存，故名李家疃。数年后，迁入户王氏家族世代增多，村落逐渐扩大、强盛。李家疃是一个有过浓厚商业文化的古老村落，商业上的繁荣成就了代表明清时代民居建筑风格和工艺水平的古建筑群。李家疃明清建筑群主要是明清时期王氏家族的住宅和花园遗址，共有9个院落，数百间砖石结构的房屋，其中有古楼房3座。这些房屋建筑特点各不相同，极有观赏和研究价值。

19世纪初叶，李家疃村有很多人到南方做绸缎、布匹生意，买卖兴隆，财源亨通，所赚银两大多用于买土地、建房屋。王氏家族的王凤纶、王凤绅兄弟二人尤为突出，经过数代积累，终于形成了颇具规模的建筑群。以东西大街、南北大街为轴线，构成品字型三大宅区。王凤纶之后，王淑仁、王淑佺、王淑信、王淑仕号称"四大门"；王凤绅之后王悦备、王悦行、王悦循、王悦倏、王悦衡号称"五大门"。四大门建有 9 座院落；五大门建有 13 座院落。清朝末期，为抵御土匪骚扰，当时以王姓为主的各大户，动员村民筹资建筑围墙，邻里相助，在 1859 年筑围成功。围墙建筑雄伟，高 6 米，宽 4 米，全长 2 452.7 米，系用灰土夯实而成，用土 5 万余方。围墙上面可以行车走人，坦著如砥。围墙设有四门，北为白云门，南为青阳门，西为迎风门，东为豹文门。随着时代的发展、历史的变迁，围墙先后坍塌，现有些地段尚存残垣。村里建有两座节孝牌坊，一南一北，系清嘉庆二十四年（1819 年）所建。两坊建筑全用湖青石，每块重约数吨、长约七八米，挺拔高大，造型美观。在两坊建筑中，最雄伟的为南节孝坊。坊宽约 5~6 米。高约 7~8 米，坊顶青石檐下正中剩有皇帝"圣旨"二字，其下分两行刻有"节孝维风王凤纶妻于氏节孝坊"字样。坊门前后两侧各装有一对青石雕刻的伏卧狮子，造型逼真，惟妙惟肖。

院落建筑宽敞高大，造型美观。建筑所用木料考究，房顶用精致瓦和兽形瓦装饰。其中还建造了 5 座两层楼房（现存 3 座），挺拔高耸，巍峨壮观。此外，还有民用建筑土制青板瓦房约 200 多间。村南村北各建造花园一处，南花园名"南寺"，北花园名"怀隐园"。花园布局合理，别具匠心。园内有假山池沼、奇花异石，所用材料大多由江南购运。村庄初兴之时，可谓财源茂盛，人寿年丰，村域广阔，闻名千里。现存有住宅、花园、书房、闺房、门房、楼阁、厅堂等。因大部分都是砖石结构，用料讲究，施工质量上乘，所以保存比较完整。建筑风格在北方传统基础上，吸收了江南的建筑特点。

李家疃在历史上出现了诸多仁人志士。明朝时，王推化之子曾任浙江道检查御史，曹家和曾做过永干府正堂。在近代，王焕奎是淄博五音戏创始人之一，五音戏是典型的地方剧种，有 200 多年的历史，它源于山东章丘、历城一带，后传于济南、淄博、滨州、潍坊等地，原名肘鼓子（或周姑子）戏，以唱腔优美动听，语言生动风趣，表演朴实细腻而著称，地方特色浓郁。

李家疃村保存着较为完整的明清古建筑群落，占地 60 亩，古建筑 200 间，以东西大街、南北大街为轴线，构成"品"字形 3 大宅区，集古楼、古屋、古巷、古井于一体，整个建筑群布局之工，结构之巧，装饰之美，文化内涵之深，为江北古民居建筑罕见，集中反映出明清时代民居的建筑风格和工艺水平，具有很高的历史研究价值，是山东省保存较为完整的明清古建筑群落。

2006 年 6 月，李家疃村明清建筑群被淄博市人民政府公布为市级重点文物保护单位；2010 年，李家疃村入选第五批中国历史文化名村。

大旗头村

三水乐平大旗头村位于广东省佛山市三水区乐平镇，也称郑村，始创于明嘉靖年间，原名叫大桥头，是广东粤中地区典型的、最具独特建筑风格的清代村落。该村古建筑群由清朝广东水师提督郑绍忠所建，至今保存完整。郑绍忠死后，葬于村西南向的老虎岗，由村里远眺，绍忠墓如大旗飘展，于是后人改此村名为大旗头，该村名一直沿用至今。该村是一个祠堂，家庙兼备，聚族而居的建筑群建于清代光绪年间，是粤中地区较有代表性的清代村落，至今保存完整。

该村民居、祠堂、家庙、第府、文塔、晒坪、广场、池塘兼备，聚族而居，布局协调，风格统一。建筑群均采用硬山顶锅耳式封火山墙，内部布局采用广东民居典型的"三间两廊"式，整个古村相对完整地表现了广东农村民居的特点。硬山顶锅耳式封火山墙俗称官帽样屋墙，又叫"鳌鱼墙"，官帽两耳是厚厚的麻条石墙，可起到隔火的作用。这种具有珠三角地区特色的造型象征官帽两耳，后引申为"独占鳌头"的意思，只有拥有功名的人才能采用，后来在珠三角民居中被广泛采纳，远看墙体高耸严整，顿觉肃穆。

该村是一个方形的布局规整的建筑群，总面积1万平方米。民居建筑朝向为正东向、走向为正南北，似军营排兵布阵一样，形成整齐的村落布局。同时，结合全村的空间方位，突出郑绍忠的从军功绩，凸显其战场杀敌的将军形象，村中建筑群落以御敌防卫为根本思想，加强对核心部分——郑绍忠及其直系子孙居所的防卫，全村既体现军营规制的形式美，又体现出村落防卫的实用功能。全村建筑分三部分，村头为象征"文房四宝"的文塔、水塘、地堂、大地，村前为郑氏宗祠、建威第、郑氏亲祠和振威将军家庙及宽阔的麻石广场、水井，其后是住宅区。整个建筑群为水磨青砖建筑，巷道全为花岗岩石板铺砌。其建筑、排污、防盗、逃生等方面的规划相当合理，内部小巷纵横贯通，有净化生态环境作用的池塘，有一条用石头铺砌、泉眼式的排水系统，排水眼都统一凿成钱眼的模样，排水孔下连"渗井"，泄入暗渠，流进池塘，地下排水系统相当合理。村屋石脚高，有小铁窗，住宅之间以天桥相通，整个村被分为4条直巷，每一条巷口都曾有铁闸，必要时同时落下，整个村庄则如同一堡垒。而巷间却四通八达，很多楼宇间有天桥相通，不熟悉者如踏入迷宫，村子自成坚固的防守体系。整条村统一兴建，规划整齐，部分大宅更以双层花岗岩石筑成，中间夹有铁板、铁枝。其坚固程度，耗资之大，构思之巧，令人叹为观止，是华南地区保存最完好、最有代表性的清代民居建筑群落。

村中核心建筑为"振威将军家庙"，家庙前临半亩方塘，汇集整个村的地下水，取四水归塘之意。塘基砌以石坎，突出部分形如壶嘴，塘边建一个笔形古塔，名文塔。塔下有两方石，大者高3尺许，形如砚，小者方块状如印以及村前仿佛铺开的白纸般的晒谷场，就组成了笔墨纸砚文房四宝，形成一组"文房四宝"的景观。池塘不仅仅有象征意义，在建筑群中，还担任重要的角色——集纳村中雨水。村中的房屋座西向东，地基也是微斜，屋檐雨水落在天井小巷，自渗井由高向低泄入暗渠，再由暗渠排到天井小巷，最后排进村前池塘。大旗头古村在修建之初便使用暗渠泄流，小巷全部以条石铺砌，方便清理下水道，有设计如此科学美观的排水系统，所以大旗头村修建百余年来，即便在暴雨时节，也从未发生过积水浸村事件。

2003年10月，大旗头村入选全国首批中国历史文化名村。2004年，大旗头村被广东省文化厅命名为"广东第一村"。

自力村

自力村，俗称黄泥岭，位于广东省开平市塘口镇，隶属于塘口镇强亚村委会。

村内自然环境优美，水塘、荷塘、稻田、草地散落其间，与众多中西合璧的碉楼、居庐相映成趣，是一片既有岭南乡村气息又遍布西洋式城堡的独特村落。新中国成立初期，三村合称自力村，取其自食其力之意。村内碉楼群以其建筑精美，布局和谐，错落有致，成为开平碉楼兴盛时期的代表。历史上的开平碉楼被视为中国乡土建筑的一个特殊类型，是一种集防卫、居住、中西建筑艺术于一体的多层塔楼式建筑。自力村现共有 15 座风格各异、造型精美、内涵丰富的碉楼，这些碉楼多建于 20 世纪二三十年代，是当地侨胞为保护家乡亲人的生命财产安全而建。

立村之初，只有两间民居，周围均是农田，后购田者渐多，又陆续兴建了一些民居。鸦片战争后，村人远渡重洋赴北美打工，当地成了著名侨乡。20 世纪 20 年代，因土匪猖獗、洪涝频繁等原因，侨胞便拿出部分积蓄兴建碉楼和居庐。华侨挣钱回家买地建房娶妻生子，然而"时局分更，匪风大炽"，在土匪的眼里，华侨便是"肥肉"。于是，"富家用铁枝、石子、士敏土（水泥）建三四层楼以自卫；其艰于资者，集合多家而成一楼。"（民国《开平县志》）这些碉楼和居庐一般以始建人的名字或其意愿而命名。

碉楼的楼身高大，多为四五层，其中标准层 2~3 层。墙体的结构，有钢筋混凝土的，也有混凝土包青砖的，门、窗皆为较厚铁板所造。建筑材料除青砖是楼冈产的外，铁枝、铁板、水泥等均是从外国进口的。碉楼的上部结构有四面悬挑、四角悬挑、正面悬挑、后面悬挑。建筑风格方面，很多带有外国的建筑特色，有柱廊式、平台式、城堡式的，也有混合式的。为了防御土匪劫掠，碉楼一般都设有枪眼，先是配置鹅卵石、碱水、水枪等工具，后又有华侨从外国购回枪械。自力村碉楼有 9 座碉楼 6 座庐（即西式别墅，分别是龙胜楼、养闲别墅、球安居庐、居安楼、耀光别墅、云幻楼、竹林楼、振安楼、钻石楼、安庐、逸农楼、叶生居庐、官生居庐、澜生居庐、湛庐。最早的龙胜楼建于民国八年（1919 年），最晚的湛庐建于民国三十七年（1948 年）。其中，最精美的是高 6 层的铭石楼。自力村碉堡群建筑精美，结

自力村碉楼

构坚固，中西合璧。在整个开平，很难找到两座完全一样的碉楼，该地堪称"世界建筑艺术博物馆"。

将中国传统乡村建筑文化与西方建筑文化巧妙地融合在一起，罕有地体现了近代中西文化在中国乡村的广泛交流，成为中国华侨文化的纪念丰碑和独特的世界建筑艺术景观。楼内保存着完整的家具、生活设施、生产用具和日常生活用品，丰富而有趣，是当时华侨文化与生活的见证，是开平碉楼兴盛时期的杰出代表。

自力村碉楼群于2001年6月被国务院公布为全国重点文物保护单位；2005年7月，被评为"广东最美的地方、最美的民居"；2005年，自力村入选第二批中国历史文化名村；2006年4月，荣获"中国最值得外国人去的50个地方"金奖；2007年6月，开平碉楼与村落被第31届世界遗产大会列入《世界遗产名录》。

南社村

南社古村位于广东省东莞市茶山镇，处于南社村樟岗岭与马头岭之间。

南社古村落以村中4口连成长条形的水塘为中心，水塘南北两边略呈上升之势。东南有樟岗岭，北有马头山，古村的民居、祠堂在水塘两岸向南北依山构筑，形成南北高，中间低，依山傍水之势。古村的选址和布局充分体现了我国古村落选址布局的传统理论。

南社村是一座以谢氏家族为主的血缘村落。但谢氏还没移来的时候，南社已经存在了，有戚、席、麦、陈、黄等姓氏的居民在此生活。据史料记载，远在南宋时期这里即已立村，原称"南畲"，后因畲与蛇同音，而蛇为民间所忌，故以近音字"社"代之，到了清康熙年间改名为"南社"。古村始建于宋朝，已有800多年历史。现存一处比较完整的古村落，处于明朝末年建造的围墙之内，围墙之东还有关帝庙等古建筑群，两处古建筑群占地面积共11万平方米。南社古建筑群基本保存了明清时期的原貌，村落北部民居建筑的年代较早，土坯房较多，房间潮湿，采光较差；村落南部的民宅建筑年代较晚，多为清代中后期所建，墙体为红石青砖，建筑材料讲究，彩绘精致，建筑质量较好。整个古村落的布局、巷道，

南社村俯瞰

传统建筑的形制、结构、体量、用料、工艺、色调以及装饰等仍然保存着明清时期广府农耕聚落的建筑风格。

在古建筑群中现存宗祠、房祠、家祠以及坊祠等祠堂 30 座。明清祠堂数量之多，以自然村计，名列广东前茅，在全国也屈指可数。有十多座祠堂分列于村中水塘南北两岸，形制、结构、用料、工艺以及装饰等都比较统一，美轮美奂，谢氏大宗祠为三开间三进院落布局，抬梁与穿斗混合式梁架结构，二进檩条之间用卷草花纹雕刻的叉手与托脚连结，首进屋脊陶塑和二三进屋脊灰塑及封檐板木板木雕工艺精美。采用歇山屋顶，为东莞地区祠堂少见。现存始建时用的香灶和明嘉靖三十年（1551 年）肇建碑刻。250 余间古民居，大都为三间两廊布局，与祠堂相比，显得朴素实用，但仍有灰塑、木雕、石雕等艺术构件装饰。在这些古民居中，以清末进士谢遇奇府第规模最大，该府第位于古村东侧，由主屋、书屋、大屋和杂屋组成，前后跨越三条巷。目前，大屋及杂屋部分已损坏，主屋、书屋保存尚好，是研究珠江三角洲广府古民居的典型实例。

现存关帝庙、苏王庙、土地庙和尼姑庵 4 座，文庙、大王庙虽然已废，但遗址仍存。关帝庙始建于清康熙三十六年（1697 年），门厅梁架上的木雕人物形象生动，具有较高的艺术价值。苏王庙、土地庙规模虽小，却是南社古村民俗文化遗存的缩影之一，亦有较高的农耕聚落习俗的研究价值。此外，南社古村落仍保存着从宋至清 36 座古墓。从墓的规模、形制以及墓志铭中可以印证南社是吴越文化与广府文化交融的古村；现存的 23 口古井、7 口古水塘和百年以上的 1 000 多棵老树，体现了南社村的先民非常重视人居环境。

南社村这些融家庙、水坊、古井为一体的古建筑群落不仅保留了较为完整的明清文化，而且还成了考察早期珠三角地区水乡居民生活状况的鲜有的依据，具有极高的历史文物价值和开发利用价值。南社古村落仍有祭祖、求神、喊惊、送丧、抢新娘等习俗。村中青年结婚，同房叔伯、兄弟姐妹以及亲朋好友喜气洋洋，十分热闹，是明清以来宗法制度婚俗遗存的反映。这些习俗对研究明清时期的风俗习惯有一定的参考价值。

茶山南社村以其保存完好的古建筑、生态环境和丰富多彩的民间传统文化，先后被评为"全国重点文物保护单位""中国历史文化名村""中国景观村""中国民族优秀建筑—魅力名村""全国特色景观旅游名村"。

大芦村

大芦村位于广西钦州灵山县佛子镇东郊，是"中国荔枝之乡的荔枝村""水果之乡的水果村"。原本是芦荻丛生和荒芜之地，15 世纪中期始有人烟，经过先民们的辛勤开发，几度兴衰，到 17 世纪初已建设成为有 15 个姓氏人家和睦相处的富庶之乡，为了使后辈不忘当日的创业艰辛，故而给村子取名大芦村。古村落始建于嘉靖二十五年（1546 年），至清朝康熙五十八年（1719 年）完成这一群落的整体建设。是广西较大的明清民居建筑群之一，房屋结构功能齐全，明末清初岭南豪宅的建筑风格明显，显露出强烈的宗法制度观念意识。大芦村以"古宅、古树、古楹联"而享誉国内外，建筑占地面积 22 万平方米，保护面积45万平方米。古宅群规模庞大，结构功能齐全，规划水平较高，生态环境优良，民俗文化积淀丰富。

大芦村劳氏古宅共有九个群落，从明朝嘉靖二十五年到清朝道光六年（1546—1826年）才逐步完成。古宅依山傍水，清静幽深，具有典型的明清时期岭南建筑风格。主体部分居中，各有五座（即五地），每座三间，地势由头座而下依次递低。头座正中为一间神厅，其余各座中间为过厅（俗称二厅、三厅、四厅、前厅），两侧为厢房。由神厅至前厅为整体建筑物的中轴线，两侧的建筑物均成对称结构。庞大的明清古建筑群落包括镬耳楼、三达堂、东园别墅、双庆堂、东明堂、蟠龙塘、陈卓园、富春园和沙梨园九个群落以及劳克中公祠堂。镬耳楼是大芦村劳氏家族的发祥地，即祖屋，又名"四美堂"。其建筑布局按国字型建造，由前门楼、主屋、辅屋、斗底屋、廊屋和围墙构成，二五布局，占地面积4 460平方米。明朝嘉靖二十五年（1546年）始建，崇祯十四年（1641年）于前门楼和主屋第二进营造镬耳状封火墙，至清朝康熙五十八年（1719年）完成这一群落的整体建设。

劳氏先人自建造第一个宅院伊始，就刻意营造与周围环境和谐协调的修生养息氛围。"艺苑先设"，"健融凌云"，优良的生态环境和优秀的人才造就，相得益彰，到19世纪末，人口总数不足800的大芦村劳氏家族，拥有良田千顷，培育出县、府儒学和国子监文武生员102人，47人出仕做官，78人次获得明、清历代王朝封赠。富而思进，科宦之众，使得这个家族的基业得到不断的充实和扩展。那些宅院，都是在宅前低洼地就地取材挖泥烧砖瓦，而附形造势，蓄水为湖。每当家族添丁，又必定依照灵山传统习惯：栽种几棵品种优良的荔枝树，因此形成了所见的一系列由六个人工湖分隔开来，湛水蓝天，绿树古宅相映成趣，占地面积三万多平方米，具有岭南建筑风格，荔乡风韵的古宅群。

大芦村古宅群规模庞大，结构功能齐全，规划水平较高，生态环境优良，民俗文化积淀丰富。

2007年，大芦村入选第三批中国历史文化名村。

高山村

高山村坐落于广西玉林市玉州区，在大容山西南余脉的山坡上，全村占地9.1平方公里，只有七座小丘陵从三面环抱着全村，清澈的清湾江从村东大峒自北向南流去，形成犹如七星伴月的地形。高山村的海拔及相对高度虽不高，但因周边经常发生洪灾而此村从未被水淹，故称高山。高山村始建于明朝天顺年间，至今已有近600年的历史。明朝大地理学家、旅游家徐霞客曾于1637年路经高山，被其数百棵几人才能围抱的参天巨松、十多棵遮天盖地的大榕树等自然景观和热情好客、无虞无诈的民风所吸引，并夜宿高山村。这在其游记及《郁林州志》《广西史料》中均有记载，高山村内有徐霞客居址和保存完好的古树6棵。

高山村现存宗祠13座，进士名人故居和其他古民宅60多座，古火砖巷道9条，教书育人的蒙馆、大馆15间以及古井、古戏剧场、古石碑、古城墙等一批古建筑，建筑面积达

5.1万多平方米。整个古代建筑群规模宏大、布局形式独特、地方特色鲜明以及众多明清时代的进士匾、文魁匾、楹联、画像、古线装书籍、壁画、灰塑、木雕、雕花屏风门、龙凤床、椅等，这些富含历史文化内涵且保存完好的古迹，展现出一幅具有岭南特色风貌的古代农村风景，体现出岭南农村古朴淳厚的风俗民情。

高山村明清古建筑群在其整体布局、建筑设计、装饰艺术等方面表现出鲜明的岭南古代农村地方特色。在建筑布局上，采用岭南常见的梳式布局形式，房屋主要是座北向南和座西向东（偏南）两种走向排列，村前设置鱼塘、村背坡地、村中种植树木，村内古民居、宗祠一般三至五进，建筑的外墙青砖包皮，内墙泥砖石灰批白，外层青砖较高的强度有利于抵御风雨对建筑的侵蚀，内层泥砖具有较好的隔热保温效果，使室内环境得到改善。在建筑装饰上，门窗、屋脊及各种装饰艺术丰富多彩。大门使用岭南地区特有的"推龙"做法，多种形式的窗棂图案的使用恰到好处，屋脊装饰有博古、卷草、鹊尾等多种图案，题材丰富的高浮雕雀替，以吉祥题材、传统教化故事、花草虫鱼为主题的壁画；此外还有融风水、美学、礼制三位一体的屏风在建筑中的设置……这些都折射出房屋建造者和使用者追崇祖宗、崇尚礼教、推崇科举、祈求人丁兴旺、福禄寿全的特点。

高山村的宗祠非常典型，这不仅表现在它的宗祠数量多，而且它的宗祠等级层次分明以及以宗祠建筑为中心的平面布局形式，这是广西已知古代建筑组群中所独有的。高山村明清古建筑群众多的宗祠建筑反映了中国传统的寻根情结、宗族制度和封建礼制观念，记录了大量的历史、民俗的信息。

高山村明清古建筑群众多蒙馆、大馆的建筑又是其崇文重教、书香不断、文风兴盛的直接反映：高山村村民向来重视教育。早在明嘉靖二十六年（1547年）便办起了"独堆坡书房"，开学传授。为确保族内子弟不因家贫而辍学，各大姓氏均建立奖学金制度——"蒸尝助学"制度，即每年从宗祠所有的田租中拨出大部分经费资助族内学子读书、升学、赴考，使得所有学童均有机会进学馆习读。绍德祠《韬光祖给发大小馆束修记》碑记所载的相关内容便是"蒸尝助学"制度的一个直接见证。自清乾隆二十二年（1757年）牟廷典中进士至清末150年，只有1000余人的高山村共出进士4名、举人21名、秀才193名。

高山村明清古建筑群鲜明的岭南古代农村地方特色、典型而丰富的宗祠文化、文风兴盛人才辈出等这些特点正是其文化价值之所在。2007年，高山村被列为中国历史文化名村。

十八行村

十八行村位于海南省文昌市会文镇的西部，村民大多为林姓，相传其始祖林披，有9个儿子，均官居州牧，门庭显赫，这支林氏遂以"九牧堂"为其堂号。于是，村中的林姓后人在建好房屋后，都会挂上"九牧堂"的牌匾。据林氏后人介绍，其始祖明代从福建迁来，至今已历七世，有560多年历史。当初从福建最初迁移到此的林姓先祖只建了一行老宅，随着林家的繁衍生息，子孙渐渐多起来，遂不断建房。尤其在清代出了不少官员，衣锦还乡当然要大兴土木盖新居，因此逐渐形成了今天十八行的格局。

十八行村的最大特色是现存古建筑规模大，较为完整。以村中成扇形分布着十八行前后对齐、高低有序、房屋相连的多进院落而得名，每行院落中多则七八户、少则二三户人家，住的都是由同一房分出去的兄弟辈直系亲属，寓意"兄弟同心，邻里不欺"。所谓同心，是指每行屋子内住的都是由同一房分出去的兄弟辈直系亲属，在"行"的中轴线上，每进房屋的正厅前后大门都要上下对齐，以示"同心"；而"行"与"行"的住宅间，同辈的房屋必须高度相等，以示邻里相互平等。站在正屋的庭院上看，各家各户的正厅前后大门洞开，由顶端可以一直看到底端的房子，视线非常通透。各家的门楼都建在正屋的一侧，形成规整的天际线。每行院落间都留有相当间距，形成村巷，是各户人家出入的主要通道。村里虽然历经风雨、颇显破旧，但比起近旁村民们新建的房子，这十八行房子在气势上显得尤胜一筹。

十八行村，以其厚重的人文底蕴，成就了别具一格的古民居村落。这里，有屹立 400 多年的古宅"九牧堂"，房梁屋脊雕龙画凤，小院花木丛生，别有一番滋味；有明代石制荷花缸、清代上马石、抱鼓石、石制马槽等雕工精美的珍贵文物，是清初曾任江西高安县知县的林运鑫在世时所用。该村以建筑布局独特、古建筑规模宏大、遗存文物众多而在海南民居中脱颖而出，2010 年，十八行村入选第五批中国历史文化名村。

党家村

党家村位于陕西省韩城市东北方向，东距黄河 3.5 公里，坐落在东西走向的泌水河谷北测，所处地段呈葫芦形状，俗称"党圪崂"。韩城市境内民居四合院遍布城乡，党家村是中国北方典型的传统民居村落。党家村民居历史悠久，选址恰当，建筑精良，内涵丰富，有村有寨，群体保护完整，公用设施齐全，避难防御安全。村中有宝塔、祠堂、私塾、节孝碑、看家楼、暗道、哨门城楼、神庙、老池、古井、火药库等公共建筑和独特建筑。村中 20 多条巷道纵横贯通，主次分明，全部条石或卵石墁铺，古色古香，别具一格。党家村全村多数为党、贾二姓，因党姓居住在早，故称党家（贾）村。党家村位于城东北 9 公里西庄镇境内，占地 16.5 公顷。始建于元至顺二年（1331 年），地处东西走向的葫芦状沟谷之中，全村 330 多户，1 400 多人。明成化年间，党、贾两姓联姻，合伙经商，生意兴隆，成为地方巨商富族，因而明清两代有较大规模兴建。清咸丰元年（1851 年）在村东北高地建寨堡，使村寨相通，连为一体。现存四合院达成院 123 院，321 座。

嘉庆、道光、咸丰三朝是党家村经济史上的黄金时代，据传往老家运送银两的镖驮络绎于道，号称"日进白银千两"。与此同步，党家村翻旧盖新，进入了一个持续百年的修建四合院高潮时期，一并筑起了祠堂、庙宇、文星阁等配套建筑。咸丰初年，村中集资筑建泌阳堡，同时建起了寨堡中几十座四合院。至此，党家村就以富有和住宅好闻名遐迩了。党家村民居选址恰当、内涵丰富，公用设施齐全，有村有寨，群体保护完整。村内除 100 多座四合院之外，还有宝塔、私塾、节孝碑、看家楼、神庙、老池、古井、火药库等公共建筑和独特建筑。

党家村四合院院门分墙门和走马门楼两类。墙门窄小朴素；走马门楼高大气派，党家村四合院的院门多为"走马门楼"，列于巷道两侧，建筑装饰十分讲究，朴实精美，木、石、砖三雕俱全，是雕刻艺术荟萃。每家门外有上马石、拴马桩、拴马环。门枕为方形或鼓式，均为石雕。有狮子门墩、鼓儿门墩、狮子鼓儿相结合的门墩，还有形体单纯的竖立双体线雕门墩，门楼两侧有美观的砖雕峙头，内容非常丰富，有琴棋书画、梅兰竹菊、鹿兔象马、虎牛麒麟以及几何图案、万字拐、八卦图等。几乎家家都有门额题字，或木雕或砖刻，名家书写，成为书法艺术的展示。大门内照墙多为砖雕，主题画面题材多样，有"鹿鹤同春""封（蜂）侯（猴）挂印""五福（蝠）捧寿"等吉祥题材，院中家训砖雕，多在厅房歇檐两侧山墙上，内容多为道德修养之类，文化气氛浓厚，像这样把现实生活起居的空间拓展到了人们的精神世界，不仅有美化建筑空间，还具有跨时空对多代人进行教化的功能。

村中巷道 20 余条纵横贯通，把村寨连为一体，并与村内暗道、哨门城楼相通。巷道主次分明，全部用条石或卵石墁铺，古色古香，别具风情。村内建有看家楼，高 10 余米，为砖砌方形三层阁式建筑。看家楼为防御设施性质的了望楼，登临其上可以了望全村，观察周围情况。节孝碑楼是党家村砖雕艺术荟萃的精品，建造独特，雕刻精美。楼顶悬山两面坡式，檐上筒瓦包沟、五脊六兽。

在改革开放带来的农村建房高潮中党家村采取了保留古村古貌另辟新村的作法，而现存的 100 多座四合院以及祠堂、文星阁、节孝碑、看家楼、泌阳堡已被国家列为文物加以保护。1986 年，西安冶金建筑学院和日本九州大学联合组团来此进行了两次深入细致的调查。1991 年，由该团日方团长青木正夫教授执笔用日文写成的《党家村》一书问世。标志着对党家村的重新发现。而后，国内各级文字，影视传媒，相继作了专题报导。

党家村民居四合院是韩城民居的典型代表，韩城在乾隆年间曾经被称为陕西的"小北京"，而党家村因农商并重经济发达则又被称为"小韩城"，可见当年之盛况。党家村文化气息浓厚，建筑布局紧凑，风貌古朴典雅，是保存完好的古代传统居民村寨。党家村集中国传统文化、建筑之大成，是人类文明的宝贵遗产。

2001 年 6 月 25 日，党家村古建筑群被列入国家重点文物保护单位。2003 年，党家村入选首批中国历史文化名村。

杨家沟村

杨家沟位于陕西省米脂县城杨家沟镇，东距绥德吉镇 20 公里，南至绥德四十里铺 20 公里，属杨家沟镇管辖，杨家沟镇以此得名。陕西省米脂县的杨家沟村，在 19 世纪中叶，是陕北最大的地主集团马氏的庄园。明万历年末，马氏始祖从山西永宁州（今离石县）之临邑（今临县）迁居绥德州之马家山，开始耕耘土地。清朝后期，马氏家族以农为本，农商并举，耕读传家，于 18 世纪中叶开始发家，势力壮大，到 19 世纪中叶已非常兴旺发达，成为名门望族。到 20 世纪 40 年代前后，全村约有 240 多户人家，仅地主就有 55 户（其中四户是敬慈堂和信义堂的地主），土改时已达 72 户，占有周围四五个县的 18 万亩土地。几百年过去了，马氏子嗣现已经相传 16 代。这个陕北最大的全国罕见的地主庄园，已经成为马氏家族创造的文化象征。

为防"回乱"，于清同治年间在西山上修建扶风寨，有寨墙、寨门，还建有石坡路、排水沟、水井等设施。寨内建有大量私宅，均以窑洞为主，依山而建，有单排式院落，也有明五暗四六厢窑的窑洞式四合院。最具特色的是新院，设计奇特，构思精巧、用料考究、工艺精致，11 孔窑沿平面凹凸交错，飞檐雕梁，暗道取暖，三通纳凉，石结构拱券门楼垛口林立，将西方建筑风格和陕北窑洞巧妙融为一体，整个建筑典雅雄浑，蔚为壮观，堪称中华民族窑洞建筑的瑰宝，也显示了陕北窑洞建筑文化的博大精深。

1942 年秋冬，时任中央政治局委员、中央书记处书记兼中央宣传部部长的张闻天，带领延安农村调查团进驻杨家沟，通过对杨家沟一般情况特别是典型地主的调查，整理形成米脂县杨家沟农村地主经济的典型调查报告——《米脂县杨家沟调查》。1947 年，因毛泽东一行在这里居住 4 个月，把马氏的旧居作为总司令部，所以这个村子在全国都很知名，时称"小北京"。1947 年 11 月至 1948 年 3 月，毛泽东、周恩来等中央领导人率领以"亚洲部"为代号的中央机关和人民解放军总部转战陕北时进驻杨家沟，在此领导和指挥了西部战场和全国的解放战争，组织开展了全国土地改革运动，召开了具有历史意义的"十二月会议"和高级军事会议，从而使杨家沟在全国知名。

杨家沟革命旧址由毛泽东、周恩来旧居、十二月会议旧址及高级军事会议旧址等部分组成。毛泽东、周恩来就住在马氏"新院"，在此毛泽东写下了《目前形势和我们的任务》等 11 篇光辉著作。十二月会议旧址离新院不远，是晚清四合院窑洞建筑，正面 5 孔窑洞及东西两侧的 6 孔厢窑为叶子龙、汪东兴等同志的办公室及后勤处办公室，现在整个院落保存完好。高级军事会议旧址就是山顶上马氏宗祠大厅，保存完好。杨家沟还保留有任弼时、张闻天等革命家旧居和中央前委扩大会议、庆祝宜川大捷大会、东渡黄河动员大会以及亚洲部保卫科、供销科、中央政治部、中央机关医院、新华社等旧址。中华人民共和国成立后成为陕甘宁边区最有代表性的革命纪念村，来自全国的电视台和视察团如中央电视台、上海电视台等，都纷纷访问过此地。

马氏杨家沟是西北战场取得光辉胜利的标志点，是中央机关离开陕北走向全国胜利的出发点，在中共党史和中国革命史上占有重要地位。杨家沟革命旧址（原称"毛主席旧居"）于 1978 年辟为杨家沟革命纪念馆并正式开馆，是第五批全国重点文物保护单位和陕西省爱国主义教育基地，并列为全国影视拍摄基地。

2005 年，杨家沟村入选第二批中国历史文化名村。

麻扎村

新疆鄯善县吐峪沟乡麻扎村位于吐峪沟大峡谷南沟谷，有着 1 700 多年的历史，是迄今新疆现存的最古老的维吾尔族村落。它分布在绿塔耸立的清真大寺四周，约有 200 余户人家 1 000 余人口。这个村庄，完整地保留了古老的维吾尔族传统和民俗风情。人们常常日出而作、日落而息，使用古老的维吾尔语交际，穿着最具民族特色的服饰，走亲访友依然是古典的驴车代步。完整地保留了古老的维吾尔族传统和民俗风情。

麻扎村

麻扎村全称为"麻扎·阿勒迪村"，"麻扎"是阿拉伯文的音译，意为"圣地""圣徒墓"，主要指伊斯兰教显贵的陵墓，"阿勒迪"是维吾尔语"前面"的意思，村名意为"圣墓前的村庄"。在南北朝时，麻扎村称丁古口。西晋时期，麻扎村开始成为佛教圣地。日本大谷探险队在麻扎村的千佛洞发现的《诸法要集经》，写于晋元康六年（296 年），是西域发展最早有纪年的佛教写本。元末，伊斯兰教开始向吐鲁番盆地传播。14 世纪末，伊斯兰教文化和佛教文化在麻扎村发生了撞击，伊斯兰教从此在此地扎下了根，而麻扎村也是在这一时期得名，它得名的缘由即是在该村安葬了几个到此传播伊斯兰教的先贤。在这一时期，麻扎村所在地又被称为"秃由"。

麻扎村的先民根据当地的自然环境和生存需要，就地取材，因地制宜，充分、巧妙地利用黄黏土造房，并采用了砌、垒、挖、掏、拱、糊、搭（棚）等多种形式，集生土建筑之大成，是至今国内一座保存完好的生土建筑群，堪称"中国第一土庄"。麻扎村全是黄黏土和生土建筑，均是土木结构，有的是窑洞，大部分为二层建筑，即麻扎村别具特色的"阴阳楼"，一般由两层式土块构成：地上一层，半地下一层。下层用大土块砌筑的纵圈顶，类似窑洞，冬暖夏凉，防寒御暑性能俱佳，上层为平房。村民在家中的起居也随着温度而变动：中午到下层消夏避暑，平时则在上层起居生活。古老民居的门窗都很古朴，但又蕴藏了深厚的文化。门框上刻有各种纹样的木雕门档，有花卉形状、几何形状和果实形状。窗框窗格上的纹样也是多种多样，反映了个人的喜好。位于麻扎村东西方向山崖上的千佛洞，是吐鲁番地区现存于高昌时期最早、最大、最具有代表性的石窟群，也是新疆著名的三大佛教石窟之一。

在近代因所处地理位置比较偏僻，几百年来，相对迁入外来人口较少，逐渐发展成为一个相对封闭的独立单元。在长期的发展中形成了自己独特的生产、生活方式以及风俗习惯和宗教信仰。从村落的布局、建筑形式、语言、服饰等都体现了独特的民族风情和异域风格及鲜明的民族特征。麻扎村是国内现存最完整的生土建筑村落，对于这一面积仅 4.0 公顷的村落，作为核心必须全面的保护下来。全面保护包含两层内容：一是古村落 4.0 公顷的整体风貌都应得到保护；二是古村落具有的地方特色和历史文化得以保护。保护规划应以突出和强化麻扎村特色为重点。

麻扎村是一座反映新疆东部伊斯兰文化背景下村落格局形态的典型代表，对研究伊斯兰文化和干旱少雨的沙漠绿洲文化的形成、发展有着重要的实物资料意义。

2005 年，吐峪沟麻扎村入选第二批中国历史文化名村。

红崖村一组

红崖村一组位于固原市隆德县城关镇，距隆德县城 1 公里，东靠六盘山西麓，依山傍水。被誉为"宁夏最美的老巷子"的红崖村老巷子位于宁夏固原隆德县城关镇红崖村一组，长 200 余米。其良好的地形地貌、独特的村落风情和多元的民俗文化，孕育了淳朴的六盘山民俗文化。老树、古钟、枯井、百家姓砖雕、红军墙、砖雕照壁、拴马槽、红灯笼、戏台以及别具一格的建筑风格，构成了一幅优美的乡野画卷。

历史上的红崖村，曾数次成为争夺隆德县城的指挥中心。发生在隆德境内的战役不计其数，其中重大的战事，如宋金争夺德顺军之战、成吉思汗拔德顺州、李自成攻占隆德城等，都曾在红崖村安营扎寨，运筹帷幄，指挥战事。1935 年秋，红二十五军长征途经隆德，其先遣部队宿营在红崖村，召开党委扩大会议，研究部署工作，为该村留下鲜明的红色革命文化印记。崖壁上如今依稀可见红军长征时留下的红漆标语："参加红军，北上抗日"，记录着二万五千里的征程。

隆德县从 2010 年 8 月开始，依托红崖村厚重的历史文化、独特的建筑风格，以"千古隆德县，百年老巷子"为主题，以打造"红色旅游景区，保护历史文化名村"为理念，采取"政府引导、部门建设、客商配合、共同打造"等形式，开发建设的六盘人家红崖老巷子历史文化名村。有 10 多个"农家乐"院落，依托原有老戏台、老磨坊、老水井等古乡村建筑，开展戏曲展演、农家餐饮（特色菜肴、地方小吃等）、家庭客栈、茶馆、酒吧等经营活动，集绿色生态、养生度假、观光娱乐、休闲健身为一体。

河口村

西出兰州，沿黄河上行 40 公里，就是河口村，位于甘肃省兰州市西固区河口乡。"河口"者，庄浪河汇入黄河之口岸。千百年前，作为水陆咽喉之地，村子变成"丝绸之路"上的物资集散中心，商贾云集，繁华无比。抗战期间，这里设过兰州海关。"街呈十字店重重，昔日繁华尚有容。水陆码头衰去后，商家后代尽从农。"柳祥麟的一首《古堡商街》，写的就是甘肃省兰州市西固区河口村的变迁。

河口人九成以上都姓张。但是，当地人却分得很清楚，有姓张的张氏，还有姓朱的张氏。而这姓朱的张氏却是皇族，乃明太祖朱元璋第十四子肃王后人。崇祯十六年（1643 年）

冬，李自成部将攻破兰州，末代肃王朱识𬭁的儿子逃到河口村，改名张献龙。为立下脚跟，张献龙拜访张家的族长，说自己要在河口买"一块牛皮地"。族长觉得一张牛皮那么大点地方无关紧要，就答应了，并立下了契约。不料，张献龙吩咐家人将牛皮裁成绳条，在河口村中心地段用牛皮绳条围了一个大圈，沿圈订上木桩为界。族长恍然大悟，却又不得不服。从此张献龙在河口村扎下了根。这段故事，完整地记录在张公祠里。

河口村现存较为完好的古民居院落 39 处，房屋 200 多间，是我国明清时期西北民居建筑的一个缩影。从村中心的钟楼往 4 个方向看，村子分为东、西、南、北四条街，方方正正，泾渭分明。从村子存在起，它的格局就像一张棋盘，留存的古民居如同棋子，错落有致地分布在棋盘上。至今，依然诉说着往日的荣光。河口古民居一条街的建筑布局严谨，完整均衡。上屋下房，参差适度，主次分明。民宅皆是以规矩的长方形庭院为中心，四面建房。河口村的古民居中包括四合院民居，有车马店铺，还有街边的老商铺。大多是建于明清时期，沿街多为前店后宅式建设。后宅多为四合院，都是明清式样的木板雕装饰，为前朱雀、后玄武、左青龙、右白虎格式。家具一般有琴桌、八仙桌、太师椅、屏风、炕柜、大衣柜、琴柜等，目前尚存有 120 余件套。门窗、家具、墙壁上的雕刻做工精细，造型别具一格栩栩如生，保留数百年而经久不变，令人称绝，具有较高的历史和艺术价值。

河口古街的祠堂，目前现存 3 处，分别是北街十六份祠堂、洪武张家祠堂和北街张公祠。北街十六份祠堂建于嘉庆年间（1796—1820 年），是河口修建最早的祠堂。北面为大殿，砖木结构，雕梁画栋造型别具一格，在东西两边为厢房。洪武张家祠堂建于清代咸丰年间，青砖碧瓦，气势非凡，前院为过厅，后院为大殿，殿堂正中高悬匾额，蓝底金字，书写"皇帝万岁万万岁"。而北街张公祠初建于咸丰十一年（1861 年），东西宽 18 米，南北长 25 米，占地 450 平方米。祠堂大门上刻写"张家祠"三个大字，大门东侧有便门，院内有古柏两棵，参天而立，显得庄严肃穆、古朴雅致，西有厢房五间，北面大殿三楹四柱，滚檩悬嵌飞椽，四层斗拱，两流水瓦房，屋脊两头饰以砖雕龙头，正中为麒麟，上有砖雕莲花宝瓶。

在河口，留存了丰富的民俗文化和民间文学。莲花山、龙王庙、城隍庙每年举行民俗文化庙会都非常热闹，河口有"村村有社火、庄庄连毡抖"之说，社火种类多，曲目丰富，曲调优美，很有文化氛围。流传的民间文学如今仍保留的有家谱、家训、家规、名家字画、碑文石刻等，其中古纱灯可算得上是一大"名片"。据河口村党支部书记张维盛介绍，从清朝中期开始河口村随着商贸兴旺发达就盛行灯会，以示庆贺，期盼来年兴旺。在正常年景，每隔两三年就举办一次。而河口的花灯会上有三种彩灯，一种是用檀木制作的六角形彩灯，另一种是家家户户门前悬挂的木制框灯，还有一种是用楠木制作的纱灯。河口古纱灯现存160 多幅约 40 架，其造型美观，灯彩别致，彩绘不同的历史名著，讲述不同的历史故事，如三国演义中的《桃园三结义》《三顾茅庐》《赤壁之战》等。画面上的张飞、关公等人物形象逼真、栩栩如生，一街灯则展示一部文学名著。彩灯点燃后，中间红绿相映，两边则是图文并茂的画卷，灯月交辉，多姿多彩。

连城村

永登县连城镇连城村位于甘肃兰州市西北面，距兰州市 150 公里，古为丝绸之路之重镇，唐蕃古道之要冲。这一座历史悠久的村落，跃大通河河谷阶地而上，背依石屏山，西眺笔架山，右揽大通河，前瞰一马平川，形成格局与中国传统的风水择址观念极其吻合。

以连城村为镇政府所在地的连城镇是一座黄土高原上的美丽古城，具有悠久的历史，是中国历史文化名镇。由于得天独厚的自然条件，远在新石器时代就有人类繁衍生息，据史书记载，汉昭武始元六年（公元前 81 年）署金城郡，领县十三，位临在连城镇大通河东岸石屏山下的古山城——浩门县，就归属金城郡管辖。据《庄浪汇集》记载，当地古为边防要地，遍筑城堡，有红古城、王家山城、吴家山城、马家山城、钱家山城、罗罗城、工巴城、古城、那孩城、邓邓城等 12 座山城相连，旧有十二连城之说。连城由此得名。据史料记载，连城村历史源于西汉始元六年（公元前 81 年）。唐武德元年（618 年）入吐蕃，经北宋、南宋、金、元，至元元年（1264 年）归庄浪县。明洪武五年（1372 年）设庄浪卫，连成为鲁土司治所。清雍正初年（1723 年）庄浪卫改为平番县。民国廿一年（1932 年）后改土归流，连城镇归属永登县。

连城村形成了以鲁土司衙门为核心，民居互为呼应，寺观星罗点缀其中的一组建筑群。鲁土司衙门旧址位于连城城内北侧。明初，鲁土司始祖脱欢为大明朝保边树功，被朝廷封为土司，遂治第连城村。鲁土司衙门历经数百年的不断扩建和重建，形成了庞大的建筑群。鲁土司衙门建筑群是明清土司衙门建筑的典型代表，是集官式建筑与地方特色为一体的一组建筑群，古朴、大方、典雅、令人叹为观止，充分体现了河湟地区的建筑风貌。

建筑群内的显教寺是中国西北地区修建年代较早的藏传佛教寺院遗存之一，现仅存建于明成化年间（1465—1487 年）的大殿 1 座。大殿平面呈正方形，面宽三间，进深三间，单檐歇山顶，平棋和八角藻井上绘有曼陀罗和佛像。大殿保留有宋元建筑的风格，对研究藏传佛教的发展、传播均具有重要的参考价值。雷坛是一座道观，明嘉靖三十四年（1555 年）六世土司鲁经及其子鲁东修建，原有山门、过殿、大殿厢房等，坐北向南，占地面积 1 617 平方米，建筑面积 148 平方米。现仅存过殿和大殿 2 座建筑。大殿门楣上部现存 7 尊小彩塑，彩塑均为立像，脚踏祥云，衣带飘举，为我国西北地区罕见的明代道教彩塑，是研究鲁土司家族宗教信仰发展变化过程的非常珍贵的资料，也是研究西北地区建筑艺术中难得的实物例证。妙音寺寺院坐北朝南，建筑面积 400 平方米，主体建筑在一条中轴线上有山门、碑亭、力士殿、天王殿、护法殿、菩萨殿、大雄宝殿，结构严谨，气势浑大，汉藏文化融汇，民族特色浓郁。碑亭中的《敕赐感恩寺碑记》石碑，通高达 4.2 米，正面为汉文，背面为藏文，保存完好，为寺中瑰宝，据首都师大教授谢继盛介绍，该碑记是西北地区唯一一处有确切年代记载、以汉藏两种文字记录、完整保存时间最长的汉藏文化交流的见证。寺中还留有珍贵的佛教壁画、塑像、藏文经卷、青铜造像、传世文物以及大雄宝殿中罕见的《西游记》故事悬塑。建筑集汉、藏建筑于一身，融儒、释、道文化为一体，充分体现了藏汉民族融合，多元文化共存的特征。这一点，是其他地方很难见到的。具有很高的科学、历史和艺术的研究价值。

目前，鲁土司衙门景点为国内保存最为完整的土司府第古建筑群之一，1996 年，由国务院公布为第四批全国文物重点保护单位。2012 年，连城村被列入中国传统村落名录。2013 年，当地首届土司文化旅游节成功举办，节会以"领略土司文化魅力，畅游吐鲁森林风光"为主题，深入挖掘土司文化内涵，以全面体验吐鲁民俗风情为内容，充分展示了特色风貌。

莫洛村

莫洛村位于四川省甘孜州藏族自治州丹巴县梭坡乡境内。"莫洛"在藏语中是环形地带的意思，村寨位于毛龙沟与大渡河的交汇地带，海拔 1 900~2 300 米，是整个梭坡乡位置最低的村落。莫洛村三面环山，西临大渡河，地势由东北向南倾斜，系高山峡谷地貌。村面积 20 公顷，全村以藏族为主，少量汉族杂居，区内居民以农业为主，相当完整地保持着嘉绒藏民族传统的习俗和居住文化。"嘉绒"即"女王的河谷"，嘉绒藏族是我国藏族的一个重要组成部分，嘉绒文化是藏文化体系中极具地域特色的一个亚文化。位于大渡河流域的丹巴县，以"古碉、藏寨、美人谷"著称，是嘉绒藏族的主要聚居地，也是嘉绒民族文化的核心区和重要发源地。特定的区位条件、地质条件和漫长的历史沿革，培育了底蕴深厚、独具特色的丹巴嘉绒民族文化。

村民流传的神话传说多与古东女国相关。记载中，在东女国，国王与官吏皆女子，国内的男人，不能从政，仅任征战与种田之役。因女子少而贵，且位高权重，故为多夫制，女王则侍男者众。当时东女国 4 万余户，散布在山谷间 80 余座聚邑中，所居之处均筑"重屋"，即碉房；民众住六层以下，唯女王居九层。可见，东女国擅建高碉且建筑水平高超，女王则高高在上。东女国还有女子服饰尚青及男子赭面之俗。即以青（黑）色为美。女性掌权、女性崇拜、多夫制、尚青、居碉楼等的东女国文化元素，在雅砻江流域和大渡河流域影响至今。今丹巴女子服饰传承了东女国"尚青"服饰，丹巴境内现存古碉楼 343 座，莫洛村是古碉较集中的村落。

古碉按其功用划分为要隘碉、烽火碉、寨碉、家碉、界碉等，其造型有四角、五角、八角、十三角等，四角碉最为普遍，碉身光滑、角如刀锋，虽然历经风雨战争剥蚀，地震考验，仍巍然凌空。有的早已倾斜，似比萨斜塔；有的布满苍苔，野草丛生；有的弯曲成弓，自然成景。其建筑技艺堪称精湛绝妙，与藏寨古文明交相辉映，形成了世界上独有的奇观。丹巴古碉距今已有上千年的历史，自然在历史长河中留下了许许多多神秘的传说。古碉以泥土和石块建造而成，外形美观，墙体坚实。古碉大多与民居寨楼相依相连，也有单独筑立于平地、山谷之中的。古碉的外形，一般为高状方柱体：有四角、五角到八角的，少数达十三角。高度一般不低于 10 米，多在 30 米左右，高者可达 50~60 米。从用途上看，有用作战争的防御碉，传递情报的峰火碉；有用来求福保平安的风水碉；避邪祛祟的伏

莫洛村古碉

魔碉。

莫洛村面河依山，分为上、下莫洛两区。下莫洛沿河岸呈带状分布，建筑较密集，村落格局和建筑风格受外来文化的影响较明显；上莫洛在下莫洛上部的山坡上，建筑依地形地势分布，相对松散自由，建筑风格较为原始，所受外界影响较小。村寨空间分布大致可分为三个层次：第一个层次是最内部的居民房屋及碉楼分布密集的范围；第二个层次为分布在居民房屋外围的农业耕作区和人工种植林区；第三个层次为村落最外围的自然山林区域。在梭坡乡莫洛村全村现存碉楼六座，其中四角碉楼四座，五角碉楼和八角碉楼各一座。六座碉楼有四座都位于上莫洛中部，大部分是民居的附属物；另两座四角碉楼分别位于村落上部边缘和村落东部山溪以南。这些碉楼年代久远，据说以前每当家中有男丁出生后，就开始选址修建碉楼，每年建一层，直到男子成年建造完成。通过建碉楼可以展示财富和能力，使男子在择偶时处于更为优越的地位。莫洛村民崇信藏传佛教，现有一座寺庙及少量佛塔，寺庙和塔都是当地居民进行宗教和公共活动的场所。莫洛村民还崇拜神山，除了整个嘉绒地区共同的墨尔多神山外，还有位于莫洛村西北的于梭坡专属神山——则巴弄。则弄巴神山远看好像狮子头，因此又称为"狮头山"或"狮子山"。

莫洛村古碉群历史悠久、工艺独特、布局合理、类型丰富，代表了古代藏族建筑发展的最高水平，呈现精湛的传统建筑工艺和特色十足的藏族风情，成为高原聚落的立体文化景观。2005年，莫洛村入选第二批中国历史文化名村。

迤沙拉村

迤沙拉村位于四川省攀枝花市仁和区平地镇东南端，是四川省最大的少数民族聚居村，幅员面积34平方公里，彝族人口占总人口的96%。迤沙拉为彝语，意为"水漏下去的地方"。该村历史上是南丝绸之路拉鲊古渡的一个驿站，因长期的多民族交往和融合，形成了独具特色的"里泼文化"。村中有世代口口相授流传至今的谈经古乐，以及独特的歌舞、饮食文化，还有艳丽多彩的民族服饰，青瓦白墙的民居，大都采用土木结构，呈现出一派苏皖小镇的风貌。作为南丝绸路上必经之地，迤沙拉阅尽古道沧桑，迎送历朝历代名人雅士——司马迁经略云南，诸葛亮五月经此渡泸深入不毛，杨升庵数度往还，石达开经此入川血溅大渡河……因长期的多民族交往和融合，形成独具特色、蜚声中外的民俗文化、建筑文化、谈经古乐。

迤沙拉彝人隶属彝族中里泼支系，历史悠久。1381 年，朱元璋"洪武开滇"，从江苏、江西、安徽等地派驻 30 万大军至云南平乱，并开明地实行彝汉通婚"就地落籍"的民族政策，迤沙拉迎来了攀枝花历史上第一次大移民。600 多年来，崇文重道、能耕善织、精于工巧习俗的江南移民，在此安居乐业、休养生息。本土彝人加上东部移民，迤沙拉形成了传承至今彝汉融合的独特民族历史文化，是汉族和彝族生活习俗高度融合的"中国第一彝族自然村"。

迤沙拉村的彝族人，绝大多数都是明朝戍边将士的后人，老家在江苏、江西一带。600 多年来，他们始终难忘故土风情，代代吟唱同一首歌谣："南京应天府，大坝柳树湾。为争米汤地，充军到云南。"村子里的彝族人，其实几乎都是彝族和汉族的混血后裔。数百年来，他们虽然汉被夷化，但眷恋先祖故地，倾慕秦淮文化，顽强固守和保留下来很多汉民族的文化特质和民风民俗。村里的彝族男人也绝对不穿查尔瓦，彝族妇女不披羊皮褂，每家每户的堂屋里，只设神龛，不置锅庄，与西昌和楚雄等地的彝族，风俗习性迥然有别。

迤沙拉村的建筑，一变彝族村寨杂乱无章的特点，非常讲究布局和街巷设计。村子里街巷门肆、骡马客栈，大多依照祖先留下的体例而筑。村民家家有院，一正两厢，四合五井，白墙青瓦，高瓴飞檐。"廊腰缦回，檐牙高啄，各抱地势，勾心斗角"之势十分醒目，显现出徽派建筑"五岳朝天，四水归井"的特色与和合聚财的风水氛围。迤沙拉的古民居沿金沙江西岸台地而建，为苏皖和徽式建筑风格，虽然大多数重建于清康熙年间，但房屋全部采用青瓦白墙、土木结构，雕花窗户、板壁、檐梁、墩柱、桌椅，处处可见精妙的雕刻艺术。

独特的谈经古乐，600 多年来，一直在这个偏僻的彝族山村里延续着对中原文化的向往和追寻，明朝在这里安家落户的官兵有许多精通音乐，带来的音乐便在这里流传开来。这种音乐没有乐谱，属于口口相传。以前这种音乐被称为经调或者洞经音乐，现在被称为谈经古乐或者金沙古乐，这种音乐和纳西古乐不同，纳西古乐（洞经古乐）主要表现为平稳、庄重和肃穆，攀枝花迤沙拉村的谈经古乐则是具有江南丝竹的韵味，轻柔细腻，悦耳愉人。

谈经古乐

2005 年，迤沙拉村入选第二批中国历史文化名村。

萝卜寨（村）

萝卜寨（村）全貌

萝卜寨位于四川省阿坝州汶川县雁门乡境内岷江南岸海拔2 000 多米的高半山台地上，为冰水堆积的阶坡台地，地势平缓、宽阔，是岷江大峡谷高半山最大的平地，也是鸟瞰岷江大峡谷风光最理想的场所，是迄今为止发现的世界上最大、最古老的黄泥羌寨，被誉为"云朵上的街市、古羌王的遗都"。萝卜寨村是纯粹的羌族聚居村寨，村民全部是羌族。

萝卜寨历史悠久，3 000 多年前这里就有人居住，此后羌族人来到这里，并建立了村寨。萝卜寨名称的来源有两种说法，一种是村寨受到外族攻击，寨主的脑袋被敌人像萝卜一样砍下来，所以村民将村寨命名为萝卜寨。另一种说法是这里所处的海拔高度、气候条件以及土质非常适合萝卜生长，其味道既爽口又甘甜，因此得名萝卜寨。另外，这里地处凤山和凰山之间，村寨的形态看上去象一支展翅欲飞的凤凰，所以最早也被称为凤凰寨。

萝卜寨村的建筑形态十分特别，整个村寨都建筑在山顶平台之上，地势高敞，易守难攻。而且中心寨区的建筑几乎户户相连，层层叠叠，错落有致，屋面几乎连成一片，上一家屋顶即可到数十家甚至百家。寨内巷道阡陌纵横，可以连接到村内的每一户人家，方便交通，也便于战士隐蔽。由此看来，萝卜寨村可以称得上古羌人最古老的街市，也是古羌人防御进攻的坚固壁垒。

村内的主要建筑除了民居外还有大禹王庙、龙王庙以及祭坛等，祭坛高 18 米，长 32 米，是目前为止羌族地区最大的祭坛。祭坛是祭祀祈天的地方，也是羌族释比祭祀作法的场所之一，每年祭山还原节都在这里举行。萝卜寨的民风和民俗古老而淳朴，保留了羌族的古老传统。羌族是我国古老的民族，现主要居住在汶川等地，有人口 30 余万。萝卜寨就是古老羌族遗传下来的一支部落，他们承载着羌民族古老的文化，并将之发扬光大。2008年 5 月 12 日，汶川地震爆发，萝卜寨村内的大部分建筑受到严重破坏，整座村庄变成废墟。后来在各界的帮助之下，坚韧的羌族人民开始重建自己的村庄，并逐渐恢复正常生活。"5·12"汶川特大地震后，萝卜寨无论是羌寨建筑群体还是居民生活方式，都得到有效保护和展示。

2008 年，萝卜寨村入选第四批中国历史文化名村。

隆里村

　　隆里村位于贵州省锦屏县隆里乡，又称"隆里所城"。始建于唐代，明洪武十八年（1385 年）开始实行军屯，是明朝的重要军事城堡。清顺治十五年（1659 年），更名为"隆里所城"。隆里村作为古代军事城堡，虽经历 600 多年岁月风霜，整座城貌依然是中国南方高原保存最好的古城之一。古之隆里，"城内三千七，城外七千三，七十二姓氏，七十二眼井"，这座由本地土著居民和外来屯军人员及其后裔共建的戍边重镇，亦农亦兵。隆里古城是用卵石框边筑成的土埂，周长 1 500 米，高 4 米，宽 3 米，设置东、南、西、北四方城片。城内的布局以千户所旧址为中心，往东、西、南开三条街，形成丁字形街道。三条大街分出六条巷道，俗称"三街六巷"，每巷又岔出小巷，巷巷相通。城门设置则虚虚实实，"明通暗塞，暗通明阻"。

　　古城内的民居排列有序，大量具有精湛营造工艺的明清时代的四合院和民居建筑较完整地保留下来，因来自江西、安徽等地的汉族较多，所以古城建筑也以白墙青瓦的徽派院落为主。其楼舍皆为三间两层填封火墙式，上着青瓦兽脊，中间勾勒宝顶，两侧山墙翘角凌空。民居平面布置自外而内，为前屋、正屋、后屋格局排列，房屋均与四合天井相接，天井两旁为厢房，二楼为居室，院院相连结合为二、三进四合院落。所有房屋均为砖木结构，堂屋镂空雕刻鱼虫鸟兽，惟妙惟肖。宅居均高出街面约 1 米，门前为三步青石台阶，两侧设护座石，大门均八字门，门框上方是匾额，彰显主人的郡望、名望或家风。民居一律用优质杉木建造，不用一钉一铆，结构缜密，工艺精良。窗格木雕精细，榫头等木制构件各式图案，以象鼻榫头（寄寓封侯拜相）最为普遍，室内家具装饰典雅，设有神龛、桌椅等。现有古民居以陶家院、科甲第、书香第、宗祠等最为典型。

　　唐朝边塞诗人王昌龄曾经贬谪于此，隆里的龙标书院、王昌龄祠、状元桥、状元墓都是后人为纪念王昌龄而建的。张应昭墓、土司墓、龙里花桥、碑刻龙溪、真武山等景点也融观赏和考古为一体。在民族多样性丰富的贵州省，隆里是少见的汉文化村落。锦屏县居住着侗、苗、汉等 17 个民族，少数民族人口占 85%，属少数民族边远县。具有典型汉族民风民俗和建筑风格的隆里古城，在星罗棋布的苗侗村寨包围中，被称为西南少数民族聚居地区的"汉文化孤岛"。

　　许是因为地处偏远的西南腹地，与外界交流较少，隆里古城的格局、文化习俗能够保存 600 多年，不仅地上建筑群风貌良好，古代先民遗留下来的地下水系、鹅卵石道路都仍在使用，节庆和饮食等传统文化内容也保存得较好。隆里现流传下来的文北，以汉文化为主，特别以江南文化最为厚重，同时揉杂当地苗、侗文化的内容，数百年来，与当地苗、侗民族文化相互撞击、融合，以民间为载体的玩花脸龙、迎故事、唱戏等，均颇具特色。隆里岁时节日内容丰富，饮食制作精致。该村因"花脸龙"入围"贵州省民间文化艺术之乡"，锦屏县政府对这些历史文化遗存进行抢救性保护，先后实施保护性修缮，制订了整体保护规划，根据建筑年限划分保护等级，对明清古建筑、街巷、水系进行修复，整治了周边环境，再现了文明古村落的旧时面貌。

2007 年，隆里村入选第三批中国历史文化名村。

肇兴寨

肇兴寨，位于贵州省黔东南苗族侗族自治州黎平县东南部，占地 18 万平方米，到 2012 年，居民 1 000 余户，6 000 多人，是全国最大的侗族村寨之一，素有"侗乡第一寨"之美誉。黎平县地区以山地为主，肇兴侗寨则处于一狭长谷地，侗族建筑密集，形成罕见的布局风格。当地耕种的梯田多沿山势分布，常为云雾缭绕。肇兴寨全为陆姓侗族，分为五大房族，分居五个自然片区，当地称之为"团"。分为仁、义、礼、智、信五团。肇兴侗寨四面环山，寨子建于山中盆地，两条小溪汇成一条小河穿寨而过。寨中房屋为干栏式吊脚楼，鳞次栉比，错落有致，全部用杉木建造，硬山顶覆小青瓦，古朴实用。

侗寨鼓楼是侗族地区特有的一种公共建筑物，是侗寨的标志。在侗族南部方言区，几乎村村寨寨都有鼓楼，是侗寨风光的一大特色。鼓楼具有历史悠久、造型美观、结构独特、用途多样等特点，具有十分重要的历史、科学、艺术价值和民族民俗文物价值。鼓楼的来源，众说纷纭。传说三国时，诸葛亮南征，曾扎营侗乡，为方便指挥，在营寨中修筑高亭，内置铜鼓，以鼓声传令，遂流传成为鼓楼。肇兴侗寨以鼓楼群最为著名，其鼓楼在全国侗寨中绝无仅有，被载入吉尼斯世界纪录，被誉为"鼓楼文化艺术之乡"。寨中五团，共建有鼓楼五座，花桥五座、戏台五座。五座鼓楼的外观、高低、大小、风格各异，蔚为壮观。五大鼓楼的平面均为六边形。智寨、信寨、义寨鼓楼都是 11 层，仁寨鼓楼 7 层，礼寨鼓楼 13 层。顶部均为八角攒尖顶。顶端置葫芦形塔刹。鼓楼内雕梁画栋，多书有楹联。其中智寨鼓楼最为壮观，九重檐八角歇山顶，高 14.9 米，占地 77.3 平方米。由 16 根柱子构成骨架，中间 4 根柱子直贯顶层，四面为 12 根副柱，略小于中柱。用逐层内收的梁方金瓜柱支撑，层层挑出屋檐。类似宝塔。楼中央设有火塘，四周有长条木凳，供人休息。檐角高翘，屋脊之上泥塑小葫芦宝瓶，其翼角塑小鸟，玲珑雅致，鼓楼的檐层辅小青瓦，屋脊白色，塑有狮、虎、凤等。楼内雕梁画栋，书有六幅盈联，正面一至三檐之间塑有"双龙抢宝"。

肇兴不仅是鼓楼之乡，而且是歌舞之乡，寨上有侗歌队、侗戏班。每逢节日或宾客临门，侗族群众欢聚于鼓楼、歌坪，举行"踩歌堂""抬官人"等民族文娱活动。歌类尤其出名，有侗族大歌、蝉歌、踩堂歌、拦路歌、琵琶歌、牛腿琴歌、酒歌、情歌、山歌、河歌、叙事歌、童声歌等。侗歌声调婉转悠扬，旋律优美动听，尤以多声部混声合唱扣人心弦，轰动海内外。每隔一年于中秋节举行一次的芦笙会，主、客竞相吹奏比赛，笙歌阵阵。

1993 年，贵州省文化厅命名肇兴为鼓楼文化艺术之乡；2001 年，肇兴侗寨及鼓楼群列入世界吉尼斯纪录；1999 年，省政府将肇兴列为全省 9 个重点民族村寨保护之一；2004 年，国务院批准其为国家级重点风景名胜区；2005 年，被《中国国家地理》评选为"中国最美的六大乡村古镇"之一；2007 年，被《时尚旅游》和美国《国家地理》共同评选为"全球最具诱惑力的 33 个旅游目的地"之一，同年入选第三批中国历史文化名村。

大顺村

重庆涪陵区大顺乡大顺村，自明清时代起，南北方不断移民入川，不但带来了各地的生活方式，更是为远在涪陵西南的大顺村带来了闽、粤、湘、鄂、渝、黔、滇等地的特色建筑元素。当年乡人为了抵御匪患而修建场。大顺老场分为上、下两场，在下场口阳沟入阴沟，明水入暗道，阴沟直通水田，富肥污水灌溉的稻田产量特别高。上场口与下场口的两檐廊相交处建门廊相衔接，其下本是栅子门，一旦有急事，将上下场口门关闭，护场乡丁据守在场的四角碉楼，通过碉楼与场内巷道檐廊的通达，组织有效的防御体系，可保全场 300 多户村民居无虞。以碉楼防御为主的大顺场为大顺居民带来了巨大的安全感。另一方面，"晴不晒日头，雨不湿鞋袜"的全封闭式檐廊街又成为商业发展最好的温床，前店后坊，巴蜀第一场至今仍独具特色。

大顺村境内有保存完好的碉楼、角楼、台阙等特色建筑 40 余处，建筑年代从清代迄今，跨度 200 余年，使得这里成为了移民建筑的聚宝盆。在这个具有典型移民文化的村落，碉楼、角楼、台阙随处可见，如《鲁班经》记叙的民间建筑框架格式中的"正三架式""正七架式"建筑实体以及庙宇道观、钟鼓楼、祠堂式、秋千式、桥亭式等 10 余种建筑样式，以及皖南、湘赣民居、方形土楼、四合院等建筑实体，堪称移民建筑文化博物馆，体现着不同时期、不同地域建筑文明的融合与交汇。

大顺村李家祠堂（图片来源：李辉摄）

村中古建筑，以客家土楼瞿九畴故居为代表。其特点在结构与空间上，四角都有微凸的碉楼将土楼间紧密联系成一个整体。有中轴线、天井、内廊、对称房间若干，内部木构架，有土夯墙围护，边长都在八丈以上，高在三丈以上，各层布置有若干枪眼、炮孔。内空间有相互支援互通有无的空间联系，里里外外设计，着眼于整体防御。屋顶脊相联，四水归池于内庭天井，封闭性能良好，依靠天井采光。

大顺村的大部分老建筑始建于清朝时期，随着时间流逝，木结构建筑或已倒塌毁坏，或已成为危房不能使用，其余建筑的围护结构和构件都有不同程度的损坏，建筑风貌逐渐衰败。现存的传统建筑也存在着较多的改建现象，原有民居的院落结构多被破坏，对大顺的传统场镇格局、建筑文化内涵是一个难以挽救的损失。基于此，在涪陵区城乡建委的具体指导下，将在保持大顺村原有传统村落格局风貌的基础上，对部分濒危的传统建筑进行修缮，延长使用寿命，延续古朴之态，以实现大顺村的历史价值、艺术价值、文化价值的升华。

民族村

重庆秀山土家族苗族自治县梅江镇民族村原来叫金珠苗寨或深沟苗寨，保留着较为完整的苗族习俗，是重庆市规模最大的苗寨。民族村位于梅江镇南部，紧靠省道304线，距重庆秀山县城27公里。民族村位于湘黔交界地带，属于典型山区，村内有一条小河流经全村，村民沿河而居。主要有花香、三大坪、金珠、民族4个自然寨。全村总户数354户、总人口1458人。生活着苗族、土家族、汉族3个民族，苗族人口最多，占总人口的70%，以石、吴、龙、田、麻等姓氏为主。

自元朝的先民从江西迁入，700多年直到现在还保留着对襟衣，大裤脚，包帕子的习惯。苗寨妇女多穿红色、藏青色或黑色的斜对襟短上衣，外边套上一个镶上银饰的围腰，头上还要包帽子。男子服饰多为蓝黑色对襟衣，大裤脚，衣边绣上各种颜色的花边，包帕子。这包帕子也非常讲究，男的包"人字形"，女的包"螺旋形"。民族村位于渝、湘、黔结合部，历史上不同族群的文化接触频繁，文化的交融性强，对于研究民族文化变迁有很高价值。苗、汉、土家等多个少数民族和睦相处，民风古朴典雅。苗寨人能歌善舞，婚嫁习俗更是独树一帜。婚嫁大都集中在冬天举行。因为入冬以后，苗寨就进入了农闲休整时期，大家都有空闲，不至于耽误农时。男方看中了女方的姑娘，就会请"红叶大人"（媒人）带上一块猪肉前去女方家提亲，如果女方家收下了"红叶大人"背来的猪肉，那就表示女方家父母同意这门亲事；如果女方家不收，那就表示女方家父母不同意这门亲事。经过一段时间的交往和感情联络，如果女方最终同意结婚，男方家就要找"阴阳先生"选一个黄道吉日，并请"红叶大人"通知女方父母，随后女方父母便请自家的亲戚和族人，在姑娘出嫁的当天早晨，亲戚、家族不分男女便带上礼物前来，吃罢早饭，便随姑娘到男方家"送亲"，送亲队伍少则几十人，多则一两百人。举行婚礼当晚，新郎和新娘与送亲的男男女女唱唱山歌，拉拉家常，表示对新婚男女的庆贺。第二天送亲队伍离去后，新郎、新娘才正式开始他们的新生活。

目前民族村内的100余处传统木结构民居建筑保存完好。按照不改变外观风貌的原则，重庆秀山县对这些传统民居进行了维护、修缮，并对新建现代建筑和年代久远、损坏严重的木结构建筑实施了统一整治，特别是在外观上进行了风格统一，使传统村落的历史风貌得到了真实再现。目前，民族村仍保存着大量的传统木质建筑。据统计，民族村有共计2.4万平方米的传统建筑，占村庄建筑总面积的70%，其中花香、油坊共有木房40幢，金珠刘家大院木房有70多幢，建筑样式有四合院式和吊脚楼式两种，大部分为20世纪50年代修建。村中民居大多依山而建，多为木质结构，分上下两层，上层住人，下层做客厅或堆放各种"家什"。后面关牲口，堆放柴草，装舂米用的脚碓和石磨，两旁偏屋则用于煮食、贮藏粮食。房屋大多是5柱4挂，也有7柱11挂。

　　民族村将村寨核心保护范围外延 50 米划定为建设控制地带，总面积为 34.9 公顷，作为民族历史文化保护区的主要缓冲地带，承载民族村的发展需要，对新、改、扩建的建筑，进行了严格控制，所有新建建筑高度均控制在 3 层以下，其体量、色彩、材质必须与现有传统建筑协调一致。民族村新建的 50 户新居民点全部统一按照传统吊脚楼风格修建，建筑工艺上也全部采用木结构形式。传统的风格、传统的工艺，这事实上就是将传统村落的规模进一步扩大，在严格的规划控制下，不仅民族村的传统风貌得到了完整保留，还为村落的发展提供了空间。除了保存大面积的传统建筑外，民族村还传承了许多传统文化和习俗，如说苗语、唱苗歌、举办苗王节、传承苗绣、沿用原始人生礼仪、保留苗族传统手工艺等。

上盐井村

　　西藏昌都地区芒康县纳西民族乡上盐井村地处西藏自治区东部，昌都地区东南部，横断山脉、宁静山脉南北贯通，东有金沙江，西有澜沧江，自然资源丰富，现辟有盐井自然保护区。地处西藏芒康县和云南德钦县接壤之地的盐井，是茶马古道进入西藏的第一站。历史上这里是吐蕃通往南诏的要道，滇茶运往西藏的必经之路，独特的地理位置让它成为古道上的一座重镇。盐井被一条沟划分为上盐井和下盐井。盐民在澜沧江两岸支起的数千块盐田，层层叠叠，十分壮观。盐田其实就是倚崖而建，用圆木柱支撑起的盐棚。经年累月的使用后，盐水渗透过木料，在其表面凝结成一层厚厚的晶体，阳光下璀璨生辉。盐井盐田这道人文景观现在是"茶马古道"上唯一存活的人工原始晒盐风景线。

　　盐井历史悠久，早在西藏吐蕃王朝以前，西藏的部落各占一方的时候就有盐田，传说在朵康六岗当中，芒康岗是产食盐的岗，所以很出名。传说中的格萨尔王和纳西王羌巴争夺盐井食盐而发生的交战，叫"羌岭之战"，最后格萨尔王战胜了羌巴，占领了盐井，活捉了纳西王的儿子友拉，到西藏吐蕃王朝后期，纳西王子友拉成了格萨尔王的纳西大臣，盐田给了纳西王子友拉，一直到现在还都保留着最古老、最原始的制盐生产方式。杜甫为盐井赋诗：卤中草木白，青者官盐烟。官作既有程，煮盐烟在川。汲井岁榾榾，出车日连连。自公斗三百，转致斛六千。君子慎止足，小人苦喧阗。我何良叹嗟，物理固自然。

上盐井村盐田

盐田，被称为"阳光与风的作品"，仍完整保留着世界独一无二的古老制盐术。更为神奇的是采用同一处的卤水源，相同的加工器材和同样的加工技艺，但在澜沧江两岸制成的盐却呈红、白两色。盐民在澜沧江两岸上层层叠叠建起几千块盐田，每次灌满卤水，两三天就能在每块盐田上收获结晶盐 10 公斤左右。

盐井属藏族聚居地。然而盐田却属纳西族。传说明朝年代纳西族首领木天王率部下用武力夺下盐田，而守盐田的士卒世代相传就成了当今的制盐人。不过当地的纳西族只有族种上的意义，他们讲藏语、穿藏装、信奉藏传佛教，而人口占多数的藏族却信奉天主教，这种奇异的文化现象更给这古老的盐井增添了一些神秘色彩。上盐井坐落着西藏唯一的天主教堂——拉贡教堂。1865 年，外国传教士把天主教带到当时的盐井村，改变了这里祖辈信仰藏传佛教的历史。天主教在盐井传承发展至今，期间的经历颇为复杂。它的存在，证明了不同宗教在西藏可以和谐相处。位于西藏昌都芒康县纳西民族乡的盐井天主教堂，是西方与藏族建筑艺术的罕见结合，其内部装饰是典型的哥特式高大拱顶，天花板上绘满了《圣经》题材的壁画，而外部则呈"梯"字形，是藏族民居常见式样，只有建筑外墙正中的大十字架提醒着人们这是一所教堂。

二、林业类聚落

西井峪村

西井峪村位于天津市蓟县渔阳镇，距城区仅 2.5 公里，坐落在历史文化名山府君山背后，在中上元古界国家地质公园保护区内，这里四面环山，绿树蔽舍。村中古老的石院、石屋、石胡同、石甬路，一派古朴遗风；村围梯田石坝、悬崖沟壑、裸石陡坡、象形山峰尤为独特，这里因石而生、因石而居、因石而乐的古朴遗风，积淀出耐人寻味、如诗如画的文化内涵。蓟县中上元古地质剖面，处燕山山脉，地层齐全，山露连续，保存完好，顶层清晰，构造简单，变质轻微，古生物化石丰富，至今已有 8 亿~18 亿年，被誉为"大地史书"。西井峪村清代成村，因四面环山似在井中，冠以方位而得名，自然环境优美景色宜人，空气清新。西井峪村分上庄、下庄和后寺三个居住点。西井峪村具有鲜明的历史文化特色，整个村落坐落于石山之上，拥有 8 亿年地质石岩。走进西井峪村，到处都是别具特色的页岩、白云岩等形成几亿年的石头垒砌的房屋、墙壁和石路，房舍依山而建，街巷就势而成，走在其中仿佛穿行在石头的森林，有人称西井峪村为"石头村"。

西井峪村

上百年来，勤劳善良的西井峪人垒筑石坝栽树种田，依山造屋。"盘山的柿子，井儿峪的梨。"这是京津唐地区家喻户晓的史记，西井峪的梨在清朝就是朝廷的贡品，西井峪村占地 4 148 亩，其中耕地面积 110 亩，林地 3 688 亩，村占地 350 亩。西井峪村现状保留的由石头垒砌的房屋约占村庄现有建筑的 2/3，且多为清末民初的老房屋，原貌保存完好，村庄整体环境依然保持村落形成时的风貌，其历史传统建筑面积总和已达到 7 270 平方米，是天津市域内知名度较高、规模较大、传统风貌保存较完整的历史村落，具有重要的历史、文化和艺术价值。

因为特殊的地质结构与精巧的石匠手艺，让它享誉京津冀等地，摄影家、艺术家、作家、诗人纷至沓来进行采风创作的著名导演谢晋和著名作家、画家、民俗专家冯骥才曾慕名来此为电影《石头说话》采选拍摄外景；天津电视台"四季风"栏目在这里拍摄了《摄影家进山村》等多部专题片。2005 年，镇村两级充分利用该村古朴特色，对村庄进行保护性开发，整合村内自然、人文、历史等资源，深入挖掘石院石方、石桌石凳、石碾石磨、石桥石栏和万卷石书、穿云晚眺、福山寿水等自然景观，打造出"五景十坊三十院"。"五景"为：石头广场、万卷石书、穿云晚眺、寿山福水、天龙觅踪等五处自然景观；"十坊"为：皮影坊、草编坊、缝绣坊、根雕坊、泥塑坊、石艺坊、豆腐坊、煎饼坊、菜干坊、漏粉坊；三十处古老的宅院，传统的工艺，粗朴的山民，让几近失传的民间"瑰宝"在这里寻找到成长发展的沃土。其独特的石材风貌和醇厚的民俗民风，更吸引了津京众多摄影者的关注，成为了远近闻名的摄影基地，形成了以石头及摄影为特色的旅游专业村。

2010 年，西井峪村经国家住房和城乡建设部、国家文物局批准列为第五批中国历史文化名村。

明月湾村

江苏省苏州市吴中区明月湾村位于苏州西山南端，在著名景点石公山以西 2 公里处。"明月湾，吴王玩月于此"（《苏州府志》）记载：明月湾村名的由来相传 2 500 多年前的春秋时期，吴王夫差和美女西施，曾经在此共赏明月，古村便由此得名。村后石排上仍保留着西施当年洗妆的画眉泉遗址。

唐代，明月湾已闻名遐迩，大诗人白居易、皮日休、陆龟蒙、刘长卿等，都曾到此，留下了赞美明月湾的诗作。南宋金兵南侵，大批高官贵族到西山隐居，到明月湾定居的，有以写诗反对宋徽宗大办花石纲而闻名的谏官邓肃、抗金名将四川宣抚使吴璘的儿子吴挺等。明清两代，大批明月湾人加入了号称"钻天洞

明月湾村

庭"的洞庭商帮，靠外出经商发家致富。清乾隆、嘉庆年间（距今约 250 年），明月湾达到了鼎盛，修建了大批精美的宅第以及祠堂、石板街、河埠、码头等公用建筑。

古村现存石板街总长达 1 140 米，共用 4 560 余块金山花岗条石铺成，居民称这条石板路为棋盘街，是明月古村的最大特色之一，街道下面是排水沟，明月湾沿湖还有一个古码头，长 58 米，宽 4.6 米，表面用 256 块金山花岗条石铺成，此码头建于清代。村口有古香樟一株，高 25 米，胸径 2 米，约 500 余年。村内古建筑众多，多数建于清乾隆年间。古村在布局上，南北走向有两条主要街道，由西向东渐次升高，曲折并行，流畅舒展。多条小巷与之垂直相交，构成棋盘格局。路人穿行其间，四通八达。街面由花岗岩条石铺设成，上可行人，下为泄水渠道。每遇大雨，山洪从渠沟中迅速排出。道路整齐清洁。民谚有"明湾石板街，雨后着绣鞋"之说。

明月湾村落的始建年代，尚无从考证。经查证，最早来到明月湾的著名诗人是刘长卿，时间是唐至德二年（757 年），距今已有 1 240 多年。明月湾村落的建成年代不可能晚于此年。2004 年，明月湾一工地施工时，在墙基下发现一个台面大的砖砌体，系六朝绳纹砖，古村的始建年代出现了新的谜团——又该推前多少年呢？ 1 240 余年的历史长河中，明月湾村名依旧，村址依旧，村落的格局也未作多大变动，千年古村文化绵延不绝，是村落建筑史上的一个奇迹。盛唐诗歌中的明月湾，有白居易的"掩映橘林千点火，泓澄潭水一盆油"、皮日休的"晓培橘栽去，暮作鱼梁还"、陆龟蒙的"择此二明月，洞庭看最奇"等，诗人们对隐于湖山深处的明月湾印象深刻，给予了极高的评价。在浩翰的唐代诗歌中，所写村落指名道姓的并不多见，大加赞誉的不可多得，经诗人题咏赞美，越千年岁月延续至今，风光依旧的，更是难能可贵，这就是明月湾最为珍贵之处。

明月湾的古建筑，大多重建于明清鼎盛时间，建筑以二层为多，普遍是二到三进，外貌古朴简洁，内部精细文雅。不滥施装修，大多只在梁架、门楼等关键处略加雕琢，作传神点睛之笔。充分显示出明月湾人崇尚简朴，又不失风雅的文化风尚。明月湾向有"无处不载花，有地皆种橘"的习俗。房前屋后，甚至在塌废的宅基地上，均栽种大量柑橘、石榴、桃杏等花卉果木。花开季节煦丽烂漫，香飘四溢，千年古村愈发绮丽迷人。

明月湾依山傍湖，三面群山环绕，终年葱绿苍翠，深藏不露，深得桃花源意境。明月湾现存古村面积约 9 公顷，苏州将西山定为"控制保护古村落"，所以村里虽然古宅只剩1/3 了，但新建的房子也全部黑瓦白墙，江南民居的格式，新老宅院相处并不突兀。村子三面环山一面靠湖，终年苍翠，花果飘香，村民以种植果树、碧螺春和在太湖捕鱼捉虾为生。现在，栽橘、捕鱼等副业劳作至今已成为明月湾人的主要传统经济产业。同时，当地致力于开发生态旅游，明月湾古村以樟坞第一家农家乐为主的生态旅游活动有：1~2 月放烟花，孔明灯；2~3 月赏梅探梅寻梅；3 月植树，果树认养活动；1~4 月农家乐推荐草莓采摘；3~5月采茶，观碧螺春炒制，品茗；5~6 月枇杷采摘，农家乐旅游；6~7 月农家乐杨梅采摘；7~8 月钓龙虾，垂钓，游泳；7~10 月葡萄采摘，采优质的无公害葡萄；8 月无公害翠冠梨采摘；10~11 月农家乐品太湖大闸蟹、橘子采摘、石榴采摘活动。

明月湾村在千年历史长河中，村名依旧，村址依旧，村落的格局也未作多大变动，千年古村文化绵延不绝，2007 年 6 月，明月湾村入选第三批中国历史文化名村名单。

陆巷古村

村中古巷与解元牌坊（图片来源：苏州市旅游局 王如东摄）

陆巷村位于江苏省苏州市吴中区东山镇，旧称陆巷古村。它东边是莫厘峰，西边是太湖，面积 0.74 平方公里，南宋时渐成村落。古村内，寒谷山庄、北箭壶、观音堂等，明清高堂巨宅鳞次栉比，是吴县古建筑群中数量最多、保存较好、质量最高的一个村庄。陆巷古村是明代正德年间（1491—1521 年）宰相王鏊的故里，王鏊曾连捷解元、会元、探花，其门人唐伯虎称他为"海内文章第一，山中宰相无双"。王鏊母亲姓陆，其村因此得名。古村背山面湖，橘林葱郁保留着一街（紫石街）、六巷（文宁巷、康庄巷、韩家巷、姜家巷、旗杆巷、固西巷）、三港（寒山港、陆巷港、蒋湾港）为构架的明代村落格局。

古村自王鏊而后，明、清两代名人辈出，使这个仅有百户的山村，巨宅鳞比，牌坊相接，其道路之修整，屋宇之恢宏，冠于江南。村内原有明清时期厅堂 72 处，目前仍有明代建筑 19 处，数量居江南古村之首；清代到民国时期建筑 25 处。这些古建筑的类型包括祠堂、牌坊、客栈、第宅、民居及公共消防用房等。三港的驳岸河埠保存基本完好。其中，王鏊故居惠和堂是明代官宦宅第建筑的代表，也是明基清体大型群体厅堂建筑的典型。

陆巷村有许多大型住宅建筑，具有鲜明的明清建筑风格，外观简洁而造型精巧，建筑艺术主要表现在内院和室内，门窗梁架等彩画秀美，雕刻精致，门楼砖雕精美，厅堂色调雅素明净。陆巷的明清住宅古村建筑顺应地形，随高就低，鳞次栉比，交错穿插；而其平面布局，一般以纵轴线为准绳，自外而内次第安排照墙、门厅、轿厅、大厅、楼厅、界墙。轴线上的房屋，陆巷人谓之"正落"。现存的王鏊故居"惠和堂"是一处明基清体大型群体厅堂建筑，其占地面积约为 5 000 平方米，共有厅、堂、楼、库、房等 104 间，建筑面积约 2 000 多平方米。其轩廊制作精细，用料粗壮，大部分为楠木制成；瓦、砖、梁、柱也均有与主人宰相身份相对应的雕绘图案。故居内三开间的二层书楼在苏州古宅中甚为少见，楼前有一磨砖贴面照墙，高齐楼檐，瓦滴下抛方有"九狮图"砖雕，两端各有花鸟砖雕图案，照墙中央嵌有圆形"丹凤朝阳"，整个图案栩栩如生，刻工精湛。

陆巷村形成于南宋初期，到了元明清时期，陆巷人开始不满足于偏安山村的生活，纷纷走南闯北，读书经商，陆巷村也因此走向兴旺。王鏊之后，陆巷王氏家族人才辈出，明清时期先后出了 1 位状元（王世琛）、10 名普通进士、17 名举人，现当代则涌现出王守武、王守觉等中科院院士和数十位知名教授。叶氏也是陆巷的一个大族，历史上人才辈出。他们的祖先叶梦得是宋代词人，担任过翰林学士、户部尚书，曾寓居陆巷村，村里已经整修一新的宝俭堂，就是他的故居。叶氏子孙中也出了 20 多位进士、举人，几十位教授以及著名的抗战英雄空军叶云乔。

2007 年 4 月，吴中区政府成立了吴中区古村落保护与开发有限公司，专门投资和建设古村落。苏州市早在 2005 年 6 月就出台了《苏州市古村落保护办法》，首次提出引入市场运作机制保护古村落的思路。而政府也出台《苏州市吴中区古村落保护贷款贴息和经费补助办法》《苏州市吴中区古建筑抢修贷款贴息和奖励办法》等各种政策，从制度层面上助古村落保护开发一臂之力。

相对古城、古镇，古村落保护与开发才刚刚起步，理论与实践相对缺乏。作为苏州试点古村落，对陆巷古村的规划、建设、管理运作模式等都将是一个创新性的尝试，需积累经验、臻于完善。自然资源、人文资源、村落生活环境特质的相互融合，使传统古村落既体现其文化性，又不失乡土风情；如何在保护与开发中寻求最佳的平衡点，这些问题仍需要在未来的发展中寻找答案。

明月湾村、陆巷古村均坐落在山清水秀的太湖边，是环太湖古建筑文化的代表，也是香山帮建筑的经典之作。苏州吴中区先后对明月湾古村、陆巷古村实施保护性修缮，制订了整体保护规划，根据建筑年限划分保护等级，并采取多元化融资的办法，对一批明清古建筑、街巷、水系进行修旧如旧，整治周边环境，生动地再现了巍巍古香樟、青青石板路、幽幽古村落的旧时面貌。

2007 年 6 月，陆巷古村入选第三批中国历史文化名村名单。

南长滩村

南长滩村，位于宁夏回族自治区中卫市沙坡头区香山乡，地处宁夏、甘肃两省交界处，因黄河黑山峡冲刷淤积形成狭长河滩地而得名。这一个神秘的村落，村子虽小却拥有"三个宁夏第一"：宁夏黄河第一村、宁夏黄河第一渡、宁夏黄河第一漂。

群山环绕使得南长滩村几乎与世隔绝，村里人大都姓拓，传说蒙古军队灭了西夏国后，西夏党项贵族拓跋一支逃难至此，依托黄河生存下来。至今，村子里还保存着拓跋一族完整的族谱。群山环绕使得村子几乎与世隔绝，河滩成为村子繁衍生息的重要支柱，祖祖辈辈在肥沃河滩上种下的梨树、枣树，成为历史的见证。500 多年的老梨树，树身得几人合抱，300 年以上的梨树有 190 多棵，200 年以上的枣树有 1 000 多棵。每年 4 月，梨花绽放，竞相吐蕊，如同"落雪"，与沧桑的古树一道，成了黄河边生动的景致。

南长滩村（图片来源：董宏征摄）

南长滩是黑山峡中最大的一块河谷阶地。在这里，黄河优美地拐了一个大弯，将整个村落搂在臂弯里。南长滩，是黄河进入宁夏境内第一个村庄，号称黄河第一渡。这里有史前岩画、古代水车、秦代长城，黄河两岸怪石嶙峋，高崖耸立。在该村东北侧的断崖地层，发现一处秦汉时期人类居住过的遗址，从而将人类生活在南长滩的历史提前到 2 000 年之前。裸露的秦汉文化层长 10 多米，厚度 15 厘米左右，地层内留有人工铺垫的红色石片基座，还有当时人们在此居住时长期使用过的生活用陶器残片及建筑用瓦数件。陶器均为泥质灰陶，器壁较厚，形体较大，主要有罐、盆等，纹饰除个别为素面外，以粗绳纹为主，细斜绳纹者次之。另在秦汉遗址地层之上南约 70 米处的村民院落外侧崖壁处，还发现元、明时期的文化层。在其裸露的文化层中，发现了较丰富的粗瓷片。从瓷片的口沿、腹、底辨析，主要有缸、罐、盆等。

由于山河的阻隔，无论是从前还是现在，出入南长滩村都只能依靠摆渡。羊皮筏子是进出南长滩村的重要工具，村子里至今依然保留着制作羊皮筏子的古老技艺。村中的巷道狭窄交错，有十多间清代民居，至今依然保存完好。村庄 70% 的建筑是土木结构，几乎都遵循着"四梁八柱"的传统建成。

2008 年，南长滩村入选第四批中国历史文化名村。

三、畜牧类聚落

三家子村

黑龙江富裕县友谊民族乡三家子村是中国目前唯一保留着较为完整的满语口语的村落，被誉为世界满族语言的"活化石"。有 300 多年建屯历史的富裕县三家子村，被称作满族文化的最后遗存地。这里是满语保存最好的地方，其原因是地理位置偏僻，加上交通闭塞，直到 20 世纪 50 年代才修了通往县城的土公路，因此外界进入的人员较少，从而在客观上为本村原有的语言保护设立了一道天然保护屏障。

三家子村的建立是在康熙年间，由驻齐齐哈尔水师营的战士计、孟、陶三家最先定居在这里，后又陆续迁入关、吴、富、赵、白等满族姓居民。最早三家子屯的满族各姓都是黑龙江将军萨布素统领下的八旗披甲，他们以及他们的后代都能很好地使用满语。因为最初只有三家，满语便把这三家住的地方叫做"伊兰孛"（yi lan bo），译成汉语就是"三家子"了。

走进三家子村，映入眼帘的是一排排整齐比邻的红砖瓦房，家家院内拴有奶牛，房前屋后牛粪堆成小山，这是个典型的奶牛养殖专业村。满族民族的风俗民情尚存。那些低矮的草房烟囱建在房屋的外面，当地人称"耳烟囱"；房屋的西山墙上有窗户。进屋以后，除了南面的火炕外，房子的西、北两面还留有建过火炕的痕迹——原来屋里的西、北两面大炕拆掉了。满族人的三面火炕中，以西面火炕最为尊贵。在十多户村民家里都见到了这样的房屋和布置。这样的老房子，该村还有五六十座。

在漫长的历史发展过程中，满族人民曾创造出灿烂的民族文化，并一度出现过其他民族所无法替代的繁荣。然而，随着时代的前进、历史的变迁，满族的一些民族文化却已悄悄走到了消失的边缘，特别是满语和满文更是到了濒临失传的境地。我国现存满文档案史料约 200 多万卷（册），仅黑龙江省档案馆就有满文档案 4.38 万卷，重达 60 余吨。众多的珍贵史料，因为满语人才的缺乏而成为难以破译的天书，满语急需保护与传承，承担中国少数民族非物质文化遗产保护和研究任务的中央民族大学已经将三家子满族村定为满族语言文化教学科研基地。

富裕县制订了三家子满族语言文化保护区整体规划，建设三家子满语文化活动室、设置了满语文化展厅等，重点对满族语言文化和民族习俗等进行保护和展览。加强对满族文化的实物保护，对保护区内满族古民居进行挂牌保护，保留传统民居特色，为研究满族习俗提供实物参考。建立满族语言文化传承人奖励机制。根据友谊乡三家子村满语群众的现状，制定满语传承人评定标准。规定满语传承人要使用满语会话达 10~20 年，每年带动 5~10 人学习使用满语并达到日常交流程度，了解一些满族习俗和民间传说，在日常生活中保留和使用部分满族习俗，并积极参加县级以上有关满族语言文化活动等。评定工作每年组织一次，对"满语文化传承人"颁发荣誉证书。同时，富裕县结合三家子自然生态资源和满族语言文化资源，实施满语"活化石"观光游发展战略，积极打造满族文化和满语教学相配套的旅游产品，设置了三家子满族村、满族语言文化保护区、满族历史文化博物馆以及满族八旗风情园等旅游景点，既推动了旅游业的发展、繁荣了县域经济，又提升了满语文化的影响力。

满族老人年龄很大，文化程度相对偏低，传、帮、带作用越来越不明显，在一定程度上影响了民族文化的保护和传承。同时，满族文化活动场所及活动设备相对不足，不利于满语文化的保护、传承和弘扬。

五当召村

内蒙古自治区包头市石拐区五当召村位于包头西北阴山深处的五当沟，距包头 70 公里，村内有内蒙古地区现存最大、最完整的纯藏式喇嘛寺庙。寺庙被群山环抱，山上苍松翠柳，郁郁葱葱，寺前小溪清澈，流水涓涓。整个寺院依山势建造，规模宏大，殿堂仓舍 2 538 间，占地约 20 万平方米，鼎盛时喇嘛 1 200 多人。所有建筑均采用藏式结构：平顶、直墙、小窗、白色，整个寺院山巅松柏辉映，显得十分精美壮观。主要建筑由六殿三府一堂和 94 栋喇嘛住宿楼组成。

五当召有蒙、汉、藏三种名称。五当，蒙语意为"柳树"，

五当召村

因召前峡谷柳树繁茂而得名藏名"巴达格尔"，意为"白莲花"；汉名"广觉寺"，系清乾隆二十一年（1756 年）由乾隆皇帝亲赐。五当召始建于清康熙年间，以西藏扎什伦布寺为蓝本，经乾隆、嘉庆、光绪年间多次维修、扩建，遂成今日规模。庙宇为藏式，依山势布局。庙占地面积约 300 余亩，殿宇和仓房 2 500 余间，各幢建筑自成一区。五当沟内老松蟠曲，溪水清流，与白壁朱门的庙宇建筑相掩映。

据统计，五当召内有金、银、铜、木、泥各种质料铸成的佛像 1 500 余尊，其中最大的有三层楼高，最小的不过盈寸。寺内现存的大量壁画，精细逼真地描绘了历史人物、风俗、神话及山水花鸟，是研究少数民族历史文化的宝贵资料。该寺是内蒙古地区现存规模最大、保存最完整的藏传佛教庙宇，庙内塑像俱全，壁画绚丽，唐卡（卷轴佛画）夺目，各殿各有特色，或立高达 10 余米的释迦牟尼铜像，或供高达 9 米许的黄教始祖宗喀巴铜像。现在，五当召是本召喇嘛进行佛事活动和信徒们朝拜的场所。这里每年举行"嘛尼会"等佛事活动。

五当召是中国三大藏传佛教寺庙之一，也是自治区西部著名的旅游景点。每年来此观光的游人达 10 万人次，是内蒙古自治区对外开放的窗口，是周边牧民朝拜的圣地。"吉忽伦图"蒙古语意为"兴旺"，是石拐区五当召镇政府所在地。五当召镇吉忽伦图嘎查是特定历史时期人类活动的产物，蕴含着当时社会政治、经济、文化和习俗等诸多方面的信息。石拐区将按照保护规划，积极争取相关资金和项目，对吉忽伦图嘎查的古建筑、历史文化古迹进行日常修缮与管理；对村镇居民进行合理的引导及再教育，尽可能避免村镇发展给历史文化古镇带来的负面影响。

五当召村（吉忽伦图嘎查）于 2007 年入选中国历史文化名村，2013 年被列入第一批中国传统村落名单。

美岱召村

内蒙古自治区土默特右旗美岱召村坐落在包头大青山脚下，以美岱召为中心形成，绵长的大青山横卧在辽阔的内蒙古草原之上，山前是富饶的土默川。"敕勒川，阴山下"，北朝牛羊曾经生活的土地上，于 16 世纪开始演绎蒙古族土默特部的壮美史诗。美岱召是成吉思汗第 17 世孙阿勒坦汗 1565 年主持兴建的，初为阿勒坦汗的金国都城，1606 年改建成寺庙。它是喇嘛教传入蒙

美岱召村

古的一个重要的弘法中心。距今已有 400 多年的历史，是典型的城寺结合庙宇。美岱召是明朝土默特蒙古族首领阿拉坦汗兴建的，它是仿中原汉式，融合蒙藏风格，城寺结合，人佛共居的喇嘛庙。美岱召依山傍水，景色宜人，是阿拉坦汗及夫人三娘子（金钟哈屯）居住和议政的地方，也是喇嘛教活动场所。

美岱召因 17 世纪初迈达里呼图克图活佛在此坐床传教而得名，一直延传至今，成为村名。活佛迈达里呼图克图志在弘传佛教，愿将释迦牟尼创立的一代大教献给生于斯、养于斯的家乡父老。明万历三十四年（1606 年）他来到了草原传教，主持寿灵寺的宗教活动。由于他的业绩明显，归化者众多，为了纪念他的成就，这座寺名也被人们称之为迈达里庙、迈大力庙或美岱召。美岱召建设年代久远，建筑规模宏伟，风格独特，保存完好，具有较高的历史、文化、艺术、价值。

美岱召是一座城堡、寺庙和邸宅功能兼具的建筑，其总体平面布局为不规则的正方形，四周筑有高厚的城墙。墙体用黄土夯筑，内外表层砌以石块，高 5 米，底宽 4 米，顶宽 2 米，南北长 195 米，东西宽 185 米，总面积约 4 万平方米，占地面积 6.25 万平方米。唯一的南门为城门，城墙四角筑有重檐角楼。召内殿宇楼阁，富丽堂皇，雄伟壮观。现存大雄宝殿、琉璃殿、达赖庙、三娘子灵堂等古建筑 250 多间，周围有 5 米高的石砌城墙。"经堂"和"佛堂"组成的"大雄宝殿"是该寺最为宏伟的建筑。纵深 43.7 米，横宽 23.2 米，佛堂内 20 多米高的金柱一贯到顶，柱上用沥粉贴金绘制的五爪盘龙栩栩如生。殿内壁画场面宏大纷繁，造型生动，工艺精美，具有浓厚的蒙古族艺术风格。大雄宝殿之东有太后庙，世传为供奉三娘子骨灰的灵堂。大雄宝殿之西为乃琼庙。方城内北部还有十八罗汉庙、观音殿、琉璃殿、八角庙、万佛殿及达赖庙等建筑。殿内有明代绘制的壁画，画面上蒙古服饰的人物像中，有传为阿勒坦汗及夫人三娘子的画像，为内蒙古召庙壁画中独有的一处。美岱召殿内保存有明清壁画 1 650 多平方米，其中许多反映蒙古贵族礼佛的壁画尤为珍贵，如大雄宝殿内释迦牟尼历史壁画及描绘蒙古贵族拜佛的场面的壁画都完好无损，故被誉为壁画博物馆。美岱召村民居基底完整，村内各街巷上都有历史院落分布，其中比较集中的有上百年历史的传统院落主要分布在城召北侧，房屋建材以土石为主。

每年农历五月十三，美岱召村都要举办盛大的传统庙会，同时也是当地最隆重的物资文化交流大会。近年来，土默特右旗对美岱召庙会活动予以关注和重视，除精心组织好一年一度历时七天的庙会外，还深入挖掘、研发出与美岱召庙会相关联的一系列大型文化活动，如"三娘子旅游文化节""金杏节暨书画摄影艺术家采风活动""美岱召学术研讨会"等，这些活动均成为美岱召庙会的深度延伸，更加丰富了庙会活动的内涵。由于免受后世的整修和改动，美岱召大雄宝殿至今仍呈现出质朴雄浑的面貌，尽管在近世经历过战争和动乱的破坏，犹属完整。美岱召是全国重点文物保护单位，是国家 AAAA 级景区。美岱召的历史与土默部阿拉坦汗家族的历史有着十分密切的联系，同时又是藏传佛教再度传入内蒙古地区的弘法中心。它在研究蒙古史、佛教史、建筑史和美术史上都有重要价值。

郭麻日村

郭麻日村位于青海省同仁县年都乎乡，北距同仁县城 8 公里，处隆务河西岸，为同仁古寨之一，是同仁县土族集中的地区。郭麻日村始建于唐末五代时期，至今已 1 000 余年。村内古城墙为夯土版筑，呈长方形，东西长约 220 米，南北宽约 180 米，开东、西、南三寨门，东门为正门。村内巷道星罗棋布，错综复杂，宛如进入迷宫一般。每一处寨门顶上都设置嘛呢经轮，是古寨建筑独具特色的地方。为改善狭小的寨内空间，当地居民均修建了二层木结构楼房，和青海乡村民居庭院宽敞的特点形成了反差。村内民居庭院多为四合院式，房屋为土木结构平顶房，一般都有飞椽花藻之类。屋内一般以木板作隔扇，室内有护炕木板、护墙木板墙围，且多雕花草于其上。房屋一般面阔三间，正面以木板隔墙并装上木板条方格小花窗。佛堂设在二楼，佛堂所在的房屋一般都是上房，和佛堂不同向的两边厢房一般做卧室。院落中央一般都有竖挂经幡的旗杆，还设有桑台，具有明显的藏式特点。

村内最有名气的建筑为郭麻日寺，藏语全称"郭麻日噶尔噶丹彭措林"，意为"郭麻日具喜圆满洲"，系国家级文物保护单位。该寺为叶什姜活佛的下属寺院，初建于明万历年间（1573—1620 年），现保存有大经堂、弥勒殿等建筑，其信仰者主要为当地群众。郭麻日寺在 1958 年前建有大经堂、弥勒殿、护法殿各 1 座，昂欠 3 院约 209 间，僧舍 105 院，建筑共占地近百亩，寺僧 305 人约有马 250 匹，牛 400 头，羊 3 000 只。现保存有原来的大经堂、弥勒殿和昂欠 2 院。1981 年批准开放后，新建隆务仓和堪布仓昂欠各 1 院，僧舍 40 多院，现仍由叶什姜活佛任寺主，另有活佛隆务仓和堪布仓，其信仰者主要为郭麻日村群众。

寺前的时轮解脱塔为安多藏区最高最大的佛塔，其造型之美、民族特色之浓，在我国藏区首屈一指，有"安多第一塔"之称。该塔高 38 米，塔身分 5 层，塔壁塑有菩萨、观世音和 35 尊般若佛。主塔四周有小塔，塔顶设有佛堂。郭麻日村传统文化底蕴深厚，仍有土民居住。当地传说端午节这天麦苗上的甘露及河水都是神水，村民在端午节清晨起床后，要到麦地中打滚，沾染晨露，并到隆务河边洗脸、洗澡，以祛病驱邪；在这一天早晨还要给家中的马、驴等牲口剪去一些鬃毛和尾毛，以祈求六畜平安。

郭麻日村热贡艺术繁荣。热贡艺术是藏传佛教艺术的重要流派，主要包括唐卡、堆绣、雕塑、建筑彩画、图案等艺术形式，因发祥于青海省同仁县隆务河畔的热贡而得名。郭麻日村很多村民都擅长绘画、雕塑、堆绣。

2007 年 6 月，郭麻日村入选第三批中国历史文化名村。

阿勒屯村

阿勒屯村位于新疆哈密市回城乡西郊，维吾尔语称之为"阿勒同勒克"，意思是黄金之地。这里保留着哈密九代回王的墓地、回王府等，建城历史已愈千年，分别是南北朝时期

哈密回王陵内保存完好的陵墓

（唐契家族）伊吾王、元末明初的（兀纳失里）哈密回王及清代（额拜都拉）哈密回王，其中以清代哈密回王统治时间最长，建筑风格既体现了维吾尔族风格，又吸收了中原汉文化的雕梁画栋，是不可多得的古代民族文化遗产。

哈密王陵位于新疆哈密市回城乡阿勒屯村，是清朝哈密王及其王室成员的墓葬建筑群。维吾尔族人将此地称为"阿勒屯勒克"，意为"黄金之陵"。1990年由新疆维吾尔自治区人民政府公布为自治区重点文物保护单位。

哈密王陵内现存建筑有七世回王伯锡尔拱拜，将中原建筑风格和地方建筑风格融于一体的九世回王沙木胡索特拱拜，台吉拱拜和艾提尕尔清真寺。最有特色的建筑莫过于九世回王沙木胡索特拱拜和台吉拱拜。沙木胡索特拱拜平面呈边长15.5米的正方形，高15米，台吉拱拜边长12米，高14米，两座拱拜内部都是以土坯垒砌的伊斯兰式穹窿顶墓室。九世回王沙木胡索特拱拜和台吉拱拜上面各有一座八角攒尖顶亭榭式木构建筑，建筑包含汉、蒙古、维吾尔、满四个民族的风格。此建筑是受多种文化相互影响相互融合的历史见证，更是民族团结的象征。在全国独一无二。回王陵内全疆最大的室内清真寺——艾提尕尔清真寺，大清真寺长60米，南北宽38米，占地2 280平方米，寺内有104根粗大红柱支撑着广大的平顶，寺顶天花板彩绘花草图案，开有4处天窗，寺内墙壁书写有古兰经文，周围饰花草，典型伊斯兰建筑风格。每年肉孜节和古尔邦节，城乡穆斯林来此礼拜，寺内可容纳4 000多人。

哈密的文化是古丝绸之路最典型的文化，哈密的历史是新疆历史上最浓重的一笔。回王陵是哈密历代回王的历史见证，是凝结多民族勤劳智慧的象征。

2008年，阿勒屯村入选第四批中国历史文化名村。

错高村

林芝错高村

林芝地区工布江达县错高乡错高村位于西藏林芝"巴松措"湖东北端，背倚雄奇陡峻的雪山——"燃烧的火焰"，面临温润如碧的"巴松措"湖水，"错高"在藏语中是"湖头"的意思；一片时时徜徉着黑颈鹤、赤麻鸭和雪鸽的湿地从村头缓缓铺向湖畔。巴松措错高村是工布地区唯一完整地保持了工布藏族传统村落布局、民居建筑风格、习俗、文化和信仰的村落。

　　错高古村落由居民住宅 63 户，嘛呢拉康 1 座，佛塔 1 座，村公用房及废弃的早期藏式建筑等组成。建筑面积约 8 000 平方米，占地面积约 4 万平方米，其村落民居与周边自然林区融为一体。这里的民居沿用工布藏族的传统建造方式，因地制宜利用木、石构建，石砌的院墙上堆放着薪柴，宽敞的院落既可堆放草料又能圈养牲口。错高村里房子设计大致相同：一楼是养牛羊的圈子，通过一个狭窄的木梯，二楼是居住区。居住区通常分为 3 个房间，客厅、佛堂、卧室。每家每户的客厅里，都会有一个铜铸的大水缸，水缸上方的墙壁上，横着排开一摞铜制的水瓢，象征着富足。客厅的房梁柱子上，可以看到用白色的颜料涂上的小点，是用来祈求五谷丰登的。居民住宅内仍使用原始灶炉，家具均为手工制作，建筑及生活生产用具等均保存着原始化特征。

　　曲折的小巷在院墙之间婉转逶迤，通向散落全村的玛尼拉康、玛尼石堆和经幡柱，串起村民们祈福、转经、祭拜的脚印。错高村背面望去，就是著名的雪山——"燃烧的火焰"，海拔 6 450 余米。离村子不远处屹立着一根工布地区最高的经幡柱，高达 38 米，擎着大大的风马旗在空中飘扬。每年的藏历正月十五，附近村庄的人们会聚集在这里举办"竖经幡"活动。这些宗教场所与周边的雪山、神湖以及村民们世代口口相传的古老神话，构成了工部藏胞充实的精神世界，而肥美的牧场和湿地又为他们提供了足以依赖的生存空间。错高村就这样安然镶嵌在雪山绿水之间，续写着工布藏族古老的历史。

　　2014 年 3 月，错高村已入选第六批中国历史文化名村。

四、渔业类聚落

东楮岛村

东楮岛村属山东省荣成市宁津街道办事处，位于石岛湾省级旅游度假区的北侧，距石岛港 20 公里，有着优美的自然环境、浓郁的地方民俗特色文化、众多的民间传说、丰富的海产资源、丰富的饮食文化。土地面积 420 亩，居民 180 户，人口 460 人。村里海草房民居别具特色。

关于东楮岛的起源有一个说法跟日本侵略朝鲜有关。明朝万历十九年（1592 年），日本当时的实际统治者丰臣秀吉派遣 9 万大军入侵朝鲜半岛，"壬辰倭乱"由此爆发并延续 7 年之久，朝鲜半岛居民纷纷乘船浮海外逃。其中有一船遭遇风暴，被刮至今天东楮岛村东南海滩，安顿下来的难民为感谢上苍庇佑，在登陆处建了一座祭祀海神的庙宇，并在四围遍植楮树。生命力顽强的楮树逐渐衍生开来，成为这座小村的标志，东楮岛村名由此而来。

东楮岛村全村聚落呈荷花形，地势东高西低。全村住房布局大体分成两部分。村南部为新建的红瓦房和楼房的住宅群，村北部为旧有的海草房住宅群。其中，最古老的海草房据传始建年代大约是在清顺治年间，距今有 300 多年历史，百年历史以上的海草房有 83 户 442 间，主要分布在村中部分。海草房是东楮岛村村民祖辈居住的特色民居。海草房民居多为方形院落，三角形大山墙。"海草房"以石为墙，房顶外覆一层厚厚的海草，达 1

东楮岛村海草房（图片来源：中国民艺 潘鲁生摄）

米以上，脊部两端高于中央，并向山面做切角处理，房脊形成明显的曲线，屋脊浑厚圆润。苫海草是盖海草房的关键步骤，海草要一层压一层，一层海草加一层麦秸。屋顶大都用一排瓦或水泥压脊，用于抵御大风。其苫盖技术于 2006 年 9 月被认定为山东省非物质文化遗产。

海草房坚固耐用，所用材料为海苔草，为野生藻类，生长在 5~10 米海域，春荣秋枯。海草中含有大量的卤和胶质。海草房与山东内陆传统村落的民居不同，海草房的屋脊设计的极高，而屋脊夹角的角度也比较小，大多为 30° 左右，这样一来，层层叠叠的海草在重力下相互压紧，可以使得雨水能顺着表层海草快速排出。而远远望去，一片灰褐色的尖顶海草房仿若北欧童话里那高顶的哥特式建筑。

荣成东楮岛村现有海草房 144 户、630 间，占地面积 2.16 万平方米，建筑面积 9 065 平方米，是荣成市保存较为完好的海草民居。这些海草房具有"冬暖夏凉、居住舒适、百年不腐"等特点，沉淀着浓厚的历史文化、蕴含着丰富的地域特色、承载着淳朴的民俗风情、体现着卓越的古建筑艺术，是国内外不可多得的宝贵资源。同时，该村还有 7.5 公里长的海岸线，5 公里长天然优质沙滩，是天然的海水浴场；有 300 亩的天然赶海滩涂，盛产海参、螃蟹、扇贝、牡蛎等海产品。该村的海岸、沙滩、阳光和岛屿有机结合，形成了岛、湾、礁、石的完美海洋组合景观。

东楮岛村拥有许多古老的历史遗迹、民间传说以及极具海文化特色的渔家民俗，是胶东地区海草房保留最完整的村庄之一，被誉为生态民居的活标本。因地制宜的房屋设计，就地取材的建筑资源，从某种意义上讲，海草房代表的不仅是古人的智慧，更是建筑文化和地理风貌的独特结晶。

2007 年 6 月，东楮岛村被国家建设部和国家文物局评为第三批中国历史文化名村；2012 年，东楮岛村入选首批中国传统村落名录；2014 年，被列入第一批中央财政支持范围的传统村落。

五、农业贸易类聚落

爨底下村

爨底下村位于北京西部门头沟区斋堂镇西北部的深山峡谷中,属门头沟区斋堂镇辖村。该村距北京市区 90 公里,距门头沟区 65 公里,交通便捷。在明清时代,该村所在地为京西贯穿斋堂镇西部地区东西大动脉最重要的古驿道,它是古代京城连接边关的军事通道,又是通往河北、内蒙古一带的交通要道。爨底下村民都为韩姓,系明代沿河城守口百户韩世宁后裔,守户之家世代为军,有战参战,无战垦田,于是守卫爨里安的这支韩姓人家,由少增多,逐渐形成了村落,延续至今。

在几百年的发展历程中爨底下村曾为京西古驿道上一处繁荣的商品交易的客栈,它促进了古山村对外交流与发展,并为村落的经济发展打下基础。村落环境与 70 余座灵巧精良的四合院建筑正是古山村经济发达的象征。在抗日战争时期,该村于 1942 年曾遭日军进村烧杀。烧毁房屋 228 间,至今残存的废墟正是历史的见证。新中国成立后,由于铁路、公路的开通,使爨底下村失去了古驿道商品交易及客栈的地位,从商旅必经之地转为发展农业生产为主的小山村。经历了新中国农业发展从土改到改革开放各时期的发展历程,村内至今仍保存着各个时期的标语,成为历史的遗存。近年来,面对城镇吸收大量农村剩余劳动力的需要,处于深山封闭贫困的爨底下村有大量青年人离村去外求职,并在城镇安家。虽然,如今的爨底下村失去了昔日的辉煌,但因经济的衰退,无力建新房的特殊情况,却保留下古村原始的风貌和自然的田园环境,保留了一处具有珍贵历史文物价值的古山村。

全村现有人口 29 户,93 人,土地 280 亩,全村院落 74 个,房屋 689 间。大部分为清后期所建(少量建于民国时期)的四合院、三合院。依山而建,依势而就,高低错落,以村后龙头为圆心,南北为轴线呈扇面形展于两侧。村上、村下被一条长 200 米,最高处 20 米的弧形大墙分开,村前又被一条长 170 米的弓形墙围绕,使全村形不散而神更聚,三条

爨底下村全貌（图片来源：
北京自然博物馆 王琼摄）

通道贯穿上下，更具防洪、防匪之功能。村名的来源，说法一：由于村西北有个爨宝玉沟，相传是太上老君炼丹聚宝的地方，因村庄在其下，故名爨底下；说法二：因在明代军事隘口"爨里安口"下方故得此名爨底下；说法三：村北部有崖头，远望似灶，人称"爨头"。村在爨头之下，故名爨底下。据史书《说文解字》记载："爨"解释为，锅灶之下，篝火旺，意为点火做炊。爨字 30 笔，会写的是个爨，不会写的一大片（意为笔画全连在一起），为了这个字好写好记，村民编了个顺口溜：兴字头，林子腰，大字下边架火烧，火大烧林，越烧越旺。

爨底下村选址于群山环抱，泉水绕流的福地之上，传统风水选址要素一应俱全，具有极典型的风水格局意象。四周山脉蜿蜒起伏，层层高低错落，毗嶙相连。山峰形态各异，有形如虎、如龟、如蝙蝠、笔架等生动形象，山景丰富多彩，山里有清泉，绕村而流。在爨底下村落的左右山脉有几处泉眼，泉水汇入环绕山村的沟道上缓缓而流，水流三面环绕缠护，形如"冠带"之势，更为奇妙的是，建村者选中村前弯曲的道路所构成的半岛形地段，村民称为门插岭，取像门插之形，寓聚气生财之道，又具有防卫的地位，构建象征人丁兴旺、财源滚滚的环境意趣。

村落布局按地形高低变化依山布置，在以龙头山为中心的南北中轴线控制下，将 70 余座精巧玲珑的四合院民居随山势高低变化分上下两层，呈放射形态灵活布置在有限的基地上，建筑分布严谨和谐，变化有序。鸟瞰村落的整体布局形如"葫芦"、又像"元宝"，建村者意在取"福禄""金银"之意。高低错落的村落布置，充分利用建筑间前后的高差分台而筑，使每一个宅院都能获得良好的自然通风和充足的日照。该村山地四合院规模较小，随地形变化布局不求方正、路直则正、崖偏则斜，自由灵活；其围合的庭院空间组织紧凑；全村 70 余座宅院中以四合院为主，三合院为辅，特殊合院镶嵌其中的基本平面类型。其特点有三：一是正房的高度一般均高于其他房间 1 米；二是院落整体朝南且随地形层层抬高；三是房间的开间小，层高低。这就使得小小的庭院空间也有了充足的采光；这种紧凑的空间处理也同样达到了节约用地的效果。

爨底下村的道路交通组织根据自然形势高低的变化、建筑组团的功能及分布等因素综合考虑构建形成。村内道路顺应自然，随山势高低弯曲的变化延伸，以上下两条平行等高线的主干道，四条垂直等高线屈曲环绕的山道和若干联系宅院的小巷，组成古山村有机的道路系统。位居山上的水平道路联系两侧院落的出入口,环境安静而祥和。山下水平道路分上下两层布置,下层为对外交流的古驿道,供过往商旅通行,上层步道联系古山村户户客栈,形成繁荣的商区。现在的爨底下村有三条主要的泄洪路线。一条与山村南侧的峡谷、河床相融,主要用于在两山脊间的峡谷中产生的大股洪水的排洪,这是最主要的一条排洪路线。另外两条则分别位于山村的东西两侧,即位于两侧山峰与山村所在的山坡之间的峰谷之中,主要用于排泄这两条峰谷中产生的洪水,防止其对村庄产生破坏作用。特别值得一提的是,这两条排洪路线均采用了明排 + 暗排 + 明排的混合构成方式。其中暗排部分是为了适应排洪路线必须穿过村庄而设置的。从构造的角度讲,这两段暗藏的排洪线路,为我们提供几百年前的古人以自然材料建造涵洞的实例,极具研究价值。

昔日的古道过往商旅频繁,骡马驮运,爨底下村是过往商旅的一处落脚之地,同时也形成了山货集散地。河北的粮食,内蒙古的皮毛,经此路运往京城,换回必需的生活用品。京西盛产煤炭,经古道运往怀来盆地。这条沟通京城和口外的古道给爨底下村带来了发展的契机,在康乾繁荣时期,爨底下村有八家买卖铺子,三四家骡马店,留下名号的有瑞福堂和瑞庆堂,当时的繁荣景象至今仍依稀可辨。爨底下村是中国首次发现保留比较完整的山村古建筑群,布局合理,结构严谨,颇具特色,门楼等级严格,门墩雕刻精美,砖雕影壁独具匠心,壁画楹联比比皆是。丰富多彩的村落巷以窄小封闭的空间联系各家各户。弯曲的山路空间沟通着宅群建筑间的通风导流。特别是以青、紫、灰色的山石铺砌而成的石阶道路朴实无华,富有极强的自然表现力。石路与道旁绿树和村内独有的黄菊花相配格外诱人,给人以山村环境自然美的艺术感受。

在抗日战争时期,全村 108 户,500 多口人。在抗日战争和解放战争时期先后有七八十名年轻人参军、参政、参战。80% 的农户为军属、干属、烈属。有 34 名烈士为国捐躯,4人致残。爨底下是国家 AAA 级景区,市级文明单位,市级民俗旅游专业村,明代老村遗址、清代民居、壁画、捷报、第二次世界大战时期被日军烧毁房屋的废墟、抗日哨所遗址、20 世纪 50 年代的标语、60 年代的标语、70 年代的标语、古碾、古磨、古井、古庙使人们感悟历史,感悟苍桑,信步其中,如品陈年老酒。民俗旅游业蓬勃发展,"农家乐"旅游、服务已成为村民的一种时尚。爨底下村又是京西传统教育基地、影视基地。

2003 年,爨底下村被国家建设部、国家文物局评为首批中国历史文化名村。

鸡鸣驿村

鸡鸣驿村为河北省怀来县鸡鸣驿乡乡政府所在地,位于洋河北岸的鸡鸣山下。鸡鸣山,《水经注》里说,赵襄子杀代王于夏屋而并其土,襄子迎其姊于代。其姊代之夫人,至此曰,代已亡矣,吾将归乎,遂磨笄于山而自杀。代人怜之,为立祠焉,因名其地为磨笄山,每夜有野鸡鸣于祠屋上,故亦谓之鸡鸣山。《明·一统志》里则说,唐太宗北伐至山闻鸡鸣,因名鸡鸣山。

鸡鸣驿村的鸡鸣驿城建于明代,是目前国内保存最好、规模最大、最富有特色的邮驿建筑群，具有重要的历史、艺术、科学价值，被称为邮政考古、机要考古的一座"活化石"，有"世界第一邮局"的美誉。明成化八年（1472 年），鸡鸣驿站建土垣，隆庆四年（1570 年），砖修城池。全城周长 2 330 米，墙高 12 米，在东、西城墙偏南处设东、西两座城门，门额分别为"鸡鸣山驿""气冲斗牛"。门台上筑两层越楼，上面城墙均筑战台。北城墙中部筑玉皇阁楼，南城墙中部筑寿星阁楼，两座阁楼遥相呼应。城下的东、西马道为驿马进入的通道，城南的"南宫道"即是当年驿卒传令干道。清乾隆三年（1738 年），为加强驿城的防御，对城垣进行了全面维修，并在城东南角城墙上筑角楼魁星阁一座。为防止山洪浸侵，又于城东筑护城坝一道。驿城占地 22 万平方米，平面近似正方形，城墙周长 1 891. 8 米。城墙表层是青砖砌的，里层是夯土。墙体底宽 8~11 米，上宽 3~5 米，高 11 米。城墙四周均匀分布着 4 个角台。东西各开一城门，建有城楼。城外有烟墩。城内的 5 条道路纵横交错，将城区分成大小不等的 12 个区域。城内建筑分布有序，驿署区在城中心，西北区有马号，东北区为驿仓，城南的傍城有驿道东西向通过。

古驿站——鸡鸣驿

邮驿事业的发展，给鸡鸣驿的各项建设都带来了契机，经济、文化繁荣，商贾云集，庙宇辉煌，公馆宏伟。每年农历四月十三至十九的鸡鸣山庙会和腊月十六、二十一、二十六 3 个集日，更是满街摊贩，大唱庙戏，人声鼎沸，热闹非凡。由于鸡鸣驿地处交通要道，在担负军、民驿站的同时，也成为商家的兴聚之地。当年的鸡鸣驿商贸发达、文化繁荣。大街两旁，店铺林立，买卖兴隆。驿中有当铺 6 家，商号 9 家，油铺 4 家及茶馆、马车店等，还有寺庙多座。其中永宁寺距今 800 余年，是驿城中最早的建筑。从寺庙的规模和布局可以看出当时鸡鸣驿是儒、道、佛三教汇聚于一城。直至 1913 年，北洋政府宣布"裁汰驿站，开办邮政"，鸡鸣驿这座古驿站才完成了它的历史重任。

现今，无论从旅游还是从文物角度上看，鸡鸣驿这座保存基本完好的古城仍不失当年风采，有着极高的历史价值。它的城墙，除西城墙中部有段塌陷外，其余均整齐地矗立着，棱角分明，不歪不倾。它的城门，拱洞高耸，宽厚的大门洞开，门上镶着的铁板、铁钉依然牢牢紧钉在门上。城内的佛、道教寺庙和驿站其他建筑，不少仍保存完好。专供过往官员、驿卒就餐住宿的"公馆院"即驿馆，是一座明代建筑，这座三进院落的北屋，隔扇木插销头做工考究，各个木插销头分别刻有琴、棋、书、画、荷、莲、蝙蝠、蝉等不同的形象，栩栩如生，巧夺天工，别有情趣，反映出中国古代匠人的高超工艺。光绪二十六年（1900年），八国联军侵占北京，慈禧太后和光绪皇帝仓惶西逃时，曾在鸡鸣驿城内"贺家大院"下榻，现其古建筑和遗址尚存。至今二进院的山墙上还留有砖刻"鸿禧接福"四个楷书大字，作为慈禧太后在此居住的纪念。

古代驿站鸡鸣驿大受影视界青睐。中央电视台以及北京、八一、广西、天津、香港等电影厂家纷纷来这里选拍外景，鸡鸣驿成了一座电影城。其独特的历史人文景观和邮驿价值吸引了国内外大批参观考察者和影视剧作家，同时也引起了各部门的高度关注，在广泛宣传的同时，由清华大学制定的鸡鸣驿城文物保护规划通过了国家文物局的评审，为古驿站的开发利用提供了科学依据。现鸡鸣驿的四周城墙基本保持原样，个别地段有坍塌，城墙上现保存有东西两座城门，其间通有大道，可供人马车辆出入。当地政府从20世纪80年代，就规定村里的民房不允许折旧建新。精心雕琢的青砖瓦房，古老的土砌房屋，仍坚强地经受着风沙的侵袭。古朴的环境中，鸡鸣驿的大部分村民依然从事着种植、畜养的劳作生活。

鸡鸣驿城1982年被河北省政府评定为省级文物保护单位；2001年，被国务院评定为第五批全国重点文物保护单位。2003年、2005年，鸡鸣驿城两次被世界文化遗产基金会列入100处世界濒危遗产名单。2005年，鸡鸣驿村被建设部、国家文物局列入第二批中国历史文化名村。2007年10月，古驿站正式接待游客。

2008年，启动了鸡鸣驿城全面抢修保护工程，目前，鸡鸣驿古城城墙全部修复，正在实施文物抢修和环境整治工程。近年来，当地按照"旅游兴乡、绿色崛起"的发展目标，大力发展文化旅游产业，全力打造中国邮驿名城。充分整合民间资本，采取市场化运作模式，深度开发鸡鸣驿城及周边特色产业。2013年，国家文物局在全国范围内选取6处具有代表性的古村落开展保护利用综合试点工作，鸡鸣驿村入选。综合试点工作力争在3年内全面完成，将开展民居建筑群的保存现状调查与评估工作，编制古村落保护利用规划和保护工程方案，开展古村落环境格局的历史沿革调查研究，因地制宜地探索古村落展示利用和旅游发展模式，同时将发挥试点的辐射作用，带动周边地区共同实现古村落保护与当地经济社会发展的良性互动。

西湾村

西湾村位于山西省临县碛口镇，依山傍水，避风向阳，因处于侯台镇西侧的山湾里，故称"西湾村"。该村左邻湫水河，右邻卧虎山，以独具特色的民居建筑闻名于世。西湾村以陈姓为主，据《陈氏家谱》载，陈氏始祖于明朝末年从方山县岱坡山迁至西湾，距今已有300余年。清初，西湾村随碛口镇水陆码头一起兴盛，后经陈氏后裔修建，渐成今日之规模。这是一个单姓村，村里的几十户人家几乎都姓陈。他们的迁居始祖是西湾村的创建者陈师范。明朝末年，陈师范迁居碛口，利用碛口的商贸条件在当地作搬运工起家，后来开店经营各种物资发达起来。成为富商的陈师范在湫水河边紧邻碛口的地方建起了村落，以后的数代人又历经上百年的扩建，终于把西湾村建成了一个拥有几十座宅院的城堡式建筑群。

西湾村当年选址是依据传统的风水学说"背山面水、负阴抱阳"的原则进行的。村落的主体部分建在两座石山中间，民居建筑群坐落在 30° 的斜坡上，层层叠叠，空间和平面布局丰富多彩，最高处可达 6 层。参差错落、变化有致。给人以和谐秀美、浑然天成之感。湫水河静静的从村前流过，见证了西湾村的创建、兴盛和衰落。西湾村的起源和当年的水陆码头碛口的兴起有着不解之缘。

西湾村在距碛口北一公里的湫水河西岸，坐西北而向东南，民居群就坐落在 30° 的石坡上，占据着长约 250 米，宽约 120 米的狭长地带，现存 30 余处完整的传统院落，院与院之间有小门相通。其总面积 3 万平方米，属全国面积最大的明清民居之一，保存相对完好。西湾村以独具特色的民居建筑闻名于世，完整的居民建筑群是依靠黄河船运发迹的陈氏家族历经明末到民国 300 年历史逐步修建而成的，占地 3 万多平方米，依山面水、背风向阳，随势而上，如波涌浪卷，层次感极强。西湾村民居设计奇特，有两横五纵七条小巷均匀地把各处院落串联起来，院院相通、户户相连，楼房院墙不拘一格，样式多变，不同地势随行程序、错落有致，与周边环境十分和谐，防盗、防火、排水、泄洪的各种设施配置十分精妙，这里的一砖一石一木都洋溢着浓浓的传统文化气息，各种雕刻构思精巧，刻画细腻。

西湾村民居群

石砌街巷将宅院连为一体，院院相通。建筑群内部既相对独立，又相互贯通，有很强的防御性。只要进入一座院落，就可以游遍全村，可谓是：村是一座院，院是一山村。这样的设计，不仅仅是为了解决村内的横向交通，更有利于突发事件下的快速转移和集体防御。巷子的地面用石块铺砌，两侧有石护墙，有的地方还建有堞楼和供巡视的墙道。早先村子的外围建有封闭的村墙，只是如今都已塌毁了。当年，整个村子如同一座壁垒森严的城堡，只在村南段建有三座寓意为天、地、人的大门。显然，古村西湾对外部世界来说是封闭的、内向的，而对于大家庭的生活方式而言是开放的、外向的，折射出对外防御、对内聚合向心的传统心态。

西湾村民居以三合院、四合院为主要建筑形式，其中三合院居多。民居是典型的吕梁风格，屋顶结构包括硬山式、悬山式、歇山式、卷棚式、单檐、重檐等，有浓郁的黄土文化特色。西湾

西湾民居

村的所有建筑均磨砖对缝砌筑，砖、木、石雕及精美匾额比比皆是、祠堂、过厅、窑洞及楼台、亭、阁等应有尽有。各式门楼及壁画、楹联、题刻等制做精巧细腻，沿街沿巷的石匾各具神韵，具有很高的艺术价值。西湾一带山多地少，惜土如金，村子就建在石山的斜坡上，坐西北朝东南，形成避风向阳，靠山近水的格局。从而也体现了天、地、人和谐统一的哲学思想。西湾民居不仅仅是山西当地人民几百年遗留下来的宝贵文化遗产，也是人类历史上对人居环境所创下的杰出典范。它体现了人与山地的完美和谐，最终创造出具有独特风格的"立体交融式"的乡土建筑。

2003年年底，西湾村被国家建设部和国家文物局批准列为中国历史文化名村。

皇城村

皇城村位于山西省阳城县北留镇之北的樊山脚下，枕山临水，依山而筑。这里城墙雄伟，雉堞林立；官宅与民居，层楼叠院，错落有致。整座村庄由一座别具特色的城堡式建筑群组成。因村内有清代名相、《康熙字典》的总阅官、文渊阁大学士、康熙皇帝的老师陈廷敬的故居皇城相府，得名皇城村。陈廷敬晚号午亭，所以，"午亭山村"是它的别称。"皇城相府"之名则是旅游开发的产物。村内核心建筑皇城相府积淀着厚重的文化底蕴，明清两朝陈氏家族在中国科举史、文化史上出类拔萃创造了奇迹。被称为"中国北方第一文化巨族"。陈廷敬是这一家族的杰出代表。顺治十五年（1633年），年仅20岁的陈廷敬考中进士，成为康熙皇帝的老师。此后54年间，陈廷敬平步青云，先后封官进爵28次，历任除兵部以外的其他五部尚书、侍郎。辅佐康熙51年。他还负责主持编纂了《康熙字典》，康熙皇帝称其为"全人"。

皇城相府是一座城堡式古代官宦家居建筑群。皇城相府开城门9座，城墙总长1 700米，城墙平均高12米，大型院落16座，各种房屋640间，总建筑面积近4万平方米。皇城相府又分为内城和外城，分别建于明、清两个朝代。

内城"斗筑居"始建于明崇祯五年（1638年），为陈廷敬伯父陈昌言为避战乱而建，东西相距72米，南北相距162米，设五门，墙头遍设垛口。内城建筑分祠庙、民宅和官宦邸三类，风格迥异。祠庙建筑有陈氏宗祠，民居有世德居、树德居和麒麟

皇城相府

院，官宦私邸有容山公府和御史府等。世德居为陈廷敬出生地。河山楼和藏兵洞为其标志性建筑。河山楼，高 23 米，共分七层，层间有墙内梯道或木梯相通，底层深入地下，备有水井、石磨等生活设施，一应俱全。并有暗道通往城外，是战乱时族人避敌藏身之处。藏兵洞分五层，共 125 孔窑洞，远望蔚为壮观。外城"中道庄"紧依内城西墙而筑，基本呈正方形，由陈廷敬主持修建，完工于康熙四十二年（1703 年），外城内主要建筑为冢宰第、大学士第，配套建筑有书房、花园、小姐院及管家院。相府大门外的一大一小两座功德石牌坊上铭刻着陈氏家族"德积一门九进士、恩荣三世六翰林"之功德。

皇城从创修到完成，经历了明代宣德到清代康熙间的 200 余年时间。在这期间，陈氏家族由工商之家逐步发展成为官宦巨族。因此，皇城城内的建筑群有古代民居，又有官宦宅第。而皇城城墙和河山楼、藏兵洞等防御工事，则是明末时世动乱的特定历史条件下的历史产物。这种集古代民居、官宦宅第、祭祀神祠和防御工事为一体的建筑形式在我国并不多见。与此同时，皇城的建筑工艺融官方规制与地方传统为一体，既有独特的建筑风格，又显示出浓郁的地方工艺特色。

1998 年 10 月，"清代名相陈廷敬暨皇城古建学术研讨会"在阳城举行，拉开了打造"皇城相府"旅游品牌的帷幕。2001 年，电视连续剧《康熙王朝》播映，使该处旅游景区在国内声名大震。同年 3 月，荣获"山西省十佳文明景区"称号。10 月，通过了 ISO 9002 国际质量体系认证。2002 年 3 月，通过国家旅游局对 38 个大项，196 个小项标准的评审，获国家 AAAA 级景区称号，现已成为山西省继云冈石窟、五台山之后第三个"AAAAA 景区"。

皇城村先后被评为"中国十佳小康村""中国历史文化名村""全国农业旅游示范点""全国绿化工作先进单位""全国文明村镇先进集体""全国新农村建设明星村""中国十大最美村镇""中国十大魅力乡村"和"中国十大特色乡村"。

梁村

梁村位于山西省平遥县岳壁乡古城东南 6 公里处，历史悠久，文化底蕴深厚，素有"平遥四百零八村，数一数二数梁村"的美誉。现存有五座古堡，132 座历史传统院落，这些院落多为清代巨商故宅，如毛鸿翰、毛鸿举，曾经是晋商平遥帮历史上有重大影响的票号老板，曾为平遥票号业之行首。毛鸿翰故居、毛鸿举故居、冀氏故居、冀桂故居、邓旺庆故居、毛鸿祥故居、邓氏故居、冀鼎选故居、白氏故居、梁氏旧宅、史氏旧宅……这些宅院记载了晋商的历史，见证了清代这一带的繁荣和兴盛。无怪民间流传有"先有源池梁村，后有平遥古城"。

梁村一街五堡的凤凰展翅状布局结构是古式民居珍贵的范本，人称"凤凰村"。总长1 060 米的古源街北广胜寺如凤头高昂，东和堡、西宁堡雄居东西似凤展双翅，中有南乾堡、昌泰堡，则为凤凰之腹，村南天顺堡如凤尾高扬。东和堡年代最久，地势最险，民居呈"北斗七星"之状分布；西宁堡两面环水，景色秀丽；昌泰堡呈"土"字形分布，以四合院为多，较为简陋；南乾堡、天顺堡则分别呈"玉""王"字形分布，是保存最为完整

梁村古建筑

的两个堡。梁村民居建筑类型众多，保存完整的历史院落有 132座，且多为"日"字型和"目"字型的二进或三进院落。五堡之中东和堡历史最久，建于唐朝之前，四面环沟，孤岗独立，多为一进式四合小院。西宁堡同样为千年古堡，堡墙雄伟，两面环水。昌泰堡内多为两进院落，是典型的小农经济时代殷实人家的院落。南乾堡的堡墙高厚壮观，明清时期人们可以推着手推车在上面行走，墙上还建有一种排水通道，大雨之时可将堡墙顶部雨水排到地面。天顺堡堡门、堡墙完整。走进堡内街道两边都是高耸的砖砌围墙，巷道幽深狭长，深宅大院相连。天顺堡是由平遥"蔚泰厚"总经理及蔚字五联号总管毛鸿瀚联合冀、邓、王、史等五姓人家共同投资兴建的。走进大院，设计考究的照壁，悬山顶垂柱过门，门楣、横梁上精美的木雕图案，复杂多变的窗棂，雕刻精细的柱础，寓意深长的匾额……这一切记载着晋商的历史，见证了曾经的繁荣和兴盛。南乾堡内一条石板路贯穿全堡。以此路为中心，两侧有小巷通往各院，这样的结构再现了唐代"里坊制"。堡内存有一造型奇特的戏台，前面是宽敞带天花板的表演场地，后面则是窑洞式后台。戏台两侧有残存的壁画，台柱上有联曰"菊蕊初盼曲将幽艳临歌扇，霓裳迭奏雅倩新声徬泉蝉。"戏台前宽大的广场如今成了村里老人小孩聚集的场所。

梁村古庙众多，积福寺、广胜寺等大庙集中建于村北，相距仅百米左右，形成了寺庙建筑群。广胜寺曾经僧人众多，佛事齐全，如今依然香火旺盛。小巧玲珑的观音堂等寺庙则散落在堡内。村北有一座五层六边形古砖塔，名渊公宝塔。据村里积福寺碑文记载，宝塔始建于元朝元贞二年（1296年）。

2006年11月，梁村被山西省政府命名为"山西省历史文化名村"；2007年6月，又被国家建设部、国家文物局命名为"中国历史文化名村"。尽管各级政府在历史文化价值上给予了梁村必要的认可，但这一古村的保护开发现状并不乐观，老建筑失修现象普遍，村落"空心化"问题明显。

礼社村

礼社村位于江苏省无锡市惠山区玉祁镇西南，属惠山区，处于无锡、江阴、常州三地交界处，这里河网交错，南临太湖，北枕长江，京杭大运河支流五牧河由南向北贯穿全境，给礼社带来了灌溉和运输的便利。码头林立，是江南明清时期著名的商业集散地。老街现长 200 余米，两侧多为明清至民国时期的深宅大院，石库门、方砖楼、花墙、雕梁、花园等别具一格。礼社所在的地方最初名为"吕舍"，因南宋淳熙年间（1185 年前后）的散骑郎吕文缨迁居于此、繁衍生息而得名。至明朝宣德年间（1435 年前后），江阴人薛琚入赘吕舍。薛琚治家理财很有远见，把两千多年来作为社会规范和道德规范的核心精神"礼"，拿来用作治家兴族的准则。薛氏边耕读传家边经商敛财，同时发展织布印染等手工业。薛氏参照自己江阴祖居地"仁社"的深意，考虑到与"吕舍"名字的融合，巧妙地给自己的居住地取名"礼社"。"礼社"这个名字既包含深刻的儒家思想，又契合了"吕舍"地名的读音，自然而然地被大家接受，成为这个地方的正式名称。

礼社村是一个具有水乡古镇风貌和深厚历史文化底蕴的古村。清乾隆年间，薛氏兴盛，在礼社兴建街市，初步形成了九弄十三进的街坊布局。据史料记载，礼社主街长 200 余米，宽 3 米许，街面以青砖"人"字形侧驳而成，共 12 行；街面下为半人高的排水阴沟；街中段略高并向北稍弯，人称"龙形街"。礼社市容以西街最繁荣，屋舍俨然，店铺林立，朝南有 73 家，朝北有 67 家，鱼行肉铺、日杂百货、南北山货、医药饮食、米行布业、铁木竹器以及各类服务行业齐全。沿薛家浜向西 180 米为主街延续段，有茧行、烘茧间、碾米厂、发电厂、缫丝厂、织袜厂、轮船码头、货运码头、邮政所等。

如今，历经岁月沧桑，礼社古村依然风韵尚存，明清建筑保存完好。"九十九间半"、永善堂、义庄、茧行、孙冶方故居、薛暮桥故居以及锡西地区最早的发电厂、无声电影院等代表性建筑遗址仍旧清晰可辨。

礼社村的精华，而今更多地凝聚在礼社西街。修缮后的礼社古街以人气取胜，古街的原住居民基本上留在了原址。如今行走在古街，老式理发店、酥饼店、古街茶馆，令整条古街充满原住居民活色生香的日常生活，使老街成为一座活态的江南乡村露天博物馆。

深厚的历史文化底蕴，造就了礼社这方地灵人杰、钟灵毓秀的热土。民国时期，"一门四博士"为乡民所津津乐道。薛光锷、薛光琦（仲华）、薛光钊、薛光钺兄弟四人分别毕业于日本早稻田大学法律系、英国剑桥大学、日本早稻田大学医学系和日本明治大学，四兄弟回国后分别出任国民政府检察院首席检察官、教育部次长、中央大学教授、江苏省长公署参议。新中国成立后，

礼社村西街（图片来源：崔根元摄）

"一村四院士"又使这方故土流光溢彩。经济学家薛暮桥、水文地质学家薛禹群为中国科学院院士；稳定性理论及电力系统自动化专家薛禹胜、药理学家秦伯益为中国工程院院士。此外，近代实业家、教育家薛明剑，无锡党支部首任书记、著名经济学家孙冶方，著名书画家秦古柳，国家特级工艺美术大师薛佛影，医学专家薛邦祺，女性教育家薛正等业界精英，更是让礼社群星璀璨、光耀华夏。据不完全统计，近代以来，礼社共涌现出各界才俊120余人，按境内人口计算，平均每30人中就走出1位副教授以上的专家学者，被远近誉为"教授村"和"经济学家的摇篮"。

为有效保护礼社古村这一宝贵的历史文化遗产，从2007年起，玉祁镇就聘请有关专家对古村修复方案进行了多轮设计和论证，并将古村修复列入2008年全镇八件为民办实事之一，投资2 000万元率先启动了古村西街修复工程。

2010年，礼社村被列入第五批中国历史文化名村。

渔梁村

安徽省歙县城镇渔梁村位于歙县县城东南1.5公里，村落占地8.2公顷。该村形成于唐，约在乾元二年（759年）姚姓迁居渔梁，并发展为村落，其形态似鱼。村内长约1 000米的渔梁古街，至今仍较好保存着古代水埠码头的风貌。村旁横卧练江的渔梁坝，重修于明末，为歙县古代最大水利工程。

歙县，明清时期仍为徽州府所在地，徽州与杭州、南京、上海等外界的联系全靠新安江这条唯一的黄金水路。因此，渔梁古村因紧靠新安江而应运而生，成为当时徽州最繁华的水运商埠和商业街区。渔梁在唐代即已具雏形，渔梁的名称由坝而来，渔梁整体格局保存完整，渔梁坝和水运码头是村落最有特色的要素。渔梁坝，是隋朝一位官员汪华所建，选用的花岗岩，徽式风格榫头，将块块巨石牢牢"锁"住。水坝分左、中、右三个水门，左边长年流水，中、右水门既防涝又防旱。"渔梁坝"，这一古代水利工程现为全国重点文物保护单位，坝长143米，底宽27米。每逢春夏水涨湍流沿三道水门飞泻而下，波涛水声轰鸣，水花四溅，雪浪排空，十分壮观。大坝是用重达数吨的花岗岩砌成。据说，当年徽商最兴盛之时，码头上时常停靠着300余艘大小船只。可以想像，宽阔的新安江上千帆竞渡，挑夫与商人穿梭在码头与商行之间，令人惊诧"这一繁华竟延续了数百年之久"。

古村落内现存传统古建筑占古村落建筑总数的65%。其中保存较为完好的有320处。沿江有一条东西向主街，渔梁是古徽州的重要水路码头之一，渔梁商业街也因此而形成。渔梁街蜿蜒一公里，一色的鹅卵石排列有序，俗称鱼鳞街；垂直该街则衍生出10余条小巷，一色的木排店面，一色石板卵石路面，使商业街极富特色，繁荣的商业街和宁静的巷弄，构成了渔梁村落内部颇具特色的街巷空间，是不可多见的徽州古商业街。渔梁老街的房子最有特色的一点是"亦店亦宅"，有前店后宅式，前店中坊后宅式，下店上宅式，坊宅混合式。而"巴道夫运输过塘行"则是一座典型的前店中坊后宅式建筑，主要经营茶叶兼营其他杂货。

如今，从渔梁街保存下来的昔日店铺的面积来看，"巴道夫运输过塘行"是整个渔梁街上最大的商行。"巴道夫"为人名，"过塘行"为货物中转批发店之意。渔梁是因经济、水路交通等因素兴起而发展的，在古徽州为数不多，反映了依托江河发展的商业性聚落的历史风貌痕迹，村落特色主要体现在自然环境景观，村落形态空间格局，多种类型的历史建筑及鲜明的人文特色。

2005 年，渔梁村入选第二批中国历史文化名村。

下梅村

下梅村位于福建省武夷山市武夷乡，距武夷山风景区 8 公里，武夷山市区 6 公里。商周时期就有了新石器时代人类活动遗迹，村落建于隋朝，里坊兴于宋朝，街市隆于清朝。该村除江姓自宋代入居外，明代隆庆年间各姓迁入较多，如孙姓等。清代邹姓又从江西南丰迁入，民国初期浙江龙泉各姓大量迁入下梅。20 世纪 60 年代，闽中南地区贯彻国家移民政策，福清、惠安等移民入迁下梅，20 世纪 70~80 年代，四川人口大流通时，有不少四川籍人口迁居下梅，使下梅形成多籍贯、多姓氏、多方言、多习俗的一个人口密集型大村落。经过一代代人的联姻磨合，村落语言、民风、习俗趋于一致。

由于该村在梅溪下游，故名下梅村。在清朝，下梅处在一条非常重要的商路的起点上，这就是"晋商万里茶路"。以常氏为主的山西商帮看中了武夷茶的生意资源，把经商触角探往武夷山下梅的茶坊街市。据《崇安县志》载："康熙十九年间，其时武夷茶市集崇安下梅，盛时每日行筏三百艘，转运不绝。"由此可见当年以茶叶交易为中心的经贸活动在下梅十分活跃。每年茶期，在下梅收购精制后的茶叶通过梅溪水路汇运至崇安县城，验押之后，雇用当地工匠达千余人，用车马运至江西河口（现在的沿山县）。由船帮改为水运至汉口，达襄樊，转唐河，北上至河南社旗镇，而后用马帮驮运北上，经洛阳，过黄河，越太行，经晋城、长治，出祁县子洪口，于鲁村换畜力大车北上，经太原、大同，至张家口、归化，再换骆驼至库仑、恰克图。从武夷山的下梅茶市起步，到中俄贸易城恰克图，漫漫商路上，邹氏购置了数百峰骆驼做运力，足见茶叶经营规模之大。

现仍保留具有清代建筑特色的古民居 30 多幢。这些集砖雕、石雕、木雕艺术于一体的古民居建筑群，是武夷山文化遗产的一部分。现留有清代古民居建筑 30 多座，古民居"三雕"景观资源尤其丰富。村落中祠堂、古井、老街、旧巷与民谣、山歌、龙舞、庙会交融出村落独特的魅力，蕴藏着丰厚的人文景观资源。

下梅民居建筑门面多饰砖雕、吊楼，青瓦屋顶起架平缓，墙体采用立砖斗砌，木柱板壁。利用挑梁减柱，扩大屋宇建筑空间，东阁西厢，书屋楼台一应俱全。外部结构以高大的封火墙为主，体现村民封闭、保守的意识。各民居布局错落有致，巷道曲径通幽，结构精巧的闺楼、书阁、别业、花园、厢房是下梅古民居的重要组成部分。形成下梅民居的独特风格。为了采光、集雨、通风，各民居都设置了四方天井，天井下一般都摆设长条石花架，供户主养花、赏花。一重天井一重厅，体现了中国古代天人合一的哲学思想。

民居门楼无一例外地饰以精美的砖雕,体现豪华和富贵。砖雕以浮雕为主,也有镂空雕。石雕主要用在础石、门当、石鼓、花架、池栏、井栏、水缸等物,既是实用品,又是装饰品,不失为赏用兼备的工艺精品。下梅古民居的木雕亦是精彩纷呈,有挑梁、吊顶、桌椅、栏杆、窗棂、柱础等,尤以窗棂为最,窗户以透花格式为主,是四扇、六扇、八扇为一樘的格扇窗。窗棂有叙棂、平行棂等,最大限度地加以艺术化。

下梅村落生态环境好,具有独特的风水意象。山护村落,水养邑人,山环水抱营造了一个封闭安宁型的村落。新中国成立后,修建了赤(赤石)白(白水)公路,公路沿梅溪绕过下梅西南、西北面,从此结束了出行坐竹筏的岁月。以梅溪为主要交通运力的下梅水路,成了历史的记录。那种日出进百余张竹筏、商贩们拥着河埠码头的繁荣场面,如今成了美好的回忆。过去热闹的河埠如今只是村妇们涤洗衣物的地方。如今,村民饮用水得到了改善,再不用饮溪流水,已引自来水入户。公路交通、通信设施已完善。村里仍延续着五日一墟的农贸活动,凡逢农历每月中的二、五、七日,就是下梅的墟日。原墟场在当溪南北两街,为优化旅游环境,赶墟现迁移至农贸市场。村民大都以农耕为主,兼茶果栽培和养殖。下梅山地资源丰富,林果业得到发展,茶叶栽培、食用菌种植、烤烟生产、家禽养殖日渐成为村民的主体经济走向。

由于下梅村历史文化积淀丰厚,具有良好的区位优势,1987年10月,来自14个国家的武夷山国际兰亭学院30多位学员,在下梅邹氏大夫第举办民俗旅游活动,成为下梅历史上首次对外开放的一次重大活动,改写了下梅自清代茶市萧条以来二百多年的封闭历史。从而让古老沉寂的下梅得到国际友人、文化界、旅游界人士的关注,为下梅村的旅游开发奠定了基础。1998年11月,为申报福建历史文化名村,下梅村首次进行大规模的村落环境整治、清洗砖雕门楼、收集牌匾文物、确定参观景点户、编写下梅村文史资料、撰写申报文本的工作全面展开。2000年6月,武夷山市人民政府成立"福建省第五批重点文物保护单位"申报工作领导小组。下梅邹氏大夫第与余庆桥列入申报对象。2001年,得到省政府批准,在邹氏大夫第所在地立碑确认。2004年3月,为全面对外宣传武夷山,中央电视台《走遍中国》专题摄制组到下梅村拍摄《古民居探密》《武夷竹韵》等。2004年10月,福建电影制片厂在下梅拍摄电影《春天的热土》场景。

2005年,下梅村被列入第二批中国历史文化名村名单。

保平村

保平村位于海南省三亚市崖城镇,地处崖州古城西南八里,古称毕兰村,是古崖州的边关重镇、海防门户。毕兰村历史悠久,沿革甚远。唐时因李德裕谪居毕兰而扬名,后因宁远河水冲毕兰,村民移居黎地。此后不断迁来的居民,聚居于毕兰村北,取名"保平村",意为保世代平安。保平村始建于唐代,已有1 100多年的历史。在历史上一直是海南南部的交通、商贸和军事重镇,是中国古代海上丝绸之路必经的天涯驿站。保平港位于保平村西南,《崖州志》载:"保平港、城西南受宁远水入海,州治要口",又载"保平港距城西南十三里，潮满水深丈余，或五六尺，可容大船十余"。自古以来保平港一直是州治要塞，天涯良港，过去常见货船穿梭、渔歌晚唱，港区繁忙。

保平桥位于村东南，是自古通往州城的交通要道，《崖州志》记载村人捐资兴建，修石桥、立碑记，"通州桥梁、以此为巨"。从此保平桥承载着东来西往的交通，给保平带来了经济昌盛，文化繁荣，成了村头的一道美丽景观，成了崖州历史文化遗产。可惜现已桥去河空，但保平人民爱家乡的好传统世代相传，已成美德。至今村中保存着 50 多户 80 多间连片的明清民居建筑，是最有代表性、最集中的古代崖州民居建筑群。门楼、正室、横屋、正壁组成的生态庭园四合院，是保平古民居最具建筑艺术和布局特色的乡村古建筑。至今尚完好保存的陈氏古宅，其雕花梁墩、绘画墙体、神龛雕刻、龙凤麒麟、鹤松梅竹，其图案精美、工艺精细，可堪称崖州神龛之最。

保平村自古以来文教昌盛、人才辈出、书香不断，历史上曾有保平多贡生的美誉。如今保存完好的古民居中尚有"明经第"小门楼。保平书院、九姓祠堂、关帝庙、文昌庙、天后庙、保平桥、毕兰村遗址，这些历史文化古迹，曾经记载着保平村的社会文明和文化昌盛。保平书院是保平村的革命胜地和文化摇篮。1927 年春天，麦宏恩、何绍尧、李福崇等革命青年在书院里建立了保平党支部。作为一个具有 80 多年光荣革命传统的红色革命老区村，是革命烈士麦宏恩，何绍尧的故乡。保平革命公园是天涯革命的一面光辉旗帜，是保平"二·七"大革命、抗日战争和解放战争的纪念地。麦宏恩同志当年在广州英勇就义前从狱中寄回的家书，已成为革命传统教育最好的教材，"……虽亏男一死，唤醒世界人类共争自由，以革命之血换得自由之花"的革命豪言，已深深铭记在家乡人民心中。何绍尧同志是崖县革命的组织者和领导者之一，他在抗日战争中英勇奋战，保护同志将情报送出重围，自己不幸中弹，壮烈牺牲。用生命谱写了"碧血冲天惊敌寇"的英雄战歌。如今保平革命烈士陵园已成为革命传统教育基地，也成了发展红色旅游的文化资源。

村委会计划建设绕村文化长廊，把革命公园、村东文化室、保平书院、保平桥、望阙亭、毕兰村遗址、保平港、关帝庙、天后庙、炮台墩链接在文化长廊上，建城一条绕村沿河景观大道，以供村民文化娱乐，休闲健身和旅游观光。保平村是国家级非物质文化遗产崖州民歌的发源地，"保平人张邦玉常著诗歌以训迪弟子"是《崖州志》中有关崖州民歌的唯一记载。保平村五个文化活动中心将成为崖州民歌原生态演唱点，只要走进保平，就能听到崖州民歌悠扬的歌声。保平村，这座典型的崖州文化古村，将以其保存完好的古代民居、蕴厚的历史文化、红色旅游资源、美丽的田园风光和国家级非物质文化遗产崖州民歌展示在世人面前。

2010 年，保平村入选第五批中国历史文化名村。

云山屯村

云山屯村位于贵州省安顺市西秀区七眼桥镇，始建于 1381 年（明洪武十四年），至今保存了大量的历史建筑，是明代军屯、商屯遗存的实物见证和屯堡文化的典型代表。村里既保存有善于防御工事的屯门、屯楼、屯墙、古街道，又有江南建筑风格的门楼、窗室、砖碉、石雕、木雕浑然一体。历经600年沧桑，当年随朱元璋"调北镇南"的明朝军士的子孙后代们至今生活在这片具有"大明韵味"的土地上，延续着厚重沉淀的大明遗风。

云山屯村始建于明初，是目前保存最完整的一个屯堡村寨。屯堡起源于军屯。明洪武十四年（1381年），朱元璋派大将傅友德为征南将军，沐英为副将，率30万大军征讨云南梁王，于次年攻克云南。为巩固边陲，大军选择以贵州安顺为中心驻扎下来，为解决军需供给，军士戍兵屯田，自给自足，形成了调北征南的军屯。由于军屯力量仍然薄弱，于是洪武二十一年（1388年）朱元璋发动了第二次南征，随军带来了一大批赣、皖、苏一带无田地房产的无产者，在贵州一带屯田聚居，形成了以"调北填南"形式安置的民屯，称之为"堡"。

云山屯城门

云山屯村寨只有前后屯墙的两个城门，前屯门用巨石垒砌而成，两旁的城墙，高7~8米，厚1.5~2米，屯墙全长1 000米左右，上有炮眼和垛口，各处制高点还有众多的哨棚，一旦发生战争，即构成了一套系统、完善的指挥和作战体系。从前屯门入寨，眼前是所谓的屯堡一条街，街道长约600米，宽5米左右，还有许多小巷巧妙地与各户的三合院、四合院、碉楼等相连接，形成了攻防相济的通道。随着屯田制度的衰退，加之豪商富贾的涌入，这里的商业贸易曾繁荣一时，布号、米肆、药铺等遍布全屯，著名的"德生昌"中药铺遗址至今仍存。近六七十年来，由于交通道路的变迁，往日的兴旺与繁荣才逐渐逝去。

600余米的长街被历史分成了三段，第一段主要的建筑与风景人文都是以明朝的为主；中间的一段却是清朝；而最后的一段则是民国及以后年代的了。寨子里的民居大多采用穿斗木结构，构架承重，围墙只起围护功能。围墙用石块砌成，选择的材料由大到小，使墙体表现出明显的层次感。房屋的板壁、支柱、窗户、门楼等均有镂雕花纹，或名人诗句，或松菊竹梅，或鸟雀凤鹤，绚丽多彩，寓意深刻。旧时的地方志书把屯堡人称为"凤头鸡""凤头笄"等，是因为已婚妇女的簪子酷似凤头而得名。云山屯的男子头包青布帕，身着扣边长衫，系腰带，穿草鞋或布鞋；妇女以纱帕为头巾，腰间系织绵丝质长腰带，打结于臀后，脚下是鹰勾尖头平底绣花软靴，腿扎白布绑腿，宽衣大袖的大襟长袍，衣领、袖口、襟边均饰有花边。据说如此之装束是明代遗留下来的。

　　云山屯许多独具特色而又韵味无穷的节日文化：正月初九的玉皇会，正月十六迎汪公，六月初六土地会，六月二十四敬雷神……这些节日中，以迎汪公最具屯堡特色。传说汪公叫汪华，系安徽歙州休宁人氏，隋时为徽州地方官，后率部归唐，被封为越国公，因随唐太宗李世民征战有功，改封九官太守，死后谥为徽州府越国公忠烈汪王，遗骨归葬子歙州城北岚山之上。由于屯堡人有安徽来者，所以他们把故地轶亭也随之带入。正月十六，屯堡人要把汪公从平日香火侍奉的汪庙中请出来放在红色的轿子里，由村中德高望重者为前引，鸣锣开道进行游乡，轿过的每一家都要烧香鸣炮奉迎。

　　"云山屯"始建于明代初年，自建成以后，几经战乱和自然侵蚀，逐年都有修葺和增建。屯内的屯墙、街巷、宅院以及自然生态环境保存完整，犹如一部古代屯田文化的百科全书。当地为做好屯堡文化的保护和开发工作，引进民间资本，修建了屯堡文化博物馆，既保护、宣传了屯堡文化，又在由云山屯村、本寨、九溪三地和安顺屯堡文化博物馆组成的云峰屯堡文化风景区建设了一个重要窗口，搭建公共文化平台。

　　2000 年，世界吉尼斯之最将它认定为："最大的、最完整的明初屯堡文化村群落"；2001 年，被国务院确定为国家重点文物保护单位。2005 年，云山屯村入选第二批中国历史文化名村。

白雾村

　　白雾村位于云南省会泽县娜姑镇，娜姑镇是云南省首批省级历史文化名镇，其核心历史文化载体是白雾古镇——白雾村（街），它清新秀美的自然景观同完美的古建筑艺术相结合，充分展现人与自然的高度和谐，是西南名村的典范。白雾村早在西汉时期就是军商往来的要道驿站，是古螳琅县开发较早的地区之一，历史文化渊源流长；明朝中后期东川府（府治会泽）铜矿的开发，带来了白雾经济繁荣和文化昌盛，属会泽西部的商贸重镇，形成了南铜北运的大站和明、清王朝铸币铜料的主供地，使它获得了"万里京运第一站"的历史美称。

　　白雾村的主要街面为东西走向的一字街。铜运古道穿街而过。白雾村原有城堡城墙，建于清咸丰十年（1860 年）。城堡国白雾街主街建成，呈长方形，东墙长 317 米，南墙长 350.5 米，西墙长 273 米，北墙长 300 米，周长 12 405 米，面积 95 875 平方米，占地 138.8 亩。城墙均高 5.8 米，厚 3 米，内外墙用石块垒砌，中间填土夯实。东面据得胜桥设卡，南面依城墙置栅子，西、北两面筑有拱洞形城门。城墙四面设 8 座炮台，城门上的炮台高出城墙 1.3 米。如此层层设防，显示出当年白雾街的富有和繁荣。

　　由于东川府（今会泽县城）的铜矿大量开采，当地作为各矿区后勤供给地和"万里京运"的起点，经济文化极为繁荣昌盛。汉代铜都会泽的辉煌使明清时期的白雾村十分繁华，各省前来押运、采购铜的官员特使、商人等常驻于此，省内外各地商人常驻于此，并建会馆、祠堂、庙宇十多座，商号 150 多家，保存完好的古老民居民宅达 3 000 余户。留下一批丰富的历史文化遗产，成为活的"历史博物馆"。绝大部分古建筑均集中在白雾街上。整条街长 200 多米，宽五六米，有明清时期建筑风格的古建筑 24 座。寿佛寺、三元宫、张圣宫、万寿宫、文庙、财神庙、太阳宫、祠堂、常平仓、养济院、大戏台、天主教堂等古建筑坐北向南排列。保存完全的古老民居鳞次栉比，马店、驿站、各类店铺组成集镇市容。

白雾村保存着滇东北山区集镇古老淳朴、山峦叠翠、古韵幽幽的风貌。现存古建筑的时代风格、地方特色明显。寿佛寺（湖广会馆）建于明代晚期，占地 1 950 平方米，用材粗大而古朴庄重。天主教堂建于清代晚期，占地 1 225 平方米，土木结构，中西合璧，独具特色。文庙建于清代嘉庆年间，为三进院落，布局严谨，典雅别致，结构独特。一斗三升的门楼，三门四柱木石结构的牌坊，两重檐歇山顶的奎楼柱网排列规整，飞檐翘角，玲珑剔透。东西阁楼，互为依托，独具匠心。天子台衬托出大殿庄严肃穆，技艺精湛，巧夺天工。名为"文庙"，实际上又聚孔子、关圣和文昌于一堂，所以也称"三圣宫"。

白雾村的典型民居有"陈氏住宅"，该宅院为三进四合院，依大门入内依次是下院、中堂、上院。亦以雕镂精致、建筑艺术高超著称。1998 年，公布为云南省文物保护单位。白雾村的一些寺庙在当时是地方"会馆"，如财神庄是"云南会馆"，万寿宫是"江西会馆"，太阳宫是"通海会馆"等。会馆林立，也是历史上铜商文化的一种反映。白雾村的繁华，正是由于铜商文化强有力的推动。古老的繁华虽已消逝，但古老淳朴的特有气质却留了下来。京铜营运、通运利国是白雾古村的重大历史渊源，整个村历史格局完整，古建筑、民居、寺庙、会馆等各类历史古建保存完整，极具中国古镇特色。

2005 年，白雾村入选第二批中国历史文化名村。

诺邓村

诺邓村位于云南省大理白族自治州云龙县诺邓镇，自唐代南诏时期以来近 1 300 年村名一直没有改变，是滇西北地区年代最久远的村落，被称为"千年白族村"。自汉代，这里的盐业经济已有一定程度的发展，并因盐而设县。唐代，云南新开了诺邓井，从而也就开始了这个盐井村落的历史。"诺邓"在白族语中意为"有老虎的山坡"，诺邓村四面环山，村子最低处海拔 1 900 米，最高处则有 2 100 多米，高差较大。除东面山麓"龙王庙"后有一小块稍为平坦的台地外，绝大多数民居都建筑在山坡上。诺邓村整个布局形成天然太极图。

诺邓村的演变发展在很大程度上依赖于盐业经济。早在唐代南诏时期，诺邓村的盐业生产就已具备相当规模。明初，政府在云南设"五井盐课提举司"，治所即在诺邓。"诺盐"远销各地，形成东向大理昆明、南至保山腾冲、西接六库片马、北连兰坪丽江的古诺邓"茶马古道"。

村中古建筑中以玉皇阁道教建筑群最为著名，该建筑群包含玉皇阁大殿、弥勒殿、关帝庙、孔庙棂星门等，均为清代庙宇建筑。诺邓村最古老的建筑是"万寿宫"。"万寿宫"为元代建筑，其时是外省客商的会馆，到明初，将会馆改作寺庙，原称"祝寿寺"，现存明代碑记有诗："朝贺明时习拜舞，万年祝寿听山呼"。到明末清初，又改庙名为"万寿宫"。

从"万寿宫"演化过程可见宋元以来诺邓经济繁荣情况，而这种建立在古代生产、流通基础上的繁荣又极大地推动着地方社会文化生活的发展。尽管云龙地处偏僻，交通不便，但明清两朝还是文风蔚然，人才辈出，明清两朝村中考取进士的，在云龙为最多，举人、贡生和秀才则不胜枚举。

诺邓村全貌

村内还有世大夫第、黄氏题名坊、盐井等古建古迹。黄氏题名坊原为明代五井盐课提举司衙门旧址，后为黄氏家族科举题名坊。盐井最早凿于汉代，至今已 2 000 余年。此外，该村还残存有古驿道、古桥遗迹等。村中民居有"三坊一照壁""四合一天井""四合五天井"等建筑布局，其平面组合均结合山形地势特征，构思奇巧变化，风格灵活多样，充分体现出人与自然的协调适应。诺邓民居建筑注重工艺，门、窗、木梁、柱、檐都讲究雕刻图案的美观精细，山墙、院墙上均有绘画或图案。每户人家的正房、厢房、面房或照壁的布置和工艺都各具特色，很难找出完全相像的两家。

诺邓村中现存大量的明、清建筑和玉皇阁道教建筑群，三教合一的宗教信仰、淳朴的民俗民风和秀丽多姿的民族文化以及悠久的盐井文化构成了诺邓村独特的历史文化价值。周围的风景名胜区和文化古迹也很集中，有天池自然风景区、天然太极图奇观、虎头山道教建筑群、顺荡梵文碑火葬墓群及被誉为记载着云龙县历史变迁的"桥梁博物馆"古桥梁等。2005 年 9 月在北京召开的中外旅游品牌推广峰会上，诺邓村被推介为"中国最具旅游价值古村落"之一。

2007 年 6 月，诺邓村入选第三批中国历史文化名村名单。

第**11**章 中国民俗类农业文化遗产

一、农业生产民俗

惠东渔歌

惠东渔歌流布于广东省惠东县沿海地区。

惠东位于广东省东南沿海，海域面积3 000多平方公里，海岸线长达170多公里，拥有考洲洋、大亚湾、红海湾等优良港湾和省重点一级渔港——港口港。惠东现有渔民总人口近3万人，其先辈是宋朝时由福建、潮汕等沿海迁入的。

过去渔民的社会地位低下，甚至不允许与岸上人通婚，他们长年在海上与风浪搏击，枯燥简单的生活，心中的苦闷，唯有在艰辛的行船捕鱼过程中，把原来劳动中哼唱的号子融进当地的小曲唱出来，用以自娱解忧。由于旋律优美、风趣幽默，且朗朗上口并融进了当地的风俗语言，因而得以广泛流传，久而久之便形成了别具一格的渔歌。惠东渔歌是渔民们在生产活动中创作出来的珍贵文化遗产，是岭南音乐文化大观园中的一朵奇葩。

粤东地区的渔歌有深海和浅海之分。惠东渔歌属于浅海渔歌，现流传于惠东县沿海的港口、稔山、巽寮、盐洲等沿海村镇。惠东渔歌没有深海渔歌那种高亢的旋律，更多的是女人们在家编织渔网，思念出海的亲人时的浅吟低唱，曲调且歌且诉。渔歌的诞生和发展一直伴随着渔民们，是他们抒发情感和相互交流的载体，成为了他们生活中一个重要的部分。因为渔歌是渔民们自己的生活写照，所以歌词内容也大多与他们的日常劳动生活相关，一直以来只在渔民中口口相传，没有文字记载。惠东渔歌在长期的发展中吸取了当地文化、风俗和地方戏曲传统，保留了原生态的语言和生活习惯，形成了独特的种类和特点。

惠东渔歌在惠州三大民歌中（其他为惠州民歌和客家山歌），是属于有着完整丰富体系的民歌类。从内容上看，它有跟当地渔民生产生活息息相关的劳动歌、言情歌、生活歌、婚嫁歌等，涉及各个领域，应有尽有；从形式看，有叙事式的、比兴式的，有颂歌、对歌等。尤其是它的调式丰富，不同调式，表现着不同的歌赋内容和唱颂形式，能在一种旋律风格之下产生出各种不同的变化。

惠东渔歌的独特首先表现在它的咏叹性。它没有高亢嘶叫,富有抒情性,婉转而带淡淡忧伤。其咏叹性的音调接近语言,不需要很大的起伏。

惠东渔歌的旋律浸润着一种庙堂音乐色彩,这种色彩被认为是沿海渔民在经历了太多风雨险阻,经受着太多的生活艰辛考验时,寄托于神灵的一种唱颂形式所形成的。

惠东渔歌所显现的戏曲和庙堂音乐元素的乐曲调式特色,实质上与整个福佬民系的文化信仰、民俗习惯等有着密不可分的联系。福佬民系,尤其是福佬渔民,其所处的环境相对其他民系更为恶劣。当男人们为生计顶风出海,命悬一线,那些抱着婴孩,织着渔网的女人,渴望着神灵的保护。不断地求神拜祭,庙堂唱诵,渔民们无意识地将这些神灵崇拜的音乐元素融入自身传唱的渔歌中,形成了一种具有强烈庙堂音乐色彩的渔歌旋律和形式。

惠东渔歌还有一种较为强烈的戏曲性意蕴,其表现形式是戏曲形式的拖腔与行腔中结构的变化。如"啦打啼嘟啼"调,拖腔与板腔相配,与戏曲中的板腔变化如出一辙。许多调式中,往往不是单一的 4/4 拍子,在 4/4、2/4、3/4 等拍子中变化游离,如"阿阿香"调的《听着大山车 歌应蔺来》,短短两段,每段 7 个小节的歌,就有 3 种拍子变化,听来"戏"味十足,这是惠东渔歌的一大魅力。

惠东渔歌经过了上百年的历史在渔民口中代代相传,发展到今天成为了渔民们的一部口述历史。惠东渔歌便是民间历史叙事的一个很好的例子。渔歌为渔民所创造传唱,已经不仅仅是渔民的简单精神娱乐,而是他们为了反抗渔霸的压迫,来发泄心中积郁,为了未来的生活,将情感寄托于渔歌之中,渔歌在不断的创作—流传—创作的模式中成为一部恢宏的记录渔民苦难的历史。

惠东渔歌是惠东渔民这个族群的文化标志,每个渔民在传唱中,个人认同在族群中得到满足,同时也更加竭力地维护自身族群的完整性与稳定性,使其代代传承下去,不在历史中湮灭。

惠东渔歌目前面临失传,其原因为:一是新中国成立后,渔民上岸居住,受工业化、城市化进程的影响,一部分渔民弃渔进城打工,或是从事非渔业生产;二是"文化大革命"期间,惠东渔歌受了一次毁灭性的打击,被列为庸俗、伤风败俗之音而被禁止传唱,致使惠东渔歌几乎面临失传;三是在改革开放以来受外来文化的冲击,如音像制品、文学作品、电视媒体等大量进入沿海各地渔民生活,渔民忽视了自己的传统渔歌;四是老年渔歌手相继去逝,普查中发现老年歌手仅剩 30 多位;五是现在年青人不愿学唱惠东渔歌。

惠东县文化部门对此展开了普查,发现目前全县渔歌手仅剩 10 多位,而且大部分上了年纪,主要分布在平海、港口、稔山和盐洲等镇。在记者采访时,这些老年渔歌手在表达了要复兴惠东渔歌的心愿后,即兴表演,娴熟地唱起渔歌。今年已 91 岁高龄的稔山镇范和村村民徐廿四,是目前年纪最大的惠东渔歌传唱者,也是唯一的第二代传承人。

惠东渔歌作为非物质文化遗产,是一种活态文化,属于意识形态范畴,时空性强,它不可能像出土文物或古建筑那样,凝固封存于某个既往的历史时空点,而是在变化着的社会生活中不断变异和重构。现在惠东渔歌传承人已慢慢走向老龄化,传唱范围也日渐缩小,

惠东渔歌演唱

传承人的保护工作显得尤为紧迫。因此，传承保护的主要工作从传承人的调查、立档以及文字、图片、音像的工作着手。从 2005 年 12 月开始，广东省文化厅及惠东县政府组织有关部门专业人员以及民间音乐工作者深入渔歌主要分布区域，运用录音、录像等方式，调查、搜集、记录原生态渔歌的曲调、传唱，全面了解掌握惠东渔歌歌手的分布状况、渔歌的生存环境、保护现状。工作组还采访了 35 位渔歌手（其中 60 岁以上的渔歌手 10 人，45~59 岁的有 25 人），整理出一批渔歌手（传承人）的档案资料。

此外，文化部门还组织了渔歌歌手李福泰等参加广东省和全国的各类民歌比赛，培养出了如张喜英等一批新一代的优秀青年渔歌手，使渔歌得到了较好的传承。

惠东渔歌在 2010 年上海世博会广东周展演两天，演出 3 场。渔歌手张喜英、李却妹和苏段为观众演唱了《阿妹叫我去开头》和《我叫阿妹免相思》等曲目，赢得了国内外游客阵阵掌声，惠东渔歌在某种意义上走向了世界。

惠东渔歌是渔民们日常生活的写照，因而惠东渔歌的歌词浅显易懂，无论是在情感表达上还是在叙事方面，歌词简练，诙谐幽默，语言朴实无华。同时其曲调变化多样，旋律悠长，为现代音乐的创作提供了丰富的原生态素材。当代很多音乐作品在创作上就大量地借鉴和吸取了惠东渔歌的音乐元素，如电影《海霞》主题歌《渔家姑娘在海边》、歌曲《西沙！我可爱的家乡》《小号手》等都是以惠东渔歌为素材而创作的；还有 20 世纪 60 年代，中央歌舞剧院创作的大型歌剧《南海长城》的音乐，也是运用惠东渔歌《娶新娘》《织网》等素材创作的，这些都成为了深受广大群众欢迎的作品，同时受到了音乐界的好评，为民族音乐创作注入了鲜活的素材。

2006 年，惠东渔歌被列入广东省省级非物质文化遗产名录。

小金口麒麟舞

小金口麒麟舞主要流传在粤东地区。

传说中虽然提到早在唐朝时期，麒麟舞就已经具备了雏形，但是缺少确切的文字记载。在《归善县志》（清乾隆四十八年即 1784 年）的礼仪民俗的婚礼条目中记载："俗用槟榔为聘，以多为贵。"或亲迎，或不亲迎，各以己便……其迎亲，为麒麟、狮子兽头，童子戴之，击鼓跳跃，极为喧闹，"早在明代景泰初年（1450 年），佛山忠义乡就设有麒麟社坛，社园内刻有麒麟壁雕。附近街道以麒麟命名……"

麒麟舞，相传于清乾隆年间已在佛山盛行。从《中国民族民间舞集成》广东卷中看出，在明末清初时期，广东麒麟舞开始成熟并发展起来。当时广东有些地区的民族文化气息比较浓厚，形成了不少爱好麒麟舞的村民，活跃在乡间。广东麒麟舞与农耕活动有着深刻的根源，当时农业生产处于主导地位，人们认为麒麟是祈神纳祥的灵物，在人们的意识里它对生产生活起着决定性的作用，因而将农耕活动与麒麟舞相结合，形成了广东地区特有的农耕文化，乡土情结。

麒麟舞紧密分布在小金口的 7 个行政村中，其总体特征是刚柔相济，以"崇力尚勇"为刚，"淳朴憨直"为柔，在小金口每个行政村的麒麟舞各显鲜明特色。小金口当地人所称的狮舞就是指麒麟舞和南狮两种，据小金口地方志记载："狮舞是小金口镇较具特色的民间传统文艺。在清末民国时期，当地大多数自然村都组织过狮舞队，每个狮舞队一般有二三十人，全男性，中青年居多，有一师傅兼司礼。在每年秋收后，狮舞队在村中或向外聘请师傅对队员传授狮舞技术和进行武术训练。"

麒麟舞在当地是最受欢迎的民俗活动，一般人们在秋收后开始有规模的麒麟舞训练。春节期间，当地人通过麒麟舞祭祀天地神灵和祖先，迎福纳祥。除了春节佳日，在结婚嫁娶、节日庆典、新居入伙、店铺开张等都有邀请麒麟舞庆贺的习惯。麒麟舞在"文化大革命"期间曾多年无活动。自1982年恢复活动，每年春节期间境内都有七八个自然村的农民各自组成二三十人的狮舞队，到扦镇过村庄，巡回表演舞技和武术。1983年7月成立了小金口公社文化站，设专职干部1人，负责舞狮活动。

舞队一般以村为单位组成，以一村或一族、同姓甚至一小家庭为组成立舞队。传统舞队组成人数一般有30~40人，以同姓组成通常在20人左右，以家庭为单位组成的至少有五六人。每组舞队由一名德高望重的师爷做总指挥，舞队中有几位熟知沙仙和尚表演套路的队员，还至少要有六七个舞耍麒麟头、尾套路技术娴熟的舞者，并且能够掌握麒麟头和麒麟尾的默契配合。

每到秋收或春节期间，小金口麒麟舞的表演都会带来一片生机勃勃的景象，以示人们对丰收的欣悦。麒麟舞的表演过程是通过执麒麟、抖动麒麟头、绕头、前进参拜、后退、晃头、张望、惊恐、舔脚、舔尾等一系列套路动作，并伴以喜、怒、哀、乐、惊、疑、思等栩栩如生的神态，向人们展现出吉祥洋溢的麒麟舞姿。无论是简单的动作仪式还是激烈的武术表演，舞队始终保持着蓬勃向上的气势，用不同风格的动作套路塑造出小金口地区特有的集崇拜、娱乐、庆贺功能于一体的民俗画卷。

麒麟的造型粗犷豪迈，目光炯炯如火如炬，腾空而起昂首远眺时，耸耳扬鳞，单角冲天，张口露齿，麟尾随之摆动，神采飞扬，威慑凛然，给人感觉凝重而且警觉，神圣不可侵犯。这时鼓点快、慢、轻、重的区别，与麒麟或动或静、或进或退，或高或低、或翻滚或跳跃相互对应来展现其姿态的变化万千，喧染观众的情绪，令人振奋与欣欢。麒麟舞表演之后是拳术以及用刀、枪、棍、叉、藤牌等武术表演。这时，乐队的节奏更为明快，给人以快感，它用传神的动态演绎了美的极致。

麒麟舞，是一种拟兽类演艺活动，源自于原始先民对瑞兽类动物的自然崇拜，是模仿瑞兽麒麟（或鹿、牦牛等）的喜、怒、哀、乐等动作配以管弦之乐，而进行强身健体、社会教化和愉悦身心的一种社会体育活动。麒麟舞是麒麟文化升华的具体体现，是民众生活需要和其文化意蕴相结合的精神产物。麒麟舞传承千年而历久弥新，除了其特有的文化价值，与其社会教育价值和精神娱乐价值是分不开的。

作为麒麟文化的主要载体，出现在古代宗教祭祀、节庆欢娱、庆祝丰收等公众场合的麒麟舞，体现着中国古代先民的思想观念、宗教崇拜和文化心态，反映了原始先民对外界超自然力的一种崇拜和与自然和谐相处的祈愿。通过舞麒麟这种独特的情感体验，宣泄不同的心理情绪，表达不同的价值追求，通过天、地、人之间的感应互动，达到心灵的平静和内在的超越。千百年来，随着社会政治、文化等价值观念的发展，麒麟舞的精神内涵和艺术形象也在不断变化。但通过麒麟舞来展示和宣传的"仁爱、正义、祥瑞"等正面形象和思想内涵没有变，它教育民众要倡德、向善、向上，通过辛勤劳动来实现人生理想和追求。可以肯定，社会教化功能正是麒麟舞历久不衰的主要动因。

麒麟舞动作矫健、套路繁杂，要求舞者必须有强健的体魄和聪慧的头脑，因此舞者必须经常参加锻炼，保持充沛的体能。用类似麒麟舞这种拟兽类游艺活动来进行强身健体、凝聚力量的活动，自古有之，如戴牛角模仿牛角力的先祖蚩尤部族；葛天氏"持牛尾舞八阕"以释惑人心；披着熊皮的方相氏，率领"十二兽衣毛角"舞蹈驱傩等。可以想象，劳作之余，通过麒麟舞，来展示形体美，享受参与欢娱的快乐，长期以来是民众精神生活的重要部分。麒麟舞这一古老而又焕发着青春活力的体育活动，必将随着新时期民族传统体育的大力弘扬而继续影响和丰富着人们的精神生活。

"文化大革命"期间，麒麟舞的根基即已开始弱化，加上在当代西方文化侵蚀过程受到反传统文化倾向的冲击，麒麟舞原有赖以生存的文化根基几乎被摧毁。随着生产力和经济水平的发展，人们对麒麟舞的信仰程度和其产生的功能发生转化，成为一种民间娱乐的形

麒麟文化节

式与风俗继承，或利用现代知识和世界观予以改良。市场经济的发展对于农村的根本影响在于城镇化的兴起。小金口地区已经走出了原来耕作的生活状态，农耕不再是他们的主要经济来源，进入城市务工成为不少小金口人的选择。而且小金口地处岭南，与港澳毗邻，优越的地理位置也使很多人转行从事贸易活动。目前，小金口只有 20 多支麒麟队，队员共200 人，最年长的 94 岁，最小的 9 岁。

近几年，为了更好地传承麒麟舞，首先，在当地政府的大力支持下，村民们开始有意识地保护麒麟舞，让它融入自己的生活，做到人与自然和谐相处。其次，村民们认识到麒麟舞是民间艺术，是当地宝贵的精神财富，每年 3 月 26 日坚持举办"小金口麒麟舞民间舞蹈节"，不断宣扬麒麟舞这一文化遗产，对年轻一代进行教育宣传，逐渐使年轻人对一脉相承的"本土文化"产生自豪感，使小金口麒麟舞这朵民间艺术奇葩绽放不息。

2006 年，小金口麒麟舞参加广东省非物质文化遗产展览，2007 年开始每年在小金口举行民间麒麟文化节。2008 年 10 月，小金口被中国民间文艺家协会授予"中国麒麟舞传承基地"，现在麒麟队已形成了相应的文化机构和稳定的队伍。当地政府想把小金口麒麟舞打造成为品牌，先后在小金口举行一系列的赛事，借力"城市"兴起，结合商业化发展趋势，计划发展小金口麒麟舞产业化管理，寻求适合其传承的有利方式。商业化活动的存在和发展是小金口麒麟舞城市化的有力鉴证，而且它是以市场需求为基础寻求自身的存在方式。

目前，小金口麒麟舞已被列入广东省第三批非物质文化遗产名录。

打春牛

"打春牛"主要流布于河南内乡县等地。

"打春牛"民俗可追溯至神农氏，据说他尝百草、分五谷，开始了农业，三皇五帝，都很重视农业，到周朝的时候，务农的事被提到朝议上，一面制历，一面责令地方官每年举行一次迎春的仪式。农为百业之本，春为一岁之首，这"迎春"的仪式，当然要隆重了。立春的前一天，各地的官吏们都要洗澡，穿素服，不坐轿子不骑马，步行到郊外，聚集乡民，设桌上供。焚香叩头之外，还要在供桌前做一个土牛，让扮作勾芒神的人举鞭打土牛，这土牛被称为"春牛"，"打春牛"意思是打去春牛的懒惰，迎来一年的丰收。据《礼记·月令》记载，先秦时期，每逢孟春之月，天子就要率领三公九卿到郊外迎春。

后来，这成了官民共同遵守的礼俗，历代沿袭，唐宋尤盛，至今已有 3 000 多年。这种习俗，一般以四人抬泥塑春牛为象征，由春官执鞭，有规劝农事、策励春耕的含义，也是喜庆新春、聚会联欢的形式。这仪式发展到了明清，更是隆重，据清人的《燕京岁时记》载："……立春先一日，顺天府官员至东直门外一里春场迎春，立春日礼部呈进春山宝座，顺天府呈进春牛图，礼毕回署，引春牛而击之，曰打春……"

迎春仪式上的"春牛"，用桑木做骨架，冬至节后辰日取土塑成。身高 4 尺，长 8 尺，画四时八节 360 日 12 时辰图纹。制作"春牛"很有讲究，"春牛"的牛身长三尺六寸五，象征一年 365 天；牛尾长一尺二寸，象征一年 12 个月；四蹄象征四季；柳条象征春天；同时柳条鞭子长二尺四寸，代表 24 个节气。

　　具体仪式在立春前一日，人们到先家坛奉祀，然后用彩鞭鞭打，把"春牛"赶回县府，在大堂设酒果供奉。男女老少牵"牛"扶"犁"，唱栽秧歌，祈求丰年。1949 年前后又出现了"打春牛"的耕作戏，一人系犁，一人掌犁，边耕边舞，或游于乡间，或演出于舞台。两人抬着泥牛，由一农民装扮成专管农业的"芒神"，执鞭不住抽打泥牛。泥牛尽量避开鞭子，直到打得泥牛皮开肉裂，牛肚里流出五谷，意即"五谷丰登，尽流满地"，"芒神"才停止抽打。围观者鼓掌喝采。有的地方由打"泥牛"逐步变成打"纸牛"。"打春牛"包含两个意思，一是反映农民祈求丰收的愿望，二是提示人们，季节不等人，过了春节，紧张的春耕就要开始，请大家及早作好准备。

　　男人们"鞭春"时，女人们"戴春"，她们头戴色彩艳丽的纯幡，也用裁剪的春燕、春蝶做饰物，老人和孩子则不忘"咬春"，也就是吃春卷、春饼。这种习俗，不仅是对传统文化的继承，也是对来年生活的美好祝福。从迎春活动中，人们得到一种生命活力的释放，更获得一种民族文化的认同。"打春牛"又称作鞭春之礼，意在唤醒冬闲的耕牛，以备春耕，并寄托着对丰收的期盼。数千年间，此俗得到官方与民间的双重推动，从中原地区扩散至全国，是农业立国意识、农业文明传承的反映。

　　"鞭春"在南阳内乡的古县衙一带留传至今。历史文献《内乡县考》（同治八年，1869年）记载了此风俗在内乡的历史及每年由官方支付活动费用的情况。"鞭春"活动目前在中国民间逐渐失传，而南阳内乡却历代相沿至今，且活动时间、地点、形式、内容固定。"鞭春"随着历史演变，知县扶犁亲耕慢慢废了，"牛"也由泥塑变为纸糊，而"打春牛"也逐步演变成为独特的民间舞蹈形式，在当地社会和群众生活中有极大影响，是十分珍贵的民族民间文化遗产。目前，全国各地仅内乡县衙保留有这种活动，具有较高的价值。

　　目前，"打春牛"已成为河南当地政府大力扶持的民俗景观，南阳武侯祠首次隆重举行"诸葛亮鞭打春牛"大型民俗表演，体现人们对五谷丰登的美好期盼。打春牛还登上 2014年河南卫视春节晚会，成为人们陌生又熟悉的文化娱乐节目。

　　2007 年，"打春牛"被列入第一批河南省省级非物质文化遗产名录。

打春牛表演

舞阳农民画

舞阳农民画主要流布于河南省漯河市舞阳县。

舞阳地处中原腹地,历史悠久。舞阳贾湖遗址发掘出土的一批距今 8 000 年的甲骨契刻符号和骨笛,反映了这里早在 8 000 年前就有了古老的文化艺术。舞阳农民画受到相当深厚的民间美术传统熏陶。舞阳县境内,原始泥塑、彩陶、汉代画像石、唐宋陶瓷器皿、绘画图案以及各代建筑、石刻、帛画、壁画、刺绣、剪纸、灯花、编织、布娃娃、香布袋、门神画等民间绘画美不胜收,形成了相当深厚的民间艺术传统。特别是在舞阳出土的汉画像石与南阳画像石如出一辙,部分图案则略胜一筹,"十字花朵图""朱雀对语图""狩猎捕禽图"等栩栩如生。这些对舞阳农民画产生了直接的影响。

舞阳农民画始于 20 世纪 50 年代末的"诗画满墙"运动,而舞阳县则是当时全省闻名的"壁画县"之一。舞阳素有画迎壁墙的传统,自然就有一些民间画家。街头巷尾随处可见歌颂"大跃进"的宣传壁画。当年的壁画多是漫画、宣传画或夸张的图表,配以宣传口号或民歌民谣,如"庄稼长得刺破天,坐着飞机掰玉米""一台拖拉机拔不动一棵红薯",等等,内容充满乌托邦式的狂想,却也具有一定的艺术意义。

舞阳农民画产生于 1958 年狂热的"大跃进"时代。为配合当时的生产运动,全国上下兴起壁画热潮,"人人做诗人,人人当画家"的口号风靡一时。当时的农民一手拿锄头,一手执画笔,把自己对美好生活的向往和憧憬用最简单的图案表现出来。这就使得当时的绘画作品普遍存在着乌托邦式的狂想和政治功利主义的痕迹,同时又带有鲜明的浪漫主义色彩,表达人类改造自然的勇气和力量。在创作形式上,多用漫画式的夸张手法。由于这是一个全国性的运动,许多美术工作者乐此不疲,"诗画满墙"是最好的证明。

进入 20 世纪 60 年代,一些特别优秀的美术工作者脱颖而出,他们把以墙壁为载体的壁画,转变成以纸张为依托的艺术形式,农民画这一新的艺术形态开始萌芽、生长。绘画题材也由"大丰收"向表现农村现实生活过渡,如摘棉花、打井等。由于这些作品的作者都是农民,"农民画"的叫法也就由此而来,意思为"农民画的画"——画风淳朴,带有泥土的芬芳。

舞阳农民画是由农民创作的,在农民画中应用并流传着属于他们自己的一种朴素而自由的表意形式来表达画中的审美意蕴。在舞阳的农民画中,它继承了原始艺术中的一些混合性特征,在看似简单、概括、随意、粗犷的图式中,通过借物达意传情的意象方式来表达人民群众的真实情感以及追求美好生活的愿望。舞阳农民画的构图给人最直观的感受就是"满""密""全",它们一般都不讲透视法而采取主观的全景式构图,既强调了艺术中的真实,又增强了在画面中的通透力,增添了艺术感染力。

舞阳农民画在色彩的表现上有着自己独特个性的思维方式与表现形式,色彩的表达上表现出极强的主观性。凭记忆和对事物的感受作画而非写生作画,其表达的内容具有多视点,多时空的特点,具有强烈的平面化意识。舞阳农民画的创作者一般选用高纯度、多色相的色彩来表现作品。表达的基调通常都是非常鲜明、浓艳的，就如戏剧中人物的服装颜色一样，搭配总是鲜亮耀眼。它选用让人感觉最强烈、最刺激的色彩来构成视觉画面，这样根据色彩的知觉度来迅速吸引观者的眼球视线。色彩对比鲜明、艳丽强烈，能够让观者耳目一新。

舞阳农民画的作者大多是土生土长的农民画家，表达内容与人们的衣食住行息息相关，直接反映农民生活；有些是农村经常走街串巷的画匠，在作品中农民们运用自己的思维模式来表达农民生活的心理和愿望。这些作品充分表现了农村的民风民俗、求吉消灾、生殖崇拜，还有一些田间地头、茶余饭后、热火朝天的大丰收、温馨安逸的农家小院，富有浓郁的乡土气息和生活气息。

舞阳农民画与别地的农民画相比较而言更具有民间的"土"味，色彩鲜明热烈，造型更是显得丰满、敦厚。舞阳农民画从整体的布置到局部的表现都追求圆满。整幅画面中的人物显得丰满圆润，动物健壮可爱，植物也成长茁壮。河南民间美术以圆满为美，民间年画以饱满的构图、艳丽的色彩而著称，民间剪纸中团花的构图方式，无不代表了民族"尚圆"的情感。

舞阳农民画既来源于中原民间文化的艺术传统，又蕴涵着现代主义和浪漫主义的风格特征。从民间绘画、剪纸、刺绣、泥塑、壁画等古老民间艺术的传统发展而来。舞阳农民画形成了迥异的绘画风格，具有强烈的艺术个性。它以农民的丰富生活为主体内容，运用大胆的色彩表达，具有创新性的现代表现手法，形成了独特的农民画风格，具有一定的艺术价值。

舞阳县农民画源远流长，它起源于20世纪50年代，滋生于古老文明的文化环境，它既继承了浑河舞阳的民间传统文化，又融合了现代人的思想和意识。独树一帜的农民画以其最民间、最质朴的造型、构图和色彩，诠释着新农村发展中多姿多彩、欣欣向荣的生活风貌。为人们创造了一个崭新的艺术空间，成为河南传统文化和民间艺术中的一颗璀璨明珠。

在人民公社时期，舞阳县组织农民画创作的做法是，县里发通知、公社推荐人、生产队记工分、文化馆供食宿。人民公社解体之后，政府文化部门对农民画作者予以补贴，但经费困难使组织开展农民画创作面临巨大的压力。

舞阳农民画作品

1988 年 9 月，舞阳县成立了全国第一家农民画院——舞阳农民画院。画院集创作、研究、经营为一体，以"社会主办，独立核算，自主经营，自负盈亏，以画养画，以画养院，自我发展"为宗旨，大力开拓市场，先后与中国书画院等文化团体及中介组织联系，将舞阳农民画推介出去。

近年来，舞阳县由县文化馆馆长、农民画院院长连瑞卿牵头举办创作骨干培训班，坚持定期组织培训，已形成了一支 200 多人的农民画创作队伍。截至 2006 年年底，共有 29 位舞阳农民画作者的 296 幅作品分别参加了国家级、省级展览或被选送国外展出，其中《左邻右舍》《东河湾·西河湾》《果熟时节》在省第一届艺术节上分别获得一、二、三等奖，同时被国家、省、市有关部门收藏。

1987 年 9 月 6 日至 10 月 5 日，舞阳农民画代表河南省参加第一届"中国艺术节 中国现代农民画展"，有 7 件作品入选并由国家民间美术博物馆收藏而成为祖国艺术宝库的珍品，舞阳农民画不但参加国内重大美术展览活动获各种奖项，还漂洋过海赴乌拉圭、新加坡、德国等国家和地区参展，获得极大成功，并引起较大反响。1988 年 2 月 9 日，舞阳县被文化部命名为"中国现代民间绘画画乡"。

目前，舞阳农民画已成功打入本市和平顶山、郑州等地市场，在酒店、宾馆、家庭装修市场中占据一席之地。为当地的农民群众带来了一定的经济效益。

2004 年，舞阳农民画入选首批"河南省优秀民族民间文化保护工程"名录。2007 年，舞阳农民画被列入第一批河南省省级非物质文化遗产名录。

赫哲族鱼皮服饰

赫哲族鱼皮服饰主要分布在黑龙江省的饶河、抚远两县。

鱼皮服饰最早发源于何时、何地、何种民族已无法确证，但是，从现存的史料中，特别是中国汉文的历史记载以及赫哲族口头文学"伊玛堪"中，可以断定鱼皮服饰的发源历史悠久。最早在《山海经·海外东经》记载："玄股之国，在其（黑齿）北；其为人衣鱼食鸥"。晋朝郭璞在对它的注本《山海经·海外东经》中对其诠释是："以鱼皮为衣也。踏，水鸟也"。"1992 年发掘的密山新开流新石器时代遗址，可将赫哲族古代文明追溯到距今6 000 年前。服装的由来，有"遮羞说"和"御寒说"两种说法。《三朝北盟汇编》记述：辽代的五国部，人口可达二十至三十万，贵族过的是锦衣细食的富贵生活，而贫民和奴隶却"衣牛、马、猪、羊、猫、犬、鱼、蛇之皮……"可见辽金时代鱼皮服仍然是贫民、奴隶所穿，不难推知，鱼皮服的产生最早就是为了蔽体。

随着人类文明的进步，各民族之间的交往日益频繁，服饰更多的表现了唯美修饰的意义。赫哲族的传统服饰受生活环境和生产方式的影响。由于各地资源不同，居住在黑龙江勤得利以上至松花江中游的赫哲人，主要以狩猎为主，所以多以兽皮为衣；从八岔以下至黑龙江下游的赫哲人多用鱼皮做衣，用兽皮很少，这部分赫哲族又被称之为"鱼皮部"。另一个方面赫哲族服饰也是各民族文化相互交流的结果。赫哲族居住的地区也是满族、达斡尔族、鄂伦春族等民族交错杂居的地区。各民族服饰文化的相互交流和渗透，是民族发展过程中必然产生的现象。

赫哲族以鱼皮为衣有着悠久的历史。有着发展演变的过程。《黑龙江志稿》记载，"赫哲人衣服用布帛者少，寒时着狍鹿皮，暖时则以鱼皮制衣服，鱼皮成熟则软如棉，薄而且坚"。到了清朝，赫哲族的服饰仍然以鱼皮和兽衣为主，《皇清职贡图》中记载，赫哲族"男女衣服皆鹿皮鱼皮为主"，张晋延在《宁古塔山水记》中记载，包括赫哲族在内的鱼皮部落"食鱼为生，不种五谷，以鱼皮为衣，暖如牛皮"。鱼皮服"缘以色布，边缀铜铃，亦与铠甲相似"。赫哲族这种服饰特点与他们长期以来从事渔猎生产活动有关系，是一切取之于自然，利用自然的结果，同时以鱼皮和兽皮所制成的衣服都比较结实、耐磨，冬天穿兽皮衣服可以抗寒保暖，夏季穿鱼皮衣服可以防潮、耐水。

清朝时，赫哲族与外界其他民族加强了联系，布匹传入赫哲族地区。布匹的传入，使赫哲族出现了上层人物穿布衣的现象，丰富了赫哲族的服饰文化，同时也使鱼皮服饰和兽皮服饰出现了用彩布包边装饰的现象。虽然布匹传入赫哲族地区，但是在清朝时赫哲族仍以鱼皮和兽皮制做衣服为主，因为布匹在当时很贵，普通的人穿不起。

民国年间，赫哲族的服饰文化无论是服装的款式、加工工艺还是艺术特色都继承了清朝时代的特点，但是，此时鱼皮服饰开始减少。如凌纯声在《松花江下游的赫哲族》一书中有记载："今日鱼皮衣服已不多见，惟鱼皮绑腿、鞋子、套裤及口袋等用之者尚多"。

中华人民共和国成立以后，赫哲族普遍用布匹做衣服，告别了穿鱼皮衣服和兽皮衣服的传统。布衣代替鱼皮和兽皮衣服，使赫哲族的服饰文化更加多样化。后来赫哲族与汉族混居，各方面都受到汉族文化的影响，使赫哲族的布衣款式也被汉族服装款式逐步替代。现如今，在日常生活中赫哲族传统的民族服饰已经全部消失，与汉族服饰没有什么区别，民族的传统服饰——鱼皮衣服、兽皮衣服和传统款式的布匹衣服只有在民族节日时才穿着。

早年"赫哲族人用鲶鱼、鲑鱼、哲罗鱼三种鱼皮较多；狗鱼皮亦可作衣料，又可染颜色，剪成花边做衣服的贴边，及装饰皮用。鲟鱼皮，除做衣料外，又可做皮条。"赫哲族在长期的生产生活中，积累了丰富的经验，他们熟知鱼的不同习性和鱼皮质量，分别用不同的鱼皮制作衣服的不同部位。

剥制鱼皮的刀，必须是木头刀。这种工具是赫哲族自己创制的。用木头刀剥鱼皮，可以保证鱼皮的完整，不被割坏。赫哲族有句歇后语讲："木头刀剥鱼皮——捅不漏"就表现了木头刀的优越性。剥鱼皮的方法是，将要剥的鱼稍微放干后，去掉头和尾，用木头刀从鱼两侧的鳍部开始剥，剥到鱼脊梁骨附近，再用两手使劲将鱼皮撕下。然后把鱼皮板板整整地铺平瞭干，不能在太阳底下晒，要放在阴凉通风处阴干。鱼皮瞭得越干越好，晾干后就可以熟制了。

早年赫哲族熟制鱼皮子是用木植和植床。其方法是，将瞭好的鱼皮卷紧后放在植床的槽子里，然后用木植捶打。捶打鱼皮时，鱼鳞自然脱落，直到鱼皮捶软时即可。这种熟制鱼皮的方法，既费力气，又费时间，每天从早到晚也就熟一两张鱼皮。后来赫哲人发明了铡刀，用铡刀熟制鱼皮需要两个人配合，一个人跨在铡刀的一头，把瞭好的鱼皮卷成卷横放在锄刀的槽上，用手把住鱼皮卷两端，另一个人手握锄刀柄，一下一下往下锄，鱼皮在手中不停地翻动。用锄刀熟制鱼皮，不仅可以省力气，还能提高效率。

赫哲族鱼皮衣服的剪裁有两种方法，一种是将数张鱼皮拼成一大张后再剪裁缝制，另一种办法是将小块鱼皮直接剪裁拼接而成。前者的缺点是浪费边角料多。过去，由于鱼非常多，个头也很大，所以赫哲人缝制鱼皮衣时不在意浪费多少。大块面料裁衣，使衣服的颜色比较匀称，看上去更加美观。用小块鱼皮直接剪裁拼接则要求缝制衣服的人不但要有较高的技术，还要注意衣服的美观。鱼皮衣服除自然色彩外，还有将鱼皮衣染色后进行裁剪的。其方法是，采来同一色彩的野花放在一起捣碎后加水做成染料，把剥下的鱼皮放进染料里，浸泡一段时间后，再把鱼皮拿出来晾干，将染好色的鱼皮进行熟制，熟制到鱼皮柔软为止。

缝制鱼皮衣服主要是用鱼皮线、狍筋线、鹿筋线。但是狍筋线、鹿筋线的制作工艺也同鱼皮的染色技术一样失传了。鱼皮线是用胖头鱼皮为原料制作，因为它比较厚实，柔韧耐磨。将鱼皮熟好后，将狗鱼肝揭碎后涂抹在鱼皮上，使鱼皮柔软，然后将鱼皮一层一层的折叠起来（像折扇一样），用木板压紧，再用刀像切面条一样切成细细的条线，一头要粗一些并且相互连接在一起。切好后，用另外一块鱼皮包缠鱼皮线，用力勒紧，使线更细，便于穿针。现在赫哲族缝制鱼皮衣服的线都是棉线或尼龙线了。

鱼皮衣服的最后一道工序就是图案艺术加工。赫哲族的图案多使用云纹、水纹、鱼形纹、螺旋纹等。这些图案的纹样主要来源于自然界的日、月、星、花草、树木、鱼、鸟、兽及波浪等的变形图形。赫哲族用鱼皮制作的图案可以分为自然类和动物类，自然类有日、月、山、水、火、石、星、风、雨等；动物类图有虎、蛇、鹿、鸟、鱼等；植物图有花草和树木等。在古老的服饰上、生产工具上、生活用具上等都可以看到这些优美的图案花纹，从而形成了民族特色。

鱼皮图案在服装和器具上的表现方法大体可分为四种工艺：涂染、粘贴、缉缝和包绣。

赫哲族的鱼皮衣服多用胖头、赶条、草根、鳇鱼、鲟、大马哈、鲤鱼等鱼皮制成，长衣居多，主要是妇女穿用。式样如同旗袍，袖子短肥、腰身窄瘦，身长过膝，下身肥大。领边、衣边、袖口、前后襟等处都绣有云纹或用染色的鹿皮剪贴成云纹或动物图案，并用野花汁染成红、蓝、黑等颜色，风格淳朴浑厚、粗犷遒劲。早年衣下边往往还要缝缀海贝壳、铜铃和璎珞珠琉绣穗之类的装饰品，更加别致美观。鱼皮袍等鱼皮服饰具有轻便、保暖、耐磨、防水、抗湿、易染色等特性。特别是在严寒的冬季不硬化、不会蒙上冰。

赫哲族渔民的鱼皮套裤是用怀头、哲罗或狗鱼皮制成的，分男女两种。一般都是比较肥大的，套在裤子外面，男式的上端为斜口，女式的上端为齐口。主要是捕鱼和劳动时穿的，冬季可抗寒保暖，春秋可防水护膝，大都绣有花纹或镶有花边。既可冬季穿也可夏季穿，具有不受潮湿、不挂霜、不打滑等优点，深受赫哲人喜爱，延续时间最长，使用也最广。冬季穿时，为了保暖，里边需套上狍皮袜头或絮上乌拉草。

鱼皮衣是赫哲族独有的服饰，是大自然恩赐的结果，也是识别这一民族的显象性标志之一。鱼皮衣的出现反映了赫哲人利用自然、改造自然、适应环境、创造生活的顽强意志

穿鱼皮服饰的赫哲族人和赫哲族
鱼皮服饰

与高度智慧，也表现出赫哲族古朴雅致的审美情趣。鱼皮服饰暗示着赫哲族发展的历史轨迹，其独有的价值表现为：美观轻便、防水防腐、耐磨抗寒。比如，鱼皮套裤就是把多张熟好的并按自然纹理拼成大块面料的怀头鱼皮裁剪缝制而成的，鱼皮的背部颜色较深，腹部颜色较浅，按不同的花纹有序排列，产生无与伦比的色彩纹理。鱼皮衣的造型艺术，别致精巧，纯朴典雅，具有独特的不可复制性和审美价值，成为中国民族服饰中的精品。

赫哲族服饰的图案艺术美观大方、雅致精细、生动逼真，极具民族特色。花纹图案大都以古朴、素雅、大方为特征，极少有大红大绿，色彩多以黑、灰、淡蓝、黄、白为主，接近北方的自然景致色彩。图案造型有云纹、回形纹、浪花纹、鹿纹、几何纹等。由此可见，赫哲族的图案艺术受自然景物的影响尤为明显，反映出对大自然的崇尚心理和审美情趣。勤劳勇敢的赫哲族人民在民族服饰文化发展的历史进程中，所创造的文明和贡献是不可磨灭的，其精美的鱼皮服饰款式、精湛的鞣制技艺，使之成为我国民族文化艺术园地中一朵美丽的奇葩。

一个民族服饰的形成与发展，必然会反映在其民族传统文化上，而民族传统文化在很大程度上又会影响这个民族服饰的发展与变迁，并且服饰又能够表现出这个民族的基本特征与思想观念。民族服饰是其民族文化中的一部分，富有深厚的文化底蕴。同时，作为文化组成部分的服饰，是与其特有的民族文化背景相融合的。综观赫哲族服饰，以渔业文化为主要特征的赫哲族历史文化，给他们留下了深刻的印记，由此形成独特的鱼皮服饰文化特色。鱼皮服饰文化就是在赫哲族漫长的历史发展过程中逐渐形成的，并与赫哲族的发展同步展开，相互影响。鱼皮衣，是这一民族服饰中最具特色、最为显象性的服饰，也是识别这一民族唯一的标志，它起着族徽的作用。这种由赫哲族人民创造出的独特的赫哲族鱼皮服饰艺术，已经成为现在与未来的经典。鱼皮服饰手工技艺历史悠久，其精湛的鞣制技艺堪称一绝，虽制作繁琐，但有很强的艺术性和实用性，富有深厚的地域性文化底蕴。

近几十年来，随着赫哲民族经济文化的发展进步和纺织、化纤等各种现代服装面料的大量输入，鱼皮服饰在现实生活中已不见了。目前掌握传统鱼皮技艺的老人多已离世，仅尤翠玉老人尚健在，也已年近八十高龄。鉴于古老的赫哲族鱼皮制作技艺濒临消亡，亟待予以抢救与保护。由于博物馆收藏和人类文化学研究的需要，同江市街津口赫哲乡的老一代赫哲人曾多次为国内外博物馆复制鱼皮服饰，使这一技艺在局部地区得到传承。老艺人还用传统技艺创制了鱼皮萨满服饰及赫哲风俗系列作品，一些年轻人发展创新，利用传统的鱼皮剪贴技术创制了现代的鱼皮技艺品及鱼皮画，使古老的鱼皮文化延伸到旅游、艺术等领域。

在现代社会中，穿鱼皮衣服既不美观也不实用，制作鱼皮衣服还要耗费大量的物力和时间，所以，赫哲族穿鱼皮衣服这个习俗早已放弃。但是，鱼皮工艺应当完全地保留，应当把制作鱼皮衣服的手工工艺以文字记载、映像刻录、传承人等方式保留下来。被保护的文化记述着赫哲族文化发展的历史，是赫哲族文化在未来的延续。

目前，赫哲族传统渔猎文化已成为黑龙江省第一个非物质文化遗产保护工程国家级试点项目。赫哲族鱼皮服饰也被列入国家级非物质文化遗产名录。

土家族摆手舞

土家族摆手舞流传在湘、鄂、渝、黔四省市交界的酉水流域及沅水流域一带，尤以酉水流域最为集中。在重庆酉阳、秀山、黔江、彭水、石柱，湖南永顺、龙山、保靖、古丈，湖北来凤、恩施，贵州沿河、印江等地。

摆手舞起源于狩猎生活，唐代以后，单一的土家族逐步形成，"孳"人的经济生活也逐步从狩猎中转为耕地种田的农业生产，抗敌战争中用以迷惑敌人的歌舞随之演变成土家族首领们的厅堂舞；洛塔《向伯林墓志铭》中记载，土家族老蛮头吴著冲的行宫吴著厅，常以男女相随，歌舞作乐。

五代时期，土家族地区开始实行土司制度，摆手舞成了专供土司王娱乐的一种歌舞，直到改土归流时，摆手舞得以充分完善和迅猛发展。首先从摆手舞参加的人数来看，土司所管辖地区，青年男女全部参加，因为每逢岁时，会节及舍巴下乡"具令民间妇女摆项歌舞侑觞，"其次在摆手地点上也充分扩大，从土司王衙署所在地老司城扩大到所管辖的三州六洞皆设有摆手堂，仅龙山县境内就有靛房、贾市的吐、长潭的着落湖、洗车的干溪、水坝等建有摆手堂。

在土司统治的 805 年期间，摆手舞无论从形式到内容，从时间到地点，都从不同角度丰富了摆手舞的内涵。显而易见，土司王的目的有二：其一，为了长期巩固自己的统治地位，把自己的祖宗彭仕愁，田帕帕进行神化，摆上神堂，与八部大王齐位。世代沿袭的土司王位是上帝的旨意，神的再世，百姓们只能听命，不能造反。其二，摆手舞场面之大，气氛之热烈，土家儿女以歌舞供其欣赏。改土归流后，摆手舞由供土官作乐转为民间娱乐，男女老少全部参加，十分普及，形成了自演、自乐的传统歌舞；一来表示对祖宗的怀念和尊敬；二来表示教育年轻人不忘根古；三来表示本民族的自尊、团结。

民国末年，由于局势动乱，摆手舞开始衰退，多数摆手堂因失修而坍毁。

摆手舞其身体动作主要取材于生产劳动、日常生活和战斗。有"单摆""双摆""回旋摆"等。在长期发展变化，在各地不完全相同，但其基本特点却是一致的，即顺拐、屈膝、颤动、下沉。顺拐是摆手舞最主要的特征，即甩同边手，它要求手脚配合默契，动作一致，以身体的律动带动手的甩动，手的摆动幅度一般不超过双肩，摆动线条流畅、自然、大方；屈膝要求膝盖向下稍稍弯曲一下，上身摆正，脚掌用力，显得敦实、稳健；颤动是脚部与双臂略带小幅度抖动。

摆手舞反映土家人的生产生活。农事舞主要表现土家人农事活动，有"挖土""撒种""纺棉花""砍火渣""烧灰积肥""织布""挽麻蛇""插秧""种包谷"等；生活舞主要有"扫地""打蚊子""打粑粑""水牛打架""抖虼蚤""比脚""擦背"等十多种。以前还有军前舞和酒会舞，现在其动作已经失传。

摆手舞活动是土家族人缅怀祖先、追忆民族迁徙的艰辛、再现田园生活的恬静的大型舞蹈史诗，其服装和道具也蕴含着本民族的文化元素。各式各样的民族服饰和道具将摆手堂装饰得隆重而热烈。摆手场上插着许多幡旗，人们手举龙凤旗，身披"西兰卡布"，捧着贴有"福"字的酒罐、担五谷、担猎物、端粑粑、挑团馓、提豆腐，手持齐眉棍、神刀、朝筒、扛着鸟枪、齐眉棍、梭镖等为道具，吹起牛角、土号、唢呐，点响三眼铳，锣鼓喧天，歌声动地，男欢女乐，舞姿翩翩，气氛非常热烈。

举行摆手舞活动时，人们扛着龙凤大旗，打着灯笼火把，吹起牛角号、唢呐、咚咚喹，点燃鞭炮，放起三眼铳；抬着牛头、粑粑、刀头、米酒等供品，浩浩荡荡涌进摆手堂。先举行祭奠仪式，由一位有声望的土教师带领众人行过叩拜礼后，便在供奉的神像下面边跳边唱神歌。唱的内容多是颂扬土王及祖先的恩德和业绩，表达土家人的无穷怀念之情。还要象征性地恭请土王和祖先前来参加摆手盛会，与民同乐。祭奠完毕，土教师则带领众人来到堂外的坪坝，在一棵挂满五颜六色小灯笼的大树下依次围绕，随着锣鼓的节奏起舞，"男女相携，蹁跹进退"。

舞蹈与音乐是密不可分的，跳摆手舞也不例外。摆手舞的音乐很有特色。摆手舞进行时，由梯玛（土语意为巫师），用土家语演唱摆手歌（即舍巴歌），舞蹈者和观众合唱。唱腔多为喊腔，旋律性不强，但颇有声势，能表现强烈的欢乐情绪。摆手舞的伴奏乐器比较简单，以锣和鼓为主，通过锣、鼓的节奏来控制舞蹈队形和动作的变化。不同的舞蹈内容有不同的节奏。表现战斗动作时，节奏高亢激越；表现追忆祖先动作时，节奏舒缓而庄重；表现生产劳动时，节奏快慢有致；表现生活时，节奏轻松活泼。锣鼓声伴随着众人发出有节奏的"嗬也嗬"的和唱声，营造出一种刚劲而稳健、热烈又庄重的氛围。

摆手舞是土家族人民交际的重要途径，每当摆手活动开始，人们不分年龄、性别、地位，都聚在一起，同歌共舞，相互沟通，成为交友、消仇和男女青年交谊、择偶的好场合。土家族通过摆手舞，强化着各种不同规模的社会群体的凝聚力和向心力，增强了本民族的团结意识，是土家族长久以来传承本民族传统文化的载体和民族团结的纽带。

摆手舞是土家族人民千百年来所创造的精神财富，是土家族在一段漫长的历史阶段里，社会生产发展的缩影和艺术性的表现，它的成长、发展伴随了土家族这一民族共同体的共同语言、共同地域、共同经济生活和共同心理素质形成的全过程，是土家族民间文化的综合载体。摆手舞的价值不是一般的艺术形式所能替代的，它在土家族的社会与历史发展过程中有着极其重要的社会价值。

古老的摆手舞既是一种宗教祭祀活动，也是一个进行本民族历史教育的大课堂。摆手舞中"梯玛"的唱词表达了对祖先的缅怀、鬼神的敬畏、丰收平安的向往。摆手舞场面凝重庄严、巫师威严神圣、祭祀队伍虔诚痴迷，在这种强势训导环境中，潜移默化地完成了对部族民众的教化。土家族有语言，但没有文字。在没有文字和书本的时代，这种祭祀、庆典无疑成为以巫师为导师传授某种技能，传授礼仪习俗及部落历史知识的最佳场所，统治者又恰当地借用了摆手舞这种活动达到了强化民族宗教信仰、禁锢部族思想意识的目的。

土家族人们居住在湘、渝、鄂、黔交界的山区。这里山峦叠嶂、沟壑纵横，山寨之间极为分散，"本寨数十里外辄为足迹所不至"，人们交往、交流非常不便。而且土家族地区"山寒水冷，收获甚薄"，不得不常年劳作于田地，使得人们"鲜片刻之暇"，更无以为乐。摆手舞作为一种大型舞蹈、祭祀活动，不仅将土家族，还将汉族、苗族人民吸引，聚集在摆手堂，使摆手堂成为人们交流与交往的中心。许多客商则带着土家人自己不能生产的日常生活用品来到摆手堂外，利用土家族人"不识商贾"的特点，做起买卖。因而，摆手舞活动不但是人们娱乐的方式，而且也为本民族与外界进行交流交往搭建了一个平台，促进了商品流通和经济繁荣。

在传承摆手舞的过程中，涌现出一批代表人物，如彭荣子、彭昌义、彭大钊、彭承金。现在舍米湖全村男女老幼，人人都会跳摆手。

跳摆手舞有它所赋存的特定环境——自然环境和人文环境。先前鄂、湘、渝、黔边区的土家也是跳摆手舞的，可是现在已经很难见到了，这与民族融合、土家逐步汉化的人文环境有关。先前清江流域的土家也是跳摆手舞的，可是现在已基本不跳了，这与地理环境及人文环境的差异都有关。

到现代社会，只有沿酉水流域的来凤、宣恩、龙山、永顺、保靖及周边地带还在跳摆手舞，在来凤原有的"大摆手"，现已失传，仅百福司镇舍米糊村还保存着原汁原味的"小摆手"。从历史的情况看，流行的范围在缩小，因此急需加强保护。

近年来，外来文化逐步渗透土家地区，年轻人对多种文化形式的向往，对本土文化缺乏熟悉，对传统艺术的继续爱好有减弱的趋势，土家的乡民们越来越多地走出大山读书、

摆手舞表演

1117

务工，留在家中的人减少，且非老即小，传承的人群自然降低，急需有意识地加以引导，增强对优秀非物质文化遗产的保护与重视。

摆手舞动作粗犷健美，情绪热烈奔放，以摆跳为基本运动形式，动作则变化无穷，有单摆、双摆、侧身摆、送摆、回旋摆等一百多种摆式，多而不乱，浑然一体，是一种全身性的活动，而且运动量不小，如"插秧"秧歌步弯腰插种四次，然后观看劳动景色，反复数次，整个动作协调自然，使全身肌肉、关节、韧带都得到良好的锻炼，而且对腰部肥胖者有一定减脂作用，同时对肩周炎患者有一定辅助性疗效。

另外，"摆手舞"具有较强的娱乐性。作为一种民族舞蹈，其动作优雅、健美、摆动姿势流畅大方。音乐时而庄重舒缓，时而欢快活泼。仿佛来到了田园牧歌般的自然环境，使人的心灵获得强烈的激情、美好的向往和审美的愉悦，从而达到了健心怡情的作用。

摆手舞自 1957 年起，多次赴北京、上海、广州等地演出，引起轰动。中外舞蹈专家评说："摆手舞是最具土家族民族特点的舞蹈。"现在张家界土家风情园、龙山县、酉阳等景区已经形成了摆手舞品牌。

2006 年，摆手舞被列入中国第一批国家级非物质文化遗产名录；2008 年，国务院又把酉阳土家摆手舞列入第二批国家级非物质文化遗产名录。

阳新采茶戏

阳新采茶戏流布于黄石的阳新、通山地区。

阳新采茶戏在民间俗称"茶灯戏"。早在清康熙年间（1662—1722 年），阳新就出现茶歌和民歌小调为唱腔的"花灯戏"，这是采茶戏的雏形。阳新在宋代就是全国 12 个贡品名茶产区之一，年产茶叶 14.8 万公斤左右。可见阳新种植茶叶历史之悠久，产量之多。采茶姑娘们在采茶劳动中常以唱茶歌自娱，久而久之，在漫长的历史发展过程中，采茶歌便以一种民间传唱的形式盛传开来，再经过一代代人传承和延续，这种民间艺术表演形式转变成采茶戏。所以，采茶戏不仅与茶有关，而且是茶叶文化在戏曲领域派生或戏曲文化吸收茶叶文化形成的一种灿烂文化内容。阳新采茶戏是黄梅采茶戏传入湖北阳新后，与当地花灯戏相结合，约于清道光年间演变形成。在"花灯戏"发展为"采茶戏"的过程中，黄梅戏和汉剧的传入，在道白、表演、板式等方面给予阳新采茶戏很多影响。

至清咸丰年间（1851—1861 年），它已成为独具风格、行当齐全的地方剧种，剧目多达一百多个，与江西武宁、瑞昌的采茶戏互有影响。阳新采茶戏到现在已经有一百六七十年的清晰传代史，自第一代至今已有十代以上，《阳新县志》记载的名艺人有陈新岩、李盛满、李殿才、徐世怀、陈世锡等。以前在阳新，逢年过节，红白喜事，都有"唱戏"的习俗，且一唱就是几天几夜，有民谚述此景："阳新龙燕，四十八郾，抱起枕头一撂肩，茶戏爱看一夜天。"可见当时采茶戏深受人们群众的喜爱。

阳新采茶戏舞蹈性表演动作贯穿于人物的整个行动之中，在阳新采茶戏的表演中，不仅唱腔之处采用轻松、活泼的舞蹈，人物的大部分"念、做"也都采用了极富舞蹈性的动作。剧目多以喜剧、闹剧为主，很少有正剧和悲剧，题材多以当地茶农为表现对象，一个采茶戏班子只要有老生、老旦、正生、正旦、小生、小旦、小丑 7 个演员，就可演出一台戏。其中小丑分为"正丑"和"反丑"。"正丑"为丑行俊扮，主要扮演劳动者中的青年汉子，身穿三花衣，左手甩长袖筒，右手舞扇子花，"反丑"为丑行丑扮，常扮演反面人物，脸谱抹白鼻子形如青蛙之类，表演动作诙谐夸张，深受当地农民群众的喜爱。

阳新采茶戏音乐属打锣腔系中板式变化体，它由正腔、采腔、击乐三个部分组成，正腔是阳新采茶戏的主要声腔。这种声腔，可变幅度大，可表达喜、怒、哀、乐等不同情绪，适用于表现不同的内容，对于抒发悲哀、哭泣的感情特有效果，板式变化多，表现力强。它的唱腔柔婉优美，一咏三叹，演唱时在润腔上常用倚音、颤音和滑音，这种润腔、润味方法，使阳新采茶戏唱腔更突出了鲜明的地方特色和个性，情感质朴浓烈。另外，阳新采茶戏的话白，使用的是阳新县的地方方言，语言风趣，融民间口头文学、民间歌舞和灯彩为一体，具有浓郁的茶农生活气息。

采茶戏以前主要是以锣鼓伴奏为主，锣鼓或作唱腔前奏，或作腔句间奏，或配合演员动作武场人员，还担负着帮唱的任务，1964 年在打击乐的基础上加入了丝弦伴奏，在技巧上不断提高。改革开放以后，根据现代人的音乐审美情趣，又适当加入了现代电声乐器和特殊电声效果，大大丰富了采茶戏的音乐表现力，使古老的阳新采茶戏焕发出新的生机和活力。

从戏曲本体上看，阳新采茶戏本身融合多个剧种，并且仍在不断推陈出新，与各种新音乐、新唱腔相融合，形成的新时期阳新采茶戏与其说是一种"新戏曲"，倒不如说是一种"新现象"，透过现象是可以窥探在"寒冬"时节中国传统戏曲所呈现出来的多元化景观的。阳新采茶戏在经历近 300 年的发展后，重新在当下绽放出新的生机，这无疑是戏曲界的一朵奇葩。对其进行搜集一手资料并进行细致的整理，分析研究很有必要。

从戏曲理论与音乐理论的角度来看，阳新采茶戏有着深厚的文化背景，其民俗价值、音乐意义与戏曲渊源，均有可考之处。根据《阳新县志》记载，阳新采茶戏在民间俗称"茶灯戏"，表演者只需一张方桌、几条板凳即可表演，几乎不受环境限制。其特点是"锣鼓伴奏，人声帮腔"，一人唱来众人和，节奏明快，气氛浓烈。从音乐学的角度分析，阳新采茶戏的音乐属打锣腔系中的板式变化体，其声腔在中国传统戏曲中是较为少见的，尤其是华中、东南地区的地方小戏，基本上鲜有三个部分同时组成一种声腔的戏曲体系，且是以"打锣腔系"为主要声腔归属，即使在山西、陕西等以梆子、秦腔为主的地区，这样的组成也不多见，尤其作为一种板式变化体。

1964 年，阳新县委为挖掘和保护民间戏曲，邀请了湖北省艺术学院的杨匡民、程国权、熊永良等教授来阳新，召集采茶戏知名艺人谈会冰、刘应锡、成传福等集中完成阳新采茶戏的调查、挖掘、整理和记谱工作。同时，在打击乐的基础上又加入丝弦伴奏，大大丰富了采茶戏的音乐表现力，使古老的采茶戏焕发出新的生机与活力。

阳新采茶戏被众多媒体喻为"一枝独秀的山茶花。"阳新采茶剧团自成立以来，涌现出国家一级作曲李家高、国家一级编剧俞畅识；优秀演员向东桂、崔小牛、程国华、柯春

采茶戏表演

莲、万幸福、白瑛、方达茂、费丽君等，他们在阳新家喻户晓，老幼皆知，深受广大群众的欢迎与喜爱。

为了使采茶戏这个古老的剧种得以传承和发展，阳新人民政府和文化部门制定了"加强对全县乡剧团的辅导的支持力度，重点保护和支持专业剧团"的长远保护规划。使阳新采茶戏得以代代相传。

阳新采茶剧团于1965年正式挂牌成立。40多年来，已经创作、移植现代戏和传统剧目100多台。1972年秋，大型创作剧目《石头岭》在武汉市公演，剧组人员当时受到了张体学、王六生等同志的亲切接见。1974年，毛主席在湖北东湖视察时，也曾点名阳新采茶戏剧团演出采茶戏，观看了采茶戏移植剧目《平原作战》选场和《杜鹃山》选段的电视演出。特别是到了20世纪80年代中期，湖北阳新县当时全县有乡剧团二百余个，传统戏本达100台，被誉为湖北省的戏窝子。从1982年至今，阳新采茶剧团先后创作演出了《闯王杀亲》《张无奈拾印》《三姑出宫》《山中一片云》和《载梦的小船》等大型采茶戏。其中新编历史剧《闯王杀亲》于1982年在湖北省专业剧团会演中，荣获演出一等奖，创作二等奖；大型现代戏《载梦的小船》在2003年全省戏曲调演中，荣获多项大奖。2004年，该剧在湖北省戏剧新人新作展演中荣获演出、编剧、导演、音乐、舞美等八项大奖，被列为湖北省2004年舞台艺术精品工程备选剧目，后又选为2007年全国八艺节展演剧目。

2008年，阳新采茶戏被列入第二批国家级非物质文化遗产名录。

七江炭花舞

七江炭花舞流布于湖南省隆回县七江乡。

七江炭花舞历史悠久，由古代梅山峒民深夜狩猎时照明的火把发展而来。后又借鉴了夜晚照鱼用的炭灯，是梅山地区渔猎文化的活化石。七江该地生活的土著梅山峒民从渔猎生活走入农耕生活过渡期长达2 000多年，而炭花舞这一独特民俗舞蹈作为从渔猎生活向农耕生活进化时催生的产物，由始至终见证了这一漫长的历史进化过程。

相传，炭花舞的始祖是一个名叫张五郎的人，是大家所公认的梅山神。梅山鼻祖张五郎把火奉为万物之灵，他教山民用火围猎野兽，用火灯照明逮鱼，举行宗教仪式时，又高举火把祭祀。梅山峒民在获得胜利果实时，手舞足蹈，狂欢不已，手中的火把火星四溅，这是炭花舞的雏形。

唐宋时代，龙灯狮子传入七江一带，夜里舞龙舞狮时，当地梅山峒民把火把、火灯装进铁丝做成的网笼，以枞树和栗树皮为燃料制作成炭灯。峒民们用炭灯照明，为队伍开道，用力挥舞挂灯笼的竹竿，并融合了一些简单的舞蹈动作，使灯笼在空中急速盘旋，则火笼在夜色中舞动，像一火球后拖着一长长的火焰尾巴，其轨迹恰似火龙在飞翔。从此，炭灯与龙灯狮子融为一体，演变成独具一格的炭花舞。

明朝中期，隆回七江这里的人们为了庆祝过去一年的农业丰收，祈祷来年有个好收成，从正月初六起，都会汇聚在这里游龙耍狮。夜里舞龙时，炭灯就担当起为舞龙队伍照路的职责。

民国七年（1918 年）腊月，胡氏家族长老会在胡氏宗祠举行，族长在会上提出"炭花舞"胡氏族间的独有成果，既有祈神功力，感召上天，又有艺术价值，便于观赏，故欲制定一个承传规则，以保族间的长盛久兴。

后来，通过无数艺人的不断加工提高、传播，照路用的炭灯发展为表演性的"七江炭花舞"。舞龙灯时它继续为龙灯队伍开道，不舞龙灯时，它又成了人们生活中自娱自乐的一种文化娱乐形式。

炭花舞是梅山峒民在渔猎生产劳动中发展而来的，表达了梅山峒民在渔猎生产劳动中的种种喜怒哀乐。

在炭花舞当中，"甩"与"抛"等动作是使灯笼具有位置性和目标性的基本动作，如同挥动羊鞭的尾端划纸，也如同将鱼钩上的鱼耳抛到有鱼群的水面位置一样，充分表现了舞灯者对鱼的膜拜。龙、狗在梅山地区氏族图腾中显得更为重要。在炭花舞中，有关龙的题材舞蹈动作多达十几种，如"黄龙缠绕""双龙抢宝"等。"黄龙缠绕"，是表演者运用摇转方式使灯笼绕表演者周围形成环形旋转，再通过蹲、起的体态变化，形成灯笼绕柱而上，让人感觉到金龙在腰间缭绕，或金龙在灵活地向上或向下升降之感。

在炭花舞当中，"雪花盖顶""扫地莲花"等动作充分反映了梅山地区"和合"精神文化。"雪花盖顶""扫地莲花"这两个动作一上一下，都是"圈""圆"的动作，表达了梅山地区强烈的天地人大和合的思想道德精神。

炭花舞作为一种祭祀性舞蹈形象地反映了当地梅山峒民期望上天、祖先保佑他们风调雨顺、五谷丰登、种族繁衍壮大的意愿和目的。炭花舞中"朝天三柱香"等代表动作更是充分证明了梅山峒民祭天、祭地、祭祖先，以此消除水灾隐患，满足生产生活所需的祭祀意愿，从中我们可见到梅山峒民社会生产民俗生活的影子，亦表明了炭花舞与生产习俗是密不可分的。

七江炭花舞的表演者一般为两人。表演时，用枞树膏或栗树皮作燃料，装入铁丝网笼中，系于 5 米长的竹竿上端。炭花点燃后，利用甩、抛、绕、抖、收和弓步、大八字步、蹲柱等肢体动作，甩动灯笼看起舞，火星飞溅，宛若游龙夜空翻腾。七江炭花舞以打击乐伴奏，不受表演场地限制。七江"炭灯"初时只用长七八尺的竹竿、与竿同长的挂绳和焰

"炭花舞"表演

火灯笼组成。后来为了提高"炭灯"表演效果，将竹竿长度加长到了4米长，同样与竿同长的挂纯也加长到了4米。还创新地使用了"超短竿灯笼"表演特殊招式，极大地增添了"炭灯"的艺术感染力，也丰富了"炭灯"活动的艺术内容。

炭花舞表演者舞姿既剽悍勇猛，又刚中带柔，千姿百态，变化万千，地面的舞者和空中的炭花浑然一体。舞动时，灯笼里的炭花火星飞溅，若游龙翻腾，如赤练疾驰，使人眼花缭乱，奇美异常，独具一格，具有独特的美学价值。

七江炭花舞是梅山文化中独特的民俗舞蹈，是梅山地区渔猎文化的活化石，生动地体现着这一地区的文化传统。炭花舞历史悠久，由古代梅山峒民深夜狩猎时照明的火把发展而来。是渔猎时期诞生的舞蹈活化石，它承载着丰厚的历史积淀，表达着古梅山的传统民俗，具有极高的历史价值和文化价值。

七江"炭花舞"逐渐成为极受民众喜爱的一种艺术活动，也成为胡氏家族的一种独门艺术。特定"炭花舞"传承规则：唯传胡氏族间后裔，拒与外姓授教；"炭花舞"需功力支撑，传男不传女；"炭花舞"需智慧，每代只择一、二优才而传授之；向二优才同授祷告经之法术，舞灯之功力，任凭二才自练自修；举行正式"承传授职仪式"；道行深得者为依神授其"尊者"称号，道行次得依神授其为"灯师"之称号也。

隆回县非物质文化遗产保护中心为其保护主体。隆回对炭花舞进行了全面的普查，通过搜集、记录、分类、编目等方式，建立了完整的档案；利用录音、录像、数字化等手段对炭花舞进行真实、全面、系统的记录，并做了妥善的保存等。

2010年，隆回县非物质文化遗产保护中心收集、采录传承人的相关图片，文档资料，建立数据库，做好《隆回炭花舞大成（DVD）》前期准备，编辑隆回炭花舞文献；2011年出版《隆回炭花舞大成（DVD）》，同时，出版《隆回炭花舞论文集》等。目前，隆回县政府、七江乡党委、政府已将炭花舞列入产业扶贫项目，并与旅游开发结合，计划投资一定的资金予以综合开发利用。

2008年，七江炭花舞入选湖南省第二批省级非物质文化遗产名录。

朝鲜族农乐舞

朝鲜族农乐舞流传于吉林、黑龙江、辽宁等地朝鲜族聚居区。

朝鲜族农乐舞是一种融音乐、舞蹈、演唱为一体综合性的民族民间艺术，其创始于农业劳作，并具有古代祭祀成分。人们每逢下地，都将"扁鼓"和"唢呐"与农具一起带往田间，休息时，人们便在明快的鼓乐声中即兴起舞，以欢乐的歌舞荡涤疲劳。随着时间的推移，这些即兴歌舞便逐渐形成了游乐性的朝鲜族民间舞蹈，贯穿于各种传统民俗活动之中。

象帽舞作为一种传统的娱乐形式，历史悠久。相传它是由古代朝鲜族人民在耕作时，将大象毛绑在帽尖上左右摇摆用来驱赶野兽的侵扰演变而来；也有人说它源于古代朝鲜人在狩取野兽等食物后，甩动发髻以示庆贺的一种表达形式。象帽舞如今已发展成为一种综合性的民间艺术，它把音乐、舞蹈、演唱融为一体，具有相当的技巧和丰富的内涵。据史料记载，每年十月秋收后，古朝鲜都隆重地举行"祭天"仪式，人们"尽夜饮食歌舞"，感谢上天的恩赐，欢庆丰收。因此这种舞蹈也称"农乐舞"，而象帽舞是其中的最高表现形式，表现出整个"农乐舞"当中的最高技巧和最高兴奋点。

朝鲜族农乐舞一般有两种形式，一种是以舞蹈和哑剧形式进行情节性的演出；而另一种，是在新年伊始和欢庆丰收时节，以热烈而丰富的传统舞蹈为内容所进行的群众性表演活动。

象帽舞是流传于吉林省的一种朝鲜族农乐舞。演出时，各个村寨都派出自己浩荡的舞队，参加当地的庆典。舞队的最前方由令旗和一面写有"农业为天下之本"的农旗为先导，随后是一名在队首敲打小锣担任总指挥的男子。在他的带领下，手拿太平箫、喇叭及各种鼓类乐器的乐队和各种乔装人物组成舞队的仪仗部分。接下来是表演小鼓舞、扁鼓舞、长鼓舞、扇舞、鹤舞、象帽舞、面具舞及哑剧的演员队伍，参加人数不限。

象帽舞是属于群体性表演，它表演时非常讲究，分一定的步骤和程序。首先音乐响起，先甩短象帽，配以手鼓，做较简单的舞蹈动作；接着再换中象帽，配以长鼓，做钻圈、旋子、扶地翻转等肢体动作；最后，由一至三人甩长象帽，做跳纸条、上台阶、圈人等高难度动作，使舞蹈达到最高潮。在舞蹈过程中，时时辅以手鼓、长鼓、边鼓以及大锣、小金、洞箫、短笛和朝鲜族锁呐等乐器伴奏。象帽舞蹈活泼优雅，节奏欢快舒畅，充分反映了朝鲜族人民在劳动中的精神风貌和民族气质，是朝鲜族在长期生活中创造出来的宝贵财富。

象帽舞是农乐舞中的一种重要形式，种类繁复，舞技多样，分"长象帽""中象帽""短象帽""线象帽""羽象帽""尾巴象帽""火花象帽"等种类。其甩象尾的技巧包括左右甩、前后立象尾，有单甩、有双甩、甚或三甩，有站立甩、蹲甩、跪甩、扑地甩等多种。象尾有几尺长的，亦有几丈长的。甩象帽是象帽舞的基本动作，也是它表演技巧的独特之处。表演时，舞者以颈项的力量频频摇动头部，甩象帽动作花样翻新，含"平甩象""左右甩象"及"主甩象"和"抖露珠象"等，能够边甩边跳跃，表演出"甩象跨步"

农乐舞

和"俯身甩象"等高难动作，带动帽子上的飘带形成线条流畅的一幅幅动态圆环，带给欣赏者一种赏心悦目的审美感觉。

农乐舞作为一种综合性的民间艺术，它把音乐、舞蹈、演唱融为一体，具有相当的技巧和丰富的内涵。最为突出的特点是它具有鲜明的表演性，是供人观赏的农乐舞形态。其舞蹈形态复杂，动作洗练，技艺高超，因此在朝鲜族舞蹈中享有独特地位。

农乐舞作为中国舞蹈大家族的一员，体现了朝鲜族民间舞蹈独特的艺术风貌，具有较高的历史和文化价值。它以其独特的地域性和广泛的群众性，丰富着中国民族民间的文化艺术，是朝鲜族舞蹈独特的艺术分支。

农乐舞目前发展面临举步维艰的局面，象帽舞的传承和保护也面临着很大的困难。一方面有较高造诣的专业舞蹈人才老化、高龄化，骨干人才流失、断档；另一方面随着时代的发展，传统的文化受到冲击，很少有人专注地练习。这种古老艺术由于受到现代文明的猛烈冲击和老艺人相继离世的影响，正面临着失传的危险，亟待抢救和保护。为了保护和传承这一珍贵的民族艺术，汪清县现在每年都要举办象帽舞培训班，培养象帽舞蹈后备人才，同时还广泛开展象帽舞表演活动，推广和普及象帽舞。

2009年9月30日，在阿联酋阿布扎比举行的联合国教科文组织保护非物质文化遗产政府间委员会第四次会议审议并批准朝鲜族农乐舞列入《人类非物质文化遗产代表作名录》。

象帽舞在吉林省汪清县一带广为流传。每逢节日、婚礼农闲以及竞技活动之时，男女老幼聚在一起，尽情表演。由于象帽舞蹈是独特的朝鲜族代表性舞蹈形式之一，且具有很高的技巧性，深受人们的喜爱。

早在1949年，汪清县就组建了象帽舞表演队，由象帽舞第一代传人梁泰荣传授象帽舞技艺。1954年农乐舞作为朝鲜族具有代表性的群众文化艺术，经过众多演艺家的辛勤劳动，以象帽舞的艺术形式搬上了舞台，并以崭新的面貌，展现在世人面前。汪清县文化广电新闻出版局每年定期举办朝鲜族农乐舞（象帽舞）大赛。象帽舞是朝鲜族最具特色的舞蹈之一，目前已发展到第六代传人，其舞蹈形式也从最初简单的田间娱乐发展到现在由专业的文艺团体进行演出，并多次获得国家级、省级大奖。

长岛渔号

长岛渔号流布于北至丹东、大连、营口、长海县，西至天津、塘沽，南至蓬莱、莱州、龙口，东至烟台、威海以及韩国部分区域。

长岛历史悠久，早在 6 500 年前的旧石器晚期，就有了古人类活动，开辟了灿烂的古文化。自清朝初期，渔民便自行设计、建造大风船，出海作业。至清末民初，砣矶岛上的大风船已达到 300 多支，形成了一支海上渔业生产的强大队伍。这些大风船，系母船带子船，常年活动在烟威、莱州、渤海湾和辽东湾一带渔场。因此，长岛的渔民号子波及到整个渤海和北黄海沿岸。那时船大人多，帆船的动力全靠风力和人力，劳动强度增加，则需要一种具有权威性的号令来协调动作，统一步调，指挥生产。于是具有音乐美的"长岛渔号"便应运而生，协助渔业生产。

随着生产力的大幅度解放，生产工具和生产方式的不断更新，渔号的发展相应处于"低潮"。20 世纪 70 年代末，由于一些老年渔民相继退休或作古，"长岛渔号"也相继尘封了起来。20 世纪 80 年代初，"长岛渔号"被挖掘、整理，记入《长岛县志》。世纪之交，"长岛渔号"参加诸多的表演活动，才使这一非物质文化遗产得以传承至今。从 20 世纪 90 年代起，长岛就把海岛旅游业作为一大经济"渔号"高声喊唱。使其联带载体"渔家乐"旅游项目风风火火。岛上从事旅游相关产业经营的人员占人口量的四分之一，仅搞"渔家乐"家庭旅游的就有 700 个渔户。

一只大风船多为 18 人操作，帆船的动力全靠风力和人力，以吆喝、呐喊和领唱、合唱为主要形式的"长岛渔号"，遂成为统一步调、协调动作、指挥生产的"渔令歌"。"上网号""拾锚号""竖桅号""掌篷号"，节奏铿锵有力，曲调苍劲浑厚，气吞山河。领者，胸有成竹，气宇轩昂；和者，齐心协力，众志成城。这一领一和，一呼一应，音程八度大跳。和者的句头紧咬着领者的句尾，尤如巨龙闹海，大有力挽狂澜和排山倒海之势。"渔号"的领者，俗称号头。是个富有经验的闯海者。领号，有轻有重，有长有短，或间歇，或急促，要与劳动相吻合；合号，视渔令为军令，应合的句头紧咬着领号的句尾，要严格地配合领号的腔调、情绪，要合得及时，答的协调。于是，渔号便得到充实和发展。

"长岛渔号"号词简单，语调粗犷，情绪豪放，领和严谨，乡土气息浓郁。由于大风船在捕捞作业中，或是与风险抗争，或是不惜时机地追赶渔群，其劳作是紧张而激烈的，所以呼喊的情绪具有一往无前的冲动力，渔号可直接转化为生产力。渔号的音乐表现特点受劳动强度的制约。"发财号"轻慢悠扬，柔中有刚，它伴随着动作、环境、心绪，曲调欢快、平和，像一曲带着海鲜味的"信天游"。在捕捞机械化以前，木帆船有风靠篷，无风全凭摇橹。每当风暴来临或追赶渔群的关键时刻，4 人或 8 人同摇一张大橹，"摇橹号"显得更加急促，节奏加快。渔民裸露的脊梁，粗壮的胳膊，有力的手腕和腿上暴起的青筋，全神贯注的眼神，全被渔号调度在力系千钧的绠绳和拨水推浪的橹杠上，使人感到渔号的聚集力、向心力和权威的号召力。

"长岛渔歌" 表演

"长岛渔号" 在海洋民俗文化中独树一帜，它的基本特征是其他曲艺、说唱形式不可取代的。这种无形的文物，粗味、野味、原味浓重，领唱合唱与动作协调，凝聚力、向心力和权威的号召力强，是其他船江号子无法比拟的。这种曲调，对补充完善中国音乐史，忠实记录风帆时代的闯海史实，均有谙质、教化和存史的作用。

作为海洋的派生文化，长岛渔号历经了它的形成、兴盛、衰落与复兴的发展阶段。在战胜风浪、获取丰收、挑战死神的风帆时代，长岛渔号充分表现了崇尚团结、不畏艰险的强大群体力量，彰显出渔民同舟共济、征服自然的大无畏精神。在生产工具落后，生产力低下的岁月里，渔号具有鲜明的时代特色，成为海洋民俗文化的一个重要组成部分，具有特定的历史、文化和科学价值。

对于长岛 "渔家号子" 的继承与发展，地方政府计划在砣矶岛修建大风船历史博物馆，组织好展览和渔号演出；建立 "长岛渔号" 文化生态保护村，对渔号演唱艺人进行重点保护；搞好文化广场空间和大型文艺演出及对外文化活动，供人们一睹 "长岛渔号" 这一原生态的原始风貌，并领略其独特魅力。

长岛渔号的价值意义不仅体现在它独特的曲调和精神文化上，由此而形成的特色旅游更是成为了长岛的一大新兴产业。喊渔号唱旅游，在长岛人的生活里无时不在，无处不有，是一个时尚，还派生出了专为游客唱渔号的 "渔爸爸" "渔妈妈" 演出队。正因为长岛人嗜好喊渔号到了无以复加的地步，所以长岛渔号在旅游市场就产生了一种令人难以想象的神奇力量，成了招引客源的一大 "吸盘"，每年有北京、河北、河南、江苏等地的近百万游客涌进长岛。

鼓子秧歌

鼓子秧歌分布在今山东鲁北平原的商河地区

鼓子秧歌所以被时代所喜爱，因其具有浓郁的中华民族传统文化特色，它孕育于春秋战国时期的齐鲁文化，起始于秦汉时期的抗洪斗争，成型于唐宋年间的兵祸战争，兴旺发达在明清，继承发展在当今。

鼓子秧歌盛行的主要地域位于黄河下游冲积平原，黄河自古善淤、善决、善涉，决口和改道极为频繁。农民百姓屡受黄水危害，毁房舍、败田禾、饿殍遍地，民不聊生。黄河岸边的商河农民，为了生存，群起奋勇抗洪抢险，导水排涝，灾后散墒抢种，辛勤劳作喜有收成，情不自禁拿起锅碗瓢盆、棍棒、簸箕、雨伞等随手用具，聚集在一起唱起来跳起来，抒发灾后余生、抗灾等丰收的欢悦心情。随着抗灾夺丰收次数增多，人们看到自身存在的价值，体验到歌咏舞跳的愉悦情趣，参加舞跳的人数不断增多，进而道具就有了变化，也有了简单的舞蹈动作和舞蹈组合，这就是鼓子秧歌的雏形。

鼓子秧歌经历了曲折发展的过程。历代封建王朝都是以武力取天下，为维护统治都编制歌颂本朝武功的武舞，用于郊庙祭祀。鼓子秧歌正是在唐宋年间以武舞成型，并具有这个时代的精神特点。元末明初和明末清初，从外地迁来大批移民，他们不仅促进了当地经济发展，也带来了各地的乐舞文化在商河大汇合，鼓子秧歌从减轻劳动重负、鼓舞战斗热情的实用功利艺术逐渐向祝福游艺、自我娱乐转化，主调由庄重神秘演化为喜庆欢乐，明清时期兴旺发达。新中国成立以来，在党的文艺方针的正确指引下，有着几千年发展史的鼓子秧歌才逐渐冲出黄河下游这块封闭的土地，以其独特的光彩走向世界民族艺术的舞台。20 世纪 80 年代，鼓子秧歌在全国开始得到认识，如全国农民艺术节、全国城市运动会、中央电视台《神州风采》等节目中都出现了它的身影。90 年代以来，鼓子秧歌在国内一些重大节日，如潍坊国际风筝节、淄博国际灯会、新中国成立 50 年大庆等都有它矫健的英姿。

鼓子秧歌有文场、武场与文武场。文场时多为村里的女性和儿童，带有鼓乐伴奏；武场时鼓乐表演和舞龙舞狮占主要地位；在文武场时则属于一种混合场，各种演出角色与形式完美结合，多用于开场或闭场时。秧歌又分为高跷秧歌与地秧歌，一般以地秧歌为主，以高跷秧歌为辅。

在表演程序上鼓子秧歌程序性较强。鼓子秧歌演出前，部分地区要先举行一种为了纪念已故父老的祭祀仪式；鲁中、鲁北等地区在鼓子秧歌演出的时候还有"串村"的风俗，场面热闹融洽，喜庆氛围极为浓厚。

鼓子秧歌在地秧歌中的人物多为农夫、秀才、唐僧、孙悟空、猪八戒等，身着戏装的花脸小丑也较为常见。各地区的人物角色不同，这与各村经济状况有关。在经济条件较好的村庄，服装道具以及角色也较为丰富。

传统的鼓子秧歌分为四个角色：伞、鼓、棒、花。"伞"分为"头伞"和"花伞"，头伞为老生形象，他是指挥各种场面队形变化的领头人，"花伞"是青年人形象。"鼓"为秧歌队的主体表演角色，由青壮年男子担任。

鼓子秧歌的演唱部分旋律平直，为说唱性民间歌曲，接近于当地山东方言的语调，在结构上多采用一曲多段体，分为"头腔""中段叙述"和"尾腔"。歌曲以诙谐幽默为特色，农民们表演时多手持木瓜，边舞边唱。现已不常见木瓜的出现，有些地方直接用伴奏乐队，经济条件较差的村庄有时清唱或不唱。

山东鼓子秧歌的乐队配置多以打击乐为主，秧歌伴奏多有固定的锣鼓点与锣鼓牌子，鼓子秧歌因出场或舞蹈动作不同而具有不同的锣鼓点。山东鼓子秧歌的曲目较少，具有浓郁的地方特色和乡土风情。

鼓子秧歌具有乡土性与地域性，是在山东传统文化的浸润、鲁北自然环境的陶冶下形成的。由农民强壮的体魄、刚毅的性格，与所使用的道具融汇成磅礴的气势，形成英武、矫健的形象和特有的风格韵律，以其豪放、正直、憨厚、朴实、风趣幽默的艺术特点，真切地体现了山东农民豪爽耿直的性格以及这片热土所孕育的朴实文化。

鼓子秧歌的动作结构十分严谨，其舞蹈本体特征显露的非常突出而且明显，即动作幅度大，充分利用人体可能的可塑性；极大的占用空间，具有相当记忆价值；整个舞蹈在圆满中追求挺直和厚敦，既有圆满的东方韵律，又有挺拔厚敦的空间造型，所以它有粗有细，高亢而多情，在高擎低趄恒圆的韵律运动中向前挺进，情感非常饱满。并且在所有舞蹈动作中，它总是那样的充满激情，而这种激情推动着情感和肌肉不断表现出一种巨大的生命力，好像一部充满生命力的战车，在连续的舞跳中，无休止地追求一种神圣的虚幻的力。

鼓子秧歌在农民中诞生，在农民中发展，在农民中流传，是彻头彻尾的属于农民的艺术。丰厚齐鲁传统文化的浸润，鲁北地区自然环境的陶冶，铸就了鲁北人强壮的体魄和刚毅威猛的性格，奔放不羁的豪情与所使用的道具融汇成磅礴的气势，形成一种粗犷豪迈、英武矫健的形象和特有的风格韵律，充分展示出山东好汉的雄姿与英雄气概。

鼓子秧歌在商河民间上至老者下至少儿都爱学会跳。全县21个乡镇，八百多个村都能组织秧歌队。

鼓子秧歌的再次高潮发展期是改革开放后的初期，政府的重视使好的秧歌队伍得到了扶持与培养，而那些不错的秧歌队经常外出参加国内、甚至走出国门参与各种舞蹈表演与民间艺术大赛，并频频获奖。

在鼓子秧歌越来越大的影响下，各种级别、规模、名目的社会活动也纷纷邀请其参加，其背后的经济因素使秧歌的参与者异常活跃。然而，由于过于频繁的出外演出，使得那些最能代表鲁北地区鼓子秧歌表演水平的秧歌手们，真正到了年节跳秧歌的时候热情却在下降，甚至连串村都成为懒得进行的活动。这无意中使它拉开了与民众之间的距离，同时也

"鼓子秧歌"表演

不可避免地丢掉了原生态民间舞蹈背后的文化,这不能不引起我们的重视和注意。需要我们准确地把握、协调好开掘、继承与发展之间的关系。

近代鼓子秧歌民间的演出活动主要用于村与村之间的文化交流,一般有三种情况:一是平常有来往,关系好的村,打个招呼即可送秧歌上门;二是平时无来往,互相表示友好,希望日后加强联系,须经"探马"的"一探一报";三是因某种原因两村闹矛盾,或有重大需求,须经"探马"的"三探三报",炮手鸣炮,族长率队,大队人马浩浩荡荡,礼仪极其隆重。进入到 21 世纪的鼓子秧歌,民间舞蹈虽受到西方现代娱乐的冲击,许多活动形式表演也渲染了商业文化的色彩,然而传统民间舞蹈活动中,依然展示出诸多新的文化信息,让我们感受到时代精神与潜在的生命力,看到群众性的创造。

2006 年 5 月 20 日,鼓子秧歌经国务院批准列入第一批国家级非物质文化遗产名录。

崇明山歌

崇明山歌流传于崇明本岛和江苏海门市南部、江苏通州市南部、江苏启东市及上海奉贤等部分郊区。

崇明山歌早在明代已广为流传,明万历《崇明县志》"风俗类"记载:"有采茶歌、黄山号子、山歌之类,皆兵农歌之,以鼓力者。"

崇明有 1 300 多年历史,由万里长江带来的泥沙积淀于长江口,孕育了崇明诸岛。元、明、清时因垦殖、避战事来岛定居的农民们,带来了南腔北调的各种民歌、民谣,特别是来自江南的大量移民带来的"吴歌",对崇明山歌的形成起了至关重要的作用。几百年来,崇明山歌通过崇明诸岛农民群众的传承,并受崇明风土人情、风俗习惯的熏陶,不断发展,具有鲜明的地方特色。崇明山歌是岛上民众所传、所作,所以这些山歌内容都唱出了山上农民群众的真实感情,没有矫揉造作、无病呻吟之作,喜怒哀乐溢于言表。

在 1953 年举行的崇明县山歌演唱会上,演出了反映土地改革的小山歌剧《三世仇》,这是崇明山歌剧最早的舞台演出。此后崇明县内有很多业余文艺团体演出崇明山歌剧。

崇明山歌既干脆坦率,又生动形象,幽默含蓄、真挚感人,反映的感情真实,喜怒哀乐溢于言表,有直抒胸意的情绪渲泄,有触景生情的即兴演唱,有对真善美的褒扬和追求,有对假丑恶的鞭挞和唾弃。崇明山歌有浓郁的地方特色,许多种棉花、纺纱、织布歌谣,反映了崇明沙洲农业和家庭纺织业的特点,较多的捕鱼、行船歌谣体现了崇明四面环水、靠海为生的特点,大量的耕作、荡滩歌谣反映出崇明岛由小到大逐步涨积而成的特点。

崇明山歌内容丰富多彩,主要有引歌、劳动歌、仪式歌、情歌、劝世歌、风物歌、历史传说故事歌、儿歌等,其中尤以劳动歌、生活歌、情歌、哭丧歌等数量最多。

崇明山歌的曲调有"四句头山歌""对花调""倚栏杆调""采茶调""东沙调""牌名调""喊牛调""香袋调""送郎调""五更调""青纱帐调""七星车号子"等六十多种,特别是崇明"四句头山歌"节奏较自由,口语化较强,格调清新明快,舒展秀丽,是典型的

"崇明山歌"表演

起、承、转、合结构，第四句落音由"商"过度至"羽"时，中间出现半拍的波动音，这是该曲的精华之处。流传在吴地的"小山歌"大都是"徵"调式的，而崇明这种"四句头山歌"是"羽"调式的，属崇明独有的特色。

在表演上，崇明山歌剧保持了浓厚的载歌载舞和问答对唱的特色，如《搭船》《抢担》《老王送瓜》中的划船、挑担、打柴等舞蹈动作，就是从平时劳动中提炼出来再加以夸张变化而来的。山歌剧的主要情节也可用舞蹈形式表达出来，如:《绣兜兜》中的大段绣花舞，《井边》中的模拟"赌魔"的群舞，《海岛女所长》更是以问答对唱和模拟"海鸥"群舞演员的和唱贯穿全剧。

崇明山歌作为非物质文化遗产是重要的可利用文化资源，自20世纪50年代至今，我们根据崇明山歌基调创作的崇明山歌剧、崇明山歌小戏、崇明山歌表演唱等文艺节目一直在文艺舞台上演出，深受崇明广大人民群众的欢迎，参加实际文艺汇演，也受到好评，这对弘扬民族优秀文化，建设社会主义先进文化，构建和谐社会具有较好的传承利用价值。

崇明山歌是地方文化的积淀，是构成地域人文环境的重要因素，反映时代特征和地方特色，有很高的研究价值。崇明山歌是崇明人民在漫长的生产、生活中创造的精神财富，是崇明人民智慧的结晶，是民间文艺百花园中的奇葩。思想性和艺术性都很强，具有较高的文学价值，可以启迪心智、陶冶情操。

崇明县文化馆多次组织力量深入乡村，挖掘和整理出近3 000首。其中《红娘子山歌》《望望日头望望天》《五更调》《拔蓬号子》等被选入《中国民歌一千首》。

1958年，崇明县成立专业文工团，以演出小山歌剧为主，先后编演的剧目有《贩桃郎》《三担农药》《搭船》《绣兜兜》《打冬瓜》《玉树银桃》等，这些生活气息浓郁、乡土气味浓厚的小山歌剧，受到了观众的欢迎。

1976年以后，县文化馆组织创作编排的《三叉路口》《算命》《老王送瓜》《陌上断亲》《水仙飘香》《陆阿大卖小布》等山歌剧参加市文艺会演及下乡巡演，获得了各类奖项并取得了良好的效果。

2009年，"崇明山歌"被批准为第二批市级非遗名录。

近年来，由崇明县文化馆创作编排的《井边》《海岛女所长》《把关》等山歌剧，在市级文艺会演中获得了各类奖项。在下乡巡演时，深受观众的欢迎。

由崇明山歌发展而来的还有"山歌叙唱""山歌表演唱""山歌说唱""山歌独唱""摇滚山歌"等，堪称崇明山歌艺术系列，在崇明乃至上海的群众文艺活动中发挥着重要作用。

翻山铰子

新中国成立前，翻山铰子主要分布在平昌县的西兴、响滩、白衣和相邻的营山县老林、双河一带。新中国成立后，逐渐扩展到邻近的渠县、通江、南江、巴中等地。

据传，它是由清咸丰年间达县石桥镇的民间艺人冯白仁首创的，历经五代传承，至今已有150多年历史了。

咸丰年间，石桥著名艺人冯白仁的杂耍班子，经常在达县的一些乡场上表演杂技。一次，冯将一根红布带子系在手中的两面铰子上，一手固定一铰，一手用另一铰打击固定铰子，从不同方位、角度击打，以击中为准。两铰相击，乐声更加悦耳嘹亮。冯到相邻平昌、渠县一带表演。随着表演次数的增多，表演技巧更加娴熟，击打铰子的花样也更加繁多，连接铰子的红布带子不断加长，甚至达3米多。因铰形状与达县农村逢年过节所吃水饺酷似，俗称铰子为"铰子"（饺子）。由于艺人表演击铰时，要挥动铰绳，或甩过头顶或绕过腰腿翻来覆去地敲击，故名"翻山"（翻身），一种名叫"翻山铰子"的民间舞蹈由此产生了。

新中国成立以后，"翻山铰子"以其欢快热烈、刚健粗犷的气质受到广大山区人民的喜爱，它的娱乐功能，得到了充分的发挥，逐步发展成为"跳喜不跳丧"的特定形式。

在新中国成立初期的土改中，农民们庆祝翻身时，"翻山铰子"抒发了他们无比强烈的翻身感，被誉为"翻身铰子"。经过一段时间传播和发展，成了当地最受人喜爱的民间舞蹈，婚嫁时请铰子队来助兴，已成为当地一种乡俗。

由于技巧性强，一般以单人表演为主，以后发展了双人、三人和四人等多种表演形式。近年来，各地艺人竞相创新，把在平地上的打铰动作搬到方桌和长凳上去表演，并吸收融合了一些其他艺术技巧，形成了"高台铰子"这一新样式。为了有所区别，便把原在院坝、堂屋、路途等平地上表演的铰子统称为"平地铰子"。在每场表演中，各种形式交替进行，使演出更加丰富多彩。"翻山铰子"的基本动作，根据放长和收短铰组做打铰动作而区分为"长绳铰"和'短绳铰"两个类别。其打法，大都由打、擦、翻、转四种方式构成，约共有40多个动作。大多数动作都冠以形象化的名称，如：白间亮翅、风吹杨柳、团鱼晒壳、青蛙晒肚、朴地蓬花、跑马射箭等。

"翻山铰子"的主体动作，是舞者挥动两面铰子，翻来复去地击打而舞。动作与动作之间不停顿、不间断，形成一种循环往复式的动律。而这种特有的动律，又总是沿着"8"字形线运动，起到舞蹈动作或动作组合之间的连接、重复、变换和过渡的作用。这种复式的动律，使舞蹈具有圆润、流畅的美感。打铰动作，多在左右、前后、上下等对称位置间变换。这使舞者的体态具有明显的对称性特征。如：上身的前俯后仰；腰部的左右侧弯、扭转；肩部的前后摇摆以及眼睛和头部的来回转动。这种对称性的动态，增大了动作与动作间的对比度。尤其在长绳铰表演时，对比更为强烈，气势更显得豪爽奔放。

"翻山铰子"表演时，无论动作怎样变化，也无论延续多久，其进行的节奏，总为中速，均匀而平稳。常常是一场表演长达二三十分钟，而铰子的敲击，始终是合着2/4的节拍，一拍一次，从容不迫。但在均衡的节奏下，动作却时大时小，时起时伏，动静相济，显示出张弛和跌宕，不但没有单调平直的感觉，反而觉得别有情趣。

"翻山铰子"是研究音乐学、器乐学、艺术学、民族学、民俗学的重要资料，是古代巴人音乐信息的浓缩。因而，它具有综合性、多重性和共生性，是了解巴人民族民俗和揭开巴人音乐文化内涵的有力参考文献。

该乐舞既可以展示文化融合的无穷威力，又可发现文化分层的特点规律。"翻山铰子"的出现，可以说是巴人音乐文化融入汉族音乐文化的成功范例，体现了巴人音乐文化的强渗透力和亲和力。

"翻山铰子"在相当长一段时期内，只在迷信职业行当中传承。如：苏兴太，厥清太，聂信忠等人都曾从事过迷信职业。他们在祭神、驱邪等活动中，常常以铰子作为法器，边打铰子边作法事。在婚嫁和丧葬礼仪中，他们又是一套吹打班子，当地称为"八仙鼓乐师"。由于艺人社会地位及职业的低下，加上本身"只传本家不传外族"等俗规的限制，《翻山铰子》的传承十分缓慢。它虽在祭祖娱神的同时，尚具有庆喜和娱人的一面，但因受局限而得不到应有的发展。表演的人数只有一至二人；套路和动作少而简单。形式也只有短绳铰一种。

1955年，"翻山铰子"在四川省民族民间音乐舞蹈调演中，作为川北地区特有的舞种，以其优异的技艺而获奖，大大促进了该舞的发展。

此后各地纷纷建立起半专业性质的表演队，铰子手的人数也成倍增加。由于各地及队与队之间的竞技和交流，使铰子的表演技艺不断提高。随着长绳铰动作和高台铰子逐步形成和发展，各地铰子队逐渐出现了各自的不同风格，如平昌县即有三个各具特色的队：以谭周发为代表的队，以动作准确、优美见长；以厥清太为代表的队，戴着面具表演，诙谐

"翻山铰子"表演

而风趣；以何树恒为代表的队，舞姿刚健，动作舒展，他的大饺子（直径约 20 厘米）表演，尤为别致。而营山县以谢元照为代表的队，则以大方挺拔而独树一帜。

1999 年，"翻山饺子"在成都参加汇报演出，获得特等奖。次年 9 月，以"翻山饺子"为原型整理创作的舞台舞《饺子情》再次出征全省舞蹈大赛，一举夺得创作、表演三等奖和组织奖。在四川省 2001 年新年茶话会上，"翻山饺子"博得在座领导及社会各界人士的高度赞誉。在成都举行的全省声乐舞蹈大赛中，"翻山饺子"再次获得表演银奖、创作银奖。

随着"翻山饺子"的声名鹊起，营山县的"翻山饺子"民间演出队伍如今已发展到 10 多支，成为该县群众文体健身活动、企业文化建设和学校艺体教育的重要内容和载体。同时，该县把"饺子文化"与旅游工作结合起来，在旅游风景区进行特色表演，大批游客慕名而来，由此成为营山创建省级文化先进县和全国民间艺术特色之乡的一张"王牌"。

薅草锣鼓

薅草锣鼓主要分布在双龙镇、庙宇镇、骡坪镇、大昌镇、龙井乡、两坪乡等乡镇。

巫山"薅草锣鼓"是一种独特的民族民歌艺术形式。它主要分布在双龙镇、庙宇镇、骡坪镇、大昌镇、龙井乡、两坪乡等乡镇，据传起源于 3 000 多年前的巴人时期。那时的人们从渔猎转为农耕，为驱赶野兽、祭祀山神而击鼓鸣锣吆喝，后演变成一种劳动山歌。

明代《三才会图》一书中记载："薅田有锣鼓，其声促烈清壮，有缓急抑扬。"

民国年间《宣汉县志》记载："土民自古有'薅草锣鼓'之习。夏日耘草，数家趋一家，彼此轮转，以次周而耘之，往往集数十人，其中二人击鼓鸣钲，迭应相和，耘者劳而忘疲，其功较倍。"

薅草锣鼓自古迄今，经历了由兴盛而至衰落的过程。近代以来，薅草锣鼓直承古代传统，较为集中地分布在云南、贵州、四川、重庆、广西、陕西、甘肃等地。在上述省区市中，除汉族而外，其他从事农耕的少数民族，如土家族、苗族、瑶族、壮族等，其聚居地也都有各具特色的薅草锣鼓。

新中国成立以后，随着农业合作化和农村人民公社的相继兴起，在集体经济和集体劳动的背景下，薅草锣鼓更成为当时的一大景观。

薅草锣鼓的打唱者称"歌牌子"或"歌头"，边打边唱，现编现唱，堪称能人，其打击乐有鼓、钲、钹、马锣等。"歌牌子"或"歌头"领唱，众接腔合唱，配以锣鼓伴奏。鼓声时轻时重，阴阳有致。锣鼓声热烈响亮，领唱者慷慨激昂，劳动群众的和声波澜起伏，在山谷里久久回荡，原生态韵味悠长。

薅草锣鼓的唱词为五字句、七字句、十字句，一般是单句虚词拖腔，复句押韵，且一韵到底。十字句如："他二老做事情真是短见，无儿子还克寸财为的哪般？从今后再不能回家接班，我宁愿打柴卖度日过年。"

薅草锣鼓从形式上有"单锣鼓"（2~3 人）和"夹锣鼓"（5~9 人）。农民在插秧、薅草、改田等多人劳作时（少则数十人，多则数百人）请歌师傅打"薅草锣鼓"。方法是歌师傅面对劳作者边打边唱，随着劳作者的进度逐渐后退。

薅草锣鼓的锣鼓声节奏鲜明，深沉浑厚，其打法为丨××○丨，歌词生动形象，通俗易懂，朗朗上口。其具体作法为：歌手站在薅草人的后面，一边敲打锣鼓，一边吼唱。歌手或两人对唱，每人两句，以锣鼓声为节奏，边唱边舞；或两人领唱，薅草之众和之，间以锣鼓，边唱边舞。最常见的当属后者，因为后者所产生的氛围较前者热烈。舞蹈的动作特点为：双手随脚步摆动，左手左脚，右手右脚，动作柔中带刚，自然摆动。

薅草锣鼓既是农民劳动共享的一种方式，也几乎是农村唯一与生产劳动共存的文化盛宴。在紧张而繁重的集体劳动过程中，薅草锣鼓不仅有协调劳动、减轻疲劳的作用，同时又是农民的社会交流方式。和农村其他的结社活动与节日活动一样，薅草锣鼓以其所具有的情感共享与文化共享的功用，对自然经济条件下农民生存方式的一种补偿；农民们在薅草与薅草锣鼓的活动中，真切体味到了在个体经济与个体劳动中所不曾有过的社交的快乐。

薅草锣鼓的文化共享内容十分丰富。作为文化传承人的"歌郎"，他在整个薅草过程中所唱的内容，几乎是一部百科全书。无论是直接还是间接，民间有关民族、历史、宗教、哲学、伦理、道德的认识，在其演唱的传说故事、历史演义乃至即兴的创作中，都能找到自己具象化的形式。在薅草锣鼓的歌词内容中，吸收与改造文人文化的痕迹随处可见。对这一现象作深入研究，既能发现民间对文人文化的认同与扬弃，也能认识民间文化的价值取向和审美趣味。

近年来，达州市和宣汉县高度重视薅草锣鼓的保护与发展，政府实施了一系列措施对薅草锣鼓进行保护，针对健在的薅草锣鼓艺人进行专业上的引导和经济上的帮助，使他们安心地对薅草锣鼓进行整理、创作、演出与传授，并挑选一批有兴趣的青壮年进行学习，以解决薅草锣鼓的存在环境和继承人的问题，连小学生也被列入老艺人袁诗安、袁诗平的徒弟名单中。用录音、录像等现代设备将川东土家族薅草锣鼓的相关资料进行全面、系统地收集、整理。

巫山"薅草锣鼓"

2010 年中央电视台《乡村大世界》栏目走进宣汉，川东薅草锣鼓作为重点内容进行亮相，表演艺人诙谐幽默，极具地方特色的表演获得了观众的喜爱与关注。如今，宣汉县薅草锣鼓的抢救性保护和生产性保护已初见成效，土家族乡村村都有表演薅草锣鼓、唱山歌的爱好者。具有川东土家族民族风情的薅草锣鼓已成为当地吸引游客的重要旅游资源。

2008 年 6 月 14 日，川东土家族薅草锣鼓被国务院批准为第一批国家级非物质文化遗产名录扩展项目。

昌都锅庄舞

昌都锅庄舞流布于昌都、那曲、四川阿坝、甘孜、云南迪庆及青海、甘肃的藏族聚居区。

有关锅庄舞的起源，可追溯到其遥远的洪荒年代，藏族人普遍认为，锅庄舞是藏族最古老的民间歌舞，例如这样的唱词：第一个卓从何而来，是从上面天界来，拉青仓巴嘎博也驾临；第二个卓从何而来，是从中间人界来，念青格拉也驾临；第三个卓从何而来，是从下面海界来，祖纳仁青也驾临。再次，有关于锅庄的起源，还有一种说法是西藏拉萨大昭寺竣工时，松赞干布命令所有的观众围着寺庙欢歌而后延续下来。安史之乱后，唐朝国势大衰，吐蕃赞普墀松德赞在位期间，既大力发展佛教，又广拓吐蕃疆土，号称大蕃，也正是在此时期，锅庄舞在今天的丽江及其周边地区普遍盛行。

明清时期，锅庄舞进入鼎盛阶段，关于锅庄舞的记载逐渐增多。清代乾隆年间李心衡所著的风土民情文集，金川锁记，曾这样记载了"跳锅庄"："俗喜跳锅庄，嘉会日里，党中男女各衣新衣，合色巾帕之属，罄家所有杂佩其身，以为华瞻。男女纷沓，连臂踏歌，俱欣欣有喜色。"藏族、羌族都是能歌善舞的民族，每逢重大喜庆活动都要跳锅庄舞，锅庄舞也是农村人们自娱自乐的形式，其内容为祈祷神灵保佑、庆祝丰收、歌颂英雄人物的功绩、歌颂爱情、赞美家乡及颂扬头人等，如歌词中有"雪山啊，快闪开，雄鹰要展开翅膀；森林啊，快让路，青年人要迈步狂舞"的豪情奔放，其舞姿矫健，动作挺拔，既展现舞姿又重情绪表现，显示了藏族人民的剽悍气质。

由此可见，锅庄舞最初源于藏民的生活劳动，随着历史的发展和演变，逐渐成为盟誓活动、宗教仪式、节日庆典中的舞蹈，并被广大民众接受，在民间得到广泛的传播，得以传承和保存，成为了藏族舞蹈中的重要组成部分，也是当地藏民生活的真实写照与智慧的结晶。

1. 种类的多样性

根据锅庄舞的表演场合，可以分为大型宗教祭祀活动中跳的"大锅庄"、民间传统节日期间跳的"中锅庄"和在亲朋聚会上跳的"小锅庄"等几种，各种锅庄的过程和功能各不相同。也有人根据参加人的身份分成"群众锅庄""喇嘛锅庄"，或根据区域分为"城镇锅庄"和"农牧区锅庄"。还有人根据年代分为旧锅庄和新锅庄。

2. 表现形式的独特性

锅庄舞作为一种集体舞，它是随着民族生产、生活的发展而产生演变的。

3. 舞蹈动作的艺术性

锅庄舞是古代藏族原生态的舞蹈形式，舞姿矫健，动作挺拔，既展现舞姿，又注重情绪表现，舞姿顺达自然，优美飘逸，不仅体现了藏族农民淳朴善良、勇敢勤劳、热情奔放、剽悍的民族性格，还向我们艺术地展现了原始先民的生活状态。

其主要体现在以下两个方面：第一，承袭传统。迄今为止，在部分锅庄舞中，仍然能体现出不少藏族传统的民俗特征。第二，与时俱进。随着社会的发展与进步，锅庄舞也与时俱进地发展、衍生、变异，产生了不同的传承类别，例如老锅庄舞、新锅庄舞等。

藏族锅庄舞的艺术价值主要体现在以下几个方面：第一，形式古朴。舞蹈时，男女各排半圆并且拉手成圈，一般由一人领头，分男女一问一答，以徒歌的方式反复唱跳，无乐器伴奏。第二，编队多样。整个舞蹈由先慢后快的两段舞组成，基本动作有"悠颤跨腿""趋步辗转""跨腿踏步蹲"等，舞者手臂以撩、甩、晃为主来变换舞姿，队形按顺时针行进，圆圈有大有小，偶尔也变换"龙摆尾"等图案。第三，舞姿优美。青海的锅庄舞姿矫健雄壮，男子裤腿肥大，有如雄鹰的粗毛腿。舞蹈多模拟禽兽，特别是大鹰的形态动作，如鹰展翅、跳跃、盘旋等，通常均较注重舞蹈姿态和情绪表达。第四，歌词朴实。第五，变化自由。

为了继承和发扬昌都锅庄这一优秀的传统民间文化，昌都县委、县人民政府于1985年成立了半专业性质的县乌兰牧骑文艺演出队。20年来，县乌兰牧骑演出队始终把锅庄作为"镇团宝"，在汲取民间锅庄营养的基础上，又进一步吸收了现代歌舞所具有的时代特征，加强了传统舞蹈的节奏和旋律，增加了传统舞蹈的时代性和欣赏性，使传统的民族歌舞得到了继承和发展。

2003年开始，昌都县文化局和民间艺术团更是把收集整理锅庄艺术作为保护和继承民间文化、创出品牌效益的一项重要任务，通过深入基层走访、广泛收集材料、邀请老艺人现场歌唱讲解，对流传于民间的锅庄歌唱进行词、谱记录和整理，并对队员们进行培训、传授，重新录音，目前已完成70多首锅庄唱词的记录、整理，并与昌都地区芭啦芭影视文

"锅庄舞"表演

化传播有限公司联合制作了昌都首张锅庄光盘专辑——《嘎昌都》，使这一民间艺术瑰宝得到了保护和继承。同时，昌都各级党委、政府也高度重视传统民间文艺的继承和发展。

2005 年，在地委、行署的大力支持下，专门投资了 40 多万制作一部较为完整的锅庄光碟，使昌都锅庄这一传统的民间文化艺术遗产，得到了很好的继承和保护。西藏昌都锅庄舞，主要以父子、家族等传承为主，师传徒承和全民传承等形式为辅，较为著名的有第二批国家级非物质文化遗产项目代表性传承人：洛松江村、松吉扎西两位。

2006 年，昌都锅庄舞被确定为第一批国家级非物质文化遗产。

塔塔尔族撒班节

塔塔尔族撒班节流布于我国新疆的塔城、伊犁地区和奇台县等地。

"塔塔尔"一名最早出现在鄂尔浑叶尼塞碑文。新疆的塔塔尔族是从 19 世纪陆续从喀山、斜米列齐、斋桑等地迁徙来新疆北部定居的。

关于"撒班节"的来历有三种说法：其一，有老人说"撒班"是耕地的工具——犁铧。传说很久以前，在塔塔尔人单一的畜牧业中出现了种植业之后，他们便使用犁铧为工具耕种作物。"撒班"使塔塔尔人的社会生产力得到了极大的发展，粮食的增产，从而使生活水平得到了大大提高，因此塔塔尔人十分热爱它并且崇拜它，用固定的节日来纪念它；其二，"撒班"泛指脱粒后剩下茎的农作物，所以撒班节在某种意义上也有预祝农作物丰收的含义；其三，在李强的《塔塔尔族风情录》一书中有记载，"撒班"是一种生长在中亚一带的野生植物的名称。曾经的塔塔尔先民鞑靼人，他们在历史上长期从事狩猎、游牧与农耕劳作，春末夏初之时，那些塔塔尔先民从野外的田间归来时，就要聚集在长满撒班草的地方组织一些文体的游艺活动，撒班节便由此而来。撒班节之所以又被称为犁头节，是因为它举行的日期多在春暖花开的春耕之际。

塔塔尔族先民在 12 世纪初期时就已经开始经营农业，但在 1274 年开始政府首次调动军队，拨发农具、耕牛、种子的一系列举动就会涉及农业经济相对发达的塔塔尔先民们。而且，在当时这一先进的农具带来了粮食大幅增收的时候，先民们自然就会崇拜犁铧了，还选择了在春耕结束夏收之前，即刚用完犁铧之后，举行庆祝活动以示感谢，同时也祈求来年能够带来丰收。这种简单的每年崇拜仪式或是感谢活动就这样代代沿袭了下来，慢慢地就变成了塔塔尔族的传统节日——撒班节。

1.撒班节的农牧文化

撒班节这天人们带着食品到郊野丛林处欢庆及其他活动无疑是对游牧习俗的承袭。撒班节这天所宰的牲畜，所用的食物和其他费用，均由附近的乡亲们集体筹集。

2.撒班节中的婚恋文化

塔塔尔族有着独特的婚姻习俗，即婚礼在女方家举行，新郎要在女方家住几个月甚至一年后，才把新娘接回自己父母家，婚后生活也相对和睦，并且塔塔尔族人的离婚率相当低，这与其婚前的自由、充分交流的恋爱文化有紧密联系，这在他们的撒班节中体现得尤为突出。

3. 撒班节中的饮食文化

在中国民族的传统节日里最经典的传统就是饮食传统。每一个节日里都有特定的食物。春节吃饺子，中秋吃月饼，肉孜节吃粉汤，古尔邦节一定要宰羊。

4. 撒班节中的服饰文化

节日这天，大多数男士只戴塔塔尔族小花帽，一些中年男子还会再穿一件领口、袖子绣有十字花纹的白色衬衣。而女性着传统服饰的较多，中老年妇女多戴花头巾，穿宽大长裙；年轻的妇女及姑娘们都戴有小花帽，穿配有围裙的褶皱长裙；一些小女孩也戴小花帽，穿配有围裙的褶皱小裙子。

5. 他族文化因子

在撒班节中，塔塔尔族人所着传统服饰上所绣的图案有羊角形的，这是哈萨克族最有特色的图案，没有着传统服饰民众的服饰则和维吾尔族、哈萨克族、汉族的服饰保持一致。

节日这天，穿着鲜艳民族服饰的塔塔尔族男女老少，来到郊外风景优美的地方，在宽敞的草坪上，铺上地毯、毡子或毛毯，拿出准备好的各种食品，等待节日活动的开始。

在节日开始之前，有一个马犁地的仪式，要由一匹骏马拖着一个古老的犁铧，按犁地的样子进入场地，此时主持人要讲话并宣布节日开始。

这时人们欢呼起来，等待多时的表演文艺和体育节目的队伍开始入场。在此之前，塔塔尔族青年男女早已进行了多次排练，等待这一天大显身手。

人们在手风琴、巴扬、曼达林等乐器的伴奏下，唱起了古老的"几尔拉""撒班托依"和现代的塔塔尔族歌曲，跳起了塔塔尔族的舞蹈。节目的内容也很丰富，有小合唱、大合唱、乐器合奏、集体舞蹈等。

跳起舞蹈来时，几乎是男女老少齐上阵，八仙过海，各显其能。人们通过自己的舞姿，通过自己的歌声，表达欢乐心情。

许多塔塔尔族家庭在这天全家登场为大家表演节目，丰富多彩的节目，令人目不暇接，大家载歌载舞，庆祝节日。每一个节目都会得到热烈的掌声和欢呼声，使塔塔尔人沉浸在欢乐和幸福之中。

撒班节完全是从生产实践中产生的节日。这个节日也反映了塔塔尔族人民热爱劳动、

塔塔尔族撒班节

热爱生活，赞美劳动、赞美生活的纯朴思想。撒班节是重要的非物质文化遗产，具有较高的经济价值，随着旅游业的不断发展，这种价值会越来越得到体现。从学术上来说，撒班节对研究民俗学、人文学和社会学都有重要的意义和价值，应当得到保护和传承。

自塔塔尔人来到新疆后，由于人口少等原因，塔塔尔文化经历着重大的历史变迁，民族文化传统经受着前所未有的洗礼与考验。作为民族文化重要载体的塔塔尔传统节日——撒班节，是在塔塔尔民族长期的历史发展过程中逐步形成的，它负载着厚重的民族文化内涵，具有塔塔尔族这一特定群体所赋予的价值内涵。是这一民族广大民众的精神文化的重要表现形式。文化内涵是节日的本质所在也是节日的灵魂。节日来源于民族的文化，是一个民族文化的重要组成部分。撒班节在历史的形成和发展过程中承载了许多的文化内涵，是塔塔尔族文化的层层积淀。

据 2002 年统计，新疆塔塔尔族人口为 4 700 多人，主要居住在北疆和南疆部分地区。1989 年 7 月 24 日在奇台县大泉成立了中国第一个塔塔尔族自治乡。

开发塔塔尔民族民俗风情特色旅游景点是展现塔塔尔族传统节日"撒班节"和传统音乐的重要平台。在传统节日中可以展现塔塔尔族生活方式、婚丧习俗、节庆活动和音乐舞蹈等文化内涵。在"撒班节"中表演的传统音乐是旅游中的重要亮点，在表演节目时，通过仪式音乐和游客进行互动，让更多的人了解塔塔尔族，喜爱塔塔尔民族音乐。

2005 年，塔城地区的撒班节被列入新疆非物质文化遗产名录。

锡伯族贝伦舞

锡伯族贝伦舞流行于新疆伊犁地区的察布查尔锡伯自治县、塔城地区和乌鲁木齐市等锡伯族散居区。

古代长期的游牧生活使得锡伯族形成了具有北方游牧民族共同特点同时又有本民族特点的"锡伯贝伦"，奠定了贝伦舞舞蹈动作的基础。这一阶段贝伦舞初步具备了步伐稳健、以上肢动作为主的特点，舞蹈风格因表演者不同而各异。

锡伯族先民早期游牧、狩猎、渔猎生活方式下产生的原生态舞蹈，主要有"乌兰克"。该舞蹈主要基于原始生活方式，在打猎、游牧的过程中，将对动物的模仿升华成为舞蹈，具有原始舞蹈的特性。

清朝乾隆年间锡伯族西迁至新疆伊犁，在屯垦戍边的生活中，锡伯族与维吾尔、哈萨克等兄弟民族频繁交流，在多元的文化背景和艺术氛围中，贝伦舞无论是从舞蹈动作上，还是从伴奏乐曲的形式、风格上都吸收了兄弟民族多元的音乐舞蹈元素，在 200 多年的发展变化中，形成了锡伯族包罗万象、风格多样、内容丰富、多姿多彩的民间舞蹈——贝伦舞。

贝伦舞在新中国成立之后，在锡伯族农民的生产生活中扮演着重要的角色，是锡伯族民俗文化的重要体现，而且贝伦舞经过专业团体的加工提炼，搬上了现代舞台，为专业舞蹈创作提供了素材，为其发展注入了新的活力，尤其是在伊犁察布查尔锡伯自治县，由于具备广泛的群众基础，深受当地农民群众的喜爱。

舞蹈动作直接来源于生产生活。在"乌兰克"中，舞者可以即兴摹仿各种动物，造型独特，形象逼真。

贝伦舞以上肢动作为主。由于游牧民族善于骑射，所以在生活中腿和脚运用的较少，手和上肢运用的较多，表现在舞蹈上，主要是腿和脚的动作较少，上身动作丰富多变。贝伦舞的十几种舞蹈，虽然都有各自不同的舞蹈风格，但都是以手臂、手腕动作为主，情绪欢快、热情，动作轻巧、灵活，群众性、自娱性、即兴性很强。

表演场合不受限制。贝伦舞属于民间自娱性舞蹈，所以一般表演时不需要舞台，也不分固定的演出时间和场地，只要是在劳动的间歇空余时间，在过年过节和婚庆喜宴典礼上，在广场、庭院，不分年龄和性别，男女老少都可参加，舞蹈形式灵活，可一人独舞、两人对舞、多人群舞，人数不受限制。在民间演出时，无固定的队形，大家欢聚在一起，东布尔乐手弹起欢快的贝伦舞曲，会跳的人便会不由分说地随着音乐的节奏即兴欢歌起舞。

锡伯族贝伦舞不但具有独特的艺术风格和鲜明的民族特色，而且艺术地再现了锡伯族的社会生活、生产劳动、风俗习惯，反映了锡伯族人民的思想感情、民族心理、生活理想和审美追求，极大地丰富了锡伯族农民群众的文化生活。

贝伦舞为锡伯族舞台艺术的创作提供着不竭的源泉，锡伯族文艺工作者根据贝伦舞的原素材和风格创作出许多舞蹈，多次在地州、自治区、国家级文艺汇演中演出并获奖。因而它对传承和发展锡伯族文化艺术具有重要价值，且为中华民族非物质文化遗产创造了宝贵的文化财富。

贝伦舞承载着锡伯族古代生活场景的再现、多元文化交流的展现、民俗传统文化的体现，具有深刻的文化内涵和宝贵的旅游文化价值。随着贝伦舞被列为国家级非物质文化遗产，贝伦舞也为察布查尔锡伯自治县带来了一定的经济效益。在锡伯族民俗风情园，当地政府专门组织演员孔秀英等当地村民演出贝伦舞，为来自全国各地乃至全世界的游客展现锡伯族独具特色的民间舞蹈。

贝伦舞具有很强的可观赏性、趣味性，又可以满足游客的心里期待，使游客产生参加的欲望，锡伯族风情园中的演员都是当地的村民，跳出的贝伦舞质朴、自然，具有田园气

锡伯族贝伦舞

息。在表演后，演员走下台邀请观众一同起舞，使观众也融入贝伦之中，让前来的游客身临其境地感受锡伯族的民间舞蹈。目前，贝伦舞作为民俗文化中的重要组成部分，逐渐成为锡伯族展示锡伯文化、发展民俗文化的重要品牌。

2007 年，伊犁察布查尔锡伯族自治县举办了第三届贝伦舞大赛，此后每年举办一次，同时还开展各种贝伦舞培训班，许多传承人还被邀请至伊宁、乌鲁木齐等锡伯族聚居区为贝伦舞爱好者教跳贝伦舞。通过这样的活动使得锡伯族的传统文化艺术得以普及和传承。

2008 年 6 月，锡伯族贝伦舞入选第二批国家级非物质文化遗产名录。

哈尼哈吧

哈尼哈吧流传于滇南哀牢山区红河哈尼族彝族自治州红河南岸元阳、红河、绿春、金平县以及建水县坡头乡、普雄乡等哈尼族聚居地区。

独特的地理气候条件和勤劳的哈尼族创造了世界上规模最大的农耕梯田。其梯田耕作历史悠久、耕作面积最广、农耕技术最精深。

由于哈尼人的生存发展依赖于梯田的开垦发展，因而梯田也深刻地影响了哈尼族生产生活的方方面面，从而形成了独特、完整的梯田农耕文化现象。哈尼族历史上没有文字，农耕生产生活知识的传播完全靠口传心授，"哈尼哈吧"便成为重大节庆活动和朋友聚会场合中传承文化知识的主要方式。

20 世纪 70 年代以来，红河地区文艺工作者继承、借鉴民间哈巴演唱中的二人对唱、多人伴唱以及唱议结合、以唱为主的特点，将其发展为男女二人走唱形式，演唱中辅以适当的表演动作，改革了唱腔，形成了苏萨、嘎玛等数种既有哈尼音乐风格又有创新的新曲牌。用哈尼小三弦、四弦、胡琴、笛子、巴乌等乐器伴奏，高潮时，乐队加入伴唱，气氛热烈感人，使古老的哈巴成为一种以唱为主、说唱结合、生动活泼的民族说唱形式。

哈尼哈吧主要在祭祀、节日、婚丧、起房盖屋等隆重场合的酒席间由民间高手来演唱，表达节日祝贺、吉祥如意的心愿。

在隆重的场合因事而歌，摆酒吟唱，向亲朋好友、村寨百姓传递古老的规矩和道理，或美好祝福。演唱方式由一人主唱，众人伴唱，或一问一答，二人对唱而众人和声；若遇重大年节，可以完整演唱十二调主要内容，一位歌手难担大任，须数位歌手联袂演唱。

体裁、歌节划分以及唱词特点：
一是长篇古歌与自由的即兴短歌兼而有之；二是在长篇节律的相对稳定之中，有歌节划分的相对随意性；三是在长歌叙事的连续性中有歌节唱段的相对独立性；四是在特殊衬词的专一性中，有衬词使用的灵活性；五是在口语话的唱词和长短不一的句式中，有音节的自由对偶和大致压韵；六是在一位歌手吟唱的主体性中，有两位、三位甚至多位歌手轮唱、对唱的自由性。

内容十分丰富，融会古今，展现了哈尼族社会的生产劳动、宗教祭典、人文规范、婚嫁丧葬、吃穿用住、文学艺术等方方面面，堪称哈尼族社会教化风俗、规范人生的无文字记载、口语传承的百科全书。

语言古拙而蕴藉，想象超迈而自然，意境奇伟而深邃，折射出哈尼族伟大雄浑的襟怀，高远卓越的人生追求、改天换地的伟力，是人类口传文学的经典大作。从歌调方面来看，旋律时而低沉、浑厚，时而高亢、激越，展示出"哈尼哈吧"雄浑古朴、庄重、典雅的艺术魅力。

哈尼哈吧是哈尼族乃至西南农耕少数民族口头与非物质文化遗产的经典代表，是系统研究哈尼族传统社会生产生活、宗教祭典、人文规范、伦理道德、婚嫁丧葬、吃穿用住、文学艺术的"圣经"，哈尼族人民通过它记住历史、传承文化、传授知识、总结经验、道德规范、展望未来、传播良好风尚，它是红河哈尼梯田文化的"活化石"，更是一张展现红河文化的名片。

"哈巴"具有较强的民族凝聚力，内容决定形式，"哈巴"的整个演唱过程都是在哈尼族社会群体的参与中完成的，它是构成民族凝聚力、民族自豪感、民族文化素质的力量源泉。在哈尼族社会群体的民间音乐中较多的通过民歌中的叙事歌、风俗歌、舞蹈歌等形式对本民族祖先的追叙中体现民族凝聚力的，这些歌曲中记录下来的本民族的历史文化、风俗礼仪、日常生活等千百年来的民族精髓，让哈尼族人民从小受到熏陶，培养他们强烈的民族认同感。

哈尼族民间叙事歌"哈巴"具有很重要的传承价值，众所周知，生活在边远山区的哈尼族，地区教育事业相对落后，在无条件开办正规学校的时候，只能凭口传心授的方式教育后代，传承自己的历史，传播民族的优秀文化。哈尼族千百年来积累的生产生活知识、道德规范、民族世界观、人生观、礼仪礼节、民间医药等民族遗产和绝大多数知识都是通过音乐这个必不可少的媒介而传承下来的。

"哈尼哈吧"传承中心

哈尼族多声部民歌深藏哀牢山系腹地，其传承完全依赖民间歌手，尽管它已引起音乐界、人类学界专家的广泛关注，但长期没有得到有组织，有计划的保护，具有多声部音乐综合素质的传承人日益减少，这一宝贵的民间音乐形式正处于失传的边缘。

从目前已收集整理的"哈尼哈吧"资料来看，哈尼古歌《窝果策尼果》《哈尼阿培聪坡坡》《十二奴局》《木地米地》可以说是"哈尼哈吧"的经典代表作。

为进一步保护、挖掘、传承"哈尼哈吧"民族文化资源，元阳县2011年组织有关人员深入到哈尼族民风习俗较为深厚的31

个自然村寨，分片区分、内容全面地调查有关"哈尼哈吧"的产生、发展、演变的历史渊源以及分布、流传情况、传承人、传承内容、传承方式、发展技巧及其价值等 10 项基本情况。并采取文本、录音、摄像等形式对所挖掘到的"哈尼哈吧"民族文化资源进行整理、归类存档，供"哈尼哈吧"抢救和研究。

哈尼族是一个没有文字的民族，"哈吧"作为传承民族传统文化的重要手段，始终贯穿在哈尼族社会历史进程、日常生产生活、红白喜事典礼、节日礼节、宗教仪式等活动中。

1976 年首次以曲目"郡可珠之歌"（赵官禄作词、李元庆谱曲）晋京参加全国曲艺优秀节目会演，获得成功；1982 年 3 月，再次以曲目"哈尼赶马哥"赴苏州参加全国曲艺优秀节目观摩演出，获创作、表演双二等奖；1993 年 9 月，又以曲目"情暖山洼"赴内蒙古呼和浩特参加全国少数民族曲艺展演，获优秀节目二等奖等。

元阳县国家级非物质文化遗产代表性传承人朱小和演唱、卢朝贵翻译、史军超与杨叔孔收集整理、云南民族出版社出版了《哈尼古歌——窝果策尼果》。

2008 年 3 月，"哈尼哈吧"被国务院列入第二批国家级非物质文化遗产名录。

嘉善田歌

嘉善田歌主要流传地区是嘉善县及其邻县。

嘉善田歌伴随劳动而生，"只待东皋农事起，付它牧竖当山歌"（清《嘉善竹枝词》），嘉善田歌属于吴歌的一个重要分支，根据明代冯梦龙对于嘉善田歌的记载，能推断出嘉善田歌产生于明代之前，嘉善田歌在农人播种之时，每每歌以解劳，称之为"落秧山歌"。直到新中国成立后，"嘉善山歌"才改名为"嘉善田歌"。

明清直至民国早期，嘉善田歌在乡间非常盛行，那时人们常常组织歌班，不但隔畈斗胜，农闲时还到邻村去斗歌；直到抗日战争时期，嘉善田歌在战乱中逐渐衰落。

新中国成立前，社会对村野田歌不予重视，在以往的史书中没有正式记载嘉善田歌，也无人对这丰富的遗产搜集整理。1957 年上半年，一些文化工作者，当地的文化馆组织挖掘搜集嘉善田歌，并系统地编就了两辑《田歌资料》。一些老田歌手也在各种群众文艺演出时登台演唱，有的还参加省市汇演并获奖。

20 世纪 50 年代末，老田歌已不适应社会文化生活的需要，于是，一些音乐工作者就利用老田歌的曲调稍加改编并填上新词。如产生在 1959 年的《黄浦太湖结成亲》，1960 年的《毛主席像红太阳》和后来的《送粮》。

"文化大革命"以后，新田歌逐渐兴旺起来，1977 年全省汇演中新田歌《对花》《逢春》获好评。80 年代后，《阿拉老公》《插秧妹子》《阿拉村里能介好》等一大批优秀作品先后参加省市汇演。

嘉善田歌是至今尚在民间流唱的汉民族民歌，它具有江南水乡的特色，在江浙交界的古吴越农村传唱了几百年，且又保存得较好的一支，它是吴越音乐文化的宝贵遗产。

田歌的演唱场合一般比较自由，不同田歌曲调有不同的演唱场合。如"滴落声"调可以在田头劳动、乘凉时唱，还可以在摇船时唱；"落秧歌"调是在落秧时唱；"大头歌"主要在耥田时唱，也可以在乘凉时唱。田歌唱起来，声音高亢，在平原上久久回荡，专家称之为有和声的民歌。

嘉善田歌的题材主要涉及农耕劳动，农村生活和乡村爱情故事。劳动与爱情，始终是民歌亘古不变的主题，嘉善田歌自然也不例外。

从田歌的题材内容来看，其特点之一是直抒胸臆。田歌最初是由农民所创，在田间劳作时传唱，直接表达劳动人民的真情实感；特点之二是反映出当地的生活习惯，如《织绫罗》所唱的"郎拉田里耥六棵，姐拉上头织绫罗"。嘉善田歌的演唱具有时节性。演唱时间较为固定，每年春耕插秧、耕田，夏日纳凉、摇船，秋收扇谷时演唱，冬天则不唱。特点之三是方言的运用展现出了田歌特有的韵味。嘉善田歌婉转清丽，有着江南特有的婉约之美。

嘉善田歌具有7种不同的曲调，分别是滴落声、羊骚头、落秧歌、嘿罗调、急急歌、埭头歌、平调，曲调各自独立，不连缀成套。总体而言，具有腔幅宽长的特点。旋律起伏较大，节奏舒缓自由，富于抒情性。一方面，嘉善田歌的音乐特点与它所处的地理环境休戚相关，辽阔的平原造就了田歌的绵长悠扬；另一方面，缓慢而自由的生活方式也造就了田歌不急不躁，平稳舒缓的特征。

变化的唱法和润腔，全假声和真假声结合的唱腔是最突出的两种表现方法，其中也包括颤音和抖音等特殊的演唱技巧的使用。主要表现为：以联取体结构为主。他们常以一种起落分明相对独立的句子段作为基本单位结构，然后又以不同数量的句子段结构完成特定的段落。一个段落即是一只曲，并有各自的曲名。以散板式节奏为主。大多听歌速度较自由，节奏、节拍具有非周期性和散板陈述的特征。旋律风格和唱法多样性。多数田歌的曲调，都与各地方言声调相结合得很紧，演唱中具有一定的即兴性和吟诵性特点。

嘉善田歌的文学性主要表现在一些叙事歌曲中，它们往往有人物、有情节、有故事，而且这些叙事歌有一定的长度，也就有一定的文学容量。嘉善田歌中的地方语言和衬词非常有特色，嘉善话属吴方言，吴方言因地方风俗民情的特殊性，以及吴地农耕文明的前锋性，使它的语言非常复杂，至今有许多词汇在现代汉语中难找到替代。嘉善方言比一般吴

嘉善田歌表演

语更具地域性，田歌中大量的"三连音"就是方言语调带来的影响。方言对地方文学的影响，对地方作家的影响都是十分明显的。

音乐价值是嘉善田歌的魅力所在。因在田地劳作时歌唱，曲调非常自由，乐句的长度随着劳动的时间和节奏的变化而变化。但又因在旷野之地歌唱，必须传得远，其唱法为真嗓直音的原生态唱法，代代相传形成特色。嘉善田歌的几种曲调旋律都很优美，都是五声音阶，以"3""5""6"为骨干音，在演唱长音时往往夹着衬词。高亢挺拔，完全不同于吴歌中的"小调"腔。这就是它在汉族民歌中的特殊地位，究其根源很有音乐文化的学术价值。

嘉善田歌所反映出来的历史文化遗迹，充分说明了该地区所具有的特殊的地理环境和人文历史背景，可以说是该地区农耕经济文化、音乐艺术文化和原生态文化的缩影和写照，它反映了在平原水乡的农耕文化，是农耕文化的重要凸现。歌中歌唱的是农耕劳动的辛苦，农村生活的艰苦，农村贫富的矛盾，还有农民的思想和对生活的热爱，对爱情的期望等，它是这一带农村昔日的生活写照。

20 世纪 80 年代，嘉善田歌手约 300 人，2000 年前后仅剩 40 余人，且年纪都在七旬左右。随着民间艺人的垂垂老矣，嘉善田歌的生存状况令人堪忧。

近些年，田间劳作逐步被电气化和现代化设备所取代，同时随着普通话的普及，地方方言日渐被淡化，这使得田歌的传播也受到了很多的限制。为此，嘉善县文化部门专门将保护田歌列为"文化名县建设"内容之一，每年拨专款用于对田歌的保护和发展，每两年举办一次田歌节，还在丁栅中心学校建立了嘉善田歌传承基地，以使更多的人了解嘉善田歌，让这一珍贵的非物质文化遗产得以传承和发扬光大。

1990 年，中央人民广播电台国际台录制了一组由金梅创作的新嘉善田歌，成为与其他国家、城市电台进行文化交流的曲目。1991 年，由嘉善电视台拍摄的音乐专题片《乡韵》先后在省、市和中央台七套中播出，嘉善田歌知名度和影响力大大提升。

2001 年，嘉善县文联与教育局联合举办田歌进中小学音乐课堂活动，录制了一百首新老田歌及伴奏带分发给全县中小学，为推广田歌及培养新人打下基础。同年，中央台在西塘拍摄由嘉善实验小学表演的田歌《放鸭歌》，并在七套节目播放。同年，"中国田（山）歌研讨会"在嘉善举行，新田歌《南湖的菱花开了》《牧牛呼声》等多次被专业团体演出。

2005 年，嘉善田歌被列入浙江省首批非物质文化遗产名录。2008 年，嘉善田歌被列入第二批国家级非物质文化遗产名录。

麦秆贴画

麦秆贴画主要流传于浙江省浦江县。

从麦子出现在古代中国的那一天起，聪慧的祖先就开始以麦秆为原材料进行艺术创作了。作为赖以生存的主要食物，小麦历来被人们视为神圣之物，古人祭祀天地就赋予了小麦极高的地位，它象征丰收和财富，也被附加了吉祥高贵的意味。

麦秆贴画源于我国古代中原地区，始于隋唐，兴盛于宋，流行于明清，是中国独有的民间手工艺品。浦江麦秆剪贴造型形式自民间剪纸演化而来，从明代浦江传统工艺麦秆团扇扇芯及麦秆帽花等简单工艺脱胎而就，它的造型成因具有复合性和集体性。据地方志记载，大约在宋朝的末年，就开始流行利用麦秆贴出的扇子昆虫造型，小装饰画的手工艺品，这大概就是早期的麦秆画雏形。麦秆拼贴又称麦秆画、麦草画、麦秸画。浦江麦秆拼贴具有深厚的传统文化内涵，又极富现代装饰性和欣赏性。

清同治年间（1862—1874 年）经浦江镇金翠蛾发掘整理而得以流传。但是在当时的封建社会，麦秆贴画只能作为贡品送到朝廷，只能在皇家贵族间被珍藏抑或欣赏。所以在民间很少可以看到麦秆贴画，就因为如此，麦秆贴画的技艺没能一直流传下来，在很长的一段时间里，麦秆贴画的制作工艺在中国的民间艺术工艺史中是一段空白。

新中国成立后，老一辈的民间艺术家通过不懈的努力，研究这一古老的特色民间工艺，积极大胆地进行实验和实践，使麦秆画这一民间瑰宝得以重现人间。

20 世纪 80 年代，浦江创作的贺年片、书签、信插、日历、日历牌、台屏、大小挂壁、立地屏风以及各种动植物型礼品盒、罐、花瓶等 23 件麦秆剪贴在全国工艺展览会上展出，引人注目。从此，浦江麦秆剪贴画名扬四海，被国外人士誉为"迷人的艺术"。这一时期浦江麦秆剪贴工艺达到发展高峰，全县共有 20 余家麦秆剪贴工艺厂，从业人员达千余人。产品远销欧美、东南亚各国和港澳等地区。

麦秆贴画作为农民艺术的浦江麦秆剪贴是一种集体审美意识引导下的集体创意成果。它得益于中国古老文化千百年的积淀，得益于浦江农村特定的社会结构和文化结构所形成的集体审美意识，得益于浦江农民艺术家们独特的思维方式和造型意识。麦秆贴画值得浦江人民继续将其传承下去，发扬光大。

浦江麦秆剪贴艺术是在农耕社会基础上产生的一种农民艺术，但它在功用的促进下，逐渐发展成为一种特殊的、工艺复杂的、具有较高艺术水准的民间美术。

首先，它具有突出的自然质感。制作浦江麦秆剪贴的特种大麦秆比一般麦秆更具有光洁度，因此，浦江麦秆剪贴利用特种麦秆本身的光泽，使花卉具有阴阳向背、雨露风晴和羽毛蓬松的特殊艺术效果。

其次，具有超然的造型理念。浦江麦秆剪贴的造型艺术强调画面的整体感与浑厚性，强调线条在心理意识上的准确，达到色彩上的逼真与形态上的神似这种对事物理想化的造型心态。既符合艺术创造要求，又尊重自然，从而突破自然，服从于视觉的观感及大众的审美观。

最后，它是一种生动的画面形象。浦江麦秆贴画形象生动多变，得力于形式上熔绘画、剪纸、雕塑于一炉，在意象上配以诗、书、印，对作品进行高度复杂而又充分合理的组合装饰；同时运用各种特殊材料进行画龙点睛式的衬托，使作品更加出彩，充分展现与体现出民间艺术家们对装饰意象的艺术感悟和灵性的表达。

浦江麦秆贴画的表现题材常以人物、花草、飞禽走兽、山水风景等为主，也有一些装饰性图案，多含有喜庆、长寿、吉祥之意。现代麦秆贴画在传承传统的基础上，大胆地开

麦秆贴画的传承人蒋云花和麦秆贴画

拓创新，大量吸收外来艺术、现代艺术的优秀元素，表现的题材内容不断地更新、变化，如大洋洲、非洲、美洲等的一些艺术形象也都成为现代麦秆贴画的表现对象。以这类形象为主题的作品，更好地被国内外友人所认同和接受。

浦江麦秆贴画选料讲究，做工精细，工艺复杂。所用麦秆一般为大麦秆的第二节，要求均匀、白净、无斑痕、无开裂。所选用未经处理的麦秆叫麦秆管。麦秆管使用之前须进行加工处理。制作麦秆贴画包括七个步骤，浸泡、剖刮、漂白、染色、拼接、剪刻、粘贴，才可以成为一个完整的贴画。

麦秆贴画的地域特色鲜明，展现了江南劳动人民细腻、柔和的性格特点。在色彩处理上借鉴了刺绣中的分层退晕的设色方法，作品色彩层次丰富、绚丽华美，一幅作品的色彩往往变化万千。现代麦秆贴画在传统贴画的用色方法基础上，画面用色更加大胆、活泼、自由。色彩明亮、强烈、醒目，形成调子明快、色彩艳丽、装饰性极强的效果。现代贴画艺人善于把握色彩之间的搭配关系，画面效果往往和谐、漂亮，且独特而富有个性。

浦江麦秆剪贴是中国麦秆剪贴中形式多样性、品种系列化，并具有材料特殊、艺术风格独特的一种典型性的代表，它不仅是研究中国麦秆剪贴历史文化的重要标本，更是研究中华民族民间文化发展轨迹与流变的活化石，对研究地方民俗意识与观念都具有重要参考价值。

1987 年，为继承、保护与弘扬麦秆剪贴这一传统民族民间艺术，浦江当地政府与文化工作者搜集浦江麦秆剪贴代表性作品进行抢救性保护，目前已将征集作品全部归入浦江博物馆永久性收藏。当地还以浦江工艺美术公司历年麦秆剪贴样品为基础，筹建浦江麦秆剪贴博物馆，同时重视人才培养，根据浦江麦秆剪贴的人才状况与艺术要求，文化部门积极与浦江工艺美术公司合作，连续进行有关艺术技能培训活动，取得了较好成效。

旧时麦秆作为团扇及麦秆草帽的装饰，到清代麦秆贴画已发展成独立的特色工艺品种，一般作为婚嫁、生日、祝寿、开业、新居等礼品之用。新中国成立后，浦江麦秆剪贴得到飞速发展，1956 年，浦江麦秆剪贴开始规模生产并出口国外。

浦江麦秆剪贴艺术家寿雪渭、蒋云花等编写出《剪纸、剪贴》一书，成为省市中小学校劳技课教材，1991 年获国家教委一等奖。

扫蚕花地

"扫蚕花地"主要流传在浙江德清一带。《中华舞蹈志》记载："扫蚕花地是流传在浙江杭嘉湖地区蚕桑生产农村的民间小歌舞。起源于湖州德清县，清末年间至 20 世纪 50 年代最为繁荣。"

德清县是杭嘉湖地区蚕桑主产区之一，有悠久的蚕桑生产历史。德清县的民俗活动"讨蚕花""抢蚕花""串蚕花"等，大多与蚕桑活动有关。"扫蚕花地"也是这些民俗活动之一。每年"关蚕房门"生产前，当地蚕农为了祈求蚕桑生产丰收，在每年的春节、元宵、清明期间，都要请职业或半职业的艺人到自己家中养蚕的场所，举行"扫蚕花地"仪式，后来在艺人长期不断实践中，扫蚕花地逐渐具有了艺术性和舞蹈性。

在清末年间至 20 世纪 50 年代的繁荣时期，"扫蚕花地"大都在春节期间和清明前后表演，演出场合是乡、村举行的"马鸣王菩萨"庙会上，它在巡行队伍中很突出。

"扫蚕花地"的形成，老艺人们传说已有 100 多年的历史。据调查统计，德清县当时"扫蚕花地"就有七种不同曲调，四种不同风格的表演，知名艺人达 20 多人。可见那时"扫蚕花地"已相当繁荣，艺术上也较成熟。

"扫蚕花地"艺人有半职业和业余两种，半职业艺人过去以穷苦农民为多，他们务农尚不能温饱，靠演"扫蚕花地"补充收入。他们大多以家庭为单位，或三四人搭班划一条小船，在农历十一月开始外出，到清明后回家。每到一个村庄，就挨家挨户去农民家里演出，农民也乐意请他们到家中表演，传承至今仍受欢迎。业余的演出则带有极大的自娱性，队伍全由四乡农民自愿组成。

"扫蚕花地"表演形式多样，以单人小歌舞为主，由女性表演，另有一个敲小锣小鼓伴奏；以后发展到用二胡、笛子、三弦等多种民族乐器伴奏。它的唱词内容，多为祝愿蚕茧丰收和叙述劳动的情景，语言充满了浓郁的吴方言特色。表演者头戴"蚕花"，身穿红裙红袄，高兴地端着铺红绸的蚕匾登场亮相，象征着蚕花娘娘给人们送来了吉祥的蚕花。然后，表演者载歌载舞，做着"糊窗""采叶""喂蚕""做缫"等各种动作，模拟养蚕劳动。舞蹈的基本动律"稳而不沉，轻而不飘"，可以用一个"端"字来归纳，较好地表现了江南水乡蚕花娘子的端庄、细腻、轻巧的性格。

"扫蚕花地"的风格特征，体现了江南妇女长期在蚕房劳动所形成的娴静、端庄、温柔的性格及干净利落的劳动习惯。其音调古朴，旋律优美，是杭嘉湖蚕乡最具特色的民歌之一。舞蹈的道具、服装特色鲜明，铺着红绸的小蚕匾以及作头饰和道具用的白鹅毛，是蚕乡特有的生产工具；表演者的头上、扫帚、蚕匾上插的蚕花，与"西施给蚕娘赠蚕花"的传说以及"蚕花会""轧蚕花"等习俗相联系，再是表演者所穿的红裙红袄，这些都是蚕乡

"扫蚕花地"《蚕桑舞》

人民心目中最吉祥的事与物,因此,"扫蚕花地"的演出特别受到蚕农的欢迎。

蚕桑习俗深深影响着蚕乡人的社会生活。有的来源于对蚕、桑的原始信仰和崇拜,有的出于祛除蚕桑病崇的迷信行为,有的反映了对蚕桑丰收的祈祷和丰收后的庆贺,有的关系着蚕桑生产的人际关系和社会活动。

新中国成立后,当地政府和文化部门一直非常重视"扫蚕花地"的传承。1958 年,根据民间歌舞"扫蚕花地"改编的"蚕桑舞"被拍成纪录片《德清蚕桑》。"文化大革命"期间,"扫蚕花地"一度被视为"封资修"而遭禁演,致使艺人老化,传承无人,陷入濒危境地,亟待抢救。现有的艺术传人有徐亚乐、杨筱天、娄金莲。在浙江省民族民间艺术资源普查中,徐亚乐和娄金莲一起合作,徐亚乐根据记录加以补充和指导,娄金莲表演,《扫蚕花地》被记录在光盘中永久保存。

近年来,德清县对"扫蚕花地"采取了积极的保护措施:对原"扫蚕花地"艺术档案进行数字化保存,大量原始录音、录像转化为数字化格式;积极鼓励创作与"扫蚕花地"有关的文艺节目参加演出。

1958 年据"扫蚕花地"改编的《蚕桑舞》还参加了浙江省民间音乐舞蹈汇演,获创作、演出奖,并被拍成记录片《德清蚕桑》。

2004 年,"扫蚕花地"入选浙江省首批民族民间艺术重点保护项目。2006 年 8 月,"扫蚕花地"入选首批浙江省非物质文化遗产代表作名录。2008 年,"扫蚕花地"被列入第二批国家级非物质文化遗产名录。

青神竹编

青神竹编流传于四川省青神县。

青神竹编历史悠久,源远流长。据《蚕丛氏的故乡》载:"早在 5 000 多年前新石器时代,先民们就活动在这里。"那时,青神县的先民便开始用竹编簸箕养蚕、编竹器用于生活。据史料记载:到了唐代,文宗太和年间(827—835 年),荣县人张武率百余家于青神编竹篓拦鸿化堰、凿山开渠、引水灌溉农田。民间用竹启成篾条(片)编竹席晒东西,编簸箕养蚕，编筬筐盛物，编扇扇凉等，已广为流传，竹制品市场开始形成。

10~13 世纪的宋代，据传苏东坡在中岩书院就读时，就用竹扇驱蚊纳凉。民间盛传苏东坡与青神才女王弗在中岩相恋后，王弗见东坡在中岩山上读书，常被山上的蚊子咬一身疱块，十分痛心，于是，回家请篾匠教她编了一把很精美的宫扇，送给东坡，作为"定情物"。消息传开后，篾工巧匠们就开始学编宫扇，被称为"东坡宫扇"，青神扇子从此就出了名。民间竹编用品也增多，形成了竹制品生活、生产用具市场。

14~17 世纪的明代，青神人余承勋考中进士，官授翰林院修撰。他进京做官时用的竹编书箱、膳食盒就是用很细的竹丝编制成的，样式非常精美，后收藏于"中国竹编博物馆"。

清代光绪年间（1875—1908 年），青神的竹编艺术水平有了明显提高，当时编的"宫扇"相当精美，被列为朝廷贡品，现有一把收藏于沈阳故宫博物院。据传青神贡生文笔超，是清代同治贡生，想进京会试。当时科举考试，贿赂考官风气盛行。他家境又不甚富裕，没有银两可送，听说"东坡宫扇"很有名气，于是便带了几把进京，送给主考大员。主考大员觉得青神竹编宫扇非常典雅秀美，决定送给皇上讨赏。皇上得到此扇，很是喜欢，因此下旨：青神竹编宫扇作为朝廷贡品。文笔超因为考试失误落第，光绪三年（1877 年）还乡，撰写了《青神县志》54 卷。随着养蚕业的迅速发展，青神成了当时"西南第二大丝市"。养蚕用的竹簟、簸箕、背篼、筛子等形成了庞大的竹制品市场。

民国时期，青神竹编工艺水平又有了新的发展，能够在扇面上编花、编字了。特别是 20 世纪中期的抗日战争时期，天庙竹编艺人艾正星一家，开始用很薄、很细的竹丝编成有"抗战到底"字样的扇子，送朋友。县内进步人士还组织了几十名竹艺巧手，用细竹丝编成斗笠，边沿写上"抗战到底"字样，用以慰劳抗日将士。青神农村养蚕业更加发展，1933 年，全县蚕茧产量达 34 万公斤，汉阳古镇办起了大型缫丝厂，蚕丝经乐山、成都运出川外。因而，青神养蚕的晒簟、簸箕也大量生产，销售到外地。竹编业得到快速发展，家家户户都用竹编器具。

纵观青神竹编的发展历史，始终与民族文化紧密相连，体现其地域和民间艺术的风格、特色和文化内涵，处处渗透着竹文化的影响。青神竹编工艺品，具有丰富的文化内涵。几乎每件作品，都反映某种中华文化，充满文化底蕴。青神竹编题材广泛，在题材选取上，除了取自古典文学名著、历史故事、神话和民间传说中的人物、动物、山水风景、鸟兽花卉，还常用象征性的方法，概括性地表现人民的思想感情和愿望。青神竹编艺术，是与人民群众的生活密切联系的，是与中华传统文化紧密相连的，这正是青神竹编的文化内涵所在。

青神竹编编织者，多为一般手工劳动者，根据设计好的图纸，根据不同分类的图案纹样，运用传统的编织技巧，完成竹编产品。由此，青神竹编势必缺乏作品最需要的艺术涵养和审美意识。竹雕艺术的成功历程，对竹编艺术品位的提高有很重要的启示作用。在学习传统编织技巧的基础上加以创新，融入时代元素，从而创作出优秀的作品。

新中国成立后，青神竹编除了保留传统的晒簟、簸箕、箩筐、筬、篮、粮屯、蒸笼、

篾工巧匠制作竹编和青神竹编工艺品

鱼具等30多种生产、生活用具外，还新开发了竹编凉席、枕席、竹水瓶壳、工艺型竹扇等。当时一些编有"抗美援朝""保家卫国""福如东海""寿比南山"等字样的竹编工艺品深受消费者的喜爱。

"文化大革命"时期，青神相继出现了花、鸟、鱼、虫一类的竹编新产品。当时采用的是"坐标式"编织方法，标志着青神平面竹编艺术走上了一个新台阶。20世纪80年代后期至90年代中期，青神竹编竹画编织技艺发展到鼎盛时期。开发的新产品创历史最高记录，共7个系列3 000多个品种。竹编艺人能用薄如蝉翼、细如发丝的竹丝编织出艺术含量极高的惊世之作，如《中国百帝图》《清明上河图》等。

青神县以及其所属眉山市，都已形成一定规模的青神竹编工艺品销售市场。尤其在著名旅游景点苏东坡故居——三苏祠周围，青神竹编工艺品已经成为代表地方特色的旅游产品，吸引游客参观购买。

2010年，青神县建成了中国唯一的竹编艺术博物馆，馆内陈列展示青神竹编从低端向高端发展的各类艺术品。中国竹艺城成为国际竹藤组织网络培训中心在中国的唯一培训基地。

二、农业生活民俗

嗨子戏

嗨子戏主要流行于安徽西北部阜南、颍上、临泉及河南淮滨、固始、商城、息县等地。

嗨子戏起源至今无文字考证，只能根据老艺人学艺辈数的追忆来加以分析研究，大致一百多年前就流行于阜南大小集市、民间乡里了。早期的嗨子戏，演出经常用一条板凳作道具，长者坐于板凳之上表演弦技，其他角色都围着板凳表演，所以，又称"板凳戏"。嗨子戏是由民间旱船、歌舞、红灯、灯班、花挑等民间艺术形式演变而成的，因此，嗨子戏早期多依附于民间舞蹈"旱船""毛驴""小车子灯"，并以戏剧雏形花灯小戏的形式出现，按照老艺人的话说叫"下底场"。

嗨子戏的初步成型应是清末民初，有其充满苦难艰辛的社会背景。被生活所迫，为逃难求生，民间艺人们拖儿带女南下逃荒要饭，三五成群流浪到河南淮滨、息县、固始等地，一路上随处在乡村演唱嗨子戏小调，以便讨点粮食来养家糊口。其后国民党又发动内战，国无宁日，民不聊生，饥寒交迫中的民间艺人以演唱嗨子戏作为谋生手段的更多，这正是嗨剧成型与发展时期。

新中国成立前，嗨子戏的演出活动主要局限于交通不便的偏远乡村、山寨，保持着半农半艺的演出状态。剧目表演形式以两小戏、三小戏居多，本戏和连本戏次之。内容多以反映农民的生产生活或思想愿望为主。

新中国成立后，在党的"双百"方针的指导下，嗨子戏得到了党和政府的关注，又重新获得了新鲜的艺术生命力，迎来了蓬勃发展、欣欣向荣的好时期。

嗨子戏主要由唱腔（包括曲牌和尾句帮腔）、打击乐伴奏两大部分组成，具有唱、帮、打三者结合的特点。嗨子戏唱腔除有生、旦、净、丑之分外，亦有快慢之分，使用五声音阶，有少量六声音阶，也有大都以偏倚音出现的特点。调式为"宫""徵""羽"调式。嗨子戏的唱腔活泼明快，饶有风趣。

嗨子戏演唱在整个戏曲表演艺术中占有重要的地位。所谓演唱，主要指的是表演和唱功。只有两者配合得默契，融合得完美才能满足观众的视觉和听觉的审美。在嗨子戏的大舞台上，不少著名的嗨子戏艺术家也形成了自己的演唱风格。嗨子戏的演唱中主要以使用大本嗓（真声）为主，偶尔用到二本嗓（假声），主要以腹式呼吸为主，注重咬字的口型和感情的运用。

嗨子戏是一门综合性音乐艺术。包括文学的唱词、音乐的曲牌、美术的布景、化妆的艺术等元素。嗨子戏是与其他众多地方曲高度协同发展的音乐艺术产物。嗨子戏以淮河为界，有南北流派之分。北派唱腔委婉、柔和、抒情，尤其是花腔小戏旋律优美，丰富多彩，健康朴实。南派与湖北省毗邻的一带受大别山山歌的影响，曲调高亢、舒展，用小嗓子多，旋律流畅、跳跃，有人称之为"甜腔嗨子"。

嗨子戏唱词通俗易懂，有浓郁的地方色彩。演唱风格可以分为：叙事抒情类，如苦嗨子；多反映民间风俗，如花嗨子，也叫曲牌或杂调；陈述性的唱段，如平嗨子；带有欢快的情绪，唱腔活泼明快，饶有风趣，如喜嗨子。

嗨子戏表演

嗨子戏作为淮河文化的杰出代表，已经融入文化市场，初步实现了经济价值，安徽省是人口大省，阜阳是人口大市，而且嗨子戏是淮河流域鄂、豫、皖三省人民喜爱的剧种，巨大的市场和嗨子戏的独特性，再加上国家对文化产业的扶持和投入，嗨子戏蕴含着巨大的经济价值和效益。所以，嗨子戏只要打造好文化品牌，一定会推动当地经济发展，并为阜南经济发展发挥积极作用。

新中国成立后，嗨子戏得到党和政府的重视。1958 年，阜南县成立县文工团，重点工作是搞好地方戏的演出、创编工作。1963 年，县文工团正式命名为阜南县嗨剧团。为了继承和发扬嗨子戏积累起来的艺术成果与经验，并使之发展成为适合舞台演出的现代地方戏，县文化部门领导特将在中岗中学任教的原皖大学音乐系毕业的周学忠老师调进嗨剧团担任艺术指导。

由于多种原因，阜南嗨剧团于 1982 年撤销，民间班社活动也迅速萎缩，且后继乏人。

自 20 世纪 80 年代初到现在，嗨子戏一直处于低潮时期。然而嗨子戏并没有消亡，至今阜南农村还有一些民间艺人在乡间村坊演出原汁原味的嗨剧地摊小戏，说明它确实有着顽强的生命力。进入 21 世纪，地方政府加大了对文化遗产保护工作的力度，嗨子戏得到了重点关注。

2011 年，嗨子戏被列入第三批国家级非物质文化遗产名录。

泗州戏

泗州戏流行于安徽淮河两岸。

泗州戏的形成说法不一，许多人认为它发源于苏北海州一带，原是当地农民以"猎户腔"和"太平歌"等民间曲调即兴演唱的小戏，后传入泗州并吸收当地民间演唱艺术，形成安徽的"拉魂腔"泗州戏。1920 年前后，泗州戏才有固定的班社演出，并开始进入城市。

据传，在清乾隆年间（1736—1795 年），江苏省海州一带，有邱、葛、张三位老农爱好民间音乐，他们在劳动休息时，常编山歌企盼太平丰年，山歌有两种，一种称为太平调，一种成为猎户腔。后经收集整理，不断丰富，就编出了具有简单人物故事的"小篇子"进行演唱，由于唱腔优美，听者不思饮食，赶场听看，好像魂被拉去，故被誉为"拉魂腔"。后因连年灾荒，张姓在海州一带串门卖唱，发展为淮海戏；葛姓流浪于苏北、鲁南一带，发展为柳琴戏；而邱姓则在泗州一带传艺卖唱，由于是"串门卖唱"，民间又称"拉魂腔"为"走股子"，因为是泗州的"拉魂腔"，所以又称泗州戏。

泗州戏内容以老百姓喜闻乐见的题材为主，表达老百姓的心扉，拉近了与观众的距离。泗州戏擅长演唱农村题材的生活小戏和现代戏，如小戏《跑窑》、大戏《皮秀英四告》等都以民众疾苦为题材，而传统戏《拾棉花》、现代戏《两面红旗》等都是以老百姓的新思想变化为内容，题材富有质朴淳厚的乡土气息，无怪乎受到皖北老百姓的喜爱。

泗州戏的唱腔曲调源于当地的民歌小调、劳动号子及农民生活、劳动的音调。如赶牛耕地、妇女哭腔等，并吸收了花鼓、琴书等民间艺术形式的音调加以改造发展。因此唱腔

泗州戏

随意性很强，演唱者可以根据自身嗓音条件随意发挥，故名"怡心调"。男腔粗犷豪放，高亢嘹亮；女腔婉转悠扬，结尾处多翻高八度拉腔，明丽泼辣，动人魂魄。其伴奏乐器以土琵琶为主，辅以三弦、笙、二胡、高胡、笛子等，另有板鼓、大锣、铙钹、小锣四大件打击乐器。

泗州戏的角色主要分大生、老生、二头、小头、丑等几类，其表演在说唱基础上大量吸收民间的"压花场""小车舞""旱船舞""花灯舞""跑驴"等舞蹈表演形式，受戏曲程式规范的影响不大，带有明快活泼、质朴爽朗、刚劲泼辣的特点，充满浓郁的皖北乡土气息。有些行当的表演堪称绝技，技艺十分精湛，深受当地的农民百姓所喜爱。

泗州戏距今已有 270 多年的历史，从起源到发展再到成熟，有着厚重的文化积淀，已成为传统戏剧中具有鲜明特色的戏剧种类。泗州戏在各个历史时期，在推动历史的进步和社会的前进方面都发挥了无可替代的作用。在当今，泗州戏对丰富城乡人民精神文化生活，提升公民素质，促进社会和谐和经济发展，有着重要的现实意义。

第一，泗州戏的表演艺术，有着极强的生活化、情趣化和舞蹈化的风格，这一风格大大拓宽了泗州戏本身原生态的表现形式。第二，泗州戏唱腔道白、语言传承等虽为地方方言，但也是由多种文化艺术的因素积淀、交汇、融合而成的。第三，泗州戏剧目创作中的内在人文精神非常贴近生活，是自然美和理想美的结合和统一，有着极高的文化艺术价值。

泗州戏与其他戏剧一样，历来就具有一种高台教化的作用和价值。

优秀的文化需要传承，没有文化的传承，就没有文化的发展，没有泗州戏的传承和保护，就没有泗州戏的发展。泗州戏目前已是中国优秀的地方剧种之一，是泗洪，是苏北地区一朵艺术奇葩。它与泗洪、与苏北人民的生活、习俗有着密切的联系，已显示出了强烈的地域文化特征。因此，有着极高的传承保护价值。

当地政府从 2006 年起先后成功举办三届泗州戏文化艺术节。

2006 年，泗州戏经国务院批准列入第一批国家级非物质文化遗产名录。

铜陵牛歌

"铜陵牛歌"分布在安徽沿江江南一带，特别是操铜陵当地土语的流潭、钟仓、朱村、顺安一带圩区。

"铜陵牛歌"是流行传唱于安徽沿江江南的民间童歌，这里是东西湖畔，鱼米之乡，农家自古习种水稻，养殖水牛，牧歌自然兴盛。农村牧童与"牛歌"是早出晚归、嬉憩劳作融为一体的。"牛歌"既是生活的真实写照，更是情感的充分表述。经过数百年的口耳相传，无数劳动人民的智慧，创造了"铜陵牛歌"这样一件民间音乐艺术珍品。

1954 年，铜陵的音乐工作者深入农村进行了大规模民歌采风。当时在铜陵县文化馆工作的方明光先生首次掘得"铜陵牛歌"。1956 年，为了参加安徽省第一届音乐舞蹈汇演，由张学琨、田清华等对曲谱和歌词进行了整理，将两首放牛歌合在一起，成为三段体，且对比段以八段对唱的形式，使"铜陵牛歌"基本固定，同时组织牛歌流行地的两位少年排练赴省演出。上演之后引起了很大反响。

"铜陵牛歌"发掘以后，首先在该县的老洲乡进行传唱试点。这个乡是1958年即闻名的全国"文化之乡"。老洲乡的试点，立即带动了全县乃至更广大地区演唱"铜陵牛歌"的热潮。群众性的演唱活动开展得轰轰烈烈，有力地推动了沿江江南民歌的抢救挖掘工作。经过不断的努力，特别是1963年之后，当地曾经多次开展了大范围的民歌普查。

1959年，"铜陵牛歌"由安徽人民出版社编入《安徽民间音乐》第二辑。1992年，铜陵县地方志编纂委员会将"铜陵牛歌"收入新编《铜陵县地方志》。

"铜陵牛歌"的歌词，特别是其中的对歌部分，多为不固定的即兴问答，俗称"见风挂牌"。其创作要求就是"简洁精炼，合辙上口"。内容多是反映农耕时代男耕女织的朴素生活和放牛娃们天真无邪、自得其乐的童趣。悠然而不悠闲，嬉戏并不嬉闹。

曲调特点主要有三：一是在曲式结构上比较复杂，二是在调性对比上特点鲜明，三是在调式色彩上十分独特。其旋律最动听、最具特色的，应该是其对比段的五声角调式，因为五声角调式的主音，缺少属音的支持，无法分解和弦让其旋律行进。可"铜陵牛歌"的角调式，巧妙地克服了缺少属音的弱点，令人耳目一新，拍案叫绝。

由于方言的特点，"铜陵牛歌"的音域一般不宽，起伏较小，如第一、第三两段，呈示段和再现段，音域只有六度，显得非常舒缓、悠扬。对比段由于速度和节奏的变化，虽显得活泼跳跃，但音域仍只在八度以内。通篇旋律，除偶尔出现五度跳进外，多为三度以内的小跳或级进，体现了沿江江南人民那种安逸祥和平稳递进的性格追求。

2011年亚洲举重锦标赛"铜陵牛歌"表演和"铜陵牛歌"文艺汇演

"铜陵牛歌"与安徽的徽剧、黄梅戏等地方戏曲有着千丝万缕的联系，影响深远。其唱段被黄梅戏《刘三姐》吸收改编为戏里的主要唱段。比如深受"铜陵牛歌"影响的三姐与秀才对歌的唱腔，几十年演唱至今。反过来，徽剧的《小放牛》、黄梅戏的《打猪草》等戏里的孩童形象，"铜陵牛歌"于舞台演出时，也有大量吸收。

"铜陵牛歌"的保护、传承和发展，不仅对沿江江南一带民间传统文化的发掘工作产生了较好的推动作用，同时，经出版社和有关媒体的宣传介绍，在全国音乐领域也有一定的影响。据不完全统计，仅铜陵地区就挖掘搜集了200多首，经过整理鉴定，较为完整并具有地方风味的约 50 余首。主要是小调、山歌、号子和歌舞曲,内容包括革命历史、情歌、生产劳动和民俗活动等几方面。

1956 年,铜陵县顺安文化站将"铜陵牛歌"选词记谱,整理报县,参加安庆地区民间文艺汇演。这是几千年来,牛哥第一次由"放牛滩"走上城市舞台。1957 年又被选送参加安徽省首届民间音乐舞蹈会演,更是一鸣惊人,获得巨大成功。

2006 年,"铜陵牛歌"被列为首批安徽省级非物质文化遗产,2007 年 5 月,又成为安徽省第二批国家级非物质文化遗产名录的申报项目。

五河民歌

五河民歌主要分布在安徽省五河、凤阳、蚌埠及周边地区,包括淮河中下游两省十几个县市,远及山东省部分县市。

五河民歌的历史记载最早见于明天顺二年(1458 年)所修县志。《五河县志·风俗》记载:"除夕前二三日小儿打腰鼓唱山歌来往各村谓之迎年……";"民间插柳于门断荤腥茹素小儿作泥龙昇之作商羊舞而歌于村市……";"三月建辰……清明民间祭祀扫墓官祭历坛请城隍出巡百戏竞作举国若狂歌舞灯采三日而毕"。五河民歌不仅志有所述,在治域美景中也打上了民歌的烙印。

《五河县志·古迹》记载了历史上精典的五河八景:"……南浦渔歌北原牧唱……东沟鱼唱西坝农歌"。因此,五河民歌在明代从题材、体裁、内容和形式上都已经具有了丰富的内涵,专门的祭祀歌已经存在,民间的儿歌、山歌遍及村市。

"五河民歌"的命名和提法是在新中国成立以后,20 世纪 50 年代初,以《摘石榴》参加华东地区汇演获奖的影响而得名。

在旋律和调式上,五河地区因其地处淮北边缘,部分民歌旋律中又包含着北方民歌豪放的元素,通过融合南北风格形成了自己特色,旋律行进中柔中有刚、刚柔兼济,调式色彩上巧妙转承意味深长、意犹未尽,充分体现了艺术的兼容性;在艺术表演上,五河民歌既有即兴随意的一面,也有随着生产劳动、民俗活动的不同阶段形成固定曲目的程序性特征,独具特色。

五河民歌种类多,曲目丰富。据初步普查统计有 180 余首,类型有劳动号子、秧歌和小调三大类,其中以小调类的民歌最多,也最具有特色。五河民歌的表现以演唱和白口为主,兼有独唱、对唱、说唱、小演唱等表演方式。独唱居多,领和结合的形式主要出现在秧号子以及部分舞歌,在关于男女爱情的小调中,基本的形式是男女对唱,表演形式多样,内容丰富。

五河民歌的题材内容十分广泛,涉及人民生活的各个领域。主要的内容为赞美劳动,反映劳动生产的民歌内容主要体现劳动场面、过程以及收获的喜悦,歌颂了沿淮人民爱生活、爱劳动的精神风貌。其次比较多的是歌颂爱情,如《摘石榴》:"姐在南园摘石榴,哪一个讨债鬼隔墙砸我一砖",是反映当地农村青年男女恋爱细节的民间小调,关于反抗农村包办婚姻，追求自由恋爱的二人小戏，后经整理改变成民歌，受到百姓喜爱，折射出淮河儿女率真的性格特征和对美好爱情的大胆追求。五河民歌反映五河人民赖以生存的风土人情、宗教信仰、文化生活的各个层面，反映了人们的生活习惯，意象鲜活，画面生动，地域性特征十分鲜明。

五河民歌是淮河流域苏皖交错地区产生发展起来的较为典型的民间音乐文化，是沿淮人民天才创作性的典型代表之一，它既体现了五河地区的文化特色，也反映了文化交融的历史脉搏，作为口头传承的非物质民间音乐文化的遗产，所蕴储的文化空间、历史风韵、民间民俗文化构成对淮河流域文化的产生发展以及文化构成的研究无疑是难得的宝贵财富。

五河民歌是当地汉民族较完整系统的、具有典型艺术形式的民间歌曲，是用演唱方式表达复杂情绪和人物的民间艺术形式之一。五河民歌作为淮河流域民间音乐文化典型代表之一，是浩瀚中国民歌大系中一颗璀璨的明珠。保护、抢救、发掘五河民歌，对加强精神文明建设，丰富沿淮人民群众的文化生活，提高人民群众的素质，构建社会主义和谐社会，促进地区经济发展都将产生重要的促进作用。

改革开放以来，国家对民间音乐进行搜救工作，五河民歌也取得了可喜的成绩。1978年，首先成立了五河民歌收集小组，首次对五河民歌进行了较大规模的挖掘、搜集，经过整理，本地民歌小调50首，外地传入的民歌小调40余首。1980年，《中国民歌集成·安徽卷》收录了五河民歌11首。1991年，对五河民歌进行了第二次大规模的挖掘整理工作，收集原生态录音42小时，整理民歌50余首。1995年，由蚌埠市艺术研究所编辑出版的《蚌埠民间歌曲集》，收录了五河民歌28首。2007年4月，《中国安徽五河民歌选》出版，其中收录了60首五河民歌。

为完善传承体系，五河县拨出专门经费对五河民歌老艺人进行保护、传承人培养，实施五河民歌"一十百千工程"，即有一个全中国知名歌手，10个优秀民歌传承人，100个五河民歌业余演出队伍，1 000个业余民歌手。民歌还走进小学生课堂，截至2010年，该县实验小学、五河三小成为民歌小歌手培育基地，2004年开始，连续多次参加安徽全省少儿文艺调演。每年一届的五河民歌歌会、五河春节联欢晚会、广场文化艺术节、清明传统庙

五河民歌大赛

会等，为县内的民歌艺人提供了展示的舞台。

为保护五河民歌文化遗产，截至 2010 年，五河县多次组织民歌手参加中国南北民歌擂台赛、中国原生民歌大赛、安徽省首届农民歌会以及周边省市的邀请演出。五河县民歌专家还做客央视接受专访《摘石榴》当场收录进《中国民歌博物馆》。五河民歌两次应邀走进央视，现场演唱《摘石榴》《打菜苔》《五只小船》《八段锦》《大米好吃要把秧栽》等曲目。此外，央视音乐频道《民歌·中国》栏目三次到五河县采风，制作的五个专题片二十多次播放，五河民歌的影响力不断提升。

2008 年，五河民歌被列入第二批国家级非物质文化遗产名录。

米粮屯高跷

米粮屯高跷流布于北京市丰台地区。

米粮屯高跷会创建于乾隆初年。最早由一位叫马四爷的在天桥打把式卖艺的人创办，他把当时丰台西局的高跷、少林棍分别传到了米粮屯和沙锅村，至今已有 200 多年的历史，现在高跷会掌门人已是第五代传人了。

创会之初，一切都是自力更生，靠全村人一家一户赞助些粮食换成银两购置了服装头饰、脂粉、锣鼓。会木工的会员义务用村民捐献的木头做十几副高跷腿子、高凳等。因为是一帮穷人组织这么一个会自娱自乐，因此定名为"同乐会"。会有会规，三十几名会员每人发一面三角"会"字旗，持旗参加活动。功夫不负有心人，在马四爷的传授下，会员们苦练基本功，几年下来，"同乐会"的高跷在周边十里八村小有名气，闻得锣鼓声大家都知道是"同乐会"的高跷在演练活动了。

米粮屯高跷在乾隆十五年（1750 年）曾受过皇封，在京城各地的高跷会中独树一帜，受到同行和广大群众的普遍尊崇，具有较深厚的历史底蕴和群众基础。

米粮屯高跷作为丰台区享有盛名的花会，有着其独特的风格和艺术特点。米粮屯高跷跷上角色 13 人（主要角色：托头、小二儿哥、公子、药先生、渔翁、柴王、渔婆、俊鼓、丑鼓、老做作、丑锣、丑婆），旗手伴奏 25 人及演出保卫勤杂人员数人，共计 45 人。全程表演分大场引入、头跷指挥，分跑大场、个人现技亮绝活（上大跳、旱地拔葱）等高难动作；后面接着清场逗俏，小戏表演，最后以麒麟送子收场。

米粮屯高跷具有独特的表演形式和风格特点，表演技巧较高，自然风趣，在表演技法、人物设置、音乐伴奏、会礼会规和高跷的制作工艺上，至今保持了传统风貌，是流传在民间的优秀的传统表演艺术。表演形式以武跷为主，兼有歌唱，跷高 1.6 米，有着其独特的风格和动作特点。其独腿动作险，技巧多，难度大。表演者足登五尺高跷，单腿上大平台，平台上放八仙桌，再从八仙桌腾空跳下；在七尺高的大板凳上倒放上雪亮的铡刀，从上面纵横跨越；手持折叠扇，单腿在八仙桌上一尺见方的高凳上表演绝技。八种角色分别称为八仙，各显神通，有"夜叉探海""苏秦背剑""蹲裆""弹跳""怀中抱月""鹞子翻身""蝎子摆尾""挟麦个""端盘子"等绝活。

米粮屯高跷

米粮屯高跷自20世纪90年代恢复活动以来，受到群众普遍欢迎，但是现在正面临逐步衰落、退化甚至失传的危险。现在村里的高跷队有40个人，设有13~15个角儿，还有乐队、保护者、打门旗的。如今米粮屯的高跷已经是第五代了，第五代传人王连今年已经80多岁，已经不上跷了。由于没有形成产业化管理，缺乏活动经费，演出也是自发和不取报酬的自娱自乐或者公益性活动，所以高跷会会员们没有经济收入，平时大家根据自己的劳动技能分散在本市的不同行业自谋职业，遇到庆典或镇村组织活动时提前进行集中训练。高跷是具有一定风险的活动，村集体没有资金为大家投相应的人身保险，另外经费也是个不小的问题，道具、服装、给会员的补助等都要支出，这些都困扰着高跷队的发展。现在全村会"全活"的只剩下3个人了，年轻人基本上在外务工，很难对高跷感兴趣，也没时间练习，整个高跷队面临"绝唱"的危险。抢救、挖掘、整理工作已经迫在眉睫。

米粮屯高跷在不同的历史时期曾为中国革命和建设做出过积极贡献，自20世纪90年代恢复组织以来，曾多次参加市级大型庆典表演和展演活动，得到群众的普遍好评，在当地具有较大影响力和知名度。

2006年，米粮屯高跷被列入北京市非物质文化遗产名录。

屏南四平戏

屏南四平戏现存于福建东北部宁德市屏南县的龙潭村。

屏南四平戏是由明代的弋阳腔演变而来，在明末时期从江西传入福建。被誉为明代四平戏的活化石。相传在明代末年，由于社会动乱，有个陈姓耍拳的流落到江西南昌，之后便加入戏班开始学习四平戏。当时陈清英由小生开始学起，后演老生，长达十几年的学习时间，直至其母亲病故而回到自己的故乡屏南龙潭村。龙潭村村民知道陈清英会四平腔，便组织了戏班向其学习，由此开始屏南四平戏便在龙潭村扎了根。

清中叶时期，四平戏在闽北地区十分盛行。当时的龙潭村只百来户人家，但戏班却不少。有老祥云、新祥云、赛祥云等戏班。其中老祥云声誉最高，于嘉庆年间成立。从清道光年间开始，有些地区受乱弹影响吸收了一些乱弹的剧目。但屏南县龙潭村地处闽北偏壤之地，四平戏都以家族代代口传身授，300 多年来始终保持着四平戏的古风古貌。甚至还按清代传抄下来的脚本演出，后台的人数与副末开场的规矩从未变过。

辛亥革命后，屏南四平戏由于闽剧的冲击，活动范围逐渐缩小了，由原来的出省演出到现在仅仅在临近的宁德、建瓯和政和交界的偏僻地区演出。甚至有的观众开始嫌弃高腔不好听，在民国六年（1917 年）前后，屏南龙潭村四平戏戏班在建瓯的一次演出遭到反击之后以"一人干唱，后台帮腔"、唱白皆用"土官话"的四平戏便开始吸收昆曲《打花鼓》《别姬》《阴阳貌》《搜古杯》《贵妃醉酒》《扇坟取脑》《太极图》等剧目。屏南县龙潭村陈姓家族仍然保留着一个四平戏的戏班，在每年逢年过节的时候用以娱乐和祭祀。平时务农，春节时期便到附近乡村演出。

中华人民共和国成立之后，屏南四平戏又有新的发展，1958 年，龙潭村首次发展女演员，改变了由男子统治舞台的局面，为四平戏流入了新的生机与活力。至 20 世纪 80 年代末，屏南及周边地区就仅存龙潭村一个民间业余四平戏班，还在邻县偏僻山村流动演出。到 1992 年，龙潭四平戏业余剧团全年演出仅约 40 场。剧团面临严重生存危机。1999 年以来，屏南县委宣传部、县文化局多方筹资，积极抢救龙潭四平戏，屏南县恢复了"龙潭四平戏剧团"，在各个乡村及县里的各种大型文艺活动中演出，使更多的人认识了四平戏，同时也培养出一批年轻的新演员。使沉寂多年的龙潭四平戏业余剧团重新获得生机，2002 年以来，龙潭四平戏业余剧团恢复了演出活动。

屏南四平戏曲调活泼，早年村里几乎人人都会哼上几段。

屏南四平戏有一套严格的班规习俗，父传子、代代相传，只传媳不传女、辈辈相延。龙潭村里的孩子每年二月初二开始学戏，六月四"响排"，八月三出艺，九月九秋收晒好香薯米后戏班便外出演出，第二年春耕时节回来。外出前一天要演一场"出门戏"，回村那天要演一场"回乡戏"，这种古朴遗风沿袭至今，全村男女老少几乎人人会唱四平戏，台上演唱台下众人和，浑然一片，十分热闹。

屏南四平戏表演风格粗犷而古朴，并有真刀真枪的武打场面及耍獠牙等特技，惊险刺激；其两军对阵的穿花程式，十分严谨，加上剧情中经常出现丑角的滑稽表演，令人捧腹。尤其可贵的是屏南四平戏还保持着大量宋元杂剧和南戏的表演体制，如粗犷的身段科介、南戏的诙谐与科诨、特有的脸谱和行当、以实应虚的形象效果、北杂剧的表演程式、副末开场和自报家门等。

四平戏是宋元南戏的分支，存在着许多南戏的表演艺术，被誉为四平腔的活化石，从中不仅可以了解到明代时期的历史还能探索到四平腔的原型，和许多与之相关的戏曲的基本元素和表演艺术。

屏南四平戏既是戏曲文化的资源也是戏曲文化界的财富。它折射的不仅是屏南甚至是整个国家的文化特有的精神价值、思维能力和想象力，体现着中华民族的生命力和创造力。

屏南四平戏表演

现今屏南旅游业的发展带动了经济的发展，使更多的人认识到屏南四平戏，来关注屏南四平戏，为四平戏的发展与传承打好基础。

2006年，屏南四平戏经国务院批准列入第一批国家级非物质文化遗产名录。

寿宁北路戏

寿宁北路戏主要流布于寿宁、福安、宁德、罗源、屏南、古田、霞浦、福鼎及闽北地区和浙江南部等地。

北路戏是代表清代乱弹系统声腔的珍稀剧种，流行于闽东、北、中一带，俗称"福建乱弹""横哨戏"。

明末，闽东北各地的民间戏曲颇为兴盛，崇祯十年（1637年），时任寿宁知县的冯梦龙编撰的《寿宁待志》中载："西溪人多习戏，然力不能具行头，多往浙合班，大家有庆喜好事者，则于福安迎之演戏。"

入清后，习戏之风更炽。据老艺人传说，乱弹约于清初传入福建，此说尚无史料可证，但乾隆四十五年（1780年）江西巡抚郝硕《复奏遵旨查办戏剧违碍字句折文》已有"再查昆腔之外，有石牌腔、秦腔、弋阳腔、楚腔等项，江、广、闽、浙、四川、云、贵等省皆所盛行"语，则至迟在乾隆时，"乱弹"的花部诸腔已在福建流行。相传道光、咸丰年间（1821—1861年）福建唱乱弹的戏班甚多，按其流行区域，有"北路班""南路班""上路班""下路班"之分。"北路班"即称"北路戏"，其近源发祥地为屏南、古田，很可能是赣东或浙江金华一带之乱弹流至闽北后，再传入闽东。其时，除活跃在闽北一带的"北路班"外，其他各路戏班相继散班，"北路戏"达到鼎盛时期。

北路戏内容丰富、形式复杂，具有鲜明突出的地方戏剧种艺术形态特征。它有古老而开放的剧种个性：北路戏是以北方吹腔为主的乱弹腔南传后的衍生物，其表演艺术通过与高腔融合，并吸纳当地流行的徽调牌腔和民间小调，形成闽东北最具影响的剧种，被时人称为福建乱弹。该剧种不拘泥、不保守，既具古老传承，又广泛接受新的戏曲声腔艺术，兼收并蓄，善于接受新声腔，不但在本地深受喜爱，而且在浙南闽北也深具影响，这与其古老而又开放的剧种个性特征分不开。它强调肢体语言的特征性：北路戏在数百年的乡间草台戏演出活动中，总结出一套深受当地广大农民群众喜爱的表演艺术，其主要特征在于肢体之动作语言无论男女角色各种行当，都以手眼身法步等各种丰富的动作来表现人物性格角色行为，进而推动剧情的进展。这种建立在与唱腔相融合基础上、并将人物内心活动外化的形体动作，具有很强的适应性，产生许多且歌且舞兼文兼武的表演艺术，在一些半文武戏中使角色具有很丰富的表现力，使许多文武并重、做工独到的艺术在农民群众中产生极大的共鸣；此外，它具有语言与表演的儿童剧特征：北路戏由于 20 世纪 60 年代现代戏《张高谦》的创演，取得了成功，80 年代以来并陆续创演现代戏《东海小哨兵》《流亡剧团的孩子们》、古代儿童剧《岳云出征》《劈山救母》等儿童剧，在儿童剧方面积累了许多口白唱腔表演程式、舞蹈动作以及舞台美术等方面的经验，在演儿童题材，演儿童角色方面，已成为剧种艺术形态的一个突出强项，并为社会及教育界所认同。而本剧种的舞台语言，也正是由于儿童剧的创作，均用标准普通话演出，深受学校教师和学生的喜爱，在创演富有教育意义的儿童剧课本剧方面具有优势，同时对于戏曲本身的传统文化在新一代的普及起到重要作用。

北路戏从形成到发展，经历一个漫长的时期，其剧种的适应性及社会的定位都相当明确，故其戏曲艺术也形成特定的价值取向。

首先，是声腔的价值。在清初以来乱弹腔流行全国后，各地以乱弹为主要声腔的剧种多与"皮黄"二调为主调，成为各种不同风味的"皮黄戏"，被群众讥为"土京戏"。

其次，注重做工、文武并举的表演艺术价值。

最后，地方剧种演儿童剧的特殊地位与作用价值。

北路戏虽曾经盛行于闽东地区，有百余个业余剧团，1959—1960 年，经挖掘抢救而成为国有剧团的却仅有寿宁唯一的一个县级剧团。寿宁地处闽浙交界处，交通不发达，经济发展滞后，无法在剧团的挖掘整理和创演新剧目等建设方面给予有力支持，使该剧种于 20

北路戏表演

世纪末呈现萎缩状态；同时，由于寿宁为山区贫困县，人才培养困难，该剧团专业演出人员匮乏，为求生存不得不走与业余剧团联袂演出的道路，极大影响剧种的发展。老艺人多已逝世，剩下为数不多的几个身体状态不佳，剧种之传统艺术面临人亡艺绝之濒危状态。多年以来未招收新生，剧种后继乏人，观众意见很大，剧团面临解体，剧种已濒临消亡之境地。

近年来，寿宁县致力于北路戏的保护和传承，县职业中专开设了北路戏艺校艺术表演班，培养北路戏后备人才。该表演班目前已有 16 名学员，并将继续招收学员。在寿宁县北路戏剧团的带领下，北路戏艺校艺术表演班学员已开始尝试上台演出 2 场，《卖水》《单刀枪》等精彩剧目受到群众的欢迎。

2005 年，寿宁北路戏被列入第一批福建省级非物质文化遗产代表名录。2006 年，寿宁北路戏被列入第一批国家级非物质文化遗产名录。

四平锣鼓

四平锣鼓流传于南靖县金山、龙山一带。

四平锣鼓俗称粗锣鼓，源于古代的四平戏。四平戏是早期的南戏弋阳诸腔之一，从江西流经闽南一带，而南戏弋阳腔产生于元末明初的 15 世纪中叶并传入福建，在广泛流行中演变成新的地方剧种。清朝时，四平戏在南靖已十分盛行。以节奏感强、吹音曲调、锣鼓节拍与吹音旋律配合紧密，优美动听，且气氛热闹，而深受当地广大农民的喜爱。

南靖四平锣鼓乐队早在 1887—1943 年间，就常年在闽西南一带演出。20 世纪 40 年代，金山镇就有 40 多支四平锣鼓乐队，但现在除金山、船场、奎洋等尚有少数四平锣鼓乐队外，大多已后继无人，停止活动。金山镇安后村的四平锣鼓队是目前保留较为完整的一支乐队，这支乐队的班首是 73 岁的吴炎祥。

南靖四平锣鼓队从产生到今天约有 120 年左右，经历了从清朝末期至今的兴衰更迭。近年来，四平锣鼓队参加会庆、节庆、赛事等活动都按四平戏曲调创作大型吹打乐曲，更具丰富的表现力。

四平锣鼓的主要特点是将许多曲牌（华牌）连串一起，用锣鼓配合唢呐吹奏，表现一个故事情节。在表演时，以唢呐为主，以鼓指挥，辅以队形而构成唢呐主奏，以鼓振节的导乐性特征。因为它表现内容大都是武将征战情节，所以奏起来非常雄浑有力。使用乐器有大唢呐一对、通鼓、笃鼓、锣等。四平锣鼓乐节奏感强，优美动听，锣鼓声喧，气氛热烈，深受广大民众喜爱。

四平锣鼓演奏都遵循戏剧节目按套进行，他们的锣鼓阵曲目有八套，即头音吹排、二音吹排、三音吹排、大破对阵、看阵、双剑记、铁弓对阵。头音吹排是锣鼓阵的基本功，学会头音排锣鼓就基本掌握了四平锣鼓的演奏技巧。传统的四平锣鼓队，一般以 8 人为一个演奏单位，根据情况需要可以增加 2~4 人进行演奏。

南靖四平锣鼓是民间音乐文化的遗存，发掘、抢救、保护四平锣鼓乐具有重要历史价值。四平锣鼓队是以南靖芗剧表演曲调为主的演奏队伍，在芗剧曲调的表演的丰实和完善，在闽南文化传统中具有一定的传承作用。

南靖县龙山民间的四平锣鼓乐队

四平锣鼓队原来在金山有很多队，现在只有安后村一队，每逢正月十五、元宵节、正月二十火把节、九月半文化传统节，四平锣鼓队都活跃在民间，按四平戏曲调创作大型吹打乐曲，节奏感强，气氛热闹，深受农民喜爱。安后村的四平锣鼓队之所以保留到现在，归功于南靖四平锣鼓的第六代传人吴炎祥，在他家里还珍藏一本清朝手抄本《四平锣鼓吹谱》。

近年来，随着一些传统民俗日益淡化，南靖县除了金山、船场、奎洋等镇还有少数四平锣鼓乐队外，大多已后继无人，停止了活动。为保护南靖四平锣鼓，南靖县成立了非物质文化遗产保护领导小组，通过深入细致的普查，彻底摸清四平锣鼓发生、发展的历史沿革以及乐器乐曲、乐手的全部状况。

2006 年，四平锣鼓被列入福建省省级非物质文化遗产名录。

泰宁梅林戏

泰宁梅林戏流行于福建的泰宁、将乐、顺昌、邵武、光泽等地区。

梅林戏是外来文化与本地乡土文化结合的产物。据地方文献记载，梅林戏起源于清代乾嘉之间泰宁朱口镇梅林村一个周姓寡妇筹办的业余戏班。周氏寡妇家境殷实，有一年，出于对徽剧的爱好，出资筹办戏班，聘请徽班艺人为师为乡村子弟传艺。周氏所创建的这个业余戏班，活跃于乡村的舞台之上，每逢节庆，在乡里各地巡回演出，为乡人所喜闻乐见。在梅林村戏班的影响下，泰宁县其他各乡以及明溪县、将乐县的一些乡村也陆续兴办起了业余戏班。徽剧于是在梅林一带扎了根，并逐渐与本地民间艺术相融合，从而形成了具有地方文化特色的梅林戏。

这些最早的业余戏班，被人称为"四季班""农闲班"。艺人们亦农亦艺，农忙时务农，农闲时排练演出。业余戏班行当建制十分简单，一共只有 14 人。角色有三生、四旦、三花等名目，合称"十个弟子"。业余戏班的戏装化妆都比较简单，舞台表演粗朴、诙谐，具有活泼的生命力。梅林戏的舞台语言是当地的"土官话"，曲调声腔则吸收了民间小调俗曲的因素，具有鲜明的地方特色和乡野气息。

清光绪年间，将乐县安仁乡人吴胜与泰宁朱口梅林村人艾其言筹建了第一个梅林戏专业戏班"福庆班"。福庆班拥有自己的名角，旦角艾火贤、生角毛敦姑都以出色的演艺赢得无数的观众。

至民国十三年（1924年），"福庆班"名旦艾火贤在朱口组建了新的专业戏班"火贤班"。艾火贤17岁入"福庆班"，专工旦角，扮相妙丽，嗓音甜脆，演技出众，20世纪20年代中，声名广传于闽西北诸县及江西南部。"火贤班"建立后，由于深受各地观众的欢迎，从师求艺的人也逐渐增加，使梅林戏戏曲艺术得以进一步流传。又由于商旅往来的带动，江西上饶一带赣剧戏班也常到闽西北演出，使梅林戏得以从中汲取不同剧种的艺术特长，提高了自身的艺术水平。1938年，"火贤班"班主艾火贤因病辍演，"火贤班"随之解体。1940年"福庆班"也因无法维持而终于解散。

梅林戏由早期的业余戏班发展为专业的"福庆班""火贤班"，经历了一百多年，戏曲艺术得到了继承和发扬。

梅林戏的音乐形态颇为丰富多彩，包含了徽剧、赣剧、婺剧的因素，又结合本地山歌、小调、摩郎腔（道士腔）等民间音乐因素，形成了质朴、粗犷而兼具婉转清新的戏曲音乐风格。梅林戏的音乐结构属于板腔体，由原板、慢板、快板、倒板、清板等组成，这种音乐结构比较自由，节拍可随词句的长短和剧情的需要而有所变化，可以充分表现剧情。

梅林戏的声腔独具特色。梅林戏的声腔虽属于较原始的徽戏声腔，与江西赣剧、浙江的婺剧有渊源关系，但在长期的演出实践中受泰宁地方语言和山歌、小调、道士音乐的影响，形成了自己独具特色的声腔——粗犷、纯朴、清新，还带有浓郁的山野气息。这种粗犷、纯朴、清新的声腔风格与泰宁的民俗、民风很有关系。泰宁地处闽西北的万山丛中，在这里曾繁衍生息着神奇的百越民族部落，由于独特的地理环境，独特的生活方式，产生了独特的民族文化，至今这里古风犹存。

舞台语言采用当地的"土官话"。官话就是指现今的普通话，"土官话"就是当地人说的不标准的普通话。它的对白用土官话，和普通话只是腔调上的差别，而唱词全用普通话，语言精练，通俗易懂，常有"喂""哟""喏""呃"等衬词，具有民歌风。

梅林戏的器乐演奏主要是唱腔伴奏，伴奏主要由弦乐器、打击乐器和本地道士音乐的锣鼓经相结合。伴奏有文场、武场之分。文场主要乐器有京胡、二胡、三弦、月琴、琵琶、大梅花、小梅花、竹笛等；武场主要乐器有锣、鼓、板等。梅林戏所使用的乐器中最主要的是京胡。梅林戏中的西皮、下江都是由京胡主奏，其次则是唢呐、笛子、二胡。拔子由唢呐主奏，吹腔、小调由笛子奏，南词北调则由二胡主奏。

梅林戏源于徽戏，在长期的传承过程中，不断地兼收并蓄，不断地丰富和发展自己。在舞台语言方面，始终使用本地土官话而不使用泰宁方言，扫除了语言障碍，这将大大地增加它的观众群和流传地域。在音乐声腔方面，它巧妙地吸纳了江西土戏（后称赣剧）、江西弋阳腔（旧时几个相同类型的戏班曾搭班演出）的精华，又揉进地方山歌、小调和道士音乐，使得梅林音乐更优美、动听，且更容易表现诙谐、活泼的小戏、折子戏。在舞台表演程式方面，它又严格遵循传统，保留了本身固有的艺术程式，体现了它不同于其他剧种

泰宁梅林戏表演

的独特性。

　　梅林戏对泰宁的文化传承、民俗风气以及思想教化等方面的影响是不言而喻的。

　　"文化大革命"期间泰宁梅林戏剧团一度陷入瘫痪，许多老艺人、演员或被遣送回家，或下放农村插队。剧团先后易名为"泰宁县人民剧团"和"泰宁县毛泽东思想文艺宣传队"。这一时期创作演出的基本上只是现代戏，其中不少仍采用梅林戏的唱腔，保留了梅林戏的特色。1979 年，"泰宁县毛泽东思想文艺宣传队"改名为"泰宁县文工团"。文工团招收了新学员，以演出梅林戏为主，并恢复上演古装戏。1980 年，"泰宁县文工团"更名为"泰宁县梅林戏剧团"，恢复了梅林戏剧团的建制。

　　国家非常重视非物质文化遗产的保护，组建梅林戏研究队伍，开展对老艺人嫡传技艺的抢救工作，对梅林戏艺术价值进行调查研究，聘请戏剧名家指导，出版研究论著。将梅林戏基础知识编撰成教育读本，进入小学课外课程，加强学生对本土文化的认识。

　　历史上泰宁土戏班演出的足迹遍及全县乡村、遍及临近县市，1949 年以后的梅林戏剧团更是走出福建，进入江西、浙江、广东。近年来，县梅林戏剧团结合当地旅游特色，编排反映泰宁人文历史、地理民俗、礼仪宗教等地域特色的大型戏，打造艺术精品。年均演出 300 场以上，观众达 30 余万人次，演出收入达 30 多万元。采取剧团入股或招商引资等方式，成立旅游文化服务公司，实现梅林戏产业化发展。

　　2006 年，泰宁梅林戏经国务院批准列入第一批国家级非物质文化遗产名录。

柘荣布袋戏

　　柘荣布袋戏在闽东地区，尤其柘荣、霞浦、福安、福鼎、寿宁等地区。

　　中国南方布袋戏历史悠久，布袋戏扎根农村，传承千年，从有布袋戏历史起，布袋戏演员就挑个担子，走乡串户，在田间地头为农民演，因此深受农民欢迎。

　　五代晋江人谭峭《化书》"海鱼"载："观傀儡之假而不自疑"，是泉州傀儡源流的最早文献记载。

　　至南宋，原与泉州同郡的兴化已有布袋傀儡，当时莆人刘克庄《巳末元日》云："久向优场脱戏衫，亦无布袋杖头担。"即提供了宋代泉郡辖区曾有布袋戏的信息，其中"布袋"指的是"布袋傀儡"。

明中叶至清末，是闽南布袋戏演出的兴盛时期，清《台湾通志》记有布袋戏传说据闽南民间口碑资料：梁为明嘉靖间人，赴试落第，愤然而归，流落街头说书，然碍于面子，不愿抛头露面，便以"隔帘表古"形式说书，在布袋小舞台上挂帘遮挡，并隐身其后说书。街头听者于帘外闻之，感其语言生动，劝之手托偶人，兼说并做表演故事，形象而传神，遂成有表演的说书，此番令其声名大振，被誉为"戏状元"。新编版《永春县志》"文化志"亦载：明天启年间，永春太平村李顺父子创办一台布袋木偶。上述文献与口碑资料足以反映出明代泉州及周边地区流行布袋戏演出盛况的信息。

清末民初，泉州各县出现了许多著名的布袋戏班社，如清同治、光绪年间的闽南"五虎班"。民国之后，安溪县布袋戏班也先后建立，几乎遍及全县。《安溪县志》载：全县两个剧种，提线木偶和掌中布袋戏，一共63台，从艺人员达360多人。惠安的布袋戏以涂寨为中心，遍及全县，计有60多台。但至新中国成立前夕，由于经济衰退，惠安的布袋戏仅剩20多台，已走向衰落，其他泉州诸县的布袋戏班社也都处境艰难，艺人生活难以为继。

当地民间每遇喜庆节日多请布袋戏演出，既经济又实惠，是当地农民群众喜闻乐见的一种艺术形式，而深受闽南民众的喜爱，并完全融入当地农民的文化生活之中。它具有以下较为显著的艺术特色：

1. 布袋戏的动作性和技巧性特别强。布袋戏木偶不是静态的观赏品，它属于一种"动态"的运作品，但它必须依靠技艺灵巧的演员来操作，来体现布袋戏偶人的"生命存在"。

2. 布袋戏行当角色齐全，分工细致。南派布袋戏的行当角色品种齐全，各行当角色分工相当细致，传统的角色多达230余种，每种各有其名称，无一雷同，有别于其他木偶戏剧种。

3. 布袋戏偶头造型独特，形神兼备。布袋戏的舞台是个"小人国"，木偶头像是偶人造型的主要构件。南派布袋戏的木偶雕刻以著名木偶雕刻家江加走为代表，他所雕刻的角色形象各异，造型独特；形神兼备，且极具夸张性，可谓呼之欲出。在雕刻工艺上又非常讲究精致性，因此，布袋戏的角色形象深受当地农民群众的喜爱。

4. 木偶形象预制，舞台调度速度快。布袋木偶人物形象是预制的，根据演出需要，一个人物可预制几个不同形象，便于舞台上人物的交替更换。

自明中叶以来这数百年的发展过程中，南派布袋戏兼收并蓄，不断吸收了当地属于泉腔南戏系统的剧种提线傀儡戏和梨园戏的精华，如泉腔音乐和曲牌，具有很大的文化包容性。但最关键的是，它能够在各种艺术形式与之竞争的情况下，能够顽强地生存并完整地流传下来。从表面上看似简单的布袋戏，能够长期在民间流传，已说明它自身的历史传承价值存在。

南派布袋戏在福建木偶戏剧种中占有重要的地位，具有明显的地方文化特征，保护南派布袋戏对深入研究中国布袋傀儡戏的发展具有较大的文化价值，对研究福建木偶戏的发生、衍变、发展都具有很大的意义。南派布袋戏具有兼容性的特征，它吸收了大量的闽南

传统柘荣布袋戏表演

地方音乐、地方语汇及民间传说故事、谚语、掌故等口传文学，保留了诸多闽南民间文化精华。

南派布袋戏著名的木偶世家"李家班"，创建于清嘉庆三年（1798 年），是个历史悠久的布袋戏班社，在闽南及周边地区影响很大。其班社的发展历史和传承谱系都比较清晰，表演风格、音乐唱腔也很独特，传统剧目丰富、题材多样，其中部分剧目抄本至今保存完好。以"李家班"作为南派布袋戏发展历史的典型个案研究，具有重要的学术价值。

南派布袋戏经过长期的实践和发展，艺术积淀丰厚，艺术上也日臻成熟。它具有形象美、语言美、音乐美的特点，观众从中可以领略到泉南布袋戏的木偶雕刻艺术、表演艺术、语言艺术、唱腔艺术的风采。袖珍式的偶人戏服、头盔、道具等，件件都称得上艺术品，美妙绝伦，值得鉴赏和研究。

新中国成立后，布袋戏艺人获得了新生，生活有了保障，社会地位也相应提高了，泉州地区的晋江、惠安、南安、永春等县，陆续组建了新的布袋戏（掌中木偶）剧团。

20 世纪 50 年代，晋江等县的文化部门组织力量挖掘了 200 多个（据《福建戏曲传统剧目清单》）布袋戏传统剧目，记录了大量的音乐唱腔曲牌等，使布袋戏传统文化遗产得到了必要的保护。新时期以来，南派布袋戏艺术得到了进一步的发展。目前，泉州市所属晋江、惠安等地有专业布袋戏（掌中木偶戏）各一个以及民间部分业余布袋戏剧团。

1953 年，晋江县成立了晋江潘径布袋戏剧团；1978 年，改名为晋江县掌中木偶剧团，即现在的晋江市掌中木偶戏剧团。其前身为创建于清嘉庆三年（1798 年）的金永成班，即肇基于晋江东石镇潘径村的李家班，迄今传衍六代，其中以李荣宗、李伯芬父子最为著名。李伯芬是我国著名的布袋戏表演艺术家，他表演的《大名府》等剧曾轰动国内外偶坛。该团建立 50 多年来，多次参加省市级的戏剧赛事，还多次晋京演出和参加国际木偶节，访问了许多国家，足迹遍及海内外；多次获得省级、国家级的奖誉，取得了良好的成绩。先后有 20 多个剧目被拍成电影、电视剧片，在国内外发行放映。近年来，参演的剧目《白龙公主》《五里长红》《清源仙女》先后获得国家文化部嘉奖、文化部第九届文华奖和第二届全国木偶皮影比赛银奖。

2006 年，柘荣布袋戏被列入福建省省级非物质文化遗产名录。

咸水歌

咸水歌主要流传于广东省中山、珠海、番禺、顺德、东莞、阳江、湛江、新会等地区。

咸水歌是疍家人口耳传唱的口头文化。清人屈翁山的《广东新语·诗语》中记载:"疍人亦喜唱歌,婚夕两舟相合,男歌胜则牵女衣过舟也",可见咸水歌早在明末清初就很流行,成为疍民婚嫁生活的重要内容。到清代,咸水歌已相当盛行,在珠江河边,疍艇云集,轻舟荡漾,经常可听到咸水歌声,婉转动听,充满江水的柔情和浪漫生活的情调,令人陶醉。其中以情歌为主,表达男女青年追求美好爱情,向往幸福生活的真挚情感。虽然史书没有明确记载咸水歌何时起源,但有一点不容置疑的是,咸水歌起源于疍民生产劳动的呼声,他们在开发美丽家园的同时,也创造了灿烂的文化,产生了丰富的民歌。

新中国成立前,咸水歌只是在民间个人传唱,基本上没有组织过大型活动,水平较低,发展很慢,不能登大雅之堂。随着疍民逐渐上岸,咸水歌开始转而反映疍民上岸后的生活与心声。在漫长的封建社会里,疍民一直处在饱受歧视压迫、政治地位极其卑贱的社会阶层,始终过着贫困苦难的日子。在控诉、呻吟的无奈之下,咸水歌就自然成为他们申述、悲叹自身苦难的一种发泄方式,也成为他们的一种精神支柱。从歌声与唱词中我们不难感受到当时疍民的斑斑血泪,他们以歌抒情,通过歌唱的形式,把他们的困苦与艰辛表达出来,只有通过歌唱他们才能短暂地忘记困苦与艰辛。

20世纪五六十年代咸水歌曾有所发展。特别是进入"大跃进"和人民公社阶段,集体化的大生产使人们更容易进行对唱。这一阶段,反思过去生活,歌颂劳动人民,歌颂党恩,宣传党的方针政策的作品尤其多。既表达了对党的感激之情,也体现了对过去困苦生活的回忆;或表达在社会主义新时代,农村改变过去的面貌,人民住上了新房,无需再住那些"好天之时日又晒,落雨之时水瓜棚"的"寮仔"。

咸水歌的节奏,是与水上渔民的日常生活密不可分的。这就好比艺术的产物,与艺术的创作者永远有着一种"神秘"的联系。这种联系或许就是一种"共鸣",节奏上的共鸣。水上渔民的生活是摇摆的,因为要划船,因为水会打在船身上而使船开始摇晃;所以,咸水歌也是在摇摆或划浆的基本节奏上组成的,是以正规节奏为主,以八分音符,十六分音符交替使用,又因语言和感情的需要,出现附点音符和切分音,从而使不正规节奏在对置上起着变化,给人以优美,流畅的感受。听着咸水歌,恍如看见水上千帆相竞的壮美景象。

咸水歌有长句、短句两种形式,各有不同的音调和拉腔,而演唱形式有独唱、对唱;它一般是由上句和下句组成,也就是单乐段体,这种单乐段体多数用在独唱或是问答式的对唱曲中;也有由四个乐句组成的复乐段体;有时,因为歌头、衬词,或者是叙事的需要,会把乐段扩充或延长,从而构成不拘一格的自由体,如"长句咸水歌",或是叙事形式的长诗,但其结构基本上还是保持在四句为一乐段的复乐段体。

它是以第一、第二乐句为基本形态作旋律发展,除了歌头、中间的停顿和歌尾基本固定外,中间的旋律都是围绕主音以二度级进、上行或下行、加花或减花来表现;乐句中间的旋律构成多数是"因字落腔"，服从于语言声调的高低，处理比较机动灵活。因此，同是一个唱腔的"咸水歌"，第一段词的旋律和第二段词的旋律就会有所不同，只是它的歌头、歌尾或拖腔不变，这就形成了"咸水歌"的特点。

咸水歌一般由上下两句组成单乐段，或由四个乐句组成复乐段。有独唱、对唱等形式，而以后者为主。对唱采用男女互答形式。

艺术审美价值。中山坦洲咸水歌的艺术美是丰富多彩的。它表现在咸水歌艺术的自始至终：第一是语言美（即歌词美）。它主要采取"直叙"的表现方法将所要表达的情感直奔主题，直接明朗。诸如"阿妹唱歌好声音，听妹唱歌好过听琴。海底珍珠容易揾，世间难寻有情人。"往往用简单的几句唱词就把复杂的情感准确、概括地表现出来，相当精彩。第二是韵律美。其歌词比较讲究平仄押韵，系列里不同种类的歌有不同的音调和旋律，唱起来有很好的节奏和韵律。如"姑妹歌"沉重舒缓，"高堂歌"明快爽朗，"咸水歌"悠扬跌宕等，都把各种环境和人物的喜怒哀乐唱得淋漓尽致。第三是含蓄美。咸水歌尤以"情歌"为主，一般比较含蓄。如"你是钓鱼仔还是钓鱼郎？"一词，含蓄而间接地想要了解对方结婚与否，要说的想说的不直说，使歌有余味，有含蓄美。最后是情景美和形象美。歌者在演唱时，往往将内心浓浓的情感融入情景画面中，寄情于物，因而感染着听者由情生情，从而营造一种主观情感与客观景物相互交融的艺术氛围，给人一种犹如"诗中有画，画中有诗"的情景美和形象美。

思想社会价值。坦洲咸水歌人人爱唱，人人爱听，是因为它广博的内容贴近生活，精湛的语言富有人情味，引起了水乡人民的共鸣，不时地闪现着博大精深的思想光彩。就如流行甚广的一首咸水歌"树头生得稳，不怕树尾摇。阿哥企得正，不怕鬼来缠。"以通俗的语言展示了道德修养的一些规范：做人要有良好的道德修养，为人正直，行为端正。又如"奸奸狡狡，朝炒晚炒；忠忠直直，终须乞食。"这首经典的坦洲咸水歌，揭露了那些心术不正的奸诈小人却最容易发迹的丑陋社会现象，有着实实在在的针砭时弊和警醒世人的作用。

坦洲是中山民歌的发祥地。"文化大革命"期间，咸水歌被禁唱，十年的断层对坦洲的咸水歌冲击很大，今年 70 岁的老人可能还依晰有记忆，而 50 岁的人只能是会唱一点点。

渔民演唱咸水歌

随着时间的流逝，歌王何福友、梁容胜、陈石等相继去世，现在坦洲现存能有系统地唱咸水歌的已不超过 10 人，而且他们大多年事已高。再加上外来文化的大量涌入和年轻一代文化意识、价值取向的改变，使咸水歌的生态环境发生了很大的变化。有关方面调查显示，当地多数人已不知咸水歌为何物，咸水歌的濒危状况可想而知。

近年来，当地文化部门组建了专门的咸水歌合唱团和歌舞团，每年通过举办咸水歌大赛等营造传承氛围，吸引大众的关注，并通过广州日报、广东电视台等媒体扩大咸水歌的影响。广州市海珠区滨江街是疍民第一批上岸的集中居住地，在该街道文化站成立了非物质文化遗产保护中心。

2006 年，中山咸水歌经国务院批准列入第一批国家级非物质文化遗产名录。2007 年，广州咸水歌被列入省级非物质文化遗产名录，并在滨江街建立了水上居民民俗博物馆。

壮族春牛舞

壮族春牛舞主要流布于广西百色市西林县。

关于"舞春牛"的来由，壮族民间流传着许多神话故事。流传于广西岜宁一带的神话传说是：春牛原是一头野牛。古时候，壮族聚居的岭南地区森林密布，壮人住在山洞里，靠吃野果和兽肉为生，后来神农发明了五谷，壮人才有米吃，学会了耕田种地，开始以木棒、石块挖坑点种，后来又发明了犁，靠人力拉犁耕地。那时候，山林里漫游着成群的野牛，人们设法捕来一头黄牛，驯之以耕地，拉木车，以后又慢慢驯养水牛。野牛一代代繁衍，后来壮乡都有了耕牛。从那时起，壮人耕田犁地不再用人拉犁，减轻了劳动强度，农作物生长良好，连年获得丰收。人们对牛心存感激，相约今后不得杀牛，禁吃牛肉，且每年"开春"前要杀鸡宰鸭供奉祖先和土地神，还要用竹篾和黑、灰色土布制做一头"黄牛"，由族中长老手执牛头在祖宗神台和土地庙前跳舞，唱一些感谢和赞颂神灵的歌，祈求神灵保佑来年风调雨顺，五谷丰登，人畜兴旺。

壮族对于牛的崇拜可以追溯到农耕时代早期乃至更为遥远的原始时代。

随着原始农业的出现，家畜饲养业也逐步发展起来，牛和猪类是原始先民最早驯养的家畜。原始先民对于牛的猎捕与驯养，偶尔解决了人们因意外原因找不到食物而免于挨饿之危境，有时可能救护了人们的生命。于是，使得原始先民对于牛产生了好奇之心，由好奇心而生发神秘感，由神秘感而产生崇拜之情。据一些学者研究，壮族历史上曾流行过牛图腾崇拜，出现过强大的牛图腾部落；壮族中的"莫"和"韦"姓便是以牛为图腾的部落的后裔。

战国秦汉时期，壮族先民聚居地区的农业经济已有了较大发展。随着中原铁器和牛耕技术的传入，壮族先民也开始使用牛耕。由于牛耕而极大地减轻了人们的劳作之苦，而且牛温顺的性情和任劳任怨的本性，使得先民们对牛倍增敬意与崇拜之情，备加珍爱，形成了各种爱牛敬牛和崇拜牛的传统习俗，世代相传下来。

壮族民间多将每年农历四月初八日定为"牛魂节"（或称"牛王节""敬牛节""牛诞

节""脱扼节"等），这一天不役牛下地耕作，不打牛骂牛，给牛梳洗干净，喂以精饲料及五色糯饭，祭扫牛栏。巴马一带的壮族除了给牛梳洗之外，还在堂屋里摆上一桌丰盛的菜饭，家人围坐后，家主把一头老牛牵来绕席而走，边走边唱赞牛歌。唱毕，从席上夹些饭菜给牛吃，然后大家才举箸就餐。东兰一带的壮族在每年农历九月初九"过牛节"，请师公来举行"赎牛魂"仪式。邕宁县的壮族在正月初五要为牛神祝福，祭扫牛栏，用盐、酒拌米粥喂牛，表示敬奉牛神。

在壮族人的观念里，牛是天上的神物，下到人间帮助人类耕作，给人类带来丰收与福祉；同时，牛又是财富、吉祥与丰收的象征，谁家牛满栏牛健壮，谁家的财富就多，生活就美满。为了表达对牛的珍爱、崇拜与感激之情，人们不仅给牛过节日，爱护和细心饲养耕牛，有的地方还禁吃牛肉，而且还制作牛的道具举行舞春牛活动，祈求农业丰收，生活富足，人畜兴旺，好运常驻。所有这些，应是壮族古代牛图腾崇拜的遗风。也就是说，壮族民间的舞春牛肇源于其先民对牛的崇拜，是牛图腾崇拜的次生或再生形态。

春牛舞的唱词讲究抑扬顿挫，与日常生活的对话有着明显区别，多了吆喝，多了节奏节拍。表演时，牛的舞蹈动作很简单，只是随着牵牛人的唱颂，摇头摆尾，作欣喜之状，接受人们的称赞。牵牛人的动作则比较多，从牛头摸到牛尾，每摸一处，都有唱词：摸摸牛头摸牛耳，农家耕作全靠你；摸摸牛头摸牛眼，薯粟豆麦粮增产；摸摸牛头摸牛尾，耕夫步步紧相随。摸摸牛头摸牛身，风调雨顺好耕耘；摸摸牛头摸牛脚，唔愁吃来唔愁着。牛儿是个农家宝，农民爱牛乐呵呵；相依为命勤耕作，共同走向金光道。

唱词内容朴实，曲调深沉，感情真挚。由于在民间长期传唱的结果，已经形成了一种特有的曲调。表演者一边唱，一边做骑牛、驶牛、犁田、耙地等动作，要十分逼真，稍有破绽，观众就要唱歌来讥讽：手拿金花金黄黄，犁田大伯唔在行，丁丁园园犁紧转，样般中间唔开行。表演者即顺便接过话头，逗趣作答：锣鼓打来闹洋洋，老兄讲得也在行。是你不知我心意，留出中间做鱼塘。使得气氛更加热烈。有的地方还有一生一旦，打扮成新郎、新娘。新娘手持洋伞，肩挑花篮，边舞边唱，唱一阵，扭一阵，又敲一阵锣鼓。唱到兴高采烈时，场外观众也禁不住走入场中和演员一齐起舞，边舞边唱：打起锣鼓响悠悠，人家舞狮我舞牛，人家舞狮得快乐，我地舞牛庆丰收。

每年正月初七，村民在寨老的带领下敲锣打鼓、跳牛头舞，集队到出水洞祭请牛神。祭祀开始时，主祭人点香向牛神行三拜礼，摆上清茶果品等供品；念祭词，酬谢牛神造福于人，迎接牛神回村寨与人同乐，共度佳节，然后再由2~4位男歌手用山歌演唱祭词。祭完牛神后，敲锣打鼓迎牛神回村寨，由手拿刀、棍、叉等器械的舞者在"牛神"前面开路，把牛神请回村上，在固定场地开展表演活动。

表演开始时，在鼓乐、锁呐声中，舞牛头者手执牛头罩于头顶，身披牛衣，翩翩起舞步入场中，向观众行礼、做出奔跑、跳跃、舔犊、睡觉、拉犁、驮物、斗牛等状。舞春牛时，两人钻入牛身内，一人握住牛头，左右上下摆动，后而一人拱背摇动牛尾。每人的脚上穿着绘好的牛脚套鞋，另有一人扮老农，身穿壮族服装，头包手帕，肩背木耙，跟在"春牛"后面。还有若干人随后，有的打锣鼓，有的提灯笼，还有唱"春牛"的歌手。随后

春牛舞表演

有带牛面具的牛仔出场，随牛王一起舞动，保卫牛王；接着各种武术器械表演在牛王、牛仔的周围展开，人伴牛舞，或分组对抗表演，作出攻击牛和保卫牛的对抗状态，寓意为与妖魔鬼怪、豺狼虎豹搏斗等。各种表演可以同时进行，也可以单独进行。

壮族春牛舞的内涵、表演、组织形式与众不同。春牛舞由山歌、舞蹈、武术、音乐构成，艺术形式独特优美，表现内容丰富，包涵了多种民俗文化。表演的乐器有锣、鼓、钹、锁呐、笛子、二胡、牛角号等，几乎囊括了古句町地域流传的民间器乐。表演的内容包括祭祀民俗、舞蹈、音乐、武术、山歌等，包涵了民风民俗、民间艺术等诸多的元素，有很丰富的内涵。在鼎盛时期，高空壮族春牛舞曾经达到搭 12 张八仙桌的高难度。表演中的山歌又称"侬歌""布依山歌"，侬歌用真音演唱，曲调悠扬、跳跃明快、表现力很强。

壮族春牛舞活动一般从春节正月初七开始到三月三结束，主要分为三阶段：一是祭牛神、迎牛神；二是日常表演，时间约两个月；三是送牛神。迎、送牛神的仪式十分隆重，分别在上午和下午进行。日常表演一般在晚上进行，主要是舞牛头、练武术、唱山歌。山歌有对唱、合唱、独唱等。山歌演唱的内容十分丰富。因此每到活动期间都会吸引许多游客前来，充分带动了当地的旅游业。

春牛舞在古时候在桂西、滇南等壮族村寨都有流传。1949 年以后，在广西西林、云南广南等地仍有活动，"文化大革命"时期因涉及祭祀活动被禁而息演，文革后由于受现代文化的影响和缺乏保护意识，一直没有人组织演出濒临消失灭绝。

春牛舞表现了人与牛共同创造社会历史和财富，是优秀的民族民间文化，是古句町文化的遗存。因此发掘和保护春牛舞，具有非常重要的价值。2003 年年初，广西区文联人员到西林拍摄专题片《美丽的驮娘江》，地方政府在组织民间艺术节目参加拍摄时，乡党委组织委员何建泽发现了春牛舞这支古老的壮族艺术奇葩及其濒危情况，开始收集挖掘整理春牛舞资料，多次在新闻媒体发表相关内容。在乡党委副书记廖忠新等同志的支持下，及时组织村党支部、村委员会开展各项保护工作，并通过县人民代表大会、政协会议等多渠道向县有关部门反映情况，引起县委县政府的高度重视。

2006 年，壮族春牛舞被列入第一批广西壮族自治区非物质文化遗产名录。

侗族大歌

侗族大歌集中流传在贵州的黎平、从江、榕江 3 个县以及广西三江紧靠从江的一些村寨。

侗族无字传歌、侗族大歌起源于春秋战国时期，至今已有 2 500 多年的历史，是一种多声部、无指挥、无伴奏、自然合声的民间合唱形式。

早在宋代，就有侗人"至一二百人为曹，手相握而歌"的记载，这是对侗族"多耶"（踩歌堂）的真实描绘。现在侗族"多耶"，有些地方有两个声部，当时有没有不能肯定，但也不能否定。到了明代，邝露《赤雅》有侗人"长歌闭目，顿首摇足"的记载，与现在侗族男声演唱大歌情形完全一样，由此可以推断，大歌于明代就已经在侗族部分地区盛行了，它的产生必然比记载的时间早得多，就按当时的时间计算，至少也有近 500 年的历史。

流行大歌的黎平、从江、榕江、三江县的"十洞""九洞""六洞""千二""千三""千五""千七""二千九""四脚牛"等地区，直到中华人民共和国成立前夕都没有外国传教士到过，更不要说受到西方音乐的影响。

因为侗族的语言内涵丰富，能够细致、准确地表述生活和历史的各方面，歌词自然是侗族语言的结晶，其特征是没有华丽辞藻，强调朴实自然，具有很浓的生活气息。许多歌词是反映生产劳动的，有些是告诉人们怎样插秧、收谷；有些是反映劳动过程的；有些是反映一年中劳动分工的，其中以《十二月劳动歌》最为典型。这首歌体现了人们追求美好生活，积极向上的乐观精神特质。

侗族大歌演唱的组合方式分类有几种，按年龄分成儿童歌队、少年歌队、青年歌队、老年歌队等；按性别分成男声歌队和女声歌队。但传统的侗族大歌组合方式一般为同音色合唱，按照音色分类，可分为男声、女声、童声大歌。造成这种现象，主要与歌唱的内容有关，侗族声音大歌中有一部分爱情题材的，是在通过群体歌唱以寻求配偶的过程中形成和发展起来的。当男女都参加歌唱时，即采用合唱式对唱，因此，男问女答就成为一种自然的歌唱现象。

侗族大歌可以看作是侗族多声歌的总称，其下又可分成若干歌种，每一歌种又有各自的名称，按照歌曲内容为依据，可分为：一般大歌、声音大歌、叙事大歌、礼俗大歌、戏曲大歌，而叙事大歌则包括嘎窘和嘎节卜，礼俗大歌包括拦路歌、踩堂歌和酒歌。另外，从性别的角度来划分，又可分为女声大歌、男声大歌，1949 年以后出现了混声大歌。

侗族大歌之所以称为"大"，主要因为它有以下共性特点：首先，大歌结构一般较长大，一首歌包含若干"段"，侗语称"角"，除了以表现声调为主的"嘎所"即声音歌较短小外，一般都在六段以上，叙事大歌最长可达一百段以上；其次，大歌都由歌队或歌班来演唱，不能独唱，一首歌至少分两个声部。最后，大歌演唱场所通常较为隆重，与在月堂里青年男女轻声细唱有所不同，多半在节日和招待寨外来客的时候演唱。

侗族人民为防御猛兽的袭击，抵御官府的镇压，人们聚族而居，又因交通的闭塞和闭关自守的生活习俗，故侗族大歌还是那种原汁原味的古朴民族风趣的形式。侗族过去没有

侗族大歌

文字，他们以歌代言，以歌传情，以歌记事，其内容有神话传说、历史故事、道德规范、天文地理、生产知识、生活礼仪、人情世故等，侗歌还与其传统的节日有关。此外，侗族大歌还与其民族普及有关。人们从小时候起就学歌，父母在家教歌，歌师走寨传歌。侗族人民把劳动、吃饭、唱歌放到同等重要的地位，于是有"饭养身、歌宽心"的说法。所以说侗族大歌是侗族文化的缩影，具有很高的文化价值。

侗族大歌是中国目前保存的优秀古代艺术遗产之一，是最具特色的中国民间音乐艺术。侗族大歌也是国际民间音乐艺苑中不可多得的一颗璀璨明珠，已唱出国门，惊动世界乐坛。作为多声部民间歌曲，侗族大歌在其多声思维、多声形态、合唱技艺、文化内涵等方面都属举世罕见。

侗族是一个乐观又执着的民族，几千年来无论受到怎样的打击和驱逐，他们仍然传承着优良的民族文化传统，通过侗族大歌来抒发他们心中的故土情结、英雄气概和浪漫情怀。侗族大歌不仅仅是一种音乐艺术，而且是了解侗族的社会结构、婚恋关系、文化传承和精神生活的重要组成部分，具有社会史、思想史、教育史、婚姻史等多方面的研究价值。

侗族现有人口 260 多万，主要聚居于贵州、湖北、广西、湖南等省区。目前侗族大歌流行区主要集中在贵州省黎平县南部地区，随着人类现代化进程的逐步加快和中国改革开放政策的深入实施，侗族大歌正面临着前所未有的现代文化、外来文化和市场经济的全面冲击。侗族大歌赖以生存的经济基础和文化土壤正遭到前所未有的破坏，其流行区域和传唱人口正逐年减少，许多著名的侗族大歌歌手、歌师均已年过古稀，侗族大歌正面临着后继无人、濒临失传的尴尬境地。

保护和传承侗族大歌能对侗族地区的文化建设和构建和谐社会产生重要的推动作用。黔东南正逐步建立起一系列大歌文化自我发展的良性循环机制：研究和制定侗族大歌歌手、歌师的奖励及命名政策，将侗族大歌纳入学校的音乐教育体系之中，发掘、抢救和整理濒临失传的大歌作品，进行文字记载、制作出版物等等工作。1984 年，榕江县中小学开展了"侗歌进课堂"实验，影响到黎平、从江、锦屏等侗族地区。1986 年 10 月，黔东南州民间侗族大歌合唱团就走出国门，出征法国巴黎金秋艺术节。随着侗歌在国内外频频亮相，省内外有关专家学者对其给予了更多的关注。

2006 年，侗族大歌被列入第一批国家级非物质文化遗产名录。2009 年，侗族大歌入选联合国教科文组织《人类非物质文化遗产代表作名录》。

海南苗族民歌

海南苗族民歌流传于海南中部的环五指山苗族聚居地区。据史料记载，海南苗族民歌在海南存在约 300 多年。

海南苗族的历史，是一部血泪史。苗族是一个没有土地的民族，明代中后期，封建的政治、经济和文化已经渗透到海南各地，沿海和山岭间平坦的土地均被汉族和黎族占有。苗族正是在这个时期迁来海南的，大部分苗人基本上都是租种汉族、黎族地主的山岭。

苗族要租山耕种，先凑钱由"山甲"（相当于村长）与汉族或黎族地主交涉，议定租金后领大家搬去居住。每年催租收租也由山甲负责。耕作方式极为简单原始。由于土地没有翻耕，没有施肥，土壤肥力不能保存，每种一年就要抛荒，然后再租种新的山头。生产流动性大，居住十分不稳定。若遇灾荒无法缴交山租时，山甲只好率领全村搬到更加荒僻的高山上逃租。新中国成立以前，海南苗族没有固定的居住点，他们在深山密林中，过着迁徙不定的游猎生活。他们居住分散，没有耕地，砍山为园，刀耕火种，狩猎与采集，生活十分困苦。1943 年 6 月，国民党军队以开会发"公民证"为名，诱骗苗民下山，制造了骇人听闻的"中平惨案"，近两千苗族同胞被国民党军队血腥地残杀。在抗日战争和解放战争时期，许多苗族群众为宣传党的政策自编自唱了大量的革命民歌，歌颂共产党和人民解放军，使广大苗族群众自觉拥护共产党，支持解放军。

中华人民共和国成立后，党和政府帮助苗族同胞下山定居并分给田地，拨发耕牛、农具，建盖房屋，鼓励他们饲养家禽家畜，从事副业生产，增加经济收入，改善生活，使其安居乐业，生活条件逐年改善。20 世纪 50 年代以前，苗族住宅都是茅草屋。20 世纪 50 年代以后，苗族的居住条件得到逐步改善，大多数人已住上宽敞明亮的砖瓦房、平顶房或楼房。但不少苗民为了获得更多的土地，还是习惯住在深山老林，并有几处居住地。

长期以来，迫于生存的处境，海南苗人害怕被统治者听到其歌声而遭来祸害，因此，原本内地苗族民歌中高亢而穿透力强的山歌、劳动号子等形式的民歌日渐萎缩，只有音域相对较窄、音调相对较低的小调歌曲得以传承和发展。由此，造成至今海南苗歌的音调相对比较单一，与内地高亢的苗族民歌（如贵州苗族飞歌）形成鲜明的对比，与"嫡亲"广西瑶族民歌（如长鼓舞曲、蝴蝶歌等）也格调各异。尽管如此，海南苗族民歌在长期的发展变化中形成了自身独特而优美的艺术风格，创造了本民族独特的文化，海南苗族民歌就是海南苗族独特文化的重要组成部份。特别是 1984 年把每年"三月三"定为海南黎族苗族传统节日后，群众性的赛歌活动风行，它成为海南苗族群众必不可少的文化生活内容，并深受百姓的喜爱。

海南苗族民歌主要产生并流传于海南中部的苗族聚居山区，由于历史与地域等因素，海南苗族民歌与内地苗族民歌风格迥异。海南苗族民歌的内容丰富、题材广泛，在韵律上，海南苗族民歌歌词以七言四句为一节，用苗语押韵，结构严谨、格律统一，有鲜明的艺术特色和民族风格。它是当地的农民歌手面对天地、面对自己、面对劳动、面对心上人用本嗓唱的，心中所想即是口中所唱，毫不隐瞒，是来自大自然的歌唱，是最有生命力的音乐。

苗族民歌内容题材广泛，主要包括：叙事歌：有创世神话故事，历史传统故事等的长篇民歌；祭典歌：有祭祀灶神、天神、坛官等内容民歌；礼俗歌：有迎春、迎神、饮酒等内容民歌；爱情歌：它是海南苗族生活的写照，相思约会、求婚探情、嘲讽戏谑、盟山誓海、离别思念、成亲逗趣、逃婚等都有所咏唱。

海南苗族民歌的内容丰富，以叙事为内容的有《盘皇歌》《水淹歌》《论皇歌》等，以祭典为内容的有《祝神歌》《坛官歌》《灶王歌》等，以礼俗为内容的有《迎亲歌》《神农土地送禾回》等，以爱情为内容的有《女思男歌》《相思歌》《盼郎歌》等。海南苗族民歌的曲调单一、优美冗长，往往一首叙事歌三天三夜也唱不完。

海南苗族民歌虽然结构和曲调比较简单，体裁形式以日常生活的小调歌曲为主、具体分为长调和短调两种。海南苗歌尤其短调歌曲常与苗鼓鼓点紧密结合，富于韵律和节奏感。

短调苗歌是海南苗歌的主要体裁形式，并结合苗鼓的鼓点演唱，以五声调式为主，音域大多在一个八度以内，旋律简短优美、节奏轻快活泼、曲调明朗畅快，大都采用苗语演唱，内容以劳动、生活、爱情、节庆和说教等为主，结构规整简单，格律统一匀称。长调苗歌大多稍带自由速度和装饰音，比短调苗歌气息宽广，时常出现大跳音程，有的调式相对短调苗歌复杂一些。速度缓慢、音调起伏很大，略显高亢的格调。长调苗歌虽然不及山歌粗犷高亢，但它那舒缓深远的旋律和那相对宽广的音域显示出一些浓烈的山歌韵味。

海南苗族人民生活的方方面面都有民歌的存在，节假日、平时生活、劳动、恋爱、婚姻、祭祀都要唱民歌，可以说是无时无歌，无事无歌，无人无歌。苗歌演唱艺术以质朴、爽朗著称，苗歌的美就美在它单纯、真挚、质朴，几乎不需要伴奏；它反映着苗族人民曲折的生活历程、朴素的审美情趣和纯真的情感，同时，苗族人民善于通过民歌来抒情表意，其内容丰富多彩，蕴藉着苗族人民对自然、社会与人生的审美评价，体现了苗族人民朴素的审美意识和美学观点。

20世纪70年代，海南苗族的传统民歌被禁唱，传承受挫。1976年后虽然逐步恢复，

苗歌小歌手和苗族对歌

但很快又受到时尚文化的强势冲击，传统民歌的传承已岌岌可危。为了更好的保护海南民歌，1984 年起，把每年"三月三"定为海南黎族苗族传统节日后，其中的歌舞活动都会有苗歌展现，并深受百姓的喜爱。如今，"三月三"节已经不再是群众自动自发组织的民间活动了，海南省各级政府对这一民族节日高度重视，凡属有少数民族分布的县市每年都会组织大小规模的庆祝活动。庆祝活动一般分为歌舞表演、民俗展演、劳动竞技等部分。其中歌舞表演就是以展现苗歌为主，丰富多彩的内容吸引了许多慕名前来的游客。

2012 年 6 月，海南省政府将海南苗族民歌列为第四批省级非物质文化遗产代表作项目和扩展项目名录。

黎族民歌

"三月三"黎族民歌历史悠久，宋代就有相关的记载。黎族聚居在海南岛通什镇、保亭、乐东、东方、琼中、白沙、陵水、昌江、宜县等地。

自古以来，每年农历三月初三，黎族人民都会身着节日盛装，挑着山兰米酒，带上竹筒香饭，从四面八方汇集一起，或祭拜始祖，或三五成群相会、对歌、跳舞、吹奏乐器来欢庆佳节。夜晚山坡上、河岸边，青年男女燃起一堆堆篝火，姑娘身着七彩衣裙，配戴各式装饰，小伙子腰扎红巾，手执花伞跳起古老独特的竹竿舞、银铃双刀舞、槟榔舞等富有民族特色的传统舞蹈，歌声此起彼伏，通宵达旦，男女青年各坐一边，互相倾诉爱慕之情，如果双方感情融洽，就相互赠送信物相约来年再会，在这一天黎族人民对歌、摔跤、拔河、射击、荡秋千尽情地欢庆着，用歌声用舞蹈表达对生活的赞美，对劳动的热爱，对爱情的执著追求，整个节日，气氛欢快热烈，令人陶醉。

随着时代的变迁，节日内容也日益多样，但对歌、民间体育竞技、民族歌舞、婚俗表演仍是最基本的内容。

在革命战争时期，黎族歌谣又有新的发展。它以革命的内容和昂扬的格调，取代了原来歌谣中的落后、消极部分和如泣如诉的吟叹，成为教育人民打击敌人的战斗武器。如《五指山上五条河》，坚定乐观的情绪，欣喜深情的唱词，表达了黎族人民坚强的革命信念，听后使人意气风发，斗志昂扬。黎族歌手层出不穷，成批涌现，最知名的有符其贤等。

新中国成立以后，一批学者与专家深入黎寨搜集整理了大批民歌民谣，并进行艺术提炼与加工，使黎族民歌登上高雅的艺术殿堂。如经典芭蕾舞剧《红色娘子军》大部分音乐都是以琼中民歌为基本素材的，还有经典歌曲《万泉河水清又清》《我爱五指山、我爱万泉河》等。20 世纪 50~80 年代，王妚大演唱的《毛主席是父亲》《叫侬唱歌侬就唱》《深山画眉唱得欢》分别发表在《岭南音乐》《歌曲》和《诗刊》等杂志上，并收入到《全国少数民族优秀民歌选》。

从歌唱内容来看，黎族民歌大抵可分为调整劳动节奏，减轻劳动强度的"劳动民歌"；表达青年男女相互爱慕的"情歌"；悲哀伤感，令人心酸的"丧歌"；多种多样的"生活民歌"四大类。从歌唱环境、气氛和内容相互融合的角度再细分。

　　从不同地域所出现的各地互不相同的唱腔风格来划分，又可以划出缓慢流畅的琼中"地亲调""白沙"少中哇"，"歪歪调""娃呀哇"、保亭"罗尼调"、昌江"哩哩调"、陵水"长桌调""短调"；节奏快速鲜明的东方"滚龙调"；高亢豪放的乐东"千家调"；柔和动人的"东方调"等。可见，黎族民歌无论是内容上还是表现形式上都展现的多姿多彩，它是中华民族光辉灿烂的民族民间文化艺术的重要组成部分。

　　由于琼中县民族比较多，所以当地的方言极有特色。除了黎族以外，还有苗族、回族等不同的民族语言在这里和谐共处而又互相影响。琼中县的人一般至少会说四种话，包括海南地方话、黎语、琼中话以及粤语。据考证，在海南省琼中县，大部分的原住民既会讲黎语，还会讲琼中话，还有约 10% 的原住民会讲粤语。可见，天然的地理位置以及语言条件给琼中民歌的传唱和流传提供了有力的支持。

　　该地区的黎族主要采用五声、六声的羽调式和徵调式。旋律上常使用以"羽、宫、角"和"宫、角、徵"为骨干音的三度音调框架。由于受三度框架的影响，旋律大多在三五度内以级进方式进行。在连续的级进中，最为突出的是"宫、商、角"这样一个三音列。但同时因为在音乐进行当中比较注重对核心音的运用，故形成适度的跳进风格，让旋律获得更大的张力，赋予其一种新的色彩感，形成了音乐的内部对比。

　　琼中黎族民歌基本上保留着传统的四乐句结构，每句七言，句尾有短小的拖腔。但加工后旋律更为流畅自然，节奏中多次出现的十六分音符，使歌曲显得较为明快抒情，句尾会有简单的装饰音或自由延长音，它虽然少了润腔的优美，但使歌曲相对紧凑、富有动力。

　　王妚大是海南众多黎族民歌手中的佼佼者，她用自己的聪明和智慧发展和丰富了海南黎族民歌内容，对黎族民歌发展作出了杰出贡献。由于她的推荐和辅导，琼中相继出了大玉梅、小玉梅和王玉尾等几位黎族著名民歌手。新中国成立以来，以王妚大传唱调为主的五指山（琼中）民歌在国内享有很高的声誉。电影《红色娘子军》《五朵红云》、歌曲《我爱五指山我爱万泉河》《毛主席来过五指山》、舞剧《红色娘子军》，以及广东民族歌舞团20世纪五六十年代创作演出的《草笠舞》《喜送粮》《胶林晨曲》《摇篮曲》《舂米谣》等舞蹈音乐以及谢文经创作的《哥吃槟榔妹送灰》《久久不见久久见》等脍炙人口的海南歌曲所运用音乐基调，都来自五指山（琼中）民歌的歌调。海南歌舞诗《达达瑟》中"长寿舞"

黎族民歌大赛

结束时的一段伴唱，就是采用了王妚大的原唱。其艺术价值意义极其深远。

以王妚大传唱歌调为主的五指山（琼中）黎族民歌是黎族文化的一块瑰宝，是海南黎族民歌中内容较为丰富、歌调较多、旋律较为优美的黎族民歌之一，因而琼中素有"民歌之乡"的美称，琼中黎族民歌以及王妚大创作发展民歌的手法，对研究海南原生态民歌的创作发展有很高的学术研究价值。

2008 年，由琼中县政协牵头，组成编辑委员会，深入偏远山村征集民间流传的黎族民歌，并邀请擅长黎族民歌的社会各界人士参与征集整理编写工作，采访、收集、整理了王妚大等一批知名黎族民间歌手演唱的民歌。2009 年 5 月，《琼中黎族民歌》正式编印出版，本专辑共收集民歌 1 437 首，该民歌集出版，有效地挖掘和整理了琼中地区的民歌。琼中县各地群众自发组织了山歌节。随着山歌节的影响逐渐扩大，当地的文化部门也逐渐参与组织。在琼中的每个乡镇，都有一两个文化示范村，很多村还成立了自己的民歌队、民舞队。每年的传统节日"三月三"山歌节，都成为这些民间艺术团体展示自己的最好舞台。

2008 年，黎族民歌入选第二批国家级非物质文化遗产名录。

临高渔歌

临高渔歌流传于海南省临高县。临高渔歌是中原文化经过长年累月地结合临高的独特情况而产生的生活艺术品，起源于渔民的生产劳动，以后随着不断的传播和发展，哩哩美的内涵渗透进了更多的渔家人乐观和浪漫的生活气息甚至是年青人的情爱感受。同时，实际哩哩美起初本来就是男女年轻人谈情说爱和取乐的方式，后来演变成大众化的渔家男女老少在生产生活中最喜为传唱的歌谣。

哩哩美的第一次繁荣发展要追溯到南宋绍兴年间（1131—1162 年）。时任临高县令的福建晋江人谢渥体恤民众、关心教育和农事，更重视渔事，据史料记载当时临高全县只有几千户人家，一两万人口，而且几乎都集中在新盈、调楼等沿海地区。谢渥对发展当时临高文化的一个重要举措就是鼓励、扶持和推动了哩哩美的大发展并让其跨上了一个前所未有的台阶，其时临高渔业生产好景连年，渔民安居乐业，渔村处处回荡着勤劳豪爽的渔家人快乐、悠美的哩哩美歌声。

随着时间的推移和生活的需要，哩哩美逐渐走进婚嫁、建房、上学、赶考、拜年、迎客、送客等不同场合。

哩哩美的歌词善用"比""兴""叠"等直述形式，歌男唱女见景生情地自由抒发，尤其是双关比喻更成为这一民歌中最突出的艺术韵味。歌词源于渔民生活的方方面面，且形式多样灵活，集智慧、幽默、诙谐、趣味于一体，优美而活泼的曲调和旋律，朗朗上口，故而普及率比较高，流传范围也比较广。

歌曲节奏属于自由的歌谣体，表现渔民劳作、渔家丰收场景，节奏明快、欢畅；而以反映渔女对出海郎君思念的作品，多采用弱起和附点的节奏型，类似于小调的缠绵起伏、含情脉脉。"哩哩美"演唱形式为独唱、对唱、齐唱和多唱等。渔歌主要用于青年男女对歌娱乐，可两人对歌，亦可多人对歌。对歌时，男女双方都有"领头人"。

哩哩美的音乐基本结构独具一格，它以三个乐段组成，第一、第二乐段为主歌，第三乐段为副歌。独唱多用主歌，对唱以主歌为领唱，副歌为齐唱衬托对唱气氛。哩哩美任何腔调中的细小变化和区别始终都遵循着一个基本旋律，在这个基础上，利用"哩呵么哩哩美，哩哩美雷爱"这个衬词来贯穿整个基调的全过程，使基本律、变律、衬词有机地融为一体，这样整个曲调就变得更丰富、更具多样性和立体感。

"哩哩美"渔歌有着悠久的历史，通过对"哩哩美"渔歌的研究，可从其起源，发展和分布情况，了解临高地区的民间艺术发展历史，和海边渔家社会的发展演变过程。"哩哩美"渔歌旋律优美动听，深受音乐专家的好评，通过发掘，可创作出更为优美的音乐作品。

临高渔歌哩哩美之所以流传千年长盛不衰，它的艺术感染力之所以像一个神圣的殿堂一样香火不断深受代代临高人追棒，是因为它来源于生活又表现和服务了人们生活、情感需要，它反映了渔家人独特的生活表达方式和交流愿望。无论在文化产品相对贫乏和缺失的历史年代，还是在高度娱乐化的现代社会，哩哩美仍作为临高渔家人享受生活和交流思想、情感的形式而不被抛弃不被放弃，足见其独特而璀璨的艺术价值和人文光辉是何等的源远流长且魅力常在。

渔歌"哩哩美"是临高渔民文化的重要组成部分，记录着渔民的生产生活习惯，记载着渔民的生产历史，是渔歌中典型的代表，其音乐基本结构独具一格，韵律欢快活泼，是临高乃至海南珍贵的渔民文化的体现。

改革开放以来，原生态的文化环境几乎在瞬间遭到了破坏，临高民歌显然在劫难逃。由于社会娱乐多元化的冲击，"哩哩美"渔歌在群众中的传唱面日益缩小，人们传唱"哩哩美"渔歌的热情日益减弱，形成后继无人的濒危状况。目前会唱传统民歌的年青人寥寥无几，因而对原生态歌手人群（此类歌手一般年纪在 40 岁以上，甚至年纪更长）的发掘和拯救工作是非常急迫的。让人欣慰的是在临高县有着一群执着的文艺人，从事着渔歌的挖掘整理工作。原临高县总工会主席黄育平以"哩哩美"渔歌为素材，创作了许多音乐精品，其乐曲《鱼满舱来歌满港》在 20 世纪 80 年代初唱遍全国。临高县政府也在每年举行渔歌比赛，音乐教育家杨余燕还把《哩哩美》编成了初中音乐教材，并经国家教委审查通过后，

临高渔歌演唱

由广东教育出版社出版发行。临高县也被海南省文体厅和文化部命名为"海南省民间艺术之乡"和"中国民间艺术之乡"。2010 年，临高县渔歌哩哩美研究协会成立。在县委县政府的适时规划后，在宣传和文化部门的积极操作和广大民间人士的热烈响应和参与下，这个集理论研究、作品创作、培训交流和演出推介等多种功能于一体的民间协会最终破茧而出。协会的宗旨是保护、传承、普及、挖掘、弘扬和发展临高哩哩美，把它做为临高文化产业的一个重要的特色产品，并为繁荣临高文化事业的同时为带动和服务临高的经济发展注入人文元素。

2011 年，临高渔歌被列入第三批国家级非物质文化遗产名录。

摆字龙灯

摆字龙灯流布于河北省保定市易县西陵镇忠义村。

摆字龙灯产生的年代无文字可考。据传，摆字龙灯原是清朝乾隆年间成立泰陵衙门时由承德避暑山庄带来的，距今已有 280 余年的历史。当时是整龙，为纪念雍正皇帝在位十三年而断成十三节，节节断开且用细绳和三个竹环紧紧相连。

光绪年间由泰陵衙门转到泰妃陵（雍正的妃子陵）衙门（即今之忠义村）。清西陵摆字龙灯由 13 节龙身和 1 个领龙绣球组成，每节龙身（又称龙节）长 1.2 米，直径约 0.5 米，节中央固定一个把手，内设三环套月式蜡烛签 3 个，每节龙身由细绳和竹环相连，身断形不断，与传统舞龙有明显区别，并依靠变化队形，摆出 13~14 笔画内的汉字，组成 4 个字的吉祥祝福词组，营造出喜庆和谐的氛围。

从清朝乾隆年间到民国初年，清西陵摆字龙灯是西陵守陵衙门之间拜年时的花会表演。舞龙者均为守陵人员。一般于每年农历腊月初八起会，从守陵人员中挑选身强力壮、反应灵敏的青年男子为舞者，由老一代传授队形、字谱和必要的基本功，正月初四正式出会。摆字龙灯也时常进皇宫表演，并多次受过皇封，慈禧太后曾赏赐龙衣两套、红蜡烛三箱。在清朝时，首先给泰妃衙门的官员拜年，然后由官员率领到泰陵衙门拜年。拜年时先摆出"正大光明""立（利）见大人"，接着摆其他恭维长官的字样。然后再到各陵衙门拜年。民国初年仍沿此习，一直到 20 世纪 20 年代末，守陵机构瓦解，守陵人员转为农民，摆字龙灯才真正传入民间，成为表达农民意愿的一种民间舞蹈。

辛亥革命以后，忠义村里要龙灯停了一两年，之后又恢复了。一般正月时要，老人和小孩是最感兴趣的，出会时（初一）自己带上干粮，即使有的农户不爱好这个，他们也会出些干粮或是出些力。解放前村里有龙灯会，一年出会两三次，那时龙里装的是蜡烛。要龙的都是村里人，有男有女。

摆字龙灯内设三环套月式蜡烛签 3 个。蜡烛签设置精巧，舞动时烛火始终朝上不灭。龙身外罩为绘有龙鳞、龙爪的龙衣。摆字龙灯由 14 人表演，即蜘蛛（引龙人）一人领舞，另 13 人分别持龙头、龙身、龙尾摆字。蜘蛛动作灵活、滑稽，蜘蛛和其他龙灯的绣球相同，只是在绣球上画蛛网和黑蜘蛛，有降妖避邪的内涵。表演常在晚上进行，舞动时先把

"摆字龙灯"表演

周围的光线全部暗下来，伴随着锣鼓镲铙的伴奏，如一条火龙翩翩起舞，不断变换队形摆出汉字，组成吉祥祝福的词句。如"天下太平""安居乐业""立（利）见大人""正大光明""中华巨龙"，等等。龙灯队形丰富，有龙摆尾、地卧龙、天卧鱼、龙塔垛、跑八字等。其龙尾别具一格，可以单独行动。每摆好一字时，龙尾都要绕场一周，再到达应去的位置。每个字的最后一笔，均由龙尾完成，显得活泼风趣。

近年来，村民们热衷于打工赚钱，对舞龙渐渐失去了兴趣，村里的文化精英为了留住文化遗产积极宣传奔走，将留在村里的妇女临时组织成立女子舞龙队，并参加了一系列的活动，引起了一定的反响。但舞龙表演的人数在 50 人左右，而对于总数 300 多人的村子，除去外出打工的青壮年劳动力，每次凑齐如数的妇女不是易事，同时是否能够腾出时间排练，保证演出的基本质量以及能否保证村民工资都是需要考量的现实问题，摆字龙灯的复兴依然步步维艰。目前村里已决定将这条文龙包了出去，承包方可以在忠义村以及附近村庄找齐舞龙人员，组成专业的舞龙队舞，由忠义村的人担任指导统一排练，给他们发放工资，通过参与电视剧拍摄等多种渠道达到盈利目的。

为了更好的发展旅游经济，县文物保管所出资修建了环陵公路，村干部带领村民自发修路干活，并促使旅游专线从村门口经过，不仅方便了游客的沿途观光，同时也利于村民的物资交流。忠义村的非物质文化遗产摆字龙灯也随着乡村旅游业的带动，逐渐发展了起来，同时为当地旅游业带来了更多的经济效益。中央电视台在这里拍了一期《忠义村的非物质文化遗产"摆字龙灯"》为题的专题片，也对摆字龙灯的保护和传承起着鼓励与推动的作用。

2008 年 6 月，摆字龙灯被列入第一批国家级非物质文化遗产保护项目扩展名录。

井陉拉花

井陉拉花产生并流传于河北井陉县境内。井陉拉花源于民间节日、庙会、庆典、拜神时的民间街头花会，历史悠久，源远流长。早在唐代元和八年成书的《元和郡县志》就有记载。

井陉谚云："山西好修庙，井陉好起醮。""起醮"亦称"打醮""修醮""圆经"，是人们对神的祈祷活动。民国二十三年（1934年）《井陉县志》载：旧时，井陉有"老母""全神"诸会，集祈福祷病者所施之资，令会首经管生息。积至相当数目，则议定"圆经"期，搭盖神棚，邀定戏剧、马戏和各乡文武会出。届时，热闹较迎神赛会尤甚。新中国成立后，此项活动已经消失，但其中"点火杆"的焰火形式依然存在，时间多在正月十二至二十，纳入庆元宵活动之中。这种"起醮"活动形式形同迎神赛会，但是比后者更为热闹、隆重。在山西的旧俗中也有相关活动的记载：一般由俗家道士在城隍庙或在旷野搭台举行，为时七天，经费由乡保董或族长筹集。出钱、粮的人名登在"上缘簿"。当时算是"功德善事"。打醮的程序是"写文书""取水""做朝""念经""叩拜"，这算是起醮，接着是竖幡，室内"铺金堂"，设"香案"，正式开坛，老道士禁食荤腥，昼夜坐念经文。最后是"跑念坛"，由老道士手拿"令牌"和木剑领众道士绕着事先搭好的台转圈，叫"蹈八卦步方"，口中不停唱着经文，间配打击乐器，很有节奏，有时还做"丢钹"表演。最后由小道士牵着一块大布名"牵表"，老道士伏在布上画符写咒语名"默表"；表写好后，有一个头戴雉履、腰系红围裙、腿肚扎绑腿，手拿马叉的人冲上台抢走那块布，名"夺表"；然后扎绑腿，名"跑文"。至此打醮完毕。

井陉位于太行山东麓，远古时代，战争频繁，灾荒连年。既然井陉拉花源于生活，源于战争、灾害、饥荒和贫困，它表现的是因兵灾、天灾而造成的背井离乡，逃荒谋生的生活内容，再现的是山高坡陡、道路坎坷、拖儿带女、相携相扶的情景，它必然带有浓重的震撼人心的悲剧色彩，凄凉悲壮，如泣如诉。但悲而不泣，怨而不颓，是含着眼泪的奋发与抗争。其主奏乐器大管子的粗犷、豪迈、悲凉的音色，浑厚、淳朴、昂奋的音调，宛如万马齐喑时一声长啸，与深沉、柔韧、刚健、豪放的舞蹈风格交相辉映，浑然一体，给观众以视觉与听觉的高度和谐统一，形成巨大的情感冲击力。

拉花作为一种土生土长的民间艺术，其唱词非常朴实、生动的反映了乡民生活中颠沛流离，如《相思谱》中，"年年跑口外，月月不回来，并不给小奴家，捎回书信来……"整个唱词表现了郎君被迫离家出走，在外谋生，而妻子在家日思夜想的情景。反映了生活的悲苦，抒发了爱情的深沉。

拉花由于其本身所具有的故事性、情节性，其动作也独具特色，内涵丰富、富于变幻。如拉花特有的拧肩、翻肩。随之而同时产生的"翻腕""扭臂""吸腿""撇脚"等动作，舒展大方，屈伸大度，拉花队形除具有一般传统舞蹈的特色之外，是很有自己的独到之处的。在音乐的配合下，它是一个节奏舒缓的渐变过程。偶尔加上一些快节奏的"突变"的动作，这样就在不经意中形成了刚柔相济的艺术效果，平淡自然，得之无心。

传统井陉拉花有三组类别的扮相，按年龄划分，分别为伞公彩婆、男女青年、男童女童。伞公体现出粗犷豪放、潇洒自如又俏皮风趣的人物风格，彩婆体现的是稳重含蓄又深沉执著的风格特点；男青年灵活多变、舒展大度，女青年则是优美大方、气韵贤淑；男童女童则表现着孩子的天真与活泼。

每年的元宵节，是井陉民众一年中最热闹的时候。正所谓"神过十五，人过十六"，春节期间"庆元宵"活动也是井陉拉花表演的高潮，当日的群众大有"鼓乐歌舞经日不休"之势。各村的表演队伍你来我往，一般要持续表演将近一周的时间。由于井陉拉花在当地的民间表演一直承袭了这个传统的民俗活动，直至今日依然流传。

据《河北风物志》载，井陉县山区历来土瘠民贫，每逢旱涝灾年，百姓便携儿带女、背井离乡，外出逃荒。在逃荒途中，边走边唱、述说苦情、乞求施舍，久而久之便形成了一种特定的乞讨形式——"拉荒"。现在一些老艺人仍旧有"拉荒"的传说趣闻，因"花"与"荒"为方言谐音，故称"拉花"。这种在生活中产生的艺术形式，承载着深深的民族苦难，是一个民族的独特印记。

新中国成立后，石家庄地方政府及文化部门十分重视对民间艺术和民间艺人的发掘工作，石家庄市第二文化馆即现在的矿区文化馆就对这门艺术进行了系统的收集整理。20世纪五六十年代，提出"百花齐放、推陈出新"文艺方针，文化部于1953年和1957年连续举办了两届全国民间音乐舞蹈汇演，而作为井陉的一朵奇葩，以拉花民间艺人武新全为代表的东南正村于1957年进京参加了第二次的汇演，并为中央首长做了专长演出，受到朱德、周恩来等老一辈革命家的亲切接见。由此在井陉武新全等几位民间艺人的社会地位迅速提高，被当地树为典型。

20世纪90年代，井陉拉花进入空前的繁荣时期，多次应邀参加国家级大型文艺演出和全国性艺术比赛，多次在中央、省、市电视台录制节目播放。先后到石家庄、北京、沈阳、延安、重庆、郑州、昆明、金华、台州、惠州、洛阳、苏州等大中城市公开演出，获得难以数计的鲜花和掌声。可谓英姿倩影撒满长城内外，美名盛誉传遍大江南北。

"井陉拉花"艺术团

1999 年，专门成立了属国家全民事业单位的"井陉拉花艺术团"；建立了沟通全国信息的井陉拉花互联网站；历时 9 年出版了 30 余万字的《井陉拉花》艺术专著，并特地配备《井陉拉花大家学》光盘；全县所有的 17 个乡镇文化站同时也是井陉拉花辅导站。2009 年 9 月 8 日，井陉县在子弟学校举行"井陉拉花培训基地"揭牌仪式，并命名县职工子弟学校、皆山中学、县直幼儿园、老干部局、县文化馆、北正乡东南正村、天长镇庄旺村、威州镇南固底村八个单位为井陉拉花培训基地。

2006 年，井陉拉花经国务院批准被列入第一批国家级非物质文化遗产名录。

西宫大蜡会

栾城县位于冀中平原南部，河北省西南部，西宫村位于栾城县城南 5 公里。栾城西宫有观音庙，农历十月十三至十五为庙会期，是祭祀南海观音的活动，俗称大蜡会。

传说，远在明朝时，河南一带眼病流行，患者不仅多，而且往往导致双目失明。这年，不知从何地来了一位老妪，用自制药水为患眼病的人治疗，点一次药水，便可痊愈。老妪不仅医术神奇，而且给人诊治，不取分文。消息传开，方圆几百里求医问药者络绎不绝。某村的一员外夫人染眼病，双目失明十几年，多方求医，不见效果，也闻名前来就医。经老妪医治，仅点三滴药水，夫人的眼睛竟至复明。员外大喜，重金酬谢，老妪婉言谢绝。员外询问老妪哪里人氏，老妪说："我是赵州栾城县西宫村人，北街西口路南有一棵大槐树，树下红漆门扇的瓦房，就是我家。"说完飘然而去。员外受众人之托，备礼品，乘马车，一路寻到西宫村，走到北街西口寻找，见路南确有一株大槐树，一座红漆门窗的瓦房，竟是南海观音庙，并无人家。员外在村内打听，村民都说村中从无治眼的老妪。员外无奈，又来到庙前，进门一看，庙内观音塑像就是施医老妪。于是扩建庙宇，再塑观音金身，临行时置办大蜡，感谢菩萨为人民带来光明，西宫村民为讨吉利，把大蜡配成一双，择农历的十月十三至十五日为庙会会期。

每年农历十月十五日，习称为"下元节"，水官生日。一年一度的西宫大蜡会于是日举行。这是一个古老的庙会，据村庙碑文记载，每逢庙日，晚暮时分要点燃两柱大蜡烛，只见烛火光焰夺目。大蜡烛是用石蜡加热灌制而成的，呈红色，高 1 米余，上顶直径 30 厘米，下底直径 25 厘米，以 8 厘米柳木棒经蜡油浸泡后做芯，每柱重 65 公斤以上。庙会期间，一般都要请来戏曲班子助兴。大蜡点燃前，先放焰火，蜡烛燃着后，戏台立即开戏，蜡不灭，戏不散，往往戏班的班头向点蜡者多次告饶后，将蜡熄灭，戏方散场。西宫大蜡会方圆百里驰名。大蜡寄托着制作者和村民对"光明持久"的追求。"大蜡会"则成为民间赏心悦目之乐事。

西宫大蜡蜡体硕大无比，却不失精雕细刻，美观大方的特点，可以称得上是一组颇具欣赏价值的工艺美术作品。再加上装饰品的衬托，极富个性特征，整个迎神仪式热烈而庄重，并为多种民间表演艺术的展示提供了广阔的空间。西宫大蜡会犹如一幅现代版的《清明上河图》极具民俗价值。

西宫大蜡会大蜡

日本侵略军侵占栾城后，庙会被迫停止。新中国成立以后，重新恢复，并将庙会变为物资交流大会，但不再点燃大蜡。1978年以后，才又将大蜡重新点燃。

现在大蜡会与旧时点大蜡的内容和形式全然不同，大蜡变成了丰收喜庆的象征，并提前将大蜡制成，固定在焊接好的铁架上，再缚以两根木杠供人抬用。自十三日起，许多青壮年轮换抬起大蜡，转街走巷，锣鼓喧天，好不热闹。目前西宫大蜡会由往昔的"娱神"变成了当今的"娱人"，从迷信走向乡民的精神文化生活与社区意识认同，成为一张当地发展旅游经济的名片。

目前，栾城西宫大蜡会已被列入河北省非物质文化遗产名录。

落腔

落腔主要流行于豫北及与之毗邻的晋冀鲁交界的漳河流域。

内黄落腔在河南民间又有"唠子腔""捞子腔""乐腔""安阳腔"等多种名称，流传到滑县、清丰、南乐一带，又称之为"西北讴"。大约在清代道光末年、咸丰初年即已存在。它是在本地说唱艺术"彩扮莲花落"的基础上，受武安落子的影响形成的，与山西上党落子同一来源。但在后来的发展中，三种落子又各自形成了鲜明的地域特色。

清末民初，漳河流域及整个豫北出现了不少内黄落腔班社及著名艺人，内黄落腔有了进一步发展。其中主要班社有赵家班、碾头班、段家班。清末民初，为内黄落腔最繁盛之时，曾因地域、方言和民俗等差异，形成了中路、西路、东路三个流派。民国时期，落腔已在内黄及其附近的三个县里流行。其中最红火的地方，是其回隆镇。唱落腔的人多是乡村农民，他们都是半职业的身份，其中主要是些颇具艺术天赋的农民。他们平日务农，闲时演戏，故其建立的也只是些时聚时散的半职业性的班社。

内黄落腔繁盛时，出现过不少著名的艺人，其中尤以赵清文、靳保得影响最大。赵清文艺名"蕉叶"，内黄县赵高固村人，善演旦角，扮相俊美，声音俏丽，据说足可以假乱真，代表剧目有《借霍霍》《卖苗郎》《裴秀英告状》等。

抗日战争时期，内黄落腔一度跌落低谷。这时戏班纷纷解散，只在八路军的根据地里才成立了内黄落腔剧团，演出《王黑蛋参军》《做军鞋》等剧目，鼓舞士气，宣传抗日。

新中国成立初期的土地改革运动中，内黄落腔又一度繁荣，业余演出团体遍及安阳一带的城乡，有 20 多个。这期间有个叫做史道旺的演员，开始整理内黄落腔音乐，规范各种板式，内黄落腔从此因为有了记谱而取得了新的发展。

改革开放以来，内黄落腔也曾一度重兴。后来随着戏曲的普遍不景气，内黄落腔演出团体也在逐渐减少，演员大量流失。现在河南只剩下内黄县落腔剧团一个专业团体，但已有两年不再作盈利性演出了，面临着名存实亡的窘境。

内黄落腔的表演体制比较简朴，它是由打地摊、坐板凳而后登台演唱的，形式和旧时代的"莲花落"接近，残留着说唱艺术的特色。它没有固定的剧本，剧情、演唱和表演技巧均由师傅口传心授，代代流传。它的唱词和道白极为通俗，有极为浓郁的乡土气息，表演和演唱都很贴近当地农民群众的生活，富于情趣，所以颇受底层民众的喜爱。

内黄落腔起初演出行当也极为简略，艺人没有严格分工，往往一角多戏，兼演几个行当，逐渐发展为以"三小戏"——小生、小旦、小丑为主，只演文戏，不演武戏。生旦净丑各个行当健全起来，动作有了一定的程式，这都是新中国成立以后的事。

内黄落腔的唱腔以板腔体为主，也兼有曲牌体。板腔体唱腔是借用梆子戏的板式，用落子腔的声调而形成，能灵活自如地表达多种感情。曲牌体唱腔是揉进北方散曲和当地民间小调形成的。它的特点是，能够因为扮演人物的不同以及人物性格或情绪、情感的不同，而表现各具特色的旋律。唱腔委婉动听，喜、怒、哀、乐分明，善于抒发各种复杂感情。

伴奏乐器早期只有喇子、横笛、锣和闷笛。喇子形似板胡，比二胡短 5 厘米左右，音箱为桐木挖空制成，直径 10 厘米，蒙桐木板，音色低沉，是内黄落腔艺人自制的文场主奏乐器。

落腔有 300 年的历史，是在说唱艺术中衍生发展起来的。落腔内容主要反映了民间的日常生活和下层老百姓的喜怒哀乐、婆媳关系、婚恋嫁娶、劳动生活等方面。如《借髢髢》《蓝桥会》《小二姐做梦》《小喜只赶嫁妆》等，这些剧目充满了乡村农民的气息，鲜明地表达了人民群众的生活观念、人生态度，并揭示了平民百姓对生活中真、善、美的推崇，对假、丑、恶的鞭挞，它真实的反映了中华民族的历史生活、思想道德情操和审美理想。

1955 年，内黄、清丰两县相继成立了专业剧团，除自编自演了一些时事小戏，还移植上演了《王贵与李香香》《赤叶河》《兄妹开荒》《血泪仇》等剧目，对发动、组织群众，发挥了积极的作用。1956 年，河南省举行首届戏曲观摩大会，安阳专区内黄落腔剧团以上演其自创剧《借霍》获得了剧本三等奖。20 世纪 90 年代，河南只剩内黄县落腔剧团一个落腔演出团体。剧团是由在编的和临时演员组成的，在编人员 23 名，临时演员 25 人左右，平均年龄为 46.5 岁。在编人员中，演员约占一半，其余的是乐队和行政人员。临时演员的身份仍是农民，只在排戏和演出时来团，事毕即回，一年大部分时间在务农或外出打工。内黄县落腔剧团已经处于半瘫痪状态，基本上无正式的演出，大多数演员只能下乡参加乡里的红白喜事，有的演员下乡参加劳动，工资已经无法得到发放，国家的拨款只有两万元，

落腔《卖苗郎》

剧团的开支全用于演员的工资发放。另一方面，剧团中也无年轻的演员，其正式的演员年龄平均在 45 岁以上，再无剧本创造的能力。团内设备落后，也无法添配新的设备，各级财政支持太少，剧团的经费紧张，大多只能支付老艺人的工资。剧团开支和演员的工资全靠演出的收入，并且内黄远离经济发达的大中型城市，经济相对落后，当地的农民收入较少，所以演出的戏价较低，每场只有 400~500 元。

近年来，各级政府均已重视本地非物质文化遗产的申报和保护，内黄落腔同样也迎来重生的契机。2005 年 10 月，在郑州市举办的河南省第二届民间艺术节期间，内黄县落腔剧团演出的《白续记》，曾荣获本省"第二届民间传统优秀戏曲汇演"金奖。

2007 年，落腔被列入河南省省级非物质文化遗产名录，河南省有关部门还有申报国家级"非遗"的计划，濒临绝境的内黄落腔也许能够重新找回它的生存价值。

兴山民歌

兴山民歌流布于兴山县各乡镇及其东、南、北部的周边地区。

经科学考证，兴山民歌明确的历史已有 800 多年。而从苏东坡听黄州人群聚讴歌，"其音亦不中律吕"，可推知此歌韵律已流传 900 多年；刘禹锡《在建平听里中儿联歌》说："聆其音，中黄钟之羽"，更是可将其历史上溯至中唐。再与曾侯乙编钟三度定律结构一致的特点来看，其历史渊源一直可以上溯到 2 400 多年前。特别是 1992 年出土的商周青铜"猪磬"的三声结构关系与兴山三度三声腔民歌的结构几乎相同，这也为其源远流长提供了有力的佐证。

从汉武帝立乐府到唐太宗制雅乐，都有楚音哀伤、悲的记载；所有对竹枝歌音调的描写，都是千口同声、毫无例外地唱悲苦、愁绝之调。

直到今天，人们也认为兴山民歌音悲。其实这种认识是与楚人的感觉大相径庭的——楚人反以此音为乐。这只是不同地域的人审美心理不同罢了。所谓的反悲为喜，正是荆楚古歌的美学特征。

兴山民歌是兴山农村男女老幼开口便能唱的一种音调奇特的民歌，它遍布于劳动号子、山歌、田歌、灯歌、小调、风俗歌、生活音调等各类体裁的多种歌种之中，连兴山人的哭声，尤其是年轻妇女的细声哭诉竟也是这种音调自然普成的抒情悲歌。兴山民歌的独特不仅在于其音调本身的听觉效果，还在于其独特的审美情操。兴山民歌历来给"外来人"的感觉就是"悲"，让人觉得那是"哭死人的调子"。

兴山民歌音调奇特，音高难辨，歌唱不易，而且不见经传，无章可循。在音阶结构上，这种音阶明显地不合于中国今人通用的音律概念，仅在五声之中即有 2~3 个音的律高非同一般，而被常人误认为"不准"。这种独特的音阶结构，形成了这种体系民歌的特殊的音调。此外，兴山体系民歌两种声腔的结构关系，也明显不合于今人的乐律概念，既无理论可循，又无适合它的记谱法，难怪不易记谱，不易识调，不易学唱，曾经难倒一批音乐家。

在兴山体系民歌的音阶、音列中总要包含着一种特殊的三度音程，这种介于大、小三度之间的音程不同于中立音，是兴山体系民歌中独特的音程，被命名为"兴山特性三度音程"。其次，兴山体系民歌的调式特殊，是常以游移的特性音作终止音，从而造就出一种非同寻常的独特调式，而被一些人称之为"怪异调式"，为中国罕见。兴山体系民歌的音调结构特别，它以三声进行的组合方式构成旋律的单位，即"三声组"。依赖"三声组"的灵活多变及其音级间彼此的依靠性，从而形成这类民歌色彩纷呈的形态。由于上述因素，构成了兴山体系民歌原始、简朴、粗犷的风格。

兴山民歌证明中国有独特的本土音乐；揭示了荆楚古歌的面貌；作为文化纽带，有助于中国南方多个民族文化的认同，促进文化交流，增强民族团结。兴山民歌揭示了荆楚古歌的原貌，为中国传统音乐并未失传提供了无可辩驳的铁证，证明了中国传统音乐顽强的生命力和稳定的遗传性。

兴山民歌是巴楚古歌难能可贵的遗存，它推翻了中国音乐西来说，佐证了中国古乐并未失传，独特的乐律学原理将丰富我国的音乐理论，填补世界音乐理论的空白；揭示了345 音分左右的音程是中国民族音乐中的一个久远的、客观存在的常规音程；见证了中国民间鸡鸣歌唱法的持久性与科学性。其独特乐律学原理对于研究中国古代音乐史、中国传统民歌的传承与变异等都具有很高的学术价值。

兴山民歌主要存在于兴山薅草锣鼓和兴山丧鼓两种载体之中，尤以薅草锣鼓最为典型。但随着时代的发展，兴山薅草锣鼓在生产劳动中几乎绝迹，尚未谢世的薅草锣鼓民间艺人90% 均为 70 岁以上的老人，其传承保护状况令人担忧。如不大力抢救保护，这个独特的歌种将面临失传的危险。

20 世纪 80 年代以来，兴山县王庆沅等民间音乐工作者深入民间采风、录音，发现一种音调奇特的民歌，进而借助科学测音手段测试，终被专家承认并命名为"兴山特性三度体系民歌"。

2005 年 6 月 16 日宜昌市召开申遗动员大会。7 月 2 日，兴山县委召开专题办公会，成立工作小组，确定了申遗项目为兴山民歌。申遗也给兴山民歌的保护带来了新契机。兴山

传统兴山民歌和兴山民歌表演

县针对兴山民歌的濒危状况，研究制定了 13 项保护措施，印发了《兴山县关于民族民间文化抢救保护计划》等一系列指导性文件。在申遗期间，兴山县文化局在黄粮镇户溪村举办了山歌擂台赛，有 100 多位村民竞相上台演唱，年纪最大的 82 岁，最小的 10 岁，比赛场面十分热烈感人。同时还以黄粮镇中学和黄粮镇小学为阵地成立了"兴山民歌"传承示范基地，组织有关专业技术人员编写乡土教材，为兴山民歌进学校、进课堂提供技术指导。

2005 年 10 月，兴山县文化局选送陈家珍祖孙三代进京参加全国第三届南北民歌擂台赛，一举荣获了银奖、优秀传承奖、组织奖、特别奖四项大奖，开创了兴山县文化史上的先河。2006 年 6 月，兴山民歌被列入第一批国家级非物质文化遗产名录。

阜新东蒙短调民歌

阜新东蒙短调民歌流传于辽宁省阜新蒙古族自治县。

阜新东蒙短调民歌，初步形成于 17 世纪，据不完全统计，留存有 350 余首。据《阜新蒙古族自治县县志》记载，阜新原本是蒙古勒津部驻地，以游牧为生。1637 年，第一任土默特右翼旗旗主善巴率众到阜新地区定居，同原有各部落一起，开垦这块土地。由于结束了长期不息的部落纷争和战乱，人民生活比较安定，各兄弟民族的联系和交往非常密切，经济发展，人口增长，文化也得到长足发展，形成了游牧文化和农耕文化彼此融合的民间文化。从此，阜新东蒙短调民歌由过去对草原蒙古包的赞颂变为对草房、檩子、土墙的描述。由于生产生活的改变以及和周围其他兄弟民族的长期交往，生活习俗、文化形态都有所变化，阜新东蒙短调民歌逐步形成了具有农耕文化特点的文艺形式。

17 世纪中叶，喇嘛教传入阜新县，与"博"（萨满）教并立，形成了民间文化、宗教文化、贵族文化互相交流和互为补充的文化形态。这种特定的环境和历史条件，奠定了阜蒙大地产生蒙古族短调民歌的基础。

清朝中、晚期起，民间涌现的大批职业和半职业说唱艺人，身背四胡、走村串户，到处演唱，把短调民歌带到各个角落，还随时把当时当地的真人真事编成新的短调民歌进行演唱，并在演唱中不断增加、补充。他们对蒙古族短调民歌的传播和发展起到了极大的推动作用。蒙古勒津喇嘛文人和王爷书房文人除担负各自职责外，还经常根据民间奇闻轶事编写出新的故事供民间艺人演唱，这也促进了短调民歌的发展和流传，以至蒙古勒津成为短调民歌的发源地。据调查，流传于中国东部各蒙古族地区的许多短调民歌都发祥于蒙古勒津（即阜新蒙古族自治县）。在很多民歌的歌词中，均唱到了蒙古勒津的人物、山河、经济、宗教、风俗等。从而，蒙古勒津享有了"歌的海洋"之美誉。

蒙古地区的各部居民原来过着游牧生活，迁居至该地之后，与从关内来的汉族移民过着大分散、小聚居的生活。受汉族文化的影响，他们逐渐从游牧的生产生活方式向半农半牧的生产生活方式转变，进而过渡到农耕的生产生活方式，过上了定居的生活。其歌唱方式由草原游牧时期的长调，经过半长调最后过渡到农耕时期的短调，长调完全消失，短调则流传于蒙古贞地区（阜新蒙古族自治县）的街头里巷。

阜新东蒙短调民歌，经过一代代艺人的继承、发展和创造，具有完美而独特的艺术形式，在题材、体裁上都具有广泛的社会性和艺术性。既保留了蒙古族固有的高阔、辽远、粗犷、豪放的风俗，又有了质朴、欢快、节奏鲜明的农耕色彩，同时又吸收、借鉴了清醇、肃穆、庄重的宗教韵味。

1. 酒歌

据《蒙古秘史》记载，蒙古民族从成吉思汗始，就有打胜仗庆祝，喝酒、唱酒歌的习俗，这种习俗延续下来，使阜新东蒙短调民歌的酒歌久唱不衰，在开业庆典、婚礼、接待贵宾、朋友聚会、亲人团聚，都有敬酒、唱酒歌的习俗，酒歌成为蒙古勒津酒文化的主体，为远道而来的宾朋，献上洁白的哈达，敬上醇香的美酒，唱酒歌把美好的祝愿献给亲人，表达蒙古民族热情、奔放的豪爽性格。

2. 婚礼歌

用于蒙古族婚礼仪式的各个程序之中。如送亲时的《送亲歌》，辞亲时唱的《交待闺女》，婚宴上唱的《祝酒歌》等。婚礼歌曲的内容根据程序的不同而各有区别。《送亲歌》是女儿即将离开娘家、父母兄长演唱（或歌手代替）的歌曲，内容多是表达父母兄长与嫁女之间的眷恋之情，讲述男婚女嫁的道理，嘱托到婆家注意的事宜。

3. 祭祀歌

是阜新蒙古族举行祭祀活动时唱的歌曲，21 世纪初搜集到的有结婚或春节团拜祭火时演唱的《祭火歌》，内容主要是祝福、赞美火神的功绩，并求神赐福安康；还有民间宗教习俗活动时演唱的《关公颂》，内容是歌唱关公的生平事迹与功绩。

4. 情歌

是阜新蒙古族短调民歌中最多的一部分，也是最精彩的部分，无论从文学上还是音乐上都具有较高的艺术水平。尤其是带有故事情节的爱情民歌，每一首都是优美的长诗，给人以很强的感染力。在内容上爱情民歌有对姑娘赞美的，有倾诉男女相亲相爱的，有表白爱情忠贞的等。还有讽刺歌、训谕歌、玛尼（念经）歌、儿歌等。

阜新东蒙短调民歌，产生并流行于阜新地区，是蒙古族文化的重要组成部分。是在长调基础上产生的短调民歌，是蒙古族歌曲的一次飞跃。从某种意义上说，它记录了部落的

东蒙短调民歌演唱

发展历史，反映了部落各个历史时期的经济、政治、文化。阜新东蒙短调民歌对现代文化也产生了巨大影响。如在阜新东蒙短调民歌的基础上，产生发展的地方戏曲剧种阜新蒙古剧，填补了蒙古民族没有戏曲的空白。

长调民歌是反映蒙古族游牧生活的牧歌式体裁，节奏舒缓自由，字少腔长。与长调民歌明显不同的是，短调民歌篇幅较短小，曲调紧凑，节奏整齐、鲜明，音域相对窄一些。短调一般是两行，有韵的两句式或四句式，节拍比较固定。歌词简单，但不呆板，其特点在音韵上广泛运用叠字。短调民歌主要流行于蒙汉杂居的半农半牧区，往往是即兴歌唱，灵活性很强。短调民歌除用蒙古语演唱，还有很多用汉语演唱，所以，不仅蒙古族人喜欢唱，汉族和其他民族的人也喜欢唱。

随着阜新东蒙短调民歌的不断完善和发展，民间产生了大批职业和半职业的说唱艺人，如 19 世纪初的旦森尼玛、乌日土吉乐图；20 世纪初的佟德林、图古乐；21 世纪初活跃于民间的马国宝、杨铁龙、吴海峰等。

21 世纪初，老艺人年事已高，接班人很少，青少年丢失母语的现象相当严重，许多青少年已经逐渐没有"民歌"这一概念。虽然当地政府采取了很多抢救措施，培养了一些歌手，但是唱得不全，只会唱一两段，传承方面迫在眉睫，如不及时抢救，"阜新东蒙短调民歌"面临失传、灭绝的危险。

阜新县文化部门已整理出版了四部蒙文版《蒙古勒津民歌集》、汉文版民歌《乌银珊丹》，配合完成了《中国民族民间音乐集成·辽宁卷阜新民歌》，完成了文学三套集成卷。阜新蒙古族自治县制定了《阜新蒙古族自治县蒙古族文化工作条例》，依法保护了东蒙短调民歌。

2005 年，阜新东蒙短调民歌被列入辽宁省第一批非物质文化遗产名录。

漫瀚调

漫瀚调主要流行于蒙古族、汉族杂居的伊克昭盟准格尔旗、达拉特旗和包头市土默特右旗、呼和浩特市土默特左旗等地。

漫瀚调发祥地内蒙古自治区准格尔旗正是沙丘、沙梁、沙漠遍布的地方，漫瀚调由此得名。

在清康熙以前，准格尔旗是以蒙古族为主体，兼有其他少数民族居住的地区，这里的人民一直过着逐水草而居的游牧生活。早期的漫瀚调都是由这里的农牧民自编自唱创作出来的，放牧劳动、好友欢聚还是喜迎宾客、欢庆佳节时都会演唱。

清康熙以后，由于"黑界地"的开放，临近准格尔旗的晋陕汉族农民来到这里开垦，他们和这里的蒙古族一起劳动生活。为了使这些汉族人能听懂蒙古曲，原来传唱的歌曲歌词发生了一些变化，同时揉入一些晋、陕汉族民歌的韵味。于是形成了新的民歌歌种——漫瀚调。

清光绪末年，随着放垦的进一步扩大，准格尔旗的汉族人口已占相当大的比例。到 20 世纪 30 年代，准格尔旗的生产已由原来的以牧业为主变为以农业为主，准格尔旗的汉族人口已占全旗人口的 70% 以上。这一时期原来广为传唱的蒙古曲歌词逐渐被汉语歌词所取代，农牧民在一起共同奏唱，演唱形式也基本以对唱为主，可以同性之间对唱、也可以异性之间对唱，一问一答、幽默斗智、即兴编词，红红火火。

新中国成立后，准格尔旗漫瀚调受到党和政府的重视，歌手们为表达自己的心声，响应时代的需要，在原曲调中又编出了许多新词，如："共产党来了翻了身，烂皮袄换成登新绒"等。准格尔旗漫瀚调在这一时期逐步走向了成熟。

20 世纪 80 年代，随着改革开放的不断深入，准格尔旗漫瀚调越来越受到群众的欢迎，众多的汉族歌手也不断加入到演唱行列中来，他们把原有的曲调稍加改动，即兴填词编唱，并在演唱风格上融入了一些晋陕汉族民歌的因素。

漫瀚调从产生到现在，唱了 100 多年，越唱越兴盛。不仅在农村牧区民间唱，而且唱到了城市；不仅在鄂尔多斯大地上听到漫瀚调的歌声，而且唱到了包头、呼市，唱到了北京，唱到了全国，甚至走出国门，走向世界。

漫瀚调是鄂尔多斯民歌中独具特色的一朵奇葩，是音乐文化和社会生活的一个组成部分。从以上情况看，漫瀚调的产生和发展本身就体现了鄂尔多斯蒙古民族的开放性和包容性，体现了蒙汉民族的和睦相处、亲密团结。

"漫瀚调"是以蒙古族民歌为基调，以汉族唱法为风格，精妙地糅合而成的一个独特的民歌歌种。田头牧场劳作，赶车骑马行程，穿针引线缝缀，人们都要以唱助兴，以歌抒情。若遇娶聘祝寿、节假日，更要请来四方名歌手，举办大型的座唱会，欢天喜地，数日不散。它具有极强的民族特色和地方特点，其腔调热情豪放，旋律朴实新颖，歌曲哲理鲜明，感情炽热直率，语言朴素无华，加之句法整齐，节奏明快，融合乡土语音，散发着浓郁的乡土气息和山野风味，形成了独特的艺术风格，深受群众喜爱。

漫瀚调歌词最为明显的特征是充分运用了诗歌的比兴手法，以物寓意，借物抒情，山川河流、日月星辰、庄稼草木、花鸟鱼虫、劳动工具、生活用品，无不在其借比之列。农牧民以其真实的生活体验，用自己的聪明智慧编造出无数精美巧妙的词句。歌词作者大多是来自晋陕地区的农民，他们性格淳朴、豪放，歌词大多为歌手即兴创作，歌词表达方式比较朴素、直白，没有精细地加工与润饰。漫瀚调歌词题材广泛，采用叙事、抒情两种方式，既有时政内容，又有农民生产生活的反映，更多的为爱情吐露，三十句、五十句不限，即兴出口，一气呵成。

漫瀚调主要用汉语演唱，歌词中含有少量蒙语，使用西北汉族常用的山歌唱法，用真假声相结合的发声方法演唱，展现了地道的西北汉族音乐色彩。漫瀚调采用男女同腔的演唱方式，女声多用真声演唱，音色明亮、秀丽，对嗓音条件要求较高。男声多采用真假声相结合的演唱方法，音色明亮、尖锐，声音高亢、嘹亮，音域远远高于日常使用的自然音区，甚至高于女声，这是西北汉族歌手常用的演唱方法。漫瀚调借鉴了山西、陕北地区山歌的唱法及梆子戏唱法，声腔属于汉族高腔系统。

漫瀚调具有极高的艺术价值。产生于蒙汉两族人民民间的、以鄂尔多斯蒙古族短调民歌为母曲而形成的婉转舒展、细腻流畅、优美动听又起伏跌宕、开阔豪放、情感炽烈的曲调；见景生情、即兴编词、比兴对丈、随想随唱、生动朴实反映人民群众生活、生产和思想感情的优美歌词；简便灵活、即兴对歌、风格独特、人人喜爱的演唱形式，都体现了漫瀚调的独具特色的艺术价值。

漫瀚调更具有极高的社会价值。它在广大劳动群众的底层有其最深厚的根基，为当地的农民群众所了解和爱好。它结合了农民群众的感情、思想和意志，并提高他们。它具有震撼人们心灵的感染力量，引起人们感情深处共鸣的内在感染力，给人以精神上的活力和鼓舞，十分具有生命力。同时漫瀚调还充分体现了鄂尔多斯蒙汉民族之间的团结和睦、共同发展的精神和魅力。

20世纪90年代初，鄂尔多斯地区农村牧区人口为总人口的80%，如今只能占到30%，而且出现了家庭人口分化现象，中青年人大多进了城镇，留守农村的大多是老人。这一方面，准格尔旗尤为明显。同时，由于退耕还林、封山禁牧自然形态、人口分布、家庭成员状况、地方经济结构，生产方式以及人们的生活内容、文化生活等方面的深刻变化，也就是漫瀚调原生态环境的深刻变化。漫瀚调原生态环境的剧变，使漫瀚调的传承出现了很大程度的断层，使漫瀚调的生存受到了严重的影响和制约。

准格尔旗委、旗政府也非常重视保护当地的漫瀚调。从1997年到2009年共举办了五届漫瀚调艺术节，并分别在2001年和2008年召开了两次漫瀚调学术研讨会。

2008年10月成立漫瀚调艺术研究所，承担着漫瀚调的挖掘、收集、整理、保护、宣传等工作。2009年进行了近8个月的田野调查，走访了全旗9个乡镇，采访了120名漫瀚调歌手、乐手，新收集到即将失传的曲目十多首，并进行整理。这对于当地漫瀚调的保护起到了积极作用。2008年，漫瀚调被列入国家非物质文化遗产名录。

漫瀚调演奏

　　近些年，全国各省、市、自治区电视台多次邀请漫瀚调歌手们录音、录专题片。有的影视剧（片）配有漫瀚调的音乐和插曲。有的音像出版社制作了漫瀚调磁带和光盘在全国各地发行，不少音像店时有可见。漫瀚调专著也出版过多部。有的文艺团体创作演出漫瀚调剧（如《双山梁》《纳林河畔》等）。

　　1996 年 8 月 13~22 日，准格尔旗政府成功的举办了"首届漫瀚调艺术节"。2002 年，"西部十二省区民歌大赛"在西安举行，准格尔旗歌手奇富林荣获银奖。准格尔旗歌手、乐手为中央电视台第四套与第十二套节目"西部演唱会"进行了演出。漫瀚调演出活动中心为香港凤凰卫视台进行了专场演出。2003 年 1 月，准旗歌手奇富林为中央电视台西部频道《魅力 12》节目中演唱了漫瀚调。3 月 20 日奇富林代表鄂尔多斯市赴港为香港中文大学举办的"内蒙古鄂尔多斯民间音乐会"进行了演唱，受到好评。

　　1996 年，准格尔旗被国家文化部命名为"中国民间艺术（漫瀚调）之乡"。2008 年，漫瀚调又被列入第二批国家级非物质文化遗产名录。

全丰花灯

　　全丰花灯流布于江西修水全丰镇。

　　全丰花灯属江西曲艺，流传于修水西北部幕阜山下的塘城、全丰两乡。清乾隆《义宁州志》记："分宁（今修水）界吴楚之交，俗多类楚……城市村落乡民犹多袭旧，专事巫祷"。该地巫风、道士活动非常盛行。据传，全丰花灯曲调系由道教音乐派生而成，以花灯《下南京》一曲与道教《颂经》对照比较，两者主音为徵、羽调式，旋律风格相同，句式结构都是上下两韵五言体。

　　全丰花灯的源流传说也极富传奇色彩。清嘉庆《义宁州志》载，大约很早以前，有位阴阳先生曹宗哲，见全丰乡背后的龙泉段，山脉巍峨，逶迤起伏，状如蟠龙。于是，他便带着胞弟曹定吉来此起业，于双井之间，建屋树基，繁衍后代。其孙曹西平有子十二人，皆唱花灯，号称"九把胡琴"，兴旺于一时。

　　全丰花灯又称"下半本戏"，说唱均用地道的西乡全丰土话，其不仅与修水流行的"上半本戏"风格迥异，与外地民歌小曲也大不相同。外地一些唱花灯的艺人到毗邻全丰的村落打听后，皆称不知全丰花灯唱什么曲目，可看其别具一格。全丰花灯开场内容多为即兴打诨，器乐多以打击乐为主，有云锣、锣、小鼓、钹等，有时也以胡琴、笛子、唢呐伴奏。开场、前奏、间奏节奏相同，唱词多用"嘞""哟"等衬词。

全丰花灯的演唱形式，有生、旦、丑三行。生角双手推车，旦角一手捏手帕一手扶车把表演，丑角戴礼帽、眼镜、脸画豆腐块，骑马扬鞭，时与旦角逗趣。三人方步圆场，边走边表演。场上周围站立四盏六角长形、贴有花卉图案的彩灯，灯种颇多，常见的有钵哩灯、车车灯、白鹭灯、内扎"猴子跳圈""仙姑推磨""八仙过海"等形象，又以白鹤灯居于乐队中间，象征祥和吉庆，人寿年丰。每年春节元旦起鼓发灯，至元宵止，各路灯队，四方云集，烛光连天，歌吹达曙。

花灯曲目皆有简单情节。虽为单篇，但连场演出便组成一套故事。有外出经商的《下南京》（包括《带货》《六个月种花》）；有谈情说爱的《拜新年》《打戒箍》《十个月摘花等郎来》；有婚外相恋的《挑妹饮酒》《交情反情》；有夫妻情义的《劝夫》《下麻城》；有咏花吟春的《十月莲》《十个月逢春花》《十二个月花》；有劳动生产的《十二个月采花》；还有祝福纳吉的《接状元》《十月怀胎》等。

全丰花灯的曲调，唱的是"灯歌"，大多为单曲体结构。一曲一目，曲调名即曲目名，专曲专用。调式以徵、羽居多，商、角次之。特别强调主音上方五级，与全丰方言紧密结合。表演时，以打击乐器为主，云锣、锣、小鼓、钹齐奏；唱腔中合以胡琴、笛子、唢呐托腔。唱词多衬词、衬字、衬语，几乎每一句都出现啦、啊、吧、嘞、哟、喔、喂等衬字。其衬句，如"荷花哩""溜子妹""牡丹花"等在曲调中起着句间连接，句中扩展，句尾补充的作用。衬词、衬句为灯调润腔着色渲染，增强了浓郁的艺术感染力。

全丰花灯有八盏（也叫盆灯），其灯工有八种特技，号称：姑嫂推磨、老鼠犯梁、刘海戏金蟾、猴子打兑、仁贵射雕、姐妹观花、洞宾背剑、张三打虎，全属玩耍表演。节日花灯上门演出，首先要送"灯贴"通知对方。出发时，将书有"庆祝某某某娱乐花灯"的牌头开道，一路彩灯高照，锣鼓喧天。其具有相当的装饰和美化价值，经过合适的商业包装和运作，可以作为商品推向市场，获取经济利益。

花灯队活跃在偏乡僻壤、山高林密之处，不要舞台、幕布，田间、草地、厅堂、庭院，

花灯表演和全丰花灯

随时随地可演，为山区群众所喜所乐，给山民送去祥和欢乐的气氛。全丰镇有二十余支花灯队，最活跃的是塘城街（镇所在地）、龙泉段、黄沙段、绿豆窝、黄袍冲、杉树坪、上源等地。每支花灯队均有锣鼓、服装、道具等设备，演员最小的 16 岁，年长的七十余岁，皆有一定的演唱表演能力。龙泉段 1 200 多号人，70% 的人都会唱花灯，可见普及程度。如今主要传承人曹泽民，祖宗三代都唱花灯。

中华人民共和国成立后，全丰花灯得到了很大发展，20 世纪 60 年代，配合党的中心工作，由县文化馆干部仿《十月怀胎》唱段创作了歌颂农业丰收的小演唱《太阳一出照山崖》，参加九江市文艺汇演获得节目奖。1979 年，县文化馆为发掘民间艺术，又进行录音记谱，重新排演，其中传统花灯调《十带货》《六个月花》《下南京》《十个月迎春花》等，在九江市民歌演唱会上被评为优秀节目，演员丁来稳、丁明生得到大会奖励。

2006 年 5 月 20 日，全丰花灯经国务院批准被列入第一批国家级非物质文化遗产名录。

兴国山歌

兴国山歌是流行于以兴国为中心，延及赣、粤、闽、桂数地的客家民歌。

兴国山歌历史悠久，相传起源于秦末兴国上洛山造阿房宫的伐木工所唱的歌。中原客家先民南迁后，其民谣渗透其内，与之融合，不断改造演化，在兴国山区扎根开花。兴国山歌故有"唐时起，宋时兴，唐宋流传到至今"的说法。兴国山歌代表曲目有《园中芥菜起了芯》《绣香包》《行行都出状元郎》《赞八仙》等。

20 世纪 30 年代初，江西苏区军民在极其艰苦的条件下进行五次反"围剿"的斗争。兴国山歌曾是战斗的号角，早在半个多世纪前血与火的斗争中就出了名，在建立和巩固红色政权方面发挥了重要作用。兴国县的妇女在欢送亲人上前线时，送上自己新编的草鞋和新编的山歌："哎呀来！炮火声来战号声，打个山歌你们听，快跟敌人决死战，红军哥！打到抚州南昌城。"热烈奔放的歌声激荡着战士们的心，他们用山歌回答："哎呀来！山歌来自兴国城，句句唱来感动人，前方战士好兴奋，同志们！更加有劲杀敌人。"山歌一首接着一首，人民和军队互相激励，歌声化为斗争的力量，鼓舞人们奋勇杀敌。

改革开放以后，兴国山歌释放出从未有过的光彩。兴国县把"振兴兴国山歌，建设山歌之乡"当作文化建设的龙头来抓，当作人们不可缺少的精神食粮来抓，使兴国山歌空前繁荣。在演唱形式上由独唱、对唱，发展到联唱、合唱、小演唱，而且还创造出兴国山歌剧这一新剧种。文化部门组建了 20 余支业余山歌演唱队，常年活跃在各个乡。

兴国山歌生动活泼，形式多样，乡土生活气息浓郁，有独唱、对唱、"三打铁"、联唱、轮唱等形式和锁歌、盘歌、斗歌、猜花、丢观音、黄鳅咬尾、绣褡裢、藤缠树、树缠藤等种类。就大的表演形式来分，兴国山歌大体有以下几种：山野田间唱和，因情因景因人而异，内容涵盖男欢女爱、生产、生活、时政等方方面面；跳觋，分南河山歌和东河山歌，南河山歌又分情歌和插科打诨的搞笑歌，由觋公、觋婆装扮演唱，东河山歌即祝赞山歌；民俗歌，在庙会、婚丧嫁娶、祝寿、建房、小孩满月等场合演唱，演唱者多为职业歌师；

叙事山歌多为群众场合中一问一答、一正一反的对唱山歌，有较强的故事性，常常是围绕某一主题展开，现常被地方政府用为宣传工作的手段；赛歌是一种特殊的形式，即歌手聚会打擂台，考"肚才"，比机敏，高潮迭起，决定胜负后诞生擂主。

山野田间相互唱和的山歌，也称为遥唱体山歌。其基本格式为七言四句体。然而，有的农民歌手，喜欢在末尾添加一句声韵相同的句子，对前一句起深化补充的作用，凑成五句，俗称"三跌板"，这是七言四句体的变异。跳觋是演唱性质的山歌，一般称之为室内山歌。室内山歌主要是叙事山歌，它由歌头、歌腹、歌尾三部分组成，具有典型的凤头、猪肚、豹尾的传统特色。歌头，通常一句或两句比兴句，用于起兴，定韵；歌尾，简短有力的一句话，画龙点睛，揭示主题；而整首歌的核心部分，则是歌腹。歌腹内容可无限制地扩张，少则三五句，多则一两百句，视歌手的"肚才"和故事情节发展需要而定。

不管是遥唱体山歌还是室内山歌，都有一个共同的显著特点：即兴演唱。即情即景，临时编撰，出口成章。因此，兴国山歌水平的高低，主要取决于歌手即兴编撰的能力。好的歌手，往往能妙语连珠，收到高潮迭起的效果。

在演唱形式上，兴国山歌有一个不同于其他山歌的显著特点，每首歌开头一句"哎呀嘞"，具有强烈的音乐旋律感，随着激动的感情迸发出来，其歌声有如大水抛浪，奔腾激荡，大有一泻千里之势。而唱到结尾句之前，有一个呼应语"心肝哥（妹）"，现多称"同志哥（妹）"，与开头的"哎呀嘞"相呼应，形成兴国山歌完整、独特的演唱风格。

兴国山歌对于社会、历史、人生具有审美认知功能。首先，兴国山歌直接反映了历史、社会、劳动、风土人情、爱情婚姻、日常生活。兴国山歌作为人民群众的民间艺术，具有反映与创造统一、再现与表现统一、主体与客体统一等特点。往往能够更加深刻地揭示社会、历史、人生的真谛和内涵，具有反映社会生活的深度和广度的特长，并且常常是通过生动感人的艺术形象，给人们带来难以忘却的社会生活的丰富知识。它是认识历史、社会、民风民俗的宝贵资料，人们通过兴国山歌演唱和欣赏活动，可以更加深刻地认识自然、认识社会、认识历史、认识人生。

兴国山歌是兴国劳动人民的一种教育传播方式，其教育作用占有举足轻重的地位。

兴国山歌的审美娱乐作用，主要是指通过演唱活动，使人们的审美需要得到满足，获得精神享受和审美愉悦。

"兴国山歌"艺术节

兴国山歌是较为主要的一种社会文化传承方式，人们的神话、信仰、法律、伦理、科学知识、生产知识等都可以靠山歌传载后世。

兴国山歌的现状仍然不容乐观。其主要表现为。

首先，人才断层。兴国山歌主要特色之一是即兴演唱，这就需要靠歌手的长期积累和大量实践才能锻炼出来。

其次，受众日益萎缩。

最后，和山歌相生相伴的民俗活动日渐淡化，也促使了兴国山歌的萎缩。

为继承和发展这一文化瑰宝，文化部门工作人员常年深入乡村，挖掘、整理、收集了5万余首山歌，精选出 1 420 首编成了《兴国山歌选》和《兴国山歌选续集》出版发行，编印了 5 400 册《兴国山歌乡土材料》，制作了《兴国山歌》影碟和《山歌之乡双学潮》等电视专题片。

兴国县创建了全国第一家专业的山歌剧团，其创作的大型山歌剧《山歌情》在京演出产生轰动效应，一举获得中宣部"五个一"工程奖，第四届文华大奖，首届曹禺戏剧文学奖。充满泥土芳香的兴国山歌，登上了艺术最高殿堂。人如潮歌如潮的"重阳山歌节"更成为兴国盛大的文化节日。2012 年，由中共兴国县委宣传部、兴国春天文化传媒有限公司联合制作的首批国家级非物质文化遗产兴国山歌《情动哎呀嘞》专辑正式出版发行。

2006 年，兴国山歌入选首批国家级非物质文化遗产名录。

永新盾牌舞

永新盾牌舞主要流传在永新的龙源口、烟阁等南片诸乡。

永新盾牌舞源于古代军中的盾牌战术。据传，明代抗倭名将戚继光著的《纪效新书》中的"藤牌总说篇"应为其源头。关于其何时传入江西，至今尚无定论，有一种说法为秦朝黄河流域居民大规模南迁时传入的。

还有一种说法是此舞为三国时期名将黄盖所创的《团牌武》而来；也有人认为盾牌舞起源于清代，当时太平天国运动失败后，一部分流落到此地的太平军将士为了做有力的抵抗，经潜心操练而成。后来，当地一些尚武群众将它加以提炼完善，逐渐演化成一种既具观赏价值又能健身娱乐的民间舞蹈。

盾牌舞有一套传统的、颇具庄严和悲壮色彩的表演形式。盾牌舞风格特点为动作幅度小、频率快，表演时要掌握"推、挡、搭、架、逼、闪、跌、滚"8 字诀，习练前有一套令人肃然的仪式，舞者要在族长的带领下杀雄鸡祭祀祖先牌位，其目的是"祈求神灵保佑出征男儿"，显然是古代士兵出征前祭祀仪式的遗留。

盾牌舞剧情内容较简单，主要表演为两军对垒破阵，相互攻守，但阵势变幻莫测。整个表演分 8 个阵势，即四角阵、长蛇阵、八字阵、黄蜂阵、龙门阵、荷包阵、打花阵和收式。动作粗犷、雄健，队形变化奇特、壮美。表演开始时，武士各据一方，叉手勇猛攻击，左冲右突。紧接着阵势一变，成为头尾相接的长蛇阵，两军对峙，武士们踏着急促的鼓点大声呐喊。一段走步之后，突变为八字阵。又在一阵急促的鼓点中，八位武士并排滚挡，宛如黄蜂出洞，以席卷之势而来。接下去便是包围和反包围的"荷包阵""龙门阵"。最出彩的是"打花牌"，武士们依凭平日苦练的武功，真刀真叉打出了令人眼花缭乱的"跳牌""扯牌""壕牌""胶牌""滚牌""躲牌"。总之，盾牌舞动作粗犷、雄健、彪悍，队伍变化奇特、新颖、壮美，有着浓郁的民族特色和磅礴的战斗气势，在汉族民间舞蹈中形成了独树一帜的艺术风格。

盾牌舞的音乐也别具一格，表演时多用民间打击乐伴奏，绕场子时常采用"翻鸡毛"鼓点，有的地方伴奏乐器会加入丝弦乐和吹奏乐，有的地方还加入一种民间特殊的乐器"呐子"，声音尖细、高昂，极具穿透力。盾牌舞的音乐在打击乐的基础上吸取"灯彩"中的唢呐曲牌"锣腔""戏曲"中长音加花的"南路散板"和"国术"中的快板锣鼓等，随着剧情的发展，时如急风暴雨，万马奔腾；时如丽日和风，信马由缰；时如小桥流水，莺歌燕舞，加上表演过程中不断响起的铿锵的短刀响环声和演员们"嗬嗬"的呼喊声，为热闹气氛的营造起到了很好的作用。

许多盾牌舞艺人的祖先都是行伍出身的，发展到后来，盾牌舞又被戏剧吸收和改造。表演时舞者左手执盾牌，右手握长或短的兵器。盾牌形状有圆、椭圆、燕尾、长方等，牌面绘制的图案，大都是各种动物的首形，呈威武可怖之貌。制作盾牌的材料因地制宜，多为竹、藤编扎，蒙上兽皮后更加坚固。

盾牌舞组织形式为"班""队"，宗族性十分浓厚。如永新县泮中乡南塘村盾牌队，全由村里同姓族人组成，全村参加盾牌舞的人达百余人，一家三代，同胞手足同台表演者比比皆是，村民中素有"不练盾牌舞，不是男子汉"之说。盾牌舞队的规模则是宗族人口盛衰的标志，参舞的男子更是力量的炫耀，姑娘也往往在盾牌舞队中挑选自己的如意郎君。但在安福县，盾牌舞则是一种传统的文娱活动。

一方面，永新盾牌舞体现出一种最原始的民族凝聚力、团队精神和战斗精神，强烈地影响和引导着人们的共同意识和文化的需要，使得人们自觉地强化了社会集体意识，增强了乡村民众之间的凝聚力。另一方面，永新盾牌舞在该地域有相当高的社会认同度，为了让乡村间民众紧密团结在一起，就必须通过一定的手段，永新盾牌舞就是一个具体的手段。

盾牌舞不但有着丰富的文化内涵，还是永新民风民俗的缩影，通过盾牌舞的世代传承，民俗文化也找到其世代传承的有效载体。通过充分发挥其健身价值而促进参与者健康水平的提高；还能通过充分发挥其促进交往、增进乡村间团结等文化价值，从而倡导了一种积极、健康、向上的生活方式，替代了腐朽、落后的不健康的生活方式，有效占领了余暇生活阵地，加强了永新乡镇的精神文明建设。

新中国成立后，永新县重新挖掘整理盾牌舞，剔除了以往节目中的一些封建迷信色彩，融入了不少现代气息浓厚的表演形式，不断使之发扬光大。1975年，南塘村十几位民间艺人在江西省第一届民间艺术汇演中表演了《盾牌舞》；同年赴京参加全国民间音乐舞蹈汇演，在全国汇演和中南海调演两次演出中均获优秀节目奖和表演奖；同年冬《盾牌舞》在京加工后，随原东北军区歌舞团出国到前苏联、朝鲜等国演出；1984年，被江西电视台选

永新"盾牌舞"表演

为民族民间舞蹈集锦节目之一，上了荧屏。随后，上海科技电影制片厂两次将其选录，中央新闻电影制片厂、珠江电影制片厂都将其搬上银幕，广泛向社会宣传。2005 年，组织参加江西省国际傩舞艺术节表演，排练《盾牌舞》（留下了录相资料），扩大了表演队伍，有利于《盾牌舞》的传承。

近几年，永新县相继建立了多个民俗文化旅游村，盾牌舞成为民俗文化旅游村当然主角，几乎民俗文化旅游村都可以看到这种"原生态"武舞的表演，粗犷、雄健、彪悍的动作，奇特、新颖、壮美的队伍变化，浓郁的民族特色和磅礴的战斗气势，受到国内外游客的交口称赞，为永新旅游业发展作出了极大贡献。如今，永新盾牌舞已成为永新乃至井冈山、泰和周边县市农民农闲时健身娱乐的绝好形式，成为农村婚嫁、子女升学时加以庆贺的保留节目。

2006 年，永新盾牌舞入选首批国家级非物质文化遗产名录。

朝阳民间秧歌

朝阳民间秧歌流布于辽宁省朝阳县。

朝阳大秧歌有着悠久的历史，是当地劳动人民长期创造积累的财富，它和全国各地的秧歌一样都起源于原始歌舞。

史书记载，早在康熙年间，东北就已经有了"上元日"（正月十五）办秧歌的习俗。村里的老百姓们在表演时，男子扮成参军、妇女等角色，边舞边歌、通宵达旦。

到了清末民国年间，扭大秧歌已经是遍布东北各地的春节娱乐活动。办秧歌的发起组织者，或是商家富户，或是行政机构，或是民间组织，并置办服装道具、聘请鼓乐班子、组织排练、筹划演出安排等，具体事项通常是由一位演技好、威望高、办事能力强的秧歌头负责张罗。

朝阳大秧歌最早见于著述的是民国十九年《朝阳县志·卷二十五·风土篇》，文中提到的人物与河北省秧歌里的秧歌人物是一致的。许多专家、学者们认为朝阳的秧歌是汉族文化与少数民族文化相互融合而发展起来的。据史籍记载，闯关东之后山东等地大量移民的涌入，使朝阳的经济得到了发展，也使朝阳的艺术文化更加丰富，朝阳大秧歌不仅为朝阳人民所喜爱，而且把自己的特色文化融入其中，形成了风格独特的区域文化。

朝阳大秧歌有着鲜明的地域特色，每年正月开始后（一般在正月初十左右），群众就开始自发组织，选出会首，安排角色，准备闹秧歌。秧歌队伍办起来以后，第一场演出先到附近的庙院或神殿里去，这是约定俗成的惯例；其次走乡串户，或被一些单位邀请，到正月十五日晚，在所有被邀请了的村庄表演完后，再到本村每户人家各扭一场，最后到十字路上卸装，凡是秧歌队进入每户人家后，亲朋好友便摆上果盘、茶水供秧歌队成员享用。秧歌队在道路上折回往复，舞蹈等待，待鼓声响起之后（起场的鼓点），秧歌队即随后跟进。

朝阳大秧歌具有独特的风格美、体态美、曲调美、情感美等多种审美趣味，带给人民无穷的艺术魅力。

1.风格美

秧歌作为一种民间舞蹈主要的功能在于表达当地农民的思想感情，秧歌是传统的民间舞蹈，是民族文化的重要组成部分，秧歌作为朝阳传统的艺术形式，独特的艺术风格，是它的灵魂，一个地区，一个民族如果没有自己的风格特色，也就失去了自己的价值。

2.体态美

朝阳大秧歌主要分为大场（集体秧歌）和小场（划旱船、耍狮子等）表演，现以大场为主，大场和小场表演主要依靠穿着戏剧服装的农民群众来完成，大场和小场的表演既体现了个体身体形态的美，又体现出了整体画面的美。

朝阳县的秧歌表现形式极其丰富，特殊秧歌品种达20多种：有北四家子乡的地秧歌"黄河阵"、台子乡"九女船""背阁"、木头城子镇"寸跷"、贾家店的"大高跷"、西五家子乡"跑黄河""夜八出"等。

"黄河阵"主要流行于朝阳县北四家子乡及周边乡镇。"黄河阵"主要人物在秧歌队的中间边行进边表演。

"九女船"是朝阳地区优秀的民族民间舞蹈形式。主要活跃于台子乡的三岔口村一带，距今有100多年历史。

"背阁"这种民间舞蹈形式在朝阳已有150年以上的历史，主要流传于台子乡和杨树湾乡。

"寸跷"是活跃于朝阳县木头城子镇西营子村一种民族民间舞蹈形式，有150多年的历史。

"夜八出"是传统的民族民间舞蹈形式。流传于西五家子乡一带，以在秧歌盛会间演出的八组民间舞蹈而得名。

"跑黄河"盛行于朝阳县的北部、西部。是春节期间群众自娱自乐、自我表现的融体育、文艺为一体的综合性活动形式。

"跑驴"是广大群众十分喜欢的民间民族舞蹈形式，流传于朝阳县西五家子、贾家店等

朝阳民间秧歌

乡镇。

朝阳县其他特色秧歌还有灯政司与独竿轿、霸王鞭、太平鼓、腊梅花、皇会、花钹鼓舞、老汉推车、抬阁等数十种。

朝阳秧歌是朝阳人民集体智慧的结晶，是民族文化的融合与传播，在流传的过程中以其特有的艺术形式展现了朝阳民间舞蹈的艺术魅力，具有很高的民间文化和民俗学的研究价值。

秧歌是各族人民智慧的结晶，是各族人民世代相承德，与群众生活密切相关的传统文化和文化空间，他们通过踏歌、社火、会演等活动，将秧歌扭到了一处。他们交流了情感，传承了文化，丰富了人们的精神生活。

秧歌活动遍布朝阳县的城乡，各个乡镇村村落落的街头广场上，农民们吃罢晚饭便扭起了大秧歌。据统计，在全县有这样的秧歌队 120 余支，由民间喜庆丰收，欢度新春的节日秧歌逐渐演绎成娱乐性很强的"大众化健身操"，这种城里常有的文化娱乐方式已在朝阳县广大农村迅速发展起来。为了更好地进行保护工作，朝阳县采取了相应措施，制定了五年保护计划，并取得了初步成效。

1992 年，北四家子乡谢杖子村的地秧歌"黄河阵"代表朝阳市参加第二届沈阳国际秧歌节，获得了表演二等奖的殊荣。1996 年，经过严格的评估验收，朝阳县被辽宁省文化厅命名为"民族民间舞蹈（秧歌）"基地。2000 年，经过多年的努力，《朝阳秧歌大观》一书出版，不仅标志着朝阳县秧歌活动理论研究取得了重要的突破，也标志着朝阳县"民族民间舞蹈（秧歌）"基地建设工作达到了新的高度。《朝阳秧歌大观》被市政府授予科技优秀成果·著作类一等奖；被中国文联、中国民间文艺家协会评为首届山花奖三等奖。随着朝阳秧歌活动的蓬勃发展，这一民间舞蹈艺术将再度焕发出青春活力，并传承千古，经久不衰。

2006 年，朝阳民间秧歌被列入辽宁省省级非物质文化遗产名录。

辽西太平鼓

辽西太平鼓主要流布于辽宁西部农村地区。

太平鼓在近代以前的发展可划分为5个阶段：秦汉、魏晋南北朝、隋唐、宋元、明清。

秦汉时期，太平鼓被称为"腊鼓"，并具有"驱疫"的功能。南朝时期，太平鼓祈求安福、驱邪免灾的功能更加为民众所接受。尤其是在特定的岁时节日中打起太平鼓。人们把天上雷霆的轰鸣、春天气候的温馨、万物生长的动态等，都融会于"鼓"这一实物之中，来实现自身的愿望。

隋唐时期，太平鼓已形成雏形。传说唐太宗李世民东征时，为鼓舞军心，太宗的手下将领琢磨制作了一面小鼓，一敲军心果然大振，不日克敌制胜，因耽搁时间而发明的鼓，人们称之为"耽"鼓，后世传为"单"鼓。

进入宋朝以后，特别是在宋徽宗崇宁大观年间，京城内外的大小街市，有一种表演方式——鼓笛拍板歌唱，被人们称为"打断"，这是太平鼓最初的俗称。后来因其断字有不吉之意，民间便改"打断"为"太平鼓"，取其太平之意。

明代，民间已经开始把这种单面鼓应用于群众娱乐活动当中，并将其定名为"太平鼓"。一些民众也把"太平鼓"称为"猎鼓"，在祭祀、祈福仪式中表演，太平鼓也成了民间新春佳节中特有的娱乐活动。除夕、元宵佳节时人们边敲打太平鼓边演唱、边舞蹈，太平鼓逐渐成为鼓舞结合的一种表现形式，以表达"吉祥太平"之意。

清代，太平鼓也发展到了鼎盛时期。据《锦西县志》记载："太平鼓明清至东北沦陷初期在本县盛行，是春节期间妇女的娱乐活动。表演形式和鼓点很多，动作是从生活和劳动中提炼的。反映生产劳动的有拣棉花、拉大锯；反映妇女生活的有老太太哄鸡、会亲家、串门儿；幽默风趣的有猪八戒看媳妇、捕蝴蝶、逗狮子等等。清末时期，太平鼓的规模有所减小，但表演者仍以农村妇女为主体，由于受封建礼制的束缚，妇女们在正月的时候不能出门，也忌做针线活，妇女们无以为乐，起初是一个人在家里独自打起鼓来，后来慢慢地与同村的妇女聚集在一起，一起打起鼓来，边打边舞，日渐成为妇女在节日和日常生活期间的娱乐节目。

辽西太平鼓表演方法多样化。太平鼓表演自如，人数不限。两人打叫拜鼓，亦称滚元宵，三人打叫三赛花，四人打叫四面斗，八人的叫八面风，更多人的叫刮旋风。太平鼓虽然是单鼓，但表现力十足。有22种表演方法，即右手（执鞭的手）打、抽、扣、按、片、挑、沿、卡、倒、撩、边，左手（执鼓的手）摇、颠、翻、卷、抖、压、弹、绕、扑、旋、扇。太平鼓的表演以快、转为主要手段。快，指鼓点打得快；转，指一边打鼓身体一边旋转。

辽西太平鼓取材于普通农民群众的日常生活，以现实生活中的人物为主角，以农民们的生活场景为背景，以具有活力的鼓舞为表演方式。

上海世博会上的太平鼓表演

辽西太平鼓表演的乡土化。辽西太平鼓鼓点简洁、舞姿朴实、节奏明快且击鼓手法变化多端，演出形式活泼多样，深受民众的喜爱。随着动感的鼓点，舞者腰间的响铃声、鼓柄上的铁环声完美地结合在一起，回荡在舞者的耳边。舞者或把鼓旋转，或把鼓抛起，有的人可一手鼓一手鞭；有的人可两手各击打一鼓；有的人也可以同时击打四鼓，形式多样，变化无穷。展现出浓郁的乡土气息，使得太平鼓这一古老的民间艺术又重放光彩。

太平鼓的发展历史悠久，从开始作为器具的鼓，发展到以鼓象征太平，鼓舞人们团结奋进、辛勤劳作，对当地的民众具有十分重要的意义。太平鼓作为神与人沟通的媒介，强化了民众的原始信仰，从而让他们从生活压力中解脱出来。

辽西太平鼓没有正统的传承体系，大多是母女相承，无师自通。作为传统的民间文化遗产，辽西太平鼓已在社会上消沉多年，很多年轻人已经淡漠了，只有老年人说起太平鼓还如数家珍。当年学打鼓的孩子如今已经到了耄耋之年，大多数已经故去，每个乡村仅存的一两个还是后学的，所学鼓点不多。目前县里仅有小庄子镇石官村的 78 岁老艺人常桂芝会几十种鼓点。但老人的身体状况不好，生活窘迫，如不及时进行抢救性的挖掘整理，辽西太平鼓有濒临灭绝的危险。

近代，太平鼓这种表演形式盛行。每年一进腊月，各村就开始打太平鼓，一直打到旧历二月初一止。因为旧历二月初二俗称龙抬头的日子，为了不惊动龙，求得一年的好收成，所以到二月初一息鼓。

为了使辽西太平鼓这一古老的民间艺术重放光彩，市委、市政府和县委、县政府高度重视，并多次召开专门会议研究，责成文化部门采取了一定的保护措施。1985 年，文化馆组织了辽西太平鼓的调查整理工作，登记了太平鼓老艺人，收集整理了太平鼓鼓谱、动作，制作了 10 面太平鼓。1998 年，在小庄子镇石官村设点，组织 40 人的太平鼓队，对太平鼓舞进行传承培训，1999 年在全市民间艺术大赛上获银奖。2003 年，因太平鼓活动搞得好，小庄子镇被授予"市群众艺术活动基地"称号。

2006 年，辽西太平鼓被列入辽宁省省级非物质文化遗产名录。

上口子高跷秧歌

上口子高跷秧歌流布于辽宁省盘锦市大洼县。

上口子的高跷秧歌已有 300 多年历史，是一种当地农民群众喜闻乐见、具有浓厚地方特色的民间艺术。

早在清康熙十二年（1673 年），上口子当时有位从关外来的青年兰小二，身怀高跷技艺，在村里收徒，在上口子拉起了"兰家班"，上场的有 24 人，兰小二为会头子。至此，上口子高跷会成立。在走南闯北的演艺生涯中，兰小二积累了很多高跷秧歌表演经验，并形成了自己独特的风格。他们活跃于过年、庙会、店庆、办喜事等喜庆场所以及农耕闲暇的时节。

至清光绪二十四年（1898 年），上口子高跷秧歌艺人高振锋为会首，他对高跷中的扭、浪、逗、相进行了有机结合，表现得淋漓尽致。同时融入耍孩儿，戈戈腔这些民间艺术和东北一些喇叭戏、二人转，增加了孙悟空、猪八戒、唐僧、白骨精等《西游记》人物角色，并在上象和前大场添加了一些复杂的造型动作。

民国时期，著名高跷艺人杜显文、李万富、王希俭、肖洪勋、齐守忠相继接任上口子高跷会会头。期间由于受辽河文化影响，又经几代知名艺人口传身授，上口子高跷秧歌在两三人的小场中增加了"落子腔"（评剧），在动作上增加了一些难度较大的杂技成分。跷腿逐渐增高，演唱小戏有《打渔杀家》《傻柱子娶媳妇》《棒打薄情郎》等。

20 世纪 70 年代，上口子高跷曾一度濒临失传。粉碎"四人帮"后，已解散十年多的高跷会在上口子小学教师赵亭凯的组织下，又重返乡村舞台。

党的十一届三中全会后，上口子高跷继承和发扬民间优秀艺术传统，在乐曲、服饰、表演技巧上有所创新。在表演上采用全体队员驾象造型入场，然后边舞边加各种绝活技巧，最后全体队员编龙造型退场。观众既看到优美的舞姿，又看到了高难度动作，使这一民间高跷秧歌在艺术上锦上添花。

上口子高跷秧歌一般以舞队的形式表演，舞队一般由村里的农民群众组成，人数十多至数十人不等；大多舞者扮演某个古代神话或历史故事中的角色形象，服饰多模仿戏曲行头；常用道具有扇子、手绢、木棍、刀枪等；表演形式有"踩街"和"摆场"两种，摆场有舞队集体边舞边走各种队形图案的"大场"和两三人表演的"小场"，角色间多男女对舞，有时边舞边唱。从表演风格上又分为"文跷"和"武跷"，文跷重扭踩和情节表演；武跷重炫技功夫。

上口子高跷秧歌能烘托隆重、热烈的场面，表演过程十分连贯，每个程序都衔接自然。整场表演仍旧动作利落、程序连贯，给人以视觉上的紧凑感。上口子高跷秧歌在乐曲、服饰、技巧上保留传统风格的同时，表演上有所发挥。

上口子高跷秧歌的"绝活"，多借鉴于京剧中的武生和杂技中的多种技巧。有一大部分"绝活"已超出人体的极限，属不可为之而为之。因而让人有"紧绷心弦""双手捏着

上口子高跷秧歌和高跷秧歌表演

一把汗"的感觉。其中有借鉴京剧的"绝活":"空翻""众人小翻""折腰""旋子""吸腿转""抢背""双飞燕"等,也有借鉴杂技的"叠罗汉""排山""人上人",还有来自传统的高跷秧歌项目"挂匾",既壮观、红火又相当有难度。其精湛的表演技术令人叹绝,深受当地农民群众的喜爱。

上口子高跷秧歌表演不受时间、地点、环境的限制,每逢节日、假日、庆典、婚礼、老人祝寿等,随时随地都可以演出。

上口子村高跷在 300 多年的历史传承中,仍然保持着其原汁原味和浓郁的本土特色在大辽河地区广泛流传。尽管它是一种古老的艺术形式,踩的却是时代的脉搏,它不落伍,随着人们关注点的变换而变换,传承艺人们对表演内容进行灵活地更新,从而体现出时代的特点,反映出人们生活中的喜怒情愁。因而更被当地的老百姓喜闻乐见,百看不厌。

上口子高跷秧歌队现有人员 32 人,平均年龄 28 岁。目前由传承艺人张忠贤、孟召林组织演出,演艺活动比较频繁,每年可演出 30 余场,演出足迹遍布辽西多个城市,2008年,曾受约到广东、深圳、包头、汕头等地演出。

为使这一民间优秀传统文化艺术永久传承,市、县两级文化主管部门和西安镇委、镇政府高度重视,投资近 6 万元,修建了约 400 平方米的艺术基地房舍和广场。修膳后的艺术基地功能齐全,有电脑数据资料室、排练厅和服装、器具存放室等。这个艺术基地的落成不仅为上口子高跷秧歌的传承奠定了坚实的基础,同时也成为全市民间文化工作的一大亮点。

20 世纪 80~90 年代,上口子高跷创出了自己的品牌,表演技巧又有了新的突破,节目花样翻新,表演内容独树一帜,曾演出《驾象》《三环套月》《金鸡独立》《蝎子爬城》《飞人》等优秀节目,这些节目融入了现代舞、现代杂技等表演形式,火爆热烈,深受人们喜爱。近年来,上口子高跷秧歌一直在传承中创新,在创新中发展。不断求索的精神让上口子高跷秧歌的名气越来越大,每年春节前后,演出场次 100 多场。并接连被邀请参与十运会开幕式、F1 汽车拉力赛开幕式等表演。队里的名角段洪岭、王大伟、马夺、王哲长期被国内其他艺术团体借调，频频出国演出。

2006年6月，上口子高跷秧歌被列入辽宁省省级非物质文化遗产名录。

乌力格尔

乌力格尔主要流传在内蒙古科尔沁左右翼各旗、蒙古贞、郭尔罗斯、杜尔伯特、扎鲁特、巴林、克什克腾、乌珠穆沁二旗及蒙古国东方省、达力岗嘎旗、中央省、大库伦等地区。

探源乌力格尔，其背景要追溯到清初。满族入驻中原后，为防止蒙汉接触，修筑了长达数千里的"柳条边"。雍正年间，河北、山东连年旱灾，民不聊生，哀鸿遍野。清廷不得已向卓索图蒙旗提出"借地养民"，于是大批黄河流域汉民进入关东蒙旗。移民带来黄河文化，推动蒙汉文化交融，这一文化现象史称"黄河文化北移"。京韵大鼓、评书、莲花落等走入大草原，并逐渐与以潮尔为伴奏的"陶力"（专门演唱英雄史诗的艺术形式）互为交融，汲取双方精华，衍化而出一种极具草原特色的曲艺形式——乌力格尔。

乌力格尔是一种蒙古族的曲艺说书形式。相传起于宋元时期，起初只是说唱民间故事和英雄史诗，后来出现了职业艺人，说唱自己编创的新故事和改编汉族的古典小说，至清末最为兴盛。明朝时蒙古地区为英雄史诗的鼎盛时期。因此，以英雄史诗（镇服蟒古斯的故事）为内容，以"朝尔"（马头琴的前身）为伴奏乐器的说书应运而生，并被称为"朝尔沁"派。产生于明代的英雄史诗《江格尔传》和《格斯尔传》就是通过"朝尔沁"的传唱，才留给后世的。

乌力格尔也称为说书，表演艺人称为胡尔奇。其表演形式为说唱艺人（胡尔奇）手持胡琴以边唱边奏的形式进行表演。胡仁乌力格尔所说唱的内容多为短、中、长篇历史故事，题材既有蒙古族本民族的故事，也有汉族历史、小说故事。而蒙汉故事数量上，汉族历史、小说故事内容占很大的比例，这不仅仅是一种数量上的对比，更多体现的是胡仁乌力格尔所生成的内在因素，解释了胡仁乌力格尔的生成不仅扎根于本民族历史文化，更多是吸收了汉族文学艺术众多因素而形成的特点。

乌力格尔主要有两种形式，一是口头说唱而无乐器伴奏，称之为"雅巴干乌力格尔"，又称"胡瑞乌力格尔"；另外一种即为有乐器伴奏的乌力格尔，其中使用潮尔（马头琴）伴奏乌力格尔称为"潮仁乌力格尔"；使用四胡伴奏的乌力格尔称为"胡仁乌力格尔"。有伴奏乐器的乌力格尔表演通常为一人自拉胡琴说唱，唱腔的曲调丰富多彩、灵活多变，其中功能特点比较明确的有"争战调""择偶调""讽刺调""山河调""赶路调""上朝调"等。

演出形式分为3类，全用散文体进述，与汉族的评书相似；以唱为主的韵文体；说唱结合，近似汉族的说唱鼓书形式。这3类形式都各有自己的艺术特色。蒙语说书都由一人演出，一般都用中音四胡伴奏，散文讲述的说书用乐器来烘托气氛和语言节奏，其他两种形式用来伴奏唱腔。其中以唱为主的形式有时用马头琴伴奏。蒙语说书以语言生动、形象见长。艺人在忠实于原作的主要情节和人物性格的前提下，往往进行很大幅度的加工、改编，在刻画人物形象、性格、心理活动和表现战争等各种生活场景时，常以大量生动的比喻和排比的手法来加以渲染。韵文的唱调是根据书中的感情，气氛的需要而随时变换的，曲调极为丰富；说白也有一定的音调和节奏。唱词长短不一，一般以蒙语三至五字为一句，四句一节，每句都押韵。

乌力格尔当代的复兴对当地以及乌力格尔艺术本身产生了很大影响，这种影响不仅促进了乌力格尔文化的传承，同时使乌力格尔这一民间文化产生了置换和改变。传统社会环境中，乌力格尔承载着寓教于乐、文化娱乐的社会功能。经过文化再生产，乌力格尔走出原来相对封闭、有限的环境，走向更为开放、广阔的空间。

近年来，随着旅游业的兴起，借助或改造传统仪式服务于旅游，产生经济效益的事件已屡见不鲜。乌力格尔作为体现和展示传统文化和地域价值的一种活动载体，仪式由于其本身所具有的特殊表演性和场景气氛，而经常被用于吸引游客，甚至让游客直接参与到"移置"的舞台性表演中。

乌力格尔是扎鲁特旗特有的少数民族文化瑰宝之一，发展好和利用好乌力格尔艺术是扎鲁特旗发展民族文化的必然要求。这对保护和弘扬民族文化遗产将起到极大的推动作用。

党的十三届三中全会后，哲里木盟（今通辽市）的民族文化艺术事业在党的文艺方针、政策指引下得到空前繁荣发展。20 世纪 90 年代初，全市胡尔奇（说书艺人）达到 400 多名，扎鲁特旗、库伦旗、科左后旗等地还建立了蒙古语说书馆，通辽人民广播电台每天安排两个小时的时间播放胡仁乌力格尔，丰富了蒙古族人民群众的文化生活，推动了说唱艺术的蓬勃发展，受到了农村牧区广大人民群众的欢迎。

扎鲁特旗委、旗人民政府十分重视创建文化大旗、打造民族文化品牌工作，提出了"打造民族文化扎鲁特"的战略目标，把打造民族文化工作列入全旗经济发展和社会进步的总体规划中。自 2000 年以来，扎鲁特旗政府、文化部门组织创建的社会文化团体有文联、书法家协会、版画家协会、诗词协会等，修建了文化中心大楼，在文化馆设立了说书馆。

政府出资筹建了乌力格尔博物馆，并参与组织了几次乌力格尔比赛，如 2002 年组织了

自拉胡琴说唱和"乌力格尔"表演

《纪念曲艺大师琶杰诞辰 100 周年活动暨（琶杰杯）全国乌力格尔、好来宝大赛》、2003 年组织了《纪念曲艺大师扎纳胡尔齐诞辰 100 周年全国乌力格尔大赛》、2006 年组织了《纪念曲艺大师毛依罕诞辰 100 周年活动暨中国·内蒙古乌力格尔艺术节》等活动，这种"文化展演"活动为地方文化生活提供了新鲜的氛围，也使得沉寂一段时间的胡仁·乌力格尔以崭新的面貌走进了群众的视线。借助乌力格尔不但使扎鲁特旗被外界所认识与了解，还产生了一定的经济效益。

2006 年，乌力格尔被列入第一批国家级非物质文化遗产名录。

宁夏回族山花儿

宁夏回族山花儿流布于宁夏南部山区。

宁夏六盘山（古陇山）地区，自古流传着一种在山野地域即兴而作的徒歌。到公元 7 世纪初（隋末唐初），中西亚的穆斯林（回族先民）陆续来华经商定居，中西文化碰撞，几经交融，于明代以后形成独特的复合性与多元性文化体征——"回族山花儿"。"山花儿"（俗称干花儿、山曲子、野花儿）继承了陇山地区古代山歌（徒歌，相合歌，立唱歌）和特征。《诗经·豳风》《汉魏南北朝乐府》中的《陇山歌》《陇板歌》《陇原歌》即其先声。史籍乐志中记述其特点为"一唱众和，恰似顾曲之周郎，三句一叠，酷似跳月之苗俗"。

宁夏南部山区恰好处在"河州花儿"和"挑眠花儿"流行区的边缘地带，而此地流行的"山花儿"民歌又是以上两种"花儿"民歌在传播的过程中，与相邻地区的歌种及音乐形式相互影响、相互吸收发展的产物。也可以说，宁夏南部山区的"山花儿"民歌是自身音乐兼容并蓄的结果。"花儿文化"现有的研究成果表明，"花儿"这种民歌是产生在黄河水系和湟水流域冲击成的两个谷地里，早在明代时就已经有了记载。而这两个谷地被叫做河湟谷地，就是"花儿"民歌的盛行区。

宁夏南部山区的"山花儿"民歌为这里的群众所喜爱着，也继续按照当地人的审美习惯、风俗文化传唱着，继续受到山歌、小调、伊斯兰教的影响。诸多的因素使得"山花儿"这种民歌没有继续的传播，而只是在宁夏南部山区发展。

"花儿"民歌大多数是由生活在农村或牧区的劳动人民创作并演唱的，他们触景生情、即兴编创的"花儿"民歌自然而然的反映了西北人所特有的一些职业特征，有从事牧业的放羊人，有从事长途运输业的脚户，有在黄河中和河水较量的搜子客，有上山狩猎的猎人，还有活跃在乡村中的能工巧匠。在西北的农村，人们除了从事农耕之外，还从事各种富于特色的副业生产：比如有酿酒、酿醋、挖蕨麻、拾地软、捡磨链、采集冬虫夏草等。

宁夏南部山区"山花儿"自身拥有的独特的艺术特色，都是由它特殊的地理环境造成的。生活在这里的人们将"山花儿"民歌唱遍社会的各个领域，实实在在的反映他们的日常生产生活及情感表现。生活在这里的人们，将劳动生活、爱情故事、民俗文化等都通过演唱"山花儿"表达出来，抒发了人们心中的苦闷、缓解了精神压力。"山花儿"民歌为人们的演唱提供了很多的素材，唤起了民众的情感。有唱农业牧业的、有唱颂歌题材的、有唱历史故事的等等。但"山花儿"民歌主要以演唱情歌为主，爱情已经成为这一民歌永恒的主题，人们将内心对爱情的憧憬与向往情真意切的演唱出来，感人肺腑。此外，"山花儿"民歌的歌词通俗易懂、更多体现口语化、生活化。

宁夏"山花儿"的演唱形式有四种：即"漫花儿""对花儿""合花儿""联花儿"。

"漫花儿"通常只有一个人演唱，它随意性强，歌手可以即兴发挥，在田间、路上、随处都可以唱。

"对花儿"由两人或两人以上用问答形式演唱，内容包含的知识面非常广，具有相互较量、试比高低的势头。

"合花儿"为一人领唱众人合唱的形式。"联花儿"是将不同调式的"花儿"连接起来，调式上对比性强，节奏欢快，节拍丰富，变化多样。

"山花儿"音乐高亢、悠长、爽朗，民族风格和地方特色鲜明，不仅有绚丽多彩的音乐形象，而且有丰富的文字内容。"山花儿"的演唱形式是融合吸取了"河州花儿"和"洮岷花儿"的演唱形式，大部分"山花儿"的内容都与爱情有关，它不仅深刻地反映了社会生活的各个方面，同时也歌颂了纯真的爱、控诉封建礼教、社会丑恶现象等。

"花儿"民歌就犹如一扇西北民俗文化的窗户，它真实深刻的反映着西北地区人民的生活百态，也反映着西北地区的社会变迁及时代发展。"花儿"民歌反映了与少数民族的生活密切相关的一些独特的风俗习惯，它是西部地区的"百科全书"，这一民俗文化从整体上看，不仅与地域文化有关，而且又与民族传统文化有关。

宁夏南部山区"山花儿"旋律优美，歌词韵味独特，语言鲜活，形式多样，内容丰富，所蕴含的感情丰富多彩，言语质朴简洁，富于诗意，深受西北人民的喜爱，是各族人民交流思想感情、维系民族睦邻关系、凝聚人心的重要纽带。在歌唱者动情的演唱和在他们哀怨的眼神后面，我们能真切体会他们对爱情的执着、对生活的渴望、对未来的憧憬以及对幸福的渴求。

西北是一个多民族地区，各民族都有着其独特的传统节日，比如，汉族等民族要红红火火的过大年，而藏族就有过藏历年的习俗，再比如那些信仰伊斯兰教的回族、撒拉族、东乡族和保安族则不过年，但是这些民族则要十分隆重的欢度古尔邦节、开斋节、圣纪节等节日。同样，每逢正月十五，汉族要耍花灯，藏族却要到寺院朝佛、转经、磕长头，晚上要到寺院观酥油灯等。这些各个民族不同的岁时节令习俗在西北人民创作的"花儿"民歌中都可以得到真实的体现。

中国最早意识到"回族山花儿"的艺术与学术价值的人是"西部歌王"王洛宾。1936年，王洛宾、肖军、洛珊赴西北参加战地服务团，途经六盘山下，由于迷恋花儿唱家五朵梅的山花儿，放弃赴欧洲深造机会，扎根西北，采集民歌。他当年搜集整理的大批山花儿作品多已散失，仅留下一首典型的山花儿《眼泪花花把心淹了》，是三句一叠的体裁，也是中国最早用现代记谱形式完整记录的山花儿。

1958年自治区成立后，宁夏文化文艺工作者搜集挖掘了一大批当地民歌（含山花儿），汇集成册，拯救了濒于消亡的"回族山花儿"。

回族"山花儿"表演

　　1980年，文化部与中国文联为编纂七套艺术集成与三套民间文学集成而实施了一次拉网式大规模普查与搜集整理战役，"回族山花儿"分别载入《中国民歌集成·宁夏卷》和《中国歌谣集成·宁夏卷》内。

　　尽管如此，由于种种原因，到20世纪末21世纪初，能够掌握多首曲目和风格的山花儿唱家已属凤毛麟角，且多已过古稀之年，自然传承纽带已断裂微存，而现代化的冲击使其乡土文化本色特点不断流失，山花儿的生存出现了危机。

　　20世纪80年代以后，宁夏回族自治区文化厅为传承回族山花儿，先后组织编辑了《宁夏民歌选》，创作排演了大型花儿歌舞剧《曼苏尔》《花儿四季》《花儿吹绿西海画》，并进京演出和赴福建巡演。作为"回族山花儿"主要流传地——海原县于2000年创演了大型花儿歌舞《花儿故乡》《海风吹绿黄土地》《花儿红、香山香》等，2002年成功举办了首届"宁夏花儿艺术节"，吸引了许多远道而来的游客。2009年中国宁夏首届文化艺术旅游博览会期间，还成功举办了"第七届中国西部民歌花儿歌会"，中央电视台第三套"民歌中国栏目"对歌会进行了全程录制和播出。编辑出版了《宁夏回族山花儿200首精选》一书，在第七届中国西部民歌花儿歌会期间召开了第四届民歌花儿研讨会。

　　2006年，宁夏回族山花儿入选首批国家级非物质文化遗产名录。

丹麻土族花儿会

　　丹麻土族花儿会流布于青海省互助土族自治县。

　　丹麻花儿会历史悠久，在青海省境内的群众文化活动中一直享有盛名。据专家认定，丹麻花儿会起初是当地土族群众为祈求风调雨顺、期盼五谷丰登而举办的朝山、庙会性质的传统集会。经过历史的演变，它已成为展示土族民俗风情的一个重要的文化活动。丹麻花儿会起源于16~17世纪（明代后期），盛行于20世纪上半叶（清代、民国及新中国成立初期）。

　　20世纪60~70年代，丹麻土族花儿会被认为是低俗野曲会而遭到禁止，一度中断。

1978 年以后其逐步恢复，辐射和带动了东沟、东山、松多、五十等周边土族聚居乡镇的群众文化活动，同时还吸引了民和、大通等兄弟县以及甘肃、宁夏等地区的花儿歌手前来观摩、演唱和交流。

节日这一天，男女老少穿上艳丽的民族服装来到花儿会会场。河滩及其附近一片小小的树林子，是唱花儿的主要场所。我们首先加入了围坐在一起的一个小群体。他们中有男有女，是同一个庄子里的，彼此之间也相互认识，但并没有亲戚关系。与其他地方一样，男女对唱的花儿，主要是讲感情上的事，以爱情主题为多。除此之外，还有完全从生活场景编出来的花儿词。

一开始，男子喝"互助大曲"，妇女喝的是另一种青稞酒；过一段时间后，男女交换各自手中的酒瓶，然后一同唱起了花儿。这是"换酒歌"。有时候，当一位演唱者唱完后，旁边的听众中，有人发出"哦呼"的一长声欢呼。原来，这是对歌手表示赞扬，夸他（她）唱得好。

一般丈夫与妻子甚至子女等全家在一起也并不罕见，只是他们之间不互相唱花儿。或是丈夫唱，妻子在旁边听；或是反之。而双方如果没有亲戚关系，即使互相认识（比如来自同一个村庄），他们之间也可以对唱花儿。在他们看来，他们唱花儿主要还是为了一种娱乐，"唱一句少年，我们大小都喜欢"，"花儿唱上了，歌儿唱得过我，我喜欢"。当然，由于花儿特定的无法避免的"情感"成分，亲戚之间还是不会去跨越这道或许永远不能跨过的界线。

土族花儿曲令均属河州花儿系统，它的唱词结构的基本规格是：四句体七言单字尾与七言（或八言）双字尾相间。

土族"花儿"中也频繁地使用各种衬词衬腔，而这些衬词正好成为区别于其他地区民族的"花儿"的一种标志。如前例中的"黄花姐""杨柳姐""梁梁儿上来""好花儿"等，它们与相应的旋律片断结合在一起，被用在某一固定部分，起到连接、扩展或加强表情的作用。同时，以上述衬词命名的曲令，已成为土族花儿的代表性曲目。

其曲式基本上属于加衬的上、下句体。上、下句句幅不等分上句，较长大，下句稍短，上句一般不加独立的衬句，下句句间有一短衬，两句分别由两个句逗组成。四个句逗的结音之间形成较紧密的呼应，已初步具备了"起、承、转、合"的逻辑关系。因此虽然采用了朗诵调式的自由速度，但音乐的展开却十分严密、完美。

土族"花儿"唱法以本嗓演唱即当地的"呛音"唱法为主。有时偶用"尖音"。悠长、奔放，有浓厚的抒情性，特别是每个句尾的高音，都喜欢作较长延伸，而在临近结尾时又渐渐下滑，它已成为土族花儿曲令的一种明显的艺术规范。在表现上有很强烈的感染作用。

丹麻土族花儿会上所演唱的土族花儿是青海花儿的重要组成部分，具有独特的民族风格，其主要形式是"情歌"对唱，曲调古朴悠长，乡土韵味浓郁，是土族群众抒情说爱的理想载体。其曲调蕴含的土族文化内涵丰富，具有很强的民族文化艺术特征。丹麻土族花儿会作为民族地区群众文化生活的一种重要形式，具有顽强的艺术生命力。

在长期的发展演变过程中，丹麻花儿会形成了鲜明的民族地域特征，巩固和延续丹麻

花儿会"花儿演唱"

花儿会，对丰富当地群众文化生活，弘扬民族文化，增进民族地区各民族的团结，促进民族地区精神文明建设，打造民族特色文化品牌具有积极的推动作用。

"丹麻花儿会"演唱土族花儿的虽然有部分民间花儿艺人，但对土族花儿唱词、调令进行系统研究、挖掘、整理的人却不多。同时，由于土族没有文字，很多唱词与曲调都没有系统地记录下来，目前搜集到的都是口传下来的，也是很不全面的。另外，由于时代的变迁和各民族之间文化的相互交流和融合，一些古老的土族花儿已经失传，并且较有影响的土族花儿歌手大多年事已高，有的已经谢世，而年轻的歌手唱土族花儿的又不多。特别是土族花儿都是清唱，跟现在讲究配乐的"现代花儿"无法相比，因此，土族花儿演唱后继乏人。更主要的是，由于"丹麻花儿会"是最基层的群众文化活动，活动经费缺乏，搜集、整理工作遇到很大难题，其生存状况堪忧。

丹麻土族花儿会集戏曲表演、花儿演唱、商品贸易为一体，一般在每年的农历六月十三日举行，会期为五天，一年一次，规模宏大，影响深远。

花儿会期间，成千上万的土族男女歌手身穿节日盛装，赶到丹麻的河滩树林地，放开喉咙，纵情歌唱，以"花儿"为媒，抒情说爱，表达内心的喜怒哀乐。花儿会上土族歌手们演唱的花儿，一般有土族语叙唱的"情歌"、土族令花儿以及土族传统酒曲3种。

近年来，为了进一步保护利用丹麻土族花儿会非物质文化遗产，巩固保护成果，着力打造土族花儿品牌，挖掘土族民俗文化，开辟农村文化增收渠道，发展和繁荣农村文化，使民间艺术不断得以传承和创新，促进和谐文化建设，丹麻镇在全镇选拔了30名爱好文艺的农村男女青年，组建了丹麻土族花儿艺术团。花儿艺术团的成立，对于打造丹麻花儿艺术品牌起到了积极作用。

2006年，丹麻土族花儿会入选第一批国家级非物质文化遗产名录。

老爷山花儿会

老爷山花儿会流布于青海省大通回族土族自治县。

据史载，老爷山花儿会产生于明代。"花儿会"这一说法历史并不长，从前民间把这种风俗活动称为"浪山""浪山场"或"浪春台会"，在春天这个特定的季节，正是河湟谷地春暖花开的时节，所谓"浪山"也就是春游，花儿里就有"朝山英雄浪山友"的词。经过几百年的发展，"朝山浪会"的活动从以娱神为主逐步演变为以娱人为主的大型民间民俗活动。

甘、青地区的广大农民选择了五六月间的"农闲期"在老爷山进行大规模的歌唱活动，以使自己在连续数月紧张劳动中消耗的精力获得暂时的调整，还有表达祈求当地神佛保护庄稼，祈求风调雨顺，五谷丰登的寓意。同时，在每年的老爷山花儿会上，各地的青年也会不约而同地聚集于此，以唱花儿的形式表达爱意。由此可见，演唱花儿不仅是农民百姓在生产劳动中的一种寄托和需要，同时也是满足广大民众在生活中情感交流的需求，提供了一种情感和生活的期许。

老爷山花儿会演唱形式有两种。一是群众性自发演唱，在湟水谷地，六月是人们可以直起腰吁一口气的时候，这时庄稼地里的草已锄完，趁着六月六，农民们家家户户，相约而伴，皆着浓装艳服，相聚于老爷山上，以花儿传情，以花儿会友，以花儿咏志。在老爷山的密林花丛中，或数十人或几百人自由唱和，情景交融；二是 1949 年以后兴起的有组织演唱，有固定的演唱场所和舞台，歌手经过层层选拔，在舞台上赛歌竞技。老爷山花儿会以演唱"河湟花儿"为主。演唱者有汉、回、土、藏等民族的歌手，他们共同用汉语演唱花儿。这是老爷山"花儿"和"花儿会"不同于其他民歌和歌会的显著特点。

老爷山花儿内容主要以歌咏爱情生活为主，也涉及耕作、宗教、民俗、生产劳动、历史故事、新人新事等类型。其唱词以七字与八字句相间的四句体为主，特别规定二四句句尾必须是"双字"词，另外一、三句和二、四句分别押韵，形成了一种特殊的唱词格律，在全国汉族民歌中也属特例。"河湟花儿"的语言生动、形象、优美、明快，多用赋、比、兴等修辞手法，有极高的文学价值。大通老爷山花儿有《大通令》《东峡令》《老爷山令》等代表性曲目。这些曲调韵律独特，优美抒情、高亢嘹亮、婉转悠扬，深受大通各族人民的喜爱。

老爷山花儿会的参与者除了本县各乡各村和城镇的当地农民以外，很多是慕名而来的外地来客，近至西宁、互助、涅中、湟源等邻县，远至甘肃、宁夏、新疆等外省区游客，甚至还能遇到一些外国朋友。从参加者的民族来看，主要来自附近各民族，有汉族、回族、土族、藏族等；依年龄性别来看，如今已无太多约束，男女老少都可参与。但旧时花儿会上主要是青年男女，已婚女子按照当地习俗是不能参加的，上了年纪的不论男女，都不便参与；依参与者身份来看，游客最多，商人次之，朝山求神者再次，还有少部分专业和业余的艺人、歌手和远道而来的学者等。

花儿是饱含人生哲理，体现人们纯朴感情的一种说唱艺术，既有民间口头诗词的传承，又有民间音乐曲调的传承，是青海民间文学和民间音乐的宝库。

老爷山花儿会，伴随着朝山会而产生，至今仍然保留着朝山会的依存性特征，花儿中的婚嫁服饰、居室物产、饮食交通、风土人情，为深入研究河湟各族人民过去的经济、政

老爷山花儿会

治、文化、宗教、民族提供史书上没有的资料；花儿中的民风民俗是民俗学研究的可靠证据；花儿中朴素、生动的方言俗语，是研究语言发展史和方言学的宝贵材料；花儿中又有多民族文化交流之后的痕迹，体现了汉、回、土、藏、蒙古等多民族文化交流的历史，花儿是青海各族人民共同的奇葩。

"花儿本是心上的话，不唱时由不得个家（自己）"，追求纯真的爱情，憧憬幸福的生活是人与生俱来的需求，老爷山花儿会上人们坦诚相待，率真的花儿能沟通感情，消除隔阂，拉近距离，对于有汉、回、土、藏、蒙古等 23 个民族的大通县来说，老爷山花儿会无疑是加强民族交流与沟通、减少隔膜和增进民族大团结的润滑剂。

1949 年以后，政府借花儿会之势，每年也举行"物资交流大会"，整个老爷山及县城，游客摩肩接踵、人山人海。随着现代媒体和商业大潮的冲击，老爷山花儿会呈萎缩态势，为保护这一传统文化，大通县委、县政府以"保护为主、抢救第一、合理利用、传承发展"的方针，从领导支持、开发、专项资金、宣传等方面全力保护老爷山花儿会，积极申报国家级非物质文化遗产项目。2005 年，中央电视台《一路顺风》栏目组来大通县老爷山采风，热情的民众当场一展歌喉，用热情奔放、曲调丰富的大通花儿给八方宾客留下了深刻印象，让来宾们领略了青海花儿文化的艺术魅力。

2005 年，大通回族土族自治县被文化部命名为"中国民间艺术之乡"。2006 年 5 月 20 日，老爷山花儿会经国务院批准列入第一批国家级非物质文化遗产名录。

两夹弦

两夹弦主要流行于山东西部、河南东部及北部、江苏北部、安徽省北部地区。

两夹弦是在鲁西南一代流行的曲艺形式"花鼓丁香"的基础上发展演变而成。"花鼓丁香"主要流行在鲁西南地区，因为经常上演《休丁香》（《张郎休妻》）而得名。"花鼓丁香"最晚在清代中叶已在菏泽流行，其演唱形式主要是"坐板凳头"（清唱）或"打地摊"（简单化妆演唱），只用一面手锣，一个梆子，一个挎在腰侧的凸肚花鼓，没有丝弦乐器伴奏。

成熟期在清同治年间（1864 年左右），曹州城西南魏堂村贡生魏金玉聘请戚成兴、梅福成为师，在村里成立了两夹弦玩友班，在四辆太平车搭成的戏台上，演出了《安安送米》，这是两夹弦由地摊上小唱走上舞台的开始。这一时期的两夹弦戏，仍是农闲唱，农忙散的"玩友会"，没有严格的科班制度，其唱腔也没有"格"和"规"的种种束缚。这种机动自由的特点，加上艺人们要把自己的俗俚小曲变成"大戏"的强烈欲望，使其大量吸收了其他艺术的优点，得以迅速发展。在唱腔方面皆突出地受到当地民歌、曲艺、戏曲的影响，使之日益丰富，表演方面，则学习、借鉴了其他戏曲的程式。

20世纪二三十年代以后，两夹弦得以迅速发展，角色行当齐全，音乐、唱腔基本形成，唱腔基本上用真嗓，尾音翻高的用假嗓，只有红脸用二本腔演唱。从这一时期开始，两夹弦唱腔就基本固定下来。两夹弦这个独具风格的剧种最终走向了今天的定型期。

两夹弦唱词简洁洗炼、通俗易懂，有浓厚的泥土芳香。它是以农民的口头语言为基础，经过民间艺人和文学家的加工，形成自己的乡土色彩和健康清新的语言风格，为群众所喜闻乐见。两夹弦的唱词有两种不同的结构形式：一是以七字句和十字句为主的上下句式，韵脚为上仄下平，下句押韵。另一种结构形式是"三、三、二"结构的"娃娃"句体，这种词格，除第四句和第七句跳韵外，其余各句均为同一韵脚。

"两夹弦"具有浓厚的地方色彩，充满了民间的生活气息。剧目多是表现男女爱情和宣扬伦理道德的，并且农村题材居多，乡土味很浓。百余年来，艺人们为两夹弦剧种留下了200多部剧目。它的基本剧目有"大帘子、二帘子、赶关、提篮子"，"花墙、蓝桥、抱牌子"或"织机、拐马、柳迎春、花墙、蓝桥、太阳牌"等说法。这些谚语所指的剧目主要是比较流行的民间传说故事。

两夹弦的基本唱腔为大板、二板。另外还有三板、北词、娃娃、山坡羊、捻子、赞子、砍头橛、栽板、哭迷子等腔调。伴奏乐器，以四胡和柳叶琴为主，辅以二胡、板胡、三弦、横笛等。打击乐器与京剧相同。在唱法上，除老生受高调梆子影响用"二本腔"（假声）外，小生、旦、丑、净均以真声为主，尾声翻高用假声，保持了传统的演唱特色。

两夹弦艺人多是一专多能，一位演员能演几个行当的角色，伴奏人员能身兼多职。行当上虽发展到"六门十二行"，但主要的是小生、小旦、红脸的戏，小丑的重头戏不多，花面的戏多由红脸兼唱。两夹弦脸谱吸收了京剧、山东梆子等剧种的脸谱造型艺术，大致分为"白脸""红脸""黑脸""二花脸"及其他"勾脸"等种类。

"二夹弦"表演

二夹弦以其悠久的历史和多元化的文化特征，对研究和认识中国戏曲的生成发展，特别是民间小戏的生成变异具有很高的学术研究价值。

二夹弦唱腔板式主要分《大板》《北词》和娃娃。三大类，同时还保留有少量的杂曲小调。二夹弦的唱调与这些曲牌的关系，都为戏曲史和戏曲文化的研究，提供了难得的佐证，具有较高的历史和科学价值。

二夹弦的音调不仅具有很强的趣味性、通俗性、民间性，其音乐的个性特征受到了专家学者们的关注和重视，成为音乐创作不可多得的创作素材，有很高的艺术价值。

二夹弦唱腔细腻，发音柔和，表演活泼，调门多，花腔繁。具较高审美价值。"南曲兴，北词废"，延津二夹弦的"北词和娃娃"对研究中国戏曲的发展史有着重要的参考价值，在中国戏曲艺术宝库中占有重要地位。

菏泽县新艺剧社成立于1951年，以原"共艺班"（洪艺班）演员为主体成立。1954年，剧社经过登记，归菏泽县人民政府领导，成为国家正式的职业艺术团体，同时吸收了一批青年演员，全团发展到50余人。1959年剧社调到专署，成为菏泽专区两夹弦剧团。

1979年，定陶县两夹弦剧团创作演出的现代剧目《相女婿》，参加了文化部举办的国庆三十周年献礼演出，编剧王岳芳获文化部剧本创作二等奖，定陶县两夹弦剧团获文化部演出三等奖。1982年山东省戏剧月演出期间，定陶县两夹弦剧团演出《红果累累》，孔凡凯、武斌编剧，获剧本创作奖；李京华饰春婶，获优秀表演奖；韩艳萍、牛辉庆、张兆夫获表演奖。近几年又排演了祝兆明编导的《抬爹嫁娘》《愣姐让房》等剧目，均参加了省市艺术节，分别获得了优秀剧目奖和演出一等奖。

商羊舞

商羊舞，是发源于鄄城县境内北部地区的一种古老的民间舞蹈，流传于李进士堂镇、旧城镇一带，以李进士堂镇杏花岗村最为著名。

此舞源于商周时期，成熟于春秋战国时期，宋明时期是鼎盛期。据杏花岗村一带的商羊舞艺人介绍，商羊鸟是一种吉祥鸟，每逢阴天下雨之前，就有成群的商羊鸟从树林里出来，又蹦又跳，又窜又闹地玩耍。天长日久，人们见商羊鸟出现，就知道雨要降临，家家户户挖沟开渠、疏通水路，为灌溉良田作准备。

随着历史的变迁，商羊鸟逐渐绝迹，当地人们再也看不到商羊鸟的足迹。于是，每当天将大旱时，人们就自扮商羊鸟，戴面具，拿响板，单足高跳，并模仿商鸟摇头晃脑，脚挂铃铛，蹦蹦跳跳。这种模仿商羊鸟求雨的动作与传统的祭祀仪式逐渐结合在了一起，经过鄄城先民们的不断升华、完善，逐渐成为一种民间舞蹈——商羊舞，并且这种活动除了在天旱求雨时进行外，还形成了固定的举行日期——每年三月三，自商周起，世代相传至今。

1956年，经过老艺人赵子琳的挖掘整理，商羊舞被搬上了文化舞台。

商羊舞的主要表演形式是：每逢大旱天，十里八乡的农民都会聚在杏花岗三官庙前，然后从庙里抬出关二爷前往黄河边求雨，在乐队的引导下，商羊鼓舞者就在接送关二爷的路上，边行边舞。一般需男女各半 12 人或 18 人，锣鼓手 4 人，弦乐者 2 人。道具是每人手执的一副由高密度森材制成一长一短一端并齐联结一起的"响板"，人们手持"响板"，身结鸟羽，脚挂铃铛，边舞边唱，整个舞蹈完成需要 30 分钟。商羊舞是模仿古时的商羊鸟而跳的一种古老的舞蹈。舞蹈动作有时蹦跳热烈，有时嬉戏玩闹，把商羊鸟的神态表现得活灵活现，因而具有原始的摹拟性特征。

商羊舞的表演原是求雨时的专用舞蹈，人们在风调雨顺农业丰收之时，同样也跳商羊舞，以表现发自内心的喜悦心情，因而形成共有性特征。商羊舞动作要领为：屈其一足，身体重心后移，男舞者左手执"响板"之长板，右手套在短板绳圈内，女舞者右手执长板，左手套在短板绳圈内，双手共执"响板"左右上下摆动并击节清脆有声，脚下行走的路线图为：阴阳八卦图、大圆场、绕八字、二龙吐须、剪子股、卷箔、里罗城、外罗城、踌躇步、咯蹬步等专有名称。这些动作暗含着古老的哲学观，阴中有阳，阳中有阴，阴不离阳，阳不离阴，孤阴不生，独阳不长，阴阳谐调，万物丛生。商羊舞的用器具简易质朴，所用吹弹及打击乐器比较单一，乐曲古朴不尚华丽，服饰道具到乐器以及乐曲调式共同构成简朴性特征。

商羊舞流传在鲁西南地区，该地区属黄河中下游，历史上这里多灾多难，新中国成立前每 3~5 年黄河就决口一次，蝗灾旱灾更是数不胜数，所以这里的人们更渴望风调雨顺，祈求丰收，逐渐形成了这种古老的舞蹈，并一代代相传下来。全国唯有鄄城保留下商羊舞，因而形成特有性特征。它是鄄城人民传统文化的突出表现形式，寓含期盼精神、信仰、价值取向，涉及鄄城节日习俗等方方面面，具有人类学、民俗学研究素材的特殊价值，已受到国内外学术界关注。

商羊鼓舞作为一种在民众中传承的社会文化传统，是被民众所创造、享用和传承的民俗文化，较之主流文化，高雅文化，往往更加贴近民众心理，最能表达民众身心意愿、最真切反映民众生活的印记。商羊舞作为菏泽市非物质文化遗产的一部分，其文化形式曾经拥有鲜活的生命力，是一种宝贵的历史和文化资源，保护商羊鼓舞具有十分重要的历史价值和现实意义。

新中国成立后，随着人们思想变化和社会的发展，这种舞蹈已很少见。后经过文艺工作者的挖掘整理，才得到社会各界的重视，但又受到现代文化激烈的冲击，特别是现代音乐舞蹈的影响，这种原生态的舞蹈出现了生存危机。杏花岗村会跳商羊舞的只有两人：一位 62 岁，一位 78 岁。现代年轻人价值观的取向发生了转变，追求的是时尚娱乐，已没有欣赏这种舞蹈的热情，商羊舞已后继乏人，处于失传边缘，现急需采取有力的保护措施，把这种原生态的舞蹈继续传承下去。

为了让这种古老的民间艺术重放异彩，鄄城县文化工作者深入村庄，积极发动群众，每年有计划地组织排练商羊舞，让当地对商羊舞有兴趣的老百姓参与，每次排练时，都让陈凤娥和陈泽川（代表性传承人）现场指导舞蹈动作。经过近四年的努力，让一些人又重新认识了商羊舞的艺术魅力。现在，李进士堂镇陈刘庄村已组建了一支 30 多人的表演队

商羊舞

伍，只要一组织演练商羊舞，就吸引了周边村民前来观看。

1955年，原杏花岗村6男6女，加上打锣敲鼓的4人，拉二胡弓子的2人，共18人，参加山东省汇演，并获得好评。20世纪80年代初，中国民间舞蹈研究所研究员周冰专程到杏花岗村采访、考证商羊舞；1996年，商羊舞参加了鄄城县电视台春节晚会的节目拍摄。

1990年，商羊舞载入《中国民间艺术大辞典》民间舞蹈篇。2006年，商羊舞被列入山东省省级非物质文化遗产名录。

襄垣鼓书

襄垣鼓书起源于山西襄垣，流行于上党地区。

襄垣鼓书俗称"脚蹬梆"，发源于山西襄垣县农村。主要流布于襄垣县及相邻的沁源、武乡、屯留等地，是在20世纪30年代后期融会了当地的"柳调"和"鼓儿词"的基础上形成的。

明末清初，襄垣农村出现了盲人占卜活动，常把卦词编成通俗易懂、合辙押韵的小段，并配以民间小调。乾隆年间，盲人开始用小平鼓伴奏，并把唱卦词的小调称为"鼓儿词"。道光年间，艺人史金星在说唱表演中吸收了当地道士的"化缘调"以及民间叫卖调，使鼓子词的唱腔更趋丰富。

咸丰初年，鼓书艺人路永泉自编中、长篇书目，题材扩大为民间故事和神话传说。为了更好地表现书中的戏剧冲突和人物性格，他开始将地方戏曲上党梆子、上党落子、襄垣秧歌的元素糅入鼓书之中，形成了襄垣鼓书中夹唱其他剧种板腔的特点。之后，盲艺人苗喜来在原唱腔基础上创造了"悲板"和"抢板"。到清光绪年间，襄垣秧歌艺人田维把当时烟花柳歌女的歌调和民间小曲糅入，形成一种上下句反复说唱的唱法，手持一八角鼓在民间进行演出。由于其基本曲调来自烟花柳，此后人们便改称其为"莺歌柳"，俗称"柳调"，也称"八角鼓书"。其说唱内容多以民间故事和神话故事为主，逐步在上党地区流行开来。

民国初年，襄垣鼓书的板式得到进一步丰富，鼓书第五代传人段明在原有的紧、慢、悲、抢诸板的基础上创造出起板、二性、垛板、截板，还将抢板细分为慢抢、紧抢。与此同时，"柳调"的伴奏乐器由胡琴改为月琴，唱腔上出现了哭板、抢板、紧板，并与"鼓儿词"交流融汇，明眼艺人与盲艺人互相学习，逐步形成了今天的"襄垣鼓书"。

襄垣鼓书的大发展时期要数抗日战争时期。1938 年，襄垣县抗日政府组织 5 名盲艺人成立"盲人宣传小组"，同时组织明眼艺人成立了 3 个鼓书队。鼓书艺人们自编了几百个小段，开始了抗日救国宣传，大大激发了人民群众的爱国热情。

襄垣鼓书的内容主要来自民间，通俗易懂，乡土气息浓郁，反映了当地农村的丰富的民俗风情。如说"愿书""神书"。凡当地庙会、祝寿、满月、婚丧、暖房等农家大事，襄垣鼓书都被请来助兴或充作仪式。襄垣鼓书不仅承载了当地农民对于生活的认识、理想、愿望，而且大量蕴含着他们的社会伦理与生活常识，所以，它不仅仅是一种单纯的娱乐方式，而且还是一种重要的民俗载体，起着教育当地农民、丰富他们精神生活的作用。

襄垣鼓书是一种以襄垣地区的方音语汇说唱相间的表演，以唱为主的民间鼓书形式。襄垣鼓书通常为多人合作表演，其中作为演出掌板的鼓师手脚并用，一人可操作平板鼓、卦板、木鱼、脚梆、小锣、小镲、镗锣、脚打大锣等全套打击乐。其余说唱者根据自身条件及内容情节，分行当进行说唱。或轮递说唱，或一领众和，或二人对唱，或众口齐唱；单人表演则表演者只操月琴自弹自演；两人表演则分持月琴和八角鼓自行伴奏说唱。襄垣鼓书的舞台动作方式通常以坐唱形式为主，也有站唱和走唱的情形。和其他同类鼓书相比，其表演方式尤其是演唱方式更为丰富，几乎囊括了声乐体系中的各种唱法，不仅有独唱、对唱和轮唱，还有领唱、伴唱、齐唱以及抢唱和帮腔等，非常丰富。

襄垣鼓书的唱腔属板腔变化体结构，有鼓儿词、柳调两种曲调，一般相间使用，有时只用其中一种。鼓儿词唱腔以大板为主要板式，另外有抢板、散板、哭板等。柳调单独演唱形式是，一人手敲八角鼓，另一人挎月琴伴奏，对唱表演。

襄垣鼓书艺人在长期的历史发展中，为保护和传承自身艺术，发明形成了一种称之为"调诀"的独特行内"暗语"，俗称"调嚎儿"。是一种便于内部交流的特殊行话术语。过去主要在"鼓儿词"的盲艺人中间使用，"柳调"和明眼艺人不用。襄垣鼓书不仅承载了当地人对于生活的认识、理想、愿望和趣味，而且大量蕴含着当地人的社会伦理与生活常识，使得襄垣鼓书的表演不是单纯的艺术和娱乐，而且兼具民俗载体、乡土教育和社会生活的多重功能。

襄垣鼓书是现存北方鼓书类曲艺中历史较为悠久的曲种之一。不仅保存了许多宋元"鼓子词"的艺术基因，而且吸收了明清以来诸多当地民间同类艺术的诸多元素，说唱方式独特，唱腔曲调丰富，传统书目众多。具有十分丰富的历史、文化、艺术和学术价值。

襄垣鼓书曲艺队仍沿袭建队初的传统，设队长一名，副队长两名，会计一名，宣传队下设若干小组，每组 5~8 人，平时只有一组留守曲艺队，在城内演出。其他组按划分好的地区，分片走村串户进行演出，一年一换。20 世纪 80 年代以前，人们称"宣传队""曲艺队"；20 世纪 80 年代到 90 年代初，大部分人仍这样叫，有些叫"盲人说书的"，还有叫"瞎子们"的；到现在，叫"盲人说书的"，甚至"瞎子们"的，年轻人占多数。20 世纪 80 年代，县委领导对待曲艺队的态度使得曲艺队状况好转起来，将曲艺队员编入国家编制，

襄垣鼓书表演和襄垣鼓书老艺人

或者提供办公经费。曲艺队一方面继续保留盲人说唱；另一方面，招收一批明眼人以舞台形式发展襄垣鼓书，效果很好。

改革开放以后，随着思想的解放和生活质量的提高，人们的民俗意识开始逐渐回归。民俗活动在晋东南地区再次活跃起来。人们开始频频组织庙会，祈福许愿。说"神书"，也成为当地民俗活动中最为重要的一项内容。

2008 年，襄垣鼓书被列入第二批国家级非物质文化遗产名录。

襄垣炕围画

襄垣炕围画流布于襄垣及相邻县区。

晋北属高寒地带，农村中家家户户都有火炕取暖御寒。炕上的墙面极易脱落起皮、经常蹭脏衣物被褥。于是人们先以刷墙所用的白土（亦叫甘子土），调以胶水，在环炕的墙上涂一高约二尺的"围子"，这样既保护了墙面，又使人们免遭了脏衣污物之累。

实用性有了，但无美感。于是人们又以墨线绘以简单的线条边饰，中间再画几枝兰叶墨花，果然悦目好看。就这样，最初形式的炕围画出现了。流行稍后又以颜料做底，色彩画花，桐油涂罩。既鲜艳亮堂，又坚固耐久。日常脏污了，以湿布揩擦，则又光亮如新。因此，炕围画开始在民间流行起来了。

进而，由于众多兼擅宫廷、庙宇彩绘的画匠投身此业，各种建筑彩绘图案、表现形式得以大量的借鉴和引入。而民间木版年画在城乡的盛行，各种画传图谱的刊印流传，又为炕围画的内容提供了丰富多彩的"蓝本"。清代炕围画的表现能力日渐成熟，形式格局逐步完备。

此后，又经过多少年无数山西汉族民间画匠和劳动人民的智慧合力，新型油漆涂料和绘画颜料的应用，各种姊妹艺术的影响和滋补，使得这一乡土之花，枝繁叶茂，越开越艳。及至今日，随着农村生活水平的提高，炕围画的华彩丽姿，遍及千家万户。

襄垣炕围画画风淳朴自然，贴近百姓生活。具有浓郁的乡土气息。炕围画的流行和北方地区的生产生活方式以及周而复始播种希望的农耕文化有关。它是在农耕社会基础上产生的一种民间装饰绘画艺术，是农民思维与物质观念共同作用的产物，带有深深的民俗文化烙印。百姓在精神意义上获得的诸多心理满足，正是炕围画喜庆欢愉、驱邪纳吉的文化内涵在起作用。

襄垣炕围画直接展示出农民群众的居室装饰文化，而它本身又与窑洞、厅房建筑构成完美的实用艺术组合；同时也间接地折射出民众的审美文化情趣、思想价值观念、精神生活风貌。此外，它与农民日常生活关系密切，凡遇结婚嫁娶、旧房翻新、以至祝生祝寿、节日庆典等风土民情，炕围画常被用来作为庆娱烘托手段。可以说，它是百姓整个民俗生活的一部分，具有鲜明的生活实用价值、审美艺术价值、德育教化功能和学术研究价值。

襄垣炕围画的制作具有一定的程式与技巧，包括选料、泥墙、裱糊、刷底、打腻、托花拓样、绘制着色、刮矾、上漆等工序。它的绘画材料也非常有讲究，包括：矿物颜料、植物颜料、油料、纸张。其中矿物颜料有洋兰、毛绿、诸石、西丹等；植物品黄、大红、桃红，现代通用广告色；油料有桐油、土漆、清油；纸张有白麻纸、火棉纸、宣纸等；其他材料有白土、水胶、白矾等。炕围画的工具包括草刷、擂石、栓、毛笔、粉线、曲尺、直尺、软尺、专用裁刀、香头、柳碳条等。

襄垣民间炕围画这种特殊艺术语言既是生活的语言，又是艺术的语言，更是情感的语言。它是劳动者在生活中情与美的表达，是劳动人民的情感寄托和追求。山西民间炕围画审美中情感与形式存在着一种特定的关系，现代美术理论把这种形式常常视为情感符号，认为艺术本身也是人类情感符号的创造。几乎所有的炕围画里都蕴藏着的情感内容：用牡丹象征富贵，成双成对的鸳鸯象征伉俪夫妻，在传统题材里，"梅、兰、竹、菊"往往象征着品行端正的君子等，民间炕围画作家就是运用这种象征的艺术表现手法满足了群众的审美心理和愿望。

炕围画在很大程度上承载了中国文明的传统美德。炕围画所选取的内容多为倡导忠、孝、义、廉、勤、善、乐、美的价值取向、对门庭中的成员有着一定的无形影响力。民间炕围画是民俗文化得以视觉呈现出的物化符号，是民俗文化形象的载体。它担负着传承民俗文化的社会功能，无论是其图案纹样，还是框架结构和色彩色调，都因此而被赋予了文化和审美的特质，体现着不同地域，不同民族，不同民俗事象，不同社会发展阶段的文化特征。

襄垣炕围画是百姓日常生活实用需要和精神生活审美需求的综合产物，炕围画有两种功用：一是保护墙壁，相当于刷涂料，这是实用价值；二是审美，腰墙子就是画，将壁画与年画融为一体，看上去极富民俗之美。

襄垣炕围画直接展示出普通民众的居室装饰文化，而它本身又与窑洞、厅房建筑构成完美的实用性艺术组合；形式之内蕴，集品类众多的艺术形式，容五花八门的表现手法，

襄垣炕围画作品

纳丰富多彩的题材内容。倾其所爱，尽其所想，反复铺陈，叠加组合，构成了其大红大素，大雅大俗的美学品格。同时也间接地折射出民众的审美文化情趣、思想价值观念、精神生活风貌。具有十分重要的艺术审美价值。

20 世纪末，随着城镇化、信息化浪潮的到来，人们的生活方式也发生了翻天覆地的变化，城镇里楼房取代了平房，村里人盖新房、窑洞时也不再盘炕，木床替代了土炕，墙裙替代了炕围。有的人家为了家里更亮堂，用彩色瓷砖来替代；有的人家买一张风景画，剪成炕围的形状，直接贴到墙上，用清漆一罩，结果完全没有了韵味，炕围画也逐渐失去了以往的魅力。昔日辉煌的"炕头文化"正随着"炕"的消失而逐渐消逝，那曾经很美的炕围画，渐渐淡出了人们的视线，成为那个年代人们的美好记忆。

目前在襄垣县可以找到从事过或者还在从事炕围画的艺人可谓凤毛麟角，有四位艺人还可以联系上。他们是 79 岁的杨兴龙、68 岁的申年富、65 岁的郝彦明和 71 岁的连中华。这四位老艺人都是从小拜过师学艺的。特别是虒亭镇的连中华老先生，是个心灵手巧的多面手艺人，当年在当地十里八乡很有名气，他不仅会画炕围画，而且还擅长壁画、雕刻、泥塑、彩绘及玻璃镀银等手工艺技术。

近年来，襄垣县已加大了对炕围画艺术的保护工作，希望能把这一民间文化艺术保留传承下去，并期待着这朵艺术奇葩能绽放的更加绚丽夺目。

襄垣炕围画具有浓厚的乡土气息，又是最接近生活本源的乡土文化艺术，现如今已被评为"国家级非物质文化遗产"和"山西省首批非物质文化遗产"。

合阳跳戏

合阳跳戏主要流传于合阳县沿黄河一带的行家庄、莘里、北吴仁、南义庄等地。现存于陕西省合阳县，其流传地区主要分布在合阳县沿黄河一带的几个乡镇，即洽川镇、新池镇、黑池镇等。

关于合阳跳戏的起源，在民间有三种说法：一说，系宋代宫廷队舞的演化；一说，系起于金元时代的锣鼓杂剧；一说，系元代统治者严禁民间练习武艺，群众就借表演锣鼓杂剧来掩护自己习拳、舞棒。

10 世纪中叶到 13 世纪后期，中国出现的政权主要有宋、夏、辽、金，这一历史时期的代表性戏剧形式为"宋金杂剧"。按宋金时期戏剧的发展将其划分为了三个戏剧圈，一是以北宋京城汴梁为中心，代表了北宋和金代戏剧面貌、戏剧成就的北方戏剧；二是以南宋都城临安为中心，代表了南宋戏剧面貌的南方戏剧圈；三是以成都为中心的蜀中戏剧圈。北方戏剧圈的繁荣可分为两个时期，前期为北宋时期，在这一时期，戏剧发展重心在京及其周围的河南省境内，河东路处于外围的从属地位；后期为金王朝统治时期，戏剧发展重心转移至黄河以北的山西省南部和东南部地区。这是由于，金王朝灭亡辽和北宋后，宋政权南迁至临安，黄河以北地区成为了金王朝统治区的后方和腹地。杂剧并没有因此消失，而是成为了金代戏剧的代表。

1206 年，成吉思汗建立蒙古汗国。1271 年，忽必烈改国号为"大元"。1234 年，蒙古灭金朝，元代统治者竭力推行民族压迫政策，民间戏剧遭禁，跳戏也因此被硬性禁止。明成化年间（1465—1487 年），合阳县当地的一位知县征集民间文艺，因遭禁过久，跳戏遗失曲调，只能以动作示之，遂有河西哑跳之重兴，后来又逐渐恢复了曲调和台词。

清代跳戏的发展逐渐走向鼎盛期，跳戏名艺人层出不穷，各行业爱好者不论身份、不问出身均投身跳戏行列。这一繁荣景象直至清末辛亥革命，当时中国军阀混战，社会动荡不安，跳戏活动也由此日渐减少。

抗日战争期间，战事频发、民不聊生，此时只有行家庄村、莘里村、南义庄等少数几个村子尚能演出跳戏。长期的战争严重影响了村民的生活，农村经济遭到严重破坏，人心惶惶，跳戏由此逐渐停演。直至 1949 年春，行家庄在"军民联欢大会"上演出了神话剧《火焰山》慰问西进大军。

1966 年 5 月至 1976 年 10 月的这 10 年间，整个中国笼罩在"文化大革命"的阴霾中，跳戏在此时被作为"破四旧"的典型禁止演出，老剧本陆续被烧毁。在这十年浩劫中，跳戏销声匿迹。

"文化大革命"后，跳戏陆续恢复演出，不幸的是很多村庄的戏班已无法恢复之前的风貌，仅有行家庄村、莘里村、南义村还能演出少数剧目。

1. 祭祀性

演出前村民们要先行祭拜神灵的仪式，在正戏演出前先演神佛戏，如《五鬼闹判》《钟馗嫁妹》《天官赐福》《灵官打台》，并且戏台正对庙门。由这些细节性的线索，不难发现跳戏早期蕴含的祭祀性，并且是以驱邪逐疫、祈福禳灾作为其演出的主要目的。

2. 以吟代唱

跳戏以吟代唱，不论男女角色，唱腔皆如吟诗诵词，仅有几种简单腔调。生、旦、净、丑，均用本嗓，借抑扬顿挫区别喜怒哀乐；唱段或长或短，皆无复杂旋律，主要靠鲜明的舞蹈动作刻画人物形象，对白、唱词很少。

跳戏没有弦乐伴奏，主要用打击乐，设农村社火大鼓一面，大经锣两面，大铙钹一对，小鼓两至三面。文场乐仅有大唢呐一对，专为上场、踩场、下场伴奏。

3.群众性演出活动

跳戏是群众性的演出活动，一年一度，春节例行演出。大年初一下午，各社敲锣打鼓，名曰"打旦子"，以制造气氛，鼓动村民，促使"祖家"（社戏负责人）出面组织演出，商议经费筹集等事宜。正月初五日，不等黎明，"好家"（演出名角）抬上锣鼓，在本社各户院落内"打旦子"，俗名"镇穷鬼"或"破除五邪"。当天下午便进入了"牛锣队"阶段，各社把锣鼓集于村之中心，划定区域界线，各占一方，对赛敲打，互相激励。次日开始广场跳，上、下午各出一次，每次按村庄大小，分社多少决定出跳场次，每社至少要落一个场子。

跳戏以锣鼓作为戏曲伴奏，以吟咏与民间舞蹈结合来展示故事情节，其独特表演形式实属罕见，保护好这一古老剧种对于研究我国戏曲史、舞蹈史、民间风俗有着一定的学术价值。

合阳是全国最大的黄河湿地所在处，洽川是国家重点名胜风景区，国内外游客来合阳都想看一看原汁原味的合阳跳戏，随着跳戏搬上大舞台，进入大广场对活跃群众文化生活，提高人民群众的文化素质，构建和谐社会都将产生重要的促进作用。

跳戏是一种非常古老的戏剧形式，是一种处在戏剧形成初期的戏剧形式，是一种吟诵类的戏剧，它的表演动作、念白给人一种古朴的美感，具有很高的研究价值、历史价值、认识价值。关于跳戏的形成、发展及表演形态等方面的研究对于我国戏曲文化史具有重要的实证意义；同时，针对跳戏在近现代生存状况的考察对于了解民间艺术在民俗生活中的发展与演变规律具有重要的启发意义。

目前，作为跳戏表演的场所——行家庄戏楼年久失修，破烂不堪，已成为危房，无法进行演出。跳戏艺人后继乏人。随着一些名老艺人的谢世与传承的中断，大部分村庄已没有演跳戏的艺人，跳戏的曲牌音乐也相继失传，现仅能演出的只有新池镇行家庄村，跳的出色的演员也只有三五人，且过了花甲之年。跳戏属民间群众一种自娱自乐的形式，历来

"合阳跳戏"演员和"合阳跳戏"表演

无专业团体，无法进行营业性演出，因没有一定的经济实力支撑，使跳戏赖以生存、发展的社会基础相当脆弱。在市场经济运作下，一些年青人热衷于现代的娱乐活动，对传统的艺术已失去了兴趣，大部分年青人不愿学跳戏，宏观上也因倾斜扶持不够，使跳戏继承和发展步履艰难。

2006 年 9 月，由县政府召开文化、新池镇、行家庄主要负责人会议，组成合阳县民间跳戏保护组织，对跳戏进行抢救保护，并对资金投入作了规划。加强跳戏队伍建设，选拔年青人，尤其是青年妇女，通过师传、定向培训的方式，培养跳戏后续人才。挖掘、整理跳戏剧本及音乐，为跳戏搬上大舞台创造条件，组织现有演员排练新剧目，争取进入商演，以增强活力。成立跳戏研讨会，从理论和实践上探索跳戏发展的新途径。用五年时间建立与群众生活相贴近与市场运作相符合的保护管理体制。

1957 年春节，行家庄 17 位跳戏艺人参加了 "陕西省第三届民间音乐舞蹈会演大会"，演出《收红孩》，获得了由省文化局颁发的演出集体一等奖，老艺人党炎林、党云龙获表演二等奖，党让之因挖掘、保护民间艺术遗产有功，荣获省文化局颁发的奖状。1963 年，陕西省剧目工作室副主任李静慈先生带领工作人员对合阳的跳戏剧本进行了挖掘和整理工作，共搜集到 80 多个跳戏剧本，编印《陕西省传统剧目汇编 跳戏》第一集。

2008 年，合阳跳戏被列入第二批国家级非物质文化遗产名录。

武山旋鼓舞

旋鼓最早流行于天水市武山县滩歌镇代沟村。

武山旋鼓舞的起源主要有三种说法，最为广泛的一种说是原始宗教崇拜，祭神的旋鼓。第二种说法是牧羊人发明说，远古以前羌族主要居住在这一带，牧羊人为了驱赶野兽，用鼓声震吓，击退野兽而发明。第三种起源说是军事起源说，历史上武山县在民族融合的过程中战乱连连，人们用鼓声来传递军情和信号，可见鼓声响彻在山谷里的穿透力是很强的。

近年来，武山县滩歌镇党委、政府组织编写《滩歌镇志》，旋鼓作为产生于滩歌本土、享誉国内外的民间艺术，当然是《滩歌镇志》中的一项重头戏。滩歌本土的文化人陈登荣、漆荣、刘顺保、刘建全等人经过多方考证和研究，认为旋鼓舞的产生与滩歌悠久的历史有着不可分割的渊缘。并从道具、服饰、端午祭祀等方面对旋鼓舞做出了新的诠释和注解，赋予了新的时代背景和文化内涵。滩歌，唐朝末年被吐蕃占领，五代十国时期曾一度属于建都成都的前蜀、后蜀政权。

刘建全先生在《滩歌建镇史小考》中指出：2002 年 2 月，在武山县滩歌镇卢坪村漆沟里出土了一块北宋墓砖记载，今滩歌镇在北宋政和壬辰年（1112 年）已建镇，隶属于巩州，当时称为 "滩哥"。据西北师大漆子扬博士和有关藏语学专家的解释，"滩哥" 系藏语译音词，意为 "山下平川"。后又称 "滩阁"，今称 "滩歌"，当地人普遍的解释是羌人对歌的 "歌滩" 之意。唐末以来受吐蕃等民族文化的影响，与 "歌" 一起酬唱的羊皮鼓逐渐在滩歌地区流行开来，武山旋鼓舞的羊皮鼓、经幡等道具大多沿袭了唐、宋、元时期藏、蒙牧猎和祭祀的风俗。经过千余年的演变，形成了今天具有独特的陇原风情和鲜明的地方特色的旋鼓舞。

武山旋鼓表演时阵容恢宏，场面壮观，充分展示出西部人的剽悍和勇敢。表演时少则十几人，多则上百人或上千人，大都以青壮年男性为主，偶尔也会有一些孩童和老人加入其中。现在的武山旋鼓大多以村为单位进行比赛或者表演，他们各队之间相互穿插、裹挟盘旋，进行着力的较量、气势的抗衡和内心情感的宣泄。上场之时表演者左手持鼓，右手握鼓鞭，或打鼓心，或敲鼓边，边敲边舞，鼓点变化多端，舞蹈动作粗犷奔放，旋转自如。

其最大的特色体现在"旋"和"鼓"。从这两个非常灼目的字眼上，让我们联想到那远古洪荒的年代，皎洁如玉的月光下，熊熊燃烧的篝火旁，先民们围着一个偌大的圆圈，抡起长长的发辫，手拉着手翩翩歌舞。暖暖的骄阳下，起伏连绵亘古旷远的高山间，光着膀子的男人们在地里耕作劳苦，吆喝着只有他们才能听懂的号子。那悠悠的白云，广袤的田野，茂密的森林，成群的牛羊以及震耳发聩的旋鼓声，织成了滩歌盆地特有的原始风景和文化品味。浓重地描写了滩歌这块小盆地的苍茫古老和美丽神奇。

羊皮鼓，也叫扇鼓，外形如一面大葵扇。以铁圈为箍，直径一般在30厘米左右，鼓面为精制的羊皮做成，羊皮厚度仅1毫米，薄如蝉翼。鼓面上绘有八卦图案，下置一柄，柄端缀以铁环或小铜镲，用竹条做的鼓鞭敲击鼓面时，震动铁环与小铜镲频频作响。

每年春末夏初，旋鼓表演先由牧童敲起，临近端午，渐达高潮。端午节，规模宏大的鼓队由四面八方涌进各自地域的中心，赛鼓联欢，数十人或数百人不等，根据不同的鼓点节奏，做出不同的舞姿和造型，基本舞步为进行式而富于变化的圆舞场，如水面浮萍，轻盈游动。时层层围拢，如百花盛开。忽纵横穿插，欢奔如织。随鼓点节奏，时分时合。并以传统的"蛇退皮""二龙戏珠""白马分鬃""九折十八式""太子游四门""狮子滚绣球"等军事阵式，摇环狂舞，浑厚中见清亮，欢快而有节奏。表演时鼓手的行走路线是模仿蛇行之"禹"步，队形变化如同游蛇蜿蜒，表演队伍中"甩莽头"的舞者头上装饰着彩色发辫，扮相犹如人面蛇身。所有这些说明武山旋鼓与流传在天水一带关于人文始祖伏羲的种种传说有着千丝万缕的关系。

武山旋鼓舞最早起源于原始部落的图腾舞或者叫傩舞。它的作用也主要是用以驱赶野兽，后来又逐渐用于祭祀、酬神、赛社等宗教活动，带有浓厚的原始信仰特色，旋鼓作为西部民间艺术的一朵奇葩，以其粗犷热烈的单张扇面形羊皮鼓的击打与剽悍豪迈的男子集体舞蹈阵容相结合，形成了天水民间独特的旋鼓舞流传四方。

旋鼓表演粗犷豪放，刚劲激昂，让人们领悟到远古时期原始艺术之美，是人们研究伏羲文化的活化石。旋鼓代代相传不衰，并在传承中不断完善，对研究人们最初的生活形态、生活方式有着十分重要的价值，其表演形态中所保留的自然崇拜，图腾崇拜，祖神崇拜等远古信仰符号和含义性，虚拟性，模仿性等艺术元素，更是一笔弥足珍贵的文化遗产。

旋鼓是一项能全面锻炼和健全体能的运动。它以"鼓舞"的形式来表现舞蹈艺术，以体操、武术的动作来表现韵律、抒发情感，在变化多端的节奏中完成各种表演造型和难度动作，可以增强人们的体质和增进健康，提高动作力量、速度及灵敏度，提高弹跳、耐力，柔韧性等素质，特别是对心血管系统，呼吸系统和消化系统等人体器官的功能非常有益。

旋鼓已形成了独特的表演风格：一条长蛇，二龙戏珠，三英战吕，四马投唐，五虎群羊，六驾迷魂，七进七出，八龙扭丝，九宫八卦，十面埋伏等十大阵，在阵中融入狮子滚绣球、太子游四门、白马分鬃、烟雾浇顶、凤凰三点头、三齐王乱点兵等套路。在表演上灵活自如，有收有放，张弛有序，轻重和谐，快慢相对，兼有变化多样的手脚技巧，进退有变，缓急相间，群而不乱、不板的列队特色。

1988 年，武山县滩歌镇代沟村的农民组成了一支专业的旋鼓队，代表武山旋鼓的浪漫风情和文化精神，多次参加各地举行文化汇演。近年来，他们又不断地走南闯北，应邀参加了省内外的许多大型庆典活动，受到了不少知名专家的赞赏和观众的好评。

古老的旋鼓舞经过专家的艺术加工和改良，从道具服装、表演技巧、队形变换等方面都有了较大的改进和创新，严格训练的武山旋鼓舞已成为代表天水民间文化遗存的珍贵经典舞蹈，曾每年在天水伏羲文化旅游节暨省内外大型文化艺术活动上登台亮相，深受八方宾客的拍手称赞。

武山县宣传、文化部门和滩歌镇党委、政府非常重视旋鼓舞的挖掘整理工作，正在把这一珍贵的文化遗产，在传承和发扬的基础上进行大胆的创新，从形式和内容等方面将不断地为旋鼓舞注入新的文化特色，让这朵民间艺术奇葩绽放陇原大地，逐步走向全国，走向世界。

2008 年，武山旋鼓舞被选入第二批国家级非物质文化遗产。

随着交通的便利，一年一度的端阳鼓舞，吸引着毗邻数县的各族人民来此观看。这天，从凌晨开始，赶会的人潮车水马龙，人声喧哗，数里不绝，从方圆百里的村寨向鼓舞会草坪滩地涌来，旗幅缤纷，披红流彩。

武山旋鼓舞曾多次参加国家和省、市级的大型艺术表演，并获得过不同级别的奖项，为甘肃、为天水赢得了极大的声誉。20 世纪 80 年代初，武山旋鼓舞曾参加中央电视台《丝路风情》的拍摄，被摄制组搬上电视荧屏，在中央台和甘肃台播放。《中国民间舞蹈集——

"旋鼓舞"表演

甘肃卷》将武山旋鼓作为重要内容收录。1988年，旋鼓编入《天水民间舞蹈集成》。1989年，又入编《中国民族民间舞蹈集成·甘肃卷》。由武山县秦剧团曹真、令建民编导的《丝路扇鼓》和《扇鼓新韵》。

近年来，武山旋鼓舞以粗犷、奔放、豪迈的气质和浓郁的西部民间艺术特色，先后两次参加中国西部商品交易会的开幕式大型艺术表演，并荣获表演奖。《甘肃省民间舞蹈集成》将它作为民间艺术的重要内容收录，将其搬上了舞台，登上了我国民间民族艺术的大雅之堂。旋鼓还曾跨越国界，作为我国民族艺术传播到日本等国，与国际友人共赏。在被国家旅游局评定为"中国优秀节会"的天水伏羲文化旅游节上，武山旋鼓必是重头戏之一。

扁担戏

扁担戏流布于上海市崇明县。

扁担戏属于傀儡戏形式中的较为古老的一种，历史源远流长。木偶起于周，由丧祭仪式俑演变而来，已有2000多年的历史。在《史记·孟尝君列传》中有"见木偶与土偶人相与语"的记载。殉葬之泥供养人就是俑——傀儡子的前身。

汉唐开始逐渐兴盛，汉代出土了大量木偶文物，说明傀儡演艺已经开始入驻宫廷。到了唐朝，即被普遍接受，傀儡制作更加完美。

两宋时期，傀儡戏的种类丰富起来，有五大类：杖头傀儡、悬丝傀儡、药发傀儡、肉傀儡和水傀儡，乡村的傀儡驱邪攘灾、祈求平安。南宋时期木偶戏的活动中心是杭州，因此浙江木偶可能是从南宋时期传习下来的，提线、杖头、布袋几种形式俱全。

明代以后，城市商业演出衰落下来，木偶戏不得不退位为城乡市集上走街串巷聚众围观的杂耍表演。又因为戏曲艺术的极大繁荣，导致它由一种与戏曲分庭抗礼的表演艺术进一步退缩为食戏曲余唾的小道杂艺，但却促使它由城市向乡村发展，逐渐开辟出新的天地。明代民间在操办丧喜仪式时，仍习用木偶戏。

清代全国流行的木偶样式主要有3种：杖头木偶、布袋木偶和提线木偶。扁担戏属于布袋木偶，是一种最为简单的木偶，仅由木偶头和布袋样的衣服组成，演出时演员用一只手的手指和手掌操纵，俗称"掌中戏"，道具简陋易挪移，一担即可挑起。

崇明演扁担戏的历史已有100多年了，清代后期有一位姓李的苏州民间艺人来到崇明演出扁担戏，在下沙的新五潋演出时，吸引了许多从未看到过"木人头做戏"的当地农人，一位叫顾再之的当地青年看得津津有味，流连忘返，后来竟跟着姓李的艺人走乡穿村去看演出，顾再之由好奇到产生兴趣，要拜李姓艺人为师。后来，顾再之将木偶艺术传授给朱少去等人，木偶戏便在崇明岛上流传开来。

民国初年，下沙五潋一带就有了十几幅木偶戏担。继之，汲浜镇北面的朱克成投师学艺，挑起了木偶戏担，堡镇的施才六、马桥的高招弟等也挑起了木偶戏担。

到了20世纪30年代，汲浜镇北面的扁担戏传人朱克成感到这样表演不但累人，而且道具搬运、装卸也很麻烦。他对表演方法及道具进行改革，自己设计了一个高脚凳和一个能伸缩的小舞台，人钻在布幔围起来的高脚凳上，双脚踏响架在凳脚之间的钹锣，双手撑木偶在小舞台上表演，大大减轻了表演者劳动强度。于是崇明岛上的木偶艺人纷纷仿制这种轻便的戏担子，并流传到了外地。

巅峰时期是在 20 世纪三四十年代，后因战乱、"文革"等历史原因渐渐销声匿迹，直到 1977 年"崇明扁担戏"重新恢复了演出。如今，扁担戏第三代传人朱雪山、朱顺发等堂兄弟经常参与各种形式的群众文化演出，并到学校作示范表演。

扁担戏剧情紧凑、技法严密，敲锣击鼓、说唱吹做全由一人担当，演出过程中，除了以通常的"唱、念、说"来反映人物声色外，扁担戏更是将口技渗透其中，鸡鸣狗吠、马嘶狼嚎常常模仿得惟妙惟肖。演出所需时间短则三五分钟，长则半小时，著名的剧目有《武松大闹蜈蚣岭》《薛仁贵大破摩天岭》《孙悟空三打白骨精》《罗通扫北》《杨家将》《白蛇传》等传统剧目以及由在崇明流行的民间故事改编而成的《陆阿大卖小布》等。表演者们平日里不知疲倦地挑着他们的"扁担戏"，走街串巷、进村入户地去表演。为在闲暇期间的农民群众们带来了许多生活的乐趣，同时也为文化相对匮乏的农村地区带来点人文气息。

在演奏时，演奏者独坐在木凳上，通过有节奏地脚踩锣钹，伴随着唱词和口技，手拿木偶舞动跳跃，一场精彩的木偶戏就上演了。虽然只需用一副扁担就能挑起全部演出的家当，但是扁担戏演出所需的道具仍然是系统全面的。通常一场演出需要扁担、木凳、大锣、小锣、钹、踏板、帷幕、舞台、木偶等道具，从道具运送到完成搭台表演全部由一人完成，扁担除了在演出前后用于挑运其他道具外，在演出时还具有舞台支架的功能。

崇明扁担戏是中国单人木偶戏中仅存的一种表演形式。它集木偶技巧、表演技艺于一体，具有神、精、奇等特点，原汁原味地保留了初创时期的风格、手法和形式，是布袋木偶戏的活化石，具有独特的文化底蕴和开发利用潜力，有很高的文化价值和艺术价值。在无电影无电视，文化生活枯燥的时代，看扁担戏是老百姓的主要文化娱乐项目之一。

1952 年，崇明县文化馆工作人员，走访全县木偶艺人，和他们商谈恢复演出事宜，并审查演出剧目，帮助艺人整理修改演出剧本。1956 年，县文化科召集全县 5 副木偶戏担，举办了木偶戏会演。通过这次会演，艺人们对剧目内容、表演技巧、木偶造型等方面进行互相探讨、学习，演出质量逐渐提高。1959 年，朱克成父子的扁担戏加入向化文工团，把

崇明"扁担戏"

木偶戏列为一个剧种为群众演出。"文革"中，因木偶戏表演帝王将相，才子佳人也被当作"毒草""四旧"而扫进了"历史的垃圾箱"，销声匿迹。木偶戏担束之高阁，因在偏僻乡下，才逃过了被焚烧的噩运。20世纪80年代只剩下10副扁担。

为了更好地保存保护扁担戏传统剧目，崇明县文化馆在2006年8月召开崇明扁担戏传承工作座谈会，恢复中兴镇朱氏家族现有的担子，回忆演出台词，记录文字，整理剧本。整理出了朱锡山表演的《武松夜战蜈蚣岭》《唐僧取经》《薛仁贵大破摩天岭》等三个剧目的完整剧本。同时还录制了扁担戏表演全过程的音像资料。

2007年8月，上海公布第一批非物质文化遗产名录，崇明扁担戏入选。

1983年底至1984年春节，应中国民间文艺研究会上海分会的邀请，汲浜镇北朱家第三代木偶表演艺人，时年27岁的朱锡山，在上海美术馆参加上海民间艺术展览表演。他的精彩表演，引起了中外观众的极大兴趣。

上海电视台在新闻中播放了他的演出录像，《解放日报》《文汇报》《新民晚报》均载文作报导、介绍。1984年9月，朱雪山又应上海木偶剧团邀请，在风雷剧场为外国人士和中国戏曲界人士演出，受到国际友人的好评和行家的赞赏。

2006年6月8日，在上海三山会馆举办的"2006年文化遗产日非物质文化遗产上海民间收藏展"上，朱雪山又作了表演，吸引了中外人士，受到高度评价，文汇报、新民晚报均刊登照片予以报导，使更多的人知道崇明扁担戏。

珞巴族服饰

珞巴族服饰主要分布在西藏东起察隅，西至门隅之间的珞渝地区，以米林、墨脱、察隅、隆子、朗县等最为集中。

珞巴族是中国西藏自治区山南地区、林芝地区的一个少数民族，其独特的地理位置与气候特征等多重要素的作用，使得千百年来珞巴族人与自然联系紧密，在长期的采集活动中，人们懂得了从部分特有的野生植物中提取纤维，除去胶质晒干后搓成线形成织土布的原料，用来织布。

珞巴族服装多用山羊毛织成，男装制作是将两块窄幅的长条成品布拼在一起，呈长条毯状，在中间处留一尺左右的接口不缝作领口，穿时从头上套，捆上腰带，形成一件没有衣领、前襟和后幅不缝合的套装。珞巴族女装是用棉布制作的，从色彩、质料、配饰都进行了改良，珞巴族服饰在保持民族特色的基础上显得更加美观大方、较好地满足了珞巴人爱美的需求。珞巴族服饰是珞巴人民智慧创作的结晶，是珞巴族审美特性的表现，更是珞巴族社会形态发展的缩影。

1.传统的自然崇拜与服饰色彩

在色彩的运用上，珞巴族服饰以红色和黑色居多，同时，也会选择一些黄色、白色、蓝色、棕褐色、棕黑色以及绿色，作为镶边点缀与装饰用色。

珞巴族服饰

2.服用材料的自然生活化

以山林狩猎为生的珞巴族，在其服饰材料的选用上，对野生植物纤维与兽皮材料的运用是珞巴族服饰文化的重要特征。

3.粗犷与神秘融合的款式造型

珞巴族民族服饰款式造型方面主要是受到其传统的狩猎文化以及衣用材料的双重影响，服饰的款式造型给人以粗犷神秘之感。

4.图腾、灵物崇拜与纹样、佩饰

传统的原始狩猎活动要求佩饰符合狩猎生活，在其服饰品的类别中，男子的饰品大部分为艺术性与实用性相结合的产物。

珞巴族在其生产生活中不断积累创新，创造出了能够充分反映珞巴文化的特色服饰，展现了珞巴族独特的审美理念、社会风俗与文化内涵。受珞巴宗教理念影响的珞巴服饰神秘内敛。基于传统的游猎生活方式而创造的服饰粗犷自然，传统生活耕作的服饰则显得线条优美，美观大方，富有审美情趣。

珞巴族服饰文化是中国民族文化中的艺术瑰宝，珞巴千百年来的美学理念、宗教信仰与生活习俗等多方面的传统观念和文化心理，都在其服饰中得到了完美的诠释。

珞巴族服饰就是一本记录珞巴人历史的无字天书，对研究珞巴族历史文化具有重要作用。作为中国服饰文化的组成部分，珞巴族服饰文化对中国服饰文化的丰富和发展同样也有着重要的意义。

改革开放后，为了进一步解放和发展生产力，改善农业生产环境，国家先后投资 120多万元对南伊沟实行农业综合开发。党和国家十分重视包括珞巴族在内的 22 个人口较少民族的发展，从 2000 年起就出台了一系列的政策来扶持人口较少民族的发展，使我国的 22个较少民族迎来了发展的黄金期。2006 年，国家再次为珞巴族群众无偿修建了新居，让珞巴族群众住上了明亮宽敞的新房，在国家的扶持下，珞巴族开始告别采集狩猎生活，转而从事农业。米林县南伊珞巴民族乡村民还建起了蔬菜大棚，收入大大提高，拥有了现代化的生产工具和冰箱、电视、洗衣机等家用电器，生活质量普遍提高。

2011 年，珞巴族服饰入选第三批国家级非物质文化遗产名录。

弦子舞

弦子舞流行于西藏东南部，藏、川、滇三省区交界地区。

芒康弦子舞历史悠久，据考证，唐朝时期芒康就有跳弦子舞的历史，但那时的弦子舞是以单一的拉唱为主，家庭形式的小型歌舞。唐朝时期"茶马古道"的开发，给芒康弦子舞注入了创新和发展的生机。聪明的芒康人民在与其他民族和周边地区的交往中，不断地吸收其他地区、民族的文化，不断地增色滋补，不断地发展创新，再与现在的歌舞相结合，以悠扬的歌声伴随着优美的舞蹈，又以生活为题，人人创作，人人唱跳，人人加工，不断丰富和发展起来的独具民族特色、地域特色的文化艺术，是群众性的一种爱好和娱乐，成为藏民族文化艺术历史长河中的珍宝，被誉为"茶马古道"上的"古道神韵"。

弦子舞是藏民族在宗教生活、生产劳动和与其他民族交往过程中产生和发展起来的藏族民间舞，是藏民族千百年来喜爱的艺术形式。

乐器。弦子舞是以弦子为乐器，随着音乐旋律，男女聚集翩翩起舞。弦子叫"白央"，也就是当地农民自己发明的一种乐器二胡，比其他地区的二胡短而粗，在历史书中称为"胡琴"。

舞姿。芒康弦子舞姿圆活、狂放而流畅，有拖步、点步转身、晃袖、叉腰颤步等动作，以长袖飘飞最有特色。舞者随着弦子乐曲晃动而发出阵阵"颤声"，舞蹈动作相应产生"颤法"，这些动作多以模拟一些善良、吉祥的动物姿态动作为形体特征，有"孔雀吸水""兔子欢奔"等类别。

排列。弦子舞的排列也是有次序的，有舞头、舞尾。排头，即"谐本"，一般都是在弦子舞中有影响的人，既能歌善舞，又能填词作曲、编舞的人。每首歌舞都有其乐曲、词和跳法，跳一天一夜也跳不完。因为弦子舞内容太多，也可以借题发挥，它是一个唱不完跳不完的舞蹈。在芒康有这样一个说法："有结束的不是弦子舞。"

唱词。弦子舞唱词表达的内容非常广泛，有歌唱劳动生活的，有描绘自然景色的，有倾吐爱情的。弦子舞不仅给人以音乐的享受，而且是一个民间语言的精华，它那奔放驰骋的民间自由诗，测试智力的民间游戏，给人以向上的精神食粮，富有浓郁的生活气息和深刻的教育意义。

跳弦子舞不受任何限制，不管人多人少，场地大小，或台上台下，均可跳弦子舞。跳弦子舞时，村民们一般都围着篝火，呈圆圈起舞，人多时也可圈中套圈。男女分开各半，男子拉弦子站立排头，带领人群拂袖起舞，时而圆集，时而散开，时而绕行而舞，边唱边跳。唱词为"谐"体的民歌，也可即兴创作，男女分班一唱一和，歌声此起彼落，借以抒发内心的情感。跳舞的节奏快慢，都是以男子拉弦子的音乐节奏为准。每首歌舞的节奏一般都是先慢后快，在悠扬缓和的旋律中开始，在流畅而欢快中表现，在升腾而热烈中结束。

芒康弦子舞按地区可分为：端庄稳重的盐井弦子舞（包括有上下盐井、曲孜卡、木许、玖龙等地）；潇洒飘逸的徐中弦子舞（包括徐中、格南西、麦巴、卡布等地）；动作难度

弦子舞

较大而轻松舒展的索多西弦子舞（包括索多西、朱巴龙等地）；自由开放的曲邓弦子舞等。按地域分为：轻快流畅鲜艳的谷地弦子舞；粗犷质朴雄浑的半农半牧区山地弦子舞；古朴庄严的牧区高山弦子加锅庄舞（谐玛卓）等，都具有鲜明的地方特色和自己的特点。

西藏素有"歌舞的海洋"之称，西藏人民能歌善舞，被誉为"能说话就能唱歌，会走路就会跳舞的民族"，不管男女老少，都能翩翩起舞。芒康的弦子舞又是西藏民族文化花团锦簇中的奇葩，它那古朴、典雅、飘洒、悠扬而欢快的特点，使人百看不厌。芒康弦子舞积淀了非常厚重的民族文化和民族特色，是千百年来芒康地区藏族人民智慧的结晶。无论从学术价值上，还是从艺术价值上都有非常高的地位。

国家非常重视非物质文化遗产的保护，2006 年 5 月 20 日，弦子舞经国务院批准列入第一批国家级非物质文化遗产名录。

2006 年，拉孜县农民艺术团参加了西藏电视台举办的藏历新年联欢晚会，他们的表演在晚会上脱颖而出，当即引起强烈轰动，并最终登上了 2007 年的央视春晚舞台，让全国观众目睹了来自西藏拉孜的"踢踏"风采，而西藏的民间艺术也就是以这样令人震撼的气势得到了人们的肯定。

受拉孜县农民艺术团借"藏晚"平台走向全国，并成功冲进央视春晚的影响，西藏各地原生态文化受到了关注，都开始着手打造自己的文化品牌。2007 年，芒康的弦子被纳入了"藏晚"。

拉祜族芦笙舞

拉祜族芦笙舞流布于澜沧江两岸的思茅、临沧地区。

早在夏、商、周三代，作为拉祜族先民的古代氐羌族生活在青海、甘肃一带，曾与华夏民族和睦相处，共同创造了灿烂的中华民族文化。

关于芦笙舞的来历，传说很多，其中流传较广的一则说，厄莎创造天地万物，又教会人们生产生活的技能，拉祜人为感激他，在庄稼瓜果成熟时派兄弟五人去请厄莎来尝新。五兄弟历尽艰辛来到厄莎的住处，却无法叫醒厄莎，于是便吹响手中的竹棍，竹棍发出优美的声音把厄莎唤醒了，厄莎来到拉祜族中欢度尝新节。后来，拉祜族根据祖先源于葫芦的传说，在葫芦上插上五根竹管制成芦笙，每年尝新节和春节跳起芦笙舞，表达对厄莎的敬仰和对来年幸福生活的祈盼。根据这则传说及现在仍保留在舞蹈中的敬神仪式看，芦笙舞是由最初的娱神祈福仪式演化而来的。

春秋战国时期，随着拉祜族先民长期的向南迁徙，逐渐将这些舞蹈传统带到云南，与云南的土著文化融合，又在漫长的民族合分和独立发展中，逐渐形成自己的舞蹈。拉祜族族称"锅锉蛮"时期，就有"一人吹芦笙为引首，男女牵手，周旋跳舞""暮夜行巷间，吹壶'葫'芦笙（《蛮书》）"等舞蹈活动的具体描述。

到了清代，拉祜族所到各地的舞蹈活动，在地方史志中便有了较多的直接记载。如道光《云南通志》中"倮黑聚时，亲戚会饮，吹笙为乐"，道光《威远厅志》之二载，"倮黑性鲠直，男女杂聚，携手成圈，吹笙跳舞"，《元江州志》载："烹羊豕祀先，醉饱笙歌舞之"等等，足见笙舞习俗之盛况。

今"芦笙舞"中仍保留的"围圈""携手""顿足"等古老痕迹，其舞蹈形态和服饰特征酷似青海大通县出土的新石器时期陶器上的舞蹈图案。

1. 表演形式具有模式性

模式性即规律性。芦笙舞起源于对天神厄莎的崇拜，当原始宗教形成完整的宗教仪式时，原始宗教及祭祀活动客观上把这些自然形态的舞蹈逐渐整理、规范为相对稳定的民间组合套路，年复一年地传承下来，即把处于自然形态的芦笙舞给模式化。芦笙舞中的"找地""挖地""烧草""收割""拿鱼""舂米"等是这些生产生活形态的形象记录，既有教育意义，同时也把这种生产生活形态的意义进行模式化，使群体对这些活动所表达的意义形成共识。

2. 表演者具有群体性

芦笙舞是在拉祜族民众中产生的，它作为民族文化意识的现象，是由群体共同完成的。所有的人都是芦笙舞的参与者，每个人不能超越共同体，只能融入这共同体中。民俗传统消除人的个性，使大家共同融入这民俗传统的场阈中，这样才能使民俗保持一致，民俗传统才流传下来。在历史上，拉祜族是一个长期流离失所、屡经战争动荡的弱小民族，基于这一历史特点，在拉祜族民间舞蹈中表现出人人参与、聚合、团结的特点。

3. 舞蹈种类具有多样性

拉祜族芦笙舞的种类很多，与生产、生活内容有关，富有很浓的生活气息，根据不同的场合和需要会有不同的展现。例如再现拉祜族原始信仰的"礼仪舞"、反映拉祜族人民生产全过程的"生产劳动舞"、展现拉祜族人日常生活状态的"生活舞"以及芦笙舞的雏形"摹拟动物舞"。

历史上，拉祜族是一个倍受外族欺凌，长期游牧游耕，历经数千年漫长迁徙的民族，也是一个不屈不挠，自立自强，乐观向上，善于包容的民族，故有"猎虎民族"之称。这样的生活经历，反映在"芦笙舞"的形态中，则既保持着古代羌民，尤其是彝语支各族中所常见的"围圈""顿足""俯倾"等共性的舞蹈特征，又极鲜明的具有时而节奏稳健、重

拉祜族芦笙舞

拍向下，时而节奏欢快、轻松风趣的动作特征，表现出深沉而坚毅、洒脱而机巧的舞蹈风格。深入其中，不难让人联想起拉祜族的历史、宗教、经济、社会、风俗习惯乃至自然环境。

"芦笙舞"作为一大舞种，其表现内容十分广泛，涵盖了礼仪、劳动生产、日常生活、模拟动物、嘎调子等五大类题材，共一百多个套路。其中，一些模拟鸡、鸭、猴、鸟和简单劳作的套路，表现出狩猎、采集的原始生产方式时期人类古朴的生活和思想感情。而大量的"找地""挖地""烧草""收割""拿鱼""舂米"等套路，则是拉祜族生产生活形态的形象记录。根据表现内容和舞者情绪，时而夸张洒脱，时而逼真细腻，形成深沉而坚毅、洒脱而机巧并存的艺术风格，具有重要的艺术价值。

芦笙舞的舞蹈形式在约定俗成的年复一年的宗教庆典中不断规范化，不断重复进行。从一定意义上说，是对拉祜族民族意识的形成和增强，对鼓励拉祜族人民热爱生活、战胜困难、推动社会历史的发展起到了积极作用。除了拉祜族人民的传统文化观念给于舞蹈之灵魂外，更重要的是芦笙舞具有民族认同的号召力和凝聚力。因此，芦笙舞在维系民族团结方面产生了巨大的社会作用。

芦笙舞是拉祜族文化传统和社会生活的较为集中的艺术体现，拉祜族芦笙舞现存有136 套组合套路，主要分为两类，一类是宗教礼仪的套路，有严格的程序，不能增减；另一类是娱乐性套路，可以任意增减，随心所欲地跳，人们在歌舞中表达对神灵和祖先的敬仰，同时也宣泄情感，达到民族认同。

近十几年来，澜沧县委县政府十分重视民族民间传统文化的保护和发展。投入大量的人力和物力对芦笙舞进行普查、抢救、整理，同时鼓励创新和发展，因而在民间舞基础上生产了大量的歌舞节目，多次参加市、省和国家的调演和比赛，获得较好的成绩，以其独特的文化意味和较高的艺术品味在国内外产生一定的影响。

1992 年，澜沧拉祜族自治县人民政府法定葫芦节"阿朋阿龙尼"为拉祜族全民的节日。拉祜族葫芦节和澜沧县、双江县芦笙舞已被收录在云南省第一批非物质文化遗产名录。

在 1918 年拉祜族首领李龙（扎保）、李虎（扎拉）领导的农民大起义中，就是用芦笙舞来聚集民众的。因而芦笙舞对于当地人民的文化认同，维护团结，维系民族精神，均具有不可替代的重要意义。

由于芦笙舞反映了拉祜族人崇尚自然和对幸福生活的执著追求，舞蹈简单易学，可人人参与，而成为民族凝聚力和教育、培养后代的重要手段。在拉祜族村寨，男子人人会吹芦笙、跳芦笙舞，每逢岁时礼仪和节庆聚会，每个乡村都可组织数十人至上百人的表演队伍进行表演，尤其到传统的葫芦节和春节，澜沧县城便成了芦笙舞的海洋，场面十分壮观。

2008年1月，澜沧拉祜族自治县芦笙舞被列入第二批国家级非物质文化遗产名录。

壮剧

壮剧流行于广西壮族自治区西部和云南省文山壮族苗族自治州的富宁、广南地区。

北路壮剧最早称为"板凳戏"，起源于民歌、唱诗和曲艺，原是壮族民间说唱的一种坐唱形式。劳动之余，由两三人坐在板凳上唱故事。

清康熙二十年（1681年）手抄唱本央白平调《太平春》即是此类唱本。清乾隆三十年（1765年）田林县组织龙城班，搭台演出以央白平调自编的唱本《农家宝铁》，即是北路壮剧最早的雏形。清嘉庆二十年（1815年）成立半职业性的土戏班。当时土戏艺人已传了七代。第七代班主黄永贵曾参加过南宁的粤剧班社，抄了60多个粤剧剧本，回乡后与第五代班主廖法仑合作将剧本译成壮语，并以土语形式演出。他还组成螺阳剧社，成为北路壮剧的代表。黄永贵根据章回小说《五虎平南》的故事情节编演了赞颂壮族民族英雄的大戏《侬智高》，最多时有64个演员同台演出，从此奠定了北路壮戏的基础。这一代是土戏的全盛时期。

南路壮剧最早形成于清道光年间。马隘人黄现炯早年流落南宁，在邕剧班当伙夫，道光二十五年（1845年）返乡时将邕剧带回故乡并组班演戏，称为马隘土戏，初时用汉语演唱，但因演员不会汉语，改为由师傅在后台唱，演员在前台演的双簧形式演出。辛亥革命前后，逐渐发展为唱做合一的戏曲形式，改唱当地民歌，用壮语演唱，但仍保留了后台提词的习惯。新中国成立后吸收流行在当地的提线木偶唱腔，使南路壮剧的唱腔更为丰富。南路壮剧的主要唱腔有平板、采花调、马隘调等，传统剧目有《解臼》《双状元》《百鸟衣》等。

新中国成立前各路壮剧都有自己的戏班，但都无职业班社。农忙时停锣，农闲时演出。民国后直至新中国成立初期，南、北路壮剧各演各的，很少相互间艺术交流，发展缓慢。解放后，壮族自治区各县纷纷成立业余剧团并编写剧本。

在1955年全国群众业余音乐舞蹈会演时，根据民间故事改编的壮剧《宝葫芦》参加演出获得表演奖。这一时期创作的壮剧有《百鸟衣》《猩猩外婆》等，形成一股创作新剧的高潮。

1959年成立右江壮剧团，三路壮剧开始合流。1965年成立广西壮族自治区壮剧团，此后又成立了云南文山壮族苗族自治州壮剧团及百色，德保等县壮剧团。这些剧团经常开展交流。

壮剧的化妆有俊扮和脸谱之分，俊扮是生、旦行的一般装扮，搽底油、拍底色揉红、描眉眼，脸部干净没有勾画其他的线条图案。脸谱有一定的格式，人物性格品性自然分明。

壮剧的唱腔，不像其他剧种有各式各样的调及板眼，只分生、旦、净的唱法。旦角唱腔婉转、优美、细腻，滑音较多。演员与音乐配合上较自由，只要音乐拉到中音的地方演员就可起唱。在打击乐的配合方面，每唱完两句，打击乐就打一次，生角的唱腔明朗，行腔较多。演员与音乐、打击乐的配合与旦角同，只是不要小锣，花脸唱腔，声音浑厚、有力，打击乐的配合是几样乐器一齐打，在音乐上只能用反调伴奏。

壮族人民最喜欢武术，特别是打拳。壮剧舞蹈就是在这个基础上发掘的。壮剧的武生表演，动作有力，节奏很强，身段不多，但有浓厚的民族风格，表演艺术看起来虽然粗糙，但具有一定的民族独特风格。

壮剧的打击乐与其他剧种也不同，只有一种锣鼓经，在用法上与弦乐紧密结合。唱腔与音乐打击乐的结合也是很紧的。不管什么行当，每唱完两句，总要打一次打击乐。壮剧的服装具有民族特色，大部分用黄褐色。旦角穿的与平常的壮族服装一样，只在头上包手巾，然后在手巾上戴上一道箍。传统壮剧的服装多为自制，大多用自织的土白布，料按戏服的式样绘制各种图案。

壮剧上演剧目大多来自本民族的生活实践，反映壮民族的生活意愿和审美习惯，讴歌真、善、美，鞭达假、丑、恶，因而形成了鲜明的民族风格和深刻的思想性特色。演出多伴随着民族的活动而产生和发展。一般都在婚嫁喜庆，节日歌圩才登台演出，具有浓烈的民间习俗特色。既有源于本民族的土曲、土调，民间杂耍和民间舞蹈的继承，也有对民歌、八音、时令、小调的吸收，还有从兄弟剧种中对音乐、曲牌、表演形式、技巧的引进。形成了壮剧自身艺术的多源性特色。

壮剧演出唱、念都用壮语，引用本民族谚语、比喻、俚语和格言，语言生动、词汇丰富，对仗工整、押韵上口，醒人耳目，形成了独树一帜的戏剧语言特色。

壮剧是广西壮民族的代表剧种。它的产生、发展，经历了几番沉浮，壮剧植根于民族生活土壤之中，是壮族人民创造的历史悠久、独具特色的剧种，是东南亚地区的民族文化交流的桥梁，及时对壮剧进行抢救和保护已成为不可忽视的重要任务。

壮剧作为一种综合性的艺术形式，其题材内容、音乐唱腔、表演技艺等几乎融了壮族原生态文化，并通过舞台艺术形象来加以展示，成为壮族文化的宝库和传承重要载体。壮剧是在壮族民间歌舞和民间宗教艺术的基础上发展而成的，它经历了从娱神、人神并娱，再到娱人为主的几个发展阶段；其唱腔也是从山歌小调、坐唱到扮角色演唱的演变过程。同时，又吸取了汉族地方剧种的艺术养分，是民族文化交流的生动体现，对我国少数民族戏剧发展史的研究具有实证性的价值。

壮剧能满足壮族人民日益增长的精神文化需求，对提高人民群众的素质，颂扬敬老爱幼、勤劳俭朴的传统美德，构建社会主义和谐社会具有潜益默化的教育作用和推动作用，充分体现了壮剧的实用价值。

由于现代化进程的加速推进，壮剧受到多元文化和强势文化的冲击，生存又出现危机。

壮剧表演

青年一代追求时尚，视壮剧为土俗，欣赏和传承民族传统文化的热情锐减。据了解，随着一些民间老艺人的离世和退隐，南北两路壮剧都面临后继乏人、青黄不接的尴尬局面。田林县原有的 106 个业余剧团也减少到现在的 30 多个，壮剧活动的舞台逐渐缩小。及时对壮剧进行抢救和保护已成为不可忽视的重要任务。

从 2007 年开始，田林县已经举办了三届壮剧文化艺术节。原汁原味的壮家文化吸引了不少海内外的学者。2009 年，田林县获得了中国少数民族戏剧学会授予的"中国壮剧之乡"的称号，成为中国壮剧传承研究基地，从而以"北路壮剧的发源地"为旗帜，提出了"保护为主、抢救第一、合理利用、传承发展"的保护与发展思路，为保护、传承、弘扬这一优秀传统文化，活跃少数民族地区文化，促进各民族和谐发展作出了积极贡献。

2001 年以来，广西壮剧团演出的壮剧《瓦氏夫人》曾获第七届中国戏剧节中国曹禺戏剧奖、优秀剧目奖等 8 项奖、第十四届曹禺戏剧文学奖提名奖等。2006 年 9 月，壮剧《瓦氏夫人》进京，参加了第三届全国少数民族文艺汇演。2010 年"首届中国壮剧文化艺术节"在田林县拉开帷幕，来自滇、黔、桂三省区的 30 多个壮剧团在这里举行了长达 5 天的壮剧展演，展演了《孔雀东南飞》《女附马》等 40 多个壮剧传统剧目。

2006 年 5 月，壮剧经国务院批准列入第一批国家级非物质文化遗产名录。

青田鱼灯

青田鱼灯主要流布于浙江丽水青田县。

青田县地处浙南山区，瓯江穿境而过，境内山高谷深，溪流纵横，素有"九山半水半分田"之称。百姓梯山为田，农耕为生，田中养鱼（俗称田鱼）。江河溪涧中，以鲤鱼为主的淡水鱼类数量多，与瓯江共同哺育着世世代代的青田人。金秋八月，贫瘠的梯田薄有收成，农户家家"尝新饭"（农村风俗活动）——一碗新饭、一盘田鱼、几盘素菜，祭祀天地，庆贺丰收，祈愿五谷丰登，人畜兴旺，年年有余（鱼）。江河溪涧中淡水鱼类的生活习性，是产生青田鱼灯舞的客观依据；紧随农村劳动生产现实形成的风俗习惯，是产生青田鱼灯舞的生活源泉。

据传，青田鱼灯早在唐朝时期就已形成，其发展和明代开国功臣刘基有紧密关联。元末，群雄竞起，青田南田人刘基，暗地招募义兵，并以鱼灯舞形式操习兵阵（清康熙《青田县志》中有南田刘基拒绝方国珍邀请入伙之后，"招募义兵以抵御方贼之袭"的记载）。刘基为鼓舞士气，在鱼灯行列中特置一盏"金蟾灯"，以示"蟾宫折桂"，成功在望。刘基有一首《古镜词》："百炼青铜曾照胆，千年之蚀萍花魇。相得玄宫初闭时，金精夜哭黄鸟悲。鱼灯引魂开地府，夜夜晶光射幽户。盘龙隐见自有神，神物岂肯长湮沦。愿借蟾蜍骑入月，将与嫦娥照华发。"这是刘基投奔朱元璋部队前的作品，蕴意与传说十分吻合。经过刘基的整理和发展，增加了灯盏的数量，丰富了鱼的类型，同时把军事上的阵图大量渗透到鱼灯队形中，遂在历史演变中形成了独具军事操习风格的青田鱼灯舞。改革开放以来，青田鱼灯逐渐从民间走向舞台，从青田走向全国乃至世界。

青田鱼灯的道具是根据瓯江淡水鱼的形象制作而成的，其舞蹈动作依据瓯江淡水鱼的生活习性而设计，伴奏乐器主要有锣、鼓、铙等，鱼灯的服饰类似古代武士的包头巾、系腰带、扣护腕、打包腿等打扮。

青田鱼灯具有浓郁的乡土气息，曲调悠扬悦耳，内涵丰富、寓意深刻，舞蹈动作有较强的军事操练特色。因青田鱼灯舞每盏灯内点电灯（古灯用蜡烛），灯光通红，舞动时上下翻滚犹如团团火球，各种阵图场面宏伟壮观，且锣鼓喧天，声传数里。鱼灯步法和灯具操法简单，无复杂动作和舞蹈技巧，只要将灯柄时时握转，使鱼不断地摇头晃尾，就会将"鱼"表现得栩栩如生。

青田鱼灯舞的灯队都习惯以"××村鱼灯队""××企业鱼灯队"等命名。青田鱼灯舞的传统活动方式是先向村民们发"鱼灯帖"，负责发鱼灯帖的人叫"放帖"，专门负责安排演出地点、吃饭及"鱼灯歌"、经管财务等事项。发帖的对象大多数是灯队所到之处的"地方人"与亲友。演出地点确定后，灯队则挨家挨户登门拜访。灯队进村后，在受帖者院子中或门口表演一场，主家送一个红包，由灯队统一处理，一部分用于发展灯队，一部分分给队员作为工钱。鱼灯舞的人数各地不同，一般分单珠和双珠，单珠领队的是奇数，一般有15~21人，双珠领队的是偶数，一般有16~22人，表演时，追求"活、泛、高、快"四字，就是"操灯要活，起伏要大，跳跃要高，速度要快"。

青田鱼灯舞表演时，以"长柄大红珠灯"领队，每人手举一盏鱼灯，走各种阵图。举红珠者口吹哨子，指挥灯舞。珠后面是龙头鱼身的红鲤鱼，最大的两条叫"头鱼"，为全队的"鱼王"，其次两条叫"二鱼"，接着是鲲鱼、鲢鱼、草鱼、鲫鱼、田鱼、塘鱼、青龙鱼、滩婆、虾、河豚、蟹等。表演开始时多用"进门阵"（"二龙喷水"或"单龙喷水"），行进时以"编篱阵"为基本阵图，表演的高潮部分分"春鱼戏水""夏鱼跳滩""秋鱼恋浒""东鱼结龙"等阵图，全套舞蹈以"鲤鱼跳龙门"结束，寓意鲤鱼化龙，青龙直上，表达了人民对美好生活的向往。

青田鱼灯的道具融形似和神似于一体，充分体现了青田人民极高的艺术审美观、工艺水平和创作天才，其艺术造型精湛美观、栩栩如生；艺术风格粗犷奔放、刚柔相济；表演

"青田鱼灯舞"表演

人性化，想象力丰富，寓意深刻，富有较高的艺术价值。

记忆着青田传统民间灯舞的形成和发展历史，折射出深厚的文化内涵。反映了青田人民对美好生活的向往和追求，抒发了人们对大自然的深深眷恋和对生命的无限热爱，具有一定的文化价值。

青田鱼灯具有较强的艺术性和强大的生命力，既充满喜庆热闹气氛，又是一项很好的健身活动，历来深受青田城乡群众的喜爱。在青田县委、县政府的高度重视和上级文化主管部门的大力扶持下，历经几代文化工作者的传承发展，全县已培育了30多支青壮年、老年、少儿及女子等各种形式的青田鱼灯表演队伍，建立了包括学校、企业、农村在内的近10个青田鱼灯传承基地，经常性地开展文化活动，并形成了能适宜庭院、舞台、广场、踩街等不同风格的表演形式。青田鱼灯独特的艺术魅力，现已成为中国民间舞蹈艺术宝库中的一朵奇葩，成为现代社会群众健身和喜庆活动中不可或缺的民间艺术形式，成为青田的地方特色文化品牌和宣传青田的一张亮丽的金名片。

青田鱼灯先后多次参加国内外重大文化交流展演活动，受到了社会各界的热烈欢迎和高度评价，取得了优异的成绩，接受江泽民、胡锦涛等党和国家领导人的检阅，被誉为"天下第一鱼"。2008年，再度晋京参加奥运城市广场文化活动展演；2009年，成功登上中央电视台的综艺舞台；2010年参加上海世博会浙江周民间艺术展演；2011年，参加第八届全国残疾人运动会开幕式表演和中意建交40周年中国文化年展演活动。由于青田是侨乡这一特定的人文环境，青田鱼灯还在国际交流中充当了文化外交的使者。现如今，青田鱼灯在西班牙、意大利、奥地利等欧洲国家获得很高的礼遇，并建立了多个"青田鱼灯海外传承基地"。

2008年，青田鱼灯被列入第二批国家级非物质文化遗产名录。

三、民间观念与信仰

东至花灯

东至花灯流布于安徽东至县的石城、张溪、高山、官港、木塔等乡镇。

东至花灯个别灯种在乾隆年间或更早就已形成或传入，旧俗以上元节（农历正月十五日）为赏花灯之期，各街市、村院都先期准备放灯，店铺也出售各式花灯，叫灯市。范成大《上元纪吴中节物》诗云："酒垆先迭鼓，灯市早投琼"。自注："腊月即有灯市，珍奇者数人釀买之，相与呼卢，采胜者得灯"。投琼、呼卢、掷骰子系博采戏。据乾隆四十三年（1779 年）刻本《建德县志》载："立春先一日，邑合迎于东郊。上元日，张灯闹花爆"。建德即现在的东至县，地处深山的民间艺人有利用本地所产的竹、木藤、金属等材料制作各色花灯的传统，先是用于张灯结彩，后来渐渐演变成舞龙灯、玩花灯等形式的民间娱乐活动。东至广大农村或村组、或家族，都有在春节期间举办灯会的习俗，其时山城、山村，到处洋溢着喜气洋洋的气氛。灯会，一般从正月初二开始，正月十五元宵节结束（圆灯），也有的灯要到二月初二圆灯，习俗不一，农历腊月则是乡间艺人最繁忙的时候，他们会在一群血气方刚的小伙子们的簇拥下，在一阵鞭炮声中，将架在祠堂或屋房梁上的"灯头"很郑重地"请"下来，以后的日子，村里人各尽其责，各尽所能，扎篾的扎篾，糊纸的糊纸，涂彩的涂彩，繁忙中透着欢乐。舞灯初始，是以祭神、祭祖为主要内涵，表现形式由逐疫去邪、驱鬼、敬神，向敬神、娱神、消灾纳福求平安的方向转变。

新中国成立时，东至县有 60 多个自然村从事灯会活动，后来由于受多种文化思潮的影响和冲击，特别是一些老艺人的辞世，一些家族灯会传承十分困难，只有少数几个家族仍在坚持灯会活动。近年来，由于各级大力重视开展民间文艺活动，挖掘和保护历史文化遗产，东至花灯又开始活跃起来。东至县城尧渡街近十年间，每年春节期间都要举办灯会。

东至花灯主要灯种源于 300 多年前，有的根植于本乡本土，有的异地流入，表演形式各异，具有丰富的文化内涵，内容涉及民间舞蹈、民间音乐、民间手工技艺、民间美术和宗教信仰等诸多领域。表演中常以大鼓、大铙、大锣、钹为伴奏基本形式。花灯表演多以自然村为单位，以"家族"为载体，是蕴含着诸多文化要素的古老民间文化。

1. 东至花灯主要灯种和内容

（1）"六兽灯"

"六兽灯"又名"六兽太平灯"，分别为麒麟灯、狮灯、独角兽灯、鹿灯、象灯、獐灯。流传在东至县石城乡境内。东至县靠近九华山，民间习俗受佛教文化影响颇深。

（2）"磨盘灯"

"磨盘灯"由皖赣边界传入东至县距今已有300多年，一直为张溪镇东湖村李氏家族传承。"磨盘灯"因所用道具形似磨盘而得名。

（3）"八仙灯"

"八仙灯"又名"八仙过海灯"，始创于1935年，系东至县张溪镇土桥村陈湖组胡氏家族传承。1935年，当地发生了百年未遇的特大旱灾，颗粒无收。当年的陈湖村除老年人在家以树皮、草根维持生命外，其余拖儿带女逃荒到徽州。为了养活妻子儿女，有的打夹板，有的打连枪，有的唱小调等民间小曲向人乞讨。

（4）"太平灯"

"太平灯"又名"五猖太平灯"，东至县高山乡金塔村胡村村民组和官港镇秋畈村集体传承，距今已有100多年。

2. 东至花灯艺术特点

（1）形式多样，观赏性强

"东至花灯"由"六兽灯""磨盘灯""八仙过海灯""五猖太平灯""龙灯""狮子灯""蚌壳灯""旱船"等十余种形式各异的花灯组成，但最具特色还数"六兽灯""磨盘灯""八仙过海灯""五猖太平灯"等。他们多以家族为演出单位，以请神祭祖、驱邪纳福，祈求太平为目的。

（2）舞蹈动作古朴粗犷

每年农历正月初二至二月初二不择日进行活动。起灯和圆灯择日，即每年正月初二发

传统东至花灯表演

灯，二月二"龙抬头"圆灯。各班花灯均伴有类似于一般戏曲中的舞蹈动作，伴有民歌、山歌、戏文、自由起舞。东至花灯汇蓄和沉淀了多个历史时期诸多文化信息，仍保持着古朴、粗犷的原始风貌，是东至广大农村中最重要的一种民俗活动。

（3）具有特色品牌效应

2004 年 5 月，中央电视台文艺频道《华夏文明》栏目组拍摄了东至的"六兽灯""磨盘灯""八仙过海灯"，并于 7 月 7 日播出。2005 年农历正月初六，中央电视台又对"东至花灯"进行了拍摄并于正月初九在新闻频道播出，进一步推动了东至花灯这一特色文化品牌的发展。

东至花灯传承久远，形式多样，是皖西南山区民间民俗文化的一朵奇葩，是集工艺美术、戏剧、舞蹈、音乐、民歌、武术表演之大成的一种艺术形式，是把扎彩灯，唱文南词、目连戏、黄梅戏和民歌小调以及十番锣鼓汇合于一体的民间艺术的大烩萃。

东至花灯蕴含着深厚的文学艺术、宗教、历史和民俗等学术价值。东至花灯作为综合性的民间艺术类型以优美的歌舞与丰富的灯彩造型相结合，具有独特的外显形态，其灯彩工艺具有独特的文化产业品牌价值。把握传统灯彩工艺与当下市场开发的契合点，以现代应用设计理念适度商业开发，是推动东至花灯民俗文化整体保护与传承的良策之一。

2005 年，东至县成立了非物质文化遗产抢救保护工作领导小组，东至县文化局成立了东至非物质文化遗产普查、抢救保护工作班子，下发了文件到各乡镇，并抽调四名业务骨干，赴有关乡镇实地考察"东至花灯"保护传承现状，收集原始资料，采访尚健在的传承者，对经典的灯种进行了录像。

目前保护形势依然严峻：一是缺乏传承人。随着时代更迭和社会发展，现代文明的步伐毫不留情地让"东至花灯"的生存土壤越来越贫瘠。目前，"东至花灯"仅靠"口传身教"的方式传承，随着老的花灯艺人的先后故去，精湛的技艺已部分失传，现在演出的已显逊色。二是现代文化冲击。受市场经济大潮的冲击，现代先进科学技术尤其是通过广播电视、互联网等传播的西方文化的影响。

1983 年，东至县文化馆开展了全县民间非物质文化遗产的普查工作，结合《中华舞蹈志·安徽卷》编纂要求，对"东至花灯"进行了深入调查和研究。1984 年，配合《中国民间舞蹈集成（安徽卷）》编写办公室，对全县花灯如"磨盘灯""六兽灯"等进行了录像，并播出。1986 年，挖掘整理东至花灯"磨盘灯""六兽灯"，入编于《中国舞蹈志·安徽卷》（2000 年出版）。2004 年 5 月，配合中央电视台《华夏文明》栏目，对"东至花灯"进行了全过程拍摄，并向海内外播出。2005 年农历正月初六，县文化局积极协助中央电视台新闻频道又一次对"东至花灯"进行拍摄，并在新闻频道播出。自 1998 年开始，每年春节期间，县文化局都要组织一次大规模的灯会活动，得到多家新闻媒体的参与和报道。

2008 年，东至花灯被列入第二批国家级非物质文化遗产名录。

杨树底下村敛巧饭风俗

杨树底下村敛巧饭风俗主要流布于北京怀柔琉璃庙镇杨树底下村。

相传村里年景不好，村民们去种地，可仅有的几棵种子却掉到了山上的石缝中，几只山雀飞来，帮助乡亲们将种子衔了出来并放在了他们的脚下，然后就飞走了。乡亲们感动万分，对帮助他们的山雀说：感谢诸位神雀相助，来年种出粮食，即使我们不吃，也要先敬奉于你们。于是，"敛巧饭"前总会先有"扬食敬鸟"的仪式。

所谓敛巧饭，即是在每年正月十六日这天，由村中十二三岁的女孩，到各家敛收食粮、菜蔬，然后由村里妇女，将敛收而来的粮菜做熟，全村共食。其间，锅内放入针线、顶针、铜钱等物。食之者，便预示其乞到了巧艺及财运。另外，巧字，是当地人对麻雀、山雀等鸟儿的别称。在人们吃敛巧饭之前，还要举行扬饭喂巧（即雀）、走百冰、花会表演及唱大戏等活动，一百多年来，此项民俗活动代代沿袭，传承不断，发展到了今天的由村里的妇女组织挨家挨户敛小米、大米，各种菜、肉等，在街头巷尾支大锅做"敛巧饭"，做好后，全村的男女老少，有的从自己家里拿着酒，大家围坐在一起，一边喝酒，一边吃菜，一边吃粥，畅谈过去一年丰收的美景，设想着来年的风调雨顺，五谷丰登。此项活动增进了邻里团结、化解了往日隔阂，维护了社会稳定，当地的村民十分喜爱这项活动，并具有一定的社会价值。饭吃完了，大家把剩下的"巧饭"撒在河床上喂鸟儿，希望鸟儿吃饱后不再糟蹋田地里的粮食。

底下村敛巧饭风俗历史悠久，传承持续不断，具有鲜明的地域特色，是当地春节民俗活动的组成部分，反映了北京地区独特的民间传统文化形态。同时在当地农民群众的心中具有风调雨顺、五谷丰登的寓意，因此更加具有传承价值。

现在的"敛巧饭"再不是过去的形式和规模了，由于它的影响，很多身在异乡的人也会千里迢迢地赶来，为的就是图个吉利和热闹。为此，政府近几年来已投入近70万元，使"敛巧饭"越办越好、越办越大。通过活动的举办，使传统民俗文化得以更好地保留和延续，更有利于发展农村经济，提高农民收入，使农民走向逐步致富的道路和全面推进社会

"敛巧饭"民俗风情节

主义新农村及和谐农村的建设。

为了更好地传承敛巧饭民俗活动，并于 2009 年 2 月 8~10 日（农历正月十四、十五、十六），怀柔区举办为期 3 天的"敛巧饭"民俗风情节节庆活动。怀柔区琉璃庙镇政府支持杨树底下村，先后投资 65 万元兴建了 5 000 平方米的敛巧饭文化广场。建设占地 160 平方米的仿古戏楼、70 个灶台组成的连体灶台棚、能容纳 500 人就餐的 3 个巧饭聚餐棚、12 个休闲草亭以及横贯广场东西的文化甬道。根据活动需要分为休闲区、杂耍区、就餐区、表演区等多个区域，以适应敛巧饭民俗活动的需要。同时，村里的雨洪利用工程也进入收尾阶段，将为每年敛巧饭活动的"走百冰"环节提供 1.2 万平方米的水面。2009 年度敛巧饭民俗文化活动划分为六个区域，即敛巧饭文化广场、非物质文化遗产展示区、民间游艺区、乡村集市区、农事体验区、旅游招商咨询服务区，增加和改进一些参与体验性项目和娱乐节目，使敛巧饭系列文化活动更加丰富多彩。

巴郎鼓舞

巴郎鼓舞流行于甘南藏族自治州卓尼县的藏巴哇、洮砚、柏林 3 个乡的藏族群众中。

巴郎鼓舞（莎姆舞）在卓尼境内流传始于公元 8 世纪前后，历史悠久。卓尼处在"唐蕃古道"上，巴郎鼓舞（莎姆舞）的起源与古羌人的原始祭祀活动和吐蕃宗教法舞有着密切的关系。藏巴哇地区有洮砚、柏林、藏巴哇三乡，而"藏巴哇"即西藏后藏人之意。在卓尼民间，关于莎姆舞的起源，流传着一个神奇而美丽的传说。相传很久以前，这里连年大旱，颗粒不收，乡亲们只得杀牛宰羊祭祀至尊的山神，乞求神灵降下甘露，拯救苍生。当乡亲们虔诚地跪伏在山神拉卜载前苦苦祈祷时，山中隐隐传出一阵鼓乐相伴的歌声，优美动听。他们默默地记下了曲调和鼓点，回去后，便制作了一种鼓面直径约一尺、带长把、能摇动发响的双面羊皮鼓，两边各垂吊有打结的绳索。然后，人们在寨子中心的场地上点燃篝火，即兴跳唱起来，将祈求神灵的心愿用歌声表达出来。他们至诚的举动感动了神灵，天上降下了甘露……从此，每年的农历正月，这里的老百姓都要跳莎姆舞，以祈祷来年的风调雨顺、五谷丰登、人畜平安。

每年的"曼拉节"（相当于汉族的春节），当地老百姓都要在开阔的场地上集体表演一种祈祷平安吉祥和五谷丰收的舞蹈，舞者手里拿着一个形似"巴朗"的双面羊皮鼓道具，随着沉稳劲健的舞步不断摇击，并循着节奏高声齐唱。舞蹈节奏紧凑，动作干净有力，歌词含蓄古朴，曲调内容丰富。巴郎鼓舞（莎姆舞）自身也有时节、仪式和禁忌，并非随时可跳。每年的重大节日才跳。春节期间每个村寨都跳巴郎鼓舞（莎姆舞），藏巴哇地区村村有广场、寨寨巴郎鼓舞（莎姆舞），舞者没有年龄性别限制，男女老少皆能跳，但男女不一起跳，且舞种歌词也不相同。男子起舞时几十个英俊汉子手持巴朗鼓，浑厚的鼓声和高亢的歌声在几里外都能听到。

巴郎鼓舞一般在春节期间的农历正月初五至十五日表演，自正月十六日起，即将巴郎鼓高高供起，留作来年再用。卓尼藏语称巴郎鼓为"沙目"（莎姆），其活动场所叫

"沙目场"，又把正月期间演出巴郎鼓舞的日子叫"曼拉节"。届时各个村寨由男性老少组成"沙目队"（莎姆队），除在自己村里跳唱外，还要到邻村赶"曼拉节"，进行交流。咚咚的鼓声、雄劲的舞步，给新春佳节平添了无尽的欢乐。

表演开始前，"沙目场"中心燃起篝火，摆放桌椅板凳，这是年长者的位置，他们负责掌管活动。年轻人倒茶斟酒，跑前跑后忙个不停，孩子们叽叽喳喳满院子疯跑，一派节日景象。天近黄昏时，全村人都到齐了，由一执事宣布表演开始。"沙目队"围着篝火，摇着巴郎鼓，翩翩起舞。先唱序曲《及柔》，接着跳《苦松加里》，以一问一答的方式各跳三圈，是为互致问候；之后边跳边唱《沙楼梅娄》，意为"沙目"正文开始。以下依次是《春芽撒》《春柱》《尼给刀羊》等。歌词内容有庆贺丰收、互道节日愉快的祝辞；有歌颂家乡自然美景、好人好事的；也有针砭时弊的；有的则是猜迷式的"盘歌"。就这样一直唱到夜阑更深，雄鸡报晓，东道主即将"沙目队"请进最宽敞的大厅里，各家则将丰盛的节日食品及青稞酒端出来款待客人。这时主人代表又举起酒杯唱问《龙够》《撒玛鲁》（饭歌）、《扎玛鲁》（酒歌），客人也立刻以歌回答，彼此对唱，高潮迭起。节日期间，出嫁的老少姑娘均返回娘家，与家人和乡亲邻里欢聚一堂，跳起《阿尼桑》舞，唱着《汤卡》曲，兴高采烈地过大年。晨光熹微中，主宾复聚"沙目场"，举行告别仪式，跳《盖路》，互祝来年丰收吉祥。至此，一个村的"曼拉节"结束了，"沙目队"又积极准备，赶去邻村过"曼拉节"。巴郎鼓舞粗犷健美，具有铿锵劲健的节奏感和浓郁浪漫的地方民族特色。

卓尼历史悠久，早在新石器时代，藏族先民就生息繁衍于洮河沿岸，在漫长的历史长河中孕育了灿烂的文化。卓尼藏族文化除了具有藏族文化源远流长、博大精深、古朴神秘等共性外，还具有鲜明的农耕文化和各民族交汇融合的多样性风格。流行于卓尼藏巴哇乡境内的莎姆舞是卓尼藏族文化艺术多样性风格的集中体现，这一民间艺术形式为卓尼藏族文化乃至整个藏族文化增添了色彩，极具研究、开发价值。

巴郎鼓舞（莎姆舞）以巴东鼓为道具是一个古老而鲜为人知的舞种。它融说、唱、舞为一体具有明显的宗教性和娱乐性。因其主要道具是巴东鼓，故也称巴东鼓舞。莎姆舞除

巴郎鼓舞表演

了舞姿优美、庄重外，最主要的是歌词内容涉及生产生活与民族历史等方面。对歌时双方的歌词问答有很高的农业知识性、思想性和娱乐性。

卓尼巴郎鼓舞（莎姆舞）1958 年因被视为封建迷信而遭禁止，1978 年后重新恢复，当时已经有许多舞艺娴熟并掌握大量歌词的老人先后辞世，多半舞种已失传。到 21 世纪初，有的村寨只流行十几种，有的仅七八种，且传统歌词内容的丰富程度大不如前。

2001 年，在卓尼县大峪沟举办的"藏族文化与甘南旅游产业研讨会"上，卓尼县邀请专家学者对这一古老的民间艺术进行了专题研究和探讨。之后，卓尼县还组建了民间业余莎姆舞艺术团，中央电视台专题组也到卓尼进行了专题采访。2003 年，卓尼县邀请专业人员，对莎姆舞的音乐及舞蹈形式进行了更新，在原有古朴、豪放的风格中融入了昂扬向上、激情流畅的现代歌舞风格。2003 年 8 月，在甘南藏族自治州成立五十周年庆典暨第四届甘南香巴拉旅游艺术节开幕式方队表演中，由卓尼县莎姆舞业余艺术团表演的莎姆舞荣获方队表演一等奖，这一殊荣使莎姆舞作为一种独特的藏民族文化被州内外观众所接受，也使它真正成为卓尼向外集中展示的文化品牌。

2008 年，巴郎鼓舞（莎姆舞）被列入第二批国家级非物质文化遗产名录。

巴寨朝水节

巴寨朝水节主要流布于甘南藏族自治州舟曲县。

巴寨沟境内群山连绵，奇峰林立，云雾缭绕，古树参天，鸟语花香，山泉飞瀑腾空直泻，是舟曲县主要的风景区之一。关于巴寨沟朝水节，在舟曲当地数百年间流传着一个美丽的神话故事。

相传，在很久以前，天宫的医司仙女云游四方，发现巴寨沟一带瘟病横行，民不聊生，便下凡这里，为当地老百姓治病驱邪，教他们耕作和纺织技术，使他们过上了安康幸福的日子。有一天，医司仙女在松林茂密的昂让山上采药时，被山上作恶多端的狐狸精发现。狐狸精见医司仙女花容月貌，美丽动人，便施妖法将仙女因于山洞，威逼成婚。这一切，被上山打柴的藏族小伙子巴卡知晓，并舍身相救。经过三天三夜的殊死搏斗，巴卡终于用宝刀将狐狸精砍死，使医司仙女虎口脱险。仙女在感激之余对巴卡产生了爱慕之情，两人随即以山洞为家，结为伉俪，并生下一个孩子。天宫的王母娘娘得知这件事后，勃然大怒，命医司仙女立即返回天宫受罚，仙女难舍亲人，拒不从命。王母娘娘便发功施术，用雷电击杀了他们的孩子，并封实了他们居住的昂让山崖洞。这一天正好是农历五月初五，也就是端午节。因此，每逢这一天，悲痛的山民们便在山崖下煨桑、颂经、祭酒、祈祷，以纪念仙女和巴卡。诚心所至，金石为开，有一年的农历五月初五，封实的洞口突然爆裂了一个石孔，从中喷泻出一股飞泉瀑布。人们喝了这个山泉后，治愈了身上的各种疮疾和疑难怪病，并且万事走运，人们说，这股神奇的飞泉就是医司仙女的化身。沐浴和饮用了它，就能医治百病，净化身心，消灾避难。因而，被当地群众尊称为"曲纱"圣水。飞泉旁边还长出了一棵四季溢香、万古长青的柏树，据说，那就是巴卡的化身，伺守在飞泉旁，象征他们坚贞不渝的爱情。从此以后，每逢这天，方圆各地的人们便汇集在这里沐浴和朝拜"曲纱"圣水，载歌载舞，以祈求神灵为他们消灾赐福。

Aringri 雪山位于舟曲县巴藏乡与迭部县洛大乡相邻地段的黑水沟，海拔 3 917 米，山顶上积雪很厚，每年都要到农历七八月时才能完全熔化，由于该山在当地是高山，而且雪厚、在太阳照耀下呈彩色，因此，当地藏族将她奉为神山。该山山顶附近的悬崖上有一口泉水，是从岩石中迸发出来的，落差很大，非常清澈，当地人认为仙人在该水中洒有药物，可以包治百病，因此奉为神水，在飘落处，还有十几眼泉水，汩汩流淌，先民们给它们分别命名为明目泉、健身泉、长寿泉、聪明泉等，朝水节就是以祭祀这些泉水为主题而开展的一系列宗教娱乐活动的集合。

每年农历五月初五，巴藏乡后北山、黑水沟、曲瓦乡、大峪乡、憨班乡黑峪沟、丰迭乡、立节乡和迭部县洛大乡、羊布、花园乡等地的藏族群众都要齐聚 Aringri 雪山脚下，举行一年一度的庆祝活动。多年以来，每年参加朝水节的人数一直保持在 10 000 人左右的规模，其中又以藏族群众为主。Aringri 雪山附近的藏族人更是雪山的忠实供奉者、守护者和朝水节的积极参与者。以黑水沟为例，沟中有好尕村、香拉村、葱地村、坝子村、尕布村、阿阳坡、盖子村等村子，居住着 800 多藏族群众。他们每年都要非常虔诚地参加朝水节的各种祭祀活动，而且认为如果不参加朝水节就不会得到医司仙子的佑护，就会人畜不安，村寨不宁。受藏族群众的影响，当地汉族也经常参加朝水节，刚开始是利用这个时机做小生意赚钱的，后来在藏族群众的影响下也开始参加朝水活动，人数持续增加。

农历五月初五这天早上 6 点多，人们就身着民族盛装，聚集在 Aringri 雪山下，开始登山，以当地人的脚力，一般要爬 3 个多小时才能到达山顶处的神水旁，神泉旁边有草坡，然后是松树林，泉水上面的山崖上有棵柏树特别高大，被誉为神树。到达泉水旁以后，人们就开始祭祀，在老者的带领下煨桑，白色的香烟冉冉升起，将 Aringri 雪山笼罩在一片白色的烟雾中，然后再摆放各种供品，人们的一举一动都非常庄重。接着男女分开，排成两支队伍，沿着顺时针的方向开始转山，女的要去掉头帕，口诵六字真言，男的则不停地口诵，意思为拜神了，边走边撒风马，并且男女不停地齐声高喊，喊到一定程度的时候，泉水的水流就会突然增大，以平时三四倍的流量和速度飞泻而出，形成瀑布，非常神奇。这时候，人们就会大声欢呼，认为祭祀的目的达到了，医司仙子显灵了，她高兴了，知道大家来祭祀她了，知道今天来的人多，用水量大，所以就泼洒出了更多的神水，供大家使用。人们欢声如雷，显得非常兴奋，凡是参加的人都会感到那种气势迫人的狂热。然后人们就开始在喷泻而下的瀑布下洗浴，大人们洗眼睛、洗脸、洗上身，给小孩子则要洗全身，意味着洗去陈年的污垢，在新的一年中身体健康，百病不侵。

庄严的祭祀活动结束了以后，轻松的娱乐活动拉开了序幕，沐浴完以后人们就去山中采摘各种鲜花、药材，人们认为，农历五月初五这天山中所有的花草都是带有药性的，可以驱除瘟疫。大家边采花边对歌，采花结束后就开始集体唱歌、跳舞，青年男女则可以打情骂俏，相互追逐，平时不允许的行为今天都可以做，当然要避开家长们才行。活动一直持续到中午 12 点多人们才纷纷下山，由于水是神水，花能治病，所以能上山的人就用木桶把水背回家，让家人洗浴，起到祛病强身健体的功效。把花拿回家插在门上，起到驱除瘟疫的作用。

下山以后，人们到山下的白格寺继续举行祭祀活动。女的跳锣锣舞，妇女们围成一个圆圈，手拉手，肩靠肩，三至四人手执一串铃铛，抖动铃铛，脚下缓慢移动，在一个中年妇女带领下轮流唱赞歌，歌词没有固定的，都是现编的，特别押韵。一人起，众人应，依次轮流歌唱，随着铃声的急促和歌声的频繁，妇女们跳动的速度也加快了，锣锣舞越转越快，越来越整齐，煞是好看，在跳的过程中不断地有人加入，人越来越多，圆圈越来越大。男的跳摆阵舞。由一个老贡巴带头，他头戴虎皮帽，身穿藏服，腰缠羊毛带，肩扛一只又着一方腊肉的三角钢叉，叉杆上绑着许多红丝绸带子，用钢叉向天上一刺，男人们马上跟在他的身后，摆起了阵势，众人手挽手、肩靠肩列队在院子里游走。

朝水节具有宗教祭祀的功能，用来祭祀医司仙子和藏族小伙子。从某种意义上说藏族小伙子是他们的祖先，医司仙子是他们的救命恩人，而且和他们的祖先结婚了，还生育了后代。朝水节产生的最初原因就是出于对他们的祭祀，在这种重大而难忘的祭祀仪典中，参与者确认了他们对医司仙子和祖先的信奉。用这种祭祀活动来表示对先人的纪念，在这令人激动地集会中，个体所获得的情感以及他们所从事的活动是他们单靠自己所从来不能实现的，在这样的仪典中，他们抛弃了日常的、平凡的、个人的事物；相反，他们转入了伟大、公共的领域。他们进入了神圣事务的神圣领域。在这个祭祀仪典中，人们充满了激情、活力、兴奋、自我奉献以及完全的安全感。这种最原始的宗教祭祀功能一直保留到了现在。

由于雪山在当地就属高山，出于对神山的崇拜，平时也没有人上山劳作，因此山上几乎没有路，非常难走，朝水节这天很多人都因为体力不支而走不到泉水处，就在半山腰的草坡上举行祭祀和娱乐活动。中老年人是最虔诚的朝拜者，带着未成年的孙辈坚持爬到泉水处，走走停停，直到中午才能到达山顶，开始真正意义上的朝水祭祀。藏族用这种方式教育晚辈热爱家乡，崇拜神山，激发人们保护自然环境的热情，传承地方文化。现在，这种传统意义上的教育也受到了挑战，主要表现在年轻人方面，他们只是在小时候跟祖辈到过泉水处，后来长大了，有了体力反而不去了，因为随着科学的昌明和受教育程度的不断提高，他们已经不大相信神水的神话了，但是又迫于长辈的威严而上山祭祀，就正好借朝水的名义好好玩耍一番，倒也相得益彰。这说明现代科学技术的发展对传统民族民俗文化的传承有着天然的抑制作用，其中现代教育又发挥了推波助澜的作用。

朝水节又与汉族的端午节重合在一起，所以能引起两个族群的共同兴趣，当地汉族人在端午节时喜欢用白面做一种直径为 10~30 厘米大小不一的"圈圈馍"，表面用镊子夹成各种花纹，放入笼屉中蒸熟后用食用色素点缀，具有敬神、驱邪、求吉的意味。

朝水节还具有强大的社交功能，为人们联络感情，提升民族凝聚力创造条件，特别是为青年男女的交往提供合乎规范的场地和时间，便于婚配。朝水节还是文化传播与传承的媒介和工具，集物质文化、精神文化为一体的复合体，是民族文化在民间共时性传播的最重要的媒介和手段之一。朝水节孕育于舟曲藏族这一文化母体，在文化的传播过程中，承

巴寨朝水节

载着的文化信息却超越了孕育它的文化母体，为邻近文化圈的汉族民众所接受和认可，从而在文化传播过程中充当了最活跃的媒介，使朝水节成为舟曲人这个群体的共同财富。

朝水节是舟曲藏族的一张文化名片，特别是在外地旅游者大量涌入舟曲参加朝水节活动时更是起到了宣传舟曲的作用，而且正在体现出日益强大的实用价值和经济价值。

舟曲县文化馆多年来采集、整理了大量的"巴寨朝水节"音像、文字资料和实物，并大力开展抢救性保护工作，确定了传承人，并成功申报为省级非物质文化遗产保护项目，保护工作成效显著。

1999年，地方政府发现泉水中的微量元素含量极高，达到了直接饮用的水平，促成了巴寨山泉这一矿泉水的诞生，垄断了舟曲的矿泉水市场，产生了一定的经济价值。

近年来，朝水节声名远扬，每年都有不少中外游客不远千里来舟曲朝水，黑水沟在当地政府的支持下已经成为集山水风光、宗教寺庙和民俗节日为一体的旅游风景区，带动了当地经济的增长。

沙溪四月八

沙溪四月八流传于广东省中山市沙溪镇圣狮村和象角村地区。

"沙溪四月八"大型民间艺术巡游活动起源于明朝。一次，村民在撒网捕鱼的时候，网上了一块用木头雕刻的神像，捕鱼的村民将神像扔开后，神像几次随着漩涡漂回到船边，捕鱼的村民将神像捞起来，在神像的底座发现写有"南海广利洪圣龙王"字样，捕鱼的村民不敢怠慢，将神像拭干后用布袋带回村中，走到如今村中大王庙附近的位置，神像从布袋里掉了下来，捕鱼的村民认定"洪圣龙王"喜欢在这个地方安家，于是就在村中发动盖起了大王庙供奉起这尊"南海广利洪圣龙王"神像，而大王庙也成为了圣狮、象角及周边一带村民礼顶膜拜的地方，终年香火鼎盛……

明末清初，沙溪的圣狮、象角一带发生瘟疫，很多村民都病倒了，当年缺医少药，人们将健康寄托于洪圣庙，一番问卜之后，洪圣王将舞龙消灾的意旨告之村民，于是，圣狮村就派人到当时中国四大古镇之一的佛山去买龙。当他们在一间扎作店看到一个栩栩如生的龙头后，就想买下来，谁知扎作的师傅不肯卖，说这龙头已经有人订了。圣狮村民驱赶瘟疫心切，就允诺出高价钱先将这条龙头买下来，让扎作师傅另扎一个给那预订的人。那师傅说：不行，那是香山的洪圣王预订给他的村民的。圣狮人一听：这不就是我们圣狮村大王庙里供奉的洪圣王吗？对扎作师傅说明了原由后，一条庞大的金龙终于买回圣狮村了。龙买回来后，发动村中的健壮男丁全体出动舞龙。舞龙这一天，正好是农历四月初八浴佛节，村民将金龙放在大王庙进行一番拜祭后，为金龙点了睛。然后，沿着圣狮、象角一带的大街小巷热闹舞动，当金龙舞过时，家家户户都烧炮竹迎接，浓浓的炮竹硫磺硝烟将村中的每个角落都熏遍了，圣狮象角一带的瘟疫就消失了，村民恢复了健康。村民认定了这是洪圣王的神灵在保佑，于是从此在每年的四月初八都举行一次舞龙活动。

自从明末清初开始，当地每年四月初八都举行盛大游龙活动。到了 2003 年"非典"肆虐，社会上很多大型的聚集活动都取消，但圣狮村的"四月八"活动依然按时进行，浓浓的硫磺将圣狮村进行了一次彻底的"洗街"，村民个个强身健体，生活安定。

历史上，圣狮、象角两个村紧连在一起，无论行政上如何分合，这两个村每年的四月初八大型民间艺术巡游活动从来不分家。每年四月初八都举行盛大游龙活动之后，圣狮村的彭述等扎作艺人，先后扎作了金龙、银龙，圣狮舞金龙，象角舞银龙。

四月初八出巡，金龙银龙都首先聚集到圣狮来，上午游遍圣狮村，下午游遍象角村，这种"合作"，历百年而不变。圣狮、象角两村的村民万人空巷地参与这项盛大的民间艺术活动，年轻力壮的男性参加舞龙舞狮，年轻貌美的姑娘组成鲜花队参加巡游，天真活泼的小孩子扮演飘色的色脚和色芯，勤勤恳恳的中年妇女负责为巡游队伍端茶递水。至于上了年纪的老人家，到了这一天也不闲着，他们在家里煲好大煲的菊花茶和各式糖水，蒸好大碟的粉果和栾茜饼摆在家门口，让参加巡游活动的人员经过时免费享用。至于那些旅居港澳和世界各地的乡亲，到了这一天也会不顾路途遥远赶回家乡参加巡游活动。四月初八，圣狮村一片热闹和谐。

四月八民间艺术大巡游

沙溪四月初八的民间艺术活动还有其强烈的"实用"功能，它的的确确能够驱除瘟疫：明末发生瘟疫，圣狮村舞龙舞凤，村民家家户户烧炮竹迎接，炮竹的硫磺在村中弥漫，将瘟疫赶走，村民恢复了健康，因此沙溪四月八对于当地人来说具有十分重要的实用价值。

圣狮村和象角村的村民，对四月八民间艺术大巡游这一习俗的热衷百年不改。村民和海外华侨、港澳同胞自觉为巡游活动捐款，以支持活动的费用所需。每年圣狮村举行庞大的四月初八巡游活动，需要一定的费用支出，而这项活动从诞生之日起就得到村民的支持。早年村民自觉捐出谷饷等做经费，后来经济条件好了，村民就按自己的能力捐出款项，而在圣狮村设厂的中外企业，也十分支持这项民间活动，每年都捐出大笔资金。为此，圣狮村还成立了慈善福利基金会对所有捐款进行管理，除了活动之外，如有剩余，则要划归村中的学校支持教育，福荫子孙后代，或是办好老人福利。并且，每次出巡都将捐献者的名字及金额写在大大的牌匾上参与巡游，使捐献者有一种为家乡出力的自豪感。

宾阳炮龙节

宾阳炮龙节主要流布于广西宾阳县。

宾阳炮龙节的主题形式就是舞炮龙。舞炮龙是宾阳人民特有的一种传统舞龙形式。有关宾阳舞炮龙的来历，起于何时，较为流行的有以下几种说法。

第一种说法，据史料记载，1053年，宋朝将军狄青奉朝廷旨意率领3.1万名将士前去南方征伐侬志高领导的武装反叛势力。在正月十一这天，宾州本地流行着一个热闹的"灯酒节"，狄青以此设下大计。为了迷惑敌军，狄青充分利用了中原地区士兵的编织技艺和舞龙技术，在白天与当地百姓吃酒庆祝，夜晚与百姓舞龙助兴，让整个城镇热闹非凡，民众喜气洋洋。接下来，狄青突然袭击敌军，一夜之间拿下昆仑关，大获全胜。狄青军队班师回朝后，舞龙活动被当地居民保留并传承下来，逐渐演变发展成现在舞炮龙的情景。

第二种说法，舞炮龙起源于宾阳地区最早的居民卢氏兄弟，距今已有300多年的历史。1664年，广东水花门楼卢氏三兄弟为谋生迁居至宾阳的芦圩镇，多年后卢氏移民为表达思乡之情，就把家乡的民俗活动舞炮龙带到了宾阳。由此，宾阳舞炮龙活动就成为了当地独具特色传统民俗节日。

第三种说法，在明朝万历年间，宾阳县城宾州镇最早的居民，基本上都是来自广西玉林地区的经商之人。他们在此集结成圩做生意，发家致富，安居乐业。宾州镇经多年的发展成为广西四大圩镇之一。多名风水先生给宾州地区卜卦，共同认为该地区是"四龙拜祖"之宝地。他们认为，宾州老圩集市是一处较平坦的高地，类似一社坛。向南方向的4条老街道犹如4条盘旋的蛟龙。4条龙头朝向社坛。风水先生曰：四龙拜祖也。社坛所在地，即现在老圩菜市廊铺，也就是炮龙开光老庙所在地。在老庙开光舞炮龙也是为了"兴隆"此地之意。

第四种说法，来源于"送灯"风俗。所谓"送灯"，此举实是庆祝男孩出生的活动。在过去的一年里，当地居民谁家男孩在新生儿中第一个出生。所有的当地居民会在正月十一这天出资，由这户人家牵头买酒买菜来吃"灯酒"，买祭品祭祀神庙神坛。在傍晚时候，全体居民在年长的族长带领下拜祭本族社坛后，敲锣打鼓、舞狮、舞龙、跳舞，燃放大量鞭炮并把扎好的花灯送至那户人家。最后把花灯挂在厅堂的横梁上，以示祝贺。

宾阳县很多乡镇存在这种风俗。现在许多人认为宾阳舞炮龙就来源于"送灯"活动。正月十一就叫灯酒节。炮龙节即衍生于此节，现在已经两节合一。笔者认为，宾阳舞炮龙活动在上千年的发展历史中孕育、形成、发展、成熟、改进，并形成了现在有着悠久的历史渊源、丰富文化内涵、整合了本土文化与外来文化的共生，不仅拥有独特的中华龙文化价值，也具有民众祛灾祈福心理需求的精神价值。

传统的炮龙节活动主要有"游彩架""灯酒宴""舞炮龙"三个部分。

游彩架。正月十一上午，由彩架、炮龙队、狮队、灯彩、八音、高跷、师公剧、山歌对唱、文化彩车等组成大展演（巡游）队伍，在预定街道（线路）上巡游展示，队列通常有 10~16 个方块队，全长 1~2 公里，由醒狮队开路，龙队次之，各方块队紧跟，彩架包尾。

灯酒宴。正月十一中午吃灯酒是宾阳当地农民群众欢度炮龙节的一个重要传统习俗。灯酒本是"丁酒"，是一年来有喜得贵子（民间也叫"添丁"）的人家为了表示庆贺，献出阉鸡等好菜好酒宴请邻居街坊共同庆祝，同时希望来参加的各家各户也人丁兴旺，来年喜得贵子事业兴旺发达。这几年宾州古城的三联街、南街都举办上百桌的灯酒宴，邀请或接待各方宾客，共享炮龙美食。

舞炮龙。大致分为四个环节。首先是开光，正月十一晚七时整，在炮龙老庙或社稷，由会首（或僧人）以鸡冠之血点亮龙眼。其次是舞龙，开光后的炮龙以龙珠、龙灯、锣鼓、文武场开路，火把及护龙队首尾随龙，按舞龙套路狂舞而进，火铳队则负责燃放火药增加龙随云腾而起之势。人们不断地钻龙身、撕龙布、扯龙须、抢龙珠，舞龙头者尽量避开，护龙队极力保护，随意而舞。再次是舞炮龙。"舞炮龙"即人们点燃鞭炮后就往龙头、龙身上丢，以燃放的鞭炮弹、烧、炸狂舞之龙。舞龙者赤膊上阵，头戴竹笠，不惧万炮炸响，不怕鞭炮烧伤，在全国实属罕见。民间认为，鞭炮烧得越多，龙在自家门前停得越久越吉祥。最后是送龙。龙舞到街头巷尾，鞭炮燃尽，龙也被炸得体无完肤，舞龙队便集中到既定地点，由会首举行传统送龙仪式，然后生火将龙焚烧，送龙升天。

炮龙晚会。正月初十晚上，通过炮龙之夜大型文艺晚会精彩的文艺演出，将宾阳历史文化同现代风貌融为一体，把宾阳深厚的炮龙文化精髓挖掘、体现出来，将原汁原味的宾阳特色节目展示给人们，同时借助电视直播这个平台，将炮龙之夜大型文艺晚会打造成一个品牌，深入宣传、演绎宾阳炮龙文化。

炮龙表演比赛。正月初十上午，组织县城宾州镇各社区、各街道炮龙队进行表演比赛，通过比赛交流舞炮龙的经验，加深各炮龙队之间的友谊，巩固炮龙的保护和传承成果，使炮龙的制作工艺和表演技艺得到传承，不断提高炮龙表演的技巧和水平，进一步增强炮龙的观赏性、艺术性、创新性、可玩性。

龙娃龙女形象大使选拔。炮龙节期间，通过严格的初赛、复赛和决赛环节，从全县热爱宾阳，熟悉宾阳历史、人文、自然环境，具有良好的表达能力和才艺专长，身体健康，形象大方，活泼可爱的宾阳籍男女儿童中分别评选出炮龙节龙娃、龙女形象大使各 1 名，并参与到每年举办炮龙节的对内、对外宣传工作和服务工作。

宾阳炮龙节历史悠久，内涵丰富，在民族文化、民间艺术、民俗以及手工技艺等方面都具有非常重要的价值和社会影响。

宾阳有 2 000 多年的历史，文化源远流长，有丰富的民俗文化遗产，比如炮龙节、游彩架、丝弦戏、彩凤、仙马等。地方政府充分利用"东方狂欢节"——宾阳炮龙节这一平台发展传承这些民俗文化，通过炮龙之夜大型文艺晚会、非物质优秀文化遗产和民俗艺术巡游、炮龙比赛、龙娃龙女选拔赛等不同形式的文化活动，以炮龙文化为主线贯穿始终，形成了不同的活动形式，体现相同的文化内涵，达到了民俗与艺术相交融，形式与主题的有机统一，充分展现了宾阳历史文化的魅力，助推宾阳历史文化的发展，有力地促进了全县民俗文化的发展。

炮龙节舞炮龙在宾阳来说是盛大的群众性活动，男女老少参加，丰富人们的文化生活。舞炮龙既满足了人们新春佳节的文化娱乐、增添喜庆气氛的需要，又满足人们避凶趋吉、招福纳祥的心理。每当舞龙活动到来，当地的壮、汉族和其他兄弟民族共同参与，各族文化相互辉映，共同繁荣。

舞炮龙活动是一种民间艺术，在传统思想文化的影响下，沿袭相传，负载着宾阳人民的信仰、文化、风俗习惯，与广大人民的社会生活息息相关，是历代劳动人民心理和愿望的反映。舞炮龙不仅是一种舞艺的传承教习，更是对民族传统文化的学习和教育，启迪才智，使人民对自己本民族文化有了更深的认识，让人们深切地感受到民族文化对自己的浸染，从而产生对自己民族的强烈认同感和自豪感，增强对本民族的热爱，使民族意识得到强化。

20 世纪 80 年代以后，宾阳人民生活水平提高，炮龙节规模更为盛大。1993 年的炮龙节，是历史上规模最大、最隆重的一届，全城共有 28 条各式各样的炮龙参与了表演，游遍了全城大小 12 条热闹的街道。2007 年，为了展示宾阳悠久的历史和深厚的文化底蕴、独特丰富的民俗风情，打响炮龙文化特色品牌，宾阳县委县政府举办了百龙舞宾州炮龙节活动。

宾阳炮龙节

每年正月十一"炮龙节"是独具宾阳民族特色的一个非常热闹、隆重、全世界独有的传统节日。炮龙节的龙狂舞、炮齐鸣、人尽欢,体现了它无与伦比的气势,它既是文化的又是体育的,加上它是安全的,深深地吸引外地、甚至外国游客的到来。炮龙节为世人喜闻乐见,群众参与意识强烈,被中央电视台等国内外知名媒体誉为"中华一绝""东方狂欢节"向世界报道,成为全世界独一无二的民俗文化活动,这是全县人民的骄傲。

每到炮龙节游客从四面八方汇集宾阳,加上本地居民,多达 50 多万人聚集在一个小县城与龙共舞。代代起舞的宾阳炮龙节如今将引领一个全新的产业——"炮龙文旅"文化旅游业,并成为一个独具特色的文化品牌。

2007 年,炮龙节入选广西壮族自治区非物质文化遗产名录。2008 年,宾阳炮龙节被列入第二批国家级非物质文化遗产名录。

那坡彝族跳弓节

那坡彝族跳弓节流布于广西省百色市那坡县。

据说,古时候白彝族在与外来侵略者的抵抗战斗中弹尽粮绝,迫使退进悬崖陡壁中让敌军无法进攻的一片茂密金竹林,敌军只好封住所有路口,以此困死白彝族人。可是,在紧急关头,白彝族人急中生智,利用身边的金竹子,制成各种气镖、长矛、弓箭等兵器,挖竹笋充饥,养精蓄锐,伺机突围。时过三天三夜,在敌军放松警惕时,白彝族人突然出击,击退了敌军,获得胜利。于是,白彝族人认为是金竹林挽救了他们的民族。从此以后,金竹便成为白彝族人最神圣的吉祥物。

故此,每年农历四月是竹子生长最茂盛的季节,也是白彝族同胞最欢庆的日子,全族男女老少穿着节日盛装,拿着竹制兵器、吹起芦笙、敲起铜鼓,围着金竹载歌载舞以纪念前辈的丰功伟绩和深表对竹子的敬意。

跳弓节的前一天,有一个扫山、拜山活动。即以寨上的"马芒""妈芒"(彝语老公公、老婆婆)为代表,带上酒肉、饭菜,到青年们事先清理好的村头主要坳口、山头,搭棚聚餐,表示迎接英雄的祖先凯旋归来。全村寨的男女老少穿上节日盛装,聚集在草坪上。草坪中央有两丛金竹,金竹周围摆着猪肉、虾米、五色糯米饭、酒等食品,以作祭品和饮宴之用。竹枝上还挂着一对铜鼓。聚餐前,"拉么和萨喃"祈告天公地爷和飞鸟行人,防止恶邪袭击亲人。由一队男子组成的队伍走到"摩公"家,由"摩公"带领祭天地、祭祖先,同时吹芦笙,跳芦笙舞,饮酒唱歌,然后簇拥着"摩公"来到草坪。几声炮响之后,手持刀、矛、弓、斧等各种模拟道具的一队武士骑着木马出来示威,表示战争的胜利。

跳弓节的当天,各村都在舞场的中央种下一篼金竹,清晨带着供品去山中请出铜鼓,村中男女先由"喃公"和"麻公"(将领)主持祭仪,祈求以杀猪来代替人的死伤。然后鸣枪入场,在公推的一位装扮威武的骑士"麻公爸"的率领下,全村寨的人绕竹丛游行九圈,随之敲响铜鼓,以葫芦笙队为前导,男女老幼牵手按鼓点和曲调的变换踏步绕竹丛尽情欢舞,持续至第二天,人们又到各家去跳舞祝福。

　　第三天，"喃公""麻公"及各户主携狗、鸡牲品去祭祀山神，并举行埋铜鼓仪式，便告跳弓节结束。跳弓节期间不仅有邻寨的彝族同胞前来参加，也有壮、汉各兄弟民族前来祝贺助兴，同欢共乐，充满着民族团结的气氛。

　　节日期间家家户户蒸糯米饭，酿米酒，杀猪（过去杀牛）宰鸡宰鸭加菜进宴。男女老少还穿戴节日盛装，欢聚于村寨中的跳弓场举行隆重盛大的活动。他们为了欢庆胜利，缅怀祖先业绩，祈祷风调雨顺、五谷丰登，敲起铜鼓，吹起五笙，拉起二胡，环绕金竹丛，欢歌狂舞，世代相传。

　　穿插在跳弓节仪式活动中的跳弓舞，既是怀念历史上的民族英雄，祭祀祖先的传统仪式，又是祈求农猎丰收，生活幸福的祝祷活动，把追念往昔和希翼未来融为一体，表现出为民族的生存和兴旺而奋斗的鲜明意念；是内容多样，形式活泼的表演性节目，又是不分男女老幼，共同抒发欢快情绪的大型自娱性活动，使表演性与自娱性自然地相互结合，显示出一定的原始色彩，既是表现特定的历史生活内容的叙事舞，又是反映人们一定的内心感情的情绪舞，把叙事性和抒情性有机地交织在一起，表明了它是舞蹈发展史上的一种特定形态。这是广西白彝族跳弓舞值得注意的基本特色。

　　彝族有尚武传统，敢于以弱敌强，英勇无畏。他们对英雄的祖先无比崇敬，世代传讲关于他们的故事。在跳弓节上，他们通过演示古时打仗的情景，来表现彝族战争史。年青人身穿武士服装，手执兵器，表演战斗舞蹈；有一种长杆兵器，是用鹤倍木或白樟木制作的，他们说这就是先祖打仗时用的长矛。跳弓节所保留的彝族风俗，也是彝族历史的重要组成部分。从跳弓节祭祀和舞蹈活动可知，彝族崇拜祖先，信仰多神，对鬼神祭祀的方式也因袭了古代传统，连迷信咒语也一字不变地继承下来。跳弓节上保留下来的各种彝族习俗，变异较小，具有稳定性，原始痕迹较明显。这样的民俗资料殊为珍贵，因为它对于研究彝族的历史有着重要的意义。

　　彝族跳弓节不单纯是纪念性的，彝族跳弓节有关农业生产的舞蹈动作和咒语，都与彝族的原始宗教紧密地结合起来，表现了彝民各方面的生活和各种美好的愿望。然而彝族更有她的特殊性：一是民族历史特殊，彝族因战争等原因，迁徙比较频繁；二是地理环境特殊，他们绝大多数居住在穷山僻壤，这使他们谋求农业丰收更加困难。特别是地理环境的

跳弓节表演

偏僻，耕地贫瘠，庄稼就没有好的生长环境；缺乏水利条件，种下去就听天由命；耕作区七零八碎，容易受到野猪、老鼠、害鸟、害虫糟踏。人们对这些自然灾害无能为力，就把希望寄托于神的力量，祈求神为他们驱恶赶邪，恩赐丰收。

那坡县彝族主要分布在城厢镇的达腊、念毕、者祥 3 个屯和下华公社的坡伍屯。各村寨的彝族，每年农历四月（具体日期因地而别）要举行一次为期 3 天的跳弓节活动。

2006 年，那坡彝族跳弓节被列入广西省非物质文化遗产名录。

瑶族长鼓舞

瑶族长鼓舞流行于广东、广西、湖南等省区的瑶族聚居地区。

瑶族作为一个古老而又智慧的民族，虽然在漫长的历史发展过程中，曾经历过长期频繁的迁徙游耕过程，过着刀耕火种的农耕经济生活，但具有代表性的文化遗产——长鼓舞，一直流传至今，并经久不衰。且随着历史的演变，还逐步得到了丰富和发展。究其原因，它与本民族图腾崇拜的信仰习俗及其原始宗教有着密切的关系。

长鼓的起源，与瑶族传统的盘瓠崇拜有着密切关系。"瑶不离鼓"，这句俗语生动地说明了长鼓在瑶族社会中的重要地位。有关长鼓舞的起源研究，目前多倾向于劳动说，这一观点认为生活在原始时代的瑶族先民，以狩猎为生计，以采集为辅。每当狩猎或采集满载而归时，人们便聚集而欢，食肉饱腹之后，取其皮而制成鼓，情不自禁地手舞足蹈，模拟狩猎的动作，形成了最初的舞蹈节奏和动作。至今仍流传在广西贺县的《七十二套赶羊做鼓长鼓舞》，就细致描绘了盘王打猎和盘王子孙围猎的过程，生动地再现了古代瑶族先民的狩猎生活。由现存活态的舞蹈形态来分析，大量的长鼓舞动作均是在长期实践中发展而来，例如做屋、制鼓、春米等均来源于劳动，是反映生活和抒发情感的产物。据古籍记载，唐朝已有长鼓习俗，宋代沈辽的《踏瑶曲》诗中，就有"乐神打起长腰鼓"之句，并说明是在"湘水东西"活动。由此足以证实长鼓舞距今已近千年的历史。

20 世纪 30~50 年代，长鼓舞作为一种祭祀舞蹈和节庆舞蹈在瑶族民众中广泛流传。这期间，长鼓舞在江华民间广为普及。大好镇文明村流行"春节去附近寨子贺年打长鼓"，长鼓艺人自"正月初一带着长鼓出去，到十五还不回。"未竹口乡是"玩三年停两年"，每次村里约有二十来人参加春节活动，还会组织去邻村打长鼓贺新房。

20 世纪三四十年代的湘江乡村寨盛行"调庙"活动，村寨男女老少汇集在一起吹芦笙、打长鼓，热闹非凡。1951 年中央少数民族访问团来江华，对瑶族传统文化进行了搜集与整理，其中长鼓舞被专家们发现和认可，"经过一些专业舞蹈演员的学习和整理，长鼓舞成为了一个风行全国的节目"。自此，长鼓舞作为一种艺术形式广泛的活跃在群众文化生活之中。1959 年江华瑶族自治县民族歌舞团的成立，使长鼓舞作为瑶族民族文化艺术的代表之一，得到了更好的传承和发展。

长鼓舞分"单人舞""双人舞""群舞"等类型。它有 72 套表演程式，而每一套又分"起堂""移堂"等若干动物细节。其动作粗犷、奔放，不管是跳、跃、蹲、挫或旋转、翻扑、大蹦、仰腾等动态，都表现了瑶族人民热情奔放、坚强勇敢的性格特征。长鼓的击鼓动作大多是表现当地农民群众生产、生活内容，如建房造屋、犁田种地、摹仿禽兽动作等，形象生动，富有生活气息。击鼓有文打、武打之分。文打动作柔和缓慢，武打粗犷豪放；有2人对打、4人对打，也可大群人围成圆圈打，气氛热烈，鼓声洪亮。

长鼓舞大部分反映瑶家人的生产斗争和生活习俗，反映了瑶胞的思想感情和理想愿望，具有瑶族独特的风格。在表演形式和程式上，都充分表现瑶胞的性格特征和气质。舞蹈的动作粗犷、奔放，节奏明快、敏捷。舞蹈语汇模仿上山落岭、过溪越谷、伐树运木、斗龙伏虎等等，形象生动，一看就懂。瑶族舞蹈几乎全是群众性、广场性的，并且都有一定的道具，如长鼓、花鼓、牛角、阳伞等，构成本民族的风格，为群众喜闻乐见，易于流传。因此，在节日、婚事、宗教、丧葬等各种场合，有歌有舞，热闹非常。

长鼓通常用沙桐木作材料，牛、羊皮蒙鼓面。

长鼓舞作为瑶族传统歌舞的典型代表，从舞蹈学、民俗学、民族学等多种学科的角度分析，它都具有一定的学术价值。长鼓舞在表现形式上，它是一门综合艺术，对它的细致研究，既有利于自身的发展，同时对瑶族传统音乐、舞蹈、器乐的发展研究也能提供重要的参考依据。随着社会历史的发展，长鼓舞不断的丰富和发展，已引起了越来越多的学者对它的关注，并且已有部分研究成果呈现。据调查显示，目前湖南的瑶族舞蹈文化研究还没有形成气候，探索空间还很大，有待进一步深入研究。

瑶族长鼓舞是瑶族人民宝贵的艺术遗产，是瑶族历史的见证，千百年来，它经历了不断发展的过程。它以自娱性的艺术形式，反映了人民的生活意愿，振奋了民族精神，陶冶了人民的情操，加强了民族内部的团结，是瑶族人民集体智慧的结晶。长鼓舞无论是从舞蹈动态，还是从它所使用的道具及其表演形式、环境、习俗等方面来看，它都蓄积了不同历史时期的精华，保留了最古朴的传统舞蹈特色。它是传统舞蹈历史的活态传承，是传统民族文化的一部分，具有一定的瑶族文化的根性、母性特征以及承传基因。

作为瑶族文化艺术瑰宝的长鼓舞，是瑶族民众生产、生活的重要体现，也是情感和心理的一种特殊宣泄手段。不论从表演形式还是表现内容来分析，它都具有极高的艺术价值和审美价值，是进行艺术研究、审美研究的宝贵资源。长鼓舞中大量的舞蹈动作，来源于自然生活，但独具艺术特色，是瑶族人民劳动和智慧的结晶，是按照民族的审美标准、审美风尚而创造的艺术形态。它们能流传至今，充分展示了一个民族的生活风貌、审美情趣和艺术创造力，其所蕴含的丰富的审美价值，也值得今天的人们去认识、欣赏和研究。

1958年前江华各个村落都有长鼓舞传人。1981年全省民族民间舞蹈收集整理时，全县仅有22位长鼓舞民间艺人，到2006年非物质文化遗产申报时，现存民间艺人不足10位，且大多年老体弱，口传身授极为吃力。目前江华仅有"文明山、两岔河、贝江乡有传人"，这些传人虽在积极传授长鼓舞，但在没有任何补贴的情况下，除了自己的亲人外，这种传承规模是得不到扩大的。现在很多村落都只是组织参加县城里的活动，才会把一些年轻人招集起来，临时学习长鼓舞套路。除此以外，并没有专门和系统的传授。

随着国家各项政策的重视，作为长鼓舞文化载体的江华瑶族自治县是国家级扶贫开发

瑶族长鼓舞

工作重点县，对瑶族长鼓舞进行有效的发掘、整理。随着县庆活动的开展，不少专业工作者在民间收集整理的基础上，将长鼓舞创作成了一个个精品。江华县民族歌舞团、江华县民族艺校也积极地开展了长鼓舞的创作与教学。长鼓舞逐渐成为一种当地政府的政治、经济资源和文化表征的符号，吸引着更多的人前来参观和考察。

1982 年 9 月，长鼓舞亮相第二届全国少数民族传统体育运动会，深受好评。1962—1983 年，群舞《瑶族长鼓舞》先后六次为新西兰、芬兰、日本等国家的贵宾作专场演出，并出访法国、土耳其等国。1988 年，在郴州召开了国际瑶族文化研究会，江华的桌上双人长鼓舞，再度引起海内外瑶学专家的关注。

在 2002 年 11 月全国岭南地区第三届盘王节中，江华选送的《瑶族长鼓舞》在比赛中荣获一等奖；2003 年瑶族舞蹈史诗《盘王之女》在湖南省艺术节大赛中夺得综合金奖和 8 个单项奖；2006 年 9 月，江华瑶族长鼓舞入选中央电视台第三套节目"中国民族民间歌舞盛典"。这一系列的活动标志着长鼓舞不仅已经从民间走上了舞台，从国内打出了国门，而且已从现实生活走向了大众媒体。

随着当地旅游景点的开发，特别是非物质文化遗产的申报成功，长鼓舞也由民间走向了更多人的视野，长鼓舞被看成了一种潜在的谋生技能，不少人开始了对它的经营。文明村木工李宜标看准市场开始了长鼓制作加工，且取得了一定的经济效益；"长鼓王"李根普带领村民成立了"长鼓队"，不仅获得了县政府的两万元经费支持，并且在乡政府的组织下多次参加各项活动。

2008 年，瑶族长鼓舞被列入第二批国家级非物质文化遗产名录。

瑶族祝著节

瑶族祝著节分布在广西的都安、巴马、大化、马山、平果等地区。

相传古时候，在逶迤的群山中，有两座同样高大的宝山，左边的叫"布洛西"山，威武雄壮似勇士挺立；右边的叫"密洛陀"山，像个拖着长裙的姑娘。两座山每年都要互相靠近一些，经过了 999 年终于挨到了一起。农历五月二十九日，随着一声惊天动地的霹雳，高大英俊的布洛西和亭亭玉立的密洛陀从两山裂缝中走出来，结为夫妻。他们生有三个女儿。时间穿梭般逝去，头发花白的密洛陀遵夫嘱，让三个女儿各自去谋生。大女地扛着犁耙，到平原耕耘，生儿育女，繁衍成汉族。二女儿挑起一担书走了，与子孙形成壮族。三女儿拿着小米、锄头到山里开荒种地，安居乐业，成为瑶族祖先。三女儿通过辛勤劳动，庄稼结出累累硕果。谁知天有不测风云，顷刻间籽粒饱满的果实被鸟兽、地鼠分食殆尽。密洛陀在女儿危难时鼓励她："天空难免出现乌云，生活也会遭受挫折，狂风吹不倒劲松，困难吓不倒勤劳的人，只要勤奋耕耘，生活是会幸福的。"并给了她一面铜锣和一只猫。来年，庄稼长势更加喜人，她敲响母亲给的铜鼓，惊走鸟兽，放出猫吃尽了地鼠，夺得了丰收，为报母亲养育之恩，姑娘带着丰盛的礼物于五月二十九日为母亲祝寿共庆丰收。从此，瑶族人民将始祖母生日作为庆丰收的节日。

节日时，瑶族同胞备上美酒佳肴，到预定的场地吃团圆饭。在村寨摆歌台，敲起铜鼓跳起舞。出嫁的女儿也带上儿女回娘家过节。节庆活动丰富多彩，有唱歌、点大炮、吹奏唢呐、武术表演、射击比赛、斗鸟以及最有趣和最能体现瑶族文化的铜鼓舞。晚上，人们跳起了只有达努节才跳的，一组反映布努瑶生产、生活的舞蹈——"兴郎铁玖舞"：猴鼓舞、藤拐舞、猎兽舞、开山舞、南瓜舞、采茶舞、丰收舞、牛角舞、芦笙舞、花伞舞等。舞罢，青年们对歌去了，老人则集体唱起密洛陀颂歌。他们你问我答，歌声充满了对密洛陀的敬意。听歌的人们则可以从密洛陀创世的故事中吸取力量。

节日当天，各乡镇瑶族群众自发聚在一起，穿上鲜艳的民族服饰，敲起铜鼓，吹起唢呐，以打陀螺、铜鼓舞、歌会、斗鸟、射弩等多项民间文化活动隆重庆祝，鼓声、歌声、喝彩声交织在一起，场面十分热闹，有不少老人在传唱瑶族祖先密洛陀和射日英雄昌郎也、昌郎仪富有传奇色彩的故事及瑶族悠久的历史和文化，还有不少人趁此机会交流生产技术和致富经验，青年男女则唱起缠绵的情歌。祝著节带有浓厚的民族色彩和生活气息，展示了瑶族源远流长的传统文化，反映了瑶族人民的勤劳和勇敢。

在布努瑶社会中流传着密洛陀的神话史诗。密洛陀讲述的是一个族群发生和繁衍的历史。在布努瑶的历史上，密洛陀是宇宙万物的创造者和主宰者，无边无际的浩瀚宇宙是密洛陀创造的，祝著节对密洛陀进行隆重的祭祀，就是把她作为布努瑶的保护神来供奉。在这里，始祖母密洛陀对布努瑶子孙的保护是以布努瑶子孙对始祖母的供奉为前提的，只要不忘在祝著节供奉祭祀始祖母，始祖母密洛陀就会保佑布努瑶子孙后代的生活，否则，密洛陀就会撤去对布努瑶子孙后代的保护伞。因此，布努瑶要在这五月二十九即祝著节对密洛陀进行隆重的祭祀，这是密洛陀对其子孙后代的保护延续下去的保证。由此可以看出，密洛陀信仰成为祝著节得以传承的最重要的精神要素。

祝著节离不开关于密洛陀的神话史诗记忆。它是布努瑶关于族源与祖先的历史，是布努瑶共有的集体记忆。在节日期间，祭祀要唱密洛陀，细话也唱密洛陀，有专门的密洛陀长歌。一个族群的起源神话就这样世代传承，并浸染了该族群独特的感情，被用来与周边其他族群相区分，在该族群成员的社会化过程中潜移默化地模塑着族群认同意识。祝著节就是这样伴随着密洛陀神话的流传而传承下来的节日，它反复向人们讲述族群的古老的集体记忆，强调着共同的历史渊源。关于布努瑶起源的记忆在一年一度的祝著节中被集体唤起，不管它在外族人眼中是否符合历史真实，但在布努瑶群内部它就是毋庸置疑的族群历史，这一口承历史能够流传至今，在于布努瑶民众深信它是神圣而合理的，是民族的根之所在，得到了祖祖辈辈的承认。密洛陀这三个字深深刻在布努瑶同胞的心间，早已成为一个集体记忆的文化符号被族群铭记。

布努瑶祝著节的娱乐活动丰富了人们的生活习俗，同时人们在生活习俗中也丰富着祝著节。祝著节不仅反映了瑶族同胞深厚的密洛陀信仰，同时在节日期间还展示了布努瑶的赛铜鼓、对山歌等多种独具特色的生活习俗。比如铜鼓作为祖宗留下来的神圣吉祥之物，使用时必须先进行祭祀，铜鼓舞是布努瑶的民间传统舞蹈，在布努瑶生活习俗中占据着十分重要的地位，是布努瑶的一个重要的文化标记。山歌是布努瑶最重要的文艺表现形式，祝著节更是为山歌对唱提供了理想的文化场所。在祝著节里四面八方的歌手都聚集到这里来唱歌。这些独具特色的生活习俗的形成，与布努瑶的日常生活分不开，在交通闭塞，现代文明不发达的居住区，这些习俗活动成为布努瑶人的传统娱乐方式。祝著节成为集体狂欢的习俗节日。因此，布努瑶生活习俗也在一定程度上强化着祝著节的传承。

随着社会的发展，布努瑶人家与外界的交往越来越便利。村子里有了电，电视机进入家庭生活，成为主要的文化娱乐设施，这不仅对年轻人有吸引力，对老年人亦是这样。过去在社会生活中占据重要地位的唱歌活动，无形之中被可视性、娱乐性极强的电视节目所取代。在这样的情况下，传统歌谣逐渐消失，各种传统生活习俗也在慢慢淡出人们的生活。特别是现在，年轻人几乎都出去打工，很少有人来学习传统的民族民间文化，同时他们又把外面的文化带回家乡，对传统民族民间文化形成冲击。现代文明的发展，使得民族民间文化传承的队伍不断萎缩、传承的范围不断缩小、传承的场合不断失去，最终导致传承空间的丧失。

如今"祝著节"庆祝活动已从村寨搬到县城，是为了更好的挖掘和展现瑶族悠久的历史和原生态的文化，探索巴马乡村旅游业发展的新路子。庆贺形式丰富多彩，有传统的"笑酒""对歌""打铜鼓""竹竿舞""戏鸟"等，也有新编节目，如歌舞《密洛陀与布洛西》、新瑶、壮歌对唱、瑶歌大合唱等，吸引了许多远道而来的游客。

春牛舞表演

2006 年，瑶族祝著节入选第一批国家级非物质文化遗产。

苗族鼓藏节

苗族鼓藏节主要流布于贵州雷山县 9 个乡镇的苗族村寨和榕江县的部分苗族村寨。

苗族是一个以祖宗神灵和山水神灵为崇拜的民族，敬祖崇宗、不忘根本，坚守本根的原生态文化，是苗族宗教文化的特质。传说古枫木的树心粉子，受到阳光雨露的滋养而化为蝴蝶，蝴蝶妈妈后又生出 12 个蛋，这些蛋经孵化生出 12 种生命，其中有苗族的始祖姜央。所以过去苗族是以枫木为鼓，而包括姜央在内的列祖列宗的灵魂，都寄息于鼓中。因此，苗族的支系要在 12 生肖的岁月轮回中每 13 年过一次鼓藏节，宰杀牲畜以祭祀寄息于鼓中的列祖列宗神灵，同时也祭祀给苗族生存环境且庇护苗族民众安居乐业的山水神灵，这就是苗族鼓藏节的渊源。

雷山苗族已在当地生活了 2 000 多年，苗族都按 12 生肖的轮回 13 年一次过鼓藏节，但有的家族支系是丑年过，有的是寅年过，有的是卯年过，有的是辰年过，有的是申年过。所逢家族支系过鼓藏节的那一年，不管年景如何艰难，也非过不可。

1951 年为辛卯年，当时雷山刚刚解放，新的人民政府按照党的民族政策，放手民众过自己的节日，因此当年的鼓藏节比较热闹。"文化大革命"时期"鼓藏节"又被视为"四旧"之一，村民们被禁止过鼓藏节。

1987 年为丁卯年，农村进入改革开放联产承包，虽处于发展低潮，但陶尧片区鼓藏节在"感谢邓小平"的一片欢呼声中过得比较热闹。

1999 年为己卯年，适逢民族文化旅游宣传之中，陶尧民众喜气洋洋，尽量叫遍亲朋好友，杀猪过节；亲朋好友过完节后，抬着猪腿返家，处处欢歌笑语。

总体来说，雷山苗族鼓藏节是苗族民众最神圣的、神秘的、神奇的盛大节日。鼓藏节 12 年举办一次，每次持续达 4 年之久，后改为持续 3 年。各支族祭祖的年份也不尽相同，且各地杀牲祭祖的日子也不尽相同。

鼓藏节的仪式由鼓社组织的领导"鼓藏头"操办，"鼓藏头"经由群众选举产生。从杀猪或牛祭祖到节日活动的系列程序均由"鼓藏头"组织安排，人们必须服从。鼓藏节的活动以跳芦笙舞为主，一般 5~9 天，为单数。

鼓藏节的程序大体如下：第一年，由民众选出五位精明能干的已婚男子为鼓藏头，第二年在鼓头的领导下采购鼓牛，同时完成接鼓、醒鼓和制单鼓的任务。所谓接鼓就是在祭祖前把双鼓从上一届第一鼓头家接到新的第一鼓头家里搁置。接鼓时要举行隆重仪式，五位鼓头要一齐出动，歌师一路高歌，尾随群众无数，庄严而热闹。所谓醒鼓就是大家上山去把珍藏于石窟里的单鼓翻动一下，以示告诉祖先，即将杀牛祭祖了。所谓制单鼓就是每次祭祖时要制一个单鼓，届时鼓头挑选一些人上山去，在相中的树木处举行敬祭仪式，然后将树砍倒，取其一段抬到寨边，群众们敲锣打鼓将之迎进寨中，择一适当的地方放置，备作制鼓时用。第三年为正式吃鼓藏年，祭祖前一日，举行隆重的斗牛仪式，次日杀牛祭祖，事前请鬼师念"扫牛经"，说是超度牛魂到祖先住处去，以使族人免受灾害。接下来第一天，各户以牛的肝、肺、心、肚、肠、茶、酒等敬奉祖先，第二天四位歌师轮流到五位鼓头家去唱祭祖歌，第三天向祖先敬献牛角，第四天跳芦笙、跳铜鼓，青年则可以"游方"，第五天举行"角形排骨"仪式，第六天群众从鼓头家门口取牛角，第七天晚上举行投火把游戏，第八天自由活动，第九天在第一鼓头家摆上高、矮两条长凳，高凳为祖先桥，矮凳为行人桥，都供祖先和后人享用的，第十天春米做粑粑，第十一天进行"背水养鱼"和"抹花脸"活动，第十二天大家去第一鼓头家吹笙庆贺，第十三天用牛皮蒙制单鼓，第十四天家家户户祭鼓，第十五天也是最后一天深夜，大家把单木鼓抬进石窟里珍藏，祭祖活动结束。

鼓藏节中祭祀的祖先有蝴蝶妈妈、姜央、蚩尤以及本支系甚至本宗族、房族、本家的祖先。苗族以其先民原始宗教观念，即万物有灵、一脉归宗为基础，通过对这些列祖列宗的祭祀，邀约他们到人间共度佳节，同福同乐，既缅怀古人、激励今人奋进又祈求祖先的护佑，从而振兴家族、宗族、民族，最终达到增强本家族、宗族、民族的凝聚力，努力发展经济、政治、思想和文化，力求与各民族共同奋进。

鼓藏节真实地体现了苗族古歌"姜央兴鼓社，全疆得共和，富裕大家有，繁荣人人享"的共同富裕、团结互助、和睦相处的理念。通过鼓藏节，鼓社把社内社外、族内族外的人们紧紧地维系在一起。从社内来讲，从鼓藏头到每位鼓社民都得在榔规范围内活动，大家都为办好每次鼓藏节作奉献，在芦笙木（铜）鼓场一起跳芦笙踩鼓点，分享欢乐。同时，通过诚挚地邀请亲朋好友来共度鼓藏节，同吃终生难忘的鼓藏肉，同喝转转酒以及参加各种歌舞活动，加强了本房族、本寨以及本寨与外寨、本民族与其他兄弟民族之间的交往、沟通和了解，体现了苗族人民淳朴厚道、与人为善、真诚待人、热情豪爽、心胸宽阔的品格。

20 世纪 50 年代初至 70 年代末，因历史的原因，曾一度中断。改革开放以来，国家对鼓藏节予以尊重和保护，如今苗族人民可以自由地过自己的鼓藏节。但由于社会的发展和人们思想观念的转变，部分村民过鼓藏节只是流于形式，祭祀过程中的一些"鼓藏隐语"绝大部分村民已不会说，程序已简化。随着现代社会经济的不断发展，外部文化的不断进

鼓藏节表演

入，苗族鼓藏节的文化生态环境同样受到严重的侵蚀。2006 年，被列入国家级非物质文化遗产名录。

2011 年适逢辛卯，雷山县人民政府举办苗年文化周暨庆祝陶尧黄里等苗族民众过鼓藏节，划拨经费举办斗牛、斗鸟、跳芦笙活动，不少上级领导和国内外贵客嘉宾深入苗寨，亲自体验苗族神圣、神秘、神奇的鼓藏节祭祀活动，许多远道而来的游客也共同参与到其中。

彝族火把节

彝族火把节流行于云南、贵州、四川等地的彝族地区。

火把节在彝语里叫"都者"，直译为汉语是"火赔"，与现在的"欢庆"相背。"都者"作为一个民俗文化活动，有如下几种传说。

其一是布拖县彝族民间传说。从前天上有个叫额史阿约的天神到地上收租税时，死于地上的大力士呷博热之手，天神之主知道后，声言要派天兵天将报仇。呷博热率众烧掉了连接天地的铜梯和铁梯，天神之主见梯子被烧毁，天兵天将无法到地面报仇，便决定放害虫吃掉庄稼，把地上的人饿死。呷博热知悉后为了保庄稼，与天神之主谈判了结了这桩命案，即每年农历六月二十四日（额史阿约死的日子），地上的人都要以一定的形式赔额史阿约的命。所以从此以后，到了每年的六月二十四日这天，"富人杀牛者（赔），穷人杀羊者（赔），单身汉杀鸡者（赔），寡妇用荞粑者（赔）"，形成了都者（火把节）。

其二是美姑县民间传说。从前地上有位夫提神人摔跤很有名气，天神之主恩提古子的大儿子不服气，派尔一天神到地上与夫提比试，比试结果，尔一死于夫提之手。恩提古子的大儿子声言要报仇争脸面，最先天上德古来调解，三天说到黑，三夜说到亮，但是调解无效果。最后地上德古来调解，草原上的云雀来调解。调解罢干戈，调解定协议：一年赔一次命，用火照着赔。协议定得明：头人用牯牛者（赔），黑彝用阉牛者（赔），白彝用羊者（赔），穷人用鸡蛋者（赔），单身汉用鸡蛋者（赔），寡妇用荞粑者（赔），每家每户都要者（赔）。年年赔命从此定，这就是"都者"（火把节）的来源。

当"都者"成为一种节日，年复一年在固定的周期举行时，便有了历法的意义，所以史书有彝族先民六月二十四日举火过岁或祈岁的记载。随着时间的推移，历史的发展，使过岁和祈岁的都者，内容和形式不断的丰富，因而与其发轫时期的形态相比较发生了变异。据朱文旭先生《彝族火把节》一书中提供的材料及笔者平时所掌握的材料来看，火把节为三天。第一天原始宗教文化色彩较浓；第二天则主要是文体娱乐活动，其内容有斗牛、斗羊、斗鸡、赛马、摔跤、选美、歌舞等；第三天为送火神。这种过火把节的形式是最普遍的一种形式，也是最传统的一种过法。由于有的地方彝族支系受异文化的影响或本身民族文化的发展所使然，使火把节的内容和形式别具一格。

当历史的年轮转到改革开放的当代社会，一方面是权利政治的引导和参与，另一方面是彝族的需要，古老的"都者节"已约定俗成为"火把节"，且以其全方位的变异迸发出了新的青春活力。

佳节之前，各家都要准备食品；在节日里纵情欢聚，放歌畅饮。火把节期间，各村寨以干松木和松明子扎成大火把竖立寨中，各家门前竖起小火把，入夜点燃，村寨一片通明；同时人们手持小型火把成群结队行进在村边地头、山岭田埂间，将火把、松明子插于田间地角。远处望去，火龙映天，蜿蜒起伏，十分动人。最后青年男女会聚广场，将许多火把堆成火塔，火焰熊熊，人们围成一圈，唱歌跳舞，一片欢腾，彻夜不息。

彝族火把节的重要节目之一是选俊男靓女。彝族有着自己独特的审美观，评委由民间的德高望重的老人组成，评选结果绝对公正。俊美的条件不仅要看外形还要看言行品德。如美女的条件是：头发浓黑、眉毛浓、眼睛大、鼻梁高、脖子长、皮肤细腻红润、身材匀称（不能太瘦）、言谈举止得体、人品好、勤劳等多种条件。俊男的条件不同：勇猛善战，仪表堂堂、体魄雄健。言行要有风度，头梳英雄结，佩带英雄带和宝剑，身披黑色羊毛斗篷，手牵骏马。如今，这是四川凉山彝族自治州每年火把节都要进行的比赛。

火把节一般历时三天三夜，第一天为"都载"，意为迎火。这一天，村村寨寨都会打牛宰羊杀猪，以酒肉迎接火神，祭祖，妇女还要赶制荞馍、糌粑面，在外的人都要回家吃团圆饭，一起围着火塘喝自酿的酒，吃坨坨肉，共同分享欢乐和幸福。夜幕降临时，临近村寨的人们会在老人选定的地点搭建祭台，以传统方式击打燧石点燃圣火，由毕摩（祭司）诵经祭火。然后，家家户户，由家庭老人从火塘里接点用蒿秆扎成的火把，让儿孙们从老人手里接过火把，先照遍屋里的每个角落，再田边地角、漫山遍野地走过来，用火光来驱除病魔灾难。最后集聚在山坡上，游玩火把，唱歌跳舞，做各种游戏。

火把节第二天为"都格"，意为颂火、赞火，是火把节的高潮。天刚亮，男女老少都穿上节日的盛装，带上煮熟的坨坨肉、荞馍，聚集在祭台圣火下，参加各式各样的传统节日活动。成千上万的人聚集在一起，组织赛马、摔跤、唱歌、选美、爬杆、射击、斗牛、斗羊、斗鸡等活动。姑娘们身着美丽的衣裳，跳起"朵洛荷"。在这一天，最重要的活动莫过于彝家的选美了。年长的老人们要按照传说中黑体拉巴勤劳勇敢、英俊潇洒的形象选出美男子。选出像妮璋阿芝那样善良聪慧、美丽大方的美女。当傍晚来临的时候，上千上万的火把，形成一条条的火龙，从四面八方涌向同一的地方，最后形成无数的篝火，烧红天空。人们围着篝火尽情地跳啊唱啊，一直闹到深夜，场面盛大，喜气浓烈，因此享有"东方狂欢节"的美誉。当篝火要熄灭的时候，一对对有情男女青年悄然走进山坡，走进树丛，在黄色的油伞下，拨动月琴，弹响口弦，互诉相思。故也有人将彝族火把节称作是"东方的情人节"。

火把节的第三天，彝语叫"朵哈"或"都沙"，意思是送火。这是整个彝族火把节的尾声。这天夜幕降临时，祭过火神吃毕晚饭，各家各户陆续点燃火把，手持火把，走到约定的地方，聚在一起，搭设祭火台，举行送火仪式，念经祈祷火神，祈求祖先和菩萨，赐给子孙安康和幸福，赐给人间丰收和欢乐。人们舞着火把念唱祝词，"烧死瘟疫，烧死饥饿，烧死病魔，烧出安乐丰收年"，以祈求家宅平安、六畜兴旺。这时还要带着第一天宰杀的鸡翅鸡羽等一起焚烧，象征邪恶的精灵和病魔瘟神也随之焚毁了。然后找一块较大的石头，把点燃的火把、鸡毛等一起压在石头下面，喻示压住魔鬼，保全家人丁兴旺，五谷丰登，牛羊肥壮。最后，山上山下各村各寨游龙似的火把聚在一起，燃成一堆大篝火，以示众人团结一心，共同防御自然灾害。

火把节期间举行传统的摔跤、斗牛、赛马等活动。这些活动，来源于英雄黑体拉巴战胜魔王（或天神）的传说，这位英雄与魔王摔跤、角力，还教人点燃火把烧杀恶灵所化的蝗虫，保护了村寨和庄稼。为纪念这一事件，每年火把节，就要象征性地复演传说中的故事，渐渐成为节日活动的主要内容。

火把节具有彝族火崇拜的文化意蕴。彝族史诗《梅葛》说："地上没有火，天上龙王想办法，三串小火镰，一打两头着，从此人类有了火"。大部分彝族都居住在高山地区，刀耕火种，防寒和御兽都离不开火，所以在彝族文化中强烈地表现出浓郁的火文化特点。这种现象表现在过火把节、祭祀火、火禁忌等行为上。随着社会的发展进步人类的认识能力不断提高，彝族人民认识到任何事物都是有两面性的，火也是一把双刃剑，火能为人类服务，但也能给人类带来灾难。人们在学会尊重它和利用他的同时，也把火看做是有思想和感情的"灵"物。凡是火所做的好事和坏事，都是火的"灵"在起作用，因此人们用火驱鬼除邪。

火把节期间举行的祭祀、文艺体育、社会交往、产品交流四大类活动是彝族文化体系严整、完备的集中体现。彝族火把节历史悠久，群众基础广泛，覆盖面广，影响深远。火把节充分体现了彝族敬火崇火的民族性格，保留着彝族起源发展的古老信息，具有重要的历史和科学价值；火把节是彝族传统文化中最具有标志性的象征符号之一，也是彝族传统音乐、舞蹈、诗歌、饮食、服饰、农耕、天文、崇尚等文化要素的载体；火把节对强化彝族的民族自我认同意识、促进社会和谐具有重要意义；同时，火把节作为彝族人民与各民族交流往来以及促进民族团结都有现实作用。

彝族火把节促进了文化产业的快速发展，具有经济功能。火把节是彝族人民生活的重要组成部分，是由彝族先民创造，并不断传承到今天的重要习俗，无疑已成了民族文化中的宝贵资源。在以民族文化为内涵，旅游业为依托的民族文化产业化发展进程中，火把节

火把节

在楚雄以文化资源形态，积极进入旅游业市场，成为旅游业发展的形式和载体，促进了楚雄旅游业乃至社会经济的蓬勃发展。

1981 年 5 月 25 日，楚雄彝族自治州人民代表大会通过议案，确定火把节为州内彝族的法定节日。自 1981 年起，州、市政府每年均在楚雄鹿城举办欢庆火把节活动。同时还举办民族体育比赛、民族民间文艺调演、文化科技展览等活动。数日内，贸易活跃，歌舞盈城。入夜以后，街头彩灯齐放，人们手中点燃的火把和高大建筑物上的霓虹灯交相辉映，火树银花，齐放光明，人如潮水，火如游龙。古老的火把节，已成为弘扬民族文化、促进对外开放、开展经贸活动和各族人民大团结的盛会。

2006 年，有关部门联合组织评选"中国十大民俗节"的活动，火把节被评为中国十大民俗节之一，在媒体的炒作下，火把节的身份从"中国的狂欢节"提升为"东方情人节"和"东方狂欢节"。

2006 年，彝族火把节被列入第一批国家级非物质文化遗产名录。

仡佬毛龙节

仡佬毛龙节主要流传于贵州省石阡县龙井、汤山等乡镇的宴明、龙凤等仡佬族村寨，辐射全县各地的侗、苗、土家各民族。石阡的仡佬毛龙节是仡佬族民间"龙神"信仰为主的一种信仰民俗活动，活动时段为每年大年三十夜至正月十五、十六。

历史上，世居大西南的仡佬人并未得到统治阶级和封建文人的重视，关于"仡佬毛龙"的起源及源流无明确历史记载。有学者从"仡佬毛龙"的主要制作材料——竹以及其"求子"的表演功能等推测，毛龙应源起于古代仡佬的"竹王"崇拜和生殖崇拜。

龙井乡晏明一带的仡佬族中流传有"唐魏征梦斩金骨老龙之子"的故事，传说"仡佬毛龙"即是"金骨老龙"的长子，与章回小说《说唐》中"魏征梦斩"的故事基本吻合，另外，据《石阡县志》记载："灯从唐代起"，在当地"毛龙"属"灯"之一种，故可推测："仡佬毛龙"可追随到盛唐时期。从民国《石阡县志》所记载的"仡佬毛龙"在境内活动的主要情况来看，清末直到新中国成立前夕，"仡佬毛龙"盛行于全县各民族村寨之中。

据传，古代"仡佬毛龙"的传承主要是自发传承与自然传承。所谓自发传承即指年青人主动学习仡佬毛龙的扎艺、玩技、"龙句子"及毛龙的传说故事、乐器伴奏等。所谓自然传承即指仡佬毛龙的传承无任何拜师、出师等仪式，乃是作为一种全民信仰自然传承，其传承方式为口传心授。

从清代始，仡佬毛龙活动中有关"开财门"、敬香等"龙句子"渐次出现汉文字书面记录的传承，现收集有抄本 3 本，为口传心授传承方式的辅助形式。

龙崇拜是仡佬毛龙的核心。其基本要素包括："龙"信仰，包括传统故事、敬龙仪式、敬龙场合和用品及敬龙神诵词；附属图腾信仰，包括"竹王"崇拜、盘瓠崇拜、民间佛道崇拜和原始崇拜等；扎艺，包括选材（竹篾、彩纸）和工艺等；玩技，包括"二龙抢宝""懒龙翻身""单龙戏珠""天鹅抱蛋""倒挂金钩""犀牛望月"和"螺丝旋顶"等；念诵，包括"开光""请水""烧龙"等仪式的念诵及"开财门"和"敬财神"等表演时的诵唱。

传统上，仡佬族舞毛龙活动是在大年三十开始筹备的。由当年的"堂主"带领两三个人到各家各户"化公德"集资，然后采购原材料。正月初请篾匠师傅烧纸破竹、艺人扎龙，这是寨上男人聚集学艺的大好机会。年复一年，扎毛龙的技艺就一代代传承下来了。毛龙扎好后，一般在正月初六、初七举行开光仪式，"先生"要念咒语。龙是离不开水的，毛龙要出门到附近的祠堂、洞、河沟或水井处"敬祖请水"，然后才能"出世"表演。

舞毛龙是一项身强体壮的男子群体性的活动，参加者二三十人。一般是排灯在前起引领作用，排灯到哪里，毛龙和龙宝就随即跟上。掌坛师执龙宝，要说一些"龙句子"，即吉祥语、祝词。舞龙者以及随时加入到队伍中的观众，会组成一支浩浩荡荡的队伍，敲锣打鼓，热闹非常，把春节的欢乐气氛推到极致。毛龙舞到接龙的人家，主人会焚香化纸、燃放鞭炮、敬烟倒茶、极尽礼数。掌坛师则即兴率领舞龙队表演过仙人桥、翻八仙桌等绝技，回敬主家，并将部分礼金退还，寓意转一千发一万。接龙的习俗，既寓意吉祥，也体现了仡佬族这个贵州最古老的本土民族特别讲究文明礼仪的美好传统。

毛龙的家不在人世上。扎得再精美的毛龙，也是不能在人间流连的。到正月十六，人们必须再做一个化龙升天的仪式。化龙之后，将衣箱、锣鼓、剩余钱物等送到下届"堂主"家中，这一年的舞毛龙才算结束。

"仡佬毛龙"有着丰富的文化价值，显示出独特的民族性、地域性及多样的社会功能，它是研究古代仡佬族文化传统的宝贵财富。"仡佬毛龙"是石阡仡佬族世代流传下来的民间信仰的表现形式。石阡有着悠久的文明历史，早在秦代即在县境内置夜郎县。境内现有汉、仡佬、侗、苗、土家等13个民族，仡佬族为境内人口最多的少数民族。世代各族人民和睦相处，表现出特有的开放心理。"仡佬毛龙"正是植根于这样一种文化生态环境之中。

舞毛龙从民间艺术的角度上看，它包含了民间美术（扎制）、民间音乐（锣鼓）、民间体育（舞龙）、民间曲艺、民族语言（龙句子）、民间信仰等，有着相当高的艺术价值。

古代仡佬毛龙节的传承尽管以自发传承和自然传承为主，较为随意，但从仪式主持、扎艺以及龙头、龙尾表演者的角色身份来看，仍然表现出传承中的规定性。改革开放后，

"二龙抢宝"表演和仡佬族毛龙节

由于经济利益的驱动，很少再有年青人热衷于"毛龙"事业，现代文明的冲击也使人们的审美趣味不断衍变，"仡佬毛龙"欣赏群体逐渐局限老年人群中，"仡佬毛龙"活动主要依靠政府来组织。

2013 年的贵州石阡县"仡佬族毛龙节"创下历年毛龙数量和规模、场面之最。来自全县各地的 58 条毛龙灯和近 20 支茶灯队、花灯队、狮灯队在文体活动中心及佛顶山大道进行了长达两个多小时的集中展演。央视七频道《新农村新变化》栏目组、国家文化资源共享中心贵州支中心、贵州有线电视台"多彩贵州"资讯频道等对活动盛况进行了现场录播，铜仁网等多家媒体现场进行了采访报道。

2006 年，仡佬毛龙节经国务院批准列入第一批国家级非物质文化遗产名录。

老古舞

老古舞原在海南白沙的细水乡、元门乡、白沙镇、牙叉镇和相邻的琼中黎族苗族自治县的黎族乡村都可见到，后来仅在细水乡有遗存。

老古舞是一项十分古老的舞蹈，场面甚为奇特、宏大、壮观。

关于老古舞的记载，早在宋《诸蕃志》中就有记载：黎族"俗尚鬼，不事医药，病则宰牲畜动鼓乐以祀，谓之作福"。清朝张庆长《黎岐记间》记："遇有病辄宰牛告祖先，或于野或于屋，随所便也"。

据一些史料记载，早期跳老古舞由村老（村中长辈）主持，明代改由"道公"主持。后由熟悉"老古舞"的老艺人（领舞者）主持。细水乡，离白沙县城并不遥远，在细水乡的一些村寨，都遗存着老古舞。祭祀祖先时跳老古舞。凡人患病做恶梦或有不吉利之事发生都要"告祖先"，求祖先保佑平安除灾解难。如果没有发生特别事故也要每三年全村举行一次"告祖先"，跳老古舞活动祭祀先辈。

在古老的黎族舞蹈中，分众多角色，并将整个舞蹈分成段落，各有不同主题，可见舞蹈在黎族人民中有着深刻的表现形式。

舞蹈的大体情节分为四段：

第一段为"起师"。意为告祖先仪式开始，"苟它"站在祭台前敲大鼓念白，大致意思为"大鼓呀大鼓，今天请你把各位祖先神灵召来跟我们团聚吧，我们有丰收的稻谷，有香甜的米酒，打猎打到了山猪，妇女们织出了美丽的衣服，我们没有忘记祖先神灵，我们共同庆祝这美好的节日"。"苟它"念完之后，带着众舞者围着四个春臼绕行，称为"走四"，请四方祖先神灵归来，手持鲤鱼灯、灯笼等，舞者在前照明带路。

舞蹈的第二段为"开阙"。意为活着的亲人迎接祖先神灵归来。"苟它"带舞者绕着 6 个春臼转圈，表示迎接的路途长远。

舞蹈第三段为"挽嚷"。此为该舞蹈的精华部分，活着的人与归来祖先神灵同乐，舞者围着排成两行的 12 个春臼追逐玩耍，并表演点种山栏（一种旱糯米稻）、狩猎（猎人和装鹿者表演）、捕鱼（丑角"批鲁"捕鱼，边放竹篓边漏掉，引人发笑）、丑角"爬秃"用草

老古舞表演

绳表现交配动作，追逐女性，意为"祖先们敬请放心，我们的后代生生不息"。戴面具者装疯卖傻，代表祖先神灵归来与活着的亲人同乐。其他参加的村民随着锣鼓跳抛手舞、踢脚舞，时唱山歌助兴。

舞蹈第四段为"走洪围"。意为送祖先神灵归去。场上燃香，四周烧柴，灯火通明，"苟它"带着众人绕着门字型竹排蜿蜒穿行，在热烈的气氛中结束。最后解开缚在竹子上的绳结，表示祖先神灵已消灾解难，保佑全村风调雨顺，老少平安。

老古舞展示了黎族特色的民间音乐和舞蹈，既是民间的祭祀仪式，也是民间自娱自乐的方式，既娱神又娱人。老古舞承载着黎族原始农耕社会祭祀的礼仪，传递着黎族非常重要的生殖崇拜、祖先崇拜信息，舞蹈内涵丰富，对人类学、民族学、民俗学研究有重要价值。

老古舞中的舞蹈动作表现黎族人民原始社会"刀耕火种""狩猎""捕鱼"人类繁衍以及祭祀祖先亡灵的内容，舞蹈诙谐有趣，有较高的观赏价值。

老古舞的传承方式是家族传承，且由父辈传给下一代男性，并规定只能传一个人；而乐器和舞蹈动作及舞蹈队形的传授既可家传亦可外传，也可传给多人。但是，遵照古训，须是上辈老人过世后，下辈的传承人才能接班从事老古舞活动。

别具特色的老古舞蕴含着神秘浓郁的少数民族文化、深厚的历史文化以及别致的乡土文化等丰富多彩的人文旅游资源，为海南森林带来了潜在的旅游价值。随着时代变迁和时尚文化的冲击，祭祀祖先的仪式逐渐消逝，老古舞有消亡之危。目前相关部门正在保护有代表性的老古舞队伍，同时吸取老古舞之精华，不断提高民间艺术研究水平。

2011年，老古舞被列入第三批国家级非物质文化遗产名录。

鄂温克族"瑟宾节"

鄂温克族"瑟宾节"主要流布于黑龙江省同江、饶河、抚远地区。

据史料记载，以游猎为生的鄂温克人祖先，在每次猎到熊这种猛兽后，都要唱歌跳舞庆贺 3 天，这就是最初的瑟宾节的雏形。但熊这种猛兽并不能轻易捕到，因此早期的"瑟宾节"并没有固定的时间，内容也因"熊祭祀"而显得比较单一。后来由于熊数量的急剧减少，鄂温克人开始捕猎貂、鹿等动物，"瑟宾节"也由熊祭祀慢慢过渡到了对山神的祭祀。"瑟宾节"的祭祀、狂欢内容也不断丰富，逐渐增加了如模仿动物、飞禽的歌舞表演，狩猎、采集生产的劳动竞技游戏以及源自取暖狂欢的篝火舞等内容。

16 世纪，鄂温克人中兴起了"萨满教"，认为"萨满"是"通神者"，可以驱逐病人的邪恶鬼魂。萨满教普及到了各氏族，每个氏族都有自己的"萨满"，从此，鄂温克人开始信仰萨满教，以图腾为特征的"瑟宾节"也曾一度失传。但从 1994 年开始，内蒙古自治区鄂温克族自治旗恢复了一些民间节日，其中瑟宾节在每年 6 月 18 日举行，"彩虹"歌为鄂温克族瑟宾节节日歌。

新中国成立后，"瑟宾节"的节日特点渐渐融入了汉族的活动内容和形式，淡化了祭祀程序，增强了娱乐功能。

鄂温克族"瑟宾节"，既有原始古老的崇拜、祭祀特点，又是鄂温克族历史文化、社会风俗、民族精神的集中体现。16 世纪，东北亚地区萨满教兴起，鄂温克部落也逐渐被其所统治。萨满教万物有灵的多神理念也使以图腾为特征的"瑟宾节"走向了衰微。清顺治年间，随着鄂温克部族的南迁、狩猎生产的衰落，进入嫩江流域及其支流地区的索伦部鄂温克人，在经历了由山林原始部落向山下游猎、渔猎、农耕阶段的衍进过程以及与萨满活动的互渗融合，发端于最初的熊图腾（熊崇拜）的"瑟宾节"，其原始神秘的色彩已逐渐褪去，"瑟宾节"慢慢演变为乌力楞（家族）或部落一年一度的盛大狂欢。到了清朝晚期，祭祀敖包，民族歌舞表演，赛马、射箭等竞技，游戏，野餐酒宴，篝火晚会等由鄂温克人日常生产生活内容所演变出来的民俗活动渐成"瑟宾节"的传统内容。

"瑟宾节"活动从祭祀开始。祭祀一般由家族、部落头领或部落的"萨满"主持，在山神牌位或敖包前供奉鹿、牛、羊，马奶酒、野山珍等祭品以祈求风调雨顺，人畜兴旺，四季平安。祭祀仪式后，反映鄂温克族人民勤劳勇敢、能歌善舞、强悍智慧，乐观向上的民族性格和精神风貌的歌舞与竞技活动相继进行。在此期间，传统舞蹈《鲁日给勒》、即兴填词的民歌表演《扎恩达勒》和赛马、射箭、摔跤、拉棍、腕力、颈力、拔河、抢枢、贝奇那、勒勒车等一系列充满了欢快与热烈气氛的"瑟宾节"传统项目，一直到"风情野餐"开始才会宣告结束。在"风情野餐"上，晚辈要向长辈敬献马奶酒，老人则会给孩子们分发吉祥礼物。野餐酒宴会持续到篝火晚会开始，这是瑟宾节的最后一项内容，也是节日的高潮。家族或部落里的男女老少，乘着酒兴，围着篝火跳起篝火舞（又叫圈舞），极尽狂欢，直到次日黎明，才会尽兴而散。

鄂温克是一个古老的民族，他们是生活在大森林的鄂温克猎民。鄂温克族自治旗地处大兴安岭与呼伦贝尔大草原的结合部，历史上，生活在森林中以打猎为生的鄂温克人，生活条件极其严酷，但是生活不可能总是处在悲哀和痛苦中，于是，他们努力创造欢乐祥和、安居乐业的生活环境，他们在民族的集会中互相鼓励，他们围着篝火欢歌起舞。古时候的瑟宾节，鄂温克猎人都会聚会进行庆祝活动，各部落男女老少都来参加，由部落酋长主持。

瑟宾节

纯朴的猎人们点燃篝火，围着篝火边歌边舞，祭祀"巴伊安奈"神，是部落的盛大宴会，具有一定的传承价值。

由于鄂温克人频繁的征战、迁徙，"瑟宾节"在中国鄂温克人中一度失传。根据广大鄂温克族人民的要求和愿望，在1993年11月内蒙古鄂温克族研究会第三届会员代表大会上决定恢复"瑟宾节"，定于每年的6月18日举行。从1994年起，每到阴历的五月中下旬，居住在讷河农区的鄂温克人都会择日欢庆"瑟宾节"。节日里，部落里不论男女老幼，都会身穿节日盛装，相聚在嫩江边的河谷草滩，以鄂温克人特有的民俗活动来表达他们向天祈福，祝福部落或家族平安兴旺的美好愿望。鄂温克族人民跳"彩虹舞""鲁日给仁"舞、"斡日切"舞、熊斗舞、"爱达哈喜楞"舞等，唱着"扎恩达楞"。此外，在瑟宾节中还要进行抢"枢"、摔跤、赛马、射箭、"米日干"车、夺宝、腕力、颈力、拉棍等传统体育项目比赛。夜晚，还要举行篝火晚会，载歌载舞直至深夜。从2001年起，鄂温克族自治旗在瑟宾节上还加入了赛奶牛项目。

目前，鄂温克族"瑟宾节"已被列入黑龙江省省级非物质文化遗产名录；2011年，被列入第三批国家级非物质文化遗产名录。

赫哲族食鱼习俗

赫哲族食鱼习俗主要流布于黑龙江省的同江、饶河、抚远地区。

中国鱼文化的萌芽期是原始社会时期（石器时代）。中国鱼文化发轫于旧石器时代的山顶洞人阶段，它最初是以饰品的形态表现的。与"鱼"有缘的赫哲族的历史最早可以追溯到新石器时代早期。公元前4100年左右，居住在黑龙江沿江一带的居民以捕鱼为生，在考古遗址中发现圆形和椭圆形鱼窖，内有鱼骨，从出土物看，当时他们过着以捕鱼为生、兼狩猎的生活。

赫哲族是中国北方惟一的以捕鱼、狩猎为生，用狗拉雪橇的民族，不进行农业生产，早年的主食主要是鱼、兽肉，粮食是副食。赫哲人所食用的鱼主要有鲤鱼、草根、青根、怀头、白鱼、鲢鱼、鲟鱼、鳇鱼、赶条、哲罗、发罗、细鳞、鳊花、鲶鱼、狗鱼、大马哈鱼、重唇鱼、鳌花等。捕鱼和狩猎是赫哲人衣食的主要来源。赫哲族人喜爱吃鱼,尤其喜爱吃生鱼。这一习俗沿袭至今,显示了这个民族与其他民族不同的特点。

做生鱼时把新鲜的鱼洗净、去鳞、剔下鱼肉、切成薄片、拌上野生姜和辣椒,现在又加上土豆丝和大头菜丝,拌上各种佐料,味道非常鲜美。现在不仅赫哲人喜欢吃,汉族等其他民族也喜欢吃这道菜。赫哲语"塔尔卡",译成汉语"刹生鱼"。

鱼松(也叫鱼毛)是每顿饭上必有的,把鲤鱼、草根、鲢鱼、鲶鱼等鱼去鳞、去肠、洗净、放盐、加水煮熟,把骨择除,再把鱼肉不断翻炒,直到焦黄,入在罐里,放于阴凉处或埋在地下储存起来,以备冬季食用。

生鱼片(赫哲语:"摊尔库")有两种吃法:一种是把活鱼或者最新鲜的鱼肉剔下来,切成薄片,只蘸醋和盐,或者加点辣椒油就可以吃,既凉爽又好吃。另一种是专门在冬季吃的。把整个一条鱼(冻鱼)皮剥下来后,削成很薄的冻鱼片,像木匠刨下来的木刨花一样,蘸盐、醋、辣椒就可食用,是饮酒的最佳菜肴。特别是鲟鱼、鲤鱼去皮后将脆骨和肉一起切成薄片全部吃掉,味道特别好。

烤鱼(赫哲语:"稍鲁伊"):把一条鱼的两面肉片下来用炭火烤至半生半熟时,加上盐、辣椒吃,味道也很鲜美。

鱼坯子:是用盐腌制后自然晒干的鱼,便于运输、储存,食用方法也是多种多样。

鱼条干:是一种剔去鱼骨割成条状不用盐自然晒干的鱼条子,这种鱼主要用于做饭和粥而用,也可当干粮直接食用。

鱼籽食用:把大马哈鱼、鲟鱼、鳇鱼的籽取出后用盐腌制以后食用,可生食、炒、凉拌。

活活饭:赫哲人在做粥时放入鱼、兽肉,还加一点点盐,叫"活活饭",营养丰富,味道也很鲜美。尤其是过去妇女做"月子"时多吃此饭。

赫哲人对亲友和客人常常以请吃杀生鱼为敬,这已成为他们饮食文化的一部分了。比如,当客人来临时,为了考察该人是否是朋友,赫哲人常从刚捕来活蹦乱跳的鱼身上用刀割下一块肉,用刀挑起请他吃。如果他很愉快地从刀上咬下鱼肉吃了,那他就会受到赫哲人的热情招待,并被当为朋友。如果他不吃,那就别想再登这家的门。

在长期的历史演进过程中,其先民们创造了丰富的、特色鲜明的食鱼习俗。这不但反映了该民族的独特的生活习俗,而且更具体、形象地反映了其民俗文化的精髓。赫哲族食鱼习俗与其他物质文化遗产相比,它从更深的层次展现着该族群的历史文化,体现和负载着该族群从古到今在诞生、发展、延续过程中的集体记忆,是探究赫哲族历史文化的重要依据,也是研究赫哲族历史文化及发展脉络不可缺少的重要资源。加强对赫哲族食鱼习俗非物质文化遗产的保护与传承,具有十分重要意义。

20世纪50年代以前,临江而居的赫哲人主要从事原始渔猎生产活动,改革开放以后,赫哲族的经济文化有了许多的发展变化,但仍然可以看出生态环境和传统的生机方式在他们进行文化选择时所产生的影响。赫哲族地区推行家庭联产承包责任制,实行了"以渔为主,粮食自给,多种经营"的方针,党和政府制定了优惠政策,减免农业税和粮食收购任

赫哲族特色鱼餐

务。由于生态环境和定居的生活方式的影响，使赫哲族由传统的渔猎型经济文化类型成功地转为以农业生产为主、兼顾其他产业的发展道路上来。

赫哲族人一向以杀生鱼为敬。不仅以鱼肉、兽肉为食，赫哲族人穿的衣服也多半是用鱼皮、狍皮和鹿皮制成。男子大多穿大襟式狍皮大衣，衣襟上缀两排用鲶鱼骨做的纽扣，女子多穿鱼皮或鹿皮长衣，式样很像旗袍。男女都穿鱼皮套裤以及狍皮、鹿皮和鱼皮制的鞋子。用鱼皮做衣服也是赫哲族妇女的一大特长。故历史上赫哲人又被称为"鱼皮部"。

目前，赫哲族食鱼习俗已被列入黑龙江省省级非物质文化遗产名录。

五大连池药泉会

五大连池位于黑龙江省北部，黑河市南部，小兴安岭与松嫩平原的过渡地带。

传说有一位达斡尔族猎人在打猎时，被一只神鹿带到了五大连池药泉山，他发现受伤的神鹿在喝了这里的矿泉水后，竟然奇迹般地痊愈了。这样，人们相互转告神水的故事，于是，达斡尔人、蒙古人定于每年五月初五，都要从四面八方赶到此地，庆祝他们发现了神水。人们夜晚燃起篝火，边跳舞、边唱歌，午夜时分，大伙争着去抢喝神水。这些人返家之前每人搬块石头挂上红布条以求吉利，相约来年再来相会。后来，人们在药泉山上建起了钟灵寺，在池子旁建起了黑龙庙，从此，这里便有了五月端午节药泉山下起"药泉会"的习俗。

由于发现圣水的时间是在农历端午节时，所以每年此时各民族的人们都在泉边举行热烈的庆祝活动，主要集中在农历五月初四、初五、初六三天内，逐渐地形成了一个节日——五大连池圣水节。

每逢节日之前，各族牧民一家家男女老少赶着勒勒车，跋山涉水，喜气洋洋地从四面八方聚集在药泉山下。寂静的草地上顿时热闹非凡。一座座草搭的窝棚架了起来，人们在暖融融的初春的阳光下杀牛宰羊，祭祀天地，载歌载舞欢庆一年一度的对水佳节。从初四清晨开始，他们在泉边，举行传统的圣水祭大典，庄严肃穆、仪式隆重。之后是民族歌舞演出活动。到了傍晚，各族民众就围在篝火旁载歌载舞，其间穿插着饶有风趣的抹黑祈福活动。子夜时分，"抢零点水"是节日活动的高潮。达斡尔人、鄂温克人、鄂伦春人坚信"端午"的一切东西都是最好的，汉人、满人也视"端午"的许多物品为吉祥之物。各族民众普遍相信这一天的药泉水最具有驱邪祛病的功效，因此歌舞至初四子夜，大家纷纷涌向泉边，抢饮零点圣水。初五凌晨，人们开始三三两两地结伴游园踏青，折柳采蒿，露水洗脸。龙舟大赛把节日的气氛推向高潮。各民族健儿聚集在火山堰塞湖上，龙舟竞渡，你追我赶，把欢声和笑语荡漾在山水之间。

"射猎饮水"也是这一日活动的主要内容。许多达斡尔族、鄂伦春族、蒙古族猎人都在这一日进山打猎，据说能获得更多的猎物。回来后痛饮佳节圣水，以求祛除百病，身体健康。初五的晚上，人们又聚拢在药泉湖边，举行"泉湖灯会"。人们烧纸钱或放河灯，寄托对先人的哀思，祝福活着的人们珍惜每一天。到了初六早晨，人们第一件事就是来到二龙眼泉边"洗眼明目"，然后就陆陆续续地登上药泉山，拉开了钟灵庙会的序幕。人们进殿烧香拜佛，参加洒净法会，出来后有的拜山，有的祭神。山上庙门外和山下山门内，买卖小摊、风味小吃、地方戏、杂耍，热热闹闹一直持续到傍晚。寺内还备有素斋供信众食用。"弃石丢病"基本上是节日活动的最后项目。人们白天进山打猎时，捡到拳头大小的火山石块，回来后扔到泉边，表示病魔已除，一年内无灾无病，然后各自分散，收拾行囊，踏上归途。

据出土文物考证，6 000 多年前的新石器时代，五大连池就有人类活动的踪迹，商周时期属肃慎族居住地，隋唐时属里水靺鞨部居住地，金代属女真完颜部居住地，清代为布特哈总管衙门的辖区。历史上，达斡尔族、鄂伦春族、蒙古族、满族和汉族等民众，共同生活在这块神奇的土地上。辽金时代，女真人称这里的乌云和尔冬吉火山，也就是 12 座仙山的意思。各族儿女对威严的火山无不充满了敬意，每逢出游、打猎、收获、生儿育女或重大事件，无不祭拜神山，感谢天地赐福并祈求岁月平安。矿泉圣水被发现后，千百年来，人们在缺医少药的年代里更是对它珍爱无比，视之为救命之水。先民们对这奇山圣水充满了敬畏之心，神秘的萨满成了人们心中的上天使者，他们祭天、祭地、祭山、祭水，他们拜树、拜石、拜洞、拜泉。他们把每一山每一水都赋予了灵性，把每一石每一木都注入了感情。

有关五大连池的神话传说和民间故事浩如烟海，秃尾巴老李大战小白龙、药王救世、莲花五姐妹和神鹿示水等故事，流传大江南北。能歌善舞的北方各族儿女，用他们甜美的歌喉和曼妙的舞姿，表现着对这片火山热土的无比热爱。骑着骏马，号称"兴安岭之王"的鄂伦春人和鄂温克人，虽然居住着简单原始的"撮罗子"，但他们满足于大自然给予他们的每一份恩赐；穹庐似的蒙古包里，主人的马头琴上流淌着感恩的快乐；无忧无虑的达斡尔人，总有讲不完的故事一代一代的流传着，他们用载歌载舞感激大自然的慷慨，用虔诚的祭祀答谢上苍的呵护，用善良淳朴回报神山圣水的厚爱。

20 世纪初，佛教庙宇落脚在药泉山上，火山口里建造巍峨辉煌的钟灵禅寺，暮鼓晨钟，香烟袅袅，使这里成为远近闻名的佛教圣地，八方香客川流不息，佛号声声唤醒着沉迷于万丈红尘中的善男信女。至此，五大连池圣水节这浓郁的民俗散发着迷人的芬芳，虽

圣水节圣水祭典

然不能与中原灿烂的主流文化比肩同辉，但在中华民族的后花园里，却绽放出一朵耀眼夺目的奇葩。

五大连池圣水节是中国北方各族儿女的文化盛会，是中国百大民俗节日之一，目前已成为非物质文化遗产。近几年来，五大连池所在地政府开始花大力气参与办节，使圣水节的内容更趋多样化。圣水节期间除传统活动外，还举办了中俄武术散打擂台赛、五大连池文化保护与产业发展论坛、首届中国矿泉联盟论坛以及圣水之夜文艺晚会、民族歌舞表演和书画博览会等。

五大连池药泉会（圣水节）有着200多年的信仰民俗传承基础，是黑龙江省达斡尔、鄂伦春、蒙、汉等诸多民族特定历史时代的鲜明写照，它由原始信仰引发，在漫长的历史发展过程中，不断渗透和映照多民族生产生活，社会活动、民间文艺等多元文化内涵，庆典活动期间，当地各民族举行各种传统仪式，有民俗表演，传统歌舞，各种竞技活动，圣水祭祀、抢子夜水、抹黑祈福、泉湖灯会、射猎饮水等活动丰富多彩。此活动涉及面广，参加人数众多，由原来的几千人，现在已发展到十几万人参加，是中国百大民俗活动之一。政府着力打造五大连池圣水节节庆品牌，使之规模扩大，不但是为了尊重民俗、传承文化，也是为了提升五大连池的知名度，促进火山旅游业和矿泉水产业发展，吸引更多人到五大连池看火山、品泉水、沐浴养生。

2011年，五大连池圣水节（药泉会）入选国家级非物质文化遗产扩展项目名录。

安仁"赶分社"

安仁"赶分社"流布于湖南省郴州市安仁县。

相传，"赶分社"是安仁人民为纪念炎帝神农氏在安仁"制耒耜奠农工基础，尝百草开医药先河"的伟大功绩而兴起祭祀神农的活动，一则以求五谷丰登，民众安康；二则交换草药农具，以备春耕。朝拜者络绎不绝，先有捧售香烛、纸钱者，继之交易草药、藤索、木犁、锄柄、斗笠等物。年复一年，久而久之，渐发展到农副土特产品交易，直至现在的大型商品交易会。

据史载，"赶分社"形成于五代后唐（923—936 年）时期，人们为祭祀药王神农，在香草坪处建造寺庙，朝拜祭祀而起。

自宋咸平五年（1002 年）县令高岳徙县治于香草坪（今城关镇老粮食局至卫生局一带），才约定俗成地留下了安仁"赶分社"这个独特的传统民间聚会节日，并由此延传和发展。据民国二十四年（1935 年）《中国实业志》载："这里有一特别风俗，即每年春分春社两节，四处商贾云集……"，俗称"赶分社"。无论世道如何变换，"赶分社"习俗也从未间断过。

安仁"赶分社"主要内容有三项：

祭祀：春分节这天，在神农殿或药王庙举行，分官方和民间两种方式祭祀。祭祀神农求社会吉祥平安、五谷丰登，人民生活幸福。多年来形成了一套约定俗成的程序：鸣炮、上香、打拱、起乐、献谷草、供三牲、读祭文——炎黄子孙世代怀念中华始祖炎帝神农氏的浩大功德。上香、起乐、上供、献谷草者皆为古代仕女装扮，以传统乐曲伴奏。乐器以笙、箫、唢呐、锣鼓等民乐为主，贡馔的物品有草药四大盘，粮食四大盘（稻谷、黄豆、花生、小麦），猪、牛、羊三牲头。祭文由安邑县令（知县）宣读。

集会：人们在参加祭祀活动之后，便聚在一起谈天说地或交流农事经验，互相祝愿一年的好收成。有的便分头走亲访友，拜访师长，久而久之，"赶分社"成了人们一年一度结社聚会的重要形式，有的年轻男女则利用这一难得良机到县城见面相亲，结百年之好。千百年来，每到春分，人们便不约而同，成群结队地"赶分社"。民间艺人在人山人海之中唱社戏、演布袋戏、演皮影戏、玩杂耍、舞龙狮、踩高跷等，更增添"赶分社"的热闹气氛。

交易：安仁人民很早就有利用"赶分社"开展物资交流、调剂余缺的习俗。"春分节"这一天（后来发展到前后 3 天），人们就地进行传统农具、竹木家具以及中草药材交易，大到木制风车、床架、衣柜，小到农家犁田的藤索、盛物的陶钵、晾衣的竹篙等都一应俱全。最有特色的是安仁百姓"赶分社"时购买草药的传统习惯，家家户户都按民间土方兑上几罐草药配以鸡肉、猪脚，熬成男女老少皆宜的强身健体、益寿延年的药膳，相沿成习，经久不衰。

安仁"赶分社"实则是由感恩炎帝神农开创农耕、医药，崇尚其艰苦创业、自强不息、开拓奉献的精神，才有这种千年如一、执着地纪念炎帝神农的活动。"赶分社"以祭祀及药材、农作物、农具等交易为主，当地农民利用"赶分社"的置办全年日常生产、生活的必需品。近年来各种商家都利用这一机会进行宣传推销，以及商贸洽谈。"赶分社"活动一般持续两周、甚至 20 天左右，期间每日人流量在 20 万人次左右。本项目"赶场"交易部分，是随着祭祀神农的集会自然而然地产生的，最后形成了以中草药药材交易为主的一种成定制的经济性活动，不可避免地使本项目含有了经济价值。

民间对中草药不离不弃的信赖和使用，药材与地理、气候、水土的关系，药材采集加

祭祀药王神农和中草药药材交易

工及药方的配伍，药膳的疗效与作用等等，揭示了本项目所包含的民族医药的科学价值，对于研究、考察中国古代中医中药的相关发展和变化具有相当重要的作用。因此，安仁"赶分社"具备中国农耕文化、医药文化"活化石"的历史、文化、科学价值。

从古代活态传承至今，它独特、唯一的形制，纯朴自然的形态，浓郁的民间风情，清新的乡村气息，凸显出"活化石"的吸引力，构成了一道清丽质朴的人文风景线，拥有电子时代难得一睹真颜的乡土文化景观的审美价值。

"文化大革命"时祭祀活动被迫中断，集会交易改成"学大寨"内容。改革开放后全部恢复，1981年《湖南日报》记者发现后开始报道，引起全国注意。

近年来，安仁"赶分社"发展成为全国独具特色的"中国·安仁赶分社（春分药王节）"，吸引着江西、广东、广西、湖北、贵州等10多个省、区的客人，在每年春分赶到安仁来，敬神农、祈丰收、祷安康、赶墟场、购药材、观风景。中央、省、市传媒多次到安仁采访和报道。

2006年，安仁"赶分社"被列入湖南省第一批省级非物质文化遗产名录。

桑植白族仗鼓舞

桑植白族仗鼓舞主要分布在马合口、麦地坪、芙蓉桥、洪家关、走马坪、淋溪河、刘家坪等7个白族乡镇，外半县如官地坪、瑞塔铺等乡镇也流行跳仗鼓舞。

仗鼓舞系南宋末期桑植白族迁始祖和他们的子孙创造而成，此舞仅湖南桑植白族拥有。桑植白族《甄氏族谱》载："……甄巫师，赛神愿、吹牛角、跳仗鼓……"，仗鼓舞广泛用于祭祀、节日喜庆、农事丰收庆贺、表演等活动中。

相传南宋末天宝年间，有谷、王、钟三姓兄弟在蒙将兀良合台"寸白军"服役，后"寸白军"被遣散，三人即从云南大理流落至桑植定居。某年腊月，白族兄弟们正在打糍粑准备过年，一帮官兵突然围寨抓人，白族人即用粑粑杵奋起反击，将官兵打败，白族人为庆贺这一仗的胜利，就以木杵作道具跳舞作乐，这便是仗鼓舞的由来。后来，白族人将粑粑杵改成鼓，配以笛子、唢呐、大号和锣、钹、磬等鸣乐伴奏，同时创造了81套舞蹈动作，成为一种独具风格的民间舞蹈。

桑植白族仗鼓舞在保留了云南白族舞蹈基本动律的同时在民族迁徙和民族大融合过程中经过 700 多年的发展，现已形成了自己独特的风格特征。

在游神、赶庙会、节日庆典、祭祀等白族大型民事民俗活动中，跳仗鼓舞不仅不受道具约束（人们参跳时，可以拿农具或生活用具等作为道具，如羊叉把、火钳、饭篓子等生产生活农具踩着节拍翩翩起舞），而且还可根据不同的场合，不同的环境进行表演，如游神时跳仗鼓舞，人多势大，场面隆重热烈，叫"游神仗鼓舞"，在本主庙会上跳仗鼓，叫"祭祀仗鼓舞"，在过年杀猪打糍粑时跳仗鼓，叫"粑粑仗鼓舞"等。这些随意的表现和广泛的内涵给白族仗鼓舞增添了苍老、古朴、原始的美感。

桑植白族仗鼓舞动作组合（民间称为套路）多，以跳、摆、转、翻为主体，动作复杂多变，有"一二三""三二一""硬翻身""狮子坐楼台""野猫戏虾""兔儿望月""五龙捧圣""翻天印""野马分鬃""文王访贤""观音坐莲""霸王撒鞭""魁星点斗""雷公扫殿""二龙戏珠""玉女扫地""三十二连环""四十八花枪"等，一共有九九八十一种套路。

桑植白族聚居地森林密布，风景秀丽，以丘陵为主，溪流纵横，境内有大小山头 5 145 个，18 条主要山脉，因受地域环境影响，白族仗鼓舞基本动作带有明显的山区地域特点。白族人民长期生活在高山峻岭之中，当身负重物走在盘山小道时，只能顺拐前行；爬坡逾岭时，必须屈膝下沉，才能安全通过；走平地时，又悠放自然，步履灵活，而且保留云南大理洱海白族舞蹈船上动作的晃悠，形成了以跳、摆、转、翻为基本动作，脚步先左后右，手与脚顺向摆动，顺拐、屈膝、悠放、下沉的动律特征，这些动律特征带着明显的地域标识。

白族仗鼓舞最初作为白族先民的祭祀仪式活动，它表达了对祖先、英雄的本主崇拜，体现了本民族的精神信仰和追求，故而舞蹈套路及舞台调度讲究严格精美的程式。它以"倒丁字步"为基本步伐，跳时必须是每三人一组，鼎足而立，所有人围成一大圆圈跳。跳仗鼓舞时，以打击乐为基本伴奏，鼓点跟动作必须配套，在节拍、节奏、动作等方面均要与鼓点密切配合。舞者必须转身变换方位，且动作组合的变换也只能在此节奏下进行。

桑植白族仗鼓舞跟其他民族民间舞蹈不同的是舞者和舞蹈音乐伴奏者围圈共同完成所有套路。鼓、钹、小锣、笛、唢呐、海螺等乐手参与演跳，他们以手中的乐器为道具，一边演奏一边跳转。整个舞蹈因为伴奏者的参与而使表演更加富有节奏明快、纯朴优美、灵巧多变之特性，舞蹈时强弱节奏鲜明；情绪高昂时，舞者和乐手连连发出"哦、喂"的吼声助兴，给人以粗犷激越、朴素、多彩、和谐之美感。

跳仗鼓是桑植白族的传统舞蹈，它古朴明快，粗犷大方，跳时以仗鼓为道具，仗鼓长一米二，用木棒为杆，舞蹈音乐以打击乐器为主，同时还用横笛吹奏主旋律，夹以海螺、长号和唢呐伴奏。舞姿灵活多变，古朴大方，惊险敏捷，民族色彩浓郁，具有很高的美学价值。

跳仗鼓具有明显的社会功利性和实用性，与人们的经济生活、生产劳动、伦理道德和宗教信仰密切相关。对于研究白族的社会构成、历史演变、生活习俗等方面具有重要价值。

仗鼓舞表演

仗鼓舞是湘西白族人民现实生活的真实写照。云南白族人民来到异地他乡——湘西，在当时极为艰苦的环境中，为了生存与发展，获取物质生活资料就成了人们的头等大事。仗鼓舞是白族人民祭祀本主活动的舞蹈，但湘西白族由于其特殊的经历，因此相对来说比较开放。他们确定的本主是不分民族的，只要是对白族人民有过特殊贡献的人，无论什么民族，都可奉为本主。同时，白族人民在跳仗鼓舞时，也欢迎其他民族的人们加入其内。所以仗鼓舞反映了白族人民反对战争、热爱和平、各民族和睦相处的善良之心，它是一条连接其他民族、团结本民族的精神纽带。

为传承白族文化，桑植县筹集资金，在芙蓉桥成立桑植白族文化生态保护区，进行全县白族仗鼓舞的曲目、历史沿革、分布区域、传承谱系、文化内涵普查；挖掘和整理桑植7个白族乡有关白族仗鼓舞的曲目、曲调及舞蹈套路的文本、图片、音像资料、实物等，建立专门的桑植白族仗鼓舞数字化资料库。通过口传心授，还原白族文化生活场景，保留白族仗鼓舞原有风格，并进一步完善创新动作招式；挖掘、整理芙蓉桥白族乡独有的打花棍、九子鞭、霸王鞭、渔鼓筒、傩戏、蚌壳灯等，使之成为全县少数民族非物质文化遗产的培训、交流和展演基地。

仗鼓舞作为集镇上赶会的重要项目进行表演，在桑植7个白族乡中，至今还有21处本主会。为有效推进国家级非物质文化遗产项目——桑植仗鼓舞的传承、普及和活态保护，传承白族文化，2014年6月12日，桑植白族文化生态保护区在芙蓉桥乡挂牌成立。

2011年，白族仗鼓舞入选第三批国家级非物质文化遗产名录。

土家族过赶年

土家族过赶年流布于湘西土家族苗族自治州永顺县。

"过赶年"是土家族重要的民族节日。至于"过赶年"的起源，各地土家族说法不一，总的说来，都与战争密切相关。据《明史·职官志》《中国民族节日大全·土家族节日·过赶年》记载：印江土家族过赶年源于元末明初的抗倭战争，形成习俗于明嘉靖年间，是土家族人爱国主义的表现。

在抗倭战争的岁月里，当时因军情紧急，调令要求，士兵往往在农历腊月底启程赶赴前线，土家人为了能过团圆年，便纷纷提前过年（月大二十九日，月小二十八日）祭祖祭神，为出征的亲人壮行，年复一年，约定俗成，土家族人为亲人壮行而提前过年的习俗称为"族年"。

随着土家族民族的认同，逐渐形成土家族的民族节日，并以追忆在抗倭战争中牺牲的兵烈壮士，举行一系列的敬祭活动。

到清代，"族年"习俗极为普遍。因为土家族的"族年"总比其他民族"过年"提前一天，故又称为"过赶年"。在印江，土家族"过赶年"的习俗一直沿袭至今。

杀年猪。过了冬至，土家人会选一个红煞日杀年猪，据说来年可以养大猪。屠夫将猪杀后，会将肉按其部位砍成一块块的，分猪头、猪腿、猪屁股和块子肉等。猪腿多用于给岳父岳母拜年时用。猪肉砍好后在肉的表面涂上大量的食盐，然后放在大缸或大盆里腌上一个星期时间，待腌透后，将这些肉挂在炕上以熏成腊肉。

做糖糁。土家族糖糁是用糯米加工制成的，有的糖糁特别是用作礼品的糖糁，土家人还会用染成红、蓝等色的饭粒，精心摆设成各种字样，如红双喜、福、寿等字。有的一个糖糁堆一个字，连起来就是"五谷丰登""丰衣足食""春色满园"等；也有的绘上山水、花鸟或花边图案。一切摆绘完毕后，取出篾圈，放在太阳光下曝晒数日，待饭硬结干透，即成为生糖糁。

打糍粑。糍粑是土家人过年时节必须准备的食品。土家族人打的糍粑有易存放、不易变质、易食用等特点，在土家人的生活中，糍粑有着不同寻常的意义。拜年时，糍粑也有了用处，在土家族地区有"拜年、拜年、粑粑上前"的民谚，言下之意是说糍粑是土家人走亲串门的必备之物。尤其是土家人为儿子定亲拜年时，一对大如明月象征团圆的糍粑是必不可少的。

推豆腐。豆腐是土家族人过年时必备的一道菜。土家族人多聚于山区，丰富而甜美的山泉水为土家人制作的豆腐创造了特别优质的自然条件，用来自于大山之中的山泉水制作的豆腐口感特别香甜，吃起来更是回味无穷。在过年前一天，土家人会将这些豆腐用油炸成或三角形、或小长方形、或小正方形、或立方体的各种形状的油豆腐。

贴春联、贴门神。土家族人将贴对联叫做贴对子，它以工整、对偶、简洁、精巧的文字描绘时代背景，抒发土家族人的美好愿望。贴门神是为了避免那些"惨死鬼"闯入百姓家中享受些土家人供奉的香火、钱财，从而带来霉运。

插柏梅、贴钱纸。过年这天，土家族的家家户户都会将弄来的柏树枝和梅花枝插在神龛上、堂屋中柱上、大门上，还在门窗、猪圈、牛栏、鸡笼、石磨等地方及犁、耙、锄、打谷桶等生产工具上，家中的大型家具上，附近的果树上这些地方都要贴上压岁钱（祭菩萨时的纸钱），这样做是为了纪念土家族祖先战争时过年的生活环境。祭祀分为祭已亡先人、抗倭将士、山神土地、八部大王等。

吃团年饭。土家族人过年，讲的是合家团圆的欢乐，过年之前，远离千里之外的亲人也要赶回家来，全家老少团聚同桌吃饭，这叫吃团年饭。团年饭是土家族人过年中最为重要的一项仪程。为了在过年这天抢年，办好团年饭，土家人往往会提前一至二天来精心准备团年饭。

送亮，即送灯。团年饭吃好后，还得去给已逝的祖辈一一上坟，土家人谓之"送亮"。回家时，还要呼唤亡者与自己一同回家，以让亡者也能回家过年。

果树过年，即给自家的桃树、梨树、李子树等各种果木树喂饭菜。据称给果树喂饭后，果树会长得更高更大，树上结的果子会甜一些。

守岁抢年。守岁，就是在旧年腊月三十（月小则是二十九）这最后一夜不睡觉，熬夜迎接新一年的到来的习俗，也叫除夕守岁，俗名"熬年"。

拜年。拜年是土家族人辞旧迎新、相互表达美好祝愿的一种方式。正月初一早上，小孩子会挨家挨户的串门，向各长辈拜年以表示新年美好祝愿，长辈们接受拜年后须给小孩子们"压岁钱"和准备好的糖果、花生、瓜子等。小孩们拜年去前，家里的父母一般告诉小孩们，会吩咐男孩子走前面，女孩子走后面。

土家族过赶年的形成、发展和演变的过程，也是民族民俗文化形成、发展和演变的过程，对研究土家族的历史与文化，它是重要的来源。土家族的传统文化是土家民族的根基和标志，土家文化直接关联民族的性格、精神、思想、言语和气质。它集中表现了土家族在一定的客观自然环境和社会历史条件下建构自己生活的独特方式，反映了一个民族的独特性格和风貌，并成为贯穿于整个民族文化之中的主心骨，而土家族文化则是土家族精神在各个方面的具体表现。节日活动的内容有祭神、祭祖仪式，有驱邪、避鬼、禳灾以及其他宗教信仰的不同内容，是典型古俗节日的延续和发展，对于研究传统文化，尤其是土家族民族民间文化提供了珍贵的资料。

土家族的民族精神是土家族民族文化中的核心和灵魂，是土家族文化精华的综合反映和集中体现，是土家族在其特定的生存空间的社会生活环境基础上，于长期的共同生活和共同的社会实践中历史地形成和发展起来的，为民族大多数成员所认同和景仰的精神内核，表现为土家族独特的精神风貌。在文化的最高层次上表征着土家族一定的民族精神、民族凝聚力以及土家族在一定历史时期达到智慧和文明的程度。

土家族过赶年的形成，具有深刻的历史渊源和文化背景。这一习俗的形成、发展、传承，与440多年前的历史事件和人物紧密相联，承载着土家族人民抗击倭寇，抵御外侵的历史记忆。在倭寇横行的年代，各土家族人民起调土兵把守，用鸳鸯阵法等，积极配合各地抗击倭寇的人民和抗倭将领抗击倭寇。在当时的条件下，也是属于时代精神的范畴，在当今的时代条件下，土家族人民在各自的工作岗位上，正在用自己的民族精神和自己特有的积极言行响应党和国家的号召，勤奋努力，踏实肯干，和谐奋进。

土家族先民为纪念明嘉靖年间在抗倭名将俞大猷的率领下参加抗倭战争的这段历史，过赶年习俗一直沿袭了440多年。印江土家族过赶年，至今仍保留着从腊月二十三开始杀年猪，准备年货，凡出门在外的人都要在腊月二十八之前赶回家与家人团聚吃年饭的习惯。但是，随着时代的进步，文明的提升，土家族过赶年的形式有所改变，对本民族传统节日

打糍粑和吃团年饭

的文化内涵淡化，过节的活动内容、祭祀程序简单化，过赶年观念日趋淡漠。

近年来，印江自治县文化部门有意识地引导、鼓励"过赶年"的传承，把团龙村列为民俗文化村，从民族习俗、民族文化环境等整体上进行保护，2005 年成立了印江自治县非物质文化遗产保护工作领导小组，并针对"过赶年"文化开展了一系列相关活动。

2006 年，土家族"过赶年"被列入湖南省省级非物质文化遗产名录。

宜章莽山瑶族盘王节

中国西南和南部各省区瑶族聚居的地方，都兴盘王节。由于地域的不同和传承的差异，各地盘王节程序不尽相同。宜章瑶族盘王节，仅在莽山流行，且主要分布在莽山"过山瑶"聚居地塘坊、道洞等村落。

有关瑶族地区过盘王节的古老风俗，早在晋代干宝的《搜神记》、唐代刘禹锡的《蛮子歌》、宋代周去非的《岭外代答》等典籍都有载述。《岭外代答》中说："瑶人每岁十月，举峒祭都贝大王于庙前，会男女之无室家者，男女各群连袂而舞，谓之踏瑶。"

莽山瑶族最早在宋代初年就有移居莽山的，明正德年间（1506—1521 年），又有赵姓瑶族从福建辗转迁徙至莽山峒永安村定居。清道光年间（1821—1850 年），瑶民起义领袖赵金龙部下，从江华、新田、常宁、桂阳等地疏散至莽山，隐居道洞、塘坊、西岭等村。之后，仍有粤北称架山太平峒及郴县、临武、资兴等地陆续迁入者。

自宋代初年以来，莽山瑶人就有"调盘王"的习俗，是瑶族同胞的古老风尚，相传农历十月十六是盘王的生日，一说是盘王的祭日。不管何传，盘王节是瑶族同胞纪念、缅怀盘王，对盘王许愿还愿的日子。由于瑶族分布很广，传承方式不同，一直没有形成一致的行为。由此可见，盘王节（调盘王）习俗在莽山流传有千余年历史了。

1984 年，广西壮族自治区民委在全国瑶族干部南宁座谈会上发起，将农历十月十六定为盘王节。

盘王节是以祭坛为最初依托，以宗教信仰活动为动因，融民族歌舞、民间技艺、游乐观赏、商品贸易为一体的社会文化现象。仅在瑶族聚居区流行，有着显著的区域特征。

1. 民族性

瑶族同胞十分注重盘王节，盘王节期间往往倾巢出动，盛装登场，平日很少穿戴的服饰，此时，必定亮相。瑶族文化此时表现到极致，是难得一见的瑶族文化展示盛会。

2. 祭祀性

祭祀盘王，是瑶族千百年来的古老宗教仪式，其信仰、图腾均在此时得以具体演释，其庄严、神秘的程序，令人景仰、崇敬。全族人在此时共同祈福颂安，给人以和睦美好的启示。树高千丈不忘根本，通过祭祀凝聚人心。

3. 观赏性

祭祀盘王程序复杂而井然，兼有歌、舞，源远流长。其特有的原生态的"报歌""讲歌"，师公舞、长鼓舞等，给人以艺术享受。

4. 游乐性

盘王节期间除了祭祀盘王外，还有相当长的"流乐"（瑶语"玩乐"）时间。瑶人生性热情旷达，进行庄严的祭祀后，还要请祖先神及全族人和来宾一起娱乐。唱歌跳舞通宵达旦，绝技绝活也在此时表演，大家围坐在篝火边玩耍游戏，其乐融融。不仅瑶族人由此而得到愉悦，外来宾客也能乐在其中，从而大大丰富了莽山的旅游资源。

5. 商贸性

盘王节时值秋收之后，瑶人将其收获的山珍野味，拿出来交易。特有的瑶山食品和工艺品，为莽山生态旅游增添了一道亮丽的风景线，为拉动莽山的旅游经济起到了有力的促进作用。

瑶族祭祀文化源远流长，是中华文明的一部分，祭祖寻根，祈福保安，是中华民族的共有的特性，莽山瑶族盘王节依赖于当代社会生活普通规律，是社会生活审美体验的结晶，深受瑶族同胞喜爱和推崇，是人民群众所喜闻乐见的文化艺术活动。盘王节作为历史悠久、分布广泛的大众节庆活动，集瑶族传统文化之大成，是一种增强民族向心力、维系民族团结的人文盛典。

莽山瑶族盘王节，承载着莽山瑶族起源发展、生产生活过程，是一幅五彩斑斓、气息浓郁的民族风俗画卷，是民族团结、和谐的体现。对于研究瑶族的社会、民俗等方面，具有重要价值。莽山瑶族盘王节不是单一的祭祀行为，其"流乐"（玩乐）的成分给人们以赏心悦目、健康有益的艺术享受。"坐歌堂"对山歌，篝火晚会，技艺、节目展演，令人流连忘返，心情陶醉。莽山瑶族盘王节包含了文化、商业、科普、服务等内容，对促进莽山物质交流，拉动莽山旅游经济增长都起着重要作用。

1986年，郴州市在莽山举行郴州市第一届盘王节；1988年，在北湖区举办了郴州市第二届盘王节；1990年，由广西瑶学会发起、南岭地区瑶族代表联席会提出由各县市轮流坐庄，每两年举办一次盘王节。

2004年11月，"南岭瑶族盘王节"更名为"中国南岭瑶族盘王节"。2007年农历十月十六，在莽山举办了郴州市第三届盘王节。盘王节逐渐演变成为一种以宗教信仰活动为动

瑶族盘王节

因，融艺术、游乐、经贸等活动为一体的群众性民俗文化活动。届时，散居于县域内的过山瑶族人和乳源连州、连南等地的瑶胞皆会聚于莽山，共度瑶族的这一盛会。

2006 年，瑶族盘王节经国务院批准列入第一批国家级非物质文化遗产名录。

蒙古族祭火

蒙古族祭火流布于内蒙古地区。

祭火亦叫祭灶，也就是祭火神、祭灶神，为蒙古民族最古老的祭祀活动之一。传说农历腊月二十三是火神密仁扎木勒哈降生的日子，崇拜火的蒙古民族最隆重的"祭火"仪式就在这一天举行，届时家家户户都在家里祭祀火神。旧时，普通牧民的"祭火"一般都在农历腊月二十三，少部分台吉则在腊月二十四。有个别地方在秋季祭火神，在婚礼上还要祭火神。不同于汉族的祭灶，蒙古民族认为火是纯洁的象征和神灵的化身，灶火是民族、部落和家庭的保护神，可赐予人们幸福和财富，也是人丁兴旺、传宗接代的源泉。古代蒙古族萨满教巫师认为火与火神可以驱逐各种妖魔与邪恶，医治疾病，施恩惠于人类。由此也可以说蒙古民族的祭火是原始宗教信仰的一种遗俗。

农历腊月二十三日，蒙古族家家忙着过小年，大搞室内外卫生，进行祭火仪式。

祭火准备，清扫卫生，准备食物：腊月二十三的那天，取出绵羊胸骨和直肠在锅内煮好，并装饰绵羊胸骨，用活绵羊毛线缠绕胸骨，再用新鲜哈达和绵羊肚网膜脂肪包好，等候祭火。在煮绵羊胸骨和直肠的汤水内放入大块的羊肉（有的放牛肉）和大米，做阿木苏饭（祭火用的黄油肉枣稠粥）。晚上干完活儿后，开始祭火。祭火时，蒙古包当中放火盆，按好锅撑子，在火盆前摆好小方桌。然后，在方桌上摆好修理好的胸骨和带插灯芯的四碗祭火用阿木苏饭，一双扎拉玛（在榆树枝上挂一寸宽四寸长蓝白布条的小旗子）、柱香、柏叶、黄油、脂肪、炒米、大红枣、白酒等。

祭火开始，摆放祭品：待落太阳，出星星时开始祭火。祭火时首先由户主用香火清洁洗礼火盆。之后，在火盆里的锅撑子内摆放好榆树条或榆树枝。点火之后，用祭火专用的木制小勺子舀阿木苏饭，在锅撑子的四条撑子上抹好。之后，把装饰修理好的胸骨、扎拉玛、柱香、柏叶、黄油、脂肪、炒米、大红枣、白酒往锅撑子肉的火上贡献。

最后，户主朗诵祭火祝赞词，祈祷保佑的同时，要用祭火饭祭炉灶，户主拿起祭盘中的熟绵羊乳房，要求家中最年幼的孩子啃三口乳房。然后将孩子吃剩的羊乳房放回原盘中，并把它同祭品一起存放起来，待三日后重新祭祀时，才由全家人分享该祭品。

祭火时也包含了对祖先的崇敬。同时，对炉子的崇拜是同对祖先的崇拜有联系的，萨满的祷文里说：我们的祖先点燃的炉子。蒙古风俗鉴也有记载，蒙古人特别注重拜火神，把火当佛对待。屋子当中设火神的位置，放上火盆，永远不断火种，总要有疙瘩之类的东西燃着，认为是吉祥之兆，而且自豪地说，这是祭了多少辈的火。至今，内蒙古牧区的牧民祭火之后，仍然要有一个简单的祭祖仪式体现了蒙古族名族的文化传承和流传。

祭火礼俗是蒙古族的一部百科全书，以礼俗的形式综合反映了蒙古族的历史、民俗、社会、信仰以及衣、食、住、行的方方面面，它是进行蒙古学研究不可多得的物质与非物质兼有的文化遗产。古老的蒙古族祭火礼俗在郭尔罗斯草原上保持至今，对广大群众的精神生活、民族凝聚力、思想意识等各个方面都有着重要影响。对于祭火活动中各种活动、程式、理念的研究有助于更深入的研究蒙古族的传统社会活动、社会构成、基本价值观等。

祭火仪式的简化。改革开放以后，随着人们经济生活方式的转变，对于草原上的牧民来说，单一的游牧生活显然不能适应现实生活的需要。祭火仪式的简化从侧面反映了这一变迁，并不是生活节奏加快促使的，而是时代发展使然，隆重而繁琐的祭祀仪式显然也不能适应当前牧民的生活。另外各自为祭的方式成为目前赤峰地区祭火的一个形式，公祭国祭早已成为历史。

祭祀参与群体的改变。过去祭火都是一家之主即男主人主持，这是男权社会的符号。而如今女性也成为祭祀的主角，而纵观祭火传承的历史，其实女性才是重要的参与者，祭火之前的所有准备工作和善后工作都是女性来完成。祭火日变成了家庭成员共同参与的一个重要节日，一个交流感情、家人团聚的日子。

现代化特征凸显。现在的祭火几乎都在炉子旁举行。火撑子消失不见，祭火用的是平时烧水、取暖的炉子。祭完后，剩下的食物家人一起分享，吃肉、喝酒，乐在其中。娱人

蒙古族“祭火”

与娱神的结合，使得祭火少了一些严肃而多了一些欢快的气氛。

2011 年 1 月 26 日 18 点，包头市第二届蒙古族祭火节在赛罕塔拉蒙古大营举行。有颂赞词、上羊背、宴会、文艺演出等丰富的"祭火"活动环节，吸引了许多远道而来的游客。

2012 年，蒙古族祭火被列入第三批吉林省省级非物质文化遗产名录。

义县社火

义县社火主要流传于辽宁锦州义县地区。

社火产生的年代相当久远，它是随着古老的祭祀活动而逐渐形成的。义县社火聚会地点在齐家子（今九道岭境内）药王庙前。药王庙始建于辽代中期，清乾隆十八年（1755 年）复修。每年的四月二十一日至二十五日，为义县社火会期、二十三日为正日，数十个村庄的民众以村屯为单位，组成表演队伍，携带祭祀用品和不同形式的文艺节目，从四面八方向齐家子村汇集，参加一年一度义县社火。各村的演出队每到一个村庄就地打场表演，吸引了众多男女老少。齐家子村周边方圆几十公里的百姓，带着各种农副产品，风味小吃，或驾车或骑马或徒步赶到药王庙前逛庙会、祭天、看社火，热闹非凡。

义县社火正日当天先要进行僧尼诵经活动，然后祭天，由会首带领全体会员向上苍祈祷，祈求本年风调雨顺、国泰民安，最后是各村屯在庙前表演节目，将社火活动推向高潮。

义县社火已有两三百年历史，其中大榆堡竹马舞、义县双井子旱船舞是民间庙会的重要表演形式。竹马舞表现的内容是辽代萧太后的狩猎场景，以舞为主，打击乐伴奏，配合场上演员唱、念、做和舞蹈动作，推动舞蹈及唱词的进展。义县双井子旱船是当地迎神赛会中的一种民间舞蹈表演形式，述说的是辽国公主送汉王回宋，南北和好的故事。"旱船舞"服装道具独具特色，代表了北方少数民族的服饰特点。

义县社火是当地农民群众自发形成的民俗文化活动，其规模包括 9 个大村、18 个自然屯，各村都有自己的拿手好戏，并且都是各村艺人一辈辈传承，不断改进丰富起来的，如：双井子旱船舞、东岔路沟竹马舞、王汉屯的钢叉舞、西岔路沟的双狮舞、东砖城子的人上人、鲁家屯的耍龙灯、小砬西的赶船舞、复兴堡的寿星仙鹤舞等等，所有村屯的节目合称"九龙十八会"。

义县社火内容丰富、表演形式鲜活，无论从活动内容到表演形式都有自己的特点，民间艺术活动与民俗活动相互依存，各种艺术形式从服饰、道具及唱词，都能体现出北方少数民族独特的民间民族艺术特征，具有鲜明的民俗风情和祭祀、娱乐、商贸三重功能，充分体现了中华民族的文化传统和鲜明的文化个性，展示了我国民族文化的多样性。

义县社火展示了我国民族文化融合现象，中华民族就是文化融合的产物。在漫长的历史进程中，汉民族不断地同周边的少数民族融合。1 000 年以前北方契丹人是怎样融进汉民族的，从义县社火可见一斑。辽金时代，随着中原百戏传到辽宁，社火表演的各种

社火舞表演

艺术形式也传到辽宁,如"竹马舞"和"旱船舞"从内容到形式上都体现了契丹人学习汉人文化的特征。当这种民间艺术形式传到义县后,契丹人把民族通婚、狩猎这种艺术形式表现出来,展示了契丹人学习汉文化的史实。

义县社火内容独特,表演形式独具一格,民族民俗特征突出,艺术特色鲜明,深受当地群众喜爱。无论从活动内容到表演形式、服饰、道具,都能体现出北方独特的民族民间艺术特征,充分体现了这种民间文化活动的文化价值。

为了保护好这个项目,义县制定了10年保护计划,即在充分利用原有保护成果的基础上,进一步挖掘、整理该县境内有关社火的资料,组织培养传承人。义县有关部门组织专业队伍对义县社火进行了一次全面普查,并且陈列原有保护成果,建立保护基地,命名保护区及传承人。在政府相关部门的扶持下,村民们的参与热情高涨了,并增强了扩大队伍的信心,他们还将吸收一些年轻人参加舞蹈团,修建演出场所,并根据项目保护单位制定的《义县社火"十二五"保护规划》,依次在镇、县、市、省开展演出等活动。近几年,结合发展旅游业的契机,义县各旅游景区均成立了社火舞蹈队,向人们展示古朴独特的民族民间文化。

2006年,义县社火已被列入第二批国家级非物质文化遗产名录。

祭敖包

敖包的起源有很多种说法。第一种说法认为:敖包是历史上蒙古族各部落为了纪念战争中英勇献身的英雄们而垒成的石堆。在敖包中存放有英雄的遗物这是天葬英灵的地方;第二种说法认为:敖包最初只是道路和境界的标志。古代游牧民族在广阔的草原上游牧,为了不迷失方向,走到哪里便在那里放几块石头,作为标志。敖包是神灵,在这里石头已经由自然之物化为了神灵之物,所以人们要亲自捡起石头,放在敖包上,让敖包诸神享受到人们的虔诚之心。由此人们天长日久,石堆便越堆越大而形成;第三种说法认为:敖包是为纪念某一大的事件或活动堆积而成,具有碑铭的意义……

随着宗教影响的渗透，蒙古族人们就将敖包演化为祭天神、自然神、祖先和英雄人物的祭坛，作为一种神物成为了神圣的象征。蒙古族即使在寻常的旅途中，只要路经敖包时都要下马施舍，表现出对敖包的崇仰之情。后来蒙古族把祭祀与宗教活动结合起来，祭敖包仪式便是蒙古族最隆重的祭祀活动之一。

敖包一般均建于地势较高的山丘之上。多用石块堆积而成，也有的用柳条围筑，中填沙土。一般呈圆包状或圆顶方形基座。上插若干幡杆或树枝，上挂各色经旗或绸布条。包内有的放置五谷，有的放置弓箭，有的埋入佛像。敖包的大小、数量不一。一般的多为单个体，也有 7 个或 13 个并列构成敖包群的，中间的主体敖包比两侧（或周围）的要大些。敖包修建以后附近的居民每年都要到这里祭拜，祈祷人畜兴旺。

祭敖包是蒙古民族萨满教隆重的祭祀之一，也是蒙古族最为隆重热烈而又普遍的祭祀活动，每年的农历五月十二、十三日是牧民的祭敖包日。

祭祀时，非常隆重、热烈，几十里、上百里远的牧民们都要坐着勒勒车，骑马或乘汽车、拖拉机带着携带着哈达、整羊肉、奶酒和奶食品等祭品赶来敖包处。有条件的地方，还要请上喇嘛穿起法衣戴上法帽，摆成阵势，焚香点火、诵经。

先献上哈达和供祭品，再由喇嘛诵经祈祷，众人跪拜，然后往敖包上添加石块或以柳条进行修补，并悬挂新的经幡、五色绸布条等。最后参加祭祀仪式的人都要围绕敖包从左向右转三圈，祈求降福，保佑人畜两旺，并将带来的牛奶、酒、奶油、点心、糖块等祭品撒向敖包，然后在敖包正前方叩拜，将带来的石头添加在敖包上，并用柳条、哈达、彩旗等将敖包装饰一新。

祭典仪式结束后，举行传统的赛马、射箭、投布鲁、摔跤、唱歌、跳舞等文体活动。有的青年男女则偷偷从人群中溜出，登山游玩，倾诉衷肠，谈情说爱，相约再见的时日。这就是所谓的"敖包相会"了。

礼仪种类包括：血祭，据传蒙古族在游牧时代，各家所有的牲畜系天地所赐，因此，为了报答诸神的恩赐宰杀牲畜，在敖包前供奉。酒祭，据传天地诸神不仅喜欢食肉，也喜欢饮酒喝奶子。故在祭祀时把酒或奶子洒在敖包供台前。火祭，据传蒙古族认为火可驱逐一切烦恼与邪恶。祭时牧民走近火堆（燃烧牛羊粪）边念着自家的姓氏，投祭品于火中。玉祭，古代蒙古族有用玉做为供品的礼仪，因玉价值昂贵，现用宝珠或硬币炒米代替。

蒙古族沿袭祖先的原始宗教信仰，以为山的高大雄伟，便有通往天堂的道路；高山又是幻想中神灵居住的地方。因而便以祭敖包的形式来表达对高山的崇拜，对神灵的祈祷。随着社会的发展、科学的进步、牧民观念的更新，今天的祭敖包，在其内容、形式方面都有了变化。祭敖包是蒙古族古老文化的缩影，与此有关的一系列活动和礼仪体现了蒙古民族的创造力。祭敖包作为一种文化空间，包含了许多蒙古族的传统文化和习俗，对研究游牧文化、蒙古民族发展史具有重要价值。

众所周知，蒙古族音乐资源十分丰富。音乐几乎涉及到其社会生活的各个方面。民间歌曲、说唱音乐、歌舞音乐、民间器乐等都成为蒙古族日常生活中不可缺少的艺术形式，这些传统音乐体裁多样、内容丰富、情感深厚，是蒙古族不可或缺的文化瑰宝。当各种音

祭敖包

乐形式逐渐在祭敖包仪式中发挥作用时，祭敖包这一仪式为蒙古族音乐的发展提供了完整的文化生态空间。首先表现在蒙古族音乐现状正在受多元文化的影响，祭敖包仪式为音乐的继承发展提供了一个相对完整的文化生态空间。其次祭敖包为与其他音乐相互交流提供了一个交流的平台。

随着现代社会的发展和蒙古族人民物质文化生活的不断提高，现今增添了许多新的内容，成为既保留传统特色，又有时代气息的群众性娱乐集会。同时，敖包祭祀又成为一年一度的商业贸易、物资交流的盛会。

2006年5月，祭敖包经国务院批准列入第一批国家级非物质文化遗产名录。

祭河神

祭河神流布于宁夏中卫地区，处于河套前首。

自古以来，中卫地区就有"祭河神"习俗。在中卫市沙坡头黄河河段，有一道天然石堰将黄河水阻起，这就是黄河平原历史上有名的美利渠渠口。据史书记载，西汉元狩三年（公元前120年），汉武帝迁徙内地70余万灾民到河套以南地区屯耕，中卫始有灌溉农业。

据《中卫县志》记载，中卫利用黄河水进行自流引灌已有2 100多年的历史。在这块丰润的土地上，中卫原古先民在长期的社会生活中积淀了一种娱人娱神的现实愿望——"祭河神"。在卜辞中就有大量关于向河神进行"求雨""求年""求禾"等祭祀活动的记载。"河为水神，而农事丰收获赖雨水与土地，故河又为求雨求年之对象"。

明清时期，中卫当地先民对河神祭祀活动非常的重视，古城中卫，很早就有"九寺十八庙二庵加一祠"之说。中卫人信佛好道，古往今来颇有名气。在中卫几乎逢村必有庙，逢庙就有本主神，由此形成的村社为单位祭祀本主的宗教文化十分发达。旧时，中卫当地农民群众在黄河岸边建有许多龙神庙用来祭祀黄河龙王。在每年的农历三月二十二日这一天，古城中卫，万人空巷，祭祀朝会，盛况空前。居住在城区及周围的农民们，不约而同携带祭祀用品，从四面八方自发地赴古城西官渠桥参加"祭河神"朝会。

清乾隆年间，出于对当地历史文化地理文献的整理，中卫知县黄恩锡将明代中卫10

胜景，变更为 12 景。其中，官桥新水——"祭河神"，就是其中的一景。乾隆二十一年（1756 年），黄恩锡为了迎水祀神"祭河神"筹资在中卫古城西官渠桥建龙神庙及迎水亭、戏台等。是年四月立夏，举行盛大的迎水之祭"祭河神"，至秋后，又举行谢水之祭。后来，每年两次"祭河神"活动，成为中卫地区黄河民俗文化活动的年例。

"祭河神"一般先有官衙届时发布公告，确定吉日，搭建祭台，荐醮迎水。届时有成千上万朝会的群众在官渠桥龙王庙前祭拜，烧香摆供三牧祭礼。民众还愿，摆放祭品，娱神娱人，风俗遗存。活动开始之前，首先举行迎水仪式，先选派一名男童（称迎水喜童），头结红头绳发髻，身穿红衫短裤，手拿杨柳枝，沿渠到一里路渠中迎水，这时官衙派人骑马沿渠督巡。迎水喜童迎到水头后，便随水奔跑在水头前面，泼水至桥头上岸。这时古渠两岸的民众欢欣鼓舞，纷纷在渠中装取新水，视为"吉祥水"，可以治病，有些妇女捧水喝之，盼望怀孕早生贵子。还有的人向古渠岸边或渠里放食（当地方言叫"撒食蛋子"）。这时，阴阳、和尚、居士分别开始颂经，也是"祭河神"活动的重要仪程之一。

接着主祭官开始念诵祭文，内容大致如下："上苍造化，人为大千之灵。大地厚德，水有母乳之情。水润泽而物种始生，水丰足而百象昌盛。神秀黔中，山峦锦绣画屏；福降安顺，水生万千风韵。白水河美，奔雪涌银。笼夜朗神秘烟雨，映红崖天书光影。以悬崖峭壁为舞，腾跃大山之魂。""智者乐山，仁者乐水。山中人祖，顺境应运；依山而居，喜水为邻。考读古歌，水生先人图腾；寻根溯源，水有生养之恩。水启心智，早创农耕。水赐灵慧，巧成文明。水作命脉，田土产玉生金；子孙繁衍，村寨灿若繁星。与水相近，飞流散花，孕育心灵；与水相亲，瀑布浩荡，陶冶品性。男儿志刚，坦荡直爽，遇艰难险阻不改心中追寻。女子至柔，勤劳坚韧，能化漫漫岁月为醉人温馨。水美人心，乡俗淳正。"

祭文结束后，有官人申明本年度水利工程成就，宣布开水。这时，阴阳、和尚、居士继续诵经燃香祭拜；顿时，古渠旁龙王庙祭祀现场人山人海，锣鼓喧天，耍龙舞狮，单鼓子起舞，神婆跳巧，师婆子抖神，场面十分壮观。紧接着民众渐渐开始烧纸焚香，忏悔许愿。戏台上秦腔高亢，城里士绅文人踏青祭灵。此情此景正如史志所载："一自浩波盈玉塞，年年钟鼓宴新宫"使人流连忘返。

千百年来，生活在黄河两岸的中卫先民，一方面依赖着黄河，享受着黄河给予人们的恩惠，同时也承受着河水的暴虐泛滥。在中卫人看来，河神是一种象征，也是一种寄托，它象征着吉祥，也寄托着人们的幸福愿望和慰藉。"祭河神"活动充分折射出中卫深厚的黄河民俗文化内涵，其主要目的是祈祷风调雨顺，五谷丰登，吉祥如意，国泰民安。

"祭河神"活动作为宁夏非物质文化遗产保护项目，它的产生和发展都是源于人类和社会的需要，对古代人民的生活、文化等都产生过很大的影响。由于古代先民对黄河的依赖及河患的畏惧而衍生出来的"祭河神"，它凝聚着中卫地区古代劳动人民对水的认知、感受和智慧，反映了中卫人民征服自然的倾向和要求，在某种意义上说，它在一定程度上也增加和鼓舞了当时人们与自然作斗争的勇气和力量，它已经渗透到了人们的生活之中，具有一定的社会价值。

从历史文献记载中可以看到。"祭河神"活动，在时间和空间上是个稳定的民俗文化活

"祭河神"

动，它不仅形成了自己特有的固定模式，而且通过活动本身得到了不断的传承和发展，充分体现了中卫地区民众的宗教祭拜审美情趣，也是乡土民俗文化的经典，至今中卫还保留着以民间信仰为特点的宗教习俗，它是研究宁夏地区以民众世界观和宗教生活为载体的传统民俗文化的重要根据，在宁夏民俗学研究中应具有不可替代的作用。

目前，中卫市每年都会举行一场祭河神的水会，祈求风调雨顺、国泰民安。同时，也使这项传统文化活动得以传承和发扬。

隆德民间祭山

隆德民间祭山习俗流布于隆德县，位于宁夏南部山区六盘山西麓，处于宁、甘、陕三省区中心地带，是关中出塞的咽喉要地。中原文化、游牧文化、伊斯兰文化在这里相互碰撞、交汇，使隆德自古以来就成为德之隆盛之地。

隆德历史悠久，文化积淀深厚，文学创作不断进步，民间民俗文化异彩纷呈。马社火、农民画、泥塑、砖雕、剪纸、篆刻、脸谱、刺绣等艺术反映了隆德人民丰富的内心世界和热爱生活、积极向上的精神追求，汇聚成一条源远流长的民间文化之河，成为民族艺术长廊中一朵璀璨的奇葩。祭山，隆德当地人又称闸山，砟山，炸山。其活动的主要目的是通过祭祀防止风、电、冰雹、洪水和病虫害伤及农业。

据《隆德县志》记载，从宋代到近几十年间，雷阵雨一般由海原县、西吉县向南沿六盘山兴起，受灾区域也是沿六盘山一带森林区，最严重者数万亩粮田颗粒无收，道路毁坏，山体滑坡，故有"雹打老路"一说。生活在这里的先民就以祭山这种形式，祈求神灵，降福禳灾，保佑一方水土平安。

民间祭山活动在长期的实践中形成了固定的制式，一般分三部分进行：庙会、戏剧演出（唱神戏）、祭山。

在几天的庙会期间，择一吉日，邀请专门从事祭山的民间道士或阴阳先生在村庙设坛诵经请神，并将准备好的各种祭品，摆放在祭坛上，由阴阳主持者做踏罡步斗后诵经超度，村民自发来到村庙上香，并配合道士跪香，叩拜。诵经请神，超度，发祭文（又叫下文）后，由会长和年长者端神位（一般分3组，12个神位），年壮者抬本村庙神主塑像骄子和各种祭品在前，后随旗幡队、鼓乐队、阴阳道士队和群众队，约50~100多人的祭祀长队，在唢呐和鼓乐声中缓慢登上祭山山顶（每个村将本村历年举行祭山的高山头称闸山顶，祭山的山顶一般都在本村庄北方的最高山顶上，海拔都在 1 700~2 900 米）。开坛祭祀有叩拜、奏乐、读祭文、诵经、送神等固定程式。

隆德民间祭山活动与一般单纯的集市贸易类庙会和民间祭祀不同，隆德民间祭山即包含了民间庙会、民间祭祀，综合了民间戏剧演唱，民间器乐、民间手工艺、民间礼仪、民间原始信仰等各种内涵，有着丰富的文化空间，是民间文化的集中表现，具有十分重要的文化价值。

如今，隆德县境内仍然保持着祭山活动的习俗，每到农历四月初一至初八，生活在这里的人们，都要以村为单位或邻村联手，由民间群众推荐的专门负责民间戏剧演出，春节社火，庙宇管理，各种祭祀及红白喜事的总会长（又称社火会长），召集各自然村的小会长筹备祭山活动。隆德县大力实施"文化旅游兴县"战略，推动文化旅游由资源优势向产业优势和经济优势转变，资源开发与非遗保护并重，文化旅游集聚新优势。隆德祭山活动吸引了许多远道而来的游客。

2009 年，德隆民间祭山被列入宁夏自治区区级非物质文化遗产名录。

同心莲花青苗水会

同心莲花青苗水会流布于宁夏南部山区的同心县张家塬乡折腰沟村莲花山。

莲花山青苗水会是唐朝兴盛起来的，明清以来，这里就建有多处寺庙。清末，由于战乱，部分庙宇遭到破坏。民国初年，当地居民进行了修复。在 1949 年前，青苗水会主要是以祈雨为特征的民间宗教活动。但在 20 世纪 80 年代庙会重新恢复以来，随着人们思想观念的变化，莲花山青苗水会逐渐演变成集民间信仰、民俗为一体的活动仪式，表现了黄土高原干旱地区农民对雨水的渴望和对农业丰收的期盼。在庙会活动中，农民展现着自己的智慧，释放自己的情感，创造了庙会音乐和民间小调。使莲花山青苗水会成为既有宗教特色，又有地方特色的民俗活动。

新中国成立前，莲花山有雷祖庙、三霄洞、关帝庙、无量殿、大雄殿、观音菩萨殿、禅院等建筑。在后来的多次政治运动中，寺庙遭到严重破坏，庙会活动随之停止。"文化大革命"结束后，当地居民就开始了恢复庙会活动的工作，1981 年，当地信众通过选举产生了首届庙会组织，1983 年恢复了青苗水会活动。通过 30 来年的努力，莲花山已成为当地一处有影响力的寺庙建筑群。

会址座落于宁夏同心县东北部张家塬乡折腰沟村，海拔 1 800 米高的莲花山寺庙，距县城 90 公里。会期是每年的农历四月十五前后 3 天，每届的活动内容主要是祈雨求福，带有浓郁的道教、佛教、儒教的宗教色彩。2009 年，莲花山寺庙群建筑总面积达 9 万多平方米，主要建筑有雷祖殿、三霄洞、子孙宫、三官殿、玉皇阁、山门楼、三清殿、大雄宝殿、文昌阁、武昌阁等。莲花山寺庙群供奉的主要神位有玉皇、三清、雷祖、释迦牟尼、阿弥陀佛、药师佛、王母、关公、真武、三霄、三官、伍子胥、孙思邈等。莲花山是以道教为主、包含佛教信仰的民间宗教场所。

这里的水会，是全国各地绝无仅有的一种朝山供水仪式，俗称朝山水会。人们鉴于水会会期正值禾苗返青、滴绿吐翠的初夏季节，则又称为青苗水会。是这里的农民群众祈雨、求福、朝山、进香、娱乐、休闲、商品交易等融为一体的传统民俗活动。

青苗水会队伍一般由二百多名男性青壮年穿着同一道服、道帽，组成鼓乐喧天、旗幡招展、气势磅礴的仪仗队伍，水会活动辐射周边甘肃环县、宁夏盐池、吴忠、平罗、中卫、中宁、海源、固原等周边县市的善男信女，参与者约 3 万余人。

莲花山青苗水会的仪式从农历四月十三日就开始了。十三日傍晚，仪仗队员集中在被称为当年大吉大利的一方的村庄穿旗，参拜方神，行文度牒，选井封口。十四日拂晓开始"取水"活动。仪仗队由二百余名身穿黑色道袍青壮男性组成，包括巡行开道者、执香者、执彩旗者、乐队、挑水桶者、灵官楼、北斗七星大旗、催水锣等。仪仗队在早已选好的水井或水窖上开封取水，参拜五岳后，齐诵取水偈子："远看南山雾沉沉，近视泉水湛清清，各秉虔诚修善果，担上名山献诸神。"紧接着念祈雨词："说是雨来雨是精，出在五湖四海中，老天降下太平雨，五谷田苗往上升。"随后取水者将汲上来的水灌入小木桶中，向莲花山上走去，一路上还高诵："南无佛，阿弥陀佛，南无佛，无量寿佛。"队伍上山后，先向玉皇献头水，下午到各个神殿上香。到黄昏时分，仪仗队下山，集中在离莲花山最近的村子，同十三日一样，参拜方神封井。

十五日是正式庙会，程序同十四日一样，取二水。队伍即将到达山顶时，抬三宵娘娘轿楼出宫迎水、检水。二到四名队员唱诵"关煞偈子"，三宵娘娘轿楼和旗幡、鼓乐等从跪在大路中间的信众头顶悬过，会长用朱砂水在信众额头涂上红点，以示祛病祈福。仪仗队进入山门内，向雷祖殿献二水，念诵："众弟子齐跪在梵刹神门，往上看金岱雾气腾腾，同献上水一盏普度众生，祈神灵显感应五谷丰登。"之后，依次在各神殿前献水。将桶中剩下的水泼在殿前，朝山的人们争上前接水漱口洗手，以求消灾延寿，早得甘霖。中午，举行抬供仪式，下午在山顶的水窖中取三水，敬献三清。

十六日清晨，在山顶的水窖中取四、五、六、七水，献于各神位前，最后将所用器物存放，水会即告结束。

随着莲花山青苗水会的不断发展，莲花山庙管会组织人员编写了《莲花山志》，对莲花山庙会的历史、现状、风土人情等资料都作了整理。

莲花山青苗水是当地百姓乞求上苍保佑风调雨顺、五谷丰登所举行的朝山献水仪式。而如今更多地表现为一种民俗文化活动。当地的乡民会首欲将莲花山打造成当地集民间信仰、文化娱乐、商业贸易、人文景观为一体的活动场所，具有十分重要的文化价值。

寺庙在古代社会中是重要的公共生活空间，成为中下层民众的精神寄托之地。宗教信众从信仰和仪式中获得宗教情感和体验，满足了心灵的需求。因此具有一定的文化价值。

在宁夏同心县莲花山，青苗水会作为一种浓郁的民俗活动至今仍在这里流传，这种仪式于每年举行一次，非常壮观。现在，莲花山青苗水会更多地已表现为一种民俗文化活动。莲花山庙会在发展中逐步被纳入政府的管理之中，1999 年，宁夏回族自治区宗教局和同心

祈雨求福和同心莲花青苗水会

县宗教局认定莲花山是道观，准予登记。2000 年，批准了莲花山道观宗教活动场所登记的申请。政府相关部门对莲花山庙会期间的消防、社会治安等问题也比较重视。近年来，水会已成为老百姓祈雨、求福、朝山、进香、娱乐、休闲、商品交易等融为一体的传统民俗活动。每到庙会时节，香客从宁夏吴忠市、盐池县、永宁县、青铜峡市、固原市及陕西的定边县等地赶来，热闹非凡。

2014 年，同心莲花青苗水会被列入第四批国家非物质遗产保护名录。

大通傩舞老羊歌

大通傩舞老羊歌流布于青海西宁地区。

"老羊歌"是一个传统的逐疫傩舞。从史料的记载追根溯源，我们可在周代的宫廷傩仪中找到"老羊歌"的身影。据《周礼·夏官》云："方相氏掌蒙熊皮，黄金四目、玄衣朱裳、执戈扬盾、帅百隶而时难（傩），以索室殴疫"。黄金四目的方相氏是民间舞蹈"老羊歌"最早的雏形。

唐代开元以后，方相氏的装扮是结合了"汉傩"中方相氏与十二兽的形象特征，方相氏头戴的这项冠，应该仍然同汉傩中的十二兽一样是一顶"獬豸冠"。它是为了增强方相氏逐疫的法力，才将原来是"十二兽"戴的"獬豸冠"移植到方相氏的头顶上。方相氏成为了头戴"獬豸冠"，面具眼部画着"黄金四目"的新形象，这种形象被以后的社火所保留，它就是"老羊歌"这个艺术形象。

唐代以后的传承中，人们将面具省略了，把面具上所表现的内容，全部直接地画在了舞者的脸部。传统的逐疫傩舞，它是周至唐代宫傩中的方相氏结合汉傩的十二神兽成分，经过了隋和唐初期的文化融合变化过程，在唐开元以后成为了方相氏的新形象；并且遗留保存在了以逐疫祭祀发展形成的传统民间春节文娱活动的"社火"中。

追根溯源"老羊歌"是一个非常古老的舞蹈。从史料得知，宋代的宫傩活动与唐及其以前的宫傩，无论从形式和内容都差别很大，风格迥异，几乎没有承袭关系。因此，"老羊歌"无疑是周至唐代宫傩逐疫活动的"活化石"。青海省西宁地区，民间保留了许多中原地区已经失传、或面目全非的古老民风习俗。"老羊歌"能够得以保存，是因为这里过去长期处于较为落后封闭的社会环境。

"老羊歌"的角色为四人或八人不等，其装束为头戴"羊角帽"（懈穿冠），翻穿无领老羊皮袄，腰扎带子，舞者脸部画有大胡子，表演的农民们利用简单的农具，牛羊的肩胛骨等做成简单的打击乐器进行表演。在社火表演中"老羊歌"走在队伍的前列，特别醒目。扮演"老羊歌"的角色，身着演出服饰、头戴羊角帽，按当地民俗是不能走进家门的，除非将头戴的羊角帽摘下或卸妆后才能进入家中。因为"老羊歌"的角色是大神，它比家神大，会吓退家神。

"老羊歌"是青海社火表演的雏形。步伐简单，但沉稳刚健，唱词直白，但朗朗上口，是古时农民群众春节期间自娱自乐的压轴节目。唱词主要是以青海民间小调为主，诙谐幽默、或歌或舞、唱词新颖，叫人倍感亲切。题材内容上主要表现为人与人之间的友好相处，以及反映社会现状和风土人情。深受百姓喜爱。

"老羊歌"在表演时，表演者在节奏强烈的鼓声中，一会相聚而来，一会相背而去，时而俩俩相对左右穿梭，时而首尾相连围成一圈，在不断变换舞蹈场面的过程中，表演者此起彼伏轮流演唱民间小调，歌唱幸福安康，祝愿太平吉祥。"老羊歌"动作简单、粗犷、缺乏赏心悦目的表演技巧和艺术性，但它在社火中被尊为"大神"而不能替代，表明了它在当地群众心目中不可动摇的神圣地位。在春节耍社火之前，扮演"老羊歌"的角色必须参加在庙里举行的神圣的出身子仪式，扮演者在进香跪拜后，便被赋予了角色的力量，他们能施展羊的威力，襄解灾难、踏煞祛病。

青海傩舞"老羊歌"是青海西宁地区春节传统民间民俗文化活动——社火表演中一个装束古朴、动作简单、粗犷的舞蹈角色，却被当地的群众公认为是社火中的"大神"，具有历史传承价值与凝聚社群文化的意义。傩舞老羊歌作为社火活动中必不可少的一部分，在经过了历史的不断传承和变异之后，成为了既是图腾的标志，神的化身，又是娱乐的角色。当下，当地群众以祈福纳祥为愿景，自发地、自娱自乐地开展社火表演活动。

九曲黄河灯会

九曲黄河灯会流布于青海省海东地区乐都县。

九曲黄河灯会自唐代就已兴起。相传，当时平鲁县西部有条太罗河（今关河），左拐右弯，经九道弯才可出境汇入黄河。每逢大雨降临，山洪暴发，河水如脱缰的野马，四处奔流，泥石随流而下，尤其是转弯处更深受其害，牲灵淹没，民舍冲毁，田禾吞尽。农民们在自然灾害面前无能为力，只好乞求龙神保护，免受其害。于是，兴起点灯，供奉龙神，希望每年人畜兴旺，五谷丰登，俗称"点平安灯"。

因为这种民俗活动最早在九道弯河岸边的村庄兴起，所以又称为"九曲黄河灯"。后来，不知过了多少年，由于地壳的运动，太罗河干涸，自然灾害减少了，最早出于避害趋利目的的富有宗教色彩的九曲黄河灯会，演变成为一种娱乐性的活动。农民们在辛勤劳作一年之后，从四面八方汇聚在这里，共度良宵佳节，盼望人寿年丰，使古老的黄河披上了盛装，焕发了青春。

灯会每三年举办两次，俗称"三年两头"，点灯会期 3 天，从农历正月十四开始到正月十六结束，每晚 19 点点灯，约 23 点结束，整个黄河灯城犹如一片灯海，流光溢彩、璀璨夺目、情若仙景。

届时七里店地区各农户家中的高灯、门灯及城灯融为一体，相映成辉，光照数里。十里八乡的群众身着节日的盛装，扶老携幼从四面八方涌向会场。赐福观外游人如织，摩肩接踵，有的进入灯阵祈福求祷，有的欣赏各种民间艺术，有的观看科普展览，有的购买各种生活用品，呈现出一派节日的祥和气象，平均每日人流量达 1 万多人次。

每逢灯会之年，村里的百姓在正月初八聚众上庙，安排人事：总管若干人，为大会的总负责人。设灯把式若干人，专管灯场的布置工作。礼桌若干人，专收香资和公布添香资者的名单和香资数额。招待员若干人，专司下请帖、招待香客的茶食事宜。侍香若干人，专管塑腊、神前点香烛以及侍候阴阳。此外，管戏台、守骡马、维持秩序、在厨房打柴挑水等都派有专人负责。

正月十二日开始平整灯场，面积约十五六亩，路长约九华里。届日先破土祭神，然后画出路线，当路线画到中央时，鸣炮、焚香，总管们给灯把式敬酒。十三日早上开始依路线两侧栽灯杆。栽灯杆的地区，各家都固定，家与家的分界处，以松枝为界。栽好灯杆，再系上绳子。每家的灯杆数目，以人口为准，全城约有 3 600 多盏灯。

十四日上午要套方灯，灯场周围，便挂满花灯。糊灯笼的纸色：中央紫禁城用黄色纸，东面的北城、中城、南城，中间的北城、南城，西面的北城、中城、南城都用红色。城壕和卐字处用绿色。这样，自十四日夜晚灯被燃亮后，整个场面如一朵莲花，黄蕊、红瓣、绿叶，再加上高杆上的高灯，色彩鲜明，错落有序。

从十三日开始，灯会还要演戏，开台戏还要演吉祥戏，如《龙凤呈祥》之类。十五日早要演献戏，如《天官赐福》之类。十五日夜配合"黄河灯阵"演《黄河阵》。十六日结束。十七日散福，酬谢演员和阴阳。

九曲黄河灯会作为我国一朵久负盛名的独特的民间艺术奇葩，具有浓厚的民间色彩，集中展现了当地人民群众的社会经验和劳动智慧。九曲黄河灯会不仅传承了中国民间岁时节日文化的精髓，而且还兼具颇有特色的地方性文化，具有很高的传承价值。

七里店九曲黄河灯会距今已有 400 余年的历史，经过朝代更替，历史变迁延续至今，黄河九曲灯会以民间信仰祭祀活动为中心，融入信仰、艺术、游乐、商贸、民俗等活动，其折射出明代军屯、民屯的移民历史记忆和地域认同，包含着原始宗教、道教、佛教等多种宗教文化因子，并体现在村民的信仰民俗里，植根于他们的现实生活中。

九曲黄河灯会已延续了 700 多年，在周边各乡村规模最大，保存也最为完好。1956 年以前，灯会所插灯杆和方灯是按姓氏来分配，当时称"八大户"，分别为张、马、裴、党、徐、许、业，其他杂姓为一户。1956—1978 年，由于受当时政治环境影响，黄河灯会停办。

九曲黄河灯会 1979 年恢复，由于"八大户"无人负责，便改由水磨湾、七里店、马家

七里店九曲黄河灯会

台、李家庄 4 个生产队联合举办。据当时九曲黄河灯会组织者金元忠老人描述，灯会举办之初，曾受到乐都县有关领导的反对，后经青海省文化厅群艺馆刘文泰等先生多次考察支持，得以顺利举办。近几年来，随着当地经济的发展，骊山村的"九曲黄河灯会"可以说越办越红火。东田各庄的"九曲黄河阵灯会"一般在每年的正月十四至十六举行。其特点是将灯场、花会及戏曲结为一体，相映生辉，别具特色。长久以来，村中的古老花会——德缘善会和始建于光绪年间的河北梆子剧团一直与"九曲黄河阵灯会"相伴相生，共存共荣。

2008 年，"七里店九曲黄河灯会"被列入第二批国家级非物质文化遗产名录。

土族於菟

"於菟"舞是随历史的变迁从江南楚地或楚人后裔巴人住地流传而来，在村民祭山神习俗中，由巫觋传承沿袭保留至今。是楚风舞蹈的活化石，也是楚文化遗产中的瑰宝。

"於菟"属于楚风古舞，是楚人信巫崇虎的遗迹，之所以流传于地处青藏高原的青海一山村，主要是因为以下两个原因，其一，从历史上看，同仁地区在古代为边关要地，也是兵家必争之地。据史书载，自秦汉以来，多有军队戍边屯田。其二，明初又有江南移民移居此地，这在 20 世纪 50 年代末在年都乎村发掘大明时期的文物王廷义石碑就可作证（考古专家认定王廷义为大明时戍边屯田的有一定官职的人物）。其三，据传说，禹王治水曾率部到河州（今甘肃临夏）循化、同仁等地区巡察水情。

在举行跳於菟的前夜，当地群众还要进行"邦祭"的活动。首先是请神，在天亮时分，把二郎神的轿子从二郎神的庙里请到要举行邦祭的人家里，在拉瓦（即法师）的带领下进行祭祀，在祭祀的过程中，由拉瓦挑选表演於菟的人员。祭祀结束后，青年男女就可以自由地唱起拉伊，谈情说爱，而长辈们则需要回避。

第二天下午，选定的 8 名男子来到二郎神庙，脱去上衣，挽起裤腿，用墨汁或者锅灰在全身包括脸上绘上虎豹的斑纹，并用法师施过咒的白纸条把头发扎成发怒状，恰似猛虎狂怒的情形。然后在头戴佛冠、手执单面羊皮鼓的拉瓦的主持下，祭拜二郎神，以求得到真神法力。接着，八名於菟握持用经文裹定的木棍，到庙前的广场，围绕桑台，伴着锣鼓声有节奏地跳起古朴的"於菟"舞。在表演快要结束的时候，有人在村口鸣枪，当於菟们听到枪响后，便气势汹汹地冲出神庙，直扑村中。其时法师引路，村民尾随。八只於菟中，两只为大虎，六只为小虎。两只大虎伴着法师的锣鼓，只在街中巡望震慑，其职责是防止妖魔从各家各户中悄然逃循。此前各家各户供桌上已经准备好了馍馍、果品及酒肉等，等着那些於菟前来享用。

在进入人家以后，於菟们可以肆无忌惮地搜寻食物，并将这些食物衔于嘴中，摇头摆尾，做老虎吞食状。於菟们从人家翻越出来后，汇聚在村里的巷道口，村民们将准备好的中间有孔的馍馍穿在於菟们手持的棍子上，於菟们聚齐后，边舞边走出村庄。这时候，人们鸣枪，巫师再次颂经，驱赶於菟。扮演於菟者在逃窜到河边以后，砸开河面上的冰，然后用水洗去身上的虎豹花纹。在回来的路上，人们燃起一堆火，让他们从火上跨过去，表示这时候妖魔邪恶已经除去。

於菟仪式舞蹈的目的在于"驱魔逐鬼，安顺国家和百姓"，趋利避邪、求吉祛灾、祈祥除害，具有明确的功利性。於菟舞蹈是与信仰民俗紧密结合在一起，既是信仰民俗观念的艺术展现，又是信仰民俗观念的直观体现。

於菟舞蹈动作具有象征性。於菟舞蹈的动作没有任何情节性，但对于当地民众而言，却充满象征性。村民以面团擦拭身体或病灶部位，象征着病灾被沾染除去；擦拭过的面团烧制成饼被"於菟"带走；病人俯卧着被"於菟"跨越象征着病灾从此远离个人和家庭；"於菟"向水中抛入棍棒和烧饼象征着不祥从此远离村民和村庄；河边洗去纹身并在归途跨火，象征着从"於菟"到"人"的角色回归等等。

於菟仪式舞蹈作为集体创造的成果被民众共同认可，年复一年的展演具有程式化。首先，舞蹈动作具有标准化。由于民间设计的於菟舞蹈动作简约，而且整个展演过程具有强烈的重复性，7 个表演者动作的整齐划一，加上节拍的缓慢，表现出庄严和肃穆，尽力排斥娱乐性；其次，整个於菟仪式具有稳定的程式。再次，具有一定的规范性，舞蹈动作到行进路线的程式化，包含着特定的信仰意识。

中国巫文化的起源与史前社会的图腾制有关，在中国的古文献中有很多关于傩文化的记载。在当今同仁热贡地区，保存着的"於菟舞"，是古老傩文化的载体。这一由宗教与艺术相结合，娱神与娱人相结合的古朴、原始、独特的舞蹈仪式，一直在民间传承，成为土族傩文化的"活化石"。这为进一步研究古代巫术舞蹈的形成发展，审美特征以及在各民族之间的横向交流，探索当代民族舞蹈的变异性、多样性、融合性，又提供了一个丰富而生动的实例。

历史上，"於菟"系列民俗活动曾在隆务河流域部分村落中流传，现仅在年都乎村传承沿袭，且已处于濒危状态。现在的年都乎土族"於菟"舞虽然已完全失去了狩猎生活的那种功能，但仍然是当地民间祭祀活动中的重要内容，具有"驱魔逐邪，祈求平安"的意义，它是原始人万物有灵的宗教文化观念在民间艺术中的遗存。保护"於菟"对展示土族传统文化的原创性和丰富性，增强土族的民族认同感和文化自觉具有较大意义。

"於菟"舞

从青海同仁土族的《跳於菟》驱傩仪礼现象中，可明显看到其中所包含道教、喇嘛教和原始多神崇拜的遗绪。《跳於菟》民俗现象，是多民族、多种宗教相互融合的复合文化形态，是为人类研究我国古代民族与民俗文化的宝贵遗产。

2006年5月20日，土族於菟经国务院批准列入第一批国家级非物质文化遗产名录。

随着"於菟"被列入国家级非物质文化名录和相关活动规模的扩大，以二郎神信仰及其祭祀为龙头的"於菟"节不仅成为该地方社会聚合的标识，而且已渐变为该地区融宗教信仰、社会经济、文化活动为一体的文化产业，成为一种具有经济功能的文化活动。

南郑协税高跷社火

南郑协税高跷社火习俗流布于南郑县，位于陕西省西南边陲，汉中盆地西南部，隶属汉中市。

南郑协税高跷社火是陕西社火艺术中最具代表性的一个种类，具有独特的艺术魅力。它历史悠久，经历了大唐时代的产生期、宋代的成熟期、明清时代的鼎盛期，民国至现在的曲折发展期。

唐朝时，协税已形成一个集市贸易相当繁荣的经济重镇，由原先的一条"湖广街"发展为前街与后街，两条街内集市众多，设有米粮集、柴炭集、棉花集、竹木集、线集、布集等交易场所，还有当铺、铁匠铺、马庄、茶馆等，附近还有染房、酒房等。每逢集日，协税古镇商贾云集，方圆数十里的农民赶集买卖，使得集市市场十分兴盛红火。较为富裕的经济条件和协税古镇逐渐密集的人口数量，为协税高跷社火的产生奠定了经济基础。当时道教和佛教盛行，协税古镇四邻有大小庙宇13座，各种热闹的庙会，为协税高跷社火提供了表演的机会。而当地人民群众由于宗教信仰和祭祀习俗的需要，使协税高跷社火的表演形成与表演内容受之影响，初具雏形。

在千余年的历史进程中，协税高跷社火经历了漫长的演进过程，即逐渐更新、升华、完美的过程。从当初单一的以"祭神、送神、祭天眼"为主的宗教祭祀活动，逐渐发展成扮演各种历史剧目中的人物，弘扬传统道德思想，教化民众的大型民间文化艺术活动。他们在每年春节期间举行的社火表演活动中，既恪守传统的祭祀礼仪，又大胆创新，不断加入新的文化元素，使这一传统的民间表演艺术日臻完美，绽放出绚丽夺目的艺术光彩。

目前，协税高跷社火尚存上街、下街两个社火会，以他们传统的组织形式在节日期间为南郑城乡、汉中市区及周边地区的广大群众进行文化服务。

在丘陵山区占主要成分的陕西地区，交通闭塞，一条与巴蜀连通的米仓道因偏僻难行，在很早就被冷落荒芜，这使得协税高跷社火的分布地区变得相对偏僻，而协税高跷社火正是在这种相对偏僻的环境中保留了它原生的态势以及较为完整的表演曲目。

诞生于唐朝，成熟于宋代，兴盛于明、清的协税高跷社火，一直是农民群众进行宗教祭祀、节日庆典的重大文化活动，是根植于广大农民群众的民间艺术之一。在表演风格上也非常的大众化，协税高跷社火把村民难得一见的舞台戏剧艺术用最朴实的方法，生动形象地展示给大众，让底层的村民们在娱乐中得到教化，因此，在民间有广泛的群众基础。

协税高跷社火既可扮演古典戏剧，也可扮演现代戏、民间传说故事，还可即兴发挥，现编现演。同时，对秦文化、楚文化、巴蜀文化借鉴吸收，促进了各种地方文化的交流渗透，使有着"湖广街"称号的协税古镇成为各种文化的交汇地。

协税高跷最高的腿子长达 2 米，这在陕西社火表演行列中是最长的腿子，表演队伍走在大街上，如巨人一般，站在大街任何角落的观众都能看得清清楚楚；说到巧，训练有素的表演者大步流星，行走如风，表演时可走八字，走圆场，龙摆尾，插花十字或作跳扭摆等动作，十分灵巧；协税高跷社火最为称奇的是两人三条腿和高跷狮子。特别是两人三条腿的表演，四条腿的两个人组合成三条腿的高跷社火，让人叹为观止。

协税高跷社火有"兴于唐，广于宋，盛于明、清"之说，传承谱系分"家传"和"师传"两种，自古相传，源远流长。按传统习俗，每年腊月二十三开始筹备，正月初一至十七大闹周边市县，千百年从未间断，一直延续至今，具有重要历史价值。

协税高跷社火以其"高、巧、奇、险、美、趣、斗"为显著特点，属高难动作的哑剧艺术，它的人物造型犹似一幕幕诙谐幽默、夸张生动的活漫画，有借古讽今、扬善惩恶、热闹喜庆、宣

南郑协税"高跷社火"表演

传教育之功效，使观众在寓教于乐中笑而观之、乐而思之、意味无穷。时至今日，这门古老的传统表演艺术仍然被群众喜闻乐见，以其极强的生命力展现了它教化民众、弘扬文化的实用价值。

协税高跷社火的表演内容十分丰富，它源于当地早期为祭祀习俗的需要而表演神戏开始，经过漫长历史的锤炼，发展到现今可扮演各种历史剧目、民间传说和现代戏的剧情和人物。在传统古典戏剧团许多剧目失传的当今，协税高跷社火会却保存有一百多本折子戏、二十多本大戏，并保存有不少古典戏剧服装、头帽和道具。尤其珍贵的是老艺人陈清德保存的一件清朝光绪年间的红蟒袍。协税高跷社火的传统脸型谱式，也属一种极为讲究的脸谱艺术，分"对脸、破脸、悬脸、碎脸、转脸、定脸"六种。其次，早期为之伴乐的有一种乐器，当地称作"三马驹"，已属稀罕之物，很难一见。协税高跷社火的表演内容、形式及相关道具，都具有珍贵的文化价值。

协税高跷社火的表演花样颇多，精彩传神。有"多人表演""一人扮俩表演""两人三条腿表演""高跷倒退表演""穿插8字、插花十字及原地打圈表演""高跷舞狮"和"即兴发挥表演"等。如似诸葛布阵，令人眼花缭乱。尤其两人合踩三条腿表演与高跷舞狮，其高难度如似杂技，表演时惊险壮观、妙趣无穷。这两种表演，要求表演者要具有高超的表演技艺，在当地被称为"绝活"，是值得研究和传承的独特技艺，具有很高的科学价值。

目前表演队伍严重老化。两个社火会的骨干成员都在60~80岁的高龄阶段，且身体羸弱多病，很难再从事直接的表演活动，目前能够上场表演的也在40~60岁。表演队伍青黄不接。2006年在县文化馆的指导下开始培养新人，但主要以10岁左右的儿童为主，目前尚在起步阶段。

南郑县高度重视非物质文化遗产的保护传承，通过建立健全保护机制、为项目搭桥铺路、举办培训班等措施，使非遗传承保护走上了良好循环的轨道。

该县先后成立了"县非物质文化遗产保护工作专家委员会""县非物质文化遗产保护中心"，并建立了非物质文化遗产联席会议制度，逐步规范和加强非物质文化遗产保护工作的咨询、论证、评审和专业指导。同时依托县文化馆和各镇文化站等部门，积极组织普查、培训、辅导等基础性工作，走访260名民间艺人，累计收集普查线索128条，梳理确定调查项目92个，对全县非物质文化遗产的种类、数量、流布区域、生存环境、保护现状及存在问题全面掌握，明确了保护工作的重点项目，为申报市级、省级、国家级名录打下了基础。

2009年，南郑县协税社火高跷被列入第二批陕西省省级非物质文化遗产名录。

都江堰清明放水节

都江堰清明放水节位于四川省中部成都平原西北边沿，地处岷江上游和中游接合部的岷江出山口的都江堰市。

中华民族是以农业繁衍生息的古老民族，水是人们最重要的资源。在远古洪荒年代，没有科学知识，每遇洪涝灾害，人们就以为是水神在作怪，为了免除灾难，风调雨顺，就只好祈求虚幻的"水神"，于是古代便出现了"祀水"仪式。传说中的水神叫"河伯"，西门豹治邺说的就是这类故事。岷江流域也不例外，秦以前的岷江水患无常，沿江两岸的人们生活在水深火热之中，民不聊生，淳朴厚道的人们每到洪水季节总要捧着三牲到河边"祀水"，一年又一年的乞求河神保佑他们。据说李冰的女儿冰儿，就曾作了"祀水"的牺牲品。

到公元前 256 年，蜀郡守李冰带领民工，修筑了举世无双的水利工程都江堰，从此使得成都平原水旱从人，不知饥馑。都江堰延续至今，历久不衰，主要原因就是保持了严格的岁修制度，人们为了纪念李冰，于是将"祀水"改为"祀李冰"。每到冬天枯水季节，在渠首用特有的"杩槎截流法"筑成临时围堰，修外江时拦水入内江，修内江时拦水入外江，清明节内江灌区需水春灌，便在渠道举行既隆重又热闹的仪式，拆除拦河杩槎，放水入灌渠，这个仪式就叫"开水"。

北宋太平兴国三年（978 年）正式由官方将清明节这一天定为"放水节"，到了清代又被称为"祀水"，民国后恢复了"放水节"这一称谓。"放水节"是川西人民最隆重的节日，其盛况尤胜春节。

每年清明节前后，从 4 月 4 日到 4 月 10 日，在都江堰景区都有歌舞杂耍，仿古祭祀，参拜神庙。举行崇把敷泽兴济通佑显惠襄护王、承绩广惠显英普济昭福王典礼，全体肃立；奏乐，设迎神位；还神；授花；引赞导主祭，官恭诣王位前立正；唱纪念歌；进席，献帛；晋爵，献爵；进食，献食；主祭官诣读祝位前肃立读祝；全体向李二郎父子位前行三鞠躬礼；奠爵；焚祝帛；奏乐；设送神位送神（唱民工歌送）；礼成，鸣炮。祭祀时，先到伏龙观祭李冰，再到二王庙祭二郎。官祭一般清明岁修完毕结合放水庆典二道举行。

祭完李冰父子后即到杨泗庙江边祭祀后鸣饱放水，官祭之外，还有民祭。传说旧历六月二十四日是二郎生日，后两日为李冰生日。因此六月二十四日前后。川西受益区人民不辞艰苦跋涉，扶老携幼，带着祭品，来庙祭拜。至今民祭之日，二王庙里人山人海，香烟缭绕，虔诚之态，令人感动。将军庙前江边鸣炮放水。随着三声炮响，两岸顿时鞭炮齐鸣，鼓乐喧天，堰工们先卸去压盘石和压盘木，将土埂挖至水面，拆去水面以上搪梁，砍断岭子木、再砍断盘杠结点竹线，拉倒撑子木和座兜，最后用大绳绑住"揭脑顶"，拉倒揭槎放水。砍揭槎放水后，主祭官等即离座策马奔成都；祈求人快水多。堰工们要用竹竿打水头，告诉流水：不要冲毁桥梁，要安通顺轨，为民造福。年轻人沿江用石子打"水脑壳"。有的人放下鸭子，年轻人下水争抢水头鸭。老人们则争舀头水敬神，祈祷五谷丰登。

都江堰"清明放水节"

都江堰放水节这一重要的旅游节庆活动，将源远流长的都江堰水文化贯穿始终，以都江堰的自然景观、人文景观和民风民俗为亮点，通过独具浓郁的地方特色和地域文化表现形式，用良好的视觉效果和巨大的轰动效应向游客充分展示古老神秘的都江堰水文化、古蜀文化底蕴，营造出隆重、热烈、喜庆、祥和的节日气氛，实现了传统文化的传承、弘扬和延续。

举办"中国·都江堰放水节"不仅具有挖掘、整理、传承、弘扬水文化的重要作用，而且作为一种古老的文化传统和富有巴蜀特色的旅游观光项目，对推动、提高都江堰旅游文化品位，带动地方经济发展具有重要意义。

都江堰放水仪式再现了成都平原农耕文化漫长的历史发展过程和民俗文化，体现了中华民族崇尚先贤、崇德报恩的优秀品质，具有弘扬传统文化的现实意义。如今，都江堰终年均可放水。但清明节放水的旧制仍是川西人民值得纪念的节日。

1949年12月，中国人民解放军与民工一道抢修都江堰，次年清明举行了解放后第一个清明放水节，川西北临时军政委员会副主席李井泉主持庆典，英国《泰晤士报》为重建新闻予以报道。1957年后，修建了节制闸门，都江堰不用全部断流，砍杩槎放水仪式不再举行。1990年，都江堰市委为了弘扬民族文化，决定恢复都江堰清明模拟放水活动。1991年的清明放水节活动丰富多彩。"节日"期间，举办了为期三天的清明艺术节、迎春花会，李冰灯会和物资交流会，恢复了仿古祭祀表演，使中外来宾交口称赞放水节是富有民族特色和文化内涵的"天府第一盛会"。1993年的放水节，增设了祭坛，增加了面具舞等表演，城区举行了盛大的文艺表演，街头装饰一新。入夜，礼花冲天而起，灿烂夺目。文化搭台，经贸唱戏，对吸引投资，发展经济，起到了很好的作用。1994是都江堰建堰2 250周年，四川省人民政府都江堰管理处、都江堰市人民政府联合举办规模宏大的都江堰国际清明放水节，更是盛况空前。

2006年5月，都江堰清明放水节经国务院批准列入第一批国家级非物质文化遗产名录。

以前的清明放水节均由官方主办，市民、游客大多只能从媒体上间接了解放水概况，而没有机会直接参与。为了满足游客的需求，使游客能近水、亲水，有新的感受、新的体验，今年，除 4 月 4 日、5 日央视现场直播，游客不能亲临现场，从 4 月 6 日起所有进入景区的游客都可亲临第一现场，观看放水盛况。4 月 5 日以后，我们将"放水节"特色文化项目保留下来，持续到 5 月 6 日"五一"黄金周结束。每日上午 11 点和下午 3 点都将举行"仿古祭祀放水仪式"，这样可以让更多的游客领略古堰之水浩荡奔流的激情，感受古堰悠久历史文化。

羌年

羌年习俗主要流布于四川省绵阳市北川羌族自治县和阿坝藏族羌族自治州的茂县、松潘、汶川、理县以及其他羌族聚居地区。

"羌年"有悠久的历史渊源。羌族原始宗教的上坛经典《木姐珠》上说，天神木比塔的幺女儿木姐珠，执意下凡与羌族青年斗安珠结婚。临行时，父母给了树种、粮食和牲畜作陪嫁。木姐珠来到凡间以后，很快繁衍了人类，所种的树木骤然成林，粮食丰收，牲畜成群。木姐珠不忘父母的恩泽，便在秋收以后把丰收的粮食和肥壮的牲畜摆在原野上，向上天祝寿。从此以后，"羌年"就成为羌民喜庆丰收、感谢上天的日子。

过去，每当"羌年"来临，各寨都要举行隆重的庆祝活动。

届时，全寨男女老少都穿上节日的盛装，带上祭品、咂酒和食品，聚集在设在野外的庆祝场地。庆祝活动大体由祭祀和娱乐两部分组成，由寨子里德高望重的老人主持。先宰杀山羊或牦牛祭祀天神，焚烧用纸做成的猛兽模型，以此感谢上天，驱除邪恶，接着男女老少在草坪上围成一个个圆圈，载歌载舞，俗称跳喜庆萨郎，继而开饮咂酒，互赠美食，共祝新年，一直狂欢到深夜，才尽兴而归。

羌历年亦称羌年节，羌语称"日美吉"，意为吉祥欢乐的节日。也是羌民族一年一度庆丰收、话团圆的民族传统盛会。其内涵与汉区之春节，藏区之藏历年等民族节日相近。

羌人由"逐水草而居"，到"依山居之，垒石为室"，即由游牧民族过渡到农耕民族后，按照古羌太阳十月历和羌族"释比"的铁板算，推算出羌历九月初一（即农历十月初一）为羌历新年，并以这一天作为本民族最隆重、最喜庆的节日。

羌人实行灵物崇拜，多神信仰，进入农业社会后的羌人，不仅把命运和土地紧紧联系在了一起，还把希望寄托于上天，希望天神保佑羌人，年年风调雨顺，岁岁吉祥安康，因而每年羌历年期间，均要举行"祭天还愿"仪式。

羌族过羌年要过到农历十月初十，这段时候羌民家都开始杀猪了，可以去吃血馍馍。羌族最重要的传统节日是羌历新年。节日期间停止劳动、出门。聚集家中，用面粉做成各种形状的小牛、小羊、小鸡等祭品，以祭祀祖先和天神。有的地方还由端公跳神至神树林，杀羊撒血在祭坛前敬神，羊肉分给各家带回，再合家并请亲友饮自制的咂酒，唱酒歌、跳锅庄舞，共庆丰收。

逢年过节，羌民都要尽情歌舞。酒歌是年节时"咂酒"对唱的一种传统的歌唱形式。

唱时主客并排而坐，轮流对唱，节奏缓慢而旋律优美，声音高吭，拖腔婉转，具有典雅朴素的优美风格。歌词长，多表达吉祥，视贺与酬谢谢意或叙述家史与追忆祖先业绩。节日的歌唱常常伴以舞蹈。形式有"跳锅庄"，"跳盔甲""皮鼓舞"等，而以"跳锅庄"最为流行。舞蹈时，一唱一落，男女互相变换位置，造成节日热烈欢乐的气氛。约半分钟后，一阕才终二阕又起。

参加的男女多至数十人，并伴以唱咂酒，往往歌舞达旦。歌舞时伴奏的乐器主要是羌笛。这是一种古老的六声阶的双管竖笛。此外是小锣、手铃、唢呐、羊皮鼓、胡琴、口弦等乐器。这些乐器能吹、奏、弹出具有独特风格的民族乐调，使节日的人们异常欢乐。

羌族是我国最古老的民族之一，被称为有着寻根文化价值的民族。羌族文化对藏缅语族各民族文化有着很大的影响，它是中国文化的重要组成部分。"日美吉"（羌历年）活动，无论从形式和内容上看，无疑都是研究羌族历史、文化、艺术和习俗等的活材料。

羌年是集宗教信仰、历史传说、歌舞、饮食于一体的综合性民间节庆活动，它充分体现了羌族自然崇拜、先祖崇拜的宗教情怀，并把人们的劳动结果自觉地归因于天地的恩赐和先祖的恩德，体现了朴素的唯物主义思想。之所以在农历十月举办，这和羌族所居住的环境息息相关，和她们的生产、生活、文化等有着紧密联系，羌历年反映了羌族已经由游牧民族步入了农耕社会。

"天人合一"是羌族人最为崇尚的理念，这种对日月山川、自然万物、乡土和祖先的尊重与崇拜，在羌年这一仪式上体现得淋漓尽致。每年农历十月初一举行的羌年，是集祭祀、歌唱、舞蹈、技巧表演、知识传授、服饰、饮宴为一体的综合性民俗活动。羌年作为一项社会活动，对于每一个羌族儿女来说具有至高的感召力和凝聚力。

如今，能依照传统方式完整地举行羌年活动的村寨，从原有的百十多个减少到20余个，参加祭山活动和集体性庆祝仪式的民众锐减，一般仅有10万余人。"5·12"汶川大地震更使羌年活动的自然和人文环境遭到重创：主要文化传承人多人遇难；所依托的社会空间与文化场所，如神山、祭坛、村舍、碉楼等祭祀场地受到严重破坏；与羌年相关的器物，

唱酒歌和饮咂酒

如法器、服饰、表演用具等严重破损；传承人和研究者多年搜集的羌年资料与档案在地震中大量散失。为摸清震后羌年活动的存续状况，建立完整的资料档案，羌年活动相关社区的文化部门对羌年进行实地考察并留下影像资料，对羌年的主要传承人进行普查并登记、造册。在此基础上，国家财政拨款 40 万元，由四川省音乐舞蹈研究所负责完成《羌年活动传承人纪实录》数据库的建设。

自 2009 年开始，国家财政每年对经由中国和四川省非物质文化遗产保护专家委员会评审认定的 20 名羌族民众公认、提名的羌年代表性传承人实施资助，使其基本生活得以保障，专心于羌年的传承。为提供羌年传承所需的物质保障，对地震损坏的原有羌年祭祀场所，羌年活动相关社区的地方政府与文化部门组织一些掌握羌族传统建造技艺的人员进行加固维修，所要修复的羌年祭祀场所需由羌年代表性传承人进行认定，并请释比按传统方式恢复原貌，组织一些掌握羌年活动传统用具制作工艺的文化传承人制作一批活动器具。

2009 年 10 月 1 日，联合国教科文组织在阿联酋评定"羌年"为国际急需抢救保护的非物质文化遗产。2009 年我国申报的羌年项目进入首批《急需保护的非物质文化遗产名录》。根据规划，汶川将在威州、绵篪、雁门、龙溪、克枯、草坡，理县将在蒲溪、桃坪、薛城，茂县将在黑虎、曲谷、三龙、叠溪、凤仪等各自辖区的乡镇，北川将在新县城建立羌年文化传习所与博物馆。羌年传承机制将由羌年活动相关社区的文化部门制定和完善，并定期组织、举办培训班，由释比和代表性传承人担任传授者，广泛吸收羌族各年龄段的民众学习，定期在羌年文化博物馆进行活态展示，搭建随时可了解和认识羌年文化遗产的平台。

大六分村登杆圣会

大六分村登杆圣会主要流布于静海县。

静海县台头镇大六分登杆圣会是古老的传统圣会，相传兴于西汉时期的"猕猴缘杆"，指的是人们像猕猴一样赤脚往杆子上爬，向上天求雨，祈求风调雨顺、美好生活的一项活动，到了清朝乾隆年间，传到了大六分村，并成为当地农民们盛极一时的群众性体育活动，至今已有 300 余年的历史。

相传在 1743 年，那年大旱，大六分村河水枯竭。东海龙王的儿子小白龙闻听此事，展开自己的身躯，直奔天庭，让老百姓一个个朝天上爬去，每爬上一个人，小白龙就要将自己的身躯向上拔出一节，当第 108 个人爬上天庭后，用流星锤狠狠砸向宝瓶，宝瓶被击破了，大雨洒向人间，受难的村民们得救了，可是小白龙却因为耗尽元气，浑身瘫软，他那拔长了的龙骨一节节从天上掉下来，为了解救百姓，小白龙献出了宝贵的生命。地上的人们流着热泪收敛起小白龙的 108 节遗骨，铸成了一根龙杆。

小白龙带着人们求雨的日子是农历四月初五，从此，人们把这一天作为小白龙的祭日，每年到了这一天，除了烧香上供祭祀之外，还要象征性地爬杆，以纪念小白龙。大六分杆会所用的竹竿，人称"龙杆"，小白龙化身的"龙杆"也就成了村里人的宝贝，他们发明了登杆的游戏，还把游戏玩出了独一无二的花样儿，一代代传了下来，形成了远近闻名的登杆盛会。

杆会是大六分村的村民们自发的全民性集体育技巧美、惊险为一体的运动，大六分杆会所用的竹竿，当地人称龙杆，原长度有8米多，由于天长日久根部腐烂，共截去1.5米左右，现在不到7米，原来竹杆有18节，象征108节龙骨，在杆子的下端有木制杆墩，直径80厘米，高40厘米，杆和杆墩用红布缠绕固定，上面有12根用彩色布条做成的粗绳子，用于演出时缠在固定杆子的人的腰间，杆信位于杆的顶端，是一根长1.4米的铁棍，与杆成垂直，演员在杆信上表演。

最初，杆会的演练形式就是简单的爬杆，象征当年小白龙和先民到天上求雨的情形，后来逐渐发展出许多精彩的表演形式，演员主要以单、双杠的动作为基本功，比如表演者叼着火把，爬上杆顶，身体趴在杆顶上，头向下旋转，象征着把幸福的甘霖洒向人间，表演项目名称有蹬鸭、仰鸭、掐鸭、转悠悠、驴打滚、倒香炉、仙人脱衣、单手倒立、耍流星、等等，据称有108手硬功夫。

村民们每次表演时，都有一个出杆仪式，首先是敬杆，在放杆的屋内由领队点一炷香，用香从杆墩到杆顶祭拜，然后将香插进香炉，参加表演的人员轮流在供奉的药王等神像前磕头以保平安。第二项是请杆，由演出人员将杆从屋内扛到院里，锣鼓等在前面引路，来到院里杆立好后，点燃鞭炮绕杆走一圈，鞭炮燃放后，锣鼓敲起，固定杆子的人员约12人，把杆敦上的粗绳子缠在腰间，杆固定好后，由一人上杆，进行简单的表演，为的是让本村人知道有演出或出会，然后下杆，再出发去演出地点。

首先是不设支撑，由几个人手扶、绳拉，其次是没有保护，演员上了杆顶，身上不拴保护绳之类，全凭演员自身的平衡意识去掌握。演员少则1人，最多为6人，第三是表演时不论冬夏，上杆表演人员都是赤足，手脚并用，第四是演出和扶杆以及乐队人员均为男性。

大六分村登杆圣会作为一种古老的群众运动形式记录了历史长河中"治水"的故事以及相关的英雄形象。

虽为圣会，该文化遗产早已从娱神走向娱人，成为群众强身健体、丰富农村社区活动、凝聚人心的体育娱乐活动。

大六分村全村上至龙头拐杖的老翁，下至几岁的顽童都能练上几招，代代相传，"文化大革命"时期曾终止活动。到1981年，在县领导、体委、文化局和乡村各级领导的关怀帮助下，又

大六分村登杆表演

恢复了活动，节目比以前更加精彩。有关专家曾对竹竿进行了考证，结论是在南方没有见过这种材质的竹子，因为这根竹竿壁厚，节短，所以经历了数百年依然坚固耐用。

如今，"龙杆"的故事还在传唱，尽管它的历史不是每个人都能说清楚了，尤其在年轻人的生活中已经有了更多的选择，但这根竹竿早已融入了六分村人的生活。为了培养接班人，杆会根据孩子们的特点，专门给他们预备了小型的锻炼器械，众多的少年儿童被吸引进来。2009 年就被纳入"天津市非物质文化遗产名录"。

大六分村的登杆表演多次参加演出和比赛，均获得很好的演出效果和名次。在近几年的传承和保护下，得到了更好的发展，杆上惊险的单人表演和多人表演备受各地观众的喜爱，如今，这项有几百年历史的传统技艺走出了静海县，走向了全市、全国。

跳曹盖

"跳曹盖"主要流布在四川省平武县、南坪县和甘肃省文县。

"跳曹盖"仪式属于傩文化，"傩文化最原始的表现形态是傩祭。傩是驱逐疫鬼，也是古代傩俗的主题。傩俗活动，实际上是原始巫术中驱赶巫术的一种。"度明修先生认为平武白马藏族的"跳曹盖"处于从巫傩向傩戏过渡的发展阶段，是傩文化较早的形态。而且这种以驱邪为目的的原始傩祭，而今已不常见。

关于"跳曹盖"仪式的来历，白马人自己和学者有着很多种不同的解释。对于曹盖面具的具体内涵，白马人用自己的话说是"达纳斯界"，"达"指老熊，"纳"为黑色，"斯界"指神，故曹盖所体现的就是"黑熊神"。熊在平武的森林中极为常见，无论是凶猛的黑熊还是温顺的熊猫都在白马人的生活空间中并不鲜见。白马人称黑熊为"达纳"，白熊为"达噶"，说自己是它们的后代。"跳曹盖"可以理解为部落的图腾黑熊神，或者说平武白马人"黑熊部"的祖先现身为后代子民驱邪赐福。

20 世纪 50 年代以前"跳曹盖"的仪式过程与现在基本一样，只是更加神圣。不仅因为这项仪式是全寨最重大的活动之一，人们也对这样的集体活动存在着极大的热情，通过参与这样的集体活动，可以提高自己在群体中的地位。

1.跳曹盖仪式的活动

白马藏人"跳曹盖"的时间，在每年农历正月初五至初六，"跳曹盖"仪式以三年为一个周期，前两年只拜祭本村的山神，而第三年便要拜祭白马地区最高神祇"白马老爷"。"跳曹盖"仪式主要在村中心坝场上举行，该坝场平日是一个公共晾晒场，节庆期间就成为村子举行重大活动的主要场所。

"跳曹盖"仪式是白马藏族中重大的传统仪式，具有突出的地位，人们也非常的关心与重视，"跳曹盖"仪式一般由村委会负责，主要的事情是筹措资金，安排各项活动的相关人员，并具体组织操办整个仪式。

2.跳曹盖仪式的过程

第一是请神。初五下午 5 点，一群人浩浩荡荡的前往仪式的地点，"北盖"一手敲着一面手皮鼓，一手摇着"石安"，走在队伍的最前面，其后跟着"北莫"，一人端着"厄"，一人手持北盖的其他法器，后面跟着三人，一人敲铜锣，一人举着一束柏枝和一叠黄纸，还有一个人端着摆着许多"朵玛"的板子，最后是村民，人们走到了坝场中，"北盖"坐在道场中。

在"北盖"和几位老者的指点下，手持各种东西的年轻人将东西有序的摆在指定的位置，然后走出道场，在篝火旁等待仪式的开始，道场一般只有"北盖"和几位年长者才能坐，之后北盖拿出经书，一边诵读，一边摇铃，周围的人们跟着应和，在"跳曹盖"仪式中，"北盖"的任务最重，不仅要把握仪式的进程，还要带领"曹盖师"们驱邪逐疫，工作量很大。

下午6点，开始宰杀羊子，祭祀神灵，先将羊子杀死，剖开羊腹，取出羊板油，在羊板油中戳一个洞，挂在棚子里，表示神界与人界的通界已打开，然后将半只羊切成块放在锅里煮，坝场中的人们分食，见者有份，这是好运的象征。晚上8点，人们开始围着篝火跳圆圈舞，这时，"曹盖师"们没有什么事情，坐在屋里聊天，等待出场，"曹盖师"们穿上羊皮袄，戴上面具，就成为神的代言了。

第二是神降。凌晨时，"北盖"念完一本经书，火枪手朝着天空开了两枪，"曹盖师"们首次出场，这表示神的降临，他们手上舞动着牛尾，嘴里喊着"嗬嗬"，从坝子的上方跳下来，人们迅速地为"曹盖师"们让出位置，在火堆前，跟着"北盖"敲打锣鼓的节奏，兴奋地跳起来，时而快，时而慢，达到高潮时还从火堆上跳过，旁边的人们不禁的吆喝起来，非常有气氛，"曹盖师"们一边跳舞一边向上空扔"朵玛"，这象征着"曹盖"出山，在寨子里找鬼、撵鬼，扔"朵玛"也是敬神、打鬼的意思，大约跳了半个小时，"曹盖师"退回老房子，等待早上的鸡鸣，坝子中的人们都散去，只有"北盖"和几位老者留下，昼夜念经，是为了告知神灵、请神灵帮助驱逐鬼怪，保佑村子里的平安。

第三是挨门逐疫。早上6点，火枪手朝着上空开了两枪，提醒众神和全村的人们仪式将要开始，人们陆续的聚集到坝子中，"曹盖师"们再次登场，在坝子中跳了大约半个小时后，就开始向村头跳去，"曹盖师"们带头，后面跟着"北盖"和村民，这意味着将鬼撵到村头，"北盖"把柏枝和香纸放在公路中间，把象征恶鬼的"梅罗柯贝"放入其中，用黄纸盖上，然后点燃，火枪手朝着火堆开枪，将"梅罗柯贝"打散，表示恶鬼已被赶出去了。

"曹盖师"们开始在村里挨门逐疫，这时"北盖"回到道场中，继续念经，为"曹盖"加油打气，"曹盖"们进入第一户人家，用牛尾敲打门窗、墙板、桌子、火塘，跳驱鬼的舞蹈，意味着将屋里的鬼都撵出去，确保人们的平安，就这样将村里67户人家全部都跳遍后，"曹盖师"就回到道场中，休息片刻，等待后面的活动。

第四是敬山神巡田。中午的时候，"曹盖师"和村民一起围着篝火跳起来，这意为村里的鬼怪已被撵走了，人们正在庆祝。一点的时候，"北盖"停止念经，由"曹盖"领队，人们在坝子中拿起准备好的青岗树枝，向后山奔去。每家每户的年轻人拿着献祭山神的树枝，跟着"厄"到了一个固定的祭祀点，"北盖"将"厄"插在其中，人们将树枝插在"厄"的旁边，并向山神祈福。另外，村里的大部分人已跟着"北盖"向山下跑去，人们跟着"北盖"的路线，跳起了"猫猫舞"，这是为了给田地驱鬼，希望来年五谷丰登。

最后是送神。巡田完成后，开始进入到送神阶段，火堆被再一次点燃，"北盖"继续念经，"曹盖师"们又围着篝火跳起来，过了一会儿，一位老者将另外半只羊子取下来，包起来念经，之后将羊放回棚子，等到仪式结束后送到"北盖"的家中。另外一位老者处理羊子的其他残留物，羊油烧掉，混着砸酒的羊血倒在坝场中，示意杀鬼成功，已经见血，这时"曹盖"仪式结束，"北盖"和"曹盖师"们到村子里的各家喝酒，享受人们的感谢。

从演出内容和面具形象诸方面分析，"跳曹盖"尚处于纯粹的傩祭阶段，撮泰吉"则已初具傩戏雏形。而傩戏则是"从傩祭活动中蜕变或脱胎出来的戏剧"。因此，"跳曹盖"是一种比"撮泰吉"更为古朴原始的傩文化形态。傩祭、傩舞、傩戏，是民间文化中较早产生的艺术形式。认真研究它们，对于了解原始艺术的发生、原始先民的心理、信仰等有重大作用。白马藏人的"跳曹盖"，是一种古老的傩祭仪式，可资研究的东西很多，在人类学、民族学、民俗学、艺术发生学等方面，具有重要的学术价值。

白马藏人的跳曹盖习俗乃是一种傩祭仪式，是傩文化的一种原始形态。首先，它具有傩祭、傩戏祛邪纳吉、驱灾祈福的功能。傩是祛邪巫术的一种，是一种古老的祭仪，是先民自然崇拜和灵魂崇拜的产物，其主要目的和功能是驱鬼逐疫、祈福禳灾。驱鬼，可以说是傩文化的核心。

"跳曹盖"作为白马人规模最大的公共活动，同时也是一个民族传习俗传承的空间。由于白马人没有自己的文字，北盖经也是由藏文写作，只能由少数北盖所掌握。白马人的知识更多是通过歌谣和故事来传递，在这些歌谣和故事中蕴藏着白马人千百年来历代祖先的智慧以及白马人的迁徙血泪史。这对于白马人来说具有很高的传承价值。

1980 年代初期，白马乡的各个寨子又开始跳曹盖，但是由于经书、法器的毁坏，所存余的曹盖面具不多，已不像以前那样每个寨子都会"跳曹盖"了。"在原来黄杨部落、白熊部落，没有道师、没有曹盖面具，也不跳曹盖。在木座乡，虽残留个别曹盖面具，但没有道师，也不跳曹盖了。而传统文化相对保护完整的白马乡十八个寨子中也只有六个寨子（罗通坝、交西岗、厄里家、扒西家、驮驼家和噶氏寨）仍在跳曹盖。

跳曹盖

今日的曹盖师已远不如从前那样受人尊崇，从一个众人羡慕甚至争相担任的身份转变成必须指派专人来担任的角色。"跳曹盖"是对疾病和鬼怪等各种神秘的侵害者的驱逐和震慑，如今人们学会用科学的方式进行农耕、生活，现代科技代替了神灵给予白马藏人保障。其次，文革的破坏使得传统文化传承出现了中断。最后，虽然白马藏族社区的经济水平在现代市场经济的驱动下也获得了极大进步，但是对于曹盖师的酬谢标准并没有明显提高。

从 1982 年恢复"跳曹盖"起，便由村委会负责筹措资金，安排各项活动的相关人员，并具体组织操办整个仪式。村委会在"跳曹盖"前几个月就开始筹划，主要工作是筹集资金。村长说，这些年来随着经济发展，所需费用也在不断增加，组织一次"跳曹盖"最少也需要数千元。村委会还负责联系北盖，以及决定曹盖数量并商量曹盖师人选。在"跳曹盖"仪式过程中，放火枪、宰杀祭品、领队逐户驱疫、给北盖倒酒送饭等事宜都需安排到具体的人头上，村委会提前就组建工作小组，联系相关村民，还多次开会商讨、布置工作。在当地政府的积极支持下，"跳曹盖"得到了较好的传承和保护。

2001 年 9 月，白马乡首先进行旅游开发的厄哩和亚者造祖村，旅游业曾经一度极为红火，周边城市的人们蜂拥而至，争相感受白马人与众不同的民俗风情，藏家乐也在白马地区遍地开花。到现在，平武白马藏区已经历了十余年的小规模旅游开发，目前白马人和当地政府都依然致力于将白马人的旅游项目进行大规模开发，完成从小众型向大众型旅游的转变。

望果节

望果节流行于西藏自治区的拉萨、日喀则、山南等地。

"望果节"已有悠久的历史。最早流行于雅隆香布（今天的雅鲁藏布江中游河谷）地带。据《本教历算法》等资料记载，早在 5 世纪末，即布德贡杰时期，雅隆地区已经兴修水渠，使用木犁耕地，农业生产比较发达。为了确保粮食丰收，赞普布德贡杰便向本教师请求赐以教旨，本教师根据本教教义，教农人绕田地转圈，求"天"保丰收，这就是"望果节"。但这个时期，"望果"还不是一个正式的节日，而是开镰收割前的一种祀神祈福活动。

西藏最早的"望果"活动，大体是这样的：开始以村落为单位全体村民出动，绕本村土地转圈游行。队伍最前面，由捧着柱香和高举幡杆的人引路，接着由本教巫师举"达达"（绕着哈达的木棒）和羊右腿领队，意为"收地气"、求丰收。后面跟着本村手拿青稞和麦穗的乡民。绕圈之后，把谷物穗插在谷仓或供在祭祀台上，祈求今年好收成。随后，便进行娱乐活动，内容有角力、斗剑、耍梭标。这些竞技式的比赛，主要由大力士们参加，优胜者有奖。最后便是群众的唱歌跳舞，痛快地玩一天。

以本教教义指导的"望果"活动，一直衍行到 8 世纪中期，即赤松德赞时期。8 世纪后期，是以莲花教主乌坚白玛为首的宁玛教派兴盛时期，"望果"活动也带上了宁玛教派的色彩。使符念咒是宁玛派的特点，这时的望果活动便一定要由咒师主持念咒来保佑丰收。

14 世纪后，格鲁教成了西藏的主要教派，居统治地位。这时，"望果"活动便渗进更多的格鲁派的色彩，例如，在游行队伍前，要举佛像、背经文。这时的"望果"活动，已成为传统节日，娱乐活动的内容也比过去有所发展，增加了赛马、射箭、唱藏戏等内容。

望果节是西藏农村最热闹的节日之一，没有固定的日子，一般于秋收前择吉日举行，历时 1~3 天，距今已有 1 500 多年的历史。望果节是欢庆丰收的节日，也是从物质和精神上为即将开始的秋收做好准备。商人为节日准备了镰刀、驮鞍、茶叶、盐巴、针线、布匹等生产生活必需品，供农民们选购，以便集中精力投入秋收。缺乏劳力的农民在节日期间忙着串亲访友，商定换工互助的日程。

这天人们会穿上古代武士的服装，请出吉祥的神灵开始在本村土地上绕行，农民们世世代代以这种古老的方式祈求神灵保佑，粮食丰收。转田地是万果节最主要的形式，浩浩荡荡的队伍穿行在房舍土地间，融会在一片碧绿与金黄的色调中，构织出一副瑰丽的高原风情图。全村老少汇集村头，献上一杯浓香的青稞酒，迎接转田地的勇士凯旋归来。

转完麦田以后，照例要在广场上举行群众性文娱体育活动，其中有藏戏、歌舞、跑马、射箭、拔河等，相互竞争技艺，情绪十分热烈。这天，家家户户都要准备充足的酒食，穿上最漂亮的衣服，或者在广场四周的草场上野餐，或者在村子里邀集亲朋好友宴饮。青年男女喜欢在晚上围着篝火跳舞，对歌调情，直到深夜。有的地方，望果节要持续三四天，安排的文体活动根据节期的长短或繁或简，较远的农民夜里就住在临时搭起的帐篷里，吃喝玩乐，尽兴方归。在歌与舞的旋律中尽情享受节日的快乐。节日一过，紧张的秋收便开始了。

如今的望果节已从单纯的宗教节日，演变为以赛马、射箭、歌舞、藏戏、物资交流为内容，文艺、体育、商贸集于一体的节日。每年在庄稼黄熟、准备开镰之前，西藏藏族农民身着节日服装，手捧预示五谷丰登的"切玛"和青稞酒，来到农田载歌载舞，欢庆一年一度预祝丰收的"望果节"，极大地丰富了当地藏族农牧民群众的物质和文化生活。

望果节历史悠久，早在公元 5 世纪末布德贡杰时期，雅隆地区已经兴修水渠，使用木犁耕地，农业生产比较发达。为了确保粮食丰收，赞普布德贡杰便向本教师请求赐以教旨，本教师根据本教教义，教农人绕田地转圈，求"天"保丰收，而迎来了"望果节"。藏族人

望果节

民将这个祀神祈福的活动一直传承了下来，具有十分珍贵的历史价值。

1951 年以后，随着人民群众文化科学水平的不断提高，百万农奴政治上翻身，经济地位变化，"望果节"的内容也发生了根本性的变化。例如，都打着各色彩旗，擎着青稞麦穗，活动内容也更加丰富多彩。身着新装的男女老少，抬着用青稞、麦穗搭成的"丰收塔"，举着标语，敲锣打鼓，唱着歌曲绕着田边地头转，这天人们不仅赛马、射箭、唱戏、歌舞，而且还进行丰盛的郊宴。这时候各乡的农民要邀请城镇的工人亲戚去做客，也邀请县乡干部一起欢乐。望果节不仅是农村预祝丰收的节日，也是加强民族团结，增进城乡交流，密切工农关系的节日。

"望果节"是藏族人民预祝农业丰收的节日。"望"意为"田地"，"果"意为"转圈"。"望果"从字面上讲，就是"转地头"。

在以农牧业经济为主的西藏，望果节期间，机关放假，干部们为筹备组织村民的活动也忙个不停；学校里的学生们也准备了一些文娱节目在节日期间为群众助兴，他们难得有这么多观众看自己的表演，当然要大显身手；而刚从农民队伍中脱胎出来的乡镇企业工人，家中十有七八是农民，企业的领导也在这个时候为工人们放假，不这样做似乎逆了民意。所以，望果节在农业区来说，虽是农民的节日，也是全民的节日。

达古达楞格莱标

达古达楞格莱标主要流布于云南德宏地区。

德昂族是德宏最古老的世居民族之一，德昂族自称"德昂"，意为"居住在山洞中的有道德的人"，出自中国西南部，是居住在云南"直过区"的跨境民族。德昂族崇拜、热爱茶的历史亘古绵远，具有鲜明文化特征，被其他民族誉为"茶的民族""古老的茶农"。茶在德昂族道德中象征着诚实和信任，象征着有德君子。

《达古达楞格莱标》是德昂族迄今发掘、整理并出版的唯一一部创世史诗，德昂人世代都在传唱着这样一首古歌："茶叶是德昂的命脉，有德昂的地方就有茶山。神奇的传说流传到现在，德昂人的身上还飘着茶叶的芳香。"当大地一片混沌时，天上却"美丽无比，到处都是茂盛的茶树"，"茶树是万物的阿祖，天上的日月星辰，都是由茶叶的精灵化出。"全诗长 1 200 余行，始终以万物之源——茶叶为主线，集中地描写了这一人类和大地上万物的始祖如何化育世界、繁衍人类的神迹，并以奇妙的幻想将茶拟人化食茶、饮茶、采茶、种茶、驯化茶、以茶入药、以茶为礼的茶文化有多方面的反映，其具有独特性、完整性和艺术性。

《达古达楞格莱标》是德昂族世代传诵的创世史诗，主要记述了人类的起源、创世造物的过程，独特地提出人类来源于茶树，德昂族是茶树的子孙，反映了德昂族先民与众不同的原始思维特点和价值观念。

从具体内容看，全诗分为九部分：人的诞生、神的出现及由茶树创造了日月星辰；茶叶诞生人类；茶树兄妹在人间的磨难；茶树产生了高山、平坝和江河湖海；四色土的来历；

大地植物的来历；各种动物的来历；藤蔑箍习俗的来历；德昂族人民对祖先的缅怀。

《达古达楞格莱标》始终以万物之源——茶叶为主线，集中地描写了这一人类和大地上万物的始祖如何化育世界、繁衍人类的神迹，并以奇妙的幻想将茶拟人化。长诗几乎每一个片段就是一组鲜活的画面，合起来就成了德昂族社会历史变迁的长卷。

《达古达楞格莱标》储存着德昂族远古历史的信息，铭刻着德昂族先民在洪荒时代最遥远的记忆。《达古达楞格莱标》用美妙的歌声唱出了人类生命的起源及民族的历史，极鲜明地打上了德昂族自己的文化烙印，《达古达楞格莱标》既是对茶叶的赞颂，更是对生命的礼赞。在一代代传承下来的伦理道德中，我们可以找到德昂人不畏强权，不畏残暴，宁死不愿受欺凌的抗争精神。极具历史传承价值。《达古达楞格莱标》影响着德昂族的人生态度、习俗风尚、道德伦理、性格特征及审美情趣。时至今日，德昂族不仅在生计方面依赖于茶叶，在使用茶叶的时候还体现了他们丰富多彩的民俗方面的文化内涵：出生茶、成年茶、定亲茶、成亲茶、敬祖茶、祭祀茶等丰富多彩的人生仪礼中的茶俗折射着德昂人生生不息的价值坐标，展示了德昂人民一生一世、世世代代对"茶"的敬仰，表现的是一种对生命（茶）的原样呈现。

德昂族是云南特有的人口较少民族，也是云南"直过区"的跨境民族。在长期的生产、生活实践中，德昂族靠着自己的勤劳智慧与创造能力，给人类留下了独具民族特色、丰富多彩、光辉灿烂的文化遗产。目前，在少数民族地区具有超人才华、能演唱多部史诗的大师级民间艺人，已经所剩无几，口承史诗面临着"人亡歌息"的危境。

《达古达楞格莱标》是德昂族的创世神话史诗，德昂语意为"最早的祖先传说"。为了有效开展该项目的抢救和保护工作，市文体广电旅游局举办了德昂族创世史诗《达古达楞格莱标》传承人调查培训工作。

2010 年建成的芒市三台山德昂族乡的德昂族博物馆由主展馆、动态表演馆、手工艺展示馆、报告厅组成，总建筑面积 600 多平方米，整个场馆融民族性、历史性、艺术性和观赏性为一体，德昂族博物馆的建成，对拯救、挖掘、保留、传承德昂族语言文字、农耕传统、宗教信仰、饮食服饰、文学音乐美术等将起到重要的作用。馆内可以让游客参与"酸茶"和"腌茶"的传统制作工艺体验。时至今日，德昂族仍然是制作古老原生茶的能手，

达古达楞格莱标

如今德宏地区运用古老原生茶叶的原料创制的"勐巴娜"系列"孔雀公主""云宏"品牌茶、工夫茶、绿茶、花茶、普洱茶畅销国内外，还有让人难以忘怀的人间珍品——德昂族酸茶。德昂族在制茶方法上可以借鉴普洱茶的制作工艺，开发、打造更具特色、更有吸引力的茶品。

2008 年，达古达楞格莱标被列入第二批国家级非物质文化遗产名录。

赶茶场

赶茶场流传在磐安县玉山一带。

赶茶场起源于晋代，是玉山人民在古茶场进行的庙会活动，是具有深厚文化底蕴和丰富文化内涵的传统民俗事项。据考证，茶场庙建于宋代，是为了纪念一位晋朝时名叫许逊的人。据传，许逊在游历玉山时，为玉山发展茶叶生产、打开茶叶销路做出了巨大贡献，深受当地百姓爱戴。人民感其恩德，尊其为茶神，并为其建庙立像，四季朝拜纪念。

从宋代起，又重建庙宇，并在边上建茶场。至宋代政和二年，宋徽宗敕封许逊为神功妙济真君后，当地百姓将春秋两社和祭祀真君大帝及当地乡风民俗活动结合起来，即形成以茶叶交易为中心的重要聚会——赶茶场活动。庙宇被称为茶场庙，并形成了以茶叶交易为中心的重要聚会——"春社"和"秋社"。

清晚期以后，"春社"改为农历正月十四、十五、十六举行，"秋社"改为农历十月十四、十五、十六举行。

"春社"时节（农历正月十五），当地茶农盛装打扮，赶往茶场，祭拜"茶神"真君大帝，祈求茶叶丰收。但凡参加表演的人员及香客，统一由茶场庙招待，经费统一筹措，其他观众、客人则由所在地及周边村庄招待，从古至今已成传统。因而，每逢赶茶场，当地农户都会邀请八方亲朋来家做客并盛情款待，家家都以客人多为荣。在赶茶场期间，茶场内举办演社戏、挂灯笼、迎龙灯和亭阁花灯等活动，文化活动热闹非凡。

"秋社"时节（农历十月十五），其特色文化活动又别具一格。茶农和百姓带着秋收后的喜悦，拎着茶叶和货物，从四面八方到茶场赶集，形成了盛大的"赶茶场"活动。期间，颇具民间特色的"叠罗汉""抬八仙""骆驼班""铜钿鞭""大花鼓"、迎"大凉伞"等表演艺术活动纷纷举行，其中最为吸引人的是"迎大旗"活动，该大旗高 33 米，旗面长 26 米，宽 23 米，旗面积近 600 平方米，堪称中国之最。赶茶场活动内容丰富，特征鲜明，在磐安堪称群众参与面最广、参与意识最强、历史文化积淀最深厚、民间艺术表演形式最丰富的民俗活动。

"赶茶场"有利于丰富山区群众文化生活，促进社会和谐。"赶茶场"活动参与人员众多，参与面广泛，特别是由此活动而产生的如"迎大旗"之类民间表演艺术活动，全体参与表演者需要各守其责，齐心协力，需要"劲往一处使，心往一处想"，才能迎好大旗，顺利前行，这就需要极强的凝聚力和团队精神。"赶茶场"活动期间，农户都以客多为荣，家家户户欢声笑语，其乐融融，一派祥和的新气象，这更加有助于民族团结、强化民族精神。

"赶茶场"促进欠发达地区农村的经济发展。磐安县玉山古茶场在10~13世纪（宋代）时就是官方茶叶管理机构，到了14~17世纪（明代），在玉山古茶场设立"巡检司"，对茶叶商贸实施管理，茶叶等级分为"贡茶、文人茶、马路茶"等。新中国成立后还以"赶茶场"活动为载体，举办物资交流会，已形成传统，每年的"赶茶场"活动都有几万人参加，还吸引了省内外客商。这对带动当地的经济发展起到了很大的作用。

从10~13世纪（宋代）开始，一直延续下来，"赶茶场"特色文化活动已历时800多年。随着时代的发展，流传千年的"赶茶场"已经渐行渐远，虽然当地依托"赶茶场"经常组织各种经贸活动，但这一古老民俗的内涵和功能都已发生了改变，民俗味儿越来越淡了。现存的茶场庙与古茶场早已年久失修，当年演戏、斗茶的舞台——宇台已毁，茶神祭典仪式中的相关道具、服饰也都损毁严重，急需重新制作。祭茶神活动的祭典法师大都年老，随着他们的谢世，已呈后继乏人之势。另外，现在的青年一代对民俗活动兴趣减少，仅靠民间力量自发组织存在困难，"赶茶场"的生存空间已呈逐渐萎缩的趋势。

针对赶茶场的濒危情况，近年来磐安县已采取了一系列保护措施。首先，当地恢复并建立了具有一定规模的"赶茶场"民俗文化活动表演基地，并每隔三年举办一次"赶茶场"活动，逐步予以恢复；其次，制定出台了《磐安县民族民间艺术保护规划》，其中对"赶茶场"民俗文化活动做了5年专项保护规划。当地旨在希望通过一系列保护措施的推进，不断挖掘"赶茶场"民俗文化活动的内涵，使其越千年而不衰，在今天仍能得到很好的传承。

2002年，由于茶叶生产发展快，而且质量好，磐安被评为"中国生态龙井茶之乡"，同时，还以"赶茶场"特色文化活动中的标志性项目"迎大旗"的"大旗"为名成功申报了"大旗"牌茶叶品牌。从2005年起，当地又每年发展茶叶基地2 000亩。该地茶叶畅销中国各地，出口国外，每年销售额达800多吨4 500多万元，茶叶已成了一大支柱产业，由此也带动了药材、制种及工业、商贸等行业的发展。

赶茶场也是"恋爱季"，促成了不少好姻缘。祭茶神要挑选美貌姑娘采茶，选中的姑娘皆出类拔萃，上门说媒者从此络绎不绝；有许多青年男女在参与民间艺术表演中擦出爱情火花；还有之前提亲说了媒的，恰逢此时赶来相亲；更有一见钟情者，在亲友往来间有缘

"迎大旗"活动和"赶茶场"活动

相遇、相知、相恋，直至结为秦晋之好。

2007年，"赶茶场"被列为浙江省非物质文化遗产名录；2008年，又被列为第二批国家级非物质文化遗产名录。

浦江迎会

浦江迎会主要流布于浙江金华浦江县。

浦江迎会的始创期大概在两宋时期。北宋末年，一名叫黄伟的人自浦阳东市迁居浦阳合溪（今黄宅），成为合溪黄氏始祖。其祖孙五代，仕途不断，成为当时的名门望族。南宋德祐元年（1275年），时逢恭宗赵显即位登基，普天同庆。黄氏后裔一为纪念始迁祖黄伟，二为感谢皇恩，创制会桌，定农历八月十三举行迎会活动。所以，浦江迎会始于黄宅，黄宅迎会始于黄姓。

宋至元代，黄氏的迎会仅限于黄宅一带黄姓的村庄，到了明代洪武年间，官岩山下附近的六村五姓（即钟、洪、郑、于、蒋）为争接胡公祭祀发生争吵，差一点闹出人命，为平息纷争，只好请黄门名士恭五公出面调停。恭五公，字佛寄，虽不为官，却在当地威望颇高。结果大家采纳了他"五姓都不接，让黄姓代表大家以迎会形式接胡公"的意见而平息了纷争。所以金华等地采用斗牛、社戏方式祭祀胡公，而浦江独具一格，以迎会接胡公。恭五公黄佛寄调停官岩山下六村五姓纷争后，浦江迎会范围由黄姓一门演化为黄宅一带。内容从单一的纪念始祖黄伟和感谢皇恩扩大到迎接胡公大帝。

清朝时期，浦江迎会已广泛流传到浦江各乡村，甚至邻县的诸暨、兰溪、义乌。民国浦江县志稿录有清代宋琦《青山岩迎会赋》一文，内称"一十二姓之中，锣声远镇，二十二村之内，旗影高扬"，说明浦江那时几乎是每个家族、每个村庄都搞迎会。

新中国成立后，浦江迎会继续得到发展，但在"文化大革命"中被列为"四旧"。不过不少村子的村民都设法把会桌保存了下来。

浦江迎会由会桌、会扛、会栅、抬会人、站会小演员组成。会桌方形，边长1.2米，桌板厚20~100厘米不等。虎头脚，四脚高1米，桌面四周设20~40分米高栏栅，用于安装会栅。会栅高一般2~3米，有的高达4~5米。

"会"有纸会、人会、人纸合会之分。

"纸会"是用竹篾缚成人形，用纸裱糊后再绘画，装饰成各种戏剧人物。表演时由一人隐于桌下，用细线牵拉人物各关节部位。纸会造型独特，工艺精细，非花上百工难成其巧妙。

"人会"是由三五岁的孩童，扮演活灵活现的戏剧故事或神话传说。在特制的会桌上按照造型需要设置铁架，铁架被扮演者的衣物饰器所遮掩，孩子们在上面凌空而立悠然自得并不断变幻造型。会桌由多名强健汉子抬着行走，行进时颤颤悠悠，惊险异常，看得人心跳不已，被中外友人称为"中国一绝"。

"人纸合会"则是会桌上的人物有真人也有纸扎的，增加"会"的观赏性，讲究和谐统

一、真假难辨。

"会"的内容主要选取古装戏剧的某个精彩场面，并通常以戏剧名命名，如《姜太公钓鱼》《许仙借伞》等，配以什锦班演奏这一本戏的曲调，行动时是流动的戏曲，静止时是造型凌空的杂技雕塑，以惊、险、奇、巧为特色。像《三打白骨精》的孙悟空"忽儿搔痒抓耳，忽儿挥舞金箍棒，摇晃摇晃，随时都有凌空飞下之势"。

迎会讲究队伍的排列，一般前以火铳开道，后有堂名灯、高灯、铜锣、龙虎旗、执事，总称为仪仗队。再是由 4 个或 8 个甚至 16 个身穿民族服装的壮汉抬着会桌行走。会桌上或站或坐的小演员，各自扮成不同的戏剧中的人物，展现某一戏剧的片段，有凌空摇晃之感，扣人心弦。最后是什锦班跟随，吹打着这一戏剧的乐曲。

浦江迎会保留了民间制作工艺剪纸、雕刻等原生形态，传承了戏曲、杂技的艺术形式，不但对保护民族民间文化有着重大作用，而且，还具有丰富群众的业余文化生活，推动民间艺术和民间工艺传承的综合艺术价值。它保留了中国，尤其是浙江中部和江南沿海一带以民间信仰为特点的传统民间文化，是研究浙中和江南地区民众的意识形成和文化生活的重要依据，在民俗学研究中具有不可替代的作用。

数年来，文化馆专业人员分期分批下乡村开展调查摸底。2005—2006 年间集中力量，开展了三次全面普查，3 个乡镇的人会、纸会、人纸合会共有 61 台。当地政府积极推动迎会的表演活动，自 1995 年浦江举办全县性的元宵灯会，组织会桌汇集县城人民广场进行集体表演以后，先后组织浦江迎会在各文化经贸活动开幕式上表演 10 余次，赴外省市文化交流表演 10 余次，有力地推动了浦江迎会的发掘和弘扬。

浦江县非常重视浦江迎会这一传统民间艺术的保护和传承工作，建立了浦江迎会资料库，把浦江迎会的文字、图片、录音、录像等资料实行系统化、信息化管理。在浦江博物馆内开设浦江迎会会桌陈列室，收藏了相关器具。确立了浦江迎会传承人，并给予其资金扶植，开展制作、表演培训，培养新的迎会能手。建立了浦江迎会制作表演研究中心，开展与迎会相关的各种研究。在浦江各景区建立迎会基地，组织会桌轮流定期表演，以活动促传承。1999 年，成立了浦江民间艺术表演协会，2001 年，汇编出版了《浦江民间艺术表演荟萃》一书。有力地保护了浦江迎会表演艺术的发展。

浦江迎会

改革开放后，在县文化部门的积极发掘和引导下，浦江迎会以更为新颖的形式，健康的内容，严密的组织，良好的秩序，成为广大农村春节文化娱乐和文化经贸活动的一项重要内容。此后，浦江迎会参与了全国各地的活动演出，并被多部影视剧拍摄。2007 年春节，浦江迎会首次走出国门，到新加坡参加了国际妆艺大游行活动，技压群芳，载誉而归。

2005 年，浦江迎会被列入浙江省非物质文化遗产代表作名录。2008 年，浦江迎会被列入第二批国家级非物质文化遗产名录。

酉阳古歌

酉阳古歌主要流传于酉阳土家族苗族自治县。

经考古发现新石器时代的文化遗迹，证明距今约五六千年酉阳已有农耕活动。酉阳古歌是南方古文化在武陵山区延续和衍变的产物，源头可以追溯到上古时代的巫歌。巫歌内容表明，漫天洪水后幸存兄妹滚磨成婚，繁衍人类，带领子孙农耕生息，子孙后辈把他俩作为主神祭祀，祈求佑护，形成巫傩文化，并成为南方文化的核心组成部分，史称"北儒南巫"。

酉阳古歌是"梯玛"（土家族巫师，是沟通阴阳两界、人文社会世界与虚拟鬼神世界的使者）在祭祖崇拜，祈求丰产和驱邪还愿活动中吟诵或唱诵的文辞，是当地农民长期劳动生活积累的自然知识和社会知识的总汇。地处湘鄂渝黔边区，酉阳受道教影响较早。东汉以后，道教与当地巫师法师活动不断融合，道教主要神灵也成了巫师法事活动中所请的主神，巫歌内容逐渐发生变化。

明清至民国，酉阳农民的生活较为稳定，经济发展平稳，巫傩活动频繁，基本上一村一坛，念诵吟唱诗的土家族、苗族和汉族巫傩师及其协助人员比较庞大。这种流传在民间以自然崇拜、祖先崇拜和鬼神崇拜为基础，杂糅着儒、道、佛等成分的祭祀韵文就是近现

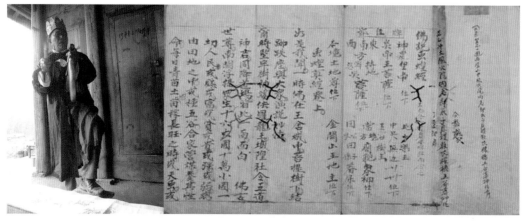

酉阳古歌表演和酉阳古歌唱词之《佛说虫蝗保禾真经》

代的"巫傩诗文"。

西阳古歌数量丰富，内容上呈现出多样性。既有深奥的迷信成分，内涵深厚，意象奇特，如土家族村民最大的民俗活动——跳摆手舞中，请神、酬神、祈神、送神，内容包括人类起源、民族迁徙和英雄传说等；又有当地村民的生活气息，浅显滑稽，大俗大雅，如为家庭性的驱邪还愿活动，包括申文请圣、迎兵架桥、请水箭灶、悬幡解邪、回神安香、扫荡踢刀等程序章节。

西阳古歌虽然时间和空间不同，念诵吟唱的形式和内容不尽相同，但都充满巫风色彩，对世界寄予美好的愿望。诵者或威风凛凛、神气煞煞，传达灵魂的叮嘱，或风趣活泼、洒脱无羁，表达凡人的祈求，风格浪漫诡谲，是一种奇特的文化现象。

西阳古歌有双句押尾韵的自由体和两句一节、四句一节句尾押韵的格律体，多为四言七言句式，穿插连接。有高腔与平腔两种唱腔，颇有韵味。内容取决于所主持活动仪式的性质，分为神灵类和生活类，以民俗活动为载体，融合诗、歌、舞、乐，用吟诵和吟唱两种方式，传播宇宙知识系统和群体生存技能。

作为民间口传文学，西阳巫傩诗文虽有一定封建意识，但反映了当时社会的真实面貌，蕴藏着西阳人对大自然、对人生社会的审美评价，涉及天上地下、人间万物、历史事件，甚至生命价值，渊源久远，博大精深。

根据调查，西阳全县现约有 16 名度了职的巫傩师和 10 余名学徒，文化部门已挖掘到巫傩诗文相关资料大略 10 余万字，根据内容的不同，分为神灵类和生活类两部分，其主体门类神灵类诗文最有特色和价值。西阳古歌一贯口耳相传，文辞固定，较少即兴创作，保存了大量的原始信息和艺术因子，是一座古老瑰丽的民间文学宝库。

目前，西阳巫傩诗文吟唱念诵大体可以分为三个层面：一是村民基于驱邪还愿自发进行的零星法事活动；二是理论界对传统文化的田野调查与研究活动；三是政府部门、经济组织或个人等对传统文化的保护开发、娱乐性节目演出、文物收藏等活动。

2010 年 5 月，西阳古歌入选第三批国家级非物质文化遗产名录推荐项目名单。

参考文献

（北魏）郦道元.水经注.

（东晋）常璩.华阳国志.

（唐）李吉甫.元和郡县图志.

（清）乾隆乙酉年（1767年）.怀庆府志.

（清）乾隆.无锡县志.

（清）乾隆.歙县志.

（清）咸丰.清河县志.

（清）光绪.丹阳县志·水利.

（明）李时珍.2006.本草纲目·兽部（卷五十一）[M].北京：人民卫生出版社.

（清）张岱.1998.夜航船·四灵部（卷四十七）[M].成都：四川文艺出版社.

[英]雷蒙·威廉斯.1982.文化与社会[M].吴松江，张文定译.北京：北京大学出版社.

《中国大百科全书》编委会.1988.中国大百科全书·考古卷[M].第一版.北京：中国大百科全书出版社.

《中国河湖大典》编纂委员会.2012.中国河湖大典·长江卷[M].北京：中国水利水电出版社.

《中国水利百科全书》编辑委员会.2008.中国水利百科全书[M].北京：中国水利水电出版社.

安徽省五河县文化体育局.2000.中国安徽五河民歌选[M].合肥：安徽文艺出版社.

八闽掌故大全.1996.物产篇[M].福州：福建教育出版社.

白云.2007.川北薅草歌[M].北京：大众文艺出版社.

宝斯尔.1987.鄂尔多斯风情录[M].北京：中国旅游出版社.

北京大学历史系考古教研室商周组.1981.商周考古[M].北京：文物出版社.

蔡蕃.1989.北京古运河与城市供水研究[M].北京：北京出版社.

蔡利民，高福民.2008.苏州传统礼仪节令（中）[M].苏州：古吴轩出版社.

蔡玉霞，张树林.2006.井陉拉花[M].石家庄：河北人民出版社.

藏才旦.2002.藏族独特的艺术[M].兰州：甘肃民族出版社.

曹娅丽.2006.土族文化艺术[M].北京：中国戏剧出版社.

曾雄生.2010.中国农学史[M].福州：福建人民出版社.

朝克图.2004.胡仁·乌力格尔研究[M].北京：民族出版社.

陈永岗 .2014. 磐安赶茶场 [M]. 杭州：浙江摄影出版社 .

陈元龙 .2006. 中国花儿新论 [M]. 兰州：甘肃文化出版社 .

陈云华 .2012. 青神竹编 [M]. 成都：四川教育出版社 .

崇明县非物质文化遗产保护分中心，政协崇明县委员会社会事业委员会 .2015. 中国崇明山歌集 [M].
　　　上海：上海人民出版社 .

大通回族土族自治县概况编写组 .2011. 大通回族土族自治县概况 [M]. 北京：民族出版社 .

邓光华 .2004. 中国民族民间音乐 [M]. 北京：高等教育出版社 .

东至县地方志编纂委员会 .1993. 东至县志 [M]. 合肥：安徽人民出版社 .

段超著 .2002. 土家族文化史 [M]. 北京：民族出版社 .

段景礼，李先 .2007. 户县农民画沉浮录 [M]. 开封：河南大学出版社 .

方健 .2012. 南宋农业史 [M]. 北京：人民出版社 .

福建省地方志编撰委员会 .2002. 福建省志·戏曲志 [M]. 北京：方志出版社 .

阜南县地方志编纂委员会 .1999. 阜南县文化志 [M]. 合肥：黄山书社 .

傅泽洪 .1939. 国学基本丛书·行水金鉴 [M]. 上海：商务印书馆 .

高丙中 .1996. 民俗文化与民俗生活 [M]. 北京：中国社会科学出版社 .

高燮初 .2008. 吴地文化通史（下）[M]. 北京：中国文史出版社 .

高占祥 .1995. 中国民族节日大全·土家族节日·过赶年 [M]. 北京：北京知识出版社 .

龚锐，晋美 .2006. 珞巴族 [M]. 昆明：云南大学出版社 .

谷利民 .2014. 桑植白族博览 [M]. 北京：民族出版社 .

关东升 .1997. 中国民族文化大观 [M]. 北京：中国大百科全书出版社 .

贵州省少数民族古籍整理办公室 .2005. 侗族大歌 [M]. 贵阳：贵州民族出版社 .

郭淑云 .2009. 萨满文化研究（第 1 辑）[M]. 长春：吉林大学出版社 .

郭于华 .2002. 仪式与社会变迁 [M]. 北京：社会科学文献出版社 .

国家畜禽遗传资源委员会 .2013. 中国畜禽遗传资源志·家禽志，马驴驼志，牛志，羊志，猪志，特种
　　　畜禽志 [M]. 北京：中国农业出版社 .

海和平 .2006. 天水旋鼓 [M]. 兰州：甘肃民族出版社 .

海南省地方志办公室编 .2008. 海南省志·民族志 [M]. 海口：南海出版公司 .

何光岳 .1990. 南蛮源流史第二十章巴人的来源和迁徙 [M]. 南昌：江西教育出版社 .

何重义 .2013. 古村探源——中国聚落文化与环境艺术 [M]. 北京：中国建筑工业出版社 .

胡道静 .2006. 中国古代典籍十讲 [M]. 上海：复旦大学出版社 .

华德公 .1992. 中国蚕桑书录 [M]. 北京：农业出版社 .

淮安市地方志办公室 .1998. 淮阴风土记 [M]. 上海：上海社会科学院出版社 .

黄朝中，刘耀荃 .1986. 广东瑶族历史资料 [M]. 南宁：广西民族出版社 .

黄光成 .2009. 云南民族文化纵横探 [M]. 北京：科学出版社 .

黄滋康 .2009. 棉花品种及其系谱 [M]. 北京：中国农业出版社 .

惠富平 .2001. 中国农书概说 [M]. 西安：西安地图出版社 .

吉狄马加 .2012. 青海花儿大典 [M]. 西宁：青海人民出版社 .

纪兰慰，邱久荣 .2000. 中国少数民族舞蹈史 [M]. 北京：中央民族大学出版社 .

嘉雍群培 .2009. 藏族文化艺术 [M]. 北京：中央民族大学出版社 .

蒋云花 .2014. 蒋云花麦秆贴画 [M]. 杭州：浙江人民美术出版社 .

金梅 .2016. 嘉善田歌 [M]. 杭州：浙江摄影出版社 .

金秋 .2011. 中国区域性少数民族民俗舞蹈 [M]. 北京：北京民族出版社 .

金善宝，刘定安 .1966. 中国小麦品种志 [M]. 北京：农业出版社 .

金善宝 .1988. 中国小麦品种志 1962—1982[M]. 北京：农业出版社 .

金善宝 .1999. 中国小麦品种志 1983—1993[M]. 北京：农业出版社 .

金天麟 .2010. 中国·嘉善田歌 [M]. 哈尔滨：黑龙江人民出版社 .

金文达 .1996. 中国古代音乐史 [M]. 北京：人民音乐出版社 .

金煦，陆志明 .2001. 吴地农具 [M]. 南京：河海大学出版社 .

京山县文化局 .1991. 京山县志 [M]. 武汉：湖北人民出版社 .

乐都县志编纂委员会 .1994. 乐都县志 [M]. 西安：陕西人民出版社 .

李爱顺 .2002. 中国朝鲜族文化史大系 [M]. 北京：民族出版社 .

李克仁 .2012. 走西口与漫瀚调 [M]. 呼和浩特：内蒙古人民出版社 .

李立 .2009. 乡村聚落：形态、类型与演变——以江南地区为例 [M]. 南京：东南大学出版社 .

李明，王思明 .2017. 农业文化遗产学 [M]. 南京：南京大学出版社 .

李澍田 .1994. 东北岁时节俗研究 [M]. 长春：吉林文史出版社 .

李晓明 .2010. 四川省民族民间音乐研究文集 [M]. 北京：大众文艺出版社 .

李筱文，莫自省 .2012. 瑶族盘王节文化研究 [M]. 广州：广东人民出版社 .

李雪梅 .2006. 地域民间舞蹈文化的演变 [M]. 北京：文化艺术出版社 .

李约瑟 .1980. 中国科学技术史 [M]. 第三卷 . 北京：科学出版社 .

李泽然 .2003. 哈尼语研究 [M]. 北京：民族出版社 .

李政行，王敏，李宪 .1992. 中国传统名特产大全 [M]. 太原：山西人民出版社 .

李子伟 .2002. 秦州风情 [M]. 兰州：甘肃人民出版社 .

梁家勉 .1991. 中国农业科学技术史稿 [M]. 北京：农业出版社 .

林继富 .1995. 西藏节日文化 [M]. 拉萨：西藏人民出版社 .

林明体 .1995. 岭南民间百艺 [M]. 广州：广东人民出版社 .

林正秋 .2014. 浙江旅游文化大辞典 [M]. 北京：中国旅游出版社 .

凌纯声 .1992. 松花江下游的赫哲族 [M]. 上海：上海文艺出版社 .

刘保元 .2009. 瑶族风俗志 [M]. 北京：中央民族大学出版社 .

刘建，孙龙奎 .2000. 宗教与舞蹈 [M]. 北京：民族出版社 .

刘杰，林蔚虹 .2009. 乡土寿宁 [M]. 北京：中华书局 .

刘金吾 .1998. 中国西南少数民族舞蹈文化 [M]. 昆明：云南人民出版社 .

刘沛林 .2014. 正在消失的中国古文明：古村落 [M]. 北京：国家行政学院出版社 .

刘同生 .1993. 中国民间歌曲集成·宁夏卷 [M]. 北京：人民音乐出版社 .

刘晓春 .2005. 仪式与象征的秩序 [M]. 北京：商务印书馆 .

刘晓春 .2006. 一个人的民间视野 [M]. 武汉：湖北长江出版集团 .

刘亦师 .2008. 近代长春城市发展历史研究 [D]. 北京：清华大学 .

刘勇 .2008. 中国唢呐艺术研究 [M]. 上海：上海音乐学院出版社 .

刘赞廷 .1963. 民国康定县图志 [M]. 北京：北京民族文化宫图书馆 .

龙跃宏，龙宇晓 .1999. 侗族大歌琵琶歌 [M]. 贵阳：贵州人民出版社 .

隆回县志编纂委员会 .1991. 隆回县志 [M]. 北京：中国城市出版社 .

陆辉 .2008. 西林县志 [M]. 南宁：广西人民出版社 .

陆元鼎 .1993. 中国民居学术会议论文集 [M]. 北京：中国建筑工业出版社 .

罗雄岩 .2008. 中国民间舞蹈文化 [M]. 上海：上海音乐出版社 .

罗耀南 .2003. 花儿词话 [M]. 西宁：青海人民出版社 .

马铁鹰 .2002. 梅山文化概论 [M]. 长沙：湖南文艺出版社 .

门玉彪 .2005. 黄河三角洲民间音乐研究 [M]. 济南：齐鲁书社 .

纳日苏，阿拉木斯 .1996. 乌拉特风俗志（蒙古文）[M]. 呼和浩特：内蒙古人民出版社 .

尼树仁 .1985. 二夹弦唱腔音乐初探 [M]. 济南：山东人民出版社 .

农牧渔业农业局 .1985—1991. 中国农业名产 [M]. 北京：农业出版社 .

农业部种子管理局 .1961. 全国农作物优良品种（目录）[M]. 北京：农业出版社 .

农业部种子管理局 .1961. 全国农作物优良品种（目录续编）[M]. 北京：农业出版社 .

农业部种子管理局 .1961. 水稻优良品种 [M]. 北京：农业出版社 .

农业厅粮食增产处 .2012. 水田农具的制造和使用 [M]. 郑州：河南人民出版社 .

欧阳发 .2006. 中国民俗大系，安徽民俗 [M]. 兰州：甘肃人民出版社 .

潘顺福 .2008. 薅草锣鼓 [M]. 武汉：湖北人民出版社 .

彭宦章 .1993. 土家族文化 [M]. 长春：吉林教育出版社 .

祁志祥 .1998. 中国美学的文化精神 [M]. 上海：上海文艺出版社 .

钱邦伦 .2007. 水库湖泊垂钓技巧 [M]. 成都：四川科学技术出版社 .

钱贵成 .2008. 客家山歌新论 [M]. 北京：中国戏剧出版社 .

曲六乙 .1966. 中国少数民族戏剧 [M]. 北京：作家出版社 .

阮浩耕，沈冬梅，于良子 .2001. 中国古代茶叶全书 [M]. 杭州：浙江摄影出版社 .

沙征贵 .1987. 华南小麦品种志 [M]. 福州：福建科学出版社 .

山东省群众艺术馆 .1960. 鼓子秧歌 [M]. 北京：人民出版社 .

山西省万荣县志编纂委员会 .1997. 万荣县志 [M]. 北京：海潮出版社 .

山西省文化局戏剧工作研究室 .1986. 山西剧种概说 [M]. 太原：山西人民出版社 .

沈瀚，秦贵 .2011. 收获机械 [M]. 北京：中国大地出版社 .

石声汉 .1981. 农政全书校注 [M]. 上海：上海古籍出版社 .

石声汉 .1982. 中国古代农书评介 [M]. 北京：农业出版社 .

石声汉 .1983. 中国农业遗产要略 [M]. 北京：农业出版社 .

史静 .2015. 静海县合头镇大六分村登杆圣会 [M]. 济南：山东教育出版社 .

史军超 .2000. 哈尼族文学史 [M]. 昆明：云南民族出版社 .

寿宁县地方志编撰委员会 .1994. 寿宁县志 [M]. 厦门：鹭江出版社 .

四川省宣汉县志编纂委员会 .1996. 宣汉县志 [M]. 成都：西南财经大学出版社 .

宋树友 .2003. 中华农器图谱 [M]. 北京：农业出版社 .

唐兆民 .1984. 灵渠文献粹编 [M]. 北京：中华书局 .

天野元之助 .1994. 中国古农书考 [M]. 北京：农业出版社 .

佟柱臣 .2000. 中国新石器研究（上，下）[M]. 成都：巴蜀书社 .

万国鼎 .1958. 陈旉农书校注 [M]. 北京：农业出版社 .

万国鼎 .1959. 氾胜之书辑释 [M]. 北京：中华书局 .

汪玢玲 .2001. 中国民俗文化大观 [M]. 长春：吉林人民出版社 .

汪家伦 .1988. 破冈渎与上容渎考略 [M]. 南京：河海大学水利出版社 .

王光荣 .1984. 弃族何时始迁于广西洲 [M]. 昆明：云南人民出版社 .

王贵章 .2009. 临高渔歌"哩哩妹" [M]. 北京：中国文联出版社 .

王怀德 .1985. 山西曲艺史料 [M]. 沈阳：春风文艺出版社 .

王景琳，徐匋 .1994. 中国民间信仰风俗辞典 [M]. 北京：中国文联出版公司 .

王世一，柳谦，张呈 .1995. 漫瀚调 [M]. 北京：人民音乐出版社 .

王思明，李明 .2013. 江苏农业文化遗产调查研究 [M]. 北京：中国农业科学技术出版社 .

王巍 .2016. 中国考古学大辞典 [M]. 上海：上海辞书出版社 .

王文章 .2008. 非物质文化遗产概论 [M]. 北京：文化艺术出版社 .

王文章 .2014. 第三批国家级非物质文化遗产名录图典（上）[M]. 北京：文化艺术出版社 .

王毓瑚 .1966. 中国农学书录 [M]. 北京：农业出版社 .

王正华，和少英 .2001. 拉祜族文化史 [M]. 昆明：云南民族出版社 .

韦苇，向凡 .1992. 壮剧艺术研究 [M]. 桂林：广西人民出版社 .

吴竞龙 .2010. 水上情歌——中山咸水歌 [M]. 广州：广东教育出版社 .

吴县地方志编撰委员会编 .1996. 吴县志 [M]. 上海：上海古籍出版社 .

五河县地方志编纂委员会 .1994. 五河县志 [M]. 杭州：浙江人民出版社 .

伍国栋 .1994. 白族音乐志 [M]. 北京：文化艺术出版社 .

夏如兵 .2011. 中国近代水稻育种科技发展研究 [M]. 北京：中国三峡出版社 .

向云驹 .2006. 人类口头与非物质文化遗产 [M]. 银川：宁夏人民教育出版社 .

肖克之 .2009. 农业古籍版本丛谈 [M]. 北京：中国农业出版社 .

新疆维吾尔自治区文化厅 .2008. 新疆非物质文化遗产代表作 [M]. 乌鲁木齐：新疆人民出版社 .

严文明 .2002. 农业发生与文明起源 [M]. 北京：科学出版社 .

严文明 .2010. 中国考古学研究的世纪回顾·新石器时代考古卷 [M]. 北京：科学出版社 .

杨启泉，周国良，章本洁，等 .1994. 巴蜀民间节日 [M]. 成都：四川人民出版社 .

杨秀丽 .2012. 悠游绿岛 [M]. 上海：百家出版社 .

姚汉源 .1999. 京杭运河史 [M]. 北京：中国水利水电出版社 .

阴法鲁，许树安，刘玉才 .2010. 中国古代文化史（下）[M]. 北京：北京大学出版社 .

玉时阶 .2007. 瑶族文化变迁 [M]. 北京：民族出版社 .

再屯娜·卡里穆瓦，茹菲娅·卡里穆瓦 .2016. 塔塔尔族撒班节 [M]. 沈阳：辽宁民族出版社 .

张东宏 .2008. 可爱的武山 [M]. 北京：北京师范大学出版社 .

张帆，华庆 .2008. 安徽农具发展史图说 [M]. 合肥：安徽人民出版社 .

张芳，王思明 .2004. 中国农业古籍目录 [M]. 北京：北京图书馆出版社 .

张凤岐，车才一 .2002. 朝阳秧歌大观 [M]. 哈尔滨：哈尔滨出版社 .

张利钧 .2012. 话说上海崇明卷 [M]. 上海：上海文化出版社 .

张昕晋 .2010. 系风土建筑彩画研究 [M]. 南京：东南大学出版社 .

张浔，刘志军 .1985. 山东鼓子秧歌 [M]. 北京：人民音乐出版社 .

张跃 .2015. 羌年 [M]. 成都：四川科学技术出版社 .

郑连第 .1988. 灵渠工程史述略 [M]. 北京：水利电力出版社 .

郑陪凯，朱自振 .2009. 中国历代茶书汇编校注本 [M]. 香港：商务印书馆（香港）有限公司 .

政协涪陵地区工作委员会 .1997. 世界第一古代水文站——白鹤梁（序）[M]. 北京：中国三峡出版社 .

政协澜沧拉祜族自治县委员会 .2005. 拉祜族史 [M]. 昆明：云南民族出版社 .

中国畜禽遗传资源状况编委会 .2006. 中国畜禽遗传资源状况 [M]. 北京：中国农业出版社 .

中国古籍善本书目编辑部 .1998. 中国古籍善本书目·子部 [M]. 上海：上海古籍出版社 .

中国科学院考古研究所 .1967. 甲骨文编 [M]. 北京：中华书局 .

中国农学会遗传资源学会 .1996. 中国作物遗传资源 [M]. 北京：中国农业出版社 .

中国农业百科全书（农作物卷）[M]. 北京：中国农业出版社，1993.

中国农业百科全书编辑部 .1996. 中国农业百科全书·水产业卷（上、下）[M]. 北京：农业出版社 .

中国农业百科全书编辑部 .1997. 中国农业百科全书·农业历史 [M]. 北京：中国农业出版社 .

中国农业科学院棉花研究所 .1983. 中国棉花品种志 [M]. 北京：农业出版社 .

中国农业科学院棉花研究所 .2011. 中国棉花品种志 [M]. 北京：中国农业科学技术出版社 .

中国农业遗产研究室 .1986. 中国农学史 [M]. 北京：科学出版社 .

中国少数民族民俗大辞典编写组 .1997. 中国少数民族民俗大辞典 [M]. 呼和浩特：内蒙古人民出版社 .

中国社会科学院考古研究所 .2005. 中国考古学·夏商卷 [M]. 北京：中国社会科学出版社 .

中国社会科学院考古研究所 .2012. 中国考古学·新石器时代卷 [M]. 北京：中国社会科学出版社 .

中国种子协会 .2009. 中国农作物种业 1949—2005[M]. 北京：中国农业出版社 .

中华人民共和国农业部粮食生产总局 .1958. 小麦优良品种 [M]. 北京：财政经济出版社 .

中华舞蹈志编辑委员会 .2001. 中华舞蹈志浙江卷 [M]. 上海：学林出版社 .

周松亭 .1988. 江苏省海洋渔具选集 [M]. 江苏省海洋水产研究所 .

周昕 .1994. 中国农具史纲及图谱 [M]. 济南：山东科学出版社 .

周昕 .2006. 中国农具发展史 [M]. 济南：山东科学出版社 .

周迅 .2012. 中国的地方志 [M]. 北京：中国国际广播出版社 .

周耘 .2005. 中国传统民歌艺术 [M]. 武汉：武汉出版社 .

洲塔，乔高才让 .2006. 甘肃藏族通史 [M]. 西宁：青海人民出版社 .

朱惠勇 .2002. 中国古船与吴越古船 [M]. 杭州：浙江大学出版社 .

朱文旭 .2001. 彝族火把节 [M]. 成都：四川民族出版社 .

朱学西 .1999. 中国古代著名水利工程 [M]. 北京：商务印书馆 .

朱自振 .2012. 中国古代茶书集成 [M]. 上海：上海文化出版社 .

庄巧生 .2005. 中国小麦品种改良及系谱分析 [M]. 北京：中国农业出版社 .

邹明星 .2005. 酉阳土家摆手舞 [M]. 重庆：西南师范大学出版社 .

左上鸿 .2016. 薅草锣鼓 [M]. 北京：文化艺术出版社 .

仇保兴 .2004.中国历史文化名镇村的保护和利用策略 [J].城乡建设，（1）

崔峰，王思明，赵英 .2012.新疆坎儿井的农业文化遗产价值及其保护利用 [J].干旱区资源与环境，（2）.

单德启 .2010.历史文化名镇名村保护与利用三议 [J].小城镇建设，（4）.

丁鑫，杨佳栋 .2013.古代水利工程"清坝"的探索与保护 [J].水利建设与管理，（8）.

董虹，马智胜 .2003.中国古村落保护与开发的经济思考——以流坑村为例 [J].科技进步与对策，（7）.

胡力骏 .2011.华东地区历史文化名镇保护规划编制特点——以义乌市佛堂镇为例 [J].新建筑，（4）.

李根蟠，王小嘉 .2003.中国农史研究的回顾与展望 [J].古今农业，（3）.

李红，周波，陈一 .2010.中国传统聚落营造思想解析 [J].安徽农业科学，（11）.

李明，王思明 .2011.江苏农业文化遗产保护调查与实践探索 [J].中国农史，（1）.

李明，王思明 .2011.农业文化遗产：保护什么与怎样保护 [J].中国农史，（2）.

李小波 .2001.中国古代风水模式的文化地理视野 [J].人文地理，（6）.

刘忠义 .2003.古代梯田的称谓 [J].陕西水利，（1）.

刘自兵 .2012.中国历史时期鸬鹚渔业史的几个问题 [J].古今农业，（4）.

卢松，陆林，凌善金，等 .2003.皖南古村落旅游开发的初步研究 [J].国土与自然资源研究，（4）.

陆建伟 .2003.试论江南六大古镇的文化成因 [J].湖州职业技术学院学报，（6）.

陆林，凌善金，焦华富，等 .2004.徽州古村落的演化过程及其机理 [J].地理研究，（5）

陆琦 .2012.传统聚落可持续发展度的创新与探索 [J].中国名城，（2）.

罗德启 .2004.中国贵州民族村镇保护和利用 [J].建筑学报，（6）.

罗瑜斌，肖大威 .2010.历史文化村镇保护规划技术流程的思考 [J].华中建筑，（01）.

闵庆文，孙业红 .2009.农业文化遗产的概念、特点与保护要求 [J].资源科学，（6）.

闵庆文 .2007.关于"全球重要农业文化遗产"的中文名称及其他 [J].古今农业，（3）.

阮仪三，邵甬，林林 .2002.江南水乡城镇的特色、价值及保护 [J].城市规划汇刊，（1）.

苏黎，陈凡 .2008.中国传统农业技术演化特征分析 [J].中国农学通报，（4）.

王景慧 .2010.历史文化村镇的保护与规划 [J].小城镇建设，（4）.

吴晓勤，陈安生，万国庆 .2001.世界文化遗产——皖南古村落特色探讨 [J].建筑学报，（8）.

熊侠仙，张松，周俭 .2002.江南古镇旅游开发的问题与对策——对周庄、同里、甪直旅游状况的调查分析 [J].城市规划汇刊，（6）.

徐坚 .2002.浅析中国山地村落的聚居空间 [J].山地学报，（2）.

许晴，李亚男，许中旗 .2014.宣化庭院漏斗架式葡萄栽培模式的生态系统服务功能研究 [J].河北林果研究，（3）.

严钧，黄颖哲，任晓婷 .2009.传统聚落人居环境保护对策研究 [J].四川建筑科学研究，（5）.

杨文文 .2013.福州茉莉花茶的起源与发展 [J].现代园艺，2013（6）.

余华玲，周密 .2008.四川古镇开发模式初探 [J].新西部，（9）.

苑利 .2011.保护农业文化遗产的历史与现实意义 [J].世界环境，（1）.

张延皓 .2008.淮安地区运河及相关水利遗产研究 [J].中国名城，（3）.

张艳玲，肖大威 .2010.历史文化村镇文化空间保护研究 [J].华中建筑，（07）.

赵志军 .2005.有关农业起源和文明起源的植物考古学研究 [J].社会科学评论，（2）.

成岗 .2007.南大考古专家发现洪泽湖古农业文化遗址 [N].南京晨报，02-14.

闵庆文 .2013. 农业文化遗产的概念特点以及保护与发展 [N]. 农民日报，2-9.

文化部 . 2008—2013. 第一至四批国家珍贵古籍名录 [Z].

北京农业数字图书馆北京农业数字博物馆 http://www.agrilib.ac.cn/

国家农业科学数据共享中心 http://www.agridata.cn/

江苏省农业种质资源保护与利用平台 http://jagis.jaas.ac.cn/

国家级地方鸡种基因库（江苏）国家级地方鸡种基因库（江苏）http://www.genebank.org.cn/

新疆金牧网新疆金牧网 http://www.agrilib.ac.cn/

中国畜禽遗传资源动态信息网 http://www.dadchina.net/

中国作物种质资源信息网 http://www.cgris.net/

附录　中国古代度量衡单位换算表

时代	度制（长度单位，1丈=10尺，1尺=10寸，1寸=10分）	统一换算（古代定制，一般以尺为常用，以厘米）	量制（体积单位，1斛=10斗，1斗=10升，1升=10合）	统一换算（古代定制，一般以斗为常用，毫升）	衡制（质量单位，1石=4钧，1钧=30斤，1斤=16两，1两=24铢）	统一换算（古代定制，一般以斤为常用，克）	常用面积单位（古代1顷=50亩）	统一换算（平方米）
商	周代开始时1步为6尺	1尺=15.8						
战国		1尺=23.1	齐:1钟=10釜，1釜=4区，1区=4豆，1豆=4升，楚:1筲=5升		魏:1镒=10釿，1釿=20两，秦:1石=4钧，1钧=30斤，1斤=16两，1两=24铢	常规:1斤=250，一两=15.6，1铢=0.65，1石=30000；魏:1镒=315，1釿=31.5；秦:1斤=253	百步为一亩，方一里者为田九百亩	1亩=192.1
秦	1引=100尺，到唐代之前，1里=300步，1步=6尺	1尺=23.1，1引=2310，1步=138.6，1里=41580		1斗=2000		1斤=253，1石=30360，1钧=7590，1两=15.8，1铢=0.69	二百四十步（方）一亩	1亩=461，1顷=23050
汉	1引=100尺	1尺=23.1，1引=2310	1合=2龠，1龠=5撮，1撮=4圭	1斗=2000，1合=20，1龠=10，1撮=2，1圭=0.5		1斤=248，1石=29760，1钧=7440，1两=15.5，1铢=0.65，1斤=220，1石=26400，1钧=6600，1两=13.8，1铢=0.57		1亩=461，东汉后期：1亩=485.3，1顷=24265
三国	1引=100尺	1尺=24.2，1步=145.2，1里=43560		1斗=2045		1斤=220		
两晋　西晋		1尺=24.2		1斗=2045		1斤=220		1亩=503.5，1顷=25175
两晋　东晋及十六国		1尺=24.5						1亩=517.7，1顷=25885
南北朝	南朝1尺=24.5，北朝1尺=29.6			1斗=3000		梁、陈:1斤=220，南齐:1斤=330，北魏、北齐:1斤=440，北周:1斤=660		北魏:1亩=507，1顷=25350，南朝:1亩=519.7，1顷=25985

（续表）

时代	度制（长度单位，1丈=10尺，1尺=10寸，1寸=10分）	统一换算（古代定制，一般以尺为常用，厘米）	量制（体积单位，1斛=10斗，1斗=10升，1升=10合）	统一换算（古代定制，一般以斗为常用，毫升）	衡制（质量单位，1石=4钧，1钧=30斤，1斤=16两，1两=24铢）	统一换算（古代定制，一般斤为常用，克）	常用面积单位（古代1顷=50亩）	统一换算（平方米）
隋		1尺=29.6		开皇：1斗=6 000 大业：1斗=2 000		大：1斤=661，1钧=19 830，1两=41.3 小：1斤=220		
唐	唐代，1里=300步，1步=5尺	小尺：1尺=30.28，1步=151.4，1里=45420 大尺：1尺=36		大：1斗=6 000 小：1斗=2 000		1斤=661		1亩=523，1顷=26150
宋	宋代以后，1里=180丈	1尺=31.2，1里=56 160	宋代开始，1斛=5斗，1石=2斛	1斗=6 700，1斛=33 500，1石=67 000	宋代以后，1石=120斤，1两=10钱，1钱=10分	1石=75960，1斤=633，1两=40，1钱=4，1分=0.4		1亩=453.4，1顷=22 670
元		1尺=31.2		1斗=9 500，1斛=47 500，1石=95 000		1斤=633		1亩=880.1，1顷=44 005
明		裁衣尺：1尺=34 量地尺：1尺=32.7 营造尺：1尺=31.9		1斗=10 000，1斛=50 000，1石=10 0000		1石=70 800，1斤=590，1两=36.9，1钱=3.69，1分=0.37		按量地尺：1亩=640，1顷=32 000 按营造尺：1亩=610.6，1顷=30 530
清		裁衣尺：1尺=35.5 量地尺：1尺=34.5 营造尺：1尺=32，1里=57 600		1斗=10 000		1斤=590		按量地尺：1亩=705.9，1顷=35 295 按营造尺：1亩=614.4，1顷=30 720